AF891587

ALEXANDROW

DIE INNERE GEOMETRIE DER KONVEXEN FLÄCHEN

MATHEMATISCHE LEHRBÜCHER UND MONOGRAPHIEN

HERAUSGEGEBEN VON DER

DEUTSCHEN AKADEMIE DER WISSENSCHAFTEN ZU BERLIN

FORSCHUNGSINSTITUT FÜR MATHEMATIK

II. ABTEILUNG

MATHEMATISCHE MONOGRAPHIEN

BAND IV

DIE INNERE GEOMETRIE DER KONVEXEN FLÄCHEN

VON

A. D. ALEXANDROW

1955

AKADEMIE-VERLAG · BERLIN

DIE INNERE GEOMETRIE DER KONVEXEN FLÄCHEN

VON

A. D. ALEXANDROW

PROFESSOR AN DER UNIVERSITÄT LENINGRAD

MIT 100 ABBILDUNGEN IM TEXT

1955

AKADEMIE-VERLAG · BERLIN

А. Д. Александров
Внутренняя геометрия выпуклых поверхностей
Erschienen im Staatsverlag für technisch-theoretische Literatur der UdSSR,
Moskau-Leningrad 1948
Durch die Deutsche Akademie der Wissenschaften zu Berlin,
Forschungsinstitut für Mathematik,
übersetzt unter Anleitung von Prof. Dr. L. Kaloujnine

Erschienen im Akademie-Verlag GmbH, Berlin W 8, Mohrenstraße 39
Lizenz-Nr. 100/9/54
Copyright 1955 by Akademie-Verlag GmbH, Berlin
Alle Rechte vorbehalten
Satz, Druck, Einband: Druckhaus „Maxim Gorki“, Altenburg
Bestell- und Verlagsnummer 5080
Printed in Germany

VORWORT DES HERAUSGEBERS

Der Inhalt des vorliegenden Buches ist ein Bericht über die Erforschung von Flächen im dreidimensionalen Raum durch A. D. ALEXANDROW. Und zwar behandelt der Verfasser eine Klasse sehr allgemeiner Flächen, die alle im Sinne der klassischen Differentialgeometrie regulären Flächen umfaßt, d. h. alle Flächen, die sich durch Funktionen mit Ableitungen bis zu einer für das jeweilige Problem genügend hohen Ordnung arithmetisieren lassen; darüber hinaus werden Flächen mit Singularitäten, wie sie in der Natur in der Regel auftreten, mit Spitzen, Kanten und anderen Besonderheiten zugelassen. Wichtig ist hervorzuheben, daß erstmalig eine umfassende Darstellung der Theorie der Flächen vorliegt, die den Rahmen der bisher vorliegenden klassischen Differentialgeometrie, etwa repräsentiert durch DARBOUX und BELTRAMI, BLASCHKE und KAGAN, verläßt und einen neuen, hinsichtlich des behandelten Gegenstandes wesentlich erweiterten Rahmen schafft.

Der Verfasser kündigt zwar durch den Titel des Buches allein die Untersuchung konvexer Flächen an. In der Tat ist der Inhalt bis auf ein Kapitel ausschließlich den konvexen Flächen gewidmet; jedoch kann der Verfasser auf äußerst elegante Weise durch eine Übertragung der für den Euklid-Raum gewonnenen Resultate in LOBATSCHEWSKI-Räume die Beschränkung auf euklidisch-konvexe Flächen aufheben und für alle endlichen, regulären Flächen, für kleine Bereiche aller regulären Flächen des Euklid-Raumes die Gültigkeit seiner Resultate zeigen; die gesamte innere Differentialgeometrie im kleinen wird auf diese Weise zu einem Bestandteil der von A. D. ALEXANDROW betitelten „Inneren Geometrie konvexer Flächen“.

Die vom Autor benutzte Methode ist ebenfalls grundlegend von derjenigen der klassischen Flächentheorie unterschieden. Während diese die Fläche durch Funktionen vorgibt und das Verhalten der gegebenen Funktionen geometrisch deutet, gelangt der Autor zu den Ergebnissen seiner inneren Geometrie, indem er diese aus den Eigenschaften von Polyedern gewinnt, die zur approximativen Konstruktion der Flächen benutzt werden. Dieses Konstruktionsverfahren erweist sich in mehrfacher Hinsicht als eine sehr leistungsfähige Methode; es gestattet sowohl, die bekannten Resultate der klassischen Differentialgeometrie zu gewinnen und diese in ganz wesentlichen Punkten zu erweitern, als auch die Voraussetzungen so genau zu formulieren, daß in der Tat eine axiomatische Begründung der inneren Geometrie konvexer Flächen entsteht.

In der Hauptsache liegen dem Werk von A. D. ALEXANDROW zwei historische Quellen zugrunde: das sind einmal die GAUSZschen Ideen aus dessen berühmter Schrift „Disquisitiones generales circa superficies curvas“, in welcher die Begriffe „innere Geometrie", „Krümmungsmaß der Fläche", „Linienelement" u. a. entstanden sind, die in der klassischen Differentialgeometrie von sehr verschiedenen Gesichtspunkten aus umfassend studiert wurden; der Autor hat an Stelle dieser differentialgeometrischen Begriffe andere, ihnen entsprechende integralgeometrische Begriffe den Untersuchungen zugrunde gelegt: die Krümmung als Mengenfunktion, die Entfernung von Punktepaaren u. a. Gestützt auf diese Begriffe ist vom Autor eine geschlossene vielseitige Geometrie der Flächen im Großen geschaffen worden. Die vorliegende innere Flächentheorie gründet sich ferner auf die Theorie der Polyeder, deren Studium bis in die Antike zurückreicht. Während Euklid noch seine Untersuchungen vorwiegend auf spezielle Polyeder wie z. B. Prismen und Pyramiden beschränkt, aber auch schon zeigt, daß es nur fünf reguläre Polyeder gibt, ist es das Ziel der Untersuchungen von EULER, alle verschiedenen Typen isomorpher Polyeder anzugeben. CAUCHY beweist als erster, daß ein konvexes Polyeder starr ist, wenn dies von seinen Seitenflächen vorausgesetzt wird (im vorliegenden Buch wird dieser Satz vom Autor verallgemeinert). Im Jahre 1934 erscheinen schließlich die „Vorlesungen über die Theorie der Polyeder" von E. STEINITZ durch H. RADEMACHER, die eine rein geometrische Theorie dieser Gebilde mit Verwendung der Elemente der kombinatorischen Topologie enthalten.

Die zweite Quelle der vorliegenden neuen Flächentheorie entsteht nun auf diese Weise, daß der Autor die Polyederuntersuchungen und ihre Ergebnisse mit der von BRUNN und MINKOWSKI geschaffenen Theorie der konvexen Körper verbindet, wie sie beispielsweise in dem gleichnamigen Buch von BONNESEN und FENCHEL aus dem Jahre 1934 dargestellt worden ist.

Unter den Merkmalen, die die hier vorliegende Theorie von der klassischen Differentialgeometrie wesentlich unterscheiden, treten zwei ganz besonders charakteristische hervor. Davon ist dies das eine: Die ALEXANDROWsche Flächentheorie ist von vornherein so aufgebaut, daß die Flächen im Großen zum Behandlungsgegenstand werden, jedoch auch die Theorie der Flächen im Kleinen umfaßt wird, während die GAUSZsche Flächentheorie primär eine Geometrie im Kleinen darstellt, die eigentlich nur in speziellen Fällen Flächen in ihrem Gesamtverlauf genau untersuchen konnte.

Der zweite charakteristische Unterschied tritt in der Tatsache zutage, daß die ALEXANDROWsche Flächentheorie auf die Hilfsmittel der klassischen Analysis sehr weitgehend verzichten kann, um dennoch zu sehr tiefliegenden geometrischen Sätzen zu gelangen, die teilweise in der GAUSZschen Flächentheorie trotz Beschränkung auf regulär analytische Flächen bisher unerreichbar waren. Hinsichtlich ihrer Ergebnisse und Beweismethoden ist die Flächentheorie von ALEXANDROW in besonderem Maße von geometrischer Natur. Die dabei benutzten Begriffe der Analysis gehören zu ihren modernen abstrakteren Teilen — zu Punktmengenlehre und allgemeiner Maßtheorie. Allein das äußere Bild der einzelnen Kapitel mit relativ wenig Formeln ist ein deutliches Anzeichen für diesen allgemeinen Tatbestand.

„Es war immer an der Forderung festzuhalten, daß man einen mathematischen Gegenstand noch nicht als erledigt betrachten soll, solange er nicht begrifflich evident geworden ist, und es ist das Vordringen an der Hand des Formalismus eben nur ein erster, aber schon sehr wichtiger Schritt[1])". Als Beispiel für diesen Gedanken von KLEIN kann auf das Verhältnis der GAUSZschen Theorie der Flächen zur ALEXANDROWschen Theorie der Flächen hingewiesen werden. Während die GAUSZsche Theorie als grundlegende Methode einen breiten analytischen Apparat, einen heute bereits sehr entwickelten Formalismus verwendet, kann die ALEXANDROWsche Theorie aus den Begriffen selbst, die vielfach in der GAUSSschen Theorie in ähnlichem oder auch in genau demselben Gehalt, aber in anderer Form entstanden sind — so z. B. aus dem Begriff der Metrik selbst anstatt aus dem analytisch definierten Linienelement —, die Geometrie der Flächen aufbauen. Dadurch wird tatsächlich eine volle Klarheit in die Flächentheorie hineingetragen. Man erhält begrifflich evidente geometrische Sätze, keine durch den analytischen Formalismus bestimmten Aussagen. Insofern war im Sinne des soeben erwähnten Gedankens von KLEIN die klassische Flächentheorie noch nicht als erledigt zu betrachten. Es waren weitere wichtige Schritte notwendig, durch die ALEXANDROW seine neue Flächentheorie schaffen konnte.

Die ALEXANDROWsche Flächentheorie ist keineswegs abgeschlossen, wie insbesondere die zahlreichen ungelösten Probleme zeigen, die der Autor im vorliegenden Buch erwähnt oder die seit dessen Erscheinen im Jahre 1948 in der Literatur behandelt worden sind.

Die Bekanntschaft mit dem sehr inhaltsreichen Buch wird beim deutschen Leser naturgemäß den Wunsch erzeugen, etwas mehr über den Verfasser persönlich zu erfahren. ALEXANDER DANILOWITSCH ALEXANDROW, geboren im Jahre 1912, ist an der Universität in Leningrad als Professor der Mathematik tätig; er ist korrespondierendes Mitglied der Akademie der Wissenschaften der UdSSR; im Jahre 1942 wurde ihm für die Begründung der in diesem Buch dargelegten neuen Flächentheorie der Stalinpreis verliehen. Der Verfasser ist seit dem Jahre 1933 durch zahlreiche Arbeiten über konvexe Polyeder und Flächen sowie in der jüngsten Zeit durch Ergebnisse über Flächen, die sehr viel allgemeiner als die Klasse der regulären und konvexen Flächen sind, immer bekannter und schließlich einer der führenden Geometer geworden. Ihm ist es zu verdanken, daß neben die GAUSZsche eine Flächentheorie getreten ist, die im Unterschied zu der in den vergangenen hundert Jahren völlig ausgearbeiteten Theorie von GAUSZ noch in jugendfrischer Entwicklung steht und die die Zukunft der Flächentheorie entscheidend beeinflussen wird.

Die Ergebnisse, die durch Anwendung der von A. D. ALEXANDROW für die Flächentheorie geschaffenen Methoden möglich geworden sind, übertreffen die früheren Möglichkeiten beträchtlich; dazu sei als ein Beispiel der von

---

[1]) Siehe KLEIN: „Vergleichende Betrachtungen über neuere geometrische Forschungen". (Erlanger Programm) 1872; Noten I.

A. W. POGORELEW für den dreidimensionalen Euklid-Raum bewiesene Satz[1]) erwähnt, daß zwei isometrische, geschlossene, konvexe Flächen einander gleich sind.

Für die von ALEXANDROW geschaffene metrische Geometrie der Flächen im dreidimensionalen Raum können neben anderen einige Arbeiten von H. HOPF, W. RINOW und ganz besonders von ST. COHN-VOSSEN als Wegbereiter angesehen werden.

Mit der Veröffentlichung der deutschen Ausgabe verbinden wir die Hoffnung, daß vor allem durch Arbeiten junger Fachgenossen diese frühen Beziehungen zur ALEXANDROWschen Flächentheorie wieder neues Leben in unserem Lande erhalten.

Schließlich sprechen wir L. BOLL und ganz besonders L. KALOUJNINE für ihre sachkundige Übersetzung und R. SULANKE für das sehr mühevolle Korrekturlesen den wohlverdienten Dank aus.

Es ist noch zu erwähnen, daß das Erscheinen des Buches durch viele wertvolle Ratschläge der Geometer E. REMBS, W. RINOW, W. SÜSS in dankenswerter Weise sehr gefördert worden ist.

Berlin, im Dezember 1953 J. NAAS

[1]) Siehe POGORELEW: „Die Eindeutigkeit allgemeiner konvexer Flächen“. Verlag der Akademie der Wissenschaften der Ukrainischen SSR, Kiew 1952.

VORWORT ZUR RUSSISCHEN AUSGABE

Die innere Geometrie untersucht die Eigenschaften einer Fläche und auf ihr gelegener Figuren, ohne aus der Fläche herauszutreten, ähnlich wie in der Planimetrie die Geometrie der Ebene außerhalb jeglichen Zusammenhangs mit der Tatsache untersucht wird, daß die Ebene in irgendeinem Raum liegen kann. Der Grundstein für die innere Geometrie der Flächen wurde in der im Jahre 1827 erschienenen Arbeit von GAUSZ, „Allgemeine Untersuchungen über krumme Flächen" (Disquisitiones circa superficies curvas) gelegt. Inzwischen wurde sie so weit entwickelt, daß zur Zeit — wenigstens was den Teil betrifft, in dem es sich um kleine Stücke regulärer Flächen handelt — alle prinzipiellen Fragen als gelöst betrachtet werden können. Die dabei benutzten Methoden der Differentialgeometrie können jedoch in ihrer üblichen Form nur auf reguläre Flächen angewandt werden, das heißt auf Flächen, die durch Gleichungen gegeben sind, welche hinreichend oft — im allgemeinen mindestens dreimal — differenzierbare Funktionen enthalten. Jedoch gebührt den nichtregulären Flächen nicht weniger Aufmerksamkeit, denn sie kommen in der Praxis oft vor und können etwa aus Papier angefertigt werden. So sind z. B. beliebige Polyeder, Kegel, Oberflächen von Linsen mit scharfen Kanten nicht regulär. Es ist daher nicht verwunderlich, daß das Bedürfnis auftaucht, auch nichtreguläre Flächen zu untersuchen. Ferner werden die Differenzierbarkeitsbedingungen, die den Flächen in der Differentialgeometrie auferlegt werden, bei weitem nicht immer durch das geometrische Wesen der Aufgabe gerechtfertigt, sondern eher dadurch verursacht, daß der analytische Apparat bequem zu handhaben sein soll. Schließlich wird in letzter Zeit die Aufmerksamkeit der Geometer immer mehr von Problemen der Geometrie „im Großen" angezogen, bei deren Lösung sich der analytische Apparat oft als unzureichend erweist, da der übliche Automatismus verlorengeht und geometrische oder topologische Überlegungen herangezogen werden müssen.

Natürlich erweist sich eine Untersuchung aller überhaupt möglichen Flächen als hoffnungslos, da man für sie keinerlei weitgehende allgemeine Resultate erwarten kann. Wir beschränken uns hier auf die konvexen Flächen. Eine konvexe Fläche im allgemeinsten Sinn ist die volle Berandung oder ein Stück der Berandung eines konvexen Körpers, das heißt eines Körpers,. der mit je zwei Punkten auch ihre ganze Verbindungsstrecke enthält. Um mit MINKOWSKI zu sprechen: „Einen besonderen Reiz bieten die Sätze über konvexe Körper noch durch den Umstand dar, daß sie in der Regel für diese ganze Kategorie von Gebilden ohne jede Ausnahme Geltung haben." [Anm. des Übers.: H. MINKOWSKI, „Allgemeine Lehrsätze über die konvexen Polyeder", Gesammelte Abhandlungen

Band II, S. 103.] Deswegen erweisen sich gerade die konvexen Flächen als ein sozusagen sehr glücklich definiertes Objekt. In letzter Zeit wurden für konvexe Flächen allgemeine Resultate erzielt, die durch keine Regularitätsvoraussetzungen eingeschränkt sind. Diese Resultate bezogen sich aber nicht auf ihre innere Geometrie. Es schien daher an der Zeit, die innere Geometrie der konvexen Flächen zu untersuchen und zunächst einmal die Bedingungen aufzufinden, die ihre innere Metrik vollständig charakterisieren. Es stellte sich heraus, daß die innere Geometrie beliebiger konvexer Flächen nicht weniger inhaltsreich entwickelt werden kann als die innere Geometrie der regulären Flächen. Es gelang insbesondere, die geometrischen Bedingungen für die Anwendbarkeit der Grundformeln der klassischen inneren Geometrie zu klären. Das vorliegende Buch ist der Darlegung der Hauptpunkte der in diesem Zusammenhang entstehenden umfangreichen Theorie gewidmet, mit deren Aufbau ich mich während einer Reihe von Jahren beschäftigt habe.

Bezüglich der grundlegenden Begriffe und Methoden weiche ich vollkommen von der gewöhnlichen Differentialgeometrie ab. Koordinaten auf der Fläche werden nur in speziellen Fällen eingeführt. Die Metrik der Fläche wird nicht durch ein Linienelement, sondern unmittelbar durch die auf der Fläche gemessene Entfernung zwischen ihren Punkten vorgegeben. Für die Grundbegriffe Länge, Winkel, Flächeninhalt, Totalkrümmung usw. geben wir innergeometrische Definitionen an. Im Einklang damit besitzt die Untersuchungsmethode fast ausschließlich geometrischen Charakter. Ihr Wesen besteht darin, daß erstens zunächst konvexe Polyeder untersucht und sodann die dafür erzielten Resultate durch Grenzübergang auf beliebige konvexe Flächen übertragen werden. Zweitens werden Figuren auf einer krummen Fläche durch entsprechende Figuren auf der Ebene ersetzt und die dabei auftretenden Verzerrungen untersucht. Das betrifft in erster Linie Dreiecke. Dementsprechend approximieren wir eine „gekrümmte Metrik" durch „polyedrische Metriken", die durch ein System ebener, seitenweise miteinander „verhefteter" Dreiecke vorgebbar sind. Daher spielt insbesondere der Satz eine wichtige Rolle, der die Bedingungen angibt, unter denen man aus vorher aus Papier ausgeschnittenen Polygonen ein konvexes Polyeder „zusammenkleben" (verheften) kann. Endlich erweist sich auch „die Methode des Aufschneidens und Verheftens" als sehr fruchtbar; sie besteht in der Konstruktion von Flächen, die aus Stücken anderer Flächen „zusammengeklebt" sind.

Wenn auch unser Hauptziel die Untersuchung der konvexen Flächen ohne zusätzliche Regularitätsvoraussetzungen ist, erweist sich eine Reihe von Resultaten auch für reguläre Flächen als neu, insbesondere dort, wo es sich um Probleme „im Großen" handelt. Es verdient auch hervorgehoben zu werden, daß sich unsere Methoden auch für die Untersuchung nichtkonvexer Flächen als brauchbar erweisen. Eine in diesem Zusammenhang entstehende Verallgemeinerung unserer Theorie wird — wenn auch nur in ganz allgemeinen Zügen — im letzten Kapitel betrachtet.

Ich habe D. A. RAIKOW, dem Redakteur dieses Buches, und W. A. SALGALLER für eine Reihe von Bemerkungen zu danken, die mir erlaubt haben, einige wesentliche Ungenauigkeiten in der Darstellung zu verbessern. Besonders möchte ich hier meiner Freunde I. M. LIEBERMANN und S. P. OLOWJANISCHNIKOW gedenken, die beide im Jahre 1941 an der Front gefallen sind, als ihr geometrisches Talent eben aufzublühen begann. Der ständige und innige Gedankenaustausch mit ihnen hat zur Klärung vieler Punkte der dargelegten Theorie beigetragen, die zu jener Zeit erst im Entstehen war. Der zuerst von LIEBERMANN angegebene Beweis der Existenz einer einseitigen Tangente in jedem Punkt einer Geodätischen auf einer konvexen Fläche, den ich im Paragraphen 5 von Kapitel IV wiedergebe, stellt zweifellos ein Muster einer schönen geometrischen Überlegung dar; aber die von LIEBERMANN benutzte Methode gestattet noch recht viele andere wesentliche Anwendungen. Im Paragraphen 5 von Kapitel VIII führe ich den herrlichen Satz von OLOWJANISCHNIKOW über die Verbiegbarkeit unendlicher konvexer Flächen an, das erste allgemeine Resultat in dieser alten Frage, mit der sich schon DARBOUX beschäftigte.

Nun noch einige Bemerkungen über die Anordnung und den Charakter der Darstellung:

Vor allem habe ich mich bemüht, das vorliegende Buch nicht nur Spezialisten zugänglich zu machen. Deshalb und auch im Zusammenhang mit der Abweichung von der gewöhnlichen Differentialgeometrie beginnt die Darstellung mit den grundlegenden Begriffen: der Definition der inneren Metrik einer Fläche, der Formulierung der Aufgaben der inneren Geometrie usw. Das notwendige Minimum an Kenntnissen aus der Theorie der konvexen Körper ist in einem Anhang am Ende des Buches zusammengestellt. Der verwendete mathematische Apparat ist dem Umfang nach unbedeutend. Wesentlich ist ein Minimum an topologischen Kenntnissen: der JORDANsche Kurvensatz, der EULERsche Polyedersatz, die Begriffe offene und abgeschlossene Mengen, der Begriff der stetigen Abbildung usf. In den Kapiteln V und X werden die Grundtatsachen aus der Theorie des LEBESGUEschen Maßes wesentlich benutzt, in den Kapiteln X und XI wird das LEBESGUEsche Integral verwandt. (Wo wir mehr als die allerelementarsten Sätze dieser Theorien verwenden, verweisen wir auf bekannte Lehrbücher, in denen ihre Beweise gegeben werden.) Im Kapitel VI wird der bekannte Satz über die Umkehrung impliziter Funktionen benutzt. Eine irgendwie tiefere Bekanntschaft mit der Differentialgeometrie wird keineswegs vorausgesetzt.

Ich habe mich bemüht, alle grundlegenden Begriffe und Sätze in aller Ausführlichkeit zu erklären bzw. zu beweisen. Viele interessante Fragen jedoch, die nicht grundlegend sind, habe ich nur referierend behandelt. Außerdem habe ich mir erlaubt, im Laufe der Darlegung eine Reihe noch ungelöster Fragen zu formulieren, deren voraussichtliche Schwierigkeit natürlich zwischen weiten Grenzen schwankt.

Im Kapitel I werden die Grundbegriffe eingeführt und ohne Beweise die wichtigsten Ergebnisse angegeben. Das erste Kapitel ist also eine Übersicht über die gesamte Theorie. Im Kapitel II werden bekannte allgemeine Sätze über rektifizierbare Kurven (§ 1) und allgemeine Sätze über Kurven kleinster Länge (§§ 2, 3) behandelt. Dieser Teil des Kapitels II ist für die gesamte weitere Darstellung notwendig. Die folgenden Paragraphen des Kapitels (4 bis 6) enthalten einige tieferliegende Resultate, die erst im Kapitel V, dann aber besonders in den Kapiteln VII und X benutzt werden. Im Kapitel III werden die grundlegenden Eigenschaften der inneren Metrik konvexer Flächen abgeleitet. Von da ab entwickelt sich die Darstellung längs zweier voneinander fast unabhängiger Linien: 1. weitere Untersuchung der inneren Geometrie der konvexen Flächen, 2. Beweise für die Existenz von Flächen mit vorgegebener Metrik.

Die erste Linie verläuft folgendermaßen: im Kapitel IV werden die Grundeigenschaften des Winkels zwischen kürzesten Linien untersucht. Kapitel V ist der Krümmungstheorie (§§ 1 bis 4) und einigen ihrer Anwendungen (§§ 5 bis 6) gewidmet. In den Paragraphen 1 und 2 von Kapitel IX werden die Grundlagen der Kurventheorie auf konvexen Flächen dargestellt, während die Paragraphen 3 bis 6 den Anwendungen auf spezielle Fragen der Kurventheorie gewidmet sind, die größtenteils in Form eines Referates dargelegt werden. In den Paragraphen 1 und 2 von Kapitel X wird die Lehre vom Flächeninhalt auf konvexen Flächen entwickelt, und im Paragraphen 3 werden einige Probleme über das Maximum des Flächeninhalts behandelt. Endlich ist das XI. Kapitel Flächen gewidmet, bei denen das Verhältnis der Krümmung eines Bereichs zu seinem Flächeninhalt bestimmten Einschränkungen unterworfen ist.

Die zweite Linie durchläuft die Kapitel VI, VII, VIII und die Paragraphen 3 und 4 von Kapitel IX, wobei in den Kapiteln VI, VII, VIII (außer den Resultaten der Kapitel II und III) nur Ergebnisse des Paragraphen 1 von Kapitel IV und des Paragraphen 1 von Kapitel V verwendet werden.

Kapitel XII ist eine referatmäßige Darstellung der Verallgemeinerung der gesamten Theorie auf den Fall konvexer Flächen im LOBATSCHEWSKIschen und im sphärischen Raum. In seinem letzten Paragraphen wird eine Theorie für nichtkonvexe Flächen skizziert, die natürlich gewissen notwendigen Bedingungen unterworfen sind.

Leningrad, im Jahre 1946 A. D. ALEXANDROW

VORWORT ZUR DEUTSCHEN AUSGABE

Dieses Buch hatte ich im Jahre 1947 abgeschlossen, d. h. mehr als sieben Jahre vor der vorliegenden deutschen Übersetzung. In dieser Zeit wurden viele Probleme gelöst, die in dem Buch gestellt worden sind oder für welche ich nur einen Lösungsweg skizzieren konnte. So wurde das in § 5 von Kap. VII gestellte Problem der Verbiegbarkeit oder Nichtverbiegbarkeit allgemeiner konvexer Flächen fast in vollem Umfange von A. W. POGORELOW gelöst. Außerdem bewies POGORELOW allgemeine Sätze über die Regularität konvexer Flächen mit regulärer Metrik und ermöglichte damit die Übertragung der in diesem Buch entwickelten Methoden auf differentialgeometrische Probleme. Seine Untersuchungen darüber sind insbesondere in dem im Jahre 1951 erschienenen Büchlein „Изгибание выпуклых поверхностей“ (Die Verbiegung konvexer Flächen) dargestellt.

Während dieser Zeit wurde in besonderem Maße die Untersuchung von Flächen indefiniter Krümmung vorangetrieben, die im letzten Paragraphen des Buches (Kap. XII, § 3) nur skizziert ist. Mir gelang es, eine ausführliche Theorie solcher zweidimensionaler Mannigfaltigkeiten auszuarbeiten, in denen eine Totalkrümmung als additive Mengenfunktion definiert werden kann, die sowohl positiver als auch negativer Werte fähig ist und die in natürlicher Weise mit dem Exzeß von Dreiecken zusammenhängt. Diese Mannigfaltigkeiten nenne ich Mannigfaltigkeiten beschränkter Krümmung.

Zusammen mit dieser Theorie wurde auch die Theorie solcher Flächen entwickelt, die vom Standpunkt ihrer inneren Geometrie Mannigfaltigkeiten beschränkter Krümmung sind. Hierher gehören Flächen, die durch Differenzen konvexer Funktionen darstellbar sind, wie wir sie schon in § 3 von Kap. XII betrachtet hatten, sowie gewisse neue Klassen von Flächen, die von И. Я. Бакельман und А. В. Погорелов (I. J. BAKELMANN und A. W. POGORELOW) untersucht wurden.

An dieser ganzen Arbeit war eine verhältnismäßig große Gruppe von Geometern beteiligt, die sich um das Geometrische Seminar der Leningrader Universität scharte: И. Я. Бакельман (I. J. BAKELMANN), Ю. Ф. Борисов (J. F. BORISOW), В. А. Залгаллер (W. A. SALGALLER), Ю. Г. Решетняк (J. G. RESCHETNJAK) u. a. Besonders möchte ich erwähnen, daß ganz kürzlich — zu Anfang des Jahres 1954 — J. G. RESCHETNJAK die Möglichkeit nachwies, allgemeine Mannigfaltigkeiten beschränkter Krümmung durch ein Linienelement sehr durchsichtiger analytischer Natur vorzugeben. Dadurch eröffnete er einen erfolgversprechenden Weg zur Anwendung des analytischen Apparates.

In einem Wort, es liegt jetzt eine Theorie der Flächen indefiniter Krümmung vor, die den gesamten Stoff des Buches verallgemeinert und viele neue Resultate liefert. Eine Ausnahme bildet das Problem der Realisierbarkeit einer gegebenen Metrik, das für Flächen dieser Art von seiner Lösung noch weit entfernt ist.

Im Lichte der neuen Resultate schienen mir einige Abschnitte des Buches, so insbesondere die Definition einer Metrik positiver Krümmung, einer Änderung bedürftig; jedoch konnte ich das Buch für die vorliegende Ausgabe nicht umarbeiten, sondern mußte mich auf die Berichtigung einiger Fehler, die sich eingeschlichen hatten, sowie auf Hinweise auf inzwischen publizierte Arbeiten beschränken.

Außerdem schrieb ich, um wenigstens zu einem gewissen Grade das Buch auf den heutigen Stand zu bringen, speziell für die vorliegende Ausgabe einen Nachtrag, der einen Abriß der oben erwähnten neuen Resultate enthält. Diese Skizze ist als Konspekt zusammengestellt und bringt nur die notwendigen Definitionen und Formulierungen der Resultate, manchmal mit unumgänglichen Erläuterungen, aber ohne alle Beweise. Eine systematische ausführliche Darstellung der inneren Geometrie der Flächen indefiniter Krümmung, welche die Theorie der konvexen Flächen als Spezialfall umfaßt, ist eine Aufgabe, die weit über den Rahmen eines Nachtrags zu einem Buche hinausgeht; sie wird den Inhalt eines neuen Buches ausmachen müssen.

Es versteht sich von selbst, daß ich dem Forschungsinstitut für Mathematik der Deutschen Akademie der Wissenschaften für die Inangriffnahme der Übersetzung und die Herausgabe meines Buches zu Dank verpflichtet bin, schon deshalb, weil es dadurch einem größeren Kreis von Geometern zugänglich wird. Die Theorie der konvexen Flächen wurde bekanntlich zu einem großen Teil von deutschen Geometern, wie MINKOWSKI, HILBERT, LIEBMANN, WEYL, BLASCHKE, COHN-VOSSEN, HERGLOTZ u. a. geschaffen. Daher darf man hoffen, daß das Erscheinen der Übersetzung dieses Buches, das der Theorie der konvexen Flächen eine neue Entwicklung gibt, freudige Aufnahme finden und vielleicht neue Untersuchungen anregen wird.

Leningrad 1954

A. ALEXANDROW

INHALTSVERZEICHNIS

Kapitel XII. *Verallgemeinerungen*

Anhang. *Grundlegende Aussagen über konvexe Körper*

Nachtrag

I. *Konvexe Flächen*

II. *Mannigfaltigkeiten beschränkter Krümmung*

KAPITEL I

GRUNDLEGENDE BEGRIFFE UND RESULTATE

§ 1. Allgemeine Übersicht über die innere Geometrie und ihre Aufgaben

Unter einer *Fläche* verstehen wir eine Figur (Punktmenge) im dreidimensionalen euklidischen Raum mit folgenden Eigenschaften: 1. Jeder ihrer Punkte hat eine der Kreisfläche homöomorphe Umgebung. 2. Je zwei ihrer Punkte können durch eine stetige Kurve verbunden werden, die ganz innerhalb der Figur verläuft[1]). Umgebung eines Punktes Q der Fläche ist dabei jede Teilmenge der Fläche, die alle jene Punkte enthält, die innerhalb einer Kugel um Q liegen[2]), und stetige Kurve ist jedes stetige Bild einer Strecke.

Sei $\boldsymbol{F}$ eine Fläche, auf der je zwei Punkte durch eine Kurve *endlicher Länge* verbunden werden können. Dann existiert für jedes Punktepaar X, Y von $\boldsymbol{F}$ die untere Grenze der Längen aller ganz auf der Fläche gelegenen Verbindungskurven dieser Punkte. Diese untere Grenze heißt *die Entfernung von X und Y auf der Fläche $\boldsymbol{F}$*; sie wird mit $\varrho_F(XY)$ bezeichnet.

---

1) Nach unserer Definition kann sich eine Fläche nicht selbst durchdringen; auch wird der Rand, falls er überhaupt existiert, nicht zur Fläche gerechnet. Deswegen ist etwa eine Halbkugel nur dann eine Fläche im Sinne unserer Definition, wenn wir den berandenden Äquator ausschließen. Für einen Punkt auf dem Äquator ist nämlich auf der Halbkugel keine kreishomöomorphe Umgebung vorhanden. Diese Einschränkungen führen wir nur bequemlichkeitshalber ein, um eventuelle Sonderbetrachtungen zu vermeiden, die mit der Ausnahmestellung von Durchdringungspunkten und Randpunkten zusammenhängen.

2) Gewöhnlich definiert man Umgebungen in einer Menge $\mathfrak{m}$ (in einem topologischen Raum) durch folgende Bedingungen: 1. Eine Umgebung des Punktes Q der Menge $\mathfrak{m}$ ist eine Untermenge von $\mathfrak{m}$. 2. Jede Umgebung von Q enthält diesen Punkt. 3. Sind $\mathfrak{u}$ und $\mathfrak{v}$ zwei Umgebungen von Q, so existiert eine Umgebung von Q, die in $\mathfrak{u}$ und in $\mathfrak{v}$ enthalten ist. 4. Gehört der Punkt A zu einer Umgebung $\mathfrak{u}$ des Punktes Q, so gibt es eine Umgebung von A, die in $\mathfrak{u}$ enthalten ist (d. h. eine Umgebung muß eine bezüglich $\mathfrak{m}$ offene Menge sein). Bei unserer Definition der Umgebung eines Punktes der Fläche sind die ersten drei Bedingungen erfüllt. Die letztere dagegen ist es im allgemeinen nicht, da unter Umgebung ein *beliebiger* (nicht notwendig offener, d. Ü.) Teil der Fläche verstanden wird, der alle ihre in einer gewissen Kugel enthaltenen Punkte enthält. Eine solche Abschwächung der Definitionsbedingungen der Umgebung ist nicht wesentlich, und wir führen sie nur zur Vereinfachung ein. Im folgenden beziehen wir uns stets auf unsere vereinfachte Umgebungsdefinition. Diese Abweichung von der gewöhnlichen Definition findet sich z. B. in dem Buch von SEIFERT und THRELFALL „Topologie", Kap. II, § 5, wo auch gezeigt wird, daß diese schwächere Definition vollkommen ausreicht.

Die so definierte „Entfernung" genügt den bekannten drei Entfernungsaxiomen:

1. $\varrho(XY) = 0$ genau dann, wenn X und Y zusammenfallen,

2. $\varrho(XY) = \varrho(YX)$, d. h. die Entfernung des Punktes X von Y ist dieselbe wie die des Punktes Y von X,

3. $\varrho(XY) + \varrho(YZ) \geqq \varrho(XZ)$, d. h. es gilt die sog. *Dreiecksungleichung*.

Hieraus folgt schon, daß stets $\varrho(XY) \geqq 0$ ist, da $\varrho(XY) + \varrho(YX) \geqq \varrho(XX)$, d. h. $2\varrho(XY) \geqq 0$ ist.

Daß die Entfernung auf der Fläche wirklich diese Entfernungsaxiome erfüllt, ergibt sich aus der Definition ohne weiteres.

Eine Menge, in der für jedes Elementepaar (Punktepaar) X, Y eine Zahl $\varrho(XY)$ [Funktion des Elementepaares] definiert ist, die den obigen Bedingungen 1 bis 3 genügt, heißt ein *metrischer Raum*; die Funktion $\varrho(XY)$ heißt die *Metrik* dieses Raumes und ihr Wert für ein Punktepaar X, Y die *Entfernung* dieser Punkte voneinander[1]). Wir können also sagen, daß durch unsere Definition der Entfernung auf der Fläche die Fläche zu einem metrischen Raum wird. Aufgabe der inneren Geometrie der Fläche ist die Untersuchung dieses metrischen Raumes, unabhängig davon, daß die Fläche eine Figur des dreidimensionalen oder überhaupt eines sie umfassenden Raumes darstellt. Die von uns auf der Fläche definierte Metrik heißt die *innere*, zum Unterschied von der *äußeren*, die durch die Entfernung der Punkte *im Raum* gegeben ist. Eine Fläche besitzt genau dann eine innere Metrik, wenn je zwei ihrer Punkte durch eine ganz auf ihr liegende Kurve endlicher Länge verbunden werden können; nur bei solchen Flächen kann daher von innerer Geometrie gesprochen werden.

Zur inneren Geometrie einer gegebenen Fläche gehören genau diejenigen Begriffsbildungen und Sätze, in deren Definition und Formulierung letzten Endes nur Eigenschaften ihrer Metrik eingehen.

---

[1]) Wir setzen beim Leser keine Kenntnis der Theorie der metrischen Räume voraus. Es genügt zu wissen, daß unter einer Umgebung eines Punktes X eines metrischen Raumes jede beliebige Teilmenge dieses Raumes zu verstehen ist, die alle von X um weniger als ein gewisses positives r entfernten Punkte enthält. Hiernach werden die Begriffe offene und abgeschlossene Menge, Begrenzung, stetige Abbildung, Häufungspunkt usw. durch wörtliche Wiederholung der entsprechenden Definitionen dieser Begriffe für den Fall des euklidischen Raumes eingeführt. Von den Eigenschaften der Entfernung brauchen wir folgende: Wenn die Punkte X_n, Y_n gegen X, Y konvergieren, d. h. wenn $\varrho(X_nX) \to 0$, $\varrho(Y_nY) \to 0$, so gilt $\varrho(X_nY_n) \to \varrho(XY)$. Dies folgt sofort aus der Dreiecksungleichung. In der Tat ist

$$\varrho(X_nY_n) \leqq \varrho(X_nY) + \varrho(YY_n) \leqq \varrho(XY) + \varrho(X_nX) + \varrho(Y_nY)$$

und genauso

$$\varrho(XY) \leqq \varrho(X_nY_n) + \varrho(X_nX) + \varrho(Y_nY),$$

d. h. $|\,\varrho(XY) - \varrho(X_nY_n)\,| \leqq \varrho(X_nX) + \varrho(Y_nY)$, und wenn $\varrho(X_nX)$, $\varrho(Y_nY)$ gegen Null streben, so gilt $\varrho(X_nY_n) \to \varrho(XY)$.

Beispiele solcher Begriffsbildungen sind in erster Linie — außer dem Begriff der Entfernung auf der Fläche selbst — der Umgebungsbegriff[1]) (Umgebung eines Punktes X ist jede beliebige Punktmenge der Fläche, die alle Flächenpunkte enthält, deren Entfernung von X auf der Fläche kleiner ist als ein gewisses positives r) und daneben alle damit zusammenhängenden topologischen Begriffsbildungen: Häufungspunkte, offene und abgeschlossene Punktmengen, Begrenzung, Rand usw. Weiter werden wir zeigen, wie man mit der inneren Metrik der Fläche allein die Begriffe Länge, Winkel, Flächeninhalt einführen und das Analogon der Strecke — die kürzeste Verbindungslinie zweier Flächenpunkte — definieren kann, woraus sich dann in natürlicher Weise der Begriff des Polygons u. a. ergibt. Kurz, wir werden uns davon überzeugen, daß die innere Geometrie genauso inhaltsreiche Begriffsbildungen und Aufgaben zuläßt wie die Planimetrie, die ja nichts anderes ist als die innere Geometrie der Ebene.

Sind zwei metrische Räume gegeben und existiert zwischen ihren Punkten eine Zuordnung derart, daß die Entfernung zweier beliebiger Punkte des einen Raumes gleich der Entfernung der entsprechenden Punkte des anderen ist, so heißen die Räume wie auch die angegebene Zuordnung oder Abbildung des einen Raumes auf den anderen *isometrisch*. Sind zwei Räume isometrisch aufeinander abbildbar, so ist ihre innere Geometrie dieselbe. Die Aussagen der inneren Geometrie sind also bezüglich isometrischer Abbildungen invariant.

Das Studium der inneren Geometrie aller möglichen Flächen überhaupt begegnet natürlich allzu großen Schwierigkeiten. Tiefliegende allgemeine Resultate lassen sich kaum erzielen, da der Flächenbegriff zu allgemein ist und beliebig „schlechte" nichtreguläre Flächen einschließt. Deswegen muß man sich auf mehr oder weniger große Klassen von Flächen beschränken, die zusätzlichen Bedingungen unterworfen sind. Beispielsweise werden in der klassischen Differentialgeometrie nur solche Flächen untersucht, die in rechtwinkligen Koordinaten durch genügend oft (im allgemeinen mindestens dreimal) differenzierbare Funktionen definiert sind. Solche Flächen heißen *regulär*.

In diesem Buche beschäftigen wir uns speziell mit *konvexen* Flächen schlechthin, ohne weitere Voraussetzungen über Glattheit, Existenz einer Krümmung usw. zu machen. Konvexe Flächen definieren wir folgendermaßen: Zunächst verstehen wir unter einem *konvexen Körper* eine abgeschlossene, innere Punkte besitzende Menge, die mit je zweien ihrer Punkte auch die ganze geradlinige Verbindungsstrecke enthält. Als *konvexe Fläche* bezeichnen wir dann jedes Gebiet (d. i. eine offene und zusammenhängende Menge) auf der Berandung eines konvexen Körpers. Eine Fläche, die die ganze Berandung eines konvexen Körpers ausmacht, nennen wir eine *volle konvexe Fläche*.

Im folgenden bedienen wir uns ständig einiger grundlegenden Tatsachen über konvexe Flächen, die in einem kleinen Anhang am Ende des Buches zusammengestellt sind. Wer die Grundlagen der Theorie konvexer Körper kennt, wird dort

[1]) Dieser durch die innere Metrik gegebene Umgebungsbegriff ist von dem der äußeren Metrik entsprechenden zu unterscheiden, der bei der Definition der Fläche und ihrer inneren Metrik zugrunde gelegt wurde, d. Ü.

kaum etwas Neues finden. Der Leser dagegen, der keine Gelegenheit hatte, sich mit dieser Theorie zu beschäftigen, möge zuerst diesen Anhang lesen oder nötigenfalls gemäß unseren Hinweisen jeweils darauf zurückgreifen.

Insbesondere wird in § 4 des Anhangs bewiesen, daß jede volle konvexe Fläche genau einem der folgenden drei Typen angehört:

1. Geschlossene konvexe Flächen, die einer Sphäre homöomorph sind; sie berandenendliche konvexe Körper.
2. Unendliche konvexe Flächen, die einer Ebene homöomorph sind, wie z. B. das elliptische Paraboloid.
3. Konvexe Zylinderflächen, die einem Kreiszylinder homöomorph sind.

Daraus, daß jede volle konvexe Fläche einer Sphäre, einer Ebene oder einem Zylinder homöomorph ist, folgt offenbar, daß jede konvexe Fläche — d. h. ein Gebiet auf einer vollen konvexen Fläche — eine Fläche im Sinne der zu Anfang gegebenen Definition ist. Das bedeutet, daß jeder ihrer Punkte eine kreishomöomorphe Umgebung besitzt, und daß jedes ihrer Punktepaare durch eine stetige, ganz in ihr liegende Kurve verbunden werden kann.

Außerdem *können je zwei Punkte einer konvexen Fläche durch eine ganz darin liegende Kurve endlicher Länge verbunden werden, so daß jede konvexe Fläche eine innere Metrik besitzt.* (Wäre dies nicht der Fall, so wäre die Frage nach der inneren Geometrie beliebiger konvexer Flächen sinnlos.)

In der Tat: Sei $\boldsymbol{F}$ irgendeine konvexe Fläche. Sie ist ein Gebiet auf der Berandung eines gewissen konvexen Körpers $\mathfrak{H}$. Wir nehmen auf $\boldsymbol{F}$ einen beliebigen Punkt A und legen durch ihn eine Stützebene $\boldsymbol{P}$ an $\boldsymbol{F}$ (Anhang § 2). Ist Q ein im Innern von $\mathfrak{H}$ gelegener Punkt, so schneidet jeder von ihm ausgehende Strahl die Berandung von $\mathfrak{H}$ in höchstens einem Punkt. Daher ergibt die Projektion von Q aus innerhalb einer hinreichend kleinen Umgebung von A eine umkehrbar eindeutige und beiderseits stetige Abbildung von $\boldsymbol{F}$ auf $\boldsymbol{P}$. Sei $\boldsymbol{U}$ eine Umgebung von A, deren Projektion auf $\boldsymbol{P}$ ein Kreis $\boldsymbol{U}'$ mit dem Mittelpunkt A ist (Abb. 1).

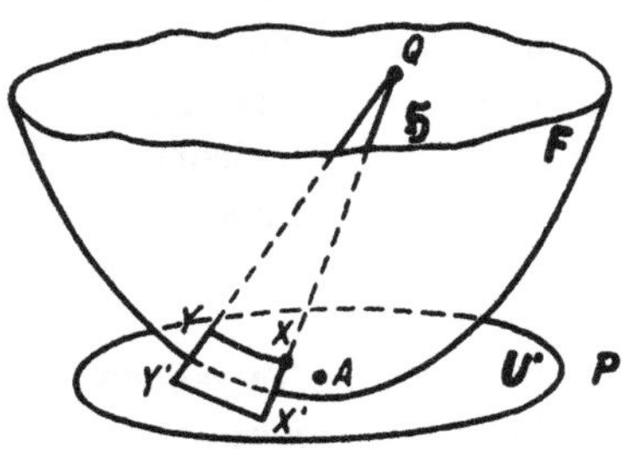

Abb. 1

Wir greifen in dieser Umgebung $\boldsymbol{U}$ zwei Punkte X, Y heraus. Die Verbindungsstrecke $X'Y'$ ihrer Projektionen X' und Y' auf $\boldsymbol{P}$ liegt innerhalb des Kreises $\boldsymbol{U}'$ und stellt die Projektion der Kurve $\widehat{XY}$ dar, in der der ebene Winkel $QX'Y'$ die Umgebung $\boldsymbol{U}$ schneidet. $\widehat{XY}$ ist eine konvexe Kurve, da der Durchschnitt einer Ebene und eines konvexen Körpers ein ebenes konvexes Gebiet ist. Da nun jede konvexe Kurve eine Länge besitzt, ist durch unsere Überlegung folgendes bewiesen: Zu jedem Punkt A einer konvexen Fläche gibt es eine Umgebung, in der je zwei Punkte durch eine Kurve endlicher Länge verbunden werden können.

Seien nun X und Y zwei beliebige Punkte von $\boldsymbol{F}$. Wir verbinden sie durch irgendeine stetige, ganz auf $\boldsymbol{F}$ gelegene Kurve $\mathfrak{L}$. Nach Definition der Fläche exisitiert zwar immer eine solche Kurve, aber nicht notwendig eine von endlicher Länge. Wie oben bewiesen wurde, kann man aber um jeden Punkt von $\mathfrak{L}$ eine Umgebung legen, in der jedes Punktepaar durch eine Kurve endlicher Länge verbunden werden kann. Nach dem bekannten BORELschen Überdeckungssatz gibt es unter diesen Umgebungen endlich viele, die schon $\mathfrak{L}$ überdecken. Wir können also auf $\mathfrak{L}$ eine endliche Punktfolge — mit X als erstem und Y als letztem Punkt — auswählen derart, daß je zwei konsekutive Punkte in einer solchen Umgebung liegen. Verbinden wir diese Punkte durch Kurven endlicher Länge, so erhalten wir eine ebensolche Kurve, die die gegebenen Punkte X und Y verbindet. Daher hat jede konvexe Fläche wirklich eine innere Metrik.

Vor welchen allgemeinen Aufgaben steht nun die innere Geometrie der Flächen? Sie lassen sich etwa in fünf Gruppen einteilen. Betrachten wir einmal eine gewisse Klasse $\boldsymbol{\Phi}$ von Flächen, z. B. die Klasse der konvexen Flächen. Jede Fläche aus $\boldsymbol{\Phi}$ ist im Sinne der inneren Geometrie ein metrischer Raum. Der erste Problemkreis besteht nun darin, diejenigen Eigenschaften aufzufinden, die die Flächen aus $\boldsymbol{\Phi}$ unter allen überhaupt möglichen metrischen Räumen auszeichnen. Mit anderen Worten: es handelt sich um notwendige und hinreichende Bedingungen dafür, daß ein gegebener metrischer Raum einer Fläche aus der Klasse $\boldsymbol{\Phi}$ isometrisch ist. Dabei heißt eine Fläche $\boldsymbol{F}$ einem Raum $\mathfrak{r}$ *isometrisch*, wenn zwischen den Punkten von $\mathfrak{r}$ und denen von $\boldsymbol{F}$ eine (eineindeutige) Zuordnung hergestellt werden kann, bei der für jedes Punktepaar von $\boldsymbol{F}$ die Entfernung — im Sinne der inneren Metrik — gleich der Entfernung der entsprechenden Punkte von $\mathfrak{r}$ ist. Von einer solchen Fläche sagt man, sie sei eine *Realisierung* (ein Modell) der Metrik des Raumes $\mathfrak{r}$.

Das gestellte Problem kann auch als die Aufgabe aufgefaßt werden, die innere Geometrie der Flächen einer Klasse $\boldsymbol{\Phi}$ axiomatisch zu begründen. In der Tat: Nehmen wir zu den Axiomen des metrischen Raumes die notwendigen und hinreichenden Bedingungen für die Isometrie dieses Raumes mit einer Fläche der Klasse $\boldsymbol{\Phi}$ hinzu, so erhalten wir die Gesamtheit der Bedingungen (Axiome), die die Flächen aus $\boldsymbol{\Phi}$ vom Standpunkt der inneren Geometrie charakterisieren. Als einfachstes Beispiel eines solchen Axiomensystems kann die Axiomatik der euklidischen Planimetrie dienen, die auf den Entfernungsbegriff gegründet ist. In diesem Falle enthält die Klasse $\boldsymbol{\Phi}$ nur eine einzige Fläche, nämlich die Ebene.

Der zweite, ebenfalls zur Begründung der inneren Geometrie gehörige Problemkreis steht in völliger Analogie zu bekannten Problemen der Begründung der Planimetrie. Er umfaßt die Definition und Untersuchung der Haupteigenschaften der geometrischen Grundgebilde: Längen, Winkel, Flächeninhalte. Außerdem erscheint in der inneren Geometrie der Flächen ein neuer Begriff, zu dem es in der Planimetrie kein Analogon gibt: der Begriff der inneren Krümmung einer Fläche. Die Definition dieser Begriffe wird später gegeben; hier formulieren wir nur die Aufgabe: die angegebenen Gebilde zu definieren und ihre Eigenschaften zu untersuchen.

Nachdem alle diese Begriffe definiert sind, muß mit ihnen gearbeitet werden; eine mathematische Theorie bekommt ja ihren vollen Gehalt erst dadurch, daß aus ihren Grundaussagen eine genügend große Zahl inhaltsreicher Sätze gefolgert wird. Der dritte Aufgabenkomplex der inneren Geometrie besteht demnach gerade darin, auf der Basis der gelösten ersten beiden Aufgaben die innere Geometrie der zu $\boldsymbol{\Phi}$ gehörigen Flächen zu entwickeln, d. h. eine Reihe allgemeiner und genügend gehaltvoller Sätze herzuleiten — zum Beispiel allgemeine Sätze über Dreiecke, deren Seiten kürzeste Linien auf der Fläche sind, oder folgendes wichtige Problem zu lösen: notwendige und hinreichende Bedingungen dafür anzugeben, daß eine konvexe Fläche im Sinne der inneren Metrik insoweit regulär ist, daß die Methoden der klassischen Differentialgeometrie anwendbar sind. Selbstverständlich ist der Umfang dieses dritten Problemkreises völlig unbestimmt und eigentlich unbeschränkt, da sich nicht einmal die Zahl der allgemeinen beweisbaren Sätze abgrenzen läßt.

Die vierte Fragengruppe, die ihrem Charakter nach ebensowenig bestimmt ist, besteht darin, möglichst allgemeine Methoden zur Lösung der verschiedenen Aufgaben der inneren Geometrie anzugeben und auszuarbeiten. Natürlich kann niemand eine universelle Methode angeben, die für die Lösung jedes beliebigen Problems brauchbar wäre, genauso wenig, wie es ein Universalmittel gegen alle Krankheiten gibt. Jedoch ist es zweifellos ein sinnvolles Problem, nach allgemeinen Ansätzen zur Lösung einer großen Anzahl von Aufgaben zu suchen. Insbesondere wird sich die Methode des Grenzüberganges von konvexen Polyedern zu beliebigen konvexen Flächen als unser hauptsächlichstes Hilfsmittel herausstellen.

Der fünfte Problemkreis schließlich — der schon über den Rahmen der eigentlichen inneren Geometrie hinausgeht — besteht in der Klärung der Beziehungen zwischen der inneren Geometrie der Flächen und ihrer „äußeren" Geometrie. Es soll dabei festgestellt werden, wie die innergeometrischen Eigenschaften einer Fläche und ihrer Figuren mit ihren räumlichen Eigenschaften zusammenhängen. Etwa: Welche der inneren Metrik einer Fläche aus der Klasse $\boldsymbol{\Phi}$ auferlegten Bedingungen gewährleisten, daß die Fläche glatt ist? Oder: Welche Eigenschaften einer als Raumfigur betrachteten Fläche hängen nur von der inneren Metrik ab und bleiben daher bei allen isometrischen Abbildungen erhalten, falls nur das Bild wieder zu $\boldsymbol{\Phi}$ gehört?

In unserem Falle ist $\boldsymbol{\Phi}$ die Klasse aller konvexen Flächen. Aber schon bei der Aufstellung notwendiger und hinreichender Bedingungen für die Isometrie eines gegebenen metrischen Raumes mit einer konvexen Fläche stößt man auf eine wesentliche Schwierigkeit, die wir zweckmäßigerweise vorweg besprechen.

Wir denken uns eine Fläche $\boldsymbol{F}$, etwa eine Sphäre, und betrachten zwei ihrer Punkte, A und B. Die Entfernung $\varrho_{\boldsymbol{F}}(AB)$ dieser Punkte (auf der Fläche) ist durch die Länge des kleineren der beiden Bögen AB eines Großkreises definiert. Wir greifen jetzt aus der Sphäre ein Gebiet $\boldsymbol{F}_1$ heraus, das die Punkte A und B enthält; ein gewisser Abschnitt des Bogens AB soll jedoch nicht in diesem Gebiet enthalten sein, und es soll diesem Abschnitt auch keine Kurve innerhalb des Gebietes beliebig nahe kommen. So kann man z. B. für $\boldsymbol{F}_1$ den Teil der Sphäre nehmen, der übrigbleibt, wenn man einen Kreis um den Mittelpunkt von AB herausschneidet. Wir erhalten die neue Fläche $\boldsymbol{F}_1$, die ein Teil der alten ist. Die Länge einer jeden Verbindungskurve von A und B auf $\boldsymbol{F}_1$ übertrifft die Länge des Bogens AB um mehr als ein gewisses positives ε. Daher ist die Entfernung zwischen A und B auf $\boldsymbol{F}_1$ größer als die auf $\boldsymbol{F}$, es ist nämlich $\varrho_{\boldsymbol{F}_1}(AB) \geqq \varrho_{\boldsymbol{F}}(AB) + \varepsilon$. Dabei hängt $\varrho_{\boldsymbol{F}_1}(AB)$ offenbar von der Wahl des Gebietes $\boldsymbol{F}_1$ ab, kann sogar beliebig groß gemacht werden. Man braucht ja nur für $\boldsymbol{F}_1$ ein A und B enthaltendes Gebiet zu nehmen, das die Sphäre wie ein schmales Band hinreichend oft umwindet (Abb. 2).

Dieses einfache Beispiel zeigt, daß man durch Ausschneiden verschiedener Gebiete aus einer Fläche neue Flächen erhalten kann, deren innere Metrik sich wesentlich von der Metrik der Ausgangsfläche unterscheidet. So erhalten wir eine schier unübersehbare Mannigfaltigkeit verschiedener innerer Metriken, und es erhebt sich die Frage, ob es nicht zu schwer oder letzten Endes gar sinnlos sei, Eigenschaften finden zu wollen, die alle so erhaltenen Metriken vollständig charakterisieren. Schon folgende einfache Frage erweist sich somit als ziemlich schwierig: Welchen notwendigen und hinreichenden Bedingungen muß die Metrik einer Fläche genügen, damit diese einem ebenen Gebiet isometrisch ist? Die Bedingung, daß die Fläche „abwickelbar" ist, d. h. daß ihr GAUSZsches Krümmungsmaß gleich Null ist, ist nicht hinreichend, da z. B. ein Zylinder keinem ebenen Gebiet isometrisch ist. Man kann ihn nur dann auf die Ebene abwickeln, wenn man ihn in geeigneter Weise aufschneidet, was jedoch seine innere Metrik ändert.

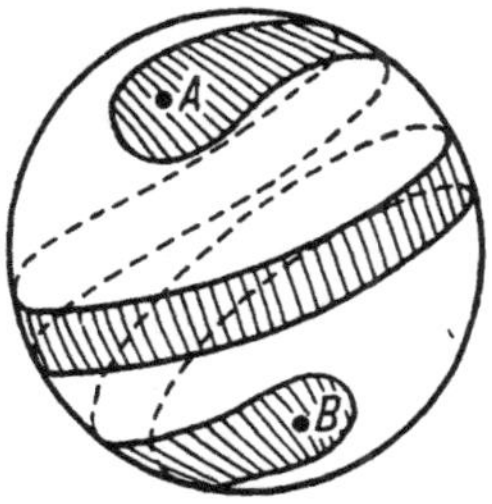

Abb. 2

Immerhin haben alle Flächen, die Teile ein und derselben Fläche sind, vieles miteinander gemeinsam. Nehmen wir auf einer beliebigen Fläche $\boldsymbol{F}$ einen Punkt Q und betrachten die Gesamtheit aller Flächenpunkte, die im Sinne der Metrik auf $\boldsymbol{F}$ von Q um weniger als ein gewisses vorgegebenes positives r entfernt sind, so ist das eine Umgebung von Q im Sinne der inneren Metrik von $\boldsymbol{F}$, kurz gesagt, eine „innere Umgebung". Ist nun $\boldsymbol{F}_1$ irgendein Q enthaltendes Gebiet auf der Fläche, so läßt sich stets ein positives r finden derart, daß die zugehörige innere Umgebung von Q so weit vom Rand von $\boldsymbol{F}_1$ entfernt ist, daß eine auf $\boldsymbol{F}$ gelegene Verbindungskurve zweier beliebiger Punkte X und Y aus dieser Umgebung, die die kleinste Länge (oder wenigstens eine der unteren Grenze der Längen der Verbindungskurven von X und Y beliebig nahe kommende Länge) hat, in einer gewissen Entfernung vom Rand des Gebietes $\boldsymbol{F}_1$ verläuft[1]). Daher ist die Entfernung zwischen X und Y auf $\boldsymbol{F}_1$ dieselbe wie die auf $\boldsymbol{F}$. Wir kommen also zu folgendem Ergebnis:

[1]) Ein genauer Beweis wird später erbracht.

Die Metrik in einer hinreichend kleinen inneren Umgebung eines beliebigen Punktes einer Fläche hängt nicht davon ab, welches diesen Punkt enthaltende Gebiet wir aus der Fläche herausgreifen und als neue Fläche betrachten. Ebenso ändert sich auch die Metrik in einer hinreichend kleinen Umgebung eines gegebenen Punktes der Fläche $\boldsymbol{F}$ nicht, wenn $\boldsymbol{F}$ zu einer größeren Fläche $\boldsymbol{F}_1$ ergänzt wird.

Wendet man diese Bemerkung auf konvexe Flächen an, so erhält man folgendes Resultat: Sei $\boldsymbol{F}$ eine konvexe Fläche und Q ein beliebiger Punkt auf $\boldsymbol{F}$. Definitionsgemäß ist $\boldsymbol{F}$ ein Gebiet auf der Berandung eines gewissen konvexen Körpers $\mathfrak{H}$. Der Durchschnitt $\mathfrak{H}_1$ von $\mathfrak{H}$ mit irgendeiner Kugel um Q ist wieder ein konvexer Körper. Wir richten es so ein, daß er einen vorgegebenen beschränkten Teil von $\boldsymbol{F}$ enthält. Die Oberfläche $\boldsymbol{F}_1$ von $\mathfrak{H}_1$ ist eine geschlossene konvexe Fläche, auf der Q eine Umgebung besitzt, die mit einer Umgebung auf der Ausgangsfläche $\boldsymbol{F}$ zusammenfällt. Ist diese Umgebung hinreichend klein, so hängt ihre Metrik nicht davon ab, ob wir sie auf $\boldsymbol{F}$ oder auf $\boldsymbol{F}_1$ betrachten. In dieser Weise *kann man jeden beschränkten Teil einer konvexen Fläche zu einer geschlossenen konvexen Fläche ergänzen, und es genügt, die Untersuchung der Eigenschaften der Metrik in kleinen Umgebungen für geschlossene konvexe Flächen durchzuführen.* Diese Tatsache werden wir im folgenden häufig benutzen, da es in vieler Hinsicht einfacher ist, geschlossene konvexe Flächen zu betrachten.

Eigenschaften in beliebig kleinen Umgebungen heißen Eigenschaften „im Kleinen". Wir haben gezeigt, daß die Eigenschaften der inneren Metrik einer Fläche im Kleinen invariant sind gegenüber einer Herauslösung des betreffenden Gebietes aus der Fläche, da sie für alle solchen Gebiete gemeinsam gültig bleiben. Es ist daher natürlich, daß das erste, worauf sich die Aufmerksamkeit bei der Untersuchung der inneren Geometrie der Flächen richtet, gerade die Eigenschaften „im Kleinen" sind. So hebt sich aus der inneren Geometrie im allgemeinen zu Beginn als erstes und allereinfachstes Kapitel die innere Geometrie „im Kleinen" heraus.

Das Problem, diejenigen metrischen Räume, die konvexe Flächen sind, „im Kleinen" zu charakterisieren, läßt sich folgendermaßen formulieren: Welche Eigenschaften der Metrik in einer hinreichend kleinen Umgebung $\mathfrak{u}$ eines Punktes eines gegebenen metrischen Raumes sind notwendig und hinreichend für die Existenz einer konvexen Fläche, die so beschaffen ist, daß eine ihrer hinreichend kleinen Teilmengen zu $\mathfrak{u}$ isometrisch ist? Diese Frage werden wir in diesem Buche beantworten.

Neben den Eigenschaften *im Kleinen,* die ja allen konvexen Flächen zukommen, sind die Eigenschaften der *vollen* konvexen Flächen, d. h. der vollen Berandungen konvexer Körper, von Interesse. Hier werden wir die folgende Frage beantworten: Welchen notwendigen und hinreichenden Bedingungen muß ein metrischer Raum genügen, damit eine ihm isometrische volle konvexe Fläche existiert? Dies ist eine sogenannte Problemstellung „im Großen", während die oben beschriebene eine solche „im Kleinen" ist. Da aus der Definition der konvexen Fläche selbst schon folgt, daß sie immer zur vollen Berandung eines konvexen Körpers ergänzt werden kann, ist diese Fragestellung durchaus natürlich.

Es stellt sich aber heraus, daß beide Aufgaben — die „im Kleinen" und die „im Großen" — zu einer einzigen vereinigt werden können. Um diese allgemeinere Aufgabe formulieren zu können, führen wir einige Definitionen ein.

Unter einer *Kürzesten XY* verstehen wir eine Kurve auf der Fläche, die die Flächenpunkte X und Y verbindet und unter allen auf der Fläche liegenden Verbindungskurven dieser beiden Punkte die kleinste Länge besitzt. Die Kürzeste als Analogon der geradlinigen Strecke ist einer der wichtigsten Begriffe der inneren Geometrie. Es ist aber wohlbekannt, daß ihre Eigenschaften nicht genau mit den Eigenschaften der Strecke übereinstimmen. Denn es gibt z. B. auf einer Sphäre Punktepaare, zwischen denen nicht nur eine, sondern unendlich viele Kürzeste existieren. Da die Entfernung $\varrho_F(XY)$ auf der Fläche gleich der unteren Grenze der Längen aller Verbindungskurven von X und Y ist, ist die Länge einer Kürzesten XY gerade gleich der Entfernung der Punkte X und Y. Für eine Fläche mit innerer Metrik kann man zeigen, daß es zu jedem ihrer Punkte eine innere Umgebung gibt, in der je zwei beliebige Punkte durch eine Kürzeste verbunden werden können. Ferner kann man beweisen, daß sich auf jeder vollen konvexen Fläche je zwei beliebige Punkte durch Kürzeste verbinden lassen. (Diese Beweise werden in Kap. II, § 2 durchgeführt.)

Ein Bereich $\boldsymbol{G}$ auf einer Fläche $\boldsymbol{F}$ heißt *konvex* (im Sinne der inneren Metrik), wenn jedes Punktepaar von $\boldsymbol{G}$ durch eine in $\boldsymbol{G}$ liegende Kürzeste verbunden werden kann. Wir greifen auf einer Fläche $\boldsymbol{F}$ ein konvexes Gebiet $\boldsymbol{G}$ heraus und betrachten es selbst als Fläche. Sind X und Y zwei Punkte von $\boldsymbol{G}$, so ist ihre Entfernung gleich der Länge einer sie verbindenden Kürzesten und hängt daher nicht davon ab, ob $\boldsymbol{G}$ als selbständige Fläche oder als Teil der Fläche $\boldsymbol{F}$ betrachtet wird. Also besitzt ein konvexes Gebiet $\boldsymbol{G}$ einer Fläche die wichtige Eigenschaft, daß seine Metrik davon unabhängig ist, welchen $\boldsymbol{G}$ enthaltenden Teil der Fläche wir herausgreifen und als Fläche für sich betrachten. Die Tatsache, daß man in einem konvexen Gebiet jedes Punktepaar durch eine Kürzeste verbinden kann, gestattet außerdem in einem solchen Gebiet die Ausführung zahlreicher Konstruktionen, die das Zeichnen von Kürzesten erfordern. Im zweiten Kapitel werden wir speziell gewisse Grundeigenschaften konvexer Gebiete untersuchen. Wir beweisen dort insbesondere, daß zu jedem Punkt einer konvexen Fläche beliebig kleine konvexe Umgebungen existieren. Da sich je zwei Punkte einer vollen konvexen Fläche durch eine Kürzeste verbinden lassen, stellt überdies jede solche Fläche selbst ein konvexes Gebiet dar. Daher umfaßt die Untersuchung der inneren Metrik konvexer Gebiete insbesondere das Studium der inneren Metrik sowohl „im Kleinen" als auch „im Großen". Aus all dem ist ersichtlich, daß das Hauptaugenmerk auf die Untersuchung der inneren Geometrie konvexer Gebiete gerichtet werden kann. Für sie gelingt es, das erste Problem der inneren Geometrie vollständig zu lösen, d. h. notwendige und hinreichende Bedingungen dafür anzugeben, daß ein gegebener metrischer Raum einem konvexen Gebiet auf einer vollen konvexen Fläche isometrisch ist. Insbesondere kann dieses Gebiet die volle Fläche selbst sein.

Im nächsten Paragraphen zeigen wir in großen Zügen, wie die Grundaufgaben der inneren Geometrie der regulären Flächen im Rahmen der klassischen Differentialgeometrie gestellt und gelöst werden. Wir beabsichtigen nicht, darüber etwas Neues zu sagen; unser Ziel ist lediglich, einerseits den Zusammenhang, andererseits den Unterschied zwischen dem klassischen Ansatz zur Lösung dieser Probleme und den in diesem Buche angewandten Methoden hervortreten zu lassen. Wir werden die Ergebnisse und Methoden der klassischen Differentialgeometrie überhaupt nicht verwenden; sie dienen uns aber als Leitfaden, um soweit wie möglich die klassischen Hauptresultate auch in der allgemeineren Theorie wieder zu erhalten.

In den folgenden Paragraphen dieses Kapitels führen wir die Grundbegriffe der inneren Geometrie ein und formulieren die Hauptresultate, um so ein klares Gesamtbild der Theorie zu geben, deren Einzelheiten in der weiteren Darstellung nach und nach entwickelt werden.

§ 2. Die GAUSZsche innere Geometrie

Den Grundstein zur inneren Geometrie der Flächen hat GAUSZ in seiner 1827 erschienenen bedeutenden Arbeit „Allgemeine Untersuchungen über krumme Flächen" gelegt. Die ersten beiden Hauptideen dieser Arbeit, nämlich die Einführung von Koordinaten auf der Fläche und des Linienelements der Fläche, können in der heutigen Ausdrucksweise folgendermaßen dargestellt werden: Auf einer beliebigen Fläche $\boldsymbol{F}$ betrachten wir irgendeinen Punkt und eine Umgebung $\boldsymbol{U}$ desselben, die einem Quadrat $\boldsymbol{D}$ homöomorph ist. In $\boldsymbol{D}$ führen wir gewöhnliche kartesische Koordinaten u, v ein. Da zwischen den Punkten der Umgebung $\boldsymbol{U}$ und denen des Quadrates $\boldsymbol{D}$ eine umkehrbar eindeutige und beiderseits stetige Zuordnung besteht, kann $\boldsymbol{U}$ durch die Gleichung

$$\mathfrak{x} = \mathfrak{x}(u,v)$$

beschrieben werden. Diese Gleichung besagt, daß jedem Koordinatenpaar u, v ein bestimmter Vektor $\mathfrak{x}$ entspricht, der von einem fest gewählten Anfangspunkt aus zu einem Punkt des Bereiches $\boldsymbol{U}$ hinführt. Mit anderen Worten: $\mathfrak{x}$ ist eine Funktion von u und v. Diese Funktion sei stetig differenzierbar, d. h. es mögen die partiellen Ableitungen $\mathfrak{x}_u(u,v)$, $\mathfrak{x}_v(u,v)$ existieren und in u und v stetig sein. Außerdem seien die Vektoren $\mathfrak{x}_u$ und $\mathfrak{x}_v$ in jedem Punkt linear unabhängig. Eine Fläche, die in einer Umgebung eines jeden Punktes eine solche Darstellung zuläßt, heißt *glatt* oder *differenzierbar*. Sie besitzt in jedem Punkt eine Tangentialebene — nämlich die von den Vektoren $\mathfrak{x}_u(u,v)$ und $\mathfrak{x}_v(u,v)$ aufgespannte Ebene. Eine hinreichend kleine Umgebung eines Flächenpunktes läßt sich eindeutig auf die Tangentialebene, die durch diesen Punkt geht, projizieren und man kann — bis auf Größen zweiter Ordnung — die Fläche in dieser kleinen Umgebung durch ein Ebenenstück ersetzen.

Sind $\mathfrak{x}(u,v)$ und $\mathfrak{x}(u+du, v+dv)$ zwei benachbarte Flächenpunkte, so gilt bis auf Größen höherer Ordnung

$$\mathfrak{x}(u+du, v+dv) - \mathfrak{x}(u,v) \cong \mathfrak{x}_u(u,v)\,du + \mathfrak{x}_v(u,v)\,dv,$$

d. h. der Verbindungsvektor zweier benachbarter Flächenpunkte liegt — mit einem Fehler zweiter Ordnung — in der Tangentialebene. Das Quadrat der Länge des Vektors $d\mathfrak{x} = \mathfrak{x}_u\,du + \mathfrak{x}_v\,dv$ wird

$$d\mathfrak{x}^2 = ds^2 = E\,du^2 + 2F\,du\,dv + G\,dv^2, \tag{1}$$

wo nach GAUSZ

$$E = \mathfrak{x}_u^2, \quad F = \mathfrak{x}_u\mathfrak{x}_v, \quad G = \mathfrak{x}_v^2 \tag{2}$$

gesetzt ist. Formel (1) stellt nichts anderes dar als das Quadrat der Länge des Vektors $d\mathfrak{x}$, der in der Ebene nach den Vektoren $\mathfrak{x}_u$ und $\mathfrak{x}_v$ in Komponenten zerlegt ist und dabei die Koordinaten du und dv besitzt.

Der Sinn des GAUSZschen Ausdrucks für das Quadrat des Linienelements besteht einfach darin, daß die Fläche im Kleinen bis auf Größen höherer Ordnung einem kleinen Bereich der Tangentialebene isometrisch ist. Die quadratische Form (1) — die erste quadratische Form der Fläche — gibt die Darstellung der Länge in der Tangentialebene durch die Koordinaten du und dv mit den Grundvektoren $\mathfrak{x}_u$ und $\mathfrak{x}_v$. Die Koeffizienten E, F, G hängen von den Werten von u und v ab und bestimmen die innere Metrik der Fläche vollständig. Die Länge einer Kurve $u = u(t)$, $v = v(t)$ [d. h. $\mathfrak{x} = \mathfrak{x}(u(t), v(t))$] auf der Fläche wird durch das Integral

$$s = \int ds = \int \sqrt{E\dot{u}^2 + 2F\dot{u}\dot{v} + G\dot{v}^2}\,dt \tag{3}$$

gegeben. Ist aber die Länge definiert, so ist damit auch die Entfernung bestimmt, nämlich als untere Grenze von Kurvenlängen. Folglich wird die innere Metrik einer glatten Fläche durch ihre erste quadratische Form gegeben. Den hieraus entstehenden Begriff der inneren Geometrie der Fläche definiert GAUSZ im § 13 seiner Arbeit mit folgenden Worten: „Der in vorigem Artikel abgeleitete Satz führt dahin, die krummen Flächen aus einem neuen Gesichtspunkt zu betrachten, und diese neue Betrachtungsweise verdient von seiten der Geometer eine sorgfältige Ausbildung. Falls man nämlich die Flächen nicht als Grenzen von Körpern, sondern als Körper, deren eine Dimension verschwindend klein ist, und zugleich als biegsam, aber nicht als dehnbar betrachtet, hängen die Eigenschaften einer Fläche teils von der Form ab, welche dieselbe gerade angenommen hat, teils aber sind sie absolute und bleiben ungeändert, in welche Form jene auch gebogen wird. Zu den letzteren Eigenschaften, deren Untersuchung der Geometrie ein neues und fruchtbares Feld eröffnet, gehörten das Krümmungsmaß und die Gesamtkrümmung in dem Sinne, wie diese Ausdrücke von uns aufgefaßt werden; ferner gehört hierher die Lehre von den kürzesten Linien und einiges andere, dessen Behandlung wir uns für später vorbehalten.“ (Weiter untersucht GAUSZ insbesondere Dreiecke auf der Fläche.) „Bei dieser Auffassung werden eine ebene Fläche und eine auf die Ebene abwickelbare Fläche, wie z. B. eine Zylinderfläche, Kegelfläche usw., als wesentlich identisch angesehen. Der eigentliche Ausgangspunkt für den allgemeinen Ausdruck einer Fläche bei solcher Auffassung liegt in der Formel

$$\sqrt{E\,du^2 + 2F\,du\,dv + G\,dv^2},$$

welche den Zusammenhang eines Bogenelements mit zwei Hilfsvariabeln darstellt" (d. h. mit u, v) (zitiert aus Ostwalds Klassikern, Nr. 5, Seite 25).

Die Bogenlänge, der Winkel zwischen Kurven, der Flächeninhalt eines Bereiches, die geodätische Krümmung einer Kurve und endlich das Krümmungsmaß der Fläche in einem gegebenen Punkte — oder, wie es GAUSZ treffend bezeichnet, die spezifische Krümmung der Fläche (zum Unterschied von der Totalkrümmung [curvatura integra], die gleich dem Flächeninhalt des sphärischen Bildes ist) — drücken sich durch die Koeffizienten E, F, G nach bekannten Formeln aus. Diese sind in jedem Lehrbuch der Differentialgeometrie angegeben und gehen im wesentlichen auf GAUSZ zurück. GAUSZ hat auch das grundlegende Theorem bewiesen, das die innere Metrik einer Fläche mit ihrer räumlichen Form in Verbindung bringt. Dieses Theorem sagt aus, daß das Produkt der Hauptkrümmungen in jedem Punkt der Fläche — das ist gerade das Krümmungsmaß in diesem Punkt — nur von der inneren Metrik abhängt und sich durch die Koeffizienten E, F, G nach einer von GAUSZ angegebenen Formel ausdrücken läßt.

Durch die Einführung von Koordinaten auf der Fläche und der quadratischen Form ds^2 hat GAUSZ eine allgemeine analytische Methode zur Untersuchung der inneren Geometrie der regulären Flächen gegeben. GAUSZ selbst und seine Nachfolger haben durch den Beweis vieler Sätze der inneren Geometrie gezeigt, daß das neue, von GAUSZ entdeckte Feld wirklich außerordentlich fruchtbar ist. So wurden für reguläre Flächen die allgemeinen Aufgaben der inneren Geometrie gelöst, von denen wir oben in § 1 sprachen. Es blieb nur unser erstes Problem. Im Rahmen der GAUSZschen Theorie wird es folgendermaßen formuliert:

Wir denken uns irgendeinen Bereich $\boldsymbol{D}$, in dem Koordinaten u und v eingeführt und drei stetige Funktionen $E(u,v)$, $F(u,v)$, $G(u,v)$ vorgegeben sind, und zwar so, daß die quadratische Form

$$ds^2 = E\,du^2 + 2F\,du\,dv + G\,dv^2 \tag{4}$$

überall positiv definit ist. Damit ist, wie man sagt, in jedem Punkt des Bereiches $\boldsymbol{D}$ ein Linienelement ds vorgegeben. Die Länge einer Kurve $u = u(t)$, $v = v(t)$ im Bereich $\boldsymbol{D}$ wird dann durch die Formel (3) definiert. Damit ist auch die Entfernung je zweier Punkte von $\boldsymbol{D}$ als untere Grenze der Längen aller ihrer Verbindungskurven bestimmt. Die Frage lautet dann: Gibt es eine Fläche, deren erste quadratische Form bei geeigneter Koordinatenwahl mit der auf $\boldsymbol{D}$ vorgegebenen zusammenfällt? Die Antwort auf diese Frage wird „im Kleinen" durch den folgenden Fundamentalsatz von DARBOUX[1]) gegeben:

[1]) Diesen Satz kann man in jedem größeren Lehrbuch der Differentialgeometrie finden. In russischer Sprache siehe С. П. Фиников, Теория поверхностей. (S. P. FINIKOW, Flächentheorie). Bei schwächeren Voraussetzungen bez. der Koeffizienten ist der Satz unseres Wissens in voller Allgemeinheit nicht bewiesen. Wenn die GAUSZsche Krümmung ihr Vorzeichen nicht ändert, so scheint dreifache Differenzierbarkeit der Funktionen E, F, G hinreichend zu sein.

Sind die Koeffizienten $E(u,v)$, $F(u,v)$, $G(u,v)$ *analytische Funktionen in* u *und* v, *d. h. lassen sie sich in der Umgebung eines jeden Punktes in Potenzreihen entwickeln, so ist die durch das Linienelement mit diesen Koeffizienten vorgegebene Metrik im Kleinen durch eine analytische Fläche realisierbar.* Das bedeutet, daß jeder Punkt des Bereiches $\boldsymbol{D}$ eine Umgebung besitzt, die auf eine gewisse analytische Fläche isometrisch abgebildet werden kann. Dabei übertragen sich die Koordinaten u und v von selbst auf diese Fläche. (Entsprechende Punkte besitzen dieselben Koordinaten.) Die aus den Formeln (2) bestimmten Koeffizienten E, F, G sind in jedem Punkt der Fläche mit den vorgegebenen Werten von E, F, G in dem entsprechenden Punkt von $\boldsymbol{D}$ identisch.

Dieser Satz von DARBOUX zeigt, daß die Möglichkeit, die Metrik mit Hilfe eines Linienelements mit analytischen Koeffizienten vorzugeben, die innere Metrik der analytischen Flächen im Kleinen vollkommen charakterisiert. Somit läßt sich alles — jedenfalls soweit von Eigenschaften im Kleinen die Rede ist — auf ein beliebig vorgebbares Linienelement mit analytischen Koeffizienten zurückführen. Alles, was man mit seiner Hilfe allein definieren und beweisen kann, ist für die Flächen im Raum gültig und gehört ihrer inneren Geometrie an.

Die Möglichkeit, eine Metrik mit Hilfe eines Linienelements vorzugeben, bedeutet, daß diese Metrik im unendlich Kleinen euklidisch ist. Genauer gesagt, läßt sich folgendes beweisen: Sei in einem Gebiet $\boldsymbol{D}$ ein Linienelement mit stetigen Koeffizienten E, F, G vorgegeben und seien E_0, F_0, G_0 die Werte dieser Koeffizienten im Punkte (u_0, v_0). Auf einer Ebene $\boldsymbol{P}$ wählen wir die Vektoren $\mathfrak{a}$ und $\mathfrak{b}$ so, daß

$$\mathfrak{a}^2 = E_0, \quad \mathfrak{b}^2 = G_0, \quad \mathfrak{a}\mathfrak{b} = F_0 \tag{5}$$

ist. Wegen $E_0 G_0 - F_0^2 > 0$ existieren diese Vektoren und sind linear unabhängig. Nehmen wir sie als Grundvektoren eines Koordinatensystems, dessen Koordinaten wir mit p, q bezeichnen, so wird die Entfernung zwischen den Punkten (p, q) und $(p + \Delta p, q + \Delta q)$ auf der Ebene $\boldsymbol{P}$ durch die Formel

$$\varrho_0 = \sqrt{E_0 \Delta p^2 + 2F_0 \Delta p \Delta q + G_0 \Delta q^2} \tag{6}$$

ausgedrückt. Dem Punkt u, v des Gebietes $\boldsymbol{D}$ ordnen wir den Punkt (p, q) der Ebene $\boldsymbol{P}$ so zu, daß

$$p = u - u_0, \quad q = v - v_0 \tag{7}$$

ist. Dem Punkt (u_0, v_0) entspricht dann der Koordinatenursprung der Ebene, und es ist $\Delta p = \Delta u$, $\Delta q = \Delta v$. Der Integralausdruck (3) für die Länge führt wegen der Stetigkeit der Koeffizienten E, F, G zu der Formel

$$\varrho = \sqrt{E_0 \Delta u^2 + 2F_0 \Delta u \Delta v + G_0 \Delta v^2} + \delta \tag{8}$$

für die Entfernung ϱ zwischen den Punkten (u, v), $(u + \Delta u, v + \Delta v)$ aus $\boldsymbol{D}$ in der Umgebung des Punktes (u_0, v_0). Dabei ist δ eine Größe, die von höherer Ordnung als die Entfernungen der Punkte (u, v) und $(u + \Delta u, v + \Delta v)$ vom Punkte (u_0, v_0) klein wird. Durch Vergleich der Formeln (6) und (8) folgt

$$|\varrho - \varrho_0| < \varepsilon \varrho_1,$$

wobei ϱ_1 das Maximum der Entfernungen der Punkte (u, v), $(u + \Delta u, v + \Delta v)$ vom Punkte (u_0, v_0) ist und ε mit ϱ_1 klein wird. Kurz, unsere Abbildung des Bereichs $\boldsymbol{D}$ auf die Ebene $\boldsymbol{P}$ ist in der Umgebung des Punktes (u_0, v_0) bis auf Größen höherer Ordnung isometrisch. Die Vorgabe eines Linienelementes bedeutet also geometrisch die Definition einer Metrik, die im unendlich Kleinen mit der Metrik der Ebene identisch ist, und die Koeffizienten E, F, G definieren vermöge der Formeln (5) und (7) eine im unendlich Kleinen isometrische Abbildung einer kleinen Umgebung aus $\boldsymbol{D}$ auf $\boldsymbol{P}$.

Der geometrische Inhalt der in dem Satz von DARBOUX ausgesprochenen Forderung der Analytizität ist ebenso unklar wie der geometrische Sinn des Begriffs einer analytischen Fläche. Diese Forderung entspricht weniger dem geometrischen Wesen der Aufgabe als dem Umstand, daß die Lösbarkeit der Gleichungen, auf die DARBOUX das Problem reduziert, in allgemeiner Form nur für analytische Funktionen bewiesen ist.

Die konvexen Flächen sind dadurch charakterisiert, daß ihre Hauptkrümmungsradien gleiches Vorzeichen besitzen, so daß ihre GAUSZsche Krümmung nirgends negativ ist. Daher kann man aus dem DARBOUXschen Satz schließen: *Eine durch ein Linienelement ds vorgegebene Metrik ist genau dann im Kleinen durch eine konvexe Fläche realisierbar, wenn das Element überall eine nichtnegative Krümmung besitzt.* „Die Krümmung eines Linienelements“ ist durch die Kofizienten E, F, G nach der bekannten GAUSZschen Formel bestimmt. Folglich läßt sich für reguläre konvexe Flächen die Frage nach ihrer inneren Metrik im Kleinen vollkommen beantworten. Ganz allgemein ist die innere Geometrie der regulären Flächen im Kleinen recht gründlich ausgearbeitet.

Ganz anders steht es dagegen mit der inneren Geometrie im Großen. Aus den sich hier ergebenden Aufgaben der Realisierung vorgegebener Metriken sind bis jetzt nur zwei nichttriviale gelöst. Die erste von ihnen — das Problem der Realisierung irgendeiner vollständigen Metrik mit konstanter negativer Krümmung — ist negativ beantwortet worden. HILBERT hat nämlich bewiesen, daß keine volle reguläre Fläche mit einer konstanten negativen Krümmung existiert[1]). Die zweite Aufgabe besteht in dem Nachweis, daß jede Metrik, die auf einer Sphäre mit Hilfe eines Linienelements mit analytischen Koeffizienten und mit überall positiver Krümmung vorgegeben ist, durch eine analytische geschlossene konvexe Fläche realisierbar ist[2]). Dieses Problem wurde 1915 von HERMANN WEYL ge-

[1]) Vgl. W. BLASCHKE, Differentialgeometrie § 96. Eine Metrik heißt vollständig, wenn jede unendliche und im Sinne der Metrik beschränkte Punktmenge in dem Bereich, in dem sie vorgegeben ist, einen Häufungspunkt besitzt.

[2]) Die Tatsache, daß die Metrik auf der Sphäre vorgegeben ist, bedeutet, daß für den Bereich $\boldsymbol{D}$ die Sphäre selbst genommen ist. Es ist jedoch unmöglich, auf der Sphäre die Koordinaten u und v so einzuführen, daß zwischen den Paaren u, v und den Punkten der Sphäre eine umkehrbar eindeutige und beiderseits stetige Zuordnung besteht. Daher muß man die Sphäre mit endlich vielen Bereichen $\boldsymbol{D}_i$ überdecken und in jedem dieser Bereiche eigene Koordinaten einführen. In dem gemeinsamen Teil zweier Bereiche muß der Übergang von den einen zu den anderen Koordinaten durch analytische Funktionen mit einer von Null verschiedenen Funktionaldeterminante gegeben sein.

stellt. Dabei hat er selbst eine Lösung skizziert, die zwar der Idee nach einfach, in der Durchführung jedoch so schwierig ist, daß er selbst sie nicht zu Ende brachte. Die in den WEYLschen Überlegungen vorhandene Lücke wurde 1938 von HANS LEWY auf Grund seiner allgemeinen Sätze über partielle Differentialgleichungen vom MONGE-AMPÈRESCHEN Typus geschlossen. Der von WEYL ausgesprochene Satz war somit bewiesen [1]). Damit war auch eine vollständige Charakterisierung der inneren Metrik analytischer geschlossener Flächen mit überall positiver Krümmung gegeben. (Es ist leicht zu beweisen, daß jede geschlossene Fläche mit stetiger positiver Krümmung konvex ist.)

Im VII. Kapitel werden wir einen Satz beweisen, der folgende Aussage als Spezialfall enthält:

Jede auf einer Sphäre mit Hilfe eines Linienelements mit nichtnegativer Krümmung vorgegebene Metrik kann durch eine geschlossene konvexe Fläche realisiert werden. Dieser Satz ist etwas allgemeiner als der von WEYL, da auf die Voraussetzung der Analytizität verzichtet wird und die Krümmung auch verschwinden oder unstetig sein darf. Er umfaßt jedoch den WEYLschen Satz nicht, da in ihm nicht die Analytizität der Fläche, die die analytische Metrik realisiert, behauptet wird. Man kann zwar zeigen, daß unter der Voraussetzung der Existenz und der Beschränktheit der Krümmung die Fläche glatt wird; sie braucht aber nicht zweimal differenzierbar zu sein. Die Existenz der inneren Krümmung garantiert daher keineswegs die Existenz bestimmter Hauptkrümmungen in jedem Punkt der Fläche.

§ 3. *Die polyedrische Metrik*

Schon bei so einfachen nichtglatten Flächen, wie es die Polyeder sind, gibt es in den Eckpunkten keine erste quadratische Form, geschweige denn eine GAUSZsche Krümmung. Dagegen existieren beide in allen anderen Punkten. Es ist daher bequemer, hier andere Begriffsbildungen zu benutzen. Man kann natürlich die erste quadratische Form überall außer in gewissen Ausnahmepunkten vorgeben. Diese Punkte selbst kann man dann durch zusätzliche Bedingungen charakterisieren, wie z. B. — im Falle eines konvexen Polyeders — durch die Bedingung, daß der Umfang eines Kreises um einen Eckpunkt kleiner als $2\pi r$

[1]) H. WEYL, Über die Bestimmung einer geschlossenen konvexen Fläche durch ihr Linienelement. Vierteljahresschrift der naturforschenden Gesellschaft in Zürich B. 61 (1915) S. 40—72.

H. LEWY, On the existence of a closed convex surface realizing a given Riemannian metric. Proc. Nat. Acad. Sci. U.S.A. B. 24 (1938) S. 104—106.

Es soll noch bemerkt werden, daß BLASCHKE und HERGLOTZ einen anderen Ansatz zur Lösung des WEYLschen Problems gezeigt haben, indem sie es auf eine Extremalaufgabe zurückführten. Von einer Lösung dieser Aufgabe kann aber bei ihnen nicht die Rede sein. Siehe W. BLASCHKE und G. HERGLOTZ, Über die Verwirklichung einer geschlossenen Fläche mit vorgeschriebenem Bogenelement im Euklidischen Raum. Sitz.Berichte Bayr. Akad. Wiss. 1937, Heft 2, S. 229—230.

ist. Dabei kann dann der Kreisumfang aus der ersten quadratischen Form berechnet werden. Wenden wir uns dagegen allgemeinen konvexen Flächen zu, so kompliziert sich der Tatbestand noch mehr, und die zusätzlichen Bedingungen sind nicht mehr anschaulich. Die Menge aller Punkte, in denen es keine Tangentialebene gibt, und um so mehr die Menge der Punkte, in denen die Fläche keine bestimmte Krümmung besitzt, wird außerdem recht unübersichtlich. Diese Unstetigkeiten und Nichtexistenz der Koeffizienten E, F, G und ihrer Ableitungen zwingen dazu, wenn man trotz allem diese Koeffizienten benutzen will, die Theorie der reellen Funktionen heranzuziehen: die Integrale von LEBESGUE, STIELTJES, RADON usw. Da wir fürchten, auf diesem Wege in den analytischen Schwierigkeiten zu versinken und jede Anschaulichkeit zu verlieren, gehen wir von analytischen zu geometrischen Verallgemeinerungen und Methoden über. Natürlich werden dabei solche Begriffe wie Entfernung, stetige Abbildung usw. zur Geometrie gerechnet. Eine konsequente geometrische Theorie muß auf jeden Fall von den geometrischen Grundtatsachen ausgehen und darf sich nicht dem analytischen Apparat anpassen[1]).

Jede Fläche — jedenfalls jede hinreichend „gute" Fläche — kann mit beliebiger Genauigkeit durch Polyeder approximiert werden. Insbesondere kann man geschlossene konvexe Flächen durch geschlossene konvexe Polyeder annähern (s. Anhang § 6). Ein Polyeder ist eine aus ebenen Polygonen zusammengesetzte Fläche. Daher sind die Polyeder in gewissem Sinne die einfachsten Flächen. Zu ihrer Untersuchung braucht man nur elementare Methoden, und die diesbezüglichen Resultate sind völlig elementar und anschaulich. Soweit man überhaupt Flächen durch Polyeder annähern kann, ist dabei natürlich zu erwarten, daß viele dieser Resultate durch einen Grenzübergang auf diejenigen Flächen übertragen werden können, die sich als Grenzflächen der untersuchten Polyeder darstellen lassen. Diese natürliche Methode der Flächentheorie ist jedoch fast überhaupt nicht entwickelt worden, da es gelang, die Aufgaben dieser Theorie durch analytische Methoden zu lösen[2]). Wo dagegen diese Methoden zu verwickelt werden, kann die Anwendung direkter geometrischer Verfahren oft nicht nur schneller zum Ziele führen, sondern auch eine klarere und dem Wesen der Geometrie besser entsprechende Einsicht in die zu untersuchenden Tatsachen geben.

---

[1]) Ein bekanntes Beispiel, bei dem sich eine analytische Formel und ein geometrischer Begriff nicht entsprechen, ist die Darstellung der Länge einer ebenen Kurve mit Hilfe des Integrals $\int\sqrt{\dot{x}^2 + \dot{y}^2}\, dt$. Dieses Integral ist nicht immer gleich der Kurvenlänge, und aus seiner Existenz folgt nicht die Existenz der Länge der Kurve $x = x(t)$, $y = y(t)$, wenn auch aus der Existenz der Länge die Existenz dieses Integrals (als LEBESGUEsches Integral) folgt.

[2]) Von Arbeiten, in denen Flächeneigenschaften mit Hilfe der Approximation der Fläche durch Polyeder untersucht werden, sind uns — außer denjenigen, die sich auf den Flächeninhaltsbegriff von Flächen beziehen — nur die folgenden bekannt: Die Arbeit MAXWELLS (des bekannten Schöpfers der Theorie des Elektromagnetismus): Transformation of surfaces by bending, Scientific papers, Band I, Seite 80; die Arbeit von MINKOWSKI: Volumen und Oberfläche, Gesammelte Abhandlungen, Band II, Seite 230, sowie einige sich an diese Arbeit MINKOWSKIS anschließende Untersuchungen, und die Arbeit von FISCHER, Herleitung von drei symmetrischen Gleichungen der Flächentheorie, Deutsche Math. Band 3 (1938), Seite 402—437.

Auf Grund dieser Bemerkung stellen wir uns die Aufgabe, zuerst die innere Metrik der konvexen Polyeder zu studieren und die erlangten Resultate dann durch einen Grenzübergang auf beliebige konvexe Flächen zu übertragen.

Polyeder können auf verschiedene Art definiert werden. Für unsere Zwecke ist die folgende Definition bequem: Ein Polyeder ist eine aus ebenen Polygonen — seinen Seitenflächen — zusammengesetzte Fläche; die Anzahl dieser Seitenflächen kann endlich oder unendlich sein; jeder Punkt des Polyeders muß aber eine Umgebung besitzen, die nur endlich vielen Seitenflächen angehört. Da ein Polyeder als Fläche definiert ist, besitzt jeder seiner Punkte eine kreishomöomorphe Umgebung.

Es gibt drei Arten von Polyederpunkten: solche, die im Innern einer Seitenfläche liegen, solche, die im Innern einer Kante liegen, und Eckpunkte. Jede Kante gehört zu genau zwei Seitenflächen, da sonst ihre Punkte keine kreishomöomorphen Umgebungen besäßen. Daher ist eine Umgebung eines inneren Kantenpunktes ein Stück eines Zweiflachs[1]). Ein solches Zweiflach kann zu einer Ebene aufgeklappt werden. Daraus ersieht man, daß bezüglich der inneren Geometrie die Umgebungen von inneren Kantenpunkten und inneren Flächenpunkten gleichwertig sind. Eine Umgebung eines Eckpunktes A erhalten wir, wenn wir alle Polyederpunkte nehmen, die von A um weniger als ein positives r entfernt sind. Dabei kann r so klein genommen werden, daß die betreffende Umgebung keine anderen Eckpunkte als den gegebenen enthält. Die so erhaltene Umgebung ist ein Kreis mit dem Radius r auf dem Polyeder um die Ecke A. Ist die Summe der Spannwinkel[2]) mit dem Scheitelpunkt A gleich φ, so ist der Umfang dieses Kreises gleich φr. Daher ist im Falle $\varphi \neq 2\pi$ die Umgebung eines Eckpunktes keinem Stück der Ebene isometrisch.

Wir betrachten jetzt einen Kegel. Darunter verstehen wir eine Fläche, die durch Strahlen — die Erzeugenden des Kegels — erzeugt wird, die vom Mittelpunkt irgendeiner Sphäre — der Spitze des Kegels — durch alle Punkte einer auf der Sphäre liegenden geschlossenen rektifizierbaren Kurve — der Leitkurve des Kegels — gehen. Als Kegel bezeichnen wir auch jede Umgebung der Spitze auf einem solchen vollen Kegel. Eine Leitkurve hat die Eigenschaft, daß alle ihre Punkte in gleicher Entfernung von der Spitze liegen. Wenn man also einen Kegel längs einer Erzeugenden aufschneidet, so kann man ihn in eine Ebene abwickeln. Dabei gehen dann die Erzeugenden in Halbgeraden über, welche von dem Punkte ausgehen, in den die Spitze fällt. Die Leitkurve wickelt sich dabei längentreu auf die Peripherie eines Kreises um den betreffenden Punkt ab. Im Ergebnis bedeckt der Kegel auf der Ebene einen Kreissektor, dessen Öffnungswinkel selbstverständlich um einen beliebigen Betrag größer als 2π sein kann. Diesen Winkel nennen wir *den vollen Winkel an der Spitze des Kegels*. Ist er gleich 2π,

[1]) Mit dem Wort „Zweiflach" bezeichnen wir eine Figur, die aus zwei von einer gemeinsamen Geraden ausgehenden Halbebenen besteht. Die wörtliche Übersetzung des russischen Ausdrucks wäre etwa „zweiflächige Ecke"; d. Ü.

[2]) Mit dem Wort „Spannwinkel" bezeichnen wir den von zwei Kanten auf einer Seitenfläche aufgespannten Winkel; d. Ü.

so bedeckt der Kegel beim Abwickeln die ganze Ebene einfach und ist daher der Ebene isometrisch. Eine Polyederecke, ein Zweiflach und die Ebene sind Spezialfälle eines Kegels. Andererseits kann man augenscheinlich jeden Kegel entweder zu einer Polyederecke oder einem Zweiflach oder einer Ebene verbiegen (d. h. isometrisch darauf abbilden). Wir ziehen es aber vor, in Fragen der inneren Geometrie allgemein von Kegeln zu sprechen und von der besonderen räumlichen Form abzusehen.

Die konvexen Polyeder sind dadurch ausgezeichnet, daß bei ihnen die Summe der Spannwinkel an jeder ihrer Ecken kleiner als 2π ist. Hieraus folgt sofort ein Satz, der im Kleinen die innere Metrik der konvexen Polyeder charakterisiert. *Ein metrischer Raum ist genau dann im Kleinen einem konvexen Polyeder isometrisch, wenn jeder seiner Punkte eine Umgebung besitzt, die einem Kegel isometrisch ist, dessen voller Winkel an der Spitze 2π nicht übertrifft.* Der Fall der vollen Winkel, die genau gleich 2π sind, entspricht offenbar den Punkten, die keine Eckpunkte sind.

Wie wir sehen, ist die Lösung der Frage nach der inneren Metrik der Polyeder im Kleinen äußerst einfach. Aber von ihr aus ist es noch unendlich weit zur Lösung der Aufgaben der inneren Geometrie allgemeinerer Flächen selbst im Kleinen, um so mehr erst der im Großen. Wenn wir nämlich irgendeine krumme Fläche durch Polyederflächen annähern, so wächst die Anzahl der Ecken dieser Polyeder unbegrenzt. Selbst in beliebiger Nähe jedes Punktes der Fläche wächst sie unbegrenzt. Daher können wir aus der alleinigen Betrachtung solcher höchstens einen einzigen Eckpunkt enthaltenden Umgebungen auf Polyedern beim Grenzübergang keine Aufschlüsse über die Fläche erhalten. Kurz gesagt, für den Übergang zur Fläche ist eine zumindest teilweise Untersuchung der Polyeder „im Großen" notwendig.

Damit ein metrischer Raum einem Polyeder nicht nur in kleinen Umgebungen isometrisch ist, ist jedenfalls notwendig, daß je zwei beliebige seiner Punkte durch eine Kurve endlicher Länge verbindbar sind und daß die Entfernung zwischen den Punkten gleich der unteren Grenze der Längen aller solcher Kurven ist. Dies ist notwendig, weil ja die Entfernung auf der Fläche so definiert ist. Um es ausführlicher zu sagen, diese Bedingung soll folgendermaßen verstanden werden: Sei $\mathfrak{r}$ ein metrischer Raum, in dem jeder Punkt eine einem Kegel isometrische Umgebung besitzt. Seien X und Y zwei beliebige Punkte von $\mathfrak{r}$ und $\mathfrak{L}$ eine sie verbindende stetige Kurve[1]). Die Länge der Kurve wird wie folgt de-

[1]) Wir nehmen an, der Parameter t variiere auf dem Segment $[0,1]$; jedem t ordnet man einen Punkt $X(t)$ des metrischen Raumes $\mathfrak{r}$ so zu, daß folgendes gilt: 1. $X(0)=X$, $X(1)=Y$, 2. $X(t)$ hängt stetig von t ab, d. h. zu jedem t und jedem $\varepsilon > 0$ gibt es ein $\delta > 0$, so daß $\varrho(X(t), X(t')) < \varepsilon$, sobald $|t-t'| < \delta$ ist (ϱ bedeutet dabei die Entfernung in $\mathfrak{r}$). Damit wird eine stetige Kurve in $\mathfrak{r}$ definiert. Ganz streng müssen wir unter einer Kurve $X(t)$ nicht einfach die Menge der Punkte $X(t)$ verstehen, sondern die Menge der Paare: Punkt $X(t)$ und Wert von t. Die beiden Begriffsbildungen lassen sich nicht aufeinander zurückführen; wenn die Kurve Mehrfachpunkte besitzt, d. h., wenn $X(t_1) = X(t_2)$ für gewisse $t_1 \neq t_2$ ist, so handelt es sich um ein und denselben Punkt, aber um verschiedene Paare.

finiert: Um jeden Punkt der Kurve legen wir eine einem Kegel isometrische Umgebung, und mit Hilfe des Borelschen Überdeckungssatzes wählen wir eine endliche Anzahl solcher Umgebungen aus, welche schon die Kurve überdecken. In jeder solchen Umgebung läßt sich die Länge des in ihr liegenden Kurvenstückes genau so bestimmen wie auf dem Kegel, z. B. durch Abwickeln auf eine Ebene. Wenn das Kurvenstück nicht rektifizierbar ist, so kann man es durch ein anderes ersetzen, das eine Länge besitzt. Die Länge der ganzen Verbindungskurve ergibt sich dann als Summe der Längen ihrer Abschnitte. Ist die Kurvenlänge so definiert, so ist klar, was man unter der unteren Grenze der Längen von Verbindungskurven zu verstehen hat. Damit ist der Sinn der gestellten Bedingung erklärt[1]).

Als *Raum mit polyedrischer Metrik* bezeichnen wir einen metrischen Raum, in dem 1. jeder Punkt eine einem Kegel isometrische Umgebung besitzt und 2. die Entfernung zwischen zwei Punkten gleich der unteren Grenze der Längen ihrer Verbindungskurven ist. Eine polyedrische Metrik heiße polyedrische Metrik *positiver Krümmung*, wenn es zu jedem Punkt eine Umgebung gibt, die einem Kegel isometrisch ist, dessen voller Winkel an der Spitze 2π nicht übertrifft. Der Sinn des Ausdruckes „von positiver Krümmung" wird in § 8 erläutert werden. Damit ein Raum einem konvexen Polyeder isometrisch ist, ist notwendig, daß er eine polyedrische Metrik von positiver Krümmung besitzt. Wie schon gesagt, ist diese Bedingung im Kleinen auch hinreichend.

Ein geschlossenes konvexes Polyeder ist einer Sphäre homöomorph. Damit ein metrischer Raum einem geschlossenen konvexen Polyeder isometrisch ist, ist daher notwendig, daß er einer Sphäre homöomorph ist und eine konvexe polyedrische Metrik besitzt. Es stellt sich heraus, daß diese Bedingungen auch hinreichend sind, zumindest unter einem Vorbehalt. Wir müssen nämlich zu den geschlossenen konvexen Polyedern auch die konvexen Polygone hinzunehmen, wobei wir letztere als „doppelt bedeckt" ansehen. Das ist so zu verstehen, daß jedes Polygon zwei Seiten besitzt, sagen wir eine obere und eine untere. Die Punkte der oberen und der unteren Seite sollen als verschieden gelten, auch wenn sie zusammenfallen. Da wir analoge Vorstellungen auch in allgemeineren Fällen brauchen werden, geben wir die strenge Definition gleich für einen beliebigen Bereich der Ebene.

Stellen wir uns vor, daß wir in der Ebene ein beschränktes konvexes Gebiet $\boldsymbol{G}'$ haben, das durch eine Kurve $\mathfrak{L}$ begrenzt ist. Diese nehmen wir zu $\boldsymbol{G}'$ hinzu, so daß wir einen abgeschlossenen Bereich $\boldsymbol{G}$ erhalten. Dann nehmen wir eine

[1]) Wie wir sehen, ist die Kurvenlänge automatisch definiert, sobald jeder Punkt eine einem Kegel isometrische Umgebung besitzt. Dennoch ist die formulierte Bedingung nicht überflüssig. Dies ersieht man aus dem folgenden Beispiel: Wir führen auf der Ebene anstatt der gewöhnlichen euklidischen Entfernung $\varrho_0(XY)$ eine neue — $\varrho(XY)$ — in folgender Weise ein: Ist $\varrho_0(XY) \leqq 1$, so setzen wir $\varrho(XY) = \varrho_0(XY)$; ist dagegen $\varrho_0(XY) > 1$, so setzen wir $\varrho(XY) = 1$. Die Ebene wird zu einem metrischen Raum, bei dem es zu jedem Punkt eine kreishomöomorphe Umgebung gibt, nämlich einen Kreis mit dem Radius $\frac{1}{2}$. Dennoch ist in diesem Raume die Entfernung im allgemeinen nicht gleich der unteren Grenze von Kurvenlängen.

Sphäre $\boldsymbol{S}$ mit einem Äquator $\mathfrak{E}$ und bilden $\boldsymbol{S}$ stetig auf $\boldsymbol{G}$ ab. Dabei sollen der Äquator $\mathfrak{E}$ eineindeutig und beiderseits stetig auf die begrenzende Kurve $\mathfrak{L}$ und auch jede Halbsphäre eineindeutig und beiderseits stetig auf $\boldsymbol{G}$ übergehen. Im Endergebnis wird das gesamte Innere von $\boldsymbol{G}$ zu einem doppelt bedeckten Bild der Sphäre $\boldsymbol{S}$. Dementsprechend werden wir jeden inneren Punkt von $\boldsymbol{G}$ doppelt werten: einmal als Bildpunkt eines Punktes der einen, das andere Mal als Bildpunkt eines Punktes der anderen Kugelhälfte. Eine solche Abbildung kann man bedingt als umkehrbar eindeutig und beiderseits stetig ansehen, d. h. als homöomorphe Abbildung. Anschaulich ist es bequem, die einen Punkte als auf der einen Seite, die anderen als auf der anderen Seite von $\boldsymbol{G}$ gelegen anzusehen. Wenn die Punkte X und Y auf einer Seite liegen, so kann man sie durch eine Strecke verbinden (wegen der Konvexität des Bereiches), und diese Strecke liegt auf derselben Seite wie die Punkte X und Y. Liegen dagegen X und Y auf verschiedenen Seiten, so muß eine von X ausgehende Verbindungskurve den Rand überqueren, um auf die andere Seite — auf der der Punkt Y liegt — zu kommen. Die Entfernung der Punkte X und Y definieren wir in diesem Falle als die untere Grenze der Längen solcher Kurven, die den Rand von $\boldsymbol{G}$ überqueren. Dann wird, selbst wenn die Punkte X und Y in Wirklichkeit zusammenfallen, ihre Entfernung von Null verschieden sein, sobald sie auf verschiedenen Seiten von $\boldsymbol{G}$ liegen. In dieser Weise verwandeln wir den Bereich $\boldsymbol{G}$ in eine geschlossene konvexe Fläche. Das erscheint als durchaus natürlich, wenn man sich eine geschlossene konvexe Fläche vorstellt, die fast zu einem ebenen Bereich plattgedrückt ist. Man kann z. B. eine Fläche nehmen, die aus zwei Kegeln über dem Rand von $\boldsymbol{G}$ zusammengesetzt ist. Wenn ihre Höhen gegen Null konvergieren, so streben diese Kegel gegen die entsprechenden Seiten des Bereiches. Daher ist ein doppelt bedeckter [konvexer, d. Ü.] Bereich $\boldsymbol{G}$ der Grenzfall einer geschlossenen konvexen Fläche, wenn diese vollkommen plattgedrückt wird.

Betrachten wir als Beispiel ein doppelt bedecktes gleichseitiges Dreieck. Ein *innerer* Punkt besitzt eine Kreisumgebung. Nimmt man dagegen einen inneren Punkt einer Dreiecks*seite*, so besteht seine Umgebung aus zwei aufeinanderliegenden Halbkreisen; es genügt, sie längs des auf der Dreiecksseite verlaufenden Durchmessers aufzuklappen, damit sie in einen gewöhnlichen Kreis übergeht. Die Umgebung einer Dreiecks*ecke* schließlich besteht aus zwei aufeinanderliegenden Kreissektoren. Diese sind längs der von der Ecke aus auf den Dreiecksseiten verlaufenden Radien „zusammengeklebt“. Es genügt, diese Radien einzudrücken, damit sich die beiden Sektoren verbiegen und bei diesem „Aufblasen“ einen Kegel bilden, dessen voller Winkel an der Spitze 120° ist. Wir sehen also, daß ein doppelt bedecktes Dreieck wirklich den oben angeführten notwendigen Bedingungen genügt: es ist einer Sphäre homöomorph (im Sinne der oben definierten bedingten Homöomorphie), und jeder Punkt hat eine Umgebung, die einem Kegel mit einem 2π nicht übertreffenden vollen Winkel an der Spitze isometrisch ist. Es ist leicht zu beweisen, daß es kein konvexes, einem doppelt bedeckten Dreieck isometrisches Polyeder gibt, außer diesem Dreieck selber. Wenn man daher einen abstrakten metrischen Raum vorgibt, der einem doppelt bedeckten Dreieck isometrisch ist, so kann er auf keine andere Weise als konvexes Polyeder betrachtet werden. Wenn man nicht durch spezielle Vereinbarungen solche Fälle ausschließen will, muß man daher notwendig die doppelt bedeckten konvexen Polygone unter die konvexen Polyeder aufnehmen.

Wenn wir aber die doppelt bedeckten Polygone zu den Polyedern hinzunehmen, können wir einen Satz formulieren, der die innere Metrik geschlossener konvexer Polyeder charakterisiert: *Ein metrischer Raum ist genau dann einem geschlossenen konvexen Polyeder isometrisch, wenn folgende Bedingungen erfüllt sind:*

1. er ist einer Sphäre homöomorph,

2. es gibt zu jedem seiner Punkte eine Umgebung, die einem Kegel mit einem vollen Winkel an der Spitze isometrisch ist, der 2π nicht übertrifft, und

3. die Entfernung in diesem Raume ist gleich der unteren Grenze der Längen der Verbindungskurven.

Wir haben uns schon davon überzeugt, daß die Notwendigkeit der angeführten Bedingungen ganz trivial ist. Der formulierte Satz ist daher als Existenztheorem für geschlossene konvexe Polyeder mit vorgegebener polyedrischer Metrik von positiver Krümmung anzusehen. Wählt man im Innern eines geschlossenen konvexen Polyeders $\boldsymbol{P}$ [d. h. im Innern des Körpers, d. Ü.] einen Punkt, legt um diesen Punkt eine Sphäre $\boldsymbol{S}$ und projiziert von ihm aus die Polyederpunkte auf $\boldsymbol{S}$, so entsteht eine umkehrbar eindeutige und beiderseits stetige Zuordnung zwischen den Punkten des Polyeders und denen der Sphäre. Entsprechen dabei den Punkten X und Y auf $\boldsymbol{S}$ die Punkte X' und Y' auf $\boldsymbol{P}$ und ordnen wir den Punkten X und Y als Entfernung die Entfernung zwischen X' und Y' auf dem Polyeder zu, so übertragen wir damit die Metrik des Polyeders auf die Sphäre.

Ganz allgemein läßt sich jeder metrische, einer Sphäre homöomorphe Raum auf eine Sphäre abbilden; man darf daher annehmen, die Metrik sei direkt auf einer Sphäre vorgegeben. Diese Vorstellung ist sehr bequem, da wir so einen wohl definierten Bereich — eine Sphäre — erhalten, auf dem die Metrik vorgegeben ist. Daher werden wir sie ständig benutzen. Mit ihrer Hilfe können wir den Existenzsatz für [geschlossene, d. Ü.] konvexe Polyeder mit vorgegebener Metrik in folgender Form aussprechen: *Zu jeder auf einer Sphäre vorgegebenen polyedrischen Metrik von positiver Krümmung existiert ein sie realisierendes geschlossenes konvexes Polyeder (oder ein doppelt bedecktes Polygon).*

Dieser Satz ist einer der grundlegenden Sätze der in diesem Buch entwickelten Theorie. Seinem Beweis ist das VI. Kapitel gewidmet.

§ 4. Netze

Es mag seltsam erscheinen, bei der Behandlung von Polyedern so abstrakte Begriffe wie metrischer Raum, Homöomorphie usw. zu benutzen. Wir tun dies jedoch bewußt, um an einem einfachen Beispiel mit diesen Begriffsbildungen zu arbeiten und um die Untersuchung der Polyeder in die Untersuchung *beliebiger* konvexer Flächen einzuordnen, für die diese Begriffe in Anbetracht der komplizierten Fragestellung keineswegs zu allgemein sind. Zwar hatten wir gerade bei den Polyedern den elementaren Charakter und die Anschaulichkeit der Resultate besonders unterstrichen; wenn wir aber von einem metrischen Raum sprechen, der etwa einem konvexen Polyeder isometrisch ist, so wissen wir ja noch gar nicht, wie wir in Wirklichkeit einen solchen Raum vorgeben können. Natürlicherweise besteht das Bedürfnis, diese Abstraktheit zu vermeiden und alles in eine Form zu bringen, die wirklich als elementar angesehen werden kann. Zu diesem Zweck benutzen wir die Darstellung eines Polyeders mittels eines Netzes.

Ein *Netz* ist einfach nichts anderes als eine Gesamtheit von Polygonen, für die angegeben ist, in welcher Weise sie an Seiten und Ecken miteinander zu verheften [1]) sind. Selbst wenn man ein Verheften von Ecken, das nicht durch Verheften von Seiten bedingt ist, ausschließt (wie es z. B. bei einem Polyeder vorliegt, das aus zwei sich nur in einer Ecke berührenden Tetraedern zusammengesetzt ist), kommt man nicht umhin, auf das Zusammenheften der Ecken besonders hinzuweisen. Es ist nämlich möglich, zwei Seiten auf zweierlei Weise zu verheften: in gleicher oder in entgegengesetzter Richtung. Zwei Seiten AB und CD kann man ja so verheften, daß A mit C und B mit D oder so, daß A mit D und B mit C zusammenfallen; diese beiden Möglichkeiten müssen natürlich unterschieden werden.

Bekanntlich kann ein Würfel aus einem einzigen kreuzförmigen Polygon verheftet werden. Daher braucht keineswegs vorausgesetzt zu werden, daß die zu verheftenden Seiten und Ecken verschiedenen Polygonen angehören. Dagegen verlangen wir, daß das Verheften von Polygonen längs ganzer Seiten erfolgt. Das ist keine Einschränkung, da man nötigenfalls jeden innerhalb einer Seite liegenden Punkt als Eckpunkt ansehen kann. Weiterhin ist es bequem, anzunehmen, daß jedes Polygon des Netzes durch einen geschlossenen Streckenzug ohne Mehrfachpunkte begrenzt ist. Dies kann man immer erreichen, wenn man diejenigen Polygone in geeigneter Weise aufschneidet, die durch mehrere Streckenzüge oder durch Streckenzüge mit Mehrfachpunkten begrenzt sind.

Die Polygone des Netzes bezeichnen wir als *Seitenflächen*, ihre Seiten als *Kanten*, wobei miteinander zu verheftende Seiten natürlich als *eine* Kante angesehen werden; schließlich nennen wir die Ecken der Polygone *Ecken* des Netzes, wobei wiederum zu verheftende Ecken als eine einzige gelten. Es wird natürlich nicht vorausgesetzt, daß das Verheften wirklich geschieht; nur die Verheftungsvorschrift gilt als angegeben; die zu verheftenden Seiten und Ecken werden sozusagen in Gedanken identifiziert.

Da zu verheftende Kanten identifiziert werden, besteht die Umgebung eines Kantenpunktes aus Stücken der Seitenflächen, denen die Kante angehört. Ebenso wird die Umgebung eines Eckpunktes aus Sektoren der Seitenflächen gebildet,

[1]) Im Original steht hier склеивать = zusammenkleben. In der deutschen Literatur ist das Wort „verheften" gebräuchlich. Wir benutzen gelegentlich auch „zusammenkleben"; d. Ü.

denen er angehört. Nun soll für jeden Punkt des Polyeders eine kreishomöomorphe Umgebung existieren, und außerdem soll das Polyeder zusammenhängend sein. Das führt uns zu folgenden Bedingungen, denen ein Netz genügen muß:

1. Alle Polygonwinkel an ein und derselben Ecke sollen nach dem vorgeschriebenen Verheften der Kanten eine zyklische Folge bilden. Ausführlicher: Ist Q eine Ecke, so nehmen wir ein Polygon $\boldsymbol{P}_1$, dessen Seiten a_1 und a_2 sich in Q treffen, und heften an a_2 das Polygon $\boldsymbol{P}_2$ an; $\boldsymbol{P}_2$ besitzt eine von Q ausgehende Seite a_3, an die wir das Polygon $\boldsymbol{P}_3$ anheften, und so der Vorschrift gemäß stets weiter. Die Bedingung besteht nun darin, daß wir schließlich zu einem Polygon $\boldsymbol{P}_n$ kommen, das nach seiner Verheftung mit dem Polygon $\boldsymbol{P}_{n-1}$ längs der Seite a_n auf Grund der Vorschrift an das erste Polygon $\boldsymbol{P}_1$, und zwar längs der bisher freigebliebenen Seite a_1, angeheftet werden soll. So schließt sich die Folge, und damit sollen auch alle in Q zusammenstoßenden Polygone erfaßt sein. Im Endeffekt besteht eine Umgebung des Eckpunktes Q aus Sektoren, die in zyklischer Ordnung so verheftet sind, daß eine kreishomöomorphe Figur entsteht.

Es ist nicht ausgeschlossen, daß einige Polygone mehrfach an eine Ecke Q anstoßen. Ebenso kann es vorkommen, daß an den Eckpunkt Q nur ein einziges Polygon mit einer seiner Ecken anstößt; die Seiten dieses Polygons sind so miteinander verheftet, daß die Umgebung von Q etwas Ähnliches wie eine „Tüte" bildet. In diesem Falle reduziert sich die ganze zyklische Sektorenfolge auf einen einzigen Sektor. Die hier aufgezeigten Möglichkeiten können an dem Netz des Würfels (Abb. 3) beobachtet werden. Die Umgebung des Eckpunktes D besteht aus einem einzigen Winkel, während die Umgebung von A sich aus drei Winkeln desselben Polygons zusammensetzt. In der Abbildung sind die zu identifizierenden Ecken durch dieselben Buchstaben bezeichnet.

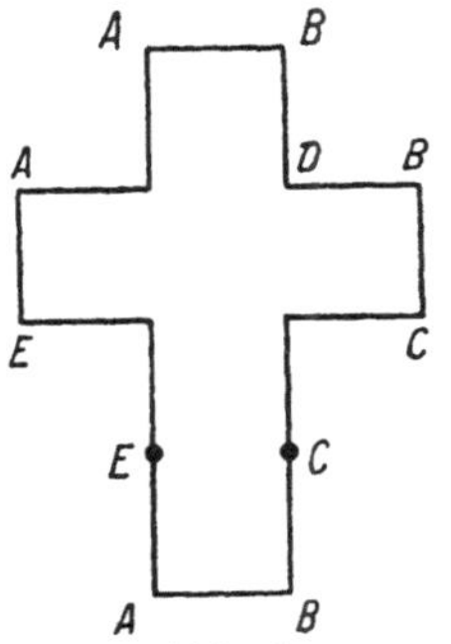

Abb. 3

Aus der formulierten Bedingung folgt offenbar, daß jede Polygonseite mit genau einer Seite eines anderen oder desselben Polygons zu verheften ist.

2. Von jedem Polygon soll man zu jedem anderen gelangen können, indem man sich über Polygone bewegt, die miteinander verheftet sind, d. h. über solche, die miteinander zu identifizierende Seiten und Ecken haben.

Die zweite Bedingung sichert den Zusammenhang, da anderenfalls das Netz in Teilstücke auseinanderfiele, aus denen kein zusammenhängendes Polygon zu verheften wäre.

Zu diesen Bedingungen muß man vollständigkeitshalber noch die folgende hinzunehmen, deren Notwendigkeit augenscheinlich ist.

3. Die zu identifizierenden Seiten müssen gleiche Länge haben, und beim Verheften der Seiten müssen ihre zusammenfallenden Teilstrecken ebenfalls gleiche Länge besitzen.

Seien jetzt X und Y zwei Punkte eines Netzes. Wie aus der Bedingung 2 ohne weiteres folgt, kann man einen Streckenzug konstruieren, der im Punkte X beginnt, im Punkte Y endet und dessen geradlinige Glieder hintereinander auf Seitenflächen des Netzes liegen, die gemeinsame (identifizierte) Kanten und Ecken haben. Wenn ein Glied des Streckenzuges den Rand einer Seitenfläche in irgendeinem Punkte Z erreicht, so führen wir ihn in der Seitenfläche weiter, die mit der ersten im Punkte Z zu verheften ist. Die Länge des Streckenzuges ergibt sich von selbst, da ja seine einzelnen Strecken in Polygonen liegen, in denen die Länge die gewöhnliche Streckenlänge der euklidischen Geometrie ist. Die untere Grenze der Längen der die Punkte X und Y des Netzes verbindenden Streckenzüge nehmen wir als Entfernung dieser Punkte. In dieser Weise gibt uns ein Netz wirklich die innere Metrik des Polyeders. Es kann aber ein „Netz" vorgegeben sein, ohne daß man weiß, ob man daraus ein Polyeder zusammenkleben kann; wir erhalten folglich ein Verfahren, einen metrischen Raum mit polyedrischer Metrik vorzugeben.

Auch die Umkehrung läßt sich beweisen: daß nämlich jede beliebige polyedrische Metrik durch ein Netz gegeben werden kann. Da wir diese Aussage in so allgemeiner Form nicht brauchen werden, beschränken wir uns auf den für uns notwendigen Fall einer polyedrischen Metrik auf der Sphäre, wo sie leicht beweisbar ist.

Sei auf der Sphäre $\boldsymbol{S}$ eine polyedrische Metrik vorgegeben. Dann kann man um jeden Punkt von $\boldsymbol{S}$ eine einem Kegel isometrische Umgebung legen. Diese Umgebung kann man in Dreiecke aufspalten, die eine gemeinsame Ecke in dem betreffenden Punkt haben und gewöhnlichen ebenen Dreiecken isometrisch sind. Im Endergebnis wird $\boldsymbol{S}$ vollkommen mit solchen Dreiecken bedeckt sein. Nach dem BORELschen Überdeckungssatz kann man aus diesen Dreiecken eine endliche Anzahl auswählen, die auch noch ganz $\boldsymbol{S}$ bedecken. Diese Dreiecke zerfallen beim gegenseitigen Überschneiden von selbst in Polygone, die ihrerseits keine gemeinsamen inneren Punkte besitzen. Diese Polygone bedecken die ganze Sphäre. Da jedes von ihnen auf die Ebene abgewickelt werden kann, bilden sie ein Netz, das die auf $\boldsymbol{S}$ vorgegebene Metrik realisiert.

Die Kanten des Netzes bilden auf der Sphäre ein Netz von Bögen. Dieses Netz ist zusammenhängend, d. h. es ist möglich, von einem Bogen zu jedem beliebigen anderen zu kommen, ohne die Bögen des Netzes zu verlassen. In der Tat, seien a und b zwei Kanten und $\boldsymbol{P}$ und $\boldsymbol{Q}$ Seitenflächen, denen sie angehören. Da das Netz zusammenhängend ist, kann man von $\boldsymbol{P}$ nach $\boldsymbol{Q}$ über miteinander verheftete Seitenflächen gelangen. Diesen Übergang kann man längs des Randes dieser Seitenflächen bewerkstelligen, d. h. längs der Kanten; denn wir setzen ja voraus, daß der Rand jeder Seitenfläche aus einem einzigen geschlossenen Streckenzug besteht. Folglich kann man immer auf Kanten von a nach b gelangen.

Ist f die Anzahl der Seitenflächen im Netz, k die Anzahl der Kanten und e die Anzahl der Ecken, so ist die Sphäre durch ein Netz von k Bögen in f Bereiche mit e Ecken zerlegt. Dann gilt nach dem EULERschen Satz

$$f - k + e = 2.$$

Folglich muß ein einer Sphäre homöomorphes Netz dieser EULERschen Formel genügen. Es ist auch bekannt, daß ein der EULERschen Formel genügendes Netz einer Sphäre homöomorph ist, falls die obigen drei Bedingungen erfüllt sind[1]).

Schließlich haben wir eine letzte Bedingung für ein konvexes Polyeder: Der volle Winkel an der Spitze des Kegels, dem die Umgebung eines beliebigen Punktes isometrisch ist, darf nicht größer als 2π sein. Für Punkte, die innerhalb von Seitenflächen oder Kanten des Netzes liegen, ist diese Bedingung von selbst erfüllt; ihr voller Winkel ist genau 2π. Demnach muß nur gefordert werden, daß die Bedingung für die Ecken erfüllt ist. Der volle Winkel einer Ecke setzt sich aus den von ihm ausgehenden Winkeln der Seitenflächen des Netzes zusammen. Daher reduziert sich unsere Bedingung auf die folgende: Die Summe der in einer Ecke zusammenstoßenden Winkel soll höchstens 2π sein.

Somit kann der von uns in § 3 formulierte Satz über konvexe Polyeder jetzt unter Benutzung des Terminus „Netz" folgendermaßen ausgesprochen werden:

Das Netz eines geschlossenen konvexen Polyeders genügt den oben angegebenen drei Bedingungen, die für jedes Netz notwendig sind, ferner der Eulerschen Bedingung und schließlich der Bedingung, daß die Summe der Winkel an jeder Ecke höchstens 2π ist. Andererseits kann aus jedem Netz, das diese Bedingungen erfüllt, ein geschlossenes konvexes Polyeder (oder ein doppelt bedecktes Polygon) verheftet werden.

Es ist nützlich zu bemerken, daß man nur zwei solche Polyeder zusammenkleben kann: das eine ergibt sich aus dem anderen durch Umstülpen oder, was dasselbe ist, durch Spiegelung an einer Ebene. (Selbstverständlich sind, falls das Polyeder eine Symmetrieebene besitzt, die beiden Polyeder nicht unterscheidbar. Andererseits kann man aus dem Netz eines konvexen Polyeders beliebig viele nichtkonvexe Polyeder zusammenkleben, man braucht ja nur das Polyeder in der Umgebung einer Ecke nach innen durchzudrücken.)

Das Hinzunehmen der doppelt bedeckten Polygone wird hier besonders einleuchtend. Wenn beispielsweise das Netz aus zwei kongruenten Dreiecken mit paarweise identifizierten Seiten und damit auch identifizierten Ecken besteht, so stellt das aus ihm konstruierbare konvexe Polyeder gerade diese beiden Dreiecke dar, die miteinander zu einem einzigen Dreieck zusammengeklebt sind, so daß letzteres tatsächlich doppelt bedeckt ist.

In der hier angeführten Form erweist sich unser Satz als völlig elementar: Wenn uns ein Netz konkret vorgegeben ist, etwa in der Form von aus Papier ausgeschnittenen Polygonen, bei denen die miteinander zu verheftenden Seiten und Ecken jeweils mit gleichen Buchstaben bezeichnet sind, so ist es immer in endlich vielen Schritten möglich zu entscheiden, ob dafür die Bedingungen des Satzes erfüllt sind. Daher können wir die Frage beantworten: Ergibt sich aus dem

---

[1]) Einen völlig elementaren Beweis dieser Behauptung und sogar eine allgemeine topologische Klassifikation von Netzen findet man in den Büchern: H. SEIFERT-THRELFALL: Topologie, Kap. VI oder П. С. Александров и В. А. Ефремович, Очерк основных понятий топологии. (P. S. ALEXANDROW und N. A. JEFREMOWITSCH: „Grundbegriffe der Topologie".) Kap. I.

Netz ein konvexes Polyeder oder nicht? Wenn es aber ein solches Polyeder gibt, so bis auf Bewegungen und Spiegelungen nur ein einziges. Wenn wir daher mit dem Verheften beginnen, so wird es seine Form in einem gewissen Sinne von selbst annehmen. Wie diese aber aussieht und wie die Polygone des Netzes geknickt werden müssen, damit sich die Seitenflächen und Kanten des Polyeders ergeben — darüber können wir außer einigen trivialen, aber völlig unzureichenden Bemerkungen nichts aussagen.

Erläutern wir dies an einem lehrreichen Beispiel, das zeigt, wie lose die Beziehungen zwischen den Seitenflächen und Kanten eines Polyeders und denen eines seiner Netze sein können. Abb. 4a zeigt ein Netz eines Tetraeders; Abb. 4b gibt an, längs welcher Linien die Kanten des Tetraeders in diesem Netz verlaufen, wenn es zu einem einzigen Polygon verheftet ist; schließlich zeigt Abb. 4c das schon zusammengeklebte Tetraeder und die Linien, längs derer man es aufschneiden muß, um das ursprüngliche Netz der Abb. 4a zu erhalten; außer längs der punktierten Linien muß man es noch längs der von A ausgehenden Kanten aufschneiden. Das angegebene Netz ist auch deshalb lehrreich, weil es verhältnismäßig komplizierte Möglichkeiten zeigt, die Seiten und Ecken eines und desselben Polygons eines Netzes zu verheften (in unserem Falle bei jedem der vier Dreiecke).

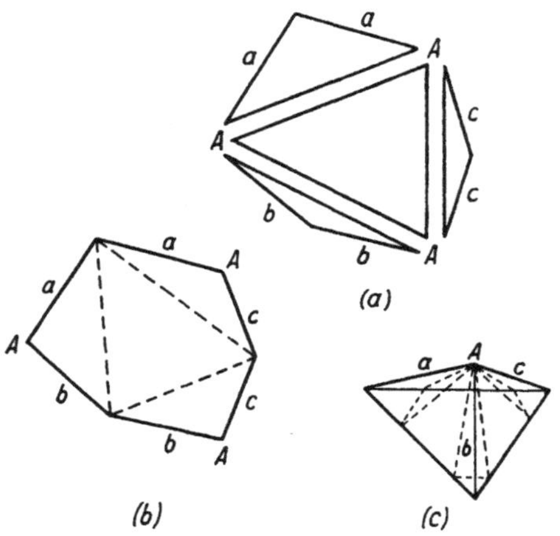

Abb. 4

Wir stellen uns ein Netz direkt durch Polygone mit einer Verheftungsvorschrift angegeben vor. Obwohl dieser Standpunkt, der an Papier, Schere und Leim erinnert, am besten dem Wesen der Sache entspricht, wird er möglicherweise einen Mathematiker nicht befriedigen. Deshalb bemerken wir, daß man bei Zerlegung aller Polygone eines Netzes in Dreiecke die Struktur des Netzes mit Hilfe von Inzidenzmatrizen vorgeben und dann den Kanten bestimmte Längen zuschreiben kann. Diese abstrakte Methode, ein Netz vorzugeben, gestattet es, jede polyedrische Metrik mit Hilfe eines einfachen Schemas zu beschreiben, ohne die anschauliche Vorstellung von Polygonen, Verheften usf. zu benutzen.

§ 5. *Der Übergang von Polyedern zu beliebigen Flächen*

Nachdem die Frage der inneren Metrik geschlossener konvexer Polyeder gelöst ist, zeichnet sich der Weg zur Lösung der Frage nach der inneren Metrik beliebiger geschlossener konvexer Flächen auf der Grundlage des folgenden „Satzes über die Konvergenz von Metriken“ ab, der im § 1 von Kap. III bewiesen wird:

Wenn eine Folge geschlossener konvexer Flächen F_n $(n = 1, 2, \ldots)$ *gegen eine geschlossene konvexe Fläche* F *konvergiert und wenn eine Folge von Punktepaaren* X_n, Y_n *von* F_n *gegen das Punktepaar* X, Y *von* F *konvergiert* $(X_n \to X,\ Y_n \to Y)$, *so konvergiert die Entfernung zwischen* X_n *und* Y_n *auf* F_n *gegen die Entfernung zwischen* X *und* Y *auf* F; *d. h.*

$$\lim_{n\to\infty} \varrho_{F_n}(X_n Y_n) = \varrho_F(X Y).$$

Sei F eine geschlossene konvexe Fläche und $P_1, P_2, \ldots$ eine Folge gegen sie konvergierender konvexer Polyeder. Wir wählen im Innern des konvexen Körpers, dessen Berandung F ist, einen Punkt Q, der gleichzeitig innerhalb aller konvexen Körper liegt, deren Berandungen die P_n sind. Dies ist möglich, sobald die P_n der Fläche F genügend benachbart sind. Wir beschreiben eine Sphäre S um Q und projizieren von Q aus die Fläche F und alle Polyeder P_n auf S. Dann übertragen sich die Metriken $\varrho_F(X, Y)$ und $\varrho_{P_n}(X, Y)$ von F und P_n auf S, wenn man dem Punktepaar A, B von S als Entfernung die Entfernung der entsprechenden Punkte auf F bzw. auf P_n zuordnet. Aus dem soeben angeführten Satz über die Konvergenz von Entfernungen folgt, daß für jedes Punktepaar A, B von S die Gleichung

$$\varrho(AB) = \lim_{n\to\infty} \varrho_n(AB)$$

gilt, wobei $\varrho(AB)$ und $\varrho_n(AB)$ die von F und P_n durch die angegebene Konstruktion auf S übertragenen Entfernungen bedeuten. Folglich ist die auf die Sphäre übertragene Metrik der konvexen Fläche der Grenzwert der Metriken konvexer Polyeder.

Nehmen wir jetzt an, auf der Sphäre sei eine Metrik $\varrho(XY)$ vorgegeben, die Limes der polyedrischen Metriken $\varrho_n(XY)$ von positiver Krümmung auf derselben Sphäre ist. Das bedeutet, daß für jedes Punktepaar X, Y auf S die Gleichung

$$\varrho(XY) = \lim_{n\to\infty} \varrho_n(XY)$$

besteht. Wenn wir den Satz über die Realisierbarkeit polyedrischer Metriken positiver Krümmung auf der Sphäre als bewiesen annehmen, so können wir eine Folge geschlossener konvexer Polyeder P_n konstruieren, die die betreffenden Metriken ϱ_n realisieren. Aus dieser Folge kann man eine konvergente Teilfolge auswählen[1]). Die Grenzfläche dieser Folge ist eine gewisse geschlossene konvexe Fläche F.

Da nun einerseits die Metriken ϱ_n gegen die Metrik ϱ auf der Sphäre S konvergieren und andererseits nach dem oben angeführten Satz die Metriken der gegen F konvergierenden Polyeder gegen die Metrik von F streben, hat F gerade die Metrik $\varrho(XY)$.

---

[1]) Dies kann z. B. auf Grund des bekannten „Auswahlsatzes" von Blaschke gemacht werden. Im § 7 des Kap. VII wird eine strenge Begründung der hier nur angedeuteten Überlegung gegeben. Wir werden dort diese Möglichkeit unmittelbar beweisen, ohne uns auf den Satz von Blaschke zu beziehen.

Damit kommen wir zu dem Satz:

Eine auf der Sphäre vorgegebene Metrik kann genau dann durch eine geschlossene konvexe Fläche realisiert werden, wenn diese Metrik der Limes polyedrischer Metriken positiver Krümmung ist, die auf derselben Sphäre vorgegeben sind.

Dieser Satz löst die Frage nach der Charakterisierung der inneren Metrik geschlossener konvexer Flächen. Er erweist sich aber als wenig inhaltsreich, da er nichts über die innere Geometrie der konvexen Flächen aussagt, außer der Tatsache, daß die Metrik einer konvexen Fläche der Limes von Metriken konvexer Polyeder ist. Wir verbleiben in völliger Unkenntnis darüber, auf Grund welcher Eigenschaften der Metrik man entscheiden kann, ob sie der Limes polyedrischer Metriken positiver Krümmung ist oder nicht. Nichtsdestoweniger gibt uns dieser Satz eine Methode zur Untersuchung der inneren Metriken konvexer Flächen in die Hand. Nehmen wir an, wir wollten beweisen, eine auf der Sphäre vorgegebene Metrik könne durch eine geschlossene konvexe Fläche genau dann realisiert werden, wenn sie einem gewissen System $\mathfrak{A}$ von Bedingungen genügt. Zum Beweise der Notwendigkeit der Bedingungen können wir sie zuerst für geschlossene konvexe Polyeder beweisen und das Resultat dann durch einen Grenzübergang, der gerade auf dem oben erhaltenen Satze beruht, auf beliebige geschlossene konvexe Flächen übertragen. Zum Beweise der Hinlänglichkeit der Bedingungen $\mathfrak{A}$ können wir zuerst beweisen, daß eine auf der Sphäre vorgegebene und diesen Bedingungen genügende Metrik sich als Limes polyedrischer Metriken positiver Krümmung darstellen läßt. Dann folgt aus unserem Satz die Hinlänglichkeit der Bedingungen $\mathfrak{A}$. So werden wir im folgenden auch verfahren.

Dies ist ein Spezialfall der Methode der Approximation durch Polyeder. Im allgemeinen Fall sieht sie folgendermaßen aus: Nehmen wir an, wir wollten eine Eigenschaft $\mathfrak{B}$ der konvexen Flächen beweisen. Dazu beweisen wir zunächst, daß sie für konvexe Polyeder zutrifft. Danach beweisen wir ein Konvergenztheorem von folgendem Typus: Wenn die Eigenschaft $\mathfrak{B}$ für konvexe Flächen $\boldsymbol{F}_n$, die gegen eine konvexe Fläche $\boldsymbol{F}$ streben, richtig ist, so trifft sie auch für die Fläche $\boldsymbol{F}$ zu. Da es möglich ist, konvexe Flächen durch Polyeder zu approximieren, so zeigt die Vereinigung der beiden bewiesenen Tatsachen, daß die Eigenschaft $\mathfrak{B}$ für alle konvexen Flächen gilt. Diesen Gedankengang werden wir für den Beweis einer ganzen Reihe von Sätzen benutzen.

§ 6. Mannigfaltigkeiten mit innerer Metrik

In diesem Paragraphen formulieren wir zwei wichtige grundlegende Bedingungen, denen die innere Metrik der konvexen Flächen genügt. Sei $\boldsymbol{F}$ eine konvexe Fläche und Q einer ihrer Punkte. Wir können eine Umgebung des Punktes Q auf zweierlei Weise definieren: auf eine „äußere“ und eine „innere“. Im ersten Fall verstehen wir unter einer Umgebung des Punktes Q auf der Fläche $\boldsymbol{F}$

einen Teil von F, der innerhalb einer Kugel um Q liegt oder allgemein eine beliebige Teilmenge von F, die einen solchen Teil enthält[1]). Im zweiten Falle heißt Umgebung des Punktes Q jede beliebige Punktmenge auf F, die irgendeinen geodätischen Kreis mit dem Mittelpunkt Q enthält. Ein geodätischer Kreis ist dabei eine Menge von Punkten, die im Sinne der inneren Metrik von F um weniger als einen gewissen gegebenen Abstand von einem festen Punkt entfernt sind. Wir beweisen, daß beide Umgebungsdefinitionen äquivalent sind, d. h. daß jede „äußere" Umgebung auch eine „innere" ist und umgekehrt[2]).

Sei U eine „äußere" Umgebung des Punktes Q der konvexen Fläche F. Auf Grund ihrer Definition gibt es ein $r > 0$ derart, daß jeder Punkt auf F, der im Raum von Q um weniger als r entfernt ist, zu U gehört. Nun ist aber die auf der Fläche gemessene Entfernung zwischen Q und einem beliebigen Punkt X offenbar nicht kleiner als die Entfernung zwischen Q und X im Raum. Deshalb enthält U a fortiori alle Punkte von F, die in dem geodätischen Kreis vom Radius r um Q liegen. Folglich ist U auch eine „innere" Umgebung.

Sei jetzt umgekehrt U eine gegebene „innere" Umgebung von Q und r_0 der Radius eines in ihr enthaltenen geodätischen Kreises um Q. Wir beweisen, daß U auch eine „äußere" Umgebung ist, d. h. alle Punkte von F enthält, deren Entfernung von Q ein gewisses positives r nicht übertrifft, wobei diese Entfernung im Raum zu nehmen ist. Zum Beweise legen wir durch Q eine Stützebene P an unsere Fläche (in Abb. 5 ist ein Schnitt von F mit einer Ebene durch Q dargestellt). Die Fläche F ist ein Gebiet auf der Berandung eines gewissen konvexen Körpers. Wir nehmen im Inneren dieses Körpers einen Punkt A und projizieren von ihm aus die Fläche F auf die Stützebene P. Diese Projektion von F auf P ist in der Nähe des Punktes Q umkehrbar eindeutig und beiderseits stetig. Daher bedeckt die Projektion von F auf P eine gewisse Umgebung von Q. Wir wählen auf der Ebene P einen Kreis K mit einem Radius r um Q so, daß die Projektion von F ihn bedeckt. Sei V der Teil von F, dessen Projektion gerade der Kreis K ist. Dieses V ist nun nichts anderes als

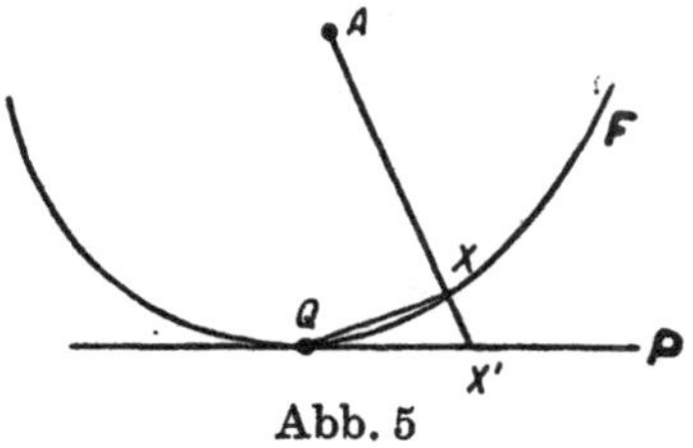

Abb. 5

[1]) Hinsichtlich des Unterschiedes dieser Definition von der sonst üblichen s. die Anmerkung am Anfang von § 1.

[2]) Dies trifft nicht für jede Fläche zu. Nehmen wir beispielsweise auf der Ebene eine geschlossene WEIERSTRASSkurve $\mathfrak{L}$, die nirgends eine Tangente besitzt und daher auch keine Länge hat. (Man kann sagen, daß die Länge jedes Bogenstücks dieser Kurve unendlich ist.) Verbinden wir alle Punkte dieser Kurve mit einem außerhalb der Ebene gelegenen Punkt Q durch geradlinige Strecken, so erhalten wir einen Kegel mit der Spitze Q und mit der Kurve $\mathfrak{L}$ als Leitkurve. Liegen zwei Punkte X und Y auf zwei verschiedenen Erzeugenden, so besteht die sie auf dem Kegel verbindende Kürzeste aus den Strecken QX und QY, da nämlich jede eine Erzeugende schneidende Kurve notwendig unendliche Länge hat. Dieser Kegel hat eine innere Metrik, aber eine kleine innere Umgebung eines Punktes X auf einer Erzeugenden besteht nur aus einer Strecke auf dieser Erzeugenden, da es von X zu den Punkten auf anderen Erzeugenden „weit" ist: die kürzeste Verbindung verläuft über die Spitze Q. Der einzige Punkt, der eine kreisförmige innere Umgebung besitzt, ist Q.

eine gewisse „äußere" Umgebung des Punktes Q. Sei h das Maximum der längs der Projektionsrichtung gemessenen Entfernungen der Punkte X aus $\boldsymbol{V}$ von den entsprechenden Punkten X' aus $\boldsymbol{K}$, so daß $XX' \leqq h$ ist. Konvergiert der Radius r von $\boldsymbol{K}$ gegen Null, so strebt offenbar auch h gegen Null. Daher kann man r so klein wählen, daß

$$r + h < r_0$$

wird, wobei r_0 der Radius des geodätischen Kreises ist, der in der gegebenen „inneren" Umgebung $\boldsymbol{U}$ von Q enthalten ist. Ich behaupte, daß bei einer solchen Wahl des Radius r die „äußere" Umgebung $\boldsymbol{V}$ in $\boldsymbol{U}$ enthalten ist. In der Tat, nehmen wir in $\boldsymbol{V}$ einen beliebigen Punkt X, und legen wir durch die Punkte A, Q, X die Ebene $\boldsymbol{Q}$. Sie schneidet den Kreis $\boldsymbol{K}$ in einem Durchmesser. Dieser Durchmesser ist die Projektion eines Bogens der konvexen Kurve, längs der $\boldsymbol{Q}$ die Fläche $\boldsymbol{F}$ schneidet. Die Länge des konvexen Bogens $\widehat{QX}$ ist nicht größer als die Summe der Strecken $\overline{QX'} + \overline{XX'}$[1]. Die Länge $\widehat{QX}$ ist aber nicht kleiner als die Entfernung $\varrho(QX)$ auf $\boldsymbol{F}$, während $\overline{QX'} \leqq r$ und $\overline{XX'} \leqq h$ sind. Daher ist $\varrho(QX) \leqq r + h < r_0$. Das bedeutet aber, daß der Punkt X in dem geodätischen Kreise mit dem Radius r_0 enthalten ist. Folglich ist die „äußere" Umgebung $\boldsymbol{V}$ in der gegebenen „inneren" $\boldsymbol{U}$ enthalten, so daß sich $\boldsymbol{U}$ gleichzeitig als „äußere" Umgebung erweist, was zu zeigen war.

Als wir forderten, daß es zu jedem Punkt eine kreishomöomorphe Umgebung geben solle, meinten wir natürlich eine „äußere" Umgebung, da von einer inneren Metrik überhaupt noch nicht die Rede war. Die Einführung der inneren Metrik gestattet die Einführung des Begriffes der inneren Umgebung, und in der inneren Geometrie soll unter einer Umgebung stets eine innere Umgebung verstanden werden. Da für konvexe Flächen beide Umgebungsdefinitionen äquivalent sind, werden wir sie nicht voneinander unterscheiden. Im folgenden kann man bei allen Aussagen über konvexe Flächen, in denen der Umgebungsbegriff auftritt, an innere Umgebungen denken. Das bezieht sich vor allem auf den Begriff der Stetigkeit, in deren Definition bekanntlich nur der Umgebungsbegriff eingeht. Somit erhalten wir die folgenden Aussagen:

1. Jeder Punkt einer konvexen Fläche besitzt eine kreishomöomorphe innere Umgebung.

2. Je zwei beliebige Punkte einer konvexen Fläche können durch eine im Sinne der inneren Metrik stetige Kurve verbunden werden.

3. Jede geschlossene konvexe Fläche kann umkehrbar eindeutig und im Sinne der inneren Metrik beiderseits stetig auf eine Sphäre abgebildet werden.

4. Jede konvexe Fläche ist einem Gebiet auf einer Sphäre homöomorph. (Für konvexe Flächen, die geschlossen oder auch nur Teile geschlossener Flächen sind,

[1] Die konvexe Kurve $\widehat{QX} + \overline{QX}$, die aus dem Bogen $\widehat{QX}$ und der Strecke $\overline{QX}$ besteht, liegt im Dreieck QXX', und daher gilt (auf Grund des Satzes 3 aus § 1 des Anhangs) für die Länge s die Beziehung $s(\widehat{QX}) \leqq s(\overline{QX'}) + s(\overline{XX'})$.

folgt dies augenscheinlich aus 3. Nun sind aber Ebene und Zylinder gleichfalls einem Gebiet auf der Sphäre homöomorph, und daher sind konvexe Flächen, die Teile unendlicher voller konvexer Flächen sind, ebenfalls Gebieten auf der Sphäre homöomorph.)

Folglich muß ein metrischer Raum, der einer konvexen Fläche isometrisch ist, einem Gebiet auf einer Sphäre homöomorph sein.

Die innere Metrik einer Fläche wird durch die Eigenschaft charakterisiert, daß die Entfernung als untere Grenze von Kurvenlängen definiert ist. Diese Bedingung soll auch auf den betrachteten metrischen Raum übertragen werden. Dazu definieren wir, was wir unter der Länge einer Kurve in einem metrischen Raum zu verstehen haben.

Sei $X(t)$ $(0 \leqq t \leqq 1)$ eine stetige Kurve in einem metrischen Raum $\mathfrak{r}$ mit der Metrik $\varrho(XY)$. Wir zerlegen den Variationsbereich $[0, 1]$ des Parameters t in Teilintervalle: $0 = t_0 < t_1 < \cdots < t_n = 1$ und bilden die Summe der Entfernungen zwischen allen Paaren aufeinanderfolgender Punkte ($X(t_0)$ und $X(t_1)$, $X(t_1)$ und $X(t_2)$ usw.):

$$\sum_{i=1}^{n} \varrho\big(X(t_{i-1})\, X(t_i)\big).$$

Die obere Grenze solcher Summen bei allen möglichen Zerlegungen des Segmentes $[0,1]$ nennen wir die *Länge der Kurve* $X(t)$. Wenn diese obere Grenze nicht existiert oder, was dasselbe ist, wenn sie unendlich ist, so besitzt die Kurve keine oder, wenn man will, unendliche Länge. Diese Definition der Kurvenlänge wiederholt wörtlich die gewöhnliche Definition der Länge im euklidischen Raum. (Häufig definiert man die Kurvenlänge als Grenzwert der betreffenden Summen, wenn die Zerlegung des Variationsintervalles von t unbegrenzt verfeinert wird; jedoch kann man mit Hilfe der Dreiecksungleichung leicht die bekannte Tatsache beweisen, daß beide Definitionen äquivalent sind.) Es ist auch leicht zu beweisen, daß die so definierte Kurvenlänge alle Grundeigenschaften der gewöhnlichen Länge im euklidischen Raum besitzt; dies geschieht in Kap. II, § 1.

Ist eine Fläche $\boldsymbol{F}$ und auf ihr eine stetige Kurve $\mathfrak{L}$ gegeben, so kann man die Kurvenlänge auf zwei Arten definieren: erstens als Kurvenlänge im Raum und zweitens als Länge im Sinne der inneren Metrik der Fläche $\boldsymbol{F}$.

Im ersten Falle ist die Kurvenlänge (das Symbol sup bedeutet obere Grenze):

$$s_0(\mathfrak{L}) = \sup \sum \varrho_0\big(X(t_{i-1})X(t_i)\big), \tag{1}$$

wo ϱ_0 die Entfernung im Raume ist, und im zweiten Fall

$$s(\mathfrak{L}) = \sup \sum \varrho\,\big(X(t_{i-1})X(t_i)\big), \tag{2}$$

wo ϱ die Entfernung auf der Fläche bedeutet.

Wir beweisen, daß die beiden Längen immer identisch sind, d. h. auf jeder Fläche folgt aus der Existenz der Länge einer Kurve $\mathfrak{L}$ in dem einen Sinne die Existenz der Länge im anderen Sinne, und beide Längen sind einander gleich.

Zunächst bemerken wir, daß die Entfernung auf der Fläche definitionsgemäß die untere Grenze von Kurvenlängen ist, die im Raum zu bestimmen sind, d. h. nach Formeln, die (1) analog sind. Wenn $\mathfrak{L}_i$ der Abschnitt der Kurve $\mathfrak{L}$ zwischen den Punkten $X(t_{i-1})$ und $X(t_i)$ ist, so ist daher seine Länge $s_0(\mathfrak{L}_i)$ nicht kleiner als die Entfernung zwischen diesen Punkten auf der Fläche, d. h.

(3) $$s_0(\mathfrak{L}_i) \geqq \varrho\big(X(t_{i-1})X(t_i)\big).$$

Wenn wir diese Ungleichungen addieren und beachten, daß die Summe der Längen der Abschnitte $\mathfrak{L}_i$ gleich der Länge der gesamten Kurve $\mathfrak{L}$ ist, so erhalten wir:

(4) $$s_0(\mathfrak{L}) \geqq \sum_{i=1}^{n} \varrho\big(X(t_{i-1})X(t_i)\big).$$

Da alle solchen Summen nicht größer als $s_0(\mathfrak{L})$ sind, ist auch ihre obere Grenze nicht größer als $s_0(\mathfrak{L})$, d. h.

(5) $$s_0(\mathfrak{L}) \geqq s(\mathfrak{L}).$$

Daher folgt aus der Existenz der endlichen Länge $s_0(\mathfrak{L})$ die Existenz der endlichen Länge $s(\mathfrak{L})$.

Andererseits ist die Entfernung im Raume nicht größer als die auf der Fläche (die Entfernung im Raume wird ja längs der im gesamten Raume kürzesten Linie und nicht nur längs der kürzesten Linie auf der Fläche gemessen!), d. h.

(6) $$\varrho_0\big(X(t_{i-1})X(t_i)\big) \leqq \varrho\big(Xt_{i-1})X(t_i)\big).$$

Hieraus und aus den Formeln (1) und (2) ergibt sich

(7) $$s_0(\mathfrak{L}) \leqq s(\mathfrak{L}).$$

Daher folgt aus der Existenz der endlichen Länge $s(\mathfrak{L})$ die Existenz der endlichen Länge $s_0(\mathfrak{L})$.

Die Ungleichungen (5) und (7) ergeben zusammen

$$s_0(\mathfrak{L}) = s(\mathfrak{L}),$$

was zu beweisen war.

Da die Kurvenlängen auf der Fläche bei beiden Definitionen identisch sind, *ist die Entfernung auf der Fläche ebenfalls gleich der unteren Grenze von Kurvenlängen im Sinne der Längendefinition mit Hilfe der inneren Metrik der Fläche.* Diese Formulierung enthält keine Hinweise auf Entfernungen und Längen im Raum; sie gehört vollständig der inneren Geometrie an und kann deshalb auf den metrischen Raum übertragen werden.

Eine Metrik in einem beliebigen metrischen Raume heißt eine innere, wenn die Entfernung zwischen je zweien seiner Punkte gleich der unteren Grenze der Längen ihrer Verbindungskurven ist; dabei wird die Kurvenlänge durch die Metrik nach der Formel (2) definiert. Wir haben bewiesen, daß *die Metrik jeder Fläche eine innere Metrik im Sinne dieser Definition ist.*

Als Resultat dieses Paragraphen ergibt sich, daß *ein metrischer Raum, der einer konvexen Fläche isometrisch ist, einem Gebiet auf der Sphäre homöomorph sein und eine innere Metrik besitzen muß.*

Ein metrischer Raum heißt *zweidimensionale Mannigfaltigkeit*, wenn er zusammenhängend ist und jeder seiner Punkte eine kreishomöomorphe Umgebung besitzt. (In n-dimensionalen Mannigfaltigkeiten[1]) gibt es zu jedem Punkt eine einer n-dimensionalen Kugel homöomorphe Umgebung). Da wir uns nur mit zweidimensionalen Mannigfaltigkeiten beschäftigen, nennen wir sie Mannigfaltigkeiten schlechthin. Jede Fläche im Sinne der im § 1 gegebenen allgemeinen Definition ist eine zweidimensionale Mannigfaltigkeit, wenn die Entfernung zwischen ihren Punkten im Raum gemessen wird. Im Sinne der inneren Metrik dagegen ist nicht jede Fläche eine Mannigfaltigkeit; denn ihre inneren Umgebungen brauchen unter Umständen nicht gleichzeitig „äußere" Umgebungen zu sein. Immerhin haben wir bewiesen, daß alle konvexen Flächen auch vom Standpunkt der inneren Metrik aus Mannigfaltigkeiten sind, nämlich Mannigfaltigkeiten, die Gebieten auf Sphären homöomorph sind. Genau so ist jedes Polyeder und jede reguläre Fläche eine Mannigfaltigkeit im Sinne der inneren Metrik. Überhaupt erscheint es zweckmäßig, diejenigen Flächen auszuzeichnen, die Mannigfaltigkeiten im Sinne ihrer inneren Metrik sind. Diese Eigenschaft kommt jeder Fläche zu, die eine innere Metrik besitzt und für die aus der Konvergenz von auf ihr gelegenen Punkten X_n gegen den Punkt X in der Metrik des Raumes folgt, daß die Entfernung $\varrho(XX_n)$ auf der Fläche gegen Null strebt[2]). Außerdem haben wir bewiesen, daß die Metrik jeder Fläche in dem Sinne eine innere ist, daß die Entfernung je zweier ihrer Punkte gleich der unteren Grenze der Längen ihrer Verbindungskurven ist, die in der Metrik der Fläche gemessen werden. Die Gegenüberstellung dieser Resultate ergibt als Untersuchungsobjekt der inneren Geometrie den Begriff *der Mannigfaltigkeit mit innerer Metrik, d. h. eines metrischen Raumes, der eine Mannigfaltigkeit ist und im Sinne der oben gegebenen allgemeinen Definition eine innere Metrik besitzt*[3]). Einige allgemeine Eigenschaften der Mannigfaltigkeiten mit innerer Metrik werden in Kap. II betrachtet. Die konvexen Flächen stellen eine Teilklasse solcher Mannigfaltigkeiten dar.

[1]) In der Topologie versteht man gewöhnlich unter Mannigfaltigkeit einen topologischen Raum, der noch die zusätzliche Eigenschaft hat, eine Zerlegung in Simplexe zuzulassen. Diese Forderung erweist sich in unserem Falle als überflüssig.

[2]) Ist ϱ_0 die Entfernung im Raum, so ist offenbar $\varrho_0 \leqq \varrho$, und daher mit $\varrho(XX_n) < \varepsilon$ a fortiori $\varrho_0(XX_n) < \varepsilon$. Daher erweist sich jede äußere Umgebung auch als innere. Wenn außerdem aus $\varrho_0(XX_n) \to 0$ die Beziehung $\varrho(XX_n) \to 0$ folgt, so erweist sich umgekehrt jede innere Umgebung als äußere.

[3]) Alle metrischen Räume, die in der Geometrie tatsächlich untersucht wurden (Riemannsche Räume, Finslersche Räume), stellen immer n-dimensionale Mannigfaltigkeiten mit innerer Metrik dar. Die metrischen Räume der Funktionalanalysis besitzen ebenfalls eine innere Metrik. Schließlich gilt der Satz: Jeder metrische Raum ist einem Unterraum eines metrischen Raumes mit innerer Metrik isometrisch. Der Beweis ist trivial: Jedem Punktepaar X, Y des gegebenen Raumes $\mathfrak{r}$ mit der Metrik ϱ wird eine Strecke der Länge $\varrho(XY)$ zugeordnet und ihre Endpunkte werden mit den Punkten X und Y identifiziert. Es ergibt sich ein Raum mit innerer Metrik, der den gegebenen enthält.

Eine wichtige Eigenschaft der Räume mit innerer Metrik ist die folgende: Wenn zwei solche Räume $\mathfrak{r}_1$ und $\mathfrak{r}_2$ sich homöomorph so aufeinander abbilden lassen, daß in beliebig kleinen einander zugeordneten Umgebungen die Abbildung isometrisch ist, so ist sie auch im Großen isometrisch. Die innere Metrik ist im Großen bestimmt, wenn man sie in beliebig kleinen Bereichen vorgibt.

§ 7. *Grundbegriffe der inneren Geometrie*

Hier werden wir einige grundlegende Begriffe der inneren Geometrie definieren. Wir betrachten dabei eine beliebige Mannigfaltigkeit mit einer inneren Metrik $\varrho(XY)$, die insbesondere auch eine konvexe Fläche sein kann. Da aber alle unsere Definitionen nur auf dem Entfernungsbegriff beruhen, hängen sie nicht davon ab, ob die gegebene Metrik durch irgendeine Fläche realisiert ist oder nicht.

Zunächst kennen wir neben dem Begriff der Entfernung die Begriffe der Umgebung, der Konvergenz von Punktfolgen und andere topologische Begriffsbildungen, die für jeden beliebigen metrischen Raum überhaupt definiert sind. In § 6 haben wir mit Hilfe der gegebenen Metrik $\varrho(XY)$ die Kurvenlänge definiert. Eine zwei gegebene Punkte verbindende Kurve, welche die kleinste Länge unter allen Verbindungskurven dieser Punkte besitzt, heißt *Kürzeste* (kürzeste Verbindung der gegebenen Punkte). Ist die Entfernung $\varrho(XY)$ gleich der unteren Grenze der Längen der Verbindungskurven von X und Y, so ist die Länge einer kürzesten Linie XY offenbar gleich der Entfernung $\varrho(XY)$. Jedoch braucht es zwischen zwei Punkten einer Fläche keine Kürzesten zu geben; es müssen nur Kurven existieren, deren Länge der Entfernung beliebig nahekommt. Beispielsweise gibt es, wenn die Fläche ein nichtkonvexes ebenes Gebiet ist, in ihr immer beliebig viele solcher Punktepaare. Übrigens werden wir weiter unten zeigen, daß in jeder Mannigfaltigkeit mit innerer Metrik zwei genügend benachbarte Punkte immer durch eine Kürzeste verbunden werden können, und daß auf jeder geschlossenen und auch auf jeder vollen konvexen Fläche zwei beliebige Punkte immer durch eine Kürzeste verbindbar sind.

Unter einer *Geodätischen* verstehen wir eine stetige Kurve, die auf jedem genügend kleinen Abschnitt eine Kürzeste ist. Mit anderen Worten: eine Geodätische ist eine stetige Kurve $X(t)$ $(0 \leqq t \leqq 1)$, für die zu jedem Wert von t ein t enthaltendes Segment $[t_1, t_2]$ angegeben werden kann (dabei soll t im Inneren des Segments liegen bzw. auf seinem Rande, wenn $t = 0$ oder $t = 1$ ist), derart, daß die Kurve $X(t)$ auf dem Segment $[t_1, t_2]$ eine Kürzeste zwischen den Punkten $X(t_1)$ und $X(t_2)$ ist. Auf Grund dieser Definition und des BORELschen Überdeckungssatzes kann eine Geodätische durch eine endliche Anzahl von Kürzesten überdeckt und daher in eine endliche Anzahl von Kürzesten zerlegt werden.

Beispielsweise ist der Bogen eines Großkreises auf der Sphäre, der größer als ein Halbkreis ist, wohl eine Geodätische, aber keine Kürzeste. Die Kürzesten und die Geodätischen spielen in der inneren Geometrie die Rolle der Geraden.

Dreieck nennen wir eine Figur, die einer Kreisscheibe homöomorph ist und durch drei Kürzeste berandet wird. Diese Kürzesten selbst heißen Seiten und die Punkte, in denen sich je zwei treffen, die Ecken des Dreiecks. *Geodätisches Dreieck* — zum Unterschied von einem Dreieck schlechthin — heißt eine durch drei Geodätische berandete Figur.

Polygon nennen wir eine Figur, die folgende zwei Eigenschaften besitzt: 1. Ihr Rand besteht aus höchstens endlich vielen Kürzesten (insbesondere braucht sie überhaupt keinen Rand zu haben); 2. jede Folge ihrer Punkte besitzt in ihr einen Häufungspunkt (d. h. sie ist, wie man sagt, kompakt). Als Beispiele für Polygone können eine Sphäre, eine Halbsphäre und ein Zylinderring dienen.

Man kann noch die *Kreisscheibe* (kurz Kreis) und die *Kreisperipherie* definieren. Der Kreis ist der geometrische Ort der Punkte, die von einem festen Punkt um nicht mehr als einen gegebenen Abstand entfernt sind, während die Kreisperipherie der geometrische Ort der Punkte ist, die von einem festen Punkt gleich weit entfernt sind.

Wir definieren jetzt den Begriff des Winkels zwischen zwei Kurven, die von einem Punkt einer Mannigfaltigkeit mit innerer Metrik ausgehen. Seien $\mathfrak{X}_t = X(t)$ $(0 \leqq t \leqq 1)$ und $\mathfrak{Y}_s = Y(s)$ $(0 \leqq s \leqq 1)$ zwei stetige Kurven, die vom Punkte Q ausgehen, d. h. $X_0 = Y_0 = Q$. Wir nehmen an, der Punkt Q sei kein Mehrfachpunkt, d. h. für von Null verschiedene t und s seien die Punkte X_t und Y_s von Q verschieden. Wir konstruieren in der Ebene das Dreieck mit den Seiten $\varrho(QX_t)$, $\varrho(QY_s)$, $\varrho(X_t, Y_s)$. Den Winkel, der in diesem Dreieck der Seite $\varrho(X_t Y_s)$ gegenüberliegt, bezeichnen wir mit $\gamma(t,s)$ (Abb. 6). Da nach der Dreiecksungleichung die Summe von je zwei der Zahlen $\varrho(QX_t)$, $\varrho(QY_s)$, $\varrho(X_t Y_s)$ nicht kleiner als die dritte ist, existiert ein solches Dreieck stets. Natürlich kann es zu einer Strecke ausarten, wenn beispielsweise

$$\varrho(X_t Y_s) = \varrho(QX_t) + \varrho(QY_s)$$

ist; diesen Fall schließen wir nicht aus. Dagegen nehmen wir an, t und s seien von Null verschieden, so daß die Punkte X_t und Y_s von Q verschieden und daher $\varrho(QX_t)$ und $\varrho(QY_s)$ positiv sind.

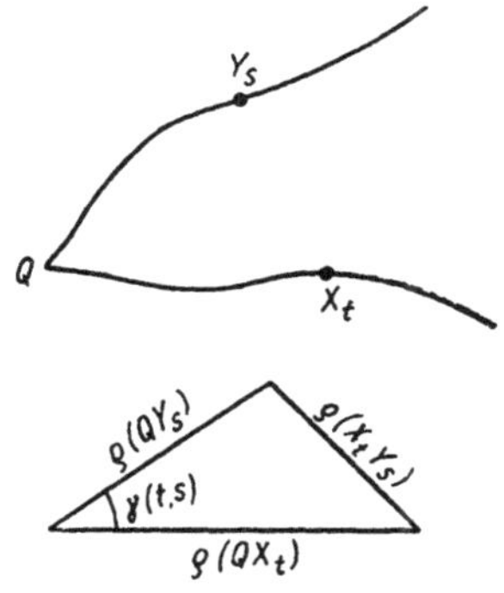

Abb. 6

Unter dem Winkel zwischen den gegebenen Kurven verstehen wir den Grenzwert des Winkels $\gamma(t,s)$ für gegen Null strebende t und s, d. h. für gegen Q strebende X_t und Y_s. Dieser Grenzwert braucht natürlich nicht zu existieren, und dann sagen wir, daß die gegebenen Kurven in Q miteinander keinen bestimmten Winkel bilden.

Wir verwenden diesen Winkelbegriff speziell im Falle von Kürzesten, die von einem Punkte Q ausgehen. Seien $\mathfrak{L}$ und $\mathfrak{M}$ zwei solche Kürzeste und X und Y veränderliche Punkte auf ihnen, die von Q verschieden sind. Es ist nicht notwendig, hier die Parameter t und s einzuführen: für t und s kann man die Länge der Bögen QX und QY nehmen. Da die Bogenlänge einer Kürzesten gleich der Entfernung ihrer Endpunkte ist, lassen sich an Stelle von t und s die Entfernungen $\varrho(QX)$ und $\varrho(QY)$ selbst setzen, die wir im folgenden stets durch x und y bezeichnen werden. Ferner konstruiert man gemäß der allgemeinen Definition ein ebenes Dreieck mit den Seiten $x = \varrho(QX)$, $y = \varrho(QY)$, $z = \varrho(XY)$ und nimmt in ihm den Winkel $\gamma(x,y)$, der der Seite z gegenüberliegt. Der Grenzwert α dieses Winkels $\gamma(x,y)$ für gegen Null konvergierende x und y ist der Winkel zwischen den Kürzesten $\mathfrak{L}$ und $\mathfrak{M}$.

Wir werden beweisen (in Kap. III, § 4), daß zwischen *Kürzesten auf einer konvexen Fläche der so definierte Winkel immer existiert.*

Den Winkel kann man natürlich formal definieren, ohne ebene Dreiecke heranzuziehen. In der Tat: setzen wir in diesen Dreiecken

$$z^2 = x^2 + y^2 - 2xy\cos\gamma(x, y),$$

so kann man den Winkel α zwischen den Kürzesten $\mathfrak{L}$ und $\mathfrak{M}$ einfach durch die Formel

$$\cos\alpha = \lim_{x, y\to 0} \frac{x^2 + y^2 - z^2}{2xy}$$

definieren. Und im Falle beliebiger Kurven durch

$$\cos\alpha = \lim_{t, s\to 0} \frac{\varrho(QX_t)^2 + \varrho(QY_s)^2 - \varrho(X_t Y_s)^2}{2\varrho(QX_t)\,\varrho(QY_s)},$$

wobei der Wert von α im Segment $[0, \pi]$ zu nehmen ist. Jedoch gibt die Definition mit Hilfe ebener Dreiecke das Wesen dieser Formeln besser wieder.

Die allgemeinen Eigenschaften von Winkeln werden besonders in Kap. IV untersucht. Sie sind in vieler Hinsicht den Eigenschaften von Winkeln zwischen Halbgeraden auf der Ebene analog. Für glatte Flächen fällt die oben gegebene Winkeldefinition mit der in der Differentialgeometrie verwendeten zusammen: Der Winkel zwischen zwei vom Punkte Q ausgehenden Kurven auf einer glatten Fläche erweist sich als der Winkel zwischen den Tangenten in Q an diese Kurven. Um die analoge räumliche Bedeutung des Winkels zwischen Kurven auf beliebigen konvexen Flächen klarzulegen, führen wir den Begriff des *Tangentialkegels* ein, der eine natürliche Verallgemeinerung des Begriffes der Tangentialebene darstellt.

Sei $\boldsymbol{F}$ irgendeine konvexe Fläche und Q ein beliebiger Punkt auf ihr. Wir vergrößern die Fläche $\boldsymbol{F}$ ähnlich mit dem Ähnlichkeitszentrum in Q. Wenn dann der Ähnlichkeitskoeffizient gegen unendlich strebt, konvergieren die sich aus $\boldsymbol{F}$ ergebenden Flächen, wie man zeigen kann (siehe Kap. IV, § 5), gegen einen gewissen Kegel mit der Spitze Q. *Dieser Kegel heißt der Tangentialkegel der Fläche* $\boldsymbol{F}$ *im Punkte* Q. Wenn die Fläche im Punkte Q eine Tangentialebene besitzt, so ist diese der Tangentialkegel in diesem Punkt. In Punkten, die auf Kanten der Fläche liegen, reduziert sich der Kegel auf ein Zweiflach, und nur in Spitzen — sogenannten *konischen Punkten* — kann ein beliebiger konvexer Kegel auftreten. Man kann auch zeigen, daß der Tangentialkegel als der geometrische Ort der Punkte definiert werden kann, die auf allen Halbgeraden liegen, welche sich als Limites der vom Punkte Q durch die Punkte X der Fläche $\boldsymbol{F}$ verlaufenden Halbgeraden ergeben, wenn die Punkte X gegen Q streben.

Vom Punkte Q auf der Fläche $\boldsymbol{F}$ gehe die Kurve $\mathfrak{L}$ aus. X sei ein variabler Punkt auf $\mathfrak{L}$. Der Limes der Halbgeraden QX, der sich für gegen Q strebende X ergibt, heiße *Halbtangente* an $\mathfrak{L}$ in Q. Wenn die Halbtangente existiert, so ist sie eine Erzeugende des Tangentialkegels.

Wir werden (in Kap. IX, § 1) folgenden Satz beweisen: *Damit zwei von einem Punkte Q auf einer konvexen Fläche* **F** *ausgehende Kurven in diesem Punkte einen Winkel im Sinne der oben gegebenen inneren Definition bilden, ist notwendig und hinreichend, daß sie in Q Halbtangenten besitzen. Der Winkel zwischen den Kurven ist dann gleich dem auf dem Tangentialkegel gemessenen Winkel zwischen ihren Halbtangenten.* Letzteres ist folgendermaßen zu verstehen: Da die Halbtangenten Erzeugende des Tangentialkegels sind, teilen sie ihn in zwei Sektoren; die Winkel dieser Sektoren werden durch Abwickeln auf die Ebene bestimmt; der kleinere dieser Sektorenwinkel ist gerade „der auf dem Tangentialkegel gemessene Winkel zwischen den Halbtangenten". Reduziert sich im Punkte Q der Tangentialkegel auf eine Ebene, so wird dieser Winkel der gewöhnliche Winkel zwischen den Halbtangenten.

Insbesondere gilt für Kürzeste das von I. M. LIEBERMANN bewiesene Theorem: *Eine Kürzeste auf einer konvexen Fläche besitzt in jedem Punkte eine rechte und eine linke Tangente* (folglich auch eine rechte und eine linke Halbtangente)[1]. Daher ist der Winkel zwischen Kürzesten, die von einem Punkte ausgehen, gleich dem auf dem Tangentialkegel gemessenen Winkel zwischen ihren Halbtangenten in diesem Punkte.

Die von uns gegebene innergeometrische Definition des Winkels zwischen Kurven auf konvexen Flächen entspricht völlig dem natürlichen Winkelbegriff. Aber auf anderen Flächen kann diese Definition eine Besonderheit haben, die zweckmäßigerweise hier vorweg besprochen wird. Nehmen wir beispielsweise einen Kegel mit dem vollen Winkel 4π an der Spitze; einen solchen Kegel kann man herstellen, indem man zwei Ebenen längs einer Halbgeraden aufschneidet und sie dann längs dieser Schnitte miteinander verheftet (Abb. 7)[2]. Diesen Kegel kann man in vier Sektoren mit den Winkeln π zerlegen, d. h. in vier Halbebenen. Liegen die Punkte X und Y auf zwei gegenüberliegenden [nicht aneinandergrenzenden, d. Ü.] Sektoren, so verläuft eine sie verbindende Kürzeste notwendig durch die Spitze Q des Kegels, und ihre Abschnitte QX und QY zerlegen die Umgebung der Spitze in zwei Sektoren, von denen jeder einen Winkel größer als π besitzt. Rein anschaulich möchte man als Winkel zwischen den Strecken QX und QY den kleineren der Winkel dieser Sektoren nehmen. Jedoch kann er nach der oben gegebenen Winkeldefinition nie größer als π sein, da er der Grenzwert von Winkeln

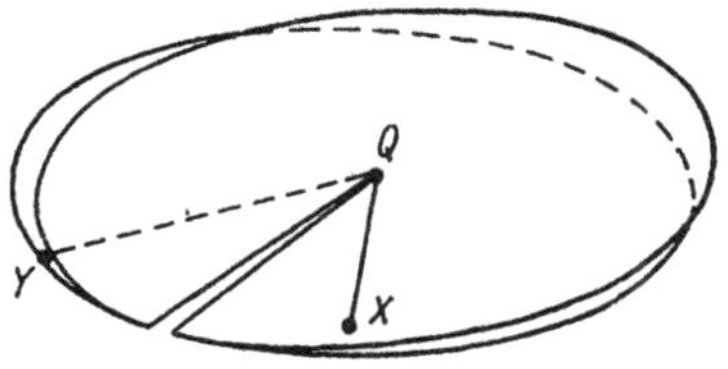

Abb. 7

[1]) И. М. Либерман, Геодезические линии на выпуклых поверхностях, Доклады Ак. Наук СССР т. XXXII, № 5 (1941), стр. 310—313. (I. LIEBERMANN, Geodätische Linien auf konvexen Flächen. Doklady. Ak. Nauk. SSSR. Band XXXII, Nr. 5 (1941), Seite 310—313). Diesen Satz werden wir in Kap. IV, § 6 beweisen. Rechte (linke) Tangente der Kurve $\mathfrak{X}(t)$ im Punkte $X(t_0)$ heißt der Limes der Sekanten durch die Punkte $X(t_0)$, $X(t)$ der Kurve für gegen t_0 von rechts, d. h. bei $t > t_0$ (bzw. links, d. h. bei $t < t_0$) strebende t.

[2]) In Abb. 7 liegt die eine Ebene ganz über der anderen. Die Schnittränder, die verheftet werden, sind etwas auseinandergeschoben.

in ebenen Dreiecken ist und ebene Dreieckswinkel nie größer als π sind. Für die Strecken QX und QY ist der Winkel nach unserer Definition offenbar gleich π. Hier stimmt also der definierte Begriff mit dem anschaulichen Winkelbegriff nicht überein. Nichtsdestoweniger erweist sich die von uns gegebene Definition als durchaus zweckmäßig. Die Beseitigung der erwähnten Unstimmigkeit erreicht man durch die Einführung eines neuen wichtigen Begriffes — des *Sektorwinkels.*

Seien $\mathfrak{L}$ und $\mathfrak{M}$ zwei von einem Punkt Q einer Mannigfaltigkeit mit innerer Metrik ausgehende Kürzeste, die in der Nachbarschaft von Q keine anderen gemeinsamen Punkte haben. (Auf einer konvexen Fläche haben je zwei beliebige nicht zusammenfallende Kürzeste diese Eigenschaft, wie in Kap. III, § 4 gezeigt wird). Dann zerlegen diese Kürzesten $\mathfrak{L}$ und $\mathfrak{M}$ eine hinreichend kleine Umgebung von Q in zwei „Sektoren". Wir nehmen einen dieser Sektoren $\boldsymbol{U}$ und ziehen darin vom Punkt Q aus die Kürzesten $\mathfrak{N}_1, \mathfrak{N}_2, \ldots, \mathfrak{N}_n$, die wir entsprechend ihrer Lage zwischen $\mathfrak{L}$ und $\mathfrak{M}$ numerieren. Mit $\alpha_0, \alpha_1, \ldots, \alpha_n$ bezeichnen wir die Winkel zwischen $\mathfrak{L}$ und $\mathfrak{N}_1$, $\mathfrak{N}_1$ und $\mathfrak{N}_2$, ..., $\mathfrak{N}_n$ und $\mathfrak{M}$. Die obere Grenze der Summen $\alpha_0 + \alpha_1 + \cdots + \alpha_n$ bei beliebiger Wahl der Kürzesten $\mathfrak{N}_i$ in beliebiger endlicher Anzahl nennen wir den *Winkel des Sektors* $\boldsymbol{U}$. Eine ausführliche Begründung dieser Definition und die Untersuchung der Eigenschaften des Sektorwinkels erfolgen in Kap. IV, § 3; hier beschränken wir uns lediglich auf einige allgemeine Hinweise.

Es ist leicht nachzuprüfen, daß auf jedem Kegel und insbesondere auf einem Kegel mit einem vollem Winkel 4π die Winkel zwischen Erzeugenden, die durch Abwickeln auf die Ebene definiert sind, mit den durch unsere Definition gegebenen Sektorwinkeln zusammenfallen. In dieser Weise hebt die Einführung des Begriffes des Sektorwinkels die oben beschriebene Unstimmigkeit auf.

Für konvexe Flächen gilt folgende Aussage: *Von einem Punkt Q einer konvexen Fläche mögen Kürzeste $\mathfrak{L}_1, \mathfrak{L}_2, \ldots, \mathfrak{L}_n$ mit den Halbtangenten $\mathfrak{T}_1, \mathfrak{T}_2, \ldots, \mathfrak{T}_n$ ausgehen. Die Winkel der Sektoren, in die diese Kürzesten eine Umgebung von Q zerlegen, sind gleich den Winkeln der Sektoren, in die ihre Halbtangenten den Tangentialkegel in Q zerlegen.* (Der Beweis wird in Kap. IV, § 6 gegeben.) Hieraus folgt insbesondere, daß *Sektorwinkel auf einer konvexen Fläche sich genau so addieren wie Sektorwinkel auf einem Kegel und daß die Summe der Winkel der Sektoren, die eine volle Umgebung von Q bilden, nicht von diesen Sektoren abhängt und gleich dem vollen Winkel des Tangentialkegels in diesem Punkte ist.* Es entspricht daher der Natur der Sache, diese Summe *den vollen Winkel um Q* zu nennen. Auf einer konvexen Fläche ist der volle Winkel um jeden Punkt nicht größer als 2π, auf einer glatten Fläche ist er immer gleich 2π, aber auf einer nichtglatten und nichtkonvexen Fläche kann er auch größer als 2π sein, wie beispielsweise der Winkel um die Spitze des oben betrachteten Kegels. Ist der volle Winkel um einen Punkt Q nicht größer als 2π, so fällt der Winkel zwischen zwei vom Punkte Q ausgehenden Kürzesten mit dem kleineren der Winkel der Sektoren zusammen, in die diese Kürzesten eine Umgebung von Q zerlegen. Ist dagegen der volle Winkel um Q größer als 2π, so können vom Punkte Q Kürzeste ausgehen, die seine Umgebung in Sektoren teilen, deren Winkel größer als π sind, und dann ist keiner der Sektorwinkel gleich dem Winkel zwischen den Kürzesten.

Der Begriff des Sektorwinkels ist dem entsprechenden Begriff in der Planimetrie analog. In völliger Übereinstimmung mit der Planimetrie bezeichnen wir als Winkel eines Polygons $\boldsymbol{P}$ an der Ecke A den Winkel desjenigen Sektors, der von den in A aneinanderstoßenden Seiten begrenzt wird und in $\boldsymbol{P}$ enthalten ist. Selbst für Dreiecke braucht dieser Winkel nicht mit dem Winkel zwischen diesen Seiten zusammenzufallen. Nimmt man beispielsweise auf einer Sphäre drei Punkte A, B, C und verbindet sie durch Kürzeste, so wird die Sphäre in zwei Dreiecke ABC zerlegt. Ist in einem dieser Dreiecke der Winkel an der Ecke A gleich dem Winkel zwischen den Kürzesten AB und AC, so ist er im anderen die Ergänzung dieses Winkels zu 2π.

Der einzige vielleicht wesentliche Unterschied der Winkel zwischen Kürzesten und der Winkel zwischen Halbgeraden der Ebene besteht darin, daß auf einer konvexen Fläche nicht immer an eine gegebene Kürzeste ein gegebener Winkel angelegt werden kann. Man nehme beispielsweise einen geraden Kreiskegel mit Einschluß seiner Grundfläche; es sei Q seine Spitze und A ein Punkt der Peripherie der Grundfläche. Auf dem Kegel gibt es keine Kürzeste, die seine Leitkurve berührt: daß es keine solche auf der Grundfläche gibt, ist selbstverständlich; davon, daß es keine auf der Mantelfläche gibt, überzeugt man sich durch Abwickeln auf die Ebene. Daher gibt es keine Kürzeste, die mit der Erzeugenden QA im Punkte A einen rechten Winkel bildet. Mit anderen Worten: in Richtung der Leitkurve verläuft auf einem geraden Kreiskegel keine Kürzeste. Folglich kann man zum Unterschied von regulären Flächen auf einer konvexen Fläche im allgemeinen nicht in jeder Richtung von einem gegebenen Punkt aus eine Kürzeste ziehen. Später — in Kap. V, § 5 — wird jedoch bewiesen, daß in jedem Punkt die Menge aller solchen Richtungen vom Winkelmaß Null ist.

Im Zusammenhang damit, daß es auf einem geraden Kreiskegel keine Kürzesten gibt, die die Peripherie der Grundfläche berühren, stellt es sich als unzweckmäßig heraus, die Tangente an eine Kurve (entsprechend den Begriffsbildungen der inneren Geometrie) als Limes von sekanten-analogen Kürzesten einzuführen. Stattdessen führen wir den Begriff der Richtung einer Kurve in einem gegebenen Punkte ein.

Wir sagen nämlich, *eine von Q ausgehende Kurve habe in diesem Punkt eine bestimmte Richtung, wenn sie mit sich selber einen bestimmten Winkel bildet.* Diese Definition sieht auf den ersten Blick etwas wild aus, aber in Wirklichkeit ist sie durchaus sinnvoll. In der Tat: sei $\mathfrak{X}_t = X(t)$ eine Kurve, die von einem Punkte $Q = X_0$ einer Mannigfaltigkeit mit der inneren Metrik ϱ ausgeht. Wir betrachten diese Kurve als zwei zusammenfallende Kurven $\mathfrak{X}_t = X(t)$ und $\mathfrak{X}_t' = X(t')$; der Winkel zwischen diesen Kurven ergibt sich aus der Formel

$$\alpha = \lim_{t,t' \to 0} \gamma(t, t').$$

Es ist trivial, daß dieser Grenzwert nicht für jede Kurve bei jeder Art der Konvergenz der Werte t, t' gegen Null existiert. Wenn man diese Frage für ebene

Kurven betrachtet, so überzeugt man sich leicht davon, daß $\lim_{t,t' \to 0} \gamma(t, t')$ dann und nur dann existiert, wenn die Kurve $\mathfrak{X}(t)$ im Punkte $X(0)$ eine Tangente besitzt. Das ist auch auf einer beliebigen konvexen Fläche richtig; wir werden nämlich in Kap. IX, § 1 beweisen, daß *eine Kurve auf einer konvexen Fläche dann und nur dann in ihrem Anfangspunkte eine Tangente (Limes von Sekanten) besitzt, wenn sie in diesem Punkt eine bestimmte Richtung im Sinne unserer Definition hat.*

Ferner wird in Kap. IX der Begriff „der Schwenkung der Kurvenrichtung", oder einfach „Schwenkung der Kurve", eingeführt, der sich als Verallgemeinerung des Begriffes des Integrals der Kurvenkrümmung nach der Bogenlänge erweist. Somit werden wir die grundlegenden Begriffe der innergeometrischen Kurventheorie zur Verfügung haben und dort auch eine Reihe ihrer Anwendungen bringen.

Um die Reihe der Definitionen aller Grundbegriffe der inneren Geometrie, die den bekannten Begriffen der Planimetrie analog sind, abzuschließen, müssen wir nun noch in innergeometrischer Weise den Flächeninhalt eines Polygons und danach eines beliebigen Bereiches einer Fläche einführen. Sei $\boldsymbol{P}$ ein Polygon auf einer Fläche, d. h. eine Figur, die durch endlich viele Kürzeste berandet ist. Wir zerlegen $\boldsymbol{P}$ in Dreiecke und ordnen jedem dieser Dreiecke das ebene Dreieck mit Seiten derselben Länge zu; dann bilden wir die Summe der Flächeninhalte aller dieser ebenen Dreiecke. Den *Grenzwert dieser Summen* für immer feiner werdende Zerlegungen des Polygons $\boldsymbol{P}$ — wenn er existiert — *definieren wir als den Flächeninhalt von* $\boldsymbol{P}$. In Kap. II, § 6 werden wir beweisen, daß Polygone auf einer konvexen Fläche immer in beliebig kleine Dreiecke zerlegt werden können, und in Kap. X werden wir zeigen, daß für jedes Polygon $\boldsymbol{P}$ auf einer konvexen Fläche der so definierte Flächeninhalt existiert und mit dem Flächeninhalt im Sinne der gewöhnlichen Definition als Grenzwert der Flächeninhalte von Polyederflächen, die gegen $\boldsymbol{P}$ konvergieren, zusammenfällt. Nachdem der Flächeninhalt für Polygone definiert ist, wird der Begriff nach den bekannten Methoden der Maßtheorie auf beliebige Bereiche ausgedehnt.

Wir sehen also, daß auf jeder konvexen Fläche alle Begriffe eingeführt werden können, die den Grundbegriffen der Planimetrie analog sind. Man darf daher erwarten, daß die innere Geometrie beliebiger konvexer Flächen nicht weniger inhaltsreich entwickelt werden kann als die Planimetrie. Aber für gekrümmte Flächen gibt es noch einen weiteren grundlegenden Begriff — nämlich den Begriff ihrer inneren Krümmung. Diesen werden wir gesondert im nächsten Paragraphen betrachten.

§ 8. Die Krümmung

Als Ausgangspunkt für die Verallgemeinerung des Krümmungsbegriffes auf beliebige konvexe Flächen dient uns ein Theorem von GAUSZ: Der Flächeninhalt des sphärischen Bildes eines Dreiecks ist gleich seinem „Exzeß", d. h. dem Überschuß der Winkelsumme über π. In diesem Satze werden zwei Größen gleichgesetzt, von denen die erste — der Flächeninhalt des sphärischen Bildes — das Gekrümmtsein der Fläche im Raum charakterisiert, während die zweite — „der Exzeß des Dreiecks" — die Abweichung der inneren Metrik der Fläche von der Metrik der Ebene charakterisiert, sich also sozusagen als Maß des nichteuklidischen Charakters der inneren Metrik der Fläche erweist. Dementsprechend haben wir zwei Krümmungen zu unterscheiden: eine „äußere" und eine „innere". Wir definieren sie für beliebige konvexe Flächen.

Sei $\boldsymbol{G}$ ein Bereich auf einer konvexen Fläche $\boldsymbol{F}$. Wir legen durch alle Punkte von $\boldsymbol{G}$ alle Stützebenen an $\boldsymbol{F}$ und ziehen vom Mittelpunkt einer gewissen Einheitssphäre $\boldsymbol{S}$ aus Radien, die den äußeren Normalen dieser Stützebenen parallel sind. Die Menge der Punkte von $\boldsymbol{S}$, die aus den Endpunkten der so gezogenen Radien besteht, heißt das *sphärische Bild* des Bereiches $\boldsymbol{G}$. Diese Definition unterscheidet sich von der in der Differentialgeometrie üblichen nur dadurch, daß an Stelle von Tangentialebenen, die im allgemeinen nicht in allen Punkten von $\boldsymbol{G}$ zu existieren brauchen, alle möglichen Stützebenen genommen werden. Der Flächeninhalt des sphärischen Bildes von $\boldsymbol{G}$ ist dann die „äußere Krümmung" dieses Bereiches.

Ist X ein konischer Punkt von $\boldsymbol{F}$, so erfüllt sein sphärisches Bild einen ganzen Bereich auf $\boldsymbol{S}$. Ist $\mathfrak{L}$ eine nichtgeradlinige Kante der Fläche, so bedeckt ihr sphärisches Bild auf $\boldsymbol{S}$ ebenfalls einen ganzen Bereich; so bedeckt z. B. das sphärische Bild der Basisperipherie eines Kreiszylinders eine ganze Halbsphäre.

Die innere Krümmung wird — ähnlich wie der Flächeninhalt des sphärischen Bildes — als Mengenfunktion auf der Fläche definiert, d. h. jeder Menge $\boldsymbol{M}$ aus einer Mengenklasse (im allgemeinen Falle jeder BORELschen Menge)[1]) wird eine Zahl $\omega(\boldsymbol{M})$ — die Krümmung der Menge — zugeordnet. Im Einklang mit der Terminologie der Differentialgeometrie müßte man von der inneren Totalkrümmung (oder Integralkrümmung) sprechen; der Kürze halber lassen wir jedoch diese Bestimmungswörter weg; das kann zu keinem Mißverständnis führen, da wir mit dem Wort „Krümmung" schlechthin nichts anderes bezeichnen werden. Bei der Definition der Krümmung kann man von dem Dreiecksexzeß $\alpha+\beta+\gamma-\pi$ ausgehen, wo α, β, γ die Winkel des Dreiecks sind. Wir werden beweisen, daß auf konvexen Flächen diese Größe stets nichtnegativ ist. (Dieser Satz ist eine direkte Folgerung von Satz 3 aus § 4 des Kap. III.)

---

[1]) Die Klasse der BORELschen Mengen ist diejenige Mengenklasse, die aus abgeschlossenen (oder offenen) Mengen bei unbeschränkter Bildung von Vereinigung und Durchschnitt je endlich oder abzählbar vieler Mengen hervorgeht. Genauer gesagt, bedeutet das folgendes: Ein Mengensystem heißt Ring, wenn es mit jeder Mengenfolge $\boldsymbol{E}_1, \boldsymbol{E}_2, \ldots \boldsymbol{E}_n, \ldots$ auch ihre Vereinigung $\bigcup_{n=1}^{\infty} \boldsymbol{E}_n$ und ihren Durchschnitt $\bigcap_{n=1}^{\infty} \boldsymbol{E}_n$ enthält. Eine Menge heißt BORELsche Menge, wenn sie jedem Ring angehört, der alle abgeschlossenen Mengen enthält. Offene Mengen lassen sich als Vereinigungen abgeschlossener darstellen und sind daher BORELsche Mengen. Vereinigung und Durchschnitt von abzählbar vielen BORELschen Mengen sind wieder BORELsche Mengen. Schließlich ist, wenn $\boldsymbol{A}$ und $\boldsymbol{B}$ BORELsche Mengen sind, auch $\boldsymbol{A}-\boldsymbol{B}$ eine BORELsche Menge.

Wir betrachten alle möglichen Überdeckungen der gegebenen Menge $\boldsymbol{M}$ auf der Fläche durch endlich oder abzählbar viele Dreiecksinnere. *Die Krümmung der Menge* $\boldsymbol{M}$ *auf einer konvexen Fläche kann dann definiert werden als die untere Grenze der Summen der Exzesse der Dreiecke, deren Inneres die Menge* $\boldsymbol{M}$ *überdeckt.*

Diese Definition erinnert an die Definition des äußeren LEBESGUEschen Maßes einer Menge, und in der Tat besitzt die Krümmung Eigenschaften, die denen eines Maßes analog sind. Es stellt sich heraus, daß auf einer konvexen Fläche jede Menge endliche Krümmung besitzt. Da der Exzeß eines Dreiecks auf einer konvexen Fläche nicht negativ ist, *ist die Krümmung jeder Menge auf einer konvexen Fläche nicht negativ.* Für BORELsche Mengen erweist sich die Krümmung als vollständig additiv (man sagt auch absolut additiv), d. h., ist $\boldsymbol{M} = \bigcup_{i=1}^{\infty} \boldsymbol{M}_i$ und sind die Mengen $\boldsymbol{M}_i$ paarweise punktfremd, so ist $\omega(\boldsymbol{M}) = \sum \omega(\boldsymbol{M}_i)$. Es zeigt sich, daß die Krümmung eines Dreiecksinneren gleich dem Dreiecksexzeß ist, und noch allgemeiner, daß die Krümmung des Inneren jedes kreishomöomorphen n-Ecks gleich dem Überschuß seiner Winkelsumme über die Winkelsumme des ebenen n-Ecks ist, die bekanntlich $(n-2)\pi$ beträgt. Die Krümmung einer geschlossenen konvexen Fläche ist immer gleich 4π. Die Krümmung einer nur aus einem Punkt bestehenden Menge ist gleich der Differenz von 2π und dem vollen Winkel um diesen Punkt, und daher ist sie für konische Punkte von Null verschieden. Darin besteht ein wesentlicher Unterschied zwischen Krümmung und LEBESGUEschem Maß. Spricht man von Krümmung, so muß man also die Krümmung eines Polygons einschließlich seines Randes von der Krümmung des Polygoninneren unterscheiden, da ein Polygon auch konische Punkte zu Eckpunkten haben kann. Beispielsweise ist die Krümmung einer offenen Seitenfläche des Würfels gleich Null, während die Krümmung dieser Seitenfläche einschließlich der Ecken gleich 2π ist. Was die Seiten eines Polygons anlangt, so können sie nichts zur Krümmung beitragen, da, wie sich zeigt, auf einer konvexen Fläche die Krümmung jeder Kürzesten ohne die Endpunkte gleich Null ist. Die Endpunkte müssen gerade deshalb ausgeschlossen werden, weil Endpunkte von Kürzesten konische Punkte sein können; dagegen ist leicht zu beweisen, daß eine Kürzeste nicht durch einen konischen Punkt hindurchgehen kann.

Wenn auch die hier gegebene Definition der Krümmung vom allgemeinen Standpunkte aus die beste ist, so kann man sie doch für unsere Zwecke durch eine äquivalente, aber elementarere ersetzen, die in Kap. V gegeben wird, das besonders der Krümmungslehre gewidmet ist. Dort wird auch die Bedeutung der Krümmung als „Maß des nichteuklidischen Charakters“ der inneren Metrik der Fläche eingehend geklärt werden. Von den sich hierauf beziehenden Sätzen führen wir an dieser Stelle nur einen an: *Ist die Krümmung eines Bereiches* $\boldsymbol{G}$ *auf einer konvexen Fläche gleich Null, so hat jeder Punkt von* $\boldsymbol{G}$ *eine Umgebung, die einem Stück der Ebene isometrisch ist.* Daß nicht der gesamte Bereich $\boldsymbol{G}$ einem Teil der Ebene isometrisch zu sein braucht, zeigt das Beispiel der Mantelfläche eines Zylinders.

Der Zusammenhang zwischen der Krümmung und dem Flächeninhalt des sphärischen Bildes einer Menge auf einer konvexen Fläche wird durch folgende Verallgemeinerung des GAUSZschen Satzes hergestellt: *Die Krümmung jeder Menge auf einer konvexen Fläche ist gleich dem Flächeninhalt ihres sphärischen Bildes* (unter der notwendigen Bedingung, daß ihr sphärisches Bild einen bestimmten Flächeninhalt — d. h. ein LEBESGUEsches Maß — hat). Insbesondere ist der Flächeninhalt des sphärischen Bildes eines Dreiecksinneren gleich dem Dreiecksexzeß und der des sphärischen Bildes eines Punktes gleich 2π minus dem vollen Winkel um ihn. Der Beweis dieses verallgemeinerten GAUSZschen Satzes, der in Kap. V gegeben wird, wird mit Hilfe der Methode der Approximation durch Polyeder nach dem am Schluß des § 5 angegebenen Schema durchgeführt.

Die hier formulierten Ergebnisse haben eine doppelte Bedeutung. Erstens sehen wir, daß Mengen auf konvexen Flächen eine nichtnegative Krümmung besitzen. Diese Eigenschaft zeichnet bekanntlich die konvexen regulären Flächen unter allen regulären Flächen schlechthin aus, und wir werden zeigen, daß sie auch für beliebige konvexe Flächen charakteristisch ist. Kurz gesagt, wir werden beweisen, daß in einer Mannigfaltigkeit mit innerer Metrik, in der die Krümmung jeder Menge nichtnegativ ist, jeder Punkt eine Umgebung besitzt, die einer konvexen Fläche isometrisch ist. Hier greifen wir etwas vor; die genaue Formulierung dieses Ergebnisses wird im nächsten Paragraphen gegeben werden.

Zweitens stellt das verallgemeinerte GAUSZsche Theorem einen Zusammenhang zwischen der inneren Metrik und der räumlichen Form einer konvexen Fläche her; es eröffnet damit den Weg zu einer ausführlicheren Untersuchung dieses Zusammenhanges. Einige diesbezügliche Resultate werden im Kap. XI betrachtet.

Der von uns eingeführte Krümmungsbegriff ist eine Verallgemeinerung des aus der Differentialgeometrie bekannten Begriffes der Total- oder Integralkrümmung, die gewöhnlich als das Oberflächenintegral des GAUSZschen Krümmungsmaßes definiert wird. Der Ausgangsbegriff ist dort also die Krümmung als Punktfunktion und nicht als Mengenfunktion. Wir dagegen legen gerade den Begriff der Integralkrümmung zugrunde und definieren die Krümmung in einem Punkte [das GAUSZsche Krümmungsmaß, d. Ü.] alsdann als spezifische Krümmung, d. h. als Grenzwert des Verhältnisses der Krümmung des Bereiches zu seinem Flächeninhalt, wenn der Bereich sich auf den gegebenen Punkt zusammenzieht. Dieser Grenzwert braucht gar nicht in jedem Punkt einer konvexen Fläche zu existieren. Ja noch mehr, die Krümmung eines Bereiches auf einer konvexen Fläche kann von dem Integral der spezifischen Krümmung über diesen Bereich verschieden sein. Das einfachste Beispiel dazu liefern die Polyeder: Auf einem Polyeder existiert die spezifische Krümmung überall außer in den Ecken und ist offenbar gleich Null. Daher ist sie integrierbar, und ihr Integral, erstreckt über die gesamte Fläche des Polyeders, ist gleich Null, während die Krümmung eines konvexen Polyeders, das mindestens eine Ecke hat, von Null verschieden ist.

Besonders einfach läßt sich die Krümmung einer Menge auf einem Polyeder oder allgemeiner in einer Mannigfaltigkeit mit polyedrischer Metrik definieren. Die

Krümmung auf einem Polyeder stellt nämlich eine diskrete Mengenfunktion dar, die gewissermaßen in den Ecken konzentriert ist. Wenn die Menge $\boldsymbol{M}$ auf einem Polyeder die Ecken $A_1, A_2, \ldots, A_n$ mit den vollen Winkeln $\varphi_1, \varphi_2, \ldots, \varphi_n$ enthält, so kann die Krümmung von $\boldsymbol{M}$ durch

$$\omega(\boldsymbol{M}) = \sum_{i=1}^{n} (2\pi - \varphi_i)$$

definiert werden, d. h. als Summe der Krümmungen der in $\boldsymbol{M}$ enthaltenen Ecken. Bei dieser Definition hat offenbar jede Menge $\boldsymbol{M}$ auf einem Polyeder genau dann eine nichtnegative Krümmung, wenn der volle Winkel um jeden Eckpunkt höchstens 2π ist. Hieraus erklärt sich auch der oben von uns eingeführte Ausdruck „polyedrische Metrik von positiver Krümmung".

Um diese Definition der Krümmung für Polyeder mit der weiter oben gegebenen Definition in Zusammenhang zu bringen, beweisen wir den Satz: *Sei auf einem Polyeder ein kreishomöomorphes Polygon* $\boldsymbol{P}$ *mit den Winkeln* $\alpha_1, \alpha_2, \ldots, \alpha_n$ *gegeben und seien* $\varphi_1, \varphi_2, \ldots, \varphi_m$ *die vollen Winkel um die im Innern von* $\boldsymbol{P}$ *liegenden Ecken des Polyeders. Dann gilt*

$$(1) \qquad 2\pi - \sum_{i=1}^{n} (\pi - \alpha_i) = \sum_{i=1}^{n} \alpha_i - (n-2)\pi = \sum_{j=1}^{m} (2\pi - \varphi_j).$$

Kurz: *Der Exzeß eines Polygons ist gleich der Summe der Krümmungen der in ihm enthaltenen Ecken.*

Zum Beweise zerlegen wir das Polygon $\boldsymbol{P}$ in Dreiecke $\boldsymbol{T_P}$, von denen jedes ganz auf einer Seitenfläche liegt. Dabei kann es vorkommen, daß einige ihrer auf der Berandung von $\boldsymbol{P}$ liegenden Ecken nicht mit den Ecken von $\boldsymbol{P}$ zusammenfallen. Wir können sie jedoch als Ecken von $\boldsymbol{P}$ ansehen, was die Summe der linken Seite von (1) nicht ändert, da der Winkel bei einer solchen Ecke gleich π ist und folglich der entsprechende Summand $\pi - \alpha$ gleich Null ist. Genau so brauchen einige Ecken der Dreiecke $\boldsymbol{T_P}$, die im Innern des Polygons $\boldsymbol{P}$ liegen, nicht mit Ecken des Polyeders zusammenzufallen. Wenn wir sie aber zu den Ecken des Polyeders hinzunehmen, so ändert sich die auf der rechten Seite von (1) stehende Summe nicht. Der volle Winkel um eine solche Ecke ist nämlich gleich 2π, und daher ist der ihr entsprechende Summand $2\pi - \varphi$, gleich Null. Wir können also alle Ecken der Dreiecke $\boldsymbol{T_P}$, die auf der Berandung von $\boldsymbol{P}$ liegen, als Eckpunkte dieses Polygons ansehen und die Ecken der Dreiecke, die im Innern von $\boldsymbol{P}$ liegen, als Polyederecken auffassen. Da jedes Dreieck $\boldsymbol{T_P}$ ganz auf einer Seitenfläche liegt, ist seine Winkelsumme gleich π, und wenn f die Anzahl aller Dreiecke ist, so ist die Summe aller ihrer Winkel gleich $f\pi$. Andererseits ist diese Summe gleich der Summe der Winkel um die Ecken der Dreiecke, d. h. der Summe der Polygonwinkel von $\boldsymbol{P}$ zuzüglich der Summe der vollen Winkel um die inneren Ecken. Folglich ist

$$(2) \qquad f\pi = \sum_{i=1}^{n} \alpha_i + \sum_{j=1}^{m} \varphi_j.$$

Ist k die Anzahl der Seiten der Dreiecke $\boldsymbol{T_P}$ und e die Anzahl der Ecken, so ist nach dem Eulerschen Satz (da $\boldsymbol{P}$ kreishomöomorph, d. Ü.) $f - k + e = 1$. Andererseits

seits ist die Anzahl aller Ecken gleich der Summe der Anzahl der Ecken auf der Berandung und der im Innern, d. h. $e = m + n$; daher ist

$$f - k + m + n = 1. \tag{3}$$

Schließlich besitzt jedes Dreieck drei Seiten; nur die n auf der Berandung liegenden Seiten gehören dabei jeweils nur zu einem Dreieck, während die inneren Seiten jeweils zu zwei Dreiecken zu rechnen sind. Daher gilt

$$3f = 2k - n. \tag{4}$$

Multipliziert man die Gleichung (3) mit 2 und setzt $2k = 3f + n$, so erhält man

$$f = 2m + n - 2. \tag{5}$$

Durch Substitution dieses Ausdruckes für f in die Formel (2) erhalten wir

$$2\pi m + \pi n - 2\pi = \sum_{i=1}^{n} \alpha_i + \sum_{j=1}^{m} \varphi_j$$

oder

$$\sum_{i=1}^{n} \alpha_i - (n-2)\,\pi = \sum_{j=1}^{m} (2\pi - \varphi_j),$$

was zu beweisen war.

Wendet man dieses Ergebnis auf konvexe Polyeder an, so überzeugt man sich leicht von folgendem: Die Definition der Krümmung einer Menge $\boldsymbol{M}$ als Summe der Krümmungen der in ihr enthaltenen Ecken ist bei konvexen Polyedern äquivalent der Definition der Krümmung als untere Grenze der Summen der Exzesse der Dreiecke, deren Inneres $\boldsymbol{M}$ überdeckt.

§ 9. Charakteristische Eigenschaften der inneren Metrik konvexer Flächen

Als wir in den Paragraphen 3 und 4 über Bedingungen sprachen, die die innere Metrik der geschlossenen konvexen Polyeder charakterisieren, haben wir zu diesen Polyedern die doppelt bedeckten konvexen Polygone hinzugerechnet. Dies hatte sich als notwendig erwiesen, um in dem Satz von der Existenz eines Polyeders mit gegebener Metrik überflüssige Vorbehalte zu vermeiden. Genau aus demselben Grunde stellt es sich als zweckmäßig heraus, zu den vollen konvexen Flächen die doppelt bedeckten konvexen Bereiche (einschließlich ihrer Berandung) hinzuzunehmen. Ebene konvexe Bereiche, die sich nicht über die ganze Ebene erstrecken, können drei Typen angehören: 1. beschränkte, die einem Kreis homöomorph sind; 2. unendliche, die einer Halbebene homöomorph sind; 3. Streifen zwischen Paaren paralleler Geraden. Was unter einem doppelt bedeckten beschränkten konvexen Bereich zu verstehen ist, wurde im § 3 definiert, und zwar mit Hilfe einer stetigen Abbildung der Sphäre auf den Bereich, bei der das Innere des Bereiches als durch die Bilder der beiden Halbsphären bedeckt erscheint und die Berandung das Bild des die beiden Halbsphären trennenden Äquators ist. In entsprechender Weise soll ein doppelt bedeckter, einer Halbebene homöomorpher Bereich als das stetige Bild einer Ebene betrachtet werden, deren beide Halbebenen sich auf das Innere des Bereiches abbilden. Schließlich ist ein doppelt bedeckter Streifen zwischen parallelen Geraden nichts anderes als ein plattgedrückter Zylinder. Ein solcher doppelt bedeckter Bereich kann zu einem gewöhnlichen Zylinder aufgebogen werden. In dieser Weise gehen diese konvexen als doppelt bedeckt anzusehenden Bereiche in volle konvexe Flächen über, die geschlossen oder einer Ebene oder einem Zylinder homöomorph sind.

Liegen zwei Punkte X und Y auf einer Seite des Bereiches, so ist die sie verbindende Kürzeste die geradlinige Strecke XY. Liegen sie dagegen auf verschiedenen Seiten des Bereiches, so besteht jede sie verbindende Kürzeste aus zwei geradlinigen Strecken, die sich auf der Berandung treffen.

Nachdem wir die erwähnten Grenzfälle unter die vollen konvexen Flächen aufgenommen haben, müssen wir natürlich zu den beliebigen konvexen Flächen auch alle Gebiete auf solchen ausgearteten vollen konvexen Flächen hinzunehmen. Dabei muß man selbstverständlich beachten, daß innere Punkte eines doppelt bedeckten Bereiches doppelt zu werten sind. So kann man beispielsweise aus der Fläche, die durch einen doppelt bedeckten Kreis dargestellt wird, eine nichtgeschlossene Fläche erhalten, indem man auf der einen Seite des Kreises einen Bereich ausschneidet und die andere Seite ganz läßt. Alle Eigenschaften konvexer Flächen, von denen in den vorhergehenden Paragraphen die Rede war, kommen auch solchen ausgearteten Flächen zu. Von hier ab werden wir, ohne es besonders zu erwähnen, solche ausgeartete Flächen zu den konvexen Flächen zählen.

Die Frage nach charakteristischen Eigenschaften der inneren Metrik konvexer Flächen, d. h. die Frage nach Bedingungen, die ein metrischer Raum erfüllen muß, um einer konvexen Fläche isometrisch zu sein, können wir vorläufig nicht für alle überhaupt möglichen konvexen Flächen lösen, sondern nur für solche, die „konvex in sich“ sind, d. h. für solche, die konvexe Bereiche auf der Berandung konvexer Körper sind. Das sind diejenigen konvexen Flächen, auf denen je zwei beliebige Punkte durch Kürzeste verbunden werden können. Die Gründe für eine solche Einschränkung sind im § 1 geklärt worden: Nicht auf jeder konvexen Fläche lassen sich je zwei beliebige Punkte durch eine Kürzeste verbinden, andererseits besitzt jeder Punkt einer konvexen Fläche beliebig kleine konvexe Umgebungen. Als Beispiele nicht voller konvexer Flächen, auf denen je zwei beliebige Punkte durch eine Kürzeste verbindbar sind, kann die Mantelfläche eines geraden Zylinders oder die eines geraden Kreiskegels, eine Halbsphäre usw. dienen.

Die gestellte Frage besitzt, wie jede Frage nach notwendigen und hinreichenden Bedingungen, zwei Seiten. Erstens interessieren wir uns für die notwendigen Bedingungen, d. h. für solche Eigenschaften, die der inneren Metrik konvexer Flächen wirklich zukommen. Dabei ist es wünschenswert, sofort möglichst starke Eigenschaften zu finden, die leicht zu den verschiedenartigsten Folgerungen führen, für die wir uns überhaupt interessieren können. Zweitens wollen wir aus diesen notwendigen Bedingungen solche aussondern, die gleichzeitig hinreichend sind. Dann ist gerade das Umgekehrte wünschenswert, nämlich möglichst schwache hinreichende Bedingungen zu finden. Der Widerstreit zwischen diesen entgegengesetzten Bestrebungen führt dazu, daß wir die beiden Seiten der Aufgabe trennen und gesondert betrachten.

Zwei allgemeine Eigenschaften der konvexen Flächen wurden im § 6 ermittelt: Jede konvexe Fläche besitzt eine innere Metrik und ist einem Gebiet der Sphäre homöomorph. Weiter wird in Kap. III, § 3 gezeigt werden, daß die *innere Metrik konvexer Flächen der folgenden Bedingung genügt, die wir die Konvexitätsbedingung nennen*: Seien 𝔏 und 𝔐 zwei Kürzeste, die von einem Punkt Q ausgehen, und X und Y von Q verschiedene veränderliche Punkte auf ihnen. Es seien x und y die Entfernungen zwischen Q und X bzw. Y und $z = z(x,y)$ die Entfernung zwischen X und Y. In Übereinstimmung mit der von uns schon verwandten Schreibweise sei $\gamma(x,y)$ der Winkel in dem ebenen Dreieck mit den Seitenlängen x, y, z, der der Seite z gegenüberliegt (Abb. 8). *Die Konvexitätsbedingung besteht darin, daß* $\gamma(x,y)$ *eine nichtwachsende Funktion von* x *und* y ist[1]); *dabei ist* $\gamma(x,y)$ *definiert für alle Paare von Intervallen* $0 < x \leqq x_0$, $0 < y \leqq y_0$, *für welche die Punkte* X *und* Y, *die beliebigen Werten* x *und* y *aus diesen Intervallen entsprechen, durch Kürzeste verbindbar sind.* (Auf „in sich konvexen" Flächen existiert eine Kürzeste XY für jedes beliebige Punktepaar X, Y, und daher erstreckt sich dort das betreffende Intervall über die ganze Länge der Kürzesten 𝔏 und 𝔐.)

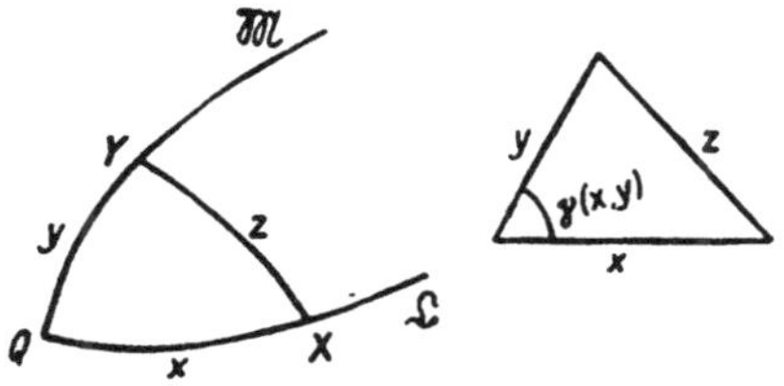

Abb. 8

Wir nehmen jetzt zwei Punktepaare X_1, Y_1 und X_2, Y_2, so daß $x_1 < x_2$ und $y_1 < y_2$ ist (Abb. 9). Wir betrachten die beiden ebenen Dreiecke $Q'_i X'_i Y'_i$ $(i = 1,2)$ mit den Seiten $Q'_i X'_i = x_i$, $Q'_i Y'_i = y_i$, $X'_i Y'_i = z_i = z(x_i, y_i)$. Die Winkel bei den Ecken Q'_1 und Q'_2 sind $\gamma_1 = \gamma(x_1, y_1)$ und $\gamma_2 = \gamma(x_2, y_2)$, und auf Grund der Konvexitätsbedingung gilt $\gamma(x_1, y_1) \geqq \gamma(x_2, y_2)$. Wählt man auf den Seiten $Q'_2 X'_2$ und $Q'_2 Y'_2$ des Dreiecks $Q'_2 X'_2 Y'_2$ die Punkte X''_1 bzw. Y''_1 so, daß $Q'_2 X''_1 = Q'_1 X'_1 = x_1$ und $Q'_2 Y''_1 = Q'_1 Y'_1 = y_1$ gilt, so sind die Seiten des Dreiecks $Q'_2 X''_1 Y''_1$, die den Winkel $\gamma_2 = \gamma(x_2, y_2)$ einschließen, gleich den Dreiecksseiten von $Q'_1 X'_1 Y'_1$, die den Winkel $\gamma_1 = \gamma(x_1, y_1)$ einschließen, und da $\gamma_1 \geqq \gamma_2$ gilt, ist $X'_1 Y'_1 \geqq X''_1 Y''_1$. Nach Konstruktion ist die Länge der

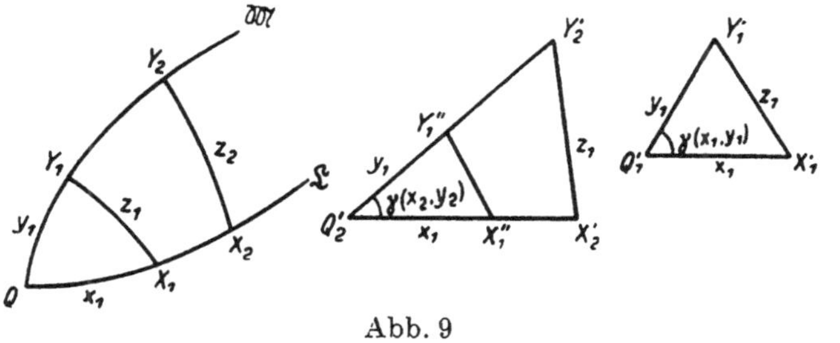

Abb. 9

1) Das heißt für $x_1 \leqq x_2, y_1 \leqq y_2$ gilt stets $\gamma(x_1, y_1) \geqq \gamma(x_2, y_2)$.

Strecke $X_1' Y_1'$ gleich der Länge einer Kürzesten $X_1 Y_1$. Daher bedeutet dieses Ergebnis, daß die Entfernung zwischen beliebigen Punkten der beiden Schenkel des Dreiecks QX_2Y_2 nicht kleiner ist als die Entfernung zwischen den entsprechenden Punkten auf den Schenkeln des ebenen Dreiecks $Q_2' X_2' Y_2'$.

Es ist durchaus anschaulich, daß es auf einer konvexen Fläche gerade so sein muß: auf ihr schieben sich die Seiten eines Dreiecks mit gegebenen Seitenlängen stärker auseinander als auf einer Ebene, und zwar um so stärker, je „konvexer" die Fläche ist. Als anschauliches Beispiel kann ein gleichseitiges Dreieck auf einer Sphäre dienen. So erklärt sich auch, warum wir die betreffende Bedingung als Konvexitätsbedingung bezeichnen. Der Beweis, daß auf jeder konvexen Fläche diese Bedingung erfüllt ist, wird nach der Methode der Approximation durch Polyeder nach dem im § 5 beschriebenen allgemeinen Schema durchgeführt werden.

Die Konvexitätsbedingung erweist sich als recht stark, und aus ihr lassen sich leicht eine Reihe wichtiger Sätze der inneren Geometrie der konvexen Flächen ableiten. Da beispielsweise nach der Konvexitätsbedingung der Winkel $\gamma(x,y)$ bei Verkleinerung von x und y nicht abnimmt, existiert $\lim\limits_{x,y\to 0} \gamma(x,y)$, und nach unserer Definition ist dieser Grenzwert der Winkel zwischen den Kürzesten $\mathfrak{L}$ und $\mathfrak{M}$. Also ist die Existenz des Winkels zwischen Kürzesten eine direkte Folge der Konvexitätsbedingung. Genau so einfach ergibt sich ein anderes wichtiges Theorem: Jeder Winkel eines Dreiecks auf einer konvexen Fläche und auch jeder Winkel zwischen den Seiten eines solchen Dreiecks ist nicht kleiner als der Winkel des ebenen Dreiecks mit denselben Seitenlängen[1]). Dieser Satz dient nicht nur als Grundlage der Untersuchung der Dreiecke auf konvexen Flächen, sondern erlaubt auch noch zahlreiche andere Anwendungen. Aus ihm folgt insbesondere, daß die Winkelsumme eines Dreiecks auf einer konvexen Fläche niemals kleiner als π ist — ein Ergebnis, das wir schon im vorigen Paragraphen im Zusammenhang mit der Krümmungstheorie erwähnten.

Von anderen Folgerungen der Konvexitätsbedingung führen wir hier nur noch eine an. Seien $\mathfrak{L}$ und $\mathfrak{M}$ zwei Kürzeste, die von einem Punkt Q ausgehen, X und Y zwei veränderliche Punkte auf ihnen. $\gamma(x,y)$ habe dieselbe Bedeutung wie oben. *Wenn dann wenigstens einer der Punkte X und Y gegen Q strebt und der andere sich beliebig verändert, aber so, daß eine Kürzeste XY gegen den Abschnitt einer der*

[1]) Beweis: Sei ABC ein Dreieck auf einer konvexen Fläche. Wir beschränken uns auf den Fall, daß je zwei beliebige Punkte seiner Seiten durch eine Kürzeste verbunden werden können. Sei $\gamma(x, y)$ der Winkel des ebenen Dreiecks, der gemäß der Vorschrift der Konvexitätsbedingung für die Punkte X und Y auf den Seiten AB und AC definiert ist. Auf Grund der Definition des Winkels α zwischen den Seiten AB und AC gilt: $\alpha = \lim\limits_{x,y\to 0} \gamma(x, y)$. Der entsprechende Winkel α_0 des ebenen Dreiecks mit denselben Seitenlängen ist der Wert von $\gamma(x, y)$ für $x = AB$, $y = AC$. Da bei wachsenden x und y $\gamma(x, y)$ nicht wächst, so ist offenbar $\alpha \geqq \alpha_0$, was zu beweisen war. Da außerdem der im Dreieck eingeschlossene Sektorwinkel nicht kleiner ist als der Winkel zwischen den Seiten, so ist auch dieser Sektorwinkel — d. h. der Winkel des Dreiecks an der Ecke A — nicht kleiner als α_0.

Kürzesten $\mathfrak{L}$ oder $\mathfrak{M}$ konvergiert, so konvergiert der Winkel $\gamma(x,y)$ gegen einen bestimmten Grenzwert. Dieser Grenzwert ist selbstverständlich derselbe wie der, der sich ergibt, wenn die *beiden* Punkte X und Y gegen Q streben, ist also gleich dem Winkel zwischen den Kürzesten $\mathfrak{L}$ und $\mathfrak{M}$. Dieses Ergebnis läßt sich auch folgendermaßen formulieren: Wenn das Produkt xy so gegen Null konvergiert, daß eine Kürzeste XY gegen einen Teil der Linie $\mathfrak{L}+\mathfrak{M}$, die aus den gegebenen Kürzesten besteht, konvergiert, so existiert $\lim\limits_{xy\to 0} \gamma(x,y)$. Wenn man diesen Grenzwert „den Winkel im starken Sinne" nennt, so kann man sagen, daß zwischen Kürzesten auf konvexen Flächen „der Winkel im starken Sinne" immer existiert. Für reguläre konvexe Flächen ist dieses Ergebnis wohlbekannt. Es beruht darauf, daß in der Umgebung einer geodätischen Linie die Metrik der Fläche mit der Metrik in der Umgebung einer Geraden in der Ebene zusammenfällt — bis auf einen Fehler, der von höherer Ordnung klein wird als die Breite der Umgebung. Auf einem konvexen Polyeder kann man eine hinreichend kleine Umgebung einer Kürzesten auf die Ebene abwickeln[1]); daher ist der Satz, daß auf einem konvexen Polyeder der Winkel im starken Sinne zwischen Kürzesten existiert, trivial.

Die Konvexitätsbedingung erweist sich als charakteristisch für die innere Metrik der konvexen Flächen. Man kann nämlich folgendes Theorem beweisen: *Ein gegebener metrischer Raum $\mathfrak{r}$ ist genau dann einer konvexen Fläche, auf der je zwei Punkte durch eine Kürzeste verbindbar sind, isometrisch, wenn folgende Bedingungen erfüllt sind:*

1. *$\mathfrak{r}$ ist einem Gebiet der Sphäre homöomorph.*
2. *Je zwei beliebige Punkte von $\mathfrak{r}$ können durch eine Kürzeste verbunden werden, deren Länge gleich der Entfernung dieser Punkte ist.*
3. *In $\mathfrak{r}$ gilt die Konvexitätsbedingung.*

Daher gestattet die bloße Hinzunahme der Konvexitätsbedingung zu den allgemeinen Eigenschaften einer Mannigfaltigkeit mit innerer Metrik den Aufbau der inneren Geometrie konvexer Flächen mit innergeometrischen Methoden allein.

Das bedeutet, daß man keine Überlegungen heranzuziehen braucht, die mit den Eigenschaften der konvexen Fläche als Raumfigur zusammenhängen. Für diese Aufgabenstellung erweist sich die Konvexitätsbedingung dank der in ihr enthaltenen sehr starken Forderung als äußerst zweckmäßig. Andererseits kann man sie gerade wegen dieser Stärke der Forderung nicht als glücklich gewählte hinreichende Bedingung ansehen. Beispielsweise ist schon die Tatsache, daß diese Bedingung in jeder Mannigfaltigkeit mit polyedrischer Metrik positiver Krümmung erfüllt ist, ein zwar dem Wesen nach völlig elementares Theorem, aber durchaus nicht trivial. Ebenso ist die Tatsache, daß sie in jeder Mannigfaltigkeit mit einer durch ein Linienelement von positiver Krümmung vorgegebenen Metrik erfüllt

[1]) Wenn die Kürzeste von einem Eckpunkt ausgeht, so muß man, um die Umgebung auf die Ebene abzuwickeln, einen Schnitt längs einer von der Ecke ausgehenden Strecke ausführen.

ist, ein Satz, der sich nicht „in zwei Worten" beweisen läßt. (Anscheinend hat man bis jetzt überhaupt noch nicht bemerkt, daß dieser Satz gilt.) Aus diesen Bemerkungen folgt, daß wir uns nach anderen, schwächeren, hinreichenden Bedingungen umsehen müssen.

Als solche kann man die folgenden zwei nehmen:

1. *Zwischen zwei von einem Punkte ausgehenden Kürzesten existiert der Winkel im starken Sinne (wie er oben definiert war).*

2. *Die Summe der Winkel zwischen den Seiten jedes Dreiecks ist mindestens π.*

Diese Bedingungen folgen, wie wir gezeigt haben, aus der Konvexitätsbedingung und sind auf jeder konvexen Fläche erfüllt. Daß sie insbesondere in einer Mannigfaltigkeit mit polyedrischer Metrik positiver Krümmung erfüllt sind, haben wir für die erste in diesem und für die zweite im vorigen Paragraphen bewiesen. Daß sie in einer Mannigfaltigkeit mit einer durch ein Linienelement positiver Krümmung vorgegebenen Metrik gelten, ist eine Tatsache, die seit GAUSZ bekannt ist.

Die Bedingung, daß der Winkel im starken Sinne existiert, könnte man abschwächen, indem man sie durch die Bedingung ersetzt, daß der Winkel im Sinne unserer Definition aus § 7 existiert — d. h. der Winkel als $\lim\limits_{x,y\to 0} \gamma(x,y)$. Aber der Beweis dieser Möglichkeit, der uns bekannt ist, erfordert eine wenn auch einfache Zusatzbedingung und ist zu schwierig, um im Rahmen dieses Buches dargelegt zu werden.

Übrigens erweist es sich überhaupt als überflüssig, die Existenz des Winkels in irgendeinem Sinne zu fordern! Selbstverständlich verliert ohne die Existenz der Winkel die Bedingung für die Summe der Winkel zwischen den Seiten eines Dreiecks ihren Sinn. Es ist aber möglich, den Winkel zwischen Kürzesten so zu definieren, daß er immer existiert und daß sich die Bedingung für die Summe der so definierten Winkel zwischen Dreiecksseiten allein als hinreichend erweist. Diese Winkeldefinition kann man folgendermaßen einführen: Seien $\mathfrak{L}$ und $\mathfrak{M}$ zwei von einem Punkte Q ausgehende Kürzeste in einer Mannigfaltigkeit mit der inneren Metrik ϱ. Seien X und Y von Q verschiedene, veränderliche Punkte auf diesen Kürzesten, und sei $x = \varrho(QX)$, $y = \varrho(QY)$, $z = z(x,y) = \varrho(XY)$. Wir bezeichnen, wie verabredet, mit $\gamma(x,y)$ den Winkel in dem ebenen Dreieck mit den Seitenlängen x, y, z, der der Seite der Länge z gegenüberliegt. „*Unteren Winkel*" (*im starken Sinne*) *zwischen den Kürzesten* $\mathfrak{L}$ *und* $\mathfrak{M}$ *nennen wir den limes inferior des Winkels* $\gamma(x,y)$, *der sich ergibt, wenn wenigstens einer der Punkte* X *und* Y *gegen* Q *konvergiert und eine Kürzeste* XY *sich unbeschränkt einer der Kürzesten* $\mathfrak{L}$ *oder* $\mathfrak{M}$ *nähert.* (In Kap. II, § 2 wird bewiesen werden, daß in einer Mannigfaltigkeit mit innerer Metrik eine Kürzeste XY existiert, sobald nur die Punkte X und Y genügend nahe an Q liegen.) Diese Definition unterscheidet sich von der weiter oben gegebenen Definition des Winkels im starken Sinne nur dadurch, daß an Stelle des *Grenzwertes* von $\gamma(x,y)$ der Limes inferior genommen wird, der wegen $0 \leqq \gamma(x,y) \leqq \pi$ selbstverständlich existiert. An Stelle des Winkels im starken Sinne können wir diesen unteren Winkel (im starken Sinne) betrachten; auf einer konvexen Fläche fällt er mit dem Winkel im starken Sinne zusammen, da letzterer ja existiert. Mit Hilfe der soeben eingeführten Definition kann man das folgende Theorem formulieren:

Theorem A. Dafür, daß ein metrischer Raum $\mathfrak{r}$ *einer konvexen Fläche isometrisch ist, auf der je zwei Punkte sich durch eine Kürzeste verbinden lassen, sind die folgenden Bedingungen notwendig und hinreichend:*

1. $\mathfrak{r}$ *ist einem Gebiet der Sphäre homöomorph.*

2. Je zwei beliebige Punkte von $\mathfrak{r}$ *können durch eine Kurve verbunden werden, deren Länge gleich der Entfernung dieser Punkte ist* (oder in schwächerer Form: zu jedem Punktepaar X, Y gibt es einen Punkt Z derart, daß

$$\varrho(XZ) = \varrho(YZ) = \tfrac{1}{2}\varrho(XY)$$

gilt, wo ϱ die Metrik von $\mathfrak{r}$ ist).

3. Jeder Punkt von $\mathfrak{r}$ *besitzt eine Umgebung, die so beschaffen ist, daß in jedem in ihr enthaltenen Dreieck die Summe der unteren Winkel zwischen den Seiten mindestens* π *ist.*

Die erste und die dritte Bedingung sind auf allen konvexen Flächen erfüllt. Die zweite dagegen nur auf solchen, auf denen je zwei Punkte durch eine Kürzeste verbindbar sind; für beliebige konvexe Flächen kann man nur sagen, daß ihre Metrik eine innere ist, d. h. daß für jedes Punktepaar eine Kurve mit einer Länge, die der Entfernung beliebig nahekommt, existiert. Jedoch ist diese Bedingung in Verbindung mit der ersten und dritten keineswegs hinreichend für die Existenz einer konvexen Fläche, die einem diesen Bedingungen genügenden Raum isometrisch ist. Wir nehmen beispielsweise zwei gleiche Sphären, schneiden sie längs eines Meridians auf und kleben sie dann so zusammen, daß eine doppelte Sphäre entsteht. Schließt man bei dieser doppelten Sphäre die Pole — d. h. die Enden der Schnitte — aus, so ergibt sich eine Mannigfaltigkeit, die einem Gebiet der Sphäre homöomorph ist[1]) und eine Metrik positiver Krümmung besitzt. Sie ist aber bestimmt nicht als konvexe Fläche realisierbar, da ihre volle Krümmung 8π beträgt, während die Krümmung einer konvexen Fläche 4π nicht übertreffen kann.

Da schon gezeigt wurde, daß die Metrik einer konvexen Fläche eine stärkere Bedingung als die Bedingung 3 des Theorems A erfüllt (nämlich die Konvexitätsbedingung und die aus ihr hervorgehenden Folgerungen), besteht das Wesentliche dieses Satzes in der Aussage der Hinlänglichkeit dieser Bedingungen.

Vergleichen wir die Bedingung 3 mit den Bedingungen, die eine polyedrische Metrik und eine durch ein Linienelement vorgegebene Metrik definieren! In der Definition einer Mannigfaltigkeit mit polyedrischer Metrik wird von vornherein vorausgesetzt, daß diese Mannigfaltigkeit im Kleinen einer Fläche im Raume, nämlich einem Kegel, isometrisch ist. Das Wesen des Vorgebens einer Metrik durch ein Linienelement dagegen besteht darin — wie in § 2 auseinandergesetzt

[1]) Sie ist nämlich einer Sphäre mit Ausschluß der Pole homöomorph, wovon man sich leicht überzeugt, wenn man jede der aufgeschnittenen Sphären auf eine Halbsphäre abbildet.

wurde —, daß eine Mannigfaltigkeit mit einer solchen Metrik im unendlich Kleinen als mit der Ebene isometrisch angenommen wird. Bei unserer Bedingung hingegen haben wir nichts Ähnliches, da nämlich keinerlei Annahme über die Existenz des Winkels gemacht wurde. Diese Annahme kommt, wie leicht zu sehen ist, der Voraussetzung der Isometrie mit der Ebene im unendlich Kleinen sehr nahe. Da aber diese Bedingung zusammen mit den beiden anderen für die Existenz einer konvexen Fläche mit gegebener Metrik hinreichend ist, folgen schon aus ihr sowohl die Existenz des Winkels als auch die Isometrie mit der Ebene im unendlich Kleinen, mit Ausnahme einer abzählbaren Menge von konischen Punkten. Dieser Umstand macht die angegebene Bedingung besonders interessant, und daher legen wir sie zugrunde. Einige andere Bedingungen, die an ihre Stelle treten können, werden wir in großen Zügen in Kap. VIII, § 6 betrachten[1]).

Im Rahmen unseres Buches kann das Theorem A nicht in seinem vollen Umfange bewiesen werden. Wir beschränken uns auf seine wesentlichsten Spezialfälle, die die Charakterisierung der Metrik der vollen konvexen Flächen einerseits und die Charakterisierung beliebiger konvexer Flächen im Kleinen andererseits liefern. Dabei werden wir zur Vereinfachung der Beweise die hier gegebene Definition des unteren Winkels etwas abändern. Um eine Häufung von Definitionen zu vermeiden, werden wir dies aber an dieser Stelle noch nicht tun. Zur Abkürzung werden wir im folgenden eine der Bedingung 3 des Theorems A genügende Metrik eine *Metrik positiver Krümmung* nennen[2]).

Die Sätze, die die innere Metrik der konvexen Flächen charakterisieren, werden wir als Sätze über die Existenz von Flächen mit gegebener Metrik formulieren, da genau wie beim Theorem A die Notwendigkeit der Voraussetzungen dieser Sätze ohne Interesse ist.

Wenn von einem metrischen Raum $\mathfrak{r}$ die Rede ist, der einem Gebiet der Sphäre oder einer anderen konkreten Mannigfaltigkeit homöomorph ist, so ist es aus Gründen der Anschaulichkeit zweckmäßig, sich den Raum $\mathfrak{r}$ selbst als diese Mannigfaltigkeit mit einer auf ihr vorgegebenen stetigen Funktion $\varrho(XY)$ von Punktepaaren — der Metrik des Raumes $\mathfrak{r}$ — vorzustellen[3]). In diesem Sinne kann man von Mannigfaltigkeiten mit (auf ihnen) vorgegebener Metrik sprechen.

---

[1]) Der von uns eingeführte Begriff des unteren Winkels weicht leider zu stark von der natürlichen Winkelvorstellung ab. Bei unserer Definition des unteren Winkels zwischen Kürzesten hängt dieser von der gesamten Ausdehnung dieser Kürzesten ab, während doch bei dem natürlichen Begriff der Winkel nur von beliebig kleinen vom gemeinsamen Anfangspunkt ausgehenden Abschnitten abhängen müßte. Daher kann sich der untere Winkel im allgemeinen ändern, wenn man die Kürzesten $\mathfrak{L}_1$ und $\mathfrak{L}_2$ durch Stücke von ihnen ersetzt oder auch verlängert. Das kann vermieden werden, wenn man einen anderen Begriff des unteren Winkels einführt; seine Definition wird im Kap. VIII, § 6 gegeben werden. Wir führen diesen anderen Begriff des unteren Winkels nicht jetzt ein, weil er seinerseits wesentliche Unbequemlichkeiten bietet. Die Frage verschiedener Winkeldefinitionen wird in Kap. VIII, § 6 untersucht werden.

[2]) Da unter diese Definition die euklidische Metrik als Spezialfall fällt, wäre es besser, von einer Metrik von nichtnegativer Krümmung zu sprechen.

[3]) Da die Metrik $\varrho(XY)$ eine stetige Funktion im metrischen Raume selbst ist, so muß man fordern, daß sie auch auf der entsprechenden konkreten Mannigfaltigkeit stetig ist.

Die innere Metrik der geschlossenen konvexen Flächen wird durch das folgende Theorem charakterisiert:

Theorem B. Ein metrischer Raum, der einer Sphäre homöomorph ist und eine Metrik positiver Krümmung besitzt, ist einer geschlossenen konvexen Fläche isometrisch.

Das ist ein Spezialfall von Theorem A, da in jedem einer Sphäre homöomorphen Raum mit innerer Metrik (und allgemein in jedem kompakten Raum mit innerer Metrik) je zwei Punkte durch eine Kürzeste verbunden werden können. Der Beweis des Theorems B wird in Kap. VII gegeben. Er beruht auf der Approximation einer allgemeinen Metrik positiver Krümmung durch polyedrische Metriken und auf dem in § 3 formulierten Existenzsatz für konvexe Polyeder mit gegebener Metrik. Wir zerlegen nämlich den der Sphäre homöomorphen Raum mit der Metrik positiver Krümmung in kleine Dreiecke und ersetzen jedes dieser Dreiecke durch ebene Dreiecke mit denselben Seitenlängen. Diese ebenen Dreiecke bilden ein Netz, das, wie wir beweisen werden, eine polyedrische Metrik positiver Krümmung definiert, die die gegebene Metrik um so besser approximiert, je feiner die Zerlegung war. Daher kann man sich der Überlegung bedienen, deren Schema in § 5 angedeutet wurde. Man nimmt immer feinere Zerlegungen, klebt aus den entsprechenden Netzen geschlossene konvexe Polyeder zusammen und erhält so eine Folge konvexer Polyeder, die gegen eine konvexe Fläche konvergieren, die gerade dem gegebenen Raum isometrisch ist.

Zur Charakterisierung der Metrik der unendlichen vollen konvexen Flächen sind die Bedingungen des Theorems A nicht hinreichend. Zum Beispiel ist eine Halbsphäre einer Ebene homöomorph, und je zwei Punkte auf ihr lassen sich immer durch eine Kürzeste verbinden. Sie ist aber natürlich keiner unendlichen konvexen Fläche isometrisch. Hier ist folglich eine zusätzliche Bedingung notwendig, nämlich die Bedingung der „Vollständigkeit" der Metrik. *Die Metrik eines Raumes $\mathfrak{r}$ heißt vollständig, wenn in $\mathfrak{r}$ der Satz von* WEIERSTRASZ *gilt, d. h. wenn jede unendliche und beschränkte Menge einen Häufungspunkt in $\mathfrak{r}$ besitzt*[1]).

---

[1]) In der Theorie der metrischen Räume heißt ein metrischer Raum vollständig, wenn jede Fundamentalfolge (in sich konvergierende Folge) gegen einen Punkt des Raumes konvergiert; d. h. mit anderen Worten, wenn aus $n, m \to \infty$, $\varrho(X_n X_m) \to 0$ die Existenz eines Punktes X folgt, für den $\varrho(X X_n) \to 0$ gilt. COHN-VOSSEN hat bewiesen: Damit eine Mannigfaltigkeit (und sogar jeder lokalkompakte Raum) mit innerer Metrik in diesem Sinne vollständig ist, ist notwendig und hinreichend, daß sie vollständig im Sinne unserer Definition ist. (Siehe C. Кон-Фоссен, О существовании кратчайших путей. Доклады Ак. Наук СССР, т. III, № 8 (1935).) (S. COHN-VOSSEN, „Über die Existenz kürzester Wege", Doklady Ak. Nauk. SSSR. Band III, Nr 8 [1935] S. 339 bis 342). COHN-VOSSEN bedient sich eines Begriffes, der vom Begriff der inneren Metrik etwas abweicht, was aber keine wesentliche Bedeutung hat. Der Begriff einer vollständigen Metrik selbst wurde in die Differentialgeometrie von HOPF und RINOW eingeführt. Er wurde jedoch schon früher unter anderem Namen benutzt. So betrachtet beispielsweise E. CARTAN Räume mit vollständiger Metrik, die er „normale Räume" nennt. Siehe E. CARTAN, Leçons sur la Géométrie des espaces de RIEMANN Kap. III.

Die Notwendigkeit der Vollständigkeitsbedingung folgt aus dem Satz:

Eine konvexe Fläche besitzt dann und nur dann eine vollständige Metrik, wenn sie eine volle konvexe Fläche ist, d. h. wenn sie die volle Berandung eines konvexen Körpers darstellt.

Beweis: Sei $\boldsymbol{F}$ eine volle konvexe Fläche. Wir nehmen auf ihr eine unendliche Punktmenge $\boldsymbol{M}$, die im Sinne ihrer inneren Metrik beschränkt ist. Da die Entfernung im Raume nicht größer ist als die auf der Fläche, ist diese Menge erst recht im Sinne der Entfernung im Raume beschränkt. Folglich hat sie im Raum mindestens einen Häufungspunkt. Dieser Punkt A gehört der Fläche $\boldsymbol{F}$ an (da die Berandung jeder Menge eine abgeschlossene Menge ist, d. h. alle ihre Häufungspunkte enthält).

Der Punkt A ist auch Häufungspunkt der Punktmenge $\boldsymbol{M}$ im Sinne der inneren Metrik. In § 6 war nämlich bewiesen worden, daß die Konvergenz von Punkten einer konvexen Fläche im Sinne der Entfernung im Raum äquivalent ist der Konvergenz im Sinne der Entfernung auf dieser Fläche. Damit ist bewiesen, daß eine volle konvexe Fläche immer eine vollständige Metrik hat.

Ist dagegen eine konvexe Fläche $\boldsymbol{F}$ keine volle, so ist sie ein Teil einer gewissen vollen konvexen Fläche $\boldsymbol{F}_0$. Wir nehmen auf $\boldsymbol{F}_0$ zwei Punkte A und B, so daß A auf $\boldsymbol{F}$ liegt, B aber nicht. Wir ziehen auf $\boldsymbol{F}_0$ eine Kürzeste AB; es sei C der zu A nächstgelegene Punkt dieser Kürzesten, der nicht zu $\boldsymbol{F}$ gehört. (Die Möglichkeit, je zwei Punkte auf einer vollen Fläche durch eine Kürzeste zu verbinden, wird in Kap. II, § 2 bewiesen.) Der Abschnitt AC unserer Kürzesten mit Ausschluß des Punktes C stellt eine beschränkte Punktmenge auf $\boldsymbol{F}$ dar, aber ihr Häufungspunkt C gehört ihr nicht an. Eine Punktfolge, die auf dem Abschnitt AC liegt und gegen C konvergiert, besitzt auf $\boldsymbol{F}$ keinen Häufungspunkt. Folglich ist die Metrik einer nichtvollen konvexen Fläche nicht vollständig.

Der Begriff der vollständigen Metrik ist einer der Grundbegriffe der Geometrie „im Großen", da die innere Geometrie im Großen ihrem Wesen nach nichts anderes ist als die Theorie der Mannigfaltigkeiten mit vollständiger innerer Metrik.

Unendliche volle konvexe Flächen können nur zwei Typen angehören: Solchen, die einer Ebene, und solchen, die einem Zylinder homöomorph sind. Die innere Metrik der letzteren läßt sich leicht charakterisieren; für die ersteren gilt das

Theorem C. Ein metrischer Raum, der einer Ebene homöomorph ist und eine vollständige Metrik positiver Krümmung besitzt, ist einer vollen unendlichen konvexen Fläche isometrisch.

Die Charakterisierung der Metrik einer beliebigen konvexen Fläche im Kleinen ist in dem folgenden Theorem enthalten:

Theorem D. In einer Mannigfaltigkeit mit einer Metrik positiver Krümmung besitzt jeder Punkt eine Umgebung, die einer konvexen Fläche isometrisch ist.

Der Beweis dieses Theorems, der in Kap. VIII, § 2 gegeben wird, beruht auf den folgenden Überlegungen: Wir beweisen, daß in einer Mannigfaltigkeit mit einer Metrik positiver Krümmung jeder Punkt eine Umgebung besitzt, die ein konvexes Polygon ist. Wir schneiden ein solches Polygon $\boldsymbol{P}$ aus der gegebenen

Mannigfaltigkeit heraus, nehmen ein anderes Exemplar $\boldsymbol{P}'$ eines ebensolchen Polygons und identifizieren die entsprechenden Seiten der beiden Polygone. Das Polygon $\boldsymbol{P}$ ist kreishomöomorph, und daher ergibt sich durch die Identifizierung eine Mannigfaltigkeit $\boldsymbol{P}+\boldsymbol{P}'$, die einer Sphäre homöomorph ist. In dieser Mannigfaltigkeit wird in natürlicher Weise eine Metrik eingeführt: als Entfernung der Punkte X und Y nimmt man die untere Grenze der Längen ihrer Verbindungskurven, wobei diese Längen sich durch die Metriken von $\boldsymbol{P}$ und $\boldsymbol{P}'$ ergeben. Ausgehend von der Tatsache, daß bei einem konvexen Polygon keiner der Winkel größer ist als π und daß daher die vollen Winkel um die verhefteten Ecken der Polygone $\boldsymbol{P}$ und $\boldsymbol{P}'$ nicht größer als 2π sind, beweist man leicht, daß die Metrik in der Mannigfaltigkeit $\boldsymbol{P}+\boldsymbol{P}'$ von positiver Krümmung ist. Auf Grund des Theorems B kann sie durch eine geschlossene konvexe Fläche realisiert werden. Wenn wir aus dieser Fläche den dem Polygon $\boldsymbol{P}$ entsprechenden Teil herausschneiden, erhalten wir eine diesem Polygon isometrische Fläche. Damit ist nicht nur Theorem D bewiesen, sondern auch die Tatsache, daß jedes kreishomöomorphe, aus einer Mannigfaltigkeit mit einer Metrik positiver Krümmung ausgeschnittene konvexe Polygon einer konvexen Fläche isometrisch ist.

Der Beweis des Theorems C erfolgt in Kap. VIII, § 3 durch Zurückführung auf Theorem B mittels eines analogen Kunstgriffes. Die Verallgemeinerung dieser Methode des Verheftens einer neuen Mannigfaltigkeit aus Stücken gegebener führt uns zu dem allgemeinen „Verheftungssatz“, der sehr viele interessante Anwendungen besitzt. Die Formulierung und eine Beweisskizze dieses Satzes werden in Kap. IX, § 3 gegeben, der vollständige Beweis kann jedoch im Rahmen dieses Buches nicht erbracht werden. Dieser Verheftungssatz gibt sehr allgemeine Bedingungen an, unter denen aus Stücken gegebener Mannigfaltigkeiten mit einer Metrik positiver Krümmung durch Identifizierung von Teilen der Berandungen dieser Stücke neue Mannigfaltigkeiten, ebenfalls mit einer Metrik positiver Krümmung, verheftet werden können. Ein Spezialfall ist dabei das Verheften einer konvexen Fläche aus Stücken anderer konvexer Flächen; dies ist eine weitgehende Verallgemeinerung des Satzes über das Verheften eines konvexen Polyeders aus Stücken der Ebene.

Der allgemeine Verheftungssatz erlaubt insbesondere klarzustellen, auf welchen konvexen Flächen je zwei Punkte durch eine Kürzeste verbunden werden können. Es stellt sich z. B. heraus, daß eine solche beschränkte Fläche nur einem der folgenden Typen angehören kann: 1. geschlossen; 2. isometrisch einer konvexen Kalotte, d. h. einer konvexen Fläche mit ebener Berandung, die sich eindeutig auf die Ebene ihres Randes projizieren läßt; 3. isometrisch der Mantelfläche eines geraden Kreiszylinders; sie kann auch aus einer Fläche des ersten oder des zweiten Typus erhalten werden, wenn man eine beliebige abgeschlossene Menge von Punkten entfernt, durch die keine Kürzesten hindurchgehen (diese Eigenschaft haben insbesondere alle konischen Punkte). Alle hier aufgezählten Flächen und nur sie sind beschränkt und gestatten, je zwei ihrer Punkte durch eine Kürzeste zu verbinden.

§ 10. *Einige Besonderheiten der inneren Geometrie der konvexen Flächen*

Zwischen der inneren Geometrie beliebiger konvexer Flächen einerseits und der Planimetrie — oder auch schon der inneren Geometrie der regulären konvexen Flächen — andererseits besteht ein wesentlicher qualitativer Unterschied, der mit den Besonderheiten zusammenhängt, die eine beliebige konvexe Fläche aufweisen kann. Das Verständnis dieser Besonderheiten ist für den Geometer außerordentlich wichtig. Es warnt ihn vor der Konstruktion anschaulicher Bilder in Analogie zur Planimetrie, vor Bildern, die möglicherweise der Wirklichkeit nicht entsprechen und ihn daher zu voreiligen und unrichtigen Schlüssen verleiten können. Im Zusammenhang damit ist es wohl nicht überflüssig, an einer Reihe von Beispielen die grundlegenden qualitativen Besonderheiten der inneren Geometrie der konvexen Flächen zu beleuchten. Diese Besonderheiten hängen hauptsächlich mit dem Unterschied der Eigenschaften der Kürzesten auf konvexen Flächen von den Eigenschaften der geradlinigen Strecken auf der Ebene zu sammen.

Zählen wir zunächst die „guten" Eigenschaften von Kürzesten auf konvexen Flächen auf, die im folgenden (Kap. II, § 2 und Kap. III, § 4) bewiesen werden:

1. Auf jeder vollen konvexen Fläche können je zwei beliebige Punkte durch eine Kürzeste verbunden werden. Auf einer beliebigen konvexen Fläche besitzt jeder Punkt eine Umgebung, in der je zwei beliebige Punkte sich durch eine Kürzeste verbinden lassen.

2. Eine Kürzeste ist einer geradlinigen Strecke homöomorph. Jeder Bogen einer Kürzesten ist selbst eine Kürzeste. Die Länge einer Kürzesten ist gleich der Entfernung zwischen ihren Endpunkten.

3. Von einem gegebenen Punkte kann in einer gegebenen Richtung höchstens eine Kürzeste ausgehen, oder mit anderen Worten, zwei sich berührende Kürzesten decken einander[1]).

4. Für zwei Kürzeste sind nur solche Fälle der gegenseitigen Lage möglich, wie sie für die Bögen von Großkreisen auf einer Sphäre vorliegen. Nämlich: Zwei Kürzeste haben keinen gemeinsamen Punkt, oder sie haben genau einen gemeinsamen Punkt, oder sie haben zwei gemeinsame Punkte, die sich in diesem Falle als ihre gemeinsamen Endpunkte erweisen — ähnlich den größten Halbkreisen auf einer Sphäre, die zwei diametral gegenüberliegende Punkte miteinander verbinden; schließlich können zwei Kürzeste längs eines ganzen Abschnittes einander decken[1]), und zwar entweder so, daß eine der Kürzesten Teil der anderen ist, oder so, daß der eine Endpunkt ihres gemeinsamen Abschnittes Endpunkt der einen von ihnen und der andere Endpunkt des Abschnitts Endpunkt der anderen ist —

[1]) Hier und im folgenden soll das Wort „decken" nicht etwa zum Ausdruck bringen, daß die Kürzesten in ihrer ganzen Länge zusammenfallen; dies braucht nur auf einem Abschnitt zu geschehen.
Im Original steht das Wort „налегать", das von лежать = liegen abgeleitet ist und sinngemäß „aufliegen" bedeutet.
Entsprechendes gilt später bei „Deckungsbedingung" Kap. II, § 3 (Anm.d. Ü.).

ähnlich wie bei zwei einander deckenden Bögen von Großkreisen. Andere gegenseitige Lagen von Kürzesten sind unmöglich. (Siehe Abb. 16 auf S. 84.)

5. Die Grenzkurve von Kürzesten ist selbst eine Kürzeste, d. h. wenn Kürzeste gegen eine Kurve konvergieren, so ist diese ebenfalls eine Kürzeste.

Wir zählen jetzt die grundlegenden Besonderheiten von Kürzesten auf und illustrieren sie dann an einer Reihe von Beispielen. Dabei braucht man die Tatsache, daß auf einer konvexen Fläche im allgemeinen zwei beliebige Punkte nicht durch eine Kürzeste verbindbar sind, nicht als Besonderheit zu werten, da dieselbe Eigenschaft beispielsweise jedem nichtkonvexen Gebiet der Ebene zukommt.

1. Auf einer konvexen Fläche können Punktepaare existieren, die sich nicht nur durch eine, sondern durch mehrere Kürzeste verbinden lassen; solche Punkte können sogar beliebig nahe beieinander liegen.

2. Es können Punkte existieren, von denen aus in gewissen Richtungen keine Kürzesten ausgehen. Wir werden ein Beispiel einer Fläche angeben, auf der alle Punkte diese Eigenschaft besitzen.

3. Es können Punkte existieren, durch die keine Kürzeste hindurchgeht.

4. Verbindet man einen gegebenen Punkt A durch eine Kürzeste mit einem veränderlichen Punkt X, so braucht sich bei einer stetigen Bewegung von X die Kürzeste AX nicht stetig zu ändern.

Aus den Besonderheiten 2. und 3. folgt, daß im allgemeinen sich nicht jede Kürzeste über einen ihrer Endpunkte A hinaus so verlängern läßt, daß auch nur ein beliebig kleiner, den Punkt A im Innern enthaltender Abschnitt der so entstehenden Kurve eine Kürzeste ist. Mit anderen Worten, eine geodätische Linie auf einer konvexen Fläche braucht keine unbeschränkte Verlängerung zuzulassen, wie dies auf regulären Flächen der Fall ist.

Die Besonderheiten 1, 3, 4 lassen sich schon auf jedem konvexen Kegel (mit vollem Winkel $< 2\pi$) nachweisen. Sei Q die Spitze eines solchen Kegels, und seien A und B zwei beliebige von Q verschiedene seiner Punkte. Wir ziehen die Erzeugenden QA und QB; nachdem wir den Kegel längs dieser Erzeugenden in zwei Sektoren aufgeschnitten haben, rollen wir diese Sektoren auf die Ebene ab. Da die Summe φ der Winkel dieser Sektoren kleiner als 2π ist, ist einer von diesen Winkeln kleiner oder gleich $\frac{\varphi}{2} < \pi$. Der geradlinigen Strecke AB in diesem Sektor entspricht die Kürzeste AB auf dem Kegel. Hieraus ersieht man, daß durch die Spitze des Kegels keine Kürzeste hindurchgehen kann. Sind ferner die Winkel beider Sektoren gleich, so sind auch die Strecken AB in beiden gleich, und daher lassen sich in diesem Fall die Punkte A und B durch zwei Kürzeste verbinden, wie nahe diese Punkte auch bei Q gelegen sein mögen.

Wir beschreiben auf unserem Kegel einen Kreis durch A um die Spitze und bewegen dann den Punkt B von A aus längs dieser Kreisperipherie. Solange der Winkel ψ zwischen den Erzeugenden QA und QB kleiner als $\frac{\varphi}{2}$ bleibt, verändert sich die Kürzeste AB stetig. Aber beim Durchgang durch den Wert $\psi = \frac{\varphi}{2}$ macht die Kürzeste einen Sprung von der einen Seite von Q auf die andere. Folglich ändert sich die Kürzeste AB bei stetiger Bewegung des Punktes B nicht stetig.

Diese Überlegungen haben einen ganz allgemeinen Charakter. In der Tat: Durch den Punkt Q auf irgendeiner Fläche gehe keine Kürzeste hindurch. Wir beschreiben eine geschlossene Kurve $\mathfrak{L}$ um Q, wählen darauf einen beliebigen Punkt A und bewegen den veränderlichen Punkt X von A aus längs $\mathfrak{L}$ in einer bestimmten Richtung. Bei einer solchen Bewegung kann eine Kürzeste AX nicht durch Q hindurchgehen, sie muß daher bei einer gewissen Lage X_0 von X den Punkt Q überspringen. In diesem Falle existieren mindestens zwei Kürzeste AX_0: die Grenzlagen der Kürzesten AX bei Annäherung von X an X_0 von der einen und von der anderen Seite. Diese Überlegung erhebt keinen Anspruch auf Strenge, wenn sie auch vollkommen exakt durchgeführt werden kann. Es kommt uns nur darauf an, uns anschaulich klarzumachen, daß das Vorhandensein von Punkten, durch die keine Kürzeste hindurchgeht, andere Eigenarten in dem Verhalten der Kürzesten nach sich zieht.

In Kap. IV, § 3 werden wir beweisen, daß durch keinen konischen Punkt (d. h. durch keinen Punkt, dessen voller Winkel $< 2\pi$ ist) eine Kürzeste hindurchgeht. Das ist übrigens ziemlich naheliegend. Bei weitem interessanter ist der Umstand, daß diese Eigenschaft auch Punkten, die keine konischen Punkte sind, zukommen kann (das hat mir W. A. ZALGALLER mitgeteilt). Sei z. B. $\boldsymbol{G}$ ein konvexer Bereich in der Ebene, und $\mathfrak{L}$ die ihn berandende Kurve. Wenn in einem gewissen Punkte A die Krümmung der Kurve $\mathfrak{L}$ unendlich ist, so geht auf dem doppelt bedeckten Bereich $\boldsymbol{G}$ keine Kürzeste durch A hindurch, wie man durch einfaches Ausrechnen bestätigt. In diesem Beispiel liegt A auf einer Kante der Fläche, aber dieselbe Eigenschaft kann Punkten zukommen, in denen eine Tangentialebene vorhanden ist. Als Beispiel konstruieren wir eine Rotationsfläche, durch deren Pol keine Kürzeste hindurchgeht.

Sei $\boldsymbol{K}_0$ die Mantelfläche eines geraden Kreiskegels. Die Kürzesten, welche Punkte der Peripherie seiner Grundfläche miteinander verbinden, bedecken auf dieser Mantelfläche einen gewissen ringförmigen Bereich $\boldsymbol{B}_0$[1]). Wir schneiden diesen Bereich ab und setzen auf seine kleinere Kreisperipherie einen Kegel $\boldsymbol{K}_1$ mit einem vollen Winkel an der Spitze, der größer ist als der von $\boldsymbol{K}_0$. Von diesem Kegel schnei-

[1]) Ist φ der volle Winkel an der Spitze des Kegels $\boldsymbol{K}_0$ und r_0 die Länge einer Erzeugenden, so ist der Bereich $\boldsymbol{B}_0$ ein Kegelstumpf mit der Erzeugenden $r = r_0\left(1 - \cos\frac{\varphi}{4}\right)$. Das ist leicht zu sehen, wenn man den Kegel längs einer Erzeugenden aufschneidet, auf die Ebene abwickelt und berücksichtigt, daß die Kürzesten Sehnen des so entstandenen Sektors sind.

[Im Original steht $\frac{\varphi}{2}$, jedoch wird die Ringbreite nicht größer als $r_0\left(1 - \cos\frac{\varphi}{4}\right)$, da Sehnen, die zu Bögen $> \frac{\varphi}{2}$ gehören, zwar Geodätische, aber keine Kürzesten liefern. Anm. d. Ü.]

den wir in gleicher Weise den Bereich $\boldsymbol{B}_1$ ab, den die Kürzesten ausfüllen, welche die Punkte seiner Grundflächenperipherie miteinander verbinden, und auf die kleinere Kreisperipherie des Bereiches $\boldsymbol{B}_1$ setzen wir einen Kegel $\boldsymbol{K}_2$ auf usw. Wenn wir diese Konstruktion unbegrenzt wiederholen, kommen wir schließlich zu einer konvexen Rotationsfläche, auf der, wie man sich leicht überzeugt, keine Kürzeste durch den Pol geht. Wenn die vollen Winkel der Kegel $\boldsymbol{K}_1, \boldsymbol{K}_2, \ldots$ genügend schnell gegen 2π streben, so hat diese Fläche im Pol eine Tangentialebene. Wählt man statt der Bereiche $\boldsymbol{B}_0, \boldsymbol{B}_1, \ldots$ etwas größere Bereiche, so können die Kanten zwischen ihnen geglättet werden, und man erhält eine vollkommen glatte konvexe Rotationsfläche, durch deren Pol keine Kürzeste hindurchgeht. Es sei noch bemerkt, daß die Menge der Punkte, durch die keine Kürzeste hindurchgeht, die Mächtigkeit des Kontinuums haben kann, während die Anzahl der konischen Punkte auf einer Fläche immer höchstens abzählbar ist (was wir beweisen werden).

Ein Beispiel einer Fläche, die Punkte besitzt, von denen nicht nach allen Richtungen Kürzeste ausgehen, haben wir schon in § 7 angeführt. So gibt es auf einem geraden Kreiskegel keine Kürzesten, welche die Peripherie der Grundfläche berühren. Dieselbe Eigenschaft besitzen z. B. die Basisperipherie eines Zylinders oder auch die Kante einer bikonvexen Linse. Jedoch sind das alles nichtglatte Flächen. Eine glatte Fläche, auf der von einem gewissen Punkt in einer gewissen Richtung keine Kürzeste ausgeht, kann man durch folgende Konstruktion erhalten: Auf einer Sphäre $\boldsymbol{S}$ wählen wir einen Pol Q, ziehen durch Q einen Meridian $\mathfrak{L}$ und konstruieren darauf eine gegen Q konvergierende Punktefolge $A_1, A_2, \ldots$ Um die Punkte A_n beschreiben wir Kreise $\mathfrak{C}_n$, und zwar so, daß sie sich paarweise nicht schneiden. Dann konstruieren wir Kegel $\boldsymbol{K}_n$, die die Sphäre $\boldsymbol{S}$ längs dieser Kreise berühren. Auf der sich so ergebenden Fläche gibt es keine von Q in der Richtung von $\mathfrak{L}$ ausgehende Kürzeste. Daß dem so ist, beweist man durch eine leichte Überlegung, die einige Zeilen weiter unten durchgeführt wird. Wenn man jetzt die Spitzen der Kegel $\boldsymbol{K}_n$ abrundet, so erhält man eine *glatte* Fläche, auf der es ebenfalls keine von Q in der Richtung von $\mathfrak{L}$ ausgehende Kürzeste gibt. Zieht man von Q aus mehrere Meridiane $\mathfrak{L}$ und führt jeweils die analogen Konstruktionen aus, so gehen von Q in der Richtung aller dieser Meridiane keine Kürzesten aus. Man kann sogar eine abzählbare überall dichte Menge von Meridianen $\mathfrak{L}$ nehmen und für sie dieselbe Konstruktion durchführen. Man muß dabei nur darauf achten, daß die Kreise $\mathfrak{C}_n$ einander nicht schneiden. (Dies ist leicht zu erreichen, wenn die Radien dieser Kreise bei dem Übergang von einem Meridian zum anderen genügend schnell gegen Null streben. Dabei muß man die Meridiane $\mathfrak{L}$ im voraus durchnumerieren.)

Schließlich kann man eine konvexe Fläche angeben, auf der in jedem Punkt eine überall dichte Menge von Richtungen vorhanden ist, in denen keine Kürzesten verlaufen. Dies leistet eine Fläche mit einer überall dichten Menge konischer Punkte, die man etwa folgendermaßen konstruieren kann. Wir gehen von einem regulären Tetraeder $\boldsymbol{P}_0$ aus. Die Schwerpunkte seiner Seitenflächen seien $A_1, \ldots, A_4$. Wir schieben die Punkte A_i nach außen und konstruieren die konvexe Hülle von $\boldsymbol{P}_0$ und diesen hinausgeschobenen Punkten A_i. Sind die Verschiebungen der A_i genügend klein, so erhalten wir ein Polyeder $\boldsymbol{P}_1$, dessen Eckpunkte alle Eckpunkte von $\boldsymbol{P}_0$ und alle verschobenen Punkte A_i sind. Wir nehmen die Schwerpunkte der Seitenflächen von $\boldsymbol{P}_1$ und wiederholen dieselbe Konstruktion usw. unbegrenzt. Wenn die Verschiebungen der Schwerpunkte der Seitenflächen bei den aufeinander folgenden Schritten genügend schnell gegen Null streben, so werden die vollen Winkel um die schon vorhandenen Ecken der Polyeder $\boldsymbol{P}_n$ genügend langsam wachsen und nicht gegen 2π konvergieren. Daher ergibt sich als Limes eine Fläche mit einer überall dichten abzählbaren Menge konischer Punkte.

Sei jetzt Q ein beliebiger Punkt einer solchen Fläche. Beliebig nahe bei Q gibt es konische Punkte, und durch sie geht keine Kürzeste hindurch. Deshalb kann man nach der oben angegebenen allgemeinen Überlegung schließen, daß es einen Punkt B_1 gibt, der mit Q durch zwei Kürzeste verbunden werden kann. Diese beiden Kürzesten begrenzen auf der Fläche ein Zweieck $\boldsymbol{D}_1$ (Abb. 10). Da die Menge der konischen Punkte überall dicht liegt, gibt es in diesem Zweieck beliebig nahe bei Q wieder konische Punkte. Hieraus schließt man, daß in $\boldsymbol{D}_1$ ein Punkt B_2 existiert, der sich mit Q durch zwei Kürzeste verbinden läßt. Diese Kürzesten begrenzen ein Zweieck $\boldsymbol{D}_2$. Wenn wir diese Überlegung wiederholen, erhalten wir eine Folge ineinandergeschachtelter Zweiecke $\boldsymbol{D}_1, \boldsymbol{D}_2, \ldots, \boldsymbol{D}_n, \ldots$, die sich auf Q zusammenziehen. In keiner Richtung, die in allen diesen Zweiecken enthalten ist, geht von Q eine Kürzeste aus. Genauer: sei $\boldsymbol{K}$ der Tangentialkegel an unsere Fläche im Punkt Q. Seien $\mathfrak{T}_n, \mathfrak{T}_n'$ die Erzeugenden dieses Kegels, welche die das Zweieck $\boldsymbol{D}_n$ berandenden Kürzesten QB_n berühren und $\boldsymbol{V}_n$ der von ihnen begrenzte Sektor auf dem Kegel $\boldsymbol{K}$. Da das Zweieck $\boldsymbol{D}_{n+1}$ in $\boldsymbol{D}_n$ enthalten ist, ist der Sektor $\boldsymbol{V}_{n+1}$ im Sektor $\boldsymbol{V}_n$ enthalten. Es existiert eine Erzeugende $\mathfrak{T}$, die in allen Sektoren $\boldsymbol{V}_n$ enthalten ist, und wir behaupten, daß es auf unserer Fläche keine Kürzeste gibt, die diese Erzeugende berührt. Würde nämlich eine solche Kürzeste existieren, so würde sie die Kürzesten QB_n schneiden und mit ihnen gemeinsame Punkte außer Q besitzen (wenigstens für genügend große n). Dies ist aber unmöglich, denn wenn zwei verschiedene Kürzeste auf einer konvexen Fläche zwei Punkte gemeinsam haben, so können das nur ihre gemeinsamen Endpunkte sein. Dieselbe Überlegung läßt sich auch auf das vorhergehende Beispiel anwenden. Ihre strenge Begründung ist für uns im Augenblick unwesentlich: uns interessiert mehr die anschauliche Seite der Frage.

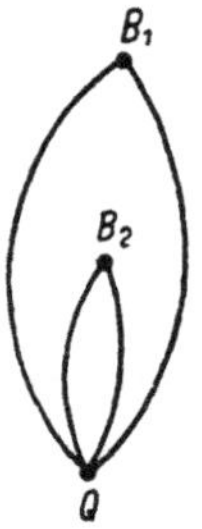

Abb. 10

Es offenbart sich hier u. a. ein Zusammenhang zwischen der Existenz singulärer Richtungen, in denen von einem Punkt Q keine Kürzeste ausgeht, einerseits und der Existenz von Punkten, die beliebig nahe bei Q gelegen sind und sich mit Q durch zwei Kürzeste verbinden lassen, andererseits. Diesen Zusammenhang kann man auch in umgekehrter Richtung verfolgen. In der Tat: geht von Q in der Richtung $\mathfrak{T}$ keine Kürzeste aus, so muß bei der Bewegung eines Punktes X um Q die Kürzeste QX die Richtung $\mathfrak{T}$ überspringen. Im Augenblick des Sprunges gibt es zwei Kürzeste QX, die ein Zweieck begrenzen, in dessen Innerem die Richtung $\mathfrak{T}$ verläuft.

Mit den soeben erläuterten Besonderheiten der Kürzesten hängen Besonderheiten anderer Figuren auf konvexen Flächen, insbesondere des Kreises und der Kreisperipherie, zusammen. Vor allem können auf einer konvexen Fläche beliebig kleine Kreise existieren, die einem ebenen Kreis nicht homöomorph sind. Das findet man auf jedem Kegel mit einem vollen Winkel, der kleiner als π ist. In Abb. 11 ist ein solcher Kegel dargestellt, und zwar längs einer Erzeugenden aufgeschnitten und auf die Ebene abgewickelt. Auf ihm ist eine Kreisperipherie mit dem Mittelpunkt A gezeichnet. Mit wachsendem Radius berührt die Peripherie sich selber im Punkte B, danach zerfällt sie in zwei geschlossene Kurven, von denen eine sich auf die Spitze Q des Kegels zusammenzieht und dann verschwindet. Je näher der Punkt A an der Spitze liegt, desto kleiner sind die Radien, bei denen dieses Verhalten auftritt. In § 6 von Kap. IX, der der Kreisperipherie gewidmet ist, wird gezeigt werden, daß es auf konvexen Flächen Kreisperipherien geben kann, die einer beliebigen abgeschlossenen Teilmenge einer ebenen Kreisperipherie homöomorph sind, wenn diese mindestens ein ganzes Bogenstück enthält. Diese Bemerkungen zeigen, daß das folgende Theorem durchaus nicht trivial ist:

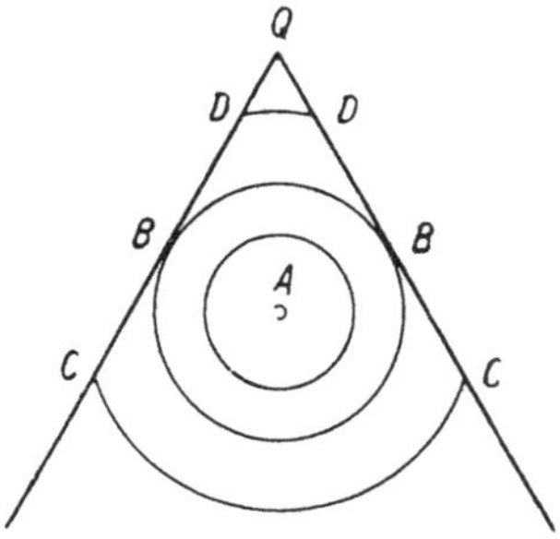

Abb. 11

Zu jedem Punkt A einer konvexen Fläche gibt es ein $r > 0$ derart, daß jeder Kreis mit dem Mittelpunkt A und einem Radius kleiner als r einem ebenen Kreis homöomorph ist.

Wenn vom Punkt A zum Punkt B zwei Kürzeste führen, so besitzt die Peripherie des Kreises mit dem Mittelpunkt A, die durch den Punkt B geht, zwei Radien AB. In Kap. IX, § 6 werden wir folgenden Satz beweisen: Sei B ein Punkt der Peripherie eines Kreises um A, und X_n eine Punktfolge dieser Peripherie, die so gegen B konvergiert, daß die Radien AX_n gegen den Radius AB streben. Dann strebt die Folge der Winkel zwischen AB und den Kürzesten BX_n gegen einen Rechten. Grob gesagt bedeutet dies, daß die Kreisperipherie zum Radius orthogonal ist. Jedoch können zum Punkte B mehrere Radien führen, und dann sind die verschiedenen von B ausgehenden Peripheriebögen zu verschiedenen Radien orthogonal. Der Punkt B ist ein Eckpunkt der Kreisperipherie. Diese Erscheinung kann man in unserem Beispiel der Kreisperipherie auf einem Kegel sehen: in Abb. 11 sind die Punkte C und D Eckpunkte der Kreisperipherie. Da beliebig nahe bei A Punkte B existieren können, die mit A durch zwei Kürzeste verbindbar sind, so können sogar beliebig kleine Kreisperipherien mit gegebenem Mittelpunkt solche Eckpunkte besitzen.

Wir führen noch eine Besonderheit der Dreiecke auf konvexen Flächen an. Auf einer Ebene ist jedes Dreieck und auf einer regulären Fläche jedes genügend kleine Dreieck konvex, d. h. eine Kürzeste, die zwei beliebige seiner Punkte verbindet, ist ganz in ihm enthalten. Auf nichtregulären konvexen Flächen dagegen können beliebig kleine nichtkonvexe Dreiecke existieren (für „große“ Dreiecke ist dies trivial. Wenn man beispielsweise auf einer Sphäre drei nicht auf einem Großkreis liegende Punkte A, B, C nimmt und sie durch Kürzeste verbindet, so zerfällt die Sphäre in zwei Dreiecke, von denen eines selbstverständlich nicht konvex ist).

Zur Konstruktion eines entsprechenden Beispiels gehen wir von einer spindelförmigen Rotationsfläche $\boldsymbol{F}_0$ aus (Abb. 12). Wir ziehen von ihrem Pol Q aus zwei Meridiane QL_1, QL_2, die sie in zwei gleiche Sektoren zerlegen. Wir konstruieren auf QL_1 und QL_2 die Punktfolgen $A_1, A_2, \ldots$ und $B_1, B_2, \ldots$ derart, daß die Entfernungen QA_n und QB_n gleich $\left(\frac{1}{2}\right)^n$ sind. Wir legen durch die Punkte A_{2n} und B_{2n+1} Tangentialebenen an die Fläche, schieben sie ein wenig in das Innere der Fläche $\boldsymbol{F}_0$ hinein und schneiden von $\boldsymbol{F}_0$ die so entstehenden Kalotten ab, indem wir sie durch Stücke der Ebene ersetzen. So entsteht eine konvexe Fläche $\boldsymbol{F}$. Wir ziehen jetzt zwei weitere Meridiane QM_1 und QM_2, die die Winkel zwischen QL_1 und QL_2 halbieren. Sie zerlegen die Fläche $\boldsymbol{F}$ in zwei Sektoren $\boldsymbol{U}_1$ und $\boldsymbol{U}_2$; $\boldsymbol{U}_1$ enthält den Meridian QL_1 und $\boldsymbol{U}_2$ den Meridian QL_2. Seien A und B zwei Punkte auf QM_1 und QM_2 in gleicher Entfernung vom Pol Q. Ich behaupte, daß das Dreieck QAB stets nichtkonvex ist, wie nahe auch die Punkte A und B bei Q gelegen sein mögen. In der Tat: Nehmen wir auf QA und QB die Punkte X bzw. Y in gleicher Entfernung von Q. Die Kürzeste XY kann nicht durch den Pol Q hindurchgehen, sondern verläuft in einem der Sektoren $\boldsymbol{U}_1$, $\boldsymbol{U}_2$. Wenn man die Punkte X und Y gegen den Pol Q bewegt, so springt die Kürzeste XY abwechelnd aus dem Sektor $\boldsymbol{U}_1$ in $\boldsymbol{U}_2$ und wieder zurück. Denn nehmen wir einmal an, die Kürzeste XY bliebe ständig im Sektor $\boldsymbol{U}_1$. Dann müßte sie bei stetiger Bewegung der Punkte X und Y durch den Punkt A_{2n+1} hindurchgehen. Das ist aber unmöglich, da die Kalotte nicht bei dem Punkt A_{2n+1}, sondern bei dem Punkt B_{2n+1} abgeschnitten ist, so daß der Weg von X nach Y durch A_{2n+1} länger ist. Folglich ist das Dreieck QAB nichtkonvex, unabhängig davon, in welchem der Sektoren $\boldsymbol{U}_1$ und $\boldsymbol{U}_2$ es enthalten ist.

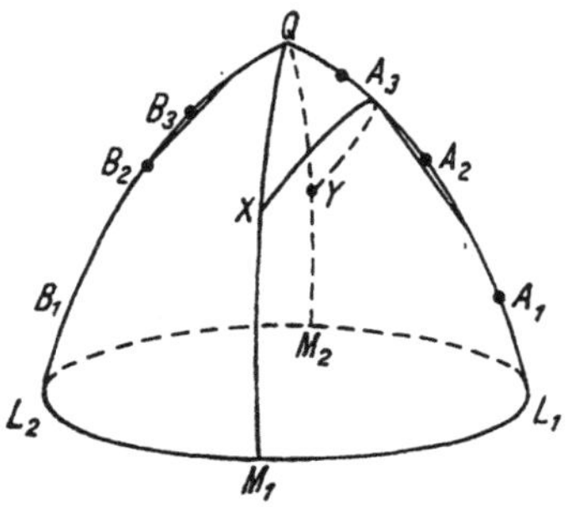

Abb. 12

Dieselbe Erscheinung kann man auf einer glatten Fläche erhalten. Dazu muß man von einer glatten Rotationsfläche $\boldsymbol{F}_0$ ausgehen, durch deren Pol keine Kürzeste hindurchgehen kann, und beim Abschneiden der Kalotten die Schnittränder glätten.

Die erwähnte Besonderheit der Dreiecke zeigt, daß z. B. der Satz, daß jede geschlossene konvexe Fläche in beliebig kleine konvexe Dreiecke aufgeteilt werden kann, keineswegs trivial ist. Der Beweis dieses Satzes, den wir in Kap. II, § 6 vorlegen, ist dann auch tatsächlich ziemlich kompliziert.

Jetzt führen wir noch einige Besonderheiten des Winkels zwischen Kürzesten an. In § 7 war schon gezeigt worden, daß an eine gegebene Kürzeste QA nicht immer ein gegebener Winkel angelegt werden kann, da in der entsprechenden Richtung von Q aus keine Kürzeste zu existieren braucht. Nimmt man ferner einen von A verschiedenen Punkt X und bewegt ihn stetig, so braucht sich der Winkel zwischen QA und QX nicht stetig zu ändern, da die Kürzeste QX selbst sich eventuell unstetig ändert. Jedoch werden wir beweisen (Kap. IV, § 4), daß im Falle der Konvergenz der Kürzesten QX gegen eine gewisse Kürzeste QB der Winkel zwischen QX und QA gegen den Winkel zwischen QB und QA konvergiert. Dagegen ergibt sich folgendes: Wenn die Punkte Q_n gegen Q und die von Q ausgehenden Kürzesten $\mathfrak{L}_n$, $\mathfrak{M}_n$ gegen die auch von Q ausgehenden Kürzesten $\mathfrak{L}$ und $\mathfrak{M}$ konvergieren, so brauchen die Winkel zwischen $\mathfrak{L}_n$ und $\mathfrak{M}_n$ nicht gegen den Winkel zwischen $\mathfrak{M}$ und $\mathfrak{N}$ zu streben. Diese Erscheinung kann man auf jedem Polyeder, z. B. auf einem Würfel (Abb. 13), beobachten. Sei Q ein Eckpunkt des Würfels, und seien Q_n Punkte auf einer von Q ausgehenden Kante. Seien $\mathfrak{L}$ und $\mathfrak{M}$ die zwei anderen von Q ausgehenden Würfelkanten und $\mathfrak{L}_n$ und $\mathfrak{M}_n$ von Q_n ausgehende Strecken auf den Seitenflächen, die den Kanten $\mathfrak{L}$ und $\mathfrak{M}$ parallel sind. Der Winkel zwischen den Kanten $\mathfrak{L}$ und $\mathfrak{M}$ ist offenbar $\frac{\pi}{2}$, während der Winkel zwischen $\mathfrak{L}_n$ und $\mathfrak{M}_n$ gleich π ist (der auf dem Würfel gemessene Winkel!). Deshalb kann der Winkel zwischen $\mathfrak{L}_n$ und $\mathfrak{M}_n$ selbstverständlich nicht gegen den Winkel zwischen $\mathfrak{L}$ und $\mathfrak{M}$ konvergieren. Betrachtet man gar die Folge der Kürzestenpaare $\mathfrak{L}_1$ und $\mathfrak{M}_1$, $\mathfrak{L}$ und $\mathfrak{M}$, $\mathfrak{L}_2$ und $\mathfrak{M}_2$, $\mathfrak{L}$ und $\mathfrak{M}$, ..., so sieht man, daß die entsprechenden Winkel zwischen ihnen $\pi, \frac{\pi}{2}, \pi, \frac{\pi}{2}, \ldots$ sind, diese Folge also überhaupt keinen Grenzwert hat. Bedingungen, unter denen Winkel dennoch konvergieren, werden in Kap. IX, § 4 angegeben.

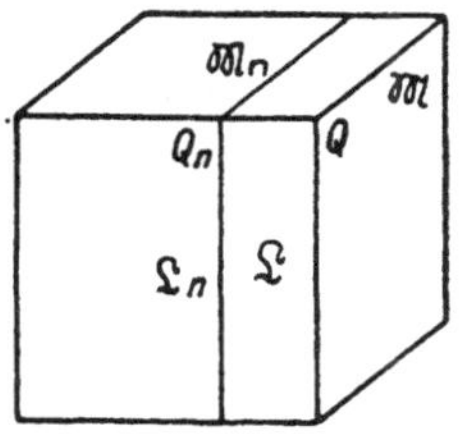

Abb. 13

§ 11. Sätze aus der inneren Geometrie der konvexen Flächen

Alles bisher Besprochene bezieht sich auf die Grundlagen einer inneren Geometrie der konvexen Flächen. Nun wollen wir in großen Zügen einige Einzelresultate angeben, die man in ihrem Rahmen erhalten kann, und die charakteristischen Züge dieser Resultate herausarbeiten. Folgt man dem Schema des Aufbaus der elementaren Planimetrie, so muß man mit der Lehre von den Dreiecken anfangen. Führen wir einige diesbezügliche Sätze an!

1. Die Dreieckswinkel auf einer konvexen Fläche sind nicht kleiner als die entsprechenden Winkel der ebenen Dreiecke mit denselben Seitenlängen (Satz 3, § 4, Kap. III).

2. Ist die Krümmung eines Dreiecks-Inneren, d. h. seine um π verminderte Winkelsumme, gleich Null, so ist das Dreieck einem ebenen Dreieck isometrisch (Satz 3, § 6, Kap. V).

3. Sind a, b, c die Seiten eines Dreiecks, ω die Krümmung seines Innern, γ der der Seite c gegenüberliegende Winkel und ist $\pi \geqq \gamma \geqq \omega$, so gilt

$$a^2 + b^2 - 2ab\cos\gamma \geqq c^2 \geqq a^2 + b^2 - 2ab\cos(\gamma - \omega). \tag{1}$$

Ist dagegen $\gamma < \omega$ (oder $\gamma > \pi$), so ist die rechte (bzw. linke) Ungleichung durch die triviale $c \geqq |a - b|$ (bzw. $c \leqq a + b$) zu ersetzen.

Dieser Satz ist eine direkte Folge des ersten. Die Ungleichungen (1) erweisen sich in folgendem Sinne als scharf: Bei gegebenen a, b, c, γ, ω läßt sich ein Dreieck finden — und sogar schon ein Dreieck auf einem konvexen Polyeder — bei dem c^2 der linken oder der rechten Seite der Formel (1) beliebig nahe kommt.

4. Ist σ der Flächeninhalt eines Dreiecks $\boldsymbol{T}$ auf einer konvexen Fläche und σ_0 der Flächeninhalt des ebenen Dreiecks $\boldsymbol{T}_0$ mit denselben Seitenlängen, so ist $0 \leqq \sigma - \sigma_0 \leqq \frac{1}{2}\omega d^2$, wo ω die Krümmung des Innern von $\boldsymbol{T}$ und d seinen Durchmesser[1]) bezeichnen. Dabei gilt dann und nur dann $\sigma = \sigma_0$, wenn $\boldsymbol{T}$ zu $\boldsymbol{T}_0$ isometrisch ist (siehe Kap. X, § 1).

Die Liste solcher Sätze könnte noch verlängert werden; ihr allgemeiner Charakter ist aber schon klar. Man kann den Vergleich von Dreiecken auf konvexen Flächen mit ebenen Dreiecken fortsetzen, wobei die Abweichung jener von diesen durch die Krümmung ihres Inneren abgeschätzt wird. So kann man z. B. jeder trigonometrischen Formel, welche Seiten und Winkel eines ebenen Dreiecks in Beziehung setzt, eine Ungleichung zuordnen, die zeigt, inwieweit der Unterschied zwischen der entsprechenden Beziehung für das Dreieck auf der konvexen Fläche und der Formel für das ebene Dreieck von der Krümmung des Dreiecksinnern abhängt. Wir untersuchen ja die innere Geometrie nicht einer gegebenen konvexen Fläche, sondern beliebiger konvexer Flächen, und schon aus diesem Grunde müssen die Sätze vorzugsweise qualitativen Charakter tragen. Einfache qualitative Beziehungen haben aber in der Hauptsache die Form von Ungleichungen. Exakte Beziehungen dagegen erweisen sich in den meisten Fällen unvermeidlich als ziemlich kompliziert.

Wir führen noch zwei Sätze der gleichen Art an:

1. In § 10 haben wir schon auf die Tatsache hingewiesen, daß es zu jedem Punkt Q einer konvexen Fläche $\boldsymbol{F}$ ein positives r_0 gibt derart, daß die Peripherie jedes Kreises auf $\boldsymbol{F}$ um Q mit einem Radius kleiner als r_0 eine einfache geschlossene Kurve ist. Sei $r < r_0$, ferner l die Länge der Peripherie des Kreises mit dem Radius r um Q, weiter φ der volle Winkel um Q, schließlich ω die Krümmung des Innern des entsprechenden Kreises mit herausgenommenem Mittelpunkt Q. Dann ist das Verhältnis $\frac{l}{r}$ bei wachsendem r nichtwachsend und genügt den Ungleichungen $\varphi \geqq \frac{l}{r} \geqq \varphi - \omega$, wobei nur dann $l = \varphi r$ gilt, wenn der Kreis

[1]) Durchmesser im mengentheoretischen Sinne (d. Ü.).

einem Kreis auf einem Kegel mit vollem Winkel φ isometrisch ist. (Der Beweis wird in Kap. IX, § 6 gegeben werden.)

2. Unter allen konvexen Flächen, die durch eine einfache geschlossene Kurve gegebener Länge begrenzt werden und eine gegebene Krümmung kleiner als 2π besitzen, hat der gerade Kreiskegel den größten Flächeninhalt. Dieser Satz verallgemeinert die bekannte Maximaleigenschaft des Kreises. (Der Beweis wird in Kap. X, § 3 gegeben.)

Interessante allgemeine Probleme der inneren Geometrie ergeben sich in der Theorie der Kurven auf konvexen Flächen, der das Kapitel IX gewidmet ist. Als Beispiel kann die Untersuchung von Kurven dienen, die konvexe Bereiche begrenzen, oder auch die Untersuchung der Eigenschaften von Geodätischen „im Großen" auf vollen konvexen Flächen. Hierher gehört z. B. der folgende Satz: Wenn es auf einer vollen konvexen Fläche mindestens eine Kurve gibt, die auf beiden Seiten unbeschränkt verlängert werden kann und deren Bögen sämtlich Kürzeste sind, so ist die Fläche entweder einer Ebene oder einem Zylinder isometrisch. Dieser Satz wurde für den Fall regulärer Flächen von S. COHN-VOSSEN bewiesen, zusammen mit einer ganzen Reihe von ausgezeichneten Resultaten, die sich auf Eigenschaften von Geodätischen „im Großen" auf unendlichen vollen Flächen beziehen[1]). In diesem Zusammenhang verdient folgende wahrscheinlich nicht sehr schwierige Aufgabe Beachtung: die Resultate von COHN-VOSSEN soweit wie möglich auf allgemeine volle konvexe Flächen zu übertragen.

Eine besondere Gruppe von Sätzen der inneren Geometrie ergibt sich, wenn man diejenigen konvexen Flächen betrachtet, in denen für alle Bereiche das Verhältnis der Krümmung zum Flächeninhalt irgendwie eingeschränkt ist (siehe Kap. XI). So ist auf einer Sphäre mit dem Radius r dieses Verhältnis für alle Bereiche gleich $\frac{1}{r^2}$. Liegt auf einer Fläche $\boldsymbol{F}$ dieses Verhältnis zwischen den Größen $\frac{1}{r_1^2}$ und $\frac{1}{r_2^2}$, so zeigt sich, daß die inneren Eigenschaften der Fläche $\boldsymbol{F}$ in gewisser Beziehung zwischen den Eigenschaften der Sphären mit den Radien r_1 und r_2 liegen. Als Beispiele kann man die folgenden Sätze anführen, bei denen wir $r_1 \geqq r_2$ annehmen und die Sphären mit den Radien r_1 und r_2 mit $\boldsymbol{S}_1$ bzw. $\boldsymbol{S}_2$ bezeichnen:

1. Sei $\boldsymbol{T}$ ein Dreieck auf der Fläche $\boldsymbol{F}$ und seien $\boldsymbol{T}_1$ und $\boldsymbol{T}_2$ Dreiecke mit denselben Seitenlängen auf den Sphären $\boldsymbol{S}_1$ und $\boldsymbol{S}_2$. Sind α, α_1, α_2 entsprechende Dreieckswinkel, so gilt $\alpha_1 \leqq \alpha \leqq \alpha_2$. Sind σ, σ_1, σ_2 ihre Flächeninhalte, so gilt $\sigma_1 \leqq \sigma \leqq \sigma_2$.

[1]) S. COHN-VOSSEN, „Totalkrümmung und geodätische Linien auf einfach-zusammenhängenden offenen vollständigen Flächenstücken" Матем. сборн. (нов. серия), т. 1 (1936), стр. 139—163. (Matem. Sbornik (neue Serie) Band 1 (1936) S. 139—163). COHN-VOSSEN greift die Frage vom rein innergeometrischen Standpunkt an, indem er eine Ebene mit einem auf ihr vorgegebenen Linienelement von positiver Krümmung betrachtet. Im Hinblick auf unseren Satz über die Realisierbarkeit einer so vorgegebenen Metrik macht es jedoch keinen Unterschied, ob wir von einer abstrakten Metrik oder von einer vollen konvexen Fläche sprechen.

2. Seien l, l_1, l_2 die Längen von Kreisperipherien mit denselben Radien auf der Fläche $\boldsymbol{F}$ und den Sphären $\boldsymbol{S}_1$, $\boldsymbol{S}_2$ und σ, σ_1, σ_2 die Flächeninhalte der Kreise mit demselben Radius. Dann gelten die Ungleichungen $l_1 \geqq l \geqq l_2$ und $\sigma_1 \geqq \sigma \geqq \sigma_2$.

3. Die obere Grenze l der Längen, bei denen eine geodätische Linie der Fläche $\boldsymbol{F}$ im Vergleich mit ihr beliebig benachbarten Kurven eine Kürzeste ist, genügt den Abschätzungen von BONNET[1]): $\pi r_1 \geqq l \geqq \pi r_2$. Hier sind πr_1 und πr_2 die Längen von halben Großkreisen der Sphären $\boldsymbol{S}_1$ und $\boldsymbol{S}_2$, d.h. die größten Längen von Kürzesten auf ihnen.

Schließlich führen wir in diesem Zusammenhang noch folgenden Satz an: Ist das Verhältnis der Krümmung zu dem Flächeninhalt für alle Bereiche der Fläche $\boldsymbol{F}$ gleich $\frac{1}{r}$, so besitzt jeder Punkt auf $\boldsymbol{F}$ eine Umgebung, die einem Teil der Sphäre mit dem Radius r isometrisch ist. Ist überdies $\boldsymbol{F}$ eine geschlossene konvexe Fläche, so ist sie selbst die Sphäre mit dem Radius r.

Wenn der Grenzwert des Verhältnisses der Krümmung zum Flächeninhalt eines Bereiches beim Zusammenziehen des Bereiches auf einen Punkt X existiert, ist er gleich der GAUSZschen Krümmung im Punkte X. Auf regulären Flächen existiert dieser Grenzwert stets. Außerdem erweist sich seine Existenz auch hinreichend dafür, daß eine konvexe Fläche vom Standpunkt ihrer inneren Metrik aus soweit regulär ist, daß auf sie die Methoden der GAUSZschen inneren Geometrie angewandt werden können. Es gilt nämlich der folgende Satz:

Auf einer konvexen Fläche $\boldsymbol{F}$ strebe das Verhältnis der Krümmung eines Dreiecks zu seinem Flächeninhalt immer gegen einen bestimmten Grenzwert $k(X)$, wenn das Dreieck sich auf den Punkt X zusammenzieht. (Das Dreieck braucht dabei diesen Punkt X nicht zu enthalten. Der Grenzwert $k(X)$ darf selbstverständlich von dem Punkt X abhängen, erweist sich aber als stetige Funktion von X.) Dann kann man in der Umgebung eines jeden Punktes Q auf der Fläche $\boldsymbol{F}$ geodätische Polarkoordinaten r, φ einführen; die Flächenmetrik in einer solchen Umgebung ist dann durch das Linienelement $ds^2 = dr^2 + G\,d\varphi^2$ gegeben. Dabei ist der Koeffizient G eine stetige Funktion von r und φ und besitzt stetige partielle Ableitungen $\frac{\partial G}{\partial r}$, $\frac{\partial^2 G}{\partial r^2}$. Außerdem gilt die GAUSZsche Krümmungsformel

$$k = -\frac{1}{\sqrt{G}}\,\frac{\partial^2 \sqrt{G}}{\partial r^2}.$$

Wenn auch der Koeffizient G keine Ableitung $\frac{\partial G}{\partial \varphi}$ zu besitzen braucht, so kann man doch die gewöhnliche Formel für die geodätische Krümmung und die Differentialgleichung für die geodätischen Linien so umformen, daß sie in der Umgebung anwendbar werden, in der wir die Koordinaten r, φ eingeführt hatten.

---

[1]) Für reguläre Flächen wurden diese Abschätzungen von BONNET im Jahre 1855 gefunden. Sie stehen in jedem größeren Lehrbuch der Differentialgeometrie, z. B. in der „Differentialgeometrie" von W. BLASCHKE (§§ 98—100).

Es ist möglich, diesen Satz so zu formulieren, daß er die üblicherweise durch ein Linienelement bestimmte GAUSZsche innere Metrik ohne Einführung von Koordinaten und Linienelementen definiert, und zwar ohne die Positivität der Krümmung vorauszusetzen. Dies ergibt sich aus der folgenden außerordentlich wichtigen Tatsache. Es zeigt sich, daß wir die Begriffe und Methoden, die wir auf konvexe Flächen im euklidischen Raume angewandt haben, fast unverändert auf konvexe Flächen im LOBATSCHEWSKIschen Raum übertragen können. Für diese Flächen ergeben sich Resultate, die den in diesem Kapitel für konvexe Flächen im euklidischen Raum formulierten völlig analog sind. Beispielsweise gilt für diese Flächen ein dem Theorem A des § 9 analoger Satz. Der einzige Unterschied besteht in folgendem: In Bedingung 3 dieses Satzes muß man fordern, daß die Summe der unteren Winkel zwischen den Seiten des Dreiecks nicht kleiner ist als die Summe der Winkel des Dreiecks mit denselben Seitenlängen in dem betreffenden LOBATSCHEWSKIschen Raum. Hieraus folgt zum Beispiel, daß eine der Sphäre homöomorphe Fläche, die überall eine GAUSZsche Krümmung größer als ein gewisses k besitzt, als konvexe Fläche in einen LOBATSCHEWSKIschen Raum eingebettet werden kann, dessen Krümmung den Wert k nicht übertrifft. So umfaßt die innere Geometrie der konvexen Flächen im LOBATSCHEWSKIschen Raum die innere Geometrie aller Flächen, deren Krümmung nach unten beschränkt ist. Diese Verallgemeinerung der Theorie werden wir ausführlicher im letzten, dem XII. Kapitel, betrachten. Dort werden wir insbesondere einen allgemeinen Satz genau formulieren, der eine Definition der GAUSZschen inneren Geometrie ohne Benutzung der Begriffe Koordinaten und Linienelement ermöglicht. Hier beschränken wir uns auf die soeben gegebenen Hinweise.

KAPITEL II

ALLGEMEINE AUSSAGEN ÜBER EINE INNERE METRIK

§ 1. Allgemeine Sätze über rektifizierbare Kurven

Die allgemeinen Sätze über rektifizierbare Kurven — d. h. über Kurven endlicher Länge — in einem beliebigen metrischen Raum, die wir hier beweisen werden, sind wörtliche Wiederholungen der bekannten Sätze über Kurven im euklidischen Raum. Es ist trotzdem nützlich, ihre Beweise durchzuführen, damit man sich tatsächlich davon überzeugt, daß in diesen Sätzen nichts anderes als die drei Grundeigenschaften jeder Metrik[1]) und die Definition der Länge benutzt werden.

Zuerst präzisieren wir den Begriff einer Kurve. Das muß man aus zweierlei Gründen tun. Erstens ist die Definition einer Kurve als Punktmenge, die stetiges Bild einer geradlinigen Strecke ist, unbrauchbar, da wir bei der Definition der Länge eine gewisse gegebene Parameterdarstellung der Kurve benutzen. Zum Beispiel hat eine zweimal — erst in der einen, dann in der anderen Richtung — durchlaufene geradlinige Strecke eine doppelt so große Länge wie dieselbe Strecke, wenn sie nur einmal durchlaufen wird. Es erweist sich daher als nützlich, eine doppelt durchlaufene Strecke als Kurve von der einmal durchlaufenen Strecke zu unterscheiden. Andererseits aber ist es auch unzweckmäßig, eine stetige Kurve als Punktmenge $X(t)$ mit einer bestimmten gegebenen Parameterdarstellung zu definieren. In diesem Falle wäre nämlich ein und dieselbe geradlinige Strecke, wenn sie mit verschiedenen Geschwindigkeiten durchlaufen wird, d. h. so, daß denselben Parameterwerten verschiedene Punkte entsprechen, als zwei verschiedene Kurven anzusehen, während es doch naturgemäß ist, sie als ein und dieselbe Kurve zu betrachten. Diese Überlegungen zwingen uns, folgende Definition der Gleichheit bzw. Verschiedenheit zweier Kurven zu verwenden.

Sei $\mathfrak{r}$ ein metrischer Raum mit der Metrik ϱ. Jedem Wert des Parameters t des Segments $[0, 1]$ sei ein Punkt $X(t)$ im Raum $\mathfrak{r}$ so zugeordnet, daß es zu jedem $\varepsilon > 0$ ein $\delta > 0$ gibt, derart daß $\varrho(X(t_1)\,X(t_2)) < \varepsilon$ gilt, sobald nur $|t_1 - t_2| < \delta$ ist. Wir erhalten so eine stetige Abbildung des Segmentes $[0,1]$ in den Raum $\mathfrak{r}$ und als Ergebnis dieser Abbildung die Menge $\mathfrak{L}$ der Punkte $X(t)$. Nehmen wir an, wir hätten auch eine Abbildung des Segments $[a, b]$ in den

---

[1]) D. h. 1. $\varrho(XY) = 0$ dann und nur dann, wenn $X = Y$, 2. $\varrho(XY) = \varrho(YX)$, 3. $\varrho(XY) + \varrho(YZ) \geqq \varrho(XZ)$.

Raum $\mathfrak{r}$. Der Parameter s variiere auf dem Segment $[a, b]$ und jedem s sei ein Punkt $Y(s)$ zugeordnet; diese Abbildung möge gleichfalls stetig sein. Wir sagen, daß die beiden Abbildungen $X(t)$ und $Y(s)$ in $\mathfrak{r}$ ein und dieselbe Kurve definieren, wenn folgende Bedingung erfüllt ist: Der Parameter s kann als monotone Funktion $s = f(t)$ des Parameters t dargestellt werden, und für jedes t ist $X(t) = Y\big(f(t)\big)$. Dann ist auch umgekehrt t eine monotone Funktion von s: $t = f^{-1}(s)$, und für jedes s gilt $Y(s) = X\big(f^{-1}(s)\big)$. Folglich ist die hier gegebene Definition symmetrisch; sie erfüllt offenbar auch die Forderungen der Reflexivität und der Transitivität. Aus der angegebenen Definition folgt, daß die Punkte $X(t)$ und $Y(s)$ ein und dieselbe Menge bilden[1]).

Es ist wichtig, folgendes im Auge zu behalten: Die monotone Funktion $s = f(t)$ darf auf einem gewissen Teilsegment $[t_1, t_2]$ einen konstanten Wert s_0 haben. Dabei bleibt der Punkt $X(t)$ unbeweglich und fällt mit $Y(s_0)$ so lange zusammen, als t das Segment $[t_1, t_2]$ durchläuft. Dann nimmt die inverse Funktion $t = f^{-1}(s)$ für $s = s_0$ alle Werte im Segment $[t_1, t_2]$ an. Keine der Funktionen $f(t)$ und $f^{-1}(s)$ wird also als eindeutig vorausgesetzt; sie sollen nur monoton sein, d. h. für $t_1 < t_2$ gilt entweder stets $f(t_1) \leqq f(t_2)$ oder stets $f(t_1) \geqq f(t_2)$ unabhängig davon, welche Werte $f(t_1)$ und $f(t_2)$ wir nehmen (und diese Werte können ja ein ganzes Segment ausmachen).

Es ist bequem, sich der kinematischen Vorstellung zu bedienen: Wenn der Parameter t von 0 bis 1 wächst, so bewegt sich der Punkt $X(t)$ und beschreibt stetig die Kurve $\mathfrak{L}$. Eine monotone Parametertransformation läuft darauf hinaus, daß wiederum dieselben Lagen der Punkte $X(t)$ entweder in der einen oder in der umgekehrten Richtung durchlaufen werden. Die Geschwindigkeit kann dabei beliebig sein, selbst Haltepunkte sind zugelassen (der Parameter ändert sich, während der Punkt unbeweglich bleibt), aber rückläufige Bewegungen sind nicht erlaubt.

Sei $\mathfrak{L}$ eine Kurve in einem metrischen Raum mit der Metrik $\varrho(XY)$ und für die Kurve $\mathfrak{L}$ irgendein Parameter $t (0 \leqq t \leqq 1)$ gegeben. Dann kann $\mathfrak{L}$ durch $X(t)$ $(0 \leqq t \leqq 1)$ beschrieben werden, wobei jedem t ein Punkt $X(t)$ entspricht. Jedoch kann man dieselbe Kurve, wie wir soeben auseinandergesetzt haben, noch auf unendlich viele andere Weisen parametrisieren.

Als Länge der Kurve $X(t)$ bezeichnen wir die obere Grenze der Summen

$$\sum_{i=1}^{n} \varrho\big(X(t_{i-1})\, X(t_i)\big), \tag{1}$$

wo $0 = t_0 < t_1 < t_2 < \cdots < t_n = 1$ ist.

Die Länge der Kurve hängt nicht von der Wahl des Parameters dieser Kurve ab. In der Tat: Sei dieselbe Kurve durch $Y(s)$ $(a \leqq s \leqq b)$ dargestellt. Dann ergeben sich an Stelle der Summen (1) die Summen

$$\sum_{i=1}^{n} \varrho\big(Y(s_{i-1})\, Y(s_i)\big),$$

[1]) Es wird vorausgesetzt, daß die Funktion $f(t)$ den ganzen Variationsbereich von t auf den ganzen Variationsbereich von s abbildet.

wo $s_i = f(t_i)$ ist. Nach Voraussetzung soll $f(t)$ eine monotone Funktion sein und für $t_0 < t_1 < \ldots < t_n$ entweder $s_0 \leqq s_1 \leqq \ldots \leqq s_n$ oder umgekehrt $s_0 \geqq s_1 \geqq \ldots \geqq s_n$ gelten. Wenn man daher die Summen (1) etwas verallgemeinert, indem man auch gleiche Parameterwerte zuläßt, so ist klar, daß sie bei verschiedener Parameterwahl gleichbleiben. Folglich hängt die obere Grenze dieser Summen — d. h. die Länge der Kurve — nicht von der Parameterwahl ab[1]).

Gleichzeitig wird auch deutlich, daß sich bei nichtmonotonen Parametertransformationen auch andere Summen ergeben hätten und wir so einen anderen Wert für die Länge erhalten könnten. Folglich gilt die Unabhängigkeit der Kurvenlänge von der Parameterdarstellung nur auf Grund unserer Voraussetzung über die Monotonie der zulässigen Parametertransformationen.

Im folgenden wird von Kurven endlicher Länge in einem gegebenen metrischen Raum $\mathfrak{r}$ mit der Metrik ϱ die Rede sein. Über solche Kurven kann man folgende grundlegenden Aussagen beweisen:

Satz 1: *Ist eine Kurve endlicher Länge in eine endliche Anzahl von Bögen zerlegt, so besitzt jeder dieser Bögen endliche Länge, und die Summe ihrer Längen ist gleich der Länge der ganzen Kurve.*

Satz 2: *Die Länge $s(t)$ des Kurvenbogens zwischen $X(0)$ und $X(t)$ ist eine monoton nichtabnehmende stetige Funktion von t.*

Satz 3: *Auf einer Kurve kann man ihre vom Punkt $X(0)$ an gerechnete Bogenlänge als Parameter einführen.*

Man sagt, eine Folge von Kurven $\mathfrak{L}_n$ konvergiere gegen die Kurve $\mathfrak{L}$, wenn man auf $\mathfrak{L}_n$ und $\mathfrak{L}$ den Parameter $t\,(0 \leqq t \leqq 1)$ so wählen kann, daß es zu jedem $\varepsilon > 0$ ein n_0 gibt derart, daß für $n > n_0$ und alle t die Ungleichung $\varrho\big(X_n(t)\,X(t)\big) < \varepsilon$ gilt, wo $X_n(t)$, $X(t)$ Punkte auf den Kurven $\mathfrak{L}_n$ bzw. $\mathfrak{L}$ bedeuten.

Satz 4: *Aus jeder unendlichen Menge von Kurven, die in einem kompakten Bereich liegen und deren Längen eine vorgegebene Länge nicht übertreffen, kann man eine konvergierende Folge auswählen.*

Unter einem kompakten Bereich verstehen wir hier eine beliebige Punktmenge mit der Eigenschaft, daß jede unendliche Folge ihrer Punkte einen Häufungspunkt besitzt, der zur Menge gehört.

Satz 5: *Konvergieren die Kurven $\mathfrak{L}_n$ gegen die Kurve $\mathfrak{L}$, so ist die Länge von $\mathfrak{L}$ nicht größer als der untere Limes der Längen der Kurven $\mathfrak{L}_n$.*

Wir beweisen jetzt diese Sätze.

Beweis von Satz 1: Die Kurve $\mathfrak{L}$ mit den Endpunkten A und B werde durch den Punkt C in zwei Teile $\mathfrak{L}_1$ und $\mathfrak{L}_2$ zerlegt. Die Länge von $\mathfrak{L}$ ist die obere Grenze der Summen der Form (1) bei beliebiger Wahl der Punkte $X(t_i)$. Bei der Definition

[1]) Ist $t_{i-1} = t_i$, so ist $X(t_{i-1}) = X(t_i)$ und deshalb $\varrho(X(t_{i-1})\,X(t_i)) = 0$, d. h. der entsprechende Summand spielt keine Rolle. Daher kann man immer $t_{i-1} < t_i$ annehmen. Bei dem Übergang zu einem anderen Parameter s können jedoch demselben Werte von t verschiedene Werte von s entsprechen. Ihnen entspricht aber derselbe Kurvenpunkt, und darum ist wieder $\varrho(Y(s_{i-1})\,Y(s_i)) = 0$.

der Längen ihrer Bögen $\mathfrak{L}_1$ und $\mathfrak{L}_2$ dagegen muß der Punkt C einer der Teilungspunkte sein, da er Endpunkt dieser Bögen ist. Folglich ist die Willkür bei der Auswahl der Teilungspunkte im ersten Falle größer als im zweiten. Daher kann die obere Grenze der Summen (1) im ersten Falle nicht kleiner sein als im zweiten, und somit ist

$$s(\mathfrak{L}) \geqq s(\mathfrak{L}_1) + s(\mathfrak{L}_2), \tag{2}$$

wo s die Kurvenlänge bedeutet. Wir geben jetzt ein beliebiges $\varepsilon > 0$ vor; $X(t_i) = X_i$ seien solche Teilungspunkte von $\mathfrak{L}$, bei denen die Summe (1) sich von der Länge $s(\mathfrak{L})$ um weniger als ε unterscheidet, d. h.:

$$\sum_{i=1}^{n} \varrho(X_{i-1}X_i) > s(\mathfrak{L}) - \varepsilon. \tag{3}$$

Wir nehmen an, der Punkt C liege zwischen den Punkten X_{k-1} und X_k (d. h. daß der C entsprechende Wert t sich zwischen t_{k-1} und t_k befindet). Auf Grund der Dreiecksungleichung gilt

$$\varrho(X_{k-1}X_k) \leqq \varrho(X_{k-1}C) + \varrho(CX_k) \tag{4}$$

und daher

$$\sum_{i=1}^{n} \varrho(X_{i-1}X_i) \leqq \left[\sum_{i=1}^{k-1} \varrho(X_{i-1}X_i) + \varrho(X_{k-1}C)\right] + \left[\sum_{i=k+1}^{n} \varrho(X_{i-1}X_i) + \varrho(X_kC)\right]. \tag{5}$$

Auf Grund der Längendefinition ist aber klar, daß die hier in eckigen Klammern stehenden Summen entsprechend nicht größer sind als die Länge des Bogens $\mathfrak{L}_1$ und die Länge des Bogens $\mathfrak{L}_2$, so daß

$$\sum_{i=1}^{n} \varrho(X_{i-1}X_i) \leqq s(\mathfrak{L}_1) + s(\mathfrak{L}_2) \tag{6}$$

gilt. Vergleichen wir diese Ungleichung mit der Ungleichung (3), so erhalten wir

$$s(\mathfrak{L}) - \varepsilon < s(\mathfrak{L}_1) + s(\mathfrak{L}_2) \tag{7}$$

und da ε beliebig ist, folgt hieraus

$$s(\mathfrak{L}) \leqq s(\mathfrak{L}_1) + s(\mathfrak{L}_2). \tag{8}$$

Durch Vergleich dieser Ungleichung mit der Ungleichung (2) folgern wir

$$s(\mathfrak{L}) = s(\mathfrak{L}_1) + s(\mathfrak{L}_2). \tag{9}$$

Damit ist der Satz für die Zerlegung einer Kurve in zwei Bögen bewiesen. Hieraus erhält man leicht dasselbe Ergebnis für eine Zerlegung in eine beliebige endliche Anzahl von Bögen.

Beweis des Satzes 2: Nach Satz 1 ist klar, daß die Länge $s(t)$ des Bogens zwischen den Punkten $X(0)$ und $X(t)$ eine monoton nichtabnehmende Funktion von t ist. Zum Nachweis der Stetigkeit von $s(t)$ genügt es daher zu zeigen, daß sich zu jedem t und jedem $\varepsilon > 0$ ein $\delta > 0$ finden läßt, derart daß

$$s(t + \Delta t) - s(t) < \varepsilon \tag{10}$$

ist, sobald nur $0 < \Delta t < \delta$ gilt. (Damit wird für $s(t)$ die Stetigkeit von rechts bewiesen sein, d. h. daß für $t_i > t$ und $t_i \to t$ die Beziehung $s(t_i) \to s(t)$ gilt. Wenn man dann die Rollen der Endpunkte der Kurve vertauscht und an Stelle von t den Parameter $1-t$ einführt, so erhält man genauso die Stetigkeit von links.)

Nehmen wir an, für ein gewisses $t = \bar{t}$ gelte die betreffende Eigenschaft nicht. Dies würde bedeuten, daß ein $\varepsilon > 0$ existierte derart, daß bei beliebig kleinen $\Delta t > 0$ die Ungleichung

$$s(\bar{t} + \Delta t) - s(\bar{t}) \geqq \varepsilon \tag{11}$$

erfüllt wäre. Auf Grund der Monotonie von $s(t)$ wäre dieselbe Ungleichung dann für alle $\Delta t > 0$ erfüllt. Wir nehmen jetzt die Teilungspunkte $X(t_i) = X_i$ so, daß die Länge der Kurve $s(\mathfrak{L}) = s(1)$ sich von der Summe (1) um weniger als $\frac{\varepsilon}{2}$ unterscheidet, d. h.

$$s(1) < \sum_{i=1}^{n} \varrho(X_{i-1}X_i) + \frac{\varepsilon}{2} \tag{12}$$

ist.

Da beim Hinzufügen neuer Teilungspunkte die Summe der Entfernungen nur wachsen kann (auf Grund der Dreiecksungleichung), so kann man nötigenfalls zwei Teilungspunkte hinzufügen und dann annehmen, daß zwei benachbarte Teilungspunkte

$$X_k = X(\bar{t}), \quad X_{k+1} = X(\bar{t} + \Delta t)$$

existieren, für die bei passendem $\Delta(t)$

$$\varrho(X_k X_{k+1}) < \frac{\varepsilon}{2} \tag{13}$$

gilt.

Dies ist möglich auf Grund der stetigen Abhängigkeit der Punkte $X(t)$ von t.

Die Kurve ist somit in drei Bögen zerlegt, die den Segmenten $[0, \bar{t}]$, $[\bar{t}, \bar{t} + \Delta t]$, $[\bar{t} + \Delta t, 1]$ entsprechen. Ihre Längen sind auf Grund von Satz 1 beziehungsweise gleich

$$s(\bar{t}), \quad s(\bar{t} + \Delta t) - s(\bar{t}), \quad s(1) - s(\bar{t} + \Delta t),$$

und ihre Summe ist gleich der Länge $s(1)$ der ganzen Kurve. Dabei gilt auf Grund der Längendefinition

$$s(\bar{t}) \geqq \sum_{i=1}^{k} \varrho(X_{i-1}X_i),$$

$$s(1) - s(\bar{t} + \Delta t) \geqq \sum_{i=k+2}^{n} \varrho(X_{i-1}X_i).$$

Daher folgt aus der Ungleichung (12)

$$s(1) < s(\bar{t}) + [s(1) - s(\bar{t} + \Delta t)] + \varrho(X_k X_{k+1}) + \frac{\varepsilon}{2},$$

d. h.

$$s(\bar{t} + \Delta t) - s(\bar{t}) < \varrho(X_k X_{k+1}) + \frac{\varepsilon}{2},$$

woraus auf Grund der Ungleichung (13)

$$s(\bar{t} + \Delta t) - s(\bar{t}) < \varepsilon$$

folgt. Diese Ungleichung widerspricht jedoch der Ungleichung (11), so daß die Ungleichung (11) unmöglich und der Satz somit bewiesen ist.

Beweis von Satz 3: Da die Bogenlänge $s(t)$ einer Kurve $X(t)$ eine stetige Funktion von t ist, nimmt sie alle Werte zwischen Null und der Länge $s_{\mathfrak{L}}$ der ganzen Kurve an, und jedem Wert der Bogenlänge s entspricht ein Punkt: der Endpunkt des Bogens dieser Länge. Daher entspricht jeder Zahl s (dem Wert der Bogenlänge) im Segment $[0, s_{\mathfrak{L}}]$ ein Punkt $Y(s)$ auf unserer Kurve. Außerdem folgt aus der Definition der Bogenlänge offenbar, daß

$$\varrho\big(Y(s + \Delta s)\, Y(s)\big) \leqq |\Delta s|$$

gilt, d. h. sobald $|\Delta s|$ genügend klein ist, ist auch die Entfernung zwischen den Punkten $Y(s + \Delta s)$ und $Y(s)$ klein. Dies bedeutet, daß der Punkt $Y(s)$ stetig von s abhängt, und somit stellt $Y(s)$ eine stetige Kurve dar, wenn man die Bogenlänge als Parameter nimmt. Diese ist gerade die stetige Kurve $X(t)$, da $s(t)$ eine monotone Funktion und diese Parametertransformation daher zulässig ist.

Beweis von Satz 4: Sei in einem kompakten Bereich $\boldsymbol{G}$ eine Folge von Kurven $\mathfrak{L}_n$ gegeben, deren Längen sämtlich kleiner als q sind. Auf jeder dieser Kurven führen wir einen Parameter t ein, der gleich dem Quotienten der Bogenlänge und der Länge der ganzen Kurve ist. Dann wird jede Kurve $\mathfrak{L}_n$ durch $X_n(t)$ dargestellt, wo $0 \leqq t \leqq 1$ ist. Wir nehmen alle rationalen Werte von t und numerieren sie in beliebiger Reihenfolge: $t_1, t_2, \ldots$ Dann wählen wir aus den Kurven $\mathfrak{L}_n$ eine Folge $\mathfrak{L}_{11}, \mathfrak{L}_{12}, \ldots$ so aus, daß ihre dem Wert t_1 entsprechenden Punkte gegen einen gewissen Punkt $X(t_1)$ konvergieren; dies ist möglich, da der Bereich $\boldsymbol{G}$ kompakt ist. Weiterhin wählen wir aus dieser Folge eine Teilfolge von Kurven $\mathfrak{L}_{21}, \mathfrak{L}_{22}, \ldots$ so aus, daß ihre dem Wert t_2 entsprechenden Punkte gegen einen gewissen Punkt $X(t_2)$ konvergieren. Dieses Verfahren denken wir uns unbegrenzt fortgesetzt. Danach nehmen wir die „Diagonalfolge" $\mathfrak{L}_{11}, \mathfrak{L}_{22}, \ldots$, bei der schon für jedes t_i die Werte $X_{nn}(t_i)$ gegen $X(t_i)$ streben, wenn n unbegrenzt wächst.

Sei jetzt t ein beliebiger Parameterwert zwischen Null und Eins und ε eine gegebene beliebig kleine positive Zahl. Wir nehmen ein rationales t_i so, daß für alle n

$$\varrho\big(X_{nn}(t_i)\, X_{nn}(t)\big) < \varepsilon \tag{14}$$

gilt. Dies ist möglich; denn wenn $s_{nn}(t, t_i)$ die Länge des Bogens der Kurve $\mathfrak{L}_{nn}$ zwischen den Punkten $X_{nn}(t)$ und $X_{nn}(t_i)$ ist, so ist auf Grund der Längendefinition und der Wahl des Parameters:

$$\varrho\left(X_{nn}(t_i)\, X_{nn}(t)\right) \leqq s_{nn}(t, t_i) = |t - t_i| \cdot s(\mathfrak{L}_{nn}) < |t - t_i| \cdot q,$$

wo $s(\mathfrak{L}_{nn})$ die Länge der Kurve $\mathfrak{L}_{nn}$ bedeutet (denn nach Voraussetzung sind alle $s(\mathfrak{L}_{nn}) < q$). Daher genügt es, ein t_i so zu wählen, daß $|t - t_i| \cdot q < \varepsilon$ ist, damit die Ungleichung (14) erfüllt ist.

Alsdann nehmen wir n_0 so groß, daß für $k, m > n_0$

(15) $$\varrho\left(X_{kk}(t_i)\, X_{mm}(t_i)\right) < \varepsilon$$

ist. Dies ist möglich, da die Punkte $X_{nn}(t_i)$ konvergieren. Dann folgt auf Grund der Dreiecksungleichung aus (14) und (15), daß, sobald nur k und $m > n_0$ sind,

$$\varrho\left(X_{kk}(t)\, X_{mm}(t)\right) < 3\,\varepsilon$$

gilt. Folglich bilden die Punkte $X_{nn}(t)$ eine Fundamentalfolge, und auf Grund der Kompaktheit des betrachteten Bereiches streben sie gegen einen gewissen Punkt $X(t)$.

Die Punkte $X(t)$ $(0 \leqq t \leqq 1)$ bilden eine stetige Kurve. In der Tat, geben wir ein $\varepsilon > 0$ vor; dann ist infolge der Wahl des Parameters t für beliebige t' und t'' mit $|t' - t''| < \dfrac{\varepsilon}{q}$ für jedes n

$$\varrho\left(X_{nn}(t')\, X_{nn}(t'')\right) < |t' - t''| \cdot q < \varepsilon.$$

Und da $X_{nn}(t')$ und $X_{nn}(t'')$ gegen $X(t')$ und $X(t'')$ streben, so erhalten wir im Limes:

(15a) $$\varrho\left(X(t')\, X(t'')\right) \leqq |t' - t''| \cdot q < \varepsilon.$$

Das besagt, daß $X(t)$ stetig von t abhängt und daher eine stetige Kurve darstellt.

Es bleibt zu zeigen, daß die Kurven $\mathfrak{L}_{nn}$ gegen diese Kurve konvergieren. Wir haben bis jetzt bewiesen, daß $X_{nn}(t) \to X(t)$ für jedes t, wir müssen noch zeigen, daß sich zu jedem $\varepsilon > 0$ ein n_0 finden läßt, derart daß, sobald $n > n_0$ ist, für alle t die Ungleichung $\varrho\left(X(t)\, X_{nn}(t)\right) < \varepsilon$ gilt. Zum Beweis nehmen wir die Parameterwerte $t_1, t_2, \ldots, t_k$ so, daß es zu jedem t ein t_i gibt, so daß $|t - t_i| < \dfrac{\varepsilon}{3q}$ ist. Da für alle t_i die Werte $X_{nn}(t_i)$ gegen $X(t_i)$ streben, läßt sich ein n_0 finden, so daß für $n > n_0$ und für jedes i $(i = 1, 2, \ldots, k)$

(16) $$\varrho\left(X(t_i)\, X_{nn}(t_i)\right) < \frac{\varepsilon}{3}$$

wird. Sei jetzt t ein beliebiger Parameterwert, und sei t_i so beschaffen, daß

(17) $$|t - t_i| < \frac{\varepsilon}{3q}$$

ist. Auf Grund der Dreiecksungleichung gilt

$$\varrho\left(X(t)\, X_{nn}(t)\right) \leqq \varrho\left(X(t)\, X(t_i)\right) + \varrho\left(X(t_i)\, X_{nn}(t_i)\right) + \varrho\left(X_{nn}(t_i)\, X_{nn}(t)\right).$$

Auf Grund von (15a) und (17) gilt:

$$\varrho\big(X(t)\,X(t_i)\big) < |t-t_i|\cdot q < \frac{\varepsilon}{3}$$

und entsprechend

$$\varrho\big(X_{nn}(t)\,X_{nn}(t_i)\big) < \frac{\varepsilon}{3}.$$

Beachtet man noch (16), so ergibt sich $\varrho\big(X(t)\,X_{nn}(t)\big) < \varepsilon$ für $n > n_0$, d. h. die Kurven $X_{nn}(t)$ konvergieren gegen $X(t)$, was zu beweisen war.

Beweis von Satz 5: Die Kurven $\mathfrak{L}_n$ mögen gegen $\mathfrak{L}$ konvergieren; $s(\mathfrak{L}_n)$, $s(\mathfrak{L})$ seien die Längen dieser Kurven, wobei

$$q = \varliminf_{n\to\infty} s(\mathfrak{L}_n) < \infty,$$

d. h. der untere Limes der Längen der Kurven $\mathfrak{L}_n$ endlich sei. Sei $\mathfrak{L}_{nn}$ $(n = 1, 2, \ldots)$ eine Teilfolge der Folge $\mathfrak{L}_n$, für die

$$\lim_{n\to\infty} s(\mathfrak{L}_{nn}) = q$$

ist. Offenbar streben auch die Kurven $\mathfrak{L}_{nn}$ gegen $\mathfrak{L}$, und auf Grund der Konvergenzdefinition kann man auf ihnen den Parameter t so wählen, daß $X_{nn}(t)\to X(t)$ gilt. Sei $0 = t_0 < t_1 < \ldots < t_m = 1$ und ε eine beliebige positive Zahl. Dann läßt sich ein n_0 finden derart, daß für jedes $n > n_0$ und für alle gewählten t_i

$$\varrho\big(X_{nn}(t_i)\,X(t_i)\big) < \frac{\varepsilon}{2m}$$

wird. Auf Grund der Dreiecksungleichung ist dann

$$\varrho\big(X(t_{i-1})\,X(t_i)\big) \leqq \varrho\big(X_{nn}(t_{i-1})\,X_{nn}(t_i)\big) + 2\cdot\frac{\varepsilon}{2m},$$

woraus

$$\sum_{i=1}^{m} \varrho\big(X(t_{i-1})\,X(t_i)\big) \leqq \sum_{i=1}^{m} \varrho\big(X_{nn}(t_{i-1})\,X_{nn}(t_i)\big) + \varepsilon$$

folgt. Nun ist aber

$$\sum_{i=1}^{m} \varrho\big(X_{nn}(t_{i-1})\,X_{nn}(t_i)\big) \leqq s(\mathfrak{L}_{nn})$$

und $s(\mathfrak{L}_{nn}) < q + \varepsilon$, sobald nur n genügend groß ist. Daher ist

$$\sum_{i=1}^{m} \varrho\big(X(t_{i-1})\,X(t_i)\big) < q + 2\varepsilon,$$

und da ε beliebig ist, gilt

$$\sum_{i=1}^{m} \varrho\big(X(t_{i-1})\,X(t_i)\big) \leqq q.$$

Die Länge der Kurve $\mathfrak{L}$ ist die obere Grenze der in dieser Ungleichung auf der linken Seite stehenden Summen, und daher ist sie nicht größer als q, was zu beweisen war.

§ 2. Allgemeine Sätze über Kürzeste

Die Eigenschaften von Kürzesten, die wir in diesem Paragraphen beweisen werden, benötigen wir an verschiedenen Stellen der weiteren Darlegung. Wir stellen sie hier zusammen, um sie im folgenden als bekannt voraussetzen zu können. Es handelt sich dabei um Kürzeste in einer Mannigfaltigkeit mit einer beliebigen inneren Metrik $\varrho(XY)$. Definitionsgemäß ist eine Kürzeste eine Kurve, die unter allen Verbindungskurven zweier gegebener Punkte die kleinste Länge besitzt.

Eine Kürzeste, die die Punkte X und Y (A und B usw.) verbindet, bezeichnen wir durch XY (AB usw.). Natürlich brauchen in einer beliebigen Mannigfaltigkeit zwei beliebige Punkte nicht durch eine Kürzeste verbindbar zu sein; andererseits kann es vorkommen, daß zwei gegebene Punkte X und Y durch mehrere Kürzeste verbunden werden können. In diesem Falle bezeichnet XY eine beliebige dieser Kürzesten, wenn nicht ausdrücklich etwas Gegenteiliges gesagt ist.

Aus der Definition ergeben sich offenbar folgende Eigenschaften der Kürzesten:

1. Jeder Abschnitt einer Kürzesten ist eine Kürzeste. Könnte man nämlich einen solchen Abschnitt durch eine kürzere Kurve ersetzen, so könnte man die Kürzeste verkürzen, was nicht möglich ist.
2. Eine Verbindungskurve zweier gegebener Punkte ist dann und nur dann eine Kürzeste, wenn ihre Länge gleich der Entfernung dieser Punkte ist. Dies ist eine direkte Folge davon, daß in einer inneren Metrik die Entfernung die untere Grenze von Kurvenlängen ist.
3. Damit zwei Kürzeste XY und YZ zusammen eine Kürzeste XZ bilden, ist notwendig und hinreichend, daß $\varrho(XY) + \varrho(YZ) = \varrho(XZ)$ ist. Diese Tatsache ergibt sich daraus, daß die Längen der Kürzesten XY und YZ gleich $\varrho(XY)$ und $\varrho(YZ)$ sind, während die Kurve $XY + YZ$ dann und nur dann eine Kürzeste ist, wenn ihre Länge gleich $\varrho(XZ)$ ist.
4. Eine Kürzeste ist einer geradlinigen Strecke homöomorph. In der Tat: Ist s' die von einem ihrer Endpunkte aus gerechnete Bogenlänge der Kürzesten, so kann man auf Grund des Satzes 3 des vorigen Paragraphen die Kürzeste durch $X(s')$ vorgeben, d. h. ihre Punkte hängen stetig von s' ab, wenn s' alle Werte von 0 bis s durchläuft, wo s die Länge der ganzen Kürzesten ist. Folglich haben wir eine stetige Abbildung des Segments $[0, s]$ auf die Kürzeste. Diese Abbildung ist umkehrbar eindeutig. Würde nämlich zwei Werten s', s'' ein und derselbe Punkt entsprechen, so könnte man durch Weglassen des dem Intervall (s', s'') entsprechenden Bogens die Kürzeste verkürzen, was unmöglich ist. Schließlich gilt auf Grund der oben erwähnten Eigenschaften der Kürzesten für zwei beliebige ihrer Punkte $X(s')$ und $X(s'')$ die Beziehung $\varrho\bigl(X(s')\,X(s'')\bigr) = |s' - s''|$. Daraus ersieht man, daß die Abbildung des Segments $[0, s]$ auf die Kürzeste beiderseits stetig ist.

Satz 1. *Wenn eine Folge von Kürzesten konvergiert, so ist die Grenzkurve wieder eine Kürzeste.*

Beweis: Die Kürzesten $X_n Y_n$ mögen gegen die Kurve $\mathfrak{L}$ konvergieren; die Punkte X_n und Y_n konvergieren dann gegen die Endpunkte X und Y dieser Kurve $\mathfrak{L}$ (dies folgt aus der Definition der Konvergenz von Kurven, die wir im vorigen Paragraphen gegeben haben). In unserem Falle ist daher

$$\varrho(XY) = \lim_{n\to\infty} \varrho(X_n Y_n).$$

Andererseits gilt, wenn $s(\mathfrak{L})$ die Länge der Kurve $\mathfrak{L}$ bedeutet,

$$s(\mathfrak{L}) \geqq \varrho(XY).$$

Nun sind die Längen der Kürzesten $X_n Y_n$ gleich den Entfernungen $\varrho(X_n Y_n)$. Auf Grund des Satzes 5 des vorigen Paragraphen kann die Länge der Grenzkurve nicht größer sein als der Grenzwert der Längen der Kürzesten, d. h.:

$$s(\mathfrak{L}) \leqq \lim_{n\to\infty} \varrho(X_n Y_n).$$

Wenn wir diese Beziehungen vergleichen, so sehen wir, daß die Länge der Kurve $\mathfrak{L}$ gleich der Entfernung zwischen ihren Endpunkten ist; folglich ist $\mathfrak{L}$ eine Kürzeste.

Satz 2: *Wenn in einem gegebenen kompakten Bereich zwei Punkte durch eine Kurve endlicher Länge verbunden werden können, so existiert eine in diesem Bereich kürzeste Verbindungskurve dieser beiden Punkte.*

Beweis: Seien A und B zwei Punkte des kompakten Bereiches $\boldsymbol{G}$ und s die Länge einer in $\boldsymbol{G}$ verlaufenden Verbindungskurve. Sei schließlich s_0 die untere Grenze der Längen aller Kurven, die in $\boldsymbol{G}$ die Punkte A und B verbinden. Offenbar ist $s_0 \leqq s$, und es gibt in $\boldsymbol{G}$ eine Folge von Verbindungskurven $\mathfrak{L}_n$ der Punkte A und B, deren Längen $s(\mathfrak{L}_n)$ gegen s_0 streben. (Eventuell können auch alle Kurven $\mathfrak{L}_n$ zusammenfallen.) Auf Grund des Satzes 4 aus § 1 kann man aus den Kurven $\mathfrak{L}_n$ eine Folge auswählen, die gegen eine gewisse Kurve $\mathfrak{L}$ konvergiert. Auf Grund des Satzes 5 aus § 1 ist die Länge von $\mathfrak{L}$ nicht größer als der untere Limes der Längen $s(\mathfrak{L}_n)$, und daher ist $s(\mathfrak{L}) \leqq s_0$. Da nun s_0 die untere Grenze der Längen aller Verbindungskurven von A und B ist, so ist $s(\mathfrak{L}) = s_0$ und die Kurve $\mathfrak{L}$ eine Kürzeste im Bereich $\boldsymbol{G}$.

Da eine geschlossene konvexe Fläche einer Sphäre homöomorph ist, ist sie kompakt. Je zwei beliebige ihrer Punkte X und Y kann man durch eine Kurve endlicher Länge verbinden, beispielsweise durch die konvexe Kurve, die sich als Durchschnitt der Fläche mit einer durch die Punkte X und Y gehenden Ebene ergibt. Daher folgt aus Satz 2, daß auf einer geschlossenen konvexen Fläche zwei beliebige Punkte durch eine Kürzeste verbunden werden können.

Aus Satz 2 ergibt sich leicht sogar eine stärkere Aussage:

Satz 3: *In jeder Mannigfaltigkeit mit einer vollständigen inneren Metrik können je zwei beliebige Punkte durch eine Kürzeste verbunden werden.*

Beweis: Seien A und B zwei Punkte einer Mannigfaltigkeit mit der vollständigen inneren Metrik $\varrho(XY)$. Auf Grund der Definition der inneren Metrik existiert eine Folge von Kurven $\mathfrak{L}_n$, die die Punkte A und B verbinden und

Längen besitzen, die gegen die Entfernung $\varrho(AB)$ konvergieren. Offenbar kann man annehmen, daß die Länge aller Kurven $\mathfrak{L}_n$ nicht größer ist als ein gewisses s_0. Dann ist klar, daß alle diese Kurven in dem Kreis mit dem Radius s_0 um A (oder B) liegen. Nun besitzt auf Grund der Definition einer vollständigen Metrik jede beschränkte unendliche Menge in unserer Mannigfaltigkeit einen Häufungspunkt; daraus folgt, daß jede beschränkte und abgeschlossene Menge kompakt ist. Daher ist auch der erwähnte Kreis kompakt. Wenden wir Satz 2 an, so sehen wir, daß in diesem Kreis eine kürzeste Verbindungskurve der Punkte A und B existiert. Ihre Länge ist nicht größer als die untere Grenze der Längen der Kurven $\mathfrak{L}_n$, d. h. nicht größer als $\varrho(AB)$. Nun kann aber die Länge einer die Punkte A und B verbindenden Kurve nicht kleiner sein als $\varrho(AB)$. Folglich ist die Länge unserer Kurve gleich $\varrho(AB)$; damit ist diese nicht nur in dem Kreis, sondern auch in der ganzen Mannigfaltigkeit eine Kürzeste, und der Satz ist bewiesen.

Weiterhin ergibt sich aus Satz 2 der folgende wichtige Satz:

Satz 4: *In einer Mannigfaltigkeit mit innerer Metrik ist in jeder beliebigen Umgebung **U** eine Umgebung **V** enthalten, in welcher je zwei Punkte durch eine Kürzeste verbunden werden können, die vollständig in **U** enthalten ist.*

Beweis: Sei Q ein gegebener Punkt in einer Mannigfaltigkeit mit der inneren Metrik $\varrho(XY)$ und $\boldsymbol{U}$ eine vorgegebene Umgebung von Q. Der Punkt Q besitzt eine kreishomöomorphe Umgebung. Daher kann man eine Umgebung $\boldsymbol{U}'$ von Q wählen, die in $\boldsymbol{U}$ enthalten ist, einem Kreis homöomorph ist¹) und die Eigenschaft besitzt, daß ihre abgeschlossene Hülle $\overline{\boldsymbol{U}'}$ — diese ist homöomorph einem Kreise einschließlich Berandung — gleichfalls in $\boldsymbol{U}$ enthalten ist.

Sei r_0 die untere Grenze der Entfernungen des Punktes Q von den außerhalb $\overline{\boldsymbol{U}'}$ liegenden Punkten. Nach Definition der Umgebung ist klar, daß $r_0 > 0$ ist. Wir nehmen den geodätischen Kreis $\boldsymbol{V}$ um Q mit dem Radius

$$r = \frac{r_0 - \varepsilon}{2}, \tag{1}$$

wo ε eine beliebige positive Zahl zwischen Null und r_0 ist. Liegen die Punkte X und Y im Kreise $\boldsymbol{V}$, so sind $\varrho(QX)$ und $\varrho(QY) \leqq r$, und auf Grund der Dreiecksungleichung und der Gleichung (1) gilt:

$$\varrho(XY) \leqq \varrho(QX) + \varrho(QY) \leqq 2r = r_0 - \varepsilon. \tag{2}$$

Nach Definition der inneren Metrik existiert eine die Punkte X und Y verbindende Kurve $\mathfrak{L}$ mit einer Länge $s(\mathfrak{L})$, die sich von der Entfernung zwischen diesen beiden Punkten um weniger als ε unterscheidet:

$$s(\mathfrak{L}) < \varrho(XY) + \varepsilon. \tag{3}$$

¹) Der Durchschnitt zweier Umgebungen ist wieder eine Umgebung. Daher ist der Durchschnitt von U und einer kreishomöomorphen Umgebung wieder eine Umgebung; darin ist offensichtlich eine kreishomöomorphe Umgebung enthalten.

Liegt der Punkt Z auf der Kurve $\mathfrak{L}$, so gilt gemäß der Definition der Länge

$$s(\mathfrak{L}) \geqq \varrho(XZ) + \varrho(ZY). \tag{4}$$

Vergleichen wir die Ungleichungen (4), (3), (2), so erhalten wir

$$\varrho(XZ) + \varrho(ZY) < r_0. \tag{5}$$

Läge der Punkt Z außerhalb $\overline{U'}$, so wäre nach Definition von r_0

$$\varrho(QZ) \geqq r_0, \tag{6}$$

und da $\varrho(QX) \leqq r = \frac{r_0 - \varepsilon}{2}$ ist, so würde aus (6) und der Dreiecksungleichung folgen, daß

$$\varrho(XZ) \geqq \varrho(QZ) - \varrho(QX) \geqq r_0 - r = \frac{r_0 + \varepsilon}{2} \tag{7}$$

wäre. Aus demselben Grunde würde

$$\varrho(YZ) \geqq \frac{r_0 + \varepsilon}{2} \tag{8}$$

gelten. Durch Addition der Ungleichungen (7) und (8) ergäbe sich

$$\varrho(XZ) + \varrho(YZ) \geqq r_0 + \varepsilon,$$

was der Ungleichung (5) widerspräche. Folglich kann bei einer Kurve $\mathfrak{L}$, deren Länge der Ungleichung (3) genügt, kein Punkt außerhalb $\overline{U'}$ liegen.

Da die Metrik eine innere ist, gibt es eine Folge von Kurven $\mathfrak{L}_n$, die X mit Y verbinden und deren Längen gegen $\varrho(XY)$ streben. Man kann annehmen, daß alle diese Längen der Ungleichung (3) genügen. Dann liegen, wie wir gezeigt haben, alle diese Kurven in $\overline{U'}$. Da die Punktmenge $\overline{U'}$ einem abgeschlossenen Kreis homöomorph ist, ist sie kompakt. Man kann deshalb aus den Kurven $\mathfrak{L}_n$ eine konvergierende Folge auswählen (auf Grund des Satzes 4 aus § 1). Die Grenzkurve $\mathfrak{L}$ wird die Punkte X und Y verbinden und eine Länge haben, die nicht größer ist als der Grenzwert der Längen der Kurven $\mathfrak{L}_n$ (auf Grund des Satzes 5 aus § 1), d. h. auf Grund ihrer Auswahl wird die Länge der Kurven $\mathfrak{L}_n$ nicht größer sein als $\varrho(XY)$. Da aber die Entfernung die untere Grenze von Kurvenlängen ist, muß die Länge der Kurve $\mathfrak{L}$ gleich $\varrho(XY)$ sein, d. h. die Kurve $\mathfrak{L}$ ist eine Kürzeste. Sie liegt in $\overline{U'}$ und um so mehr in der Ausgangsumgebung U. Damit ist der Satz bewiesen.

Aus Satz 4 ergibt sich unter anderem folgendes: Wählen wir auf einer stetigen Kurve $X(t)$ genügend dicht liegende Punkte $X(t_i)$, so können wir diese durch Kürzeste verbinden; wir erhalten so einen aus Kürzesten bestehenden, in $X(t)$ einbeschriebenen „geodätischen Kurvenzug“. Seine Länge ist: $\sum_{i=1}^{n} \varrho\big(X(t_{i-1})\, X(t_i)\big)$, da die Länge jeder Kürzesten gleich der Entfernung ihrer Endpunkte ist. Man kann also sagen, daß die Länge einer Kurve die obere Grenze der Längen von einbeschriebenen geodätischen Kurvenzügen ist. Man kann selbstverständlich in üblicher Weise zeigen, daß sie der Grenzwert der Längen dieser Kurvenzüge ist, wenn der größte Durchmesser der Bögen zwischen den Punkten $X(t_{i-1})$ und $X(t_i)$ gegen Null strebt.

Satz 5: *Aus einer Mannigfaltigkeit* $\mathfrak{r}_0$ *mit der inneren Metrik* $\varrho_0(XY)$ *werde eine Mannigfaltigkeit* $\mathfrak{r}$ *(d. h. ein beliebiges Gebiet aus* $\mathfrak{r}_0$*) herausgegriffen. Dann wird in* $\mathfrak{r}$ *eindeutig eine innere Metrik* $\varrho(XY)$ *induziert, die in hinreichend kleinen Umgebungen jedes beliebigen Punktes aus* $\mathfrak{r}$ *mit der Metrik* $\varrho_0(XY)$ *zusammenfällt.*

Zuerst muß definiert werden, was es heißt, in $\mathfrak{r}$ werde eine Metrik „induziert". Der Sinn dieses Ausdruckes ist folgender: Seien X und Y zwei beliebige Punkte von $\mathfrak{r}$. Wir betrachten alle Verbindungskurven von X und Y, die ganz in $\mathfrak{r}$ gelegen sind, und bestimmen ihre Längen mit Hilfe der in $\mathfrak{r}_0$ vorgegebenen Metrik ϱ_0. Dann nehmen wir die untere Grenze der Längen dieser Kurven und definieren diese als Entfernung $\varrho(XY)$ zwischen den Punkten X und Y in $\mathfrak{r}$.

Diese Definition ist der Definition der inneren Metrik auf einer Fläche analog. Ein Vergleich damit zeigt, daß die innere Metrik einer Fläche diejenige innere Metrik ist, die auf der Fläche durch die Metrik des umgebenden Raumes induziert wird.

Wir beweisen jetzt Satz 5: Seien A und B zwei Punkte von $\mathfrak{r}$. Da nach Voraussetzung $\mathfrak{r}$ eine Mannigfaltigkeit ist, so existiert darin eine stetige Verbindungskurve $\mathfrak{L}$ der Punkte A und B. Auf Grund von Satz 4 kann man um jeden Punkt von $\mathfrak{L}$ eine Umgebung legen, in der je zwei Punkte durch eine Kürzeste verbunden werden können. Da $\mathfrak{r}$ eine in $\mathfrak{r}_0$ offene Menge ist, hat jeder seiner Punkte eine Umgebung, die ganz zu $\mathfrak{r}$ gehört. Deshalb können wir die Umgebungen der Punkte von $\mathfrak{L}$ so klein wählen, daß sie ganz in $\mathfrak{r}$ liegen und daß die Kürzesten, die Punkte jeder einzelnen dieser Umgebungen verbinden, in $\mathfrak{r}$ liegen. Dies ist auf Grund von Satz 4 möglich. Aus der Gesamtheit der so konstruierten Umgebungen können wir eine endliche Anzahl auswählen, die die Kurve $\mathfrak{L}$ überdecken. Wenn wir durch Kürzeste in ein und derselben Umgebung[1]) liegende Punkte der Kurve verbinden, erhalten wir eine neue Verbindungskurve von A und B. Da diese Kurve aus endlich vielen Kürzesten besteht, hat sie eine Länge. Folglich kann man die Punkte A und B in $\mathfrak{r}$ durch eine Kurve endlicher Länge verbinden, und daher existiert die untere Grenze der Längen solcher Kurven. Diese nehmen wir als Entfernung $\varrho(AB)$ der Punkte A und B in $\mathfrak{r}$.

Aus der Definition der Länge schließt man leicht, daß diese Metrik allen drei Grundbedingungen genügt. Daß sie eine innere ist, beweist man durch die Überlegung, die in Kap. I, § 6 durchgeführt wurde. Ebenso wie dort beweisen wir nämlich, daß die mit Hilfe der Metrik ϱ_0 definierten Kurvenlängen in $\mathfrak{r}$ mit den mittels der Metrik ϱ definierten übereinstimmen. Daher erweist sich die Entfernung $\varrho(XY)$ in $\mathfrak{r}$ als die untere Grenze von Kurvenlängen, auch wenn die Länge mit Hilfe der Metrik ϱ in $\mathfrak{r}$ an Stelle der Ausgangsmetrik ϱ_0 definiert wird.

[1]) Seien X_k und X_{k+1} die Mittelpunkte aufeinanderfolgender Umgebungen auf der Kurve $\mathfrak{L}$. Sei Y_k ein gemeinsamer Punkt dieser Umgebungen. Wir verbinden X_k mit Y_k und Y_k mit X_{k+1} durch Kürzeste.

Für zwei beliebige Punkte A und B aus $\mathfrak{r}$ gilt:

$$\varrho(AB) \geqq \varrho_0(AB).$$

In der Tat: $\varrho(AB)$ ist die untere Grenze der Längen von in $\mathfrak{r}$ liegenden Kurven, während $\varrho_0(AB)$ die untere Grenze der Längen von in $\mathfrak{r}_0$ liegenden Kurven ist. Es gibt aber mehr Kurven der zweiten Art, und daher ist die untere Grenze ihrer Längen nicht größer als die untere Grenze der Längen der Kurven, die ganz in $\mathfrak{r}$ verlaufen.

Sei jetzt Q ein beliebiger Punkt aus $\mathfrak{r}$. Nach Satz 4 kann man in jeder Umgebung $\boldsymbol{U}$ von Q eine Umgebung $\boldsymbol{V}$ wählen, in der Punktepaare durch eine in $\boldsymbol{U}$ liegende Kürzeste verbunden werden können. Die Umgebung $\boldsymbol{U}$ nehmen wir so, daß sie ganz in $\mathfrak{r}$ liegt, und „Kürzeste" beziehe sich auf die Ausgangsmetrik ϱ_0. Die Länge einer die Punkte A und B verbindenden Kürzesten AB ist gleich $\varrho_0(AB)$. Da nun aber die Kurvenlängen in den Metriken ϱ und ϱ_0 zusammenfallen, ist die Länge $s(AB)$ der Kürzesten AB in der Metrik ϱ dieselbe, d. h.:

$$s(AB) = \varrho_0(AB).$$

Die Entfernung $\varrho(AB)$ ist die untere Grenze der Längen der die Punkte A und B verbindenden Kurven, und daher gilt

$$\varrho(AB) \leqq s(AB) = \varrho_0(AB).$$

Da nun immer

$$\varrho(AB) \geqq \varrho_0(AB)$$

ist, so gilt $\varrho(AB) = \varrho_0(AB)$, d. h. die Metriken ϱ und ϱ_0 fallen in einer kleinen Umgebung des Punktes Q zusammen. Es ist klar, daß es in $\mathfrak{r}$ nur eine innere Metrik geben kann, die diese Eigenschaft besitzt, da die Länge einer Kurve durch die Entfernung von Punkten bestimmt wird, die beliebig nahe beieinander liegen. Damit ist der Satz vollständig bewiesen.

Auf jeder vollen konvexen Fläche existiert eine innere Metrik, da zwei beliebige Punkte dieser Fläche durch eine Kurve endlicher Länge verbunden werden können: nämlich durch eine konvexe Kurve, die sich beim Schneiden dieser Fläche mit einer Ebene ergibt. Aus Satz 5 folgt jetzt, daß jede konvexe Fläche eine innere Metrik besitzt und daß in einer kleinen Umgebung jedes beliebigen Punktes diese Metrik auf der vollen Fläche mit der Metrik in einem gegebenen, diesen Punkt enthaltenden Bereich zusammenfällt. Auf diese Weise kommen wir zu denselben Ergebnissen, wie wir sie in Kap. I auf anderem Wege erhalten hatten.

Satz 6: *Wenn in einem abgeschlossenen Bereich* $\boldsymbol{G}$ *einer Mannigfaltigkeit mit innerer Metrik, dessen Berandung aus endlich vielen Kürzesten besteht, eine relativ kürzeste Kurve*[1]) *existiert, so ist diese Kurve entweder eine Geodätische oder ein*

[1]) D. h. eine in $\boldsymbol{G}$ gelegene Kurve, die unter allen in $\boldsymbol{G}$ gelegenen und zwei gegebene Punkte verbindenden Kurven kleinste Länge hat; d. Ü.

geodätischer Kurvenzug, dessen Ecken in Eckpunkten des Bereiches G liegen; d. h. sie besteht aus endlich vielen Geodätischen, wobei die gemeinsamen Endpunkte aufeinanderfolgender Geodätischer in gewissen Eckpunkten des Bereiches G liegen. Es ist natürlich nicht ausgeschlossen, daß sie überhaupt nicht durch Eckpunkte des Bereiches geht.

Beweis[1]): Sei $\mathfrak{L}$ eine relativ kürzeste Linie in einem Bereich ***G***, dessen Berandung aus endlich vielen Kürzesten besteht, die wir die Seiten von ***G*** nennen; die Punkte, in denen sich Seiten treffen, heißen die Ecken von ***G***.

Sei Q ein Punkt auf $\mathfrak{L}$, der im Innern von ***G*** gelegen ist. Dann besitzt Q eine Umgebung ***U***, die in ***G*** liegt. Nach Satz 4 können wir eine Umgebung ***V*** des Punktes Q wählen, die in ***U*** enthalten ist und in der je zwei beliebige Punkte durch eine absolute[2]) Kürzeste verbunden werden können, die ganz in ***U*** und somit auch in ***G*** verläuft. Wäre der in ***V*** liegende Abschnitt der Kurve $\mathfrak{L}$ keine absolute Kürzeste, so könnte man ihn auf Grund der Eigenschaft der Umgebung ***V*** durch eine in ***U***, also in ***G*** gelegene absolute Kürzeste ersetzen. Damit würde $\mathfrak{L}$ verkürzt, was unmöglich ist, da $\mathfrak{L}$ eine relative Kürzeste in ***G*** ist. Folglich gehört jeder im Innern des Bereiches ***G*** enthaltene Punkt der Kurve $\mathfrak{L}$ zu einem Abschnitt dieser Kurve, der eine absolute Kürzeste ist.

Sei jetzt Q ein Punkt der Kurve $\mathfrak{L}$, der im Innern einer Seite $\mathfrak{Z}$ des Bereiches ***G*** enthalten ist (Abb. 14). Wir wählen um Q eine Umgebung ***U***, die so klein ist, daß sie keine andere Seite des Bereiches ***G*** trifft. In dieser Umgebung wählen wir wieder eine Umgebung ***V*** derart, daß jedes Paar von Punkten aus ***V*** durch eine in ***U*** gelegene absolute Kürzeste verbindbar ist. Dann nehmen wir zwei Punkte A und B auf $\mathfrak{L}$, die zu ***V*** gehören, und zwar so, daß der Bogen AB der Kurve $\mathfrak{L}$ den Punkt Q enthält. Wäre dieser Bogen AB keine absolute Kürzeste, so könnten wir ihn wieder durch eine ganz in ***G*** verlaufende absolute Kürzeste $\overline{AB}$ ersetzen und dadurch $\mathfrak{L}$ verkürzen. Eine derartige Kürzeste $\overline{AB}$ existiert in der Tat; denn die Existenz einer in ***U*** verlaufenden absoluten Kürzesten $\overline{\overline{AB}}$ ist gesichert. Sollte dies nicht ganz in ***G*** verlaufen, so muß sie die Seite $\mathfrak{Z}$ mindestens zweimal schneiden. Da $\mathfrak{Z}$ selbst eine absolute Kürzeste ist, können wir den zwi-

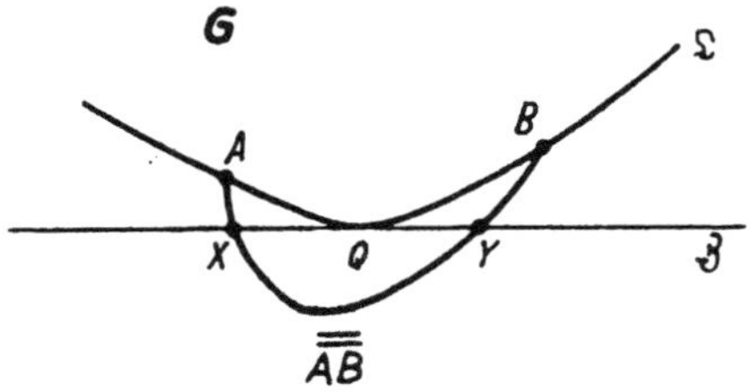

Abb. 14

[1]) Einige Stellen dieses Beweises wurden überarbeitet, so daß die Übersetzung hier freier ist als sonst in diesem Buch; der Gedankengang des Beweises blieb ungeändert, nur wurde im Fall 2 (Punkt im Innern einer Seite) ein mehrmaliger Austausch von Kurvenstücken durch einmaligen Austausch des ganzen Kurvenabschnittes ersetzt; d. Ü.

[2]) Unter einer „absoluten Kürzesten" verstehen wir hier und gelegentlich im folgenden eine in bezug auf die gesamte Mannigfaltigkeit kürzeste Linie, die sonst als „Kürzeste" schlechthin bezeichnet wird. Wir wollten dadurch den Gegensatz zu den „relativen Kürzesten" besonders unterstreichen; d. Ü.

schen den äußersten Schnittpunkten X und Y von $\overline{\overline{AB}}$ mit $\mathfrak{Z}$ gelegenen Abschnitt von $\overline{\overline{AB}}$ durch den entsprechenden Abschnitt von $\mathfrak{Z}$ ersetzen; dadurch erhalten wir eine Kurve gleicher Länge, also auch eine absolute Kürzeste zwischen A und B, die ganz in $\boldsymbol{G}$ (im Innern oder auf der Berandung) verläuft und die wir mit $\overline{AB}$ bezeichnen. Da nach Voraussetzung die Kurve $\mathfrak{L}$ nicht verkürzt, d. h. durch keine kürzere und gleichfalls in $\boldsymbol{G}$ verlaufende Kurve ersetzt werden kann, muß sie auf dem Abschnitt AB dieselbe Länge haben wie die Kürzeste $\overline{AB}$. Hieraus folgt, daß jeder im Innern einer Seite von $\boldsymbol{G}$ gelegene Punkt der Kurve $\mathfrak{L}$ in einem Abschnitt dieser Kurve enthalten ist, der eine absolute Kürzeste ist.

Sei jetzt Q ein Punkt von $\mathfrak{L}$, der ein Eckpunkt von $\boldsymbol{G}$ ist (Abb. 15). Wir nehmen eine Umgebung $\boldsymbol{U}$ von Q, die keine anderen Seiten des Bereiches $\boldsymbol{G}$ trifft als die von Q ausgehenden. In $\boldsymbol{U}$ wählen wir wieder eine Umgebung $\boldsymbol{V}$, in der sich je zwei beliebige Punkte durch eine in $\boldsymbol{U}$ verlaufende absolute Kürzeste verbinden lassen. Sei A ein in $\boldsymbol{V}$ enthaltener Punkt von $\mathfrak{L}$. Wäre der Abschnitt QA von $\mathfrak{L}$ keine absolute Kürzeste, so könnten wir ihn wieder durch eine ganz in $\boldsymbol{G}$ verlaufende absolute Kürzeste $\overline{QA}$ ersetzen und dadurch $\mathfrak{L}$ verkürzen. Eine solche absolute Kürzeste $\overline{QA}$ existiert in der Tat; denn die Existenz einer in $\boldsymbol{U}$ gelegenen absoluten Kürzesten $\overline{\overline{QA}}$ ist gesichert. Falls sie nicht ganz in $\boldsymbol{G}$ verläuft, so schneidet sie seine Seiten, offenbar aber nur diejenigen, die von Q ausgehen. Sei z. B. X ein Schnittpunkt der Kürzesten $\overline{\overline{QA}}$ mit der Seite $\mathfrak{Z}$. Da $\mathfrak{Z}$ absolute Kürzeste ist und von Q ausgeht, kann der Abschnitt $\overline{\overline{QX}}$ der Kurve $\overline{\overline{QA}}$ durch den Abschnitt QX der Seite $\mathfrak{Z}$ ersetzt werden; wir erhalten dadurch eine Kurve gleicher Länge (also auch eine absolute Kürzeste), die ganz in $\boldsymbol{G}$ verläuft und die wir $\overline{QA}$ nennen. Da die Kurve $\mathfrak{L}$ unverkürzbar ist, kann ihr Abschnitt zwischen Q und A nicht länger sein als die absolute Kürzeste $\overline{QA}$. Folglich ist auf dem Abschnitt QA die Kurve $\mathfrak{L}$ eine absolute Kürzeste.

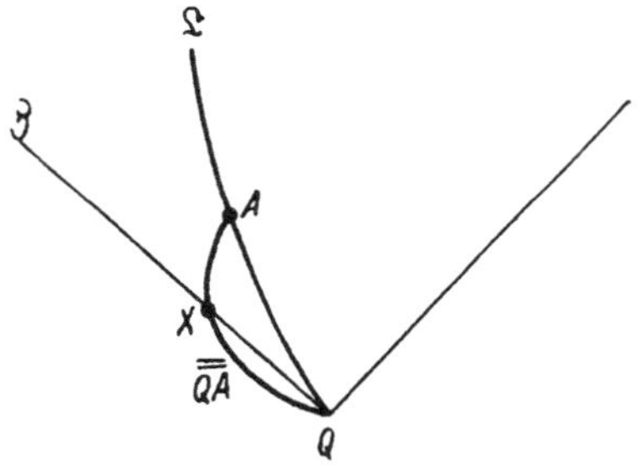

Abb. 15

Wenn ein Punkt Q der Kurve $\mathfrak{L}$ Eckpunkt des Bereiches $\boldsymbol{G}$ ist, so ist also jeder von Q ausgehende Zweig von $\mathfrak{L}$ auf einem hinreichend kleinen Abschnitt eine absolute Kürzeste.

Aus dem bisher Bewiesenen folgt: Wenn die Linie $\mathfrak{L}$ überhaupt nicht durch Eckpunkte geht, so liegt jeder ihrer Punkte auf einem Bogen, der eine absolute Kürzeste ist; d. h. $\mathfrak{L}$ ist eine Geodätische. Geht aber die Linie $\mathfrak{L}$ durch Eckpunkte, so ist sie zwischen aufeinanderfolgenden Ecken eine Geodätische; dann ist also $\mathfrak{L}$ ein geodätischer Kurvenzug, was zu beweisen war.

§ 3. Die Deckungsbedingung für Kürzeste

Wir führen folgende Forderung ein, die wir „Deckungsbedingung für Kürzeste" nennen: ***Wenn zwei Kürzeste AB und AC, die den Punkt A mit den Punkten B und C verbinden, auf einem gewissen Abschnitt AD zusammenfallen, so ist eine von ihnen in der anderen enthalten.*** Weniger genau ausgedrückt: Zwei von einem Punkt ausgehende wesentlich verschiedene Kürzeste können sich auf keinem Abschnitt decken[1]). Diese Formulierung erhellt den Sinn der Bezeichnung der angegebenen Bedingung.

Zur Veranschaulichung betrachten wir einen Kegel $\boldsymbol{K}$, dessen voller Winkel an der Spitze Q größer als 2π ist. Wir ziehen von Q aus drei Kürzeste, d. h. drei Abschnitte von Erzeugenden QA, QB, QC so, daß die von QA mit QB und QC gebildeten Winkel gleich π sind. Dann sind die Linien $AQ + QB$, $AQ + QC$, wie leicht einzusehen, Kürzeste, die den Punkt A mit den Punkten B und C verbinden. Auf dem Abschnitte AQ fallen sie zusammen, und danach gehen sie auseinander. Also ist auf einem Kegel, dessen voller Winkel an der Spitze größer als 2π ist, die Deckungsbedingung für Kürzeste nicht erfüllt. Man überzeugt sich leicht davon, daß dagegen auf einem Kegel mit vollem Winkel an der Spitze, der nicht größer als 2π ist, diese Bedingung befriedigt wird. Hieraus folgt, daß sie auf jeder polyedrischen Metrik von positiver Krümmung erfüllt ist. Übrigens werden wir diese Behauptung in Kap. III, § 2 beweisen; hier ist sie nur zur Veranschaulichung angeführt. Ebenso wird in Kap. III, § 4 bewiesen werden, daß die Deckungsbedingung für Kürzeste auf jeder konvexen Fläche erfüllt ist. Daher werden uns tatsächlich nur Mannigfaltigkeiten mit innerer Metrik interessieren, die diese Bedingung befriedigen. Wir bemerken noch, daß sie offenbar auf jeder regulären Fläche erfüllt ist. Die Kürzesten werden dort nämlich durch Differentialgleichungen definiert, die bei gegebenen Anfangsbedingungen eindeutig lösbar sind. Die Deckungsbedingung für Kürzeste hat also verhältnismäßig allgemeine Bedeutung; dabei ist ihr Inhalt sehr einfach. Deshalb erscheint es auch natürlich, diese Bedingung besonders zu formulieren und die aus ihr folgenden Konsequenzen zu untersuchen. Wir werden uns dieser Konsequenzen im Verlauf des ganzen Buches bedienen. Im folgenden wird vorausgesetzt, daß von Kürzesten in Mannigfaltigkeiten die Rede ist, in denen unsere Bedingung erfüllt ist.

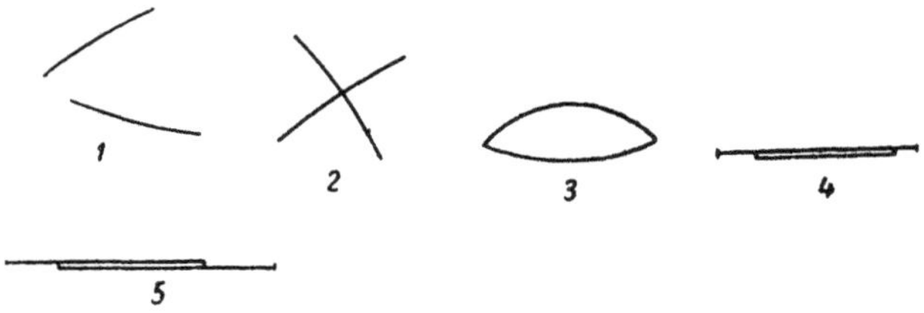

Abb. 16

Satz: *Für die gegenseitige Lage zweier Kürzesten bestehen nur die folgenden Möglichkeiten (Abb. 16): 1. Sie haben keine Punkte gemeinsam. 2. Sie haben*

[1]) Vgl. die Fußnote [1]) zu § 10, Kap I, Seite 56.

nur einen Punkt gemeinsam. 3. Sie haben nur zwei Punkte gemeinsam, und zwar ihre gemeinsamen Endpunkte. 4. Eine der Kürzesten ist in der anderen enthalten. 5. Die Kürzesten fallen auf einem Abschnitt zusammen, dessen einer Endpunkt ein Endpunkt der einen Kürzesten ist, während sein anderer Endpunkt ein Endpunkt der anderen ist, wobei dieser Abschnitt alle gemeinsamen Punkte der Kürzesten enthält.

Beweis: Offenbar braucht man nur folgendes zu beweisen: Wenn zwei Kürzeste AB und CD zwei gemeinsame Punkte haben, von denen wenigstens einer kein gemeinsamer Endpunkt ist, so bestehen nur die letzten beiden Möglichkeiten. Nehmen wir also an, daß die Kürzesten AB und CD die Punkte X und Y gemeinsam haben und X kein Endpunkt der Kürzesten AB ist. Ohne Beschränkung der Allgemeinheit wollen wir annehmen, daß der Punkt X dem Abschnitt AY der Kürzesten AB und dem Abschnitt $\overline{CY}$ der Kürzesten CD (Abb. 17) angehört. Die Abschnitte der Kürzesten CD werden wir durch Überstreichen kennzeichnen.

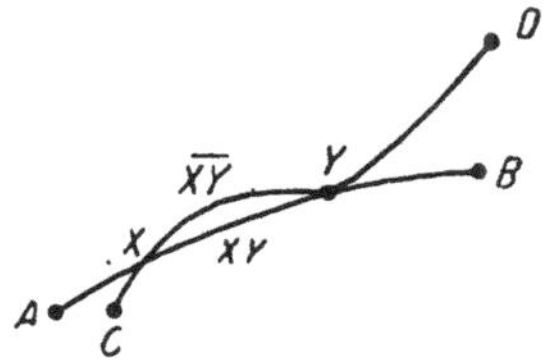

Abb. 17

Der Abschnitt $\overline{XY}$ der Kürzesten CD und der Abschnitt XY der Kürzesten AB sind gleich lang, da beide Abschnitte Kürzeste zwischen den Punkten X und Y sind. Daher ist die Linie $AX + \overline{XY}$ eine Kürzeste zwischen den Punkten A und Y. Also gibt es zwischen diesen Punkten zwei Kürzeste AY und $AX + \overline{XY}$. Sie fallen auf dem Abschnitt AX zusammen, und da sie außerdem gemeinsame Endpunkte haben, so müssen sie auf Grund der Deckungsbedingung für Kürzeste vollständig zusammenfallen. Folglich fallen unsere Kürzesten AB und CD auf dem Abschnitt XY zusammen.

Betrachten wir jetzt die Abschnitte AY und $\overline{CY}$ unserer Kürzesten AB und CD. Nach Voraussetzung enthalten sie den Punkt X und fallen folglich auf dem Abschnitt XY zusammen. Dann ist nach der Deckungsbedingung einer jener Abschnitte in dem anderen enthalten. Aus demselben Grunde ist einer der Abschnitte BX und $\overline{DX}$ der Kürzesten AB und CD in dem anderen enthalten. Folglich sind zwei Fälle möglich: 1. $\overline{CY}$ ist in AY, $\overline{DX}$ ist in BX enthalten; dann ist offenbar CD in AB enthalten; oder umgekehrt: AY und BX sind in $\overline{CY}$ und $\overline{DX}$ enthalten; dann ist AB in CD enthalten. 2. $\overline{CY}$ ist in AY enthalten und BX in $\overline{DX}$; dann fallen AB und CD auf dem Abschnitt CB zusammen. Oder umgekehrt: AY ist in $\overline{CY}$ enthalten und $\overline{DX}$ in BX, dann fallen AB und CD auf dem Abschnitt AD zusammen.

Es bleibt zu beweisen, daß, wenn etwa AB und CD auf dem Abschnitt BC zusammenfallen, dieser Abschnitt alle ihre gemeinsamen Punkte enthält. Nehmen wir im Gegensatz dazu an, sie hätten noch irgendeinen anderen Punkt Z gemeinsam, der nicht dem Abschnitt BC angehört (Abb. 18). Dann erhalten wir zwei Kürzeste AB und $AZ + \overline{ZB}$, die auf dem Abschnitt AZ zusammenfallen. Da sie gemeinsame Endpunkte haben, müssen sie nach der Deckungsbedingung zusammenfallen. Das würde dazu führen, daß die Kürzeste CD längs des Abschnittes $\overline{CB}$ sich selbst decken würde, was natürlich unmöglich ist. Folglich enthält der Abschnitt CB alle gemeinsamen Punkte der Kürzesten AB und CD, und der Satz ist vollständig bewiesen.

Dieser Satz zeigt, daß sich zwei Kürzeste in bezug auf ihre gegenseitige Lage wie die Bögen von Großkreisen einer Sphäre verhalten, wenn die Deckungsbedingung erfüllt ist.

Wir geben hier einige selbstverständliche Folgerungen aus diesem Satz an:

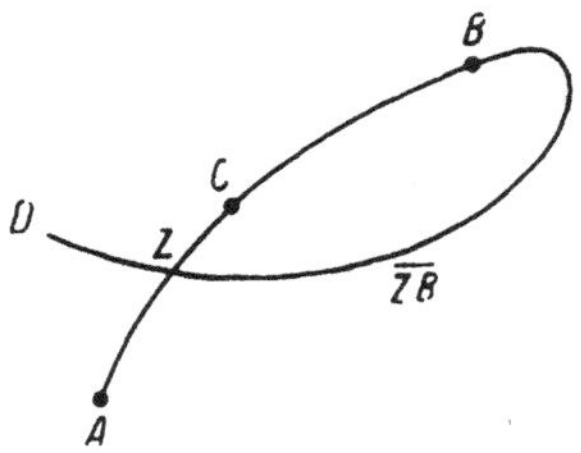

Abb. 18

1. Ist von zwei Punkten X und Y einer Kürzesten $\mathfrak{L}$ wenigstens einer ein innerer, so ist der Abschnitt XY dieser Kürzesten die einzige Kürzeste zwischen den Punkten X und Y.

2. Liegen die drei Punkte A, B, C nicht auf einer Kürzesten, so haben die Kürzesten AB, AC, BC keine anderen Punkte gemeinsam als ihre Endpunkte. Daher beranden sie in einem kreishomöomorphen Bereich einen Bereich, der ebenfalls kreishomöomorph ist, d. h. ein gewöhnliches Dreieck.

3. Endlich viele Kürzesten können in endlich viele Abschnitte zerlegt werden, die außer ihren Endpunkten keine Punkte gemeinsam haben. Für zwei Kürzeste folgt diese Aussage unmittelbar aus dem Satz. Für beliebig [endlich, d. Ü.] viele wird sie mit Hilfe desselben Satzes durch einen naheliegenden Induktionsschluß bewiesen. Diese Schlußfolgerung ist besonders wichtig für die Betrachtung von Durchschnitten von Polygonen; aus ihr ergibt sich, daß bei der Bildung des Durchschnitts von zwei und allgemein von endlich vielen Polygonen wieder nur endlich viele Polygone entstehen.

4. *Sei C ein innerer Punkt der Kürzesten AB, und nehmen wir an, daß die Punkte A_n, C_n gegen A bzw. C konvergieren. Dann können die Kürzesten A_nC_n (wenn sie existieren) nur gegen den Abschnitt AC der Kürzesten AB konvergieren.* In der Tat: die Grenzkurve $\overline{AC}$ der Kürzesten A_nC_n (wenn sie existiert) ist eine Kürzeste. Würde sie nicht mit AC zusammenfallen, so hätten wir zwei verschiedene Kürzeste, die die Punkte A und C verbinden, was der ersten der angegebenen Folgerungen des Satzes widerspräche.

Wir bemerken, daß es nicht schwierig ist, eine viel stärkere Aussage zu beweisen: *Sei C ein innerer Punkt der Kürzesten AB, und mögen die Punkte A_n, C_n gegen A bzw. C konvergieren. Wenigstens für genügend große n existieren dann die Kürzesten A_nC_n und konvergieren gegen den Abschnitt AC der Kürzesten AB.* (Ohne die Deckungsbedingung ist in einer Mannigfaltigkeit mit einer nicht vollständigen Metrik weder die Existenz noch die Konvergenz der Kürzesten A_nC_n gesichert.) Diesen Satz lassen wir ohne Beweis, da wir im folgenden ohne ihn auskommen.

Die hier erzielten Ergebnisse erleichtern die mit Kürzesten zusammenhängenden Überlegungen in Mannigfaltigkeiten, in denen die Deckungsbedingung für Kürzeste erfüllt ist, wesentlich. Angesichts ihrer Einfachheit werden wir sie oft ohne besondere Hinweise benutzen. In den nächsten Paragraphen werden wir tieferliegende Konsequenzen der Deckungsbedingung für Kürzeste ableiten; wir werden sie erst in Kap. V, dann aber besonders in den Kapiteln VII und IX benutzen. Daher kann der Leser, der gleich zu einer konkreten Untersuchung der konvexen Flächen übergehen will, einstweilen die drei übrigen Paragraphen dieses Kapitels überschlagen.

§ 4. Konvexe Umgebungen

Eine Punktmenge in einer Mannigfaltigkeit mit einer inneren Metrik nennen wir *konvex*, wenn je zwei beliebige ihrer Punkte durch eine ganz in ihr verlaufende Kürzeste verbindbar sind. Sei $\boldsymbol{G}$ eine offene zusammenhängende Menge in der Mannigfaltigkeit $\mathfrak{r}_0$ mit der inneren Metrik ϱ_0. Auf Grund des Satzes 5 aus § 2 induziert die Metrik ϱ_0 in $\boldsymbol{G}$ eine neue innere Metrik ϱ, und zwar ist $\varrho(XY)$ die untere Grenze der Längen derjenigen Kurven, die in $\boldsymbol{G}$ enthalten sind und die Punkte X und Y verbinden, wobei die Länge in der Metrik ϱ_0 zu messen ist. Dann gilt für alle X und Y aus $\boldsymbol{G}$ die Ungleichung $\varrho(XY) \geqq \varrho_0(XY)$. Ist $\boldsymbol{G}$ konvex, so können die Punkte X und Y in $\boldsymbol{G}$ durch eine im Sinne der Metrik ϱ_0 kürzeste Kurve verbunden werden; die Länge dieser Kurve ist gleich $\varrho_0(XY)$. Nun kann definitionsgemäß $\varrho(XY)$ nicht größer sein als die Länge einer Kurve, die in $\boldsymbol{G}$ die Punkte X und Y verbindet, und somit ist $\varrho(XY) \leqq \varrho_0(XY)$. Folglich ist $\varrho(XY) = \varrho_0(XY)$, d. h. die in einer konvexen Punktmenge induzierte Metrik fällt mit der Ausgangsmetrik zusammen; nimmt man eine konvexe Punktmenge aus einer Mannigfaltigkeit heraus, so ändert sich die Entfernung zwischen den Punkten dieser Menge nicht.

In diesem Paragraphen werden wir den folgenden Satz beweisen: *Ist in einer Mannigfaltigkeit mit innerer Metrik die Deckungsbedingung für Kürzeste erfüllt, so besitzt jeder ihrer Punkte eine beliebig kleine Umgebung, die ein konvexes kreishomöomorphes Polygon ist.*

Die Bedeutung dieses Satzes wird durch die gerade auseinandergesetzte Eigenschaft der konvexen Mengen klar. Beschränken wir uns auf eine konvexe Umgebung $\boldsymbol{U}$ eines Punktes Q, so ändern wir die Metrik dieser Umgebung nicht, wenn wir den übrigen Teil der Mannigfaltigkeit ganz außer acht lassen. Außerdem können in $\boldsymbol{U}$ je zwei Punkte durch eine Kürzeste verbunden werden. Daher ist es bei allen Überlegungen „im Kleinen“ besonders bequem, konvexe Umgebungen zu benutzen.

Der Beweis des erwähnten Satzes beruht in erster Linie auf dem folgenden allgemeinen Hilfssatz. Wir sagen, eine geschlossene Kurve $\mathfrak{L}$ umfasse einen gewissen Bereich $\boldsymbol{M}$ im Bereich $\boldsymbol{U}$, wenn man sie in $\boldsymbol{U}$ nicht auf einen Punkt zusammenziehen kann, ohne daß sie den Bereich $\boldsymbol{M}$[1]) überstreicht.

[1]) Eine geschlossene Kurve ist ein stetiges Bild der Kreisperipherie. Zwei geschlossene Kurven $X(t)$ und $Y(s)$ werden als dieselbe angesehen, wenn eine monotone Ab-

Hilfssatz 1: *Seien* ***U*** *und* ***V*** *zwei kreishomöomorphe Bereiche in einer Mannigfaltigkeit mit innerer Metrik.* ***V*** *möge in* ***U*** *enthalten sein und die Eigenschaft besitzen, daß je zwei beliebige seiner Punkte durch eine in* ***U*** *verlaufende Kürzeste verbunden werden können. Ferner seien in* ***V*** *ein Bereich* ***M****, dessen Inneres zusammenhängend ist, und eine* ***M*** *umfassende geschlossene Kurve* $\mathfrak{L}$ *enthalten, die von allen in* ***U*** *gelegenen und* ***M*** *umfassenden Kurven kleinste Länge hat. Unter diesen Voraussetzungen ist der von* $\mathfrak{L}$ *berandete Bereich konvex und kreishomöomorph. Ist außerdem der Bereich* ***M*** *ein geodätisches Polygon, so ist* $\mathfrak{L}$ *ein geodätischer Kurvenzug und daher der von* $\mathfrak{L}$ *berandete Bereich ein Polygon. Die Eckpunkte des Kurvenzuges* $\mathfrak{L}$ *können nur in Eckpunkten des Polygons* ***M*** *liegen. (Insbesondere kann es vorkommen, daß* $\mathfrak{L}$ *überhaupt keine Eckpunkte hat, d. h. eine geschlossene Geodätische ist.)* (Abb. 19.)

Beweis: Nehmen wir an, eine den Voraussetzungen des Hilfssatzes genügende Kurve $\mathfrak{L}$ besitze einen Doppelpunkt A. Dann könnte man $\mathfrak{L}$ in zwei geschlossene Kurven $\mathfrak{L}_1$ und $\mathfrak{L}_2$ zerlegen. Würden weder $\mathfrak{L}_1$ noch $\mathfrak{L}_2$ den Bereich ***M*** umfassen, so könnten sie, ohne ***M*** zu überstreichen, auf den Punkt A zusammengezogen werden, der dabei festbleibt[1]). Somit könnte die ganze Kurve auf den Punkt A zusammengezogen werden. Da $\mathfrak{L}$ aber ***M*** umfassen soll, ist dies unmöglich, und daher müßte entweder $\mathfrak{L}_1$ oder $\mathfrak{L}_2$ ***M*** umfassen. Dann könnte aber die andere Kurve weggelassen werden, wobei sich eine Kurve ergäbe, die kürzer als $\mathfrak{L}$[2]) wäre. Dies ist aber nicht möglich, da $\mathfrak{L}$ eine kürzeste von allen ***M*** umfassenden Kurven sein sollte. Folglich besitzt $\mathfrak{L}$ keine Doppelpunkte und berandet somit einen kreishomöomorphen Bereich.

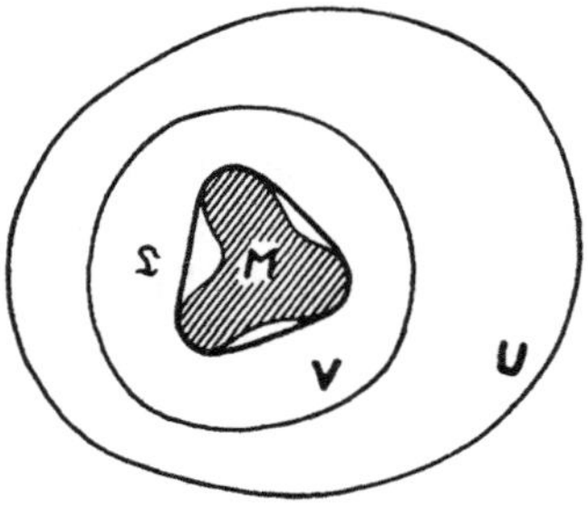

Abb. 19

Seien jetzt A und B zwei Punkte des von der Kurve $\mathfrak{L}$ berandeten Bereiches. Nach Voraussetzung existiert eine Kürzeste AB, da $\mathfrak{L}$ in ***V*** liegt und ***V*** kreishomöomorph ist, so daß auch der ganze von $\mathfrak{L}$ berandete Bereich in ***V*** liegt. Wenn die Kürzeste AB nicht ganz in dem von $\mathfrak{L}$ berandeten Bereich verläuft, so ver-

---

bildung $s = s(t)$ der Kreisperipherie t auf die Kreisperipherie s existiert derart, daß $X(t) = Y(s(t))$ ist. Der Begriff einer geschlossenen Kurve unterscheidet sich also von dem Begriff einer Kurve mit zusammenfallenden Enden dadurch, daß auf der letzteren ein Punkt ausgezeichnet ist, nämlich derjenige, in dem die Endpunkte zusammenfallen. Man sagt, daß sich die geschlossene Kurve $X_0(t)$ im Bereich ***U*** in die geschlossene Kurve $X_1(t)$ deformieren läßt, wenn eine Funktion $X(t, s)$ $(0 \leq s \leq 1)$ angebbar ist, für die folgendes gilt: 1) $X(t, s) \in \boldsymbol{U}$ für alle t und s, 2) für jedes s bildet $X(t, s)$ eine geschlossene Kurve, 3) $X(t, s)$ hängt von t und s stetig ab, 4) $X(t, 0) = X_0(t)$ und $X(t, 1) = X_1(t)$. Wenn $X_1(t)$ sich auf einen Punkt reduziert, so sagt man, die Kurve $X_0(t)$ lasse sich auf einen Punkt zusammenziehen.

[1]) Die folgende bekannte Eigenschaft ist leicht zu beweisen: Wenn sich eine Kurve auf einen Punkt zusammenziehen läßt, so kann man sie auf jeden beliebigen ihrer Punkte zusammenziehen, ohne diesen zu verrücken.

[2]) Eine Ausnahme bildet der Fall, daß diejenige der Kurven $\mathfrak{L}_1$, $\mathfrak{L}_2$, die ***M*** nicht umfaßt, in einen Punkt ausartet. Diesen Fall kann man jedoch ausschließen, wenn man als Parameter von $\mathfrak{L}$ die Bogenlänge nimmt; das ist möglich, da nach Voraussetzung $\mathfrak{L}$ eine Länge besitzt.

läßt sie ihn und kommt später wieder in ihn zurück. Dabei schneide sie $\mathfrak{K}$ in den Punkten C und D, so daß ihr Abschnitt CD außerhalb von $\mathfrak{K}$ liegt. Wenn wir dann einen der Bögen $\widehat{CD}$ der Kurve $\mathfrak{K}$ durch den Abschnitt CD der Kürzesten AB ersetzen, so erhalten wir wieder eine $\boldsymbol{M}$[1]) umfassende Kurve. Dabei darf keine Kurve entstehen, die kürzer ist als $\mathfrak{K}$. Daher muß der Bogen $\widehat{CD}$ selbst eine Kürzeste sein. Wenden wir diese Überlegung auf alle Abschnitte der Kürzesten AB an, die außerhalb des von der Kurve $\mathfrak{K}$ berandeten Bereiches liegen, so sehen wir, daß die Punkte A und B durch eine Kürzeste verbunden werden können, die in dem betreffenden Bereich oder auf seinem Rande liegt. Damit ist die Konvexität des betrachteten Bereiches unter Einschluß seines Randes bewiesen.

Es bleibt zu beweisen, daß die Kurve $\mathfrak{K}$ ein geodätischer Kurvenzug ist, wenn das Gebiet $\boldsymbol{M}$ ein geodätisches Polygon ist. In § 2 wurde gezeigt (Satz 6), daß eine Kurve, die in einem geodätischen Polygon eine relative Kürzeste ist, ein geodätischer Kurvenzug mit Eckpunkten in Ecken des Polygons ist. Diesen Satz wenden wir auf das Äußere von $\boldsymbol{M}$ an, das wir $\boldsymbol{N}$ nennen. Auf $\mathfrak{K}$ wählen wir zwei Punkte A und B, die $\mathfrak{K}$ in zwei gleich lange Teile zerlegen. Wäre auch nur einer der beiden Abschnitte AB der Kurve $\mathfrak{K}$ keine Kürzeste in $\boldsymbol{N}$, so erhielte man, wenn man ihn durch einen kürzeren ersetzen würde, wieder eine $\boldsymbol{M}$ umfassende Kurve, die aber kürzer als $\mathfrak{K}$ wäre; $\mathfrak{K}$ war aber eine kürzeste $\boldsymbol{M}$ umfassende Kurve. Daher sind beide Abschnitte AB Kürzeste in $\boldsymbol{N}$, also nach dem zitierten Hilfssatz geodätische Kurvenzüge. Folglich ist auch $\mathfrak{K}$ ein geodätischer Kurvenzug. Seine Eckpunkte können nur in Eckpunkten des Polygons $\boldsymbol{M}$ liegen, wie aus dem erwähnten Satz 6 des § 2 folgt.

Es ist nicht schwer, auf Grund des bewiesenen Hilfssatzes ein Theorem abzuleiten, das seinem Wesen nach allgemeiner ist, als der zu Anfang dieses Paragraphen formulierte Satz; dieser Satz selbst wird sich mit Hilfe eines weiter unten bewiesenen Hilfssatzes als Corollar dieses Theorems erweisen:

Satz 1: *Wenn man in einer Mannigfaltigkeit $\mathfrak{r}$ mit der inneren Metrik ϱ um einen Punkt Q ein beliebig kleines Polygon mit einem beliebig kleinen Umfang legen kann, so kann man um Q auch ein konvexes Polygon mit denselben Eigenschaften — d. h. beliebig klein mit beliebig kleinem Umfang — legen.*[2])

---

[1]) Der Abschnitt CD und jeder der Bögen $\widehat{CD}$ bilden geschlossene Kurven ohne Mehrfachpunkte. Sie beranden deshalb kreishomöomorphe Bereiche. Einer dieser Bereiche enthält den gesamten von $\mathfrak{K}$ berandeten Bereich. Die Kürzeste AB kann $\mathfrak{K}$ in mehreren Punkten durchschneiden. Wir wählen für C und D ein beliebiges Paar auf $\mathfrak{K}$ benachbarter Punkte, in denen AB den von $\mathfrak{K}$ berandeten Bereich verläßt.

[2]) Daß ein Polygon $\boldsymbol{P}$ einen Punkt Q umgibt, bedeutet, daß es eine Umgebung von Q ist. In einer Mannigfaltigkeit mit innerer Metrik kann man um jeden Punkt ein beliebig kleines Polygon legen. Es genügt dazu, in eine geschlossene Kurve, die eine kleine Umgebung von Q berandet, ein Polygon einzubeschreiben. Die Möglichkeit, in jede Kurve einen Kurvenzug einzubeschreiben, war in § 2 bewiesen worden. Aber aus der Tatsache, daß ein Polygon $\boldsymbol{P}$ klein ist, folgt durchaus noch nicht, daß sein Umfang klein ist. Betrachten wir beispielsweise die im Kreis mit dem Radius 1 durch das Linienelement $ds^2 = dr^2 + d\varphi^2$ definierte Metrik. Um den Mittelpunkt eines solchen Kreises kann man kein Polygon legen, dessen Umfang kleiner als 2π ist. Eine solche Metrik ergibt sich bei der Identifizierung aller Punkte der Grundfläche eines Zylinders.

Beweis: Um den Punkt Q wählen wir eine dem abgeschlossenen Kreis homöomorphe Umgebung U, und darin eine ebenfalls kreishomöomorphe Umgebung V derart, daß je zwei Punkte aus V durch eine in U liegende Kürzeste verbunden werden können (siehe Satz 4 aus § 2). Sei l die untere Grenze der Längen derjenigen in U verlaufenden Kurven, die wenigstens einen Punkt außerhalb oder auf dem Rand der Umgebung V haben und den Punkt Q umfassen, also solcher Kurven, die in U nicht auf einen Punkt zusammengezogen werden können, ohne den Punkt Q zu überstreichen. (Insbesondere darf eine solche Kurve durch Q gehen.) Diese untere Grenze existiert und ist positiv.

In der Tat: auf dem Rand von V gibt es einen zu Q nächsten Punkt A. Eine Kürzeste AQ existiert auf Grund der Wahl der Umgebung V und liegt offenbar in U. Sieht man diese Kürzeste als doppelt bedeckt an, so geht sie in eine geschlossene, Q umfassende Kurve über, die auf dem Rand von V den Punkt A enthält. Daher existieren die in Frage kommenden Kurven, und die untere Grenze l ihrer Längen ist nicht größer als das Doppelte der Länge der Kürzesten AQ. Nehmen wir einmal an, es wäre $l = 0$. Das bedeutet, daß eine Folge von Punkten $X_1, X_2, \ldots$ existiert, die in U, aber außerhalb oder auf dem Rand von V liegen und daß durch jeden Punkt X_n eine den Punkt Q umfassende Kurve $\mathfrak{L}_n$ hindurchgeht, deren Länge l_n ist. Dabei gilt $l_n \to 0$ für $n \to \infty$ (Abb. 20). Man kann offenbar annehmen, daß die Punkte X_n gegen einen gewissen Punkt X konvergieren. Jeder Punkt X_n besitzt eine dem Kreis homöomorphe Umgebung W_n, die den Punkt Q nicht enthält. Sei r_n „der Radius“ einer solchen Umgebung, d. h. die untere Grenze der Entfernungen zwischen X_n und den Punkten außerhalb W_n. Schon aus der Definition der Umgebung folgt offenbar $r_n > 0$. Hat eine durch den Punkt X_n gehende Kurve eine Länge $< r_n$, so liegt sie nach Definition von r_n in der Umgebung W_n. Da W_n kreishomöomorph ist und den Punkt Q nicht enthält, kann diese Kurve auf den Punkt X_n zusammengezogen werden, ohne den Punkt Q zu überstreichen, d. h. eine solche Kurve der Länge $< r_n$ kann den Punkt Q nicht umfassen. Folglich müssen die Kurven $\mathfrak{L}_n$ notwendig eine Länge $\geqq r_n$ haben, d. h. $l_n \geqq r_n$.

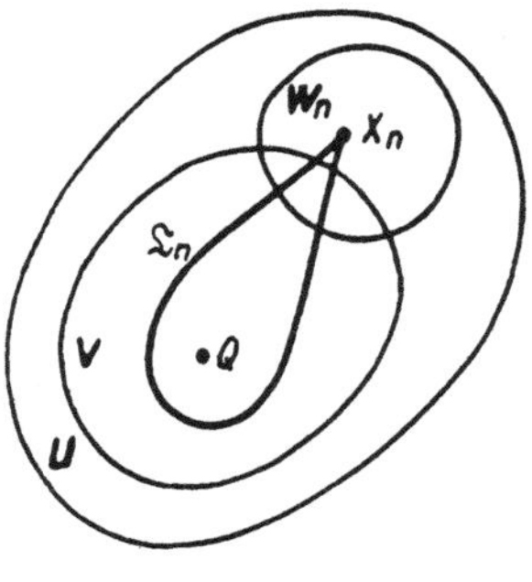

Abb. 20

Sei jetzt r der „Radius“ einer Umgebung W des Punktes X — des Grenzpunktes der Punkte X_n —, wobei W den Punkt Q nicht enthalten und kreishomöomorph sein möge. Sei m so groß, daß für $n > m$ die Entfernung zwischen X_n und X kleiner als $\frac{r}{2}$ ist. Man kann dann für die Punkte X_n bei $n > m$ Umgebungen W_n vom „Radius“ $r_n = \frac{r}{2}$ wählen. Somit erhalten wir Umgebungen W_n, bei denen r_n nicht gegen Null strebt. Es galt aber $l_n \geqq r_n$; folglich streben die l_n gleichfalls nicht gegen Null. Daher ist unsere Annahme, daß $l = 0$ sei, falsch, d. h. l ist positiv.

Wir nehmen jetzt ein in der Umgebung ***V*** liegendes geodätisches Polygon ***P***, das den Punkt Q im Innern enthält und einen Umfang kleiner als l hat. Nach der Voraussetzung des Satzes existiert ein solches Polygon. Wir betrachten alle in ***U*** liegenden und dieses Polygon umfassenden Kurven, deren Länge $< l$ ist. Die Berandung des Polygons ***P*** selbst ist offenbar eine solche Kurve; folglich gibt es solche Kurven. Da die Umgebung ***U*** einem abgeschlossenen Kreis homöomorph ist, ist sie kompakt; daher kann man auf Grund des Satzes 4 aus § 1 aus allen betrachteten Kurven eine konvergierende Folge auswählen. Auf Grund des Satzes 5 aus § 1 kann dies so geschehen, daß die Länge der Grenzkurve $\mathfrak{L}$ gleich der unteren Grenze der Längen aller betrachteten Kurven ist. Die Kurve $\mathfrak{L}$ ist daher eine kürzeste unter allen Kurven, die das Polygon ***P*** umfassen, und ihre Länge ist kleiner als l. (Daß die Grenzkurve gleichfalls ***P*** umfaßt, ist leicht zu beweisen.)

Da das Polygon ***P*** den Punkt Q im Innern enthält, umfaßt die Kurve $\mathfrak{L}$ auch den Punkt Q. Die Zahl l ist die untere Grenze der Längen derjenigen Kurven, die Punkte außerhalb ***V*** haben und Q umfassen. Da die Länge von $\mathfrak{L}$ kleiner als l ist, besitzt $\mathfrak{L}$ keine Punkte außerhalb ***V***, d. h. $\mathfrak{L}$ liegt vollständig in ***V***. Wir haben also eine kreishomöomorphe Umgebung ***U*** und darin eine andere gleichfalls kreishomöomorphe Umgebung ***V***, derart daß je zwei beliebige Punkte aus ***V*** durch eine in ***U*** verlaufende Kürzeste verbunden werden können. Weiterhin haben wir in ***V*** ein geodätisches Polygon ***P*** und eine es umfassende und in ***V*** verlaufende Kurve $\mathfrak{L}$, die eine kürzeste unter allen ***P*** umfassenden und in ***V*** verlaufenden Kurven ist. Daher sind die Voraussetzungen des Hilfssatzes 1 erfüllt. Seine Anwendung ergibt, daß die Kurve $\mathfrak{L}$ ein konvexes geodätisches Polygon berandet. Da der Punkt Q in seinem Innern liegt, ist dieses Polygon eine Umgebung dieses Punktes. Der Satz ist damit bewiesen.

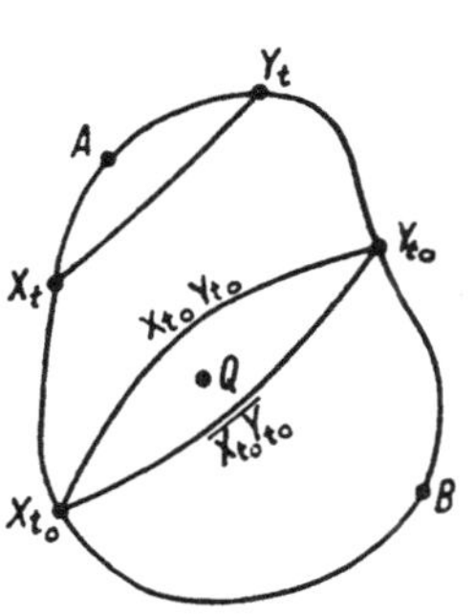

Abb. 21

Jetzt beweisen wir einen Hilfssatz, der in Verbindung mit Satz 1 sofort den zu Anfang des Paragraphen ausgesprochenen Satz liefert.

Hilfssatz 2: *Ist in einer Mannigfaltigkeit $\mathfrak{r}$ mit innerer Metrik die Deckungsbedingung für Kürzeste erfüllt, so besitzt jeder Punkt dieser Mannigfaltigkeit eine beliebig kleine Umgebung in Form eines Dreiecks.*

Beweis: Sei Q ein gegebener Punkt der Mannigfaltigkeit $\mathfrak{r}$. Der Punkt Q besitzt eine kreishomöomorphe Umgebung ***U***. Daher kann man um Q eine einfach geschlossene Kurve $\mathfrak{L}$ beschreiben, die eine beliebig kleine Umgebung von Q berandet. Auf der Kurve $\mathfrak{L}$ wählen wir zwei Punkte A und B. Die Kurve $\mathfrak{L}$ zerfällt dann in zwei Bögen AB. Jeden dieser Bögen stellen wir in Parameterform dar: $X_t = X(t)$, $Y_t = Y(t)$ $(0 \leqq t \leqq 1)$; wenn t von 0 bis 1 wächst, so durchlaufen die Punkte X_t und Y_t beziehungsweise die zugehörigen Bögen AB von A bis B (Abb. 21). Wenn die Kurve $\mathfrak{L}$ genügend nahe am Punkte Q verläuft, so existiert für jedes t eine Kürzeste $X_t Y_t$, die in der Umgebung ***U*** verläuft. Betrachten wir gesondert die beiden Möglichkeiten, die sich für solche Kürzesten ergeben können:

1. Es existiert eine Kürzeste $X_t Y_t$, die durch den Punkt Q geht.
2. Eine solche Kürzeste existiert nicht[1]).

Nehmen wir zuerst an, der zweite Fall liege vor. Sei $\mathfrak{M}_t$ eine geschlossene Kurve, die aus einer Kürzesten $X_t Y_t$ und den Bögen AX_t, AY_t der Kurve $\mathfrak{L}$ besteht. Ist t klein, so liegen die Punkte X_t, Y_t genügend nahe bei A, und die Kurve $\mathfrak{M}_t$ kann auf einen Punkt zusammengezogen werden, ohne Q zu überstreichen. Sei t_0 die obere Grenze derjenigen t, bei denen dies möglich ist. Ist t nahe bei 1, so liegen die Punkte X_t, Y_t in der Nähe des Punktes B; dann kann die Kurve $\mathfrak{M}_t$ nicht auf einen Punkt zusammengezogen werden, ohne Q zu überstreichen (sie soll natürlich in der Umgebung $\boldsymbol{U}$ verbleiben). Folglich ist $0 < t_0 < 1$, daher sind die Punkte X_{t_0} und Y_{t_0} verschieden.

Wir nehmen eine Folge von Werten $t_n < t_0$, die gegen t_0 konvergieren derart, daß die Kurven $\mathfrak{M}_{t_n}$ sich auf einen Punkt zusammenziehen lassen, ohne Q zu überstreichen. Aus den Kürzesten $X_{t_n} Y_{t_n}$ kann man eine konvergierende Folge auswählen, deren Grenzkurve eine gewisse Kürzeste $X_{t_0} Y_{t_0}$ ist. Dementsprechend ergibt sich eine Kurve $\mathfrak{M}_{t_0}$, die aus dieser Kürzesten und den Bögen AX_{t_0}, AY_{t_0} der Kurve $\mathfrak{L}$ besteht. Da sich alle Kurven $\mathfrak{M}_{t_n}$ auf den Punkt A zusammenziehen lassen, ohne Q zu überstreichen, so würde man die Grenzkurve $\mathfrak{M}_{t_0}$ nur in dem Falle nicht ohne Überstreichen von Q auf einen Punkt zusammenziehen können, wenn sie selbst durch den Punkt Q hindurchginge. Dies ist jedoch unmöglich, da nach der Annahme keine Kürzeste $X_{t_0} Y_{t_0}$ durch den Punkt Q hindurchgehen kann. Folglich läßt sich $\mathfrak{M}_{t_0}$ ohne Überstreichung von Q auf einen Punkt zusammenziehen.

Nehmen wir andererseits eine Folge von Werten $t'_n > t_0$, die gegen t_0 konvergieren. Wir wählen aus den Kürzesten $X_{t'_n}$, $Y_{t'_n}$ eine konvergierende Folge; ihre Grenzkurve ist eine gewisse die Punkte X_{t_0}, Y_{t_0} verbindende Kürzeste $\overline{X_{t_0} Y_{t_0}}$. Dementsprechend ergibt sich eine Kurve $\overline{\mathfrak{M}}_{t_0}$, die aus dieser Kürzesten und den Bögen AX_{t_0}, AY_{t_0} der Kurve $\mathfrak{L}$ besteht. Nach Definition der Zahl t_0 kann keine der Kurven $\mathfrak{M}_{t'_n}$ auf einen Punkt zusammengezogen werden, ohne Q zu überstreichen. Daher kann man auch die Grenzkurve $\overline{\mathfrak{M}}_{t_0}$ nicht, ohne Q zu überstreichen, auf einen Punkt zusammenziehen.

Die Kurven $\mathfrak{M}_{t_0}$ und $\overline{\mathfrak{M}}_{t_0}$ bestehen aus denselben Bögen der Kurve $\mathfrak{L}$ und den Kürzesten $X_{t_0} Y_{t_0}$ und $\overline{X_{t_0} Y_{t_0}}$. Da $\mathfrak{M}_{t_0}$ ohne Überstreichen von Q auf einen Punkt zusammengezogen werden kann, während dies für $\overline{\mathfrak{M}}_{t_0}$ unmöglich ist, sind diese Kürzesten verschieden. Sie bilden ein Zweieck $\boldsymbol{D}$ mit den Ecken X_{t_0} und Y_{t_0}, und da nach Voraussetzung keine der betreffenden Kürzesten durch den Punkt Q hindurchgehen kann, so enthält das Zweieck $\boldsymbol{D}$ den Punkt Q im Innern. Denn sonst könnte man die Kürzeste $\overline{X_{t_0} Y_{t_0}}$ in die Kürzeste $X_{t_0} Y_{t_0}$ deformieren, ohne Q

[1]) Die zweite Möglichkeit besteht z. B. in dem Fall, daß Q die Spitze eines konvexen Kegels ist.

zu überstreichen; somit wäre $\overline{\mathfrak{M}_{t_0}}$ in $\mathfrak{M}_{t_0}$ deformierbar und könnte auf den Punkt A zusammengezogen werden, ohne Q zu überstreichen. Das ist aber, wie gezeigt wurde, unmöglich.

Also haben wir ein Zweieck $\boldsymbol{D}$ erhalten, das den Punkt Q im Innern enthält. Wählt man auf einer seiner Seiten einen beliebigen Punkt Z, so verwandelt es sich in das Dreieck $X_{t_0} Y_{t_0} Z$. Folglich existiert ein den Punkt Q im Innern enthaltendes Dreieck.

Es bleibt der Fall zu behandeln, daß unter den Kürzesten $X_t Y_t$ solche existieren, die durch den Punkt Q hindurchgehen. Sei XY eine solche Kürzeste (Abb. 22). Wir wählen auf ihr einen Punkt Z, der zwischen Q und Y liegt. Die Kürzeste XY ist einer geradlinigen Strecke homöomorph und teilt daher alle nicht auf ihr liegenden und zu Z benachbarten Punkte in zwei Klassen: die Punkte der einen Klasse liegen auf der einen Seite der Kürzesten XY, die Punkte der anderen — auf der anderen Seite[1]). Seien Z_1 und Z_2 zwei dem Punkte Z benachbarte Punkte, die auf verschiedenen Seiten der Kürzesten XY liegen. Da in unserer Mannigfaltigkeit die Deckungsbedingung für Kürzeste erfüllt ist, konvergieren die Kürzesten XZ_1 und XZ_2 für gegen Z strebende Z_1 und Z_2 gegen den Abschnitt XZ der Kürzesten XY. Folglich verlaufen für zu Z genügend benachbarte Z_1 und Z_2 diese Kürzesten auf verschiedenen Seiten der Kürzesten XY. Zusammen mit der Kürzesten Z_1Z_2 beranden sie ein Dreieck, das den Punkt Q im Innern enthält. Der Hilfssatz ist damit bewiesen.

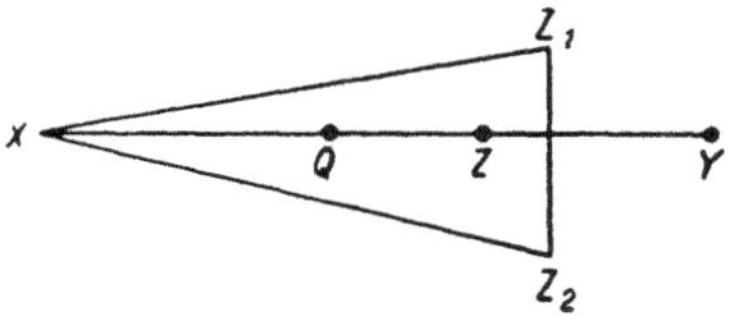

Abb. 22

Jetzt können wir den zu Anfang dieses Paragraphen formulierten Satz leicht beweisen:

Satz 2: *Ist in einer Mannigfaltigkeit mit innerer Metrik die Deckungsbedingung für Kürzeste erfüllt, so besitzt jeder Punkt dieser Mannigfaltigkeit eine beliebig kleine Umgebung in Form eines konvexen geodätischen Dreiecks.*

Beweis: Sei Q ein gegebener Punkt einer die Voraussetzung des Satzes erfüllenden Mannigfaltigkeit. Nach Hilfssatz 2 kann der Punkt Q ins Innere eines beliebig kleinen Dreieckes ABC eingeschlossen werden. Auf Grund der „Dreiecksungleichung" ist die Länge jeder Seite dieses Dreiecks nicht größer als die Summe der Entfernungen ihrer Endpunkte vom Punkte Q; z. B. $\varrho(AB) \leqq \varrho(AQ) + \varrho(BQ)$. Folglich ist, wenn das Dreieck ABC genügend klein ist, auch sein Umfang genügend klein. Dann existiert aber auf Grund des Satzes 1 ein genügend kleines konvexes Polygon, das dieses Dreieck enthält. Die Eckpunkte dieses Polygons $\boldsymbol{P}$ können nur in den Eckpunkten des Dreieckes ABC liegen, wie aus Hilfssatz 1

[1]) Eine Kürzeste XY kann man zusammen mit einer gewissen ihrer Umgebungen auf eine Ebene homöomorph so abbilden, daß sie in eine geradlinige Strecke übergeht. Die Begriffe „auf der einen Seite" und „auf der anderen Seite" der Kürzesten XY bekommt dann einen präzisen Sinn für Punkte, die genügend nahe bei den inneren Punkten der Kürzesten liegen.

folgt. Daher besitzt das Polygon **P** nicht mehr als drei Ecken. Nötigenfalls kann man noch beliebige Punkte auf seiner Berandung als Eckpunkte annehmen und dadurch dieses Polygon in ein geodätisches Dreieck verwandeln. Selbstverständlich brauchen die Seiten dieses Dreieckes a priori keine Kürzesten zu sein; deshalb nennen wir es im Einklang mit unserer Terminologie ein „geodätisches" Dreieck. Jede Geodätische kann in endlich viele Kürzesten zerlegt werden; betrachtet man jede solche Kürzeste als Seite, so verwandelt sich das geodätische Dreieck in ein Polygon, dessen Seiten Kürzeste sind.

§ 5. *Allgemeine Eigenschaften konvexer Bereiche*

Sei $\mathfrak{r}$ eine beliebige Mannigfaltigkeit mit einer inneren Metrik, die der Deckungsbedingung für Kürzeste genügt. Unter einem *konvexen Bereich* verstehen wir hier eine Punktmenge aus $\mathfrak{r}$, die folgende Eigenschaften besitzt: 1. Sie ist konvex; 2. sie ist kompakt; 3. sie besitzt innere Punkte; 4. ihre Berandung besteht aus höchstens endlich vielen einfach geschlossenen Kurven.

Unter einem konvexen Polygon verstehen wir einen konvexen Bereich, dessen Berandung aus höchstens endlich vielen Kürzesten besteht; insbesondere braucht dieser konvexe Bereich überhaupt keine Berandung zu haben; dann erstreckt er sich über die ganze Mannigfaltigkeit, die sich somit als kompakt erweist. Umgekehrt ist jede kompakte Mannigfaltigkeit ein konvexes „Polygon", da auf Grund des Satzes 2 aus § 2 je zwei beliebige ihrer Punkte durch eine Kürzeste verbunden werden können.

Die Eigenschaften der konvexen Bereiche, die wir hier beweisen werden, sind den bekannten Eigenschaften der konvexen Bereiche in der Ebene völlig analog. Es empfiehlt sich aber, im Auge zu behalten, daß beliebige konvexe Mengen nicht nur in abstrakten Mannigfaltigkeiten mit innerer Metrik, sondern sogar auch auf konvexen Flächen im allgemeinen nicht solche guten Eigenschaften besitzen. Beispielsweise braucht der Durchschnitt zweier konvexer Mengen nicht wieder konvex zu sein. So ist eine Kürzeste offenbar eine konvexe Menge, aber der Durchschnitt zweier verschiedener Kürzesten, die zwei gegebene Punkte verbinden, besteht aus diesen zwei Punkten, ist also nicht konvex. In Kap. I, § 10 wurde gezeigt, daß auf konvexen Flächen Punkte vorhanden sein können, durch die keine einzige Kürzeste hindurchgeht. Wenn wir solche Punkte aus einer konvexen Menge entfernen, erhalten wir also wieder eine konvexe Menge. An derselben Stelle — in Kap. I, § 10 — wurde vermerkt, daß die Menge solcher Punkte auf einer geschlossenen konvexen Fläche überall dicht liegen kann. Wenn wir diese Punktmenge entfernen, so erhalten wir eine konvexe Menge, die einer konvexen Menge in einer Ebene recht wenig ähnelt.

Satz 1: *Wenn die Punkte A und B einem konvexen Bereich* **G** *angehören und A im Innern von* **G** *liegt, so verläuft jede Kürzeste AB ganz innerhalb des Bereiches* **G** *(natürlich mit Ausschluß des Punktes B, wenn dieser auf der Berandung des Bereiches liegt).*

Beweis: Liege also der Punkt A im Innern des konvexen Bereiches $\boldsymbol{G}$ und B im Innern oder auf der Berandung von $\boldsymbol{G}$. Wir nehmen an, A und B könnten durch eine Kürzeste AB verbunden werden, die teilweise außerhalb von $\boldsymbol{G}$ verläuft. Wir wählen auf dieser Kürzesten einen von A verschiedenen Punkt C so nahe bei A, daß er ebenfalls im Innern von $\boldsymbol{G}$ liegt. Wegen der Deckungsbedingung für Kürzeste ist dann der Abschnitt CB unserer Kürzesten die einzige Kürzeste zwischen den Punkten C und B. Er liegt aber nicht vollständig in $\boldsymbol{G}$, während doch die Punkte C und B zu $\boldsymbol{G}$ gehören, d. h. wir erhalten einen Widerspruch zu der Konvexität des Bereiches $\boldsymbol{G}$. Folglich verläuft jede Kürzeste AB in $\boldsymbol{G}$.

Nehmen wir jetzt an, im Innern der Kürzesten AB existiere ein Punkt D, der auf der Berandung des Bereiches $\boldsymbol{G}$ liegt. D liegt auf einer der endlich vielen Kurven, aus denen nach Voraussetzung die Berandung von $\boldsymbol{G}$ besteht; diese sei die Kurve $\mathfrak{L}$. Da eine Kürzeste einer geradlinigen Strecke homöomorph ist, bilden wir sie zur Veranschaulichung zusammen mit einer (gewissen) ihrer Umgebungen so auf die Ebene ab, daß sie in eine geradlinige Strecke übergeht (Abb. 23). Die Kurve $\mathfrak{L}$ wird dann auch auf die Ebene abgebildet, wenigstens in einer gewissen Umgebung des Punktes D.

Wir wählen einen Punkt C im Innern der Kürzesten AB zwischen den Punkten A und B so, daß er im Innern des Bereiches $\boldsymbol{G}$ liegt. Dann ist der Abschnitt CB unserer Kürzesten die einzige Kürzeste zwischen den Punkten C und B. Wenn eine Punktfolge C_n gegen C konvergiert, so streben die Kürzesten $C_n B$ gegen CB. (Folgerung 4 des Satzes aus § 3.) Wenn die Punkte C_n nicht auf AB, aber näher bei C als bei A gelegen sind, so können die Kürzsten $C_n B$ die Kürzeste AB nicht schneiden. Denn würden sich $C_n B$ und AB schneiden, so besäßen sie gemeinsame innere Punkte. Hieraus könnten wir auf Grund der in § 3 aus der Deckungsbedingung für Kürzeste abgeleiteten Folgerungen schließen, daß diese Kürzesten stückweise zusammenfallen müßten. Das ist aber ausgeschlossen, wenn C_n nicht auf AB und gleichzeitig näher bei C als bei A liegt. Sobald C_n dem Punkt C genügend benachbart ist, verläuft daher die Kürzeste $C_n B$ in der Nähe von AB, ohne AB zu schneiden, d. h. sie verläuft auf einer Seite von AB. Nimmt man daher einen solchen Punkt C_n auf der Seite von AB, auf der $\mathfrak{L}$ verläuft, so wird $C_n B$ die Kurve $\mathfrak{L}$ schneiden. Dies ist jedoch unmöglich, da $\mathfrak{L}$ die Umgebung der Kürzesten AB in zwei Teile zerlegt, von denen der eine nicht zu $\boldsymbol{G}$ gehört, und $C_n B$ in $\boldsymbol{G}$ verlaufen muß, weil C_n im Innern des Bereiches $\boldsymbol{G}$ liegt. Hieraus folgt, daß es auf AB außer dem Punkt B keine Punkte geben kann, die auf der Berandung des Bereiches $\boldsymbol{G}$ liegen.

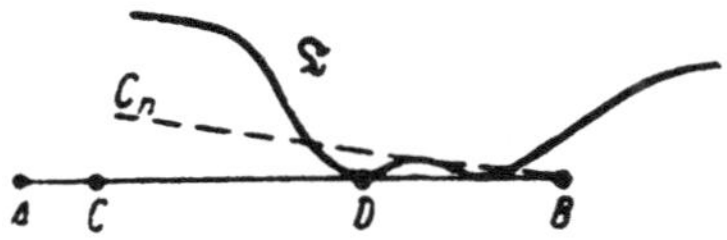

Abb. 23

Aus Satz 1 folgt offenbar, daß das Innere jedes konvexen Bereiches selbst konvex ist und daß jede Kürzeste, die Punkte des Bereiches verbindet, in ihm verläuft.

Satz 2: *Wenn der Durchschnitt zweier konvexer Bereiche innere Punkte besitzt, so ist er konvex.*

Beweis: Seien $\boldsymbol{G}_1$ und $\boldsymbol{G}_2$ zwei konvexe Bereiche und $\boldsymbol{G}$ ihr Durchschnitt. Der Punkt A möge im Innern von $\boldsymbol{G}$ liegen, der Punkt B im Innern oder auf der Berandung von $\boldsymbol{G}$. Der Punkt A liegt im Innern sowohl von $\boldsymbol{G}_1$ als auch von $\boldsymbol{G}_2$; folglich verläuft auf Grund des Satzes 1 jede Kürzeste AB im Innern von $\boldsymbol{G}_1$ und von $\boldsymbol{G}_2$, d. h. sie verläuft im Innern von $\boldsymbol{G}$. Hieraus folgt, daß jeder Punkt B von $\boldsymbol{G}$ ein Häufungspunkt von inneren Punkten ist, nämlich von solchen, die auf einer Kürzesten AB liegen.

Seien jetzt A und B zwei beliebige Punkte aus $\boldsymbol{G}$. Die im Innern von $\boldsymbol{G}$ gelegenen Punkte A_n und B_n mögen beziehungsweise gegen A und B konvergieren. Wie aus dem soeben Bewiesenen folgt, verlaufen die Kürzesten $A_n B_n$ in $\boldsymbol{G}$. Da $\boldsymbol{G}_1$ und $\boldsymbol{G}_2$ kompakt sind, ist auch $\boldsymbol{G}$ kompakt, und daher existiert in $\boldsymbol{G}$ die Grenzkurve der Kürzesten $A_n B_n$. (Genauer gesagt: man kann aus diesen Kürzesten eine Folge auswählen, die gegen eine in $\boldsymbol{G}$ gelegene Kurve konvergiert.) Diese Grenzkurve ist nach Satz 1 aus § 2 eine Kürzeste, die die Punkte A und B verbindet.

Satz 3: *Wenn der Durchschnitt zweier konvexer Polygone innere Punkte besitzt, so ist er ein konvexes Polygon.*

Beweis: Ein konvexes Polygon läßt sich durch folgende Eigenschaften charakterisieren: 1. Es ist konvex; 2. es hat innere Punkte; 3. es ist kompakt; 4. seine Berandung besteht aus höchstens endlich vielen Kürzesten. Besitzt der Durchschnitt $\boldsymbol{P}$ zweier konvexer Polygone $\boldsymbol{P}_1$ und $\boldsymbol{P}_2$ innere Punkte, so ist damit die zweite Eigenschaft für $\boldsymbol{P}$ gegeben. Daß er konvex ist, folgt aus Satz 2. Offensichtlich ist er kompakt. Schließlich setzt sich die Berandung von $\boldsymbol{P}$ aus Teilen der Berandung von $\boldsymbol{P}_1$, die in $\boldsymbol{P}_2$ liegen, und aus in $\boldsymbol{P}_1$ gelegenen Teilen der Berandung von $\boldsymbol{P}_2$ zusammen. Die Berandungen von $\boldsymbol{P}_1$ und $\boldsymbol{P}_2$ bestehen aus endlich vielen Kürzesten. Nach der Deckungsbedingung für Kürzeste liegen zwei Kürzeste aufeinander oder sie haben nur zwei gemeinsame Punkte. Daher ist die Anzahl der Abschnitte der Kürzesten, die $\boldsymbol{P}_1$ (oder $\boldsymbol{P}_2$) beranden und in $\boldsymbol{P}_2$ (oder in $\boldsymbol{P}_1$) liegen, endlich. Demnach besitzt $\boldsymbol{P}$ auch die vierte Eigenschaft.

Satz 4: *Wenn eine in einem konvexen Bereich verlaufende Kürzeste diesen Bereich zerlegt, so ist jeder Teil konvex.* Dies ist auch unabhängig von der Deckungsbedingung für Kürzeste richtig.

Beweis: Sei $\boldsymbol{H}$ einer der Teile, in die die Kürzeste $\mathfrak{L}$ den Bereich $\boldsymbol{G}$ zerlegt. Wir rechnen $\mathfrak{L}$ zu $\boldsymbol{H}$ hinzu. Seien A und B zwei Punkte aus $\boldsymbol{H}$ und AB eine sie verbindende und in $\boldsymbol{G}$ gelegene Kürzeste. Wenn dann AB Punkte außerhalb $\boldsymbol{H}$ hat, so muß sie von $\boldsymbol{H}$ nach $\boldsymbol{G} - \boldsymbol{H}$ (d. h. in das Komplement von $\boldsymbol{H}$) hinüberwechseln und wieder nach $\boldsymbol{H}$ zurückkommen. Da $\boldsymbol{H}$ und $\boldsymbol{G} - \boldsymbol{H}$ durch $\mathfrak{L}$ getrennt werden, muß AB die Kürzeste $\mathfrak{L}$ mindestens zweimal schneiden. Seien X und Y die zwei am weitesten voneinander entfernten gemeinsamen Punkte von AB und $\mathfrak{L}$. Da $\mathfrak{L}$ eine Kürzeste ist, so erhalten wir, wenn wir den Abschnitt XY von AB durch den entsprechenden Abschnitt von $\mathfrak{L}$ ersetzen, wieder eine die Punkte A und B verbindende Kürzeste. Da wir die Kurve $\mathfrak{L}$ als zu $\boldsymbol{H}$ gehörig ansehen, verläuft die sich so ergebende Kürzeste in $\boldsymbol{H}$. Folglich ist $\boldsymbol{H}$ konvex.

Satz 4a: *Wenn eine in einem konvexen Polygon verlaufende Kürzeste dieses Polygon zerlegt, so ist jeder Teil ein konvexes Polygon.*

Der Beweis folgt offenbar aus Satz 4 und den im Beweis von Satz 3 angewandten Überlegungen.

Satz 5: *Die Berandung eines konvexen Polygons (wie eines jeden konvexen Bereiches) besitzt keine Mehrfachpunkte.*

Beweis: Treffen in einem Eckpunkt Q des Polygons $\boldsymbol{P}$ mehr als zwei seiner Seiten zusammen, so stoßen in Q wenigstens zwei Winkel des Polygons $\boldsymbol{P}$ aneinander. In Q mögen sich etwa die Seiten $\mathfrak{L}$, $\mathfrak{M}$, $\mathfrak{N}$ treffen, wobei $\mathfrak{L}$ und $\mathfrak{M}$ zu einem Winkel gehören und $\mathfrak{N}$ zu einem anderen (Abb. 24). Wir wählen auf den Seiten $\mathfrak{L}$, $\mathfrak{M}$, $\mathfrak{N}$ je einen Punkt A, B, C. Liegen diese Punkte genügend nahe bei Q, so durchqueren die Kürzesten AC und BC bei dem Übergang von dem einen Winkel in den anderen notwendig den Punkt Q. Folglich haben sie nicht nur einen Endpunkt C gemeinsam, sondern auch einen gemeinsamen inneren Punkt Q und auf Grund des Satzes 1 aus § 2 decken sie einander. Da aber die Punkte A und Q, B und Q beziehungsweise auf den Kürzesten $\mathfrak{L}$ und $\mathfrak{M}$ liegen, so verläuft aus demselben Grunde AC längs $\mathfrak{L}$ und BC längs $\mathfrak{M}$. Folglich müssen sich die Seiten $\mathfrak{L}$ und $\mathfrak{M}$ decken, und da dies der Annahme widerspricht, ist der Satz bewiesen.

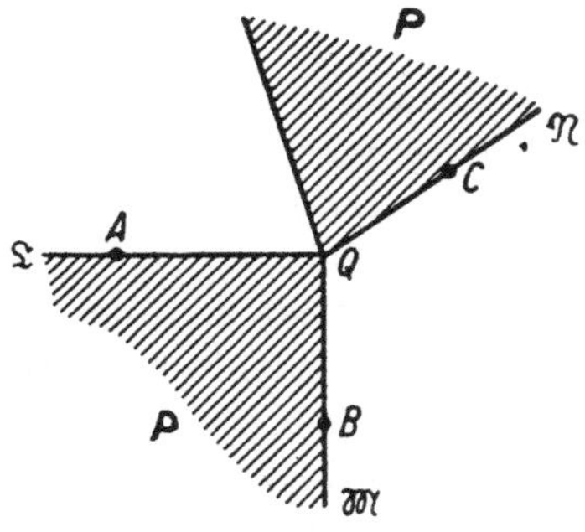

Abb. 24

§ 6. Triangulation

In diesem Paragraphen werden wir beweisen, daß jedes Polygon in einer Mannigfaltigkeit mit einer inneren Metrik, die die Deckungsbedingung für Kürzeste erfüllt, in beliebig kleine Dreiecke zerlegt werden kann. „Ein Polygon $\boldsymbol{P}$ in beliebig kleine Dreiecke zerlegen" bedeutet die Darstellung des Polygons $\boldsymbol{P}$ als Summe (Vereinigung) endlich vieler Dreiecke, die paarweise keine inneren Punkte gemeinsam haben und deren Durchmesser[1]) kleiner als eine beliebig vorgegebene positive Zahl sind. Wir erinnern daran, daß wir unter Polygon eine kompakte Punktmenge verstehen, die innere Punkte enthält und deren Berandung aus höchstens endlich vielen Kürzesten — den Seiten des Polygons — besteht; insbesondere braucht ein „Polygon" überhaupt keine Berandung zu besitzen; dann erstreckt es sich über die ganze Mannigfaltigkeit, die sich in diesem Fall als kompakt erweist. In dem erwähnten Satz ist folglich auch die Möglichkeit enthalten, jede solche Mannigfaltigkeit in beliebig kleine Dreiecke zu zerlegen.

---

[1]) Im mengentheoretischen Sinne, d. h. die obere Grenze der Entfernungen beliebiger Dreieckspunkten (d. Ü.).

Dieser Satz besitzt ganz fundamentale Bedeutung für unsere Theorie. Auf ihm beruht nämlich die Methode der Approximation einer gegebenen Metrik durch polyedrische Metriken, die wir in großen Zügen in Kap. I, § 5 beschrieben haben. Auf diesen Satz stützt sich auch die Definition des Flächeninhalts, die in Kap. I, § 7 gegeben wurde. Obwohl dieser wichtige Satz ziemlich einleuchtend erscheint, besitzen wir für ihn leider nur einen recht komplizierten Beweis. Dabei stützen wir uns auf die Ergebnisse der §§ 3 — 5 und auf eine Reihe von Hilfssätzen, die wir jetzt nacheinander beweisen. Ohne es jeweils zu betonen, setzen wir im folgenden voraus, daß sich alle unsere Überlegungen auf eine gegebene Mannigfaltigkeit mit innerer Metrik beziehen, in der die Deckungsbedingung für Kürzeste erfüllt ist.

Hilfssatz 1: *Ein konvexes kreishomöomorphes Polygon kann in konvexe Dreiecke zerlegt werden, die alle so beschaffen sind, daß die Summe je zweier Seiten echt größer ist als die dritte.*

Beweis: Seien $A_1, A_2, \ldots, A_n$ die in der Reihenfolge ihrer Lage auf dem Rand numerierten Eckpunkte des gegebenen kreishomöomorphen konvexen Polygons $\boldsymbol{Q}$. Wenn zwei benachbarte Seiten, z. B. A_1A_2 und A_2A_3, zusammen eine Kürzeste bilden, so lassen wir den Eckpunkt A_2 weg und vereinigen diese Seiten zu einer einzigen. Deshalb kann man von vornherein annehmen, daß keine zwei benachbarten Seiten unseres Polygons zusammen eine Kürzeste bilden.

Das Polygon $\boldsymbol{Q}$ besitzt selbstverständlich mindestens zwei Eckpunkte. Besitzt $\boldsymbol{Q}$ genau drei Eckpunkte, so ist es schon ein Dreieck. Wenn $\boldsymbol{Q}$ nur zwei Eckpunkte hat, so verwandeln wir es in ein Dreieck, indem wir einen beliebigen Punkt auf seiner Berandung als zusätzlichen Eckpunkt ansehen. Hat $\boldsymbol{Q}$ mehr als drei Eckpunkte, so werden seine Eckpunkte A_1 und A_3 durch den Eckpunkt A_2 getrennt und sind daher nicht benachbart. Da $\boldsymbol{Q}$ konvex ist, kann man in ihm eine Kürzeste A_1A_3 ziehen. Nach Satz 1 des vorigen Paragraphen verläuft sie entweder im Innern von $\boldsymbol{Q}$ oder sie liegt auf seiner Berandung. Letzteres ist aber ausgeschlossen, da auf Grund der Wahl der Eckpunkte A_i der Abschnitt der Berandung des Polygons $\boldsymbol{Q}$ zwischen zwei nicht benachbarten Eckpunkten keine Kürzeste ist. Folglich verläuft A_1A_3 im Innern von $\boldsymbol{Q}$ und zerlegt es nach Satz 4a von § 5 in zwei konvexe Polygone, von denen das eine das Dreieck $A_1A_2A_3$ ist. Hat das andere Polygon immer noch mehr als drei Eckpunkte, so wenden wir darauf dasselbe Verfahren an usw.

In dieser Weise zerlegen wir das Polygon $\boldsymbol{Q}$ in konvexe, durch Kürzeste berandete Dreiecke. In der so erhaltenen Zerlegung können jedoch im allgemeinen noch Dreiecke vorkommen, bei denen die Summe irgendwelcher Seiten gleich der dritten ist (keine der Seiten kann größer als die Summe der anderen sein, da sie eine Kürzeste ist). Hat insbesondere das Polygon $\boldsymbol{Q}$ nur zwei Eckpunkte A_1 und A_2, und wählen wir als Eckpunkt irgendeinen Punkt A_3 auf einer Seite, so erhalten wir ein Dreieck, bei dem die Summe der Seiten A_1A_3 und A_2A_3 gleich der Seite A_1A_2 ist. Sei nun ABC irgendein Dreieck, bei dem die Summe zweier Seiten gleich der dritten ist: $AC + CB = AB$ (Abb. 25). Da AB eine Kürzeste ist, ist also auch $AC + CB$ eine Kürzeste. Wir nehmen auf der Seite AB einen

Punkt D so, daß $AD = BC$ und daher auch $AC = BD$ gilt, und ziehen im Dreieck ABC eine Kürzeste CD. Dann sind zwei Fälle möglich:
1. $CD < AD + AC = BD + BC$ oder 2. $CD = AD + AC = BD + BC$.

Im ersten Fall kann die Kürzeste CD nicht vollständig längs der Berandung des Dreieckes ABC verlaufen; folglich muß sie nach Satz 1 aus § 5 ganz in seinem Innern liegen. Dann zerlegt sie dieses Dreieck in zwei Dreiecke: ACD und BCD. In jedem dieser beiden Dreiecke ist die Summe zweier beliebiger Seiten größer als die dritte. In der Tat: 1. $CD < AD + AC$ nach Voraussetzung; 2. wäre etwa $AC = AD + CD$, so wäre $AD + CD$ eine vom Punkte A ausgehende Kürzeste, die mit der Kürzesten AB den Punkt D gemeinsam hätte; da aber D innerhalb von AB liegt, ist dies nach der Deckungsbedingung für Kürzeste unmöglich; folglich ist $AC < AD + CD$. Genauso ergibt sich, daß $AD < AC + CD$ ist, und daß analoge Ungleichungen auch für das Dreieck BCD bestehen.

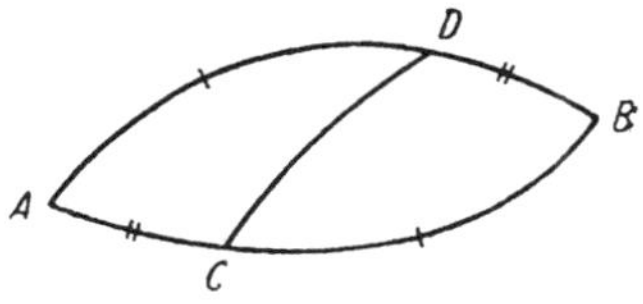

Abb. 25

Betrachten wir jetzt den zweiten Fall, daß $CD = AD + AC = BD + BC$ ist. Da CD eine Kürzeste ist, ist auch $DB + BC$ eine Kürzeste. Wir wählen auf der Seite AB einen Punkt E zwischen den Punkten D und B. Da AB eine Kürzeste ist, ist auch AE eine Kürzeste. Da ferner $DB + BC$ eine Kürzeste ist, ist auch $EC = EB + BC$ eine Kürzeste. Schließlich ist AC eine Kürzeste nach Voraussetzung. Nehmen wir statt B den Punkt E als Eckpunkt, so erhalten wir daher ein Dreieck AEC mit Kürzesten als Seiten, das mit dem Dreieck ABC zusammenfällt. Bei diesem Dreieck ist die Summe zweier beliebiger Seiten größer als die dritte. Auf Grund der Wahl des Punktes E ist z. B. $EC < DB + BC$; wegen $DB + BC = AC + AD < AC + AE$ ist also $EC < AC + AE$. Genauso einfach beweist man, daß $AC < CE + AE$ und $AE < AC + CE$ ist. Folglich genügt es, im zweiten Fall einen Eckpunkt durch einen anderen zu ersetzen. Damit ist der Hilfssatz bewiesen.

Sobald ein Polygon in konvexe Dreiecke zerlegt ist, kann jedes dieser Dreiecke in kleinere zerlegt werden, indem man etwa die Mittelpunkte der Seiten jedes Dreiecks miteinander verbindet. Man kann beweisen, daß man auf diesem Wege wirklich zu einer Zerlegung in beliebig kleine Dreiecke kommt. Nun ist aber im Hilfssatz 1 die Möglichkeit der Zerlegung in konvexe Dreiecke nur für konvexe *kreis*homöomorphe Polygone erwiesen. Dies ist aber für unsere Zwecke nicht ausreichend: Für uns ist z. B. die Zerlegung eines der *Sphäre* homöomorphen Polygons besonders wichtig. Unsere Aufgabe besteht daher darin, mit Hilfe einer Überdeckung eines gegebenen Polygons durch kleine konvexe Polygone ohne gemeinsame innere Punkte die Anwendung des Hilfssatzes 1 möglich zu machen. Die Lösung dieser Aufgabe wird durch drei Hilfssätze über konvexe Polygone vorbereitet, die wir jetzt beweisen werden. In diesen Hilfssätzen handelt es sich um konvexe Polygone, die in einem gewissen gegebenen kreishomöomorphen Bereich gelegen sind.

Hilfssatz 2: *Eine aus zwei kreishomöomorphen, konvexen Polygonen* **P** *und* **Q** *zusammengesetzte Figur kann in endlich viele konvexe, gleichfalls kreishomöomorphe Polygone zerlegt werden, die paarweise keine inneren Punkte gemeinsam haben, und von denen eines in* **P** *und alle übrigen in* **Q** *enthalten sind.* Eine Ausnahme bildet der triviale Fall, daß **P** selbst in **Q** enthalten ist.

Beweis: Seien **P** und **Q** zwei kreishomöomorphe konvexe Polygone. Wenn sie keine gemeinsamen inneren Punkte haben oder wenn das eine von ihnen in dem anderen enthalten ist, so ist die Behauptung des Hilfssatzes trivial. Wir nehmen deshalb an, daß **P** und **Q** gemeinsame innere Punkte haben und daß keines von ihnen in dem anderen enthalten ist. Dann ist ein Teil der Berandung eines jeden von ihnen im Innern des anderen enthalten. (Dies folgt daraus, daß **P** und **Q** nach der obigen Voraussetzung in einem kreishomöomorphen Bereich gelegen sind.)[1])

Nehmen wir an, die Berandung des Polygons **P** schneide die Berandung des Polygons **Q** in den Punkten A und B und verlaufe auf dem Abschnitt $\widehat{AB}$ zwischen diesen Punkten im Innern von **Q** (Abb. 26). Die Punkte A und B gehören gleichzeitig zu **P** und **Q**, und da auf Grund des Satzes 2 des vorigen Paragraphen der Durchschnitt von **P** und **Q** konvex ist, so existiert eine Kürzeste AB, die sowohl in **P** als auch in **Q** verläuft. Wir ziehen diese Kürzeste AB.

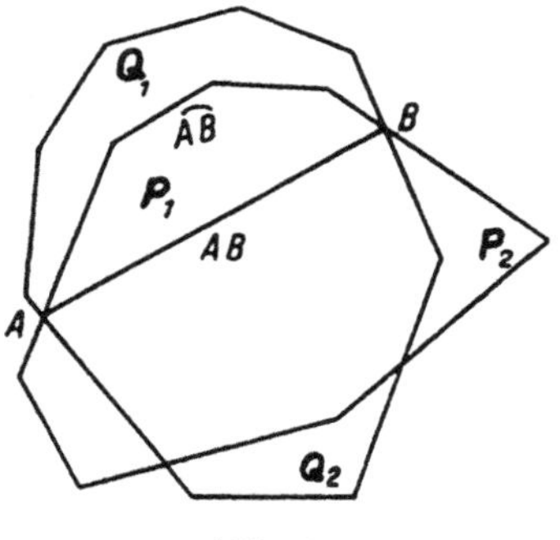

Abb. 26

Jetzt beweisen wir folgendes: *Die Kürzeste AB schneidet von der Figur* **P** + **Q**, *die aus* **P** *und* **Q** *besteht, ein in* **Q** *enthaltenes Polygon* $\boldsymbol{Q}_1$ *ab. Die verbleibende Figur ist entweder ein in* **P** *enthaltenes Polygon, oder sie besteht aus zwei Polygonen* $\boldsymbol{P}_2$ *und* $\boldsymbol{Q}_2$, *die in* **P** *beziehungsweise in* **Q** *enthalten sind. Dabei ist die Anzahl der innerhalb von* $\boldsymbol{P}_2$ *verlaufenden Abschnitte der Berandung von* $\boldsymbol{Q}_2$ *kleiner als die Anzahl der Abschnitte der Berandung von* **Q** *im Innern von* **P** *(der Abschnitt* $\widehat{AB}$ *fällt nämlich weg). Alle erwähnten Polygone seien konvex und kreishomöomorph.*

Ein Blick auf die Abbildung zeigt, daß die Aussage völlig evident ist. Bevor wir sie beweisen, zeigen wir, wie aus ihr unser Hilfssatz folgt.

Wenn die nach dem Abschneiden des Polygons $\boldsymbol{Q}_1$ verbleibende Figur ein in **P** enthaltenes Polygon ist, so ist der Hilfssatz bewiesen. Wenn dagegen nach der Entfernung von $\boldsymbol{Q}_1$ zwei Polygone $\boldsymbol{P}_2$ und $\boldsymbol{Q}_2$ verbleiben, so kann man auf sie dieselbe Behauptung anwenden, d. h. man kann von $\boldsymbol{P}_2 + \boldsymbol{Q}_2$ ein in $\boldsymbol{Q}_2$ und somit in **Q** enthaltenes Polygon abschneiden und zu der Figur $\boldsymbol{P}_3 + \boldsymbol{Q}_3$ gelangen. Dabei vermindert sich die Anzahl der in $\boldsymbol{Q}_3$ enthaltenen Abschnitte der Berandung des Polygons $\boldsymbol{P}_2$ weiter. Die Anzahl der Abschnitte der Berandung von **P**

[1]) Wenn z. B. **P** und **Q** eine Sphäre bedecken, so könnte die gesamte Berandung von **P** in **Q** enthalten sein und umgekehrt.

im Innern von $\boldsymbol{Q}$ ist endlich, da $\boldsymbol{P}$ und $\boldsymbol{Q}$ durch endlich viele Kürzeste berandet sind und einander nicht deckende Kürzeste nur endlich viele gemeinsame Punkte haben. Wenn wir daher unsere Überlegung fortsetzen, so erreichen wir nach endlich vielen Schritten, daß nur ein in $\boldsymbol{P}$ enthaltenes Polygon verbleibt. Damit ist der Hilfssatz bewiesen.

Somit müssen wir nur noch die oben ausgesprochene Behauptung über die Kürzeste AB beweisen. Auf Grund des Satzes 1 des vorigen Paragraphen besitzt eine Kürzeste, die zwei Punkte eines konvexen Polygons verbindet, entweder keine gemeinsamen Punkte mit der Berandung dieses Polygons — außer ihren Endpunkten — oder sie liegt vollständig auf seiner Berandung. Die Kürzeste AB verläuft daher entweder im Innern von $\boldsymbol{Q}$ — in diesem Falle zerfällt $\boldsymbol{Q}$ in zwei Teile, da es ja kreishomöomorph ist — oder sie verläuft längs der Berandung von $\boldsymbol{Q}$. Auch in diesem Fall sagen wir, daß sie „$\boldsymbol{Q}$ zerlegt", nur daß der eine Teil zu einer Linie ausartet. Da die Kürzeste AB auch innerhalb von $\boldsymbol{P}$ verläuft, gilt für das Polygon $\boldsymbol{P}$ dasselbe. Nach Satz 4 des vorigen Paragraphen sind die Teile, in die die Kürzeste AB die Polygone $\boldsymbol{P}$ und $\boldsymbol{Q}$ zerlegt, konvex.

Für die Kürzeste AB gibt es zwei Möglichkeiten: 1. Sie besitzt außer A und B weitere gemeinsame Punkte mit dem Abschnitt $\widehat{AB}$ der Berandung von $\boldsymbol{P}$; 2. sie besitzt außer A und B mit diesem Abschnitt keine gemeinsamen Punkte.

Betrachten wir den ersten Fall, daß AB und $\widehat{AB}$ außer A und B weitere gemeinsame Punkte haben. Das bedeutet, daß die Kürzeste AB außer ihren Endpunkten mit der Berandung des Polygons $\boldsymbol{P}$ gemeinsame Punkte besitzt; daher liegt sie auf seiner Berandung (Abb. 27). In diesem Fall ist offenbar die Kürzeste AB selbst der Abschnitt $\widehat{AB}$ der Berandung von $\boldsymbol{P}$. Folglich verläuft AB im Innern von $\boldsymbol{Q}$ und zerlegt es in zwei konvexe Polygone $\boldsymbol{Q}_1$ und $\boldsymbol{Q}_2$. Dabei liegt AB auf der Berandung von $\boldsymbol{P}$; daher gibt es in der Nähe von AB in einem der Polygone $\boldsymbol{Q}_1$ und $\boldsymbol{Q}_2$ innere Punkte des Polygons $\boldsymbol{P}$ und in dem anderen nicht.

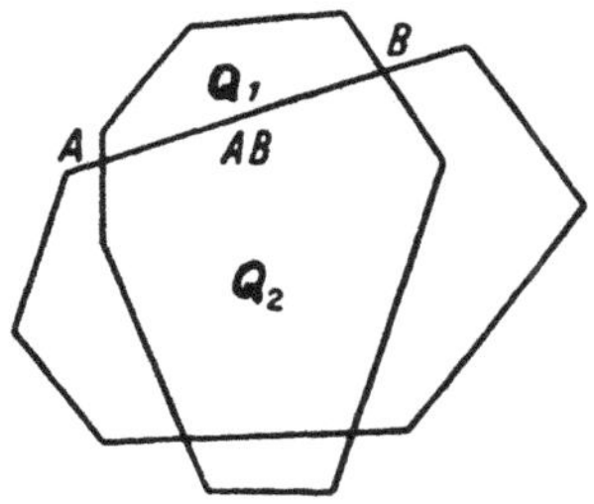

Abb. 27

Nehmen wir an, es seien gerade in $\boldsymbol{Q}_1$ keine inneren Punkte von $\boldsymbol{P}$ in der Nähe von AB enthalten. Dann gibt es in $\boldsymbol{Q}_1$ überhaupt keine inneren Punkte von $\boldsymbol{P}$; sonst würde nämlich folgen, daß der Durchschnitt von $\boldsymbol{P}$ mit $\boldsymbol{Q}$ aus zwei nichtzusammenhängenden Teilen besteht: der eine läge in $\boldsymbol{Q}_1$, der andere in $\boldsymbol{Q}_2$. Dies widerspricht aber der Tatsache, daß der Durchschnitt von $\boldsymbol{P}$ und $\boldsymbol{Q}$ ein konvexes Polygon ist.

Wir schneiden jetzt das Polygon $\boldsymbol{Q}_1$ ab. Es bleiben die Polygone $\boldsymbol{P}$ und $\boldsymbol{Q}_2$ übrig. Der Abschnitt $\widehat{AB}$ der Berandung von $\boldsymbol{P}$ verläuft nicht mehr innerhalb von $\boldsymbol{Q}_2$. Folglich sind im Innern des übriggebliebenen Polygons $\boldsymbol{Q}_2$ weniger Abschnitte der Berandung des Polygons $\boldsymbol{P}$ enthalten als in dem Ausgangspolygon $\boldsymbol{Q}$.

Betrachten wir jetzt den zweiten Fall, daß die Kürzeste AB und der Abschnitt $\widehat{AB}$ der Berandung von $\boldsymbol{P}$ außer A und B keine gemeinsamen Punkte haben (Abb. 26). In diesem Falle bilden die Linien AB und $\widehat{AB}$ eine geschlossene Kurve, die einen der Teile berandet, in die AB das Polygon $\boldsymbol{P}$ zerlegt. Diesen Teil des Polygons $\boldsymbol{P}$ bezeichnen wir mit $\boldsymbol{P}_1$, den anderen mit $\boldsymbol{P}_2$.

Da AB und $\widehat{AB}$ in $\boldsymbol{Q}$ enthalten sind, ist auch der ganze von ihnen berandete Teil $\boldsymbol{P}_1$ des Polygons $\boldsymbol{P}$ in $\boldsymbol{Q}$ enthalten[1]).

Die Kürzeste AB zerlegt auch das Polygon $\boldsymbol{Q}$ in zwei Teile. Da $\boldsymbol{P}_1$ in $\boldsymbol{Q}$ enthalten ist, so liegt $\boldsymbol{P}_1$ auch ganz in einem dieser Teile. Diesen Teil bezeichnen wir mit $\boldsymbol{Q}_1$, den anderen mit $\boldsymbol{Q}_2$. Nun ist $\boldsymbol{Q}_1$ ein konvexes Polygon, da es von $\boldsymbol{Q}$ durch die Kürzeste AB abgetrennt wird und innere Punkte enthält (weil nämlich $AB \neq \widehat{AB}$ ist und daher $\boldsymbol{P}_1$ innere Punkte besitzt).

Wir schneiden von der aus den Polygone $\boldsymbol{P}$ und $\boldsymbol{Q}$ bestehenden Figur $\boldsymbol{P}+\boldsymbol{Q}$ das Polygon $\boldsymbol{Q}_1$ ab. $\boldsymbol{P}_2$ und $\boldsymbol{Q}_2$ bleiben übrig, da $\boldsymbol{P}_1$ in $\boldsymbol{Q}_1$ enthalten ist. Wenn $\boldsymbol{P}$ nicht mit $\boldsymbol{P}_1$ zusammenfällt und nicht in $\boldsymbol{Q}$ enthalten ist, dann ist $\boldsymbol{P}_2$ ein Polygon. Was $\boldsymbol{Q}_2$ anbelangt, so kann es in eine Linie ausarten. In diesem Falle ist unsere Konstruktion beendet: die Figur $\boldsymbol{P}+\boldsymbol{Q}$ ist in konvexe Polygone $\boldsymbol{Q}_1$ und $\boldsymbol{P}_2$ ohne gemeinsame innere Punkte zerlegt. Wenn aber $\boldsymbol{Q}_2$ nicht zu einer Linie ausartet, so bleibt eine aus zwei konvexen Polygonen $\boldsymbol{P}_2$ und $\boldsymbol{Q}_2$ bestehende Figur übrig. Dabei ist die Anzahl der im Innern von $\boldsymbol{Q}_2$ enthaltenen Abschnitte der Berandung von $\boldsymbol{P}_2$ kleiner als die Anzahl der Abschnitte der Berandung von $\boldsymbol{P}$ im Innern von $\boldsymbol{Q}$, da nämlich der Abschnitt $\widehat{AB}$ eliminiert wurde, während keine neuen hinzugekommen sind.

Somit haben wir in beiden Fällen, die für die Lagen der Kürzesten AB möglich sind, bewiesen, daß sie von der Figur $\boldsymbol{P}+\boldsymbol{Q}$ ein in $\boldsymbol{Q}$ enthaltenes konvexes Polygon $\boldsymbol{Q}_1$ so abschneidet, daß die verbleibende Figur $\boldsymbol{P}_2+\boldsymbol{Q}_2$ wieder aus zwei konvexen kreishomöomorphen Polygonen besteht, aber die Anzahl der im Innern von $\boldsymbol{Q}_2$ verlaufenden Abschnitte der Berandung von $\boldsymbol{P}_2$ kleiner ist als die Anzahl der Abschnitte der Berandung von $\boldsymbol{P}$ im Innern von $\boldsymbol{Q}$. Die Anzahl der in $\boldsymbol{Q}$ enthaltenen Abschnitte der Berandung von $\boldsymbol{P}$ ist endlich, da $\boldsymbol{P}$ und $\boldsymbol{Q}$ nur von endlich vielen Kürzesten berandet sind und einander nicht deckende Kürzeste nur endlich viele gemeinsame Punkte haben können. Wenn wir daher unsere Konstruktion fortsetzen und bei jedem Schritt ein neues Polygon von $\boldsymbol{Q}$ abschneiden, so erreichen wir in endlich vielen Schritten, daß nur ein in $\boldsymbol{P}$ enthaltenes Polygon verbleibt. Damit ist der Hilfssatz bewiesen.

Hilfssatz 3: *Seien zwei Systeme kreishomöomorpher konvexer Polygone* $\boldsymbol{P}_1, \ldots, \boldsymbol{P}_n$ *und* $\boldsymbol{Q}_1, \ldots, \boldsymbol{Q}_m$ *gegeben. Dabei sollen die Polygone eines und desselben Systems keine inneren Punkte miteinander gemeinsam haben. Dann kann man die aus allen diesen Polygonen bestehende Figur in endlich viele ebenfalls konvexe und kreishomöomorphe Polygone zerlegen, die keine gemeinsamen inneren Punkte besitzen.*

---

[1]) Wir betrachten einen Bereich, der einem offenen Kreis homöomorph ist. In diesem Bereich berandet die geschlossene Kurve $AB + \widehat{AB}$ einen kompakten Bereich. Dieser ist gerade $\boldsymbol{P}_1$, und da $\boldsymbol{Q}$ einem Kreis homöomorph ist, so folgt aus $\boldsymbol{Q} \supset \widehat{AB} + AB$, daß $\boldsymbol{Q} \supset \boldsymbol{P}_1$ gilt.

Den Beweis führen wir durch Induktion nach n und m. Für $n = m = 1$ reduziert sich dieser Hilfssatz auf den vorhergehenden. Wir nehmen an, der Hilfssatz sei richtig für *ein* Polygon $\boldsymbol{P}$ und m Polygone $\boldsymbol{Q}_1, \boldsymbol{Q}_2, \ldots, \boldsymbol{Q}_m$ und beweisen, daß er auch für $m+1$ Polygone $\boldsymbol{Q}_1, \ldots, \boldsymbol{Q}_{m+1}$ richtig bleibt.

Nach Hilfssatz 2 kann man die Figur $\boldsymbol{P} + \boldsymbol{Q}_{m+1}$ in Polygone zerlegen, die keine inneren Punkte gemeinsam haben und von denen nur eines, etwa $\boldsymbol{P}'$, in $\boldsymbol{P}$ und die übrigen in $\boldsymbol{Q}_{m+1}$ enthalten sind. Da $\boldsymbol{Q}_{m+1}$ mit $\boldsymbol{Q}_1, \ldots, \boldsymbol{Q}_m$ keine gemeinsamen Punkte hat, bleiben die Polygone $\boldsymbol{Q}_1, \ldots, \boldsymbol{Q}_m$ bei dieser Konstruktion ungeändert. Nach Induktionsvoraussetzung kann man die aus diesen Polygonen und dem einzigen Polygon $\boldsymbol{P}'$ gebildete Figur in Polygone ohne gemeinsame innere Punkte zerlegen. Folglich gestattet die gesamte Figur $\boldsymbol{P} + (\boldsymbol{Q}_1 + \cdots \boldsymbol{Q}_{m+1})$ eine solche Zerlegung. Damit ist der Hilfssatz für $n = 1$ und beliebiges m bewiesen.

Wir nehmen jetzt an, er sei für ein gegebenes n und beliebiges m richtig, und beweisen, daß er auch für $n+1$ und beliebiges m richtig ist. Angenommen, wir hätten die Polygone $\boldsymbol{P}_1, \ldots, \boldsymbol{P}_{n+1}$ und $\boldsymbol{Q}_1, \ldots, \boldsymbol{Q}_m$, die den Voraussetzungen des Hilfssatzes genügen, vorliegen. Nach dem Bewiesenen kann man die Figur $\boldsymbol{P}_{n+1} + (\boldsymbol{Q}_1 + \cdots + \boldsymbol{Q}_m)$ in Polygone ohne gemeinsame innere Punkte aufspalten. Nach dieser Operation bleiben uns n Polygone $\boldsymbol{P}_1, \ldots, \boldsymbol{P}_n$ und eine gewisse Zahl anderer Polygone ohne gemeinsame innere Punkte. Nach Induktionsvoraussetzung kann man die aus allen diesen Polygonen gebildete Figur in der geforderten Weise zerlegen, so daß sich die gesamte Figur

$$(\boldsymbol{P}_1 + \cdots + \boldsymbol{P}_{n+1}) + (\boldsymbol{Q}_1 + \cdots + \boldsymbol{Q}_m)$$

als zerlegt erweist, was zu beweisen war.

Hilfssatz 4: *Eine aus endlich vielen kreishomöomorphen konvexen Polygonen bestehende Figur kann in endlich viele Polygone mit denselben Eigenschaften und ohne gemeinsame innere Punkte zerlegt werden.*

Beweis: Seien $\boldsymbol{P}_1, \boldsymbol{P}_2, \ldots, \boldsymbol{P}_n$ die Polygone, welche die betrachtete Figur bilden, Wir nehmen alle Paare derjenigen Polygone, die gemeinsame Punkte haben, und numerieren diese Paare in beliebiger Weise. Nach Hilfssatz 2 zerlegen wir das erste dieser Paare in endlich viele konvexe Polygone, die keine gemeinsamen inneren Punkte haben. Danach verfahren wir mit dem zweiten Paar in derselben Weise usw.

So mögen wir etwa bei dem Paar $(\boldsymbol{P}_k, \boldsymbol{P}_l)$ angelangt sein. Es kann vorkommen, daß das eine oder auch beide Polygone dieses Paares schon in vorhergehenden Paaren auftraten. Dann sind sie in Polygone $\boldsymbol{P}_{k1}, \boldsymbol{P}_{k2}, \ldots, \boldsymbol{P}_{km_k}, \boldsymbol{P}_{l1}, \boldsymbol{P}_{l2}, \ldots, \boldsymbol{P}_{lm_l}$ zerlegt, wobei sowohl die Polygone $\boldsymbol{P}_{ki}$ als auch die Polygone $\boldsymbol{P}_{lj}$ untereinander keine inneren Punkte gemeinsam haben. Unter Anwendung des Hilfssatzes 3 können wir deshalb auch alle diese Polygone in solche zerlegen, die keine gemeinsamen inneren Punkte enthalten.

In dieser Weise berücksichtigen wir jeweils beim Übergang zum nächstfolgenden Paar $(\boldsymbol{P}_k, \boldsymbol{P}_l)$ alle schon durchgeführten Operationen: an Stelle der Polygone $\boldsymbol{P}_k, \boldsymbol{P}_l$ selbst nehmen wir diejenigen, die sich aus ihnen durch vorhergehende Zerlegungen ergaben. Dabei bedienen wir uns bei jedem Schritt des Hilfssatzes 3. Nachdem wir alle Paare der Polygone $P_1, \ldots, P_n$ gesichtet haben, erhalten wir die geforderte Zerlegung der gesamten aus ihnen gebildeten Figur.

Jetzt ist es leicht, den Satz über die Zerlegung in Dreiecke zu beweisen:

Theorem: *Jedes Polygon kann in beliebig kleine Dreiecke zerlegt werden derart, daß in jedem die Summe je zweier Seiten größer ist als die dritte. Ist das Polygon konvex, so können diese Dreiecke konvex gewählt werden.*

Beweis: Sei P ein Polygon, das in Dreiecke mit einem Durchmesser kleiner als ε zerlegt werden soll. Auf Grund des in § 4 bewiesenen Satzes kann man um jeden Punkt des Polygons P ein kreishomöomorphes konvexes Polygon mit einem Durchmesser kleiner als ε legen. Außerdem können alle diese Polygone so klein gewählt werden, daß keines von ihnen mehr als einen Eckpunkt des Polygons P enthält. Auf Grund des BORELschen Überdeckungssatzes kann man aus diesen Polygonen eine endliche Anzahl so auswählen, daß sie P überdecken.

Die aus den ausgewählten Polygonen gebildete Figur kann nach Hilfssatz 4 in kreishomöomorphe konvexe Polygone[1] zerlegt werden, die keine gemeinsamen inneren Punkte haben. Diese Polygone $Q_1, Q_2, \ldots, Q_n$ bedecken offensichtlich P, ihre Durchmesser sind kleiner als ε und keines von ihnen enthält mehr als einen Eckpunkt des Polygons P. Diejenigen von ihnen, die mit P keine gemeinsamen inneren Punkte haben, lassen wir selbstverständlich weg.

.Unter den Polygonen $Q_1, \ldots, Q_n$ können drei Typen vorkommen: 1. solche, die im Inneren keine Punkte der Berandung von P enthalten; 2. solche, die im Inneren nur Abschnitte von Seiten von P, aber keine Eckpunkte von P enthalten; 3. solche, die im Inneren einen Eckpunkt von P enthalten. Betrachten wir die Polygone eines jeden Typus gesondert.

Die Polygone des ersten Typus liegen ganz in P; wir zerlegen sie nach Hilfssatz 1 in konvexe Dreiecke.

Der Durchschnitt jedes Polygons Q_i des zweiten Typus und des Polygons P besteht aus konvexen Polygonen, die kreishomöomorph sind und keine gemeinsamen inneren Punkte haben. Tatsächlich enthält Q_i nach Voraussetzung keine Eckpunkte von P; wenn daher irgendeine Seite des Polygons P in Q_i eintritt, so verläßt sie es auch wieder. Somit zerlegt sie Q_i in zwei konvexe kreishomöomorphe Polygone. Schneidet Q_i mehrere Seiten von P, so überzeugen wir uns durch Wiederholung dieser Überlegung für jede von ihnen, daß diese Seiten das Polygon Q_i in kreishomöomorphe Polygone zerlegen. Ein Teil dieser Polygone $Q_{i1}, \ldots, Q_{im}$ bildet den Durchschnitt von Q_i mit P.

Jedes der Polygone $Q_{i1}, \ldots, Q_{im}$ zerlegen wir nach Hilfssatz 1 in konvexe Dreiecke.

Es bleiben jetzt noch die Polygone des dritten Typus übrig. Sei Q_k eines von ihnen. Wenn irgendeine Seite des Polygons P nach ihrem Eintritt in Q_k dieses

[1]) Obwohl P nicht kreishomöomorph zu sein braucht, ist Hilfssatz 4 anwendbar, sobald ε genügend klein ist; die Paare von sich schneidenden kleinen Polygonen liegen dann in kreishomöomorphen Umgebungen.

Polygon wieder verläßt, so zerlegt sie Q_k in zwei konvexe kreishomöomorphe Polygone. Daher zerlegen alle solche Seiten des Polygons P (wenn es sie gibt) das Polygon Q_k in kreishomöomorphe Polygone. Diejenigen unter diesen Polygonen, die mit P keine gemeinsamen inneren Punkte haben, lassen wir weg, die übrigen bezeichnen wir durch $Q_{k1}, \ldots, Q_{kl}$.

Das Polygon Q_k enthält im Innern irgendeinen Eckpunkt A des Polygons P. Er möge im Innern von Q_{k1} enthalten sein. Die übrigen Polygone $Q_{k2}, \ldots, Q_{kl}$ enthalten daher im Innern keine Teile der Berandung von P. Sie sind daher in P enthalten. Jedes von ihnen zerlegen wir nach Hilfssatz 1 in konvexe Dreiecke.

Ist das Polygon P konvex, so ist sein Durchschnitt mit dem Polygon Q_{k1} ein konvexes Polygon, das offenbar kreishomöomorph ist, da im Innern von Q_{k1} keine anderen Teile der Berandung von P enthalten sind als die Abschnitte der Seiten, die vom Eckpunkt A ausgehen. Daher kann man den in P enthaltenen Teil des Polygons Q_{k1} in konvexe Dreiecke zerlegen.

Ist also das Polygon P konvex, so kommen wir durch Anwendung desselben Verfahrens auf alle Polygone des dritten Typus zu einer Zerlegung von P in Dreiecke, die sämtlich konvex sind.

Ist dagegen das Polygon P nicht konvex, so muß man mit dem Polygon Q_{k1} anders verfahren. Q_{k1} enthält im Innern den Eckpunkt A des Polygons P. Wir verbinden ihn durch Kürzeste mit den Eckpunkten von Q_{k1} (Abb. 28). Diese Kürzesten verlaufen im Innern des Polygons Q_{k1}, da es konvex ist und der Punkt A in seinem Innern liegt. Zu diesen Kürzesten fügen wir noch die von A ausgehenden Seiten des Polygons P hinzu. Im Ergebnis wird Q_{k1} in Dreiecke mit dem gemeinsamen Eckpunkt A zerlegt; wir nehmen diejenigen unter diesen Dreiecken, die in P enthalten sind. Wenn bei gewissen unter ihnen die Summe der Längen zweier Seiten gleich der dritten ist, so zerlegen wir sie unter Anwendung der im Beweise von Hilfssatz 1 verwendeten Methode in solche, bei denen dies nicht mehr der Fall ist. Verfahren wir mit jedem Polygon des dritten Typus entsprechend, so kommen wir zu einer Dreieckszerlegung des Polygons P, die die geforderten Eigenschaften besitzt, und der Satz ist bewiesen.

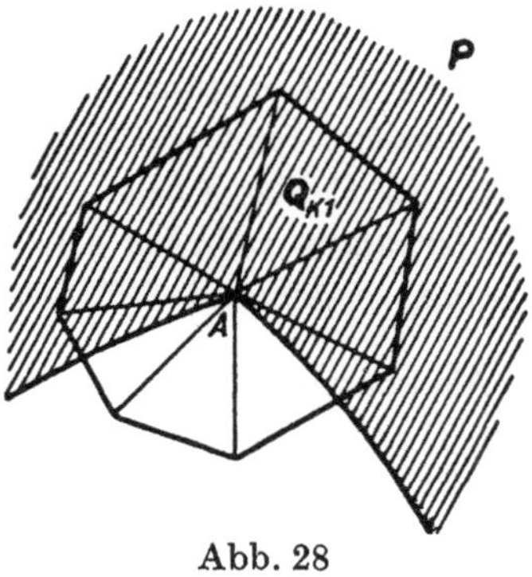

Abb. 28

Ist das Polygon P nicht konvex, so brauchen die Dreiecke, in die es zerlegt wird, nicht konvex zu sein. Für Polygone auf konvexen Flächen kann man beweisen, daß man sie immer in konvexe Dreiecke zerlegen kann, auch wenn sie selbst nicht konvex sind. Ob dasselbe in jeder Mannigfaltigkeit mit innerer Metrik, die der Deckungsbedingung für Kürzeste genügt, richtig ist, ist mir nicht bekannt.

KAPITEL III

CHARAKTERISTISCHE EIGENSCHAFTEN DER INNEREN METRIK KONVEXER FLÄCHEN

§ 1. Die Konvergenz von Metriken konvergierender Folgen konvexer Flächen

Als grundlegendes Hilfsmittel bei der Untersuchung der inneren Metrik konvexer Flächen dient uns die Methode der Approximation durch konvexe Polyeder. Diese Methode beruht erstens auf dem bekannten Satz, daß es zu jeder geschlossenen konvexen Fläche eine Folge geschlossener konvexer Polyeder gibt, die gegen sie konvergiert, und zweitens auf dem Satz über die Konvergenz der Metriken konvergierender konvexer Flächen. Aus diesen beiden Sätzen ergibt sich die Möglichkeit, von den Metriken konvexer Polyeder durch einen Grenzübergang zu der Metrik einer beliebigen konvexen Fläche zu gelangen. Deshalb beginnen wir die Untersuchung der charakteristischen Eigenschaften der inneren Metrik konvexer Flächen mit dem Satz über die Konvergenz von Metriken:

Satz 1: *Konvergiert eine Folge geschlossener konvexer Flächen $\boldsymbol{F}_n$ gegen eine geschlossene konvexe Fläche $\boldsymbol{F}$ und streben zwei Punktfolgen X_n und Y_n auf $\boldsymbol{F}_n$ gegen die Punkte X bzw. Y auf $\boldsymbol{F}$, so konvergieren die auf den Flächen $\boldsymbol{F}_n$ gemessenen Entfernungen zwischen den Punkten X_n und Y_n gegen die auf $\boldsymbol{F}$ gemessene Entfernung zwischen den Punkten X und Y, d. h.* $\varrho_F(XY) = \lim\limits_{n\to\infty} \varrho_{F_n}(X_n Y_n)$.

Als konvexe Flächen sehen wir auch die doppelt bedeckten konvexen Bereiche der Ebene an. Auf einer solchen „Fläche" ist jeder nicht auf dem Rande liegende Punkt doppelt zu rechnen. Für eine zu einem doppelt bedeckten ebenen Bereich ausgeartete Fläche $\boldsymbol{F}$ muß daher der Begriff der Konvergenz von Punkten präzisiert werden. Bei dem ebenen Bereich $\boldsymbol{G}$, in den die Fläche $\boldsymbol{F}$ ausartet, unterscheiden wir zwei Seiten, wobei wir die Punkte von $\boldsymbol{F}$ einmal als auf der einen, das andere Mal als auf der anderen Seite gelegen ansehen. Der Punkt X liege im Innern des Bereiches $\boldsymbol{G}$. Wir betrachten alle gerichteten Geraden $\mathfrak{T}$, die zu der Ebene, in der der Bereich $\boldsymbol{G}$ gelegen ist, orthogonal sind und richten sie in den Halbraum, dem die Seite von $\boldsymbol{G}$, auf der der Punkt X liegt, zugewandt ist. Diese Geraden schneiden die Flächen $\boldsymbol{F}_n$. Die Punkte X_n der Flächen $\boldsymbol{F}_n$ gelten als gegen X konvergierend, wenn sie erstens als Raumpunkte gegen X konvergieren und zweitens für genügend große n der Punkt X_n so auf der Fläche $\boldsymbol{F}_n$ liegt, daß die durch ihn hindurchgehende Gerade $\mathfrak{T}$ von der Fläche $\boldsymbol{F}_n$ weg gerichtet ist, d. h.

$\mathfrak{T}$ in den Halbraum gerichtet ist, in den irgendeine äußere Normale zu einer Stützebene der Fläche $\boldsymbol{F}_n$ im Punkte X_n hinweist. Wenn diese Bedingung auch nur für gewisse, aber beliebig große n nicht erfüllt ist, so gilt die Punktfolge X_n nicht als gegen X konvergierend. Wenn der Punkt X auf dem Rande von $\boldsymbol{G}$ liegt, so kann er als auf jeder der beiden Seiten liegend angenommen werden, und die zusätzliche Bedingung ist überflüssig. Nur bei der angegebenen Konvergenzdefinition erweist sich Satz 1 auch in dem Fall als richtig, daß die Grenzfläche $\boldsymbol{F}$ in einen doppelt bedeckten ebenen Bereich ausgeartet ist.

Für den Beweis des Satzes sind zwei Hilfssätze notwendig.

Sei $\boldsymbol{F}$ irgendeine geschlossene konvexe Fläche und A ein nicht im Innern des von $\boldsymbol{F}$ berandeten Körpers $\mathfrak{H}$ gelegener Punkt. Auf $\boldsymbol{F}$ existiert ein zu A nächstgelegener Punkt A'. Wie man sich leicht überzeugt, besitzt er die Eigenschaft, daß durch ihn eine Stützebene zu $\boldsymbol{F}$ hindurchgeht, die zu der Strecke AA' orthogonal ist (soweit wenigstens A selbst nicht auf $\boldsymbol{F}$ liegt. Dann ist aber $A' = A$). Hieraus ersieht man übrigens, daß der Punkt A' eindeutig definiert ist. Diesen Punkt nennen wir die Projektion des Punktes A auf die Fläche $\boldsymbol{F}$.

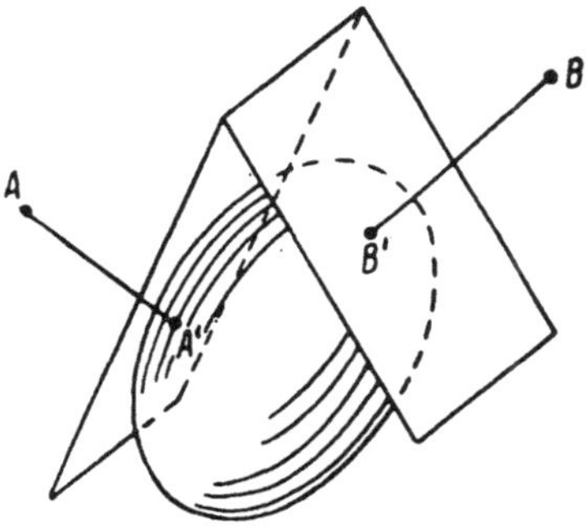

Abb. 29

Wir sagen, daß eine Kurve $\mathfrak{L}$ im Äußeren der Fläche $\boldsymbol{F}$ liegt, wenn sie keine Punkte im Innern des Körpers $\mathfrak{H}$ besitzt. Liegt die Kurve $\mathfrak{L}$ im Äußeren von $\boldsymbol{F}$, so verstehen wir unter ihrer Projektion $\mathfrak{L}'$ auf $\boldsymbol{F}$ den geometrischen Ort der Projektionen aller Punkte von $\mathfrak{L}$.

Busemann und Feller haben folgenden wichtigen Hilfssatz bewiesen[1]):

Hilfssatz 1: *Wenn eine Kurve $\mathfrak{L}$ im Äußeren einer konvexen Fläche $\boldsymbol{F}$ liegt und eine endliche Länge besitzt, so ist ihre Projektion auf $\boldsymbol{F}$ eine Kurve, deren Länge nicht größer ist als die von $\mathfrak{L}$.*

Der Beweis beruht auf der folgenden Tatsache:

Auf zwei ein konvexes Zweiflach $\boldsymbol{V}$ bildenden Halbebenen mögen die Punkte A' und B' liegen. Die Punkte A und B sollen im Äußeren des Zweiflach $\boldsymbol{V}$ auf den in den Punkten A' und B' errichteten Senkrechten liegen. Dann ist die Entfernung zwischen A und B nicht kleiner als die zwischen A' und B'. Wir überlassen den Beweis dieser Behauptung dem Leser. (Siehe Abb. 29, wo das Zweiflach $\boldsymbol{V}$ aus den Stützebenen der Fläche $\boldsymbol{F}$ in den Projektionen A' und B' der Punkte A und B besteht.)

Die Punkte A und B sollen jetzt im Äußeren von $\boldsymbol{F}$ (oder auf $\boldsymbol{F}$) liegen; A' und B' seien ihre Projektionen auf $\boldsymbol{F}$. Die Stützebenen in den Punkten A' und B', die zu den Strecken AA' und BB' senkrecht stehen, bilden ein Zweiflach; die

---

[1]) H. Busemann und W. Feller, Krümmungseigenschaften konvexer Flächen, Acta math. 66 (1936) s. 41 (Hilfssatz 1).

Punkte A und B liegen im Äußeren dieses Zweiflachs. Verwenden wir die vorhergehende Bemerkung, so kommen wir daher zu dem Schluß, daß die Entfernung zwischen A' und B' nicht größer ist als die zwischen A und B, d. h. *die Entfernung zwischen den Projektionen von Punkten auf eine konvexe Fläche ist immer höchstens so groß wie die Entfernung zwischen den Punkten selbst.*

Die Kurve $X(t)$ $(0 \leqq t \leqq 1)$ liege im Äußeren von $\boldsymbol{F}$; $X'(t)$ seien die Projektionen der Punkte $X(t)$ auf $\boldsymbol{F}$; sie bilden die Projektion der Kurve $X(t)$ auf $\boldsymbol{F}$. Bezeichnet ϱ die Entfernung im Raume, so wird, wie wir gezeigt haben, für beliebige t_1 und t_2:

$$\varrho\big(X'(t_1)\,X'(t_2)\big) \leqq \varrho\big(X(t_1)\,X(t_2)\big). \tag{1}$$

Da die Punkte $X(t)$ eine stetige Kurve bilden, gibt es zu jedem $\varepsilon > 0$ ein $\delta > 0$ derart, daß $\varrho\big(X(t_1)\,X(t_2)\big) < \varepsilon$ für $|t_1 - t_2| < \delta$. Nun ist aber auf Grund von (1) auch $\varrho\big(X'(t_1)\,X'(t_2)\big) < \varepsilon$, und dies bedeutet, daß die Punkte $X'(t)$ eine stetige Kurve bilden.

Wir nehmen jetzt beliebige Werte t_i so, daß $0 = t_0 < t_1 < \cdots < t_n = 1$ ist. Dann gilt auf Grund von (1)

$$\sum_{i=1}^{n} \varrho\big(X'(t_{i-1})\,X'(t_i)\big) \leqq \sum_{i=1}^{n} \varrho\big(X(t_{i-1})\,X(t_i)\big). \tag{2}$$

Die hier rechts stehende Summe ist nicht größer als die Länge s der Kurve $X(t)$, und daher ist

$$\sum_{i=1}^{n} \varrho\big(X'(t_{i-1})\,X'(t_i)\big) \leqq s. \tag{3}$$

Die Werte t_i sind aber beliebig gewählt worden; die Ungleichung (3) ist also richtig für jede Wahl der t_i. Daher ist die obere Grenze der Summen in der Ungleichung (3) ebenfalls nicht größer als s, und diese ist definitionsgemäß die Länge der Kurve $X'(t)$. Folglich ist die Länge der Kurve $X'(t)$ nicht größer als die der Kurve $X(t)$, was zu beweisen war.

Aus dem eben bewiesenen Hilfssatz 1 folgt sofort

Hilfssatz 2: *Liegt eine Kurve $\mathfrak{L}$ im Äußeren einer geschlossenen konvexen Fläche $\boldsymbol{F}$, so ist ihre Länge nicht kleiner als die auf $\boldsymbol{F}$ gemessene Entfernung zwischen den Projektionen ihrer Endpunkte auf diese Fläche. Liegen insbesondere die Endpunkte A und B der Kurve $\mathfrak{L}$ auf $\boldsymbol{F}$, so ist die Länge der Kurve $\mathfrak{L}$ nicht kleiner als die Länge einer Kürzesten AB auf der Fläche $\boldsymbol{F}$.*

In der Tat: Nach Hilfssatz 1 ist die Länge der Kurve $\mathfrak{L}$ nicht kleiner als die ihrer Projektion auf $\boldsymbol{F}$, und die Länge der Projektion ist selbstverständlich nicht kleiner als die Länge einer Kürzesten, die ihre Endpunkte verbindet.

Dieser Hilfssatz ist nicht nur für den Beweis des zu Anfang des Paragraphen formulierten Satzes geeignet, sondern erweist sich auch, wie BUSEMANN und FELLER gezeigt haben, bei der Untersuchung der Eigenschaften von Kürzesten auf konvexen Flächen als nützlich. In diesem Zusammenhang werden wir ihn in Kap. IV, § 6 benutzen.

Hilfssatz 3: *Wenn eine Folge konvexer Flächen $\boldsymbol{F}_n$ gegen eine nichtausgeartete Fläche $\boldsymbol{F}$ konvergiert und wenn die auf $\boldsymbol{F}_n$ gelegenen Punkte X_n, Y_n gegen einen Punkt X auf $\boldsymbol{F}$ konvergieren, so strebt die Entfernung zwischen X_n und Y_n auf $\boldsymbol{F}_n$ gegen Null:*

$$\lim_{n\to\infty} \varrho_{\boldsymbol{F}_n}(X_n Y_n) = 0.$$

Beweis: Da die Fläche $\boldsymbol{F}$ nicht ausgeartet ist, so sind es auch die Flächen $\boldsymbol{F}_n$ nicht, wenigstens für genügend große n. Beschränken wir uns auf hinreichend große n, so können wir einen Punkt Q so wählen, daß man um ihn eine Kugel mit einem gewissen Radius $r > 0$ beschreiben kann, die im Innern[1]) aller Flächen $\boldsymbol{F}_n$ und im Innern von $\boldsymbol{F}$ liegt.

Nach Wahl eines beliebigen dieser n legen wir durch die Punkte Q, X_n, Y_n eine Ebene (Abb. 30), die die Fläche $\boldsymbol{F}_n$ längs einer konvexen Kurve schneidet. Zu dieser Kurve ziehen wir in den Punkten X_n und Y_n Stützgerade, Z sei der Schnittpunkt dieser Geraden. Von Z aus legen wir die Tangenten an den Kreis, der sich als Durchschnitt unserer Ebene mit der Kugel vom Radius $r > 0$ um Q ergibt. Sei β der Winkel zwischen diesen Tangenten. Dann ist

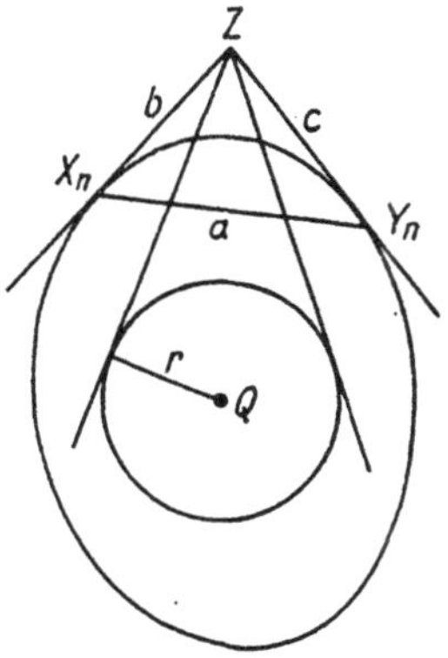

Abb. 30

(4) $$\sin\frac{\beta}{2} = \frac{r}{QZ}.$$

Ist d der Durchmesser[2]) der Fläche $\boldsymbol{F}_n$, so ist $QX_n < d$, und wenn $X_nZ = b$ und $Y_nZ = c$ ist, so ist offenbar $QZ < QX_n + X_nZ < d + b$ und a fortiori

(5) $$QZ < d + b + c.$$

Ist α der Winkel bei Z im Dreieck $X_n Y_n Z$, so ist offenbar

(6) $$\alpha \geqq \beta.$$

Aus den Ungleichungen (4), (5), (6) folgt

(7) $$\sin\frac{\alpha}{2} > \frac{r}{d+b+c}.$$

Bezeichnet man die Länge von $X_n Y_n$ mit a, so ist[3])

(8) $$\sin\frac{\alpha}{2} \leqq \frac{a}{b+c}.$$

---

[1]) Anm. d. Ü.: im Innern der konvexen Körper, die von diesen Flächen berandet werden.

[2]) Hiermit ist offenbar der Durchmesser der kleinsten Kugel gemeint, die die Fläche $\boldsymbol{F}_n$ (räumlich) enthält, d. Ü.

[3]) Für vorgegebene a und $b + c$ ist der Winkel α am größten, wenn das Dreieck $X_n Y_n Z$ gleichschenklig ist. Dann ist $a = (b + c) \sin\frac{\alpha}{2}$.

Daher folgt aus (7)

$$\frac{a}{b+c} > \frac{r}{d+(b+c)}.$$

Daher gilt für $r - a > 0$

(9) $$b + c < \frac{a\,d}{r-a}.$$

Die Strecken $X_n Z$ und $Y_n Z$ liegen außerhalb der Fläche $\boldsymbol{F}_n$; folglich gilt nach dem vorhergehenden Hilfssatz:

(10) $$\varrho_{F_n}(X_n Y_n) \leqq X_n Z + Y_n Z = b + c.$$

Aus (9) folgt also

(11) $$\varrho_{F_n}(X_n Y_n) < \frac{a d}{r-a}\ [1].$$

Hier ist a die räumliche Entfernung zwischen den Punkten X_n und Y_n. Nach Voraussetzung konvergieren diese Punkte für $n \to \infty$ gegen einen Punkt X. Daher strebt a gegen 0, während d beschränkt bleibt, da die Flächen $\boldsymbol{F}_n$ konvergieren. Aus (11) folgt also

$$\varrho_{F_n}(X_n Y_n) \to 0,$$

was zu beweisen war.

Jetzt beweisen wir den zu Anfang dieses Paragraphen formulierten Satz.

Die geschlossenen konvexen Flächen $\boldsymbol{F}_n$ mögen gegen die Fläche $\boldsymbol{F}$ konvergieren und die Punkte X_n, Y_n auf $\boldsymbol{F}_n$ gegen die Punkte X und Y auf $\boldsymbol{F}$ streben. Alle Flächen $\boldsymbol{F}_n$ können in eine hinreichend große Kugel $\boldsymbol{S}$ eingeschlossen werden. Auf dieser Kugel existieren immer Punkte A_n und B_n, deren Projektionen auf $\boldsymbol{F}_n$ die Punkte X_n und Y_n sind. Diese Punkte A_n und B_n ergeben sich, wenn man die äußeren Normalen zu den Stützebenen an die Fläche $\boldsymbol{F}_n$ in den Punkten X_n und Y_n bis zu ihrem Schnitt mit der Kugeloberfläche $\boldsymbol{S}$ verlängert. Daher sind auf Grund des Hilfssatzes 2 die Entfernungen auf $\boldsymbol{F}_n$ zwischen den Punkten X_n und Y_n nicht größer als die Länge eines halben Großkreises der Kugel $\boldsymbol{S}$, d. h. sie sind alle beschränkt.

---

[1]) Diese Ungleichung verdient auch allein für sich Interesse. Sie gibt nämlich eine Abschätzung für die innere Entfernung der Punkte X_n, Y_n in Abhängigkeit von ihrer räumlichen Entfernung a, dem Flächendurchmesser d und dem Radius r einer im Innern dieser Fläche enthaltenen Kugel. Diese Abschätzung ist sehr roh. Ist ϱ die Entfernung zweier Punkte auf einer konvexen Fläche, a ihre räumliche Entfernung, r der Radius einer im Innern der Fläche gelegenen Kugel und r_0 der Radius einer die Fläche enthaltenden Kugel, so besteht die folgende und schon genauere Abschätzung

$$\frac{\varrho}{a} \leqq \sqrt{\left(\frac{r_0}{r}\right)^2 - 1} + \frac{r_0}{2} \arcsin \frac{r}{r_0} < \frac{r_0}{r} + 1.$$

Es ist eine interessante Aufgabe, diese Abschätzung zu beweisen und eine Fläche zu finden, für die (bei gegebenen r_0 und r) das Maximum des Verhältnisses $\frac{\varrho}{a}$ am größten ist.

In Kap. II, § 2 ist bewiesen worden, daß sich je zwei beliebige Punkte auf einer geschlossenen konvexen Fläche durch eine Kürzeste verbinden lassen. Seien $\mathfrak{L}_n$ Kürzeste, die die Punkte X_n und Y_n auf den Flächen $\boldsymbol{F}_n$ verbinden. Die Länge jeder einzelnen von ihnen ist gleich der Entfernung auf $\boldsymbol{F}_n$ zwischen X_n und Y_n, d. h.

(12) $$s(\mathfrak{L}_n) = \varrho_{\boldsymbol{F}_n}(X_n Y_n).$$

Aus dem soeben Bewiesenen folgt, daß alle Längen $s(\mathfrak{L}_n)$ eine gemeinsame Schranke besitzen; daher kann man nach Satz 4 aus § 1 von Kap. II aus den Kurven $\mathfrak{L}_n$ eine gegen eine gewisse Kurve $\mathfrak{L}$ konvergierende Folge auswählen. Diese Kurve liegt offenbar auf $\boldsymbol{F}$ und verbindet die Punkte X und Y. Ihre Länge genügt auf Grund des Satzes 5 des § 1 aus Kap. II der Ungleichung

(13) $$s(\mathfrak{L}) \leqq \varliminf_{n\to\infty} s(\mathfrak{L}_n).$$

Außerdem ist aber nach der Definition der Entfernung auf der Fläche

(14) $$s(\mathfrak{L}) \geqq \varrho_{\boldsymbol{F}}(XY),$$

wo $\varrho_{\boldsymbol{F}}$ die Entfernung auf $\boldsymbol{F}$ ist. Aus den Beziehungen (12), (13), (14) folgt:

(15) $$\varrho_{\boldsymbol{F}}(XY) \leqq \varliminf_{n\to\infty} \varrho_{\boldsymbol{F}_n}(X_n Y_n).$$

Wenn wir jetzt noch zeigen, daß auch die umgekehrte Ungleichung gilt, so ist der Satz bewiesen. Wir betrachten hier die beiden Fälle, daß die Fläche $\boldsymbol{F}$ nichtausgeartet ist und daß $\boldsymbol{F}$ ausgeartet ist, gesondert.

Sei $\boldsymbol{F}$ eine nichtausgeartete Fläche. Wir wählen in ihrem Innern einen Punkt Q und transformieren die Flächen $\boldsymbol{F}_n$ ähnlich mit dem Ähnlichkeitszentrum in Q, so daß sie alle in das Innere von $\boldsymbol{F}$ zu liegen kommen. Da die Flächen $\boldsymbol{F}_n$ gegen $\boldsymbol{F}$ konvergieren, lassen sich die Ähnlichkeitskoeffizienten λ_n immer näher und näher bei Eins wählen, wenn n wächst, und für $n \to \infty$ streben sie gegen Eins. Die Flächen und die Punkte, die sich bei der betreffenden Transformation aus den Flächen $\boldsymbol{F}_n$ bzw. aus den Punkten X_n, Y_n ergeben, bezeichnen wir mit $\lambda_n \boldsymbol{F}_n$, $\lambda_n X_n$, $\lambda_n Y_n$. Da λ_n gegen 1 strebt und die Punkte X_n, Y_n gegen X und Y konvergieren, konvergieren auch die Punkte $\lambda_n X_n$ und $\lambda_n Y_n$ gegen X und Y.

Seien X'_n und Y'_n die Projektionen der Punkte X und Y auf die Flächen $\lambda_n \boldsymbol{F}_n$. Nach Hilfssatz 2 ist

(16) $$\varrho_{\lambda_n \boldsymbol{F}_n}(X'_n Y'_n) \leqq \varrho_{\boldsymbol{F}}(XY).$$

Für $n \to \infty$ konvergieren die Punkte X'_n offenbar gegen X, und gleichzeitig streben auch die Punkte $\lambda_n X_n$ gegen X. Auf Grund des Hilfssatzes 3 folgt daher

(17) $$\varrho_{\lambda_n \boldsymbol{F}_n}(X'_n, \lambda_n X_n) \to 0$$

und

(18) $$\varrho_{\lambda_n \boldsymbol{F}_n}(Y'_n, \lambda_n Y_n) \to 0.$$

Nach der „Dreiecksungleichung“ gilt dann

(19) $$\varrho_{\lambda_n \boldsymbol{F}_n}(\lambda_n X_n, \lambda_n Y_n) \leqq \varrho_{\lambda_n \boldsymbol{F}_n}(\lambda_n X_n, X'_n) + \varrho_{\lambda_n \boldsymbol{F}_n}(X'_n Y'_n) + \varrho_{\lambda_n \boldsymbol{F}_n}(Y'_n, \lambda_n Y_n).$$

Unter Benutzung der Ungleichung (16) und der Beziehungen (17) und (18) erhalten wir hieraus im Limes für $n \to \infty$

$$\overline{\lim_{n\to\infty}}\ \varrho_{\lambda_n F_n}(\lambda_n X_n, \lambda_n Y_n) \leqq \varrho_F(XY). \tag{20}$$

Nun multiplizieren sich bei einer Ähnlichkeitstransformation mit dem Ähnlichkeitskoeffizienten λ_n alle Entfernungen mit λ_n; daher gilt

$$\varrho_{\lambda_n F_n}(\lambda_n X_n, \lambda_n Y_n) = \lambda_n \varrho_{F_n}(X_n, Y_n). \tag{21}$$

Da λ_n gegen 1 strebt, folgt aus (20)

$$\overline{\lim_{n\to\infty}}\ \varrho_{F_n}(X_n Y_n) \leqq \varrho_F(XY). \tag{22}$$

Vergleichen wir nun diese Ungleichung mit (15), so erhalten wir

$$\lim_{n\to\infty} \varrho_{F_n}(X_n Y_n) = \varrho_F(XY),$$

was zu beweisen war.

Wir nehmen jetzt an, die Fläche $\boldsymbol{F}$ sei zu einem doppelt bedeckten ebenen Bereich ausgeartet. Dann betrachten wir zwei Fälle: 1. die Punkte X und Y liegen auf derselben Seite von $\boldsymbol{F}$ (wobei sie auch auf dem Rande liegen dürfen); 2. die Punkte X und Y liegen auf verschiedenen Seiten von $\boldsymbol{F}$.

Im ersten Falle legen wir durch die Punkte X_n und Y_n eine Ebene $\boldsymbol{P}_n$ senkrecht zu der Ebene, in der $\boldsymbol{F}$ liegt. Die Ebenen $\boldsymbol{P}_n$ schneiden die Flächen $\boldsymbol{F}_n$ längs geschlossener konvexer Kurven[1]). Auf diesen Kurven nehmen wir diejenigen Abschnitte $\mathfrak{L}_n$ zwischen den Punkten X_n und Y_n, die gegen die Strecke XY konvergieren. Dies ist immer möglich, da $\boldsymbol{F}_n$ gegen $\boldsymbol{F}$ und X_n, Y_n gegen X, Y konvergieren.

Die Kurven $\mathfrak{L}_n$ sind ebene konvexe Kurven, die gegen die Strecke $\overline{XY}$ konvergieren; daher konvergieren ihre Längen gegen die Länge dieser Strecke[2]). Die Länge der Kurve $\mathfrak{L}_n$ ist nicht kleiner als die Entfernung zwischen den Punkten X_n und Y_n auf $\boldsymbol{F}_n$, und die Länge der Strecke $\overline{XY}$ ist die Entfernung zwischen den Punkten X und Y auf $\boldsymbol{F}$. Folglich gilt

$$\varrho_F(XY) \geqq \lim_{n\to\infty} \varrho_{F_n}(X_n Y_n). \tag{23}$$

Nehmen wir jetzt an, daß die Punkte X und Y auf verschiedenen Seiten von $\boldsymbol{F}$ liegen. Dann besteht die sie auf $\boldsymbol{F}$ verbindende Kürzeste aus zwei geradlinigen

---

[1]) Diese Kurve artet in eine doppelt bedeckte Strecke aus, wenn auch $\boldsymbol{F}_n$ ausartet. Ist $\boldsymbol{P}_n$ eine Stützebene an $\boldsymbol{F}_n$, so nehmen wir für $\mathfrak{L}_n$ die Strecke $\overline{X_n Y_n}$.

[2]) Man konstruiere nämlich ein Rechteck mit den Eckpunkten X_n, Y_n, das die Kurve $\mathfrak{L}_n$ im Innern enthält. Ist h die Höhe dieses Rechteckes, so ist $s(\mathfrak{L}_n) \leqq \overline{X_n Y_n} + 2h$. Da $h \to 0$ und $X_n \to X$, $Y_n \to Y$, so ist $\overline{\lim_{n\to\infty}}\ s(\mathfrak{L}_n) \leqq XY$. Andererseits gilt nach Satz 5 § 1, Kap. II die Beziehung $XY \leqq \underline{\lim_{n\to\infty}}\ s(\mathfrak{L}_n)$, da $\mathfrak{L}_n \to XY$. Folglich ist $XY = \lim_{n\to\infty} s(\mathfrak{L}_n)$.

Strecken, die sich in einem gewissen Punkte Z auf dem Rande von $\boldsymbol{F}$ treffen. Also ist

$$\varrho_{\boldsymbol{F}}(XY) = \varrho_{\boldsymbol{F}}(XZ) + \varrho_{\boldsymbol{F}}(ZY). \tag{24}$$

Wir wählen auf den Flächen $\boldsymbol{F}_n$ eine gegen Z konvergierende Folge von Punkten Z_n. Da X und Z und auch Y und Z auf derselben Seite von $\boldsymbol{F}$ liegen, so gilt nach dem Bewiesenen:

$$\varrho_{\boldsymbol{F}}(XZ) \geqq \lim_{n\to\infty} \varrho_{\boldsymbol{F}_n}(X_nZ_n) \quad \text{und} \quad \varrho_{\boldsymbol{F}}(YZ) \geqq \lim_{n\to\infty} \varrho_{\boldsymbol{F}_n}(Y_nZ_n). \tag{25}$$

Außerdem gilt:

$$\varrho_{\boldsymbol{F}_n}(X_nZ_n) + \varrho_{\boldsymbol{F}_n}(Z_nY_n) \geqq \varrho_{\boldsymbol{F}_n}(X_nY_n). \tag{26}$$

Aus den Beziehungen (24), (25) und (26) folgt wieder

$$\varrho_{\boldsymbol{F}}(XY) \geqq \lim_{n\to\infty} \varrho_{\boldsymbol{F}_n}(X_nY_n). \tag{23}$$

Daher ist die Richtigkeit der Ungleichung (23) unter jeder der beiden Annahmen über die Lage der Punkte X, Y nachgewiesen. Diese Ungleichung liefert in Verbindung mit der Ungleichung (15)

$$\varrho_{\boldsymbol{F}}(XY) = \lim_{n\to\infty} \varrho_{\boldsymbol{F}_n}(X_nY_n),$$

was zu beweisen war.

Ebenso läßt sich folgendes beweisen: Wenn die $\boldsymbol{F}_n$ gegen eine Strecke konvergieren und die Punkte X_n, Y_n von $\boldsymbol{F}_n$ gegen X und Y streben, so konvergiert $\varrho_{\boldsymbol{F}_n}(X_nY_n)$ gegen die Entfernung zwischen X und Y. Wenn die Strecke in einen Punkt ausartet, so strebt $\varrho_{\boldsymbol{F}_n}(X_n Y_n)$ gegen Null.

Den Satz 1 kann man verschärfen, indem man beweist, daß die Konvergenz der Metriken konvergierender konvexer Flächen in einem gewissen Sinne gleichmäßig ist. Es besteht nämlich der

Satz 2: *Zu jeder geschlossenen konvexen Fläche* $\boldsymbol{F}$ *und jedem* $\varepsilon > 0$ *gibt es ein* $\delta > 0$ *derart, daß, sobald die Abweichung*[1]) *einer konvexen Fläche* $\boldsymbol{S}$ *von* $\boldsymbol{F}$ *und die Entfernungen irgendwelcher Punkte* X *und* Y *auf* $\boldsymbol{F}$ *von Punkten* A *und* B *auf* $\boldsymbol{S}$ *kleiner als* δ *sind,*

$$|\varrho_{\boldsymbol{F}}(XY) - \varrho_{\boldsymbol{S}}(AB)| < \varepsilon$$

ist, wo $\varrho_{\boldsymbol{F}}$ *und* $\varrho_{\boldsymbol{S}}$ *die Entfernungen auf* $\boldsymbol{F}$ *und* $\boldsymbol{S}$ *bezeichnen.*

Beweis: Nehmen wir das Gegenteil an. Dann müßte eine gegen $\boldsymbol{F}$ konvergierende Folge von Flächen $\boldsymbol{S}_n$ mit folgender Eigenschaft existieren: Auf $\boldsymbol{F}$ lassen sich Punkte X^n und Y^n, auf $\boldsymbol{S}_n$ Punkte X_n, Y_n so wählen, daß die Entfernungen

[1]) Als Entfernung $\varrho(X\boldsymbol{F})$ des Punktes X von der Punktmenge $\boldsymbol{F}$ bezeichnet man die untere Grenze der Entfernungen von X von den Punkten von $\boldsymbol{F}$. Abweichung der Punktmenge $\boldsymbol{F}_1$ von der Punktmenge $\boldsymbol{F}_2$ nennt man die obere Grenze der Entfernungen der Punkte von $\boldsymbol{F}_1$ von der Punktmenge $\boldsymbol{F}_2$. Die größere unter den Abweichungen $\boldsymbol{F}_1$ von $\boldsymbol{F}_2$ und $\boldsymbol{F}_2$ von $\boldsymbol{F}_1$ heißt die Abweichung von $\boldsymbol{F}_1$ und $\boldsymbol{F}_2$ voneinander. Wenn die Abweichungen der Flächen $\boldsymbol{F}_n$ von $\boldsymbol{F}$ gegen Null streben, so konvergieren die $\boldsymbol{F}_n$ gegen $\boldsymbol{F}$.

der Punkte X^n und Y^n von den Punkten X_n und Y_n gegen Null streben, daß aber für beliebig große n

(27) $$|\varrho_{S_n}(X_n Y_n) - \varrho_F(X^n Y^n)| > \varepsilon > 0$$

gilt.

Aus den Folgen der Punkte X^n und Y^n kann man konvergierende Folgen auswählen; daher kann man gleich annehmen, daß die Punktfolgen X_n und Y_n auf $\boldsymbol{S}_n$ gegen gewisse Punkte X und Y auf $\boldsymbol{F}$ konvergieren. Dann erhalten wir statt (27):

(28) $$|\varrho_{S_n}(X_n Y_n) - \varrho_F(XY)| \geqq \varepsilon > 0.$$

Nach Satz 1 gilt aber $\varrho_{S_n}(X_n Y_n) \to \varrho_F(XY)$. Dies widerspricht der Ungleichung (28), womit der Satz bewiesen ist.

Aus Satz 1 ergibt sich auch die folgende Aussage:

Satz 3: *Eine Folge geschlossener konvexer Flächen $\boldsymbol{F}_n$ konvergiere gegen die Fläche $\boldsymbol{F}$ und eine Folge von Punktepaaren X_n, Y_n auf $\boldsymbol{F}_n$ gegen das Punktepaar X, Y auf $\boldsymbol{F}$; dann kann man aus jeder Folge von Kürzesten $X_n Y_n$ auf den Flächen $\boldsymbol{F}_n$ eine Teilfolge auswählen, die gegen eine Kürzeste XY auf der Fläche $\boldsymbol{F}$ konvergiert.*

Beweis: Nach Satz 1 gilt unter den Voraussetzungen unseres Hilfssatzes

(29) $$\varrho_F(XY) = \lim_{n\to\infty} \varrho_{F_n}(X_n Y_n),$$

wo $\varrho_F(XY)$ die Entfernung auf $\boldsymbol{F}$, d. h. gleich der Länge einer Kürzesten XY ist, und $\varrho_{F_n}(X_n Y_n)$ die Entfernung auf $\boldsymbol{F}_n$, d. h. die Länge einer Kürzesten $X_n Y_n$ bedeutet. Andererseits kann man aus jeder Folge rektifizierbarer, in einem beschränkten Gebiet des Raumes liegender Kurven, deren Längen eine gemeinsame Schranke besitzen, eine konvergierende Folge auswählen. Dabei wird die Länge der Grenzkurve nicht größer als der untere Limes der Längen der Kurven dieser Folge. Aus Formel (29) geht hervor, daß die Längen der Kürzesten $X_n Y_n$ eine gemeinsame Schranke besitzen und daß ihr Grenzwert gleich $\varrho_F(XY)$ ist. Daher kann man eine Folge $X_{n_i} Y_{n_i}$ wählen, die gegen eine gewisse Kurve XY mit einer $\varrho_F(XY)$ nicht übertreffenden Länge konvergiert. Diese Kurve liegt aber offenbar auf der Fläche $\boldsymbol{F}$, und folglich kann ihre Länge nicht kleiner als $\varrho_F(XY)$ sein. Sie ist daher gleich $\varrho_F(XY)$, d. h. die Kurve XY ist eine Kürzeste auf $\boldsymbol{F}$.

§ 2. Die Konvexitätsbedingung für eine polyedrische Metrik

In Kap. I ist die „Konvexitätsbedingung" für Metriken eingeführt worden, die folgendes besagt: *Seien $\mathfrak{L}$ und $\mathfrak{M}$ zwei von einem Punkte Q ausgehende Kürzeste in einer Mannigfaltigkeit mit einer inneren Metrik. Seien X und Y veränderliche Punkte auf diesen Kürzesten, x und y die Entfernungen der Punkte X und Y von dem Punkt Q und $z = z(x, y)$ die Entfernung der Punkte X und Y. Sei schließlich*

$\gamma(x, y)$ der Winkel in dem ebenen Dreieck mit den Seitenlängen x, y, z, der der Seite der Länge z gegenüberliegt. Die Konvexitätsbedingung fordert, daß $\gamma(x, y)$ auf jedem Intervall $0 < x \leqq x_0$, $0 < y \leqq y_0$, auf dem Kürzeste XY existieren, eine nichtwachsende Funktion von x und y ist[1]. (Die Werte $x = 0$, $y = 0$ sind dabei ausgeschlossen, da $\gamma(x, 0)$ und $\gamma(0, y)$ nicht definiert sind.)

Es ist unser Ziel zu zeigen, daß die innere Metrik jeder konvexen Fläche der Konvexitätsbedingung genügt. Legt man diese Bedingung zugrunde, so kann man die innere Geometrie der konvexen Flächen entwickeln, ohne andere Eigenschaften ihrer inneren Metrik heranzuziehen als die allgemeinen Eigenschaften jeder inneren Metrik überhaupt. Wir werden zunächst zeigen, daß die Konvexitätsbedingung auf konvexen Polyedern erfüllt ist; danach werden wir sie durch Grenzübergang auf beliebige konvexe Flächen übertragen. Die gesamte Ableitung der Konvexitätsbedingung auf Polyedern besitzt rein innergeometrischen Charakter. Von konvexen Polyedern brauchen wir nur zu wissen, daß ihre Metrik eine polyedrische Metrik positiver Krümmung ist. Daher werden wir an Stelle von Polyedern beliebige Mannigfaltigkeiten $\mathfrak{r}$ mit einer solchen Metrik betrachten.

Bevor wir beweisen, daß in der Mannigfaltigkeit $\mathfrak{r}$ die Konvexitätsbedingung erfüllt ist, leiten wir einige Grundeigenschaften der Kürzesten in $\mathfrak{r}$ ab. Übrigens werden wir diese Eigenschaften auch späterhin brauchen.

1. Nach Definition einer polyedrischen Metrik positiver Krümmung besitzt jeder Punkt einer Mannigfaltigkeit, in der eine solche Metrik vorgegeben ist, eine Umgebung, die einem Kegel isometrisch ist, dessen voller Winkel an der Spitze 2π nicht übertrifft. Daher stellt eine von einem beliebigen Punkte Q ausgehende Kürzeste in der Umgebung dieses Punktes eine von der Spitze ausgehende geradlinige Strecke auf einem solchen Kegel dar. Hieraus folgt auch, daß *zwischen Kürzesten, die von einem Punkt Q ausgehen, ein bestimmter Winkel existiert: der Winkel zwischen den Strecken, auf die sich die Kürzesten in der Umgebung des Punktes Q reduzieren.*

2. *Eine Kürzeste kann nicht durch einen Punkt hindurchgehen, dessen voller Winkel kleiner als 2π ist.*

In der Tat würden die zwei von einem solchen Punkt Q ausgehenden Zweige einer Kürzesten seine Umgebung in zwei Sektoren zerlegen. Die Summe der Winkel dieser Sektoren wäre kleiner als 2π, und daher wäre wenigstens einer dieser Winkel kleiner als π. Wickelt man diesen Sektor auf die Ebene ab, so zeigt sich, daß jener Winkel durch eine Strecke geschnitten werden könnte, die zwei beliebige Punkte X und Y auf seinen Schenkeln verbindet. Diese Strecke XY wäre kürzer als die Summe der Abschnitte QX und QY der Kürzesten, was der Definition einer Kürzesten widerspricht.

3. *Eine Kürzeste besitzt eine Umgebung, die auf die Ebene abgewickelt werden kann, wobei die Kürzeste in eine geradlinige Strecke übergeht.*

---

[1]) Es ist nützlich, im Auge zu behalten, daß auf Grund der stetigen Abhängigkeit der Entfernung $\varrho(XY)$ von den Punkten X und Y die Funktion $\gamma(x, y)$ eine stetige Funktion von x und y ist.

Wenn ein Endpunkt einer Kürzesten in einem Punkt Q liegt, dessen voller Winkel kleiner als 2π ist, so kann man seine Umgebung nicht auf die Ebene abwickeln. Ziehen wir aber von Q aus eine Strecke auf einem Kegel, dem eine Umgebung von Q isometrisch ist, und schneiden diese Umgebung längs dieser Strecke auf[1]), so können wir diese Umgebung auf die Ebene abwickeln. Die Möglichkeit, eine Umgebung eines Endpunktes einer Kürzesten auf die Ebene abzuwickeln, wollen wir in diesem Sinne verstehen.

Da wir bewiesen haben, daß eine Kürzeste nicht durch einen Punkt mit einem vollen Winkel kleiner als 2π hindurchgehen kann, ist der volle Winkel um jeden inneren Punkt einer Kürzesten gleich 2π. Deshalb kann man die Umgebung eines solchen Punktes auf die Ebene abwickeln. Aus der Definition einer Kürzesten folgt offenbar, daß beim Abwickeln einer Umgebung eines ihrer Punkte auf die Ebene die Kürzeste selbst in eine geradlinige Strecke übergeht. Wenn uns also eine Kürzeste $\mathfrak{L}$ gegeben ist, so können wir um jeden ihrer Punkte eine Umgebung legen, die auf die Ebene abgewickelt werden kann. Aus diesen Umgebungen kann man eine endliche Anzahl auswählen, die die Kürzeste $\mathfrak{L}$ ganz überdecken. Wenn wir diese Umgebungen nacheinander auf die Ebene abwickeln, so wird damit die gesamte von ihnen gebildete Umgebung der Kürzesten $\mathfrak{L}$ abgewickelt, und da $\mathfrak{L}$ selbst in jedem kleinen Abschnitt in eine geradlinige Strecke übergeht, so muß sie auch im ganzen in eine geradlinige Strecke übergehen.

4. *Wenn zwei von einem Punkt A ausgehende Kürzeste AB und AC auf einem gewissen Abschnitt AD zusammenfallen, so ist eine von ihnen in der anderen enthalten, d. h. die Deckungsbedingung für Kürzeste ist erfüllt.*

Wenn die Kürzesten AB und AC auf einem gewissen Abschnitt zusammenfallen und dabei keine von ihnen in der anderen enthalten ist, so existiert offenbar ein Abschnitt AD, auf dem sie zusammenfallen, während sie im weiteren Verlauf — auf den Abschnitten DB und DC — auseinandergehen. Wenn man aber eine Umgebung der Kürzesten AB auf die Ebene abwickelt, geht sie in eine geradlinige Strecke über. Gleichzeitig geht auch die Kürzeste AC in eine geradlinige Strecke über (jedenfalls derjenige ihrer Teile, der in der abgewickelten Umgebung liegt). Zwei geradlinige Strecken können aber selbstverständlich nicht auf irgendeinem Abschnitt AD zusammenfallen und danach auseinandergehen. Folglich ist dies auch für die Kürzesten AB und AC unmöglich, was zu beweisen war.

Außer diesen einfachen Tatsachen über Kürzeste benötigen wir noch einige tiefer liegende Ergebnisse:

---

[1]) Wir werden diese Operation, einen Bereich einer Mannigfaltigkeit längs einer Kurve aufzuschneiden, auch weiterhin verwenden. Daher geben wir hier eine strenge Definition dieser Operation. Sei $\mathfrak{L}$ eine Kurve endlicher Länge ohne Mehrfachpunkte in einem Bereich G. Das Aufschneiden des Bereiches G längs der Kurve $\mathfrak{L}$ besteht darin, daß G durch einen Bereich G' ersetzt wird, der zwei Kurven $\mathfrak{L}_1$ und $\mathfrak{L}_2$ mit gemeinsamen Endpunkten enthält, derart, daß durch Identifizierung der von einem Endpunkt gleich weit entfernten Punkte von $\mathfrak{L}_1$ und $\mathfrak{L}_2$ (die Entfernung soll dabei längs der betreffenden Kurven gemessen werden) der Bereich G' in einen zu G isometrischen Bereich übergeht.

Hilfssatz 1: *Seien in einem kompakten Bereich* $\boldsymbol{G}$ *einer Mannigfaltigkeit mit einer polyedrischen Metrik positiver Krümmung eine Kürzeste* AB *und ein nicht auf* AB *liegender Punkt* C *vorgegeben, mit dem jeder Punkt* X *von* AB *durch eine ganz im Bereiche* $\boldsymbol{G}$ *liegende Kürzeste verbunden werden kann. Die Kürzesten* CX *können von dem Punkt* X *aus entweder nach einer einzigen oder nach beiden Seiten von* AB *abgehen. Bezüglich dieser Kürzesten gelten folgende Aussagen:*

1. *Wenn die Punkte* X *gegen* B *konvergieren und dabei immer von* B *verschieden bleiben, so konvergieren die Winkel* ξ *zwischen* CX *und* AX *gegen einen bestimmten Grenzwert; dieser Grenzwert ist nicht größer als der Winkel* α *zwischen* AB *und einer beliebig gegebenen Kürzesten* BC[1]: $\lim\limits_{X \to B} \xi \leqq \alpha$ (Abb. 31).
2. *Wenn eine Folge von Punkten* X_n *gegen* B *konvergiert und die Kürzesten* CX_n *von* X_n *aus nach ein und derselben Seite von* AB *verlaufen, so konvergieren diese Kürzesten gegen eine bestimmte Kürzeste* $\overline{BC}$, *die die Punkte* B *und* C *verbindet.*

(Es gibt folglich höchstens zwei solche Kürzesten $\overline{CB}$ und $\overline{\overline{CB}}$, die Grenzkurven der Kürzesten CX für $X \to B$ $(X \neq B)$ sind. Eine dieser Kürzesten $\overline{BC}$ und $\overline{\overline{BC}}$ ist die Grenzkurve der Kürzesten CX, die nach der einen Seite von AB abgehen, die andere die Grenzkurve der Kürzesten CX, die nach der anderen Seite von AB abgehen. Es ist klar, wie man die beiden Seiten der Kürzesten AB unterscheiden kann; eine Umgebung der Kürzesten kann ja auf die Ebene abgewickelt werden, wobei die Kürzeste selbst in eine geradlinige Strecke übergeht.)

Beweis: Wir wählen uns eine auf die Ebene abwickelbare Umgebung $\boldsymbol{U}$ der Kürzesten AB. Dabei werden wir keinen Unterschied machen zwischen der Umgebung $\boldsymbol{U}$ und ihren Punkten einerseits und der auf die Ebene abgewickelten Umgebung und ihren Punkten andererseits. Ist der volle Winkel um den Punkt B (oder A) kleiner als 2π, so schneiden wir die Umgebung $\boldsymbol{U}$ längs der von B ausgehenden Kürzesten, die mit AB auf beiden Seiten gleiche Winkel bildet, auf. In diesem Falle wird die auf die Ebene abgewickelte Umgebung $\boldsymbol{U}$ zwar den Punkt B nicht umschließen, jedoch bezüglich derjenigen geradlinigen Strecke symmetrisch liegen, in die sich die Kürzeste AB abwickelt.

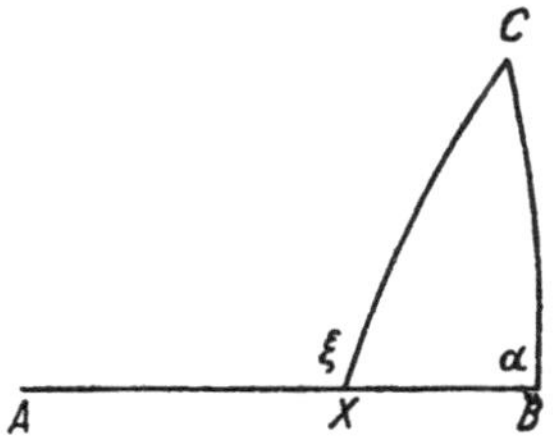

Abb. 31

Wir betrachten eine Folge gegen B konvergierender und von B verschiedener Punkte X_n und nehmen an, daß jeder Punkt X_n so mit C durch eine Kürzeste CX_n verbunden werden kann, daß diese Kürzesten CX_n gegen eine gewisse Kürzeste $\overline{BC}$ konvergieren. Die in der Umgebung $\boldsymbol{U}$ enthaltenen Abschnitte der Kürzesten CX_n und $\overline{BC}$ gehen beim Abwickeln auf die Ebene in geradlinige Strecken über, und aus der Konvergenz der Kürzesten folgt die Konvergenz dieser Strecken.

---

[1]) Es kann ja mehrere die Punkte B und C verbindende Kürzeste geben.

Ist ξ_n der Winkel zwischen CX_n und AX_n und $\bar{\alpha}$ der Winkel zwischen $\overline{BC}$ und AB, so folgt hieraus offenbar

$$\bar{\alpha} = \lim_{n \to \infty} \xi_n. \tag{1}$$

Sei jetzt BC eine beliebige die Punkte B und C verbindende Kürzeste und α der von ihr mit AB gebildete Winkel. Wir zeigen, daß

$$\alpha \geqq \bar{\alpha} = \lim_{n \to \infty} \xi_n \tag{2}$$

gilt. Nehmen wir im Gegensatz dazu an, es sei $\alpha < \bar{\alpha}$. Dann ließe sich ein $\delta > 0$ finden derart, daß für alle genügend großen n

$$\xi_n > \alpha + \delta$$

wäre. Seien $\mathfrak{L}$ und $\mathfrak{L}_n$ Abschnitte der Kürzesten BC und CX_n, die in der Umgebung U enthalten sind. In der auf die Ebene abgewickelten Umgebung U entsprächen ihnen geradlinige Strecken $\mathfrak{L}$ und $\mathfrak{L}_n$, die mit AB und AX_n die Winkel α und ξ_n bilden. Für diese Strecken gäbe es zwei Möglichkeiten:

1. Sie liegen auf einer Seite von AB (Abb. 32).
2. Sie liegen auf verschiedenen Seiten von AB (Abb. 33).

Im ersten Falle folgte aus $\xi_n > \alpha + \delta$ offenbar, daß sich die Strecken $\mathfrak{L}$ und $\mathfrak{L}_n$ schneiden, sobald der Punkt X_n genügend nahe bei B gelegen ist. Dies würde aber bedeuten, daß sich die Kürzesten BC und CX_n schneiden würden. Wir haben

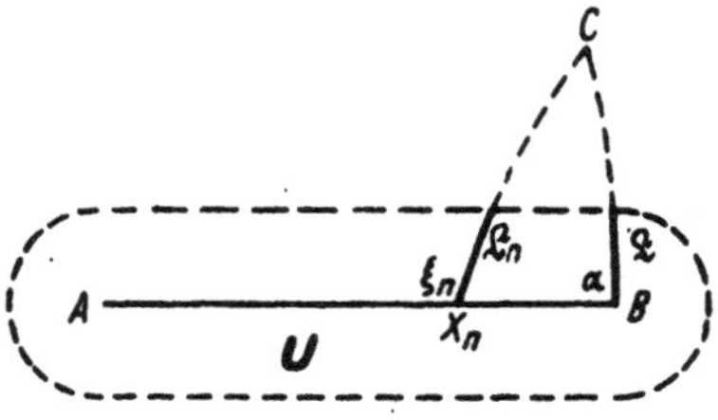

Abb. 32

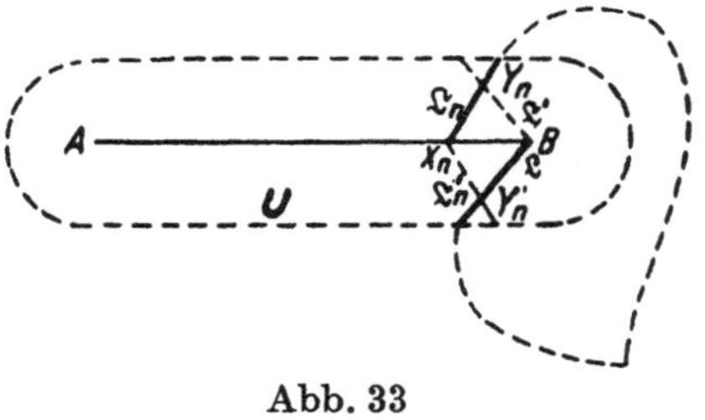

Abb. 33

aber weiter oben gezeigt, daß in einer polyedrischen Metrik mit positiver Krümmung die Deckungsbedingung für Kürzeste erfüllt ist, nach der (nach dem Satz aus § 3 des Kap. II) zwei von einem Punkte C ausgehende Kürzeste sich nicht schneiden können. Somit führt im ersten Fall, in dem die Strecken $\mathfrak{L}$ und $\mathfrak{L}_n$ auf einer Seite von AB liegen, die Annahme $\alpha < \lim_{n \to \infty} \xi_n$ zu einem Widerspruch. Also muß $\alpha \geqq \lim_{n \to \infty} \xi_n$ sein.

Betrachten wir jetzt den zweiten Fall, daß die Strecken $\mathfrak{L}$ und $\mathfrak{L}_n$ auf verschiedenen Seiten der Kürzesten AB liegen.

Wir konstruieren die Strecken $\mathfrak{L}'$ und $\mathfrak{L}'_n$, die zu den Strecken $\mathfrak{L}$ und $\mathfrak{L}_n$ bezüglich AB symmetrisch gelegen sind (Abb. 33). Dann wäre auch der Winkel zwischen AB und $\mathfrak{L}'$ gleich α, wegen $\xi_n > \alpha + \delta$ würden sich die Strecken $\mathfrak{L}'$ und $\mathfrak{L}_n$

schneiden, sobald der Punkt X_n genügend nahe bei B liegt. Wir zeigen, daß dies nicht möglich ist.

Würden sich die Strecken $\mathfrak{L}'$ und $\mathfrak{L}_n$ im Punkte Y_n schneiden, so würden sich aus Symmetriegründen die Strecken $\mathfrak{L}$ und $\mathfrak{L}'_n$ in dem symmetrisch gelegenen Punkt Y'_n schneiden. Die Kürzesten CX_n und CB würden durch diese Punkte beide in zwei Abschnitte zerlegt:

$$CX_n = CY_n + Y_nX_n \quad \text{und} \quad CB = CY_n + Y'_nB.$$

Daneben betrachten wir die Linie $CY_n + Y_nB$, die aus dem Abschnitt CY_n der Kürzesten CX_n und dem Abschnitt Y_nB besteht. Sie verbindet die Punkte C und B; da CB eine Kürzeste ist, so wäre

$$CY_n + Y_nB \geqq CB = CY_n + Y'_nB.$$

Da aus Symmetriegründen $Y_nB = Y'_nB$ ist, so folgte

$$CY_n \geqq CY'_n.$$

Nun spielen die Punkte Y_n und Y'_n aber dieselbe Rolle, daher müßte auch $CY'_n \geqq CY_n$ sein (es genügt an Stelle der Linie $CY_n + Y_nB$ die Linie $CY'_n + Y'_nX_n$ zu betrachten und sie mit der Kürzesten CX_n zu vergleichen). Daher wären die Abschnitte CY_n und CY'_n der Kürzesten CX_n und CB einander gleich. Also gälte

$$CB = CY'_n + Y_nB = CY_n + Y_nB,$$

d.h. die Linie $CY_n + Y_nB$ wäre gleichfalls eine die Punkte B und C verbindende Kürzeste. Sie würde sich aber mit der Kürzesten CX_n längs des Abschnittes CY_n decken, was der Deckungsbedingung für Kürzeste widerspräche. Dieser Widerspruch zeigt, daß sich die Strecken $\mathfrak{L}$ und $\mathfrak{L}'_n$ nicht schneiden können. Folglich ist unsere Annahme $\alpha < \lim\limits_{n\to\infty} \xi_n$ unmöglich, und somit ist auch im zweiten Falle

$$\alpha \geqq \lim_{n\to\infty} \xi_n.$$

Es mögen jetzt die Punkte X (die auf AB liegen und von B verschieden sind) gegen B in beliebiger Weise konvergieren. Angenommen, die Winkel ξ zwischen den Kürzesten CX und AX würden nicht gegen einen Grenzwert streben. Dann könnte man zwei Folgen von Punkten X, nämlich X_n und X'_n, so wählen, daß 1. die Grenzwerte der entsprechenden Winkel ξ_n und ξ'_n existierten und $\lim\limits_{n\to\infty} \xi_n > \lim\limits_{n\to\infty} \xi'_n$ wäre, 2. die Kürzesten CX_n und CX'_n gegen gewisse Kürzeste $\overline{CB}$ bzw. $\overline{\overline{CB}}$ streben würden. (Die zweite Bedingung könnte erfüllt werden, weil auf Grund der Kompaktheit des betrachteten Bereiches aus jeder Folge von Kürzesten eine konvergierende Folge ausgewählt werden kann.) Sind $\bar{\alpha}$ und $\bar{\bar{\alpha}}$ die von den Kürzesten $\overline{CB}$ bzw. $\overline{\overline{CB}}$ mit AB gebildeten Winkel, so gilt nach (1):

$$\bar{\alpha} = \lim_{n\to\infty} \xi_n \quad \text{und} \quad \bar{\bar{\alpha}} = \lim_{n\to\infty} \xi'_n.$$

Da $\overline{\overline{\alpha}}$ der Winkel zwischen den Kürzesten $\overline{\overline{BC}}$ und AB ist, so ist nach (2)

$$\overline{\overline{\alpha}} \geqq \lim_{n\to\infty} \xi_n,$$

d. h. $\lim\limits_{n\to\infty} \xi_n' \geqq \lim\limits_{n\to\infty} \xi_n$, während nach Voraussetzung $\lim\limits_{n\to\infty} \xi_n' < \lim\limits_{n\to\infty} \xi_n$ sein sollte. Der so erhaltene Widerspruch zeigt, daß die Winkel gegen einen bestimmten Grenzwert konvergieren müssen. Dabei übertrifft nach Formel (2) $\lim\limits_{X\to B} \xi$ den Winkel α zwischen der Kürzesten AB und einer beliebigen Kürzesten BC nicht. Somit ist die erste Behauptung des Hilfssatzes bewiesen. Außerdem ist damit auch bewiesen, daß jede Kürzeste BC, die Grenzkurve einer Folge von Kürzesten CX ist, mit AB einen und denselben Winkel $\alpha = \lim\limits_{X\to B} \xi$ bildet. Es gibt aber offenbar nur zwei solcher Kürzesten BC: die eine bildet den Winkel α auf der einen Seite von AB, die andere auf der anderen. Wenn deshalb die Kürzesten CX nach einer Seite von AB verlaufen, so konvergieren sie gegen die entsprechende Kürzeste BC[1]). Somit ist auch die zweite Behauptung unseres Hilfssatzes bewiesen.

Wir werden uns noch des folgenden einfachen Hilfssatzes aus der Planimetrie bedienen:

Hilfssatz 2: *Sind in zwei konvexen Vierecken in der Ebene entsprechende Seiten einander gleich, so sind entweder auch alle ihre entsprechenden Winkel einander gleich, oder in einem der Vierecke werden die Winkel, die größer sind als die entsprechenden des anderen, durch Winkel, die kleiner sind als die entsprechenden Winkel des anderen Vierecks, getrennt* (Abb. 34).

Zu den konvexen Vierecken rechnen wir auch die Grenzfälle, daß einige der Winkel gleich π oder gleich Null sind, d. h. wir lassen zu, daß das Viereck in ein Dreieck ausartet, in dem ein beliebiger Punkt einer Seite als vierter Eckpunkt angesehen wird, oder sogar in eine Strecke, die in diesem Falle als aus vier Seiten bestehend angenommen werden muß: ein Seitenpaar liegt auf dem anderen.

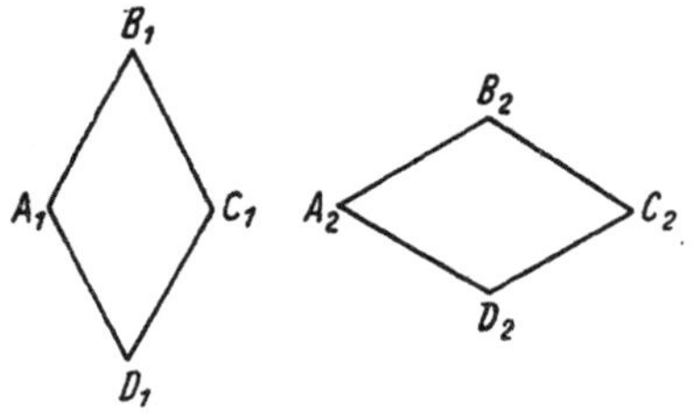

Abb. 34

Beweis des Hilfssatzes: Seien $A_1B_1C_1D_1$ und $A_2B_2C_2D_2$ zwei konvexe Vierecke auf der Ebene. Ihre Eckpunkte seien in zyklischer Reihenfolge bezeichnet. Die entsprechenden Seiten sollen gleich sein, d. h. $A_1B_1 = A_2B_2$ usw.

Ist etwa der Winkel bei A_1 in dem ersten Viereck größer als der Winkel bei A_2 in dem zweiten, so ist die Diagonale B_1D_1 größer als die Diagonale B_2D_2. Dies

[1]) Konvergieren müssen sie jedenfalls. Da nämlich der Bereich G kompakt ist, kann man aus jeder Folge von Kürzesten CX_n eine konvergierende Folge auswählen.

folgt aus dem Satz: Sind in zwei Dreiecken zwei Seiten des einen zwei Seiten des anderen gleich, aber die von diesen Seiten eingeschlossenen Winkel ungleich, so liegt dem größeren Winkel die größere Seite gegenüber. Ist aber B_1D_1 größer als B_2D_2, so ist nach der Umkehrung dieses Satzes der Winkel bei C_1 größer als der Winkel bei C_2.

Die Winkelsumme in einem Viereck ist immer gleich 2π. Daher muß wenigstens einer der Winkel bei B_1 oder D_1 im ersten Viereck kleiner sein als der entsprechende Winkel in dem anderen. Ist aber etwa der Winkel bei B_1 kleiner als der Winkel bei B_2, so ergibt sich durch Anwendung desselben Satzes über Dreiecke, daß auch der Winkel bei D_1 kleiner ist als der Winkel bei D_2, und der Hilfssatz ist bewiesen.

Satz: *In jedem kompakten Bereich in einer Mannigfaltigkeit mit einer polyedrischen Metrik positiver Krümmung ist die Konvexitätsbedingung erfüllt*, d. h. liegen die von einem Punkt Q ausgehenden Kürzesten $\mathfrak{L}$ und $\mathfrak{M}$ in einem gewissen kompakten Bereich $\boldsymbol{G}$ und lassen sich je zwei ihrer Punkte durch eine in $\boldsymbol{G}$ verlaufende Kürzeste verbinden, so ist für diese Kürzesten $\mathfrak{L}$, $\mathfrak{M}$ der Winkel $\gamma(x,y)$ eine nichtwachsende Funktion von x und y.

(Eigentlich ist es überflüssig, sich auf kompakte Bereiche zu beschränken: die Konvexitätsbedingung ist in einer polyedrischen Metrik positiver Krümmung allgemein erfüllt; nur beweisen wir hier diesen allgemeineren Satz nicht.)

Beweis: Es genügt offenbar zu beweisen, daß $\gamma(x,y)$ für jedes konstante y eine nichtwachsende Funktion von x ist, d. h. daß für $x_1 < x_2$ die Ungleichung $\gamma(x_1,y) \geqq \gamma(x_2,y)$ gilt. Da x und y dieselbe Rolle spielen, können wir dann schließen, daß für $y_1 < y_2$ auch $\gamma(x,y_1) \geqq \gamma(x,y_2)$ und folglich für beliebige $x_1 < x_2$, $y_1 < y_2$ auch $\gamma(x_1,y_1) \geqq \gamma(x_2,y_1) \geqq \gamma(x_2,y_2)$ gilt, d. h. $\gamma(x,y)$ eine nichtwachsende Funktion von x und y ist. Wir wählen also einen beliebigen inneren Punkt Y der Kürzesten $\mathfrak{M}$, halten ihn fest und lassen nur den Punkt X variieren. Da dann y konstant ist, können wir es der Kürze halber als Argument weglassen und statt $\gamma(x,y)$ einfach $\gamma(x)$ schreiben. Die Länge der Kürzesten XY bezeichnen wir entsprechend durch $z(x)$. Unter einer Kürzesten XY verstehen wir eine beliebige, die Punkte X und Y verbindende Kürzeste, die in dem gegebenen kompakten Bereich $\boldsymbol{G}$ verläuft.

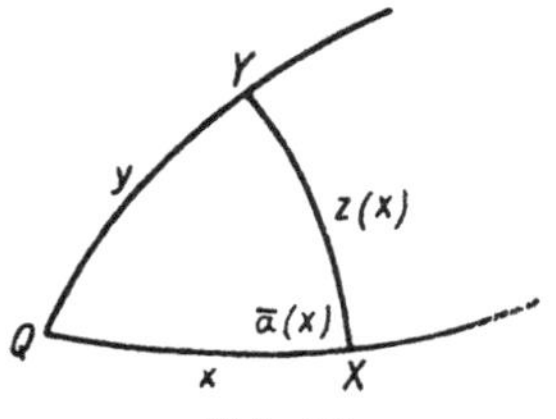

Abb. 35

Sei $\bar{\alpha}(x)$ der Winkel zwischen einer Kürzesten XY und dem Abschnitt QX der Kürzesten $\mathfrak{L}$. Da es bei gegebener Lage des Punktes X mehrere Kürzeste XY geben kann, so ist $\bar{\alpha}(x)$ im allgemeinen keine eindeutige Funktion von x. Wenn nicht ausdrücklich etwas Gegenteiliges gesagt ist, so kann unter $\bar{\alpha}(x)$ der Winkel zwischen einer beliebigen Kürzesten XY und dem Abschnitt QX der Kürzesten $\mathfrak{L}$ verstanden werden (Abb. 35). Den entsprechenden Winkel in dem ebenen Dreieck mit den Seitenlängen x, y, $z(x)$, d. h. den Winkel zwischen den Seiten der Länge x und $z(x)$, bezeichnen wir mit $\alpha(x)$. Dieses $\alpha(x)$ ist eine eindeutige und stetige Funktion von x, da die Entfernung $z(x) = XY$ eine eindeutige und stetige Funktion von x ist.

Nach diesen vorbereitenden Bemerkungen wenden wir uns dem eigentlichen Beweis des Satzes zu[1]). Wir werden gleichzeitig zwei Behauptungen beweisen:

(A) $\gamma(x)$ *ist eine nichtwachsende Funktion von* x.

(B) *Für alle* x *ist* $\alpha(x) \leqq \bar{\alpha}(x)$, d. h. $\alpha(x)$ ist nicht größer als jeder beliebige der Werte von $\bar{\alpha}(x)$.

Diese zweite Behauptung werden wir zum Beweis der ersten benötigen.

Zunächst beweisen wir die beiden Behauptungen für genügend kleine x.

Liegt der Punkt X genügend nahe bei Q, so beranden die Kürzesten QX, QY, XY ein Dreieck, das auf die Ebene abgewickelt werden kann. In der Tat: Da die Deckungsbedingung für Kürzeste erfüllt ist, so ist der Abschnitt QY der Kürzesten $\mathfrak{M}$ die einzige Kürzeste, die die Punkte Q und Y verbindet, und wenn X gegen Q strebt, muß also die Kürzeste XY gegen QY konvergieren. Nun läßt sich eine Umgebung der Kürzesten $\mathfrak{M}$ auf die Ebene abwickeln; dann wickelt sich auch das ganze Dreieck QXY auf die Ebene ab und geht dabei in ein Dreieck mit den Seiten x, y, $z(x)$ über. Sein der Seite z gegenüberliegender Winkel ist $\gamma(x)$, während der der Seite y gegenüberliegende Winkel $\alpha(x)$ ist. Solange das Dreieck QXY auf die Ebene abwickelbar bleibt, ist offenbar $\gamma(x)$ konstant ($\gamma(x)$ ist gleich dem Winkel bei Q im Dreieck QXY), während $\alpha(x)$ gleich dem Winkel $\bar{\alpha}(x)$ zwischen QX und XY ist. Für genügend kleine x gilt folglich

$$\gamma(x) = \text{const} \quad \text{und} \quad \alpha(x) = \bar{\alpha}(x),$$

d. h. beide Behauptungen (A) und (B) sind für kleine x richtig. Sei x_0 die größte Zahl, für die die Behauptungen (A) und (B) auf dem Intervall $0 < x < x_0$ richtig sind; wir beweisen, daß x_0 gleich der Länge a der Kürzesten $\mathfrak{L}$ ist, d. h. wir zeigen, daß beide Behauptungen für die ganze Länge der Kürzesten $\mathfrak{L}$ zutreffen.

Zum Beweise nehmen wir das Gegenteil an, d. h. wir nehmen an, es sei $x_0 < a$, so daß der entsprechende Punkt X_0 im Innern der Kürzesten $\mathfrak{L}$ läge. Da $\gamma(x)$ eine stetige Funktion von x ist, so ist sie auch auf dem ganzen rechtsabgeschlossenen Intervall $0 < x \leqq x_0$ nicht wachsend.

Die Ungleichung (B) ist auch für $x = x_0$ richtig. In der Tat: Da $\alpha(x)$ eine stetige Funktion von x ist, so gilt

$$\alpha(x_0) = \lim_{x \to x_0} \alpha(x). \tag{3}$$

Andererseits streben, wenn die Punkte X von links gegen X_0 konvergieren, auf Grund von Hilfssatz 1 die Winkel $\bar{\alpha}(x)$ gegen einen Grenzwert, der nicht größer als ein beliebiger der Werte $\bar{\alpha}(x_0)$ ist, d. h. es ist

$$\lim_{x \to x_0} \bar{\alpha}(x) \leqq \bar{\alpha}(x_0). \tag{4}$$

---

[1]) Der Fall ist nicht ausgeschlossen, daß die Kürzeste XY auf $\mathfrak{L}$ und $\mathfrak{M}$ liegt. Dann ist $\gamma(x) = \pi$, $\alpha(x) = \bar{\alpha}(x) = 0$. Es kann auch vorkommen, daß $\mathfrak{L}$ und $\mathfrak{M}$ einander decken. (In diesem Falle ist jedoch offenbar $\gamma(x)$ stets gleich Null und der Satz somit richtig.) Wir schließen diese Ausartungen nicht aus, wollen aber nicht näher auf sie eingehen. Unsere Überlegungen werden so ausgeführt, als ob diese Fälle nicht vorlägen. Sie sind aber auch in diesen ausgearteten Fällen stichhaltig.

Da nach Voraussetzung $\alpha(x) \leqq \bar{\alpha}(x)$ für $x < x_0$ ist, so folgt aus (3) und (4):

$$\alpha(x_0) \leqq \bar{\alpha}(x_0).$$

Auf dem ganzen rechtsabgeschlossenen Intervall $0 < x \leqq x_0$ ist also $\gamma(x)$ eine nichtwachsende Funktion, und die Winkel $\alpha(x)$ und $\bar{\alpha}(x)$ genügen der Ungleichung (B): $\alpha(x) \leqq \bar{\alpha}(x)$.

Wir beweisen jetzt, daß auch dann, wenn x größer als x_0, aber x_0 genügend benachbart ist,

$$\gamma(x_0) \geqq \gamma(x) \quad \text{und} \quad \alpha(x) \leqq \bar{\alpha}(x)$$

gilt. Zum Beweise betrachten wir die Punkte X, die auf $\mathfrak{L}$ rechts von X_0 liegen. Auf Grund von Hilfssatz 1 gibt es höchstens zwei Kürzeste X_0Y, die Grenzkurven der Kürzesten XY für von rechts gegen X_0 konvergierende X sind. Die von einer einzigen Seite der Kürzesten $\mathfrak{L}$ ausgehenden Kürzesten XY konvergieren offensichtlich gegen eine entsprechende Kürzeste X_0Y. Wenn der Punkt X von rechts genügend nahe bei X_0 gelegen ist, so ist daher die Kürzeste XY der entsprechenden Kürzesten X_0Y hinreichend benachbart. Da nun die Umgebung dieser Kürzesten X_0Y auf die Ebene abgewickelt werden kann, so beranden die Kürzesten X_0Y, XY das Dreieck X_0XY, das auf die Ebene abgewickelt werden kann. Der Winkel an der Ecke X_0 in diesem Dreieck ist gleich $\pi - \bar{\alpha}(x_0)$.

Wir konstruieren in der Ebene das Dreieck $Q'X_0'Y'$ mit den Seitenlängen $x_0, y, z(x_0)$:

$$Q'X_0' = QX_0 = x_0, \quad Q'Y' = QY = y, \quad X_0'Y' = X_0Y = z(x_0).$$

Legen wir an dieses Dreieck längs der auf die Ebene abgewickelten Seite $X_0'Y'$ das Dreieck X_0XY so an, daß sein Eckpunkt X_0 mit X_0' und der Eckpunkt Y mit Y' zusammenfällt, so erhalten wir das Viereck $Q'X_0'X'Y'$ (Abb. 36).

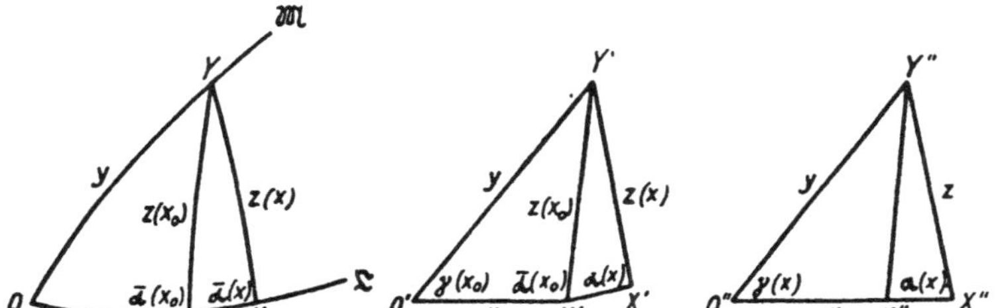

Abb. 36

Wir beweisen, daß kein Winkel dieses Vierecks größer als π ist. Für die Winkel bei den Ecken Q' und X' ist dies offensichtlich. Der Winkel bei der Ecke X_0' besteht aus den Winkeln der Dreiecke $Q'X_0'Y'$ und $X'X_0'Y'$. Diese Winkel sind gleich $\alpha(x_0)$ bzw. $\pi - \bar{\alpha}(x_0)$. Da nun $\alpha(x_0) \leqq \bar{\alpha}(x_0)$ ist, so ist die Summe dieser Winkel nicht größer als π. (Es ist nicht ausgeschlossen, daß sie gleich π ist; in diesem Falle hat unser Viereck einen Winkel gleich π.) Da $Q'X_0' + X_0'X' = QX$ und $Q'Y' + Y'X' = QY + YX$ und da QX eine Kürzeste ist, so gilt schließlich

$$Q'X_0' + X_0'X' \leqq Q'Y' + Y'X'.$$

Daher ist auch der Winkel bei der Ecke Y' nicht größer als π, da sonst die umgekehrte Ungleichung gelten würde.

Folglich sind alle Winkel des Vierecks $Q'X_0'X'Y'$ nicht größer als π, und das Viereck ist konvex.

Betrachten wir jetzt noch das Dreieck $Q''X''Y''$ mit den Seiten

$$Q''X'' = x, \quad Q''Y'' = y, \quad X''Y'' = z(x).$$

Wegen $x = QX = Q'X_0' + X_0'X'$ kann man auf der Seite $Q''X''$ dieses Dreieckes einen Punkt X_0'' so wählen, daß

$$Q''X_0'' = Q'X_0' \quad \text{und} \quad X_0''X'' = X_0'X'$$

gilt. Dann geht unser Dreieck in das Viereck $Q''X_0''X''Y''$ über mit Seiten, die den Seiten des Vierecks $Q'X_0'X'Y'$ gleich sind. Der Winkel an der Ecke X_0'' in dem Viereck $Q''X_0''X''Y''$ ist gleich π, während der Winkel bei der Ecke X_0' im Viereck $Q'X_0'X'Y'$ nicht größer als π ist. Auf Grund des Hilfssatzes 2 gelten deshalb für die Winkel bei den Ecken Q' und Q'', X' und X'' die Ungleichungen:

$$\sphericalangle Q' \geqq \sphericalangle Q'', \quad \sphericalangle X' \geqq \sphericalangle X''.$$

Der Winkel $\sphericalangle Q'$ ist aber ein Winkel im Dreieck mit den Seiten x_0, y, $z(x_0)$, also gleich $\gamma(x_0)$, während der Winkel $\sphericalangle Q''$ ein Winkel in dem Dreieck mit den Seiten x, y, $z(x)$, d. h. gleich $\gamma(x)$ ist. Folglich gilt

$$\gamma(x_0) \geqq \gamma(x). \tag{5}$$

Der Winkel $\sphericalangle X'$ ist ein Winkel in dem Dreieck $X_0'X'Y'$, d. h. in dem auf die Ebene abgewickelten Dreieck X_0XY; deshalb ist er gleich $\bar{\alpha}(x)$. Der Winkel $\sphericalangle X''$ dagegen ist ein Winkel in dem Dreieck $Q''X''Y''$ mit den Seiten x, y, $z(x)$, d. h. es ist der Winkel $\alpha(x)$. Folglich gilt

$$\bar{\alpha}(x) \geqq \alpha(x). \tag{6}$$

Nehmen wir jetzt irgendein $x_1 > x_0$ so, daß für alle $x < x_1$ die Ungleichung (6) richtig ist. Wir zeigen, daß $\gamma(x)$ auf dem ganzen Intervall von 0 bis x_1 eine nichtwachsende Funktion ist. Da dies auf dem Intervall von 0 bis x_0 als richtig vorausgesetzt ist, so genügt es zu beweisen, daß $\gamma(x)$ auf dem Abschnitt von x_0 bis x_1 nicht wächst. Dazu nehmen wir auf diesem Abschnitt zwei Werte $x' < x''$. Auf Grund der Ungleichung (6) ist $\bar{\alpha}(x') \geqq \alpha(x')$. Wenn man daher in der ganzen oben ausgeführten Überlegung x' an die Stelle von x_0 und x'' an die Stelle von x setzt, so erhält man eine Ungleichung, die der Ungleichung (5) völlig analog ist:

$$\gamma(x') \geqq \gamma(x'').$$

Also ist auf dem Intervall $(0, x_1)$, das größer ist als das Intervall $(0, x_0)$, die Funktion $\gamma(x)$ nichtwachsend, und nach Ungleichung (6) gilt $\bar{\alpha}(x) \geqq \alpha(x)$. Also kann x_0 nicht die obere Grenze derjenigen Intervalle sein, auf denen beide Behauptungen richtig sind. Sie gelten folglich längs der ganzen Ausdehnung der Kürzesten $\mathfrak{L}$, und der Satz ist bewiesen.

Da ein geschlossenes konvexes Polyeder kompakt ist, eine polyedrische Metrik positiver Krümmung besitzt und je zwei seiner Punkte durch eine Kürzeste verbindbar sind, so ergibt die Spezialisierung des eben bewiesenen Satzes: *Auf jedem geschlossenen konvexen Polyeder ist die Konvexitätsbedingung im Großen erfüllt.* „Im Großen" zum Unterschiede von „im Kleinen" bedeutet, daß es für die Anwendung der Konvexitätsbedingung nicht notwendig ist, sich auf kleine Abschnitte der Kürzesten $\mathfrak{L}$ und $\mathfrak{M}$ zu beschränken, da je zwei beliebige Punkte auf $\mathfrak{L}$ und $\mathfrak{M}$ durch Kürzeste verbindbar sind.

§ 3. Die Konvexitätsbedingung für die Metrik einer konvexen Fläche

In diesem Paragraphen werden wir beweisen, *daß die Metrik jeder geschlossenen konvexen Fläche der Konvexitätsbedingung im Großen genügt.* Dazu beweisen wir zuerst eine etwas schwächere Aussage.

Hilfssatz 1: *Sei $\boldsymbol{F}$ eine geschlossene konvexe Fläche und sei $\boldsymbol{P}_1, \boldsymbol{P}_2, \ldots, \boldsymbol{P}_n, \ldots$ eine gegen $\boldsymbol{F}$ konvergierende Folge geschlossener konvexer Polyeder. Die Kürzesten $\mathfrak{L}$ und $\mathfrak{M}$ auf $\boldsymbol{F}$, die von einem Punkte Q ausgehen, seien die Grenzkurven der von den Punkten Q_n auf den Polyedern $\boldsymbol{P}_n$ ausgehenden Kürzesten $\mathfrak{L}_n$ und $\mathfrak{M}_n$, wobei natürlich die Punkte Q_n gegen Q konvergieren. Dann ist für die Kürzesten $\mathfrak{L}$ und $\mathfrak{M}$ die Konvexitätsbedingung erfüllt, d. h. der in üblicher Weise definierte Winkel $\gamma(x, y)$ ist eine nichtwachsende Funktion von x und y.*

(Dieser Hilfssatz ist schwächer als der zu beweisende Satz, da in ihm die Kürzesten $\mathfrak{L}$ und $\mathfrak{M}$ nicht beliebig gewählt werden können, sondern Grenzkurven von Kürzesten auf Polyedern $\boldsymbol{P}_n$ sein müssen.)

Beweis: Seien X und Y zwei innere Punkte der Kürzesten $\mathfrak{L}$ und $\mathfrak{M}$, und sei $\varrho_{\boldsymbol{F}}(QX) = x$, $\varrho_{\boldsymbol{F}}(QY) = y$, $\varrho_{\boldsymbol{F}}(XY) = z(x, y)$ gesetzt. Da die auf den Polyedern $\boldsymbol{P}_n$ liegenden Kürzesten $\mathfrak{L}_n$ und $\mathfrak{M}_n$ gegen $\mathfrak{L}$ und $\mathfrak{M}$ konvergieren, so gibt es auf ihnen — jedenfalls von einem genügend großen n ab — Punkte X_n, Y_n derart, daß

$$\varrho_{\boldsymbol{P}_n}(Q_n X_n) = x \qquad \text{und} \qquad \varrho_{\boldsymbol{P}_n}(Q_n Y_n) = y$$

gilt. Diese Punkte konvergieren gegen die Punkte X bzw. Y[1]; daher gilt auf Grund des Satzes über die Konvergenz von Metriken

$$\lim_{n \to \infty} \varrho_{\boldsymbol{P}_n}(X_n Y_n) = \varrho_{\boldsymbol{F}}(XY)$$

oder

$$\lim_{n \to \infty} z_n(x, y) = z(x, y).$$

---

[1]) Die Grenzpunkte der Punktfolgen X_n und Y_n liegen auf $\mathfrak{L}$ und $\mathfrak{M}$, da $\mathfrak{L}_n$ und $\mathfrak{M}_n$ gegen $\mathfrak{L}$ und $\mathfrak{M}$ streben. Aus dem Satze über die Konvergenz von Metriken folgt, daß die Entfernungen dieser Grenzpunkte von Q gleich x bzw. y sind. Die Grenzpunkte fallen daher mit X und Y zusammen.

Also konvergieren die Winkel $\gamma_n(x, y)$ in den ebenen Dreiecken mit den Seiten $x, y, z_n(x, y)$ gegen den Winkel $\gamma(x, y)$ in dem Dreieck mit den Seiten $x, y, z(x, y)$. Mit anderen Worten, die Funktionen $\gamma_n(x, y)$ streben gegen $\gamma(x, y)$. Da aber auf Polyedern die Konvexitätsbedingung erfüllt ist, sind die Funktionen $\gamma_n(x, y)$ nichtwachsend. Dann ist auch ihr Grenzwert $\gamma(x, y)$ eine nichtwachsende Funktion, was zu beweisen war.

Wir sehen, daß sich die Konvexitätsbedingung leicht auf solche Kürzeste $\mathfrak{L}$ und $\mathfrak{M}$, die Grenzkurven von Kürzesten auf Polyedern sind, übertragen läßt. Die ganze Schwierigkeit besteht im Nachweis folgender Tatsache: zu je zwei beliebigen von einem Punkt Q auf einer Fläche $\boldsymbol{F}$ ausgehenden Kürzesten $\mathfrak{L}$ und $\mathfrak{M}$ läßt sich eine gegen sie konvergierende Folge von Paaren von Kürzesten angeben, die von Punkten Q_n auf Polyedern $\boldsymbol{P}_n$ ausgehen.

Dazu beweisen wir zuerst drei weitere Hilfssätze über Kürzeste, die den Voraussetzungen des Hilfssatzes 1 genügen.

Hilfssatz 2: *Zwischen zwei den Voraussetzungen des Hilfssatzes 1 genügenden Kürzesten $\mathfrak{L}$ und $\mathfrak{M}$ existiert ein bestimmter Winkel, der nur in dem Fall gleich Null ist, wenn eine der Kürzesten die andere deckt, d. h. wenn eine in der anderen enthalten ist.*

Beweis: Nach Definition des Winkels zwischen den Kürzesten $\mathfrak{L}$ und $\mathfrak{M}$, die in Kap. I, § 7 gegeben wurde, ist dieser Winkel der Grenzwert des Winkels $\gamma(x, y)$ für $x, y \to 0$. Da nach Hilfssatz 1 $\gamma(x, y)$ eine nichtwachsende Funktion von x und y ist, existiert dieser Grenzwert. Folglich existiert der Winkel zwischen den Kürzesten $\mathfrak{L}$ und $\mathfrak{M}$.

Nehmen wir an, daß die Kürzesten $\mathfrak{L}$ und $\mathfrak{M}$ einander nicht decken. Dann kann man auf ihnen zwei voneinander verschiedene und von Q gleich weit entfernte Punkte X_1 und Y_1 angeben, für die also $\varrho_{\boldsymbol{F}}(QX_1) = x_1 = \varrho_{\boldsymbol{F}}(QY_1) = y_1$ ist. Da die Punkte X_1 und Y_1 verschieden sind, ist $\varrho_{\boldsymbol{F}}(X_1 Y_1) = z(x_1, y_1) \neq 0$, also auch der entsprechende Winkel $\gamma(x_1, y_1)$ von Null verschieden. Da aber bei abnehmenden x und y der Winkel $\gamma(x, y)$ nicht abnimmt, so ist

$$\lim_{x, y \to 0} \gamma(x, y) \geqq \gamma(x_1, y_1) > 0.$$

Dies bedeutet aber, daß der Winkel zwischen den Kürzesten $\mathfrak{L}$ und $\mathfrak{M}$ nicht gleich Null ist. Der Hilfssatz ist damit bewiesen.

Hilfssatz 3: *Unter den Voraussetzungen des Hilfssatzes 1 ist der Winkel α zwischen den Kürzesten $\mathfrak{L}$ und $\mathfrak{M}$ nicht größer als der untere Limes der Winkel α_n zwischen den Kürzesten $\mathfrak{L}_n$ und $\mathfrak{M}_n$:*

$$\alpha \leqq \varliminf_{n \to \infty} \alpha_n.$$

Beweis: Nach Definition des Winkels ist $\alpha = \lim\limits_{x, y \to 0} \gamma(x, y)$, wo $\gamma(x, y)$ dieselbe Bedeutung hat wie früher. Bei beliebigem $\varepsilon > 0$ gilt also für hinreichend kleine x und y

$$\alpha < \gamma(x, y) + \varepsilon. \tag{1}$$

Außerdem haben wir uns beim Beweis des Hilfssatzes 1 davon überzeugt, daß die für die Kürzesten $\mathfrak{L}_n$ und $\mathfrak{M}_n$ definierten Winkel $\gamma_n(x, y)$ gegen $\gamma(x, y)$ konvergieren. Für genügend große n und gegebene x und y ist daher

$$\gamma(x, y) < \gamma_n(x, y) + \varepsilon. \tag{2}$$

Jedes $\gamma_n(x, y)$ ist aber eine nichtabnehmende Funktion von x und y; daher ist

$$\gamma_n(x, y) \leqq \lim_{x, y \to 0} \gamma_n(x, y) = \alpha_n. \tag{3}$$

Durch Vergleich der Ungleichungen (1), (2) und (3) ergibt sich für hinreichend große n

$$\alpha < \alpha_n + 2\varepsilon.$$

Da ε beliebig klein genommen werden kann, so folgt hieraus

$$\alpha \leqq \varliminf_{n \to \infty} \alpha_n,$$

was zu beweisen war.

Hilfssatz 4: *Seien $\mathfrak{L}$, $\mathfrak{M}$, $\mathfrak{N}$ drei von einem Punkt Q auf einer konvexen Fläche $\boldsymbol{F}$ ausgehende Kürzeste, die Grenzkurven von Kürzesten $\mathfrak{L}_n$, $\mathfrak{M}_n$, $\mathfrak{N}_n$ sind, welche von Punkten Q_n auf konvexen Polyedern $\boldsymbol{P}_n$ ausgehen, die ihrerseits gegen $\boldsymbol{F}$ konvergieren. Dann kann die Summe der Winkel zwischen $\mathfrak{L}$, $\mathfrak{M}$ und $\mathfrak{N}$ den Wert 2π nicht übersteigen.*

Beweis: Die Summe der Winkel α_n, β_n, γ_n zwischen $\mathfrak{L}_n$ und $\mathfrak{M}_n$, $\mathfrak{M}_n$ und $\mathfrak{N}_n$, $\mathfrak{N}_n$ und $\mathfrak{L}_n$ kann nicht größer als 2π sein, da der volle Winkel um einen Punkt auf einem konvexen Polyeder stets $\leqq 2\pi$[1]) ist, d. h.

$$\alpha_n + \beta_n + \gamma_n \leqq 2\pi. \tag{4}$$

Nach dem vorigen Hilfssatz ist aber

$$\varliminf_{n \to \infty} \alpha_n \geqq \alpha, \quad \varliminf_{n \to \infty} \beta_n \geqq \beta, \quad \varliminf_{n \to \infty} \gamma_n \geqq \gamma,$$

wo α, β, γ die Winkel zwischen den Kürzesten $\mathfrak{L}$ und $\mathfrak{M}$, $\mathfrak{M}$ und $\mathfrak{N}$, $\mathfrak{N}$ und $\mathfrak{L}$ bedeuten. Aus Ungleichung (4) erhalten wir also durch Grenzübergang

$$\alpha + \beta + \gamma \leqq 2\pi,$$

was zu beweisen war.

Jetzt beweisen wir den letzten Hilfssatz, der uns gestatten wird, die Konvexitätsbedingung von Polyedern auf beliebige konvexe Flächen zu übertragen.

Hilfssatz 5: *Eine Folge geschlossener konvexer Polyeder $\boldsymbol{P}_n$ konvergiere gegen eine geschlossene konvexe Fläche $\boldsymbol{F}$. Sei QA eine die Punkte Q und A auf $\boldsymbol{F}$ verbindende Kürzeste und B ein innerer Punkt der Kürzesten QA. Wenn dann die Folgen der auf den Polyedern $\boldsymbol{P}_n$ liegenden Punkte Q_n und B_n gegen die Punkte Q*

---

[1]) $\alpha_n + \beta_n + \gamma_n$ braucht nicht dem vollen Winkel um Q_n gleich zu sein, die Kürzeste $\mathfrak{N}_n$ kann z. B. im Winkel zwischen $\mathfrak{L}_n$ und $\mathfrak{M}_n$ verlaufen. In diesem Falle ist $\alpha_n = \beta_n + \gamma_n$, wegen $\alpha_n \leqq \pi$ also $\alpha_n + \beta_n + \gamma_n \leqq 2\pi$.

und B konvergieren, so streben die Kürzesten $Q_n B_n$ auf diesen Polyedern gegen den Abschnitt QB der Kürzesten QA.

Beweis: Nehmen wir im Gegensatz zu der Behauptung des Hilfssatzes an, die Kürzesten $Q_n B_n$ würden nicht gegen den Abschnitt QB der Kürzesten QA konvergieren. Dann könnte man aus ihnen eine Folge $Q_{n_i} B_{n_i}$ auswählen, die keine gegen QB konvergierende Teilfolge enthielte. Andererseits kann man aus der Folge der Kürzesten $Q_{n_i} B_{n_i}$ auf Grund von Satz 3 aus § 1 eine Teilfolge auswählen, die gegen eine gewisse, die Punkte Q und B auf $\boldsymbol{F}$ verbindende Kürzeste konvergiert. Diese Kürzeste wäre daher von QB verschieden; wir bezeichnen sie mit $\overline{QB}$. Beschränken wir uns auf die so gewählte Teilfolge, so können wir also einfach annehmen, daß die auf den Polyedern $\boldsymbol{P}_n$ liegenden Kürzesten $Q_n B_n$ gegen $\overline{QB}$ konvergieren.

Sei C irgendein Punkt auf QB, der nicht zu $\overline{QB}$ gehört, und sei $\overline{CB}$ eine Kürzeste auf der Fläche $\boldsymbol{F}$, die die Punkte C und B verbindet und Grenzkurve einer gewissen passend gewählten Folge von Kürzesten $C_n B_n$ auf den Polyedern $\boldsymbol{P}_n$ ist. (Die Punkte B_n sind die Endpunkte derjenigen Kürzesten, deren Grenzkurve $\overline{QB}$ ist; die Punkte C_n sind beliebige gegen C konvergierende Punkte.) Indem wir wieder diejenigen Kürzesten ausschließen, die nicht in der gewählten Folge liegen, können wir annehmen, daß die auf den Polyedern $\boldsymbol{P}_n$ liegenden Kürzesten $C_n B_n$ gegen $\overline{CB}$ konvergieren.

Sei schließlich $\overline{BA}$ eine die Punkte B und A verbindende Kürzeste auf $\boldsymbol{F}$, und zwar Grenzkurve einer aus den Kürzesten $B_n A_n$ auf den Polyedern $\boldsymbol{P}_n$ ausgewählten Folge. (Die Punkte B_n sind dieselben wie früher, während die Punkte A_n beliebige gegen A konvergierende Punkte sind.) Indem man wieder die überschüssigen Kürzesten ausschließt, kann man annehmen, daß die auf den Polyedern $\boldsymbol{P}_n$ liegenden Kürzesten $B_n A_n$ gegen $\overline{BA}$ konvergieren.

Damit haben wir folgende Sachlage (Abb. 37):

Von dem Punkt B auf der Fläche $\boldsymbol{F}$ gehen drei Kürzeste $\overline{BA}$, $\overline{BC}$, $\overline{BQ}$ aus, die Grenzkurven von Kürzesten sind, die von den Punkten B_n auf den Polyedern $\boldsymbol{P}_n$ ausgehen. Nach Hilfssatz 4 kann die Summe der Winkel zwischen diesen Kürzesten nicht größer als 2π sein. Wir werden jedoch alsbald beweisen, daß sie größer als 2π sein müßte. Der so erhaltene Widerspruch zeigt die Unrichtigkeit unserer Annahme, daß der Abschnitt QB der Kürzesten QA nicht Grenzkurve der Kürzesten $Q_n B_n$ auf den Polyedern $\boldsymbol{P}_n$ ist.

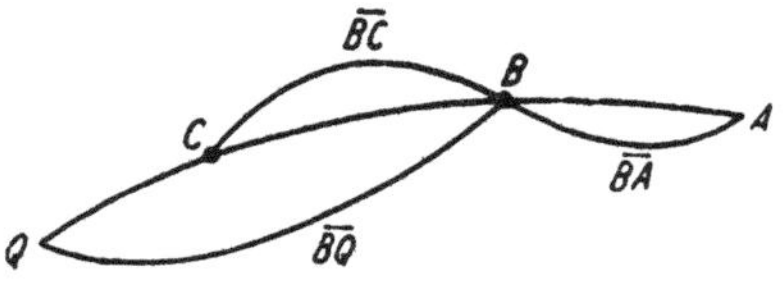

Abb. 37

Wir zeigen zunächst, daß die Kurve $\overline{QB} + \overline{BA}$, die aus den Kürzesten $\overline{QB}$ und $\overline{BA}$ besteht, selbst eine Kürzeste wäre. Erstens sind die Längen $\overline{QB}$ und QB gleich, da beide Linien Kürzeste sind, die dieselben Punkte verbinden. (Die nicht überstrichenen Ausdrücke bezeichnen Abschnitte der Kürzesten QA.) Zweitens haben aus demselben Grunde BA und $\overline{BA}$ gleiche Länge. Folglich ist die Länge von $\overline{QB} + \overline{BA}$ gleich der Länge von QA, d. h. gleich der Länge der Kürzesten QA. Dies bedeutet aber, daß die Linie $\overline{QB} + \overline{BA}$ selbst eine Kürzeste ist.

Sind zwei Kürzeste Verlängerungen voneinander und bilden sie zusammen eine Kürzeste, so ist der Winkel zwischen ihnen gleich π. In diesem Fall ist nämlich der Winkel $\gamma(x, y)$ in dem ebenen Hilfsdreieck stets gleich π, da $z = x + y$ ist. Der Winkel zwischen $\overline{QB}$ und $\overline{BA}$ ist also gleich π.

Genauso beweist man, daß der Winkel zwischen $\overline{CB}$ und $\overline{BA}$ ebenfalls gleich π ist (man braucht ja in dieser Überlegung nur Q durch C zu ersetzen).

Schließlich ist nach Hilfssatz 2 der Winkel zwischen den Kürzesten $\overline{QB}$ und $\overline{CB}$ nicht gleich Null, da sie nach Konstruktion einander nicht decken.

Es ergäbe sich also in der Tat, daß die Summe aller drei Winkel zwischen den Kürzesten $\overline{QB}$, $\overline{CB}$, $\overline{AB}$ größer als 2π sein müßte. Dieser Widerspruch zeigt, daß unsere Ausgangsannahme falsch war, womit der Hilfssatz bewiesen ist.

Nun können wir unseren grundlegenden Satz beweisen:

Satz 1: *Auf jeder geschlossenen konvexen Fläche ist die Konvexitätsbedingung im Großen erfüllt.*

Beweis: Seien $\mathfrak{L}$ und $\mathfrak{M}$ zwei von einem Punkte Q auf einer geschlossenen konvexen Fläche $\boldsymbol{F}$ ausgehende Kürzeste. Wir wählen auf ihnen innere Punkte X_0 und Y_0. Auf Grund des soeben bewiesenen Hilfssatzes können dann die Abschnitte QX_0 und QY_0 der Kürzesten $\mathfrak{L}$ und $\mathfrak{M}$ als Grenzkurven von Kürzesten aufgefaßt werden, die von Punkten Q_n auf gewissen geschlossenen konvexen, gegen $\boldsymbol{F}$ konvergierenden Polyedern $\boldsymbol{P}_n$ ausgehen. Dann ist aber auf Grund von Hilfssatz 1 für die Kürzesten QX_0 und QY_0 die Konvexitätsbedingung erfüllt. Mit anderen Worten: Der für die Kürzesten $\mathfrak{L}$ und $\mathfrak{M}$ definierte Winkel $\gamma(x, y)$ ist auf den Intervallen $0 < x \leqq x_0$, $0 < y \leqq y_0$, die den Abschnitten QX_0 bzw. QY_0 entsprechen, eine nichtwachsende Funktion. Die Punkte X_0 und Y_0 können aber beliebig nahe bei den Endpunkten der Kürzesten $\mathfrak{L}$ und $\mathfrak{M}$ gewählt werden. Daher ist $\gamma(x, y)$ auf der ganzen Länge dieser Kürzesten eine nichtwachsende Funktion. Da $\gamma(x, y)$ eine stetige Funktion ist, gilt dies auch einschließlich der Endpunkte der Kürzesten $\mathfrak{L}$ und $\mathfrak{M}$.

Der Satz ist also bewiesen.

Ist $\boldsymbol{F}$ eine beliebige konvexe Fläche und Q einer ihrer Punkte, so kann man einen beschränkten, den Punkt Q enthaltenden Teil von $\boldsymbol{F}$ nehmen und zu einer geschlossenen konvexen Fläche $\boldsymbol{F}_0$ ergänzen. Wir können eine so kleine Umgebung des Punktes Q wählen, daß darin die auf $\boldsymbol{F}$ und $\boldsymbol{F}_0$ gemessenen Entfernungen zusammenfallen. Aus dem Satz 1 folgt daher

Satz 2: *Jeder Punkt einer konvexen Fläche besitzt eine Umgebung, in der die Konvexitätsbedingung erfüllt ist.*

Sei jetzt $\boldsymbol{F}$ eine unendliche volle konvexe Fläche, und seien $\mathfrak{L}$, $\mathfrak{M}$ zwei Kürzeste auf ihr, die von einem Punkt Q ausgehen. Wir können $\boldsymbol{F}$ mit einer Sphäre $\boldsymbol{S}$

schneiden, die so groß ist, daß sie die Kürzesten $\mathfrak{L}$ und $\mathfrak{M}$ im Innern enthält und daß außerdem ihre Entfernung von $\mathfrak{L}$ und $\mathfrak{M}$ beliebig groß ist. (Es genügt dazu, den Kugelmittelpunkt in Q und den Radius um den gegebenen beliebigen Betrag größer als die Summe der Längen dieser Kürzesten zu wählen.) Der durch die Sphäre $\boldsymbol{S}$ abgeschnittene Teil der Fläche $\boldsymbol{F}$ bildet zusammen mit dem durch $\boldsymbol{F}$ abgeschnittenen Teil von $\boldsymbol{S}$ eine geschlossene konvexe Fläche $\boldsymbol{F}_0$. Ist die Sphäre hinreichend groß gewählt worden, so sind die Entfernungen zwischen den Punkten der Kürzesten $\mathfrak{L}$ und $\mathfrak{M}$ auf $\boldsymbol{F}$ dieselben wie auf $\boldsymbol{F}_0$. Aus Satz 1 folgt daher auch

Satz 3: *Die Metrik einer vollen konvexen Fläche genügt der Konvexitätsbedingung im Großen.*

Es kann vorkommen, daß von einem Punkt auf einer unendlichen vollen konvexen Fläche ausgehende Kürzeste sich ins Unendliche fortsetzen lassen und dabei Kürzeste bleiben, wie z. B. die Meridiane einer beliebigen unendlichen Rotationsfläche. Der Winkel $\gamma(x,y)$ ist dann offenbar längs der gesamten Ausdehnung dieser ins Unendliche fortgesetzten Kürzesten eine nichtwachsende Funktion.

In dem oben ausgeführten Beweis des Satzes, daß die Konvexitätsbedingung auf einer geschlossenen konvexen Fläche erfüllt ist, wurden nur zwei Tatsachen benutzt:

1. Daß die Konvexitätsbedingung in einer polyedrischen Metrik positiver Krümmung erfüllt ist.

2. Daß die Metrik einer konvexen Fläche durch Metriken konvexer Polyeder, d. h. durch polyedrische Metriken positiver Krümmung, approximiert werden kann.

Durch Verallgemeinerung unserer Ergebnisse kommt man daher zu dem Schluß, daß die Konvexitätsbedingung in jeder Mannigfaltigkeit mit einer inneren Metrik erfüllt ist, die Grenzwert polyedrischer Metriken positiver Krümmung ist. Das allgemeinste Resultat, das sich hier ergibt, kann folgendermaßen formuliert werden:

Sei in einer gewissen Mannigfaltigkeit $\mathfrak{r}$ eine innere Metrik $\varrho(XY)$ vorgegeben. Diese Metrik möge so beschaffen sein, daß in derselben Mannigfaltigkeit polyedrische Metriken positiver Krümmung $\varrho_n(XY)$ existieren, deren Grenzwert sie ist, d. h. für alle X und Y soll $\varrho(XY) = \lim_{n\to\infty} \varrho_n(XY)$ sein. Seien schließlich $\mathfrak{L}$ und $\mathfrak{M}$ zwei von einem Punkt Q ausgehende Kürzeste im Sinne der Metrik ϱ, auf denen sich je zwei beliebige Punkte X und Y durch eine Kürzeste verbinden lassen. Dann ist der Winkel $\gamma(x,y)$, der für sie wie in der Konvexitätsbedingung definiert ist, eine nichtwachsende Funktion von x und y.

Da in jeder Mannigfaltigkeit mit innerer Metrik genügend benachbarte Punkte stets durch eine Kürzeste verbunden werden können und da für vollständige Metriken eine Verbindung durch Kürzeste für je zwei beliebige Punkte möglich ist, folgt aus dem eben formulierten Satz:

In jeder Mannigfaltigkeit mit innerer Metrik, die Grenzwert polyedrischer Metriken positiver Krümmung ist, ist die Konvexitätsbedingung im Kleinen erfüllt. Ist die Metrik überdies vollständig, so ist diese Bedingung auch im Großen erfüllt.

Diese Sätze betonen den rein innergeometrischen Charakter aller unserer vorhergehenden Schlüsse. Sie können verhältnismäßig einfach auf Grund von Überlegungen bewiesen werden, die den oben angewandten völlig analog sind. Der Leser kann sie nach Belieben selbst durchführen. Da wir uns jedoch nur mit konvexen Flächen beschäftigen, gehen diese allgemeinen Sätze über den Rahmen unseres Themas hinaus; sie werden auch im folgenden nicht benutzt.

§ 4. Konsequenzen der Konvexitätsbedingung

Wir haben schon gesagt, daß die Konvexitätsbedingung gerade für die konvexen Flächen charakteristisch ist, und daß deren innere Geometrie auf der Grundlage dieser Bedingung allein entwickelt werden kann, abgesehen natürlich von den allgemeinen Eigenschaften jeder inneren Metrik. Dieser Weg erweist sich aber nicht immer als der einfachste und kürzeste; daher werden wir manchmal von ihm abweichen. In diesem Paragraphen jedoch werden wir eine Reihe wichtiger Sätze der inneren Geometrie konvexer Flächen ableiten, die sich unmittelbar aus der Konvexitätsbedingung ergeben.

Satz 1: *Zwischen zwei von einem Punkte ausgehenden Kürzesten auf einer konvexen Fläche existiert immer ein bestimmter Winkel. Dieser ist stets von Null verschieden, außer in dem trivialen Fall, daß die beiden Kürzesten sich decken.*

Beweis: Nach unserer Definition ist der Winkel zwischen Kürzesten der Grenzwert der in der Konvexitätsbedingung vorkommenden Winkel $\gamma(x,y)$ für gegen Null strebende x und y. Nach der Konvexitätsbedingung nimmt $\gamma(x,y)$ für kleiner werdende x und y nicht ab, und daher existiert $\lim\limits_{x,y\to 0} \gamma(x,y)$.

Nehmen wir an, der Winkel zwischen den Kürzesten $\mathfrak{L}$ und $\mathfrak{M}$ sei gleich Null, d. h. $\lim\limits_{x,y\to 0} \gamma(x,y) = 0$. Da $\gamma(x,y)$ bei wachsenden x und y nicht wächst, so ist auch $\gamma(x,x) = 0$ für jedes x. Nun ist aber $\gamma(x,x)$ der Winkel in dem gleichschenkligen Dreieck mit den Schenkeln x und einer Basis, die gleich der Entfernung zwischen den Punkten auf den Kürzesten $\mathfrak{L}$ und $\mathfrak{M}$ ist, die von ihrem Anfangspunkt in der Entfernung x liegen. Folglich fallen diese Punkte für jedes x zusammen, d. h. die Kürzesten $\mathfrak{L}$ und $\mathfrak{M}$ decken einander.

Satz 2: *Auf einer konvexen Fläche ist die Deckungsbedingung für Kürzeste erfüllt, d. h. wenn zwei von einem gemeinsamen Punkt Q ausgehende Kürzeste $\mathfrak{L}$ und $\mathfrak{M}$ auf einem gewissen Abschnitt QA zusammenfallen, so ist eine von ihnen Teil der anderen.*

Beweis: Die von einem Punkt Q ausgehenden Kürzesten $\mathfrak{L}$ und $\mathfrak{M}$ mögen auf einem gewissen Abschnitt zusammenfallen. Sei QA der größte Abschnitt, auf dem sie zusammenfallen; ein solcher Abschnitt existiert offenbar, da ja Kürzeste abgeschlossene Mengen sind. Wenn QA mit einer der Kürzesten $\mathfrak{L}$ oder $\mathfrak{M}$ zusammenfällt, so ist der Satz richtig.

Wir nehmen nun an, der Abschnitt QA sei mit keiner der Kürzesten $\mathfrak{L}$ und $\mathfrak{M}$ identisch. Dann gibt es auf ihnen zwei verschiedene Punkte X und Y in gleicher Entfernung von Q. Liegen die Punkte X und Y genügend nahe bei A, so kann man sie durch eine Kürzeste verbinden und sich daher der Konvexitätsbedingung bedienen. Wir setzen $QA = a$, $QX = QY = x$, wobei auf Grund der Wahl der Punkte X und Y die Beziehung $x > a$ gilt. Dann gilt auf Grund der Konvexitätsbedingung: $\gamma(x,x) \leqq \gamma(a,a)$. Nun ist aber $\gamma(a,a) = 0$, und daher ist auch $\gamma(x,x) = 0$, woraus nach Definition des Winkels γ die Beziehung $\varrho(XY) = 0$ folgt. Daher fallen alle in gleicher Entfernung von Q liegenden Punkte X und Y der Kürzesten $\mathfrak{L}$ und $\mathfrak{M}$ zusammen. Das bedeutet, daß der Abschnitt QA nicht der größte Abschnitt sein kann, auf dem die Kürzesten $\mathfrak{L}$ und $\mathfrak{M}$ einander decken, wenn er sich nicht vollständig über eine dieser Kürzesten erstreckt. Damit ist der Satz bewiesen.

Da auf konvexen Flächen die Deckungsbedingung für Kürzeste erfüllt ist, sind auch alle ihre Konsequenzen erfüllt, die in den Paragraphen 3—6 von Kap. II abgeleitet wurden. Von diesen Folgerungen werden wir ständig den Satz über die gegenseitige Lage von Kürzesten benutzen, der in Kap. II, § 3 abgeleitet wurde; die Ergebnisse der Paragraphen 4—6 werden von uns später benötigt.

Satz 3: *Die Winkel zwischen den Seiten eines Dreiecks auf einer konvexen Fläche sind nicht kleiner als die entsprechenden Winkel des ebenen Dreiecks mit Seiten derselben Länge*[1]. (Entsprechende Winkel sind solche, die zwischen entsprechenden Seiten liegen.)

Wir beweisen diesen Satz unter der Voraussetzung, daß man die Konvexitätsbedingung auf die Dreiecksseiten anwenden kann. Da wir gezeigt haben, daß diese Bedingung auf einer beliebigen konvexen Fläche „im Kleinen" und auf einer vollen konvexen Fläche „im Großen" erfüllt ist, so wird damit der Satz für genügend kleine Dreiecke auf beliebigen konvexen Flächen und für beliebige Dreiecke auf vollen konvexen Flächen bewiesen sein. Tatsächlich ist der Satz ohne jede Einschränkung gültig, nur verlangt sein Beweis in diesem vollen Umfang zusätzliche Überlegungen.

Beweis: Sei ABC ein Dreieck auf einer konvexen Fläche mit den Seiten $AB = c$, $AC = b$, $BC = a$. Sei α der Winkel zwischen den Seiten AB und AC und α_0 der entsprechende Winkel in dem ebenen Dreieck mit Seiten derselben Länge. Wir wählen auf den Seiten AB und AC veränderliche Punkte X, Y und bestimmen den in der Konvexitätsbedingung vorkommenden Winkel $\gamma(x,y)$. Dann ist offensichtlich

$$\alpha_0 = \gamma(b,c) \tag{1}$$

und außerdem

$$\alpha = \lim_{x,y \to 0} \gamma(x,y). \tag{2}$$

[1]) Ein Winkel zwischen zwei Seiten eines Dreieckes ist ein Winkel zwischen Kürzesten, er existiert also wirklich. Er ist wohl zu unterscheiden vom Dreieckswinkel, d. h. vom Winkel des Sektors, der von den betreffenden Seiten begrenzt wird und im Dreieck enthalten ist. Dieser Winkel wird im nächsten Kapitel definiert.

Auf Grund der Konvexitätsbedingung ist der Winkel $\gamma(x, y)$ eine nichtwachsende Funktion von x und y. Daher gilt:

(3) $$\gamma(b,c) \leqq \lim_{x,y \to 0} \gamma(x,y),$$

woraus $\alpha_0 \leqq \alpha$ folgt, was zu beweisen war.

In den Beweisen der folgenden Sätze benutzen wir nicht die Konvexitätsbedingung, sondern den Satz 3. Wir können uns nämlich später bei der Untersuchung einer abstrakten Metrik positiver Krümmung gerade auf das im Satz 3 enthaltene Ergebnis stützen.

Satz 4: *Eine Folge konvexer Flächen $\boldsymbol{F}_n$ möge gegen eine konvexe Fläche $\boldsymbol{F}$ konvergieren. Die von den Punkten Q_n auf den Flächen $\boldsymbol{F}_n$ ausgehenden Kürzesten $\mathfrak{L}_n$ und $\mathfrak{M}_n$ mögen gegen die von dem Punkt Q auf der Fläche $\boldsymbol{F}$ ausgehenden Kürzesten $\mathfrak{L}$ und $\mathfrak{M}$ konvergieren (wobei selbstverständlich die Punkte Q_n gegen Q konvergieren). Ist dann α der Winkel zwischen $\mathfrak{L}$ und $\mathfrak{M}$ und α_n der Winkel zwischen $\mathfrak{L}_n$ und $\mathfrak{M}_n$, so gilt*

$$\alpha \leqq \varliminf_{n \to \infty} \alpha_n .$$

(Insbesondere können alle Flächen $\boldsymbol{F}_n$ mit $\boldsymbol{F}$ zusammenfallen; dann ergibt sich ein Satz über die Konvergenz von Winkeln auf einer konvexen Fläche. Daß $\lim\limits_{n \to \infty} \alpha_n$ nicht zu existieren braucht oder, wenn er existiert, größer als α sein kann, war in Kap. I, § 10 am Beispiel eines Würfels gezeigt worden.)

Beweis: Ohne Beschränkung der Allgemeinheit darf man annehmen, daß die Flächen $\boldsymbol{F}_n$ und $\boldsymbol{F}$ geschlossen sind. Sonst schneide man aus den gegebenen Flächen $\boldsymbol{F}_n$ und $\boldsymbol{F}$ endliche, die Punkte Q_n und Q enthaltende Bereiche aus und ergänze sie in geeigneter Weise zu geschlossenen Flächen. Dabei ändert sich die Metrik in der Nähe der Punkte Q_n und Q nicht; daher bleiben auch die Winkel zwischen den Kürzesten unverändert.

Seien $\gamma(x,y)$ und $\gamma_n(x,y)$ die für die Kürzesten $\mathfrak{L}$ und $\mathfrak{M}$ bzw. $\mathfrak{L}_n$ und $\mathfrak{M}_n$ wie in der Konvexitätsbedingung definierten Winkel. Dann ist definitionsgemäß der Winkel zwischen $\mathfrak{L}$ und $\mathfrak{M}$

$$\alpha = \lim_{x,y \to 0} \gamma(x,y).$$

Daher kann man für jedes gegebene $\varepsilon > 0$ die Werte x und y so klein wählen, daß

(4) $$\alpha < \gamma(x,y) + \varepsilon$$

gilt. Seien X, Y diejenigen Punkte auf $\mathfrak{L}$ und $\mathfrak{M}$, für welche $\varrho(QX) = x$, $\varrho(QY) = y$ ist, wo ϱ die Entfernung auf der Fläche $\boldsymbol{F}$ bedeutet. Seien X_n, Y_n gegen die Punkte X, Y konvergierende Punkte auf $\mathfrak{L}_n$ und $\mathfrak{M}_n$. Dann gilt auf Grund des Satzes über die Konvergenz von Metriken:

(5) $$\left\{\begin{array}{ll} x_n = \varrho_n(QX_n) \to \varrho(QX) = x, \\ y_n = \varrho_n(QY_n) \to \varrho(QY) = y, \\ \varrho_n(X_nY_n) \quad\quad \to \varrho(XY), \end{array}\right.$$

wo ϱ_n die Entfernung auf der Fläche $\boldsymbol{F}_n$ ist.

Da $\gamma_n(x,y)$ ein Winkel in dem ebenen Dreieck mit den Seitenlängen $\varrho_n(QX)$, $\varrho_n(QY)$, $\varrho_n(XY)$ ist und $\gamma(x,y)$ ein Winkel in dem ebenen Dreieck mit den Seitenlängen $\varrho(QX)$, $\varrho(QY)$, $\varrho(XY)$, so folgt aus den Konvergenzbeziehungen (5)

$$\gamma(x,y) = \lim_{n\to\infty} \gamma_n(x_n, y_n). \tag{6}$$

Verbinden wir die Punkte X_n, Y_n durch eine Kürzeste, so erhalten wir ein Dreieck $Q_n X_n Y_n$ mit dem Winkel α_n zwischen den Seiten $Q_n X_n$ und $Q_n Y_n$, die Abschnitte der Kürzesten $\mathfrak{L}_n$, $\mathfrak{M}_n$ sind. Da $\gamma_n(x_n, y_n)$ ein Winkel in dem ebenen Dreieck ist, dessen Seitenlängen denen des Dreiecks $Q_n X_n Y_n$ gleich sind, so gilt nach Satz 3

$$\alpha_n \geqq \gamma_n(x_n, y_n). \tag{7}$$

Hieraus schließen wir unter Benutzung von (6), daß

$$\varliminf_{n\to\infty} \alpha_n \geqq \lim_{n\to\infty} \gamma_n(x_n, y_n) = \gamma(x,y) \tag{8}$$

gilt.

Durch Vergleich dieser Beziehung mit der Ungleichung (4) erhalten wir:

$$\varliminf_{n\to\infty} \alpha_n + \varepsilon > \alpha.$$

Da ε beliebig ist, gilt daher

$$\alpha \leqq \varliminf_{n\to\infty} \alpha_n, \tag{9}$$

was zu beweisen war.

Dieses Ergebnis bildet den ersten und grundlegenden Satz über die Konvergenz von Winkeln; weitere Ergebnisse werden wir in § 4, Kap. IV, der speziell der Untersuchung der Winkelkonvergenz gewidmet ist, ableiten.

Satz 5: *Zwischen je zwei auf einer konvexen Fläche von einem Punkte ausgehenden Kürzesten existiert der Winkel im starken Sinne.*

Gemäß der in Kap. I, § 9 eingeführten Definition bedeutet dies folgendes:

Seien $\mathfrak{L}$ und $\mathfrak{M}$ zwei auf einer konvexen Fläche von einem Punkte Q ausgehende Kürzeste. Je zwei ihrer Punkte X und Y mögen durch eine Kürzeste verbindbar sein. Sei X_n, Y_n eine Folge von Punkten auf $\mathfrak{L}$ bzw. $\mathfrak{M}$, die von Q verschieden sind, derart, daß 1. X_n gegen Q strebt und 2. die Kürzesten $X_n Y_n$ gegen einen gewissen Teil der Kürzesten $\mathfrak{M}$ konvergieren. Ist dann $\gamma(x,y)$ der in der Konvexitätsbedingung vorkommende Winkel, so existiert $\lim_{n\to\infty} \gamma(x_n, y_n)$ und ist gleich dem Winkel α zwischen den Kürzesten $\mathfrak{L}$ und $\mathfrak{M}$.

Es ist möglich, daß auch die Punkte Y_n gegen Q konvergieren, so daß nicht nur $x_n \to 0$, sondern auch $y_n \to 0$ gilt. Dann konvergieren die Kürzesten $X_n Y_n$ gegen den Punkt Q, der ja ebenfalls ein Teil der Kürzesten $\mathfrak{M}$ ist. Hiernach ist klar, daß der vorliegende Satz eine Verschärfung des Satzes über die Existenz des Winkels ist. Er zeigt, daß der Limes von $\gamma(x,y)$ nicht nur dann existiert, wenn x und y gegen Null streben, sondern auch dann, wenn wenigstens eine der

Veränderlichen x und y gegen Null strebt, falls nur die Kürzesten XY gegen einen Teil einer der Kürzesten $\mathfrak{M}$ oder $\mathfrak{L}$ konvergieren.

Streben die Punkte Y_n gegen einen gewissen inneren Punkt A der Kürzesten $\mathfrak{M}$, so konvergieren die Kürzesten $X_n Y_n$ offenbar gegen den Abschnitt QA der Kürzesten $\mathfrak{M}$, d. h. die Bedingung 2 ist für sie von selbst erfüllt. (Dies ergibt sich aus der Folgerung 4 des Satzes aus Kap. II, § 3, der seinerseits auf der Deckungsbedingung für Kürzeste fußt. Diese ist aber, wie wir gezeigt haben, erfüllt.) Streben dagegen die Punkte Y_n gegen einen Endpunkt der Kürzesten $\mathfrak{M}$, so brauchen die Kürzesten $X_n Y_n$ nicht gegen $\mathfrak{M}$ zu konvergieren; in diesem Falle ist daher die Bedingung 2 nicht von selbst erfüllt. Man überzeugt sich leicht, daß dann auch die Behauptung nicht gilt[1]). Also ist diese Bedingung nicht nur hinreichend, sondern auch notwendig dafür, daß $\lim\limits_{n \to \infty} \gamma(x_n, y_n)$ gleich α ist.

Nach diesen Bemerkungen wenden wir uns dem Beweis unseres Satzes zu.

Wir können annehmen, daß die Punkte Y_n gegen einen von Q verschiedenen Punkt konvergieren; wenn sie nämlich gegen Q streben, so reduziert sich unser Satz, wie wir soeben gezeigt haben, auf den Satz über die Existenz des Winkels. Die Kürzeste $X_n Y_n$ konvergiert dann gegen einen gewissen Abschnitt der Kürzesten $\mathfrak{M}$. Man darf auch annehmen, daß die Kürzesten $\mathfrak{L}$ und $\mathfrak{M}$ einander nicht decken, da sonst der Satz trivial ist.

Da jede Kürzeste $X_n Y_n$ mit $\mathfrak{M}$ den Punkt Y_n gemeinsam hat, folgt aus der Deckungsbedingung für Kürzeste, daß nur zwei Möglichkeiten bestehen: entweder haben die Kürzesten $X_n Y_n$ und $\mathfrak{M}$ keine weiteren Punkte gemeinsam, oder $X_n Y_n$ deckt sich mit $\mathfrak{M}$ längs des ganzen Abschnittes $Q Y_n$. Im letzten Fall ist — wenn ϱ die Metrik der Fläche bezeichnet — $\varrho(X_n Y_n) = \varrho(Q X_n) + \varrho(Q Y_n)$. Das ebene Dreieck mit diesen Seiten artet daher in eine Strecke aus, und sein Winkel $\gamma(x_n, y_n)$ ist gleich π. Tritt dies auch nur für ein einziges n ein, so ist der Winkel α zwischen den Kürzesten $\mathfrak{L}$ und $\mathfrak{M}$ offenbar gleich π. Wenn wir dann diejenigen n_i nehmen, für die $\gamma(x_{n_i}, y_{n_i}) = \pi$ ist, so erhalten wir:

$$\lim_{n \to \infty} \gamma(x_{n_i}, y_{n_i}) = \alpha .$$

Es bleibt daher nur noch eine solche Folge von Kürzesten $X_n Y_n$ zu untersuchen, die jeweils mit $\mathfrak{M}$ nur den Punkt Y_n gemeinsam haben. Sobald dann eine Kürzeste $X_n Y_n$ der Kürzesten $\mathfrak{M}$ genügend benachbart ist, hat es Sinn zu sagen, daß sie auf der einen oder auf der anderen Seite von $\mathfrak{M}$ verläuft[2]). Wir beschränken uns auf Kürzeste $X_n Y_n$, die auf ein und derselben Seite verlaufen. Um die Bezeichnung nicht unnötig zu komplizieren, versehen wir sie mit denselben Indizes n (Abb. 38).

---

[1]) Gilt nämlich $X_n Y_n \to \mathfrak{M}'$, so ist nach unserem Satz $\lim \gamma(x_n, y_n)$ gleich dem Winkel zwischen $\mathfrak{L}$ und $\mathfrak{M}'$. Ist $\mathfrak{M}'$ nicht in $\mathfrak{M}$ enthalten, so läßt sich leicht zeigen, daß der Winkel zwischen $\mathfrak{L}$ und $\mathfrak{M}'$ von dem zwischen $\mathfrak{L}$ und $\mathfrak{M}$ verschieden ist.

[2]) Da eine Kürzeste einer geradlinigen Strecke homöomorph ist, kann man sie zusammen mit einer Umgebung homöomorph so auf die Ebene abbilden, daß sie in eine Strecke übergeht. Der Begriff „Lage auf der einen oder der anderen Seite der Kürzesten" erhält dann einen klaren Sinn.

Wir wählen einen beliebigen inneren Punkt A von $\mathfrak{M}$ und konstruieren eine gegen A konvergierende Punktfolge A_m, die sich auf derselben Seite von $\mathfrak{M}$ befindet, auf der auch alle Kürzesten $X_n Y_n$ verlaufen. Da A innerer Punkt von $\mathfrak{M}$ ist, konvergieren die Kürzesten QA_m gegen den Abschnitt QA der Kürzesten $\mathfrak{M}$ und verlaufen für hinreichend großes m in einer beliebig kleinen Umgebung von $\mathfrak{M}$, und zwar auf derselben Seite wie die Kürzesten $X_n Y_n$.

Sei α_m der Winkel zwischen $\mathfrak{L}$ und QA_m; nach dem oben bewiesenen Satz 4 ist dann

$$\varliminf_{m \to \infty} \alpha_m \geqq \alpha.$$

Bei beliebig vorgegebenem positiven ε kann man daher ein m bestimmen, so daß

(10) $$\alpha_m + \varepsilon > \alpha$$

ist. Wir wählen ein solches m und lassen es im weiteren unverändert. Für genügend großes n verläuft die Kürzeste $X_n Y_n$ beliebig nahe bei $\mathfrak{M}$; der Punkt A_m liegt daher außerhalb des Dreiecks $QX_n Y_n$. Da nun die Kürzeste QA_m auf derselben Seite von $\mathfrak{M}$ verläuft wie die Kürzesten $X_n Y_n$, so schneiden für genügend große n die letzteren die Kürzeste QA_m. Sei Z_n der Schnittpunkt der Kürzesten $X_n Y_n$ mit QA_m. Da die Kürzesten $X_n Y_n$ gegen einen Abschnitt der Kürzesten $\mathfrak{M}$ konvergieren und QA_m mit $\mathfrak{M}$ außer Q keine Punkte gemeinsam hat, so streben die Punkte Z_n gegen Q.

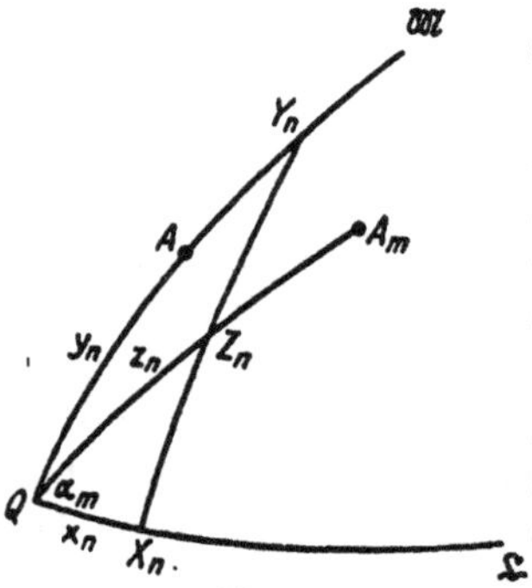

Abb. 38

Wir setzen $\varrho(QZ_n) = z_n$, und $\gamma_m(x_n, z_n)$ sei der Winkel, der für die Punkte X_n, Z_n entsprechend der Konvexitätsbedingung definiert ist. Da X_n und Z_n gegen Q konvergieren, so gilt dann

(11) $$\lim_{n \to \infty} \gamma_m(x_n, z_n) = \alpha_m.$$

Wir wählen irgendein n und konstruieren in der Ebene die Dreiecke $Q'X_n'Z_n'$ und $Q'Z_n'Y_n'$ mit den Seiten

(12) $$\left.\begin{aligned} Q'X_n' &= QX_n, & X_n'Z_n' &= X_nZ_n, \\ Q'Y_n' &= QY_n, & Z_nY_n' &= Z_nY_n, \end{aligned}\right\} \quad Q'Z_n' = QZ_n,$$

wo der Kürze halber die Symbole QX_n usf. die Längen der entsprechenden Kürzesten bezeichnen. Diese Dreiecke legen wir so aneinander, daß sie die Seite $Q'Z_n'$ gemeinsam haben und auf verschiedenen Seiten von ihr liegen. Dann bilden sie das Viereck $Q'X_n'Z_n'Y_n'$.

Aus den Formeln (12) folgt

$$Q'X_n' + Q'Y_n' = QX_n + QY_n \quad \text{und} \quad X_n'Z_n' + Z_n'Y_n' = X_nZ_n + Z_nY_n.$$

Der Punkt Z_n liegt auf der Kürzesten $X_n Y_n$; daher gilt

$$X_nZ_n + Z_nY_n = X_nY_n \leqq QX_n + QY_n.$$

Folglich ist

$$Q'X'_n + Q'Y'_n \geqq X'_nZ'_n + Z'_nY'_n.$$

Hieraus folgt, daß der Winkel δ an der Ecke Q' unseres Viereckes nicht größer als π ist (sonst würde die umgekehrte Ungleichung gelten). Wenn dem aber so ist, so ist der Winkel δ auch ein Winkel des Dreiecks $Q'X'_nY'_n$. Der Winkel bei Q' im Dreieck $Q'X'_nZ'_n$ ist aber gerade $\gamma_m(x_n, z_n)$. Daher gilt

(13) $$\gamma_m(x_n, z_n) \leqq \delta.$$

Wir konstruieren außerdem das Dreieck $Q''X''_nY''_n$ mit den Seiten

(14) $$Q''X''_n = QX_n, \quad Q''Y''_n = QY_n, \quad X''_nY''_n = X_nY_n.$$

Sein Winkel beim Eckpunkt Q'' ist gerade $\gamma(x_n, y_n)$.

Aus (14) und (12) sieht man, daß die diesen Winkel einschließenden Seiten gleich den Seiten sind, die den Winkel δ im Dreieck $Q'X'_nY'_n$ einschließen. Für die gegenüberliegenden Seiten besteht aber die Ungleichung

((15) $$X''_nY''_n \geqq X'_nY'_n$$

da $X''_nY''_n = X_nY_n = X_nZ_n + Z_nY_n = X'_nZ'_n + Z'_nY'_n \geqq X'_nY'_n$ ist). Hieraus folgt, daß zwischen den Winkeln $\gamma(x_n, y_n)$ und δ die analoge Ungleichung

(16) $$\gamma(x_n, y_n) \geqq \delta$$

besteht. Vergleichen wir diese Ungleichung mit der Ungleichung (13), so erhalten wir

(17) $$\gamma(x_n, y_n) \geqq \gamma_m(x_n, z_n).$$

Dies ist für jedes n richtig. Wenn wir daher zur Grenze übergehen und davon Gebrauch machen, daß gemäß (11) der Grenzwert der Winkel $\gamma_m(x_n, z_n)$ gleich dem Winkel α_m ist, erhalten wir

$$\underline{\lim}_{n\to\infty} \gamma(x_n, y_n) \geqq \alpha_m.$$

Da aber nach Ungleichung (10) $\alpha_m + \varepsilon > \alpha$ ist, so ist

$$\underline{\lim}_{n\to\infty} \gamma(x_n, y_n) > \alpha - \varepsilon.$$

Nun war aber ε beliebig gewählt; daher ist

(18) $$\underline{\lim}_{n\to\infty} \gamma(x_n, y_n) \geqq \alpha.$$

Da α ein Winkel zwischen Seiten des Dreiecks QX_nY_n ist und $\gamma(x_n, y_n)$ der entsprechende Winkel in dem ebenen Dreieck mit denselben Seitenlängen, so ist nach Satz 3 $\gamma(x_n, y_n) \leqq \alpha$. Folglich ist

(19) $$\overline{\lim}_{n\to\infty} \gamma(x_n, y_n) \leqq \alpha.$$

Vergleichen wir diese Ungleichung mit der Ungleichung (18), so sehen wir, daß der Grenzwert des Winkels $\gamma(x_n, y_n)$ existiert und gleich α ist, was zu beweisen war.

Wir bemerken, daß sich die Ungleichung (19) ohne Bezugnahme auf Satz 3 beweisen läßt. Da nämlich $\gamma(x_n, y_n)$ ein Winkel in dem ebenen Dreieck mit den Seiten $x_n, y_n, z_n = X_nY_n$ ist, so gilt

$$z_n^2 = x_n^2 + y_n^2 - 2\,x_n\,y_n \cos\gamma(x_n, y_n)$$

oder

$$\cos\gamma(x_n, y_n) = \frac{y_n^2 - z_n^2 + x_n^2}{2\,x_n\,y_n} = \frac{y_n - z_n}{x_n}\cdot\frac{y_n + z_n}{2\,y_n} + \frac{x_n}{2\,y_n}. \tag{20}$$

Wegen $x_n \to 0$ und $y_n \to z_n$ ist

$$\varliminf_{n\to\infty} \cos\gamma(x_n, y_n) = \varliminf_{n\to\infty} \frac{y_n - z_n}{x_n}. \tag{21}$$

Wir wählen jetzt auf der Kürzesten $\mathfrak{M}$ eine gegen den Punkt Q konvergierende Folge von Punkten Y_n' derart, daß $\frac{x_n}{y_n'}$ gegen Null strebt, wo $y_n' = QY_n'$ ist. Dann existiert der Grenzwert des Winkels $\gamma(x_n, y_n')$ und ist gleich dem Winkel α zwischen $\mathfrak{L}$ und $\mathfrak{M}$. Da $\gamma(x_n, y_n')$ ein Winkel in dem ebenen Dreieck mit den Seiten $x_n, y_n', z_n' = X_n Y_n'$ ist, so haben wir ähnlich wie in (20)

$$\cos\gamma(x_n, y_n') = \frac{y_n' - z_n'}{x_n}\cdot\frac{y_n' + z_n'}{2\,y_n'} + \frac{x_n}{2\,y_n'}. \tag{22}$$

Nach Voraussetzung strebt $\frac{x_n}{2\,y_n'}$ gegen Null; andererseits gilt nach der Dreiecksungleichung $|z_n' - y_n'| \leqq x_n$, d. h. $|y_n' + z_n' - 2\,y_n'| \leqq x_n$. Wegen $\frac{x_n}{y_n'} \to 0$ ergibt sich $\frac{y_n' + z_n'}{2\,y_n'} \to 1$. Aus (22) folgt daher:

$$\cos\alpha = \lim_{n\to\infty} \cos\gamma(x_n, y_n') = \lim_{n\to\infty} \frac{y_n' - z_n'}{x_n}. \tag{23}$$

Wir bemerken jetzt, daß auf Grund der Dreiecksungleichung

$$QY_n - QY_n' = Y_n Y_n' \geqq X_n Y_n - X_n Y_n',$$

d. h. $y_n - y_n' \geqq z_n - z_n'$ oder $y_n - z_n \geqq y_n' - z_n'$ ist. Auf Grund dieser Ungleichung ergibt der Vergleich der Formeln (21) und (23)

$$\varliminf_{n\to\infty} \cos\gamma(x_n, y_n) \geqq \cos\alpha$$

oder

$$\alpha \geqq \varlimsup_{n\to\infty} \gamma(x_n, y_n).$$

Dies ist gerade die Ungleichung (19); sie ist daher unter alleiniger Benutzung der Dreiecksungleichung bewiesen. Daher beruht der Satz selbst auf drei Tatsachen: 1. auf der Existenz des Winkels, 2. auf der Deckungsbedingung für Kürzeste und 3. auf der Möglichkeit, eine Kürzeste QA_m zu ziehen, die mit $\mathfrak{L}$ einen Winkel bildet, der sich beliebig wenig von α unterscheidet. Diese Bemerkung wird uns in Kap. VIII, § 1 bei der Betrachtung abstrakter Mannigfaltigkeiten von Nutzen sein.

KAPITEL IV

DER WINKEL

§ 1. Allgemeine Sätze über die Addition von Winkeln

Im vorigen Kapitel wurde bewiesen, daß auf einer konvexen Fläche zwischen zwei von einem Punkte ausgehenden Kürzesten ein bestimmter Winkel existiert. In diesem Kapitel wollen wir die Eigenschaften der Winkel zwischen Kürzesten untersuchen und vor allem einen Satz über die Addition von Winkeln aufstellen, der einzig und allein auf der Existenz von Winkeln beruht. Man braucht daher gar nicht vorauszusetzen, daß es sich um Kürzeste auf einer konvexen Fläche handelt: wir können ganz allgemein von Kurven in einer beliebigen Mannigfaltigkeit mit innerer Metrik sprechen, zwischen denen wohlbestimmte Winkel existieren[1]). Diese allgemeine Fragestellung ist schon deswegen von Interesse, weil der Begriff des Winkels einer der grundlegenden Begriffe der Geometrie ist.

Wir erinnern an die Definition des Winkels zwischen Kurven: Seien $\mathfrak{L}$ und $\mathfrak{M}$ zwei von einem Punkt Q ausgehende Kurven in irgendeiner Mannigfaltigkeit mit der inneren Metrik ϱ. Seien $X_t = X(t)$ $(0 \leqq t \leqq 1)$ und $Y_s = Y(s)$ $(0 \leqq s \leqq 1)$ die Parameterdarstellungen dieser Kurven, wobei $X_0 = Y_0 = Q$ ist; für genügend kleine von Null verschiedene t und s seien X_t und Y_s von Q verschieden. Wir konstruieren das ebene Dreieck mit den Seitenlängen $\varrho(QX_t)$, $\varrho(QY_s)$, $\varrho(X_tY_s)$ und bezeichnen den der Seite $\varrho(X_tY_s)$ gegenüberliegenden Winkel dieses Dreiecks mit $\gamma(t,s)$. Den Grenzwert dieses Winkels für gegen Null strebende t und s, d. h. $\lim\limits_{t,s\to 0} \gamma(t,s)$ bezeichnen wir als den Winkel zwischen den Kurven $\mathfrak{L}$ und $\mathfrak{M}$ im Punkte Q.

Wir betrachten jetzt Kurven $\mathfrak{L}_i$, die von einem Punkt Q in einer Mannigfaltigkeit mit innerer Metrik ausgehen, und beschränken uns auf eine so kleine Umgebung des Punktes Q, daß je zwei ihrer Punkte durch eine Kürzeste verbunden werden können. Wir nehmen an, daß die Kurven $\mathfrak{L}_i$ durch die Parameterdarstellungen $X_i = X_i(t_i)$ $(0 \leqq t_i \leqq 1)$ gegeben sind derart, daß $X_i(0) = Q$ und für von Null verschiedene t_i dagegen $X_i(t_i) \neq Q$ gilt. Die Aussage, daß der Punkt X_i gegen Q konvergiert, ist äquivalent mit der Aussage, daß t_i gegen Null strebt. $\gamma_{ij}(t_i,t_j)$ bezeichnet den Winkel, der in dem ebenen Dreieck mit den

[1]) Eigentlich gelten die Sätze, die wir erhalten werden, in jedem metrischen Raum.

Seiten der Länge QX_i, QX_j, X_iX_j der Seite der Länge X_iX_j gegenüberliegt; (der Kürze halber ist das Symbol ϱ weggelassen). α_{ij} bezeichne den Winkel zwischen den Kurven $\mathfrak{L}_i$ und $\mathfrak{L}_j$. Das Ergebnis, das wir erhalten werden, läßt sich im wesentlichen in folgenden Aussagen zusammenfassen:

1. Wenn von einem Punkt Q drei Kurven $\mathfrak{L}_1$, $\mathfrak{L}_2$, $\mathfrak{L}_3$ ausgehen, die miteinander die Winkel α_{12}, α_{23}, α_{31} bilden, so ist die Summe je zweier dieser Winkel nicht kleiner als der dritte.

2. Wenn außerdem die Kürzesten X_1X_3 die Kurve $\mathfrak{L}_2$ schneiden, wie nahe auch X_1 (auf $\mathfrak{L}_1$) und X_3 (auf $\mathfrak{L}_3$) bei Q liegen, so ist $\alpha_{12} + \alpha_{23} = \alpha_{13}$.

Diese Eigenschaften des Winkels sind den Eigenschaften der Winkel zwischen Halbgeraden auf der Ebene völlig analog. Zum Beweis ist es zweckmäßig, zunächst einige Hilfssätze über die Winkel $\gamma_{ij}(t_i,t_j)$ abzuleiten.

Hilfssatz 1: *Für je drei von einem Punkt Q ausgehende Kurven $\mathfrak{L}_1$, $\mathfrak{L}_2$, $\mathfrak{L}_3$ gilt*

$$\overline{\lim_{t_1,t_3\to 0}}\ \gamma_{13}(t_1,t_3) \leqq \overline{\lim_{t_1,t_2\to 0}}\ \gamma_{12}(t_1,t_2) + \overline{\lim_{t_2,t_3\to 0}}\ \gamma_{23}(t_2,t_3)$$

(die Existenz der Winkel zwischen den Kurven wird also nicht vorausgesetzt).

Beweis: Wir setzen

$$\overline{\lim_{t_i,t_j\to 0}}\ \gamma_{ij}(t_i,t_j) = \bar{\alpha}_{ij}\,.$$

Wir müssen beweisen, daß $\bar{\alpha}_{13} \leqq \bar{\alpha}_{12} + \bar{\alpha}_{23}$ ist. Im Falle $\bar{\alpha}_{13} = 0$ ist die Ungleichung trivial; daher können wir $\bar{\alpha}_{13} > 0$ annehmen. Wir wählen auf den Kurven $\mathfrak{L}_1$ und $\mathfrak{L}_3$ eine Folge von Punktepaaren $X_1^{(n)}$, $X_3^{(n)}$ derart, daß die diesen Punkten entsprechenden Winkel $\gamma_{13}(t_1^{(n)}, t_3^{(n)})$ gegen $\bar{\alpha}_{13}$ konvergieren. Da $\bar{\alpha}_{13} > 0$ ist, kann man annehmen, daß alle $\gamma_{13}(t_1^{(n)}, t_3^{(n)})$ positiv sind (es genügt, diejenigen Paare $X_1^{(n)}$, $X_3^{(n)}$ auszuschließen, für die $\gamma_{13} = 0$ ist). Außerdem wollen wir vorerst annehmen, daß unter den Winkeln $\gamma_{13}(t_1^{(n)}, t_3^{(n)})$ unendlich viele von π verschiedene vorkommen und uns auf solche n beschränken, für die $\gamma_{13}(t_1^{(n)}, t_3^{(n)}) \neq \pi$ ist. Schließlich wählen wir auf der Kurve $\mathfrak{L}_2$ einen beliebigen von Q verschiedenen Punkt M und beschränken uns auf solche Paare $X_1^{(n)}$, $X_3^{(n)}$, für die $QX_1^{(n)}$ und $QX_3^{(n)}$ kleiner als QM sind.

Sei X_1, X_3 irgendein Punktepaar aus der so ausgewählten Folge. Wir konstruieren wie gewöhnlich das ebene Dreieck $Q'X_1'X_3'$ mit den Seiten $Q'X_1' = QX_1$, $Q'X_3' = QX_3$, $X_1'X_3' = X_1X_3$ (Abb. 39). Der Winkel bei der Ecke Q' dieses Dreiecks ist gerade γ_{13}, und da nach Voraussetzung γ_{13} weder gleich Null noch gleich π ist, so artet das Dreieck nicht in eine Strecke aus. Sei etwa $Q'X_1' \geqq Q'X_3'$. Sei $Q'K$ die von der Ecke Q' aus gefällte Höhe des Dreiecks $Q'X_1'X_3'$; offenbar ist $0 < Q'K < Q'X_1'$.

Da der Punkt $X_2(t_2)$ der Kurve $\mathfrak{L}_2$ vom Parameter t_2 stetig abhängt, so ist auch die Entfernung QX_2 eine stetige Funktion von t_2. Diese nimmt die Werte 0 und QM an; da wir $QX_1 < QM$ annehmen, so gibt es einen kleinsten Wert $t_2 = \hat{t}_2^1$, für den

$$QX_2(\hat{t}_2^1) = QX_1 = Q'X_1'$$

gilt.

Wegen $Q'K < QX_1$ gibt es aus denselben Gründen unter den Werten $t_2 < \hat{t}_2^1$ einen größten $t_2 = \hat{t}_2^2$, für den

$$QX_2(\hat{t}_2^2) = Q'K$$

ist.

Jedem Parameterwert t_2 im Segment $[\hat{t}_2^2, \hat{t}_2^1]$ können wir einen Punkt $X_2'(t_2)$ auf der Strecke KX_1' zuordnen, derart daß

$$QX_2(t_2) = Q'X_2'(t_2)\,^{1)}$$

ist. Liegt der Punkt X_3' zwischen X_1' und K, so existiert auf dem Segment $[\hat{t}_2^2, \hat{t}_2^1]$ ein größter Parameterwert $t_2 = \hat{t}_2^3$, für den $QX_2(\hat{t}_2^3) = Q'X_3'$ ist. Bei stetiger Änderung von t_2 von $\hat{t}_2^1$ bis $\hat{t}_2^3$ bewegt sich der Punkt X_2' stetig von X_1' bis X_3'. Liegt dagegen der Punkt K zwischen X_1' und X_3', so existiert auf dem Segment $[\hat{t}_2^2, \hat{t}_2^1]$ ein kleinster Parameterwert $t_2 = \hat{t}_2^4$, für den $QX_2(\hat{t}_2^4) = Q'X_3'$ ist. Dann können wir den Parameter t_2 von $\hat{t}_2^1$ bis $\hat{t}_2^2$ variieren, wobei sich der Punkt $X_2'(t_2)$ stetig auf dem Abschnitt $X_1'K$ von X_1' bis K bewegt. Läßt man dann den Wert t_2 wieder von $\hat{t}_2^2$ bis $\hat{t}_2^4$ wachsen und nimmt dabei den Punkt $X_2'(t_2)$ schon auf dem Strahl KX_3', so bewegt sich der Punkt $X_2'(t_2)$ stetig auf der Strecke KX_3' von K bis X_3'.

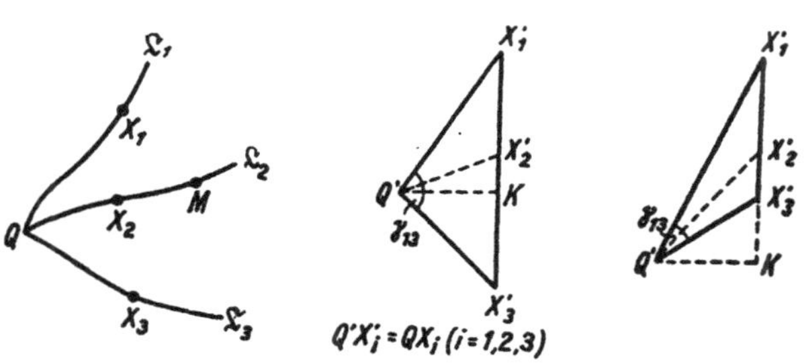

Abb. 39

In den beiden für die Lage des Punktes K möglichen Fällen können wir also den Parameter t_2 stetig so verändern, daß der Punkt X_2' sich stetig bewegt und die Strecke $X_1'X_3'$ durchläuft.

Wir betrachten jetzt die Quotienten

$$\frac{X_1'X_2'}{X_1'X_2' + X_2'X_3'} \quad \text{und} \quad \frac{X_1X_2}{X_1X_2 + X_2X_3}.$$

Jeder von ihnen ist eine stetige Funktion von t_2, und bei der betrachteten Variation des Parameters t_2 durchläuft der erste *alle* Werte von Null bis Eins, während der

---

[1]) Dies wäre nicht möglich, wenn für ein gewisses $t_2\,\varepsilon\,[\hat{t}_2^2, \hat{t}_2^1]$ entweder $QX_2(t_2) < Q'K$ oder $QX_2(t_2) > Q'X_1'$ wäre. Aber diese beiden Fälle sind ausgeschlossen. Wäre z. B. $QX_2(t_2) < Q'K$ für $t_2 = \hat{t}$, so würde sich wegen der Stetigkeit der Entfernung $QX_2(t_2)$ ein t_2 und auf Grund der Ungleichung $QX_2(\hat{t}_2^1) = QX_1 > Q'K$ ein $t_2\,\varepsilon\,[\hat{t}, \hat{t}_2^1]$ so bestimmen lassen, daß $QX_2(t_2) = Q'K$ wäre. Dann wäre aber $\hat{t}_2^2$ nicht der größte Wert von $t_2 < \hat{t}_2^1$, für den die Gleichung $QX_2(t_2) = Q'K$ gilt, und dies würde der Definition von $\hat{t}_2^2$ widersprechen. Aus analogen Gründen ist auch für $t_2\,\varepsilon\,[\hat{t}_2^2, \hat{t}_2^1]$ die Ungleichung $QX_2(t_2) > Q'X_1'$ unmöglich.

zweite zwischen Null und Eins liegt. Für einen gewissen Wert von t_2 müssen daher beide Verhältnisse gleich sein; es gibt also Punkte X_2 und X_2', derart daß

(1) $$\frac{X_1'X_2'}{X_1'X_2' + X_2'X_3'} = \frac{X_1X_2}{X_1X_2 + X_2X_3}; \quad Q'X_2' = QX_2$$

ist. Nach Konstruktion ist aber $X_1'X_3' = X_1X_3$ und nach der Dreiecksungleichung gilt

$$X_1'X_2' + X_2'X_3' = X_1'X_3' = X_1X_3 \leqq X_1X_2 + X_2X_3,$$

was zusammen mit (1)

$$X_1'X_2' \leqq X_1X_2 \quad \text{und} \quad X_2'X_3' \leqq X_2X_3$$

ergibt. Wenn wir daher die ebenen Dreiecke mit den Seiten QX_1, QX_2, X_1X_2 und QX_2, QX_3, X_2X_3 konstruieren, so unterscheiden sie sich von den Dreiecken $Q'X_1'X_2'$ und $Q'X_2'X_3'$ nur dadurch, daß ihre Seiten X_1X_2 und X_2X_3 größer (nicht kleiner) als $X_1'X_2'$ und $X_2'X_3'$ sind, während die anderen Seiten gleich sind, da

$$Q'X_1' = QX_1, \quad Q'X_2' = QX_2, \quad Q'X_3' = QX_3$$

ist. Andrerseits sind die den Seiten X_1X_2 und X_2X_3 gegenüberliegenden Winkel dieser Dreiecke gerade γ_{12} und γ_{23}. Daher gilt

$$\sphericalangle X_1'Q'X_2' \leqq \gamma_{12}, \quad \sphericalangle X_2'Q'X_3' \leqq \gamma_{23}.$$

Da der Winkel bei Q' im Dreieck $Q'X_1'X_3'$ der Winkel γ_{13} ist, so ergibt die Addition der beiden Ungleichungen

$$\gamma_{13} \leqq \gamma_{12} + \gamma_{23}.$$

Nach Wahl der von uns betrachteten Folge von Punktepaaren X_1, X_3 gilt $\lim \gamma_{13} = \bar{\alpha}_{13}$. Wenn man daher in der letzten Ungleichung links zum Limes und rechts zum oberen Limes übergeht, erhält man die zu beweisende Ungleichung:

$$\bar{\alpha}_{13} \leqq \bar{\alpha}_{12} + \bar{\alpha}_{23}.$$

Wir hatten angenommen, daß unter den betrachteten Werten $\gamma_{13}(t_1^{(n)}, t_3^{(n)})$ unendlich viele von π verschiedene vorhanden sind. Nehmen wir jetzt an, alle γ_{13} seien gleich π (endlich viele Werte $\gamma_{13} \neq \pi$ kann man weglassen). Dies bedeutet, daß

(2) $$X_1^{(n)}X_3^{(n)} = X_1^{(n)}Q + QX_3^{(n)}$$

ist. Wäre in diesem Falle die Ungleichung

$$\bar{\alpha}_{13} = \pi \leqq \bar{\alpha}_{12} + \bar{\alpha}_{23}$$

nicht richtig, so ließe sich ein $\varepsilon > 0$ finden, derart daß für alle genügend großen n und für kleine t_2, d. h. für zu Q benachbarte $X_2(t_2)$, die Ungleichung

$$\gamma_{12} + \gamma_{23} < \pi - \varepsilon$$

gelten würde. Dann könnten wir aber für gegebenes n den Wert t_2 so klein nehmen, daß die ebenen Dreiecke $Q'X_1'X_2'$ und $Q'X_2'X_3'$ mit den Seitenlängen $QX_1^{(n)}, QX_2^{(n)}, X_1^{(n)}X_2^{(n)}$ und $QX_2^{(n)}, QX_3^{(n)}, X_2^{(n)}X_3^{(n)}$ zusammen ein einspringendes Viereck bilden würden, wie dies in der Abb. 40 dargestellt ist. (Der Winkel bei Q' in diesem Viereck ist gleich $\gamma_{12} + \gamma_{23}$; und da er kleiner als $\pi - \varepsilon$ wäre, so würde für nahe bei Q' liegende X_2' der Winkel bei X'_2 größer als π.)

In diesem Falle gilt aber

$$X_1'X_2' + X_2'X_3' < Q'X_1' + Q'X_3',$$

d. h.

$$X_1^{(n)}X_2^{(n)} + X_2^{(n)}X_3^{(n)} < QX_1^{(n)} + QX_3^{(n)}$$

oder auf Grund der Gleichung (2)

$$X_1^{(n)}X_2^{(n)} + X_2^{(n)}X_3^{(n)} < X_1^{(n)}X_3^{(n)}.$$

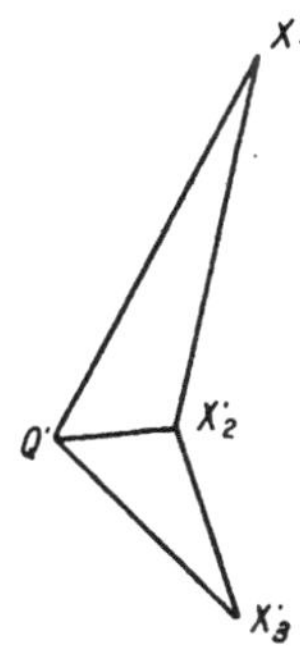

Abb. 40

Dies widerspricht aber der Dreiecksungleichung. Folglich ist die Annahme, daß in dem betrachteten Falle die Ungleichung $\pi < \bar{\alpha}_{12} + \bar{\alpha}_{23}$ nicht gilt, unrichtig. In allen Fällen ist also

$$\bar{\alpha}_{13} \leqq \bar{\alpha}_{12} + \bar{\alpha}_{23},$$

und der Hilfssatz ist bewiesen.

Aus Hilfssatz 1 folgt sofort

Satz 1: *Wenn von einem Punkte Q drei Kurven $\mathfrak{L}_1$, $\mathfrak{L}_2$, $\mathfrak{L}_3$ ausgehen, die miteinander bestimmte Winkel α_{12}, α_{23}, α_{31} bilden, so ist die Summe je zweier beliebiger dieser Winkel nicht kleiner als der dritte.*

In der Tat: es ist $\alpha_{ij} = \lim\limits_{t_i, t_j \to 0} \gamma_{ij}(t_i, t_j)$, und daher folgen aus Hilfssatz 1 $\alpha_{13} \leqq \alpha_{12} + \alpha_{23}$ und die entsprechenden Ungleichungen für α_{23} und α_{31}.

Dem Hilfssatz 1 kann man die folgende etwas allgemeinere Form geben:

Hilfssatz 1*: *Für beliebig viele von einem Punkt ausgehende Kurven $\mathfrak{L}_1, \ldots, \mathfrak{L}_n$ gilt*

$$\overline{\lim_{t_1, t_n \to 0}}\, \gamma_{1,n}(t_1, t_n) \leqq \overline{\lim_{t_1, t_2 \to 0}}\, \gamma_{12}(t_1, t_2) + \cdots + \overline{\lim_{t_{n-1}, t_n \to 0}}\, \gamma_{n-1,n}(t_{n-1}, t_n).$$

Nach Hilfssatz 1 gilt nämlich:

$$\overline{\lim_{t_1, t_n \to 0}}\, \gamma_{1n}(t_1, t_n) \leqq \overline{\lim_{t_1, t_{n-1} \to 0}}\, \gamma_{1,\, n-1}(t_1, t_{n-1}) + \overline{\lim_{t_{n-1}, t_n \to 0}}\, \gamma_{n-1,n}(t_{n-1}, t_n).$$

Wenn man in derselben Weise auch $\overline{\lim\limits_{t_1, t_{n-1} \to 0}}\, \gamma(t_1, t_{n-1})$ usw. abschätzt, erhält man die zu beweisende Ungleichung.

Hilfssatz 2: *Von einem Punkte Q mögen die Kurven $\mathfrak{L}_1, \ldots, \mathfrak{L}_n$ ausgehen; X_1, X_n seien veränderliche Punkte auf $\mathfrak{L}_1$ und $\mathfrak{L}_n$. Wir nehmen weiter an, daß für beliebig nahe bei Q liegende X_1, X_n eine Kürzeste X_1X_n die Kurven $\mathfrak{L}_2, \ldots, \mathfrak{L}_{n-1}$ in von Q verschiedenen und zwischen X_1 und X_n in der Reihenfolge ihrer Indizes angeordneten Punkten $X_2, \ldots, X_{n-1}$ schneidet. Wir beschränken uns auf solche Punkte X_1, X_n, für die diese Voraussetzungen zutreffen. Sind dann t_i die Parameterwerte auf den Kurven $\mathfrak{L}_i$, die den betreffenden Punkten X_i entsprechen, so gilt*

$$\underline{\lim_{t_1, t_n \to 0}}\, \gamma_{1n}(t_1, t_n) \geqq \underline{\lim_{t_1, t_2 \to 0}}\, \gamma_{12}(t_1, t_2) + \cdots + \underline{\lim_{t_{n-1}, t_n \to 0}}\, \gamma_{n-1,n}(t_{n-1}, t_n)$$

(wo die unteren Limites nur über zugelassene Werte t_i zu nehmen sind).

Beweis: Seien auf den Kurven $\mathfrak{L}_1$ und $\mathfrak{L}_n$ Punkte X_1 und X_n so gewählt, daß mindestens eine der sie verbindenden Kürzesten die Kurven $\mathfrak{L}_2, \ldots, \mathfrak{L}_{n-1}$ schneidet. Nur solche X_1 und X_n werden wir im folgenden betrachten, auch wenn wir es nicht besonders sagen.

Da solche Punkte nach Voraussetzung in beliebiger Nähe des Punktes Q vorhanden sind, kann man sie so variieren, daß sie gegen Q konvergieren. Unter einer Kürzesten $X_1 X_n$ verstehen wir gerade eine solche, die $\mathfrak{L}_2, \ldots, \mathfrak{L}_{n-1}$ schneidet. Die Schnittpunkte bezeichnen wir mit X_i (s. Abb. 41, wo $n = 4$ ist). (Wichtig ist, daß X_i von Q verschieden ist; ob er der einzige Schnittpunkt ist oder nicht, spielt für das Weitere keine Rolle.)

Wir setzen

$$QX_i = x_i \qquad (i = 1, 2, \ldots, n).$$

Die Punkte X_1, X_n seien beliebig, aber fest, ebenso die entsprechenden Punkte $X_2, \ldots, X_{n-1}$. Wir konstruieren in der Ebene die Dreiecke $Q' X_i' X_{i+1}'$ mit Seiten-

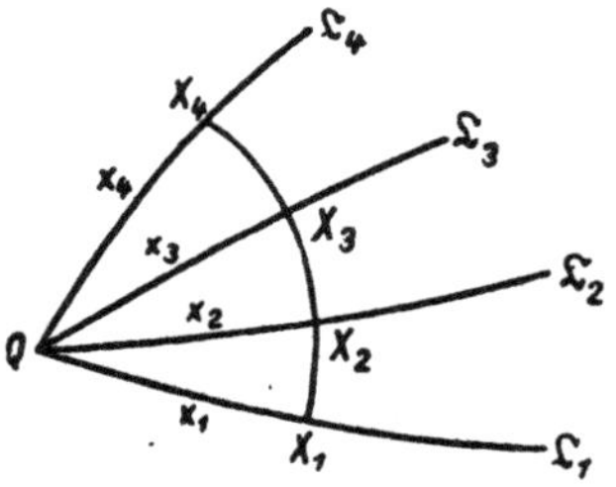

Abb. 41

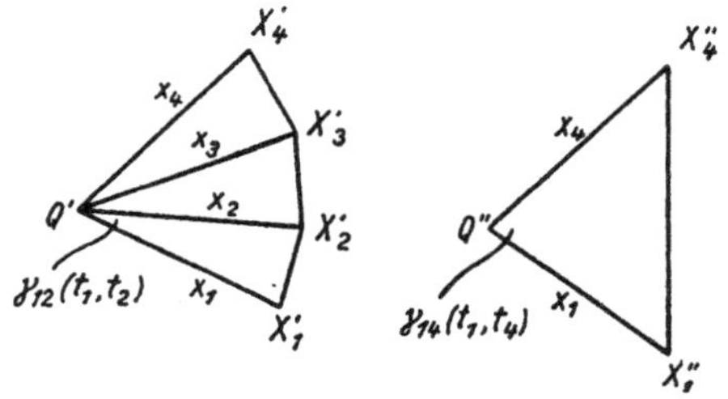

Abb. 42

längen, die denen der Dreiecke $Q X_i X_{i+1}$ gleich sind, d. h. z. B. $Q' X_1' = Q X_1 = x_1$ usw. Diese Dreiecke legen wir konsekutiv längs der Seiten $Q X_i'$ aneinander, so daß die Dreiecke $Q' X_{i-1}' X_i'$ und $Q' X_i' X_{i+1}'$ die Eckpunkte Q' und X_i' gemeinsam haben. Es entsteht ein Polygon $Q' X_1' \ldots X_n'$ (Abb. 42).

Die Winkel bei Q' in den Dreiecken $Q' X_i' X_{i+1}'$ sind $\gamma_{i,i+1}(t_i, t_{i+1})$.

Wir konstruieren außerdem das ebene Dreieck $Q'' X_1'' X_n''$ dessen Seiten dieselben Längen wie die Seiten des Dreiecks $Q X_1 X_n$ haben. Der Winkel bei Q'' ist $\gamma_{1,n}(t_1, t_n)$.

Wir zeigen jetzt, daß der Winkel bei Q'' im Dreieck $Q'' X_1'' X_n''$ nicht kleiner ist als der Winkel bei Q' im Polygon $Q' X_1' \ldots X_n'$, d. h. daß

$$\gamma_{1,n}(t_1, t_n) \geqq \gamma_{1,2}(t_1, t_2) + \cdots + \gamma_{n-1,n}(t_{n-1}, t_n) \text{ gilt.}$$

Dazu bemerken wir zunächst, daß $\gamma_{1,2} + \cdots + \gamma_{n-1,n} \leqq \pi$ ist.
In der Tat gelten nach Konstruktion des Polygons $Q' X_1' \ldots X_n'$ die Beziehungen

$$X_1' X_2' + \cdots + X_{n-1}' X_n' = X_1 X_2 + \cdots + X_{n-1} X_n = X_1 X_n$$

und

$$Q'X_1' = QX_1, \qquad Q'X_n' = QX_n.$$

Da die Kurve X_1X_n eine Kürzeste ist, ist $X_1X_n \leqq QX_1 + QX_n$ und daher

$$Q'X_1' + Q'X_n' \geqq X_1'X_2' + \cdots + X_{n-1}'X_n'.$$

Wenn jedoch der Winkel bei Q größer wäre als π, so würde die umgekehrte Ungleichung gelten.

Also ist der Winkel $\gamma_{1,2} + \cdots + \gamma_{n-1,n}$ bei Q in unserem Polygon nicht größer als π. Daher ist er auch ein Winkel im Dreieck $Q'X_1'X_n'$. Vergleichen wir dieses Dreieck mit dem Dreieck $Q''X_1''X_n''$, so sehen wir, daß nach Konstruktion

$$Q'X_1' = Q''X_1'' \quad \text{und} \quad Q'X_n' = Q''X_n''$$

gilt, d. h. in diesen Dreiecken sind die entsprechenden von Q' und Q'' ausgehenden Seiten einander gleich. Außerdem ist offenbar

$$X_1'X_n' \leqq X_1'X_2' + \cdots + X_{n-1}'X_n'$$

und nach Konstruktion

$$X_1''X_n'' = X_1X_n = X_1X_2 + \cdots + X_{n-1}'X_n = X_1'X_2' + \cdots + X_{n-1}'X_n',$$

so daß sich

$$X_1'X_n' \leqq X_1''X_n''$$

ergibt. Folglich gilt für die Winkel bei Q' und Q'' dieselbe Ungleichung, d. h.

$$\gamma_{1,2}(t_1,t_2) + \cdots + \gamma_{n-1,n}(t_{n-1},t_n) \leqq \gamma_{1,n}(t_1,t_n). \tag{3}$$

Streben die Punkte X_1 und X_n gegen Q, so streben auch die Punkte X_i gegen Q, d. h. für $t_1, t_n \to 0$ gilt auch $t_i \to 0$. Geht man in der Ungleichung (3) über zulässige Werte von t_1 und t_n zum Limes für $t_1 \to 0$ und $t_n \to 0$ über, so kommt

$$\varliminf_{t_1,t_n \to 0} \gamma_{1,n}(t_1,t_n) \geqq \varliminf_{t_1,t_2 \to 0} \gamma_{1,2}(t_1,t_2) + \cdots + \varliminf_{t_{n-1},t_n \to 0} \gamma_{n-1,n}(t_{n-1},t_n),$$

was zu beweisen war.

Satz 2: *Die Kurven $\mathfrak{L}_1, \ldots, \mathfrak{L}_n$ mögen von einem Punkte Q ausgehen und miteinander bestimmte Winkel $\alpha_{12}, \ldots, \alpha_{n-1,n}$ und α_{n1} bilden. X_1 und X_n seien variable Punkte auf $\mathfrak{L}_1$ und $\mathfrak{L}_n$. Für beliebig nahe bei Q gelegene X_1 und X_n schneide eine Kürzeste X_1X_n die Kurven $\mathfrak{L}_2, \ldots, \mathfrak{L}_{n-1}$ in den von Q verschiedenen, in der Reihenfolge ihrer Indizes zwischen X_1 und X_n gelegenen Punkten $X_2, \ldots, X_{n-1}$. Dann ist*

$$\alpha_{1n} = \alpha_{12} + \alpha_{23} + \cdots + \alpha_{n-1,n}.$$

Beweis: Da die Winkel $\alpha_{i,i+1}$ existieren, so existieren auch die Grenzwerte

$$\lim_{t_i,t_{i+1} \to 0} \gamma_{i,i+1}(t_i,t_{i+1}) = \alpha_{i,i+1}.$$

Auf Grund des Hilfssatzes 1* ist daher

$$\alpha_{1n} \leqq \alpha_{12} + \cdots + \alpha_{n-1,n}.$$

Da aber in der Formulierung des Satzes die Voraussetzungen des Hilfssatzes 2 als erfüllt angenommen werden, so folgt aus diesem Hilfssatz

$$\alpha_{1n} \geqq \alpha_{12} + \cdots + \alpha_{n-1,n}.$$

Folglich gilt

$$\alpha_{1n} = \alpha_{12} + \cdots + \alpha_{n-1,n}.$$

Sind $\mathfrak{L}_1, \ldots, \mathfrak{L}_n$ Kürzeste in einer Mannigfaltigkeit, in der die Deckungsbedingung für Kürzeste erfüllt ist, so besitzen die von einem Punkte Q ausgehenden und einander nicht deckenden Kürzesten $\mathfrak{L}_1, \ldots, \mathfrak{L}_n$ in der Nähe dieses Punktes keine weiteren gemeinsamen Punkte und zerlegen daher seine Umgebung in Sektoren. Es hat daher Sinn zu sagen, die Kürzesten $\mathfrak{L}_2, \ldots, \mathfrak{L}_{n-1}$ seien zwischen $\mathfrak{L}_1$ und $\mathfrak{L}_n$ in der Reihenfolge ihrer Indizes von $\mathfrak{L}_1$ bis $\mathfrak{L}_n$ gelegen. Wenn dann eine Kürzeste X_1X_n die Kürzesten $\mathfrak{L}_2, \ldots, \mathfrak{L}_{n-1}$ schneidet, so liegen die Schnittpunkte $X_2, \ldots, X_{n-1}$ auf $\mathfrak{L}_2, \ldots, \mathfrak{L}_{n-1}$ in der Reihenfolge der Indizes von X_1 bis X_n. Fordert man die Deckungsbedingung für die Kürzesten $\mathfrak{L}_1, \ldots, \mathfrak{L}_n$ nicht, so kann man nicht behaupten, daß sie in einer bestimmten Reihenfolge gelegen seien; dann ist man also gezwungen, von der Reihenfolge der Punkte $X_1, \ldots, X_n$ zu sprechen.

Satz 3: *Die Kurven $\mathfrak{L}_1, \ldots, \mathfrak{L}_n$ mögen vom Punkte Q ausgehen und miteinander sukzessive bestimmte von Null verschiedene Winkel $\alpha_{12}, \ldots, \alpha_{n-1,n}$ bilden. X_1 und X_n seien variable Punkte auf $\mathfrak{L}_1$ und $\mathfrak{L}_n$. Für genügend nahe bei Q gelegene Punkte X_1 und X_n schneide eine Kürzeste X_1X_n die Kurven $\mathfrak{L}_2, \ldots, \mathfrak{L}_{n-1}$ in den von Q verschiedenen und in der Reihenfolge ihrer Indizes zwischen X_1 und X_n gelegenen Punkten $X_2, \ldots, X_{n-1}$. Dann existiert auch zwischen den Kurven $\mathfrak{L}_1$ und $\mathfrak{L}_n$ ein bestimmter Winkel, der gleich der Summe der Winkel $\alpha_{12}, \ldots, \alpha_{n-1,n}$ ist.*

Beweis: Die Voraussetzungen dieses Satzes unterscheiden sich in zwei Punkten von denjenigen des Satzes 2: Die Existenz des Winkels α_{1n} wird nicht vorausgesetzt, dafür wird aber gefordert, daß die Kürzesten X_1X_n die Kurven $\mathfrak{L}_2, \ldots, \mathfrak{L}_{n-1}$ für alle genügend nahe bei Q gelegenen X_1 und X_n schneiden. Auf Grund dieser letzten Voraussetzung können wir uns des Hilfssatzes 2 bedienen, ohne dabei den Variabelen t_1 und t_n irgendwelche Beschränkungen auferlegen zu müssen. Da die Winkel $\alpha_{i,i+1}$ als existierend vorausgesetzt werden, existieren die Limites

$$\lim_{t_i, t_{i+1} \to 0} \gamma_{i,i+1}(t_i, t_{i+1}) = \alpha_{i,i+1},$$

und daher folgt aus Hilfssatz 2

$$\underline{\lim}_{t_1, t_n \to 0} \gamma_{1n}(t_1, t_n) \geqq \alpha_{12} + \cdots + \alpha_{n-1,n}.$$

Andererseits folgt aus demselben Grunde aus Hilfssatz 1*

$$\overline{\lim}_{t_1, t_n \to 0} \gamma_{1n}(t_1, t_n) \leqq \alpha_{12} + \cdots + \alpha_{n-1,n}.$$

Also existiert $\lim\limits_{t_1, t_n \to 0} \gamma_{1n}(t_1, t_n)$ und ist gleich $\alpha_{12} + \cdots + \alpha_{n-1,n}$, was zu beweisen war.

Dieser Satz ist für Kürzeste auf konvexen Flächen natürlich bedeutungslos, da der Winkel α_{1n} dann bekanntlich existiert. Er erweist sich aber als nützlich für beliebige andere Kurven und auch für Kürzeste in abstrakten Mannigfaltigkeiten mit innerer Metrik.

Hiermit schließen wir die Untersuchung der Winkel zwischen beliebigen Kurven ab; in den folgenden Paragraphen wird von Winkeln zwischen Kürzesten auf konvexen Flächen die Rede sein. Später, in Kap. IX, werden wir einige Eigenschaften des Winkels zwischen beliebigen Kurven auf konvexen Flächen ausführlicher untersuchen.

§ 2. Sätze über die Addition von Winkeln auf konvexen Flächen

Die allgemeinen Sätze über die Addition von Winkeln, die im vorigen Paragraphen bewiesen wurden, lassen sich für Winkel auf konvexen Flächen durch einen Satz ergänzen, der dem bekannten Satz der Planimetrie, daß die Summe von Nebenwinkeln zwei Rechte beträgt, völlig analog ist.

Satz 1: *Geht von einem inneren Punkt Q einer Kürzesten $\mathfrak{L}$ auf einer konvexen Fläche eine Kürzeste $\mathfrak{M}$ aus, so ist die Summe der Winkel, die $\mathfrak{M}$ mit den beiden Zweigen von $\mathfrak{L}$ bildet, gleich π.*

Der Beweis dieses Satzes beruht im wesentlichen auf zwei Tatsachen, die auf konvexen Flächen gelten: 1. auf der Deckungsbedingung für Kürzeste und 2. auf dem Satz über die Konvergenz von Winkeln (Kap. III, § 4, Satz 4): Wenn die Kürzesten $\mathfrak{N}'_n$ und $\mathfrak{N}''_n$ gegen $\mathfrak{N}'$ und $\mathfrak{N}''$ konvergieren, so ist der Winkel zwischen $\mathfrak{N}'$ und $\mathfrak{N}''$ nicht kleiner als der untere Limes der Winkel zwischen $\mathfrak{N}'_n$ und $\mathfrak{N}''_n$. Wir werden die Folgerungen aus der Deckungsbedingung für Kürzeste benutzen, die wir in Kap. II, § 3 abgeleitet haben.

Die Zweige $\mathfrak{L}_1$ und $\mathfrak{L}_2$ von $\mathfrak{L}$, in die der Punkt Q diese Kürzeste teilt, sind selbst Kürzeste. Die Winkel, die sie mit der Kürzesten $\mathfrak{M}$ bilden, bezeichnen wir mit α_1, α_2. Der Winkel zwischen $\mathfrak{L}_1$ und $\mathfrak{L}_2$ ist gleich π. Daher gilt auf Grund von Satz 1 aus § 1

$$\alpha_1 + \alpha_2 \geqq \pi. \tag{1}$$

Wenn wir noch zeigen, daß außerdem $\alpha_1 + \alpha_2 \leqq \pi$ gilt, so ist der Satz bewiesen.

Wir beschränken uns auf eine kleine Umgebung des Punktes Q. Die Kürzeste $\mathfrak{L}$ zerlegt eine solche Umgebung in zwei Bereiche $\boldsymbol{U}$ und $\boldsymbol{V}$. Wir dürfen natürlich annehmen, daß die Kürzeste $\mathfrak{M}$ die Kürzeste $\mathfrak{L}$ nicht deckt. Dann hat sie auf Grund der Deckungsbedingung (Satz 1 aus § 3 von Kap. II) außer Q überhaupt keine Punkte mit $\mathfrak{L}$ gemeinsam. Daher verläuft $\mathfrak{M}$ vollständig in einem der Bereiche $\boldsymbol{U}$ oder $\boldsymbol{V}$, z. B. im Bereich $\boldsymbol{U}$ (Abb. 43).

Wir wählen auf $\mathfrak{L}_2$ einen Punkt A und konstruieren im Innern des von $\mathfrak{L}_2$ und $\mathfrak{M}$ berandeten Teiles des Bereiches $\boldsymbol{U}$ eine gegen A konvergierende Punktfolge A_n. Die Kürzesten QA_n konvergieren gegen den Abschnitt QA der Kürzesten $\mathfrak{L}$, da (auf Grund der Deckungsbedingung) QA die einzige die Punkte Q und A verbindende Kürzeste ist.

Auf $\mathfrak{L}_1$ und auf einer der Kürzesten QA_n wählen wir je einen Punkt X und Y. Wenn diese Punkte dem Punkt Q hinreichend benachbart sind, so liegt jede sie verbindende Kürzeste im Bereich $\boldsymbol{U}$. In der Tat, würde die Kürzeste AY den Bereich $\boldsymbol{V}$ „besuchen", so müßte sie die Kürzeste $\mathfrak{L}$ außer in X noch in einem anderen Punkte schneiden. Dann würde sie aber auf Grund der Deckungsbedingung die Kürzeste $\mathfrak{L}$ decken. Das ist jedoch unmöglich, da dann der Punkt Y und mit ihm alle Punkte der Kürzesten QA_n auf $\mathfrak{L}$ liegen würden, was der Voraussetzung widerspräche. Die Kürzeste XY hat also außer X keine gemeinsamen Punkte mit $\mathfrak{L}$ und liegt im Bereich $\boldsymbol{U}$.

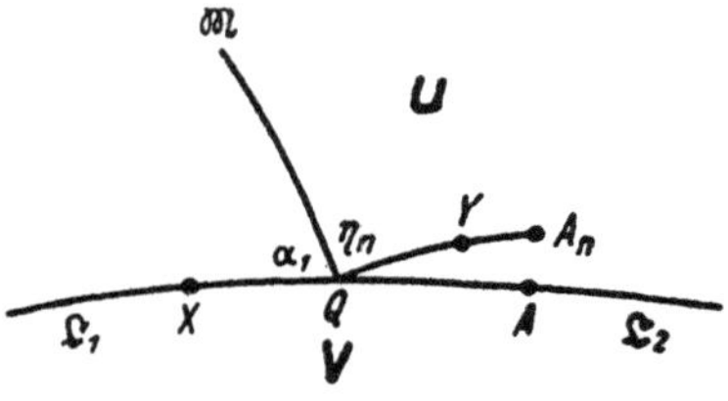

Abb. 43

Der Punkt X liegt auf $\mathfrak{L}_1$, und nach Konstruktion der Kürzesten QA_n liegt der Punkt Y zwischen den Kürzesten $\mathfrak{M}$ und $\mathfrak{L}_2$. Daher schneidet die Kürzeste XY die Kürzeste $\mathfrak{M}$, sobald die Punkte X und Y genügend nahe bei Q liegen.

Nach Satz 2 aus § 1 folgt hieraus, daß der Winkel ξ_n zwischen QA_n und $\mathfrak{L}_1$ gleich der Summe der Winkel α_1 und η_n zwischen $\mathfrak{L}_1$ und $\mathfrak{M}$ bzw. $\mathfrak{M}$ und QA_n ist:

(2) $$\xi_n = \alpha_1 + \eta_n .$$

Die Kürzesten QA_n konvergieren gegen QA; daher gilt auf Grund des Satzes 4, § 4, Kap. III

(3) $$\varliminf_{n \to \infty} \eta_n \geqq \alpha_2 .$$

Andererseits ist $\xi_n \leqq \pi$ und folglich

(4) $$\varlimsup_{n \to \infty} \xi_n \leqq \pi .$$

Gehen wir in der Gleichung (2) zum Limes für $n \to \infty$ über, so erhalten wir daher auf Grund der Ungleichungen (3) und (4):

$$\alpha_1 + \alpha_2 \leqq \pi .$$

Da wir aber schon gesehen hatten, daß auch $\alpha_1 + \alpha_2 \geqq \pi$ ist, so gilt also $\alpha_1 + \alpha_2 = \pi$, und der Satz ist bewiesen.

Zum Unterschied von den allgemeinen Sätzen des vorigen Paragraphen gilt die eben bewiesene Eigenschaft der Nebenwinkel in beliebigen Mannigfaltigkeiten mit innerer Metrik nicht. Ist beispielsweise die Deckungsbedingung für Kürzeste nicht erfüllt, so kann die Kürzeste $\mathfrak{M}$ eine Verlängerung von $\mathfrak{L}_1$ sein und mit ihr zusammen eine Kürzeste bilden, ohne mit $\mathfrak{L}_2$ zusammenzufallen. In diesem Falle ist der Winkel α_1 zwischen $\mathfrak{M}$ und $\mathfrak{L}_1$ gleich π, und wenn der Winkel α_2 zwischen $\mathfrak{M}$ und $\mathfrak{L}_2$ nicht gleich Null ist, so ist $\alpha_1 + \alpha_2 > \pi$. Das ist z. B. auf jedem Kegel der Fall, dessen voller Winkel an der Spitze größer als 2π ist.

Der Satz über Nebenwinkel kann leicht auf den Fall verallgemeinert werden, daß von einem Punkte Q auf einer Kürzesten $\mathfrak{L}$ mehrere Kürzeste ausgehen.

Satz 1*: *Von einem inneren Punkt Q einer Kürzesten $\mathfrak{L}$ auf einer konvexen Fläche seien Kürzeste $\mathfrak{M}_1, \ldots, \mathfrak{M}_n$ gezogen, die in der Nähe des Punktes Q auf ein und derselben Seite von $\mathfrak{L}$ verlaufen. Sie seien in der Reihenfolge ihrer Lage von dem einen Zweig $\mathfrak{L}_1$ der Kürzesten $\mathfrak{L}$ bis zu dem anderen Zweig $\mathfrak{L}_2$ numeriert. Sind dann $\alpha_0, \alpha_1, \ldots, \alpha_n$ die Winkel zwischen $\mathfrak{L}_1$ und $\mathfrak{M}_1$, $\mathfrak{M}_1$ und $\mathfrak{M}_2$ usw., so gilt*

$$\alpha_0 + \alpha_1 + \cdots + \alpha_n = \pi .$$

In der Tat folgt aus der Deckungsbedingung für Kürzeste leicht: Sind die auf $\mathfrak{L}_1$ und $\mathfrak{M}_n$ liegenden Punkte X und Y vom Punkt Q verschieden, aber ihm hinreichend benachbart, so schneidet eine Kürzeste XY die Kürzesten $\mathfrak{M}_1, \ldots, \mathfrak{M}_{n-1}$ in von Q verschiedenen Punkten. Nach Satz 2 des vorigen Paragraphen ist daher der Winkel zwischen $\mathfrak{L}_1$ und $\mathfrak{M}_n$ gleich $\alpha_0 + \cdots + \alpha_{n-1}$. Andererseits ist dieser Winkel ein Nebenwinkel von α_n, und daher ist $\alpha_0 + \cdots + \alpha_{n-1} + \alpha_n = \pi$.

Dieses Ergebnis ist eine wesentliche Ergänzung von Satz 2 des vorigen Paragraphen, in dem gefordert wurde, daß eine die Punkte X_1 auf $\mathfrak{L}_1$ und X_n auf $\mathfrak{L}_n$ verbindende Kürzeste X_1X_n die übrigen Kürzesten $\mathfrak{L}_2, \ldots, \mathfrak{L}_{n-1}$ in von Q verschiedenen Punkten schneide. Ist diese Forderung nicht erfüllt, so erweisen sich die Kürzesten $\mathfrak{L}_1$ und $\mathfrak{L}_n$ als Verlängerungen voneinander; geht nämlich die Kürzeste X_1X_n durch den Punkt Q, so bilden die Abschnitte X_1Q und X_nQ der Kürzesten $\mathfrak{L}_1$ und $\mathfrak{L}_n$ zusammen eine Kürzeste, und der Winkel zwischen $\mathfrak{L}_1$ und $\mathfrak{L}_n$ ist gleich π. Wenn außerdem die Kürzesten $\mathfrak{L}_2, \ldots, \mathfrak{L}_{n-1}$ in der Reihenfolge ihrer Indizes von $\mathfrak{L}_1$ bis $\mathfrak{L}_n$ auf einer Seite von $\mathfrak{L}_1 + \mathfrak{L}_n$ verlaufen, so liegen offensichtlich die Voraussetzungen des Satzes 1* vor. Daher kann man auf konvexen Flächen den Satz 2 aus § 1 mit dem Satz 1* vereinigen:

Satz 2: *Von einem Punkt Q auf einer konvexen Fläche mögen die in der Reihenfolge ihrer Lage um Q numerierten Kürzesten $\mathfrak{L}_1, \ldots, \mathfrak{L}_n$ ausgehen*[1]*). Seien $\alpha_{12}, \ldots, \alpha_{n-1,n}, \alpha_{1n}$ die Winkel zwischen benachbarten Kürzesten. Wenn dann für beliebig nahe bei Q liegende X_1 und X_n eine Kürzeste X_1X_n mit allen Kürzesten $\mathfrak{L}_2, \ldots, \mathfrak{L}_{n-1}$ gemeinsame Punkte hat, so ist*

$$\alpha_{1n} = \alpha_{12} + \cdots + \alpha_{n-1,n} .$$

§ 3. Der Winkel eines von Kürzesten berandeten Sektors

Zwei von einem Punkt Q auf einer konvexen Fläche ausgehende Kürzeste $\mathfrak{L}$ und $\mathfrak{M}$ zerlegen die Umgebung dieses Punktes in zwei *Sektoren*. Eine strenge Definition dieser Sektoren kann z. B. folgendermaßen gegeben werden: Der Punkt Q besitzt eine kreishomöomorphe Umgebung $\boldsymbol{U}$, die wir so klein wählen

[1]) Wegen der Gültigkeit der Deckungsbedingung für Kürzeste ist diese Aussage sinnvoll.

können, daß die Kürzesten $\mathfrak{L}$ und $\mathfrak{M}$ ihre Berandung schneiden. Seien A und B die zu Q nächstgelegenen Schnittpunkte der Kürzesten $\mathfrak{L}$ und $\mathfrak{M}$ mit der Berandung der Umgebung $\boldsymbol{U}$. Da eine Kürzeste einer geradlinigen Strecke homöomorph ist, zerlegen die Abschnitte QA und QB von $\mathfrak{L}$ und $\mathfrak{M}$ die Umgebung $\boldsymbol{U}$ in zwei Teile — in zwei Sektoren. Durch eine homöomorphe Abbildung kann man die Umgebung $\boldsymbol{U}$ auf einen Kreis und die Abschnitte QA und QB auf Radien dieses Kreises abbilden, der dadurch in zwei Sektoren zerlegt wird. Wenn wir im folgenden von Sektoren sprechen, so haben wir stets eine so kleine Umgebung des Punktes Q im Auge, daß jede Kürzeste, die zwei in verschiedenen Sektoren liegende Punkte verbindet, entweder $\mathfrak{L}$ oder $\mathfrak{M}$ schneidet. Zu einem Sektor rechnen wir auch die ihn berandenden Kürzesten hinzu. Aus formalen Gründen erweist es sich als zweckmäßig, auch eine Kürzeste als Sektor anzusehen. Man kann sagen, daß ein solcher „Nullsektor" von zwei sich deckenden Kürzesten berandet wird.

Die Umgebungen $\boldsymbol{U}$, die durch Kürzeste in Sektoren zerlegt werden sollen, lassen sich natürlich auf verschiedene Art und Weise wählen. Die von gegebenen Kürzesten $\mathfrak{L}$ und $\mathfrak{M}$ berandeten Sektoren sind dann verschiedene Punktmengen. Wir sehen sie jedoch als ein und denselben Sektor an. Genauer gesagt: Zwei Punktmengen $\boldsymbol{V}_1$ und $\boldsymbol{V}_2$, die von demselben Kürzestenpaar $\mathfrak{L}$ und $\mathfrak{M}$ in den Umgebungen $\boldsymbol{U}_1$ bzw. $\boldsymbol{U}_2$ berandet werden, sehen wir als einen einzigen Sektor an, wenn in einer gleichzeitig in $\boldsymbol{U}_1$ und in $\boldsymbol{U}_2$ enthaltenen Umgebung $\boldsymbol{U}_3$ die Kürzesten $\mathfrak{L}$ und $\mathfrak{M}$ eine Punktmenge (Sektor) $\boldsymbol{V}_3$ aussondern, die gleichzeitig in $\boldsymbol{V}_1$ und $\boldsymbol{V}_2$ enthalten ist. Ein Sektor ist also ein beliebiger Vertreter einer ganzen Mengenklasse oder besser, eine Klasse von Mengen, die aus den Umgebungen eines gegebenen Punktes durch zwei gegebene Kürzeste ausgesondert werden.

Wir sagen, der Sektor $\boldsymbol{V}$ sei in dem Polygon $\boldsymbol{P}$ enthalten, wenn $\boldsymbol{V}$ durch zwei von einem Eckpunkt Q des Polygons $\boldsymbol{P}$ ausgehende Seiten berandet wird, und wenn für genügend kleine Umgebungen von Q ein Vertreter der den Sektor $\boldsymbol{V}$ darstellenden Mengenklasse in $\boldsymbol{P}$ enthalten ist.

Jedem Sektor, der durch zwei von einem Punkt ausgehende Kürzeste berandet wird, ordnen wir durch folgende Vorschrift einen Winkel zu: Der Sektor $\boldsymbol{V}$ sei durch die vom Punkt Q ausgehenden Kürzesten $\mathfrak{L}$ und $\mathfrak{M}$ berandet. In diesem Sektor ziehen wir von Q aus noch einige Kürzeste $\mathfrak{N}_1, \ldots, \mathfrak{N}_n$, die wir in der Reihenfolge ihrer Lage von $\mathfrak{L}$ bis $\mathfrak{M}$ numerieren. Mit $\alpha_0, \alpha_1, \ldots, \alpha_n$ bezeichnen wir die Winkel zwischen benachbarten Kürzesten, d. h. zwischen $\mathfrak{L}$ und $\mathfrak{N}_1$, zwischen $\mathfrak{N}_1$ und $\mathfrak{N}_2$ und schließlich zwischen $\mathfrak{N}_n$ und $\mathfrak{M}$. Sowohl die Kürzesten $\mathfrak{N}_i$ als auch ihre Anzahl variieren wir beliebig, aber so, daß sie immer im Sektor $\boldsymbol{V}$ bleiben. Zu jeder Menge von Kürzesten $\mathfrak{N}_i$ bilden wir die Summe der Winkel $\alpha_0 + \alpha_1 + \cdots + \alpha_n$. *Die obere Grenze dieser Summen definieren wir als den Winkel des Sektors* $\boldsymbol{V}$ [auch Sektorwinkel, d. Ü.]. Wenn diese obere Grenze nicht existiert, so sagen wir, der Sektorwinkel sei unendlich groß. Diese Bemerkung hat eigentlich für uns keine Bedeutung, denn wir werden bald zeigen, daß für Sektoren auf konvexen Flächen diese obere Grenze nicht größer als 2π sein kann. Solange dies jedoch nicht bewiesen ist, lassen wir für Sektorwinkel stillschweigend auch unendliche Werte zu[1]).

In dieser Definition des Sektorwinkels ist auch eine leere Menge von Kürzesten $\mathfrak{N}_i$ zugelassen, d. h. daß überhaupt keine Kürzesten gezogen werden und die Summe $\alpha_0 + \cdots + \alpha_n$ sich auf den Winkel zwischen den Kürzesten $\mathfrak{L}$ und $\mathfrak{M}$ reduziert. Da wir den Sektorwinkel als die obere Grenze solcher Summen definiert haben, folgt aus dieser Bemerkung, daß der Winkel eines von zwei Kürzesten berandeten Sektors niemals kleiner ist als der Winkel zwischen diesen Kürzesten.

Wir geben einige Bedingungen an, die die Gleichheit der beiden Winkel gewährleisten.

Auf den von dem Punkt Q ausgehenden Kürzesten $\mathfrak{L}$ und $\mathfrak{M}$ wählen wir veränderliche Punkte X und Y. Dabei mögen $\mathfrak{L}$ und $\mathfrak{M}$ einander nicht decken. Auf Grund der Deckungsbedingung für Kürzeste haben zwei einen gemeinsamen Punkt besitzende Kürzeste entweder keinen weiteren inneren Punkt gemeinsam, oder sie decken einander. Eine Kürzeste XY hat daher entweder außer X und Y keine gemeinsamen Punkte mit $\mathfrak{L}$ und $\mathfrak{M}$, oder sie deckt sie, so daß auf dem Abschnitt von X bis Y die Kürzesten $\mathfrak{L}$ und $\mathfrak{M}$ eine einzige Kürzeste XY bilden. Im ersten Falle verläuft XY vollständig innerhalb eines einzigen Sektors. Im zweiten Falle darf man auch annehmen, verlaufe sie in dem einen oder dem anderen Sektor.

Für beliebig nahe bei Q gelegene X und Y möge die Kürzeste XY in dem von $\mathfrak{L}$ und $\mathfrak{M}$ berandeten Sektor $\boldsymbol{U}$ verlaufen. Vom Punkte Q ziehen wir im Sektor $\boldsymbol{U}$ noch irgendwelche anderen Kürzesten $\mathfrak{N}_1, \ldots, \mathfrak{N}_n$, die in der Reihenfolge ihrer Lage von $\mathfrak{L}$ bis $\mathfrak{M}$ numeriert seien. Seien $\alpha_0, \alpha_1, \ldots, \alpha_n$ die Winkel zwischen $\mathfrak{L}$ und $\mathfrak{N}_1$, $\mathfrak{N}_1$ und $\mathfrak{N}_2, \ldots, \mathfrak{N}_n$ und $\mathfrak{M}$. Wenn die Kürzesten XY innerhalb des Sektors $\boldsymbol{U}$ verlaufen, so schneiden sie die Kürzesten $\mathfrak{N}_1, \ldots, \mathfrak{N}_n$; aus Satz 2 des § 1 folgt daher, daß die Winkelsumme $\alpha_0 + \cdots + \alpha_n$ gleich dem Winkel α zwischen $\mathfrak{L}$ und $\mathfrak{M}$ ist. Folglich ist die obere Grenze dieser Summen, d. h. der Winkel des Sektors $\boldsymbol{U}$, gleich dem Winkel α.

Deckt die Kürzeste XY die Kürzesten $\mathfrak{L}$ und $\mathfrak{M}$, so bilden die Abschnitte QX und QY dieser Kürzesten eine einzige Kürzeste. Daher ist erstens der Winkel α

---

[1]) Es ist ganz nützlich, die angegebene Definition des Sektorwinkels mit der Definition der Kurvenlänge zu vergleichen. Zwischen beiden Definitionen besteht völlige formale Analogie, die noch dadurch verstärkt wird, daß Winkel zwischen Kürzesten dieselben Eigenschaften haben, die von der Entfernung gefordert werden; insbesondere gilt in Analogie zur Dreiecksungleichung der Satz 1 aus § 1 $\alpha(\mathfrak{L}_1 \mathfrak{L}_2) + \alpha(\mathfrak{L}_2\mathfrak{L}_3) \leqq \alpha(\mathfrak{L}_1\mathfrak{L}_3)$, wo $\alpha(\mathfrak{L}_i\mathfrak{L}_j)$ der Winkel zwischen den Kurven $\mathfrak{L}_i$ und $\mathfrak{L}_j$ ist. In zweidimensionalen Mannigfaltigkeiten bietet diese Analogie wenig Interesse, da dann die Menge der von einem Punkt ausgehenden Kürzesten eindimensional ist. Anders steht die Sache in höherdimensionalen Mannigfaltigkeiten. Sei in einer Mannigfaltigkeit $\mathfrak{r}$ eine Schar von Kürzesten $\mathfrak{L}(t)$ gegeben, die von einem Punkte Q ausgehen $(0 \leqq t \leqq 1)$. Mit α werde die „Winkelentfernung" zwischen den Kürzesten bezeichnet. Wir wählen die Werte $t_0 = 0 < t_1 < t_2 < \ldots < t_n = 1$ und bilden die Summe $\Sigma\, \alpha\big(\mathfrak{L}(t_{i-1})\, \mathfrak{L}(t_i)\big)$. Die obere Grenze dieser Summen definiert man als die „Winkelweite" der Schar $\mathfrak{L}(t)$. Eine Schar $\mathfrak{L}(t)$, die zwei gegebene Kürzeste $\mathfrak{L} = \mathfrak{L}(0)$ und $\mathfrak{M} = \mathfrak{L}(1)$ verbindet und kleinste Winkelweite hat, ist ein Analogon des ebenen Sektors, der von $\mathfrak{L}$ und $\mathfrak{M}$ aufgespannt wird.

zwischen $\mathfrak{L}$ und $\mathfrak{M}$ gleich π; zweitens aber ist auf Grund von Satz 1* aus § 2 die Winkelsumme $\alpha_0 + \cdots + \alpha_n$ ebenfalls gleich π. Folglich ist wiederum die obere Grenze dieser Summen, d. h. der Winkel des Sektors $\boldsymbol{U}$, gleich dem Winkel α.

Dieses Ergebnis kann zu dem folgenden Satz zusammengefaßt werden:

Satz 1: *Der Winkel eines Sektors $\boldsymbol{U}$, der von zwei von einem Punkt Q ausgehenden Kürzesten $\mathfrak{L}$ und $\mathfrak{M}$ berandet wird, ist niemals kleiner als der Winkel zwischen diesen Kürzesten. Wenn eine Kürzeste XY, die die Punkte X und Y von $\mathfrak{L}$ und $\mathfrak{M}$ verbindet, für zu Q beliebig benachbarte X und Y im Sektor $\boldsymbol{U}$ verläuft, so ist der Winkel des Sektors $\boldsymbol{U}$ gleich dem Winkel zwischen den Kürzesten $\mathfrak{L}$ und $\mathfrak{M}$. Der Winkel des einen von zwei komplementären Sektoren ist also gleich dem Winkel zwischen den ihn berandenden Kürzesten.*

Hieraus folgt: Wenn die Kürzesten XY für beliebig nahe bei Q liegende X und Y abwechselnd in dem Sektor $\boldsymbol{U}$ und in dem komplementären Sektor $\boldsymbol{U}'$ oder auch gleichzeitig in beiden Sektoren verlaufen, so sind die Winkel beider Sektoren gleich dem Winkel zwischen den Kürzesten $\mathfrak{L}$ und $\mathfrak{M}$.

Wenn insbesondere XY die Kürzesten $\mathfrak{L}$ und $\mathfrak{M}$ deckt, so sind die Winkel der beiden Sektoren $\boldsymbol{U}$ und $\boldsymbol{U}'$ gleich π.

(Der Winkel des Nullsektors ist gleich Null; daher ist der Satz auch in dem Falle richtig, daß die Kürzesten $\mathfrak{L}$ und $\mathfrak{M}$ einander decken.)

Wir beweisen jetzt, daß Sektorwinkel sich genau so addieren wie Sektorwinkel in einer Ebene:

Satz 2: *Ist der Sektor $\boldsymbol{U}$ aus den beiden Sektoren $\boldsymbol{V}$ und $\boldsymbol{W}$ zusammengesetzt, so ist sein Winkel gleich der Summe der Sektorwinkel von $\boldsymbol{V}$ und $\boldsymbol{W}$; natürlich wird dabei vorausgesetzt, daß die Sektoren $\boldsymbol{V}$ und $\boldsymbol{W}$ keine anderen Punkte gemeinsam haben als die der sie trennenden Kürzesten, die vom Scheitelpunkt des Sektors $\boldsymbol{U}$ ausgeht.*

Beweis: Der Sektor $\boldsymbol{U}$ sei durch die von dem Punkt Q ausgehenden Kürzesten $\mathfrak{L}$ und $\mathfrak{M}$ berandet. Durch die von Q ausgehende Kürzeste $\mathfrak{N}$ sei er in zwei Sektoren $\boldsymbol{V}$ und $\boldsymbol{W}$ aufgeteilt. Dabei bezeichne $\boldsymbol{V}$ den Sektor, der von $\mathfrak{L}$ und $\mathfrak{N}$ berandet ist.

Seien φ, ψ, τ die Winkel der Sektoren $\boldsymbol{U}, \boldsymbol{V}, \boldsymbol{W}$.

Vom Punkt Q ziehen wir innerhalb des Sektors $\boldsymbol{U}$ die in der Reihenfolge ihrer Lage von $\mathfrak{L}$ nach $\mathfrak{M}$ numerierten Kürzesten $\mathfrak{N}_1, \ldots, \mathfrak{N}_n$. Genau wie früher mögen $\alpha_0, \alpha_1, \ldots, \alpha_n$ die Winkel zwischen $\mathfrak{L}$ und $\mathfrak{N}_1$, $\mathfrak{N}_1$ und $\mathfrak{N}_2, \ldots, \mathfrak{N}_n$ und $\mathfrak{M}$ bezeichnen. Nach Definition des Sektorwinkels ist

$$\varphi = \sup \sum_{i=0}^{n} \alpha_i .$$

Zu den Kürzesten $\mathfrak{N}_i$ nehmen wir eine weitere Kürzeste $\mathfrak{N}'$ hinzu, die z. B. zwischen $\mathfrak{N}_k$ und $\mathfrak{N}_{k+1}$ verlaufen möge. In der Winkelsumme $\alpha_0 + \alpha_1 + \cdots + \alpha_n$ muß dann der Winkel α_k zwischen $\mathfrak{N}_k$ und $\mathfrak{N}_{k+1}$ durch die Summe der Winkel zwischen $\mathfrak{N}_k$ und $\mathfrak{N}'$ und $\mathfrak{N}'$ und $\mathfrak{N}_{k+1}$ ersetzt werden. Nach Satz 1, § 1 ist aber die Summe dieser Winkel nicht kleiner als der Winkel zwischen $\mathfrak{N}_k$ und $\mathfrak{N}_{k+1}$. Eine Winkelsumme der Form $\alpha_0 + \alpha_1 + \cdots + \alpha_n$ wird also durch das Hinzufügen neuer Kürzesten zu den bereits vorhandenen nicht kleiner. Bei der Bestimmung der oberen Grenze solcher Summen darf man daher annehmen, daß unter den Kürzesten $\mathfrak{N}_i$ die Kürzeste $\mathfrak{N}$ enthalten ist, die die Sektoren $\boldsymbol{V}$ und $\boldsymbol{W}$ trennt. Sei also z. B. $\mathfrak{N}_m$ diese Kürzeste $\mathfrak{N}$. Die Kürzesten $\mathfrak{N}_1, \ldots, \mathfrak{N}_{m-1}$ verlaufen dann im Sektor $\boldsymbol{V}$, die Kürzesten $\mathfrak{N}_{m+1}, \ldots, \mathfrak{N}_n$ im Sektor $\boldsymbol{W}$. Diese Kürzesten sind völlig beliebig gewählt; daher gilt nach Definition des Sektorwinkels

$$\psi = \sup \sum_{i=0}^{m-1} \alpha_i, \qquad \tau = \sup \sum_{i=m}^{n} \alpha_i.$$

Da aber $\varphi = \sup \sum_{i=1}^{n} \alpha_i$ ist, so ist $\varphi = \psi + \tau$, was zu beweisen war. Hieraus folgt selbstverständlich, daß der Winkel eines Sektors, der aus einer beliebigen endlichen Anzahl von Sektoren zusammengesetzt ist, gleich der Summe der Winkel dieser Sektoren ist.

Außerdem folgt aus dem bewiesenen Satz, *daß die Summe der Winkel zweier komplementärer Sektoren nicht von diesen Sektoren abhängt sondern nur von dem Punkt, der ihr Scheitelpunkt ist.*

In der Tat, nehmen wir an, wir hätten zwei Paare komplementärer Sektoren $\boldsymbol{U}$ und $\boldsymbol{U}'$, $\boldsymbol{V}$ und $\boldsymbol{V}'$ mit dem gemeinsamen Scheitelpunkt Q. Die ersteren seien durch die Kürzesten $\mathfrak{L}_1$ und $\mathfrak{L}_2$, die zweiten durch die Kürzesten $\mathfrak{M}_1$ und $\mathfrak{M}_2$ berandet. Nehmen wir etwa an, die Kürzeste $\mathfrak{M}_1$ verlaufe im Sektor $\boldsymbol{U}$ und $\mathfrak{M}_2$ im Sektor $\boldsymbol{U}'$; die Kürzeste $\mathfrak{L}_1$ liege in $\boldsymbol{V}$ und $\mathfrak{L}_2$ in $\boldsymbol{V}'$. Dann zerfällt die Umgebung des Punktes Q in Sektoren $\boldsymbol{W}_1$, $\boldsymbol{W}_2$, $\boldsymbol{W}_3$, $\boldsymbol{W}_4$, die beziehungsweise durch die Kürzesten $\mathfrak{L}_1$ und $\mathfrak{M}_1$, $\mathfrak{M}_1$ und $\mathfrak{L}_2$ usw. berandet werden (Abb. 44). Die ursprünglichen Sektoren lassen sich als Summe dieser Sektoren folgendermaßen darstellen:

$$\boldsymbol{U} = \boldsymbol{W}_1 + \boldsymbol{W}_2, \qquad \boldsymbol{U}' = \boldsymbol{W}_3 + \boldsymbol{W}_4,$$
$$\boldsymbol{V} = \boldsymbol{W}_1 + \boldsymbol{W}_4, \qquad \boldsymbol{V}' = \boldsymbol{W}_2 + \boldsymbol{W}_3.$$

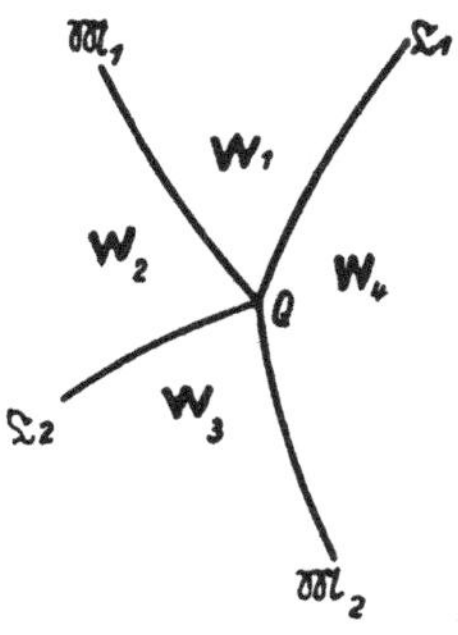

Abb. 44

Aus dem eben bewiesenen Satz folgt daher, daß sowohl die Summe der Sektorwinkel von $\boldsymbol{U}$ und $\boldsymbol{U}'$ als auch die Summe der Sektorwinkel von $\boldsymbol{V}$ und $\boldsymbol{V}'$ gleich der Summe der Sektorwinkel von $\boldsymbol{W}_1, \ldots, \boldsymbol{W}_4$ ist. Folglich sind sie einander gleich.

Zu dem gleichen Ergebnis kommt man selbstverständlich auch bei jeder anderen gegenseitigen Lage der die betrachteten Sektoren berandenden Kürzesten.

Dieses Resultat ermöglicht die wichtige Definition: *Die Summe der Winkel zweier komplementärer Sektoren mit dem Scheitelpunkt Q nennen wir den vollen Winkel um den Punkt Q.*

Der volle Winkel kann allerdings auch direkt, ohne Bezugnahme auf den Begriff des Sektorwinkels, definiert werden. Vom Punkte Q mögen Kürzeste $\mathfrak{L}_1, \ldots, \mathfrak{L}_n$

ausgehen, die in zyklischer Anordnung um Q numeriert seien. Der Winkel zwischen $\mathfrak{L}_i$ und $\mathfrak{L}_j$ werde mit α_{ij} bezeichnet. Wir bilden die Summe

$$\alpha_{12} + \cdots + \alpha_{n-1,n} + \alpha_{n1}.$$

Die obere Grenze dieser Summen für alle möglichen vom Punkte Q in einer beliebigen endlichen Anzahl gezogenen Kürzesten ist gleich dem vollen Winkel um den Punkt Q.

Beim Beweis des Satzes über die Addition von Sektorwinkeln haben wir nämlich gezeigt, daß durch Hinzufügen neuer Kürzesten zu den bereits vorhandenen die Summe der Winkel von benachbarten Kürzesten nicht verkleinert wird. Bei der Bestimmung der oberen Grenze dieser Summen darf man daher annehmen, daß unter den Kürzesten $\mathfrak{L}_i$ zwei gegebene Kürzeste $\mathfrak{L}$ und $\mathfrak{M}$ vorkommen, die die Umgebung von Q in die Sektoren U und U' zerlegen. Jede solche Summe $\alpha_{12} + \cdots + \alpha_{n-1,n} + \alpha_{n1}$ zerfällt dann in zwei Summen: die eine entspricht den Kürzesten im Sektor U, die andere den Kürzesten im komplementären Sektor U'. Die oberen Grenzen dieser Partialsummen sind definitionsgemäß gleich den Sektorwinkeln von U und U', ihre Summe aber ist gleich der Summe dieser Sektorenwinkel, d. h. gleich dem vollen Winkel um den Punkt Q.

Unter Benutzung des Begriffes des vollen Winkels um einen Punkt kann man den folgenden Satz formulieren:

Satz 3: *Die Summe der Winkel von Sektoren mit dem gemeinsamen Scheitelpunkt Q, die die gesamte Umgebung von Q bedecken und keine inneren Punkte gemeinsam haben, ist gleich dem vollen Winkel um den Punkt Q.*

Seien nämlich $U_1, U_2, \ldots, U_n$ solche Sektoren mit dem Scheitelpunkt Q. Die Sektoren U_1 und $U_2 + \cdots + U_n$ sind dann komplementär, und die Summe ihrer Winkel ist daher gleich dem vollen Winkel um den Punkt Q. Der Winkel des Sektors $U_2 + \cdots + U_n$ ist aber gleich der Summe der Winkel der ihn zusammensetzenden Sektoren. Die Summe der Winkel aller Sektoren $U_1, \ldots, U_n$ ist daher gleich dem vollen Winkel um den Punkt Q.

Es ist wohl kaum notwendig, darauf hinzuweisen, daß der von uns in Kap. I definierte volle Winkel an der Spitze eines Kegels ein voller Winkel im Sinne unserer jetzigen Definition ist.

Satz 4: *Der volle Winkel um einen Punkt auf einer konvexen Fläche ist stets nicht größer als 2π.*

Für konvexe Polyeder ist dieser Satz selbstverständlich, für beliebige konvexe Flächen kann er dann leicht durch einen Grenzübergang bewiesen werden. Wir werden jedoch diesen Beweis hier nicht durchführen, denn er ergibt sich im folgenden Paragraphen als einfache Folgerung eines allgemeinen Satzes über die Konvergenz von Sektorwinkeln.

Aus der Definition des vollen Winkels folgt sofort, daß der Winkel eines Sektors mit dem Scheitelpunkt Q nicht größer ist als der volle Winkel um diesen Punkt. Auf einer konvexen Fläche ist daher der Winkel jedes Sektors endlich und stets kleiner als 2π. Eine Ausnahme bildet der zu einem Nullsektor komplementäre Sektor: der Winkel eines solchen Sektors mit dem Scheitelpunkt Q ist gleich dem vollen Winkel um Q und daher im allgemeinen gleich 2π. Später werden wir zeigen, daß auf jeder konvexen Fläche die Menge derjenigen Punkte, deren voller Winkel kleiner als 2π ist, höchstens abzählbar ist.

Eine wichtige Besonderheit solcher Punkte wird durch folgenden Satz ausgedrückt:

Satz 5: *Durch einen Punkt, dessen voller Winkel kleiner als 2π ist, geht keine Kürzeste hindurch.*

Wenn nämlich durch einen Punkt Q eine Kürzeste hindurchgeht, so bilden ihre von Q ausgehenden Zweige den Winkel π. Daher sind die Winkel der beiden von diesen Zweigen berandeten Sektoren nicht kleiner als π, und somit ist der volle Winkel um den Punkt Q nicht kleiner als 2π. Diese Überlegung ist in einer beliebigen Mannigfaltigkeit richtig. Auf konvexen Flächen aber gibt es keine Punkte mit einem vollen Winkel größer als 2π. *Auf einer konvexen Fläche ist daher der volle Winkel um jeden Punkt, durch den eine Kürzeste hindurchgeht, gleich 2π.*

Wir haben also jetzt zwei Winkelbegriffe: den Winkel zwischen Kürzesten und den Sektorwinkel. *Unter dem Winkel eines Polygons* **P** *bei dem Eckpunkt A verstehen wir stets den Winkel des Sektors, der durch die von A ausgehenden Seiten berandet wird und im Polygon* **P** *enthalten ist.* Dieser Winkel ist entweder dem Winkel zwischen den betreffenden Seiten gleich, oder er ergänzt ihn zum vollen Winkel um den Punkt A. Bei einem konvexen Polygon sind alle Winkel gleich den Winkeln zwischen den Seiten. In der Ebene ist jedes Dreieck konvex, und daher fallen für ebene Dreiecke beide Winkelbegriffe zusammen. Auf konvexen Flächen können aber selbst beliebig kleine Dreiecke nichtkonvex sein, und der Winkel zwischen Dreiecksseiten ist durchaus nicht immer gleich dem Winkel des Sektors, der im Dreieck enthalten ist und von den betreffenden Seiten berandet wird. Auf einer geschlossenen konvexen Fläche z. B. zerlegen drei die Punkte A, B, C verbindende Kürzeste die Fläche in zwei Dreiecke ABC. Wenn jetzt in dem einen von ihnen der Winkel beim Eckpunkt A gleich dem Winkel zwischen den Seiten AB und AC ist, so ist der im anderen Dreieck der Komplementärwinkel dieses Winkels zum vollen Winkel um den Punkt A.

§ 4. Über die Konvergenz von Winkeln

In Kap. III, § 4 wurde ein allgemeiner Satz über die Konvergenz von Winkeln bewiesen:

Satz 1: *Vom Punkt Q auf einer konvexen Fläche* **F** *mögen zwei Kürzeste $\mathfrak{L}$ und $\mathfrak{M}$ ausgehen, die miteinander den Winkel α bilden. Auf den gegen* **F** *konvergierenden konvexen Flächen* $\mathbf{F}_n$ *mögen von den Punkten Q_n Kürzeste $\mathfrak{L}_n$ und $\mathfrak{M}_n$*

ausgehen, die gegen $\mathfrak{L}$ *bzw.* $\mathfrak{M}$ *konvergieren, wobei die Punkte* Q_n *gegen* Q *streben. Bezeichnet dann* α_n *den Winkel zwischen* $\mathfrak{L}_n$ *und* $\mathfrak{M}_n$, *so gilt*

$$\alpha \leqq \varliminf_{n \to \infty} \alpha_n .$$

In Kap. I, § 10 wurde an einem Beispiel gezeigt, daß der Grenzwert der Winkel α_n nicht zu existieren braucht und daß er, wenn er existiert, auch größer als der Winkel α sein kann. Jetzt wollen wir Bedingungen angeben, die die Konvergenz der Winkel α_n gegen α gewährleisten, und die Konvergenz der Winkel der von den Kürzesten $\mathfrak{L}_n$ und $\mathfrak{M}_n$ berandeten Sektoren untersuchen.

Sei auf einer konvexen Fläche $\boldsymbol{F}$ ein Sektor $\boldsymbol{U}$ vorgegeben, der durch die von einem Punkt Q ausgehenden Kürzesten $\mathfrak{L}$ und $\mathfrak{M}$ berandet wird. Auf den gegen $\boldsymbol{F}$ konvergierenden konvexen Flächen $\boldsymbol{F}_n$ seien $\boldsymbol{U}_n$ Sektoren, die durch die von den Punkten Q_n ausgehenden Kürzesten $\mathfrak{L}_n$ und $\mathfrak{M}_n$ berandet werden. Wir sagen, daß die Sektoren $\boldsymbol{U}_n$ gegen den Sektor $\boldsymbol{U}$ konvergieren, wenn folgende drei Bedingungen erfüllt sind:

1. Die Punkte Q_n konvergieren gegen Q. 2. Die Kürzesten $\mathfrak{L}_n$ und $\mathfrak{M}_n$ konvergieren gegen $\mathfrak{L}$ bzw. $\mathfrak{M}$. 3. Jeder innere Punkt des Sektors $\boldsymbol{U}$ ist Häufungspunkt innerer Punkte der Sektoren $\boldsymbol{U}_n$.

Zwei von einem Punkt ausgehende Kürzeste $\mathfrak{L}$ und $\mathfrak{M}$ beranden zwei komplementäre Sektoren $\boldsymbol{U}$ und $\boldsymbol{U}'$. Es ist nicht schwer zu beweisen, daß, *wenn die Punkte* Q_n *gegen* Q *und die Kürzesten* $\mathfrak{L}_n$ *und* $\mathfrak{M}_n$ *gegen* $\mathfrak{L}$ *und* $\mathfrak{M}$ *konvergieren, die einen der von den Kürzesten* $\mathfrak{L}_n$ *und* $\mathfrak{M}_n$ *berandeten komplementären Sektoren gegen* $\boldsymbol{U}$ *und die anderen gegen* $\boldsymbol{U}'$ *konvergieren. Wenn die Sektoren* $\boldsymbol{U}_n$ *gegen* $\boldsymbol{U}$ *konvergieren, so konvergieren die zu* $\boldsymbol{U}_n$ *komplementären Sektoren* $\boldsymbol{U}_n'$ *gegen den zu* $\boldsymbol{U}$ *komplementären Sektor* $\boldsymbol{U}'$.

Diese Aussage ist so einleuchtend, daß wir sie jetzt nicht beweisen wollen, um nicht von unserem Hauptthema abzuschweifen; der Beweis wird am Schluß des Paragraphen nachgetragen. Jetzt gehen wir vielmehr zur Untersuchung der Konvergenz der Winkel konvergierender Sektoren über.

Satz 2: *Die Sektoren* $\boldsymbol{U}_n$ *auf konvexen Flächen, die gegen* $\boldsymbol{F}$ *konvergieren, mögen gegen den Sektor* $\boldsymbol{U}$ *konvergieren. Bezeichnen dann* α *und* α_n *die Sektorwinkel von* $\boldsymbol{U}$ *und* $\boldsymbol{U}_n$, *so ist*

$$\alpha \leqq \varliminf_{n \to \infty} \alpha_n .$$

Beweis: Der Sektor $\boldsymbol{U}$ sei durch die vom Punkt Q ausgehenden Kürzesten $\mathfrak{L}$, $\mathfrak{M}$ berandet, die Sektoren $\boldsymbol{U}_n$ durch die von den Punkten Q_n ausgehenden Kürzesten $\mathfrak{L}_n$ und $\mathfrak{M}_n$. Nach Definition der Konvergenz von Sektoren konvergieren die Q_n gegen Q, ferner $\mathfrak{L}_n$ und $\mathfrak{M}_n$ gegen $\mathfrak{L}$ und $\mathfrak{M}$; wir nehmen an, daß $\mathfrak{L}_n$ gegen $\mathfrak{L}$ und $\mathfrak{M}_n$ gegen $\mathfrak{M}$ streben.

Auf Grund der Definition des Sektorwinkels lassen sich für jedes $\varepsilon > 0$ im Sektor $\boldsymbol{U}$ Kürzeste $\mathfrak{N}_1, \ldots, \mathfrak{N}_m$ ziehen derart, daß, wenn man sie in der Reihenfolge ihrer Lage von $\mathfrak{L}$ bis $\mathfrak{M}$ numeriert und die Winkel zwischen $\mathfrak{L}$ und $\mathfrak{N}_1$, $\mathfrak{N}_1$ und $\mathfrak{N}_2, \ldots, \mathfrak{N}_m$ und $\mathfrak{M}$ mit $\alpha^0, \alpha^1, \ldots, \alpha^m$ bezeichnet,

$$\alpha - (\alpha^0 + \cdots + \alpha^m) < \varepsilon \tag{1}$$

gilt.

Nachdem wir im Sektor $\boldsymbol{U}$ die Kürzesten $\mathfrak{N}_1, \ldots, \mathfrak{N}_m$ so gezogen haben, daß diese Ungleichung erfüllt ist, wählen wir auf ihnen innere Punkte $A_1, \ldots, A_m$. Die Abschnitte $QA_1, \ldots, QA_m$ dieser Kürzesten sind dann die einzigen Kürzesten, die den Punkt Q mit den Punkten A_i verbinden. Die Punkte A_i wählen wir so nahe bei Q, daß sie erstens innerhalb des Sektors $\boldsymbol{U}$ zu liegen kommen und zweitens im Inneren der Sektoren $\boldsymbol{U}_n$ Punkte A_{in} gewählt werden können, die entsprechend gegen die Punkte A_i konvergieren. Dies ist auf Grund der Definition der Konvergenz von Sektoren möglich.

Da die Kürzesten QA_i die einzigen sind, die Q mit den Punkten A_i verbinden, so konvergieren die Kürzesten Q_nA_{in} gegen sie und liegen — jedenfalls für genügend große i — zwischen $\mathfrak{L}_n$ und $\mathfrak{M}_n$ in derselben Reihenfolge[1]). Seien $\alpha_n^0, \alpha_n^1, \ldots, \alpha_n^m$ die entsprechenden Winkel zwischen den Kürzesten $\mathfrak{L}_n$ und Q_nA_{1n}, Q_nA_{1n} und Q_nA_{2n} usw. Auf Grund der Definition des Sektorwinkels folgt dann, daß der Sektorwinkel von $\boldsymbol{U}_n$ nicht kleiner ist als die Summe der Winkel $\alpha_n^0, \ldots, \alpha_n^m$, d. h.

$$\alpha_n \geqq \alpha_n^0 + \cdots + \alpha_n^m, \tag{2}$$

sobald nur die Kürzesten Q_nA_{in} in der Reihenfolge der Indizes zwischen $\mathfrak{L}_n$ und $\mathfrak{M}_n$ gelegen sind, d. h. für genügend große n.

Da die Kürzesten $\mathfrak{L}_n, Q_nA_{1n}, \ldots, \mathfrak{M}_n$ entsprechend gegen die Kürzesten $\mathfrak{L}, QA_1, \ldots, \mathfrak{M}$ konvergieren, so erhalten wir durch Anwendung von Satz 1 für die Winkel zwischen ihnen

$$\alpha^i \leqq \varliminf_{n\to\infty} \alpha_n^i \qquad (i = 0, 1, \ldots, m). \tag{3}$$

Aus (2) folgt daher

$$\varliminf_{n\to\infty} \alpha_n \geqq \alpha^0 + \alpha^1 + \cdots + \alpha^m.$$

Hieraus erhalten wir unter Anwendung der Ungleichung (1)

$$\varliminf_{n\to\infty} \alpha_n > \alpha - \varepsilon.$$

Da ε aber beliebig ist, folgt hieraus

$$\varliminf_{n\to\infty} \alpha_n \geqq \alpha,$$

was zu beweisen war.

---

[1]) Man darf nämlich die Kürzesten QA_i als einander nicht deckend annehmen. Wenn sich andererseits die Punkte Q_n und A_{in} durch mehrere Kürzeste verbinden lassen, so wählen wir eine unter ihnen. Für große i decken die Q_nA_{in} einander nicht und teilen den Sektor U_n in kleinere Sektoren ein. Diese konvergieren gemäß der oben ohne Beweis formulierten Aussage gegen die von den QA_i berandeten Sektoren.

Folgerung 1: *Die Punkte Q_n der gegen eine konvexe Fläche $\boldsymbol{F}$ konvergierenden Flächen $\boldsymbol{F}_n$ mögen gegen Q auf $\boldsymbol{F}$ konvergieren. Bezeichnen dann φ_n und φ die vollen Winkel um die Punkte Q_n und Q, so gilt* $\varphi \leqq \varliminf\limits_{n \to \infty} \varphi_n$.

Da der volle Winkel um einen Punkt gleich der Summe der Winkel zweier komplementärer Sektoren ist, so ist diese Aussage eine direkte Folgerung aus Satz 2.

Folgerung 2: *Der volle Winkel um einen Punkt auf einer konvexen Fläche ist nicht größer als* 2π.

Für Punkte auf konvexen Polyedern ist dies evident. Versteht man daher in der vorhergehenden Folgerung unter den Flächen $\boldsymbol{F}_n$ Polyeder, so ist $\varphi_n \leqq 2\pi$ und daher $\varphi \leqq 2\pi$. Damit ist Satz 4 des vorigen Paragraphen bewiesen.

Satz 3: *Die Sektoren $\boldsymbol{U}_n$ auf den gegen die konvexe Fläche $\boldsymbol{F}$ konvergierenden Flächen $\boldsymbol{F}_n$ mögen gegen den Sektor $\boldsymbol{U}$ auf $\boldsymbol{F}$ konvergieren, und die vollen Winkel φ_n um die Scheitel von $\boldsymbol{U}_n$ gegen den vollen Winkel φ um den Scheitel von $\boldsymbol{U}$. Bezeichnen dann α_n und α die Winkel der Sektoren $\boldsymbol{U}_n$ und $\boldsymbol{U}$, so existiert erstens* $\lim\limits_{n \to \infty} \alpha_n$, *und zweitens ist* $\alpha = \lim\limits_{n \to \infty} \alpha_n$.

Beweis: Da die Sektoren $\boldsymbol{U}_n$ gegen den Sektor $\boldsymbol{U}$ konvergieren, so konvergieren die komplementären Sektoren $\boldsymbol{U}_n'$ gegen den zu $\boldsymbol{U}$ komplementären Sektor $\boldsymbol{U}'$. Die Sektorwinkel von $\boldsymbol{U}_n'$ und $\boldsymbol{U}'$ sind gleich $\varphi_n - \alpha_n$ bzw. $\varphi - \alpha$. Daher ist nach Satz 2

$$\varphi - \alpha \leqq \varliminf_{n \to \infty} (\varphi_n - \alpha_n),$$

und da nach Voraussetzung $\lim\limits_{n \to \infty} \varphi_n = \varphi$ ist, so folgt

$$\alpha \geqq \varlimsup_{n \to \infty} \alpha_n.$$

Andererseits muß nach Satz 2

$$\alpha \leqq \varliminf_{n \to \infty} \alpha_n$$

sein. Folglich existiert $\lim\limits_{n \to \infty} \alpha_n$ und ist gleich α. Der Satz ist somit bewiesen.

Wir weisen auf folgendes hin: Ist $\varphi \neq \lim\limits_{n \to \infty} \varphi_n$, so ist entweder der Winkel wenigstens eines der Sektoren $\boldsymbol{U}$ und $\boldsymbol{U}'$ nicht gleich dem Grenzwert der Sektorwinkel von $\boldsymbol{U}_n$ und $\boldsymbol{U}_n'$, oder diese Grenzwerte existieren nicht. Satz 3 kann daher auch so formuliert werden: dann und nur dann sind die Winkel der komplementären Sektoren $\boldsymbol{U}$ und $\boldsymbol{U}'$ gleich den Grenzwerten der Winkel der gegen sie konvergierenden komplementären Sektoren $\boldsymbol{U}_n$ und $\boldsymbol{U}_n'$, wenn die vollen Winkel um die Scheitelpunkte der Sektoren $\boldsymbol{U}_n$ gegen den vollen Winkel um den Scheitelpunkt des Sektors $\boldsymbol{U}$ streben.

Satz 4: *Die Sektoren* $\boldsymbol{U}_n$ *auf den gegen* $\boldsymbol{F}$ *strebenden konvexen Flächen* $\boldsymbol{F}_n$ *mögen gegen einen Sektor* $\boldsymbol{U}$ *auf* $\boldsymbol{F}$ *konvergieren, dessen voller Winkel um den Scheitelpunkt* 2π *ist. Bezeichnen dann* α *und* α_n *die Sektorwinkel von* $\boldsymbol{U}$ *bzw.* $\boldsymbol{U}_n$, *so existiert* $\lim_{n\to\infty} \alpha_n$, *und es ist* $\alpha = \lim_{n\to\infty} \alpha_n$.

Beweis: Sei φ_n der volle Winkel um den Scheitelpunkt des Sektors $\boldsymbol{U}_n$. Da der volle Winkel um den Scheitelpunkt des Sektors $\boldsymbol{U}$ gleich 2π ist, gilt gemäß Folgerung 1 von Satz 2

$$\varliminf_{n\to\infty} \varphi_n \geqq 2\pi .$$

Nach Folgerung 2 desselben Satzes ist aber $\varphi_n \leqq 2\pi$. Daher existiert $\lim_{n\to\infty} \varphi_n$ und ist gleich 2π, d. h. gleich dem vollen Winkel um den Scheitelpunkt des Sektors $\boldsymbol{U}$. Dies bedeutet, daß im vorliegenden Falle die Voraussetzungen des Satzes 3 erfüllt sind. Daher gilt auch die Behauptung dieses Satzes, d. h. $\lim_{n\to\infty} \alpha_n$ existiert und ist gleich α.

Aus Satz 3 und 4 folgt die analoge Eigenschaft der Konvergenz von Winkeln zwischen Kürzesten:

Satz 5: *Die konvexen Flächen* $\boldsymbol{F}_n$ *mögen gegen die konvexe Fläche* $\boldsymbol{F}$ *konvergieren und die von den Punkten* Q_n *auf den Flächen* $\boldsymbol{F}_n$ *ausgehenden Kürzesten* $\mathfrak{L}_n$ *und* $\mathfrak{M}_n$ *gegen die von dem Punkt* Q *auf der Fläche* $\boldsymbol{F}$ *ausgehenden Kürzesten* $\mathfrak{L}$ *und* $\mathfrak{M}$. *Dabei soll* Q_n *gegen* Q *streben. Wenn dann die Voraussetzungen der Sätze 3 oder 4 erfüllt sind, d. h. wenn die vollen Winkel um die Punkte* Q_n *gegen den vollen Winkel um den Punkt* Q *konvergieren oder wenn insbesondere der volle Winkel um den Punkt* Q *gleich* 2π *ist, so konvergieren die Winkel zwischen den Kürzesten* $\mathfrak{L}_n$ *und* $\mathfrak{M}_n$ *gegen den Winkel zwischen* $\mathfrak{L}$ *und* $\mathfrak{M}$.

Im vorigen Paragraphen wurde gezeigt, daß der kleinere der Winkel von zwei zueinander komplementären Sektoren gleich dem Winkel zwischen den diese Sektoren berandenden Kürzesten ist; wenn aber beide Sektorwinkel gleich sind, so sind sie gleich dem Winkel zwischen den berandenden Kürzesten. Sind also α und α' die Winkel der komplementären Sektoren $\boldsymbol{U}$ und $\boldsymbol{U}'$, die von den Kürzesten $\mathfrak{L}$ und $\mathfrak{M}$ berandet werden, und ist $\alpha \leqq \alpha'$, so ist α der Winkel zwischen den Kürzesten $\mathfrak{L}$ und $\mathfrak{M}$. Seien α_n und α_n' die Winkel der komplementären Sektoren $\boldsymbol{U}_n$ und $\boldsymbol{U}_n'$, die durch die Kürzesten $\mathfrak{L}_n$ und $\mathfrak{M}_n$ berandet werden. Sind dann die Voraussetzungen der Sätze 3 oder 4 erfüllt, so ist

$$\lim_{n\to\infty} \alpha_n = \alpha, \quad \lim_{n\to\infty} \alpha_n' = \alpha' .$$

Ist $\alpha = \alpha'$, so spielen die Winkel α_n und α_n' die gleiche Rolle. Da einer von ihnen gleich dem Winkel zwischen den Kürzesten $\mathfrak{L}_n$ und $\mathfrak{M}_n$ ist, so ist der Grenzwert dieses Winkels ebenfalls gleich α, d. h. gleich dem Winkel zwischen $\mathfrak{L}$ und $\mathfrak{M}$.

Ist aber $\alpha < \alpha'$, so muß für große n auch $\alpha_n < \alpha_n'$ sein; folglich ist dann α_n der Winkel zwischen den Kürzesten $\mathfrak{L}_n$ und $\mathfrak{M}_n$. Daher bedeutet in diesem Falle die Gleichung $\alpha = \lim_{n\to\infty} \alpha_n$, daß der Winkel zwischen den Kürzesten $\mathfrak{L}_n$ und $\mathfrak{M}_n$ gegen den Winkel zwischen $\mathfrak{L}$ und $\mathfrak{M}$ konvergiert. Der Satz ist damit bewiesen.

In den eben bewiesenen Sätzen 1 bis 5 kann man selbstverständlich annehmen, daß die gegen $\boldsymbol{F}$ konvergierenden Flächen $\boldsymbol{F}_n$ mit $\boldsymbol{F}$ zusammenfallen. Dann gehen diese Sätze in Aussagen über die Konvergenz von Winkeln auf einer konvexen Fläche über. Wenn wir außerdem auf der gegebenen Fläche Sektoren $\boldsymbol{U}_n$ mit einem gemeinsamen Scheitelpunkt betrachten, so sind die Voraussetzungen des Satzes 3 trivialerweise erfüllt: die Scheitelpunkte aller Sektoren $\boldsymbol{U}_n$ und also auch die vollen Winkel um sie fallen zusammen. Aus den Sätzen 3 und 5 folgt daher

Satz 6: *Die von einem Punkt ausgehenden Kürzesten $\mathfrak{L}_n$ und $\mathfrak{M}_n$ auf einer konvexen Fläche mögen gegen die Kürzesten $\mathfrak{L}$ und $\mathfrak{M}$ konvergieren. Dann konvergieren erstens die Winkel zwischen den Kürzesten $\mathfrak{L}_n$ und $\mathfrak{M}_n$ gegen den Winkel zwischen $\mathfrak{L}$ und $\mathfrak{M}$, und zweitens konvergieren die Winkel beider von den Kürzesten $\mathfrak{L}_n$ und $\mathfrak{M}_n$ berandeten Sektoren gegen die Winkel der entsprechenden von den Kürzesten $\mathfrak{L}$ und $\mathfrak{M}$ berandeten Sektoren.*

Dieser Satz drückt die stetige Abhängigkeit des Winkels von den Kürzesten aus. Er gibt eine wesentliche Ergänzung zu den Eigenschaften des Winkels, die wir im vorigen Paragraphen nachgewiesen haben. Die Untersuchung der Fundamentaleigenschaften des Winkels kann aber damit noch nicht abgeschlossen werden. Wir haben ja noch nicht einmal den scheinbar so einfachen Satz bewiesen, daß die Umgebung jedes Punktes einer konvexen Fläche in Sektoren mit beliebig kleinen Winkeln zerlegt werden kann. Dieser Satz wird erst in § 5 des folgenden Kapitels bewiesen werden. Dann erst kann man die allgemeine Lehre von den Winkeln zwischen Kürzesten auf einer konvexen Fläche vom Standpunkte der inneren Geometrie als vollständig abgeschlossen betrachten.

Nachtrag

Zu Anfang dieses Paragraphen haben wir folgende Behauptung ausgesprochen: Wenn die Punkte Q_n und die von ihnen ausgehenden Kürzesten $\mathfrak{L}_n$, $\mathfrak{M}_n$ auf konvexen Flächen $\boldsymbol{F}_n$, die gegen $\boldsymbol{F}$ konvergieren, gegen den Punkt Q bzw. die Kürzesten $\mathfrak{L}$ und $\mathfrak{M}$ auf $\boldsymbol{F}$ streben, so streben die einen der von $\mathfrak{L}_n$ und $\mathfrak{M}_n$ berandeten komplementären Sektoren gegen einen der von $\mathfrak{L}$ und $\mathfrak{M}$ berandeten Sektoren $\boldsymbol{U}$ und $\boldsymbol{U}'$, die anderen gegen den anderen. Wenn man auf $\mathfrak{L}$ und $\mathfrak{M}$ Punkte A und B wählt und sie durch einen aus Kürzesten bestehenden, im Sektor $\boldsymbol{U}$ verlaufenden Kurvenzug verbindet, so erhält man ein den betreffenden Sektor enthaltendes Polygon. Hieraus entnimmt man, daß die formulierte Behauptung über die Konvergenz von Sektoren eine direkte Folgerung des folgenden allgemeinen Hilfssatzes ist:

Hilfssatz: *Sei $\mathfrak{L}$ ein geschlossener Kurvenzug ohne Mehrfachpunkte auf einer geschlossenen konvexen Fläche $\boldsymbol{F}$, der $\boldsymbol{F}$ in zwei Polygone $\boldsymbol{G}$ und $\boldsymbol{H}$ zerlegt. Auf den gegen $\boldsymbol{F}$ konvergierenden geschlossenen konvexen Flächen $\boldsymbol{F}_n$ gebe es geschlossene Kurvenzüge $\mathfrak{L}_n$ ohne Mehrfachpunkte derart, daß ihre Glieder gegen die entsprechenden*

Glieder des Kurvenzuges $\mathfrak{L}$ konvergieren. Dann konvergieren die Bereiche, in die die Kurvenzüge $\mathfrak{L}_n$ die Flächen $\boldsymbol{F}_n$ zerlegen, gegen den Bereich $\boldsymbol{G}$ bzw. $\boldsymbol{H}$[1]).

Beweis: Wir wählen im Innern des Bereiches $\boldsymbol{G}$ einen beliebigen Punkt A; $A_1, A_2, \ldots$ sei eine gegen A konvergierende Folge von Punkten der Flächen $\boldsymbol{F}_1, \boldsymbol{F}_2, \ldots$ Für beliebig große n können die Punkte A_n nicht auf den Kurven $\mathfrak{L}_n$ liegen, da A im Innern des Bereiches $\boldsymbol{G}$ liegt, während die Kurven $\mathfrak{L}_n$ gegen die Kurve $\mathfrak{L}$ konvergieren, die die Berandung dieses Bereiches bildet. Wenigstens für genügend große n liegt daher A_n im Innern eines der von der Kurve $\mathfrak{L}_n$ auf der Fläche $\boldsymbol{F}_n$ berandeten Bereiche. Diesen Bereich bezeichnen wir mit $\boldsymbol{G}_n$. Man muß beweisen, daß die Bereiche $\boldsymbol{G}_n$ gegen den Bereich $\boldsymbol{G}$ und die Bereiche $\boldsymbol{H}_n$, die $\boldsymbol{G}_n$ zur Fläche $\boldsymbol{F}_n$ ergänzen, gegen den Bereich $\boldsymbol{H}$ konvergieren.

Wir setzen zunächst voraus, daß die Fläche $\boldsymbol{F}$ nicht zu einem doppelt bedeckten ebenen Bereich ausgeartet ist. Wenigstens für genügend große n sind dann auch die Flächen $\boldsymbol{F}_n$ nicht ausgeartet, und man kann einen Punkt Q wählen, der im Inneren aller von den $\boldsymbol{F}_n$ und $\boldsymbol{F}$ berandeten konvexen Körper liegt. Legen wir um Q eine Sphäre $\boldsymbol{S}$ und projizieren die Flächen $\boldsymbol{F}$ und $\boldsymbol{F}_n$ von Q auf $\boldsymbol{S}$, so werden die Bereiche $\boldsymbol{G}, \boldsymbol{H}, \boldsymbol{G}_n, \boldsymbol{H}_n$ und die Kurven $\mathfrak{L}, \mathfrak{L}_n$ auf die Sphäre $\boldsymbol{S}$ projiziert; die Projektionen von $\mathfrak{L}_n$ konvergieren gegen die Projektion von $\mathfrak{L}$. Durch eine homöomorphe Abbildung der Sphäre $\boldsymbol{S}$ auf sich läßt sich die Kurve $\mathfrak{L}$ in einen Kreis verwandeln. Die Projektionen der Kurven $\mathfrak{L}_n$ gehen dabei in Kurven über, die gegen diesen Kreis konvergieren. Der Satz reduziert sich somit auf folgende Aussage: wenn einfach geschlossene Kurven auf der Sphäre gegen einen Kreis konvergieren, so konvergieren die von diesen Kurven berandeten Bereiche gegen den entsprechenden, von diesem Kreis berandeten Bereich. Der Beweis dieser Aussage ist so evident, daß wir ihn nicht durchführen.

Wenn die Fläche $\boldsymbol{F}$ in einen ebenen Bereich $\boldsymbol{F}^*$ ausartet, so wählen wir im Innern dieses Bereiches einen Punkt Q, schlagen um diesen Punkt den Einheitskreis $\mathfrak{K}$ und transformieren die Fläche $\boldsymbol{F}$ in den doppelt bedeckten Kreis $\boldsymbol{K}$. Liegt nämlich der Punkt X im Bereich „oben" („unten") und trifft der Strahl QX den Rand von $\boldsymbol{F}^*$ im Punkt Y, so lassen wir dem Punkt X einen oben (unten) im Kreise $\boldsymbol{K}$ liegenden Punkt Z entsprechen, für den $QZ = \frac{QX}{QY}$ ist. Hiernach legen wir um den Punkt Q die Einheitssphäre $\boldsymbol{S}$ und lassen jeden oberen (unteren) Punkt im Kreise $\boldsymbol{K}$ in den über ihm liegenden Punkt der oberen (unteren) Halbsphäre übergehen. Im Endergebnis ist die Fläche $\boldsymbol{F}$ auf die Sphäre $\boldsymbol{S}$ homöomorph abgebildet. Die Flächen $\boldsymbol{F}_n$ kann man zuerst auf die Ebene, in der $\boldsymbol{F}$ liegt, projizieren und sie dann in derselben Weise auf die Sphäre abbilden. (Singularitäten, die mit der eventuellen Nichteineindeutigkeit der Projektion zusammenhängen, spielen keine Rolle.) Somit läßt sich die obige Überlegung wiederholen.

1) Es handelt sich hier um abgeschlossene Bereiche, da die Grenzmenge einer Folge beliebiger Mengen immer abgeschlossen ist.

§ 5. *Der Tangentialkegel*

Bisher haben wir die Eigenschaften des Winkels zwischen Kürzesten von einem rein innergeometrischen Standpunkt aus untersucht. Wenn es sich aber nicht um eine abstrakte Mannigfaltigkeit, sondern um eine konvexe Fläche handelt, so sind die Kürzesten Kurven im Raum, und es erhebt sich natürlich die Frage, welche räumliche Bedeutung oder auch „welche Bedeutung im Sinne der äußeren Geometrie“ der Winkel zwischen Kürzesten hat. Wir werden auf diese Frage die folgende Antwort geben können:

Sei Q ein Punkt der konvexen Fläche $\boldsymbol{F}$. Wir vergrößern die Fläche $\boldsymbol{F}$ ähnlich mit dem Ähnlichkeitszentrum in Q. Wenn dann der Ähnlichkeitskoeffizient ins Unendliche wächst, so konvergieren die sich ergebenden Flächen gegen einen konvexen Kegel mit der Spitze in Q. Dieser Kegel $\boldsymbol{K}$ heißt der *Tangentialkegel* zu $\boldsymbol{F}$ im Punkt Q[1]). Bei dieser unendlichen Ähnlichkeitsvergrößerung der Fläche $\boldsymbol{F}$ konvergiert jede auf $\boldsymbol{F}$ vom Punkt Q ausgehende Kürzeste $\mathfrak{L}$ gegen eine gewisse Erzeugende des Tangentialkegels $\boldsymbol{K}$. Diese Erzeugende $\mathfrak{T}$ ist nichts anderes als der Limes der von Q zu einem variablen Punkt X der Kürzesten $\mathfrak{L}$ verlaufenden Halbgeraden für gegen Q strebendes X. Folglich ist die Erzeugende $\mathfrak{T}$ eine berührende Halbgerade, eine sogenannte ***Halbtangente*** an die Kürzeste $\mathfrak{L}$. Wenn vom Punkt Q zwei Kürzeste $\mathfrak{L}_1$ und $\mathfrak{L}_2$ mit den Halbtangenten $\mathfrak{T}_1$ und $\mathfrak{T}_2$ ausgehen, so teilen diese Halbtangenten den Kegel $\boldsymbol{K}$ in zwei Sektoren $\boldsymbol{V}$ und $\boldsymbol{V}'$. Seien $\boldsymbol{U}$ und $\boldsymbol{U}'$ die Sektoren, in die die Kürzesten $\mathfrak{L}_1$ und $\mathfrak{L}_2$ eine Umgebung des Punktes Q auf der Fläche $\boldsymbol{F}$ teilen. Bei der unendlichen Ähnlichkeitsvergrößerung strebt einer dieser Sektoren gegen $\boldsymbol{V}$, der andere gegen $\boldsymbol{V}'$. Es erweist sich, daß der Winkel desjenigen der Sektoren $\boldsymbol{U}$ und $\boldsymbol{U}'$, der gegen $\boldsymbol{V}$ strebt, gleich dem Winkel des Sektors $\boldsymbol{V}$ ist und der Winkel des gegen $\boldsymbol{V}'$ strebenden gleich dem Winkel des Sektors $\boldsymbol{V}'$. Dieses Ergebnis offenbart den räumlichen Sinn des Sektorwinkels und folglich auch den des Winkels zwischen Kürzesten. Insbesondere ergibt sich hieraus sofort, daß der volle Winkel um den Punkt Q der Fläche $\boldsymbol{F}$ nichts anderes ist als der volle Winkel des Tangentialkegels im Punkt Q. Der Satz über die Addition von Sektorwinkeln auf der Fläche $\boldsymbol{F}$ reduziert sich auf den über die Addition der Winkel von Sektoren, die von Erzeugenden des Kegels berandet werden. Eine ganze Reihe anderer Eigenschaften des Winkels erhalten gleichfalls eine entsprechende räumliche Interpretation.

Wenn der Tangentialkegel sich auf eine Ebene reduziert, so ist diese die Tangentialebene an die Fläche $\boldsymbol{F}$ im Punkt Q. In diesem Falle reduziert sich der Winkel zwischen Kürzesten auf den Winkel zwischen ihren Halbtangenten. Ist dagegen der Tangentialkegel keine Ebene, so ist im allgemeinen der im Raum gemessene Winkel zwischen den Halbtangenten von dem auf dem Tangentialkegel gemessenen verschieden. Aber gerade der letztere ist gleich dem Winkel

[1]) Meistens definiert man den Tangentialkegel in Q als den Kegel, der von den Grenzlagen der die Flächenpunkte Q und X verbindenden Strahlen QX erzeugt wird, wenn X gegen Q strebt. Es ist leicht zu zeigen, daß beide Definitionen äquivalent sind; die oben gegebene entspricht unseren Zwecken besser.

zwischen den Kürzesten. Der räumliche Winkel zwischen Kürzesten, d. h. zwischen ihren Halbtangenten, ist also im allgemeinen nicht gleich dem Winkel zwischen ihnen im Sinne der inneren Geometrie der Fläche.

Als Tangentialkegel einer konvexen Fläche kann jeder beliebige konvexe Kegel auftreten. Es gibt aber drei Arten von konvexen Kegeln: die Ebene, das Zweiflach und den Kegel mit einem vollen Winkel kleiner als 2π. Im ersten Falle ist der Punkt sozusagen „glatt", im zweiten „kantig" und im dritten „konisch".

In diesem Paragraphen untersuchen wir den Zusammenhang zwischen der Metrik der konvexen Fläche in der Umgebung eines Punktes Q einerseits und der Metrik des Tangentialkegels im Punkt Q andererseits. Das Ergebnis, das man hierbei erhält, hat Bedeutung für die Herausarbeitung der Eigenschaften der inneren Metrik konvexer Flächen. Im nächsten Paragraphen wird die Existenz von Halbtangenten an Kürzeste gezeigt; ferner werden unsere obigen Aussagen über die Natur des Winkels zwischen Kürzesten im Sinne der äußeren Geometrie bewiesen.

Hilfssatz: *Eine konvexe Fläche besitzt in jedem Punkt einen Tangentialkegel,* d. h. wenn man eine konvexe Fläche $\boldsymbol{F}$ einer unendlichen Dilatation aus einem ihrer Punkte Q unterzieht, so konvergiert sie gegen einen gewissen konvexen Kegel mit der Spitze in Q.

Beweis: Zunächst möge die Fläche $\boldsymbol{F}$ vollständig in einer Ebene $\boldsymbol{P}$ gelegen sein. Wenn außerdem eine Umgebung des Punktes Q auf der Fläche gleichzeitig eine Umgebung in der Ebene $\boldsymbol{P}$ ist, so ist der Hilfssatz trivial: Bei einer unbeschränkten Ähnlichkeitsvergrößerung bedeckt diese im Limes die gesamte Ebene $\boldsymbol{P}$, die also der Tangentialkegel im Punkt Q ist. Wenn dagegen die Umgebung des Punktes Q auf der Fläche nicht gleichzeitig eine Umgebung in der Ebene ist, so bedeutet dies, daß der Punkt Q auf dem Rande desjenigen Bereiches auf der Ebene $\boldsymbol{P}$ liegt, der von der Fläche $\boldsymbol{F}$ in der Nähe von Q doppelt bedeckt wird. In diesem Falle stellt ein Abschnitt dieser Berandung in der Nähe von Q eine konvexe Kurve $\mathfrak{L}$ dar (Abb. 45). Die rechte und die linke Halbtangente $\mathfrak{T}_1$ und $\mathfrak{T}_2$ an $\mathfrak{L}$ im Punkt Q schneiden aus $\boldsymbol{P}$ einen konvexen Winkel $\boldsymbol{V}$ aus, der die gesamte Fläche $\boldsymbol{F}$ enthält[1]). ($\boldsymbol{V}$ kann auch eine Halbebene sein.) Der doppelt bedeckte Winkel $\boldsymbol{V}$ ist gerade der Tangentialkegel an $\boldsymbol{F}$ in Q. Wir können nämlich auf $\mathfrak{L}$ die Punkte X und Y so nahe bei Q wählen, daß die Halbgeraden QX und QY den Halbtangenten $\mathfrak{T}_1$ und $\mathfrak{T}_2$ beliebig nahe sind; dabei gehört das Dreieck QXY zu $\boldsymbol{F}$. Bei der unbeschränkten Ähnlichkeitsvergrößerung von $\boldsymbol{F}$ bedeckt dieses Dreieck im Limes den ganzen Winkel zwischen QX und QY. Da man aber die Halbgeraden QX und QY beliebig nahe den Halbtangenten $\mathfrak{T}_1$ und $\mathfrak{T}_2$ nehmen kann, ist klar, daß

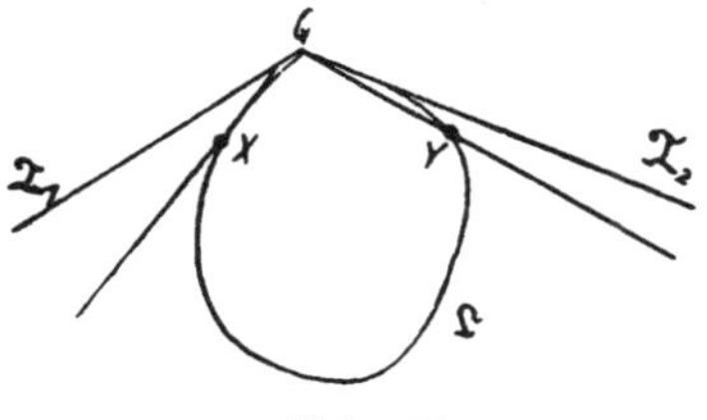

Abb. 45

[1]) Bei unendlicher ähnlicher Vergrößerung von $\mathfrak{L}$ vom Punkt Q aus bleibt die Kurve konvex und konvergiert daher gegen zwei von Q ausgehende Halbgeraden. Diese sind gerade die rechte und die linke Halbtangente.

der ganze Winkel zwischen $\mathfrak{T}_1$ und $\mathfrak{T}_2$ im Limes durch die sich vergrößernde Fläche $\boldsymbol{F}$ bedeckt wird. So ist er also der Limes der zu $\boldsymbol{F}$ ähnlichen Flächen.

Nehmen wir jetzt an, die Fläche $\boldsymbol{F}$ liege nicht in einer Ebene. Wenn man sie dann zu der Berandung eines konvexen Körpers $\mathfrak{H}$ ergänzt, so besitzt dieser Körper innere Punkte.

Wir ziehen von Q Strahlen durch alle inneren Punkte des Körpers $\mathfrak{H}$ und nehmen zu diesen auch alle Strahlen hinzu, die Grenzstrahlen von schon gezogenen sind. Es ergibt sich offenbar ein konvexer Kegel $\mathfrak{B}$, der den Körper $\mathfrak{H}$ enthält[1]). Die Oberfläche dieses Kegels ist der Tangentialkegel an $\boldsymbol{F}$ im Punkt $\boldsymbol{Q}$.

In der Tat, sei X ein beliebiger von Q verschiedener Punkt auf der Oberfläche des Kegels $\mathfrak{B}$. Der Strahl QX ist der Limes von Strahlen QX_n, die durch innere Punkte X_n von $\mathfrak{H}$ gehen. Die Ebene $\boldsymbol{P}_n$ durch die Punkte Q, X, X_n (für gegebenes n) schneidet $\boldsymbol{F}$ in der Nähe von Q längs einer konvexen Kurve $\mathfrak{L}_n$. Ein Zweig von $\mathfrak{L}_n$ liegt im Winkel zwischen den Strahlen QX und QX_n, da der Strahl QX_n durch innere Punkte des Körpers $\mathfrak{H}$ verläuft, zu dessen Berandung $\mathfrak{L}_n$ gehört. (In Abb. 46 ist der Schnitt mit der Ebene $\boldsymbol{P}_n$ dargestellt.) Bei ähnlicher Vergrößerung der Fläche $\boldsymbol{F}$ vergrößert sich dieser Zweig von $\mathfrak{L}_n$ ebenfalls, verbleibt dabei aber im Winkel zwischen QX und QX_n. Da für große n dieser Winkel beliebig klein sein kann, so folgt hieraus, daß der Punkt X ein Limespunkt für Punkte ist, die auf den sich vergrößernden Kurven $\mathfrak{L}_n$ liegen; d. h. X ist Grenzwert von Punkten, die auf der sich vergrößernden Fläche $\boldsymbol{F}$ liegen.

Läge nun der Punkt X außerhalb des Kegels $\mathfrak{B}$, so könnte er nicht Grenzpunkt von Punkten der sich vergrößernden Flächen $\boldsymbol{F}$ sein, da diese Flächen offenbar im Kegel $\mathfrak{B}$ liegen. Läge aber X im Innern von $\mathfrak{B}$, so verliefe der Strahl QX durch innere Punkte von $\mathfrak{H}$. Sonst könnte man durch den Strahl QX eine Stützebene an $\mathfrak{H}$ legen, die von dem Kegel $\mathfrak{B}$ einen Teil abschneiden würde, der keine Strahlen enthalten könnte, die Limites für Strahlen durch Q und innere Punkte des Körpers $\mathfrak{H}$ wären. Da nun QX durch innere Punkte von $\mathfrak{H}$ verliefe, so gäbe es um ihn einen aus Strahlen derselben Art bestehenden Kegel. Dieser Kegel enthielte daher weder Punkte von $\boldsymbol{F}$ noch Punkte von den zu $\boldsymbol{F}$ ähnlichen Flächen außer dem Punkt Q. Ein innerhalb des Kegels $\mathfrak{B}$ liegender Punkt X kann also kein Limespunkt für Punkte der zu $\boldsymbol{F}$ ähnlichen Flächen sein.

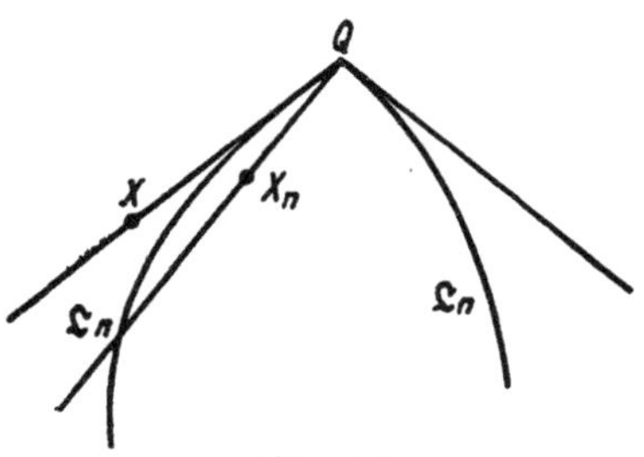

Abb. 46

Daher sind alle Punkte der Oberfläche des Kegels $\mathfrak{B}$ und nur sie Limespunkte von Punkten der zu $\boldsymbol{F}$ ähnlichen Flächen. Dies bedeutet aber, daß die Oberfläche von $\mathfrak{B}$ der Limes der zu $\boldsymbol{F}$ ähnlichen Flächen ist.

[1]) Liegen die Punkte A und B auf Strahlen, die von Q aus durch die Punkte A_0 und B_0 des Körpers $\mathfrak{H}$ gehen, so besteht die Strecke AB aus Punkten, die auf Strahlen liegen, die von Q aus durch Punkte der Strecke A_0B_0 gehen. Wegen der Konvexität von $\mathfrak{H}$ gehören diese aber zu $\mathfrak{H}$. Daher erhalten wir durch Projektion des Körpers $\mathfrak{H}$ von Q

Wir beweisen jetzt, daß eine konvexe Fläche in einer unendlich kleinen Umgebung jedes beliebigen ihrer Punkte Q bis auf unendlich kleine Größen höherer Ordnung dem Tangentialkegel in Q isometrisch ist. Zuvor ist es aber notwendig, den Ausdruck: „isometrisch bis auf unendlich kleine Größen höherer Ordnung" genau zu definieren.

Seien $\boldsymbol{F}$ und $\boldsymbol{F}'$ zwei Flächen und Q und Q' Punkte auf ihnen. Wir sagen, in den Umgebungen von Q und Q' seien die Flächen $\boldsymbol{F}$ und $\boldsymbol{F}'$ bis auf unendlich kleine Größen höherer Ordnung isometrisch — oder auch *„isometrisch im unendlich Kleinen"* —, wenn eine Abbildung h einer Umgebung von Q auf eine Umgebung von Q' existiert, die folgende Eigenschaften besitzt:

1. h ist umkehrbar eindeutig und beiderseits stetig.

2. $h(Q) = Q'$, d. h. h führt Q in Q' über.

3. Zu jedem $\varepsilon > 0$ gibt es ein $\delta > 0$, derart daß für $\varrho_{\boldsymbol{F}}(QX)$, $\varrho_{\boldsymbol{F}}(QY) < \delta$

$$|\varrho_{\boldsymbol{F}}(XY) - \varrho_{\boldsymbol{F}'}(X'Y')| < \varepsilon \operatorname{Max} [\varrho_{\boldsymbol{F}}(QX), \varrho_{\boldsymbol{F}}(QY)] \tag{1}$$

gilt.

Hierbei sind $\varrho_{\boldsymbol{F}}$ und $\varrho_{\boldsymbol{F}'}$ die Entfernungen auf $\boldsymbol{F}$ bzw. $\boldsymbol{F}'$; die Punkte X und Y liegen auf $\boldsymbol{F}$ in der betreffenden Umgebung von Q, und X' und Y' sind die Bilder dieser Punkte bei der Abbildung h.

(An Stelle von (1) kann man

$$|\varrho_{\boldsymbol{F}}(XY) - \varrho_{\boldsymbol{F}'}(X'Y')| < \varepsilon' \operatorname{Max} [\varrho_{\boldsymbol{F}'}(Q'X'), \varrho_{\boldsymbol{F}'}(Q'Y')]$$

schreiben, wo ε' mit der Zahl ε der Formel (1) durch die Gleichung $\varepsilon' = \dfrac{\varepsilon}{1-\varepsilon}$ zusammenhängt. Hieraus ersieht man, daß beide Flächen dieselbe Rolle spielen.)

Eine Abbildung, die die formulierten Eigenschaften besitzt, nennen wir eine „im unendlich Kleinen isometrische" Abbildung einer Umgebung von Q auf eine Umgebung von Q'.

Satz 1: *Eine konvexe Fläche ist in der Umgebung jedes Punktes im unendlich Kleinen dem Tangentialkegel in diesem Punkte isometrisch.*

Mit anderen Worten, eine Umgebung eines Punktes Q auf einer konvexen Fläche $\boldsymbol{F}$ läßt eine im unendlich Kleinen isometrische Abbildung h auf eine Umgebung dieses Punktes auf dem Tangentialkegel zu.

Gemäß der soeben gegebenen Definition hat h die folgenden Eigenschaften: 1. h ist ein Homöomorphismus; 2. $h(Q) = Q$; 3. zu jedem $\varepsilon > 0$ gibt es ein $\delta > 0$, derart daß für $\varrho_{\boldsymbol{F}}(QX) < \delta$ und $\varrho_{\boldsymbol{F}}(QY) < \delta$

$$|\varrho_{\boldsymbol{F}}(XY) - \varrho_{\boldsymbol{K}}(X'Y')| < \varepsilon \operatorname{Max} [\varrho_{\boldsymbol{F}}(QX), \varrho_{\boldsymbol{F}}(QY)]$$

---

aus einen konvexen Kegel. Seine abgeschlossene Hülle ist unser $\mathfrak{B}$. Die abgeschlossene Hülle einer konvexen Menge ist konvex, denn für $A_n \to A$ und $B_n \to B$ ist die Strecke AB Limes der Strecken $A_n B_n$.

gilt. Hierbei ist $\varrho_K(X'Y')$ die auf dem Tangentialkegel gemessene Entfernung zwischen den Bildern X', Y' der Punkte X und Y.

Wenn der Kegel $\boldsymbol{K}$ nicht in einen doppelt bedeckten ebenen Winkel ausartet, so kann man für h die Projektion längs einer beliebigen im Innern von $\boldsymbol{K}$ verlaufenden Richtung wählen.

Wenn $\boldsymbol{K}$ in einen doppelt bedeckten Winkel $\boldsymbol{V}$ auf der Ebene $\boldsymbol{P}$ ausartet, dann liegt die Fläche $\boldsymbol{F}$ selbst auf $\boldsymbol{P}$. Da es sich um Eigenschaften im Kleinen handelt, darf man annehmen, daß $\boldsymbol{F}$ geschlossen ist. $\boldsymbol{F}$ ist dann eine doppelte Bedeckung eines gewissen konvexen Bereiches auf $\boldsymbol{P}$. Dann liegt Q auf der Berandung dieses Bereiches. Wir wählen in $\boldsymbol{P}$ irgendeine Richtung, die im Innern des Winkels $\boldsymbol{V}$ verläuft, und ziehen durch jeden Punkt von $\boldsymbol{F}$ eine dazu parallele Gerade. Eine dieser Geraden $\mathfrak{L}$ verlasse die Fläche $\boldsymbol{F}$ im Punkt X und schneide einen Schenkel des Winkels $\boldsymbol{V}$ im Punkt X_1. Verschieben wir dann den gesamten in $\boldsymbol{F}$ liegenden Abschnitt von $\mathfrak{L}$ so, daß der Punkt X in den Punkt X_1 fällt, so ergibt sich eine Abbildung der Fläche $\boldsymbol{F}$ in den Kegel $\boldsymbol{V}$, wenn man vereinbart, daß jede Seite von $\boldsymbol{F}$ auf die entsprechende Seite von $\boldsymbol{V}$ abgebildet wird. Man sieht leicht, daß die betrachtete Abbildung unter dieser Annahme in der Umgebung von Q umkehrbar eindeutig und beiderseits stetig ist: Man kann sie also für die in der Formulierung des Satzes vorkommende Abbildung h nehmen.

Wir beweisen jetzt unseren Satz. Da es sich um Eigenschaften der Fläche im Kleinen handelt, so darf man $\boldsymbol{F}$ als geschlossen annehmen, um überflüssige Vorbehalte zu vermeiden. Seien Q ein Punkt auf $\boldsymbol{F}$ und $\boldsymbol{K}$ der Tangentialkegel an $\boldsymbol{F}$ in Q. Mit $\lambda \boldsymbol{W}$ wollen wir die Figur bezeichnen, die sich aus der Figur $\boldsymbol{W}$ durch Ähnlichkeitstransformation mit dem Ähnlichkeitszentrum in Q und dem Koeffizienten λ ergibt.

Sei ϱ_λ die Entfernung auf der Fläche $\lambda \boldsymbol{F}$, insbesondere ϱ_1 die Entfernung auf $\boldsymbol{F}$, ferner ϱ_K die Entfernung auf dem Kegel $\boldsymbol{K}$ und ϱ_0 die Entfernung im Raume.

Wir beschränken uns auf die Punkte von $\lambda \boldsymbol{F}$, deren Entfernung von Q kleiner als Eins ist:

$$\varrho_\lambda(QX) < 1. \tag{2}$$

Um Q legen wir eine Kugel $\boldsymbol{S}$ mit genügend großem Radius r, z. B. $r > 2$. Das Stück der Oberfläche von $\boldsymbol{S}$, das durch den Kegel $\boldsymbol{K}$ abgeschnitten wird, bildet zusammen mit dem Teil des Kegels, der im Innern der Kugel $\boldsymbol{S}$ liegt, eine geschlossene konvexe Fläche $\boldsymbol{K}_1$. Entsprechend bilden der im Innern von $\boldsymbol{S}$ liegende Teil von $\lambda \boldsymbol{F}$ und der im Innern von $\lambda \boldsymbol{F}$ liegende Teil von $\boldsymbol{S}$ eine geschlossene konvexe Fläche $\boldsymbol{F}_\lambda$. Da die Kugel $\boldsymbol{S}$ einen großen Radius hat, sind die Entfernungen auf $\lambda \boldsymbol{F}$ und $\boldsymbol{F}_\lambda$ für Punkte, die der Bedingung (2) genügen, dieselben. Entsprechend sind für von Q nicht zu weit entfernte Punkte die Entfernungen auf $\boldsymbol{K}$ und $\boldsymbol{K}_1$ gleich. Jedenfalls gilt dies für Punkte, die von Q um weniger als die Hälfte des Radius von $\boldsymbol{S}$ entfernt liegen. Wenn wir uns also auf solche Punkte beschränken, so können wir an Stelle der Entfernungen auf $\boldsymbol{F}_\lambda$ und $\boldsymbol{K}_1$ direkt die Entfernungen auf $\lambda \boldsymbol{F}$ und $\boldsymbol{K}$ nehmen. Da für $\lambda \to \infty$ die Flächen $\lambda \boldsymbol{F}$ gegen den Tangentialkegel $\boldsymbol{K}$ konvergieren, so streben auch die Flächen $\boldsymbol{F}_\lambda$ gegen $\boldsymbol{K}_1$. Die Flächen $\boldsymbol{F}_\lambda$ und $\boldsymbol{K}_1$ sind aber geschlossen; daher darf man auf sie den Satz 2 des § 1 aus Kap. III über die Konvergenz von Metriken anwenden. Auf Grund dieses Satzes können wir über Punkte, die von Q nicht zu weit entfernt sind, folgendes aussagen: Zu jedem $\varepsilon > 0$ gibt es ein λ_0 und ein $\delta > 0$ derart, daß, sobald nur $\lambda > \lambda_0$ und die Entfernungen der Punkte X und Y auf $\lambda\boldsymbol{F}$ von den Punkten X' und Y' auf $\boldsymbol{K}$ kleiner als δ sind, die Beziehung

$$(3) \qquad |\varrho_\lambda(XY) - \varrho_{\boldsymbol{K}}(X'Y')| < \varepsilon$$

gilt

$$\big(\varrho_\lambda(QX),\, \varrho_\lambda(QY) < 1; \quad \varrho_0(XX'),\, \varrho_0(YY') < \delta; \quad \lambda > \lambda_0\big).$$

Nehmen wir jetzt an, der Kegel $\boldsymbol{K}$ arte nicht aus. Es bezeichne h die Projektion in einer Richtung, die im Innern von $\boldsymbol{K}$ verläuft. Da $\lambda\boldsymbol{F}$ gegen $\boldsymbol{K}$ konvergiert, läßt sich ein λ_1 finden, derart daß für jedes $\lambda > \lambda_1$ die Entfernung eines Punktes X auf $\lambda\boldsymbol{F}$ von seiner Projektion auf $\boldsymbol{K}$ kleiner ist als δ, wenn nur die Entfernung zwischen X und Q kleiner als Eins ist:

$$(4) \qquad \varrho_0\big(X, h(X)\big) < \delta \qquad \big(\varrho_\lambda(QX) < 1\big).$$

Wählen wir jetzt ein beliebiges $\lambda > \lambda_0$ und $> \lambda_1$, so erhalten wir auf Grund von (3) und (4)

$$(5) \qquad |\varrho_\lambda(XY) - \varrho_{\boldsymbol{K}}\big(h(X)\, h(Y)\big)| < \varepsilon$$

für

$$\varrho_\lambda(QX),\, \varrho_\lambda(QY) < 1 \qquad \text{und} \qquad \lambda > \operatorname{Max}(\lambda_0, \lambda_1) = \lambda_2.$$

Seien jetzt A und B diejenigen Punkte auf der Ausgangsfläche $\boldsymbol{F}$, die bei der Dilatation von $\boldsymbol{F}$ auf $\lambda\boldsymbol{F}$ in die Punkte X und Y übergehen, d.h. $X = \lambda A$, $Y = \lambda B$. Bei der Ähnlichkeitsvergrößerung der Fläche mit dem Koeffizienten λ multipliziert sich auch die Entfernungsfunktion auf ihr mit λ; daher ist

$$(6) \qquad \varrho_\lambda(XY) = \lambda\varrho_1(AB).$$

Außerdem geht bei einer Ähnlichkeitstransformation eine Projektion wieder in eine Projektion über, so daß

$$h(X) = \lambda h(A), \qquad h(Y) = \lambda h(B)$$

gilt. Schließlich geht bei unseren Ähnlichkeitstransformationen mit dem Ähnlichkeitszentrum in Q der Kegel $\boldsymbol{K}$ in sich über; wenn dabei die Punkte $h(A)$, $h(B)$ in $h(X)$, $h(Y)$ übergehen, so multipliziert sich ihre Entfernung voneinander dabei mit λ, d. h. es ist

$$(7) \qquad \varrho_{\boldsymbol{K}}\big(h(X)\, h(Y)\big) = \lambda\varrho_{\boldsymbol{K}}\big(h(A)\, h(B)\big).$$

Mit Hilfe der Gleichungen (6) und (7) erhalten wir an Stelle von (5)

$$|\varrho_1(AB) - \varrho_{\boldsymbol{K}}\big(h(A)\, h(B)\big)| < \frac{\varepsilon}{\lambda}$$

für

$$\varrho_1(QA),\ \varrho_1(QB) < \frac{1}{\lambda} \leqq \frac{1}{\lambda_2}.$$

Setzen wir

$$\frac{1}{\lambda} = \operatorname{Max}\,[\varrho_1(QA),\ \varrho_1(QB)] \qquad \text{und} \qquad \delta = \frac{1}{\lambda_2},$$

so sehen wir, daß diese Formeln die Aussage des Satzes bedeuten.

Wenn der Kegel $\boldsymbol{K}$ in einen doppelt bedeckten ebenen Winkel ausartet, so nehmen wir an Stelle der Projektion die oben beschriebene Abbildung h. Alle Schlußweisen bleiben dabei wörtlich dieselben, so daß ihre Wiederholung für diesen Fall überflüssig wird.

Der bewiesene Satz ist natürlich kein Satz der inneren Geometrie, da der Begriff des Tangentialkegels darin vorkommt, der durch rein äußere Eigenschaften definiert ist. Nichtsdestoweniger wird in ihm eine wichtige Eigenschaft der inneren Metrik einer konvexen Fläche ausgesprochen. Es genügt, die Formulierung abzuändern, um diesem Satz eine rein innergeometrische Form zu geben:

Für jeden Punkt Q einer konvexen Fläche gibt es einen Kegel $\boldsymbol{K}$ derart, daß eine Umgebung von Q eine „im unendlich Kleinen isometrische“ Abbildung auf eine Umgebung der Spitze von $\boldsymbol{K}$ gestattet.

Hier wird selbstverständlich auch der Kegel $\boldsymbol{K}$ vom Standpunkt seiner inneren Metrik betrachtet. Da ein Tangentialkegel an eine konvexe Fläche selbst konvex ist, so läßt er sich vom Standpunkt der inneren Metrik dadurch charakterisieren, daß der volle Winkel um seine Spitze nicht größer als 2π ist.

Wir bemerken abschließend, daß wir bei der Betrachtung der Fläche und des Tangentialkegels vom Standpunkt der inneren Metrik allein in natürlicher Weise zu der folgenden Begriffsbildung kommen. Eine Umgebung eines Punktes Q in einer Mannigfaltigkeit $\mathfrak{r}$ mit irgendeiner Metrik möge eine „im unendlich Kleinen isometrische“ Abbildung auf die Umgebung der Spitze eines gewissen Kegels $\boldsymbol{K}$ gestatten. Dann nennen wir den Kegel $\boldsymbol{K}$ „den Tangentialkegel der Mannigfaltigkeit $\mathfrak{r}$ im Punkte Q“. Dieser Begriff ist in der Theorie der Mannigfaltigkeiten mit innerer Metrik nützlich; er ist eine Verallgemeinerung des in der Theorie der zweidimensionalen RIEMANNschen Mannigfaltigkeiten gebräuchlichen Begriffes einer Euklidischen Tangentialebene, d. h. letzten Endes des Begriffes des Linienelements. Wir werden uns jedoch der allgemeinen Form dieses Begriffes im folgenden nicht bedienen und wollen daher nicht länger dabei verweilen.

§ 6. Die räumliche Bedeutung des Winkels zwischen Kürzesten

Die Existenz von Halbtangenten an Kürzeste auf konvexen Flächen wurde von I. M. LIEBERMANN in seiner vorzüglichen Arbeit „Geodätische Linien auf konvexen Flächen[1])" bewiesen. Der Beweis stützt sich auf den Hilfssatz von BUSEMANN und FELLER, den wir schon beim Beweise des Satzes über die Konvergenz von Metriken benutzt haben (Hilfssatz 2 aus § 1, Kap. III). Auf Grund dieses Hilfssatzes erhält LIEBERMANN durch eine elegante geometrische Schlußweise nicht nur die Existenz der Halbtangente, sondern eine ganze Reihe wichtiger, zur äußeren Geometrie gehörender Eigenschaften von Kürzesten auf konvexen Flächen. Wir geben hier den Beweis eines Teiles der LIEBERMANNschen Ergebnisse wieder. Da es sich um Eigenschaften von Kürzesten im Kleinen handelt, darf man sich auf die Betrachtung geschlossener konvexer Flächen beschränken, da man ja jede endliche konvexe Fläche zu einer geschlossenen ergänzen kann, ohne daß sich in hinreichend kleinen Bereichen ihre Metrik ändert.

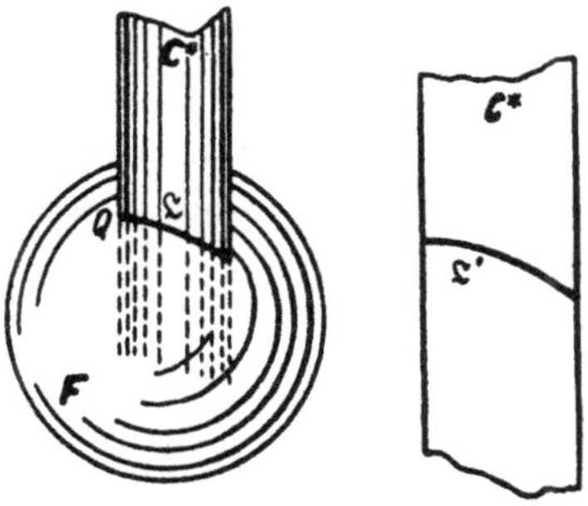

Abb. 47

Hilfssatz 1: *Sei* ***F*** *eine geschlossene konvexe Fläche, die nicht in einen ebenen Bereich ausgeartet ist, und* $\mathfrak{L}$ *eine Kürzeste auf* ***F***. *Auf* $\mathfrak{L}$ *wählen wir einen beliebigen Punkt Q. Durch diesen Punkt und durch alle zu ihm genügend benachbarten Punkte von* $\mathfrak{L}$ *ziehen wir parallele Geraden, die durch innere Punkte des von* ***F*** *berandeten Körpers hindurchgehen. Wenn man die so erhaltene Zylinderfläche* ***C*** *auf die Ebene abwickelt, geht der auf ihr gelegene Abschnitt der Kürzesten in eine konvexe Kurve über. Diese Kurve ist nach derjenigen Seite konvex, welche dem Teil des Zylinders* ***C*** *entspricht, der aus dem von* ***F*** *berandeten Körper herausragt.*

Beweis: Die Kürzeste $\mathfrak{L}$ möge beim Abwickeln des Zylinders **C** auf die Ebene in die Kurve $\mathfrak{L}'$ übergehen (Abb. 47). Sei **C*** derjenige Teil von **C**, der aus dem von ***F*** berandeten Körper herausragt. Wir nehmen an, $\mathfrak{L}'$ hätte nicht die im Hilfssatz formulierten Eigenschaften. Dann könnte man auf ihr zwei Punkte A' und B' so wählen, daß die Sehne $\overline{A'B'}$ auf dem Teil **C*** des abgewickelten Zylinders **C** läge. Ist $\widehat{A'B'}$ der entsprechende Kurvenbogen von $\mathfrak{L}'$, so ist offenbar

$$\widehat{A'B'} > \overline{A'B'}. \tag{1}$$

Auf dem Zylinder **C** selbst entsprechen der Sehne $\overline{A'B'}$ und dem Bogen $\widehat{A'B'}$ eine gewisse Linie $\overline{AB}$ und ein Bogen $\widehat{AB}$ der Kürzesten $\mathfrak{L}$ (A und B sind diejenigen Punkte, die beim Abwickeln des Zylinders A' und B' ergeben).

[1]) Доклады Академии Наук СССР, XXXII, № 5 (1941) S. 310—313. Im Rahmen einer kleinen Arbeit erhält LIEBERMANN durch die Allgemeinheit und Einfachheit seiner Methode eine große Zahl wichtiger Sätze über Kürzeste auf konvexen Flächen in Räumen beliebiger Dimension. Die Sätze und ihre Beweise lassen sich wörtlich auf konvexe Flächen in n-dimensionalen Räumen beliebiger konstanter Krümmung verallgemeinern. Der Beweis der Existenz von Tangenten an Kürzeste in Punkten, in denen die konvexe Fläche eine Tangentialebene besitzt, wurde von BUSEMANN und FELLER erbracht.

Dabei ist

(2) $$\overline{A'B'} = \overline{AB}, \quad \widehat{A'B'} = \widehat{AB}.$$

$\overline{AB}$ liegt auf dem Zylinderteil $\mathbf{C}^*$ von $\mathbf{C}$, der aus dem von $\boldsymbol{F}$ berandeten Körper hervortritt. Folglich ist auf Grund von Hilfssatz 2 aus § 1, Kap. III diese Linie nicht kürzer als die Kürzeste $\widehat{AB}$, d. h. es gilt

(3) $$\widehat{AB} \leqq \overline{AB}.$$

Wegen Gleichung (2) widerspricht aber diese Ungleichung der Ungleichung (1). Daher ist unsere Annahme unmöglich, und der Hilfssatz ist bewiesen.

Hilfssatz 2: *Seien Q ein Punkt auf einer konvexen Fläche $\boldsymbol{F}$ und X_i $(i = 1, 2, \ldots)$ eine Punktfolge auf derselben Fläche, die gegen Q konvergiert. Das Verhältnis der Entfernungen zwischen Q und X_i im Raum und auf der Fläche $\boldsymbol{F}$ strebt dann gegen Eins:*

(4) $$\lim_{X_i \to Q} \frac{\varrho(QX_i)}{\varrho_{\boldsymbol{F}}(QX_i)} = 1.$$

Hierbei bedeutet ϱ die Entfernung im Raume und $\varrho_{\boldsymbol{F}}$ die Entfernung auf der Fläche.

Beweis: Wir projizieren eine Umgebung von Q auf den Tangentialkegel $\boldsymbol{K}$ zu $\boldsymbol{F}$ in Q längs einer beliebigen, im Innern von $\boldsymbol{K}$ verlaufenden Richtung.

Seien X_i' die Projektionen der Punkte X_i und $\varrho_{\boldsymbol{K}}$ die Entfernung auf $\boldsymbol{K}$. Offenbar ist dann

(5) $$\lim_{X_i \to Q} \frac{\varrho_{\boldsymbol{K}}(QX_i')}{\varrho(QX_i)} = 1$$

und auf Grund des Satzes aus § 5 über den Tangentialkegel[1])

(6) $$\lim_{X_i \to Q} \frac{\varrho_{\boldsymbol{K}}(QX_i')}{\varrho_{\boldsymbol{F}}(QX_i)} = 1.$$

Aus (5) und (6) folgt (4), was zu beweisen war.

Satz 1: *Seien $\mathfrak{x}(s)$ von einem beliebigen Koordinatenanfangspunkt gezogene Vektoren, deren Endpunkte auf einer konvexen Fläche eine Kürzeste $\mathfrak{L}$ beschreiben. Dabei soll s die von einem ihrer Endpunkte aus gerechnete Bogenlänge dieser Kürzesten bedeuten. Dann besitzt die Funktion $\mathfrak{x}(s)$ in jedem Punkte eine rechte und eine linke Ableitung: $\mathfrak{x}_r'(s)$ und $\mathfrak{x}_l'(s)$, wobei $|\mathfrak{x}_r'|^2 = |\mathfrak{x}_l'|^2 = 1$ gilt.* (In den Endpunkten der Kürzesten gibt es selbstverständlich nur jeweils eine Ableitung.)

Beweis: Auf Flächen, die in einen doppelt bedeckten ebenen Bereich ausarten, stellt eine Kürzeste $\mathfrak{L}$ entweder eine oder zwei geradlinige Strecken dar. Der Satz ist deshalb in diesem Falle trivial; man darf daher annehmen, daß es sich

[1]) Auf Grund dieses Satzes erhalten wir für $\varrho_{\boldsymbol{F}}(QX_i) < \delta$ die Ungleichung $|\varrho_{\boldsymbol{F}}(QX_i) - \varrho_{\boldsymbol{K}}(QX_i')| < \varepsilon\,\varrho_{\boldsymbol{F}}(QX_i)$ oder $\left|\frac{\varrho_{\boldsymbol{K}}(QX_i')}{\varrho_{\boldsymbol{F}}(QX_i)} - 1\right| < \varepsilon$, so daß für $\varrho_{\boldsymbol{F}}(QX_i) \to 0$ sich (6) ergibt.

um eine nichtausgeartete Fläche handelt. Es genügt, sich auf die Betrachtung der rechten Ableitung zu beschränken, da beide Ableitungen dieselbe Rolle spielen. Nach Definition ist

$$\mathfrak{x}^r(s) = \lim_{h \to +0} \frac{\mathfrak{x}(s+h) - \mathfrak{x}(s)}{h}.$$

Offenbar ist $|\mathfrak{x}(s+h) - \mathfrak{x}(s)|$ die Länge der Sehne und h die Länge des entsprechenden Bogens der Kürzesten. Aus Hilfssatz 2 folgt daher im Falle der Existenz von $\mathfrak{x}_r'(s)$ die Beziehung $|\mathfrak{x}_r'(s)|^2 = 1$. Es bleibt daher nur die Existenz von $\mathfrak{x}_r'(s)$ zu zeigen. Dazu wählen wir irgendeinen Punkt Q auf der Kürzesten $\mathfrak{L}$, greifen nötigenfalls auf unserer konvexen Fläche einen beliebigen endlichen, diesen Punkt enthaltenden Bereich heraus und ergänzen ihn zu einer konvexen geschlossenen und nicht in einen ebenen Bereich ausgearteten Fläche. Im Innern des von dieser Fläche $\boldsymbol{F}$ berandeten Körpers nehmen wir drei Punkte X, Y, Z, die nicht alle mit dem Punkt Q in derselben Ebene liegen. Wir ziehen die Geraden QX, QY, QZ und nehmen sie als Koordinatenachsen: der Punkt Q wird Koordinatenanfangspunkt. Seien $x(s)$, $y(s)$, $z(s)$ die orthogonalen Projektionen des Vektors $\mathfrak{x}(s)$, der von Q zu dem veränderlichen Punkt auf der Kürzesten $\mathfrak{L}$ führt. Wenn wir beweisen, daß jede der Funktionen $x(s)$, $y(s)$, $z(s)$ im Punkt Q eine rechte Ableitung besitzt, so haben wir damit das gesuchte Resultat.

Betrachten wir z. B. $x(s)$. Durch alle Punkte von $\mathfrak{L}$, die Q genügend benachbart sind, ziehen wir Parallelen zur Geraden QX. Da der Punkt X im Innern von $\boldsymbol{F}$ liegt, so verlaufen diese Geraden durch innere Punkte der Fläche $\boldsymbol{F}$, d. h. im Innern des von dieser Fläche berandeten Körpers. Diese Geraden bilden einen Zylinder.

Wenn man diesen Zylinder auf die Ebene abwickelt, so geht gemäß Hilfssatz 1 der auf ihm liegende Abschnitt der Kürzesten $\mathfrak{L}$ in eine konvexe Kurve $\mathfrak{L}'$ über. $x(s)$ ist gerade die Koordinate des veränderlichen Punktes der Kürzesten $\mathfrak{L}$ auf der QX-Achse[1]). Nach Abwicklung auf die Ebene ergibt sie die entsprechende Koordinate des Punktes von $\mathfrak{L}'$. Da die Kurve $\mathfrak{L}'$ konvex ist, so existiert in jedem ihrer Punkte eine rechte Ableitung von $x(s)$ nach der Bogenlänge[2]), d. h. nach s, da bei der Abwicklung die Längen erhalten bleiben. Der Satz ist damit bewiesen.

Der geometrische Sinn dieses Satzes besteht in zwei Aussagen: 1. *Eine Kürzeste auf einer konvexen Fläche besitzt in jedem ihrer Punkte eine rechte und eine linke Tangente;* 2. *das Verhältnis der Sehne zur Bogenlänge einer Kürzesten strebt gegen 1, wenn ein Endpunkt des Bogens fest ist und die Bogenlänge gegen 0 strebt.*

Wenn man auf der Kürzesten $\mathfrak{L}$ einen Punkt Q wählt und von diesem Punkt aus die Fläche unbeschränkt ähnlich vergrößert, so geht die Fläche in den

---

[1]) Diese Koordinate ergibt sich als Projektion auf QX durch eine Ebene, die zu QX senkrecht ist, aber im allgemeinen nicht zur Ebene QYZ parallel zu sein braucht.

[2]) Eine konvexe Kurve besitzt in jedem Punkte eine rechte Tangente. Ist $\eta = f(\xi)$ die Gleichung der Kurve in cartesischen Koordinaten, so existiert $\left(\frac{d\eta}{d\xi}\right)_{\text{rechts}}$. Außerdem strebt das Verhältnis der Sehnenlänge $\sqrt{\Delta\xi^2 + \Delta\eta^2}$ zur Bogenlänge für $\Delta\xi \to 0$ gegen Eins, wie aus Hilfssatz 2 folgt. Hieraus ersieht man die Existenz der rechten Ableitung von η nach der Bogenlänge.

Tangentialkegel über und der rechte und der linke Zweig von $\mathfrak{L}$ in die rechte bzw. linke Halbtangente. Die rechte (linke) Halbtangente ist der Limes der Halbgeraden von Q durch einen zu Q unendlich benachbarten und rechts (links) von ihm auf der Kurve liegenden Punkt. Hieraus ersieht man leicht, daß sie auch der Limes ist, gegen den der rechte (linke) Zweig der Kurve bei unbeschränkter ähnlicher Vergrößerung von Q aus strebt.

Satz 2: *Der Winkel zwischen zwei von einem Punkt Q auf einer konvexen Fläche $\boldsymbol{F}$ ausgehenden Kürzesten ist gleich dem Winkel zwischen ihren Halbtangenten, gemessen auf dem Tangentialkegel $\boldsymbol{K}$ an $\boldsymbol{F}$ im Punkt Q.*

Beweis: Wir nehmen auf der konvexen Fläche $\boldsymbol{F}$ einen Punkt Q und projizieren eine seiner Umgebungen auf den Tangentialkegel in diesem Punkt längs einer im Innern dieses Kegels verlaufenden Richtung; wenn aber der Kegel in einen doppelt bedeckten ebenen Winkel ausartet, so vollziehen wir die in § 5 beschriebene Abbildung einer Umgebung von Q. Bei unbeschränkter ähnlicher Vergrößerung des Kegels von seiner Spitze aus streben die Projektionen der von Q ausgehenden Kürzesten gegen die Halbtangenten.

Seien $\mathfrak{L}$ und $\mathfrak{M}$ zwei vom Punkt Q ausgehende Kürzeste, $\mathfrak{L}'$ und $\mathfrak{M}'$ ihre Halbtangenten und X und Y veränderliche Punkte auf $\mathfrak{L}$ und $\mathfrak{M}$, die so gegen Q streben, daß das Verhältnis $\frac{\varrho_F(QY)}{\varrho_F(QX)}$ zwischen positiven Grenzen eingeschlossen bleibt. Wir zeigen, daß in diesem Falle *der Winkel $\gamma(x,y)$ in dem ebenen Dreieck mit den Seiten $x = \varrho_F(QX)$, $y = \varrho_F(QY)$, $z = \varrho_F(XY)$ gegen den Winkel zwischen den Halbtangenten $\mathfrak{L}'$, $\mathfrak{M}'$ konvergiert.* Da der Limes des Winkels $\gamma(x,y)$ der Winkel zwischen den Kürzesten ist, wird damit der Satz bewiesen sein.

Wir wählen irgendeine Punktfolge X_n, Y_n, so daß das Verhältnis $\frac{\varrho_F(QY_n)}{\varrho_F(QX_n)}$ gegen einen bestimmten Grenzwert konvergiert. Wir projizieren die Kürzesten $\mathfrak{L}$ und $\mathfrak{M}$ auf den Kegel $\boldsymbol{K}$; die Punkte X_n', Y_n' seien die Projektionen von X_n, Y_n. Jeder Lage der Punkte X_n, Y_n ordnen wir eine Ähnlichkeitstransformation mit dem Ähnlichkeitszentrum in Q und dem Ähnlichkeitskoeffizienten $\frac{1}{\varrho_K(QX_n')}$ zu. Die Punkte X_n'', in die dabei die Punkte X_n' übergehen, liegen dann in der konstanten Entfernung 1 vom Punkte Q: $\varrho_K(QX_n'') = 1$. Die Projektionen der Kürzesten $\mathfrak{L}$ und $\mathfrak{M}$ streben gegen die Halbtangenten $\mathfrak{L}'$ und $\mathfrak{M}'$, da der Ähnlichkeitskoeffizient $\frac{1}{\varrho_K(QX_n')}$ ins Unendliche wächst. Die Punkte X_n'' konvergieren daher gegen einen gewissen Punkt X'' auf $\mathfrak{L}'$; die Punkte Y_n'', die den Punkten Y_n' entsprechen, streben gleichfalls gegen einen gewissen Punkt Y'' auf $\mathfrak{M}'$, der von Q verschieden ist. Denn das Verhältnis $\frac{\varrho_F(QY_n)}{\varrho_F(QX_n)}$ strebt gegen einen positiven Grenzwert, folglich konvergiert auch $\frac{\varrho_K(QY_n')}{\varrho_K(QX_n')}$ gegen denselben Limes, wie aus dem im vorigen Paragraphen bewiesenen Satz folgt[1]). Bei einer ähnlichen Vergrößerung ändert sich aber das Verhältnis der Entfernungen nicht; folglich strebt auch $\frac{\varrho_K(QY''_n)}{\varrho_K(QX''_n)} = \varrho_K(QY''_n)$ gegen denselben Limes. Da sich außerdem die Punkte Y''_n der Halbtangente $\mathfrak{M}'$ nähern, so konvergieren sie gegen einen von Q verschiedenen Punkt Y'' auf $\mathfrak{M}'$.

Vergleichen wir jetzt die Verhältnisse der Entfernungen

$$\varrho_F(QX_n) : \varrho_F(QY_n) : \varrho_F(X_nY_n)$$

und

$$\varrho_K(QX'_n) : \varrho_K(QY'_n) : \varrho_K(X'_nY'_n).$$

Wie schon bemerkt, folgt aus dem Satz des vorigen Paragraphen, daß die Grenzwerte der Quotienten $\varrho_F(QY_n) : \varrho_F(QX_n)$ und $\varrho_K(QY'_n) : \varrho_K(QX'_n)$ gleich sind. Auf Grund desselben Satzes gilt:

$$\frac{\varrho_F(X_nY_n) - \varrho_K(X'_nY'_n)}{\operatorname{Max}[\varrho_F(QX_n), \varrho_F(QY_n)]} \to 0. \tag{7}$$

Da der Quotient $\varrho_F(QY_n) : \varrho_F(QX_n)$ beschränkt ist, darf man im Nenner einfach $\varrho_F(QX_n)$ setzen. Außerdem strebt das Verhältnis $\varrho_K(QX'_n) : \varrho_F(QX_n)$ gegen Eins; daher darf man an Stelle von (7)

$$\frac{\varrho_F(X_nY_n)}{\varrho_F(QX_n)} - \frac{\varrho_K(X'_nY'_n)}{\varrho_K(QX'_n)} \to 0$$

schreiben. Folglich müssen die Grenzwerte aller Verhältnisse

$$\varrho_F(QX_n) : \varrho_F(QY_n) : \varrho_F(X_nY_n)$$

und

$$\varrho_K(QX'_n) : \varrho_K(QY'_n) : \varrho_K(X'_nY'_n)$$

gleich sein.

Bei einer Ähnlichkeitstransformation ändern sich die Verhältnisse der Entfernungen nicht. Daher darf man in den letzten Verhältnissen die Punkte X'_n, Y'_n durch X''_n, Y''_n ersetzen. Die Punkte X''_n, Y''_n streben aber gegen X'', Y''; daher kommen wir zu dem Schluß, daß die Grenzwerte der Verhältnisse

$$\varrho_F(QX_n) : \varrho_F(QY_n) : \varrho_F(X_nY_n)$$

gleich den Verhältnissen

$$\varrho_K(QX'') : \varrho_K(QY'') : \varrho_K(X''Y'')$$

sind. Hieraus folgt, daß die Winkel der ebenen Dreiecke $\boldsymbol{T}_n$ mit den Seitenlängen $x_n = \varrho_F(QX_n)$, $y_n = \varrho_F(QY_n)$, $z_n = \varrho_F(X_nY_n)$ gegen die Winkel des Dreiecks

[1]) In der Fußnote auf Seite 170 (beim Beweis des Hilfssatzes 2) wurde schon gezeigt, daß $\frac{\varrho_K(QX'_n)}{\varrho_F(QX_n)} \to 1$ und analog $\frac{\varrho_K(QY'_n)}{\varrho_F(QY_n)} \to 1$ strebt. Hieraus folgt die soeben ausgesprochene Behauptung.

$QX''Y''$ konvergieren. (Letzteres ist ein Dreieck auf einem Kegel und daher dem ebenen Dreieck mit den Seiten $\varrho_K(QX'')$ usw. isometrisch.) Der Winkel bei der Ecke Q im Dreieck $QX''Y''$ ist gerade der Winkel α' zwischen den Halbtangenten $\mathfrak{L}'$ und $\mathfrak{M}'$; der ihm entsprechende Winkel des Dreiecks $\boldsymbol{T}_n$ ist $\gamma(x_n, y_n)$. Folglich gilt

$$\lim_{n \to 0} \gamma(x_n, y_n) = \alpha'.$$

Diese Beziehung wurde für eine beliebige Folge X_n, Y_n bewiesen, für die das Verhältnis $\varrho_F(QY_n) : \varrho_F(QX_n)$ einen positiven Grenzwert hat. Sie ist folglich auch richtig, wenn die Punkte X und Y so gegen Q streben, daß das Verhältnis $\varrho_F(QY) : \varrho_F(QX)$ zwischen positiven Grenzen bleibt. Da $\lim\limits_{x, y \to 0} \gamma(x,y)$ der Winkel zwischen den Kürzesten $\mathfrak{L}$ und $\mathfrak{M}$ ist, so ist der Satz damit bewiesen.

Es verdient hervorgehoben zu werden, daß wir an keiner Stelle des Beweises die Existenz von $\lim\limits_{x, y \to 0} \gamma(x,y)$ benutzt haben. Die Existenz dieses Grenzwertes haben wir für alle Folgen bewiesen, für die $\dfrac{y}{x} = \dfrac{\varrho_F(QY)}{\varrho_F(QX)}$ zwischen positiven Grenzen bleibt. Wenn man daher die Definition des Winkels zwischen Kürzesten dahingehend abschwächt, daß man nur solche Folgen x und y zuläßt, so ergibt sich die Tatsache, daß der Winkel existiert, aus den Sätzen über den Tangentialkegel und über die Existenz von Halbtangenten an Kürzeste. Dieses Resultat ist sicherlich schwächer als die Existenz von $\lim\limits_{x, y \to 0} \gamma(x,y)$ für alle Folgen $x, y \to 0$. Es kann auch nicht verschärft werden. Man kann nämlich Beispiele von (natürlich nichtkonvexen) Flächen angeben, für die die Sätze über den Tangentialkegel und über die Existenz von Halbtangenten erfüllt sind, $\lim\limits_{x, y \to 0} \gamma(x,y)$ aber nicht für alle Folgen $x, y \to 0$ existiert. Nichtsdestoweniger eröffnet sich hier die Möglichkeit, eine Theorie des Winkels zwischen Kürzesten auf Grund der erwähnten Sätze aufzubauen, ohne die Konvexitätsbedingung heranzuziehen.

Satz 3: *Der volle Winkel um einen Punkt Q auf einer konvexen Fläche $\boldsymbol{F}$ ist gleich dem vollen Winkel des Tangentialkegels $\boldsymbol{K}$ an $\boldsymbol{F}$ in Q.*

Beweis: Sei φ der volle Winkel um den Punkt Q auf der Fläche $\boldsymbol{F}$. Wie in § 3 gezeigt wurde, ist φ gleich der oberen Grenze der Summen der Winkel zwischen benachbarten Kürzesten, die in beliebiger Anzahl von Q gezogen werden. Für jedes $\varepsilon > 0$ lassen sich daher von Q ausgehende Kürzeste $\mathfrak{L}_1, \ldots, \mathfrak{L}_n$ angeben derart, daß

$$\alpha_{12} + \alpha_{23} + \cdots + \alpha_{n-1,n} + \alpha_{n1} > \varphi - \varepsilon \tag{8}$$

ist, wobei α_{ij} den Winkel zwischen $\mathfrak{L}_i$ und $\mathfrak{L}_j$ bezeichnet. Es wird dabei selbstverständlich vorausgesetzt, daß $\mathfrak{L}_1, \ldots, \mathfrak{L}_n$ in der Reihenfolge ihrer Lage um Q numeriert sind.

Wie soeben bewiesen, sind die Winkel α_{ij} gleich den Winkeln zwischen den Halbtangenten an $\mathfrak{L}_i$, $\mathfrak{L}_j$. Diese Halbtangenten liegen auf dem Tangentialkegel $\boldsymbol{K}$, und zwar offensichtlich in derselben Reihenfolge. Der volle Winkel φ' um die

Spitze von $\boldsymbol{K}$ ist ebenfalls gleich der oberen Grenze der Summen der Winkel zwischen seinen Erzeugenden[1]). Daher ist

$$\varphi' \geqq \alpha_{12} + \cdots + \alpha_{n1}.$$

Durch den Vergleich dieser Ungleichung mit der Ungleichung (8) erhalten wir $\varphi' > \varphi - \varepsilon$, und da ε beliebig ist, so ist

$$\varphi' \geqq \varphi. \tag{9}$$

Bei einer Ähnlichkeitsvergrößerung von $\boldsymbol{F}$ mit dem Koeffizienten λ geht $\boldsymbol{F}$ in die Fläche $\lambda\boldsymbol{F}$ über mit demselben vollen Winkel um den Punkt Q; für $\lambda \to \infty$ konvergieren die $\lambda\boldsymbol{F}$ gegen den Kegel $\boldsymbol{K}$. In § 4 wurde bewiesen, daß der untere Limes der vollen Winkel nicht kleiner ist als der volle Winkel auf der Grenzfläche; daher ist $\varliminf\limits_{n \to \infty} \varphi_\lambda \geqq \varphi'$, und wegen $\varphi_\lambda = \varphi$ ist $\varphi \geqq \varphi'$. Vergleichen wir diese Ungleichung mit der Ungleichung (9), so ergibt sich $\varphi = \varphi'$, was zu beweisen war.

Satz 4: *Die von einem Punkt Q auf einer konvexen Fläche $\boldsymbol{F}$ ausgehenden Kürzesten $\mathfrak{L}$ und $\mathfrak{M}$ mögen seine Umgebung in die Sektoren $\boldsymbol{U}$ und $\boldsymbol{V}$ aufteilen. Wie schon gezeigt wurde, konvergieren bei unbeschränkter Ähnlichkeitsvergrößerung mit dem Ähnlichkeitszentrum Q die Kürzesten $\mathfrak{L}$ und $\mathfrak{M}$ gegen ihre Halbtangenten $\mathfrak{L}'$, $\mathfrak{M}'$ und die Sektoren $\boldsymbol{U}$ und $\boldsymbol{V}$ gegen die Sektoren $\boldsymbol{U}'$ und $\boldsymbol{V}'$, die auf dem Tangentialkegel $\boldsymbol{K}$ an $\boldsymbol{F}$ in Q von den Halbtangenten $\mathfrak{L}'$, $\mathfrak{M}'$ berandet werden. Dann sind die Sektorwinkel von $\boldsymbol{U}'$ und $\boldsymbol{V}'$ gleich den Sektorwinkeln von $\boldsymbol{U}$ bzw. $\boldsymbol{V}$.*

Beweis: Da bei unendlicher Vergrößerung die Fläche $\boldsymbol{F}$ gegen den Kegel $\boldsymbol{K}$ und die Kürzesten $\mathfrak{L}$, $\mathfrak{M}$ gegen die Halbtangenten $\mathfrak{L}'$, $\mathfrak{M}'$ konvergieren, so streben auch die Sektoren $\boldsymbol{U}$ und $\boldsymbol{V}$ gegen diejenigen Sektoren, die auf $\boldsymbol{K}$ durch die Erzeugenden $\mathfrak{L}'$ und $\mathfrak{M}'$ berandet werden. Bei Dilatationen bleiben aber die Winkel erhalten. Die vollen Winkel um Q auf $\lambda\boldsymbol{F}$, die sich aus $\boldsymbol{F}$ durch Dilatationen ergeben, sind stets gleich dem vollen Winkel des Kegels $\boldsymbol{K}$. Dann können wir aber den Satz 3 aus § 4 anwenden, der aussagt, daß in diesem Falle der Grenzwert der Sektorwinkel gleich dem Winkel des Grenzsektors ist. Bei allen sich aus $\boldsymbol{U}$ (oder $\boldsymbol{V}$) durch Dilatationen ergebenden Sektoren sind die Winkel gleich. Sie sind also gleich dem Winkel des Grenzsektors $\boldsymbol{U}'$ (oder $\boldsymbol{V}'$), was zu beweisen war.

Die Winkel von Sektoren auf Flächen reduzieren sich also auf Winkel von Sektoren auf dem Tangentialkegel und erhalten damit eine einfache anschauliche Bedeutung. Es wäre möglich, Sektorwinkel auf Flächen als Winkel entsprechender Sektoren auf dem Tangentialkegel und den vollen Winkel um einen Punkt als den vollen Winkel des Tangentialkegels zu definieren. Wir würden dann sofort alle Eigenschaften der Sektorwinkel, die wir im § 3 abgeleitet haben, erhalten. Wenn wir diese Bemerkung und das im Anschluß an Satz 2 über den Winkel

[1]) Er ist selbstverständlich gleich der Summe der Winkel zwischen den Erzeugenden, wenn diese den Kegel in genügend kleine Sektoren einteilen. Andernfalls ist $\varphi' > \alpha_{1\,2} + \ldots + \alpha_{n1}$ möglich.

zwischen Kürzesten Gesagte gegenüberstellen, so sehen wir, daß es tatsächlich möglich ist, die Theorie des Winkels von den Sätzen über den Tangentialkegel und die Existenz von Halbtangenten aus aufzubauen. Eine solche Darstellung wäre wahrscheinlich anschaulicher als die in den ersten Paragraphen dieses Kapitels gegebene. Wie schon im Anschluß an Satz 2 hervorgehoben wurde, besteht ihr Nachteil darin, daß sich der Satz von der Existenz des Winkels in schwächerer Form ergibt. Außerdem werden hierbei die Begriffe des Tangentialkegels und der Halbtangente herangezogen, die bezüglich der inneren Metrik der Fläche von äußerer Natur sind[1]).

Ein wesentlicher Unterschied zwischen dem inneren und dem „äußeren" Standpunkt tritt z. B. in den Sätzen über die Konvergenz von Winkeln zutage. In § 4 wurde bewiesen: Wenn konvexe Flächen $\boldsymbol{F}_n$ gegen $\boldsymbol{F}$ konvergieren und die vollen Winkel um die Punkte Q_n auf $\boldsymbol{F}_n$ gegen den vollen Winkel um den Grenzpunkt Q auf $\boldsymbol{F}$ streben, so konvergieren die Winkel der Sektoren mit dem Scheitelpunkt in Q_n gegen die Winkel der Grenzsektoren mit dem Scheitelpunkt Q (Satz 3, § 4). LIEBERMANN hat den folgenden Satz über die Konvergenz von Halbtangenten an Kürzeste bewiesen:

Die konvexen Flächen $\boldsymbol{F}_n$ mögen gegen eine konvexe Fläche $\boldsymbol{F}$ konvergieren, die Punkte Q_n auf $\boldsymbol{F}_n$ gegen Q auf $\boldsymbol{F}$ und die Kürzesten $\mathfrak{L}_n$, die von den Punkten Q_n ausgehen, gegen die Kürzeste $\mathfrak{L}$. Wenn dann die Tangentialkegel von $\boldsymbol{F}_n$ in Q_n gegen den Tangentialkegel von $\boldsymbol{F}$ in Q streben, so konvergieren die Halbtangenten an $\mathfrak{L}_n$ in Q_n gegen die Halbtangenten an $\mathfrak{L}$ in Q[2]).

Dieser Satz gibt dem Satz 3 von § 4 einen genaueren Sinn, wenn die Tangentialkegel in Q_n gegen den Tangentialkegel in Q konvergieren. Jedoch folgt der Satz 3 von § 4 nicht aus dem Satz von LIEBERMANN, da aus der Konvergenz der vollen Winkel der Tangentialkegel die Konvergenz der Tangentialkegel selbst nicht folgt.

---

[1]) Wie schon am Schluß von § 5 vermerkt wurde, kann man dem Begriff des Tangentialkegels einen rein innergeometrischen Sinn geben. Auch Halbtangenten lassen sich analog behandeln. Sei $\boldsymbol{K}$ der Tangentialkegel zur Fläche $\boldsymbol{F}$ im Punkte Q (im Sinne von § 5, Schluß). Die Kurve $\mathfrak{L}$ möge auf $\boldsymbol{F}$ von Q ausgehen. Besitzt das Bild von $\mathfrak{L}$ auf $\boldsymbol{K}$ in Q' eine Halbtangente $\mathfrak{L}'$, so können wir diese als Halbtangente an $\mathfrak{L}$ bezeichnen. Es handelt sich hierbei um das Bild von $\mathfrak{L}$ bei einer im unendlich Kleinen isometrischen Abbildung. Eine solche ist aber nicht eindeutig bestimmt: bei einer Abbildung kann das Bild eine Halbtangente haben, bei einer anderen nicht (entsprechende Beispiele lassen sich leicht angeben). Darin liegt eine Unbequemlichkeit dieser Definition. Jedenfalls verlassen wir die Fläche, wenn wir uns der Tangente bedienen. Wir bemerken noch, daß die Existenz des Winkels zwischen Kürzesten im Sinne der inneren Geometrie aus der Existenz von Halbtangenten allein noch nicht folgt, genauso wenig wie aus der Existenz des Tangentialkegels. Es lassen sich Beispiele von Flächen angeben (die selbstverständlich nicht konvex sind), bei denen in gewissen Punkten entweder nur der Tangentialkegel existiert oder nur Halbtangenten an Kürzeste existieren. In diesen Beispielen bilden nicht alle von den betreffenden Punkten ausgehenden Kürzesten bestimmte Winkel miteinander, selbst nicht in dem schwächeren Sinne von Satz 2.

[2]) Siehe die zitierte Note von LIEBERMANN, Доклады Академии Наук СССР, XXXII № 5 (1941) 310—313. Der vorliegende Satz ist dort nicht formuliert, er folgt aber offenbar aus den angeführten Sätzen. Die dort nur angedeutete Beweisidee läßt sich vollständig ausführen.

In der Tat, wenn der Tangentialkegel in Q sich auf ein Zweiflach reduziert, so ist sein voller Winkel 2π; wie in § 4 gezeigt wurde, konvergieren dann die vollen Winkel um die Punkte Q_n sicherlich gegen den vollen Winkel um den Punkt Q. Jedoch können sich die Tangentialkegel in Q_n auf Ebenen reduzieren und nicht gegen den Tangentialkegel in Q konvergieren, wie man an ganz einfachen Beispielen sehen kann. In diesem Falle werden die Halbtangenten an beliebige von den Punkten Q_n ausgehende Kürzeste sicherlich nicht gegen die Halbtangenten an die von dem Punkt Q ausgehenden Kürzesten konvergieren. Man kann zeigen, daß dies der einzige Fall ist, in dem aus der Konvergenz der vollen Winkel um Punkte auf konvergierenden konvexen Flächen nicht die Konvergenz der Tangentialkegel folgt.

Vom Standpunkt der inneren Geometrie aus brauchen sich diejenigen Punkte, in denen der Tangentialkegel ein Zweiflach ist, in nichts von denjenigen zu unterscheiden, in denen eine Tangentialebene vorhanden ist. Als Beispiel können innere Punkte von Kanten eines Polyeders dienen. Die Punkte auf der Peripherie der Basis eines Kreiszylinders jedoch unterscheiden sich von den anderen Punkten des Zylinders, da sogar in beliebig kleinen Umgebungen solcher Punkte sich der Zylinder (zusammen mit der Basis) nicht auf die Ebene abwickeln läßt. Dieser Unterschied zwischen den Zylinderpunkten läßt jedoch noch zu, daß ihre Umgebungen bis auf unendlich kleine Größen von höherer als erster Ordnung isometrisch sind; für die Definition des Winkels reicht aber eine solche Genauigkeit aus.

Zum Schluß führen wir noch einen Satz von LIEBERMANN an, der allgemeine Eigenschaften von Kürzesten als Raumkurven[1]) angibt. Wir greifen dazu auf die Überlegungen zurück, die es uns gestatteten, die Existenz der Halbtangente zu beweisen. Wenn wir durch Punkte der Kürzesten $\mathfrak{L}$ parallele Geraden ziehen, die ins Innere des von der gegebenen konvexen Fläche berandeten Körpers führen, so erhalten wir einen Zylinder. Wird dieser Zylinder auf die Ebene abgewickelt, so geht die Kürzeste in eine konvexe Kurve $\mathfrak{L}'$ über. Die Koordinate $x(s)$ längs der Erzeugenden ist für einen Punkt von $\mathfrak{L}$ und von $\mathfrak{L}'$ dieselbe. Da aber $\mathfrak{L}'$ konvex ist, so besitzen die rechten und die linken Ableitungen $x'_r(s)$, $x'_l(s)$ dieser Koordinate nach der Bogenlänge folgende Eigenschaften:

1. Für jedes s ist $x'_r(s)$ von rechts stetig und $x'_l(s)$ von links stetig, und es gilt

$$x'_r(s) = \lim_{h \to +0} x'_r(s+h) = \lim_{h \to +0} x'_l(s+h)$$

$$x'_l(s) = \lim_{h \to +0} x'_l(s-h) = \lim_{h \to +0} x'_r(s-h).$$

2. Überall mit Ausnahme von höchstens abzählbar vielen Werten von s ist

$$x'_r(s) = x'_l(s).$$

---

[1]) Dieser Satz hat keine direkte Beziehung zu unserem Thema und wird im folgenden nicht benutzt.

3. $x'_r(s)$ und $x'_l(s)$ sind monotone Funktionen.

Monotone Funktionen besitzen bekanntlich fast überall eine Ableitung; daher folgt aus 3.:

4. Für fast alle Werte von s existiert die zweite Ableitung $x''(s)$.

Wenn wir dieselbe Schlußweise auf die Koordinaten $y(s)$ und $z(s)$ längs der beiden anderen Richtungen anwenden und von den Projektionen $x(s)$, $y(s)$, $z(s)$ zum Vektor $\mathfrak{x}(s)$ selbst übergehen, so kommen wir zu dem folgenden Satz:

Der Endpunkt des Vektors $\mathfrak{x}(s)$ möge eine Kürzeste auf einer konvexen Fläche beschreiben, wobei s die Bogenlänge dieser Kürzesten ist. Seien $\mathfrak{x}'_r(s)$ und $\mathfrak{x}'_l(s)$ die rechte und die linke Ableitung von $\mathfrak{x}(s)$ nach s. Dann gilt:

1. für alle s ist
$$\mathfrak{x}'_r(s) = \lim_{h \to +0} \mathfrak{x}'_r(s+h) = \lim_{h \to +0} \mathfrak{x}'_l(s+h)$$
$$\mathfrak{x}'_l(s) = \lim_{h \to +0} \mathfrak{x}'_l(s-h) = \lim_{h \to +0} \mathfrak{x}'_r(s-h),$$

d. h. die rechte und die linke Tangente sind von rechts bzw. von links stetig; 2. überall außer in höchstens abzählbar vielen Punkten ist $\mathfrak{x}'_r(s) = \mathfrak{x}'_l(s)$, d. h. die rechte und die linke Tangente fallen zusammen; 3. $\mathfrak{x}'_r(s)$, $\mathfrak{x}'_l(s)$ sind von beschränkter Variation; 4. für fast alle s existiert $\mathfrak{x}''(s)$, d. h. eine Kürzeste besitzt fast überall eine bestimmte Krümmung.

Es sei schließlich noch darauf hingewiesen, daß BUSEMANN und FELLER die folgende Aussage bewiesen haben:

Hat eine konvexe Fläche im Punkt Q eine Tangentialebene $\boldsymbol{P}$, so hat jede von Q ausgehende Kürzeste eine zu $\boldsymbol{P}$ senkrechte Schmiegebene. Den Beweis dieses Satzes sowie auch den der folgenden, sich auf Kürzeste beziehenden Resultate, findet der Leser in der schon zitierten Arbeit LIEBERMANNS.

An dieser Stelle sei auf folgendes hingewiesen: Daraus, daß die Schmiegebene einer Kürzesten auf der Tangentialebene $\boldsymbol{P}$ senkrecht steht, folgt im allgemeinen nicht, daß die Krümmung der Projektion der Kürzesten auf die Ebene $\boldsymbol{P}$ (im Punkte Q) gleich Null ist. Diese Eigenschaft, die der entsprechenden Eigenschaft von Geodädischen auf regulären Flächen analog ist, gilt sicher dann, wenn die Krümmung der Kürzesten selbst endlich ist. Ist aber die Krümmung der Kürzesten im Punkte Q unendlich, so braucht die Krümmung der Projektion nicht gleich Null zu sein, sondern kann unendlich werden. Als Beispiel kann eine Kürzeste auf einem Zylinder dienen, bei welchem die Krümmung auf einer der Erzeugenden „hinreichend schnell" unendlich wird. Wählt man eine von einen Punkt Q einer solchen Erzeugenden ausgehende und mit ihr einen zwischen O und $\frac{\pi}{2}$ liegenden Winkel bildende Kürzeste, so kann die Projektion dieser Kürzesten auf die Tangentialebene im Punkte Q eine unendliche Krümmung haben.

KAPITEL V

DIE KRÜMMUNG

§ 1. Die innere Krümmung

In diesem Kapitel behandeln wir die Theorie der Krümmung konvexer Flächen. Eine gewisse Vorstellung von dieser Theorie haben wir schon in Kap. I (§§ 9 bis 11) vermittelt. Ihre Bedeutung für die innere Geometrie ist sehr groß. Wir werden nicht nur im letzten Paragraphen dieses Kapitels einige Anwendungen der Theorie angeben, sondern sie auch weiterhin ganz wesentlich benutzen. Hier mag der Hinweis genügen, daß die axiomatische Definition der inneren Metrik konvexer Flächen, deren Grundlage in Kap. VII gegeben wird, im wesentlichen vom Begriff der Krümmung ausgeht.

Eine Fläche hat zwei Krümmungen: eine innere und eine äußere; erstere ist ein Maß für die Abweichung der inneren Geometrie der Fläche von derjenigen der Ebene, die zweite charakterisiert die Verbiegung der Fläche im Raum. Die Definition dieser beiden Krümmungen, die Untersuchung ihrer Eigenschaften und der Zusammenhänge zwischen ihnen bilden den Gegenstand der Krümmungstheorie. Im folgenden werden wir an Stelle von „innere Krümmung" einfach „Krümmung" sagen.

Die Krümmung definieren wir als Mengenfunktion, d. h. jeder Menge $\boldsymbol{M}$ auf einer konvexen Fläche ordnen wir eine gewisse Zahl $\omega(\boldsymbol{M})$ — die Krümmung der Menge $\boldsymbol{M}$ auf der Fläche $\boldsymbol{F}$ — zu.

Wir beginnen mit der Definition der Krümmung für drei Arten von „Fundamentalmengen": nämlich offene Dreiecke, offene Kürzeste und Punkte[1]). Unter offenen Dreiecken verstehen wir Dreiecke unter Ausschluß der Ecken und Seiten, unter offenen Kürzesten Kürzeste ohne die Endpunkte.

Sei $\boldsymbol{T}$ ein offenes Dreieck auf einer konvexen Fläche und seien α, β, γ die Winkel dieses Dreiecks, d. h. die Winkel des entsprechenden abgeschlossenen (d. i. einschließlich Seiten und Ecken) Dreiecks. Unter der Krümmung des offenen Dreiecks $\boldsymbol{T}$ wollen wir die Zahl

$$\omega(\boldsymbol{T}) = \alpha + \beta + \gamma - \pi \tag{1}$$

[1]) Wir machen keinen Unterschied zwischen einer Menge, die aus einem einzigen Punkt X besteht, und dem Punkt X selbst und bezeichnen sie auch dementsprechend durch X. Die Krümmung der leeren Menge wird durch Definition gleich Null gesetzt.

verstehen. Unter der Krümmung einer offenen Kürzesten $\mathfrak{L}$ auf einer konvexen Fläche wollen wir die Zahl Null verstehen:

$$\omega(\mathfrak{L}) = 0. \tag{2}$$

Sei X ein Punkt auf einer konvexen Fläche und φ der volle Winkel um ihn. Unter der Krümmung des Punktes X wollen wir die Zahl

$$\omega(X) = 2\pi - \varphi \tag{3}$$

verstehen.

Ein und derselbe Punkt X des Raumes kann Punkt vieler konvexer Flächen sein, und die vollen Winkel um ihn auf diesen verschiedenen Flächen können verschieden sein. Die Krümmung eines Punktes X hängt daher nicht nur von ihm selbst ab, sondern auch von der konvexen Fläche $\boldsymbol{F}$, auf der er gerade betrachtet wird. Entsprechendes gilt auch bezüglich der anderen Mengen, für die wir Krümmungen definieren. Daher müßte man streng genommen sagen: „Die Krümmung der Menge $\boldsymbol{M}$ auf der Fläche $\boldsymbol{F}$“ und dies durch $\omega_{\boldsymbol{F}}(\boldsymbol{M})$ ausdrücken. Wir werden jedoch im allgemeinen diesen Hinweis auf die Fläche $\boldsymbol{F}$ weglassen und nur in den Fällen $\omega_{\boldsymbol{F}}(\boldsymbol{M})$ schreiben, in denen eine und dieselbe Menge $\boldsymbol{M}$ gleichzeitig auf mehreren Flächen betrachtet wird. Wenn dagegen nur eine einzige Fläche betrachtet wird, so kann die Unterlassung des Hinweises, daß es sich um die Krümmung gerade auf dieser Fläche handeln soll, zu keinem Mißverständnis führen.

Jeder Winkel eines Dreiecks auf einer konvexen Fläche ist nicht kleiner als der entsprechende Winkel des ebenen Dreiecks mit denselben Seitenlängen. Daher ist die Winkelsumme eines Dreiecks auf einer konvexen Fläche nicht kleiner als π; folglich ist *die Krümmung jedes offenen Dreiecks nicht negativ.* Der Satz über die Winkelsumme des Dreiecks, den wir hier benutzen, war im Falle beliebiger konvexer Flächen nur für hinreichend kleine Dreiecke bewiesen worden (s. Satz 3 aus § 4 von Kap. III). Wir werden daher ausschließlich solche Dreiecke betrachten und nur die entsprechenden offenen Dreiecke zu den Fundamentalmengen rechnen.

Der volle Winkel um einen Punkt auf einer konvexen Fläche ist nie größer als 2π; daher ist die *Krümmung eines Punktes nicht negativ.* Also sind die Krümmungen aller Fundamentalmengen nicht negativ.

Wir betrachten nunmehr auf irgendeiner gegebenen konvexen Fläche die Gesamtheit der Mengen, die als Vereinigung paarweise punktfremder „Fundamentalmengen“ dargestellt werden können. Solche Mengen wollen wir „Elementarmengen“ nennen. Z. B. ist jedes geodätische Polygon eine Elementarmenge. In der Tat kann man nach dem in Kap. II, § 6 bewiesenen Satz jedes geodätische Polygon $\boldsymbol{P}$ in beliebig kleine Dreiecke zerlegen. Nehmen wir dann das Innere dieser Dreiecke, ihre Seiten ausschließlich der Endpunkte und schließlich ihre Eckpunkte, so erhalten wir eine Darstellung von $\boldsymbol{P}$ als Vereinigung paarweise punktfremder „Fundamentalmengen“.

Sei $\boldsymbol{M}$ eine „Elementarmenge", und sei

$$\boldsymbol{M} = \sum_{i=1}^{n} \boldsymbol{B}_i$$

eine Darstellung dieser Menge als Vereinigung punktfremder „Fundamentalmengen". *Als Krümmung der Menge* $\boldsymbol{M}$ *definieren wir die Zahl*

$$\omega(\boldsymbol{M}) = \sum_{i=1}^{n} \omega(\boldsymbol{B}_i). \tag{4}$$

Damit diese Definition eindeutig ist, muß folgendes bewiesen werden: Sind $\boldsymbol{M} = \sum_i \boldsymbol{B}_i = \sum_j \boldsymbol{A}_j$ zwei Darstellungen von $\boldsymbol{M}$ als Vereinigung punktfremder „Fundamentalmengen", so ist stets $\sum_i \omega(\boldsymbol{B}_i) = \sum_j \omega(\boldsymbol{A}_j)$; d. h. $\omega(\boldsymbol{M})$ hängt nicht von der Wahl der Zerlegung von $\boldsymbol{M}$ in „Fundamentalmengen" ab. Wir werden dies etwas weiter unten beweisen.

Unsere Definition ist sinnvoll; denn die Krümmung erweist sich als additive Mengenfunktion; sind $\boldsymbol{M}_1$ und $\boldsymbol{M}_2$ punktfremd, so ist

$$\omega(\boldsymbol{M}_1 \cup \boldsymbol{M}_2) = \omega(\boldsymbol{M}_1) + \omega(\boldsymbol{M}_2). \tag{5}$$

Sind nämlich $\boldsymbol{M}_1 = \sum_i \boldsymbol{A}_i$ bzw. $\boldsymbol{M}_2 = \sum_j \boldsymbol{B}_j$ Zerlegungen der Mengen $\boldsymbol{M}_1$ und $\boldsymbol{M}_2$ in Fundamentalmengen, so ist

$$\boldsymbol{M}_1 \cup \boldsymbol{M}_2 = \sum_i \boldsymbol{A}_i \cup \sum_j \boldsymbol{B}_j$$

eine Zerlegung der Vereinigungsmenge $\boldsymbol{M}_1 \cup \boldsymbol{M}_2$ in Fundamentalmengen; folglich ist nach Formel (4)

$$\omega(\boldsymbol{M}_1 \cup \boldsymbol{M}_2) = \sum_i \omega(\boldsymbol{A}_i) + \sum_j \omega(\boldsymbol{B}_j) = \omega(\boldsymbol{M}_1) + \omega(\boldsymbol{M}_2).$$

Dieser Beweis der Additivität der Krümmung hat jedoch keinen Sinn, solange die Eindeutigkeit unserer Krümmungsdefinition nicht bewiesen ist. Wir dürfen daher die Additivität vorerst nicht benutzen.

Um die Eindeutigkeit unserer Definition der Krümmung von „Elementarmengen" zu zeigen, beweisen wir den folgenden Satz, dem auch an sich große Bedeutung zukommt.

Satz 1: *Sei* $\boldsymbol{P}$ *das Innere eines geodätischen Polygons mit den Winkeln* $\alpha_1, \alpha_2, \ldots, \alpha_n$ *und der Eulerschen Charakteristik* $\chi(\boldsymbol{P})$. *Dann ist die Krümmung von* $\boldsymbol{P}$

$$\omega(\boldsymbol{P}) = 2\pi\chi(\boldsymbol{P}) - \sum_{i=1}^{n} (\pi - \alpha_i). \tag{6}$$

Ausführlicher formuliert bedeutet dieser Satz folgendes: Das Innere $\boldsymbol{P}$ eines geodätischen Polygons ist offenbar eine Elementarmenge (da das geodätische Polygon selbst eine Elementarmenge ist). Sei $\boldsymbol{P}$ in f Dreiecke zerlegt, d. h. sei $\boldsymbol{P}$ dargestellt als Vereinigungsmenge von f offenen Dreiecken $\boldsymbol{T}_1, \ldots, \boldsymbol{T}_f$, von m ihrer Eckpunkte $X_1, \ldots, X_m$ und von p ihrer Seiten $\mathfrak{L}_1, \ldots, \mathfrak{L}_p$. Dann ist nach Formel (4)

$$\omega(\boldsymbol{P}) = \sum_{i=1}^{f} \omega(\boldsymbol{T}_i) + \sum_{j=1}^{m} \omega(X_j);$$

alle $\omega(\mathfrak{L}_p)$ sind weggelassen, da sie nach Definition gleich Null sind. Der oben formulierte Satz sagt nun aus, daß für jede Zerlegung des Polygons $\boldsymbol{P}$ in Dreiecke $\boldsymbol{T}_i$

$$\sum_i \omega(\boldsymbol{T}_i) + \sum_j \omega(X_j) = 2\pi\chi(\boldsymbol{P}) - \sum_{i=1}^{n} (\pi - \alpha_i) \tag{7}$$

gilt.

Insbesondere bedeutet dies, daß die auf der linken Seite stehende Summe für alle Zerlegungen denselben Wert hat und daß folglich für das Innere eines Polygons die Krümmung eindeutig definiert ist.

Beweis: Wir betrachten das Polygon $\overline{\boldsymbol{P}}$, dessen Inneres $\boldsymbol{P}$ ist. $\overline{\boldsymbol{P}}$ sei in Dreiecke $\boldsymbol{T}_1, \ldots, \boldsymbol{T}_f$ zerlegt. Zu den Eckpunkten von $\overline{\boldsymbol{P}}$ nehmen wir noch diejenigen Eckpunkte der Dreiecke $\boldsymbol{T}_i$ hinzu, die auf seinen Seiten liegen. Da die Winkel an solchen Ecken gleich π sind, so ändert dies die rechte Seite der Formel (7) nicht. Wir dürfen daher annehmen, daß unter den Winkeln $\alpha_1, \ldots, \alpha_n$ die so hinzugenommenen Winkel vorkommen.

Bezeichnen $\varphi_1^i, \varphi_2^i, \varphi_3^i$ die Winkel des Dreiecks $\boldsymbol{T}_i$, so ist:

$$\omega(\boldsymbol{T}_i) = \varphi_1^i + \varphi_2^i + \varphi_3^i - \pi.$$

Summiert man über alle Dreiecke, so erhält man

$$\sum_{i=1}^{f} \omega(\boldsymbol{T}_i) = \sum_{i,j} \varphi_j^i - f \cdot \pi. \tag{8}$$

Andererseits ist die Summe der Winkel um einen inneren Eckpunkt X_i der Zerlegung gleich dem vollen Winkel um diesen Punkt, d. h. gleich $2\pi - \omega(X_i)$, während die Summe der Winkel an einer auf der Berandung des Polygons liegenden Ecke gleich dem betreffenden Polygonwinkel ist. Die Summe aller Winkel der Dreiecke $\boldsymbol{T}_i$ kann daher folgendermaßen dargestellt werden:

$$\sum_{i,j} \varphi_j^i = \sum_{i=1}^{m} [2\pi - \omega(X_i)] + \sum_{i=1}^{n} \alpha_i = 2\pi m - \sum_{i=1}^{m} \omega(X_i) + \sum_{i=1}^{n} \alpha_i. \tag{9}$$

Setzt man diesen Ausdruck in die Formel (8) ein, so erhält man

$$\sum_{i=1}^{f} \omega(\boldsymbol{T}_i) + \sum_{i=1}^{m} \omega(X_i) = (2m - f)\pi + \sum_{i=1}^{n} \alpha_i = (2m - f + n)\pi - \sum_{i=1}^{n} (\pi - \alpha_i). \tag{10}$$

Die Anzahl e aller Eckpunkte der Zerlegung ist gleich der Summe der Anzahlen der inneren und der auf der Berandung liegenden Ecken:

$$e = m + n. \tag{11}$$

Die Anzahl k der Seiten der Zerlegung ergibt sich folgendermaßen: Die Dreiecke haben insgesamt $3f$ Seiten, wobei aber die im Innern liegenden Seiten doppelt, die auf der Berandung liegenden dagegen nur einmal gezählt sind.

Die Anzahl der letzteren ist gleich der Anzahl der Polygoneckpunkte, d. h. gleich n. Folglich ist:

$$3f = 2k - n. \tag{12}$$

Nach der Definition der EULERschen Charakteristik ist

$$\chi(\boldsymbol{P}) = f - k + e.$$

Multiplizieren wir diese Gleichung mit 2 und benutzen wir die Gleichung (12), so erhalten wir:

$$2\chi(\boldsymbol{P}) = 2e - n - f.$$

Hieraus folgt unter Anwendung von (11):

$$2\chi(\boldsymbol{P}) = 2m + n - f; \tag{13}$$

daher läßt sich die Formel (10) folgendermaßen schreiben:

$$\sum_{i=1}^{f} \omega(\boldsymbol{T}_i) + \sum_{i=1}^{m} \omega(X_i) = 2\pi\chi(\boldsymbol{P}) - \sum_{i=1}^{n} (\pi - \alpha_i),$$

was zu beweisen war.

Wir erinnern daran, daß wir auch eine geschlossene Fläche als geodätisches Polygon ansehen, das keine Berandung und folglich auch keine Winkel hat. Da eine geschlossene konvexe Fläche einer Sphäre homöomorph ist, so ist ihre EULERsche Charakteristik gleich 2; daher ist die Krümmung jeder geschlossenen konvexen Fläche auf Grund des eben bewiesenen Satzes gleich 4π.

Für ein kreishomöomorphes n-Eck ist die EULERsche Charakteristik gleich Eins; daher wird die Krümmung seines Innern durch die Formel $\omega(\boldsymbol{P}) = \sum_{1}^{n} \alpha_i - (n-2)\pi$ gegeben. Insbesondere gilt für ein Dreieck: $\omega(\boldsymbol{T}) = \alpha_1 + \alpha_2 + \alpha_3 - \pi$. Die Krümmung eines Polygons einschließlich der Berandung setzt sich aus der Krümmung seines Innern und der Krümmung seiner Eckpunkte zusammen. Die Krümmung der Seiten ohne Endpunkte ist ja Null, da die Krümmung einer Geodätischen unter Ausschluß der Endpunkte stets gleich Null ist. Eine geodätische Linie kann nämlich in endlich viele offene Kürzeste und Einzelpunkte — die gemeinsamen Endpunkte dieser Kürzesten — zerlegt werden. Nun kann aber eine Geodätische nicht durch einen Punkt hindurchgehen, dessen voller Winkel kleiner als 2π ist, d. h. dessen Krümmung positiv ist. Daher ist die Summe der Krümmungen der [offenen, d. Ü.] Kürzesten und der Punkte, in die sich eine Geodätische zerlegen läßt, stets gleich Null.

Da nach Definition ein Dreieck stets einschließlich seiner Berandung zu verstehen ist, setzt sich seine Krümmung aus der Krümmung seines Innern und der Krümmung der Ecken zusammen. Wir werden jedoch fast niemals die Krümmung eines Dreiecks zu betrachten haben, sondern nur die seines Innern. Der Kürze halber sprechen wir aber einfach von der „Krümmung des Dreiecks", verstehen darunter aber die Krümmung seines Innern, wenn nicht ausdrücklich das Gegenteil gesagt wird.

Mit Hilfe des Satzes 1 läßt sich jetzt leicht beweisen:

Satz 2: *Die oben gegebene Definition der Krümmung einer „Elementarmenge" ist eindeutig, d. h. ist eine Menge* $\boldsymbol{M}$ *auf zwei Arten als Vereinigungsmenge punktfremder „Fundamentalmengen" dargestellt,*

$$\boldsymbol{M} = \sum_i \boldsymbol{A}_i = \sum_j \boldsymbol{B}_j,$$

so gilt:

$$\sum_i \omega(\boldsymbol{A}_i) = \sum_j \omega(\boldsymbol{B}_j).$$

Beweis: Wir denken uns beide Zerlegungen der Menge $\boldsymbol{M}$ gleichzeitig durchgeführt; $\boldsymbol{M}$ ist dann in Mengen $\boldsymbol{A}_i\boldsymbol{B}_j$ zerlegt, die die Durchschnitte der Mengen der einen und der anderen Zerlegungen sind. Nehmen wir eine Menge $\boldsymbol{A}_i$ der ersten Zerlegung, dann ist

$$\boldsymbol{A}_i = \sum \boldsymbol{A}_i\boldsymbol{B}_j,$$

wo unter den Mengen $\boldsymbol{A}_i\boldsymbol{B}_j$ auch leere vorkommen (nämlich die, für die $\boldsymbol{A}_i$ und $\boldsymbol{B}_j$ einen leeren Durchschnitt haben). Sehen wir nun zu, wie eine nichtleere Menge $\boldsymbol{A}_i\boldsymbol{B}_j$ aussehen kann.

Ist eine der Mengen $\boldsymbol{A}_i$ und $\boldsymbol{B}_j$ ein Punkt, so ist $\boldsymbol{A}_i\boldsymbol{B}_j$ dieser Punkt.

Sind $\boldsymbol{A}_i$ und $\boldsymbol{B}_j$ offene Kürzeste, so ist $\boldsymbol{A}_i\boldsymbol{B}_j$ entweder eine offene Kürzeste oder ein Punkt, da zwei Kürzeste entweder einander decken oder sich in höchstens einem Punkt schneiden.

Ist $\boldsymbol{A}_i$ eine offene Kürzeste und $\boldsymbol{B}_j$ das Innere eines Dreiecks (oder auch umgekehrt), so ist $\boldsymbol{A}_i\boldsymbol{B}_j$ entweder eine Kürzeste oder eine aus zwei offenen Kürzesten bestehende Menge. Eine Kürzeste $\boldsymbol{A}_i$ kann nämlich keine Seite des Dreiecks $\boldsymbol{B}_j$ mehr als einmal schneiden (da die Seiten gleichfalls Kürzeste sind). Wenn daher $\boldsymbol{A}_i$ nur eine oder zwei Seiten schneidet, so ist $\boldsymbol{A}_i\boldsymbol{B}_j$ eine offene Kürzeste. Wenn aber $\boldsymbol{A}_i$ alle drei Seiten schneidet (aus dem Dreieck durch eine Seite austritt, durch eine zweite wieder eintritt und durch die dritte das Dreieck verläßt); so besteht $\boldsymbol{A}_i\boldsymbol{B}_j$ aus zwei offenen Kürzesten.

Seien endlich $\boldsymbol{A}_i$ und $\boldsymbol{B}_j$ beide offene Dreiecke. Da ihre Seiten sich in höchstens endlich vielen Punkten schneiden, so kann sich die Menge $\boldsymbol{A}_i\boldsymbol{B}_j$ nur aus endlichvielen Polygoninneren zusammensetzen. Jedes Polygon läßt sich aber wieder in Dreiecke zerlegen.

Wir berechnen jetzt die Krümmungen aller Mengen $\boldsymbol{A}_i\boldsymbol{B}_j$, natürlich ohne die leeren unter ihnen, da deren Krümmung ja Null ist.

Ist $\boldsymbol{A}_i$ ein Punkt X, so ist offenbar:

$$\omega(\boldsymbol{A}_i) = \omega(X). \tag{14}$$

Ist $\boldsymbol{A}_i$ eine offene Kürzeste, so folgt aus der eben durchgeführten Betrachtung der Mengen $\boldsymbol{A}_i\boldsymbol{B}_j$, daß ihre Zerlegung in $\boldsymbol{A}_i\boldsymbol{B}_j$ eine Zerlegung in endlich viele offene Kürzeste $\mathfrak{L}^p$ und Punkte X^q ist. Die Krümmung aller Punkte X^q ist Null, da eine Kürzeste nicht durch einen Punkt mit einer nichtverschwindenden Krümmung hindurchgehen kann. Daher gilt:

$$\omega(\boldsymbol{A}_i) = \sum \omega(\mathfrak{L}^p) + \sum \omega(X^q) = 0. \tag{15}$$

Ist schließlich $\boldsymbol{A}_i$ ein offenes Dreieck, so kann man seine Zerlegungen in Mengen $\boldsymbol{A}_i\boldsymbol{B}_j$ so unterteilen, daß man wiederum eine Zerlegung in endlich viele offene Dreiecke $\boldsymbol{T}^s$, offene Kürzeste $\mathfrak{M}^r$ und Punkte Y^e erhält. Auf Grund von Satz 1[1]) gilt:

$$\omega(\boldsymbol{A}_i) = \sum \omega(\boldsymbol{T}^s) + \sum \omega(\mathfrak{M}^r) + \sum \omega(Y^e). \tag{16}$$

Bilden wir die Summe der Krümmungen der Mengen $\boldsymbol{A}_i$, so ersehen wir aus den Formeln (14), (15) und (16), daß sie sich als Summe von Krümmungen von Mengen mit folgenden Eigenschaften darstellen läßt: 1. Jede von ihnen ist in einem gewissen $\boldsymbol{A}_i$ und gleichzeitig in einem gewissen $\boldsymbol{B}_j$ enthalten; 2. die Vereinigungsmenge dieser Mengen bildet die gegebene Menge $\boldsymbol{M}$; folglich überdeckt sie sowohl alle $\boldsymbol{A}_i$ als auch alle $\boldsymbol{B}_j$. Demnach erhalten wir, wenn wir auf die Mengen $\boldsymbol{B}_j$ dieselben Überlegungen anwenden, wie wir es soeben für die Mengen $\boldsymbol{A}_i$ getan haben, den gleichen Ausdruck für die Summe ihrer Krümmungen. Folglich gilt:

$$\sum_i \omega(\boldsymbol{A}_i) = \sum_j \omega(\boldsymbol{B}_j),$$

was zu beweisen war.

Hiermit ist die Krümmungsdefinition für Elementarmengen als sinnvoll erwiesen.

Die Eigenschaften der Krümmung lassen sich durch den folgenden Satz ausdrücken:

Satz 3: *Die Krümmung der Elementarmengen auf einer konvexen Fläche ist eine additive nichtnegative Funktion.*

Die Additivität hatten wir oben auf Grund der Definition (s. S. 181) bewiesen; daß die Krümmung nichtnegativ ist, folgt daraus, daß sie es für „Fundamentalmengen" ist.

Alle bisherigen Überlegungen sind von rein innergeometrischem Charakter und daher nicht nur auf konvexe Flächen, sondern auch auf abstrakte Mannigfaltigkeiten mit innerer Metrik anwendbar, bei denen jeder Punkt eine einer konvexen Fläche isometrische Umgebung besitzt. ***Die angegebene Krümmungsdefinition und die bewiesenen Sätze 1, 2, 3 gelten auch für alle Mannigfaltigkeiten mit innerer Metrik, die konvexen Flächen lokal-isometrisch sind.***

Eigentlich kann man noch mehr sagen: Abgesehen von der Eigenschaft der Krümmung, nichtnegativ zu sein, haben wir nur folgendes verwendet:
1. den Winkelbegriff und die Additivität des Winkels, 2. der Winkel zwischen zwei Zweigen einer Kürzesten ist gleich π, 3. zwei Kürzeste schneiden sich höchstens in endlichvielen Punkten. Diese Eigenschaften kommen z. B. allen regulären Flächen — konvexen wie auch nichtkonvexen — zu. Die hier gegebene

---

[1]) Diese Formel ist ein Spezialfall der Formel (7): in (7) wähle man als Polygon $\boldsymbol{P}$ das Dreieck $\boldsymbol{A}_i$. Die rechte Seite von (7) gibt dann einen Ausdruck für $\omega(\boldsymbol{A}_i)$ (auf Grund der Definition der Krümmung eines Dreiecks), und die linke Seite gibt den Ausdruck für die rechte Seite von Formel (16); denn definitionsgemäß ist die Krümmung der offenen Kürzesten $\mathfrak{M}^r$ gleich Null: $\omega(\mathfrak{M}^r) = 0$.

Begründung der Krümmungslehre ist also von sehr allgemeiner Natur und nicht nur auf konvexe Flächen anwendbar.

Wir bemerken noch, daß man durch eine rein innergeometrische Methode beweisen kann, daß die Krümmung der Mengen auf konvexen Flächen nicht nur additiv, sondern auch *vollständig additiv* ist; d. h. ist eine Menge $\boldsymbol{M}$ als Vereinigung einer Folge von paarweise punktfremden Mengen $\boldsymbol{M}_1, \boldsymbol{M}_2, \ldots$ dargestellt und ist sowohl für $\boldsymbol{M}$ als auch für alle $\boldsymbol{M}_i$ die Krümmung ω definiert, so ist

$$\omega(\boldsymbol{M}) = \sum_{i=1}^{\infty} \omega(\boldsymbol{M}_i).$$

Hieraus kann man unter Anwendung der bekannten Methoden der Maßtheorie den Krümmungsbegriff auf alle offenen, alle abgeschlossenen und allgemein auf alle BORELschen Mengen auf konvexen Flächen ausdehnen. Diese Resultate lassen sich aber nicht so leicht ableiten. Wir werden sie im folgenden bei unserer Betrachtung des Zusammenhanges zwischen innerer und „äußerer" Krümmung als Nebenergebnis erhalten.

§ 2. Der Flächeninhalt des sphärischen Bildes

Sei $\boldsymbol{M}$ eine Menge auf einer konvexen Fläche $\boldsymbol{F}$ und $\boldsymbol{S}$ eine Sphäre vom Radius Eins. Durch die Punkte von $\boldsymbol{M}$ legen wir alle möglichen Stützebenen an $\boldsymbol{F}$ und ziehen vom Mittelpunkt von $\boldsymbol{S}$ aus die Einheitsvektoren in Richtung der äußeren Normalen zu diesen Stützebenen. Der geometrische Ort der Endpunkte dieser Normalen heißt *das sphärische Bild der Menge* $\boldsymbol{M}$. Ist die Fläche ein doppelt bedeckter ebener Bereich und liegt der Punkt X im Innern dieses Bereiches, so gilt diejenige Normale als die äußere, die von der Seite abgeht, auf der X liegen soll.

Der Flächeninhalt des sphärischen Bildes der Menge $\boldsymbol{M}$ — falls er existiert — dient nach GAUSZ als Maß der äußeren Krümmung (der äußeren Totalkrümmung) der Menge $\boldsymbol{M}$ auf der Fläche $\boldsymbol{F}$.

Man muß dabei allerdings bedenken, daß durchaus nicht jede Punktmenge auf der Sphäre einen bestimmten Flächeninhalt zu haben braucht, daß sie auch nichtmeßbar sein kann. Selbst die Tatsache zum Beispiel, daß das sphärische Bild des Innern eines geodätischen Dreiecks einen bestimmten Flächeninhalt hat, mag zwar selbstverständlich scheinen, ist aber in Wirklichkeit keineswegs einfach zu beweisen. Außerdem betrachten wir ganz beliebige konvexe Flächen; daher können die sphärischen Bilder selbst „sehr einfacher" Mengen recht komplizierte Struktur haben. Die Frage nach der Existenz ihres Flächeninhaltes ist also durchaus nicht trivial. Man kann sich daher auch nicht auf die elementare Flächeninhaltslehre beschränken, sondern muß die Theorie des LEBESGUEschen Maßes heranziehen. In den gewöhnlichen Universitätslehrbüchern wird meist nur das Maß in der Ebene betrachtet[1]). Die Maßtheorie auf der Sphäre unterscheidet

---

[1]) Siehe z. B. CH. DE LA VALLÉE-POUSSIN: „Cours d'analyse", Band 2, Kap. III, § 2.

sich davon aber nicht wesentlich, und wir können sie daher als bekannt voraussetzen. Unter dem Flächeninhalt eines sphärischen Bildes ist im folgenden immer sein LEBESGUEsches Maß zu verstehen.

Der Zusammenhang zwischen dem Flächeninhalt des sphärischen Bildes und der inneren Metrik der Fläche wurde von GAUSZ entdeckt. Der berühmte Satz von GAUSZ, einer der grundlegenden Sätze der Flächentheorie, besagt, daß der Flächeninhalt des sphärischen Bildes eines Bereiches auf einer regulären Fläche nur von der inneren Metrik dieser Fläche abhängt. Insbesondere ist der Flächeninhalt des sphärischen Bildes eines geodätischen Dreiecks gleich seiner um π verminderten Winkelsumme. Unsere Aufgabe besteht darin, den GAUSSschen Satz auf alle konvexen Flächen zu verallgemeinern. Dazu müssen wir zuerst die Eigenschaften der sphärischen Bilder konvexer Flächen näher untersuchen.

Jede Menge $\boldsymbol{M}$ auf einer konvexen Fläche $\boldsymbol{F}$ besitzt ein sphärisches Bild $\boldsymbol{M}^*$. Wenn der Flächeninhalt des sphärischen Bildes von $\boldsymbol{M}$ existiert, bezeichnen wir ihn durch $\Phi(\boldsymbol{M})$. Er ist eine Mengenfunktion auf der konvexen Fläche $\boldsymbol{F}$. Da $\boldsymbol{M}^*$ keinen bestimmten Flächeninhalt zu haben braucht, d. h. nichtmeßbar sein kann, ist die Funktion $\Phi(\boldsymbol{M})$ nur für gewisse Mengen $\boldsymbol{M}$ definiert. Unsere erste Aufgabe besteht in dem Nachweis, daß sie für alle abgeschlossenen und alle offenen, ja sogar für alle BORELschen Mengen definiert ist. Tatsächlich werden wir es nur mit abgeschlossenen und mit offenen Mengen sowie mit Vereinigungsmengen und Durchschnitten je endlich vieler solcher Mengen zu tun haben. Es stellt sich jedoch als zweckmäßig heraus, die Funktion Φ gleich für alle BORELschen Mengen zu definieren, da man in ihrem Bereich bekanntlich die Operationen der Vereinigung höchstens abzählbar vieler Mengen und der Mengensubtraktion unbeschränkt ausführen kann.

Ferner werden wir zeigen, daß $\Phi(\boldsymbol{M})$ eine additive Mengenfunktion ist, d. h. daß $\Phi(\boldsymbol{M}_1 \cup \boldsymbol{M}_2) = \Phi(\boldsymbol{M}_1) + \Phi(\boldsymbol{M}_2)$ ist, falls $\boldsymbol{M}_1$ und $\boldsymbol{M}_2$ punktfremd sind. Dies ist durchaus nicht so selbstverständlich, wie es auf den ersten Blick scheinen mag. Daraus, daß die Mengen $\boldsymbol{M}_1$ und $\boldsymbol{M}_2$ keine gemeinsamen Punkte haben, folgt ja durchaus noch nicht, daß auch ihre sphärischen Bilder punktfremd sind. Zum Beispiel haben die sphärischen Bilder zweier Eckpunkte eines Tetraeders gemeinsame Punkte.

Schließlich werden wir zeigen, daß die Funktion $\Phi(\boldsymbol{M})$ nicht nur additiv, sondern auch vollständig additiv ist (s. S. 186). Aus der Additivität allein folgt ja bekanntlich die vollständige Additivität noch nicht.

Was wir brauchen, ist eigentlich nicht die vollständige Additivität der Funktion $\Phi(\boldsymbol{M})$, sondern eine ihr äquivalente Eigenschaft, die in folgendem besteht: Man sagt, daß die Mengen $\boldsymbol{M}_i$ eine verschwindende Folge bilden, wenn sie 1. sukzessive ineinander enthalten sind, d. h. $\boldsymbol{M}_1$ die Menge $\boldsymbol{M}_2$, $\boldsymbol{M}_2$ die Menge $\boldsymbol{M}_3$ enthält usw. und 2. insgesamt einen leeren Durchschnitt haben. Die erwähnte Eigenschaft von $\Phi(\boldsymbol{M})$ besteht nun darin, daß, falls die Mengen $\boldsymbol{M}_i$ eine verschwindende Folge bilden und $\Phi(\boldsymbol{M}_i)$ für jede Menge $\boldsymbol{M}_i$ definiert ist, die Beziehung

(1) $$\lim_{i \to \infty} \Phi(\boldsymbol{M}_i) = 0$$

gilt.

Diese Eigenschaft einer Mengenfunktion nennt man ihre *Stetigkeit*[1]). Wir werden gerade diese Eigenschaft des Flächeninhalts des sphärischen Bildes beweisen; sie erweist sich nämlich für die Anwendung als zweckmäßig. Daß sie der vollständigen Additivität äquivalent ist, ergibt sich aus folgendem allgemeinen Hilfssatz:

Hilfssatz 1: *Eine additive Mengenfunktion $\psi(\boldsymbol{M})$ ist genau dann vollständig additiv, wenn sie in dem soeben definierten Sinne stetig ist.* (Es wird dabei angenommen, daß ψ für alle BORELschen Mengen definiert ist.)

Beweis: Sei $\psi(\boldsymbol{M})$ eine beliebige additive und stetige Mengenfunktion. Die Mengen $\boldsymbol{M}_1, \boldsymbol{M}_2, \ldots$ seien paarweise elementfremd. Auf Grund der Additivität gilt für jedes n:

(2) $$\sum_{i=1}^{n} \psi(\boldsymbol{M}_i) = \psi\left(\sum_{i=1}^{n} \boldsymbol{M}_i\right).$$

Die Mengen $\sum\limits_{i=n+1}^{\infty} \boldsymbol{M}_i$ bilden offenbar eine verschwindende Mengenfolge, und daher gilt

$$\lim_{n \to \infty} \psi\left(\sum_{i=n+1}^{\infty} \boldsymbol{M}_i\right) = 0$$

oder auf Grund der Additivität

$$\psi\left(\sum_{i=1}^{\infty} \boldsymbol{M}_i\right) - \lim_{n \to \infty} \psi\left(\sum_{i=1}^{n} \boldsymbol{M}_i\right) = 0.$$

Durch Vergleich dieser Gleichung mit (2) sehen wir, daß

$$\psi\left(\sum_{i=1}^{\infty} \boldsymbol{M}_i\right) = \sum_{i=1}^{\infty} \psi(\boldsymbol{M}_i)$$

gilt, d. h. $\psi(\boldsymbol{M})$ vollständig additiv ist.

Nehmen wir jetzt an, die Funktion $\psi(\boldsymbol{M})$ sei vollständig additiv. Bilden die Mengen $\boldsymbol{M}_i$ eine verschwindende Mengenfolge, so sind die Mengen $\boldsymbol{M}_1 - \boldsymbol{M}_2$, $\boldsymbol{M}_2 - \boldsymbol{M}_3, \ldots$ paarweise punktfremd, und ihre Vereinigungsmenge ist $\boldsymbol{M}_1$. Daher folgt auf Grund der vollständigen Additivität

$$\psi(\boldsymbol{M}_1) = \sum_{i=1}^{\infty} \psi(\boldsymbol{M}_i - \boldsymbol{M}_{i+1})$$

oder

(3) $$\psi(\boldsymbol{M}_1) = \lim_{n \to \infty} \sum_{i=1}^{n} \psi(\boldsymbol{M}_i - \boldsymbol{M}_{i+1}).$$

[1]) Diese von M. FRECHET eingeführte Bezeichnung ist anscheinend wenig verbreitet. Sie ist aber offenbar für additive Funktionen völlig naturgemäß.

Wegen $\boldsymbol{M}_i \supset \boldsymbol{M}_{i+1}$ gilt auf Grund der Additivität

$$\psi(\boldsymbol{M}_i - \boldsymbol{M}_{i+1}) = \psi(\boldsymbol{M}_i) - \psi(\boldsymbol{M}_{i+1}),$$

und die in (3) rechts stehende Summe ist gleich $\psi(\boldsymbol{M}_1) - \psi(\boldsymbol{M}_{n+1})$. Daher folgt aus (3) die Beziehung $\lim\limits_{n \to \infty} \psi(\boldsymbol{M}_n) = 0$, d. h. die Funktion $\psi(\boldsymbol{M})$ ist stetig. Der Hilfssatz ist damit bewiesen.

Außer den oben aufgezählten Eigenschaften des Flächeninhaltes des sphärischen Bildes werden wir noch einige Aussagen über die Konvergenz des Flächeninhalts der sphärischen Bilder von Mengen auf konvergierenden konvexen Flächen beweisen.

Im folgenden wird nur von geschlossenen konvexen Flächen die Rede sein. Dies vereinfacht die Überlegungen, ist aber im übrigen nicht wesentlich, da jede beschränkte konvexe Fläche zu einer geschlossenen ergänzt werden kann. Dabei bleiben selbstverständlich ihre Stützebenen und folglich auch das sphärische Bild unverändert. $\boldsymbol{M}^*$ soll stets das sphärische Bild der Menge $\boldsymbol{M}$ und $\Phi(\boldsymbol{M})$ den Flächeninhalt dieses sphärischen Bildes bezeichnen.

Hilfssatz 2: *Eine Folge konvexer Flächen $\boldsymbol{F}_n$ konvergiere gegen eine Fläche $\boldsymbol{F}$ und die Punktfolge X_n auf $\boldsymbol{F}_n$ gegen einen Punkt X auf $\boldsymbol{F}$. Dann ist der Limes jeder konvergierenden Folge von Stützebenen an $\boldsymbol{F}_n$ in X_n eine Stützebene an $\boldsymbol{F}$ in X.*

Beweis: Die Stützebenen $\boldsymbol{P}_n$ an $\boldsymbol{F}_n$ in X_n mögen gegen eine Ebene $\boldsymbol{P}$ konvergieren. Jede Fläche $\boldsymbol{F}_n$ liegt auf einer Seite ihrer Stützebene $\boldsymbol{P}_n$. Daher liegt die Grenzfläche auf einer Seite der Grenzebene $\boldsymbol{P}$[1]). Außerdem geht $\boldsymbol{P}$ offenbar durch den Punkt X von $\boldsymbol{F}$, welcher Grenzpunkt der Punkte X_n ist. Die Ebene $\boldsymbol{P}$ ist daher eine Stützebene an $\boldsymbol{F}$ in X.

Hilfssatz 3: *Das sphärische Bild einer abgeschlossenen Menge auf einer konvexen Fläche ist abgeschlossen.*

Beweis: Sei $\boldsymbol{M}$ eine abgeschlossene Menge auf einer konvexen Fläche $\boldsymbol{F}$ und $\boldsymbol{M}^*$ ihr sphärisches Bild. Die Folge der Punkte N_i aus $\boldsymbol{M}^*$ möge gegen den Punkt N konvergieren. Auf Grund der Definition des sphärischen Bildes ist klar, daß die Punkte N_i Endpunkte von Normalen $\mathfrak{n}_i$ zu $\boldsymbol{F}$ in gewissen Punkten X_i von $\boldsymbol{M}$ sind. Aus den Punkten X_i läßt sich eine konvergierende Folge X_{i_j} auswählen; da $\boldsymbol{M}$ abgeschlossen ist, gehört der Grenzpunkt X dieser Folge zu $\boldsymbol{M}$. Nimmt man in Hilfssatz 2 an Stelle der Flächen $\boldsymbol{F}_n$ immer dieselbe Fläche $\boldsymbol{F}$, so sieht man auf Grund dieses Hilfssatzes, daß der Grenzwert $\mathfrak{n}$ der Normalen $\mathfrak{n}_{i_j}$ in X_{i_j} eine Normale zu $\boldsymbol{F}$ in X ist. Da aber der Punkt X zu $\boldsymbol{M}$ gehört, so gehört der Endpunkt N der Normalen $\mathfrak{n}$ zum sphärischen Bild $\boldsymbol{M}^*$ von $\boldsymbol{M}$. Der Grenzwert einer beliebigen Punktfolge aus $\boldsymbol{M}^*$ gehört also zu $\boldsymbol{M}^*$, d. h. $\boldsymbol{M}^*$ ist abgeschlossen.

Eine Stützebene an eine konvexe Fläche $\boldsymbol{F}$ heiße *singulär*, wenn auf ihr mehr als ein Punkt von $\boldsymbol{F}$ liegt. Liegen auf einer Stützebene $\boldsymbol{P}$ zwei Punkte X und Y einer konvexen Fläche $\boldsymbol{F}$, so gehört die ganze Strecke XY zu $\boldsymbol{F}$.

---

[1]) Dies wird im § 6 des Anhangs bewiesen.

Hilfssatz 4: *Die Menge der Endpunkte der Normalen zu singulären Stützebenen einer konvexen Fläche hat das (Flächen-) Maß Null.* (Die Normalen sind dabei vom Mittelpunkt der Einheitskugel $\mathfrak{S}$ aus zu ziehen, und es handelt sich um die Menge ihrer Endpunkte auf der Sphäre $\boldsymbol{S}$.)

Beweis: Seien $\boldsymbol{F}$ eine konvexe Fläche und $\boldsymbol{M}$ die Menge der Endpunkte der singulären Normalen, d. h. der Normalen zu singulären Stützebenen der Fläche $\boldsymbol{F}$. Wir ziehen zwei Geraden $\mathfrak{L}_1$ und $\mathfrak{L}_2$ durch den Mittelpunkt der Einheitskugel $\mathfrak{S}$. Die Menge der singulären Stützebenen zu $\boldsymbol{F}$ teilen wir in drei Klassen ein: eine singuläre Stützebene $\boldsymbol{P}$ rechnen wir zur ersten Klasse, wenn sie eine Strecke von $\boldsymbol{F}$ enthält, die zu $\mathfrak{L}_1$ nicht senkrecht ist; $\boldsymbol{P}$ gehöre zur zweiten Klasse, wenn sie eine Strecke von $\boldsymbol{F}$ enthält, die nicht senkrecht zu $\mathfrak{L}_2$ ist; schließlich liege $\boldsymbol{P}$ in der dritten Klasse, wenn jede Strecke von $\boldsymbol{F}$, die in ihr enthalten ist, zu beiden Geraden $\mathfrak{L}_1$ und $\mathfrak{L}_2$ senkrecht ist. Im letzteren Falle liegt in $\boldsymbol{P}$ eine einzige Strecke, die sowohl zu $\mathfrak{L}_1$ als auch zu $\mathfrak{L}_2$ senkrecht ist. Eine Ebene $\boldsymbol{P}$ kann gleichzeitig der ersten und der zweiten Klasse angehören; für uns ist nur von Belang, daß jede singuläre Stützebene wenigstens in einer Klasse liegt.

Je nachdem, ob die Ebene $\boldsymbol{P}$ zur ersten, zur zweiten oder zur dritten Klasse gehört, rechnen wir den Endpunkt ihrer Normalen (auf der Einheitssphäre $\boldsymbol{S}$) zu einer der Mengen $\boldsymbol{M}_1$, $\boldsymbol{M}_2$, $\boldsymbol{M}_3$. Die Menge der Endpunkte aller singulären Normalen ist die Vereinigung dieser Mengen: $\boldsymbol{M} = \boldsymbol{M}_1 \cup \boldsymbol{M}_2 \cup \boldsymbol{M}_3$. Wenn wir daher zeigen, daß jede der Mengen $\boldsymbol{M}_1$, $\boldsymbol{M}_2$, $\boldsymbol{M}_3$ das Maß Null hat, so ist damit auch gezeigt, daß $\boldsymbol{M}$ das Maß Null hat.

Nach Definition von $\boldsymbol{M}_3$ gehört der Endpunkt der Normalen zu $\boldsymbol{P}$ dieser Menge an, wenn $\boldsymbol{P}$ eine Strecke enthält, die zu beiden Geraden $\mathfrak{L}_1$ und $\mathfrak{L}_2$ senkrecht ist. Dies bedeutet aber, daß alle solchen Ebenen $\boldsymbol{P}$ einer Geraden parallel sind, nämlich der gemeinsamen Senkrechten von $\mathfrak{L}_1$ und $\mathfrak{L}_2$. Die Endpunkte der Normalen zu ihnen liegen dann auf einem einzigen Großkreis, und somit hat ihre Menge, d. h. $\boldsymbol{M}_3$, das (Flächen-) Maß Null.

Da die Mengen $\boldsymbol{M}_1$ und $\boldsymbol{M}_2$, wie aus ihrer Definition hervorgeht, dieselbe Rolle spielen, kann man sich auf die Betrachtung einer von ihnen, etwa $\boldsymbol{M}_1$, beschränken.

Wir zeigen zunächst, daß $\boldsymbol{M}_1$ meßbar ist. Sei $\boldsymbol{M}_1^{km}$ die Menge der Endpunkte der Normalen zu denjenigen Stützebenen, die mit der Fläche $\boldsymbol{F}$ Strecken von einer Länge $\geqq \frac{1}{k}$ gemeinsam haben und mit $\mathfrak{L}_1$ einen Winkel bilden, der sich von einem rechten um mindestens $\frac{\pi}{m}$ unterscheidet. Offenbar ist $\boldsymbol{M}_1$ die Vereinigungsmenge aller solchen $\boldsymbol{M}_1^{km}$ $(k, m = 1, 2, \ldots)$:

$$\boldsymbol{M}_1 = \bigcup_{k,m=1}^{\infty} \boldsymbol{M}_1^{km}.$$

Jedes $\boldsymbol{M}_1^{km}$ ist aber abgeschlossen. Sei nämlich N ein Häufungspunkt von $\boldsymbol{M}_1^{km}$ und $N_1, N_2, \ldots$ eine gegen ihn konvergierende Folge von Punkten aus $\boldsymbol{M}_1^{km}$. Nach Hilfssatz 2 ist der Grenzwert einer aus der Menge der Stützebenen $\boldsymbol{P}_1$, $\boldsymbol{P}_2$, ...

mit den Normalenendpunkten $N_1, N_2, \ldots$ ausgewählten konvergierenden Folge eine Stützebene $\boldsymbol{P}$ mit dem Normalenendpunkt N. Auf jedem $\boldsymbol{P}_i$ liegt eine Strecke von $\boldsymbol{F}$ der Länge $\geqq \frac{1}{k}$, die mit $\mathfrak{L}_1$ einen Winkel $\leqq \frac{\pi}{2} - \frac{\pi}{m}$ bildet. Da nach Voraussetzung $\boldsymbol{F}$ eine geschlossene Fläche ist, kann man aus den betreffenden Strecken eine konvergierende Folge auswählen, deren Limes eine Strecke der gleichen Eigenschaft auf der Ebene $\boldsymbol{P}$ ist. Auf $\boldsymbol{P}$ liegt also eine solche Strecke, und das heißt, daß N zu $\boldsymbol{M}_1^{km}$ gehört. Damit ist gezeigt, daß $\boldsymbol{M}_1^{km}$ abgeschlossen ist. Die Menge $\boldsymbol{M}_1$ ist als Vereinigungsmenge abzählbar vieler abgeschlossener Mengen also meßbar.

Wir nehmen jetzt eine beliebige Richtung $\mathfrak{L}$, die zur Geraden $\mathfrak{L}_1$ senkrecht ist, und projizieren die Fläche $\boldsymbol{F}$ längs dieser Richtung auf eine Ebene. Die zu $\mathfrak{L}$ parallelen Stützebenen von $\boldsymbol{F}$ hüllen den projizierenden Zylinder ein, und die Endpunkte ihrer Normalen liegen auf einem Großkreis $\mathfrak{C}$, der zu $\mathfrak{L}$ senkrecht ist. Da $\mathfrak{L}$ senkrecht zu $\mathfrak{L}_1$ ist, so geht $\mathfrak{C}$ durch die Punkte N, N', in denen $\mathfrak{L}_1$ die Einheitssphäre $\boldsymbol{S}$ schneidet.

Die Projektion der Fläche $\boldsymbol{F}$ ist ein konvexer Bereich $\boldsymbol{G}$. Gehört eine singuläre Stützebene $\boldsymbol{P}$ zur ersten Klasse und ist sie der Projektionsrichtung parallel, so entspricht ihr auf der Berandung von $\boldsymbol{G}$ eine geradlinige Strecke $\mathfrak{T}'$. Diese Strecke $\mathfrak{T}'$ ist die Projektion der Strecke $\mathfrak{T}$ von $\boldsymbol{F}$, die in der Ebene $\boldsymbol{P}$ liegt. Da $\mathfrak{T}$ zu $\mathfrak{L}_1$ nicht senkrecht ist, d. h. nicht zu $\mathfrak{L}$ parallel, so artet $\mathfrak{T}'$ nicht in einen Punkt aus. Die Menge der Strecken auf der Berandung des konvexen Bereiches $\boldsymbol{G}$ ist offenbar höchstens abzählbar. Daher ist die Menge der Stützebenen der ersten Klasse, die der Richtung $\mathfrak{L}$ parallel sind, auch nur höchstens abzählbar. Die Endpunkte der Normalen zu solchen Ebenen bilden den Durchschnitt der Menge $\boldsymbol{M}_1$ mit dem Großkreis $\mathfrak{C}$. Dieser Durchschnitt besteht also auch aus höchstens abzählbar vielen Punkten.

Die Richtung $\mathfrak{L}$ war aber eine beliebige zu $\mathfrak{L}_1$ senkrechte Richtung. Also ist der Großkreis $\mathfrak{C}$ ein beliebiger Großkreis durch die Punkte N, N'. Der Durchschnitt jedes solchen Kreises mit der Menge $\boldsymbol{M}_1$ ist daher abzählbar und hat somit das Maß Null. Da aber die Menge $\boldsymbol{M}_1$ außerdem meßbar ist, so hat auch sie das Maß Null[1]), und der Hilfssatz ist bewiesen.

Aus den Hilfssätzen 3 und 4 läßt sich leicht der grundlegende Satz über den Flächeninhalt des sphärischen Bildes ableiten:

---

[1]) Hier bedienen wir uns des folgenden Satzes: Wenn eine Menge $\boldsymbol{M}_1$ meßbar ist und ihr Durchschnitt mit jedem durch einen gegebenen Punkt gehenden Großkreis das lineare Maß Null hat, so hat $\boldsymbol{M}_1$ das (Flächen-) Maß Null. Dieser Satz ist eine direkte Folge des bekannten Satzes von Fubini über die Ersetzbarkeit eines Doppelintegrals durch iterierte Integrale:

$$\iint f(x,y)\,dx\,dy = \int\left(\int f(x,y)\,dx\right)dy.$$

Es genügt, für x und y sphärische Koordinaten und für $f(x,y)$ die charakteristische Funktion von $\boldsymbol{M}_1$ zu wählen (d. h. eine Funktion, die auf $\boldsymbol{M}_1$ gleich Eins und sonst Null ist). Für den Beweis des Satzes von Fubini s. z. B.: Ch. de la Vallée-Poussin, „Cours d'analyse“, Band 2, Kap. III, § 5 (Ausg. 1933).

Satz 1: *Der Flächeninhalt des sphärischen Bildes ist eine für alle Borelschen Mengen auf einer konvexen Fläche definierte vollständig additive Mengenfunktion.*

Beweis: Wir beweisen zunächst, daß das sphärische Bild jeder Borelschen Menge auf einer konvexen Fläche einen Flächeninhalt hat oder, mit anderen Worten, daß das sphärische Bild einer Borelschen Menge meßbar ist. Dazu beweisen wir nacheinander die drei Aussagen: 1. Das sphärische Bild jeder abgeschlossenen Menge ist meßbar. 2. Ist das sphärische Bild $\boldsymbol{M}^*$ der Menge $\boldsymbol{M}$ von $\boldsymbol{F}$ meßbar, so ist es auch das sphärische Bild $(\boldsymbol{F}-\boldsymbol{M})^*$ der Komplementärmenge von $\boldsymbol{M}$. 3. Sind die sphärischen Bilder der Mengen $\boldsymbol{M}_1, \boldsymbol{M}_2, \ldots$ meßbar, so ist es auch das sphärische Bild ihrer Vereinigungsmenge.

1. Nach Hilfssatz 3 ist das sphärische Bild einer abgeschlossenen Menge selbst abgeschlossen und daher meßbar.

2. Das sphärische Bild $\boldsymbol{M}^*$ einer Menge $\boldsymbol{M}$ auf einer Fläche $\boldsymbol{F}$ sei meßbar. Wir betrachten das sphärische Bild $(\boldsymbol{F}-\boldsymbol{M})^*$ ihrer Komplementärmenge. Da das sphärische Bild der geschlossenen Fläche $\boldsymbol{F}$ die ganze Sphäre $\boldsymbol{S}$ bedeckt, so ist

$$(\boldsymbol{F}-\boldsymbol{M})^* = (\boldsymbol{S}-\boldsymbol{M}^*) \cup \boldsymbol{M}^*(\boldsymbol{F}-\boldsymbol{M})^*, \tag{4}$$

d. h. das sphärische Bild der Menge $\boldsymbol{F}-\boldsymbol{M}$ besteht aus der Komplementärmenge des sphärischen Bildes von $\boldsymbol{M}$ und dem Durchschnitt der sphärischen Bilder von $\boldsymbol{M}$ und $\boldsymbol{F}-\boldsymbol{M}$.

Gehört der Punkt N gleichzeitig zu $\boldsymbol{M}^*$ und $(\boldsymbol{F}-\boldsymbol{M})^*$, so bedeutet dies, daß auf der Stützebene mit dem Normalenendpunkt N sowohl Punkte von $\boldsymbol{M}$ als auch solche von $\boldsymbol{F}-\boldsymbol{M}$ liegen. Also ist diese Stützebene singulär. Aus Hilfssatz 4 folgt daher, daß die Menge $\boldsymbol{M}^*(\boldsymbol{F}-\boldsymbol{M})^*$ das Maß Null hat. Andererseits ist $\boldsymbol{M}^*$ nach Voraussetzung meßbar, und daher ist es auch seine Komplementärmenge $\boldsymbol{S}-\boldsymbol{M}^*$. Formel (4) gibt also eine Darstellung von $(\boldsymbol{F}-\boldsymbol{M})^*$ als Vereinigungsmenge zweier meßbarer Mengen. Diese Menge ist also selbst meßbar, was zu beweisen war.

Da außerdem das Maß von $\boldsymbol{M}^*(\boldsymbol{F}-\boldsymbol{M})^*$ Null und der Flächeninhalt der Einheitssphäre gleich 4π ist, ergibt sich aus Formel (4):

$$\Phi(\boldsymbol{F}-\boldsymbol{M}) = 4\pi - \Phi(\boldsymbol{M}).$$

Da die Komplementärmenge einer abgeschlossenen Menge offen ist, so folgt hieraus insbesondere, daß das sphärische Bild jeder offenen Menge $\boldsymbol{G}$ einen bestimmten Flächeninhalt hat und daß $\Phi(\boldsymbol{G}) = 4\pi - \Phi(\boldsymbol{F}-\boldsymbol{G})$ gilt.

3. Die sphärischen Bilder $\boldsymbol{M}_n^*$ der Mengen $\boldsymbol{M}_n$ $(n = 1, 2, \ldots)$ seien meßbar. Das sphärische Bild der Vereinigungsmenge dieser Mengen ist offenbar die Vereinigungsmenge ihrer sphärischen Bilder, d. h. es ist

$$\left(\bigcup_{n=1}^{\infty} \boldsymbol{M}_n\right)^* = \bigcup_{n=1}^{\infty} \boldsymbol{M}_n^*.$$

Da aber die Vereinigungsmenge von abzählbar vielen meßbaren Mengen meßbar ist, so ist auch die Menge $\left(\bigcup_{n=1}^{\infty} \boldsymbol{M}_n\right)^*$ meßbar, d. h. das sphärische Bild von $\bigcup_{n=1}^{\infty} \boldsymbol{M}_n$ hat einen bestimmten Flächeninhalt.

Die BORELschen Mengen lassen sich aus abgeschlossenen Mengen durch Bildung von Vereinigungen und Durchschnitten von Mengenfolgen erzeugen. Um zu beweisen, daß die sphärischen Bilder nicht nur der abgeschlossenen, sondern aller BORELschen Mengen einen Flächeninhalt haben, muß also noch gezeigt werden, daß mit den sphärischen Bildern der Mengen $\boldsymbol{M}_1, \boldsymbol{M}_2, \ldots$ auch das sphärische Bild ihres Durchschnitts $\bigcap_{n=1}^{\infty} \boldsymbol{M}_n$ einen Flächeninhalt hat.

Dazu greifen wir auf die selbstverständliche Beziehung

$$\bigcap_{n=1}^{\infty} \boldsymbol{M}_n = \boldsymbol{F} - \bigcup_{n=1}^{\infty} (\boldsymbol{F} - \boldsymbol{M}_n)$$

zurück, wo $\boldsymbol{F}$ die konvexe Fläche ist, auf der die Mengen $\boldsymbol{M}_n$ liegen. Wir haben bewiesen, daß mit den sphärischen Bildern der $\boldsymbol{M}_n$ auch die sphärischen Bilder ihrer Komplementärmengen $\boldsymbol{F} - \boldsymbol{M}_n$ einen Flächeninhalt haben. Nach dem schon Bewiesenen gilt dies dann aber auch für die sphärischen Bilder ihrer Vereinigungsmenge $\bigcup_{n=1}^{\infty} (\boldsymbol{F} - \boldsymbol{M}_n)$ und deren Komplementärmenge $\boldsymbol{F} - \bigcup_{n=1}^{\infty} (\boldsymbol{F} - \boldsymbol{M}_n)$. Das heißt, das sphärische Bild von $\bigcap_{n=1}^{\infty} \boldsymbol{M}_n$ hat einen bestimmten Flächeninhalt.

Damit haben wir gezeigt, daß die sphärischen Bilder aller BORELschen Mengen auf einer konvexen Fläche einen bestimmten Flächeninhalt haben.

Wir zeigen jetzt, daß der Flächeninhalt des sphärischen Bildes $\Phi(\boldsymbol{M})$ eine additive Mengenfunktion ist.

Seien $\boldsymbol{M}_1$ und $\boldsymbol{M}_2$ zwei Mengen auf der Fläche $\boldsymbol{F}$, die keine gemeinsamen Punkte haben. Ihre sphärischen Bilder mögen die bestimmten Flächeninhalte $\Phi(\boldsymbol{M}_1)$ und $\Phi(\boldsymbol{M}_2)$ besitzen. Da $\boldsymbol{M}_1$ und $\boldsymbol{M}_2$ keine gemeinsamen Punkte haben, sind die gemeinsamen Punkte ihrer sphärischen Bilder Endpunkte von Normalen zu singulären Stützebenen. Aus Hilfssatz 4 folgt daher, daß der Durchschnitt der sphärischen Bilder von $\boldsymbol{M}_1$ und $\boldsymbol{M}_2$ vom Maß Null ist. Hieraus folgt, daß der Flächeninhalt der Vereinigungsmenge der sphärischen Bilder von $\boldsymbol{M}_1$ und $\boldsymbol{M}_2$ gleich der Summe der Flächeninhalte dieser sphärischen Bilder ist. Da aber die Vereinigungsmenge der sphärischen Bilder offenbar das sphärische Bild der Vereinigung dieser Mengen ist, so ist

$$\Phi(\boldsymbol{M}_1 \cup \boldsymbol{M}_2) = \Phi(\boldsymbol{M}_1) + \Phi(\boldsymbol{M}_2),$$

d. h. $\Phi(\boldsymbol{M})$ ist eine additive Funktion.

Es bleibt zu beweisen, daß sie vollständig additiv ist; dazu genügt es zu zeigen, daß sie stetig ist, d. h. daß für jede verschwindende Mengenfolge $\boldsymbol{M}_n$

$$\lim_{n \to \infty} \Phi(\boldsymbol{M}_n) = 0$$

gilt.

Die Mengen $\boldsymbol{M}_n$ mögen eine verschwindende Folge bilden. $\boldsymbol{M}_{n+1}$ ist also in $\boldsymbol{M}_n$ enthalten, und der Durchschnitt aller $\boldsymbol{M}_n$ ist leer. Die sphärischen Bilder $\boldsymbol{M}_n^*$ dieser Mengen sind also ebenfalls sukzessive ineinander enthalten. Ist der Durchschnitt aller $\boldsymbol{M}_n^*$ leer, so ist, wie aus der Maßtheorie bekannt ist, der Grenzwert ihrer Maße gleich Null, d. h. $\lim_{n \to \infty} \Phi(\boldsymbol{M}_n) = 0$. Ist dagegen der Durchschnitt aller $\boldsymbol{M}_n^*$ nicht leer, so ist jeder Punkt N dieses Durchschnitts ein Normalenendpunkt, der gewissen Punkten X_n einer jeden der Mengen $\boldsymbol{M}_n$ zugeordnet ist. Diese Punkte X_n können nicht zusammenfallen, da sonst der Durchschnitt aller $\boldsymbol{M}_n$ nicht leer wäre. N ist also ein Normalenendpunkt, der verschiedenen Flächenpunkten entspricht. Nach Hilfssatz 4 hat die Menge aller solcher Punkte das Maß Null; dasselbe gilt daher auch vom Durchschnitt aller $\boldsymbol{M}_n^*$. Da nun die $\boldsymbol{M}_n^*$ sukzessive ineinander enthalten sind, so ist der Limes ihrer Maße gleich dem Maß ihres Durchschnitts, woraus $\lim_{n \to \infty} \Phi(\boldsymbol{M}_n) = 0$ folgt.

Bisher hatten wir nur Mengen auf beschränkten konvexen Flächen betrachtet. Es ist aber nicht schwierig, Satz 1 auch auf den Fall unendlicher konvexer Flächen zu verallgemeinern. Wir bemerken zunächst, daß der Flächeninhalt des sphärischen Bildes jeder unendlichen konvexen Fläche 2π nicht überschreiten kann. Man kann nämlich jede unendliche konvexe Fläche zu einer vollen unendlichen konvexen Fläche $\boldsymbol{F}$ ergänzen. Der Körper, der von einer solchen Fläche berandet wird, enthält mindestens eine Halbgerade $\mathfrak{L}$ (s. Anhang § 4). Zu jeder Stützebene an $\boldsymbol{F}$ gibt es daher eine zu ihr parallele Stützebene an $\mathfrak{L}$. Daraus folgt, daß das sphärische Bild von $\boldsymbol{F}$ im sphärischen Bilde einer Halbgeraden, d. h. einer Halbsphäre, enthalten ist; somit ist sein Flächeninhalt nicht größer als 2π. (Man kann auch leicht zeigen, daß das sphärische Bild einer vollen konvexen Fläche immer eine sphärisch konvexe Menge ist.)

Sei $\boldsymbol{F}$ eine unendliche konvexe Fläche. Wir konstruieren eine Folge von ins Unendliche wachsenden Kugeln $\mathfrak{S}_n$ und betrachten die Flächen $\boldsymbol{F}_n$, die von $\boldsymbol{F}$ durch die $\mathfrak{S}_n$ abgeschnitten werden.

Sei $\boldsymbol{M}$ eine BORELsche Menge auf $\boldsymbol{F}$ und $\boldsymbol{M}_n$ die Teilmenge von $\boldsymbol{M}$, die in der Kugel $\mathfrak{S}_n$ enthalten ist. Die sphärischen Bilder dieser Mengen bezeichnen wir durch $\boldsymbol{M}^*$ bzw. $\boldsymbol{M}_n^*$. Man sieht unmittelbar, daß die Beziehungen $\boldsymbol{M}_n \subseteq \boldsymbol{M}_{n+1}$ und $\boldsymbol{M} = \bigcup_{n=1}^{\infty} \boldsymbol{M}_n$ und daher auch $\boldsymbol{M}_n^* \subseteq \boldsymbol{M}_{n+1}^*$ und $\boldsymbol{M}^* = \bigcup_{n=1}^{\infty} \boldsymbol{M}_n^*$ gelten. Die Mengen $\boldsymbol{M}_n$ sind offensichtlich BORELsche Mengen, so daß nach dem im Satz 1 Bewiesenen die Mengen $\boldsymbol{M}_n^*$ meßbar sind. Nach einem bekannten Satze der Maßtheorie ist daher auch die Menge $\boldsymbol{M}^*$ meßbar und ihr Maß gleich dem Limes der Maße der $\boldsymbol{M}_n^*$. Dies bedeutet erstens, *daß das sphärische Bild jeder unbeschränkten BORELschen Menge* $\boldsymbol{M}$ *einen wohlbestimmten Flächeninhalt besitzt*, und zweitens, daß dieser Flächeninhalt gleich dem Limes der Flächeninhalte der sphärischen Bilder der beschränkten Mengen $\boldsymbol{M}_n$, d. h. $\Phi(\boldsymbol{M}) = \lim_{n \to \infty} \Phi(\boldsymbol{M}_n)$ ist. Die Additivität der Flächeninhalte der sphärischen Bilder $\Phi(\boldsymbol{M})$ für unbeschränkte Mengen ergibt sich also durch einfachen Grenzübergang. Ihre Stetigkeit läßt sich genauso einfach beweisen. In der Tat: Die Mengen M^i mögen eine verschwindende Folge bilden. Sei $\varepsilon > 0$ vorgegeben; wir wählen eine durch eine Kugel $\mathfrak{S}_n$ von F abgeschnittene Fläche F_n derart, daß $\Phi(F - F_n) < \varepsilon$ gilt. (Dies ist möglich, da nach dem Bewiesenen $\Phi(F) = \lim\limits_{n \to \infty} \Phi(F_n)$ ist.) Auf Grund der Additivität von Φ erhalten wir $\Phi(M^i) = \Phi(M^i F_n) + \Phi\big(M^i(F - F_n)\big)$. Die Mengen $M^i F_n$ sind hierbei beschränkt, und für ein gegebenes n bilden sie eine verschwindende Folge. Nach Satz 1 ist daher $\lim\limits_{n \to \infty} \Phi(M_i F_n) = 0$. Die Mengen $M^i(F - F_n)$ sind aber in $F - F_n$ enthalten, und daher gilt $\Phi\big(M^i(F - F_n)\big) < \varepsilon$. Folglich ist $\overline{\lim\limits_{i \to \infty}} \Phi(M^i) \leqq \varepsilon$, und da ε beliebig ist, so gilt $\lim\limits_{i \to \infty} \Phi(M^i) = 0$, womit die Stetigkeit von Φ auch für den Fall unbeschränkter konvexer Flächen bewiesen ist.

Satz 2: *Konvergiert eine Folge geschlossener konvexer Flächen F_n gegen eine Fläche F und eine Folge abgeschlossener Mengen M_n auf F_n gegen eine abgeschlossene Menge M auf F, so ist:*

$$\Phi(M) \geqq \overline{\lim_{n \to \infty}} \Phi(M_n).$$

Wir bemerken, daß $\Phi(M)$ durchaus nicht gleich $\lim\limits_{n \to \infty} \Phi(M_n)$ zu sein braucht. Ist z. B. M ein Eckpunkt eines Polyeders, so ist $\Phi(M) \neq 0$. Sind dann M_n gegen M konvergierende Punkte auf glatten Flächen, so ist $\Phi(M_n) = 0$ für alle n, d. h. $\Phi(M) > \lim\limits_{n \to \infty} \Phi(M_n)$. Auch braucht der Grenzwert $\lim\limits_{n \to \infty} \Phi(M_n)$ nicht zu existieren. Sind z. B. die Mengen M und M_n wie in dem obigen Beispiel definiert, so konvergiert die Folge $M_1, M, M_2, M, \ldots$ gegen M, aber ein Grenzwert der Flächeninhalte der sphärischen Bilder dieser Mengen existiert nicht.

Beweis von Satz 2: Sei M^* das sphärische Bild einer abgeschlossenen Menge M auf einer konvexen Fläche F. Auf der Einheitssphäre S wählen wir eine M^* enthaltende offene Menge G derart, daß der Flächeninhalt von G denjenigen von M^* um weniger als ein beliebig vorgegebenes $\varepsilon > 0$ übertrifft:

$$\sigma(G) < \sigma(M^*) + \varepsilon, \tag{5}$$

wo σ den Flächeninhalt bezeichnet.

Die Mengen M_n auf den gegen F konvergierenden konvexen Flächen F_n mögen gegen M streben. Für genügend große n sind dann die sphärischen Bilder M_n^* von M_n in G enthalten. Sonst gäbe es eine Indexfolge $n_1, n_2, \ldots$ derart, daß die entsprechenden Mengen $M_{n_1}^*, M_{n_2}^*, \ldots$ außerhalb von G liegende Punkte $N_{n_1}, N_{n_2}, \ldots$ enthielten. Ohne Beschränkung der Allgemeinheit darf man annehmen, daß diese Punkte gegen einen gewissen Punkt N konvergieren. Da alle N_{n_i} außerhalb von G liegen, würde N sicherlich nicht zu M^* gehören.

Die Punkte N_{n_i} wären Endpunkte von Normalen, die gewissen Punkten X_{n_i} von M_{n_i} auf F_{n_i} entsprechen. Da diese Mengen M_{n_i} gegen M konvergieren, darf man annehmen, daß die Punkte X_{n_i} gegen einen gewissen Punkt X dieser

Menge streben würden. (Andernfalls könnte man aus ihnen eine konvergierende Folge auswählen und sich auf deren Betrachtung beschränken.) Nach Hilfssatz 1 ist der Grenzwert jeder konvergierenden Folge von Normalen in den Punkten X_{n_i} eine Normale in X. Der Punkt N, der Limes der Normalenendpunkte N_{n_i}, die den Punkten X_{n_i} entsprechen, wäre daher der Endpunkt einer Normalen, die X entspricht. Da X zu $\boldsymbol{M}$ gehört, würde also N zu $\boldsymbol{M}^*$ gehören, während oben das Gegenteil gefolgert worden war. Unsere Annahme war also falsch, und daher sind von einem gewissen n_0 ab alle $\boldsymbol{M}_n^*$ in der offenen Menge $\boldsymbol{G}$ enthalten.

Der Flächeninhalt eines jeden dieser $\boldsymbol{M}_n^*$ ist dann aber nicht größer als der Flächeninhalt von $\boldsymbol{G}$:

$$\sigma(\boldsymbol{M}_n^*) \leqq \sigma(\boldsymbol{G}) \qquad (n \geqq n_0).$$

Aus (5) folgt dann $\sigma(\boldsymbol{M}_n^*) < \sigma(\boldsymbol{M}^*) + \varepsilon$ für $n \geqq n_0$ oder in unserer alten Bezeichnung:

$$\Phi(\boldsymbol{M}_n) < \Phi(\boldsymbol{M}) + \varepsilon \qquad (n \geqq n_0).$$

Aus dieser Formel folgt offensichtlich:

$$\overline{\lim_{n\to\infty}}\, \Phi(\boldsymbol{M}_n) < \Phi(\boldsymbol{M}) + \varepsilon,$$

und da ε beliebig ist,

$$\overline{\lim_{n\to\infty}}\, \Phi(\boldsymbol{M}_n) \leqq \Phi(\boldsymbol{M}),$$

was zu beweisen war[1]).

Aus Satz 2 ergibt sich die folgende Aussage, die wir beim Beweis des verallgemeinerten GAUSZschen Satzes brauchen werden.

---

[1]) Die Bedeutung der eben bewiesenen Eigenschaft des Flächeninhalts sphärischer Bilder besteht nicht nur darin, daß wir daraus eine Reihe wichtiger Folgerungen ziehen; sie ist auch deshalb wichtig, weil darin eine vollständige und gleichzeitig die einfachste Charakterisierung für die Konvergenz der Flächeninhalte der sphärischen Bilder von Mengen auf konvergierenden konvexen Flächen enthalten ist. Dies kann man z. B. aus folgendem ersehen: Sei $\boldsymbol{F}$ eine geschlossene konvexe Fläche, die nicht in einen doppelt bedeckten konvexen Bereich ausgeartet ist. Wir wählen im Innern des von $\boldsymbol{F}$ berandeten Körpers einen Punkt Q, legen um diesen Punkt als Mittelpunkt eine Sphäre $\boldsymbol{S}$ und projizieren $\boldsymbol{F}$ auf $\boldsymbol{S}$. Jeder Menge $\boldsymbol{M}$ auf $\boldsymbol{S}$ entspricht dann eine Zahl $\Phi(\boldsymbol{M})$ — der Flächeninhalt des sphärischen Bildes derjenigen Menge auf $\boldsymbol{F}$, deren Projektion $\boldsymbol{M}$ ist. Dann betrachten wir geschlossene konvexe Flächen $\boldsymbol{F}_n$, die ebenfalls Q im Innern [Körper-Innern, d. Übers.] enthalten, projizieren sie auf dieselbe Sphäre $\boldsymbol{S}$ und bestimmen in analoger Weise die Zahlen $\Phi_n(\boldsymbol{M})$. Aus Satz 2 folgt dann, wenn die $\boldsymbol{F}_n$ gegen $\boldsymbol{F}$ konvergieren, für jede abgeschlossene Menge $\boldsymbol{M}$ auf $\boldsymbol{S}$

(6) $$\Phi(\boldsymbol{M}) \geqq \overline{\lim_{n\to\infty}}\, \Phi_n(\boldsymbol{M}).$$

Offenbar sind die Zahlen $\Phi_n(\boldsymbol{M})$ invariant gegenüber Ähnlichkeitstransformationen von $\boldsymbol{F}_n$ mit Q als Ähnlichkeitszentrum. Wir können deshalb alle Flächen $\boldsymbol{F}_n$ so normieren, daß sie z. B. $\boldsymbol{F}$ schneiden. Wenn dann für jede abgeschlossene Menge $\boldsymbol{M}$ auf $\boldsymbol{S}$ die Ungleichung $\Phi(\boldsymbol{M}) \geqq \overline{\lim}_{n\to\infty} \Phi_n(\boldsymbol{M})$ gilt, so zeigt sich, daß die Flächen $\boldsymbol{F}_n$ gegen $\boldsymbol{F}$ konvergieren. Diese Eigenschaft ist also notwendig und hinreichend für die Konvergenz von Flächen. Der analytische Sinn dieser Eigenschaft ist in dem folgenden

Satz 3: *Eine Folge geschlossener konvexer Flächen* $\boldsymbol{F}_n$ *konvergiere gegen eine Fläche* $\boldsymbol{F}$. *Seien* $\boldsymbol{G}_n$, $\boldsymbol{G}$ *Gebiete auf* $\boldsymbol{F}_n$, $\boldsymbol{F}$ *und* $\overline{\boldsymbol{G}}_n$, $\overline{\boldsymbol{G}}$ *dieselben Bereiche einschließlich ihrer Berandung. Die abgeschlossenen Bereiche* $\overline{\boldsymbol{G}}_n$ *mögen gegen* $\overline{\boldsymbol{G}}$ *und die zu* $\boldsymbol{G}_n$ *komplementären Bereiche — d. h.* $\boldsymbol{F}_n - \boldsymbol{G}_n$ *— gegen den zu* $\boldsymbol{G}$ *komplementären Bereich — d. h.* $\boldsymbol{F} - \boldsymbol{G}$ *— konvergieren. Wenn dann die Flächeninhalte der sphärischen Bilder der Berandungen von* $\boldsymbol{G}_n$ *gegen den Flächeninhalt des sphärischen Bildes der Berandung von* $\boldsymbol{G}$ *konvergieren, so konvergieren die Flächeninhalte der sphärischen Bilder der Bereiche* $\boldsymbol{G}_n$ *gegen den Flächeninhalt des sphärischen Bildes von* $\boldsymbol{G}$.

Beweis: Da die Komplementärmengen von $\boldsymbol{G}_n$ und $\boldsymbol{G}$ abgeschlossen sind, folgt aus dem vorhergehenden Satz:

$$\Phi(\boldsymbol{F} - \boldsymbol{G}) \geqq \overline{\lim_{n \to \infty}}\, \Phi(\boldsymbol{F}_n - \boldsymbol{G}_n). \tag{7}$$

Das sphärische Bild einer geschlossenen konvexen Fläche bedeckt die gesamte Einheitssphäre, so daß $\Phi(\boldsymbol{F}) = \Phi(\boldsymbol{F}_n) = 4\pi$ ist. Auf Grund der Additivität von Φ gilt

$$\Phi(\boldsymbol{F} - \boldsymbol{G}) = \Phi(\boldsymbol{F}) - \Phi(\boldsymbol{G}) \quad \text{und} \quad \Phi(\boldsymbol{F}_n - \boldsymbol{G}_n) = \Phi(\boldsymbol{F}_n) - \Phi(\boldsymbol{G}_n).$$

Aus (7) folgt daher:

$$\Phi(\boldsymbol{G}) \leqq \underline{\lim_{n \to \infty}}\, \Phi(\boldsymbol{G}_n). \tag{8}$$

Der Flächeninhalt des sphärischen Bildes eines Gebietes ist gleich der Differenz des Flächeninhalts des sphärischen Bildes des abgeschlossenen Bereiches und desjenigen der Berandung. Wir haben daher:

$$\left\{\begin{aligned} \Phi(\boldsymbol{G}) &= \Phi(\overline{\boldsymbol{G}}) - \Phi(\text{Bg. } \boldsymbol{G}) \\ \Phi(\boldsymbol{G}_n) &= \Phi(\overline{\boldsymbol{G}}_n) - \Phi(\text{Bg. } \boldsymbol{G}_n) \end{aligned}\right. \qquad (\text{Bg.} = \text{Berandung}). \tag{9}$$

Nach Voraussetzung ist

$$\Phi(\text{Bg. } \boldsymbol{G}) = \lim_{n \to \infty} \Phi(\text{Bg. } \boldsymbol{G}_n),$$

und da $\overline{\boldsymbol{G}}_n$ gegen $\overline{\boldsymbol{G}}$ strebt, so gilt auf Grund des vorhergehenden Satzes:

$$\Phi(\overline{\boldsymbol{G}}) \geqq \overline{\lim_{n \to \infty}}\, \Phi(\overline{\boldsymbol{G}}_n).$$

Satz enthalten: Wenn für eine beliebige Menge $\boldsymbol{M}$ auf einer Sphäre $\boldsymbol{S}$ die vollständig additiven Mengenfunktionen $\Phi_n(\boldsymbol{M})$ und $\Phi(\boldsymbol{M})$ definiert sind, so ist für die schwache Konvergenz von $\Phi_n(\boldsymbol{M})$ gegen $\Phi(\boldsymbol{M})$ (d. h. daß für jede stetige Funktion $f(X)$ auf $\boldsymbol{S}$ die Beziehung

$$\int f(X)\, d\Phi(\boldsymbol{M}) = \lim \int f(X)\, d\Phi_n(\boldsymbol{M})$$

gilt) notwendig und hinreichend, daß für jede abgeschlossene Menge $\boldsymbol{M}$ die Relationen (6) und

$$\lim_{n \to \infty} \Phi_n(\boldsymbol{S}) = \Phi(\boldsymbol{S})$$

gelten.

Aus Formel (9) folgt nun:

$$\Phi(\boldsymbol{G}) \geqq \overline{\lim_{n\to\infty}}\, \Phi(\boldsymbol{G}_n).$$

Der Vergleich dieser Ungleichung mit der Ungleichung (8) liefert

$$\Phi(\boldsymbol{G}) = \lim_{n\to\infty} \Phi(\boldsymbol{G}_n),$$

womit der Satz bewiesen ist.

Korollar: *Wenn die Berandungen der Gebiete $\boldsymbol{G}_n$ gegen die Berandung des Gebietes $\boldsymbol{G}$ konvergieren und wenn der Flächeninhalt des sphärischen Bildes der Berandung von $\boldsymbol{G}$ gleich Null ist, so konvergieren die Flächeninhalte der sphärischen Bilder der Berandungen von $\boldsymbol{G}_n$ gegen Null, und auf Grund des soeben bewiesenen Satzes 3 konvergieren die Flächeninhalte der sphärischen Bilder der Gebiete $\boldsymbol{G}_n$ gegen den Flächeninhalt des sphärischen Bildes von $\boldsymbol{G}$.*

Beweis: Die Berandungen von $\boldsymbol{G}_n$ mögen gegen diejenige von $\boldsymbol{G}$ konvergieren, und der Flächeninhalt des sphärischen Bildes der Berandung von $\boldsymbol{G}$ sei gleich Null. Da die Berandung eine abgeschlossene Menge ist, so ist nach Satz 2

$$\Phi(\text{Bg. } \boldsymbol{G}) \geqq \overline{\lim_{n\to\infty}}\, \Phi(\text{Bg. } \boldsymbol{G}_n); \tag{10}$$

da aber $\Phi(\text{Bg. } \boldsymbol{G}) = 0$ und $\Phi(\text{Bg. } \boldsymbol{G}_n) \geqq 0$ ist (da der Flächeninhalt nicht negativ sein kann), folgt aus (10):

$$\lim_{n\to\infty} \Phi(\text{Bg. } \boldsymbol{G}_n) = 0.$$

Hiermit ist auch der zweite Teil des Satzes bewiesen.

Zum Schluß beweisen wir noch einen einfachen Hilfssatz:

Hilfssatz 5: *Sei $\boldsymbol{F}$ eine konvexe Fläche und A ein Punkt darauf. Eine Folge konvexer in $\boldsymbol{F}$ einbeschriebener Polyeder $\boldsymbol{P}_n$ möge gegen $\boldsymbol{F}$ konvergieren, und A gehöre allen diesen Polyedern an. Dann konvergieren die Flächeninhalte der sphärischen Bilder von A als Punkt von $\boldsymbol{P}_n$ gegen den Flächeninhalt des sphärischen Bildes von A als Punkt von $\boldsymbol{F}$. Das heißt, bezeichnet $\Phi_n(A)$ den Flächeninhalt des sphärischen Bildes von A als Punkt von $\boldsymbol{P}_n$ und $\Phi(A)$ den Flächeninhalt seines sphärischen Bildes als Punkt von $\boldsymbol{F}$, so ist*

$$\Phi(A) = \lim_{n\to\infty} \Phi_n(A). \tag{11}$$

Beweis: Da die Polyeder $\boldsymbol{P}_n$ der Fläche $\boldsymbol{F}$ einbeschrieben sind, ist jede Stützebene an $\boldsymbol{F}$ in A gleichzeitig Stützebene an $\boldsymbol{P}_n$. Das sphärische Bild von A als Punkt von $\boldsymbol{F}$ ist daher im sphärischen Bild von A als Punkt von $\boldsymbol{P}_n$ enthalten. Für jedes n gilt daher

$$\Phi(A) \leqq \Phi_n(A). \tag{12}$$

Da aber ein Punkt eine abgeschlossene Menge ist, so ist nach Satz 2:

$$\Phi(A) \geqq \overline{\lim_{n\to\infty}}\, \Phi_n(A). \tag{13}$$

Aus (12) und (13) ergibt sich (11).

Es sei noch bemerkt, daß nicht nur $\Phi_n(A)$ gegen $\Phi(A)$ konvergiert, sondern daß unter den Voraussetzungen des Hilfssatzes auch die Folge der Ecken A der Polyeder $\boldsymbol{P}_n$ gegen den Tangentialkegel in A an $\boldsymbol{F}$ strebt.

§ 3. Die Verallgemeinerung des GAUSZ*schen Satzes*

Der Satz von GAUSZ besagt, daß der Flächeninhalt des sphärischen Bildes eines Bereiches auf einer regulären Fläche mit der inneren Totalkrümmung dieses Bereiches übereinstimmt. In § 1 haben wir die Krümmung von „Fundamentalmengen" auf einer konvexen Fläche, von Punkten, offenen Kürzesten und offenen Dreiecken definiert. Dann hatten wir den Begriff der „Elementarmenge" eingeführt. Darunter verstanden wir die Vereinigungsmenge endlich vieler punktfremder Fundamentalmengen. Die Krümmung einer Elementarmenge wurde definiert als Summe der Krümmungen von Fundamentalmengen, aus denen sie sich zusammensetzen läßt.

Ein offenes Dreieck ist eine offene Menge auf der Fläche, ein Punkt eine abgeschlossene Menge, und eine offene Kürzeste ist die Differenz zweier abgeschlossener Mengen (nämlich dieser Kürzesten selbst und der Menge ihrer Endpunkte). Das sphärische Bild dieser Fundamentalmengen und daher auch das jeder Elementarmenge besitzt einen wohlbestimmten Flächeninhalt. Infolgedessen muß die Verallgemeinerung des GAUSZschen Satzes auf den Fall beliebiger konvexer Flächen in dem Beweis der Tatsache bestehen, daß *der Flächeninhalt des sphärischen Bildes einer Elementarmenge auf einer konvexen Fläche gleich der Krümmung dieser Menge ist.* Nun sind sowohl der Flächeninhalt des sphärischen Bildes als auch die Krümmung additive Mengenfunktionen. Es genügt also, den Satz für Fundamentalmengen zu beweisen. Somit reduziert sich der verallgemeinerte GAUSZsche Satz auf folgende drei Sätze:

Satz 1: *Der Flächeninhalt des sphärischen Bildes eines Punktes einer konvexen Fläche ist gleich der Krümmung dieses Punktes, d. h. gleich der Differenz zwischen* 2π *und dem vollen Winkel um diesen Punkt.*

Satz 2: *Der Flächeninhalt des sphärischen Bildes einer offenen Kürzesten auf einer konvexen Fläche ist gleich ihrer Krümmung, d. h. gleich Null.*

Satz 3: *Der Flächeninhalt des sphärischen Bildes eines offenen Dreiecks auf einer konvexen Fläche ist gleich seiner Krümmung, d. h. gleich dem Überschuß seiner Winkelsumme über* π (*dem Exzeß*, d. Ü.).

Diese Sätze werden wir nacheinander beweisen. Der Beweis des ersten stützt sich auf den folgenden Hilfssatz über konvexe Kegel:

Hilfssatz 1: *Der Flächeninhalt des sphärischen Bildes eines konvexen Kegels ist gleich* 2π *minus dem vollen Winkel an seiner Spitze.*

Beweis: Wir zeigen zunächst, daß das sphärische Bild eines konvexen Kegels eine konvexe Menge auf der Einheitssphäre $\boldsymbol{S}$ ist. Den Mittelpunkt der Sphäre $\boldsymbol{S}$ legt man zweckmäßigerweise in die Spitze des Kegels. Sind $\boldsymbol{P}_1$ und $\boldsymbol{P}_2$ zwei

Stützebenen des Kegels, so ist dieser Kegel in einem Winkelraum zwischen Halbebenen, nämlich Teilen dieser Stützebenen, enthalten. Jede Stützebene $\boldsymbol{P}$ dieses Zweiflaches ist auch Stützebene des Kegels. Die Endpunkte der äußeren Normalen dieser Stützebenen $\boldsymbol{P}$ beschreiben auf der Sphäre $\boldsymbol{S}$ den kleineren Bogen des Großkreises, der die Endpunkte der äußeren Normalen der Ebenen $\boldsymbol{P}_1$ und $\boldsymbol{P}_2$ verbindet. Dies aber bedeutet gerade, daß das sphärische Bild des Kegels konvex ist.

Nun beweisen wir unseren Hilfssatz für den Fall, daß der Kegel eine Polyederecke ist. Seien $\alpha_1, \alpha_2, \ldots, \alpha_n$ die Spannwinkel (Definition s. S. 17) dieser Polyederecke. Dreht man eine Stützebene an die Polyederecke um eine Kante, so beschreibt der Endpunkt der äußeren Normalen den Bogen des Großkreises, welcher die Endpunkte der Normalen der in dieser Kante zusammenstoßenden Seitenflächen verbindet. Hieraus ersieht man, daß das sphärische Bild einer konvexen Polyederecke ein konvexes Polygon auf der Sphäre ist. Die Eckpunkte dieses Polygons sind die Endpunkte der Normalen der Seitenflächen; seine Winkel sind gleich $\pi - \alpha_i$, wo α_i die Spannwinkel auf den entsprechenden Seitenflächen sind. Dies erhellt daraus, daß sich bei Drehung der Stützebene um eine Kante die Normale in einer zu dieser Kante senkrechten Ebene bewegt. Bekanntlich ist der Flächeninhalt eines n-Ecks auf der Einheitssphäre gleich seiner um $(n-2)\pi$ verminderten Winkelsumme[1]), d. h. gleich

$$\sum_{i=1}^{n} (\pi - \alpha_i) - (n-2)\pi = 2\pi - \sum_{i=1}^{n} \alpha_i .$$

Die Summe aller α_i ist aber der volle Winkel an der Spitze der Polyederecke, womit unser Hilfssatz für den Fall einer Polyederecke bewiesen ist.

Jetzt wählen wir auf einem beliebigen konvexen Kegel $\boldsymbol{K}$ einige Erzeugende und schreiben ihm eine Polyederecke $\boldsymbol{V}$ mit diesen Erzeugenden als Kanten ein. Beschreibt man um die Spitze von $\boldsymbol{K}$ die Einheitssphäre $\boldsymbol{S}$, so wird diese von $\boldsymbol{K}$ längs einer gewissen konvexen Kurve $\mathfrak{K}_1$ und von der Polyederecke $\boldsymbol{V}$ längs eines dieser Kurve einbeschriebenen konvexen Polygons $\mathfrak{B}_1$ geschnitten. (Ist $\boldsymbol{K}$ in einen doppelt bedeckten ebenen Winkel ausgeartet, so reduziert sich die Kurve $\mathfrak{K}_1$ auf einen doppelt bedeckten Bogen eines Großkreises. Diesen Fall brauchen wir aber nicht zu betrachten, da ein solcher Kegel eine Polyederecke mit zwei Seitenflächen ist; für Polyederecken ist aber der Hilfssatz bereits bewiesen.) Der Polygonumfang $\mathfrak{B}_1$ ist gleich der Summe der Spannwinkel der Polyederecke $\boldsymbol{V}$, während die Länge der Kurve $\mathfrak{K}_1$ gleich dem vollen Winkel an der Spitze des Kegels $\boldsymbol{K}$ ist. Läßt man die Zahl der Kanten der Polyederecke $\boldsymbol{V}$ wachsen und dabei die Spannwinkel kleiner werden, so strebt das Polygon $\mathfrak{B}_1$ gegen die Kurve $\mathfrak{K}_1$ und seine Länge gegen die Länge dieser Kurve. Der volle Winkel φ an der Spitze des Kegels $\boldsymbol{K}$ ist daher gleich dem Grenzwert der vollen Winkel φ_V der ihm einbeschriebenen Polyederecken $\boldsymbol{V}$.

---

[1]) Diese Aussage ist für sphärische Dreiecke leicht zu beweisen; Zerlegung in Dreiecke und einfache Addition der Winkel ergibt dasselbe Resultat auch für Polygone. Selbstverständlich handelt es sich um kreishomöomorphe Polygone.

Andererseits liegt offenbar die Polyederecke V im Innern von K; daher ist jede Stützebene an K auch Stützebene an V. Das sphärische Bild von K ist also im sphärischen Bild von V enthalten. Wenn die Anzahl der Kanten von V unbegrenzt wächst, so wird das sphärische Bild kleiner und konvergiert gegen das sphärische Bild von K. Die sphärischen Bilder von V und K sind konvex; der Flächeninhalt eines konvexen Bereiches ist als untere Grenze der Flächeninhalte der ihn enthaltenden Polygone definiert. Wie wir gezeigt haben, ist der Flächeninhalt des sphärischen Bildes einer Polyederecke V gleich der Differenz von 2π und dem vollen Winkel φ_V um ihre Spitze; der Grenzwert der Winkel φ_V ist aber gleich dem vollen Winkel φ an der Spitze von K. Der Flächeninhalt des sphärischen Bildes von K ist also gleich $2\pi - \varphi$, was zu beweisen war.

Beweis von Satz 1: Legt man durch einen Punkt Q einer konvexen Fläche F eine Stützebene P, so bleibt sie bei unbegrenzter Dilatation von Q aus eine Stützebene und geht schließlich in eine Stützebene an den Tangentialkegel in diesem Punkt über. Andererseits umfaßt der Tangentialkegel die Fläche F, und jede Stützebene an ihn in Q ist auch Stützebene an F. Folglich haben im Punkt Q die Fläche F und der Tangentialkegel dieselben Stützebenen, und das sphärische Bild von Q fällt mit dem sphärischen Bild des Tangentialkegels zusammen. Aus dem soeben bewiesenen Hilfssatz 1 folgt, daß der Flächeninhalt des sphärischen Bildes von Q gleich der Differenz von 2π und dem vollen Winkel φ des Tangentialkegels ist. In Kap. IV, § 6 haben wir aber gezeigt, daß der volle Winkel des Tangentialkegels in Q gleich dem vollen Winkel um Q auf der Fläche selbst ist. Somit ist der Satz bewiesen.

Aus Satz 1 folgt, daß die Menge derjenigen Punkte auf einer konvexen Fläche, deren voller Winkel kleiner als 2π ist, höchstens abzählbar ist. $2\pi - \varphi$ ist nämlich gleich dem Flächeninhalt des sphärischen Bildes des Punktes. Der Flächeninhalt des sphärischen Bildes der Gesamtfläche kann aber 4π nicht übertreffen. Die Summe der Zahlen $2\pi - \varphi$ ist also endlich, und dies ist nur dann möglich, wenn es höchstens abzählbar viele sind.

Der Beweis der beiden anderen zu Anfang dieses Paragraphen formulierten Sätze ist nicht so einfach: er wird mittels der Methode des Grenzüberganges von Polyedern zu beliebigen konvexen Flächen geführt. Wir müssen daher mit der Betrachtung des sphärischen Bildes eines konvexen Polyeders beginnen.

Das sphärische Bild des Innern einer Seitenfläche eines Polyeders ist ein Punkt, das sphärische Bild einer Kante unter Ausschluß der Endpunkte ist ein Bogen eines Großkreises, und das sphärische Bild eines Eckpunktes ist ein konvexes Polygon. Haben die sphärischen Bilder zweier Eckpunkte gemeinsame Punkte, so gehören diese Punkte den sphärischen Bildern von Kanten oder Seitenflächen an, auf denen beide Eckpunkte liegen. Daraus ersieht man, daß der Flächeninhalt des sphärischen Bildes irgendeiner Menge auf einem konvexen Polyeder gleich der Summe der Flächeninhalte der sphärischen Bilder derjenigen Ecken ist, die zu der betreffenden Menge gehören. Wir wissen aber, daß eine Kürzeste auf einem konvexen Polyeder nicht durch einen Eckpunkt hindurchgehen kann. Der Flächeninhalt des sphärischen Bildes einer Kürzesten ohne Endpunkte ist daher

Null. Damit ist übrigens für Polyeder der zweite der oben formulierten Sätze bewiesen, während sich der dritte aus dem folgenden Hilfssatz ergibt:

Hilfssatz 2: *Der Flächeninhalt des sphärischen Bildes des Innern eines geodätischen Polygons auf einem konvexen Polyeder ist gleich der Krümmung dieses Bereiches.*

Beweis: Sei $\boldsymbol{Q}$ ein geodätisches Polygon auf einem konvexen Polyeder $\boldsymbol{P}$. Man kann offenbar $\boldsymbol{Q}$ in Dreiecke zerlegen, von denen jedes vollständig auf einer Seitenfläche von $\boldsymbol{P}$ gelegen ist. Die Krümmung des Innern jedes dieser Dreiecke ist Null. Nach Satz 1 aus § 1 ist die Krümmung von $\boldsymbol{Q}$, oder genauer die Krümmung seines Innern, gleich der Summe der Krümmungen der Dreiecksinneren dieser Zerlegung und der Krümmungen der Eckpunkte im Innern von $\boldsymbol{Q}$. Für alle Eckpunkte der Zerlegung, die nicht gleichzeitig Eckpunkte des Polyeders sind, ist diese Krümmung Null. Daher ist die Krümmung des Innern von $\boldsymbol{Q}$ gleich der Summe der Krümmungen der Polyedereckpunkte, die in $\boldsymbol{Q}$ liegen. Die Krümmung eines Eckpunktes ist gleich dem Flächeninhalt seines sphärischen Bildes. Der Flächeninhalt des sphärischen Bildes eines beliebigen Bereiches auf dem Polyeder ist aber gleich der Summe der Flächeninhalte der in seinem Innern liegenden Eckpunkte. Die Krümmung des Innern des Polygons $\boldsymbol{Q}$ ist daher gleich dem Flächeninhalt seines sphärischen Bildes.

Nachdem somit der Satz von GAUSZ für konvexe Polyeder bewiesen ist, muß der Grenzübergang zu beliebigen konvexen Flächen durchgeführt werden. In der Formulierung des Satzes kommen zwei Größen vor: der Flächeninhalt des sphärischen Bildes und die Krümmung, die durch Winkel zwischen Kürzesten definiert ist. Für den Grenzübergang werden wir daher erstens die Ergebnisse von § 2 über die Konvergenz der Flächeninhalte der sphärischen Bilder von Mengen auf konvergierenden konvexen Flächen und zweitens die Sätze über die Konvergenz von Winkeln zwischen Kürzesten aus Kap. IV, § 4 zu benutzen haben.

Beweis von Satz 2: Es genügt zu zeigen, daß man von jedem inneren Punkt einer Kürzesten nach beiden Seiten Abschnitte abtragen kann, deren sphärische Bilder den Flächeninhalt Null haben. Man kann dann nämlich eine Kürzeste ohne die Endpunkte durch abzählbar viele derartige Abschnitte überdecken; der Flächeninhalt ihres sphärischen Bildes ist daher ebenfalls Null. Ohne Beschränkung der Allgemeinheit brauchen wir nur Kürzeste auf geschlossenen konvexen Flächen zu betrachten.

Wir nehmen auf einer geschlossenen konvexen Fläche $\boldsymbol{F}$ eine Kürzeste $\mathfrak{L}$ und darauf zwei innere Punkte A und B. Eine Umgebung des Abschnittes AB läßt sich so auf die Ebene abbilden, daß der in dieser Umgebung enthaltene Teil von $\mathfrak{L}$ in eine Gerade übergeht[1]). Es hat daher Sinn, von Punkten in der Nähe des Abschnittes AB zu sagen, sie lägen auf der einen oder auf der anderen Seite von $\mathfrak{L}$.

---

[1]) Die Möglichkeit einer solchen Abbildung ergibt sich aus der Tatsache, daß eine Kürzeste einer geradlinigen Strecke homöomorph ist (Kap. II, § 2).

Wir wählen im Innern von AB einen Punkt Z und in seiner Nähe zwei Punkte D_1 und D_2, die auf verschiedenen Seiten von $\mathfrak{L}$ liegen. Konvergieren die Punkte D_1 und D_2 gegen Z, so konvergiert auch eine Kürzeste D_1D_2 gegen Z. Man kann daher D_1 und D_2 so wählen, daß die Kürzeste D_1D_2 den Abschnitt AB in einem gewissen Punkt D schneidet (Abb. 48). Die Kürzesten AB und D_1D_2 können nicht mehr als einen Punkt gemeinsam haben; sind aber D_1 und D_2 genügend nahe bei Z gelegen, so verläuft die Kürzeste D_1D_2 in der Nähe dieses Punktes. Hieraus folgt, daß die Abschnitte D_1D und D_2D der Kürzesten D_1D_2 auf verschiedenen Seiten von $\mathfrak{L}$ liegen.

Genauso kann man eine Kürzeste C_1C_2 ziehen, die den Abschnitt AD in einem gewissen Punkt C schneidet, und deren Abschnitte C_1C und C_2C auf verschiedenen Seiten von $\mathfrak{L}$ liegen. Wir wollen annehmen, daß die Abschnitte C_1C und D_1D auf derselben Seite von $\mathfrak{L}$ liegen.

Nehmen wir jetzt auf D_1D und D_2D veränderliche Punkte M und N und bewegen sie gegen D, dann konvergieren die Kürzesten AM und AN gegen AD (auf Grund der Folgerung 4 aus dem Satz des § 3 von Kap. II). Keine von ihnen kann $\mathfrak{L}$ schneiden, da zwei von einem Punkt ausgehende und einander nicht deckende Kürzeste sich nicht schneiden können. Liegen daher die Punkte M und N genügend nahe bei D, so verläuft jede der Kürzesten AM bzw. AN ganz auf der durch M bzw. N bestimmten Seite von $\mathfrak{L}$. Da sie außerdem gegen AD konvergieren, schneiden die Kürzesten AM bzw. AN die Abschnitte C_1C bzw. C_2C, wenn nur M bzw. N hinreichend nahe bei D liegen. Die Schnittpunkte bezeichnen wir mit X bzw. Y. Streben M und N gegen D, so konvergieren X und Y gegen C.

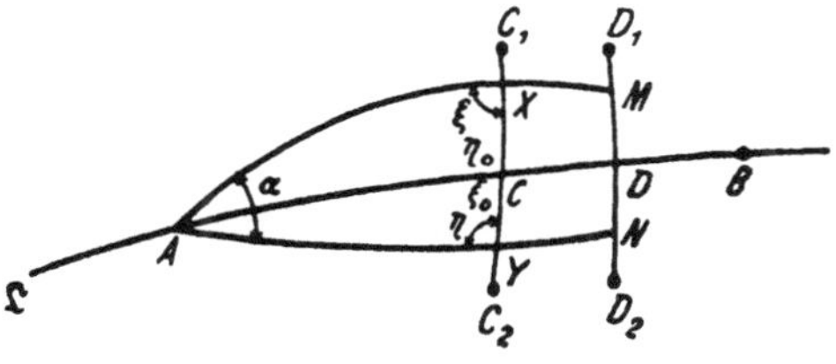

Abb. 48

Wir erhalten das Dreieck AXY, das von den Kürzesten AX, AY und XY berandet wird[1]. Seien α, ξ, η seine Winkel bei A, X bzw. Y. Da die Kürzesten AX und XY sich über X hinaus fortsetzen lassen, ist klar, daß der Winkel ξ kleiner als π und gleich dem Winkel zwischen diesen Kürzesten ist (und nicht etwa gleich dem Komplementärwinkel zu dem vollen Winkel 2π um X). Genauso ist η der Winkel zwischen AY und XY.

Konvergiert der Punkt X gegen C, so konvergieren AX und XC_2 gegen AC und CC_2. Durch C gehen Kürzeste hindurch; daher ist der volle Winkel um diesen Punkt gleich 2π. Nach Satz 5 aus § 4 von Kap. IV konvergiert daher der Winkel ξ zwischen AX und XY gegen den Winkel ξ_0 zwischen AC und CC_2. Aus demselben Grunde konvergiert der Winkel η gegen den Winkel η_0 zwischen AC und CC_1.

[1]) Eine geschlossene Fläche wird eigentlich in zwei Dreiecke zerlegt. Wir nehmen dasjenige, das den Abschnitt AC von $\mathfrak{L}$ enthält.

Nun ist aber $\xi_0 + \eta_0 = \pi$. Die Punkte X und Y lassen sich daher so nahe bei C wählen, daß

$$\xi + \eta < \pi + \frac{\varepsilon}{2} \tag{1}$$

gilt. ε ist hierbei eine vorgegebene positive Zahl. (Streng genommen wählen wir nicht die C benachbarten Punkte X und Y, sondern M und N so nahe bei D, daß AM und AN die Abschnitte CC_1 und CC_2 in den hinreichend nahe bei C gelegenen Punkten X und Y schneiden.)

Da die Kürzesten AX und AY gegen die Kürzeste AC konvergieren, so konvergiert der Winkel α zwischen ihnen gegen Null (auf Grund des Satzes 5 aus § 4 von Kap. IV). Liegen die Punkte X und Y genügend nahe bei C, so ist

$$\alpha < \frac{\varepsilon}{2}. \tag{2}$$

Sind X und Y so gewählt, daß die beiden Ungleichungen (1) und (2) erfüllt sind, so ist die Krümmung des Dreiecks AXY:

$$\omega(AXY) = \alpha + \xi + \eta - \pi < \varepsilon \tag{3}$$

(der Kürze halber sprechen wir von der Krümmung des Dreiecks, obwohl wir die Krümmung seines Innern meinen).

Wir konstruieren jetzt eine Folge geschlossener konvexer Polyeder $\boldsymbol{P}_n$, die gegen unsere Fläche $\boldsymbol{F}$ konvergieren. Auf diesen Polyedern wählen wir Punkte A_n, X_n, Y_n, die gegen die Punkte A, X, Y konvergieren. Da die Kürzesten AX, AY und XY eigentlich Teile der Kürzesten AM, AN und C_1C_2 sind, sind sie die einzigen Kürzesten, die die Punkte A, X, Y verbinden. Die Kürzesten, die auf den Polyedern $\boldsymbol{P}_n$ die Punkte A_n, X_n, Y_n verbinden, müssen daher gegen sie konvergieren. Dann streben aber auch die Dreiecke $A_nX_nY_n$ gegen das Dreieck AXY. (Dies wurde im Anhang zum § 4 von Kap. IV bewiesen.) Genauer gesagt beranden auf jeder geschlossenen konvexen Fläche drei Kürzeste mit paarweise gemeinsamen Endpunkten zwei Dreiecke. Die Dreiecke $A_nX_nY_n$ sind diejenigen, die gerade gegen das oben betrachtete Dreieck AXY konvergieren.

Seien α_n, ξ_n, η_n die Winkel des Dreiecks $A_nX_nY_n$ bei den Ecken A_n, X_n, Y_n. Da durch die Punkte A, X, Y Kürzeste hindurchgehen (durch X und Y z. B. die Kürzeste C_1C_2), sind die vollen Winkel um diese Punkte gleich 2π. Nach Satz 4 aus § 4 von Kap. IV streben die Winkel α_n, ξ_n, η_n gegen die entsprechenden Winkel α, ξ, η; daher strebt die Krümmung der Dreiecke $A_nX_nY_n$ gegen die Krümmung von AXY, d. h.:

$$\omega(AXY) = \lim_{n\to\infty} \omega(A_nX_nY_n).$$

Nach (3) ist $\omega(AXY) < \varepsilon$, also

$$\lim_{n\to\infty} \omega(A_nX_nY_n) < \varepsilon. \tag{4}$$

Betrachten wir jetzt $\Phi(A_n X_n Y_n)$ und $\Phi(AXY)$, die Flächeninhalte der sphärischen Bilder des Innern der Dreiecke $A_n X_n Y_n$ und AXY. Da für Polyeder der GAUSZsche Satz bewiesen ist, gilt $\Phi(A_n X_n Y_n) = \omega(A_n X_n Y_n)$; aus der Ungleichung (4) folgt also

$$\lim_{n\to\infty} \Phi(A_n X_n Y_n) < \varepsilon. \tag{5}$$

Die Flächeninhalte der sphärischen Bilder der Komplementärmengen von $A_n X_n Y_n$ und AXY — dies sind abgeschlossene Bereiche — sind gleich

$$4\pi - \Phi(A_n X_n Y_n) \quad \text{bzw.} \quad 4\pi - \Phi(AXY).$$

Die abgeschlossenen Komplementärmengen der Dreiecke $A_n X_n Y_n$ konvergieren gegen die abgeschlossene Komplementärmenge des Dreiecks AXY. Aus Satz 2, § 2 erhalten wir daher

$$4\pi - \Phi(AXY) \geqq \overline{\lim_{n\to\infty}} \{4\pi - \Phi(A_n X_n Y_n)\}$$

oder

$$\Phi(AXY) \leqq \underline{\lim_{n\to\infty}} \Phi(A_n X_n Y_n).$$

Nach Ungleichung (5) folgt hieraus

$$\Phi(AXY) < \varepsilon. \tag{6}$$

Das Dreieck AXY enthält den Abschnitt AC der Kürzesten $\mathfrak{L}$ im Innern, wenn man die Endpunkte dieses Abschnitts ausschließt. Der Flächeninhalt des sphärischen Bildes von AC unter Ausschluß der Endpunkte ist daher nicht größer als ε. Da aber durch A und C Kürzeste hindurchgehen, sind die vollen Winkel um diese Punkte gleich 2π und daher die Flächeninhalte ihrer sphärischen Bilder gleich Null. Daher gilt auch für den ganzen Abschnitt AC die Ungleichung

$$\Phi(AC) \leqq \Phi(AXY)$$

und nach (6)

$$\Phi(AC) < \varepsilon.$$

Da aber ε beliebig war, folgt hieraus

$$\Phi(AC) = 0.$$

Wir erhalten also auf diese Weise einen von A aus abgetragenen Abschnitt AC, dessen sphärisches Bild den Flächeninhalt Null hat. Durch eine abzählbare Menge solcher von verschiedenen Punkten aus abgetragenen Abschnitte läßt sich die ganze Kürzeste mit Ausschluß der Endpunkte überdecken. Daher ist der Flächeninhalt ihres sphärischen Bildes ebenfalls gleich Null.

Satz 3: *Der Flächeninhalt des sphärischen Bildes eines Dreiecksinnern ist gleich der Krümmung des Dreiecksinnern.* (Im Beweis werden wir statt „Dreiecksinnere" einfach „Dreieck" sagen.)

Beweis: Sei $\boldsymbol{T}$ ein Dreieck auf einer konvexen Fläche $\boldsymbol{F}$. Halbieren wir alle Seiten von $\boldsymbol{T}$, so sind die so entstehenden halben Seiten die einzigen Kürzesten zwischen ihren Endpunkten. Wenn wir daher die Mittelpunkte der Dreiecksseiten als Ecken betrachten, so verwandelt sich das Dreieck in ein Sechseck $\boldsymbol{T}$, dessen Seiten sämtlich die einzigen Kürzesten zwischen ihren Endpunkten sind.

Seien $A_1, A_2, \ldots, A_6$ die Ecken des Sechsecks $\boldsymbol{T}$ in zyklischer Reihenfolge, $\alpha_1, \alpha_2, \ldots, \alpha_6$ die Winkel bei ihnen. Hierbei ist $\alpha_2 = \alpha_4 = \alpha_6 = \pi$, und die Krümmung von $\boldsymbol{T}$ ist gleich

$$\omega(\boldsymbol{T}) = \alpha_1 + \alpha_3 + \alpha_5 - \pi = \sum_{i=1}^{6} \alpha_i - 4\pi. \tag{7}$$

Wir konstruieren eine Folge konvexer in $\boldsymbol{F}$ (räumlich) einbeschriebener Polyeder $\boldsymbol{P}_n$, die mit $\boldsymbol{F}$ die Punkte $A_1, \ldots, A_6$ gemeinsam haben (diese Punkte werden im allgemeinen Polyedereckpunkte sein). Nach Hilfssatz 5 aus § 2 gilt für jeden Punkt A_j

$$\Phi(A_j) = \lim_{n \to \infty} \Phi_n(A_j^n). \tag{8}$$

Der Index n deutet hierbei darauf hin, daß A_j als Punkt des n-ten Polyeders zu betrachten ist.

Da die Seiten des Sechsecks $\boldsymbol{T}$ die einzigen Kürzesten zwischen ihren Endpunkten sind, so konvergieren die Kürzesten $A_1^n A_2^n, \ldots, A_6^n A_1^n$ beziehungsweise gegen $A_1 A_2, \ldots, A_6 A_1$. Die von $A_1^n A_2^n, \ldots, A_6^n A_1^n$ berandeten Sechsecke $\boldsymbol{Q}_n$ auf $\boldsymbol{P}_n$ konvergieren daher gegen das Sechseck $\boldsymbol{T}$[1]).

Da $\Phi_n(A_j^n)$ gegen $\Phi(A_j)$ konvergiert, streben die vollen Winkel um A_j^n gegen den vollen Winkel um A_j. Aus Satz 3 des § 3 von Kap. IV folgt daher, daß die Winkel der Sechsecke $\boldsymbol{Q}_n$ gegen die entsprechenden Winkel der Sechsecke $\boldsymbol{T}$ konvergieren.

Somit konvergiert auch die Krümmung von $\boldsymbol{Q}_n$ gegen die Krümmung von $\boldsymbol{T}$:

$$\omega(\boldsymbol{T}) = \lim_{n \to \infty} \omega(\boldsymbol{Q}_n). \tag{9}$$

Das sphärische Bild des Polygonrandes setzt sich aus den sphärischen Bildern der Ecken und Seiten zusammen. Die Flächeninhalte der sphärischen Bilder der Seiten mit Ausschluß der Endpunkte sind gleich Null; nach Formel (8) konvergieren die Flächeninhalte der sphärischen Bilder der Eckpunkte der Sechsecke $\boldsymbol{Q}_n$ gegen die Flächeninhalte der sphärischen Bilder der Ecken des Sechseckes $\boldsymbol{T}$. Somit konvergieren die Flächeninhalte der sphärischen Bilder der Berandungen von $\boldsymbol{Q}_n$ gegen den Flächeninhalt des sphärischen Bildes des Randes von $\boldsymbol{T}$. Nach Satz 3 aus § 2 folgt daher

$$\Phi(\boldsymbol{T}) = \lim_{n \to \infty} \Phi(\boldsymbol{Q}_n). \tag{10}$$

[1]) Auf geschlossenen Polyedern beranden die geschlossenen Streckenzüge $A_1^n \cdots A_6^n$ jeweils zwei Sechsecke. Die einen von ihnen konvergieren gegen $\boldsymbol{T}$. Die Tatsache, daß es solche gegen $\boldsymbol{T}$ konvergierende Sechsecke tatsächlich gibt, wurde im Anhang zu § 4 von Kap. IV bewiesen.

Da für Polyeder der GAUSZsche Satz bewiesen ist, so gilt

$$\Phi(Q_n) = \omega(Q_n),$$

und aus (9) und (10) folgt

$$\Phi(T) = \omega(T),$$

womit der Satz bewiesen ist.

§ 4. Die Krümmung der BORELschen Mengen

Bisher war die Krümmung nur für Elementarmengen definiert. Wir werden sie im folgenden für beliebige BORELsche Mengen auf konvexen Flächen definieren und zeigen, daß für jede BORELsche Menge die so definierte Krümmung gleich dem Flächeninhalt ihres sphärischen Bildes ist. Es ist wichtig, im Auge zu behalten, daß die Krümmung ihrem Wesen nach ein innergeometrischer Begriff ist und daher auch ihre Definition innergeometrisch sein muß. Zuerst definieren wir die Krümmung für beschränkte abgeschlossene Mengen, indem wir von dem schon erklärten Begriff der Krümmung einer Elementarmenge ausgehen: *Unter der Krümmung einer beschränkten abgeschlossenen Menge auf einer konvexen Fläche verstehen wir die untere Grenze der Krümmungen der diese Menge enthaltenden Elementarmengen. Die Krümmung einer beliebigen BORELschen Menge auf einer konvexen Fläche definieren wir als obere Grenze der Krümmungen der in dieser Menge enthaltenen beschränkten abgeschlossenen Mengen*[1]).

Um nachzuweisen, daß die angegebenen Krümmungsdefinitionen für beliebige BORELsche Mengen und für beschränkte abgeschlossene Mengen einander nicht widersprechen, muß man zeigen, daß beide Definitionen für BORELsche Mengen, die überdies beschränkt und abgeschlossen sind, denselben Wert liefern. Mit anderen Worten, es muß bewiesen werden, daß die Krümmung einer beschränkten abgeschlossenen Menge gleich der oberen Grenze der Krümmungen der in ihr enthaltenen abgeschlossenen Mengen ist. Die oben angegebene Definition darf auch der früheren Definition der Krümmung einer Elementarmenge nicht widersprechen. Man muß also zeigen, daß für BORELsche Mengen, die gleichzeitig Elementarmengen sind, beide Definitionen dasselbe Ergebnis liefern. Diese beiden Tatsachen erhalten wir als Korollare zu dem folgenden Satz, der eine Verallgemeinerung des GAUSZschen Satzes auf den Fall beliebiger BORELscher Mengen ist:

Satz 1: *Die Krümmung jeder BORELschen Menge auf einer konvexen Fläche ist gleich dem Flächeninhalt ihres sphärischen Bildes.*

---

[1]) Man kann auch von einer anderen Definition ausgehen: Als Krümmung einer offenen Menge nimmt man die obere Grenze der Krümmungen der in ihr enthaltenen Elementarmengen. Die Krümmung einer BORELschen Menge definiert man dann als untere Grenze der Krümmungen der offenen Mengen, die die gegebene Menge enthalten. Beide Definitionen verhalten sich zueinander wie die bekannten Definitionen des inneren und des äußeren Maßes. Wie im Falle des LEBESGUEschen Maßes ergeben sie für BORELsche Mengen denselben Wert.

Greift man auf die soeben gegebene Krümmungsdefinition zurück, so sieht man, daß dieser Satz in zwei Sätze aufzuteilen ist:

Satz 1a: *Die Krümmung jeder beschränkten abgeschlossenen Menge auf einer konvexen Fläche — d. h. die untere Grenze der Krümmungen der diese Menge enthaltenden Elementarmengen — ist gleich dem Flächeninhalt des sphärischen Bildes dieser Menge.*

Satz 1b: *Die Krümmung jeder* Borelschen *Menge auf einer konvexen Fläche — d. h. die obere Grenze der Krümmungen der in ihr enthaltenen beschränkten abgeschlossenen Mengen — ist gleich dem Flächeninhalt des sphärischen Bildes dieser Menge.*

Da der Flächeninhalt des sphärischen Bildes für alle Borelschen Mengen eindeutig definiert und, wie in § 3 gezeigt wurde, für Elementarmengen gleich der Krümmung ist, folgt aus den formulierten Sätzen tatsächlich, daß unsere Krümmungsdefinition widerspruchsfrei ist.

Beweis von Satz 1a: Sei $\boldsymbol{M}$ eine beschränkte abgeschlossene Menge auf einer konvexen Fläche $\boldsymbol{F}$. Gehört ein Punkt X von $\boldsymbol{F}$ nicht zu $\boldsymbol{M}$, so läßt sich um X ein Kreis mit so kleinem Radius r beschreiben, daß auch dieser noch zu $\boldsymbol{M}$ punktfremd ist. Wenn man daher umgekehrt um alle Punkte von $\boldsymbol{M}$ Kreise mit dem Radius r beschreibt, so erhält man eine Umgebung $\boldsymbol{U}_r$ von $\boldsymbol{M}$, die X nicht enthält. Hieraus folgt, daß eine abgeschlossene Menge der Durchschnitt aller solcher „r-Umgebungen" ist.

Um jeden Punkt Y von $\boldsymbol{M}$ kann man ein Polygon legen, das in einem Kreis vom Radius r um Y liegt. Nach dem Borelschen Überdeckungssatz läßt sich aus diesen Polygonen eine endliche Anzahl auswählen, die ganz $\boldsymbol{M}$ bedecken. Die Vereinigungsmenge dieser Polygone ist eine die Menge $\boldsymbol{M}$ enthaltende Elementarmenge $\boldsymbol{Q}_r$[1]).

Da $\boldsymbol{M}$ der Durchschnitt seiner r-Umgebungen $\boldsymbol{U}_r$ ist, bilden die Mengen $\boldsymbol{U}_r - \boldsymbol{M}$ für gegen Null strebende r eine verschwindende Folge. Aus der Stetigkeit von Φ (Hilfssatz 1 und Satz 1 von § 2) folgt $\Phi(\boldsymbol{U}_r - \boldsymbol{M}) \to 0$. Die Menge $\boldsymbol{Q}_r$ ist in $\boldsymbol{U}_r$ enthalten und umfaßt $\boldsymbol{M}$. Es gilt also a fortiori $\Phi(\boldsymbol{Q}_r - \boldsymbol{M}) \to 0$ und folglich

$$\Phi(\boldsymbol{M}) = \lim_{r \to 0} \Phi(\boldsymbol{Q}_r). \tag{1}$$

Ist andererseits $\boldsymbol{Q}$ eine $\boldsymbol{M}$ enthaltende Menge, so ist $\Phi(\boldsymbol{Q}) \geqq \Phi(\boldsymbol{M})$. Aus (1) folgt, daß $\Phi(\boldsymbol{M})$ die untere Grenze der Flächeninhalte der sphärischen Bilder von Elementarmengen ist, die $\boldsymbol{M}$ enthalten. Der Vergleich dieses Ergebnisses mit der oben gegebenen Definition der Krümmung einer abgeschlossenen Menge zeigt, daß die Krümmung jeder beschränkten abgeschlossenen Menge gleich dem Flächeninhalt ihres sphärischen Bildes ist. Damit ist Satz 1a bewiesen.

[1]) Auf Grund der Deckungsbedingung für Kürzeste lassen sich endlich viele Polygone in endlich viele Polygone zerlegen, die keine gemeinsamen inneren Punkte besitzen und längs endlich vieler Kürzesten und in endlich vielen Punkten aneinanderliegen. Folglich bilden sie tatsächlich eine Elementarmenge.

Zum Beweis von Satz 1b bedienen wir uns des folgenden Hilfssatzes aus der allgemeinen Maßtheorie:

Hilfssatz: *Ist $\Psi(\boldsymbol{M})$ eine für alle* Borelschen *Mengen definierte vollständig additive nichtnegative Mengenfunktion, so ist sie für jede* Borelsche *Menge $\boldsymbol{M}$ gleich der oberen Grenze ihrer Werte für die beschränkten abgeschlossenen Mengen, die in $\boldsymbol{M}$ enthalten sind.*

Beweis: Wir schicken folgende Bemerkung voraus: $\Psi(\boldsymbol{M})$ ist schon gleich der oberen Grenze seiner Werte für die abgeschlossenen Mengen, die in $\boldsymbol{M}$ enthalten sind, wenn $\Psi(\boldsymbol{M})$ nicht größer als diese obere Grenze ist. In der Tat: Ist $\boldsymbol{N} \subset \boldsymbol{M}$, so ist $\Psi(\boldsymbol{M}) = \Psi(\boldsymbol{N}) + \Psi(\boldsymbol{M} - \boldsymbol{N})$; da Ψ nichtnegativ ist, gilt $\Psi(\boldsymbol{M} - \boldsymbol{N}) \geqq 0$, d. h. $\Psi(\boldsymbol{M}) \geqq \Psi(\boldsymbol{N})$. Also kann $\Psi(\boldsymbol{M})$ nicht kleiner sein als die obere Grenze seiner Werte für in $\boldsymbol{M}$ enthaltene Mengen $\boldsymbol{N}$. Ist daher $\Psi(\boldsymbol{M})$ nicht größer als diese obere Grenze, so ist $\Psi(\boldsymbol{M})$ ihr gleich.

Sei $\mathfrak{A}$ die Gesamtheit aller Borelschen Mengen $\boldsymbol{M}$, für die $\Psi(\boldsymbol{M})$ nicht größer ist als die obere Grenze der Werte von Ψ für beschränkte abgeschlossene, in $\boldsymbol{M}$ enthaltene Mengen. Nach dem soeben Gesagten sind dies diejenigen Borelschen Mengen, für die $\Psi(\boldsymbol{M})$ gleich der betreffenden oberen Grenze ist. Zum Beweis des Hilfssatzes muß gezeigt werden, daß $\mathfrak{A}$ alle Borelschen Mengen enthält.

Wir zeigen zunächst, daß $\mathfrak{A}$ alle beschränkten abgeschlossenen Mengen enthält. Ist nämlich $\boldsymbol{M}$ abgeschlossen, so ist $\boldsymbol{M}$ eine in $\boldsymbol{M}$ enthaltene abgeschlossene Menge. $\Psi(\boldsymbol{M})$ ist offensichtlich nicht größer als die obere Grenze der Werte von Ψ für abgeschlossene in $\boldsymbol{M}$ enthaltene Mengen, und $\boldsymbol{M}$ gehört zu $\mathfrak{A}$.

Nun zeigen wir, daß mit den Mengen $\boldsymbol{M}_1, \boldsymbol{M}_2, \ldots$ auch ihre Vereinigungsmenge $\boldsymbol{M} = \bigcup_{i=1}^{\infty} \boldsymbol{M}_i$ zu $\mathfrak{A}$ gehört. Ψ ist vollständig additiv, also ist

$$\Psi(\boldsymbol{M}) = \Psi\left(\bigcup_{i=1}^{\infty} \boldsymbol{M}_i\right) = \lim_{n \to \infty} \Psi\left(\bigcup_{i=1}^{n} \boldsymbol{M}_i\right). \tag{2}$$

(Die Mengen $\bigcup_{i=1}^{\infty} \boldsymbol{M}_i - \bigcup_{i=1}^{n} \boldsymbol{M}_i$ bilden eine verschwindende Folge. Aus der Stetigkeit [s. Hilfssatz 1, § 2] folgt: $\lim_{n \to \infty} \Psi\left(\bigcup_{i=1}^{\infty} \boldsymbol{M}_i - \bigcup_{i=1}^{n} \boldsymbol{M}_i\right) = 0$. Hieraus ergibt sich auf Grund der Additivität die Formel (2).) Nach Voraussetzung gehören die Mengen $\boldsymbol{M}_i$ zu $\mathfrak{A}$, so daß für jedes $\varepsilon > 0$ eine beschränkte abgeschlossene Menge $\boldsymbol{N}_i \subset \boldsymbol{M}_i$ existiert, für die

$$\Psi(\boldsymbol{M}_i) < \Psi(\boldsymbol{N}_i) + \frac{\varepsilon}{2^i}$$

oder $\Psi(\boldsymbol{M}_i - \boldsymbol{N}_i) < \frac{\varepsilon}{2^i}$ gilt. Für alle n haben wir dann:

$$\Psi\left(\bigcup_{i=1}^{n} \boldsymbol{M}_i - \bigcup_{i=1}^{n} \boldsymbol{N}_i\right) \leqq \Psi\left(\bigcup_{i=1}^{n} (\boldsymbol{M}_i - \boldsymbol{N}_i)\right) \leqq \sum_{i=1}^{n} \Psi(\boldsymbol{M}_i - \boldsymbol{N}_i) < \varepsilon\,^{1})$$

oder

(3) $$\Psi\left(\bigcup_{i=1}^{n} \boldsymbol{M}_i\right) < \Psi\left(\bigcup_{i=1}^{n} \boldsymbol{N}_i\right) + \varepsilon.$$

Hieraus folgt nach Formel (2) für genügend große n:

(4) $$\Psi(\boldsymbol{M}) < \Psi\left(\bigcup_{i=1}^{n} \boldsymbol{N}_i\right) + \varepsilon.$$

Die Vereinigungsmenge endlich vieler abgeschlossener Mengen $\boldsymbol{N}_i$ ist eine in $\boldsymbol{M}$ enthaltene abgeschlossene Menge. Da ε beliebig ist, folgt aus Formel (4), daß $\Psi(\boldsymbol{M})$ nicht größer ist als die obere Grenze der Werte von Ψ für abgeschlossene in $\boldsymbol{M}$ enthaltene Mengen. $\boldsymbol{M}$ gehört also zu $\mathfrak{A}$. Schließlich beweisen wir, daß mit den Mengen $\boldsymbol{M}_1, \boldsymbol{M}_2, \ldots$ auch ihr Durchschnitt $\bigcap_{i=1}^{\infty} \boldsymbol{M}_i$ zu $\mathfrak{A}$ gehört. Da nach Voraussetzung die $\boldsymbol{M}_i$ zu $\mathfrak{A}$ gehören, gibt es für jedes $\varepsilon > 0$ abgeschlossene Mengen $\boldsymbol{N}_i \subset \boldsymbol{M}_i$ derart, daß

$$\Psi(\boldsymbol{M}_i) < \Psi(\boldsymbol{N}_i) + \frac{\varepsilon}{2^i}$$

oder $\Psi(\boldsymbol{M}_i - \boldsymbol{N}_i) < \frac{\varepsilon}{2^i}$ gilt. Dann ist

$$\Psi\left(\bigcap_{i=1}^{\infty} \boldsymbol{M}_i - \bigcap_{i=1}^{\infty} \boldsymbol{N}_i\right) \leqq \sum_{i=1}^{\infty} \Psi(\boldsymbol{M}_i - \boldsymbol{N}_i) < \varepsilon\,^{2})$$

oder

(5) $$\Psi\left(\bigcap_{i=1}^{\infty} \boldsymbol{M}_i\right) < \Psi\left(\bigcap_{i=1}^{\infty} \boldsymbol{N}_i\right) + \varepsilon.$$

Nun ist aber $\bigcap_{i=1}^{\infty} \boldsymbol{N}_i$ der Durchschnitt abgeschlossener in den $\boldsymbol{M}_i$ enthaltener Mengen. Er ist also eine im Durchschnitt $\bigcap_{i=1}^{\infty} \boldsymbol{M}_i$ enthaltene abgeschlossene Menge. Da ε beliebig ist, ergibt sich aus Formel (5), daß $\Psi\left(\bigcap_{i=1}^{\infty} \boldsymbol{M}_i\right)$ nicht

---

[1]) Die erste Ungleichung folgt daraus, daß $\bigcup_{i=1}^{n} \boldsymbol{M}_i - \bigcup_{i=1}^{n} \boldsymbol{N}_i \subset \bigcup_{i=1}^{n} (\boldsymbol{M}_i - \boldsymbol{N}_i)$ ist; die zweite daraus, daß $\Psi\left(\bigcup_{i=1}^{n} (\boldsymbol{M}_i - \boldsymbol{N}_i)\right)$ gleich der Summe der Werte von Ψ für die Mengen $\boldsymbol{M}_1 - \boldsymbol{N}_1$, $(\boldsymbol{M}_2 - \boldsymbol{N}_2) - \{(\boldsymbol{M}_2 - \boldsymbol{N}_2) \cap (\boldsymbol{M}_1 - \boldsymbol{N}_1)\}$ usw. ist.

[2]) Da, wie leicht zu verifizieren ist,

$$\bigcap_{i=1}^{\infty} \boldsymbol{M}_i - \bigcap_{i=1}^{\infty} \boldsymbol{N}_i \subset \bigcup_{i=1}^{\infty} (\boldsymbol{M}_i - \boldsymbol{N}_i)$$

und, wie schon bewiesen, für jedes n

$$\Psi\left(\bigcup_{i=1}^{n} (\boldsymbol{M}_i - \boldsymbol{N}_i)\right) \leqq \sum_{i=1}^{n} \Psi(\boldsymbol{M}_i - \boldsymbol{N}_i)$$

gilt.

größer ist als die obere Grenze der Werte von Ψ für die in $\bigcap_{i=1}^{\infty} \boldsymbol{M}_i$ enthaltenen abgeschlossenen Mengen. $\bigcap_{i=1}^{\infty} \boldsymbol{M}_i$ gehört also zu $\mathfrak{A}$.

Das Mengensystem $\mathfrak{A}$ hat also folgende Eigenschaften: 1. Es enthält alle beschränkten abgeschlossenen Mengen, 2. mit $\boldsymbol{M}_1, \boldsymbol{M}_2, \ldots$ enthält es deren Vereinigungsmenge und deren Durchschnitt. Definitionsgemäß sind aber BORELsche Mengen diejenigen Mengen, die in jedem Mengensystem mit diesen Eigenschaften enthalten sind[1]). Sie gehören also dem System $\mathfrak{A}$ an, was zu beweisen war.

Jetzt können wir Satz 1b leicht beweisen:

Die Krümmung jeder BORELschen Menge auf einer konvexen Fläche ist gleich dem Flächeninhalt ihres sphärischen Bildes.

Definitionsgemäß ist nämlich die Krümmung einer BORELschen Menge gleich der oberen Grenze der Krümmungen der in ihr enthaltenen beschränkten abgeschlossenen Mengen. Nach Satz 1a ist die Krümmung einer beschränkten abgeschlossenen Menge gleich dem Flächeninhalt ihres sphärischen Bildes. Die Krümmung $\omega(\boldsymbol{M})$ jeder BORELschen Menge $\boldsymbol{M}$ ist also gleich der oberen Grenze der Flächeninhalte der sphärischen Bilder der in $\boldsymbol{M}$ enthaltenen beschränkten abgeschlossenen Mengen. Andererseits haben wir in § 2 gezeigt, daß der Flächeninhalt Φ des sphärischen Bildes eine nichtnegative, vollständig additive, für alle BORELschen Mengen definierte Mengenfunktion ist. Der zuletzt bewiesene Hilfssatz läßt sich also auf ihn anwenden. Für Φ lautet dieser Hilfssatz: Für jede BORELsche Menge $\boldsymbol{M}$ ist $\Phi(\boldsymbol{M})$ gleich der oberen Grenze der Flächeninhalte der sphärischen Bilder der beschränkten abgeschlossenen Mengen, die in $\boldsymbol{M}$ enthalten sind. Wir haben aber soeben gezeigt, daß diese obere Grenze gleich der Krümmung $\omega(\boldsymbol{M})$ der Menge $\boldsymbol{M}$ ist. Also ist $\omega(\boldsymbol{M}) = \Phi(\boldsymbol{M})$, d. h. die Krümmung jeder BORELschen Menge ist gleich dem Flächeninhalt ihres sphärischen Bildes.

In § 2 haben wir bewiesen (Satz 1), daß der Flächeninhalt des sphärischen Bildes nichtnegativ und vollständig additiv ist. Da er gleich der Krümmung ist, besitzt auch letztere dieselben Eigenschaften. Also gilt der Satz:

Satz 2: *Die Krümmung ist eine nichtnegative, vollständig additive, für alle BORELschen Mengen definierte Mengenfunktion.*

Außer diesen Eigenschaften der Krümmung kann man noch anführen, daß die Krümmung einer beliebigen konvexen Fläche die Zahl 4π nicht übertreffen kann und daß sie für unendliche konvexe Flächen sogar nicht größer als 2π ist. Für einen einzelnen Punkt ist sie stets kleiner als 2π. Naturgemäß erhebt sich die Frage, ob die Krümmung noch weitere charakteristische Eigenschaften be-

[1]) In der Definition der BORELschen Mengen wird die Forderung der Beschränktheit für abgeschlossene Mengen nicht gestellt. Dies ändert aber nichts an dem Sachverhalt, da jede nichtbeschränkte abgeschlossene Menge Vereinigungsmenge von abzählbar vielen beschränkten abgeschlossenen Mengen ist.

sitzt. Diese Frage ist im wesentlichen negativ zu beantworten, wie z. B. aus dem folgenden Satz zu ersehen ist:

Sei auf der Ebene $\boldsymbol{E}$ *eine Mengenfunktion* $\Phi(\boldsymbol{M})$ *mit folgenden Eigenschaften definiert: 1.* $\Phi(\boldsymbol{M})$ *ist für alle BORELschen Mengen definiert, 2.* $\Phi(\boldsymbol{M})$ *nimmt keine negativen Werte an, 3.* $\Phi(\boldsymbol{M})$ *ist vollständig additiv, 4. ist* $\boldsymbol{M}$ *ein einzelner Punkt, so ist* $\Phi(\boldsymbol{M}) < 2\pi$, *5. der Wert dieser Funktion für die gesamte Ebene* $\boldsymbol{E}$ *übertrifft* 2π *nicht. Dann existiert eine unendliche volle konvexe Fläche* $\boldsymbol{F}$ *mit der folgenden Eigenschaft: ist* $\boldsymbol{M}$ *eine Punktmenge auf* $\boldsymbol{E}$, *so ist* Φ $(\boldsymbol{M})$ *die Krümmung derjenigen Menge auf* $\boldsymbol{F}$, *deren Orthogonalprojektion* $\boldsymbol{M}$ *ist*[1]).

§ 5. Die Menge der Richtungen, in denen sich keine Kürzesten ziehen lassen

Die im vorigen Paragraphen nachgewiesene vollständige Additivität der Krümmung ist eine Eigenschaft, die nicht nur an sich, sondern auch für wichtige Folgerungen wesentlich ist, die man für die innere Geometrie der konvexen Flächen daraus ziehen kann. In diesem Paragraphen werden wir einen Satz über Winkel zwischen Kürzesten daraus ableiten, der in gewissem Sinne die Untersuchungen der allgemeinen Eigenschaften des Winkels abschließt. Wie wir schon früher hervorgehoben haben, ist es jedoch für manche Anwendungen oft zweckmäßiger, nicht die vollständige Additivität selbst, sondern die ihr äquivalente Stetigkeit zu benutzen: Bilden die Mengen $\boldsymbol{M}_n$ mit den Krümmungen $\omega(\boldsymbol{M}_n)$ eine verschwindende Folge — d. h. gilt $\boldsymbol{M}_n \supset \boldsymbol{M}_{n+1}$ und ist der Durchschnitt aller $\boldsymbol{M}_n$ leer —, so ist $\lim\limits_{n\to\infty} \omega(\boldsymbol{M}_n) = 0$. Streng genommen ist die vollständige Additivität damit äquivalent, daß gleichzeitig Additivität und Stetigkeit vorliegen (s. Hilfssatz 1, § 2). Selbstverständlich sind auch die Additivität und die Nichtnegativität der Krümmung von großer Bedeutung.

Der Winkel zwischen Halbgeraden auf einer Ebene besitzt die wichtige Eigenschaft, daß man an jeder Seite einer beliebigen Halbgeraden einen gegebenen Winkel antragen kann. Dieselbe Eigenschaft kommt auch den Winkeln zwischen Geodätischen auf regulären Flächen zu, da sich von jedem Punkt auf einer solchen Fläche in jeder Richtung eine Geodätische ziehen läßt.

Eine Kürzeste auf einer konvexen Fläche, die von einem Punkt Q ausgeht, hat in diesem Punkt eine Tangente, die eine Erzeugende des Tangentialkegels in Q

---

[1]) Siehe А. Д. Александров, Существование и единственность выпуклой поверхности с данной интегральной кривизной. Доклады Академии Наук СССР (A. D. ALEXANDROW, „Existenz und Eindeutigkeit einer konvexen Fläche mit gegebener Totalkrümmung"), Doklady Akad. Nauk SSSR T. XXXV Nr. 5 (1942) S. 143—147. Für den Beweis eines analogen Satzes für geschlossene Flächen siehe die Arbeit А. Д. Александров, Применение теоремы об инвариантности области к доказательствам существования, Известия Академии Наук СССР (A. D. ALEXANDROW, „Über die Anwendung des Satzes von der Invarianz des Gebietes auf Existenzbeweise", Iswest. Akad. nauk SSSR ser. mat. 1939 Nr. 3 S. 244—255).

ist. Der Winkel zwischen zwei Kürzesten ist gleich dem auf dem Tangentialkegel gemessenen Winkel zwischen ihren Tangenten (s. Kap. IV, § 6). Wir sagen, daß die Kürzeste vom Punkt Q in der Richtung der sie berührenden Erzeugenden ausgeht. Da der Winkel zwischen zwei Kürzesten nicht Null sein kann, so geht in einer gegebenen Richtung von einem gegebenen Punkt höchstens eine Kürzeste aus. Wenn neben diesem Eindeutigkeitssatz auch ein entsprechender Existenzsatz gelten würde, d. h. wenn jede Erzeugende des Tangentialkegels Tangente irgendeiner Kürzesten wäre, so könnte man an jede Kürzeste einen beliebigen Winkel antragen. (Abgesehen natürlich von der trivialen Tatsache, daß der Winkel zwischen zwei von einem Punkt Q ausgehenden Kürzesten nicht größer sein kann als die Hälfte des vollen Winkels um Q.)

Aber nicht auf jeder konvexen Fläche läßt sich von jedem Punkt aus in jeder Richtung eine Kürzeste ziehen, wie dies ausführlich an Beispielen in Kap. I, § 10 erläutert wurde. *Auf einer konvexen Fläche gibt es im allgemeinen nicht zu jeder von einem gegebenen Punkt Q ausgehenden Kürzesten $\mathfrak{L}$ eine von Q ausgehende Kürzeste, die mit $\mathfrak{L}$ einen gegebenen Winkel bildet.* Darin besteht eine wesentliche Besonderheit der Winkel zwischen Kürzesten, die sie von den Winkeln zwischen Halbgeraden auf der Ebene unterscheidet. Jedoch kann man sagen, daß diejenigen Richtungen, in denen man von einem gegebenen Punkt aus Kürzeste ziehen kann, in gewissem Sinne überwiegen. Die genaue Formulierung dieses wichtigen Sachverhaltes wird durch den folgenden Satz gegeben:

Satz: *Für jeden Punkt einer konvexen Fläche hat die Menge der Richtungen, in denen von diesem Punkt keine Kürzesten ausgehen, das Winkelmaß Null* (d. h. die Menge der Erzeugenden des Tangentialkegels, die keine Tangenten an Kürzeste sind, hat das Winkelmaß Null). *Mit anderen Worten: die Menge der Winkel, die man nicht an eine gegebene Kürzeste antragen kann, hat das Maß Null.*

Beweis: Um einen Punkt Q einer konvexen Fläche beschreiben wir eine einfach geschlossene Kurve $\mathfrak{L}$, auf der sich ein Punkt X bewegen möge. Der Einfachheit halber wählen wir $\mathfrak{L}$ als Kürzestenzug, der ein kleines konvexes, Q im Innern enthaltendes Polygon $\boldsymbol{P}$ berandet (ein solches existiert nach dem in Kap. II, § 4 bewiesenen Satz). Konvergiert X gegen einen Punkt X_0, so strebt auf Grund des Satzes über die Konvergenz von Winkeln (Satz 6 aus § 4 von Kap. IV) der Winkel zwischen der Kürzesten QX und der Grenzkürzesten QX_0 gegen Null. Die Tangente an QX konvergiert also gegen die Tangente an QX_0. Daher ist die Menge $\mathfrak{M}$ derjenigen Erzeugenden des Tangentialkegels, die Tangenten an Kürzeste QX sind (wo X den Kürzestenzug $\mathfrak{L}$ durchläuft), abgeschlossen.

Sei $\mathfrak{b}$ eine singuläre Richtung im Punkt Q, d. h. eine Erzeugende des Tangentialkegels, die nicht Tangente irgendeiner von Q ausgehenden Kürzesten ist. Da die Menge $\mathfrak{M}$ der Erzeugenden, die Tangenten an QX sind, abgeschlossen ist und $\mathfrak{b}$ nicht enthält, so gibt es in ihr zwei Erzeugende $\mathfrak{t}_1$ und $\mathfrak{t}_2$ derart, daß der von ihnen berandete Sektor $(\mathfrak{t}_1, \mathfrak{t}_2)$ der kleinste von Erzeugenden aus $\mathfrak{M}$ berandete

Sektor ist, der $\mathfrak{d}$ im Innern enthält. Seien QX_1 und QX_2 die diese Erzeugenden berührenden Kürzesten, die zu den Punkten X_1 und X_2 von $\mathfrak{L}$ verlaufen. Wir zeigen, daß X_1 und X_2 zusammenfallen müssen (Abb. 49).

Nehmen wir an, die Punkte X_1 und X_2 fielen nicht zusammen. Da $\mathfrak{L}$ ein konvexes Polygon berandet, so verlaufen QX_1 und QX_2 im Innern dieses Polygons und teilen es in zwei Sektoren. Fiele X_1 nicht mit X_2 zusammen, so könnte man im Innern beider Sektoren Kürzeste zu Punkten des Kurvenzuges $\mathfrak{L}$ ziehen. Einer dieser Sektoren entspricht aber dem Sektor $(\mathfrak{t}_1, \mathfrak{t}_2)$, der die Erzeugende $\mathfrak{d}$ im Innern enthält, und die Tangenten zu den in ihm verlaufenden Kürzesten würden mit $\mathfrak{d}$ kleinere Winkel bilden als mit $\mathfrak{t}_1$ und $\mathfrak{t}_2$. Dies widerspräche der Wahl des Sektors $(\mathfrak{t}_1, \mathfrak{t}_2)$. Die Punkte X_1 und X_2 fallen also in einen und denselben Punkt X zusammen. Die zwei Kürzesten QX, die zu diesem Punkt führen, haben $\mathfrak{t}_1$ und $\mathfrak{t}_2$ zu Tangenten und beranden ein Zweieck, das die singuläre Richtung $\mathfrak{d}$ einschließt. Wir wollen damit nur sagen, daß der entsprechende Sektor $(\mathfrak{t}_1, \mathfrak{t}_2)$ die Richtung $\mathfrak{d}$ enthält.

Das Ergebnis, zu dem wir gelangt sind, besteht also darin, daß alle von Q ausgehenden singulären Richtungen in Zweiecken mit dem gemeinsamen Eckpunkt Q und den zweiten Eckpunkten in gewissen Punkten X von $\mathfrak{L}$ enthalten sind. Das Winkelmaß der Menge $\mathfrak{M}$ dieser Richtungen ist also nicht größer als die Summe der Winkel dieser Zweiecke[1]).

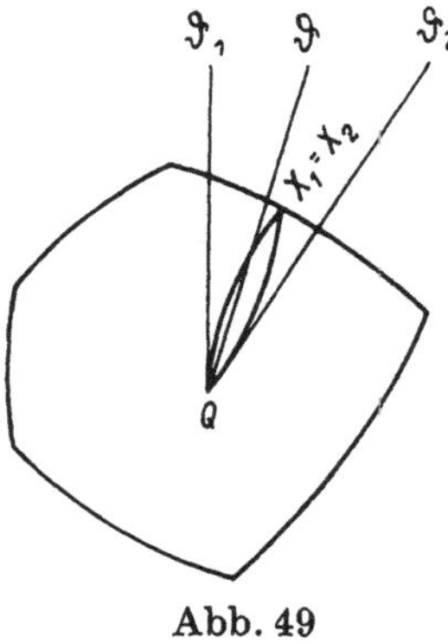

Abb. 49

Nun ist die Winkelsumme eines Zweiecks gleich der Krümmung seines Innern. (Nimmt man einen Punkt auf einer Seite des Zweiecks als Eckpunkt, so verwandelt es sich in ein Dreieck, dessen einer Winkel gleich π ist; hieraus folgt, daß die Krümmung des Innern eines Zweiecks gleich seiner Winkelsumme ist.) Die Summe der Krümmungen aller Zweiecksinnern ist nicht größer als die Krümmung des sie enthaltenden Gebietes $\boldsymbol{P}-Q$, das sich aus $\boldsymbol{P}$ durch Entfernen des Punktes Q ergibt.

Da das Polygon $\boldsymbol{P}$ beliebig klein gewählt werden kann, so kann man eine Polygonfolge $\boldsymbol{P}_n$ konstruieren, die sich auf Q zusammenzieht. Die Gebiete $\boldsymbol{P}_n - Q$ bilden dann eine verschwindende Folge, und ihre Krümmungen streben gegen Null.

Wenden wir auf die die Polygone $\boldsymbol{P}_n$ berandenden Kürzestenzüge $\mathfrak{L}_n$ die obigen Überlegungen an, so erhalten wir in jedem Bereich ein System von Zweiecken, die alle von Q ausgehenden singulären Richtungen enthalten. Die Summe der Krümmungen, d. h. die Summe der Winkel dieser Zweiecke, strebt zusammen mit der Krümmung der Bereiche $\boldsymbol{P}_n - Q$ gegen Null. Für jedes n enthalten aber

[1]) Anschaulich kann man sich das folgendermaßen vorstellen. Bei der Bewegung des Punktes X längs des Kürzestenzuges $\mathfrak{L}$ können die Kürzesten QX die singulären Richtungen nicht berühren; sie müssen über sie hinwegspringen und bilden in den Sprungstellen Zweiecke, die alle singulären Richtungen enthalten.

diese Zweiecke alle singulären Richtungen; folglich ist das Winkelmaß der singulären Richtungen gleich Null[1]).

Insbesondere folgt hieraus, daß es stets möglich ist, an eine gegebene Kürzeste, an die ein gegebener Winkel nicht angetragen werden kann, einen sich davon beliebig wenig unterscheidenden Winkel anzulegen; ferner, daß die Umgebungen jedes Punktes einer konvexen Fläche stets in Sektoren mit beliebig kleinen Winkeln zerlegt werden können. Die Bedingungen, unter denen man von einem gegebenen Punkt einer konvexen Fläche aus in jeder Richtung eine Kürzeste ziehen kann, werden in Kap. XI, § 1, Satz 1 angegeben.

§ 6. Die Krümmung als Maß des nichteuklidischen Charakters der Metrik einer Fläche

Schon als wir den Begriff der Krümmung einführten, wiesen wir darauf hin, daß die Krümmung sozusagen als Maß für den nichteuklidischen Charakter der inneren Geometrie einer Fläche dienen kann, d. h. als Maß für die Abweichung der Geometrie der Fläche von derjenigen der Ebene. Bis zu einem gewissen Grade ist dies schon aus der Definition der Krümmung ersichtlich: Die Krümmung eines offenen Dreiecks wurde ja als Differenz zwischen der Summe seiner Winkel und der Winkelsumme des ebenen Dreiecks definiert; die Krümmung eines Punktes ist definitionsgemäß gleich der Differenz des vollen Winkels um einen Punkt auf der Ebene — d. i. 2π — und des vollen Winkels um diesen Punkt auf der Fläche. Die Bedeutung der Krümmung als Maß des „nichteuklidischen Charakters" der Metrik der Fläche tritt in vielen Sätzen der inneren Geometrie hervor. In diesem Paragraphen werden wir einige Beispiele für solche Sätze anführen; insbesondere werden wir beweisen, daß auf einer konvexen Fläche, deren Krümmung Null ist, die euklidische Geometrie gilt.

Satz 1: *Sind α, β, γ die Winkel eines Dreiecks auf einer konvexen Fläche, ω die Krümmung seines Innern und $\alpha_0, \beta_0, \gamma_0$ die Winkel des ebenen Dreiecks mit denselben Seitenlängen, so ist*

$$0 \leqq \alpha - \alpha_0 \leqq \omega, \quad 0 \leqq \beta - \beta_0 \leqq \omega, \quad 0 \leqq \gamma - \gamma_0 \leqq \omega. \tag{1}$$

In der Tat sind die Winkel eines Dreiecks auf einer konvexen Fläche nicht kleiner als die entsprechenden Winkel des ebenen Dreiecks mit denselben Seiten-

[1]) Man kann noch bemerken, daß wir beim Beweis des Satzes über die Menge der singulären Richtungen gleichzeitig die Struktur dieser Menge geklärt haben. Wir haben bewiesen, daß die Menge $\mathfrak{M}_n$ der Richtungen, welche die von Q zu den Punkten X von $\mathfrak{L}_n$ verlaufenden Kürzesten berühren, abgeschlossen ist; dies gilt für alle Streckenzüge $\mathfrak{L}_n$. Die Menge $\mathfrak{M}$ der singulären Richtungen erweist sich also als der Durchschnitt der offenen Mengen, die zu den abgeschlossenen Mengen $\mathfrak{M}_n$ komplementär sind. $\mathfrak{M}$ ist also eine Menge vom Typus G_δ, d. h. sie ist Durchschnitt von abzählbar vielen offenen Mengen. Es erscheint wahrscheinlich, daß jede Menge vom Typus G_δ, die das Maß Null hat, als Menge von singulären Richtungen aus einem Punkt auf einer konvexen Fläche gedeutet werden kann. Es wäre ein interessantes Problem, diese Aussage zu beweisen (oder zu widerlegen).

längen. Alle Differenzen $\alpha - \alpha_0$, $\beta - \beta_0$, $\gamma - \gamma_0$ sind daher nichtnegativ. Andererseits ist definitionsgemäß die Krümmung des Innern eines Dreiecks

$$(\alpha - \alpha_0) + (\beta - \beta_0) + (\gamma - \gamma_0) = \omega .$$

Daher ist keine dieser Differenzen größer als ω. Da die Winkel zwischen den Seiten des Dreiecks nicht größer sind als die Dreieckswinkel α, β, γ, aber nicht kleiner als α_0, β_0, γ_0, gelten für sie dieselben Abschätzungen.

Es wäre interessant, die Abschätzung der Differenz $\alpha - \alpha_0$ in ihrer Abhängigkeit von der Verteilung der Krümmung im Innern des Dreiecks zu verschärfen. Am Beispiel eines Dreiecks auf einem Kegel kann man sich überzeugen, daß eine solche Abhängigkeit existieren muß. Jedoch ist uns kein genauerer Ausdruck dafür bekannt.

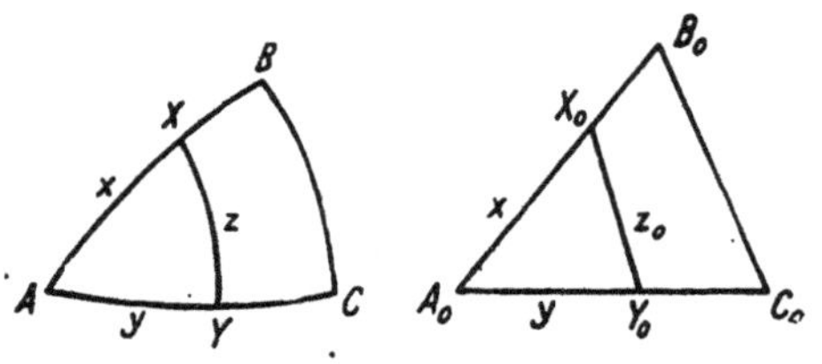

Abb. 50

Satz 2: *Sei ABC ein konvexes Dreieck auf einer konvexen Fläche, und seien X, Y zwei Punkte auf seinen Seiten AB und AC. Mit x, y bezeichnen wir die Längen der Abschnitte AX und AY von AB und AC und mit z die Entfernung zwischen X und Y (Abb. 50). Wir konstruieren das ebene Dreieck $A_0B_0C_0$ mit denselben Seitenlängen, d. h. $A_0B_0 = AB$ usw. und wählen auf seinen Seiten die Punkte X_0 und Y_0 so, daß $A_0X_0 = x$, $A_0Y_0 = y$* gilt; *ferner werde $X_0Y_0 = z_0$ gesetzt. Ist dann ω die Krümmung des Dreiecks ABC*[1]) *und ist d die Länge seiner größten Seite, so gilt*

$$|z - z_0| \leqq 4\sqrt{xy} \cdot \sin\frac{\omega}{4} \leqq \omega d .$$

Beweis: Wir bezeichnen mit γ_0 den Winkel bei A_0 im Dreieck $A_0B_0C_0$ und mit γ_1 den in dem ebenen Dreieck mit den Seiten x, y, z der Seite z gegenüberliegenden Winkel. Dann ist

$$z^2 = x^2 + y^2 - 2xy \cdot \cos\gamma_1 = (x - y)^2 + 4xy\sin^2\frac{\gamma_1}{2},$$

$$z_0^2 = x^2 + y^2 - 2xy \cdot \cos\gamma_0 = (x - y)^2 + 4xy\sin^2\frac{\gamma_0}{2}.$$

Aus diesen Gleichungen folgt erstens

$$z^2 - z_0^2 = 4xy\left(\sin^2\frac{\gamma_1}{2} - \sin^2\frac{\gamma_0}{2}\right) \tag{2}$$

und zweitens

$$z \geqq 2\sqrt{xy} \cdot \sin\frac{\gamma_1}{2}; \qquad z_0 \geqq 2\sqrt{xy} \cdot \sin\frac{\gamma_0}{2}$$

[1]) Hier und im folgenden verstehen wir unter „Krümmung eines Dreiecks" oder „Krümmung eines Polygons" die Krümmung seines Innern.

und somit

$$(3) \qquad z + z_0 \geqq 2\sqrt{xy}\left(\sin\frac{\gamma_1}{2} + \sin\frac{\gamma_0}{2}\right).$$

Nimmt man auf beiden Seiten von (2) den absoluten Betrag und teilt durch (3), so erhält man

$$|z - z_0| \leqq 2\sqrt{xy}\left|\sin\frac{\gamma_1}{2} - \sin\frac{\gamma_0}{2}\right|;$$

wegen

$$\sin\frac{\gamma_1}{2} - \sin\frac{\gamma_0}{2} = 2\cos\frac{\gamma_1+\gamma_0}{4}\cdot\sin\frac{\gamma_1-\gamma_0}{4}$$

ist a fortiori

$$(4) \qquad |z - z_0| \leqq 4\sqrt{xy}\sin\frac{\gamma_1-\gamma_0}{4}.$$

Gemäß Ungleichung (1) ist

$$(5) \qquad \gamma - \omega \leqq \gamma_0 \leqq \gamma,$$

wo γ der Winkel bei A im Dreieck ABC ist. Da das Dreieck ABC konvex ist, so verläuft in ihm eine Kürzeste XY, die von ihm ein konvexes Dreieck AXY abschneidet. Bezeichnen wir mit ω_1 die Krümmung des Dreiecks AXY, so erhalten wir genauso durch Vergleich dieses Dreiecks mit dem ebenen Dreieck mit denselben Seitenlängen

$$(6) \qquad \gamma - \omega_1 \leqq \gamma_1 \leqq \gamma.$$

Die Krümmung des Dreiecks ABC ist gleich der Summe der Krümmungen des Dreiecks AXY und des Vierecks $XYCB$. Da die Krümmung des Vierecks nicht negativ ist, so ist

$$\omega_1 \leqq \omega.$$

Daher folgt aus (5) und (6)

$$|\gamma_1 - \gamma_0| \leqq \omega.$$

Da die Winkel eines konvexen Dreiecks π nicht übertreffen, ist $\omega \leqq 2\pi$ und folglich

$$\frac{|\gamma_1-\gamma_0|}{4} \leqq \frac{\omega}{4} \leqq \frac{\pi}{2},$$

woraus

$$\sin\frac{|\gamma_1-\gamma_0|}{4} \leqq \sin\frac{\omega}{4}$$

folgt. Mit Hilfe dieser Ungleichung und der Ungleichung (4) erhalten wir

$$(7) \qquad |z - z_0| \leqq 4\sqrt{xy}\sin\frac{\omega}{4} \leqq \omega d;$$

denn wenn d die Länge der größten Seite des Dreiecks ABC ist, so ist $\sqrt{xy} \leqq d$. Der Satz ist damit bewiesen.

Dieses Ergebnis läßt sich verschärfen. Nach der Konvexitätsbedingung ist $\gamma \geqq \gamma_0$ und daher $z \geqq z_0$. Folglich kann man statt (7)

$$0 \leqq z - z_0 \leqq 4 \sqrt{xy} \sin \frac{\omega}{4} \leqq \omega d$$

schreiben.

Satz 3: *Ist die Krümmung eines konvexen Dreiecks auf einer konvexen Fläche gleich Null, so ist es einem ebenen Dreieck isometrisch.*

Beweis: Sei ABC ein den Voraussetzungen des Satzes genügendes Dreieck, $A_0B_0C_0$ ein ebenes Dreieck mit denselben Seitenlängen (Abb. 51). Auf der Seite BC wählen wir einen beliebigen Punkt D und ziehen in ABC eine Kürzeste AD. Gleichzeitig wählen wir auf der Seite B_0C_0 von $A_0B_0C_0$ einen Punkt D_0 derart, daß die Längen von BD und B_0D_0 gleich sind. Die Längendifferenz der Kürzesten AD und der Strecke A_0D_0 läßt sich auf Grund des vorigen Satzes abschätzen. Da nach Voraussetzung die Krümmung von ABC gleich Null ist, sind die Längen von AD und A_0D_0 gleich.

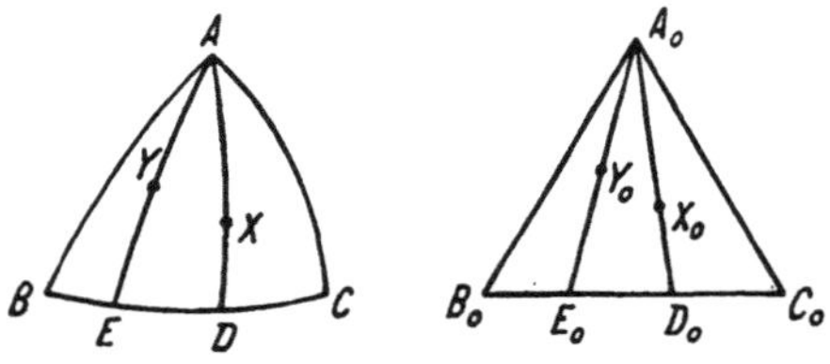

Abb. 51

Wir konstruieren jetzt folgende Abbildung des Dreiecks $A_0B_0C_0$ in das Dreieck ABC. Sei X_0 ein Punkt in $A_0B_0C_0$; wir verbinden ihn mit A_0 und verlängern die Strecke A_0X_0 bis zu ihrem Schnittpunkt mit B_0C_0 im Punkt D_0. Jetzt wählen wir den Punkt D auf der Seite BC des Dreiecks ABC so, daß der Abschnitt BD dieser Seite gleich der Strecke B_0D_0 ist. Dies ist immer möglich, da BC und B_0C_0 gleich sind. Dann ziehen wir im Dreieck ABC die Kürzeste AD und wählen auf ihr den Punkt X so, daß der Abschnitt AX dieser Kürzesten gleich der Strecke A_0X_0 ist. Dies ist möglich, da, wie bewiesen, $AD = A_0D_0$ ist. Den Punkt X ordnen wir dem Punkt X_0 zu[1]).

Nun zeigen wir, daß diese Abbildung isometrisch ist. Seien X_0 und Y_0 zwei beliebige Punkte in $A_0B_0C_0$, A_0D_0 und A_0E_0 ihre bis zum Schnitt mit B_0C_0 verlängerten Verbindungsstrecken mit A_0. Seien X und Y die entsprechenden Punkte im Dreieck ABC und AD und AE die entsprechenden Kürzesten. Wie bewiesen, ist $AD = A_0D_0$ und $AE = A_0E_0$. Außerdem gilt $DE = D_0E_0$, da nach Konstruktion unserer Abbildung $BD = B_0D_0$ und $BE = B_0E_0$ ist. Wir erhalten also zwei Dreiecke ADE und $A_0D_0E_0$ mit beziehungsweise gleichen Seitenlängen. Auf den Seiten AD und AE bzw. A_0D_0 und A_0E_0 dieser Dreiecke liegen die Punkte X und Y bzw. X_0 und Y_0, die auf ihnen gleiche Abschnitte bestimmen: $A_0X_0 = AX$ und $A_0Y_0 = AY$. Das

[1]) Es gibt nur eine Kürzeste AD. Gäbe es nämlich im Dreieck ABC zwei Kürzeste AD, so würden sie ein Zweieck beranden, das in ABC läge. Ein Zweieck hat aber positive Krümmung (sie ist gleich der Summe seiner Winkel). Dies widerspräche aber der Tatsache, daß die Krümmung des ganzen Dreiecks Null ist.

Dreieck ADE ist konvex, da es aus dem konvexen Dreieck ABC durch zwei Kürzeste herausgeschnitten wird (s. Satz 4 aus § 5 von Kap. II). Die Krümmung von ADE ist Null, da die Krümmung des ganzen Dreiecks ABC Null ist. Jetzt können wir durch Anwendung von Satz 2 schließen, daß die Abschnitte XY und X_0Y_0 gleich sind. Damit ist gezeigt, daß die von uns konstruierte Abbildung isometrisch ist.

Um nachzuweisen, daß die Dreiecke ABC und $A_0B_0C_0$ isometrisch sind, muß noch gezeigt werden, daß unsere Abbildung eine Abbildung auf das ganze Dreieck ist, d. h. daß jeder Punkt X des Dreiecks ABC Bild eines Punktes von $A_0B_0C_0$ ist. Dies ist aber offensichtlich. Da unsere Abbildung nämlich isometrisch ist, ist sie beiderseits stetig, außerdem bildet sie die Berandung von $A_0B_0C_0$ in die Berandung von ABC ab. Es ist aber bekannt (und leicht zu beweisen), daß bei einer beiderseits stetigen (sogar schon bei einer stetigen) Abbildung eines Dreiecks in ein anderes, bei welcher Rand in Rand übergeht, alle Punkte des einen Dreiecks Bildpunkte des anderen sind.

Der Satz ist damit bewiesen.

Satz 4: *Ein Gebiet **G** auf einer konvexen Fläche ist genau dann der Ebene lokalisometrisch (d. h. jeder Punkt besitzt eine einem Teil der Ebene isometrische Umgebung), wenn die Krümmung jedes Dreiecks in **G** gleich Null ist oder — was damit äquivalent ist — wenn die Krümmung des ganzen Bereichs gleich Null ist.*

Beweis: Die Bedingung ist offenbar notwendig. Um zu beweisen, daß sie hinreichend ist, wählen wir um einen beliebigen Punkt Q von $\boldsymbol{G}$ eine Umgebung in Form eines konvexen geodätischen Polygons. (Die Existenz einer solchen Umgebung wurde in Kap. II, § 4 bewiesen.) Dieses Polygon läßt sich durch Diagonalen in konvexe Dreiecke zerlegen. Ist die Krümmung dieser Dreiecke Null, so sind sie nach dem vorhergehenden Satz sämtlich ebenen Dreiecken isometrisch. Liegt Q im Innern eines von ihnen, so ist dieses Dreieck selbst schon eine Umgebung von Q, die einem Teil der Ebene isometrisch ist. Liegt dagegen Q auf einer gemeinsamen Seite zweier Dreiecke, so bilden diese zusammen eine Umgebung von Q, die einem ebenen Viereck isometrisch ist. Damit ist der Satz bewiesen.

Wir weisen darauf hin, daß das Verschwinden der Krümmung von $\boldsymbol{G}$ durchaus nicht dafür hinreichend ist, daß $\boldsymbol{G}$ im Großen einem ebenen Bereich isometrisch ist. Dies zeigt das Beispiel der Mantelfläche eines Zylinders. Ist die Krümmung von $\boldsymbol{G}$ gleich Null, so folgt daraus also nur, daß in diesem Bereich die euklidische Geometrie „im Kleinen“ gilt.

Wir geben ohne Beweise noch einige Beispiele von Sätzen an, in denen die Krümmung als Maß „des nichteuklidischen Charakters“ erscheint.

Einen wesentlichen Teil der Dreieckslehre in der euklidischen Geometrie bilden die Sätze, die irgendwelche Abhängigkeiten zwischen Winkeln und Seitenlängen ausdrücken, etwa die Formeln der Trigonometrie. Hierher gehören z. B. auch die Sätze: Stimmen in zwei Dreiecken die Seiten überein, so sind auch die entsprechenden Winkel gleich; jede Winkelhalbierende teilt die gegenüberliegende Seite im Verhältnis der beiden anderen Seiten usw.

Der Unterschied der Winkel eines Dreiecks auf einer konvexen Fläche von den Winkeln des ebenen Dreiecks mit denselben Seitenlängen wird nach Formel (1) mit Hilfe der Krümmung abgeschätzt. Daher muß jedem Satz über Abhängigkeiten zwischen Winkeln und Seiten in einem ebenen Dreieck ein allgemeiner Satz über Dreiecke auf konvexen Flächen entsprechen. Dieser Satz muß die Dreieckskrümmung als diejenige Größe enthalten, die die mögliche Abweichung der Beziehungen in Dreiecken auf der konvexen Fläche von den Beziehungen in ebenen Dreiecken abschätzt. Sind zum Beispiel in zwei Dreiecken auf konvexen Flächen die Seiten einander gleich, so kann der absolute Betrag der Differenz je zweier entsprechender Winkel die Summe der Dreieckskrümmungen nicht übertreffen. Dieser Satz folgt offenbar aus den Ungleichungen (1). Der Leser kann nach Belieben irgendeinen Dreieckssatz aus einem Lehrbuch der Geometrie oder der Trigonometrie nehmen und versuchen, einen entsprechenden Satz für Dreiecke auf konvexen Flächen zu formulieren und zu beweisen.

Dies alles bezieht sich auf Dreiecke, deren Seiten Kürzeste sind. Es zeigt sich aber, daß dieselben Ergebnisse für die größere Klasse von „normalen" Dreiecken gelten. Ein Dreieck nennen wir *normal*, wenn seine Seiten Geodätische sind und wenn innerhalb dieses Dreiecks für kein Eckpunktpaar eine kürzere Verbindungskurve als die entsprechende Seite existiert. Kurz: ein normales Dreieck ist ein geodätisches Dreieck, dessen Seiten relative Kürzeste sind (d. h. Kürzeste im Dreieck, aber nicht notwendig auf der ganzen Fläche). Es gibt z. B. auf einem Kegel mit einem vollen Winkel $< 2\pi$ normale Dreiecke, deren Seiten keine Kürzesten sind.

Auch der folgende Satz läßt sich beweisen: Seien X, Y Punkte auf den Seiten AB und AC eines normalen Dreiecks ABC und x, y die Längen der Abschnitte AX und AY dieser Seiten, $z = z(x,y)$ die Länge derjenigen Kurve XY, die die kürzeste im Dreieck verlaufende Verbindungskurve von X und Y ist. Sei $\gamma(x,y)$ der im ebenen Dreieck mit den Seiten x, y, z der Seite z gegenüberliegende Winkel. Dann ist $\gamma(x,y)$ eine nichtwachsende Funktion von x und y. Den Beweis dieses Satzes überlassen wir dem Leser. Er kann mit derselben Methode geführt werden wie der Beweis der Konvexitätsbedingung in einer polyedrischen Metrik positiver Krümmung und ist jetzt, wo wir die Untersuchung der inneren Geometrie der konvexen Flächen ziemlich weit geführt haben, schon nicht mehr so schwierig. Eine gewisse Schwierigkeit bildet noch der Umstand, daß die Kurve XY, von der im Satz die Rede ist, durch Eckpunkte des Dreiecks hindurchgehen kann, wenn die Winkel an diesen Ecken größer als π sind.

Aus dem angeführten Satz folgt sofort, daß die Winkel eines normalen Dreiecks auf einer konvexen Fläche nicht kleiner sind als die Winkel des ebenen Dreiecks mit denselben Seitenlängen. Alle Ergebnisse, die auf dieser Eigenschaft der Dreiecke, deren Seiten Kürzeste sind, beruhen, lassen sich daher auch auf normale Dreiecke übertragen. Es ist aber schwierig, beliebige geodätische Dreiecke mit ebenen zu vergleichen, da z. B. die Summe zweier Seiten eines geodätischen Dreiecks kleiner sein kann als die dritte. Die einzige allgemeine Aussage, die wir über sie machen können, ist, daß auch in ihnen die Summe der Winkel nicht kleiner als π ist.

Auch einem anderen Zweig der Elementargeometrie, der Lehre von der Kreisperipherie, entspricht eine Reihe von Sätzen über die Kreisperipherie auf einer konvexen Fläche, in denen wiederum der Grad des „nichteuklidischen Charakters" durch die Krümmung abgeschätzt wird. Beispiele für solche Sätze werden in § 6 von Kap. IX, der besonders der Kreisperipherie gewidmet ist, angegeben.

Nun betrachten wir noch in allgemeinen Zügen die Eigenschaften der Metrik einer konvexen Fläche in kleinen Gebieten ebenfalls von dem Standpunkt aus, daß die Krümmung als Maß des nichteuklidischen Charakters der Metrik gewertet wird.

In § 5 von Kap. IV wurde bewiesen, daß die Metrik in einer kleinen Umgebung eines Punktes Q auf einer konvexen Fläche $\boldsymbol{F}$ annähernd durch die Metrik auf dem Tangentialkegel $\boldsymbol{K}$ in diesem Punkt dargestellt wird. Zu jedem $\varepsilon > 0$ läßt sich nämlich ein $\delta > 0$ finden derart, daß für

$$\varrho_{\boldsymbol{F}}(QX) < \delta, \qquad \varrho_{\boldsymbol{F}}(QY) < \delta$$

die Beziehung

$$|\varrho_{\boldsymbol{F}}(XY) - \varrho_{\boldsymbol{K}}(X'Y')| < \varepsilon \cdot \max\,[\varrho_{\boldsymbol{F}}(QX),\ \varrho_{\boldsymbol{F}}(QY)] \tag{8}$$

gilt. Hier bedeuten $\varrho_{\boldsymbol{F}}$ und $\varrho_{\boldsymbol{K}}$ die Entfernungen auf $\boldsymbol{F}$ und $\boldsymbol{K}$ und X', Y' die Projektionen der Punkte X und Y auf den Kegel, wobei diese Projektionen in einer beliebig gegebenen, im Innern des Kegels verlaufenden Richtung ausgeführt werden. Die durch Satz 2 gegebene Abschätzung der Differenz von Entfernungen in Dreiecken auf einer konvexen Fläche und in Dreiecken auf der Ebene führen in Verbindung mit der Stetigkeit der Krümmung zu einem tieferen Verständnis dieser Beziehung zwischen den Metriken der Fläche und des Tangentialkegels.

Wegen der Stetigkeit der Krümmung läßt sich für jedes $\varepsilon > 0$ eine Umgebung $\boldsymbol{U}$ von Q so bestimmen, daß die Krümmung ω des Bereiches $\boldsymbol{U} - Q$ kleiner als ε ist. Es ist praktisch, für $\boldsymbol{U}$ ein konvexes Polygon zu wählen. Die Winkel jedes Dreiecks, dessen Inneres in $\boldsymbol{U}$ enthalten ist, unterscheiden sich von den Winkeln des ebenen Dreiecks mit denselben Seitenlängen um weniger als ε. Gemäß der Abschätzung aus Satz 2 weichen die Entfernungen in diesen Dreiecken um weniger als εd voneinander ab, wo d die Länge der größten Seite ist[1]). Im Bereich $\boldsymbol{U}$ ist also die Metrik euklidisch bis auf Größen der Ordnung εd.

Wir nehmen z. B. ein Dreieck QAB mit einer Ecke in Q; die Punkte X und Y mögen auf seinen Seiten QA und QB liegen. Dann nehmen wir das ebene Dreieck $Q_0A_0B_0$ mit denselben Seitenlängen und auf seinen Seiten Q_0A_0 und Q_0B_0

[1]) In Satz 2 handelte es sich um ein konvexes Dreieck. Wir brauchten aber diese Voraussetzung lediglich, damit sicher eine Kürzeste XY existiert und die Krümmung des Dreiecks QXY nicht größer als ω ist. Unter unseren jetzigen Voraussetzungen wird die Existenz der Kürzesten XY durch die Kleinheit der Umgebung $\boldsymbol{U}$ sichergestellt, und die Krümmung des Dreiecks QXY ist nicht größer als ω, da dieses Dreieck in $\boldsymbol{U}$ enthalten ist.)

Punkte X_0, Y_0, derart daß $\varrho_0(Q_0X_0) = \varrho_F(QX)$ und $\varrho_0(Q_0Y_0) = \varrho_F(QY)$ gelten; ϱ_0 und ϱ_F sind dabei die Metriken der Ebene und der gegebenen Fläche. Nach Satz 2 ist dann

$$|\varrho_F(XY) - \varrho_0(X_0Y_0)| \leqq \omega \cdot \sqrt{\varrho_F(QX)\,\varrho_F(QY)}$$

und somit

$$|\varrho_F(XY) - \varrho_0(X_0Y_0)| \leqq \omega \cdot \max\,[\varrho_F(QX),\ \varrho_F(QY)]. \tag{9}$$

Auf einem Kegel unter Ausschluß der Spitze gilt die euklidische Geometrie. Also ist die durch Formel (8) gegebene Beziehung zwischen der Flächenmetrik und der Metrik des Tangentialkegels im Grunde dieselbe wie die Beziehung zu der euklidischen Metrik in Formel (9). Überdies ist das unbestimmte ε aus Formel (8) in (9) durch die Größe ω, die Krümmung von $\boldsymbol{U}$—Q, ersetzt.

Vom Standpunkt der inneren Geometrie wird der Tangentialkegel im Punkt Q dadurch charakterisiert, daß sein voller Winkel gleich dem vollen Winkel φ um den Punkt Q ist. Formel (9) läßt vermuten, daß sich die Umgebung $\boldsymbol{U}$ von Q so auf eine Umgebung der Spitze eines Kegels $\boldsymbol{K}$ mit dem vollen Winkel φ abbilden läßt, daß für alle Punkte X, Y aus $\boldsymbol{U}$—Q

$$|\varrho_F(XY) - \varrho_K(X'Y')| \leqq \omega(\boldsymbol{U} - Q) \cdot \max\,[\varrho_F(QX),\ \varrho_F(QY)] \tag{10}$$

gilt, wobei X', Y' die Bilder von X und Y auf $\boldsymbol{K}$ sind und diese Abbildung den Punkt Q in die Spitze des Kegels überführen muß. Die Winkel der Dreiecke im Bereich $\boldsymbol{U}$—Q unterscheiden sich von denjenigen auf der Ebene um nicht mehr als $\omega(\boldsymbol{U}$—$Q)$. Dies deutet darauf hin, daß diese Abbildung so konstruiert werden kann, daß die Winkel in entsprechenden Dreiecken XYZ und $X'Y'Z'$ auf der Fläche und auf dem Kegel sich um nicht mehr als $\omega(\boldsymbol{U}$—$Q)$ unterscheiden. Es wäre ein interessantes Problem, die Existenz einer Abbildung mit diesen Eigenschaften streng zu beweisen[1]). Reduziert sich im Punkt Q der Tangentialkegel auf eine Ebene $\boldsymbol{K}$, so kann man die Ungleichung (8) durch die schärfere

$$|\varrho_F(XY) - \varrho_K(X'Y')| \leqq \varepsilon_1 \cdot \varrho_F(XY) \tag{11}$$

ersetzen, wo ε_1 wiederum mit $\max\bigl(\varrho_F(QX), \varrho_F(QY)\bigr)$ unendlich klein wird. Hier sind X', Y' die Projektionen der Punkte X, Y auf die Tangentialebene $\boldsymbol{K}$. Aus

[1]) Eine solche Abbildung läßt sich folgendermaßen definieren. Wir ziehen von Q aus irgendeine Kürzeste $\mathfrak{L}$ und erklären einen Umlaufsinn um Q. Durch einen Punkt X in einer kleinen Umgebung $\boldsymbol{U}$ von Q ziehen wir einen Kreis $\mathfrak{C}_X$ um Q. Sei X_1 der Schnittpunkt von $\mathfrak{C}_X$ mit $\mathfrak{L}$ und $\mathfrak{X}\mathfrak{X}_1$ derjenige Bogen des Kreises $\mathfrak{C}_X$ zwischen X_1 und X, der von X_1 nach X im vorgegebenen Umlaufsinn verläuft. Es sei λ das Verhältnis der Länge des Bogens XX_1 zur Länge von ganz $\mathfrak{C}_X$ und r die Entfernung $\varrho_F(QX)$. Die Zahlen λ, r sind Koordinaten in der Umgebung des Punktes Q. Auf dem Kegel $\boldsymbol{K}$ lassen sich entsprechende Koordinaten einführen. (Diese sind bis auf den Faktor $\frac{1}{\varphi}$ bei dem Winkel Polarkoordinaten.) Ordnet man jetzt jedem Punkt X von $\boldsymbol{U}$ den Punkt X' auf $\boldsymbol{K}$ mit denselben Koordinaten λ, r zu, so ergibt sich eine Abbildung, für die die Formel (11) gilt. Die in dieser Formel vorkommende Größe ε_1 hängt von der Krümmung ω des Bereichs $\boldsymbol{U}$—Q ab. Siehe B. A. Залгаллер, Окружность на выпуклой поверхности . . ., Матем. сборник, (W. A. Salgaller: „Kreise auf konvexen Flächen . . .), Math. Sborn. Bd. 26, S. 401—424, (1950).

dieser Ungleichung folgt, daß sich bei der Projektion einer kleinen Umgebung $\boldsymbol{U}$ von Q von der Fläche auf die Tangentialebene nicht nur die Entfernungen, sondern auch die Winkel wenig ändern. Gibt es in Q keine Tangentialebene, so liefert die Projektion auf den Tangentialkegel im allgemeinen kein derartiges Resultat. W. A. SALGALLER hat aber eine Abbildung einer kleinen Umgebung von Q auf den Tangentialkegel $\boldsymbol{K}$ angegeben, für welche Formel (11) immer gilt, wie auch der Tangentialkegel $\boldsymbol{K}$ in Q beschaffen sein mag. Jedenfalls ist völlig klar, daß die Abschätzung der Abweichung der Metrik der Fläche von der Metrik des Tangentialkegels ebenfalls eine Abschätzung des „nichteuklidischen Charakters" der Metrik eines kleinen Bereiches $\boldsymbol{U}-Q$ ist und daß diese Abweichung von der Krümmung dieses Bereiches abhängt.

KAPITEL VI

DIE EXISTENZ EINES KONVEXEN POLYEDERS MIT VORGEGEBENER METRIK

§ 1. Über das Vorgeben einer Metrik durch ein Netz

Dieses Kapitel ist dem Beweis des folgenden Satzes gewidmet:

Jede auf einer Sphäre vorgegebene polyedrische Metrik positiver Krümmung ist durch ein geschlossenes konvexes Polyeder realisierbar.

Zu den geschlossenen konvexen Polyedern rechnen wir auch die doppelt bedeckten konvexen Polygone; diese nennen wir *ausgeartete Polyeder*. Da wir es nur mit geschlossenen konvexen Polyedern zu tun haben werden, soll, wenn nicht ausdrücklich etwas Gegenteiliges gesagt wird, der Ausdruck „Polyeder" immer ein geschlossenes konvexes (ausgeartetes oder nicht ausgeartetes) Polyeder bedeuten. Analog wird der Ausdruck „Metrik" immer eine auf der Sphäre vorgegebene polyedrische Metrik positiver Krümmung bezeichnen.

In Kap. I, § 4 wurde gezeigt, daß jede polyedrische Metrik auf der Sphäre durch ein aus Dreiecken bestehendes Netz vorgegeben werden kann und daß umgekehrt jedes solche einer Sphäre homöomorphe Netz eine polyedrische Metrik auf einer Sphäre bestimmt. Wir werden es nur mit Netzen zu tun haben, die aus Dreiecken bestehen. Als *Eckpunkte der Metrik* bezeichnen wir diejenigen Punkte, deren volle Winkel nicht gleich 2π sind. Eine Metrik positiver Krümmung ist dadurch charakterisiert, daß der volle Winkel um jeden ihrer Eckpunkte kleiner als 2π ist. Selbstverständlich kann ein vorgegebenes Netz überschüssige Eckpunkte mit vollen Winkeln haben, die gleich 2π sind. Wir werden aber zeigen, daß jede Metrik durch ein Netz ohne solche überschüssigen Eckpunkte gegeben werden kann.

Da sich die Metrik durch ein Netz vorgeben läßt, kann man dem Realisierungssatz eine ganz elementare Form geben, worauf schon in Kap. I, § 4 hingewiesen wurde. Zum Unterschied von der Metrik, die eine Funktion von Punktepaaren auf der Sphäre ist, ist das Netz ein Gebilde, das durch endlich viele Größen festgelegt werden kann. Jedes Dreieck des Netzes ist nämlich durch die Länge seiner Seiten bestimmt. Jedoch birgt auch das Vorgeben einer Metrik durch ein Netz einige Schwierigkeiten. Erstens läßt sich ein und dieselbe Metrik durch unendlich viele verschiedene Netze vorgeben. Zweitens: wenn aus einem gegebenen Netz ein Polyeder gebildet werden kann, so braucht doch dieses Netz mit einem natürlichen, aus den Seitenflächen des Polyeders gebildeten Netz nur recht wenig gemeinsam zu haben. Die Aufgabe, eine Methode anzugeben, aus einem gegebenen Netz ein natürliches Netz für dasselbe Polyeder zu finden, scheint hoffnungslos schwierig. Sie hat wohl kaum eine befriedigende Lösung. Darauf deutet schon das einfache Beispiel des Tetraedernetzes aus Kap. I, § 4 hin; was ist da erst bei Polyedern mit einer größeren Zahl von Eckpunkten zu erwarten! Schließlich noch ein letzter Gesichtspunkt: Bei einer stetigen Änderung des Polyeders ändert sich auch seine Metrik stetig; das dazugehörige natürliche Netz kann sich aber sprunghaft ändern, wie aus folgendem einfachen Beispiel zu ersehen ist.

Wir deformieren das in Abb. 52a dargestellte Polyeder stetig durch Herunterdrücken der Eckpunkte A und B. Seine Struktur bleibt unverändert, solange die Eckpunkte A, B, C, D nicht sämtlich in eine Ebene fallen. Ein weiteres Senken von A und B führt dazu, daß diese Polyederfläche längs der Kante CD geknickt wird (sonst würde das Polyeder nicht konvex bleiben!) und die in Abb. 52b dargestellte Form annimmt. Das natürliche Netz ändert seine Struktur in dem Augenblick, in dem die Eckpunkte A, B, C, D in eine Ebene zu liegen kommen. Polyeder mit einer größeren Anzahl von Eckpunkten bieten noch mehr Möglichkeiten für ähnliche Sprünge in der Struktur ihrer natürlichen Netze. Dementsprechend ist es nicht immer möglich, eine stetige Änderung der Metrik durch eine stetige Änderung eines und desselben Netzes zu realisieren.

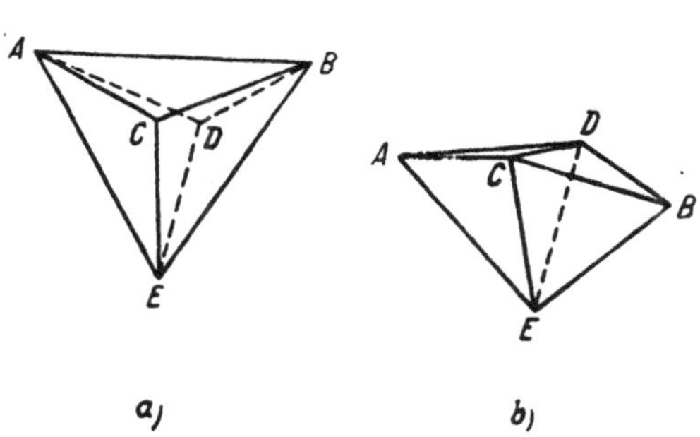

Abb. 52

Die genannten Schwierigkeiten zwingen uns erstens, den Zusammenhang zwischen verschiedenen Netzen, die dieselbe Metrik vorgeben, zu präzisieren und aus ihnen gewisse möglichst einfache auszuwählen. Zweitens zwingen sie uns zu untersuchen, wie sich bei Änderung eines Netzes die anderen Netze, die dieselbe Metrik bestimmen, ändern. Wir legen jetzt die Lösung dieser Fragen dar, und zwar in dem Ausmaß, wie es für den weiter unten gegebenen Beweis des Realisierungssatzes notwendig ist.

Auf einer Sphäre $\boldsymbol{S}$ sei eine polyedrische Metrik positiver Krümmung mit e Ecken $A_1, A_2, \ldots, A_e$ vorgegeben. Die Anzahl der Ecken kann nicht kleiner als 3 sein. Dies ersieht man schon daraus, daß die Krümmung der Gesamtsphäre bei jeder auf ihr vorgegebenen Metrik 4π ist und die Krümmung einer Ecke immer kleiner als 2π sein muß. Wir ziehen vom Eckpunkt A_1 aus Kürzeste $A_1A_2, \ldots, A_1A_e$ zu allen anderen Ecken. Da eine Kürzeste nicht durch eine Ecke hindurchgehen kann und zwei von einem Punkt ausgehende Kürzeste sich nicht schneiden können (wie in Kap. III, § 2 bewiesen wurde), haben $A_1A_2, \ldots, A_1A_e$ außer A_1 keine gemeinsamen Punkte. Schneiden wir daher die Sphäre S längs dieser Kürzesten auf, so erhalten wir ein gewisses Polygon Q[1]), bei dem $e-1$ Eckpunkte mit A_1 zusammenfallen und weitere $e-1$ Eckpunkte die Punkte $A_2, \ldots, A_e$ sind. Die Seiten dieses Polygons sind paarweise einander gleich: jedes von A_i $(i \neq 1)$ ausgehende Seitenpaar läßt sich zu einer Kürzesten $A_1 A_i$ verheften. Da Q kreishomöomorph ist und in seinem Innern keine Eckpunkte der Metrik enthält, läßt es sich auf die Ebene abwickeln. Jede Metrik positiver Krümmung auf einer Sphäre läßt sich also durch ein Netz vorgeben, das aus einem einzigen Polygon besteht, dessen benachbarte Seiten sich paarweise verheften lassen. Diese letzte Bemerkung ist aber für uns unwesentlich, und wir lassen sie ohne Beweis[2]).

Das Polygon Q zerlegen wir durch Diagonalen in Dreiecke. Eine solche Zerlegung kann folgendermaßen bewerkstelligt werden. Seien $B_1, B_2, \ldots, B_n$ die in der Reihenfolge ihrer Lage auf dem Rand von Q numerierten Eckpunkte des Polygons Q. Hierbei ist $n = 2e-2$, und die Eckpunkte B_i sind folgende Eckpunkte der Metrik: $A_1, A_2; A_1, A_3; \ldots; A_1, A_e$. Da Q im Innern keine Eckpunkte der Metrik enthält, wird die Summe seiner Winkel β_i durch die wohlbekannte Formel

$$\sum_{i=1}^{n} \beta_i = (n-2)\,\pi$$

gegeben. Es gibt daher in Q mindestens drei Eckpunkte, bei denen der Winkel kleiner als π ist. (Wären bei $(n-2)$ Eckpunkten die Winkel mindestens π, so wäre schon die Summe dieser Winkel mindestens $(n-2)\pi$.) Das Polygon Q hat also zwei nicht benachbarte Eckpunkte B_p und B_q mit Winkeln kleiner als π.

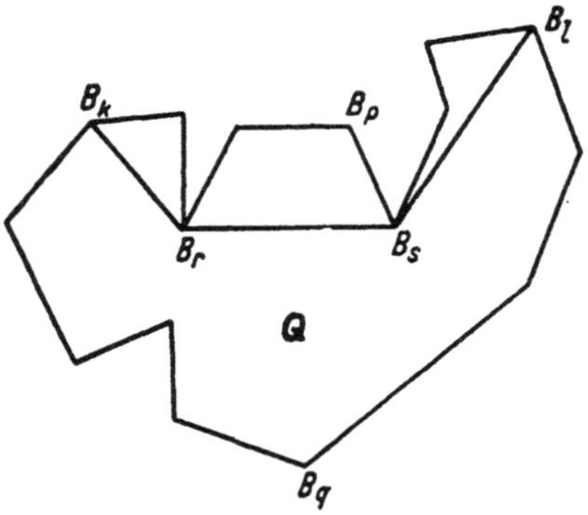

Abb. 53

Wir wählen irgendwelche Eckpunkte B_k und B_l, die durch B_p und B_q getrennt werden, und verbinden B_k und B_l durch eine in Q kürzestmögliche Linie (Abb. 53). Wie in Kap. II, § 2 gezeigt wurde, existiert eine solche Linie und stellt einen geodätischen Kurvenzug dar, dessen etwaige Eckpunkte in Eckpunkten von Q liegen. Würde dieser Kurvenzug durch einen Eckpunkt mit einem Winkel kleiner als π hindurchgehen, so ließe er sich offenbar durch Abschneiden des Winkels zwischen den in diesem Eckpunkt zusammenstoßenden Gliedern verkürzen. Unser Kurvenzug $B_k B_l$ kann also weder durch B_p noch durch B_q verlaufen. Da aber diese Eckpunkte von den Endpunkten der Kurve $B_k B_l$ getrennt

[1]) S längs der Kurve AB aufschneiden bedeutet, einen metrischen Raum $\mathfrak{s}'$ zu betrachten, der zwei Linien $\overline{A'B'}$, $\overline{\overline{A'B'}}$ enthält, durch deren Identifizierung sich S ergibt.

[2]) Wir werden gleich zeigen, daß sich das Polygon Q durch Diagonalen in Dreiecke zerlegen läßt. Wickeln wir diese auf die Ebene ab, so liegt ganz Q auf dieser Ebene. Selbstverständlich kann sich das Polygon Q beim Abwickeln selbst überdecken.

werden, so muß diese wenigstens teilweise im Innern des Polygons Q verlaufen: sie entfernt sich von der Berandung in einem gewissen Eckpunkt B_r und kommt zu ihr in einem gewissen Eckpunkt B_s zurück. Auf dem Abschnitt $B_r B_s$ stellt sie eine Geodätische dar. Diese Geodätische $B_r B_s$ ist eine Diagonale des Polygons Q und zerlegt es in zwei Polygone Q_1, Q_2, von denen jedes schon weniger Eckpunkte hat als Q. Wendet man auf Q_1, Q_2 dieselben Überlegungen an, so zerlegt man sie in Polygone mit noch weniger Eckpunkten usw., bis das gesamte ursprüngliche Polygon Q in Dreiecke zerlegt ist.

Da alle diese Dreiecke im Innern keine Eckpunkte der Metrik enthalten und daher ihre Krümmung Null ist, kann man sie auf die Ebene abwickeln. In der Tat: Sei ABC ein solches Dreieck. Da seine Krümmung Null ist, sind seine Winkel kleiner als π. Daher verläuft eine relative Kürzeste AX, die den Eckpunkt A mit einem Punkt X der Seite BC verbindet, in seinem Innern. Außerdem gibt es bei gegebenem X nur eine solche Kurve. Zwei Geodätische AX würden nämlich ein Zweieck bilden; die Krümmung eines Zweiecks ist aber positiv (sie ist gleich seiner Winkelsumme, wie aus der allgemeinen Formel $\omega = \sum_{i=1}^{n} \alpha_i - (n-2)\pi$ für die Krümmung eines n-Ecks folgt). Nun haben wir schon in Kap. III, § 2 bewiesen, daß man die Umgebung einer Geodätischen in einer polyedrischen Metrik positiver Krümmung auf die Ebene abwickeln kann[1]). Läßt man X die ganze Seite BC durchlaufen und wickelt nacheinander die Umgebungen der Geodätischen AX auf die Ebene ab, so wird das ganze Dreieck ABC abgewickelt. (Selbstverständlich müßte diese Überlegung präzisiert werden, was mit Hilfe des BORELschen Überdeckungssatzes leicht zu machen ist.)

Somit haben wir das Polygon Q in Dreiecke, die ebenen Dreiecken isometrisch sind, zerlegt und damit ein gewisses Netz der gegebenen Metrik erhalten. Wenn wir im folgenden eine abstrakt vorgegebene Metrik betrachten — zum Unterschied von der Metrik eines gegebenen Polyeders —, so werden wir sie durch Netze vorgeben, die durch die angeführte Konstruktion entstanden sein sollen. Ein solches Netz hat keine anderen Eckpunkte als die Eckpunkte der gegebenen Metrik. Man kann also folgendes aussagen:

Hilfssatz 1: *Jede polyedrische Metrik positiver Krümmung auf einer Sphäre läßt sich durch ein Netz vorgeben, das aus ebenen Dreiecken besteht und keine anderen Eckpunkte als die der Metrik besitzt.*

Auf Grund dieses Hilfssatzes können wir uns im folgenden auf solche Netze beschränken. Die Seiten der Dreiecke des Netzes bezeichnen wir als Kanten des Netzes, wobei wir je zwei Seiten, die zu verheften sind, als eine Kante ansehen. Die zu identifizierenden Eckpunkte der Dreiecke ergeben einen Eckpunkt des Netzes oder — was für die betrachteten Netze dasselbe ist — einen Eckpunkt der gegebenen Metrik.

1) Das wurde in § 2 von Kap. III für Kürzeste bewiesen. Da man aber eine Geodätische durch endlich viele Kürzeste überdecken kann, gilt die Aussage auch für Geodätische.

Wir haben schon darauf hingewiesen, daß eine polyedrische Metrik auf einer Sphäre nie weniger als drei Eckpunkte haben kann. Betrachten wir den einfachsten Fall einer Metrik mit drei Eckpunkten A_1, A_2, A_3. Verbinden wir diese Eckpunkte durch Kürzeste, so zerlegen wir die Sphäre in zwei Dreiecke, die keine Eckpunkte der Metrik im Innern enthalten und daher auf die Ebene abgewickelt werden können. Da diese Dreiecke paarweise verheftete Seiten haben, sind sie einander gleich (kongruent). Wickeln wir sie auf die Ebene ab und legen wir sie aufeinander, so erhalten wir also ein doppelt bedecktes Dreieck. Somit haben wir bewiesen:

Hilfssatz 2: *Eine polyedrische Metrik auf einer Sphäre, die nur drei Eckpunkte hat, wird durch ein doppelt bedecktes Dreieck realisiert.*

Wir dürfen uns daher im folgenden auf Metriken mit mehr als drei Eckpunkten beschränken.

In unseren Überlegungen wird der Begriff der Strukturgleichheit von Netzen eine wichtige Rolle spielen. Zwei Netze $\mathfrak{r}_1$ und $\mathfrak{r}_2$ mögen *strukturgleich* heißen, wenn sich eine eineindeutige Zuordnung zwischen ihren Elementen — Dreiecken, Kanten und Ecken — herstellen läßt, welche die Inzidenzbeziehungen zwischen diesen Elementen erhält. Im einzelnen muß eine solche Zuordnung also folgende Eigenschaften haben:

1. Einem Dreieck, einer Kante oder einer Ecke des Netzes $\mathfrak{r}_1$ ist ein Dreieck, eine Kante bzw. ein Eckpunkt von $\mathfrak{r}_2$ zugeordnet und umgekehrt.

2. Gehört in $\mathfrak{r}_1$ eine Kante $\mathfrak{A}_1$ einem Dreieck $\boldsymbol{T}_1$ an, so gehört die zugeordnete Kante $\mathfrak{A}_2$ in $\mathfrak{r}_2$ dem zugeordneten Dreieck $\boldsymbol{T}_2$ an und umgekehrt.

3. Gehört im Netz $\mathfrak{r}_1$ der Eckpunkt A_1 einer Kante $\mathfrak{A}_1$ (oder einem Dreieck $\boldsymbol{T}_1$) an, so gehört in $\mathfrak{r}_2$ der zugeordnete Eckpunkt A_2 der zugeordneten Kante $\mathfrak{A}_2$ (oder dem zugeordneten Dreieck $\boldsymbol{T}_2$) an und umgekehrt.

Bei gleichbleibender Struktur sind noch Änderungen der Kantenlängen möglich. Genauer bedeutet dies folgendes: Wir sagen, ein Netz $\mathfrak{r}$ entstehe aus einem Netz $\mathfrak{r}_0$ durch Änderung der Kantenlängen, wenn die beiden Netze strukturgleich, aber die Längen zugeordneter Kanten verschieden sind. Im allgemeinen kann man zwischen den Elementen zweier verschiedener Netze mehrere Zuordnungen herstellen, auf Grund deren sie strukturgleich sind. Wir werden jedoch immer eine beliebige, aber feste Zuordnung herausgreifen. Dann kann man einander zugeordnete Elemente aller strukturgleichen Netze mit denselben Buchstaben bezeichnen. Unter diesen Umständen sagen wir, ein Netz ändere sich stetig, wenn sich die Längen seiner Kanten stetig ändern. (Im Verlauf der Änderung der Kantenlängen soll die Zuordnung zwischen Kanten, Dreiecken und Eckpunkten erhalten bleiben.) Bei gegebener Struktur ist ein Netz durch die Längen seiner Kanten vollständig bestimmt; denn jedes Dreieck ist durch seine Seitenlängen eindeutig gegeben.

Hilfssatz 3: *Ist k die Anzahl der Kanten eines Netzes, e die Anzahl seiner Eckpunkte, so ist* $k = 3e - 6$. Also ist die Anzahl der Parameter, die ein Netz gegebener Struktur festlegen, für alle Netze mit gleichviel Eckpunkten dieselbe.

Ist nämlich f die Anzahl der Dreiecke des Netzes, so ist nach dem EULERschen Satz

$$f - k + e = 2.$$

Jedes Dreieck hat aber drei Seiten, und diese Seiten sind paarweise verheftet. Daher ist

$$3f = 2k.$$

Multipliziert man die erste Gleichung mit 3 und ersetzt darin $3f$ durch $2k$, so erhält man $k = 3e - 6$.

Geben zwei Netze $\mathfrak{r}_1$ und $\mathfrak{r}_2$ ein und dieselbe Metrik vor, so bestehen die Dreiecke des einen offenbar aus Stücken von Dreiecken des anderen und umgekehrt. Die Eckpunkte beider Netze fallen zusammen, da sie gleichzeitig Eckpunkte der Metrik sind. Die Kanten der Netze aber brauchen nicht zusammenzufallen und können in verschiedenen Netzen verschiedene Eckpunkte verbinden. Irgendeine Kante AB des Netzes $\mathfrak{r}_1$, die vom Eckpunkt A ausgeht, durchquert Dreiecke des Netzes $\mathfrak{r}_2$ und schneidet dabei deren Kanten in einer gewissen Reihenfolge, bis sie beim Eckpunkt B anlangt. In jedem Dreieck ist der Abschnitt der Kante AB geradlinig; beim Übergang über eine Kante gelangt sie in ein benachbartes Dreieck, und zwar so, daß bei Abwicklung auf die Ebene im ganzen eine geradlinige Strecke entsteht. Werden alle Dreiecke $\boldsymbol{T}_i$, durch die die Kante AB hindurchgeht, nacheinander auf die Ebene abgewickelt, so geht AB in eine geradlinige Strecke über. Diese ist eine Diagonale desjenigen Polygons $\boldsymbol{P}$, das von den nacheinander abgewickelten Dreiecken $\boldsymbol{T}_i$ bedeckt wird (Abb. 54). Selbstverständlich kann die Kante AB ein und dasselbe Dreieck mehrfach durchqueren, dann tritt dieses Dreieck im Polygon $\boldsymbol{P}$ entsprechend oft auf[1]).

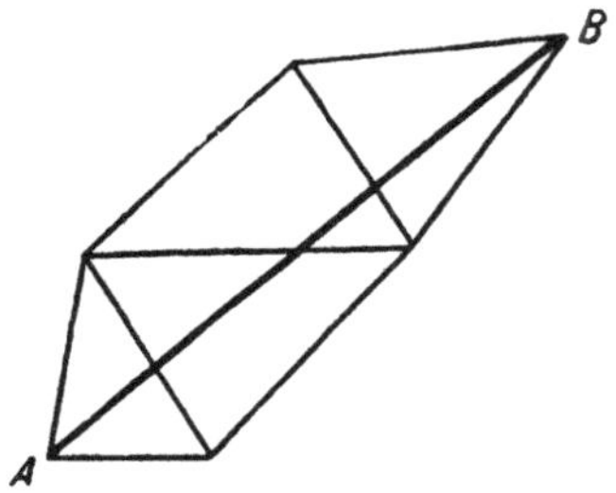

Abb. 54

Wir sagen, *die Lage des Netzes* $\mathfrak{r}_1$ *in einem Netz* $\mathfrak{r}_2$ sei gegeben, wenn festgelegt ist, welche Kanten von $\mathfrak{r}_2$ welche Eckpunkte von $\mathfrak{r}_1$ verbinden und welche Kanten von $\mathfrak{r}_2$ durch Kanten von $\mathfrak{r}_1$ geschnitten werden und in welcher Reihenfolge; insbesondere können Kanten von $\mathfrak{r}_1$ mit Kanten von $\mathfrak{r}_2$ zusammenfallen.

Hilfssatz 4: *Zwei Netze* $\mathfrak{r}_0$ *und* $\mathfrak{s}_0$ *mögen eine und dieselbe Metrik definieren und gleiche Eckpunkte haben. Durch Änderung der Kantenlängen von* $\mathfrak{r}_0$ *können wir neue, zu* $\mathfrak{r}_0$ *strukturgleiche Netze* $\mathfrak{r}$ *erhalten. Ist die Änderung aller Kantenlängen*

[1]) Die Kante AB schneidet jedes Dreieck nur endlich oft. Würde nämlich die Kante AB das Dreieck $\boldsymbol{T}_i$ unendlich oft schneiden, so müßten die Längen ihrer in $\boldsymbol{T}_i$ enthaltenen Abschnitte gegen Null streben. Anderenfalls hätte AB unendliche Länge. Abschnitte zwischen Punkten auf den Seiten eines Dreiecks können aber nur dann gegen Null streben, wenn sie sich an einer Ecke des Dreiecks häufen. Folglich müßte ein Eckpunkt von $\boldsymbol{T}_i$ auf AB liegen. Dann wäre diese Ecke ein Endpunkt von AB, und diese Kante ginge von ihm in Form einer einzigen geradlinigen Strecke aus. Es kann also nicht unendlich viele Abschnitte geben.

hinreichend klein, so kann eine durch ein $\mathfrak{r}$ definierbare Metrik auch — und zwar auf eine einzige Weise — durch ein Netz $\mathfrak{s}$ vorgegeben werden, das in $\mathfrak{r}$ dieselbe Lage hat wie $\mathfrak{s}_0$ in $\mathfrak{r}_0$. Die Netze $\mathfrak{s}$ und $\mathfrak{s}_0$ sind strukturgleich.

Beweis: Wir greifen eine beliebige Kante von $\mathfrak{s}_0$ heraus. Fällt sie mit einer Kante von $\mathfrak{r}_0$ zusammen, so nehmen wir als die zugeordnete Kante des abgeänderten Netzes $\mathfrak{s}$ dieselbe Kante in dem abgeänderten Netz $\mathfrak{r}$.

Fällt aber die Kante AB von $\mathfrak{s}_0$ mit keiner Kante von $\mathfrak{r}_0$ zusammen, so entspricht ihr in $\mathfrak{r}_0$ ein bestimmter Streckenzug, der durch gewisse Dreiecke von $\mathfrak{r}_0$ hindurchgeht und gewisse seiner Eckpunkte A und B verbindet, da nach Voraussetzung die Eckpunkte von $\mathfrak{r}_0$ und $\mathfrak{s}_0$ einander entsprechen. Wickeln wir alle aufeinanderfolgenden Dreiecke, durch die dieser Streckenzug hindurchgeht, auf die Ebene ab, so erhalten wir ein gewisses Polygon $\boldsymbol{P}$ mit einer Diagonale AB (s. Abb. 54). Ändern sich die Kantenlängen von $\mathfrak{r}$ stetig, so ändert sich auch $\boldsymbol{P}$ stetig. Es läßt sich also ein $\varepsilon_{AB} > 0$ finden, derart daß bei einer beliebigen Änderung der Kantenlängen um weniger als ε_{AB} die Diagonale AB immer noch ganz im Innern von $\boldsymbol{P}$ verläuft. Diese Diagonale im abgeänderten Polygon $\boldsymbol{P}$ können wir dann als Kante AB in dem abgeänderten Netz $\mathfrak{s}$ nehmen. Eine andere Verbindungsstrecke der Eckpunkte A und B, die dieselben Kanten von $\mathfrak{r}$ in derselben Reihenfolge schneiden würde, gibt es nicht. Die Kante AB in dem abgeänderten Netz $\mathfrak{s}$ ist also eindeutig bestimmt. Außerdem ändert sich bei stetiger Deformation von $\boldsymbol{P}$ auch die Kante AB stetig. Führen wir dieselbe Überlegung für alle Kanten des Netzes durch, und nehmen wir ε kleiner als alle entsprechenden ε_{AB}, ε_{CD} usw., so können wir schließen, daß bei einer Änderung der Kantenlängen von $\mathfrak{r}_0$ um weniger als ε die entsprechend abgeänderten Kanten des Netzes $\mathfrak{s}_0$ genommen werden können. Sie verbinden dieselben Eckpunkte und verlaufen durch dieselben Dreiecke von $\mathfrak{r}$. Ist ε genügend klein, so unterscheiden sich ihre Längen wenig von den Anfangswerten. Schneidet man das Netz $\mathfrak{r}$ längs dieser Kanten auf und verheftet die Stücke der Dreiecke dieses Netzes, so erhält man das abgeänderte Netz $\mathfrak{s}$. Aus dieser Konstruktion sieht man, daß $\mathfrak{s}$ mit dem Ausgangsnetz $\mathfrak{s}_0$ strukturgleich ist. Der Hilfssatz ist damit bewiesen.

Hilfssatz 5: *Es sei ein und dieselbe Metrik durch zwei Netze $\mathfrak{r}$ und $\mathfrak{s}$ mit einander entsprechenden Eckpunkten dargestellt. Wir ändern die Kantenlängen von $\mathfrak{r}$ ab, ohne die Struktur von $\mathfrak{r}$ und die Lage von $\mathfrak{s}$ in $\mathfrak{r}$ zu ändern. Der vorige Hilfssatz besagt, daß, solange die Änderungen der Kantenlängen genügend klein sind, die Kantenlängen von $\mathfrak{s}$ eindeutige Funktionen der Kantenlängen von $\mathfrak{r}$ sind. Wir behaupten jetzt, daß diese Funktionen sogar differenzierbar sind.*

Beweis: Fällt eine Kante von $\mathfrak{s}$ mit irgendeiner Kante von $\mathfrak{r}$ zusammen, so ist die Behauptung trivial, da beide Kantenlängen einander gleich sind.

Fällt eine Kante AB von $\mathfrak{s}$ mit keiner Kante von $\mathfrak{r}$ zusammen, so wickeln wir sie wieder zusammen mit den von ihr durchquerten Dreiecken von $\mathfrak{r}$ auf die Ebene ab. AB wird dann eine Diagonale des aus diesen Dreiecken zusammengesetzten Polygons $\boldsymbol{P}$. Die Seiten von $\boldsymbol{P}$ sind Kanten von $\mathfrak{r}$, seine Winkel sind Summen von Winkeln der Dreiecke, aus denen es zusammengesetzt ist, also differenzierbare Funktionen der Längen ihrer Seiten, d. h. von Kanten von $\mathfrak{r}$. Die Länge einer Diagonale ist aber eine differenzierbare Funktion der Seiten und Winkel des Polygons. Sie ist also auch eine differenzierbare Funktion der Kantenlängen von $\mathfrak{r}$, was zu beweisen war.

Wir sehen also, daß eine polyedrische Metrik positiver Krümmung mit e Eckpunkten durch Netze vorgegeben werden kann, die bei fester Struktur durch ein und dieselbe Anzahl $k = 3e - 6$ von Parametern, den Kantenlängen, bestimmt sind. Eine Änderung der Kanten eines Netzes zieht eine eindeutige und sogar differenzierbare Änderung der Kanten eines anderen Netzes nach sich. Wir können daher bei der Betrachtung sowohl einer fest gegebenen als auch einer veränderlichen Metrik diese nach Belieben durch das eine oder andere Netz vorgeben. Alle diese verschiedenen Bestimmungen der Metrik sind einander völlig gleichwertig. Nur dürfen wir dabei selbstverständlich die obige Voraussetzung nicht vergessen, daß die Eckpunkte des Netzes in den Eckpunkten der Metrik liegen.

Die Gesamtheit aller Metriken mit einer gegebenen Anzahl von Eckpunkten läßt sich in folgender Weise in einen Raum oder eine „Mannigfaltigkeit von Metriken" verwandeln. Unter einer Umgebung einer Metrik ϱ_0 wollen wir die Gesamtheit aller Metriken ϱ verstehen, die sich durch Netze $\mathfrak{r}$ mit folgenden Eigenschaften vorgeben lassen: 1. Sie sind einem gewissen Netz $\mathfrak{r}_0$ der Metrik ϱ_0 strukturgleich, und 2. ihre Kantenlängen unterscheiden sich von den Längen der entsprechenden Kanten von $\mathfrak{r}_0$ um weniger als ein beliebig vorgegebenes positives ε. Die Kantenlängen $r_1, \ldots, r_k$ der Netze $\mathfrak{r}$ stellen die Koordinaten in dieser Umgebung dar. Dem Übergang von einem System von Netzen zu einem anderen entspricht eine Koordinatentransformation. Die Hilfssätze 4 und 5 besagen, daß diese Transformation eineindeutig und differenzierbar ist. Wenn wir im folgenden von Metriken sprechen, die einer gegebenen benachbart sind, so verstehen wir darunter Metriken, die einer gewissen Umgebung der eben beschriebenen Art angehören. Der Begriff der Konvergenz von Metriken läßt sich jetzt ebenfalls als Konvergenz im Raum der Metriken definieren. Mit anderen Worten: wir sagen, daß die Metriken ϱ_n gegen die Metrik ϱ konvergieren, wenn 1. von einem gewissen Index ab alle Metriken ϱ_n durch Netze $\mathfrak{r}_n$ vorgegeben werden können, die einem Netz $\mathfrak{r}$ von ϱ strukturgleich sind, und wenn 2. die Kantenlängen der $\mathfrak{r}_n$ gegen die Längen der entsprechenden Kanten von $\mathfrak{r}$ konvergieren[1]). Diese geometrische Beschreibung einer Gesamtheit von Metriken, die einer gegebenen benachbart sind, ist sehr bequem, und wir werden sie im folgenden benutzen.

---

[1]) Die Metrik ist eine stetige Funktion $\varrho(X, Y)$ der Punkte X, Y der Sphäre $\mathbf{S}$, auf der die Metrik vorgegeben ist. Der natürliche und allgemeinste Begriff der Konvergenz von Metriken ist daher der Begriff der Konvergenz von Funktionen. Es läßt sich zeigen, daß der von uns eingeführte Begriff der Konvergenz von polyedrischen Metriken mit einer gegebenen Anzahl von Eckpunkten der Konvergenz von Metriken als Funktionen äquivalent ist. Wir brauchen dies jedoch nicht. Unser Ziel besteht gerade darin, an Stelle der Funktionen Systeme endlich vieler Parameter $(r_1, r_2, \ldots, r_k)$ zu betrachten.

§ 2. Der Gedankengang beim Beweis des Realisierungssatzes

Der Beweis der Existenz eines Polyeders, das eine gegebene Metrik realisiert, den wir hier geben, ist sehr lang, wenn man ihn in allen Einzelheiten durchführt. Das hat zwei Gründe. Erstens stützt er sich auf einen Polyedersatz von nicht geringer selbständiger Bedeutung (auf den Starrheitssatz der §§ 4, 5), zweitens liegt im Wesen der Aufgabe selbst eine Reihe von Schwierigkeiten, die wir schon zu Anfang des Kapitels erwähnt haben, deren Überwindung ziemlich mühselige Überlegungen erfordert. Der Grundgedanke des Beweises dagegen ist einfach. Wir werden ihn daher im folgenden in allgemeinen Zügen darlegen, ohne uns vorerst um Einzelheiten zu kümmern. Dabei werden wir auf diejenigen Stellen dieses Kapitels verweisen, an denen diese oder jene von uns ausgesprochene Behauptung bewiesen wird. Damit geben wir gleichzeitig den Plan des ganzen Beweises an[1]).

Ein konvexes Polyeder ist durch Vorgabe seiner Eckpunkte vollständig bestimmt[2]). Verschiebt man die Polyedereckpunkte, so deformiert sich das Polyeder in wohlbestimmter Weise. Da das Polyeder sich aber auch als starrer Körper bewegen kann, wird nicht jede Verschiebung der Eckpunkte eine echte Deformation hervorrufen. Kongruente Polyeder kann man ja einfach als verschiedene Exemplare eines und desselben Polyeders betrachten. Um solche unechten, auf Bewegungen hinauslaufende Deformationen auszuschließen, verfahren wir folgendermaßen: Auf einer Seitenfläche des gegebenen Polyeders $\boldsymbol{P}$ wählen wir drei Eckpunkte A, B, C. Wir nehmen ein beliebiges kartesisches Koordinatensystem x, y, z und verschieben $\boldsymbol{P}$ so, daß A in den Koordinatenursprung, B auf die positive x-Achse fällt und drehen dann das Polyeder, bis C in der Halbebene $z = 0$, $y > 0$ liegt. Unterwirft man die Eckpunkte A, B, C diesen Bedingungen, so ist eine Bewegung ausgeschlossen. Im folgenden werden wir ein Polyeder, bei dem drei gegebene Eckpunkte einer Seitenfläche so liegen, *ein verankertes Polyeder* nennen.

Hat ein Polyeder e Eckpunkte, so sind im ganzen $3e$ Koordinaten vorhanden. Nun sind aber für A drei Koordinaten fest, für B zwei und für C eine; also verbleiben insgesamt $3e-6$ veränderliche Koordinaten, durch deren Änderungen neue Polyeder entstehen. Ein verankertes Polyeder mit e Eckpunkten ist also durch Angabe von $3e-6$ Parametern bestimmt. Sind die Verschiebungen der Eckpunkte hinreichend klein, so sind sie völlig beliebig. In hinreichend kleinen Bereichen können also die Koordinaten der Eckpunkte beliebige Werte annehmen.

---

[1]) Der ursprüngliche Beweis dieses Satzes, den ich in meiner Arbeit «Существование выпуклого многогранника и выпуклой поверхности с заданной метрикой», Мат. сборник, („Die Existenz eines konvexen Polyeders und einer konvexen Fläche mit vorgegebener Metrik", Mat. Sbornik, t. 11 (1941) S. 15—61) gab, stützt sich auf eine ähnliche, aber weniger elementare Idee, bei deren ausführlicher Realisierung man auf ähnliche Schwierigkeiten stößt. L. A. Lusternik hat einen anderen Beweis vorgeschlagen, der aber auf dem Satz von Weyl-Lewy über die Existenz einer konvexen Fläche mit vorgegebenem Linienelement beruht.

[2]) Siehe Anhang § 5, wo bewiesen wird, daß ein konvexes Polyeder die konvexe Hülle seiner Eckpunkte ist.

Bei „großen“ Verschiebungen dagegen können ein oder mehrere Eckpunkte in die konvexe Hülle der übrigen fallen und aufhören, Polyedereckpunkte zu sein. Wenn man daher nur Polyeder mit e Eckpunkten betrachtet, so können sich ihre Koordinaten nur innerhalb eines bestimmten Bereiches ändern. Die Gestalt dieses Bereiches ist für uns übrigens bedeutungslos.

Jedes Polyeder $\boldsymbol{P}$ hat eine bestimmte Metrik; die Eckpunkte des Polyeders sind auch Eckpunkte seiner Metrik. Die Metrik läßt sich durch irgendein geeignetes Netz $\mathfrak{r}$ vorgeben. Am einfachsten nimmt man selbstverständlich ein von den Seitenflächen des Polyeders gebildetes Netz, bei dem die nicht dreieckigen Seitenflächen durch Diagonalen in Dreiecke zerlegt sind. Ein solches Polyedernetz nennen wir ein *natürliches*. Man kann auch andere Netze nehmen. Wir betrachten jedoch ausschließlich solche Netze, deren Eckpunkte den Eckpunkten der Metrik, also denen des Polyeders, entsprechen.

Bei gegebener Struktur wird ein Netz durch die Längen seiner Kanten $r_1, \ldots, r_k$ gegeben. Wir haben bewiesen (Hilfssatz 3, § 1), daß die Kantenzahl k mit der Eckenzahl e durch die Gleichung

$$k = 3e - 6 \tag{1}$$

zusammenhängt. *Ein Polyeder und ein Netz gleicher Struktur sind also durch die gleiche Anzahl von Parametern bestimmt.*

Wird ein Polyeder $\boldsymbol{P}$ durch Verschiebung seiner Eckpunkte deformiert, so ändert sich sein Netz. Es ist jedoch anschaulich klar und wird auch in § 3 bewiesen, daß man bei kleinen Deformationen des Polyeders die Struktur des Netzes ungeändert lassen kann und nur die Länge seiner Kanten zu verändern braucht. Die Kantenlängen $r_1, \ldots, r_k$ sind also eindeutige Funktionen der Eckpunktkoordinaten $p_1, \ldots, p_k$ (es gibt bei Verankerung nach Formel (1) $3e-6$, also k variable Eckpunktkoordinaten). In der Umgebung der einem gegebenen Polyeder $\boldsymbol{P}_0$ entsprechenden Werte $p_1^0, \ldots, p_k^0$ gilt also:

$$\begin{cases} r_1 = f_1(p_1, \ldots, p_k) \\ \cdot \quad \cdot \quad \cdot \quad \cdot \quad \cdot \quad \cdot \\ \cdot \quad \cdot \quad \cdot \quad \cdot \quad \cdot \quad \cdot \\ r_k = f_k(p_1, \ldots, p_k). \end{cases} \tag{2}$$

Wir wollen aber beweisen, daß sich umgekehrt bei vorgegebenem Netz ein Polyeder konstruieren läßt. Diese Aufgabe könnte man als Umkehrproblem für die Funktionen (2) behandeln, wenn man diese auf alle Polyeder erweitert, die Netze der gegebenen Struktur zulassen. In der Tat: betrachten wir einerseits alle Netze $\mathfrak{r}$ gegebener Struktur und andererseits alle Polyeder $\boldsymbol{P}$, die ein Netz mit dieser Struktur besitzen. Ordnet man jedem Polyeder $\boldsymbol{P}$ ein bestimmtes Netz $\mathfrak{r}$ zu, so werden die Kanten von $\mathfrak{r}$ Funktionen der Eckpunktkoordinaten von $\boldsymbol{P}$, und wir erhalten das Funktionensystem (2). Nehmen wir an, man könnte nun umgekehrt ein Funktionensystem

$$(3)\qquad \begin{cases} p_1 = g_1(r_1, \ldots, r_k) \\ \cdot \quad \cdot \quad \cdot \\ \cdot \quad \cdot \quad \cdot \quad \cdot \quad \cdot \quad \cdot \\ p_k = g_k(r_1, \ldots, r_k) \end{cases}$$

angeben derart, daß 1. die Funktionen g_i für alle Werte $r_1, \ldots, r_k$ definiert sind, die Netzen entsprechen, welche eine Metrik positiver Krümmung vorgeben, und 2. die Werte p_i, die sich hierbei ergeben, wirklich die Koordinaten der Eckpunkte eines Polyeders darstellen[1]). Jedem Netz könnte man dann ein Polyeder zuordnen, und unsere Aufgabe wäre gelöst. Durch Anwendung dieses Ergebnisses auf Netze mit allen möglichen Strukturen wäre dann der Realisierungssatz in vollem Umfang bewiesen.

Dieses Programm läßt sich aber wohl kaum durch direkte Methoden verwirklichen, und zwar aus zweierlei Gründen. Erstens ist, wie schon in § 1 hervorgehoben wurde, der Zusammenhang eines gegebenen Netzes mit einem natürlichen Netz eines Polyeders, d. h. mit den Koordinaten seiner Eckpunkte, sehr kompliziert. Zweitens: Betrachtet man Netze vorgegebener Struktur, so muß überhaupt noch bewiesen werden, daß es konvexe Polyeder gibt, die Netze solcher Struktur besitzen. Andernfalls haben wir gar keine Funktionen (2) und auch nichts zum Umkehren.

Um diese Schwierigkeiten zu umgehen, bedienen wir uns der Methode der stetigen Fortsetzung, deren Wesen in folgendem besteht:

1. Wir beweisen zuerst, daß in einer hinreichend kleinen Umgebung der dem gegebenen Polyeder entsprechenden Werte $p_1^0, \ldots, p_k^0$ die Funktionen (2) umkehrbar sind. Damit wird bewiesen sein — wie wir ausführlicher etwas weiter unten erläutern —, daß *alle Metriken, die einer realisierbaren genügend benachbart sind, selbst realisiert werden können.* (Wir erinnern daran, daß nach den Vereinbarungen aus § 1 Metriken ϱ als einer Metrik ϱ_0 benachbart angesehen werden, wenn sie sich durch Netze vorgeben lassen, die einem Netz $\mathfrak{r}_0$ von ϱ_0 strukturgleich sind und deren Kantenlängen sich von denen von $\mathfrak{r}_0$ wenig unterscheiden.)

2. Wir beweisen zweitens, daß jede gegebene Metrik ϱ_1 mit einer realisierbaren Metrik ϱ_0 durch eine kontinuierliche Reihe von Metriken $\varrho_t\,(0 \leqq t \leqq 1)$ verbunden werden kann. (Wir sagen, daß die Metriken ϱ_t eine kontinuierliche Reihe bilden, wenn jedem t im Segment $[0, 1]$ eine Metrik ϱ_t zugeordnet ist derart, daß für $t' \to t$ die Metrik $\varrho_{t'}$ gegen ϱ_t konvergiert. Der Begriff der Konvergenz von Metriken wurde in § 1 definiert.)

3. Hiernach beweisen wir durch Übergang von ϱ_0 zu einer benachbarten Metrik ϱ_t und durch weitere solche Übergänge längs einer ganzen Reihe ϱ_t bis zur gegebenen Metrik ϱ_1 die Realisierbarkeit von ϱ_1.

Betrachten wir jeden der drei Punkte unseres Programms etwas ausführlicher. Zum Beweis der ersten Aussage über die Umkehrbarkeit der Funktionen (2) bedienen wir uns des bekannten Satzes über die Umkehrung von Funktionen:

---

[1]) D. h. alle Punkte mit den Koordinaten p_i und nicht nur ein Teil dieser Punkte sind Eckpunkte ihrer konvexen Hülle.

Wird ein System von k Gleichungen mit k Veränderlichen der Form (2) durch die Werte $p_1 = p_1^0, \ldots, p_k = p_k^0$ und $r_1 = r_1^0, \ldots, r_k = r_k^0$ *befriedigt, sind für* $p_i = p_i^0$ $(i = 1, \ldots, k)$ *die Funktionen* $f_i(p_1, \ldots, p_k)$ *differenzierbar und ist ihre Funktionaldeterminante von Null verschieden, so sind diese Gleichungen in der Nähe der Werte* $r_1^0, \ldots, r_k^0$ *und* $p_1^0, \ldots, p_k^0$ *auflösbar. Mit anderen Worten, die* p_i *sind stetige Funktionen der* r_i*, die für alle den* r_i^0 *hinreichend benachbarten Werte* r_i *definiert sind und für* $r_i = r_i^0$ $(i = 1, \ldots, k)$ *die Werte* p_i^0 *annehmen.*

Wir werden beweisen (in § 3), daß unsere Funktionen $f_i(p_1, \ldots, p_k)$ tatsächlich differenzierbar sind. Dann dürfen wir

$$(4)\qquad \begin{cases} dr_1 = \dfrac{\partial f_1}{\partial p_1} \cdot dp_1 + \cdots + \dfrac{\partial f_1}{\partial p_k} \cdot dp_k \\ \cdot \quad \cdot \quad \cdot \\ \cdot \quad \cdot \quad \cdot \\ dr_k = \dfrac{\partial f_k}{\partial p_1} \cdot dp_1 + \cdots + \dfrac{\partial f_k}{\partial p_k} \cdot dp_k \end{cases}$$

schreiben. Die Determinante dieses Gleichungssystems für die dp_i ist gerade die Funktionaldeterminante. Die Aussage, daß sie ungleich Null ist, ist daher gleichwertig damit, daß das System (4) in dem Fall, daß alle dr_i Null werden, keine anderen Lösungen als die trivialen $dp_i = 0$ hat. Um die Umkehrbarkeit des Funktionensystems (2) nachzuweisen, genügt es also zu zeigen, daß mit allen dr_i auch alle dp_i verschwinden.

Die letzte Aussage läßt eine einfache geometrische Deutung zu. Die Tatsache, daß die Gleichungen (2) für $p_i = p_i^0$ und $r_i = r_i^0$ erfüllt sind, bedeutet nämlich, daß erstens ein Polyeder $\boldsymbol{P}_0$ mit den Eckpunktkoordinaten p_i^0 und zweitens sein Netz $\mathfrak{r}_0$ (der gegebenen Struktur) mit den Kantenlängen r_i^0 vorhanden ist. Nun möge sich das Polyeder $\boldsymbol{P}_0$ so in der Zeit t deformieren, daß sich die Koordinaten p_i mit bestimmten Geschwindigkeiten $\dot{p}_i$ ändern. Dann ändern sich auch die Kantenlängen des Netzes mit bestimmten Geschwindigkeiten $\dot{r}_i$ (infolge der Differenzierbarkeit der $f_i(p_1, \ldots, p_k)$). Die Aussage lautet nun, daß alle $\dot{p}_i = 0$ sind, wenn alle $\dot{r}_i = 0$ sind. Mit anderen Worten, sind alle r_i konstant bis auf Größen zweiter Ordnung, so sind auch die p_i bis auf Größen zweiter Ordnung konstant. Grob gesagt heißt das, daß sich ein verankertes Polyeder nicht deformiert, wenn sein Netz sich nicht ändert. Läßt man dagegen Bewegungen zu (d. h. läßt man die Bedingungen bezüglich der Lage der Eckpunkte A, B, C fallen), so läßt sich dieses Ergebnis in folgendem Satz aussprechen:

Sind die Kantenlängen eines Netzes stationär, so gestattet das Polyeder außer Bewegungen keine unendlich kleinen Deformationen. Hierbei heißt eine Variable $x(t)$ stationär, wenn

$$\dot{x}(0) \equiv \left(\frac{dx}{dt}\right)_{t=0} = 0$$

ist.

Gestattet eine Figur außer Bewegungen keine unendlich kleinen Deformationen, so heißt sie *starr*. Der angeführte Satz ist also ein Satz über die Starrheit eines geschlossenen konvexen Polyeders bei stationären Kantenlängen seines Netzes. Wir werden diesen Satz für nicht ausgeartete Polyeder beweisen; für ausgeartete Polyeder gilt er nicht, wie man leicht feststellt[1]). (Eine Ausnahme bildet ein doppelt bedecktes Dreieck, für das der Satz trivial ist.)

Dieser Starrheitssatz ist eine Verallgemeinerung eines bekannten Satzes von CAUCHY, welcher besagt, *daß ein nicht ausgeartetes geschlossenes konvexes Polyeder starr ist, wenn seine Seitenflächen starr sind*[2]). Die Verallgemeinerung besteht darin, daß wir nicht die Starrheit der Seitenflächen fordern — in unserem Falle dürfen sie geknickt werden. Wir verlangen nur, daß alle Kanten irgendeines Polyedernetzes stationär sind. Diese Forderung ist schwächer als die der Starrheit der Seitenflächen, selbst dann, wenn es sich um ein natürliches Polyedernetz handelt. Hat nämlich ein Polyeder beispielsweise eine viereckige Seitenfläche, so kann diese längs einer der Diagonalen geknickt werden, obwohl alle Seiten und Diagonalen dabei ihre Länge behalten. Nur dann, wenn alle Seitenflächen des Polyeders Dreiecke sind und gerade sie als Flächen des Netzes genommen werden, folgt die Starrheit der Seitenflächen daraus, daß die Kanten stationär sind. In diesem Falle können die Deformationen der Seitenflächen nur in Änderungen ihrer Kantenlängen bestehen (da ein Dreieck durch seine Seiten vollständig bestimmt ist), und für stationäre Kanten sind die Seitenflächen starr. Unser verallgemeinerter Starrheitssatz wird in den §§ 4 und 5 mit den gleichen Methoden bewiesen werden, mit denen CAUCHY seinen Satz bewiesen hat.

Ist der Starrheitssatz für nichtausgeartete Polyeder bewiesen, so folgt daraus, wie wir gezeigt haben, daß die Funktionaldeterminante des Funktionensystems (2) nicht verschwindet. Dieses System ist also in einer genügend kleinen Umgebung der Werte $r_i = r_i^0$ umkehrbar; hierbei entsprechen die Werte $p_i = p_i^0$ einem gewissen nichtausgearteten Polyeder.

Daraus ergibt sich, daß Metriken, die einer realisierbaren Metrik hinreichend benachbart sind, selbst realisierbar sind. Es möge nämlich eine gegebene Metrik ϱ_0 durch ein Polyeder $\boldsymbol{P}_0$ mit den Eckpunktkoordinaten $p_1^0, \ldots, p_k^0$ realisiert werden. ϱ_0 geben wir durch ein gewisses Netz $\mathfrak{r}_0$ mit den Kantenlängen $r_1^0, \ldots, r_k^0$ vor; $\mathfrak{r}_0$ ist gleichzeitig ein Netz des Polyeders $\boldsymbol{P}_0$. Wenn die Eckpunkte von $\boldsymbol{P}_0$ beliebige,

---

1) Sei $ABCD$ ein in ein doppelt bedecktes Quadrat mit der Seitenlänge a ausgeartetes Tetraeder. Die Diagonalen AC und BD, die auf den verschiedenen Seiten des Quadrates gezogen sind, mögen die Rolle von Kanten spielen. Wir verschieben den Eckpunkt C aus der Ebene des Quadrates auf eine Höhe h. Dann ändern sich die Kanten AB, BD, AD nicht, die Kanten BC und DC werden gleich $\sqrt{a^2 + h^2}$, und die Kante AC wird gleich $\sqrt{2a^2 + h^2}$. Hieraus sieht man, daß die Änderung der Kantenlängen von der Größenordnung h^2 ist, d. h. von zweiter Ordnung bezüglich der Geschwindigkeit der Bewegung von C, wenn man $h = \dot{h}t$ setzt. Für $t = 0$ werden daher die Ableitungen der Kantenlängen nach t gleich Null, d. h. die Kantenlängen sind stationär.

2) D. h. alle Deformationen von Seitenflächen außer ihren Bewegungen als Ganzes sind unendlich klein von zweiter Ordnung.

aber hinreichend kleine Verschiebungen erfahren (wir müssen uns dabei aber immer der Bedingungen bezüglich der drei Eckpunkte A, B, C, die eine Bewegung des Polyeders als Ganzes ausschließen, bewußt sein), so erhalten wir neue Polyeder $\boldsymbol{P}$ mit den Eckpunktkoordinaten $p_1, \ldots, p_k$. Die Eckpunktkoordinaten $p_1, \ldots, p_k$ können also beliebige, den $p_1^0, \ldots, p_k^0$ hinreichend benachbarte Werte annehmen. Wie schon gesagt, werden wir in § 3 beweisen, daß die zu dem gegebenen Polyeder $\boldsymbol{P}_0$ genügend benachbarten Polyeder $\boldsymbol{P}$ Netze $\mathfrak{r}$ von gleicher Struktur wie $\mathfrak{r}_0$ und mit Kantenlängen $r_1, \ldots, r_k$ besitzen, die sich von den $r_1^0, \ldots, r_k^0$ wenig unterscheiden. In der Nähe der Werte $p_1^0, \ldots, p_k^0$ sind die Kantenlängen r_i Funktionen der Eckpunktkoordinaten p_i; das sind gerade die Funktionen (2). Nehmen wir an, wir hätten bewiesen, daß diese Funktionen umkehrbar sind. Das bedeutet, daß es Funktionen (3) gibt: $p_i = g_i(r_1, \ldots, r_k)$, wo die $r_1, \ldots, r_k$ unabhängige Veränderliche in der Nähe von $r_i = r_i^0$ $(i = 1, \ldots, k)$ sind und wo für $r_i = r_i^0$ die Funktionen g_i die Werte $p_i = p_i^0$ annehmen, die dem Ausgangspolyeder $\boldsymbol{P}_0$ entsprechen.

Sei ϱ_1 eine Metrik, die der gegebenen Metrik ϱ_0 hinreichend benachbart ist; nach Definition läßt sich ϱ_1 durch ein Netz $\mathfrak{r}_1$ vorgeben, das gleiche Struktur hat wie $\mathfrak{r}_0$ und dessen Kantenlängen r_i^1 den r_i^0 benachbart sind. Seien $p_i^1 = g_i(r_1^1, \ldots, r_k^1)$ die Werte der Funktionen (3) für $r_i = r_i^1$. Diese Werte sind den p_0^i benachbart; folglich existiert ein konvexes Polyeder $\boldsymbol{P}_1$ mit den Eckpunktkoordinaten ϱ_i^1. Außerdem besitzt dieses Polyeder ein mit $\mathfrak{r}_0$ strukturgleiches Netz $\mathfrak{r}_1'$, dessen Kantenlängen durch die Funktionen (2) dargestellt werden. Sie sind gleich $f_i(p_1^1, \ldots, p_k^1)$. Da aber die f_i die Umkehrfunktionen der g_i sind und da $p_i = g_i(r_1^1, \ldots, r_k^1)$ ist, so gilt $f_i(p_1^1, \ldots, p_k^1) = r_i^1$. Dies bedeutet aber, daß das Netz $\mathfrak{r}_1'$ dieselben Kanten hat wie $\mathfrak{r}_1$. Das Polyeder $\boldsymbol{P}_1$ besitzt somit das Netz $\mathfrak{r}_1$ und realisiert die Metrik ϱ_1.

Dieses Ergebnis läßt sich in folgendem grundlegenden Hilfssatz formulieren:

Hilfssatz A: *Wenn man aus einem Netz $\mathfrak{r}_0$ ein geschlossenes konvexes nichtausgeartetes Polyeder $\boldsymbol{P}_0$ bilden kann, so kann man auch aus jedem Netz derselben Struktur, dessen Kantenlängen sich von denen von $\mathfrak{r}_0$ hinreichend wenig unterscheiden, ein geschlossenes konvexes Polyeder bilden.*

Kurz gesagt: *Metriken, die realisierbaren Metriken hinreichend benachbart sind, sind selbst realisierbar.*

Damit ist der erste Punkt unseres Programms erfüllt. Für die Behandlung des zweiten Punktes bedienen wir uns einer Induktionsüberlegung. In § 1 haben wir bewiesen (Hilfssatz 2, § 1), daß jede Metrik mit drei Eckpunkten realisierbar ist. Wir dürfen daher voraussetzen, jede Metrik mit $e - 1$ Eckpunkten sei realisierbar, und werden daraus die Realisierbarkeit einer Metrik mit e Eckpunkten $(e > 3)$ ableiten. Dazu werden wir folgendes beweisen:

Hilfssatz B: *Hat eine Metrik ϱ_0 mehr als drei Eckpunkte, so läßt sie sich durch eine kontinuierliche Reihe von Metriken ϱ_t mit einer Metrik ϱ_1 verbinden, die durch ein nichtausgeartetes geschlossenes konvexes Polyeder realisierbar ist. Die Reihe ϱ_t*

läßt sich so wählen, daß alle Metriken ϱ_t gleichviel Eckpunkte besitzen und keine von ihnen einem ausgearteten Polyeder entspricht. (Das heißt, keine von ihnen kann durch ein ausgeartetes Polyeder realisiert werden.)

Dieser Hilfssatz wird in § 7 bewiesen.

Schließlich werden wir in § 6 noch folgendes beweisen:

Hilfssatz C: *Der Limes realisierbarer Metriken ist eine realisierbare Metrik.*

Der Plan zum Beweis dieses Hilfssatzes liegt auf der Hand. Realisieren die Polyeder $\boldsymbol{P}_n$ die gegen eine Metrik ϱ konvergierenden Metriken ϱ_n, so läßt sich aus ihnen eine konvergierende Folge auswählen. Das Grenzpolyeder dieser Folge hat dann gerade die Grenzmetrik ϱ. Dies ist eigentlich ein Spezialfall des allgemeinen Satzes über die Konvergenz von Metriken konvergierender konvexer Flächen. Wir haben aber jetzt die Konvergenz von Metriken durch die Konvergenz von Netzen definiert und müssen daher den Hilfssatz C ohne Bezugnahme auf den allgemeinen Konvergenzsatz beweisen.

Sind die Hilfssätze A, B und C bewiesen, so läßt sich der Beweis der Existenz eines Polyeders mit gegebener Metrik leicht zu Ende führen. Sei ϱ_0 eine gegebene Metrik mit e Eckpunkten ($e > 3$). Sei $\varrho_t (0 \leqq t \leqq 1)$ eine kontinuierliche Reihe von Metriken, die den Voraussetzungen von Hilfssatz B genügt. Sie verbinde ϱ_0 mit einer Metrik ϱ_1, die durch ein nichtausgeartetes Polyeder realisierbar sei. Gemäß Hilfssatz A ist jede zu ϱ_1 benachbarte Metrik gleichfalls realisierbar, insbesondere jede Metrik ϱ_t für genügend nahe bei 1 liegende t.

Sei $\hat{t}$ die untere Grenze derjenigen t, für die die Metriken ϱ_t realisierbar sind. Da die Reihe der Metriken ϱ_t kontinuierlich ist, so ist $\varrho_{\hat{t}}$ ein Grenzwert realisierbarer Metriken ϱ_t $(t \to \hat{t} + 0)$. Nach Hilfssatz C ist auch ϱ_t durch ein gewisses Polyeder $\boldsymbol{P}_{\hat{t}}$ realisierbar. Ist $\hat{t} = 0$, so ist der Satz bewiesen. Jedoch kann $\hat{t}$ nicht von Null verschieden sein. Wäre nämlich $\hat{t} > 0$, so wäre $\boldsymbol{P}_{\hat{t}}$ ein nichtausgeartetes Polyeder, da nach Voraussetzung in der Reihe ϱ_t für $t > 0$ keine Metriken vorkommen, die ausgearteten Polyedern entsprechen. Nach Hilfssatz A sind alle zu $\varrho_{\hat{t}}$ benachbarten Metriken und insbesondere ϱ_t für $t < t$ realisierbar. Dies würde bedeuten, daß $\hat{t}$ nicht die untere Grenze derjenigen t wäre, für die ϱ_t realisierbar ist. Also ist $\hat{t} = 0$, und der Beweis des Satzes ist beendet.

Die weiteren Ausführungen sind der Erfüllung des aufgestellten Programms gewidmet. In § 3 werden Existenz und Differenzierbarkeit der Funktionen (2) in einer Umgebung der Werte $p_1^0, \ldots, p_k^0$, die einem gegebenen Polyeder entsprechen, bewiesen. In § 4 werden einige Hilfssätze abgeleitet, die für den Beweis des Starrheitssatzes notwendig sind. Dieser folgt dann in § 5. In § 6 wird auf Grund des Starrheitssatzes der Hilfssatz A sowie der Hilfssatz C bewiesen. Schließlich enthält § 7 den Beweis von Hilfssatz B.

Sieht man von dem Starrheitssatz ab, der als selbständiges Ergebnis zu betrachten ist, so ist Hilfssatz B eigentlich der einzig schwierige Punkt des ganzen Programms. Nachdem die Hilfssätze A, B, C bewiesen sind, brauchen wir nur noch in § 8 die soeben durchgeführten Überlegungen zu wiederholen, um die Realisierbarkeit einer beliebigen Metrik zu beweisen.

§ 3. Kleine Deformationen eines Polyeders

Sei $\boldsymbol{P}_0$ ein geschlossenes konvexes Polyeder. Wir verschieben seine Eckpunkte stetig und bilden aus ihnen neue konvexe Polyeder. Ist die Lage der Eckpunkte vorgegeben, so ist das Polyeder vollständig bestimmt; denn ein geschlossenes konvexes Polyeder ist die Berandung der konvexen Hülle seiner Eckpunkte (s. Anhang § 5, Satz 2). Wir sagen, das Polyeder $\boldsymbol{P}_0$ deformiere sich durch Verschiebung seiner Eckpunkte.

Ist die Verschiebung der Eckpunkte hinreichend klein, so sind die verschobenen Eckpunkte ihrerseits Eckpunkte eines neuen Polyeders. Bei einer Verschiebung hört nämlich ein Eckpunkt auf, Eckpunkt zu sein, wenn die Ebenen der durch ihn hindurchgehenden Seitenflächen keine Polyederecke mehr bilden, sondern sich zu einem Zweiflach oder gar zu einer Ebene zusammenfügen. Da sich die durch einen Eckpunkt hindurchgehenden Ebenen und somit die Seitenflächen des Polyeders bei stetiger Bewegung der Eckpunkte aber stetig verschieben, so kann das nur eintreten, wenn die Eckpunktverschiebung hinreichend groß geworden ist. Aus demselben Grunde werden bei hinreichend kleinen Eckpunktverschiebungen auch Eckpunkte, die nicht ein und derselben Seitenfläche angehören, nicht in ein und dieselbe Ebene fallen und somit nicht einer einzigen Seitenfläche angehören. (Mit anderen Worten, zwei Seitenflächen werden sich nicht zu einer einzigen zusammenfügen.) Wenn aber mehr als drei Eckpunkte in einer Ebene liegen, so werden sie selbst bei beliebig kleinen Verschiebungen im allgemeinen nicht mehr zu einer einzigen Ebene gehören. Auch bei beliebig kleinen Eckpunktverschiebungen können daher Seitenflächen mit mehr als drei Ecken geknickt werden und neue Seitenflächen bilden. Die Seitenflächen werden längs einer Diagonale geknickt, und zwar bei verschiedenen Verschiebungen möglicherweise längs verschiedener Diagonalen. Wir sehen also, daß auf einem Polyeder, dessen Seitenflächen nicht alle dreieckig sind, bei kleinen Deformationen durch Eckpunktverschiebungen im allgemeinen neue Kanten entstehen, die gewissen Diagonalen der nichtdreieckigen Seitenflächen entsprechen, wenn auch die Anzahl der Eckpunkte erhalten bleibt und verschiedene Seitenflächen sich nicht zu einer einzigen zusammenfügen, folglich auch keine Kanten verschwinden. Die Polyederstruktur kann sich dabei je nach der Art der Eckpunktverschiebungen auf verschiedene Weise ändern. Auf einem deformierten Polyeder nennen wir diejenigen Elemente (Seitenflächen, Kanten, Winkel) *alt*, die schon auf dem Ausgangspolyeder vorhanden waren, *neu* dagegen solche, die infolge der Deformationen entstehen. So zerfällt beim Knicken eine „alte“ Seitenfläche in „neue“, die durch „neue“ Kanten getrennt sind.

Zerlegt man die nichtdreieckigen Seitenflächen eines Polyeders durch Diagonalen, die sich nicht in ihrem Innern schneiden, in Dreiecke, so ist das Polyeder sozusagen aus dreieckigen „Seitenflächen“ zusammengesetzt. Ein aus solchen „Seitenflächen“ zusammengesetztes Netz nennen wir ein natürliches. Ein Polyeder hat im allgemeinen mehrere natürliche Netze, aber ihre Anzahl ist selbstverständlich endlich. Bei kleinen Eckpunktverschiebungen braucht ein natürliches Netz nicht natürlich zu bleiben, wenn nämlich seine Dreiecke geknickt werden. Da aber das Knicken von Seitenflächen immer längs Diagonalen geschieht, entspricht einem natürlichen Netz des deformierten Polyeders stets ein gewisses natürliches Netz des Ausgangspolyeders.

Hilfssatz 1: *Sei* $\boldsymbol{P}_0$ *ein geschlossenes konvexes Polyeder und* $\mathfrak{r}_0$ *irgendeines seiner Netze, dessen Eckpunkte mit denjenigen des Polyeders zusammenfallen. Ein Polyeder* $\boldsymbol{P}$ *möge aus* $\boldsymbol{P}_0$ *durch kleine Eckpunktverschiebungen entstehen. Sind dann die Eckpunktverschiebungen hinreichend klein, so besitzt* $\boldsymbol{P}$ *ein und nur ein* $\mathfrak{r}_0$ *strukturgleiches Netz* $\mathfrak{r}$, *dessen Lage in einem natürlichen Netz des Polyeders* $\boldsymbol{P}$ *dieselbe ist wie die Lage von* $\mathfrak{r}_0$ *in dem entsprechenden natürlichen Netz von* $\boldsymbol{P}_0$.

Beweis: Wir betrachten zu $\boldsymbol{P}_0$ benachbarte Polyeder $\boldsymbol{P}$, die natürliche Netze $\mathfrak{s}$ ein und derselben Struktur besitzen mögen. Sei $\mathfrak{s}_0$ das den $\mathfrak{s}$ entsprechende Netz von $\boldsymbol{P}_0$. Wir haben dann die beiden Netze $\mathfrak{r}_0$ und $\mathfrak{s}_0$ von $\boldsymbol{P}_0$ und je ein Netz $\mathfrak{s}$ von $\boldsymbol{P}$. Bei stetiger Eckpunktverschiebung ändern sich die Kantenlängen eines Netzes $\mathfrak{s}$ stetig, da seine Kanten ja Kanten und Diagonalen der Seitenflächen des Polyeders sind. Nach Hilfssatz 4 aus § 1 läßt sich also ein $\varepsilon_{\mathfrak{s}} > 0$ finden derart, daß für Eckpunktverschiebungen um weniger als $\varepsilon_{\mathfrak{s}}$ (die außerdem so beschaffen sind, daß die durch sie entstehenden Polyeder $\boldsymbol{P}$ das natürliche Netz $\mathfrak{s}$ besitzen) das Netz $\mathfrak{s}$ auf eine und nur eine Weise durch ein Netz $\mathfrak{r}$ ersetzt werden kann, das gleiche Struktur hat wie das gegebene Netz $\mathfrak{r}_0$ und dieselbe Lage in $\mathfrak{s}$ wie $\mathfrak{r}_0$ in $\mathfrak{s}_0$.

Die Anzahl der möglichen natürlichen Netze ist endlich. Für jedes können wir ein passendes $\varepsilon_{\mathfrak{s}}$ bestimmen. Nehmen wir jetzt als ε das kleinste aller $\varepsilon_{\mathfrak{s}}$, so sehen wir, daß bei beliebigen Eckpunktverschiebungen um weniger als ε die Polyeder $\boldsymbol{P}$ ein und nur ein Netz $\mathfrak{r}$ mit den verlangten Eigenschaften besitzen. Der Hilfssatz ist damit bewiesen.

Sei $\boldsymbol{Q}_0$ eine nichtdreieckige Seitenfläche eines Polyeders $\boldsymbol{P}_0$. Nach Eckpunktverschiebungen wird sie längs gewisser Diagonalen geknickt sein und sich in ein gebrochenes Polygon $\boldsymbol{Q}$ verwandelt haben. Jede andere ihrer Diagonalen geht in einen Streckenzug über, der bei Abwicklung der Seitenfläche $\boldsymbol{Q}$ auf die Ebene in eine Diagonale des so entstehenden Polygons übergeht. Nun beweisen wir den folgenden

Hilfssatz 2: *Die Länge einer geknickten Diagonale auf einer Seitenfläche* $\boldsymbol{Q}$ *unterscheidet sich von der räumlichen Entfernung ihrer Endpunkte um eine Größe, die bezüglich der Eckpunktverschiebung von zweiter Ordnung klein ist.*

Beweis: Sei $\boldsymbol{T}$ die Ebene, in der sich vor der Eckpunktverschiebung die Seitenfläche $\boldsymbol{Q}$ befand; sei AB die betrachtete gebrochene Diagonale der Seitenfläche $\boldsymbol{Q}$ (s. Abb. 55, wo AB durch eine fettgedruckte Linie bezeichnet ist). Seien schließlich A_0 und B_0 die Projektionen der Punkte A und B auf $\boldsymbol{T}$. Bezeichnen $\overline{AB}$ und $\overline{A_0B_0}$ die geradlinigen Verbindungsstrecken der Punkte A und B bzw. A_0 und B_0, so bestehen zwischen den Längen des Streckenzuges AB und den Strecken $\overline{AB}$ und $\overline{A_0B_0}$ offensichtlich die Ungleichungen:

(1) $$AB \geqq \overline{AB} \geqq \overline{A_0B_0}.$$

Die Seitenfläche $\boldsymbol{Q}$ ist längs gewisser Diagonalen geknickt (in Abb. 55 längs MN und NK). Wir projizieren diese Diagonalen auf die Ebene $\boldsymbol{T}$, die Schnittpunkte ihrer Projektionen mit $\overline{A_0B_0}$ seien $C_0, D_0, \ldots, G_0$[1]). Errichtet man in $C_0, D_0, \ldots, G_0$ die Senkrechten zu $\boldsymbol{T}$, so schneiden diese die entsprechenden Diagonalen in $C, D, \ldots, G$. Da die geknickte Diagonale AB die kürzeste Verbindungslinie der Punkte A und B auf der geknickten Seitenfläche $\boldsymbol{Q}$ ist, so gilt:

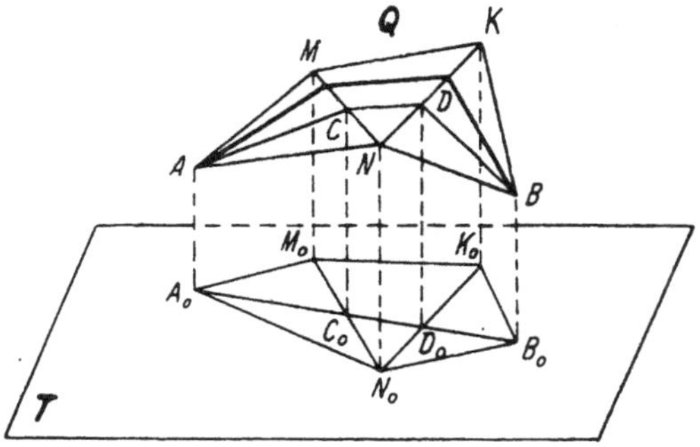

Abb. 55

$$AC + CD + \cdots + GB \geqq AB. \tag{2}$$

Andererseits wird die Strecke $\overline{A_0B_0}$ durch die Punkte $C_0, D_0, \ldots, G_0$ in Strecken $\overline{A_0C_0}, \overline{C_0D_0}, \ldots, \overline{G_0B_0}$ zerlegt, und es ist

$$\overline{A_0C_0} + \overline{C_0D_0} + \cdots + \overline{G_0B_0} = \overline{A_0B_0}. \tag{3}$$

Aus (1), (2) und (3) folgt

$$AC + \cdots + GB \geqq AB \geqq \overline{AB} \geqq \overline{A_0C_0} + \cdots + \overline{G_0B_0} \tag{4}$$

oder

$$|AB - \overline{AB}| \leqq |AC - \overline{A_0C_0}| + \cdots + |GB - \overline{G_0B_0}|. \tag{5}$$

Wenn wir jetzt zeigen, daß jede Differenz auf der rechten Seite dieser Ungleichung bezüglich der Eckpunktverschiebung klein von zweiter Ordnung ist, so ist unser Hilfssatz bewiesen.

Betrachten wir z. B. die Differenz $AC - \overline{A_0C_0}$. Offensichtlich gilt

$$(AC)^2 = \overline{A_0C_0}^2 + (\overline{AA_0} - \overline{CC_0})^2. \tag{6}$$

Seien M und N die Endpunkte der Diagonale, auf der C liegt und längs der $\boldsymbol{Q}$ geknickt ist. M_0 und N_0 mögen ihre Projektionen auf $\boldsymbol{T}$ bezeichnen. Da die Punkte M, C, N auf einer Geraden liegen und die Punkte M_0, C_0, N_0 auf der Projektion dieser Geraden auf $\boldsymbol{T}$, so ist

$$\frac{\overline{MM_0} - \overline{NN_0}}{\overline{MN}} = \frac{\overline{CC_0} - \overline{NN_0}}{\overline{CN}},$$

woraus

$$\overline{CC_0} = \frac{\overline{CN}}{\overline{MN}} \cdot \overline{MM_0} + \frac{\overline{CM}}{\overline{MN}} \cdot \overline{NN_0} \tag{7}$$

folgt. Die Strecken $\overline{MM_0}$ und $\overline{NN_0}$ sind aber gerade die Projektionen der Ver-

[1]) Die Projektionen der Diagonalen unterscheiden sich wenig von der ursprünglichen Lage dieser Diagonalen in der Ebene $\boldsymbol{T}$. Wenn daher die Verschiebungen der Eckpunkte hinreichend klein sind, so wird die Strecke A_0B_0 mit keiner der Projektionen der anderen Diagonalen zusammenfallen, da sie in ihrer ursprünglichen Lage selbst eine Diagonale war.

schiebungen der Eckpunkte M und N auf die zu $\boldsymbol{T}$ senkrechte Richtung. $\overline{AA_0}$ ist eine ebensolche Projektion der Verschiebung von A. Mit Hilfe von (7) folgt daher aus (6), daß die Differenz $(AC)^2 - \overline{A_0C_0^2}$ und also auch $AC - \overline{A_0C_0}$ bezüglich der Eckpunktverschiebung klein von zweiter Ordnung ist. Die übrigen Differenzen $|CD - \overline{C_0D_0}|$ usw. werden ebenso abgeschätzt, nur daß hier beide Punkte C und D auf Diagonalen liegen und man auf beide Formeln anwenden muß, die (7) analog sind. Damit ist der Hilfssatz bewiesen.

Hilfssatz 3: *Sei $\boldsymbol{P}_0$ ein gegebenes Polyeder und $\mathfrak{r}_0$ eines seiner Netze, dessen Eckpunkte gleichzeitig Polyedereckpunkte sind. $\boldsymbol{P}_0$ möge sich durch Eckpunktverschiebungen deformieren, und für die deformierten Polyeder $\boldsymbol{P}$ konstruiere man nach Hilfssatz 1 die $\mathfrak{r}_0$ entsprechenden Netze $\mathfrak{r}$. Dann sind die Kantenlängen der veränderlichen Netze $\mathfrak{r}$ differenzierbare Funktionen der Eckpunktkoordinaten.*

Beweis: Aus Hilfssatz 1 folgt, daß die Kantenlängen von $\mathfrak{r}$ eindeutige und stetige, in einem gewissen Variationsbereich dieser Koordinaten in der Nähe ihrer Anfangswerte definierte Funktionen der Eckpunktkoordinaten sind. Nach Hilfssatz 2 unterscheidet sich die Diagonale einer Seitenfläche, die geknickt wird, von der Entfernung zwischen ihren Endpunkten um eine Größe zweiter Ordnung. Die Entfernung zwischen Eckpunkten ist selbstverständlich eine differenzierbare Funktion ihrer Koordinaten, nämlich

$$\sqrt{(x_i - x_j)^2 + (y_i - y_j)^2 + (z_i - z_j)^2}.$$

Daher ist auch die Länge einer Diagonale, die geknickt wird, im Moment der Knickung eine differenzierbare Funktion der Eckpunktkoordinaten.

Wir nehmen jetzt ein natürliches Netz von $\boldsymbol{P}_0$. Aus der soeben bewiesenen Differenzierbarkeit der Diagonalen folgt, daß alle seine Kanten differenzierbare Funktionen der Eckpunktkoordinaten sind. Nach Hilfssatz 5 aus § 1 sind aber die Längen der Kanten eines Netzes differenzierbare Funktionen der Kantenlängen eines anderen. Die Kantenlängen von $\mathfrak{r}$ sind also differenzierbare Funktionen der Kantenlängen eines natürlichen Netzes und folglich auch differenzierbare Funktionen der Eckpunktkoordinaten. (Dies haben wir für den Zeitpunkt des Beginns der Deformation bewiesen. Da aber jeder Zeitpunkt als Beginn angenommen werden kann, ist die Differenzierbarkeit der Kantenlängen des Netzes für den ganzen Variationsbereich der Eckpunktkoordinaten bewiesen, für welche das entsprechende Polyeder $\boldsymbol{P}$ noch ein Netz $\mathfrak{r}$ besitzt.)

Im folgenden stellen wir uns vor, daß sich die Eckpunkte des Polyeders in jedem Zeitpunkt mit bestimmten Geschwindigkeiten bewegen; d. h. ihre Koordinaten werden als differenzierbare Funktionen eines Parameters t dargestellt, und es ist bequem, sich darunter die Zeit vorzustellen. Das Ausgangspolyeder entspricht dem Parameterwert $t = 0$. Alle Spannwinkel und alle Neigungswinkel ändern sich dann ebenfalls mit wohlbestimmten Geschwindigkeiten, da sie differenzierbare Funktionen der Eckpunktkoordinaten sind (wovon man sich leicht überzeugt). Ebenso ändern sich (auf Grund des Hilfssatzes 3) die Kantenlängen jedes Netzes des Polyeders mit bestimmten Geschwindigkeiten.

§ 4. *Die Deformationen einer konvexen Polyederecke*

Bevor wir uns dem Beweis des Starrheitssatzes für nichtausgeartete geschlossene konvexe Polyeder zuwenden, betrachten wir zunächst die Deformationen einer beliebigen Ecke eines solchen Polyeders, das sich durch Eckpunktverschiebungen deformiert. Die Tatsache, daß die Polyederecke einem Polyeder angehört, wird jedoch keine besondere Rolle spielen. Man kann einfach eine beliebige konvexe Polyederecke nehmen, auf ihren Seitenflächen vom Scheitel aus neue Kanten ziehen und sowohl die alten wie die neuen Kanten mit bestimmten Geschwindigkeiten um den Scheitel drehen. Dann wird sich die Polyederecke deformieren, ihre Seitenflächen werden längs neuer Kanten geknickt, und die Winkel zwischen ihnen werden sich mit bestimmten Geschwindigkeiten ändern. Wir werden hierbei nur solche Deformationen betrachten, bei denen die Polyederecke konvex bleibt. Die Ausdrücke „alt" und „neu" für Kanten, Flächen und Neigungswinkel sind so zu verstehen, wie dies im vorigen Paragraphen definiert wurde. Wenn nichts Besonderes gesagt ist, soll es sich sowohl um alte als auch um neue Kanten und Neigungswinkel handeln können.

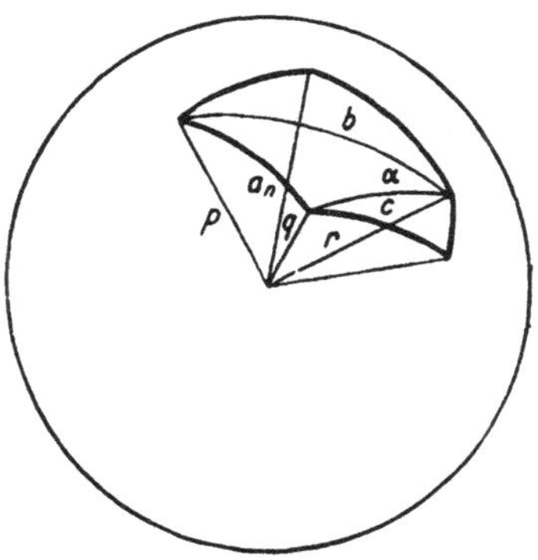

Abb. 56

Eine Polyederecke mit n Seitenflächen ist durch die Vorgabe von n—1 Spannwinkeln und aller n—2 Neigungswinkel zwischen deren Ebenen bestimmt. Der n-te Spannwinkel a_n ist also eine Funktion dieser n—1 Spannwinkel $a_1, \ldots, a_{n-1}$ und der n—2 Neigungswinkel $\alpha_1, \ldots, \alpha_{n-2}$ zwischen ihnen (die Neigungswinkel an neuen Kanten sind zu Beginn der Deformation gleich π). Wir sagen, ein Neigungswinkel α_i liege einem Spannwinkel a_n gegenüber, wenn die Kante von α_i nicht der alten Seitenfläche angehört, in der zu Beginn a_n liegt.

Hilfssatz 1: *Die partielle Ableitung eines Spannwinkels a_n nach einem beliebigen ihm gegenüberliegenden Neigungswinkel α_i ist positiv*[1]).

Beweis: Sei α_i ein a_n gegenüberliegender Neigungswinkel, r seine Kante. Seien p und q die Kanten, die den Spannwinkel a_n bilden (Abb. 56). Durch die Kanten r und p bzw. r und q legen wir die Ebenen $\boldsymbol{P}$ und $\boldsymbol{Q}$. Zusammen mit der Ebene von a_n begrenzen sie eine dreiseitige Ecke mit den Kanten p, q, r (die Kanten liegen nicht in einer Ebene, da α_i dem Spannwinkel a_n gegenüberliegt). Seien b und c die Spannwinkel dieser dreiseitigen Ecke zwischen p und r bzw. q und r, und sei α der Neigungswinkel zwischen den Ebenen dieser Spannwinkel. Legt man um den Scheitel der Polyederecke die Einheitssphäre, so wird auf ihr ein konvexes sphärisches Polygon ausgeschnitten. Die Spannwinkel b und c er-

[1]) Wir erwähnten schon, daß $a_n = f(\alpha_1, \ldots, \alpha_{n-2}; a_1, \ldots, a_{n-1})$ ist; man überzeugt sich leicht davon, daß diese Funktion differenzierbar ist.

geben Diagonalen dieses Polygons. Eine Änderung des Neigungswinkels α_i bei gleichbleibenden $a_1, \ldots, a_{n-1}$ und $\alpha_1, \ldots, \alpha_{i-1}, \alpha_{i+1}, \ldots, \alpha_{n-2}$ kann man offenbar dadurch erzielen, daß man die Ebenen P und Q um die Kante r dreht und zusammen mit ihnen die Polyederecken dreht, die durch diese Ebenen von der n-seitigen Polyederecke abgeschnitten werden. Hierbei bleiben alle Spannwinkel $a_1, \ldots, a_{n-1}$, ferner b und c und die Neigungswinkel $\alpha_1, \ldots, \alpha_{i-1}, \alpha_{i+1}, \ldots, \alpha_{n-2}$ unverändert. Der Zuwachs des Winkels α_i ist aber gleich dem Zuwachs von α. Daher ist

$$\frac{\partial a_n}{\partial \alpha_i} = \frac{\partial a_n}{\partial \alpha}. \tag{1}$$

In einer dreiseitigen Ecke ist aber die Ableitung eines Spannwinkels nach dem gegenüberliegenden Neigungswinkel positiv. Dies ersieht man z. B. aus der bekannten Formel der sphärischen Trigonometrie

$$\cos a_n = \cos b \cos c + \sin b \sin c \cos \alpha,$$

aus der

$$\frac{\partial a_n}{\partial \alpha} = \sin b \sin c \cdot \frac{\sin \alpha}{\sin a_n} > 0 \tag{2}$$

folgt, da die Spannwinkel b, c, a_n offenbar zwischen 0 und π liegen und auch $0 < \alpha < \pi$ ist; letzteres ergibt sich daraus, daß die Kante r nicht auf derselben alten Seitenfläche liegt wie der Spannwinkel a_n.

Aus (1) und (2) folgt

$$\frac{\partial a_n}{\partial \alpha_i} > 0,$$

was zu beweisen war.

Wir erinnern daran, daß wir eine Variable $x(t)$ stationär nennen, wenn für $t = 0$ ihre Ableitung nach t verschwindet.

Hilfssatz 2: *Wenn zwischen zwei benachbarten alten Kanten p und q einer konvexen Polyederecke neue Kanten auftreten und die Spannwinkel, in die diese Kanten die Seitenfläche zwischen p und q aufspalten, bei der Deformation stationär sind, so ist auch der Winkel zwischen p und q stationär.*

Beweis: Zwischen den Kanten p und q mögen die neuen Kanten $r_1, \ldots, r_m$ liegen. Wir wählen auf allen Kanten $p, q, r_1, \ldots, r_m$ die vom Scheitel S der Polyederecke gleich weit entfernten Punkte $P, Q, R_1, \ldots, R_m$. Dann erhalten wir zwischen p und q eine Seitenfläche V mit den Eckpunkten $S, P, R_1, \ldots, R_m, Q$.

Die Verschiebung der Kanten $p, q, r_1, \ldots, r_m$ kann man selbstverständlich als durch eine Bewegung der Punkte $P, Q, R_1, \ldots, R_m$ verursacht ansehen. Die Seitenfläche V wird dann auf Grund der Verschiebung dieser Punkte geknickt. In den Dreiecken SPR_1, SR_1R_2 usw. sind die Seiten SP, $SR_1, \ldots$ konstant und die Winkel zwischen ihnen nach Voraussetzung des Hilfssatzes stationär. Daher ist auf der Seitenfläche V die Entfernung zwischen P und Q gleichfalls stationär[1]). Nach Hilfssatz 2 des vorigen Paragraphen unterscheidet sich aber die räumliche Entfernung zwischen P und Q von ihrer Entfernung auf der Seitenfläche V nur um eine kleine Größe zweiter Ordnung. Die räumliche Entfernung zwischen P und Q ist daher ebenfalls stationär.

Im Dreieck SPQ sind also die Seiten SP und SQ konstant und die Seite PQ stationär. Folglich ist auch der der Seite PQ gegenüberliegende Winkel — d. h. der Winkel zwischen p und q — stationär, was zu beweisen war.

Eine konvexe Polyederecke möge sich deformieren, und das Auftreten neuer Kanten sei zugelassen. Eine Kante, an welcher der Neigungswinkel mit einer von Null verschiedenen Geschwindigkeit wächst, markieren wir mit einem Pluszeichen; nimmt dagegen der Neigungswinkel mit einer von Null verschiedenen Geschwindigkeit ab, so markieren wir die Kante mit einem Minuszeichen. Solche Kanten nennen wir *markiert*. Die übrigen Kanten, bei denen die Neigungswinkel stationär sind, werden nicht markiert. An diese Vereinbarungen werden wir uns auch im nächsten Paragraphen halten, wir müssen sie uns daher merken. Da bei Deformationen die Seitenflächen längs neuer Kanten geknickt werden, kann ein Neigungswinkel an einer neuen Kante nur abnehmen. Wir betrachten nämlich nur solche Deformationen, die wieder zu konvexen Polyederecken führen und bei denen sich also die Kanten nur nach außen bewegen können. Daher können neue Kanten nur ein Minuszeichen tragen.

Jetzt beweisen wir folgenden wichtigen Hilfssatz:

Hilfssatz 3: *Alle Spannwinkel einer sich deformierenden konvexen Polyederecke seien stationär. Wir versehen ihre Kanten nach der soeben getroffenen Vereinbarung mit Vorzeichen und untersuchen die Vorzeichenwechsel, die beim Umlaufen des Scheitels der Polyederecke auftreten. Dann sind nur folgende drei Fälle möglich:*

1. *Die Anzahl der Vorzeichenwechsel ist Null; dann kann es überhaupt keine markierten Kanten geben, d. h. alle Neigungswinkel sind stationär.*

2. *Die Anzahl der Vorzeichenwechsel ist mindestens vier.*

3. *Die Anzahl der Vorzeichenwechsel ist zwei. Dann sind alle alten Kanten außer einem Paar benachbarter p und q nicht markiert. Die Kanten p und q tragen Pluszeichen. Zwischen den Kanten p und q gibt es neue Kanten, die ein Minuszeichen tragen. Alle übrigen neuen Kanten bleiben ohne Vorzeichen. Mit anderen Worten, nur die Seitenfläche zwischen p und q wird bei der Deformation mit einer von Null verschiedenen Geschwindigkeit geknickt, und die Neigungswinkel an p und q wachsen.*

---

[1]) Aus der Tatsache, daß die Seiten und die eingeschlossenen Winkel stationär sind, folgt, daß die übrigen Seiten und Winkel der Dreiecke SPR_1, SR_1R_2, ... usw. ebenfalls stationär sind. Somit sind alle Seiten und Winkel der auf die Ebene aufgeklappten Seitenfläche V, die ja aus diesen Dreiecken besteht, stationär. Wenn aber in einem Polygon alle Seiten und Winkel stationär sind, so sind es auch die Diagonalen. Insbesondere ist also die Diagonale PQ stationär. Sie wird nur geknickt, aber ihre Länge bleibt bis auf Größen zweiter Ordnung konstant.

Andere Seitenflächen werden nicht geknickt, und die Neigungswinkel zwischen ihnen bleiben stationär[1]).

Beweis: Zunächst zeigen wir, daß überhaupt keine markierten Kanten vorhanden sind, wenn keine Vorzeichenwechsel auftreten. Gibt es nämlich keine Vorzeichenwechsel, so müßten alle etwaigen markierten Kanten dasselbe Vorzeichen, etwa das Pluszeichen, tragen. Wir könnten dann einen beliebigen alten Spannwinkel herausgreifen, der wenigstens einer markierten Kante gegenüberliegt, etwa den Spannwinkel a. Da alle Spannwinkel stationär sein sollen, bleibt nach Hilfssatz 2 auch der Spannwinkel a stationär, d. h. $da = 0$, selbst wenn a durch das Auftreten neuer Kanten geknickt werden sollte. Der Spannwinkel a ist eine Funktion aller übrigen Spannwinkel und der ihm gegenüberliegenden Neigungswinkel. Da aber alle Spannwinkel und auch alle Neigungswinkel außer den mit Pluszeichen markierten $\alpha_1, \ldots, \alpha_m$ stationär, d. h. die Differentiale dieser Winkel gleich Null sind, so gilt

$$da = \frac{\partial a}{\partial \alpha_1} \cdot d\alpha_1 + \cdots + \frac{\partial a}{\partial \alpha_m} d\alpha_m .$$

Alle markierten Kanten würden Pluszeichen tragen, so daß alle $d\alpha_1, \ldots, d\alpha_m$ positiv wären. Nach Hilfssatz 1 sind alle partiellen Ableitungen $\frac{\partial a}{\partial \alpha_1}, \ldots, \frac{\partial a}{\partial \alpha_m}$ ebenfalls positiv. Daher wäre auch $da \neq 0$. Dies widerspricht aber der von uns bewiesenen Tatsache, daß der Winkel a stationär ist.

Somit ist der erste im Hilfssatz vorkommende Fall erledigt, und wir haben gesehen, daß Zeichenwechsel auftreten müssen, sobald markierte Kanten vorhanden sind. Die Anzahl der Vorzeichenwechsel muß eine gerade Zahl sein; denn jede Folge von Pluszeichen hat zwei Enden, an denen ein Vorzeichenwechsel eintritt. Die Anzahl der Zeichenwechsel ist also gleich der doppelten Zahl der Pluszeichenfolgen (oder Minuszeichenfolgen). Ist also die Anzahl der Vorzeichenwechsel nicht zwei, so ist sie mindestens vier. Daraus folgt, daß man den zweiten im Hilfssatz vorkommenden Fall beiseite lassen und sich auf die Betrachtung des Falles von zwei Zeichenwechseln beschränken kann. Nehmen wir also an, daß genau zwei Vorzeichenwechsel vorkommen. Da an neuen Kanten nur Minuszeichen stehen können, müssen alte mit Pluszeichen markierte Kanten vorhanden sein.

[1]) Der erste Fall liegt z. B. vor, wenn sich die Polyederecke überhaupt nicht deformiert. Den zweiten Fall erhält man am einfachsten, wenn man eine vierseitige Ecke so deformiert, daß die Seitenflächen ungeändert bleiben. Den dritten Fall sieht man am einfachsten an folgendem Beispiel: Wir nehmen eine dreiseitige Körperecke mit den Kanten p, q, r und ziehen vom Scheitel aus die Winkelhalbierende s des Spannwinkels zwischen p und q. Dann verschieben wir diese Winkelhalbierende nach außen, lassen aber die Spannwinkel zwischen ihr und den Kanten p und q ungeändert. Der Neigungswinkel an der Winkelhalbierenden s wird dann abnehmen, und die Neigungswinkel an den Kanten p und q werden wachsen. Der Neigungswinkel an r wird ebenfalls abnehmen, aber die Geschwindigkeit seines Abnehmens wird zu Beginn gleich Null sein, d. h. er ist stationär. In der Tat ist nach Hilfssatz 2 der Spannwinkel zwischen p und q stationär, und daher ist es auch der gegenüberliegende Neigungswinkel.

A priori sind nur zwei Fälle möglich:

1. An allen markierten alten Kanten stehen Pluszeichen.
2. Es gibt alte mit Minuszeichen markierte Kanten.

Wir zeigen, daß der zweite Fall ausgeschlossen ist. Da wir nur zwei Vorzeichenwechsel haben, kann es nur eine Folge von Kanten mit Pluszeichen und nur eine mit Minuszeichen geben. Der Übergang von Plus zu Minus möge auf der Seitenfläche $\boldsymbol{A}$ und der umgekehrte Übergang auf der Seitenfläche $\boldsymbol{B}$ stattfinden. Wir legen durch den Scheitel der Polyederecke eine Ebene $\boldsymbol{R}$, die die Spannwinkel auf diesen Seitenflächen halbiert. Da sowohl unter den mit Pluszeichen als auch unter den mit Minuszeichen markierten Kanten alte vorkommen würden, verliefe $\boldsymbol{R}$ zwischen ihnen im Innern unserer Polyederecke und teilte diese in zwei Polyederecken $\boldsymbol{V}^+$ und $\boldsymbol{V}^-$. Die Polyederecke $\boldsymbol{V}^+$ enthielte alle mit Pluszeichen markierten und $\boldsymbol{V}^-$ alle mit Minuszeichen markierten Kanten (s. Abb. 57, wo die Polyederecke durch ein sphärisches Polygon ersetzt ist). Nach Voraussetzung sind alle Spannwinkel dieser Polyederecken außer ihrem gemeinsamen Winkel a auf $\boldsymbol{R}$ stationär. In $\boldsymbol{V}^+$ hätten alle Neigungswinkel α_i bei markierten Kanten positive Differentiale $d\alpha_i > 0$. Da nach Hilfssatz 1 $\frac{\partial a}{\partial \alpha_i} > 0$ ist, so wäre auch $da > 0$. In $\boldsymbol{V}^-$ jedoch hätten alle Neigungswinkel α_i negative Differentiale, $d\alpha_i < 0$, und daher müßte $da < 0$ sein. Dieser Widerspruch zeigt die Unmöglichkeit des zweiten Falles. Es kann also keine mit Minuszeichen markierten alten Kanten geben.

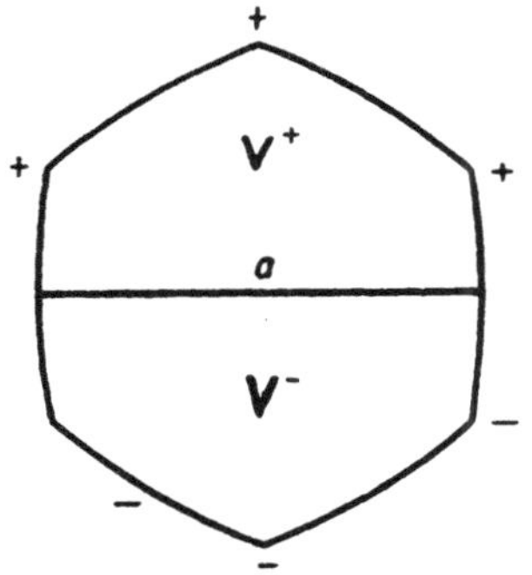

Abb. 57

Es mögen also jetzt alle markierten alten Kanten das Pluszeichen tragen. Dann muß es neue Kanten geben, die mit Minuszeichen versehen sind. Wir zeigen, daß alle derartigen neuen Kanten zu einer einzigen alten Seitenfläche gehören müssen.

Sonst würde nämlich die Gesamtheit aller mit Minuszeichen markierten Kanten in Teilmengen zerfallen: jede Teilmenge bestünde aus neuen Kanten, die auf einer einzigen alten Seitenfläche liegen, die Teilmengen wären durch alte Kanten getrennt. Diese alten Kanten wären nicht markiert. Minuszeichen könnten an ihnen nach Voraussetzung nicht stehen, und Pluszeichen wären ausgeschlossen, weil nur zwei Zeichenwechsel vorkommen dürfen. Wir legen wieder eine Ebene $\boldsymbol{R}$ durch die Winkelhalbierenden derjenigen Seitenflächen, auf denen ein Zeichenwechsel eintritt. Diese Ebene ginge durch das Innere unserer Polyederecke; denn sie müßte die alten Kanten mit einem Pluszeichen von den alten Kanten trennen, die innerhalb von Folgen neuer Kanten mit einem Minuszeichen liegen. Die Ebene $\boldsymbol{R}$ zerlegte unsere Polyederecke in zwei Teile: $\boldsymbol{V}^+$ und $\boldsymbol{V}^-$; die Ecke $\boldsymbol{V}^+$ enthielte nur Kanten mit Plus- und $\boldsymbol{V}^-$ nur solche mit Minuszeichen. Ebenso wie in dem soeben betrachteten Fall müßte daher der Winkel a auf $\boldsymbol{R}$ in $\boldsymbol{V}^+$ ein positives und in $\boldsymbol{V}^-$ ein negatives Differential haben. Das ist aber ein Widerspruch, und daher können neue Kanten mit einem Minuszeichen nur auf einer einzigen alten Seitenfläche liegen.

Sie mögen auf der alten Seitenfläche zwischen den alten Kanten p und q liegen. Jetzt zeigen wir, daß außer p und q keine alten Kanten mit Pluszeichen versehen sein können. Nehmen wir im Gegensatz dazu an, es seien die alten Kanten $r_1, \ldots, r_m$ mit Pluszeichen markiert. Nach Hilfssatz 2 ist der Spannwinkel a zwischen p und q stationär, und wenn wir eine nichtknickende Seitenfläche durch diese Kanten legen, so erhalten wir wiederum eine Polyederecke mit stationären Spannwinkeln[1]). Sind $\alpha_1, \ldots, \alpha_m$ die Neigungswinkel an den Kanten $r_1, \ldots, r_m$, so wären nach unserer Annahme alle $d\alpha_1, \ldots, d\alpha_m$ positiv. Und da nach Hilfssatz 1 $\dfrac{\partial a}{\partial \alpha_i} > 0$ ist, so wäre $da > 0$. Dies widerspräche aber der von uns festgestellten Tatsache, daß a stationär ist. Außer p und q können daher keine alten Kanten Pluszeichen tragen.

Um den Beweis der letzten Aussage unseres Hilfssatzes zu vollenden, müssen wir nur noch zeigen, daß an beiden Kanten p und q Pluszeichen stehen.

An einer von ihnen muß jedenfalls ein Pluszeichen stehen, denn sonst gäbe es überhaupt keinen Zeichenwechsel. Nehmen wir an, das Pluszeichen stünde nur bei p. Dann legen wir eine Ebene $\boldsymbol{R}$ durch die Winkelhalbierenden der in p zusammenstoßenden Seitenflächen.

Diese Ebene trennt die Kante p von allen übrigen und zerlegt daher wiederum die Polyederecke in zwei Polyederecken: $\boldsymbol{V}^+$ und $\boldsymbol{V}^-$. Die eine von ihnen enthält die mit Pluszeichen markierte Kante p, die andere nur Kanten mit Minuszeichen und die Kante q. Wiederholen wir die schon zweimal angewandte Überlegung, so sehen wir, daß der Spannwinkel auf der Ebene $\boldsymbol{R}$ in $\boldsymbol{V}^+$ und $\boldsymbol{V}^-$ Differentiale verschiedener Vorzeichen haben müßte (wenn q unmarkiert wäre). Dies ist unmöglich, da es sich um einen und denselben Winkel in den beiden Polyederecken handelt. Dieser Widerspruch zeigt, daß es unmöglich ist, daß nur an einer Kante ein Pluszeichen steht. Wir haben also bewiesen, daß im Falle von nur zwei Vorzeichenwechseln 1. neue mit Minuszeichen markierte Kanten nur auf einer einzigen alten Seitenfläche vorkommen können, 2. nur die Kanten dieser alten Seitenfläche mit einem Pluszeichen markiert sein können und 3. diese beiden Kanten mit einem Pluszeichen markiert sind. Damit ist der Beweis unseres Hilfssatzes abgeschlossen.

§ 5. Der Starrheitssatz

Jetzt beweisen wir den Starrheitssatz für nichtausgeartete geschlossene konvexe Polyeder:

---

[1]) D. h. wir betrachten an Stelle der gegebenen Deformation der Polyederecke eine andere Deformation dieser Ecke, bei der die Kanten p und q sich genau so bewegen wie bei der gegebenen, aber zwischen diesen Kanten keine neuen auftreten. Dies bedeutet also, daß wir durch p und q eine Seitenfläche legen, die nicht geknickt wird.

Satz: *Wenn sich ein nicht in ein Polygon ausgeartetes geschlossenes konvexes Polyeder durch Eckpunktverschiebungen so deformiert, daß die Kantenlängen irgendeines seiner Netze stationär sind, so sind, wenn Bewegungen des Polyeders als starrer Körper ausgeschlossen sind, auch alle seine Eckpunkte stationär; d. h. zu Beginn der Deformation sind ihre Geschwindigkeiten Null.* Dabei sind Netze gemeint, deren Eckpunkte mit denen des Polyeders zusammenfallen.

Beweis: Sei $\boldsymbol{P}$ ein geschlossenes konvexes, nicht in ein Polygon ausgeartetes Polyeder und $\mathfrak{r}$ eines seiner Netze, das außer den Polyedereckpunkten keine weiteren Eckpunkte besitzt. Wir nehmen an, daß sich bei Änderung des Parameters t seine Eckpunkte so verschieben, daß in jedem Moment die Eckpunktkoordinaten bestimmte Geschwindigkeiten haben. Nach Hilfssatz 3 aus § 2 verändern sich dann auch die Kantenlängen von $\mathfrak{r}$ mit bestimmten Geschwindigkeiten. Dem Wert $t = 0$ entspricht die Anfangslage der Polyedereckpunkte, und nach Voraussetzung sind für $t = 0$ die Änderungsgeschwindigkeiten der Kantenlängen von $\mathfrak{r}$ gleich Null.

Selbst bei beliebig kleinen Deformationen können die Seitenflächen des Polyeders $\boldsymbol{P}$ in verschiedener Weise geknickt werden. Wir betrachten aber nur eine bestimmte dieser Möglichkeiten und entsprechend nur solche Werte von t, bei denen die Seitenflächen nur in einer einzigen Weise geknickt werden; andere Werte von t schließen wir von der Betrachtung aus. Auf $\boldsymbol{P}$ werden dann bestimmte neue Seitenflächen entstehen, wenn überhaupt alte Seitenflächen geknickt werden. Sind die neuen Seitenflächen nicht dreieckig, so kann man sie durch Diagonalen in Dreiecke zerlegen. Wir können dann annehmen, das Polyeder $\boldsymbol{P}$ bestehe schon ausschließlich aus dreieckigen Seitenflächen, die bei Deformationen schon nicht mehr geknickt werden, sondern nur ihre Gestalt und Lage ändern.

In dieser Weise erhalten wir auf $\boldsymbol{P}$ ein gewisses natürliches Netz $\mathfrak{s}$. Nach Hilfssatz 5 aus § 1 sind die Längen s_i seiner Kanten differenzierbare Funktionen der Kantenlängen r_j von $\mathfrak{r}$. Daher ist $ds_i = \sum_j \frac{\partial s_i}{\partial r_j} dr_j$ und für alle $dr_j = 0$ auch $ds_i = 0$. Dies bedeutet, daß mit den Kantenlängen des Netzes $\mathfrak{r}$ auch die Kantenlängen von $\mathfrak{s}$ stationär sind. Aus diesem Grunde dürfen wir im folgenden von der Betrachtung des Netzes $\mathfrak{r}$ absehen und uns nur mit dem natürlichen Netz $\mathfrak{s}$ beschäftigen.

Um zu beweisen, daß die Eckpunkte von $\boldsymbol{P}$ stationär sind, bedienen wir uns des folgenden allgemeinen Hilfssatzes:

Hilfssatz: *Ein (nicht notwendig geschlossenes und konvexes) Polyeder* $\boldsymbol{Q}$ *mit dreieckigen Seitenflächen möge sich so deformieren, daß 1. seine Seitenflächen nicht geknickt werden, 2. seine Kantenlängen stationär sind, 3. auch die Neigungswinkel zwischen längs Kanten aneinanderstoßenden Seitenflächen stationär sind. Sind dann Bewegungen ausgeschlossen, so sind alle Eckpunkte von* $\boldsymbol{Q}$ *stationär.*

Um Bewegungen auszuschließen, nehmen wir irgendeine Seitenfläche ABC, fixieren den Eckpunkt A, die Richtung der Kante AB und die Lage der Ebene von ABC. Eine Bewegung des Polyeders $\boldsymbol{Q}$ als starrer Körper ist dann unmöglich.

Da der Eckpunkt A fixiert ist und die Richtung der Kante AB unverändert bleibt, kann sich B nur in Richtung dieser Kante bewegen. Wäre dabei seine Geschwindigkeit von Null verschieden, so würde sich auch die Länge von AB mit einer von Null verschiedenen Geschwindigkeit ändern. Diese Länge ist aber stationär, und daher ist es auch der Eckpunkt B.

Da die Ebene von ABC unbeweglich ist, so ist die dazu senkrechte Komponente der Bewegungsgeschwindigkeit von C gleich Null. Die Längen der Kanten AC und BC und die Eckpunkte A und B sind stationär. Daher sind die Komponenten der Geschwindigkeit von C in Richtung dieser Kanten gleich Null. Also ist der Eckpunkt C stationär.

Jetzt nehmen wir irgendeine Seitenfläche, die mit ABC eine Kante gemeinsam hat, etwa die Seitenfläche BCD. Da der Neigungswinkel zwischen ABC und BCD sowie die Eckpunkte A, B und C stationär sind, ist die Ebene der Seitenfläche BCD stationär. Die Geschwindigkeitskomponente von D senkrecht zu dieser Ebene ist daher Null. Außerdem sind die Längen der Kanten BD und CB sowie die Eckpunkte B und C stationär. Die Geschwindigkeitskomponenten von D in Richtung dieser Kanten sind also auch gleich Null, und D ist stationär. Gehen wir so nacheinander jeweils von einer Seitenfläche zu anstoßenden über und wiederholen die gleichen Überlegungen, so überzeugen wir uns davon, daß alle Eckpunkte des Polyeders **Q** stationär sind, womit der Hilfssatz bewiesen ist.

Jetzt können wir uns unmittelbar dem Beweis des Starrheitssatzes zuwenden. Dabei können wir auf Grund der zu Anfang gemachten Bemerkung annehmen, daß das Polyeder ***P*** aus dreieckigen Seitenflächen besteht, die bei Deformationen nicht geknickt werden, und daß die Längen aller Kanten von ***P*** stationär sind. Den Starrheitssatz beweisen wir durch Induktion nach der Anzahl der Eckpunkte des Polyeders.

Für ein Tetraeder ist der Satz offensichtlich richtig. Sei nämlich $ABCD$ ein nicht in ein Viereck ausgeartetes Tetraeder. Schließt man Bewegungen durch Fixierung des Eckpunktes A, der Richtung der Kante AB und der Ebene von ABC aus, so überzeugt man sich durch Wiederholung der soeben beim Beweis des Hilfssatzes durchgeführten Überlegungen, daß die Eckpunkte B und C stationär sein müssen.

Da die Eckpunkte A, B, C und die Längen von AD, BD und CD stationär sind, so sind die Geschwindigkeitskomponenten von D in Richtung dieser Kanten gleich Null. Das Tetraeder $ABCD$ ist nicht ausgeartet, und die Richtungen dieser Kanten sind daher nicht komplanar. Die Geschwindigkeit von D ist also Null, so daß tatsächlich alle Eckpunkte des Tetraeders stationär sind.

Nehmen wir jetzt an, der Starrheitssatz sei für alle nichtausgearteten geschlossenen konvexen Polyeder richtig, bei denen die Anzahl der Eckpunkte um eins kleiner ist als bei ***P***. Selbstverständlich soll die Anzahl der Eckpunkte des Polyeders ***P*** größer als vier sein. Wir wollen annehmen, für ***P*** selbst sei der Starrheitssatz nicht richtig. Das heißt, obwohl alle seine Kantenlängen stationär und Bewegungen ausgeschlossen sind, mögen doch nicht alle seine Eckpunkte stationär sein. Wären auch alle Neigungswinkel von ***P*** stationär, so würde aus dem soeben bewiesenen Hilfssatz folgen, daß alle Eckpunkte stationär wären. Wir müssen daher annehmen, daß nicht alle Neigungswinkel von $\boldsymbol{P}$ stationär sind.

Nach der im vorigen Paragraphen eingeführten Vereinbarung markieren wir jede Kante mit einem Plus- oder einem Minuszeichen, je nach dem Vorzeichen der Änderungsgeschwindigkeit des Neigungswinkels an dieser Kante; ist diese Geschwindigkeit Null, so bleibe die Kante unmarkiert.

Nehmen wir zunächst an, von jedem Eckpunkt von $\boldsymbol{P}$ ginge mindestens eine markierte Kante aus. Nach Hilfssatz 3 des vorigen Paragraphen gäbe es dann beim Umlaufen jedes Eckpunktes von $\boldsymbol{P}$ entweder mindestens vier oder nur zwei Vorzeichenwechsel. Im zweiten Fall stünden die Pluszeichen nur an zwei benachbarten alten Kanten und die Minuszeichen an den zwischen ihnen gelegenen neuen Kanten. Folglich ginge von jedem Eckpunkt, bei dem nur zwei Vorzeichenwechsel auftreten, auch mindestens eine unmarkierte Kante aus. Würden wir alle unmarkierten Kanten mit einem Minuszeichen markieren, so wäre die Anzahl der Vorzeichenwechsel bei einem solchen Eckpunkt gleichfalls nicht kleiner als vier. Die Anzahl der Vorzeichenwechsel würde bei den Eckpunkten, an denen sie schon mindestens vier war, selbstverständlich nicht geringer. Wir erhielten also eine derartige Vorzeichenverteilung an den Kanten des Polyeders, daß 1. alle Kanten markiert wären, 2. beim Umlaufen eines jeden Eckpunktes mindestens vier Vorzeichenwechsel vorkämen.

Ist die Anzahl der Eckpunkte des Polyeders gleich e, so wäre die Gesamtzahl der Vorzeichenwechsel w mindestens $4e$:

$$w \geqq 4e. \tag{1}$$

Die Zahl der Vorzeichenwechsel läßt sich aber auch auf andere Weise abschätzen.

Wir können nämlich die Anzahl der Zeichenwechsel beim Umlaufen der Seitenflächen abzählen. Sind zwei von einem Eckpunkt ausgehende Kanten p und q beim Umlaufen dieses Eckpunkts benachbart, so sind sie es auch beim Umlaufen einer Seitenfläche und umgekehrt. Die Zahl der Vorzeichenwechsel beim Umlaufen aller Seitenflächen eines Polyeders muß daher gleich derselben Zahl w sein. Nach unserer Voraussetzung sind alle Seitenflächen von $\boldsymbol{P}$ dreieckig. Beim Umlaufen einer Seitenfläche können daher nicht mehr als zwei Vorzeichenwechsel vorkommen. Ist die Anzahl der Seitenflächen gleich f, so ist

$$w \leqq 2f. \tag{2}$$

Ist k die Anzahl der Kanten, so ist $3f = 2k$, da jede Seitenfläche drei Kanten hat und jede Kante zwei Seitenflächen gemeinsam ist. Nach dem EULERschen Satz ist $f - k + e = 2$. Multipliziert man diese Gleichung mit 2 und setzt $2k = 3f$, so erhält man $f = 2e - 4$ oder

$$2f = 4e - 8. \tag{3}$$

An Stelle von (2) dürfen wir daher

$$w \leqq 4e - 8$$

schreiben.

Diese Ungleichung widerspricht aber der Ungleichung (1). Daher ist unsere Annahme, von jedem Eckpunkt des Polyeders ginge mindestens eine markierte Kante aus, unrichtig.

Demnach bleibt nur die Annahme, daß mindestens von einem Eckpunkt Q keine markierte Kante ausgeht. Dies bedeutet, daß alle Neigungswinkel, die zu dieser Ecke gehören, stationär sind.

Die von Q ausgehenden Seitenflächen bilden ein gewisses Polyeder $\boldsymbol{P}_0$, die übrigen ein Polyeder $\boldsymbol{P}_1$. Beide Polyeder sind nicht geschlossen, und ihre Vereinigungsmenge ist das gegebene Polyeder $\boldsymbol{P}$:

$$\boldsymbol{P} = \boldsymbol{P}_0 + \boldsymbol{P}_1.$$

Die Kantenlängen und die Neigungswinkel des Polyeders $\boldsymbol{P}_0$ sind stationär. Schließt man daher Bewegungen aus, so sind auf Grund des bewiesenen Hilfssatzes alle Eckpunkte von $\boldsymbol{P}_0$ stationär. Besitzt das Polyeder $\boldsymbol{P}$ keine anderen Eckpunkte als die von $\boldsymbol{P}_0$, so ist seine Starrheit damit bewiesen. Nehmen wir daher an, $\boldsymbol{P}$ habe weitere Eckpunkte, die nicht zu $\boldsymbol{P}_0$ gehören. Wir schließen den Eckpunkt Q aus und konstruieren die konvexe Hülle aller übrigen Eckpunkte von $\boldsymbol{P}$; ihre Berandung ist ein gewisses konvexes Polyeder $\boldsymbol{P}^*$. Dieses Polyeder ist nicht ausgeartet. Wäre es nämlich ausgeartet, so würde dies bedeuten, daß alle Eckpunkte von $\boldsymbol{P}$ außer Q in einer Ebene lägen. $\boldsymbol{P}$ wäre dann eine Pyramide mit der Spitze Q. Alle Eckpunkte einer Pyramide gehören aber zu Seitenflächen, die von Q ausgehen; nach Voraussetzung sollten aber nicht alle Eckpunkte von $\boldsymbol{P}$ diesen Seitenflächen angehören. Das Polyeder $\boldsymbol{P}^*$ ist also nicht ausgeartet.

Sei $\boldsymbol{B}$ irgendeine Seitenfläche von $\boldsymbol{P}$, die den Eckpunkt Q nicht enthält. Alle ihre Eckpunkte gehören dann zu $\boldsymbol{P}^*$, und außerdem ist die Ebene dieser Seitenfläche eine Stützebene an $\boldsymbol{P}$ und a fortiori an $\boldsymbol{P}^*$. Die Seitenfläche $\boldsymbol{B}$ ist also gleichzeitig eine Seitenfläche des Polyeders $\boldsymbol{P}^*$. Alle solche Seitenflächen von $\boldsymbol{P}$, die Q nicht enthalten, bilden ein Polyeder $\boldsymbol{P}_1$, und dieses ist also ein Teil von $\boldsymbol{P}^*$. Den übrigen Teil von $\boldsymbol{P}^*$ bezeichnen wir mit $\boldsymbol{P}_0^*$, so daß gilt:

$$\boldsymbol{P}^* = \boldsymbol{P}_0^* + \boldsymbol{P}_1.$$

Andererseits ist:

$$\boldsymbol{P} = \boldsymbol{P}_0 + \boldsymbol{P}_1,$$

und alle nicht zu $\boldsymbol{P}_0$ gehörenden Eckpunkte von $\boldsymbol{P}$ liegen im Innern[1]) von $\boldsymbol{P}_1$. Eckpunkte des Teiles $\boldsymbol{P}_0^*$ von $\boldsymbol{P}^*$ können also nur solche von $\boldsymbol{P}_0$ sein. Das Teilpolyeder $\boldsymbol{P}_0^*$ von $\boldsymbol{P}^*$ betrachten wir als aus dreieckigen Seitenflächen zusammengesetzt.

Weiter oben haben wir festgestellt, daß alle Eckpunkte von $\boldsymbol{P}_0$ stationär sind. Daher ist auch die Entfernung zwischen ihnen stationär, also auch alle Kanten des Polyeders $\boldsymbol{P}^*$, die seinem Teil $\boldsymbol{P}_0^*$ angehören. Alle übrigen Kanten von $\boldsymbol{P}^*$ gehören $\boldsymbol{P}_1$ an, sind also Kanten von $\boldsymbol{P}$; ihre Längen sind daher stationär. Folg-

[1]) „Im Innern" ist nicht im räumlichen Sinne zu verstehen, sondern bedeutet hier, daß diese Eckpunkte nicht dem — mit $\boldsymbol{P}_0$ gemeinsamen — Rand des offenen Polyeders $\boldsymbol{P}_1$ angehören, d. Ü.

lich sind die Längen aller Kanten von $\boldsymbol{P}^*$ stationär. Außerdem sind alle zu $\boldsymbol{P}_0^*$ gehörenden Eckpunkte stationär, und daher ist jedenfalls zu Beginn der Deformation eine Bewegung des Polyeders $\boldsymbol{P}^*$ ausgeschlossen. Außerdem ist das Polyeder $\boldsymbol{P}^*$ nicht ausgeartet und hat einen Eckpunkt weniger als $\boldsymbol{P}$. Nach Induktionsannahme läßt sich also auf $\boldsymbol{P}^*$ der Starrheitssatz anwenden, und alle seine Eckpunkte erweisen sich als stationär. Das sind aber gerade alle Eckpunkte des Polyeders $\boldsymbol{P}$ außer Q. Der Punkt Q ist jedoch stationär, da er ein Eckpunkt von $\boldsymbol{P}_0$ ist. Folglich sind alle Eckpunkte des Polyeders $\boldsymbol{P}$ stationär, und der Starrheitssatz ist bewiesen.

§ 6. Die Realisierbarkeit von Metriken, die realisierten Metriken benachbart sind

In diesem und in den folgenden Paragraphen soll, wenn nicht ausdrücklich etwas anderes gesagt ist, das Wort „Metrik“ stets eine auf einer Sphäre vorgegebene polyedrische Metrik positiver Krümmung mit einer gegebenen Eckpunktzahl $e > 3$ bezeichnen. Die Metriken, die sich nur durch *ausgeartete* Polyeder realisieren lassen, werden eine besondere Rolle spielen; wir wollen sie *ausgeartete Metriken* nennen. Wir werden, wenn nichts anderes gesagt ist, nur solche Netze in Betracht ziehen, die keine überschüssigen Eckpunkte besitzen, deren volle Winkel gleich 2π sind.

Aus dem Starrheitssatz ergibt sich der folgende Hilfssatz, der als Grundlage des Beweises für die Existenz eines Polyeders mit gegebener Metrik dient.

Hilfssatz 1: *Metriken, die realisierbaren nichtausgearteten Metriken hinreichend benachbart sind, sind selbst realisierbar; d. h., läßt sich aus einem Netz $\mathfrak{r}_0$ ein geschlossenes konvexes nicht in ein Polygon ausgeartetes Polyeder bilden, so kann man aus jedem Netz $\mathfrak{r}$, das $\mathfrak{r}_0$ strukturgleich ist und dessen Kantenlängen sich von denen von $\mathfrak{r}_0$ hinreichend wenig unterscheiden, ebenfalls ein geschlossenes konvexes Polyeder bilden.*

Beweis: Sei $\boldsymbol{P}_0$ ein aus dem Netz $\mathfrak{r}_0$ gebildetes Polyeder. Einen seiner Eckpunkte legen wir in den Koordinatenursprung, einen anderen auf die x-Achse und einen dritten in die xy-Ebene. Damit sind sechs seiner Eckpunktkoordinaten festgelegt. Hat das Polyeder e Eckpunkte, so verbleiben im ganzen $3e-6$ veränderliche Koordinaten. Ist die Anzahl der Kanten des Netzes $\mathfrak{r}_0$ gleich k, so ist, wie in § 1 gezeigt wurde,

$$k = 3e - 6.$$

Deformiert man das Polyeder durch kleine Eckpunktverschiebungen, so besitzen nach Hilfssatz 1 aus § 3 die sich dabei ergebenden Polyeder Netze der gleichen Struktur wie $\mathfrak{r}_0$. Wir haben folglich k veränderliche Eckpunktkoordinaten

$$p_1, p_2, \ldots, p_k$$

und k veränderliche Kantenlängen des Netzes

$$r_1, r_2, \ldots, r_k.$$

Seien $p_1^0, \ldots, p_k^0$ und $r_1^0, \ldots, r_k^0$ die Werte dieser Veränderlichen für das Polyeder $\boldsymbol{P}_0$. In einer kleinen Umgebung der Werte $p_1^0, \ldots, p_k^0$ können die Veränderlichen $p_1, \ldots, p_k$ beliebige Werte annehmen, und nach Hilfssatz 3 aus § 3 sich die Kantenlängen des Netzes eindeutige und differenzierbare Funktionen von ihnen:

$$(1)\qquad \begin{cases} r_1 = f_1(p_1, \ldots, p_k) \\ \ldots\ldots\ldots\ldots \\ \ldots\ldots\ldots\ldots \\ \ldots\ldots\ldots\ldots \\ r_k = f_k(p_1, \ldots, p_k). \end{cases}$$

Differenzieren wir diese Gleichungen, so erhalten wir

$$(2)\qquad \begin{cases} dr_1 = \dfrac{\partial f_1}{\partial p_1} dp_1 + \cdots + \dfrac{\partial f_1}{\partial p_k} dp_k \\ \ldots\ldots\ldots\ldots\ldots\ldots\ldots\ldots \\ \ldots\ldots\ldots\ldots\ldots\ldots\ldots\ldots \\ \ldots\ldots\ldots\ldots\ldots\ldots\ldots\ldots \\ dr_k = \dfrac{\partial f_k}{\partial p_1} dp_1 + \cdots + \dfrac{\partial f_k}{\partial p_k} dp_k. \end{cases}$$

Nach dem Starrheitssatz ist für $dr_1 = dr_2 = \cdots = dr_k = 0$ auch

$$dp_1 = dp_2 = \cdots = dp_k = 0.$$

Mit anderen Worten: Sind in dem Gleichungssystem (2) für die Differentiale dp_i die linken Seiten gleich Null, so hat dieses Gleichungssystem nur die triviale Lösung. Hieraus folgt bekanntlich, daß die Determinante des Systems von Null verschieden ist. Diese Determinante ist die Funktionaldeterminante des Systems (1). Außerdem sind für die Werte $p_1^0, \ldots, p_k^0$ und $r_1^0, \ldots, r_k^0$ die Gleichungen (1) erfüllt. Aus dem bekannten Satz über Systeme impliziter Funktionen folgt daher, daß die Gleichungen (1) in einer Umgebung der Werte $r_1^0, \ldots, r_k^0$; $p_1^0, \ldots, p_k^0$ nach den Veränderlichen $p_1, \ldots, p_k$ auflösbar sind:

$$(3)\qquad \begin{cases} p_1 = g_1(r_1, \ldots, r_k) \\ \ldots\ldots\ldots\ldots \\ \ldots\ldots\ldots\ldots \\ \ldots\ldots\ldots\ldots \\ p_k = g_k(r_1, \ldots, r_k). \end{cases}$$

Diese Gleichungen besagen, daß die Kantenlängen des Netzes in einer Umgebung ihrer Werte $r_1^0, \ldots, r_k^0$ beliebig variieren können, wobei sich jedesmal entsprechende Werte für die Eckpunktkoordinaten ergeben.

Diese sind Eckpunktkoordinaten eines gewissen konvexen Polyeders $\boldsymbol{P}$, wenn alle p_i den p_i^0 benachbart sind[1]). Da das System (3) die Umkehrung des Systems (1) ist, besitzt das Polyeder $\boldsymbol{P}$ ein Netz der gegebenen Struktur mit Kantenlängen, die denen des Netzes $\mathfrak{r}_0$ des gegebenen Polyeders $\boldsymbol{P}_0$ benachbart sind. Hiermit ist der Hilfssatz bewiesen.

Wir beweisen noch einen anderen Hilfssatz, der für den Beweis der Existenz eines Polyeders mit gegebener Metrik notwendig ist:

Hilfssatz 2: *Konvergieren die durch die Polyeder $\boldsymbol{P}_n$ realisierten Metriken ϱ_n gegen eine gewisse Metrik ϱ, so läßt sich aus der Gesamtheit der Polyeder $\boldsymbol{P}_n$ eine Folge auswählen, die gegen ein Polyeder konvergiert, das die Metrik ϱ realisiert.*

Beweis: Nach der Definition der Konvergenz von Metriken aus § 1 lassen sich ϱ_n und ϱ durch Netze $\mathfrak{r}_n$ und $\mathfrak{r}$ ein und derselben Struktur vorgeben, wobei die Kantenlängen von $\mathfrak{r}_n$ gegen die Längen der entsprechenden Kanten von $\mathfrak{r}$ konvergieren.

Im Hilfssatz gelten Polyeder, die durch Translation auseinander hervorgehen, als gleich. Andernfalls wäre der Hilfssatz falsch: man könnte eine ins Unendliche verlaufende Folge von Polyedern $\boldsymbol{P}_n$ nehmen. Wir dürfen also annehmen, daß alle Polyeder $\boldsymbol{P}_n$ durch einen gegebenen Punkt gehen. Die Entfernung je zweier Eckpunkte eines Polyeders $\boldsymbol{P}_n$ voneinander ist selbstverständlich nicht größer als die Summe aller Kantenlängen seines Netzes $\mathfrak{r}_n$. Da die Kantenlängen konvergieren, so sind ihre Summen beschränkt, und alle Polyeder $\boldsymbol{P}_n$ lassen sich in eine gewisse Kugel einschließen.

Versehen wir einander entsprechende Eckpunkte der Netze $\mathfrak{r}_n$ mit gleichen Nummern, so sind auch die Eckpunkte der Polyeder $\boldsymbol{P}_n$ entsprechend numeriert. Nun wählen wir aus den $\boldsymbol{P}_n$ eine Folge aus, bei der die Eckpunkte Nr. 1 konvergieren; daraus wählen wir eine Teilfolge aus, bei der die Eckpunkte Nr. 2 konvergieren usw. Schließlich erhalten wir eine Folge, bei der sämtliche Eckpunkte konvergieren. Der Kürze halber bezeichnen wir die Polyeder dieser Folge wieder mit $\boldsymbol{P}_n$ und die entsprechenden Netze mit $\mathfrak{r}_n$. Das konvexe Polyeder $\boldsymbol{P}$, das von den Punkten in den Grenzlagen der Eckpunkte aufgespannt wird (d. h. die Berandung der konvexen Hülle dieser Punkte), ist das Grenzpolyeder der $\boldsymbol{P}_n$. Wir zeigen, daß es das Netz $\mathfrak{r}$ besitzt.

Dazu beweisen wir zunächst folgendes: fällt irgendeine Kante von $\boldsymbol{P}_n$ mit keiner Kante des Netzes $\mathfrak{r}_n$ zusammen, so ist die Zahl ihrer Schnittpunkte mit allen Kanten von $\mathfrak{r}_n$ nicht größer als ein gewisses q_0, das für alle Kanten aller Polyeder $\boldsymbol{P}_n$ als gemeinsame Schranke gewählt werden kann.

Sei l die obere Grenze der Kantenlängen aller Polyeder $\boldsymbol{P}_n$ und h die untere Grenze der Höhen aller Dreiecke der Netze $\mathfrak{r}_n$ (dieses h ist positiv, da die $\mathfrak{r}_n$ gegen ein Netz $\mathfrak{r}$ derselben Struktur konvergieren). Sei schließlich m die größte Anzahl der Kanten an einem Eckpunkt eines $\mathfrak{r}_n$; dieses m ist für alle $\mathfrak{r}_n$ dasselbe, da diese einander strukturgleich sind. Wir behaupten, daß man

[1]) Dieses Polyeder ist die konvexe Hülle der Eckpunkte mit den Koordinaten p_i.

$$q_0 = \frac{2lm}{h} + m \tag{4}$$

wählen darf. Wäre das nicht der Fall, so gäbe es auf einem gewissen Polyeder $\boldsymbol{P}_n$ eine Kante a, welche die Kanten von $\mathfrak{r}_n$ in q Punkten schneiden würde, wobei

$$q > \frac{2lm}{h} + m \tag{5}$$

wäre. Auf der Kante a kämen dann m-mal hintereinander Abschnitte zwischen Schnittpunkten vor, die alle eine Länge $< \frac{h}{2}$ hätten. Sonst käme unter je m solcher Abschnitte mindestens einer mit einer Länge $\geqq \frac{h}{2}$ vor, und wir würden als Summe eine Länge $\geqq \left[\frac{q}{m}\right] \frac{h}{2}$ erhalten $\left(\left[\frac{q}{m}\right]\right.$ bedeutet die größte ganze Zahl $\left.\leqq \frac{q}{m}\right)$. Nach Ungleichung (5) wäre dann die Länge von a größer als l, entgegen der Definition von l.

Möge der erste von m aufeinanderfolgenden Abschnitten der Länge $< \frac{h}{2}$ im Dreieck ABC von $\mathfrak{r}_n$ liegen (Abb. 58). Die Entfernungen seiner Endpunkte X und Y von A wären kleiner als die Hälften der Seiten AB und AC und lägen daher näher bei A als bei B und C. Andernfalls wäre die Strecke XY nicht kleiner als jede halbe Höhe des Dreiecks ABC. Um uns davon zu überzeugen, fällen wir von Y aus das Lot YH auf die Seite AB. Da $YH \leqq XY$ ist, kann XY nur dann kleiner als die Hälfte der von C aus gefällten Höhe sein, wenn $AY < \frac{1}{2} AC$ ist. Eine analoge Überlegung würde auch für X gelten.

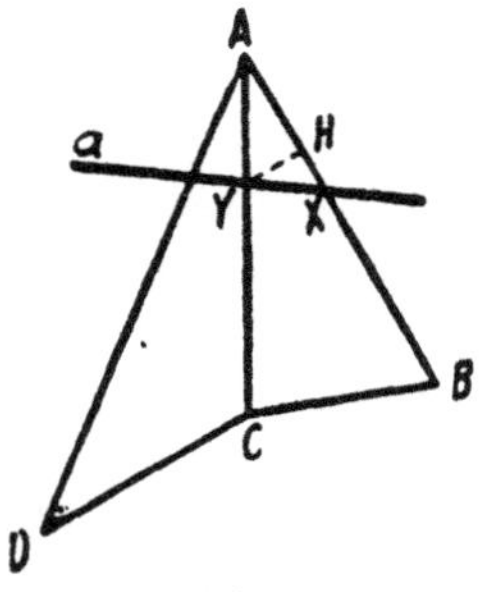

Abb. 58

Nachdem die Kante a das Dreieck ABC verlassen hätte, gelangte sie in ein benachbartes Dreieck ACD, in dem sie wiederum einen Abschnitt kleiner als $\frac{h}{2}$ besitzen würde. Deswegen müßte sie auch in diesem Dreieck näher an A als an den anderen Eckpunkten verlaufen [d. h. näher an dem gemeinsamen Eckpunkt der geschnittenen Kanten, der wegen $AY < \frac{1}{2} AC$ nur der Punkt A sein kann, d. Ü.]. Da wir m solche Abschnitte hintereinander hätten und da von A nicht mehr als m Kanten ausgehen, so müßte a nach Umlaufen des Eckpunkts A wieder zur Seite AB zurückkommen und sie nochmals schneiden. Dies ist jedoch unmöglich; denn A ist ein Eckpunkt des Netzes $\mathfrak{r}_n$, also auch des Polyeders $\boldsymbol{P}_n$. Daher muß von ihm eine Polyederkante b zu irgendeinem anderen Eckpunkt führen. Diese Kante müßte a schneiden, was unmöglich ist, da Polyederkanten sich nur in Eckpunkten treffen.

Damit ist bewiesen, daß die Anzahl der Schnittpunkte einer beliebigen Kante des Polyeders $\boldsymbol{P}_n$ mit Kanten des Netzes $\mathfrak{r}_n$ die durch (4) definierte Zahl nicht überschreiten kann. Daraus ersieht man, daß auch umgekehrt die Anzahl der Schnittpunkte einer Kante des Netzes $\mathfrak{r}_n$ mit Kanten des Polyeders $\boldsymbol{P}_n$ beschränkt ist.

Jetzt numerieren wir die Kanten jedes Netzes $\mathfrak{r}_n$, wobei wir entsprechenden Kanten gleiche Nummern zuordnen. Nehmen wir die Kanten Nr. 1 dieser Netze. Gibt es unter ihnen unendlich viele, die mit Kanten von Polyedern $\boldsymbol{P}_n$ zusammenfallen, so läßt sich aus den $\boldsymbol{P}_n$ eine Teilfolge $\boldsymbol{P}_{n_i}$ auswählen, so daß diese Kanten konvergieren. Gibt es dagegen unendlich viele erste Kanten der Netze, die Kanten der Polyeder $\boldsymbol{P}_n$ nur schneiden, so kann man, da es nur endlich viele Schnittpunkte gibt, eine Teilfolge $\boldsymbol{P}_{n_i}$ auswählen, bei denen die Schnittpunkte gegen gewisse Grenzlagen konvergieren. Die Abschnitte zwischen benachbarten Schnittpunkten konvergieren ebenfalls, und folglich konvergieren auch in diesem Falle die Kanten Nr. 1 der Netze $\mathfrak{r}_n$. Wenden wir dieselbe Überlegung auf die Kanten Nr. 2, dann auf Nr. 3 usw. an, so erhalten wir schließlich eine Polyederfolge $\boldsymbol{P}_{nn}$, in der alle Kanten der Netze $\mathfrak{r}_{nn}$ konvergieren. Die Limites dieser Kanten bilden auf dem Grenzpolyeder $\boldsymbol{P}$ ein Netz der gleichen Struktur und zerlegen es in Dreiecke, die keine Polyedereckpunkte im Innern enthalten. Damit ist auf $\boldsymbol{P}$ ein zu den $\mathfrak{r}_n$ strukturgleiches Netz aufgezeichnet, dessen Kantenlängen gleich den Grenzwerten der Kantenlängen dieser Netze sind. Dies ist daher gerade das gesuchte Netz $\mathfrak{r}$.

§ 7. Der stetige Übergang von einer gegebenen zu einer realisierbaren Metrik

Nach dem in § 2 entworfenen Programm muß man, um die Existenz eines Polyeders mit gegebener Metrik zu beweisen, folgendes zeigen: Wenn alle Metriken mit $e—1$ Eckpunkten realisierbar sind, so kann man jede Metrik ϱ_0 mit e Eckpunkten durch eine kontinuierliche Reihe von Metriken $\varrho_t (0 \leqq t \leqq 1)$ mit einer realisierbaren Metrik ϱ_1 verbinden. Dabei kommen (für alle $t > 0$) in dieser Reihe keine Metriken vor, die nur durch ausgeartete Polyeder realisierbar sind. (Solche Metriken nennen wir ausgeartet.) Dieses Ergebnis erhalten wir nicht unmittelbar, sondern erst nach dem Beweis von zwei Hilfssätzen, die Vorstufen dazu darstellen. Im folgenden soll, wenn nichts anderes gesagt ist, das Wort „Metrik“ eine Metrik mit e Eckpunkten $(e > 3)$ bedeuten.

Hilfssatz 1: *Jede Metrik ϱ_0 läßt sich durch eine kontinuierliche Reihe von Metriken ϱ_t mit einer Metrik ϱ_1 verbinden, die einen Eckpunkt weniger besitzt; mit anderen Worten, für $t \to 1$ strebt der volle Winkel um einen der Eckpunkte der Metrik ϱ_t gegen 2π.*

Beweis: Nehmen wir zunächst an, unter den Eckpunkten der Metrik ϱ_0 kämen zwei vor, deren Krümmungen zusammen weniger als 2π betragen. Es seien dies die Eckpunkte A_1, A_2; die übrigen bezeichnen wir mit $A_3, \ldots, A_e$. Seien ω_1, ω_2 die Krümmungen von A_1, A_2; nach Voraussetzung ist also

$$\omega_1 + \omega_2 < 2\pi.$$

Wir ziehen eine Kürzeste A_1A_2 und schneiden entlang dieser Kürzesten auf; die Metrik ist auf einer Sphäre vorgegeben, es handelt sich also um einen Schnitt auf dieser Sphäre. Wir konstruieren in der Ebene zwei kongruente Dreiecke $A_1'A_2'A'$ und $A_1''A_2''A''$ mit den Grundlinien

$$A_1'A_2' = A_1''A_2'' = A_1A_2$$

und mit Winkeln $\frac{\omega_1}{2}$ bzw. $\frac{\omega_2}{2}$ bei A_1' und A_1'' bzw. A_2' und A_2''. Da $\omega_1 + \omega_2 < 2\pi$ ist, existieren solche Dreiecke. Wir heften unsere Dreiecke mit ihren Grundlinien so an die beiden Seiten des Schnittes längs der Kürzesten A_1A_2, daß die Eckpunkte A_1', A_1'' mit A_1 und A_2', A_2'' mit A_2 zusammenfallen. Ferner verheften wir die verbleibenden Seiten unserer Dreiecke miteinander: $A_1'A'$ mit $A_1''A''$ und $A_2'A'$ mit $A_2''A''$. Damit wird der Schnitt A_1A_2 geschlossen, und wir erhalten so eine gewisse Metrik ϱ_1 auf der Sphäre.

Bei dieser Metrik fehlen die Eckpunkte A_1, A_2; denn dadurch, daß wir an diese Eckpunkte die Ecken unserer Dreiecke angeheftet haben, haben wir den vollen Winkel um A_1 um die Größe $2 \cdot \frac{\omega_1}{2} = \omega_1$ und den Winkel um A_2 um $2 \cdot \frac{\omega_2}{2} = \omega_2$ vergrößert; d. h. wir haben gerade soviel angefügt, wie zu 2π fehlte. Außerdem ist dadurch in der Metrik ϱ_1 ein neuer Eckpunkt A entstanden, der den zusammenfallenden Eckpunkten A' und A'' unserer Dreiecke entspricht.

Der so ausgeführte Übergang von der Ausgangsmetrik ϱ_0 zu der Metrik ϱ_1, die einen Eckpunkt weniger hat, läßt sich stetig ausführen. Dazu wählen wir auf den Seiten $A_2'A'$ und $A_2''A''$ unserer Dreiecke veränderliche Punkte X' und X'' in gleicher Entfernung von A_2' und A_2''. Lassen wir die Punkte X' und X'' die Seiten $A_2'A'$ und $A_2''A''$ von A_2' und A_2'' nach A' und A'' stetig durchlaufen, so schließen wir den Schnitt A_1A_2 durch die Dreiecke $A_1'A_2'X'$ und $A_1''A_2''X''$. Da in diesen Dreiecken die Winkel bei A_2' und A_2'' gleich $\frac{\omega_2}{2}$ sind, verschwindet der Eckpunkt A_2 der Ausgangsmetrik. Er wird durch den veränderlichen Eckpunkt X ersetzt, der den veränderlichen Punkten X' und X'' entspricht. Durchlaufen diese Punkte die Seiten $A_2'A'$ und $A_2''A''$ von A_2' und A_2'' bis A' und A'', so geht X von A_2 in den Eckpunkt A der Metrik ϱ_1 über. So erhalten wir eine kontinuierliche Reihe von Metriken ϱ_t, welche die Ausgangsmetrik ϱ_0 mit der Metrik ϱ_1 verbindet.

Man überzeugt sich leicht davon, daß die so erhaltene Reihe von Metriken tatsächlich im Sinne der im § 1 definierten Konvergenz von Metriken kontinuierlich ist. Dazu ziehen wir von A_1 Kürzeste $A_1X, A_1A_3, \ldots, A_1A_e$ nach allen anderen Eckpunkten von ϱ_t. Führen wir längs dieser Kürzesten Schnitte aus, so erhalten wir an Stelle der Sphäre $\boldsymbol{S}$ ein Polygon $\boldsymbol{Q}$, das keine Eckpunkte der Metrik im

Innern enthält. Bei stetiger Verschiebung des Eckpunktes X ändern sich auch die Seiten und die Winkel dieses Polygons stetig. Q läßt sich durch Diagonalen in Dreiecke zerlegen, wie in § 1 gezeigt wurde. Bei stetigen und hinreichend kleinen Änderungen seiner Seiten und Winkel ändert sich auch eine solche Zerlegung stetig. Wir haben also ein Netz erhalten, durch dessen stetige Änderung eine hinreichend kleine Änderung der Metrik ϱ_t realisiert wird. Nach unserer Definition bedeutet dies gerade, daß die Reihe der Metriken ϱ_t kontinuierlich ist.

Wir haben bisher vorausgesetzt, die Metrik ϱ_0 besitze zwei Eckpunkte, deren Krümmungen zusammen kleiner als 2π sind. Jetzt nehmen wir an, das sei nicht der Fall, d. h. die Summe der Krümmungen je zweier Eckpunkte sei mindestens 2π. Dann ist schon die Summe der Krümmungen von zwei Eckpunktpaaren mindestens 4π, also nicht kleiner als die Krümmung der gesamten Sphäre. Es kann daher nur vier Eckpunkte geben, und die Summe der Krümmungen je zweier Eckpunkte muß gleich 2π sein, d. h. die Krümmung jedes Eckpunktes muß gleich π sein.

Wir verbinden die Eckpunkte A_3 und A_2 durch eine Kürzeste A_3A_2 und ziehen von A_2 aus eine Kürzeste A_2B so, daß sie mit A_2A_3 auf beiden Seiten gleiche Winkel bildet. Diese Winkel sind gleich $\frac{\pi}{2}$, da der volle Winkel um A_2 gleich π ist. Dann schneiden wir längs A_2B auf und wickeln die Umgebung der Kürzesten A_3A_2 auf die Ebene ab (Abb. 59). Nun sieht man, daß man jeden zu A_2 hinreichend benachbarten Punkt A_2' auf A_2B mit A_3 durch zwei gleich lange Geodätische verbinden kann, die auf verschiedenen Seiten von A_3A_2 verlaufen. Schneiden wir die beiden Dreiecke $A_3A_2A_2'$ aus und verheften beide Geodätische miteinander, so erhalten wir eine neue Metrik auf der Sphäre, bei der die Krümmung von A_2' kleiner als π ist (da der volle Winkel um A_2' größer ist als der um A_2, wie man aus der Konstruktion ersieht[1]). Die Summe der Krümmungen von A_2' und einem anderen Eckpunkt, z. B. A_1, ist daher kleiner als 2π.

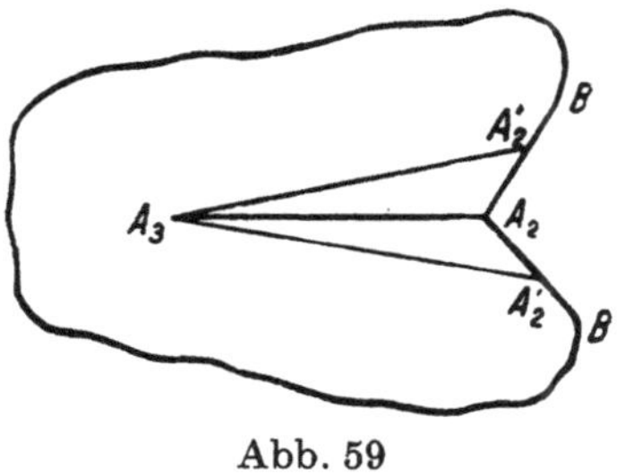

Abb. 59

Dieses Verfahren des Herausschneidens von zwei Dreiecken ist offensichtlich die Umkehrung des oben ausgeführten Aufsetzens von zwei Dreiecken. Es läßt sich durch Verschiebung des Punktes A_2' von A_2 aus stetig ausführen. Wir erhalten so eine kontinuierliche Reihe von Metriken, die die Ausgangsmetrik ϱ_0 mit einer Metrik ϱ verbindet, die zwei Eckpunkte besitzt, deren Krümmungen zusammen kleiner als 2π sind. Nach dem Vorhergehenden kann man ϱ durch eine kontinuierliche Reihe mit einer Metrik ϱ_1 verbinden, die einen Eckpunkt weniger hat. So

[1]) Siehe Abb. 59. Der volle Winkel um A_2 ist doppelt so groß wie der Winkel bei A_2 im Dreieck $A_2A_2'A_3$, und der volle Winkel um A_2' ist doppelt so groß wie der Außenwinkel dieses Dreiecks bei der Ecke A_2'. Ein Außenwinkel eines Dreiecks ist aber stets größer als ein Innenwinkel, der ihm nicht benachbart ist. Hieraus folgt unsere Behauptung.

ergibt sich eine kontinuierliche Reihe von Metriken, die die Metrik ϱ_0 mit ϱ_1 verbindet. Der Hilfssatz ist damit bewiesen.

Hilfssatz 2: *Wenn jede Metrik mit e—1 Eckpunkten realisierbar ist, so läßt sich jede Metrik mit e Eckpunkten durch eine kontinuierliche Reihe von Metriken mit einer nichtausgearteten realisierbaren Metrik verbinden, die ebenfalls e Eckpunkte besitzt.*

Beweis: Sei ϱ_0 die gegebene Metrik mit e Eckpunkten. Nach dem vorigen Hilfssatz existiert eine kontinuierliche Reihe von Metriken ϱ_1, die sie mit einer Metrik ϱ_1 mit e—1 Eckpunkten verbindet. Wir nehmen an, die Metrik ϱ_1 sei durch ein Polyeder $\boldsymbol{P}_1$ realisierbar und beweisen dann folgende zwei Behauptungen:

1. In beliebiger Nähe der Metrik ϱ_1 gibt es nichtausgeartete realisierbare Metriken mit e Eckpunkten.
2. Die Metrik ϱ_0 läßt sich mit einer dieser Metriken durch eine kontinuierliche Reihe verbinden.

Zum Beweis der ersten Behauptung betrachten wir die im vorigen Hilfssatz konstruierte Metrik ϱ_1 etwas näher. Sie besitzt Eckpunkte $A_3, \ldots, A_e$, die den ebenso bezeichneten Eckpunkten von ϱ_0 entsprechen; außerdem hat sie einen Eckpunkt A, der den Eckpunkt A_2 ersetzt, und schließlich kann man auf ihr einen Punkt A_1 markieren, der dem verschwundenen Eckpunkt A_1 von ϱ_0 entspricht. Die Punkte $A_3, \ldots, A_e$, A und A_1 sind Punkte der Sphäre $\boldsymbol{S}$, auf der die Metrik ϱ_1 vorgegeben ist. Wir ziehen von A Kürzeste $AA_1, AA_3, \ldots, AA_e$ und verwandeln durch Schnitte längs dieser Kürzesten $\boldsymbol{S}$ in ein Polygon $\boldsymbol{Q}$. Dieses Polygon zerlegen wir durch Diagonalen in Dreiecke und erhalten so ein Netz $\mathfrak{r}_1$, das die Metrik ϱ_1 bestimmt. Dieses Netz besitzt einen überzähligen Eckpunkt A_1, der kein Eckpunkt der Metrik ϱ_1 ist.

Da das Polygon $\boldsymbol{Q}$ sich aus $\boldsymbol{S}$ durch Aufschneiden längs $AA_1, AA_3, \ldots, AA_e$ ergibt, hat es folgende Eckpunkte, die in der Reihenfolge ihrer Lage auf einer Berandung aufgezählt sind: $A, A_1, A, A_3, \ldots, A, A_e$. So erscheint insbesondere der „überschüssige" Eckpunkt A_1 der Metrik als Eckpunkt von $\boldsymbol{Q}$ nur einmal. Unter den Diagonalen von $\boldsymbol{Q}$ können daher keine vorkommen, die auf der Sphäre $\boldsymbol{S}$ (im Sinne der Metrik ϱ_1) Geodätische sind und die den Eckpunkt A_1 mit sich selbst verbinden. Daraus folgt, daß es in dem Netz $\mathfrak{r}_1$ kein Dreieck gibt, von dem zwei Eckpunkte in A_1 fallen. Diese Bemerkung werden wir im folgenden wesentlich benutzen.

Da das Polyeder $\boldsymbol{P}_1$ die Metrik ϱ_1 realisiert, kann man auf ihm das Netz $\mathfrak{r}_1$ zeichnen. Mit anderen Worten, bei isometrischer Abbildung der Sphäre $\boldsymbol{S}$ auf $\boldsymbol{P}_1$ überträgt sich das Netz $\mathfrak{r}_1$ auf das Polyeder. Alle Eckpunkte von $\mathfrak{r}_1$, die Eckpunkte der Metrik sind, werden auch Eckpunkte von $\boldsymbol{P}_1$. Eine Ausnahme bildet der „überschüssige" Eckpunkt A_1 unseres Netzes: Da der volle Winkel um ihn gleich 2π ist, entspricht ihm auf $\boldsymbol{P}_1$ ein gewisser Punkt $\overline{A}_1$ im Innern einer Seitenfläche oder einer Kante.

Schiebt man diesen Punkt vom Polyeder $\boldsymbol{P}_1$ aus nach außen und konstruiert die konvexe Hülle des verschobenen Punktes und der Eckpunkte von $\boldsymbol{P}_1$, so erhält man ein neues konvexes Polyeder $\boldsymbol{P}$. Bei hinreichend kleiner Verschiebung von $\bar{A}_1$ bleiben die Eckpunkte von $\boldsymbol{P}_1$ weiterhin Eckpunkte, und $\bar{A}_1$ wird auch Eckpunkt. $\boldsymbol{P}$ hat also e Eckpunkte. War das Polyeder $\boldsymbol{P}_1$ in ein Polygon ausgeartet, so genügt es, den Punkt $\bar{A}_1$ aus seiner Ebene herauszunehmen, damit das Polyeder $\boldsymbol{P}$ nichtausgeartet ist.

Ist die Verschiebung von $\bar{A}_1$ hinreichend klein, so kann man nach dem in § 3 Bewiesenen auf dem Polyeder $\boldsymbol{P}_1$ ein zu $\mathfrak{r}_1$ strukturgleiches Netz konstruieren, dessen Kantenlängen sich von den Längen der entsprechenden Kanten von $\mathfrak{r}_1$ wenig unterscheiden[1]). Folglich erhalten wir ein Netz $\mathfrak{r}$, das $\mathfrak{r}_1$ benachbart ist. Da seine Eckpunkte sämtlich Eckpunkte des Polyeders $\boldsymbol{P}$ sind, so sind ihre vollen Winkel kleiner als 2π. Dies bedeutet: *in beliebiger Nähe der Metrik* ϱ_1 *gibt es realisierbare Metriken mit e Eckpunkten.*

Wir zeigen jetzt, daß *die Ausgangsmetrik* ϱ_0 *mit einer solchen Metrik verbunden werden kann.* Dazu bedienen wir uns wieder des Netzes $\mathfrak{r}_1$. Unter Beibehaltung seiner Struktur variieren wir in gewissen Grenzen die Längen seiner Kanten. Wir erhalten dann eine Menge von Netzen $\mathfrak{r}$, die zu $\mathfrak{r}_1$ benachbart sind. Ist k die Anzahl der Kanten des Netzes, so ist jedes Netz $\mathfrak{r}$ durch Vorgabe von k Kantenlängen $r_1, \ldots, r_k$ bestimmt. Die sich so ergebende Menge von Netzen kann als Bereich $\mathfrak{G}$ im k-dimensionalen Raum mit den Koordinaten $r_1, \ldots, r_k$ gedeutet werden. Die Zuordnung zwischen den Netzen $\mathfrak{r}$ und den Punkten von $\mathfrak{G}$ ist umkehrbar eindeutig und stetig. Es macht daher keinen Unterschied, ob wir von Punkten des Bereiches $\mathfrak{G}$ oder von Netzen $\mathfrak{r}$ sprechen.

Da in dem Netz $\mathfrak{r}_1$ der volle Winkel um A_1 gleich 2π ist, kann er bei beliebig kleinen Änderungen der Kantenlängen auch größer als 2π werden. Im Bereich $\mathfrak{G}$ können also auch Netze $\mathfrak{r}$, d. h. Punkte, die Netzen $\mathfrak{r}$ entsprechen, vorkommen, bei denen der volle Winkel um A_1 größer als 2π ist. Auf Grund der stetigen Abhängigkeit des Winkels von den Kantenlängen bleiben die vollen Winkel um die übrigen Ecken kleiner als 2π, wenn die Änderungen der Kantenlängen genügend klein sind.

Netze, bei denen der volle Winkel um A_1 größer als 2π ist, wollen wir Netze „zweiter Art" nennen zum Unterschied von den Netzen „erster Art", bei denen die vollen Winkel um alle Eckpunkte kleiner als 2π sind. Die Netze bzw. Punkte zweiter Art sind von den Netzen bzw. Punkten erster Art durch eine Hyperfläche $\boldsymbol{\Psi}$ getrennt, die durch eine Gleichung der Form

(1) $$\sum_i \varphi_i(r_1, \ldots, r_k) = 2\pi$$

definiert ist. Hierbei sind die $\varphi_i(r_1, \ldots, r_k)$ die Winkel der Dreiecke des Netzes $\mathfrak{r}$, die im Eckpunkt A_1 zusammenstoßen, dargestellt als Funktionen der Kanten-

[1]) In § 3 handelte es sich um Netze, deren Eckpunkte sämtlich in den Eckpunkten des Polyeders lagen. Jetzt ist die Sachlage eine andere. Man sieht aber leicht, daß der Hilfssatz 1 aus § 3 und sein Beweis gültig bleiben.

längen $r_1, \ldots, r_k$. (Selbstverständlich hängt jedes φ_i nur von den drei Kanten ab, die die Seiten des entsprechenden Dreiecks bilden.) Die Summe aller φ_i ist der volle Winkel um A_1.

Wir betrachten ein beliebiges Dreieck von $\mathfrak{r}$ mit einem Eckpunkt in A_1. Seien φ_1 der Winkel dieses Dreiecks bei A_1 und r_1, r_2, r_3 seine Seiten, wobei r_1 dem Winkel φ_1 gegenüberliege. Weiter oben haben wir gesehen, daß es in $\mathfrak{r}$ kein Dreieck gibt, von dem zwei Eckpunkte in den Punkt A_1 fallen. Daher kann die Kante r_1 von $\mathfrak{r}$ den Punkt A_1 nicht enthalten, unabhängig davon, welches der Dreiecke um A_1 wir herausgegriffen hatten.

Nach dem Kosinussatz ist:

$$r_1^2 = r_2^2 + r_3^2 - 2 r_2 r_3 \cos \varphi_1 ,$$

woraus

$$\frac{\partial \varphi_1}{\partial r_1} = \frac{r_1}{r_2 r_3 \sin \varphi_1} > 0$$

folgt. Die Kante r_1 kann dem Eckpunkt A_1 noch in irgendeinem anderen Dreieck mit einem Winkel φ_i gegenüberliegen, und dann gilt ebenso $\dfrac{\partial \varphi_i}{\partial r_1} > 0$. Den Punkt A_1 kann sie aber nirgends enthalten. Daher ist

$$\frac{\partial}{\partial r_1} \sum_i \varphi_i(r_1, \ldots, r_k) > 0. \tag{2}$$

Hieraus folgt auf Grund des bekannten Satzes über implizite Funktionen, daß die Gleichung (1), wenn sie für gewisse Werte der Kantenlänge erfüllt ist, in der Umgebung dieser Werte nach r_1 aufgelöst werden kann, wobei r_1 eine eindeutige und differenzierbare Funktion der übrigen Kanten wird. Dies bedeutet, daß die Hyperfläche Ψ durch eine Gleichung der Form

$$r_1 = f(r_2, \ldots, r_k),$$

in der f eine differenzierbare Funktion ist, dargestellt werden kann. Die Hyperfläche Ψ ist also glatt und zerlegt den Bereich $\mathfrak{G}$ in zwei Teile. Da auf Ψ die Ungleichung (2) erfüllt ist und außerdem auf ihr $\sum_i \varphi_i = 2\pi$ ist, so ist auf der einen Seite dieser Hyperfläche

$$\sum_i \varphi_i < 2\pi,$$

und auf der anderen

$$\sum_i \varphi_i > 2\pi.$$

Punkte, die auf einer Seite von Ψ liegen, können durch eine stetige Kurve verbunden werden, die Ψ nicht schneidet. In der Sprache der Netze bedeutet dies, daß je zwei Netze erster Art — d. h. für die $\sum_i \varphi_i < 2\pi$ ist — durch eine kontinuierliche Reihe von Netzen derselben Eigenschaft verbunden werden können, unter der selbstverständlichen Voraussetzung, daß diese Netze dem Netz

$\mathfrak{r}_1$ hinreichend benachbart sind. Unter diesen Netzen befinden sich aber einerseits das Netz $\mathfrak{r}$, das durch das Polyeder $\boldsymbol{P}$ realisiert wird, und andererseits Netze $\mathfrak{r}_t$, die die Metriken ϱ_t vorgeben, die eine kontinuierliche Reihe zwischen ϱ_0 und ϱ_1 bilden. Verbinden wir ein solches $\mathfrak{r}_t$ mit $\mathfrak{r}$, so erhalten wir daher eine kontinuierliche Reihe von Metriken, die ϱ_0 mit der durch $\mathfrak{r}$ bestimmten Metrik verbindet. Da letztere durch ein nichtausgeartetes Polyeder $\boldsymbol{P}$ realisiert ist, ist unser Hilfssatz bewiesen.

Dieses Ergebnis reicht aber noch nicht aus, da in der Reihe der Metriken ϱ_t, die ϱ_0 mit einer realisierbaren Metrik verbindet, ausgeartete Metriken vorkommen können. Die Metrik ϱ_0 selbst dürfen wir als nichtausgeartet annehmen. Unser Endziel besteht ja im Beweis der Realisierbarkeit von ϱ_0. Ist diese aber ausgeartet, so läßt sie sich definitionsgemäß durch ein ausgeartetes Polyeder realisieren. In diesem Falle brauchen wir eigentlich nichts zu beweisen. Beweisen wir also den letzten und abschließenden Hilfssatz über die Möglichkeit der Verbindung einer gegebenen Metrik mit einer realisierbaren:

Hilfssatz 3: *Ist jede Metrik mit $e-1$ Eckpunkten realisierbar, so läßt sich jede nichtausgeartete Metrik ϱ_0 mit e Eckpunkten mit einer realisierbaren Metrik mit e Eckpunkten durch eine kontinuierliche Reihe von Metriken mit e Eckpunkten verbinden, die keine ausgearteten Metriken enthält.*

Zum Beweis betrachten wir zunächst ausgeartete Metriken. Sei die ausgeartete Metrik ϱ durch ein Polyeder $\boldsymbol{P}$ realisiert, das ein doppelt bedecktes konvexes Polygon mit den Eckpunkten $A_1, A_2, \ldots, A_e$ darstellt. Die Eckpunkte sollen dabei in der Reihenfolge ihrer Lage auf der Berandung des Polygons numeriert sein (Abb. 60). Durch von A_1 ausgehende Diagonalen zerlegen wir das Polygon in Dreiecke. Wenn man jede Diagonale auf beiden Seiten des Polygons gezogen denkt, so erhält man ein Netz $\mathfrak{r}$ von $\boldsymbol{P}$, das man *symmetrisch* nennen könnte. Es besitzt folgende Eigenschaften:

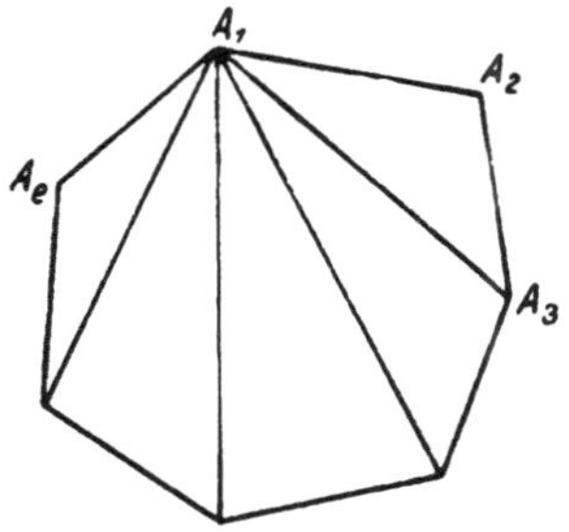

Abb. 60

1. $\mathfrak{r}$ besteht aus paarweise kongruenten Dreiecken, die längs der Kanten $A_1A_2, A_2A_3, \ldots, A_eA_1$ miteinander verheftet sind. Es ist naheliegend, diese Kanten als *äußere* zu bezeichnen; ihre Anzahl ist gleich der Anzahl der Eckpunkte e. Sie sind die einzigen Kürzesten, die sukzessive A_1 mit A_2, A_2 mit A_3 usw. verbinden.

2. Da die Gesamtzahl der Kanten $k = 3e - 6$ ist, bleiben noch $2e - 6$ Kanten übrig, die in zwei Klassen mit je $e - 3$ Kanten zerfallen. Die Kanten der einen Klasse liegen auf der einen Seite von $\boldsymbol{P}$, die der anderen auf der anderen Seite. Jeder Kante A_1A_i der einen Klasse entspricht eine ihr gleiche der anderen, die A_1 mit demselben Eckpunkt A_i (außer A_2 und A_e) verbindet. Diese Kanten nennen wir naturgemäß *innere* Kanten.

Wir haben folglich e—3 Gleichungen zwischen inneren Kanten:

(3) $$r_1 = r_2, \quad r_3 = r_4, \quad \ldots, \quad r_{2e-7} = r_{2e-6}.$$

Jede ausgeartete Metrik kann also durch ein symmetrisches Netz vorgegeben werden, das den beiden erwähnten Bedingungen genügt. Umgekehrt gibt jedes solches Netz eine ausgeartete Metrik vor. Um sich davon zu überzeugen, genügt es, aus ihren Dreiecken zwei kongruente Polygone zu bilden.

Jetzt zeigen wir folgendes: Wenn durch hinreichend kleine Änderungen einer ausgearteten Metrik ϱ *wenigstens eine Gleichung (3) zwischen ihren Kanten* $A_1A_3, \ldots, A_1A_{e-1}$ *ungültig wird, so entsteht eine nichtausgeartete Metrik.* Dazu genügt es zu zeigen, daß bei einer konvergierenden Folge von ausgearteten Metriken ϱ_n gegen die ausgeartete Metrik ϱ für hinreichend große n zwischen den entsprechenden Kanten von ϱ_n dieselben Gleichungen (3) bestehen. Auf Grund unserer Definition der Konvergenz von Metriken werden die ϱ_n durch Netze derselben Struktur wie ein gewisses Netz von ϱ vorgegeben. Es hat daher Sinn, von entsprechenden Eckpunkten A_i der Metriken ϱ_n, also auch von entsprechenden Kanten A_1A_i zu sprechen.

Da die Metriken ϱ_n ausgeartet sind, werden sie durch gewisse Polygone $\boldsymbol{P}_n$ realisiert. Sind die Eckpunkte $A_1, \ldots, A_e$ auf den Rändern dieser Polygone ebenso angeordnet wie auf dem Rand von $\boldsymbol{P}$, das die Metrik ϱ realisiert, so bestehen die Gleichungen (3) in diesen Metriken für dieselben Kanten.

Nehmen wir einmal an, bei beliebig großen n lägen die Eckpunkte $A_1, \ldots, A_e$ auf den Rändern der $\boldsymbol{P}_n$ in anderer Reihenfolge. Würden wir dann aus den $\boldsymbol{P}_n$ eine Teilfolge von Polygonen $\boldsymbol{P}_{n_i}$ mit ein und derselben Reihenfolge der Eckpunkte auswählen, so erhielten wir im Limes ein ausgeartetes Polyeder $\overline{\boldsymbol{P}}$ mit eben dieser Anordnung der Eckpunkte. Da diese Reihenfolge von derjenigen auf $\boldsymbol{P}$ verschieden wäre, gäbe es auf $\overline{\boldsymbol{P}}$ zwei Eckpunkte A_i, A_{i+1}, die durch zwei Kürzeste verbindbar wären. Nach dem Hilfssatz über die Realisierbarkeit der Grenzmetrik realisierbarer Metriken (Hilfssatz 2, § 6) realisiert $\overline{\boldsymbol{P}}$ aber die Metrik ϱ, und daher kann es auf ihm nur eine einzige Kürzeste A_iA_{i+1} geben. Dieser Widerspruch zeigt, daß von einem genügend großen n_0 ab auf den Rändern der $\boldsymbol{P}_n$ die Eckpunkte $A_1, \ldots, A_e$ in gleicher Reihenfolge liegen und folglich durch die Gleichungen (3) dieselben Kanten verbunden sind.

Jetzt können wir uns unmittelbar dem Beweis des Hilfssatzes 3 zuwenden. Sei ϱ_0 die gegebene nichtausgeartete Metrik. Es ist zu zeigen, daß sie mit einer realisierbaren nichtausgearteten Metrik durch eine kontinuierliche Reihe nichtausgearteter Metriken verbunden werden kann. Nach Hilfssatz 2 läßt sich ϱ_0 mit einer nichtausgearteten realisierbaren Metrik durch eine kontinuierliche Reihe von Metriken ϱ_t verbinden. Gibt es unter diesen Metriken keine ausgearteten, so haben wir schon das gewünschte Ergebnis erhalten.

Unter den Metriken ϱ_t mögen jetzt ausgeartete vorkommen. Sei $\bar{t}$ die untere Grenze derjenigen t, bei denen die Metrik ϱ_t ausgeartet ist. Dann ist auch $\varrho_{\bar{t}}$ ausgeartet, da (wie aus Hilfssatz 2 von § 6 folgt) die Grenzmetrik ausgearteter

Metriken ausgeartet ist. Da die Metrik ϱ_0 nichtausgeartet ist, so ist $\hat{t} > 0$. Wir geben die Metrik $\varrho_{\hat{t}}$ durch ein symmetrisches Netz vor und realisieren $\varrho_{\hat{t}}$ durch ein ausgeartetes Polyeder $\boldsymbol{P}$. Schiebt man auch nur einen einzigen Eckpunkt dieses Polyeders aus seiner Ebene heraus, so erhält man schon ein nichtausgeartetes Polyeder. Nach dem in § 3 Bewiesenen hat dieses Polyeder eine zu $\varrho_{\hat{t}}$ benachbarte Metrik. Folglich *gibt es in beliebiger Nähe von $\varrho_{\hat{t}}$ nichtausgeartete realisierbare Metriken.* Wir zeigen, daß ϱ_0 mit einer dieser Metriken verbunden werden kann.

Wir geben $\varrho_{\hat{t}}$ durch ein symmetrisches Netz vor. In einem solchen Netz gibt es $e - 3$ Paare gleicher Kanten:

$$r_1 = r_2, \ldots, r_{2e-7} = r_{2e-6}. \tag{3}$$

Alle $\varrho_{\hat{t}}$ benachbarten Metriken lassen sich durch benachbarte Netze derselben Struktur vorgeben. Jede $\varrho_{\hat{t}}$ benachbarte Metrik ϱ wird dann durch $k = 3e - 6$ Kantenlängen $r_1, \ldots, r_k$ bestimmt, und man kann sie als Punkt in einem gewissen Bereich $\mathfrak{G}$ des k-dimensionalen Raumes mit den Koordinaten $r_1, \ldots, r_k$ darstellen. Wir haben soeben gezeigt, daß sich eine nichtausgeartete Metrik ergibt, wenn durch kleine Änderungen der Metrik auch nur eine der Gleichungen (3) verletzt wird. Alle ausgearteten Metriken, die $\varrho_{\hat{t}}$ benachbart sind, entsprechen daher solchen Punkten von $\mathfrak{G}$, für die die Gleichungen (3) gelten. Diese $e - 3$ Gleichungen bestimmen im k-dimensionalen Raum einen linearen Unterraum $\mathfrak{L}$ der Dimension $k - (e - 3)$.

Jetzt müssen hier zwei Fälle unterschieden werden:

1. $e > 4$ und daher $k - (e - 3) < k - 1$.
2. $e = 4$ und daher $k - (e - 3) = k - 1$.

Im ersten Falle hat der lineare Unterraum $\mathfrak{L}$ eine Dimension kleiner als $k - 1$ und zerlegt daher den k-dimensionalen Bereich $\mathfrak{G}$ nicht. In einer Umgebung von $\mathfrak{L}$ können zwei nicht zu $\mathfrak{L}$ gehörige Punkte durch eine stetige Kurve verbunden werden, die $\mathfrak{L}$ nicht schneidet. Das bedeutet aber, daß in einer Umgebung der Metrik $\varrho_{\hat{t}}$ je zwei nichtausgeartete Metriken durch eine kontinuierliche Reihe nichtausgearteter Metriken verbunden werden können. Wir haben aber gezeigt, daß in der Umgebung von $\varrho_{\hat{t}}$ nichtausgeartete realisierbare Metriken existieren. Verbinden wir unter Umgehung der ausgearteten Metriken eine dieser Metriken ϱ' mit einer beliebigen der Metriken ϱ_t $(t < \hat{t})$, so erhalten wir eine kontinuierliche Reihe zwischen der Ausgangsmetrik ϱ_0 und ϱ'. Diese Reihe enthält keine ausgearteten Metriken, da für $t < \hat{t}$ keine Metrik ϱ_t ausgeartet ist.

Betrachten wir jetzt den zweiten Fall, $e = 4$. Die Dimension des Unterraumes $\mathfrak{L}$ ist dann nur um 1 kleiner als die des Bereiches $\mathfrak{G}$. In diesem Fall besteht nur eine Gleichung (3) $r_1 = r_2$. Der Teilraum $\mathfrak{L}$ ist eine $(k - 1)$-dimensionale Hyperebene, die $\mathfrak{G}$ in zwei Teile zerlegt. Auf $\mathfrak{L}$ selbst ist $r_1 = r_2$, auf der einen Seite von $\mathfrak{L}$ gilt $r_1 > r_2$, auf der anderen $r_1 < r_2$. Da das die Metrik $\varrho_{\hat{t}}$ vorgebende Netz symmetrisch ist, spielen beide innere Kanten dieselbe Rolle. Es genügt, die Bezeichnung zu wechseln, damit die Ungleichung $r_1 > r_2$ in $r_1 < r_2$

übergeht. Auf beiden Seiten von $\mathfrak{L}$ liegen daher Punkte, die ein und denselben Metriken entsprechen (diese Metriken sind nur auf verschiedene Weise durch Netze der gegebenen Struktur dargestellt). Da in der Umgebung von $\varrho_{\hat{t}}$ durch nichtausgeartete Polyeder realisierbare Metriken ϱ' existieren, so kommen sie auf beiden Seiten von $\mathfrak{L}$ vor und insbesondere auf der Seite, auf der ϱ_t für $t < \hat{t}$ sich $\varrho_{\hat{t}}$ annähert. Eine dieser Metriken ϱ_t kann man mit einer Metrik ϱ' verbinden, ohne $\mathfrak{L}$ zu schneiden. Die Ausgangsmetrik ϱ_0 ist dann mit einem ϱ' durch eine Reihe verbunden, die keine ausgearteten Metriken enthält. Damit ist der Hilfssatz bewiesen.

§ 8. Der Beweis des Realisierungssatzes

Jetzt haben wir alles in der Hand, um den Beweis der Existenz eines geschlossenen konvexen Polyeders mit vorgegebener Metrik zu Ende zu führen.

In § 1 zeigten wir die Realisierbarkeit einer Metrik mit drei Eckpunkten. Wir können daher den Satz durch Induktion nach der Eckpunktanzahl führen. Wir nehmen an, er sei für Metriken mit $e-1$ Eckpunkten $(e > 3)$ richtig und zeigen, daß er auch für Metriken mit e Eckpunkten gilt.

Sei ϱ_0 eine gegebene Metrik mit e Eckpunkten, Ist ϱ_0 ausgeartet, d. h. durch ein ausgeartetes Polyeder realisierbar, so haben wir nichts zu beweisen. Man darf also annehmen, ϱ_0 sei nichtausgeartet. Nach Hilfssatz 3 des vorigen Paragraphen läßt sich ϱ_0 durch eine kontinuierliche Reihe nichtausgearteter Metriken ϱ_t mit einer nichtausgearteten realisierbaren Metrik ϱ_1 verbinden. Nach Hilfssatz 1 aus § 6 sind die zu ϱ_1 benachbarten Metriken realisierbar, und folglich sind insbesondere für nahe bei eins liegende t alle ϱ_t realisierbar.

Sei $\hat{t}$ die untere Grenze der t, für welche die Metriken ϱ_t realisierbar sind. Da nach Hilfssatz 2 aus § 6 die Grenzmetrik realisierbarer Metriken realisierbar ist, ist $\varrho_{\hat{t}}$ realisierbar. Ist daher $\hat{t} = 0$, so ist der Satz bewiesen. Nun kann aber $\hat{t}$ nicht von Null verschieden sein: $\varrho_{\hat{t}}$ ist nämlich realisierbar und nichtausgeartet; denn unter den ϱ_t kommen keine ausgearteten Metriken vor. Nach Hilfssatz 1 aus § 6 sind alle zu ϱ_t benachbarten Metriken ebenfalls realisierbar. Wäre also $\hat{t} > 0$, so wären auch alle ϱ_t für solche t, die zu $\hat{t}$ hinreichend benachbart, aber kleiner als $\hat{t}$ sind, realisierbar. Dann wäre aber $\hat{t}$ nicht die untere Grenze der t, die realisierbaren Metriken ϱ_t entsprechen. Also ist $\hat{t} = 0$, und der Satz ist bewiesen.

KAPITEL VII

DIE EXISTENZ EINER GESCHLOSSENEN KONVEXEN FLÄCHE MIT VORGEGEBENER METRIK

§ 1. *Das Ergebnis und die Beweismethode*

Nachdem wir die Grundeigenschaften der inneren Metrik konvexer Flächen untersucht und die Existenz eines geschlossenen konvexen Polyeders mit vorgegebener polyedrischer Metrik positiver Krümmung bewiesen haben, können wir uns jetzt der Frage nach den Bedingungen zuwenden, die nicht nur notwendig, sondern auch hinreichend dafür sind, daß ein gegebener metrischer Raum einer *geschlossenen* konvexen Fläche isometrisch ist. Dies wird uns die Möglichkeit geben, in den folgenden Kapiteln dieselbe Frage auch für einige andere Typen konvexer Flächen zu beantworten. Zwei notwendige Bedingungen wurden schon in Kap. I, § 6 herausgearbeitet: *der metrische Raum muß einer Sphäre homöomorph sein, und seine Metrik muß eine innere sein* (im allgemeineren Falle kann man von Mannigfaltigkeiten mit innerer Metrik sprechen). Als dritte Bedingung wäre am einfachsten die Konvexitätsbedingung zu nehmen. Wie wir aber schon in Kap. I, § 9 erläutert haben, ist diese Bedingung zu einschneidend, um als gut gewählte hinreichende Bedingung gelten zu können. In Kap. I, § 9 haben wir eine andere, in der Form viel schwächere Bedingung angegeben. (Diese Bedingung ist der Form nach schwächer, obwohl sie, da sie die Konvexitätsbedingung ersetzen kann, ihr natürlich äquivalent ist.) Zur Erinnerung geben wir hier noch einmal den Inhalt dieser Bedingung und die Definition der in ihr vorkommenden Begriffe an. Wir ändern jedoch die in Kap. I, § 9 gegebene Definition des „*unteren Winkels*" etwas ab. Dies wird uns gestatten, den Beweis dafür, daß unsere Bedingung hinreichend ist, wesentlich zu vereinfachen.

Seien $\mathfrak{L}$ und $\mathfrak{M}$ zwei von einem Punkt Q ausgehende Kürzeste in einer Mannigfaltigkeit mit der inneren Metrik ϱ. Auf ihnen wählen wir von Q verschiedene veränderliche Punkte X, Y derart, daß eine Kürzeste XY existiert; solche Kürzesten existieren jedenfalls für alle dem Punkt Q hinreichend benachbarten X und Y. Sei wie stets $x = \varrho(QX)$, $y = \varrho(QY)$, $z = \varrho(XY)$ und $\gamma(x,y)$ der in dem ebenen Dreieck mit den Seiten x, y, z der Seite z gegenüberliegende Winkel. Dann definieren wir für die Kürzesten $\mathfrak{L}$ und $\mathfrak{M}$ in folgender Weise eine Zahl $\tau(\mathfrak{L}, \mathfrak{M})$: Die Punkte X_n, Y_n mögen eine Folge bilden, derart daß 1. $x_n y_n$ gegen

Null strebt (d. h., wenigstens einer der Punkte X_n und Y_n immer näher an Q heranrückt), 2. X_n und Y_n sich durch Kürzeste $X_n Y_n$ verbinden lassen, deren sämtliche Häufungspunkte für $n \to \infty$ auf der aus $\mathfrak{L}$ und $\mathfrak{M}$ bestehenden Kurve $\mathfrak{L} + \mathfrak{M}$ liegen (d. h. wenn z. B. $X_{n_i} \to Q$, so soll sich die Kürzeste $X_{n_i} Y_{n_i}$ der Kürzesten $\mathfrak{M}$ unbeschränkt nähern). Für jede solche Punktfolge X_n, Y_n bestimmen wir den unteren Limes $\gamma(x_n, y_n)$. Den kleinsten dieser Limites bezeichnen wir mit $\tau(\mathfrak{L}, \mathfrak{M})$. Wir können

$$\tau(\mathfrak{L}, \mathfrak{M}) = \varliminf_{x \cdot y \to 0} \gamma(x, y)$$

schreiben, unter der Bedingung, daß sich die Kürzesten XY der Kurve $\mathfrak{L} + \mathfrak{M}$ unbeschränkt nähern. Diese Zahl $\tau(\mathfrak{L}, \mathfrak{M})$ hatten wir in Kap. I, § 9 den unteren Winkel zwischen den Kürzesten $\mathfrak{L}$ und $\mathfrak{M}$ genannt.

Die Zahl $\tau(\mathfrak{L}, \mathfrak{M})$ bietet uns nichts Neues. Wir haben nämlich in Kap. III, § 4 bewiesen (Satz 5), daß zwischen Kürzesten auf einer konvexen Fläche, die von einem Punkt ausgehen, ein „Winkel im starken Sinne" existiert, d. h., daß unter diesen Voraussetzungen für die Kürzesten XY der $\lim\limits_{x \cdot y \to 0} \gamma(x, y)$ existiert und gleich dem Winkel zwischen $\mathfrak{L}$ und $\mathfrak{M}$ ist. Dieser Satz ergab sich verhältnismäßig einfach aus der Konvexitätsbedingung. Nimmt man also $\tau(\mathfrak{L}, \mathfrak{M})$ als unteren Winkel zwischen den Kürzesten $\mathfrak{L}$ und $\mathfrak{M}$, so ergibt sich die Notwendigkeit der Bedingung, daß die Summe der unteren Winkel eines Dreiecks mindestens π ist, ziemlich leicht.

Es ist jedoch unzweckmäßig, $\tau(\mathfrak{L}, \mathfrak{M})$ selbst als unteren Winkel zwischen den Kürzesten zu wählen, und zwar aus folgendem Grunde: Nehmen wir auf $\mathfrak{L}$ und $\mathfrak{M}$ zwei gleichfalls von Q ausgehende Abschnitte $\mathfrak{L}_1$ und $\mathfrak{M}_1$, so wird die Menge der in die Definition von $\tau(\mathfrak{L}_1, \mathfrak{M}_1)$ eingehenden Punkte X und Y kleiner, und der untere Limes der Winkel $\gamma(x, y)$ könnte größer werden; dann wäre $\tau(\mathfrak{L}_1, \mathfrak{M}_1) > \tau(\mathfrak{L}, \mathfrak{M})$.

Der zitierte Satz 5 aus § 4 von Kap. III besagt, daß dies auf einer konvexen Fläche nicht vorkommen kann; in einer beliebigen Mannigfaltigkeit mit innerer Metrik ist es aber nicht unmöglich, wovon man sich leicht an Beispielen überzeugt. Deshalb wählen wir als unteren Winkel zwischen den Kürzesten $\mathfrak{L}$ und $\mathfrak{M}$ eine Größe, die sich nach folgender Vorschrift ergibt.

Wir betrachten alle von Q ausgehenden Kürzesten $\mathfrak{L}'$ und $\mathfrak{M}'$, die auf gewissen Abschnitten QA und QB mit $\mathfrak{L}$ bzw. $\mathfrak{M}$ zusammenfallen. (Für verschiedene $\mathfrak{L}'$ und $\mathfrak{M}'$ sind diese Abschnitte im allgemeinen natürlich verschieden.) (Ist die Deckungsbedingung für Kürzeste erfüllt, so enthält $\mathfrak{L}$ die Kürzeste $\mathfrak{L}'$ oder umgekehrt. Aber ohne diese Bedingung können sich $\mathfrak{L}'$ und $\mathfrak{L}$ in irgendeinem inneren Punkte verzweigen; Abb. 61.) *Die untere Grenze aller Zahlen* $\tau(\mathfrak{L}', \mathfrak{M}')$ *für alle solche Kürzesten* $\mathfrak{L}'$, $\mathfrak{M}'$ *definieren wir als den unteren Winkel zwischen den Kürzesten* $\mathfrak{L}$, $\mathfrak{M}$. Bei dieser Definition stimmen die unteren Winkel für alle von Q

ausgehenden Kürzesten, die mit $\mathfrak{L}$ und $\mathfrak{M}$ auf irgendwelchen in Q beginnenden Abschnitten zusammenfallen, überein[1]).

Die Bedingung, durch die wir die innere Metrik konvexer Flächen charakterisieren wollen, besteht in folgendem:

Jeder Punkt besitzt eine Umgebung derart, daß in jedem darin enthaltenen Dreieck (dessen Seiten Kürzeste sind) die Summe der unteren Winkel zwischen seinen Seiten mindestens π ist. Die Metrik eines metrischen Raumes wollen wir *eine Metrik positiver Krümmung* nennen, wenn sie eine innere ist und dieser Bedingung genügt.

In einem beliebigen metrischen Raum kann man ja mit dem Wort Dreieck nur eine Figur bezeichnen, die aus drei Kürzesten besteht, die drei gegebene Punkte paarweise verbinden. Wir werden es jedoch nicht mit beliebigen Räumen, sondern mit zweidimensionalen Mannigfaltigkeiten zu tun haben. In solchen beranden drei in einem hinreichend kleinen Bereich gelegene Kürzeste eine gewisse abgeschlossene Menge, und eben diese Menge bezeichnen wir als Dreieck. Ist die Menge konvex, so sprechen wir von einem konvexen Dreieck.

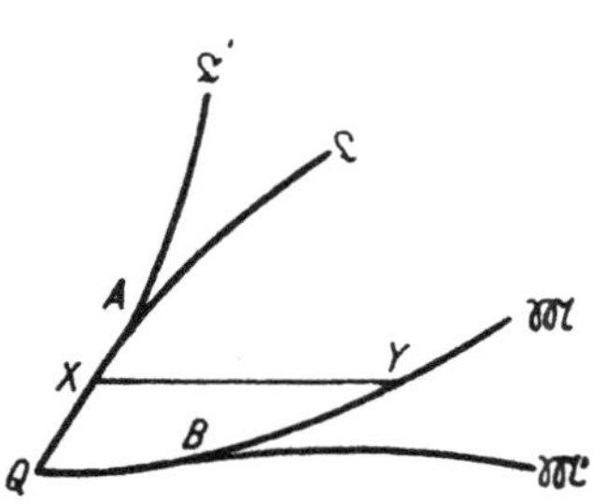

Abb. 61

Im Falle einer zweidimensionalen Mannigfaltigkeit erweist es sich als günstig, die Definition einer Metrik positiver Krümmung etwas abzuschwächen. Es genügt nämlich, zu fordern, daß es zu jedem Punkt eine Umgebung gibt derart, daß in jedem in ihr enthaltenen k o n v e x e n Dreieck die Summe der unteren Winkel mindestens π ist. Im folgenden werden wir diese abgeschwächte Definition benutzen.

Jede konvexe Fläche besitzt eine Metrik positiver Krümmung; denn auf einer konvexen Fläche reduziert sich der untere Winkel auf den Winkel schlechthin, und die Winkelsumme zwischen den Seiten jedes Dreiecks auf einer konvexen Fläche ist mindestens π. Da sich diese Ergebnisse in Kap. III, § 4 aus der Konvexitätsbedingung ergaben, kann man noch folgenden Satz aussprechen: *Jede innere Metrik, die der Konvexitätsbedingung genügt, ist eine Metrik positiver Krümmung.* Wenn wir beweisen, daß es hinreicht, die Positivität der Krümmung zu fordern, so haben wir damit also gleichzeitig gezeigt, daß die Konvexitätsbedingung hinreichend ist.

In Kap. I, § 9 hatten wir schon Gelegenheit, an dem einfachen Beispiel der „verdoppelten Sphäre" zu zeigen, daß es für die Isometrie eines Gebietes auf

---

[1]) Nichtsdestoweniger spielt auch in dieser Definition des unteren Winkels nicht nur die Metrik einer beliebig kleinen Umgebung von Q eine Rolle, sondern die Metrik des ganzen Bereiches, der von den Kürzesten $\mathfrak{L}'$, $\mathfrak{M}'$ durchlaufen wird. In der Fußnote in Kap. I, § 9 sagten wir schon, daß es möglich ist, einen anderen Begriff des unteren Winkels einzuführen, der diesen Nachteil nicht hat, dafür aber andere und noch schwerer wiegende. Wesentlich ist aber, daß wir in den Beweisen gerade den oben eingeführten Begriff des unteren Winkels benutzen. Übrigens darf man sich bei der Definition des unteren Winkels auf Limites in einer gewissen Umgebung von Q beschränken.

einer Sphäre mit einer konvexen Fläche nicht genügt, zu fordern, daß die Krümmung seiner Metrik positiv ist.

Der allgemeinste Satz über die Existenz einer konvexen Fläche mit einer vorgegebenen Metrik positiver Krümmung, den wir beweisen können, wurde in Kap. I, § 9 als Satz *A* formuliert. Wir beschränken uns auf die drei wesentlichsten Spezialfälle, die ebenda als die Sätze B, C, D formuliert wurden:

Satz 1: *Ein metrischer Raum mit einer Metrik positiver Krümmung, der einer Sphäre homöomorph ist, ist einer geschlossenen konvexen Fläche isometrisch.*

Satz 2: *Ein metrischer Raum mit einer vollständigen Metrik positiver Krümmung, der einer Ebene homöomorph ist, ist einer unendlichen vollen konvexen Fläche isometrisch.* (Daß die Vollständigkeit der Metrik notwendig ist, haben wir in Kap. I, § 9 nachgewiesen.)

Satz 3: *In jeder Mannigfaltigkeit mit einer Metrik positiver Krümmung besitzt jeder Punkt eine Umgebung, die einer konvexen Fläche isometrisch ist.*

Das vorliegende Kapitel ist dem Beweis von Satz 1 gewidmet. Mit seiner Hilfe können dann die Sätze 2 und 3 verhältnismäßig einfach bewiesen werden. Dies wird im nächsten Kapitel geschehen.

Der Beweis von Satz 1 beruht auf der Approximation einer allgemeinen, auf einer Sphäre vorgegebenen Metrik positiver Krümmung durch polyedrische Metriken positiver Krümmung. Er zerfällt in drei Etappen: Zuerst werden allgemeine Eigenschaften einer Metrik positiver Krümmung untersucht, auf Grund deren bewiesen werden kann, daß man eine allgemeine Metrik positiver Krümmung durch polyedrische Metriken approximieren kann. Die zweite Etappe enthält gerade den Beweis dieser Möglichkeit. Die dritte Etappe stellt den eigentlichen Beweis des Satzes dar. Sie stützt sich auf die Ergebnisse der zweiten und auf den im vorigen Kapitel bewiesenen Satz von der Existenz eines Polyeders mit vorgegebener Metrik.

Betrachten wir jede dieser Etappen etwas eingehender. Die erste Etappe des Beweises wird in den §§ 2 bis 4 behandelt. Wir betrachten dort beliebige Mannigfaltigkeiten mit einer Metrik positiver Krümmung (d. h. metrische Räume, die zweidimensionale Mannigfaltigkeiten sind und eine Metrik positiver Krümmung besitzen). Alle Betrachtungen werden „im Kleinen" durchgeführt, beziehen sich also auf Bereiche $\mathfrak{u}$ dieser Mannigfaltigkeit, die folgenden Bedingungen genügen:

1. $\mathfrak{u}$ ist kreishomöomorph.
2. Je zwei Punkte von $\mathfrak{u}$ können durch eine Kürzeste verbunden werden.
3. Bei jedem Dreieck, das von Kürzesten gebildet wird, welche Punkte von $\mathfrak{u}$ verbinden, ist die Summe der kleineren Winkel zwischen seinen Seiten mindestens π.

Jeder Punkt einer Mannigfaltigkeit mit einer Metrik positiver Krümmung besitzt eine Umgebung, für die alle drei Bedingungen erfüllt sind; denn auf Grund der Forderung der Positivität der Krümmung hat jeder Punkt Q eine Umgebung $\mathfrak{v}$, in der die dritte Bedingung erfüllt ist. Außerdem haben wir bewiesen (Kap. II, § 2,

Satz 4), daß in jeder Umgebung $\mathfrak{v}$ von Q in einer Mannigfaltigkeit mit innerer Metrik eine Umgebung $\mathfrak{u}$ enthalten ist, in der je zwei Punkte von $\mathfrak{u}$ durch eine Kürzeste verbunden werden können und daß jede solche Kürzeste in $\mathfrak{v}$ enthalten ist. Die Umgebung $\mathfrak{u}$ kann selbstverständlich kreishomöomorph gewählt werden. Dann genügt sie allen drei Bedingungen.

Im folgenden soll der Ausdruck „hinreichend klein" stets „in einer solchen Umgebung enthalten" bedeuten.

Drei in $\mathfrak{u}$ verlaufende und die beliebigen Punkte A, B, C verbindende Kürzeste beranden in $\mathfrak{u}$ eine abgeschlossene Menge, die wir *das Dreieck* ABC nennen. Ein solches Dreieck braucht a priori gar nicht kreishomöomorph zu sein. Die Kürzesten AB, BC, CA könnten ja außer den Eckpunkten A, B, C auch dann weitere Punkte gemeinsam haben, wenn sie einander nicht decken. In Wirklichkeit kann dies in einer Mannigfaltigkeit mit einer Metrik positiver Krümmung nicht vorkommen, und jedes hinreichend kleine Dreieck ist kreishomöomorph, wenn es nicht in eine Kürzeste ausgeartet ist. Solange dies aber noch nicht bewiesen ist, müssen wir unter einem hinreichend kleinen Dreieck einfach eine durch drei Kürzeste AB, BC, CA berandete abgeschlossene Menge verstehen.

Hauptobjekt unserer Untersuchung sind hinreichend kleine konvexe Dreiecke. In § 2 wird „ein grundlegender Hilfssatz über (hinreichend kleine) konvexe Dreiecke" in einer Mannigfaltigkeit mit einer Metrik positiver Krümmung bewiesen werden. Der Beweis dieses Hilfssatzes bildet die einzige wesentliche Schwierigkeit der ersten Etappe unserer Überlegungen. Nachdem er bewiesen ist, ergibt sich das Weitere schon verhältnismäßig leicht. Dieser Hilfssatz hat keine selbständige Bedeutung (deshalb formulieren wir ihn hier auch nicht), aus ihm ergeben sich aber in § 3 unschwer wichtige Folgerungen (in den folgenden Formulierungen wird stillschweigend vorausgesetzt, daß es sich um Mannigfaltigkeiten mit einer Metrik positiver Krümmung handelt):

Satz A: *Zwischen den Seiten eines konvexen Dreiecks existiert der Winkel im gewöhnlichen Sinne.* (Dieser Winkel ist gleich dem kleineren Winkel zwischen diesen Seiten.)

Satz B: *Jeder Winkel eines hinreichend kleinen konvexen Dreiecks ist nicht kleiner als der entsprechende Winkel des ebenen Dreiecks mit denselben Seitenlängen.*

Satz C: *Wenn zwei von einem Punkt ausgehende Kürzeste auf einem gewissen Abschnitt einander decken, so ist eine von ihnen Teil der anderen, d. h. es gilt „die Deckungsbedingung für Kürzeste".*

In § 4 kommt zu den Sätzen A, B, C noch ein weiterer hinzu:

Satz D: *Von einem Punkt Q mögen Kürzeste $\mathfrak{L}_1, \ldots, \mathfrak{L}_n$ ausgehen, die die Umgebung von Q in konvexe Sektoren zerlegen und in der Reihenfolge ihrer Lage um Q numeriert sind. Dann ist die Summe der Winkel $\alpha_{i,i+1}$ zwischen benachbarten Kürzesten $\mathfrak{L}_i$, $\mathfrak{L}_{i+1}$ (und auch zwischen $\mathfrak{L}_n$ und $\mathfrak{L}_1$) für den gegebenen Punkt Q immer die gleiche, unabhängig von der Wahl der $\mathfrak{L}_i$, und übertrifft 2π nicht.*

Da die im Satz D vorkommende Summe der Winkel $\alpha_{i,i+1}$ um Q nur von dem Punkt Q selbst abhängt, kann man sie als den vollen Winkel um diesen Punkt bezeichnen. Die zweite Behauptung des Satzes D kann dann folgendermaßen formuliert werden: *In einer Mannigfaltigkeit mit einer Metrik positiver Krümmung ist der volle Winkel um einen Punkt nicht größer als* 2π.

Satz C gestattet, in Mannigfaltigkeiten mit einer Metrik positiver Krümmung alle in Kap. III aus der Deckungsbedingung für Kürzeste abgeleiteten Ergebnisse anzuwenden. Für uns ist eines davon besonders wichtig:

Satz E: *Ein konvexes Polygon läßt sich in beliebig kleine konvexe Dreiecke aufspalten.*

Die Sätze A bis D erlauben, auf Winkel zwischen den Seiten konvexer Dreiecke alle im Kapitel IV abgeleiteten Eigenschaften von Winkeln zu übertragen. Außerdem können wir in Mannigfaltigkeiten mit einer Metrik positiver Krümmung den Krümmungsbegriff einführen, und zwar in derselben Weise wie in Kap. V, § 1 mit dem einzigen Unterschied, daß an Stelle von beliebigen Dreiecken nur hinreichend kleine konvexe Dreiecke betrachtet werden dürfen. Die Krümmung des Inneren eines konvexen Polygons wird aus seiner Zerlegung in konvexe Dreiecke bestimmt. Nach dem im Kap. V, § 1 bewiesenen Satz wird sie durch die Formel

$$\omega = 2\pi\chi - \sum_{i=1}^{n} (\pi - \alpha_i)$$

gegeben. Hierbei sind χ die EULERsche Charakteristik und α_i die Polygonwinkel (d. h. die Winkel zwischen seinen benachbarten Seiten). Insbesondere ist für eine Sphäre mit einer Metrik positiver Krümmung die Krümmung $\omega = 4\pi$.

Damit schließt die erste Etappe des Beweises von Satz 1. In § 5 werden einige Abschätzungen abgeleitet, die in § 6 angewandt werden, um die Möglichkeit der Approximation einer Metrik positiver Krümmung durch polyedrische Metriken zu beweisen. Sei $\boldsymbol{P}$ ein konvexes Polygon in einer Mannigfaltigkeit mit einer Metrik ϱ positiver Krümmung. Nach Satz E läßt es sich in konvexe Dreiecke $\boldsymbol{T}_i$ aufspalten, deren Seiten nicht größer sind als ein gegebenes d. Jedem Dreieck $\boldsymbol{T}_i$ ordnen wir das ebene Dreieck $\boldsymbol{T}_i^0$ mit denselben Seitenlängen zu. $\boldsymbol{T}_i^0$ bilden wir so homöomorph auf $\boldsymbol{T}_i$ ab, daß diese Abbildung auf den Seiten eine Isometrie ist (d. h. daß sie längentreu ist). Die Dreiecke $\boldsymbol{T}_i^0$ bilden dann ein Netz $\boldsymbol{P}^0$, das so aus den $\boldsymbol{T}_i^0$ zusammengesetzt ist wie das Polygon $\boldsymbol{P}$ aus den Dreiecken $\boldsymbol{T}_i$. Mit Hilfe der Abbildung der Dreiecke $\boldsymbol{T}_i^0$ auf die $\boldsymbol{T}_i$ wird das Netz $\boldsymbol{P}^0$ homöomorph auf $\boldsymbol{P}$ abgebildet. Damit wird im Innern des Polygons $\boldsymbol{P}$ eine gewisse polyedrische Metrik ϱ^0 definiert: sind X und Y Punkte von $\boldsymbol{P}$, so nimmt man als $\varrho^0(XY)$ die Entfernung zwischen den entsprechenden Punkten X^0, Y^0 des Netzes $\boldsymbol{P}^0$. Über diese polyedrische Metrik werden wir den folgenden Satz beweisen:

Satz F: *Die polyedrische Metrik* $\varrho^0(XY)$ *ist eine Metrik positiver Krümmung. Ist die Krümmung* ω *des Polygons* $\boldsymbol{P}$ *kleiner als* π, *so gilt für je zwei beliebige Punkte* X, Y *von* $\boldsymbol{P}$:

$$|\varrho(XY) - \varrho^0(XY)| < cd.$$

Hierbei ist c eine gewisse Konstante und d die größte Seite der Dreiecke $\boldsymbol{T}_i$.

Daß die Metrik ϱ^0 von positiver Krümmung ist, folgt sofort aus den Sätzen B und D. Nach Satz D ist nämlich die Summe der Winkel aller Dreiecke $\boldsymbol{T}_i$ um jeden Eckpunkt nicht größer als 2π, und nach Satz B sind die Winkel der Dreiecke $\boldsymbol{T}_i^0$ nicht größer als die Winkel der $\boldsymbol{T}_i$. Folglich ist die Summe der Winkel der $\boldsymbol{T}_i^0$ um einen Eckpunkt nicht größer als 2π. Dies bedeutet aber, daß die polyedrische Metrik ϱ^0 von positiver Krümmung ist. Der zweite Teil von Satz F wird durch elementare Überlegungen mit Hilfe der in § 5 abzuleitenden Abschätzungen bewiesen.

Damit ist die zweite Etappe des Beweises von Satz 1 erledigt. Es bleibt noch die dritte Etappe, die den eigentlichen Beweis dieses Satzes bildet. Sei $\mathfrak{R}$ ein Raum mit einer Metrik positiver Krümmung, der einer Sphäre homöomorph ist. Nach Satz E können wir eine Folge von Zerlegungen Ξ_n in immer kleinere konvexe Dreiecke bilden. Jedes dieser Dreiecke bilden wir auf ein ebenes Dreieck mit denselben Seitenlängen ab. In dieser Weise ordnen wir jeder Zerlegung Ξ_n ein aus ebenen Dreiecken gebildetes Netz $\mathfrak{r}_n$ zu. Die inverse Abbildung von $\mathfrak{r}_n$ auf $\mathfrak{R}$ bestimmt in diesem Raum eine polyedrische Metrik ϱ_n von positiver Krümmung, wie dies soeben erläutert wurde.

Nach dem im vorigen Kapitel bewiesenen Satz läßt sich jede solche Metrik durch ein geschlossenes konvexes Polyeder $\boldsymbol{P}_n$ realisieren. Dies bedeutet, daß eine entfernungstreue Abbildung des Raumes $\mathfrak{R}$ auf das Polyeder $\boldsymbol{P}_n$ existiert: $\varrho_n(XY) = \varrho_{\boldsymbol{P}_n}(\overline{X}_n\overline{Y}_n)$, wo $\varrho_{\boldsymbol{P}_n}$ die Entfernung auf $\boldsymbol{P}_n$ und wo $\overline{X}_n$, $\overline{Y}_n$ die Bilder der Punkte X und Y von $\mathfrak{R}$ sind.

Wählt man die Lage der Polyeder $\boldsymbol{P}_n$ so, daß sie nicht ins Unendliche verlaufen, so kann man aus ihnen eine Folge $\boldsymbol{P}_{n_i}$ auswählen derart, daß alle Folgen von Punkten $\overline{X}_{n_i}$, die demselben Punkt X von $\mathfrak{R}$ entsprechen, konvergent sind. In dieser Weise wird jedem Punkt X von $\mathfrak{R}$ der Limespunkt $\overline{X}$ der Folge $\overline{X}_{n_i}$ zugeordnet. Wir beweisen, daß diese Punkte eine gewisse konvexe Fläche $\boldsymbol{F}$ bilden, gegen die die Polyeder $\boldsymbol{P}_{n_i}$ konvergieren. Nach dem Satz über die Konvergenz der Metriken konvergierender konvexer Polyeder können wir dann schließen, daß

$$\lim \varrho_{\boldsymbol{P}_{n_i}}(\overline{X}_{n_i}\overline{Y}_{n_i}) = \varrho_{\boldsymbol{F}}(XY)$$

gilt. Und da $\varrho_{\boldsymbol{P}_n}(\overline{X}_n\overline{Y}_n) = \varrho_n(XY)$ ist, so ist

$$\varrho_{\boldsymbol{F}}(\overline{X}\overline{Y}) = \lim_{i\to\infty} \varrho_{n_i}(XY). \tag{1}$$

Andererseits läßt sich mit Hilfe des zweiten Teiles des Satzes F zeigen, daß die polyedrischen Metriken ϱ_{n_i} gegen die gegebene Metrik ϱ konvergieren, d. h.

$$\lim_{i\to\infty} \varrho_{n_i}(XY) = \varrho(XY) \tag{2}$$

gilt.

Der Vergleich von (1) und (2) zeigt, daß

$$\varrho_F(\overline{X}\overline{Y}) = \varrho(XY)$$

gilt. Die Entfernung zwischen Punkten auf der Fläche $\boldsymbol{F}$ ist also gleich der Entfernung zwischen entsprechenden Punkten des Raumes $\mathfrak{R}$. Dies bedeutet aber, daß $\boldsymbol{F}$ zu $\mathfrak{R}$ isometrisch ist, und damit ist Satz 1 bewiesen.

Der skizzierte Weg ist verhältnismäßig lang. Dies ist nicht weiter verwunderlich, wenn man in Betracht zieht, daß er von einem abstrakten metrischen Raum, der nur wenigen allgemeinen Bedingungen unterworfen ist, zu einem ziemlich konkreten Gebilde — einer konvexen Fläche — führt. Die Hauptschwierigkeit liegt in der ersten Etappe des Beweises. Sie ließe sich erleichtern, wenn man den betrachteten metrischen Raum von vornherein stärkeren Bedingungen, z. B. der Konvexitätsbedingung, unterwerfen würde. Die Sätze A, B, C sind, wie in Kap. III, § 4 gezeigt wurde, unmittelbare Folgerungen aus dieser Bedingung. Es bliebe also nur der Beweis von Satz D. Wenn man außerdem noch postuliert, daß der volle Winkel um jeden Punkt höchstens 2π ist, so könnte man die gesamte erste Etappe und damit auch die Hauptschwierigkeit ausschalten. Wir wären durchaus berechtigt, so zu verfahren; denn wir wissen, daß der volle Winkel um einen Punkt auf einer konvexen Fläche tatsächlich 2π nicht übertrifft. Der Leser, der nicht besonders daran interessiert ist, die Zahl der Postulate auf ein Minimum zu reduzieren, kann daher die Sätze A bis D oder die Konvexitätsbedingung und den Satz D als Axiome nehmen, die §§ 2 bis 4 überspringen und den Beweis von Satz 1 gleich in § 5 beginnen.

§ 2. Ein grundlegender Hilfssatz über konvexe Dreiecke

In diesem Paragraphen betrachten wir ein hinreichend kleines konvexes Dreieck in einer Mannigfaltigkeit mit einer Metrik positiver Krümmung. Ein solches Dreieck ABC wurde als eine von drei Kürzesten AB, BC, CA berandete abgeschlossene Menge definiert. A priori könnte es eine ziemlich bizarre Form haben. Es ist aber der Anschaulichkeit halber bequem, zu „pathologische" Dreiecke auszuschließen. Dies läßt sich folgendermaßen bewerkstelligen.

Haben z. B. die Kürzesten AB und AC außer A noch weitere gemeinsame Punkte, so gibt es unter diesen einen von A am weitesten entfernten Punkt A'. Die Abschnitte AA' beider Kürzesten sind gleich; denn sonst könnte man den einen von ihnen durch den kürzeren ersetzen und so eine der Kürzesten verkürzen. Ersetzt man daher einen dieser Abschnitte durch den anderen, so fallen die Kürzesten AB und AC auf dem Abschnitt AA' zusammen und haben später keine gemeinsamen Punkte mehr. Dasselbe Verfahren läßt sich auch auf die anderen Paare von Dreieckseiten anwenden. Es ergibt sich dann ein Dreieck ABC, bei dem die Seiten bis zu gewissen Punkten A', B', C' zusammenfallen. Es kann selbstverständlich vorkommen, daß dieses Dreieck in eine Kürzeste ausartet. Diesen Fall kann man aber als trivial von der Betrachtung ausschließen.

Fallen die Seiten AB und AC auf dem Abschnitt AA' zusammen, so ist der kleinere Winkel zwischen ihnen gleich Null. Da die Summe der Dreieckswinkel mindestens π ist, können nicht alle Paare von Seiten einander decken. Daraus ersieht man, daß wenigstens einer der Punkte A', B', C' mit A, B, C zusammenfallen muß und jedenfalls die Punkte A', B', C' nicht alle zusammenfallen können.

Das Dreieck ABC besteht also aus einem kreishomöomorphen Dreieck $A'B'C'$ (dieses ist nämlich durch drei Kürzeste $A'B'$, $B'C'$, $C'A'$ berandet, die außer A', B', C' keine Punkte gemeinsam haben), bei dem von einem oder zwei Eckpunkten Abschnitte ausgehen können, die seine Seiten fortsetzen, z. B. der Abschnitt AA'. Im folgenden können wir uns ein Dreieck immer so vorstellen. Später werden wir uns davon überzeugen, daß in einer Mannigfaltigkeit mit einer Metrik positiver Krümmung die Deckungsbedingung für Kürzeste erfüllt ist. In Wirklichkeit kann also ein Dreieck solche Besonderheiten nicht haben.

Fundamentalhilfssatz: *Sei ABC ein hinreichend kleines konvexes Dreieck in einer Mannigfaltigkeit mit einer Metrik positiver Krümmung, und sei $A_0B_0C_0$ das ebene Dreieck mit denselben Seitenlängen, so daß $A_0B_0 = AB$ usw. gilt. Für jedes Seitenpaar von ABC, z. B. für AB und AC, bestehen nur zwei Möglichkeiten: entweder ist der untere Winkel zwischen ihnen nicht kleiner als der entsprechende Winkel des Dreiecks $A_0B_0C_0$, oder diese Seiten sind Verlängerungen voneinander, so daß gewisse ihrer Abschnitte AB_1 und AC_1 zusammen eine Kürzeste B_1C_1 bilden.* (In Wirklichkeit trifft die erste immer zu, wir beweisen es nur nicht.)

Im Beweis dieses Hilfssatzes betrachten wir veränderliche Punkte X und Y auf den Seiten AB und AC des Dreiecks ABC und eine in ABC verlaufende Kürzeste XY zwischen X und Y. Da ABC konvex ist, existieren solche Kürzesten. Aus Bequemlichkeitsgründen wollen wir die Richtung von A nach B und C als von links nach rechts und die umgekehrte als von rechts nach links bezeichnen. Liegt z. B. ein Punkt X_1 weiter von A entfernt als X_2, so sagen wir, X_1 liege rechts von X_2. Bei gegebener Lage der Punkte X und Y können mehrere und sogar unendlich viele in ABC verlaufende Kürzeste XY existieren. Über diese Kürzesten wollen wir zuerst einige vorbereitende Hilfssätze beweisen.

Hilfssatz 1: *Unter den Kürzesten XY, die zwei auf den Seiten eines konvexen Dreiecks ABC gegebene Punkte X und Y verbinden und innerhalb dieses Dreiecks verlaufen, gibt es eine „am weitesten links liegende", d. h. eine Kürzeste mit der Eigenschaft, daß in dem durch sie von ABC abgeschnittenen Dreieck AXY keine weitere Kürzeste verläuft, die diese Punkte verbindet.*

Beweis: Wir betrachten nur solche Kürzesten XY, die im Dreieck ABC verlaufen. Gibt es nur eine solche Kürzeste, so ist diese selbst „die am weitesten links liegende". Nehmen wir an, es gäbe zwei solcher Kürzesten: XY und $\overline{XY}$. Sie schneiden von ABC zwei Dreiecke AXY und $A\overline{XY}$ ab. Der Durchschnitt dieser Dreiecke ist wieder ein Dreieck, das durch eine gewisse Kürzeste $\overline{\overline{\overline{XY}}}$ begrenzt wird. $\overline{\overline{\overline{XY}}}$ kann mit einer der Kürzesten XY oder $\overline{XY}$ zusammenfallen oder aus Abschnitten von ihnen bestehen. In der Tat: schneiden sich XY und $\overline{XY}$

in den Punkten Q und P, so sind ihre Abschnitte PQ und $\overline{PQ}$ einander gleich. Eine aus solchen Abschnitten gebildete Kurve ist also auch eine Kürzeste. Schneiden sich XY und $\overline{XY}$ in unendlich vielen Punkten, so muß der strenge Schluß folgendermaßen lauten: Jede der Kürzesten XY und $\overline{XY}$ kann längentreu auf eine geradlinige Strecke $\mathfrak{L}$ abgebildet werden. Der Durchschnitt beider Kürzesten ist eine abgeschlossene Punktmenge; ihm entspricht auf der Strecke eine gewisse abgeschlossene Punktmenge $\mathfrak{M}$. Die Komplementärmenge von $\mathfrak{M}$ ist offen und besteht daher aus abzählbar vielen paarweise punktfremden Intervallen. Jedem solchen Intervall (pq) entsprechen Abschnitte PQ und $\overline{PQ}$ auf den Kürzesten XY und $\overline{XY}$. Von diesen Abschnitten nehmen wir den „linken", d. h. z. B. den Abschnitt PQ, wenn er im Dreieck $A\overline{XY}$ liegt. Fügen wir zum Durchschnitt der Kürzesten XY, $\overline{XY}$ alle solchen Abschnitte hinzu, so erhalten wir eine gewisse Kurve $\overline{\overline{XY}}$. Aus ihrer Konstruktion ersieht man einerseits, daß sie sich auf die Strecke $\mathfrak{L}$ längentreu abbilden läßt und daher eine Kürzeste ist; andererseits, daß sie den Durchschnitt der Dreiecke AXY und $A\overline{XY}$ begrenzt, d. h. „links" von XY und $\overline{XY}$ liegt.

Hieraus ist ersichtlich, daß man aus endlich vielen Kürzesten, die die Punkte X und Y verbinden, immer eine „am weitesten links liegende" auswählen bzw. konstruieren kann.

Wir nehmen jetzt an, es gebe unendlich viele Kürzesten zwischen X und Y. Wir sagen, die Kürzeste XY liege links von $\overline{XY}$, wenn sie in dem von $\overline{XY}$ abgeschnittenen Dreieck $A\overline{XY}$ enthalten ist und nicht mit $\overline{XY}$ zusammenfällt. Wir haben soeben bewiesen, daß sich aus zwei Kürzesten immer eine wählen oder konstruieren läßt, die weiter links liegt. Ist daher eine gegebene Kürzeste XY nicht die am weitesten links liegende, so gibt es Kürzeste $\overline{XY}$ links von ihr. Jede die Punkte X und Y verbindende Kürzeste $\overline{XY}$ bestimmt im Dreieck ABC den zu $A\overline{XY}$ komplementären Teil. Das Innere dieses Teiles von ABC wollen wir mit $\boldsymbol{G}(\overline{XY})$ bezeichnen. Für gegebene X und Y betrachten wir die Vereinigungsmenge aller solcher Mengen $\boldsymbol{G}(\overline{XY})$. Das ist eine gewisse offene Menge $\boldsymbol{G}$. In $\boldsymbol{G}$ wählen wir eine überall dichte abzählbare Menge von Punkten Z_i und um jeden dieser Punkte die Menge aller Kreisumgebungen mit rationalen Radien. So ergibt sich eine abzählbare Menge von Umgebungen. Aus dieser Menge von Umgebungen nehmen wir nur diejenigen, die in mindestens einer der Mengen $\boldsymbol{G}(\overline{XY})$ enthalten sind. Diese Umgebungen numerieren wir: $\boldsymbol{U}_1, \boldsymbol{U}_2, \ldots$ Jede der Mengen $\boldsymbol{G}(\overline{XY})$ ist Vereinigungsmenge der in ihr enthaltenen Umgebungen $\boldsymbol{U}_i$. Da aber $\boldsymbol{G}$ Vereinigungsmenge aller $\boldsymbol{G}(\overline{XY})$ ist, so ist

$$\boldsymbol{G} = \bigcup \boldsymbol{G}(\overline{XY}) = \bigcup_{i=1}^{\infty} \boldsymbol{U}_i .$$

Auf Grund der Wahl der Umgebungen $\boldsymbol{U}_i$ ist jede von ihnen in irgendeinem der $\boldsymbol{G}(\overline{XY})$ enthalten. Unter den Mengen $\boldsymbol{G}(\overline{XY})$ gibt es also eine solche, die $\boldsymbol{U}_1$ enthält. Die entsprechende Kürzeste $\overline{XY}$ bezeichnen wir mit $\mathfrak{L}_1$. Gibt es Kürzeste $\overline{XY}$, die links von $\mathfrak{L}_1$ liegen, so läßt sich unter ihnen eine $\mathfrak{L}_2$ bestimmen, derart daß $\boldsymbol{G}(\mathfrak{L}_2) \supset \boldsymbol{U}_2$ gilt. Führen wir die Auswahl der Kürzesten $\mathfrak{L}_n$ in derselben Weise fort, so erhalten wir eine Folge von Kürzesten derart, daß

$$\boldsymbol{G}(\mathfrak{L}_n) \supset \boldsymbol{G}(\mathfrak{L}_{n-1}) \cup \boldsymbol{U}_n$$

und folglich

$$\bigcup_{n=1}^{\infty} \boldsymbol{G}(\mathfrak{L}_n) = \boldsymbol{G}$$

gilt. Aus den Kürzesten $\mathfrak{L}_n$ kann man eine konvergierende Folge $\mathfrak{L}_{n_i}$ auswählen. Die Grenzkürzeste $\mathfrak{L}$ ist dann die am weitesten links liegende unter den Kürzesten XY. Andernfalls gäbe es eine Umgebung $\boldsymbol{U}_m$, die nicht in $\boldsymbol{G}(\mathfrak{L})$ enthalten wäre. Für jedes $n_i > m$ würden die Kürzesten $\mathfrak{L}_{n_i}$ und $\mathfrak{L}$ ein Gebiet $\boldsymbol{G}(\mathfrak{L}_{n_i}) - \boldsymbol{G}(\mathfrak{L})$ umfassen, das $\boldsymbol{U}_m$ enthielte. Dies ist aber offenbar unmöglich, wenn $\mathfrak{L}_{n_i}$ gegen $\mathfrak{L}$ konvergiert. Der Hilfssatz ist damit bewiesen.

Hilfssatz 2: *Konvergieren die Punkte X_n, Y_n von links gegen X bzw. Y, so streben die am weitesten links liegenden Kürzesten $X_n Y_n$ gegen die am weitesten links liegende Kürzeste XY.*

Beweis: Nehmen wir an, die am weitesten links liegenden Kürzesten $X_n Y_n$ konvergierten nicht gegen die am weitesten links liegende Kürzeste XY. Dann könnte man aus ihnen eine Unterfolge $X_{n_i} Y_{n_i}$ auswählen, die gegen eine andere Kürzeste $\overline{XY}$ konvergierte. Für genügend große n_i würden die $X_{n_i} Y_{n_i}$ die am weitesten links liegende Kürzeste XY schneiden. Möge z. B. $X_{n_k} Y_{n_k}$ die Kürzeste XY in den Punkten P und Q schneiden, derart daß auf dem Abschnitt PQ die Kürzeste XY links von $X_{n_k} Y_{n_k}$ verläuft (d. h. im Innern des Dreiecks $A X_{n_k} Y_{n_k}$). Würde man dann den Abschnitt PQ von $X_{n_k} Y_{n_k}$ durch einen Abschnitt von XY ersetzen, so würde man eine dieselben Punkte X_{n_k} und Y_{n_k} verbindende Kürzeste erhalten, die aber links von $X_{n_k} Y_{n_k}$ läge. Dies widerspräche aber der Annahme, daß letztere die am weitesten links liegende Kürzeste zwischen diesen Punkten ist. Damit ist der Hilfssatz bewiesen.

Hilfssatz 3: *Wir bezeichnen die Entfernungen AX, AY, XY durch $x, y, z = z(x,y)$. Die unteren Winkel zwischen der am weitesten links liegenden Kürzesten XY und den Abschnitten AX und AY der Seiten AB und AC bezeichnen wir mit ξ und η. Außerdem mögen $\frac{\partial z}{\partial x}$ und $\frac{\partial z}{\partial y}$ linke obere Ableitungen bedeuten*[1]*). Zwischen diesen*

[1]) So z. B. $\frac{\partial z}{\partial x} = \overline{\lim_{h \to -0}} \frac{z(x+h,\, y) - z(x,\, y)}{h}$.

Ableitungen und den Winkeln ξ und η bestehen dann die Ungleichungen

$$\cos\xi \geqq \frac{\partial z}{\partial x} \geqq -1, \qquad \cos\eta \geqq \frac{\partial z}{\partial y} \geqq -1.$$

Beweis: Es genügt eine dieser Ableitungen, z. B. $\frac{\partial z}{\partial x}$, zu betrachten. Man kann daher einen beliebigen Punkt Y_0 wählen und ihn dann unverändert lassen.

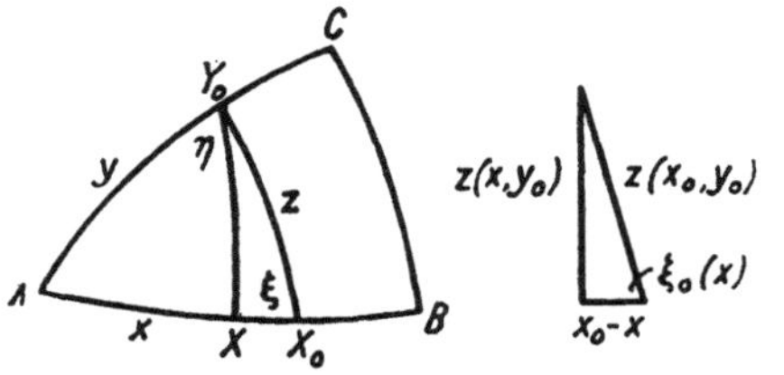

Abb. 62

Nach der Dreiecksungleichung gilt

$$|X_0Y_0 - XY_0| \leqq X_0X,$$

d. h.

$$|z(x_0, y_0) - z(x, y_0)| \leqq |x_0 - x|,$$

woraus offenbar

$$\left|\frac{\partial z}{\partial x}\right| \leqq 1$$

folgt.

Es bleibt zu zeigen, daß $\frac{\partial z}{\partial x} \leqq \cos\xi$ gilt. Dazu wählen wir einen Punkt X links vom gegebenen X_0 (Abb. 62) und konstruieren das ebene Dreieck mit den Seitenlängen

$$|x_0 - x|, \quad z(x_0, y_0), \quad z(x, y_0).$$

Den Winkel in diesem Dreieck gegenüber der dritten Seite bezeichnen wir mit $\xi_0(x)$. Nach Hilfssatz 2 konvergieren für $x \to x_0 - 0$ die Kürzesten XY_0 gegen X_0Y_0. Auf Grund der Definition des unteren Winkels zwischen den Kürzesten X_0Y_0 und AX_0 folgt

$$\varliminf_{x \to x_0 - 0} \xi_0(x) \geqq \xi. \tag{1}$$

Außerdem gilt in dem konstruierten ebenen Dreieck

$$z(x, y_0)^2 = z(x_0, y_0)^2 + (x_0 - x)^2 - 2z(x_0y_0)(x_0 - x)\cos\xi_0(x),$$

woraus

$$\frac{z(x_0, y_0) - z(x, y_0)}{x_0 - x} = \frac{2 \cdot z(x_0, y_0)}{z(x_0, y_0) + z(x, y_0)} \cdot \cos\xi_0(x) - \frac{x - x_0}{z(x_0, y_0) + z(x, y_0)}$$

folgt. Für $x \to x_0 - 0$ gilt aber auch $z(x, y_0) \to z(x_0, y_0)$, und daher ist

$$\frac{\partial z(x_0, y_0)}{\partial x} = \varlimsup_{x \to x_0 - 0} \frac{z(x_0, y_0) - z(x, y_0)}{x_0 - x} = \varlimsup_{x \to x_0 - 0} \cos\xi_0(x).$$

Nach Ungleichung (1) ist aber

$$\varlimsup_{x \to x_0 - 0} \cos\xi_0(x) \leqq \cos\xi,$$

folglich ist

$$\frac{\partial z}{\partial x} \leqq \cos\xi,$$

was zu beweisen war.

Hilfssatz 4: *Wir behalten die Bezeichnungen von Hilfssatz 3 bei. Wir betrachten das ebene Dreieck $A_0X_0Y_0$ mit den Seiten x, y, z und bezeichnen seinen Winkel bei A_0 wie immer mit $\gamma(x,y)$. Die Winkel bei den Ecken X_0 und Y_0 bezeichnen wir mit ξ_0 bzw. η_0 (Abb. 63). Wir nehmen an, für gegebene x und y sei $\xi > \xi_0$ und setzen $\xi - \xi_0 = \varepsilon$. Dann ist entweder $\xi_0 = 0$, so daß das Dreieck $A_0X_0Y_0$ ausartet oder es gibt ein $x' < x$, derart, daß*

$$\gamma(x',y) - \gamma(x,y) > \sin^2\frac{\varepsilon}{2}\cdot\ln\frac{x}{x'}$$

ist.

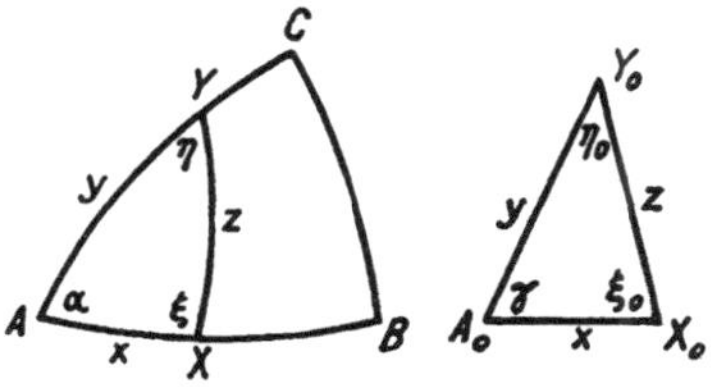

Abb. 63

Beweis: Nehmen wir an, es sei $\xi_0 \neq 0$. Die Funktionen $z(x,y)$ und $\gamma(x,y)$ brauchen a priori nicht differenzierbar zu sein. Unter den Symbolen $\frac{\partial z}{\partial x}$ und $\frac{\partial \gamma}{\partial x}$ wollen wir daher ihre linken oberen Ableitungen nach x bei konstantem y verstehen. Nach Hilfssatz 3 gilt dann

$$\frac{\partial z}{\partial x} \leqq \cos\xi. \tag{2}$$

Andererseits ist im Dreieck $A_0B_0C_0$

$$z^2 = x^2 + y^2 - 2xy\cos\gamma$$

und daher[1])

$$z\cdot\frac{\partial z}{\partial x} = x - y\cos\gamma + xy\sin\gamma\frac{\partial\gamma}{\partial x}.$$

Da nun $x = y\cos\gamma + z\cos\xi_0$ und $xy\sin\gamma = xz\sin\xi_0$ ist, so ist

$$\frac{\partial z}{\partial x} = \cos\xi_0 + x\sin\xi_0\frac{\partial\gamma}{\partial x}. \tag{3}$$

Wegen $\xi_0 \neq 0$ folgt aus dieser Gleichung u. a., daß $\frac{\partial\gamma}{\partial x}$ einen endlichen Wert hat; denn nach Hilfssatz 3 ist $\left|\frac{\partial z}{\partial x}\right| \leqq 1$. Zusammen mit der Ungleichung (2) ergibt die Gleichung (3)

$$\cos\xi \geqq \cos\xi_0 + x\sin\xi_0\cdot\frac{\partial\gamma}{\partial x}.$$

[1]) Hier ist selbstverständlich wichtig, daß $\gamma(x,y)$ eine stetige Funktion von x und y ist und $xy\sin\gamma \geqq 0$ gilt.

Daher ist

$$\frac{\partial\gamma}{\partial x} \leqq \frac{\cos\xi - \cos\xi_0}{x\sin\xi_0} \leqq \frac{\cos\xi - \cos\xi_0}{x}\,; \tag{4}$$

denn es ist $\xi > \xi_0$ und folglich $\cos\xi - \cos\xi_0 < 0$.

Da wir $\xi - \xi_0 = \varepsilon > 0$ gesetzt haben, so ist[1])

$$\cos\xi_0 - \cos\xi = 2\sin\frac{\xi_0+\xi}{2}\cdot\sin\frac{\xi-\xi_0}{2} \geqq 2\sin^2\frac{\xi-\xi_0}{2} = 2\sin^2\frac{\varepsilon}{2}\,.$$

Da außerdem $\frac{1}{x} = \frac{d\ln x}{dx}$ ist, folgt aus Ungleichung (4)

$$\frac{\partial\gamma}{\partial x} \leqq -\,2\sin^2\frac{\varepsilon}{2}\frac{d\ln x}{dx}\,. \tag{5}$$

Hier ist $\frac{\partial\gamma}{\partial x}$ die linke obere Ableitung, d. h.

$$\frac{\partial\gamma}{\partial x} = \overline{\lim_{x'\to x-0}}\,\frac{\gamma(x,y)-\gamma(x',y)}{x-x'}\,.$$

Daher ist für $x' < x$:

$$\gamma(x,y)-\gamma(x',y) < \frac{\partial\gamma}{\partial x}\cdot(x-x') + \delta_1\cdot(x-x'), \tag{6}$$

wo δ_1 mit $x - x'$ unendlich klein wird. Außerdem ist

$$\ln\frac{x}{x'} = \ln x - \ln x' = \frac{d\ln x}{dx}\cdot(x-x') + \delta_2(x-x'), \tag{7}$$

wo δ_2 mit $x - x'$ unendlich klein wird.

Mit Hilfe der Formeln (6) und (7) erhalten wir aus Ungleichung (5) die entsprechende Ungleichung für den endlichen Zuwachs:

$$\gamma(x,y)-\gamma(x',y) < -\ln\frac{x}{x'}\cdot 2\sin^2\frac{\varepsilon}{2} + \delta\cdot(x-x'), \tag{8}$$

wo δ mit $x - x'$ unendlich klein wird. Man kann selbstverständlich $x - x'$ so klein wählen, daß

$$\delta\cdot(x-x') < \sin^2\frac{\varepsilon}{2}\cdot\ln\frac{x}{x'}$$

---

[1]) Da $\xi \leqq \pi$, ist $\cos\frac{\xi}{2} \geqq 0$ und daher

$$\sin\frac{\xi+\xi_0}{2} = \sin\frac{\xi}{2}\cos\frac{\xi_0}{2} + \sin\frac{\xi_0}{2}\cos\frac{\xi}{2} \geqq \sin\frac{\xi}{2}\cos\frac{\xi_0}{2} - \sin\frac{\xi_0}{2}\cos\frac{\xi}{2} = \sin\frac{\xi-\xi_0}{2}.$$

ist. Dann folgt offenbar aus Ungleichung (8)

$$\gamma(x', y) - \gamma(x, y) > \sin^2 \frac{\varepsilon}{2} \cdot \ln \frac{x}{x'},$$

und der Hilfssatz ist bewiesen.

Wir wenden uns jetzt unmittelbar dem Beweis des Fundamentalhilfssatzes über konvexe Dreiecke zu. Hier noch einmal seine Formulierung:

Sei ABC ein hinreichend kleines konvexes Dreieck in einer Mannigfaltigkeit mit einer Metrik positiver Krümmung, und sei $A_0B_0C_0$ das ebene Dreieck mit denselben Seitenlängen, so daß also $A_0B_0 = AB$, $A_0C_0 = AC$, $B_0C_0 = BC$ ist. Für jedes Paar Seiten von ABC, z. B. für AB und AC, bestehen nur zwei Möglichkeiten: entweder ist der untere Winkel zwischen ihnen nicht kleiner als der entsprechende Winkel des Dreiecks $A_0B_0C_0$, oder diese Seiten sind Verlängerungen voneinander, d. h., gewisse ihrer Abschnitte AB_1 und AC_1 bilden zusammen eine einzige Kürzeste B_1C_1.

Beweis: Nehmen wir an, der untere Winkel α zwischen den Seiten AB und AC im Dreieck ABC sei kleiner als der entsprechende Winkel α_0 im Dreieck $A_0B_0C_0$, so daß

$$2\varepsilon = \alpha_0 - \alpha > 0$$

ist. Dann muß gezeigt werden, daß die Seiten AB und AC Verlängerungen voneinander sind.

Die Seite BC braucht nicht die einzige Kürzeste zu sein, die in ABC verläuft und B und C verbindet. In diesem Falle gibt es nach Hilfssatz 1 eine am weitesten links gelegene Kürzeste. Diese nehmen wir an Stelle der Seite BC und erhalten so ein neues Dreieck ABC, das gleichfalls konvex ist (dies ist an sich schon offensichtlich und folgt außerdem aus Satz 4 des § 5 von Kap. II). Im folgenden betrachten wir nur dieses Dreieck. Wie schon früher nehmen wir auf seinen Seiten AB und AC veränderliche Punkte X und Y und verstehen unter XY die am weitesten links liegende Kürzeste. Wir übernehmen die Bezeichnungen, die wir in den Hilfssätzen 3 und 4 eingeführt hatten (s. Abb. 63). Wir sagen, das Punktepaar X_1, Y_1 liege links von dem Paar X_2, Y_2, wenn $x_1 \leqq x_2$, $y_1 \leqq y_2$ ist und in mindestens einer dieser Ungleichungen das Zeichen $<$ gilt.

Bezeichnen wir die Längen von AB und AC mit b und c, so bedeuten in unseren Bezeichnungen $\gamma(b,c)$, $\xi_0(b,c)$, $\eta_0(b,c)$ die Winkel des Dreiecks $A_0B_0C_0$ und $\xi(b,c)$, $\eta(b,c)$ die unteren Winkel zwischen den Seiten AB, AC und der Seite BC.

Nach Voraussetzung ist

$$2\varepsilon = \gamma(b,c) - \alpha > 0. \tag{9}$$

Da die Krümmung positiv sein soll, ist

$$\alpha + \xi(b,c) + \eta(b,c) \geqq \pi,$$

d. h.

$$\alpha + \xi(b,c) + \eta(b,c) \geqq \gamma(b,c) + \xi_0(b,c) + \eta_0(b,c).$$

Hieraus folgt auf Grund der Ungleichung (9), daß mindestens einer der Winkel ξ, η den entsprechenden Winkel ξ_0, η_0 um mindestens ε übertrifft.

Sei z. B.

$$\xi(b,c) \geqq \xi_0(b,c) + \varepsilon;$$

dann besteht nach Hilfssatz 4 eine der beiden Möglichkeiten: entweder ist $\xi_0(b,c) = 0$, oder es gibt ein $x < b$ derart, daß

$$\gamma(x,c) - \gamma(b,c) > \sin^2\frac{\varepsilon}{2}\cdot\ln\frac{b}{x} = \sin^2\frac{\varepsilon}{2}\ln\frac{bc}{xc}$$

ist. Nach Ungleichung (9) ist $\gamma(b,c) > 0$. Ist $\xi_0(b,c) = 0$, so artet daher das Dreieck $A_0B_0C_0$ in eine Strecke aus, und es ist $A_0B_0 + A_0C_0 = B_0C_0$, d. h. $AB + AC = BC$, so daß die Seiten AB und AC eine einzige Kürzeste bilden. Daher kann man sagen, daß $\xi_0(b,c) \neq 0$ und auch $\eta_0(b,c) \neq 0$ ist. Wenn

$$\eta(b,c) \geqq \eta_0(b,c) + \varepsilon \quad \text{und} \quad \eta_0(b,c) \neq 0$$

gilt, so gibt es ein $y < c$ derart, daß

$$\gamma(b,y) - \gamma(b,c) > \sin^2\frac{\varepsilon}{2}\cdot\ln\frac{c}{y} = \sin^2\frac{\varepsilon}{2}\cdot\ln\frac{bc}{by}$$

ist. In beiden Fällen gibt es also links des Paares (b,c) ein Paar (x_1y_1) mit $y_1 = c$ oder $x_1 = b$, derart, daß

$$\gamma(x_1,y_1) - \gamma(b,c) > \sin^2\frac{\varepsilon}{2}\cdot\ln\frac{bc}{x_1y_1}. \tag{10}$$

Da $\gamma(x_1y_1) > \gamma(b,c)$ ist, folgt aus Formel (9)

$$\gamma(x_1,y_1) - \alpha > 2\varepsilon.$$

Wendet man dieselbe Überlegung auf das Dreieck AX_1Y_1 an, in dem entweder $X_1 = B$ oder $Y_1 = C$ ist, so ergeben sich zwei Möglichkeiten: entweder bilden AX_1 und AY_1 eine einzige Kürzeste, oder es gibt ein neues Paar (x_2,y_2) links von (x_1,y_1), derart, daß

$$\gamma(x_2,y_2) - \gamma(x_1,y_1) > \sin^2\frac{\varepsilon}{2}\cdot\ln\frac{x_1y_1}{x_2y_2}$$

ist. Addiert man diese Ungleichung zur Ungleichung (10), so erhält man

$$\gamma(x_2,y_2) - \gamma(b,c) > \sin^2\frac{\varepsilon}{2}\ln\frac{bc}{x_2y_2}. \tag{11}$$

Da $\gamma(x_2,y_2) > \gamma(b,c)$ ist, folgt aus (9)

$$\gamma(x_2,y_2) - \alpha > 2\varepsilon. \tag{12}$$

Dieses Verfahren kann man unbegrenzt fortsetzen und so immer weiter „links liegende" Paare (x,y) erhalten, für die 1. die Abschnitte AX und AY nicht eine einzige Kürzeste bilden und 2. Ungleichungen der Form (11) und (12) gelten.

Sei $(\bar{x}, \bar{y})$ die untere Grenze dieser Paare, d. h. ein Paar, zu dem es Paare (x,y) der beschriebenen Eigenschaft mit x und y in beliebiger Nähe von $\bar{x}$ und $\bar{y}$ gibt, aber kein solches Paar (x,y), das links von $(\bar{x}, \bar{y})$ liegt.

Keine der Zahlen $\bar{x}, \bar{y}$ kann Null sein. Wäre nämlich z. B. $\bar{x} = 0$, so gäbe es eine gegen $(\bar{x}, \bar{y})$ konvergierende Folge von Paaren (x_n, y_n), für welche die Ungleichung (11) gelten würde und außerdem $x_n \to 0$ wäre. Dies ist aber offenbar unmöglich; denn für $x_n \to 0$ geht $\ln \frac{bc}{x_n y_n}$ gegen ∞, und es ergäbe sich $\gamma(x_n, y_n) \to \infty$, während doch $\gamma(x_n, y_n) \leqq \pi$ ist (denn die $\gamma(x_n, y_n)$ sind Winkel in einem ebenen Dreieck). Folglich ist keine der Zahlen $\bar{x}, \bar{y}$ Null.

In dem links offenen Rechteck $0 < x \leqq b$, $0 < y \leqq c$ sind die Funktionen $\gamma(x,y)$ und $\ln \frac{bc}{xy}$ stetig. Die Ungleichungen (11) und (12) sind daher auch für $x = \bar{x}$, $y = \bar{y}$ richtig, da nämlich $(\bar{x}, \bar{y})$ die untere Grenze der Paare (x,y) ist, für welche die betreffenden Ungleichungen erfüllt sind.

Auf die Paare $(\bar{x}, \bar{y})$ lassen sich also die obigen Überlegungen anwenden; d. h. wieder sind nur zwei Möglichkeiten vorhanden: 1. entweder bilden die Abschnitte $A\bar{X}$ und $A\bar{Y}$ eine einzige Kürzeste oder 2. es gibt ein links von $(\bar{x}, \bar{y})$ liegendes Paar (x,y), für das die Ungleichungen (11) und (12) erfüllt sind. Nach Definition ist aber $(\bar{x}, \bar{y})$ die untere Grenze der Paare, für die diese Ungleichungen erfüllt sind. Die zweite Möglichkeit ist al ausgeschlossen, und es bleibt nur die erste, was zu beweisen war.

§ . *Folgerungen aus dem Fundamentalhilfssatz über konvexe Dreiecke*

Aus dem im vorigen Paragraphen bewiesenen Fundamentalhilfssatz über konvexe Dreiecke lassen sich leicht einige wichtige Folgerungen ziehen.

Satz 1: *Zwischen den Seiten jedes hinreichend kleinen konvexen Dreiecks in einer Mannigfaltigkeit mit einer Metrik positiver Krümmung existiert der Winkel im gewöhnlichen Sinne. Sind zwei Seiten nicht Verlängerungen voneinander, so sind der gewöhnliche Winkel und der untere Winkel zwischen ihnen einander gleich.* (Tatsächlich sind diese Winkel auch dann einander gleich, wenn die Seiten Verlängerungen voneinander sind. Nur lassen wir diese Aussage unbewiesen.)

Beweis: Sei ABC ein kleines konvexes Dreieck in einer Mannigfaltigkeit mit einer Metrik positiver Krümmung. Sind seine Seiten AB und AC Verlängerungen voneinander, so existiert offenbar zwischen ihnen ein Winkel im gewöhnlichen Sinne, und dieser ist gleich π. Wir wollen daher annehmen, die Seiten AB

und AC seien nicht Verlängerungen voneinander, und zeigen, daß sich in diesem Fall der untere Winkel zwischen ihnen auf den Winkel im gewöhnlichen Sinne reduziert.

Seien wie stets X und Y veränderliche Punkte auf AB und AC und $x = AX$, $y = AY$, $z = XY$; $\gamma(xy)$ möge die übliche Bedeutung haben, d. h. den in dem ebenen Dreieck mit den Seiten x, y, z der Seite z gegenüberliegenden Winkel bezeichnen. Sei schließlich α der untere Winkel zwischen AB und AC.

Aus der Definition des unteren Winkels folgt

$$\underline{\lim}_{x, y \to 0} \gamma(x, y) \geqq \alpha .$$

Wenden wir andererseits auf ein beliebiges der Dreiecke AXY den Fundamentalhilfssatz des vorigen Paragraphen an, so erhalten wir

$$\gamma(x, y) \leqq \alpha .$$

Folglich ist $\lim_{x, y \to 0} \gamma(x, y) = \alpha$, d. h. der Winkel zwischen AB und AC existiert und ist gleich α.

Satz 2: *Die Winkel eines hinreichend kleinen konvexen Dreiecks ABC sind nicht kleiner als die entsprechenden Winkel des ebenen Dreiecks $A_0B_0C_0$ mit denselben Seitenlängen.*

Beweis: Sind die Seiten AB und BC von ABC Verlängerungen voneinander, so ist der Winkel zwischen ihnen gleich π und daher offenbar nicht kleiner als der Winkel im ebenen Dreieck. Sind dagegen die Seiten AB und AC nicht Verlängerungen voneinander, so ist nach dem Fundamentalhilfssatz des vorigen Paragraphen der untere Winkel zwischen ihnen nicht kleiner als der entsprechende Winkel des Dreiecks $A_0B_0C_0$. Nach Satz 1 ist aber in diesem Fall der untere Winkel gleich dem gewöhnlichen. Damit ist der Satz bewiesen.

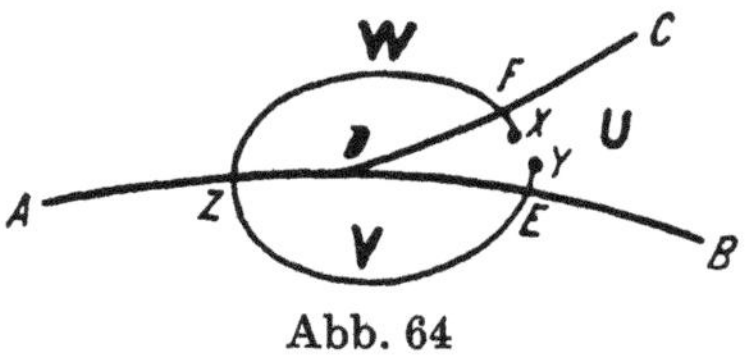

Abb. 64

Satz 3: *In einer Mannigfaltigkeit mit einer Metrik positiver Krümmung gilt die Deckungsbedingung für Kürzeste.*

Beweis: Seien AB und AC zwei von einem Punkt A ausgehende Kürzeste. Nehmen wir an, sie würden längs des Abschnittes AD einander decken und dann auseinandergehen.

Dann würden AD, DB und DC eine hinreichend kleine Umgebung von D in drei Sektoren $\boldsymbol{U}$, $\boldsymbol{V}$, $\boldsymbol{W}$ (Abb. 64) zerlegen.

Wir zeigen, daß der zwischen DB und DC eingeschlossene Sektor $\boldsymbol{U}$ konvex wäre. Seien X, Y zwei Punkte dieses Sektors. (Es wird angenommen, daß diese Punkte so nahe bei D liegen, daß eine Kürzeste XY nicht um die Kurven DA, DB, DC herum verlaufen kann, d. h. beim Übergang etwa von $\boldsymbol{U}$ nach $\boldsymbol{V}$ die Kürzeste DB schneiden muß.) Nehmen wir an, die Kürzeste XY

wäre nicht im Sektor **U** enthalten und EF sei ein Abschnitt von ihr, der außerhalb **U** läge. (Es ist natürlich nicht ausgeschlossen, daß XY noch andere Abschnitte außerhalb **U** besitzt.) Es möge etwa der Punkt E auf DB liegen. Für F bestünden dann zwei Möglichkeiten: 1. F könnte auf DC liegen (Abb. 64), 2. F könnte auf DB liegen (Abb. 65).

Würde F auf DC liegen, so müßte der Abschnitt EF der Kürzesten XY notwendig AD in irgendeinem Punkt Z schneiden. Dann wären aber die Teile EZ und FZ des Abschnittes EF gleich den Abschnitten EZ bzw. FZ der Kürzesten AB bzw. AC. Folglich würden diese Abschnitte der Kürzesten AB und AC zusammen eine einzige Kürzeste $\overline{EF}$ bilden. Dies ist unmöglich, da die von ihnen gebildete Kurve durch Herausnehmen des Abschnittes ZD verkürzt werden könnte. F kann also nicht auf DC liegen. Damit ist auch bewiesen, daß eine Kürzeste XY die Kürzeste AD nicht schneiden kann.

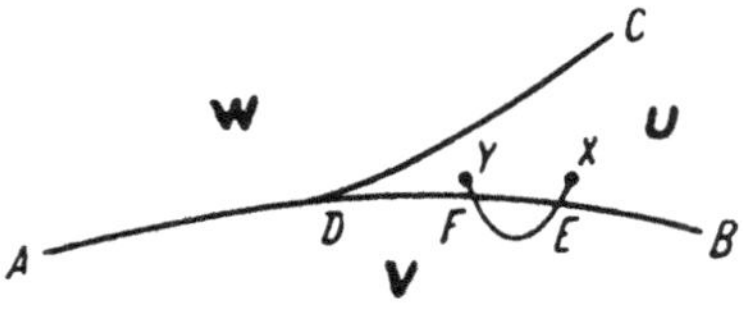

Abb. 65

Möge jetzt der Punkt F auf DB liegen. Dies würde bedeuten, daß beide Endpunkte des Abschnittes EF auf der Kürzesten DB lägen und der betreffende Abschnitt daher gleich dem Abschnitt EF von DB wäre. Der Abschnitt EF von XY könnte also durch den Abschnitt EF von DB ersetzt werden. Diesen Austausch könnte man für alle außerhalb von **U** liegenden Abschnitte der Kürzesten XY durchführen und diese durch eine vollständig in **U** verlaufende Kürzeste ersetzen. Damit ist gezeigt, daß der Sektor **U** konvex ist.

Jetzt wählen wir im Innern der Kurven DB und DC die Punkte P und Q so, daß $DP = DQ$ wird, und ziehen im Sektor **U** eine Kürzeste PQ. Nach dem Bewiesenen wäre dies möglich. Wir erhielten ein konvexes Dreieck DPQ. In der Tat, sind X und Y zwei Punkte dieses Dreiecks, so ließen sie sich nach dem Bewiesenen durch eine in **U** verlaufende Kürzeste verbinden. Läge diese Kürzeste nicht vollständig im Dreieck DPQ, so würde sie seine Seite PQ schneiden. Jeder Abschnitt von XY zwischen zwei solchen Schnittpunkten mit PQ könnte aber durch den entsprechenden Abschnitt der Seite PQ ersetzt werden. Also gäbe es immer eine im Dreieck DPQ verlaufende Kürzeste XY, und DPQ wäre konvex.

Würde man zu DPQ einen kleinen Abschnitt GD der Kürzesten AD hinzufügen, so ergäbe sich wieder ein konvexes Dreieck GPQ. Dies ist leicht einzusehen; denn AD wäre ja Verlängerung beider Seiten DP und DQ. Im Dreieck GPQ wäre aber der Winkel zwischen den Seiten GP und GQ gleich Null. Nach Satz 2 müßte auch der entsprechende Winkel des ebenen Dreiecks mit denselben Seitenlängen gleich Null sein, und daher müßte entweder

$$GP + PQ = GQ$$

oder

$$GQ + PQ = GP$$

sein. Da aber auf Grund der Wahl von P und Q die Abschnitte GP und GQ gleich sind, würde hieraus $PQ = 0$ folgen. Dies würde bedeuten, daß die Punkte P und Q zusammenfallen, im Widerspruch zu der Annahme, daß die Kürzesten AB und CD auseinandergehen. Daher können zwei auf einem Abschnitt AD zusammenfallende Kürzeste AB und AC nicht auseinandergehen, was zu beweisen war.

Da in einer Mannigfaltigkeit mit einer Metrik positiver Krümmung die Deckungsbedingung für Kürzeste erfüllt ist, gelten in ihr auch alle aus dieser Bedingung (in Kap. II) abgeleiteten Folgerungen.

Besonders wichtig für uns ist der Satz aus Kap. II, § 6 über die Zerlegung in Dreiecke:

Satz 4: *Jedes konvexe Polygon in einer Mannigfaltigkeit mit einer Metrik positiver Krümmung läßt sich in beliebig kleine konvexe Dreiecke zerlegen.*

In Kap. III, § 4 haben wir den grundlegenden Satz über die Konvergenz von Winkeln zwischen Kürzesten auf konvexen Flächen bewiesen (Satz 4, § 4, Kap. III); sein Beweis beruhte nur auf der Tatsache, daß die Winkel eines Dreiecks auf einer konvexen Fläche nicht kleiner sind als die Winkel des ebenen Dreiecks. Diese Eigenschaft haben wir aber für konvexe Dreiecke bewiesen. Daher können wir folgendes aussagen:

Satz 5: *Sind die Kürzesten $\mathfrak{L}$, $\mathfrak{M}$ Seiten eines variablen konvexen Dreiecks in einer Mannigfaltigkeit mit einer Metrik positiver Krümmung und konvergieren sie gegen die Kürzesten $\mathfrak{L}_0$, $\mathfrak{M}_0$, so ist der Winkel zwischen $\mathfrak{L}_0$ und $\mathfrak{M}_0$ nicht größer als der untere Limes der Winkel zwischen $\mathfrak{L}$ und $\mathfrak{M}$*[1]).

Diesen Satz selbst werden wir erst im nächsten Kapitel benötigen. Hier wollen wir noch bemerken, daß die in Kap. IV, § 1 gegebene Ableitung des Satzes über die Addition von Winkeln nur auf der Existenz des Winkels beruhte und daß die in Kap. IV, § 2 gegebene Ableitung des Satzes, daß die Summe von Nebenwinkeln gleich π ist, außerdem noch die Deckungsbedingung für Kürzeste und den angeführten Satz über die Konvergenz von Winkeln benutzte. Wir können daher den allgemeinen Satz über die Addition von Winkeln auf konvexen Flächen (§ 2, Kap. IV) auf Mannigfaltigkeiten mit einer Metrik positiver Krümmung übertragen. Wir wollen ihn für drei Kürzeste formulieren; dies wird für uns ausreichen.

Satz 6: *Von einem Punkt Q in einer Mannigfaltigkeit mit einer Metrik positiver Krümmung mögen drei Kürzeste $\mathfrak{L}_1$, $\mathfrak{L}_2$, $\mathfrak{L}_3$ ausgehen. Die Winkel zwischen ihnen mögen existieren und mit α_{ij} bezeichnet sein. Gibt es dann in beliebiger Nähe von Q Punkte X_1, X_3 auf $\mathfrak{L}_1$ und $\mathfrak{L}_3$, derart daß eine Kürzeste X_1X_3 mit $\mathfrak{L}_2$ gemeinsame Punkte hat, so ist* $\alpha_{13} = \alpha_{12} + \alpha_{23}$.

[1]) Die Kürzesten $\mathfrak{L}_0$, $\mathfrak{M}_0$ sind Seiten eines konvexen Dreiecks oder sie sind Verlängerungen voneinander, da man aus den kleinen Dreiecken mit den Seiten $\mathfrak{L}$ und $\mathfrak{M}$ eine konvergierende Folge auswählen kann.

Sind insbesondere $\mathfrak{L}_1$ und $\mathfrak{L}_3$ Verlängerungen voneinander, so deckt eine Kürzeste $X_1 X_3$ die Kürzesten $\mathfrak{L}_1$ und $\mathfrak{L}_3$ und hat also mit $\mathfrak{L}_2$ den Punkt Q gemeinsam; außerdem ist der Winkel zwischen $\mathfrak{L}_1$ und $\mathfrak{L}_3$ in diesem Falle gleich π, und der Satz reduziert sich darauf, daß die Summe von Nebenwinkeln gleich π ist.

§ 4. Der volle Winkel um einen Punkt

Kürzeste, die von einem Punkt Q einer Mannigfaltigkeit mit einer Metrik positiver Krümmung ausgehen, zerlegen die Umgebung dieses Punktes in Sektoren. Auf Grund der Deckungsbedingung für Kürzeste können nämlich nicht zwei von ihnen in beliebiger Nähe von Q Punkte gemeinsam haben, wenn nicht die eine Teil der anderen ist. Einen von Kürzesten $\mathfrak{L}, \mathfrak{M}$ berandeten Sektor wollen wir *konvex* nennen, wenn gewisse Abschnitte von $\mathfrak{L}, \mathfrak{M}$ Seiten eines konvexen Dreiecks sind[1]), das den betreffenden Sektor enthält, oder wenn diese Abschnitte Verlängerungen voneinander sind und zusammen eine einzige Kürzeste bilden. In einem konvexen Sektor können je zwei Punkte durch eine im Sektor enthaltene Kürzeste verbunden werden. Die Seiten eines Sektors gelten als zu ihm gehörig. Zwischen Kürzesten, die einen konvexen Sektor beranden, existiert ein Winkel. Wir betrachten eine beliebige Anzahl n von Kürzesten $\mathfrak{L}_1, \ldots, \mathfrak{L}_n$, die von einem Punkt Q ausgehen und in der Reihenfolge ihrer Lage um Q numeriert sind, d. h. so, daß $\mathfrak{L}_i$ und $\mathfrak{L}_{i+1}$ (und auch $\mathfrak{L}_n$ und $\mathfrak{L}_1$) einen Sektor beranden, der keine andere Kürzeste $\mathfrak{L}_j$ enthält. Wenn der Winkel zwischen $\mathfrak{L}_i$ und $\mathfrak{L}_j$ existiert, bezeichnen wir ihn mit α_{ij}.

Satz 1: *Wenn die von einem Punkt Q einer Mannigfaltigkeit mit einer Metrik positiver Krümmung ausgehenden Kürzesten $\mathfrak{L}_1, \ldots, \mathfrak{L}_n$ eine Umgebung von Q in konvexe Sektoren zerlegen, so hängt die Winkelsumme $\alpha_{12} + \alpha_{23} + \cdots + \alpha_{n1}$ nicht von diesen Kürzesten, sondern nur von dem Punkt Q ab.*

Beweis: Von Q aus seien die Kürzesten $\mathfrak{L}_1, \ldots, \mathfrak{L}_n$ und $\mathfrak{M}_1, \ldots, \mathfrak{M}_k$ gezogen; $\alpha_{i,i+1}$ bezeichne den Winkel zwischen $\mathfrak{L}_i$ und $\mathfrak{L}_{i+1}$ und $\beta_{j,j+1}$ den Winkel zwischen $\mathfrak{M}_j$ und $\mathfrak{M}_{j+1}$. Wenn die Kürzesten $\mathfrak{L}_i$ für sich allein und die Kürzesten $\mathfrak{M}_j$ für sich allein die Umgebung des Punktes in konvexe Sektoren zerlegen, so zerlegt auch die Gesamtheit der $\mathfrak{L}_i$ und $\mathfrak{M}_j$ die Umgebung in konvexe Sektoren. Numeriert man sie daher durchlaufend und bezeichnet sie mit $\mathfrak{N}_1, \mathfrak{N}_2, \ldots, \mathfrak{N}_{n+k}$, so existiert zwischen $\mathfrak{N}_i$ und $\mathfrak{N}_{i+1}$ ein gewisser Winkel $\gamma_{i,i+1}$. Nach dem allgemeinen Satz über die Addition von Winkeln aus Kap. IV, § 1 ist der Winkel $\alpha_{i,i+1}$ zwischen $\mathfrak{L}_i = \mathfrak{N}_p$ und $\mathfrak{L}_{i+1} = \mathfrak{N}_q$ gleich der Summe der Winkel zwischen $\mathfrak{N}_p$ und $\mathfrak{N}_{p+1}$, $\mathfrak{N}_{p+1}$ und $\mathfrak{N}_{p+2}$, ..., $\mathfrak{N}_{q-1}$ und $\mathfrak{N}_q$. Folglich ist

$$\alpha_{12} + \cdots + \alpha_{n1} = \gamma_{12} + \cdots + \gamma_{n+k,1}$$

[1]) Für die Definition eines Sektors siehe den Anfang von § 3 des Kap. IV.

und ebenso

$$\beta_{12} + \cdots + \beta_{k1} = \gamma_{12} + \cdots + \gamma_{n+k,1},$$

was zu beweisen war.

Da nach dem Bewiesenen die Winkelsumme von konvexen Sektoren, die eine Umgebung des Punktes Q zusammensetzen, nur von diesem Punkt abhängt, so wird man sie natürlicherweise als den *vollen Winkel um den Punkt Q* bezeichnen. Diese Definition unterscheidet sich nur insofern von der in Kap. IV, § 3 gegebenen, als an Stelle beliebiger Sektoren nur konvexe betrachtet werden.

Wesentlicher ist der Umstand, daß wir die Möglichkeit der Zerlegung einer Umgebung jedes Punktes in konvexe Sektoren gar nicht bewiesen haben, wenn wir es auch tun könnten. Wir dürfen daher den Begriff des vollen Winkels nur für solche Punkte anwenden, für die von vornherein bekannt ist, daß eine solche Zerlegung möglich ist. Solche Punkte gibt es, da man jedes konvexe Polygon in beliebig kleine konvexe Dreiecke zerlegen kann. Die Eckpunkte dieser Dreiecke sind dann gerade solche Punkte. Außerdem existiert um jeden inneren Punkt einer Kürzesten der volle Winkel stets; denn die zwei von ihm ausgehenden Zweige der Kürzesten zerlegen seine Umgebung in zwei konvexe Sektoren. Der volle Winkel um einen solchen Punkt ist offenbar gleich 2π. Ausschließlich für die eben erwähnten Punkte benötigen wir den Begriff des vollen Winkels. Sobald die Isometrie einer Umgebung jedes Punktes mit einer konvexen Fläche bewiesen sein wird, ist klar, daß alle erwähnten Beschränkungen lediglich durch den Beweisgang verursacht sind.

Satz 2: *Der volle Winkel um einen Punkt einer Mannigfaltigkeit mit einer Metrik positiver Krümmung ist nicht größer als 2π.*

Diesen Satz beweist man zweckmäßiger in einer etwas allgemeineren Form:

Von einem Punkt Q einer Mannigfaltigkeit mit einer Metrik positiver Krümmung mögen Kürzeste $\mathfrak{L}_1, \ldots, \mathfrak{L}_n$ ausgehen, die in der Reihenfolge ihrer Lage um Q numeriert seien. Wenn dann je zwei benachbarte Kürzeste $\mathfrak{L}_i$, $\mathfrak{L}_{i+1}$ (und auch $\mathfrak{L}_n$, $\mathfrak{L}_1$) miteinander einen bestimmten Winkel $\alpha_{i,i+1}$ bilden (aber nicht notwendig einen konvexen Sektor berunden), so ist die Summe dieser Winkel nicht größer als 2π.

Beweis: Gibt es nur zwei Kürzeste, so reduziert sich diese Summe auf $\alpha_{12} + \alpha_{21} = 2\alpha_{12}$, und da $\alpha_{12} \leqq \pi$ ist, so ist in diesem Fall der Satz richtig. Im folgenden wollen wir also annehmen, die Zahl der Kürzesten $\mathfrak{L}_i$ sei mindestens drei.

Wir wählen veränderliche Punkte X_1 und X_{n-1} auf $\mathfrak{L}_1$ und $\mathfrak{L}_{n-1}$. Liegen X_1 und X_{n-1} in beliebiger Nähe von Q, so bestehen für eine Kürzeste X_1X_{n-1} drei Möglichkeiten:

1. X_1X_{n-1} hat ständig Punkte mit $\mathfrak{L}_n$ gemeinsam;
2. X_1X_{n-1} hat ständig keine Punkte mit $\mathfrak{L}_n$ gemeinsam;
3. manchmal hat X_1X_{n-1} gemeinsame Punkte mit $\mathfrak{L}_n$, manchmal nicht.

Hat die Kürzeste X_1X_{n-1} mit $\mathfrak{L}_n$ keine Punkte gemeinsam, so schneidet sie die Kürzesten $\mathfrak{L}_2, \ldots, \mathfrak{L}_{n-2}$. (Sobald solche Kürzesten existieren, d. h. für $n > 3$, denn für $n = 3$ ist $\mathfrak{L}_{n-1} = \mathfrak{L}_2$.)

Geht bei einer gewissen Lage der Punkte X_1, X_{n-1} die Kürzeste X_1X_{n-1} durch den Punkt Q, so sind $\mathfrak{L}_1$ und $\mathfrak{L}_{n-1}$ Verlängerungen voneinander, und für alle zu Q hinreichend benachbarten X_1 und X_{n-1} hat daher X_1X_{n-1} mit $\mathfrak{L}_n$ den Punkt Q gemeinsam. In diesem Fall liegt also die erste der angeführten Möglichkeiten vor. In den beiden anderen Fällen geht daher die Kürzeste X_1X_{n-1} niemals durch Q.

Betrachten wir zunächst den dritten Fall. Wir bedienen uns dazu des allgemeinen Hilfssatzes 2 aus § 1 von Kap. IV. Dieser Hilfssatz sagt folgendes aus: Wenn für in beliebiger Nähe von Q gelegene X_1 und X_{n-1} eine Kürzeste X_1X_{n-1} die Kürzeste $\mathfrak{L}_n$ schneidet, und zwar nicht im Punkt Q und möglicherweise nur für gewisse Lagen der Punkte X_1, X_{n-1}, so ist

$$(1) \qquad \varliminf_{x_1, x_n \to 0} \gamma_{1,n}(x_1, x_n) + \varliminf_{x_{n-1}, x_n \to 0} \gamma_{n-1,n}(x_{n-1}, x_n) \leqq \varliminf_{x_1, x_{n-1} \to 0} \gamma_{1,n-1}(x_1, x_{n-1});$$

hier hat $\gamma_{ij}(x_i, x_j)$ die übliche Bedeutung[1]), und die Grenzwerte werden für die x_1, x_{n-1}, x_n gebildet, die den Kürzesten X_1X_{n-1} entsprechen, die $\mathfrak{L}_n$ schneiden. Da aber zwischen $\mathfrak{L}_1$ und $\mathfrak{L}_n$ und zwischen $\mathfrak{L}_{n-1}$ und $\mathfrak{L}_n$ Winkel existieren, kann man die unteren Limites auf der linken Seite von (1) durch diese Winkel ersetzen, und es ergibt sich dann

$$(2) \qquad \alpha_{1n} + \alpha_{n-1,n} \leqq \varliminf_{x_1, x_{n-1} \to 0} \gamma_{1,n-1}(x_1, x_{n-1}).$$

Wenn X_1X_{n-1} die Kürzesten $\mathfrak{L}_2, \ldots, \mathfrak{L}_{n-2}$ schneidet, so ist entsprechend

$$(3) \qquad \alpha_{12} + \cdots + \alpha_{n-2,n-1} \leqq \varliminf_{x_1, x_{n-1} \to 0} \gamma_{1,n-1}(x_1, x_{n-1}),$$

und da $\gamma_{1,n-1}(x_1, x_{n-1}) \leqq \pi$ ist, folgt aus den Ungleichungen (2) und (3)

$$\alpha_{12} + \cdots + \alpha_{n-1,n} + \alpha_{n1} \leqq 2\pi;$$

d. h. für den dritten Fall ist der Satz bewiesen.

Im zweiten Falle schneidet die Kürzeste X_1X_{n-1} die Kürzeste $\mathfrak{L}_n$ nicht, muß also ständig mit $\mathfrak{L}_2, \ldots, \mathfrak{L}_{n-2}$ von Q verschiedene Punkte gemeinsam haben (selbstverständlich nur, wenn die X_1X_{n-1} überhaupt existieren, d. h. für $n > 3$). Hier können wir den Satz 3 aus § 1 von Kap. IV benutzen, der besagt, daß unter diesen Bedingungen zwischen $\mathfrak{L}_1$ und $\mathfrak{L}_{n-1}$ ein Winkel existiert und gleich der Summe der Winkel zwischen $\mathfrak{L}_1$ und $\mathfrak{L}_2, \ldots, \mathfrak{L}_{n-2}$ und $\mathfrak{L}_{n-1}$ ist. Man kann also, ohne die Gesamtwinkelsumme zu ändern, alle Kürzesten $\mathfrak{L}_2, \ldots, \mathfrak{L}_{n-2}$ weglassen. Es bleiben nur drei Kürzeste übrig, für die die Voraussetzungen des Satzes erfüllt sind.

---

[1]) So ist z. B. $\gamma_{1n}(x_1, x_n)$ der Winkel in dem ebenen Dreieck mit den Seitenlängen $QX_1 = x_1$, $QX_n = x_n$, X_1X_n, wo X_n der Schnittpunkt der Kürzesten X_1X_{n-1} mit $\mathfrak{L}_n$ ist.

Im ersten Falle schneidet eine Kürzeste X_1X_{n-1} die Kürzeste $\mathfrak{L}_n$ ständig. Geht sie also nicht durch Q, so existiert auf Grund desselben Satzes 3 aus § 1 von Kap. IV der Winkel zwischen $\mathfrak{L}_1$ und $\mathfrak{L}_{n-1}$, der gleich der Summe der Winkel zwischen $\mathfrak{L}_1$ und $\mathfrak{L}_n$ und zwischen $\mathfrak{L}_n$ und $\mathfrak{L}_{n-1}$ ist. Geht dagegen X_1X_{n-1} durch den Punkt Q hindurch, so sind $\mathfrak{L}_1$ und $\mathfrak{L}_{n-1}$ Verlängerungen voneinander, der Winkel zwischen ihnen ist gleich π, und auf Grund des Satzes über die Summe von Nebenwinkeln ist er auch gleich der Summe der Winkel zwischen $\mathfrak{L}_1$ und $\mathfrak{L}_n$ und zwischen $\mathfrak{L}_n$ und $\mathfrak{L}_{n-1}$. Man kann daher, ohne die gesamte Winkelsumme zu ändern, immer die Kürzeste $\mathfrak{L}_n$ weglassen. Die Voraussetzungen des Satzes treffen auf die verbleibenden Kürzesten zu, und wir können an ihnen dieselbe Überlegung über die drei Fälle durchführen. Früher oder später kommt man auf diese Weise zu einer der folgenden Möglichkeiten:

1. Es bleiben nur zwei Kürzeste übrig, und der Satz ist bewiesen.
2. Wir kommen zum „dritten Fall", und wiederum ist der Satz bewiesen.
3. Wir kommen zum „zweiten Fall", wobei nur drei Kürzeste $\mathfrak{L}_1$, $\mathfrak{L}_2$, $\mathfrak{L}_3$ vorhanden sind. Nur diese letzte Möglichkeit muß noch betrachtet werden.

Im „zweiten Fall" schneidet die Kürzeste X_1X_2 die Kürzeste $\mathfrak{L}_3$ nicht und verläuft daher ständig in dem Sektor zwischen $\mathfrak{L}_1$ und $\mathfrak{L}_2$ (jetzt ist $n = 3$ und daher $n - 1 = 2$). Würde z. B. eine Kürzeste X_2X_3 mit den Endpunkten auf $\mathfrak{L}_2$ und $\mathfrak{L}_3$ für Q beliebig benachbarte X_2 und X_3 die Kürzeste $\mathfrak{L}_1$ schneiden, so folgte aus der vorhergehenden Überlegung (Fall 3), daß die Summe der Winkel α_{12}, α_{23}, α_{31} nicht größer als 2π ist. Es bleibt daher die Möglichkeit zu betrachten, daß keine der Kürzesten X_1X_2, X_2X_3, X_3X_1 beziehungsweise $\mathfrak{L}_3$, $\mathfrak{L}_1$, $\mathfrak{L}_2$ schneidet. Mit anderen Worten: jede dieser Kürzesten bleibt ständig in ihrem Sektor, und hieraus folgt, daß die von $\mathfrak{L}_1$, $\mathfrak{L}_2$, $\mathfrak{L}_3$ berandeten Sektoren konvex sind[1]).

Wir müssen also folgendes beweisen:

Zerlegen die von einem Punkt Q ausgehenden Kürzesten $\mathfrak{L}_1$, $\mathfrak{L}_2$, $\mathfrak{L}_3$, von denen keine zwei Verlängerungen voneinander sind, die Umgebung von Q in konvexe Sektoren, so ist die Summe der Winkel zwischen diesen Kürzesten nicht größer als 2π.

Zum Beweis wählen wir auf $\mathfrak{L}_1$, $\mathfrak{L}_2$, $\mathfrak{L}_3$ Punkte X_1, X_2, X_3, die zu Q hinreichend benachbart sind, und ziehen die Kürzesten X_iX_j. Von diesen verläuft jede innerhalb ihres Sektors U_{ij}, da diese Sektoren konvex und keine zwei Kürzesten $\mathfrak{L}_i$ Verlängerungen voneinander sind. Der Punkt Q liegt also im Innern des Dreiecks $X_1X_2X_3$.

[1]) Es mögen z. B. X und Y im Sektor U_{12}, der von $\mathfrak{L}_1$ und $\mathfrak{L}_2$ berandet wird, liegen. Der Abschnitt EF der Kürzesten XY liege außerhalb von U_{12}, wobei der Punkt E auf $\mathfrak{L}_1$ liegen möge. Der Punkt F kann dann nicht auf $\mathfrak{L}_1$ liegen, wie unmittelbar aus der Deckungsbedingung für Kürzeste folgt (Satz 1, § 3, Kap. II). F kann aber auch nicht auf $\mathfrak{L}_2$ liegen. Denn läge E auf $\mathfrak{L}_1$ und F auf $\mathfrak{L}_2$, so würde EF die Kürzeste $\mathfrak{L}_3$ schneiden. Dies widerspricht aber der Annahme, daß keine Kürzeste, deren Endpunkte auf $\mathfrak{L}_1$ und $\mathfrak{L}_2$ liegen, $\mathfrak{L}_3$ schneidet. Folglich besitzt die Kürzeste XY keine Abschnitte außerhalb des Sektors U_{12}; dies bedeutet aber, daß dieser Sektor konvex ist.

Sind die Punkte X_1, X_2, X_3 hinreichend nahe bei Q gewählt, so existiert nach dem in § 4 von Kap. II bewiesenen Satz ein konvexes geodätisches Dreieck $\boldsymbol{T}$, welches das Dreieck $X_1 X_2 X_3$ enthält. Es wird durch die Eigenschaft charakterisiert, daß es unter allen das Dreieck $X_1 X_2 X_3$ enthaltenden geodätischen Dreiecken den kleinsten Umfang hat. Die Eckpunkte von $\boldsymbol{T}$ fallen entweder mit X_1, X_2, X_3 zusammen, oder sie können auch „uneigentliche" Eckpunkte sein. Letzteres soll bedeuten, daß zwei von einem Eckpunkt ausgehende Seiten eine einzige Geodätische bilden können. Da die Sektoren $\boldsymbol{U}_{ij}$ konvex sind, so sind ihre Durchschnitte mit $\boldsymbol{T}$ ebenfalls konvex, stellen also konvexe geodätische Dreiecke $\boldsymbol{T}_1$, $\boldsymbol{T}_2$, $\boldsymbol{T}_3$ dar (Abb. 66). Sind daher A_1 und A_2 Schnittpunkte des Randes von $\boldsymbol{T}$ mit den Kürzesten $\mathfrak{L}_1$ und $\mathfrak{L}_2$, so gibt es im Dreieck $\boldsymbol{T}_1 = \boldsymbol{T}\boldsymbol{U}_{12}$ eine Kürzeste $\overline{A_1A_2}$. Wäre die Seite A_1A_2 von $\boldsymbol{T}_1$ keine Kürzeste, so könnte man sie durch die Kürzeste $\overline{A_1A_2}$ ersetzen und so an Stelle von $\boldsymbol{T}$ ein neues geodätisches, $X_1X_2X_3$[1]) enthaltendes Dreieck erhalten, das einen kleineren Umfang hätte als $\boldsymbol{T}$. Dies widerspräche jedoch der Tatsache, daß unter allen $X_1X_2X_3$ enthaltenden geodätischen Dreiecken gerade $\boldsymbol{T}$ den kleinsten Umfang haben soll. Die Seiten von $\boldsymbol{T}$ sind also Kürzeste. Die Eckpunkte von $\boldsymbol{T}$ liegen auf $\mathfrak{L}_1$, $\mathfrak{L}_2$, $\mathfrak{L}_3$, und diese Kürzesten zerlegen es in drei konvexe „Teildreiecke" $\boldsymbol{T}_1$, $\boldsymbol{T}_2$, $\boldsymbol{T}_3$. Sind nun die Punkte X_1, X_2, X_3 hinreichend nahe bei Q gewählt, so wird das Dreieck $\boldsymbol{T}$ hinreichend klein. Wir haben damit gezeigt, daß beliebig kleine Dreiecke $\boldsymbol{T}$ mit den erwähnten Eigenschaften existieren.

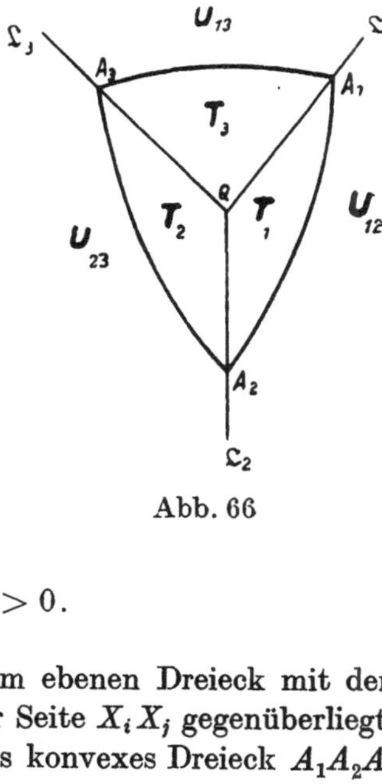

Abb. 66

Seien α_{12}, α_{23}, α_{31} die Winkel zwischen unseren Kürzesten $\mathfrak{L}_1$, $\mathfrak{L}_2$, $\mathfrak{L}_3$. Wir nehmen nun entgegen der Behauptung an, ihre Summe sei größer als 2π und setzen

$$3\varepsilon = \alpha_{12} + \alpha_{23} + \alpha_{31} - 2\pi > 0. \tag{1}$$

Wie stets bezeichne $\gamma_{ij}(x_i x_j)$ den Winkel in dem ebenen Dreieck mit den Seitenlängen $QX_i = x_i$, $QX_j = x_j$, X_iX_j, der der Seite X_iX_j gegenüberliegt. Da $\lim\limits_{x_i, x_j \to 0} \gamma_{ij}(x_i, x_j) = \alpha_{ij}$ ist, ließe sich ein so kleines konvexes Dreieck $A_1A_2A_3$ mit Eckpunkten auf den $\mathfrak{L}_i$ wählen, daß für alle Punkte X_i, X_j auf den Abschnitten QA_i, QA_j

$$\left|\alpha_{ij} - \gamma_{ij}\,(x_i, x_j)\right| < \frac{\varepsilon}{2}\,(i, j = 1, 2, 3) \tag{2}$$

wäre.

---

[1]) A_1A_2 kann X_1X_2 nicht schneiden, wie unmittelbar aus der Deckungsbedingung für Kürzeste ersichtlich ist.

Durch die Kürzesten $\mathfrak{L}_1$, $\mathfrak{L}_2$, $\mathfrak{L}_3$ wird das Dreieck $A_1A_2A_3$ in drei Dreiecke QA_iA_j zerlegt, die alle konvex sind, da die von den $\mathfrak{L}_i$ berandeten Sektoren konvex sind.

Mögen ω, ω_{ij} die Krümmungen der Dreiecke $A_1A_2A_3$, QA_iA_j $(i, j = 1, 2, 3)$ bezeichnen, d. h. ihre um π verminderte Winkelsumme. Die Winkel des Dreiecks $A_1A_2A_3$ setzen sich aus Winkeln der Dreiecke QA_iA_j zusammen, und daher ist:

$$\omega_{12} + \omega_{23} + \omega_{31} = \omega + \alpha_{12} + \alpha_{23} + \alpha_{31} - 2\pi$$

oder nach (1)

$$\omega_{12} + \omega_{23} + \omega_{31} = \omega + 3\varepsilon.$$

Da $\omega \geqq 0$ ist, müßte unter den Zahlen ω_{ij} mindestens eine nicht kleiner als ε sein. Dies wäre immer der Fall, wie klein auch das Dreieck $A_1A_2A_3$ sein mag. Unter den drei gegebenen Dreiecken QA_iA_j gibt es also mindestens eins mit der Eigenschaft, daß für beliebig kleine in ihm enthaltene analoge Dreiecke QA_iA_j die Ungleichung $\omega_{ij} \geqq \varepsilon$ gelten würde.

Es möge dies das Dreieck QA_1A_2 sein.

Auf seinen Seiten QA_1, QA_2 könnten wir Punkte X_1, X_2 wählen und eine Kürzeste X_1X_2 ziehen. Dadurch erhielten wir ein in ihm enthaltenes Dreieck QX_1X_2. Nach Annahme enthielte dieses Dreieck solche Dreiecke $QA_1'A_2'$, in denen $\omega(QA_1'A_2') \geqq \varepsilon$ wäre. Das Dreieck $QA_1'A_2'$ wäre in QX_1X_2 enthalten, und seine Eckpunkte lägen auf den Seiten des letztgenannten Dreiecks. Hieraus könnte man leicht $\omega(QX_1X_2) \geqq \omega(QA_2'A_1')$ schließen[1]). Für alle Punkte X_1 und X_2 auf den Seiten würde also gelten:

$$\omega(QX_1X_2) \geqq \varepsilon.$$

Bezeichnen wir die Winkel des Dreiecks QX_1X_2 bei X_1 und X_2 mit ξ_1 und ξ_2 und die entsprechenden Winkel des ebenen Dreiecks mit denselben Seitenlängen mit ξ_{10}, ξ_{20}, so wäre

$$\alpha_{12} + \xi_1 + \xi_2 - \pi = \omega(QX_1X_2) \geqq \varepsilon$$

und

$$\gamma_{12}(x_1, x_2) + \xi_{10} + \xi_{20} - \pi = 0$$

und daher

$$(\alpha_{12} - \gamma_{12}) + (\xi_1 - \xi_{10}) + (\xi_2 - \xi_{20}) \geqq \varepsilon.$$

Außerdem folgte aus Ungleichung (2)

$$\alpha_{12} - \gamma_{12}(x_1, x_2) < \frac{\varepsilon}{2}$$

und daher

$$(\xi_1 - \xi_{10}) + (\xi_2 - \xi_{20}) > \frac{\varepsilon}{2}.$$

---

[1]) Wir ziehen X_1A_2' und zerlegen damit das Dreieck QX_1X_2 in drei Dreiecke: $QA_1'A_2'$, $X_1A_1'A_2'$, $X_2A_2'X_1$. Diese Dreiecke sind konvex. Sie besitzen also Winkel, und eine einfache Addition dieser Winkel ergibt

$$\omega(QX_1X_2) = \omega(QA_1'A_2') + \omega(X_1A_1'A_2') + \omega(X_2A_2'X_1).$$

Da $\omega(X_1A_1'A_2') \geqq 0$ und $\omega(X_2A_2'X_1) \geqq 0$, so gilt $\omega(QX_1X_2) \geqq \omega(QA_1'A_2')$.

Daher wäre für alle Punkte X_1 und X_2, d. h. für alle x_1 und x_2, wenigstens eine der Differenzen $\xi_1 - \xi_{10}$, $\xi_2 - \xi_{20}$ nicht kleiner als $\frac{\varepsilon}{4}$. Wenn aber z. B. $\xi_1(x_1, x_2) - \xi_{10}(x_1, x_2) \geqq \frac{\varepsilon}{4}$ ist, so gibt es nach Hilfssatz 4 aus § 2 ein $x' < x$ derart, daß

$$\gamma(x_1', x_2) - \gamma(x_1, x_2) > \sin^2 \frac{\varepsilon}{8} \cdot \ln \frac{x_1}{x_1'}$$

gilt.

Wir könnten daher wörtlich wie im Beweis des Fundamentalhilfssatzes über konvexe Dreiecke (§ 2) schließen. Verschieben wir die Punkte X_1, X_2 so von A_1 und A_2 her gegen Q, daß jeweils der Winkel $\gamma(x_1, x_2)$ einen entsprechenden Zuwachs erfährt, so erhielten wir für den letzteren Werte, derart daß

$$\gamma(x_1, x_2) - \gamma(a_1, a_2) > \sin^2 \frac{\varepsilon}{8} \cdot \ln \frac{a_1 a_2}{x_1 x_2}$$

wäre, wo $a_1 = QA_1$, $a_2 = QA_2$ ist. Für beliebig kleine x_1 und x_2 wird die rechte Seite dieser Ungleichung aber beliebig groß, was absurd ist, da $\gamma(x_1, x_2) \leqq \pi$ ist. Die andere Möglichkeit des Fundamentalhilfssatzes, nämlich der Fall, daß die Seiten QA_1 und QA_2 Verlängerungen voneinander sind, ist ausgeschlossen, da nach Voraussetzung die Kürzesten $\mathfrak{L}_1$, $\mathfrak{L}_2$, von denen QA_1 und QA_2 Abschnitte sind, nicht Verlängerungen voneinander sind. Es ergäbe sich also ein Widerspruch, der zeigt, daß die Annahme $\alpha_{12} + \alpha_{23} + \alpha_{31} > 2\pi$ unmöglich ist. Folglich ist $\alpha_{12} + \alpha_{23} + \alpha_{31} \leqq 2\pi$, was zu beweisen war.

§ 5. Die Krümmung und zwei damit zusammenhängende Abschätzungen

Jetzt können wir den Begriff der Krümmung für gewisse einfache Punktmengen in einer Mannigfaltigkeit mit einer Metrik positiver Krümmung einführen, und zwar in ähnlicher Weise wie in Kap. V, § 1. Der wesentliche Unterschied besteht darin, daß wir an Stelle von beliebigen Dreiecken nur hinreichend kleine konvexe und an Stelle von beliebigen Punkten nur solche betrachten, für die der volle Winkel definiert ist. Nach der im vorigen Paragraphen gegebenen Definition kann vorerst ein voller Winkel nur solchen Punkten zugeordnet werden, deren Umgebung sich in konvexe Sektoren zerlegen läßt. In Wirklichkeit besteht diese Möglichkeit für alle Punkte. Solange dies aber noch nicht bewiesen ist, muß man den Vorbehalt machen, daß nur solche Punkte gemeint sind.

Wir definieren die Krümmung für drei Arten von Fundamentalmengen: das Innere konvexer Dreiecke, Kürzeste unter Ausschluß der Endpunkte und Punkte. *Die Krümmung des Inneren eines konvexen Dreiecks wird als seine um π verminderte Winkelsumme definiert. Die Krümmung einer Kürzesten unter Ausschluß der Endpunkte setzt man gleich Null. Die Krümmung eines Punktes definiert man als die*

Differenz zwischen 2π und dem vollen Winkel um ihn. Bei dieser Definition ist die Krümmung nichtnegativ; denn die Winkel eines konvexen Dreiecks sind nicht kleiner als im ebenen Dreieck, und der volle Winkel um einen Punkt ist höchstens 2π. Sodann könnte man „Elementarmengen" einführen und für sie die Krümmung definieren, ebenso wie dies in Kap. V, § 1 gemacht wurde. Es reicht für unsere Zwecke jedoch aus, daß wir uns auf den Satz über die Krümmung eines Polygons beschränken.

Satz: *Ein konvexes Polygon $\boldsymbol{P}$ möge in konvexe Dreiecke $\boldsymbol{T}_1, \ldots, \boldsymbol{T}_n$ mit den Eckpunkten $X_1, \ldots, X_m$ im Innern von $\boldsymbol{P}$ zerlegt sein. Die Summe der Krümmungen des Innern der $\boldsymbol{T}_i$ und der Krümmungen der Eckpunkte X_i hängt nicht von der Art der Zerlegung ab und drückt sich durch die Formel*

$$(1) \qquad \sum_{i=1}^{n} \omega(\boldsymbol{T}_i) + \sum_{i=1}^{m} \omega(X_i) = 2\pi\chi - \sum_{j=1}^{k} (\pi - \alpha_j)$$

aus. Hierbei sind χ die EULER*sche Charakteristik und die α_j die Winkel des Polygons $\boldsymbol{P}$.*

Dieser Satz wiederholt wörtlich den Satz 1 aus § 1 von Kap. V, mit dem einzigen Unterschied, daß es sich hier um ein konvexes Polygon handelt. Aber gerade aus diesem Grunde existieren bekanntlich die Winkel des Polygons. Es sind die Winkel zwischen seinen Seiten, die ja konvexe Sektoren beranden. Aus demselben Grunde ist jeder Winkel von $\boldsymbol{P}$ gleich der Summe der Winkel der Dreiecke $\boldsymbol{T}_i$ mit demselben Scheitel. Um unseren Satz zu beweisen, braucht man also nur den Beweis des Satzes 1 aus § 1 von Kap. V wörtlich zu wiederholen. Dieser Satz läßt sich auf jedes konvexe Polygon anwenden, da bewiesen ist, daß sich jedes solche Polygon in konvexe Dreiecke zerlegen läßt. Die durch Formel (1) definierte Größe nennt man natürlich die Krümmung des Innern von $\boldsymbol{P}$.

Ist $\boldsymbol{P}$ kreishomöomorph, so ist $\chi = 1$, und Formel (1) ergibt:

$$\omega(\boldsymbol{P}) = \sum_{j=1}^{k} \alpha_j - (k-2)\pi .$$

Im Falle eines Dreiecks fällt sie mit der oben gegebenen Definition der Krümmung zusammen. Ist dagegen $\boldsymbol{P}$ einer Sphäre homöomorph, so entfallen die Winkel α_j, und es ist $\chi = 2$, so daß

$$\omega(\boldsymbol{P}) = 4\pi$$

wird.

Die Formel (1) bringt zwei wichtige Eigenschaften der Krümmung zum Ausdruck: sie ist nicht negativ und additiv. Die erste Eigenschaft folgt daraus, daß die Krümmungen $\omega(\boldsymbol{T}_i)$ und $\omega(X_i)$ nichtnegativ sind. Die zweite folgt durch eine einfache Addition: *Ist ein konvexes Polygon $\boldsymbol{P}$ in konvexe Polygone $\boldsymbol{P}_i$ mit den Eckpunkten Y_j im Innern von $\boldsymbol{P}$ zerlegt, so ist:*

$$(2) \qquad \omega(\boldsymbol{P}) = \sum_{i} (\boldsymbol{P}_i) + \sum_{j} \omega(Y_j) .$$

Hierbei bezeichnet $\omega(\boldsymbol{P}_i)$ die Krümmung des Innern von $\boldsymbol{P}_i$. Um die Gleichung (2) zu beweisen, genügt es, die Polygone $\boldsymbol{P}_i$ in konvexe Dreiecke zu zerlegen und die Summe der Krümmungen der Dreiecksinnern sowie ihrer im Innern von $\boldsymbol{P}$ liegenden Eckpunkte zu bilden.

Im folgenden werden wir bei der Untersuchung der Approximation einer gegebenen Metrik positiver Krümmung durch polyedrische Metriken zwei mit dem Krümmungsbegriff zusammenhängende Abschätzungen benötigen. Die erste ist in dem folgenden Hilfssatz enthalten:

Hilfssatz 1: *Seien ABC ein hinreichend kleines konvexes Dreieck in einer Mannigfaltigkeit mit einer Metrik positiver Krümmung und X, Y zwei Punkte auf seinen Seiten AB und AC; x, y, z mögen die Entfernungen AX, AY, XY bezeichnen. Wir konstruieren das ebene Dreieck $A_0B_0C_0$ mit denselben Seitenlängen wie die von ABC, d. h. $A_0B_0 = AB$ usw. Auf seinen Seiten A_0B_0, A_0C_0 wählen wir Punkte X_0, Y_0 derart, daß $A_0X_0 = x$, $A_0Y_0 = y$ ist, und setzen $x_0y_0 = z_0$. Ist dann ω die Krümmung des Innern von ABC und d die Länge seiner größten Seite, so ist*

$$|z - z_0| \leqq \omega d.$$

Dieser Hilfssatz wiederholt wörtlich den Satz 2 aus § 6 von Kap. V. Auch der Beweis ist derselbe; denn er benutzt nichts außer der Additivität der Krümmung und Formeln der elementaren Trigonometrie. Hilfssatz 1 können wir also als bewiesen betrachten.

Eine andere Abschätzung, die auch an sich von Interesse ist, wird in dem folgenden Hilfssatz formuliert.

Hilfssatz 2: *Zwei Punkte A und B einer Mannigfaltigkeit mit einer polyedrischen Metrik positiver Krümmung seien durch eine Kürzeste AB und ferner durch eine gewisse Geodätische $\overline{AB}$ so verbunden, daß diese Kurven ein kreishomöomorphes Zweieck $\boldsymbol{D}$ beranden. a und b mögen die Längen von AB bzw. $\overline{AB}$ bezeichnen, und es sei ω die Krümmung des Innern von $\boldsymbol{D}$ (d. h. seine Winkelsumme, wie aus der Definition der Krümmung ersichtlich ist). Ist dann $\omega < \pi$, so ist*

$$a \geqq b \cos \frac{\omega}{2} .$$

Beweis: Wir schneiden das Zweieck $\boldsymbol{D}$ aus der gegebenen Mannigfaltigkeit aus, nehmen ein zweites Exemplar $\boldsymbol{D}'$ desselben Zweiecks und identifizieren in beiden die entsprechenden Seiten. Es ergibt sich eine der Sphäre homöomorphe Mannigfaltigkeit $\boldsymbol{D} + \boldsymbol{D}'$. Auf dieser läßt sich in natürlicher Weise eine polyedrische Metrik definieren. Die Winkel des Zweiecks sind nämlich kleiner als π, und folglich ist der volle Winkel um jeden Punkt der Mannigfaltigkeit nicht größer als 2π.

Aus dem Satz über die Realisierbarkeit einer polyedrischen Metrik positiver Krümmung folgt, daß die Mannigfaltigkeit $\boldsymbol{D} + \boldsymbol{D}'$ einem geschlossenen konvexen Polyeder isometrisch ist. Das Zweieck $\boldsymbol{D}$ selbst ist dann sozusagen dem halben Polyeder isometrisch. Übrigens ist die letzte Bemerkung für uns überflüssig. Wichtig ist nur, daß $\boldsymbol{D}$ in der Mannigfaltigkeit $\boldsymbol{D} + \boldsymbol{D}'$ konvex ist. In der Tat: die Punkte X, Y von $\boldsymbol{D}$ seien in $\boldsymbol{D} + \boldsymbol{D}'$ durch eine Kürzeste verbunden, die auf dem Abschnitt $\overline{X_1Y_1}$ in $\boldsymbol{D}'$ verlaufen möge, also wegen der völligen Symmetrie von $\boldsymbol{D}$ und $\boldsymbol{D}'$ in $\boldsymbol{D}$ selbst eine Kürzeste X_1Y_1 ist. Ersetzen wir den Abschnitt $\overline{X_1Y_1}$ durch X_1Y_1 und wiederholen dieses Verfahren für alle in $\boldsymbol{D}'$ verlaufenden Abschnitte, so erhalten wir eine vollständig innerhalb von $\boldsymbol{D}$ verlaufende Kürzeste XY. Im folgenden können wir daher so schließen, als ob das Zweieck $\boldsymbol{D}$ konvex wäre, obwohl es in der Ausgangsmannigfaltigkeit nicht konvex zu sein brauchte.

Da die Geodätische $\overline{AB}$ auf jedem hinreichend kleinen Abschnitt eine Kürzeste ist, so können wir sie in Abschnitte zerlegen, von denen jeder eine Kürzeste ist. Bilden zwei benachbarte Abschnitte zusammen eine Kürzeste, so vereinigen wir sie zu einem einzigen Abschnitt. Führen wir dies Verfahren so oft wie möglich durch, so kommen wir schließlich zu einer solchen Zerlegung von $\overline{AB}$ durch Punkte $A, C_1, C_2, \ldots, C_n, B$ in Kürzeste $\overline{AC_1}$, $\overline{C_1C_2}$, $\ldots$, $\overline{C_nB}$, von denen kein Paar zusammen wieder eine einzige Kürzeste bildet. Da $\overline{AB}$ eine Geodätische ist, so sind nur dann keine Punkte C_i vorhanden, wenn $\overline{AB}$ selbst eine Kürzeste ist. In diesem Fall ist $a = b$, und der Hilfssatz ist trivial. Wir können also annehmen, daß Punkte C_i existieren.

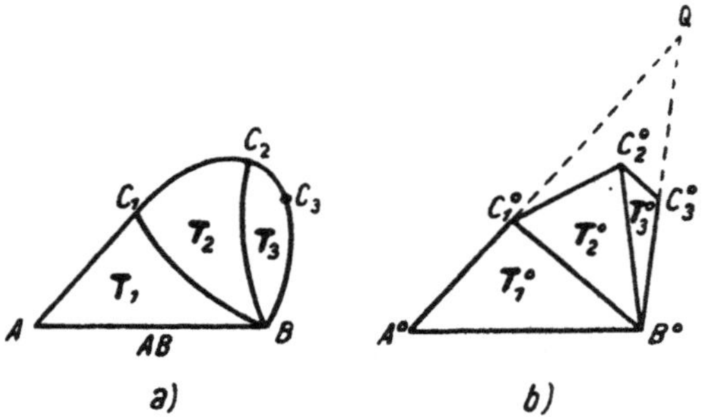

Abb. 67

Wir ziehen im Zweieck $\boldsymbol{D}$ Kürzeste BC_1, BC_2, $\ldots$, BC_n (Abb. 67a). Diese können nicht durch den Eckpunkt A hindurchgehen, da der Winkel an diesem Eckpunkt kleiner als π ist. (Nach Voraussetzung des Hilfssatzes ist sogar die Summe der Winkel bei A und B kleiner als π.) Außerdem schneiden sich diese Linien nicht. Alle außer BC_n verlaufen im Innern des Zweiecks; denn nach Wahl der Punkte C_i ist kein Abschnitt $\overline{BC_i}$ von $\overline{AB}$ eine Kürzeste außer dem Abschnitt $\overline{BC_n}$, der gerade eine Kürzeste ist[1]). Wir nehmen BC_n so, daß sie mit $\overline{BC_n}$ zusammenfällt. Aus dem Gesagten folgt, daß die Linien $BC_1, \ldots, BC_{n-1}$ das Zweieck in Dreiecke $\boldsymbol{T}_1 = BAC_1$, $\boldsymbol{T}_2 = BC_1C_2$, $\ldots$, $\boldsymbol{T}_n = BC_{n-1}C_n$ zerlegen, deren Seiten Kürzeste sind.

[1]) Die Tatsache, daß die Linien BC_i innerhalb des Zweiecks verlaufen und sich nicht schneiden, folgt aus den allgemeinen Eigenschaften von Kürzesten in polyedrischen Metriken positiver Krümmung (s. § 2 von Kap. III).

Jetzt konstruieren wir in der Ebene die Dreiecke

$$T_1^0 = B^0 A^0 C_1^0, \quad T_2^0 = B^0 C_1^0 C_2^0, \quad \ldots, \quad T_n^0 = B^0 C_{n-1}^0 C_n^0$$

mit denselben Seitenlängen wie die der Dreiecke $T_1, T_2, \ldots, T_n$. Diese Dreiecke T_i^0 legen wir in derselben Reihenfolge aneinander, wie die Dreiecke $T_1, T_2, \ldots, T_n$ liegen (Abb. 67b). Es ergibt sich ein Polygon Q_n, von dem ich behaupte, es sei konvex.

Zum Beweis stellen wir uns vor, das Polygon Q_n ergebe sich durch sukzessives Aneinanderlegen der Dreiecke. Dann erhalten wir zuerst das Dreieck $Q_1 = T_1^0$, dann das Viereck $Q_2 = T_1^0 + T_2^0$ usw. Daß alle so entstehenden Polygone konvex sind, wollen wir durch Induktion beweisen. Das Dreieck $Q_1 = T_1^0$ ist selbstverständlich konvex. Nehmen wir an, wir hätten uns schon davon überzeugt, daß das Polygon Q_k konvex ist. Q_{k+1} ergibt sich aus Q_k durch Anlegen des Dreiecks $T_{k+1}^0 = B^0 C_k^0 C_{k+1}^0$ an die Seite $B^0 C_k^0$. Dabei bleibt der Winkel bei B^0 kleiner als π. In der Tat: dieser Winkel setzt sich aus Winkeln der $T_1^0, \ldots, T_{k+1}^0$ zusammen. Die Winkel dieser Dreiecke sind nicht größer als die entsprechenden Winkel der $T_1, \ldots, T_{k+1}$[1]). Die Summe der Winkel der Dreiecke $T_1, \ldots, T_{k+1}$ bei B ist aber nicht größer als π, da nach Voraussetzung des Hilfssatzes sogar die Summe der Winkel des Zweiecks D kleiner als π ist.

Der Winkel bei C_k^0 im Polygon Q_{k+1} setzt sich zusammen aus Winkeln der Dreiecke T_k^0 und T_{k+1}^0, und diese sind nicht größer als die entsprechenden Winkel in den Dreiecken T_k und T_{k+1}. Die Summe der letzteren ist aber gleich dem Winkel zwischen den Abschnitten $\overline{C_{k-1} C_k}$ und $\overline{C_k C_{k+1}}$ der Geodätischen $\overline{AB}$, d. h. gleich π. Ergibt sich also Q_{k+1} aus Q_k durch Anlegen des Dreiecks T_{k+1}^0, so sind auch die neuen Winkel bei B^0 und C_k^0 nicht größer als π. Hiernach ist klar, daß aus der Konvexität von Q_k die Konvexität von Q_{k+1} folgt. Somit ist die Konvexität des Polygons Q_n bewiesen.

Die Seite $A^0 B^0$ von Q_n entspricht der Kürzesten AB und der Streckenzug $\overline{A^0 B^0} = A^0 C_1^0 \cdots C_n^0 B^0$ der Geodätischen $\overline{AB}$. Dabei gilt im Sinne der Längengleichheit:

$$A^0 B^0 = AB = a, \qquad \overline{A_0 B_0} = \overline{AB} = b.$$

Die Winkel α_0 und β_0 bei den Eckpunkten A^0 und B^0 des Polygons Q_n sind nicht größer als die Winkel α und β bei A und B in unserem Zweieck. Dies ersieht man daraus, daß beim Übergang von den Dreiecken T_i zu den T_i^0 die Winkel nicht größer werden. Also ist

$$\alpha_0 \leqq \alpha, \qquad \beta_0 \leqq \beta,$$

und daher

$$\alpha_0 + \beta_0 \leqq \alpha + \beta \leqq \omega < \pi. \tag{3}$$

Wir verlängern nun die von den Eckpunkten A^0 und B^0 des Polygons Q_n ausgehenden Seiten so, wie dies in Abb. 67b dargestellt ist. Sie schneiden sich

[1]) Die Winkel eines Dreiecks auf einem konvexen Polyeder sind nicht kleiner als die eines ebenen Dreiecks mit denselben Seitenlängen.

in einem gewissen Punkte Q; denn es ist $\alpha_0 + \beta_0 < \pi$. Seien c und d die Längen der Seiten A^0Q und B^0Q des Dreiecks A^0B^0Q. Aus der Konvexität des Streckenzuges $\overline{A^0B^0}$ folgt offensichtlich $A^0Q + B^0Q \geqq \overline{A^0B^0}$, d. h.

$$c + d \geqq b. \tag{4}$$

Ist γ_0 der Winkel bei Q im Dreieck A^0B^0Q, so ist

$$a \geqq (c + d) \cdot \sin\frac{\gamma_0}{2}; \tag{5}$$

denn unter allen Dreiecken mit gegebener Grundlinie a und gegebenem gegenüberliegendem Winkel γ_0 hat das gleichschenklige Dreieck die größte Schenkelsumme. Bezeichnet nun $2l$ die Schenkelsumme eines solchen gleichschenkligen Dreiecks, so ist

$$a = 2l \sin\frac{\gamma_0}{2},$$

und da $2l \geqq c + d$ ist, folgt hieraus (5).

Da $\alpha_0 + \beta_0 + \gamma_0 = \pi$ und nach (3) $\alpha_0 + \beta_0 \leqq \omega$ ist, so ist

$$\sin\frac{\gamma_0}{2} = \cos\frac{\alpha_0 + \beta_0}{2} \geqq \cos\frac{\omega}{2}. \tag{6}$$

Mit Hilfe dieser Ungleichung und der Ungleichung (4) erhalten wir aus (5) unmittelbar

$$a \geqq b \cos\frac{\omega}{2},$$

was zu beweisen war.

(Wir bemerken, daß die in Hilfssatz 2 angegebene Abschätzung in derselben Weise für alle Zweiecke in Mannigfaltigkeiten mit beliebiger Metrik positiver Krümmung bewiesen werden kann, wenn man sich auf den Verheftungssatz stützt, der in Kap. VIII, § 1 bewiesen wird. Diese Abschätzung ist scharf: für alle $a < b$ und $\omega < \pi$ läßt sich ein Zweieck auf einem konvexen Polyeder konstruieren, für das $a - b\cos\frac{\omega}{2}$ beliebig klein ist.)

§ 6. *Die Approximation einer Metrik positiver Krümmung durch polyedrische Metriken*

Ein konvexes Polygon $\boldsymbol{P}$ in einer Mannigfaltigkeit mit einer Metrik positiver Krümmung sei in kleine konvexe Dreiecke $\boldsymbol{T}_i$ zerlegt, in denen die Summe je zweier Seiten größer ist als die dritte. Nach dem Satz aus Kap. II, § 6 ist eine solche Zerlegung möglich. Jedem Dreieck $\boldsymbol{T}_i$ ordnen wir das ebene Dreieck $\boldsymbol{T}_i^0$ mit denselben Seitenlängen zu. Die Dreiecke $\boldsymbol{T}_i^0$ arten nicht in Strecken aus, da in ihnen die Summe je zweier Seiten größer ist als die dritte. Die $\boldsymbol{T}_i$ können daher homöomorph auf die entsprechenden T_i^0 abgebildet werden. Da die Längen entsprechender Seiten von T_i und T_i^0 gleich sind, läßt sich diese homöomorphe Abbildung so bewerkstelligen, daß dabei entsprechende Abschnitte der Seiten von T_i und T_i^0 gleiche Länge haben. Die nicht auf der Berandung des Polygons P liegenden Seiten der Dreiecke T_i decken einander; fällt dabei ein Abschnitt einer Seite von T_j mit einem Abschnitt einer Seite von T_k zusammen, so identifizieren wir die entsprechenden Abschnitte der Seiten von T_j^0 und T_k^0. In dieser Weise entsteht aus den Dreiecken T_i^0 ein dem Polygon P homöomorphes Netz P^0. (In diesem Netz stoßen die Dreiecke T_i^0 im allgemeinen nicht längs ganzer Seiten zusammen, da dies auch bei den Dreiecken T_i nicht der Fall zu sein braucht.)

In dem Netz P^0 läßt sich in natürlicher Weise eine Metrik $\varrho^0(X^0 Y^0)$ definieren. Als Entfernung zwischen den Punkten X^0 und Y^0 im Netz P^0 wird die Länge der kürzesten Verbindungskurve dieser Punkte angenommen. Die Länge einer Kurve in dem Netz ist von selbst bestimmt; denn in jedem Dreieck T_i^0 ist die Länge der in ihm enthaltenen Abschnitte der Kurve bestimmt, da das Dreieck eben ist. Eine kürzeste Kurve existiert, da das Netz P^0 aus endlich vielen Dreiecken besteht und daher kompakt ist. (Wir benutzen hier einen etwas allgemeineren Begriff des Netzes als den in Kap. I eingeführten; in P^0 werden nämlich die Dreiecksseiten, die die Berandung bilden — falls eine solche existiert —, nicht mit Seiten anderer Dreiecke verheftet.)

Beim Übergang von den Dreiecken T_i zu den ebenen Dreiecken T_i^0 mit denselben Seitenlängen werden nach Satz 2 aus § 3 die Winkel nicht größer. Die Summe der Winkel der T_i um einen im Innern von P liegenden Punkt ist gleich dem vollen Winkel um diesen Punkt, also höchstens 2π. Daher ist auch die Winkelsumme um innere Eckpunkte des Netzes P^0 nicht größer als 2π. Die polyedrische Metrik ϱ^0 in P^0 ist also eine Metrik positiver Krümmung.

(Wir müssen uns vergegenwärtigen, daß genau genommen die Punkte der Berandung des Netzes (falls eine solche existiert) keine kreishomöomorphen Umgebungen besitzen, das Netz also keine Mannigfaltigkeit darstellt. Wenn man aber den Begriff einer polyedrischen Metrik hier etwas weiter faßt, kann man sagen, daß in dem Netz P^0 eine polyedrische Metrik definierbar ist. Man kann übrigens auch ohne diese Verallgemeinerung auskommen, wenn man sich auf das Innere von P^0 beschränkt. In der Tat: die Winkel des konvexen Polygons P sind nicht größer als π. Daher sind auch die Winkel an äußeren Ecken des Netzes P^0 nicht größer als π, da beim Übergang von T_i zu T_i^0 die Winkel nicht wachsen. P^0 stellt also ein polyedrisches Polygon mit Winkeln dar, die π nicht übertreffen. In einem solchen Polygon muß aber eine kürzeste Verbindungskurve innerer Punkte im Innern verlaufen. Beschränkt man sich daher nur auf das Innere von P^0, so erhält man eine Mannigfaltigkeit mit polyedrischer Metrik positiver Krümmung, in der sich zwei beliebige Punkte durch eine Kürzeste verbinden lassen.)

Schließlich noch eine Bemerkung, die für das Folgende nützlich ist! Seien α_j^0 die Winkel (bei den Ecken) auf der Berandung von $\boldsymbol{P}^0$ und $\chi(\boldsymbol{P}^0)$ die EULERsche Charakteristik von $\boldsymbol{P}^0$. Die Krümmung seines Innern ist dann:

$$\omega(\boldsymbol{P}^0) = 2\pi\chi(\boldsymbol{P}^0) - \sum(\pi - \alpha_j^0).$$

Da das Netz $\boldsymbol{P}^0$ und das Polygon $\boldsymbol{P}$ in derselben Weise aus den Dreiecken $\boldsymbol{T}_i^0$ und $\boldsymbol{T}_i$ zusammengesetzt sind, so sind ihre EULERschen Charakteristiken einander gleich: $\chi(\boldsymbol{P}^0) = \chi(\boldsymbol{P})$. Da außerdem beim Übergang zu den ebenen Dreiecken die Winkel nicht wachsen, sind die Winkel auf der Berandung von $\boldsymbol{P}^0$ nicht größer als die entsprechenden Winkel α_j von $\boldsymbol{P}$, d. h. $\alpha_j^0 \leqq \alpha_j$. Aus dem Ausdruck für die Krümmung folgt also $\omega(\boldsymbol{P}^0) \leqq \omega(\boldsymbol{P})$. Alles Gesagte läßt sich in folgendem Hilfssatz zusammenfassen:

Hilfssatz 1: *Ein konvexes Polygon in einer Mannigfaltigkeit mit einer Metrik positiver Krümmung sei in kleine konvexe Dreiecke zerlegt. Ersetzt man jedes dieser Dreiecke durch das ebene Dreieck mit denselben Seitenlängen, so erhält man eine polyedrische Metrik positiver Krümmung, die durch ein Netz definiert ist, dessen Winkel an der Berandung sämtlich höchstens gleich π sind. Die Krümmung dieses Netzes ist nicht größer als die Krümmung des Polygons.*

Seien X und Y zwei Punkte unseres Polygons $\boldsymbol{P}$ und X^0 und Y^0 diejenigen Punkte von $\boldsymbol{P}^0$, in die X und Y bei unserer Abbildung der $\boldsymbol{T}_i$ auf die $\boldsymbol{T}_i^0$ übergehen. Bezeichne $\varrho^0(X^0Y^0)$ die im Netz $\boldsymbol{P}^0$ gemessene Entfernung zwischen X^0 und Y^0 und $\varrho(XY)$ die Entfernung zwischen X und Y in der zu untersuchenden Metrik. Wir wollen die Differenz $\varrho^0(X^0Y^0) - \varrho(XY)$ abschätzen. Hier beweisen wir zuerst folgendes:

Hilfssatz 2: *Sind die Durchmesser der Dreiecke $\boldsymbol{T}_i$, in die $\boldsymbol{P}$ zerlegt ist, nicht größer als d und ist die Krümmung des Innern von $\boldsymbol{P}$ gleich ω, so gilt für jedes Punktepaar X und Y von $\boldsymbol{P}$:*

$$\varrho^0(X^0Y^0) < \varrho(XY) + (\omega + 2)\cdot d. \tag{1}$$

Beweis: Wir betrachten eine Kürzeste $\mathfrak{L}$ im Sinne der gegebenen Metrik ϱ, die die Punkte X und Y von $\boldsymbol{P}$ verbindet. Da das Polygon $\boldsymbol{P}$ konvex ist, darf man annehmen, daß $\mathfrak{L}$ in ihm durch gewisse Dreiecke $\boldsymbol{T}_i$ geht. Da alle diese Dreiecke konvex sind, besitzt $\mathfrak{L}$ in jedem von ihnen nur einen einzigen Abschnitt. Wir numerieren diese Abschnitte und die sie enthaltenden Dreiecke in der Reihenfolge ihrer Lage längs $\mathfrak{L}$, anfangend bei X und endend bei Y: $\mathfrak{L}_1, \mathfrak{L}_2, \ldots, \mathfrak{L}_n$ und $\boldsymbol{T}_1, \boldsymbol{T}_2, \ldots, \boldsymbol{T}_n$.

Den Endpunkten der Abschnitte $\mathfrak{L}_i$ in $\boldsymbol{T}_i$ entsprechen bestimmte Punkte von $\boldsymbol{T}_i^0$. Wir ordnen jedem $\mathfrak{L}_i$ die geradlinige Strecke $\mathfrak{L}_i^0$ zwischen diesen Punkten in $\boldsymbol{T}_i^0$ zu. Dann entspricht der ganzen Kürzesten $\mathfrak{L}$ ein Streckenzug $\mathfrak{L}^0$ in $\boldsymbol{P}^0$, der X^0 und Y^0 verbindet und aus Abschnitten $\mathfrak{L}_i^0$ besteht. Die Länge $s^0(\mathfrak{L}^0)$ dieses Streckenzuges schätzen wir jetzt ab.

Da die Seiten der Dreiecke $\boldsymbol{T}_i$ und $\boldsymbol{T}_i^0$ einander gleich sind, so sind auch die Durchmesser der $\boldsymbol{T}_i^0$ nicht größer als d. Daher ist auch die Länge jedes Abschnittes $\mathfrak{L}_i^0$ nicht größer als d; folglich ist sicherlich $s^0(\mathfrak{L}_i^0) < s(\mathfrak{L}_i) + d$, wo s^0 und s die in $\boldsymbol{P}^0$ bzw. $\boldsymbol{P}$ gemessenen Längen bedeuten. Insbesondere ist für den ersten und den letzten Abschnitt

$$(2) \qquad s^0(\mathfrak{L}_1^0) < s(\mathfrak{L}_1) + d \quad \text{und} \quad s^0(\mathfrak{L}_n^0) < s(\mathfrak{L}_n) + d.$$

Betrachten wir die anderen Abschnitte (falls solche existieren). Der Abschnitt $\mathfrak{L}_i$ gelangt in das Dreieck $\boldsymbol{T}_i$ in einem gewissen Punkt A und verläßt es in einem gewissen Punkt B. Liegen diese Punkte auf derselben Dreiecksseite, so reduziert sich $\mathfrak{L}_i$ auf den Abschnitt AB dieser Seite. Der Abschnitt $\mathfrak{L}_i^0$ wird dann ein Abschnitt A^0B^0 der entsprechenden Seite des Dreiecks $\boldsymbol{T}_i^0$. Nach Voraussetzung haben entsprechende Abschnitte der Seiten der Dreiecke $\boldsymbol{T}_i$ und $\boldsymbol{T}_i^0$ gleiche Länge, und daher ist in diesem Fall

$$(3) \qquad s^0(\mathfrak{L}_i^0) = s(\mathfrak{L}_i).$$

Liegen dagegen die Endpunkte A und B von $\mathfrak{L}_i$ auf verschiedenen Seiten des Dreiecks $\boldsymbol{T}_i$, so liegen die Endpunkte A^0 und B^0 der Strecke $\mathfrak{L}_i^0$ auf den entsprechenden Seiten von $\boldsymbol{T}_i$. Sie schneiden auf diesen Seiten Abschnitte ab, die gleiche Länge besitzen wie die entsprechenden Abschnitte mit den Endpunkten A und B auf den Seiten von $\boldsymbol{T}_i$. Nach Hilfssatz 1 des vorigen Paragraphen gilt daher

$$(4) \qquad s^0(\mathfrak{L}_i^0) \leqq s(\mathfrak{L}_i) + \omega_i \cdot d.$$

Hierbei ist ω_i die Krümmung des Dreiecks $\boldsymbol{T}_i$.

Die Längen $s(\mathfrak{L})$ und $s^0(\mathfrak{L}^0)$ von $\mathfrak{L}$ und $\mathfrak{L}^0$ sind gleich den Summen der Längen ihrer Abschnitte. Addieren wir daher die Längen dieser Abschnitte und benutzen die Formeln (2), (3) und (4), so erhalten wir

$$(5) \qquad s^0(\mathfrak{L}^0) < s(\mathfrak{L}) + \left[2 + \sum_{i=1}^{n} \omega_i\right] \cdot d.$$

Da die Kürzeste $\mathfrak{L}$ durch jedes Dreieck nicht mehr als einmal hindurchgeht, kommt in der Summe in Ungleichung (5) jedes ω_i nicht mehr als einmal vor. Außerdem folgt aus der Nichtnegativität und der Additivität der Krümmung, daß alle $\omega_i \geqq 0$ sind und daß die über alle Dreiecke der Zerlegung erstreckte Summe nicht größer ist als die Krümmung ω von $\boldsymbol{P}$. Folglich ist

$$(6) \qquad \sum_{i=1}^{n} \omega_i \leqq \omega.$$

Da $\mathfrak{L}$ eine Kürzeste ist, so ist

$$(7) \qquad s(\mathfrak{L}) = \varrho(XY),$$

und da die Entfernung $\varrho^0(X^0Y^0)$ die untere Grenze der Längen der Verbindungskurven von X^0 und Y^0 ist, so ist

$$(8) \qquad s^0(\mathfrak{L}^0) \geqq \varrho^0(X^0Y^0).$$

Mit Hilfe von (6), (7) und (8) erhalten wir aus (5)

$$\varrho^0(X^0Y^0) < \varrho(XY) + (2 + \omega)\,d,$$

was zu beweisen war.

Hilfssatz 3: *Sei $\boldsymbol{P}$ ein konvexes kreishomöomorphes Polygon, bei dem die Krümmung ω des Innern kleiner als π ist. $\boldsymbol{P}$ sei so in kleine konvexe Dreiecke zerlegt, daß die Durchmesser dieser Dreiecke d nicht übertreffen. Dann ist für jedes Punktepaar X und Y aus $\boldsymbol{P}$*

$$|\varrho(XY) - \varrho^0(X^0Y^0)| < c \cdot d.$$

Hierbei haben ϱ und ϱ^0 dieselbe Bedeutung wie oben, und c ist eine Konstante. Für alle $\boldsymbol{P}$, die unseren Voraussetzungen genügen, kann man $c = 14$ wählen. Im Beweis wird festgestellt, daß

$$c = 2\omega + \frac{\omega^2}{2} + 2$$

ist.

Beweis: Auf Grund des vorhergehenden Hilfssatzes genügt es offenbar, die Existenz einer Konstanten c zu beweisen, derart daß

$$\varrho(XY) < \varrho^0(X^0Y^0) + c \cdot d$$

ist.

Zum Beweis betrachten wir eine die Punkte X^0 und Y^0 im Netz $\boldsymbol{P}^0$ verbindende Kürzeste $\mathfrak{L}^0$. Sie geht durch gewisse Dreiecke $\boldsymbol{T}_i^0$. A priori könnte sie aber in einem Dreieck mehr als einen Abschnitt besitzen, da es noch unbekannt ist, ob diese Dreiecke für die in $\boldsymbol{P}^0$ definierte Metrik ϱ^0 konvex sind. Der Beweis kann daher nicht durch einfache Wiederholung des Beweises des vorhergehenden Hilfssatzes unter Vertauschung von ϱ und ϱ^0 geführt werden.

Wir wollen die Kürzeste $\mathfrak{L}^0$ von X^0 nach Y^0 durchlaufen.

Sei $\mathfrak{L}_1^0 = X^0Z^0$ der erste Abschnitt von $\mathfrak{L}^0$ im Dreieck $\boldsymbol{T}_i^0$, in dem der Punkt X^0 liegt. Wir ersetzen X^0Z^0 durch die Kürzeste XZ, die die entsprechenden Punkte X und Z im Dreieck $\boldsymbol{T}_i$ verbindet. Ebenso verfahren wir mit dem letzten Abschnitt $\mathfrak{L}_n^0$ von $\mathfrak{L}^0$. Für die diesen Abschnitten entsprechenden Kürzesten $\mathfrak{L}_1$ und $\mathfrak{L}_n$ im Polygon $\boldsymbol{P}$ ist $s(\mathfrak{L}_1) \leqq d$ und $s(\mathfrak{L}_n) \leqq d$. Und daher ist:

$$s(\mathfrak{L}_1) < s^0(\mathfrak{L}_1^0) + d, \quad s(\mathfrak{L}_n) < s^0(\mathfrak{L}_n^0) + d. \tag{9}$$

Nach Verlassen des Dreiecks, in dem der Punkt X^0 liegt, gelangt $\mathfrak{L}^0$ in ein Dreieck $\boldsymbol{T}_j^0$. Hier sind drei Fälle möglich:

1. $\mathfrak{L}^0$ verläuft längs einer Seite von $\boldsymbol{T}_j^0$ und besitzt mit ihr dabei einen gemeinsamen Abschnitt $\mathfrak{L}_2^0$. Dann nehmen wir in $\boldsymbol{P}$ den entsprechenden Abschnitt $\mathfrak{L}_2$ auf der Seite von $\boldsymbol{T}_j$, und für ihre Längen gilt:

$$s(\mathfrak{L}_2) = s^0(\mathfrak{L}_2^0). \tag{10}$$

2. $\mathfrak{L}^0$ schneidet die Seite $\mathfrak{A}^0$ von $\boldsymbol{T}_j^0$ im Punkt A^0 und hat keine weiteren Schnittpunkte mit $\mathfrak{A}^0$. Dann verläßt sie dieses Dreieck in einem Punkt B^0 auf einer anderen Seite $\mathfrak{B}^0$ von $\boldsymbol{T}_j^0$. Den Abschnitt $\mathfrak{L}_2^0 = A^0 B^0$ von $\mathfrak{L}^0$ ersetzen wir durch die entsprechende Kürzeste $\mathfrak{L}_2 = AB$ in $\boldsymbol{T}_j^0$. Auf Grund des Hilfssatzes 1 des vorigen Paragraphen gilt dann

$$s(\mathfrak{L}_2) \leqq s^0(\mathfrak{L}^0) + \omega(\boldsymbol{T}_j) \cdot d. \tag{11}$$

3. $\mathfrak{L}^0$ schneidet die Seite $\mathfrak{A}^0$ in A^0 und hat mit ihr einen weiteren Schnittpunkt B^0 (Abb. 68)[1]). Dann ersetzen wir den Abschnitt $\mathfrak{L}_2^0$ von $\mathfrak{L}^0$ zwischen den Punkten A^0 und B^0 durch den Abschnitt $\mathfrak{L}_2 = AB$ auf der entsprechenden Seite $\mathfrak{A}$ im Dreieck $\boldsymbol{T}_j$. Da die Seiten von $\boldsymbol{T}_j$ und $\boldsymbol{T}_j^0$ aufeinander isometrisch abgebildet sind, so ist die Länge des Abschnittes AB auf $\mathfrak{A}$ gleich der Länge des Abschnittes A^0B^0 auf $\mathfrak{A}^0$:

$$s(\mathfrak{L}_2) \equiv s(AB) = s^0(A^0B^0). \tag{12}$$

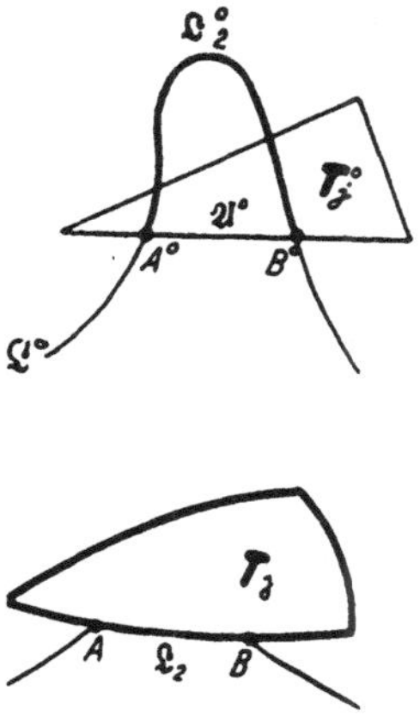

Abb. 68

Der Abschnitt $\mathfrak{L}_2^0$ von $\mathfrak{L}^0$ und der Abschnitt A^0B^0 von $\mathfrak{A}^0$ bilden eine einfach geschlossene Kurve, und da das Netz $\boldsymbol{P}^0$ kreishomöomorph ist, berandet diese Kurve auf Grund des JORDANschen Kurvensatzes einen kreishomöomorphen Bereich. Daher beranden die Abschnitte $\mathfrak{L}_2^0$ und A^0B^0 ein geodätisches Zweieck $\boldsymbol{D}^0$, wobei der Abschnitt $\mathfrak{L}_2^0$ eine Kürzeste ist.

Die Krümmung $\omega(\boldsymbol{D}^0)$ dieses Zweiecks $\boldsymbol{D}^0$ ist nicht größer als die Krümmung des gesamten Netzes $\boldsymbol{P}^0$. Wie oben gezeigt wurde, ist die Krümmung von $\boldsymbol{P}^0$ nicht größer als die Krümmung ω von $\boldsymbol{P}$, und da nach Voraussetzung $\omega < \pi$ ist, so ist $\omega(\boldsymbol{D}^0) < \pi$. Daher können wir den Hilfssatz 2 des vorigen Paragraphen anwenden und erhalten dann

$$s^0(\mathfrak{L}_2^0) \geqq s^0(A^0B^0) \cdot \cos\frac{\omega(\boldsymbol{D}^0)}{2}$$

oder auf Grund von (12)

$$s^0(\mathfrak{L}^0) \geqq s(\mathfrak{L}_2) \cdot \cos\frac{\omega(\boldsymbol{D}^0)}{2}.$$

Hieraus folgt nach einer einfachen Umformung

$$s(\mathfrak{L}_2) \leqq s^0(\mathfrak{L}^0) + \left(1 - \cos\frac{\omega(\boldsymbol{D}^0)}{2}\right) \cdot s(\mathfrak{L}_2),$$

und da $s(\mathfrak{L}_2) = s(AB)$ offenbar nicht größer als der Durchmesser von $\boldsymbol{T}_j$ und somit nicht größer als d ist, so ist:

[1]) Abb. 68 hat „topologischen Charakter“: Die Längen sind verzerrt; in Wirklichkeit ist $\mathfrak{L}_2^0$ kürzer als A^0B^0.

$$(13) \qquad s(\mathfrak{L}_2) \leqq s^0(\mathfrak{L}_2^0) + \left(1 - \cos\frac{\omega(\boldsymbol{D}^0)}{2}\right) \cdot d.$$

Schneidet $\mathfrak{L}^0$ die Seite $\mathfrak{A}^0$ ein drittes Mal in einem Punkt C^0, so erhalten wir wiederum ein Zweieck mit den Eckpunkten B^0 und C^0, mit dem wir in derselben Weise verfahren.

Solche Ersetzungen von Abschnitten der Kürzesten $\mathfrak{L}^0$ durch Abschnitte $\mathfrak{L}_i$ im Polygon $\boldsymbol{P}$ führen wir auch in allen weiteren Dreiecken durch, die nacheinander von $\mathfrak{L}^0$ durchlaufen werden. Dabei bleibt jeder schon ersetzte Abschnitt $\mathfrak{L}_i^0$ bei den späteren Ersetzungen außer Betracht. Im Endresultat wird die Kürzeste $\mathfrak{L}^0$ durch eine Kurve $\mathfrak{L}$ im Polygon $\boldsymbol{P}$ ersetzt, die die Punkte X und Y verbindet. Die Längen $s^0(\mathfrak{L}^0)$ und $s(\mathfrak{L})$ von $\mathfrak{L}^0$ und $\mathfrak{L}$ sind gleich den Summen der Längen ihrer Abschnitte. Summieren wir über alle diese Abschnitte und benutzen (9), (10), (11) und (13) sinngemäß, so erhalten wir daher

$$(14) \qquad s(\mathfrak{L}) < s^0(\mathfrak{L}^0) + \left[2 + \sum_i{}' \omega(\boldsymbol{T}_i) + \sum_j \left(1 - \cos\frac{\omega(\boldsymbol{D}_j^0)}{2}\right)\right] \cdot d.$$

Hierbei wird die erste Summe über die Dreiecke $\boldsymbol{T}_i$ erstreckt, die denjenigen $\boldsymbol{T}_i^0$ entsprechen, welche Abschnitte von $\mathfrak{L}^0$ enthalten, die nicht zu Zweiecken gehören; die zweite Summe über alle Zweiecke $\boldsymbol{D}_j^0$.

Ich behaupte, daß in der ersten Summe jedes Dreieck nicht mehr als zweimal auftritt. Möge nämlich $\mathfrak{L}^0$ in das Dreieck $\boldsymbol{T}_i^0$ durch den Punkt A^0 auf der Seite $\mathfrak{A}^0$ eintreten (Abb. 69). Schneidet sie diese Seite nochmals, so haben wir ein Zweieck. Nachdem wir alle solchen Zweiecke mit Eckpunkten auf der Seite $\mathfrak{A}^0$ durchlaufen haben, können wir wieder in $\boldsymbol{T}_i^0$ durch einen gewissen Punkt B^0 eintreten. Alle Zweiecke mit Eckpunkten auf $\mathfrak{A}^0$ sind dann schon durchlaufen, und $\mathfrak{L}^0$ wird die Seite $\mathfrak{A}^0$ nicht mehr schneiden. Sie tritt in $\boldsymbol{T}_i^0$ durch B^0 ein und verläßt dieses Dreieck durch einen Punkt C^0, der auf einer anderen Seite $\mathfrak{B}^0$ liegt. Der Abschnitt B^0C^0 ist der erste in $\boldsymbol{T}_i^0$ liegende Abschnitt, der keinem der betrachteten Zweiecke angehört. Danach kann die Kürzeste $\mathfrak{L}^0$ Zweiecke mit Eckpunkten auf der Seite $\mathfrak{B}^0$ bilden. Nachdem wir alle diese Zweiecke durchlaufen haben, können wir für ein letztes Mal durch einen Punkt D^0 von $\mathfrak{B}^0$ in das Dreieck $\boldsymbol{T}_i^0$ eintreten. Wir werden aber dann weder $\mathfrak{A}^0$ noch $\mathfrak{B}^0$ schneiden, da alle Zweiecke mit Eckpunkten auf diesen Seiten schon betrachtet worden sind. Wir müssen daher aus $\boldsymbol{T}_i^0$ durch einen gewissen Punkt E^0 der dritten Seite $\mathfrak{C}^0$ heraustreten. Im weiteren können wir nicht mehr in $\boldsymbol{T}_i^0$ zurückkommen; andernfalls müßten wir zwei seiner Seiten schneiden[1]), während wir doch weder $\mathfrak{A}^0$ noch $\mathfrak{B}^0$ über-

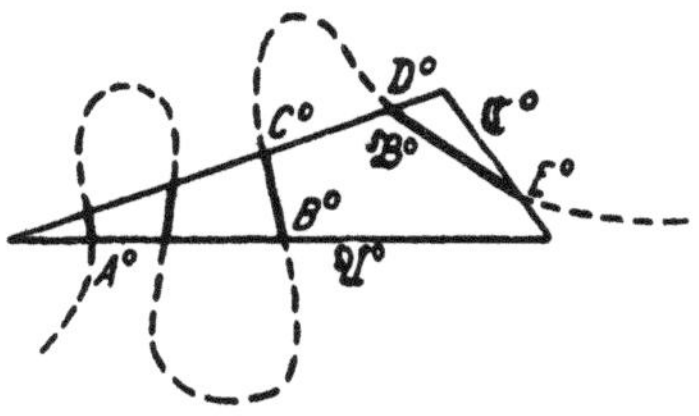

Abb. 69

[1]) $\mathfrak{L}^0$ ist eine Kürzeste und daher ist jeder ihrer Abschnitte in $\boldsymbol{T}_i^0$ eine geradlinige Strecke.

queren. Also ist D^0E^0 der zweite und letzte Abschnitt der Kürzesten $\mathfrak{L}^0$, der zu keinem Zweieck gehört.

Damit ist bewiesen, daß in der ersten Summe der Formel (14) jedes Dreieck $\boldsymbol{T}_i$ nicht mehr als zweimal vorkommt. Da die Krümmungen aller Dreiecke $\boldsymbol{T}_i$ nichtnegativ sind und die Summe der Krümmungen über alle Dreiecke nicht größer ist als die Krümmung ω von $\boldsymbol{P}$, so gilt

$$\sum_i \omega(\boldsymbol{T}_i) \leqq 2\omega. \tag{15}$$

Jetzt beweisen wir, daß keine zwei der von uns betrachteten Zweiecke $\boldsymbol{D}^0$ innere Punkte gemeinsam haben.

Nehmen wir an, die Zweiecke $\boldsymbol{D}_p^0$ und $\boldsymbol{D}_q^0$ hätten gemeinsame innere Punkte. Diese Zweiecke sind berandet von Abschnitten $\mathfrak{L}_p^0$ und $\mathfrak{L}_q^0$ der Kürzesten $\mathfrak{L}^0$ und den Abschnitten $\mathfrak{S}_p^0$ und $\mathfrak{S}_q^0$ von Seiten gewisser Dreiecke $\boldsymbol{T}_i^0$. Als Abschnitte einer und derselben Kürzesten schneiden sich $\mathfrak{L}_p^0$ und $\mathfrak{L}_q^0$ nicht. $\mathfrak{S}_p^0$ und $\mathfrak{S}_q^0$ schneiden sich nicht, da sich Seiten verschiedener Dreiecke $\boldsymbol{T}_i^0$ nicht schneiden. Da nach Annahme $\boldsymbol{D}_p^0$ und $\boldsymbol{D}_q^0$ innere Punkte gemeinsam haben sollen, so wären nur zwei Fälle möglich: 1. das eine von ihnen müßte im Innern des anderen liegen, z. B. $\boldsymbol{D}_q^0$ im Innern von $\boldsymbol{D}_p^0$; 2. die Berandungen von $\boldsymbol{D}_p^0$ und $\boldsymbol{D}_q^0$ müßten einander schneiden. Da sich aber weder $\mathfrak{L}_p^0$ und $\mathfrak{L}_q^0$ noch $\mathfrak{S}_p^0$ und $\mathfrak{S}_q^0$ schneiden können, so müßte im zweiten Falle z. B. $\mathfrak{L}_q^0$ den Abschnitt $\mathfrak{S}_p^0$ schneiden und folglich in das Zweieck $\boldsymbol{D}_p^0$ eintreten.

In dem ersten Fall, wo $\boldsymbol{D}_q^0$ im Innern von $\boldsymbol{D}_p^0$ liegen würde, befände sich auch der Abschnitt $\mathfrak{L}_q^0$ im Innern von $\boldsymbol{D}_p^0$. In beiden Fällen könnte man also annehmen, die Kürzeste $\mathfrak{L}^0$ träte ins Innere von $\boldsymbol{D}_p^0$ ein (s. Abb. 70). Wenn wir daher den Abschnitt $\mathfrak{L}_p^0$ längs $\mathfrak{L}^0$ durchlaufen, müßten wir früher oder später $\mathfrak{S}_p^0$ schneiden und ins Zweieck $\boldsymbol{D}_p^0$ eintreten. Sei A^0 der Anfangspunkt von $\mathfrak{L}_p^0$ und B^0 der erste Schnittpunkt von $\mathfrak{L}^0$ mit $\mathfrak{S}_p^0$. Wir erhielten ein Zweieck $\boldsymbol{D}^0$ mit den Eckpunkten A^0 und B^0: Seine eine Seite wäre der Abschnitt A^0B^0 der Kürzesten $\mathfrak{L}^0$, die andere der Abschnitt A^0B^0 von $\mathfrak{S}_p^0$. Da $\mathfrak{L}^0$ durch B^0 in $\boldsymbol{D}^0$ eintreten würde, so wäre der Winkel von $\boldsymbol{D}^0$ bei B^0 größer als π. Somit wäre die Krümmung von $\boldsymbol{D}^0$ a fortiori größer als π. Dies ist jedoch unmöglich, da seine Krümmung nicht größer sein kann als die Krümmung $\omega(\boldsymbol{P}^0)$ des gesamten Netzes $\boldsymbol{P}^0$ und $\omega(\boldsymbol{P}^0) \leqq \omega(\boldsymbol{P}) < \pi$ ist. Damit ist bewiesen, daß unsere Zweiecke $\boldsymbol{D}_j$ keine gemeinsamen inneren Punkte haben.

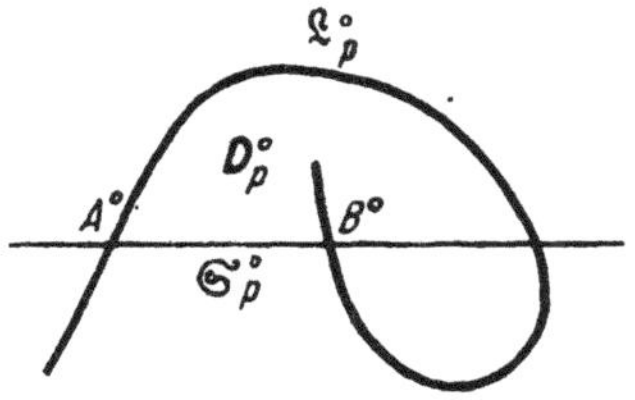

Abb. 70

In diesem Fall ist die Summe ihrer Krümmungen nicht größer als die Krümmung $\omega(\boldsymbol{P}^0)$ des gesamten Netzes:

$$\sum_j \omega(\boldsymbol{D}_j^0) \leqq \omega(\boldsymbol{P}^0) \leqq \omega(\boldsymbol{P}) < \pi.$$

Hieraus folgt

$$\sum_j \left(1 - \cos \frac{\omega(\boldsymbol{D}_j^0)}{2}\right) = \sum_j 2 \cdot \sin^2 \frac{\omega(\boldsymbol{D}_j^0)}{4} \leqq \tag{16}$$

$$\leqq \sum_j \tfrac{1}{2} [\omega(\boldsymbol{D}_j^0)]^2 \leqq \frac{\omega(\boldsymbol{P}^0)}{2} \sum_j \omega(\boldsymbol{D}_j^0) \leqq \frac{\omega^2}{2}.$$

Setzt man die Ungleichungen (15) und (16) in (14) ein, so erhält man

$$s(\mathfrak{L}) < s^0(\mathfrak{L}^0) + \left(2\omega + \frac{\omega^2}{2} + 2\right) \cdot d. \tag{17}$$

Da $\mathfrak{L}^0$ eine Kürzeste ist, so ist außerdem

$$s^0(\mathfrak{L}^0) = \varrho^0(X^0 Y^0),$$

und da die Entfernung $\varrho(XY)$ nicht größer sein kann als die Länge einer die Punkte X und Y verbindenden Kurve, so ist:

$$s(\mathfrak{L}) \geqq \varrho(XY).$$

Daher folgt aus Ungleichung (17)

$$\varrho(XY) < \varrho^0(X^0 Y^0) + c \cdot d,$$

wo

$$c = 2\omega + \frac{\omega^2}{2} + 2$$

ist. Durch Vergleich mit Formel (1) von Hilfssatz 1 schließen wir:

$$|\varrho(XY) - \varrho^0(X^0 Y^0)| < cd,$$

was zu beweisen war.

Bemerkung: Führt man unsere Überlegung etwas schärfer durch und wählt man die Abbildungen der Dreiecke $\boldsymbol{T}_i$ auf die $\boldsymbol{T}_i^0$ in geeigneter Weise, so läßt sich augenscheinlich die Abschätzung

$$0 \leqq \varrho(XY) - \varrho^0(X^0 Y^0) \leqq \omega d$$

erreichen, die nicht mehr verschärft werden kann.

§ 7. Die Realisierbarkeit einer auf der Sphäre vorgegebenen Metrik positiver Krümmung

Jetzt werden wir unseren Fundamentalsatz beweisen:

Satz: *Jede auf einer Sphäre vorgegebene Metrik positiver Krümmung ist durch eine geschlossene konvexe Fläche realisierbar.*

Beweis: 1. Sei auf einer Sphäre $\boldsymbol{S}$ eine Metrik $\varrho(XY)$ positiver Krümmung vorgegeben. Die Sphäre mit einer solchen Metrik stellt ein konvexes Polygon im Sinne unserer allgemeinen Definition dar. Man kann sie daher in beliebig kleine konvexe Dreiecke zerlegen. (Es handelt sich dabei selbstverständlich um Dreiecke im Sinne der Metrik ϱ!) Diese Dreiecke zerlegen wir wieder in kleinere usw. Es ergibt sich eine Folge von Zerlegungen $\Xi_1, \Xi_2, \ldots$ der Sphäre $\boldsymbol{S}$. Dabei ist jede folgende Zerlegung eine Unterteilung der vorhergehenden, und die größten Durchmesser $d_1, d_2, \ldots$ der Dreiecke dieser Zerlegungen streben gegen Null.

Jedem solchen Dreieck einer Zerlegung Ξ_i ordnen wir das ebene Dreieck mit denselben Seitenlängen zu. Wir erhalten so auf Grund des Hilfssatzes 1 des vorigen Paragraphen ein einer Sphäre homöomorphes Netz $\mathfrak{r}_i$, das eine konvexe polyedrische Metrik besitzt. Nach dem in Kap. VI bewiesenen Satz läßt sich aus jedem solchen Netz $\mathfrak{r}_i$ ein geschlossenes konvexes Polyeder $\boldsymbol{P}_i$ verheften.

Jedes Dreieck der Zerlegung Ξ_i ist so auf das ihm entsprechende Dreieck von $\mathfrak{r}_i$ abgebildet, daß die Abbildung auf den Dreiecksseiten isometrisch ist. In dieser Weise ist die Sphäre $\boldsymbol{S}$ auf das Netz $\mathfrak{r}_i$ und somit auf das aus ihm verheftete Polyeder $\boldsymbol{P}_i$ abgebildet. Wir bezeichnen den dem Punkt X (oder A usw.) von $\boldsymbol{S}$ entsprechenden Punkt von $\boldsymbol{P}_i$ mit $\overline{X}_i$ (oder $\overline{A}_i$ usw.). Der Querstrich soll immer bedeuten, daß der Punkt im Raum und nicht auf der abstrakten Sphäre $\boldsymbol{S}$ liegt.

Man kann selbstverständlich annehmen, daß alle Polyeder $\boldsymbol{P}_i$ durch einen und denselben Punkt gehen: es genügt, jedes von ihnen in geeigneter Weise zu verschieben.

2. *Wir beweisen, daß man aus den Polyedern $\boldsymbol{P}_i$ eine Folge auswählen kann derart, daß für jeden Punkt X von $\boldsymbol{S}$ die Folge der entsprechenden Punkte $\overline{X}_i$ auf den Polyedern der ausgewählten Folge konvergent ist*[1]).

Danach werden wir zeigen, daß die Grenzpunkte dieser Folgen $\overline{X}_i$ eine konvexe Fläche bilden, die die gegebene Metrik realisiert.

Da die Krümmung der Sphäre gleich 4π ist, gilt auf Grund des Hilfssatzes 2 des vorigen Paragraphen die Ungleichung

$$\varrho_i(\overline{X_i Y_i}) < \varrho(XY) + (4\pi + 2)\, d_i, \tag{1}$$

wo ϱ_i die Metrik auf dem Polyeder $\boldsymbol{P}_i$ ist. Die räumliche Entfernung zwischen den Punkten des Polyeders ist natürlich nicht größer als die Entfernung auf den Polyedern. Die Polyeder $\boldsymbol{P}_i$ gehen nach Voraussetzung alle durch einen Punkt hindurch, und daher folgt aus Ungleichung (1), daß sie alle in einem beschränkten Teil des Raumes enthalten sind.

[1]) Diese Aussage und ihr Beweis sind von sehr allgemeiner Natur. Wir zeigen nämlich im Grunde folgendes: Möge in einem kompakten Bereich $\mathfrak{G}$ (im vorliegenden Falle auf einer Sphäre) eine Metrik $\varrho(XY)$ vorgegeben sein. Es möge eine Folge von Flächen $\boldsymbol{P}_i$ existieren (in unserem Falle von Polyedern), die alle durch ein und denselben Punkt gehen und $\mathfrak{G}$ homöomorph sind, wobei $\mathfrak{G}$ auf jedes $\boldsymbol{P}_i$ abgebildet sei. Wir nehmen an, es bestünde die Ungleichung $\varrho_i(\overline{X_i Y_i}) < \varrho(XY) + \varepsilon_i$, wo $\varrho_i(\overline{X_i Y_i})$ die Entfernung auf $\boldsymbol{P}_i$ zwischen den Punkten ist, die den Punkten X und Y von $\mathfrak{G}$ entsprechen, und ε_i strebe gegen Null für $i \to \infty$. Dann kann man aus den Flächen $\boldsymbol{P}_i$ eine Folge auswählen derart, daß für jedes X von $\mathfrak{G}$ die Folge der entsprechenden Punkte $\overline{X}_i$ auf den Flächen der ausgewählten Folge konvergiert. Die Grenzpunkte $\overline{X}$ dieser Punktfolgen bilden die Grenzfläche der Flächenfolge $\boldsymbol{P}_i$.

Wir haben auf der Sphäre $\boldsymbol{S}$ eine abzählbare Menge von **Eckpunkten** $A^1, A^2, \ldots$ aller Zerlegungen Ξ_i. Jedem Punkte A^n entspricht auf jedem Polyeder $\boldsymbol{P}_i$ ein Punkt $\overline{A}_i^n$. Da alle Polyeder in einem beschränkten Raumteil gelegen sind, kann man aus ihnen eine Folge

$$\boldsymbol{P}_{11}, \boldsymbol{P}_{12}, \boldsymbol{P}_{13}, \ldots$$

auswählen, für welche die dem Punkt A^1 entsprechenden Punkte konvergieren. Daraufhin kann man aus dieser Folge eine andere

$$\boldsymbol{P}_{21}, \boldsymbol{P}_{22}, \boldsymbol{P}_{23}, \ldots$$

auswählen, in welcher die dem Punkt A^2 entsprechenden Punkte konvergieren. Setzt man die Auswahl der Folgen in derselben Weise fort und nimmt dann die Diagonalfolge $\boldsymbol{P}_{11}, \boldsymbol{P}_{22}, \ldots$, so erhält man damit eine Folge unserer Polyeder, für welche die allen Punkten A^n entsprechenden Punkte konvergieren. Die Polyeder, die nicht zu dieser Folge gehören, schließen wir aus der Betrachtung aus; um die Schreibweise nicht unnütz zu komplizieren, werden wir die Polyeder dieser Folge (und auch die Zerlegungen der Sphäre $\boldsymbol{S}$ usw.) ebenso bezeichnen wie die Polyeder der Ausgangsfolge.

Wir haben also eine Folge von Polyedern $\boldsymbol{P}_i$, bei denen die den Punkten A^n von $\boldsymbol{S}$ entsprechenden Punkte $\overline{A}_i^n$ gegen gewisse Punkte $\overline{A}^n$ konvergieren.

Seien jetzt X ein *beliebiger* Punkt von $\boldsymbol{S}$ und $\overline{X}_1, \overline{X}_2, \ldots$ die ihm entsprechenden Punkte auf den Polyedern $\boldsymbol{P}_1, \boldsymbol{P}_2, \ldots$ Wir zeigen, daß diese Punkte $\overline{X}_i$ gegen einen gewissen Punkt $\overline{X}$ konvergieren.

Wir geben ein beliebig kleines $\varepsilon > 0$ vor. Da die Durchmesser der Dreiecke der Zerlegungen Ξ_i von $\boldsymbol{S}$ gegen Null streben, läßt sich ein Eckpunkt A einer gewissen Zerlegung finden, derart daß

$$(2) \qquad \varrho(AX) < \varepsilon$$

ist (den Index bei A lassen wir der Einfachheit halber weg).

Außerdem gilt nach Ungleichung (1)

$$(3) \qquad \varrho_i(\overline{X}_i \overline{A}_i) < \varrho(XA) + (4\pi + 2) \cdot d.$$

Wegen $d_i \to 0$ für $i \to \infty$ läßt sich ein n_ε finden, derart daß für alle $i > n_\varepsilon$

$$(4\pi + 2)\, d_i < \varepsilon$$

gilt. Dann gilt auf Grund von (2) und (3)

$$(4) \qquad \varrho_i(\overline{X}_i \overline{A}_i) < 2\varepsilon \qquad (i > n_\varepsilon).$$

Seien jetzt $\overline{X}_i, \overline{A}_i$ und $\overline{X}_j, \overline{A}_j$ Punkte auf $\boldsymbol{P}_i$ und $\boldsymbol{P}_j$, die den Punkten X und A entsprechen; ϱ_0 bezeichne die Entfernung im Raum. Dann ist offenbar

$$(5) \qquad \varrho_0(\overline{X}_i \overline{X}_j) \leqq \varrho_0(\overline{X}_i \overline{A}_i) + \varrho_0(\overline{A}_i \overline{A}_j) + \varrho_0(\overline{A}_j \overline{X}_j).$$

Nun ist aber die Entfernung im Raum nicht größer als die auf den Polyedern $\boldsymbol{P}_i$, d. h. z. B. $\varrho_0(\overline{X}_i\overline{A}_i) \leqq \varrho_i(\overline{X}_i\overline{A}_i)$. Aus (5) folgt daher

$$\varrho_0(\overline{X}_i\overline{X}_j) \leqq \varrho_i(\overline{X}_i\overline{A}_i) + \varrho_j(\overline{X}_j\overline{A}_j) + \varrho_0(\overline{A}_i\overline{A}_j). \tag{6}$$

Auf Grund von (4) ist aber

$$\varrho_i(\overline{X}_i\overline{A}_i) + \varrho_j(\overline{X}_j\overline{A}_j) < 4\varepsilon \qquad (i, j > n_\varepsilon). \tag{7}$$

Da andererseits die Punkte $\overline{A}_k$ konvergieren, so wird $\varrho_0(\overline{A}_i\overline{A}_j)$ kleiner als ε, sobald nur i und j größer als ein gewisses m_ε sind. Aus Ungleichung (6) folgt daher

$$\varrho_0(\overline{X}_i\overline{X}_j) < 5\varepsilon \qquad (i, j > \max(m_\varepsilon, n_\varepsilon)).$$

Da ε beliebig klein ist, bedeutet dies, daß die Punkte $\overline{X}_i$ gegen einen gewissen Punkt $\overline{X}$ konvergieren.

3. Alle Punkte $\overline{X}_i$ von $\boldsymbol{P}_i$ konvergieren also gegen gewisse Punkte $\overline{X}$. Sei $\mathfrak{F}$ die Menge dieser Punkte $\overline{X}$. Wir beweisen, *daß die Polyeder $\boldsymbol{P}_i$ gegen $\mathfrak{F}$ konvergieren.*

Da jeder Punkt von $\mathfrak{F}$ Grenzpunkt von Folgen auf $\boldsymbol{P}_i$ liegender Punkte $\overline{X}_i$ ist, braucht man nur zu beweisen, daß kein Punkt außerhalb $\mathfrak{F}$ Häufungspunkt von Punkten sein kann, die auf verschiedenen Polyedern $\boldsymbol{P}_i$ liegen.

Nehmen wir an, der Punkt $\overline{C}$ sei Grenzpunkt der Punkte $\overline{C}_i$ von $\boldsymbol{P}_i$. (Der einfachen Schreibweise wegen nehmen wir Punkte auf allen Polyedern. Ist $\overline{C}$ Häufungspunkt, aber nicht Limespunkt der $\overline{C}_i$, so kann man selbstverständlich eine konvergierende Teilfolge von Punkten $\overline{C}_i$ auswählen und sich auf die Betrachtung der entsprechenden Polyeder beschränken.) Seien C_i die Punkte auf $\boldsymbol{S}$, die den Punkten $\overline{C}_i$ entsprechen. Aus diesen läßt sich eine konvergierende Folge auswählen; um nicht neue Bezeichnungen einführen zu müssen, wollen wir gleich annehmen, daß die Punkte C_i gegen einen gewissen Punkt D konvergieren. Schließlich entsprechen dem Punkt D auf den Polyedern $\boldsymbol{P}_i$ gewisse Punkte $\overline{D}_i$, die nach dem oben Bewiesenen gegen einen gewissen Punkt $\overline{D}$ von $\mathfrak{F}$ konvergieren.

Wir haben folglich:

$$\overline{C}_i \to \overline{C}; \qquad C_i \to D; \qquad \overline{D}_i \to \overline{D},$$

wo die $\overline{C}_i$ den C_i und die $\overline{D}_i$ dem Punkt D entsprechen.

Bezeichne ϱ_0 wie oben die Entfernung im Raum. Offenbar ist

$$\varrho_0(\overline{C}\overline{D}) \leqq \varrho_0(\overline{C}\overline{C}_i) + \varrho_0(\overline{C}_i\overline{D}_i) + \varrho_0(\overline{D}_i\overline{D}). \tag{8}$$

Wegen $\overline{C}_i \to \overline{C}$ und $\overline{D}_i \to \overline{D}$ gilt

$$\varrho_0(\overline{C}\overline{C}_i) \to 0 \quad \text{und} \quad \varrho_0(\overline{D}_i\overline{D}) \to 0. \tag{9}$$

Da die Entfernung im Raum nicht größer ist als auf einem Polyeder $\boldsymbol{P}_i$, so ist

$$\varrho_0(\overline{C_i D_i}) \leqq \varrho_i(\overline{C_i D_i}). \tag{10}$$

Da schließlich $\overline{D}_i$ und $\overline{C}_i$ den Punkten D und C_i von $\boldsymbol{S}$ entsprechen, folgt auf Grund der Ungleichung (1)

$$\varrho_i(\overline{C}_i \overline{D}_i) < \varrho(C_i D) + (4\pi + 2) \cdot d_i$$

und daher aus (10)

$$\varrho_0(\overline{C}_i \overline{D}_i) < \varrho(C_i D) + (4\pi + 2) \cdot d_i.$$

Nun gilt aber $d_i \rightarrow 0$ und $C_i \rightarrow D$; daher gilt auch

$$\varrho_0(\overline{C}_i \overline{D}_i) \rightarrow 0. \tag{11}$$

Vergleichen wir (8), (9) und (11), so sehen wir, daß $\varrho_0(\overline{C}\overline{D}) = 0$ ist, d. h. die Punkte $\overline{C}$ und $\overline{D}$ zusammenfallen. Da aber $\overline{D}$ zu $\mathfrak{F}$ gehört, so gehört auch $\overline{C}$ zu $\mathfrak{F}$. Jeder Häufungspunkt von Punkten auf verschiedenen Polyedern $\boldsymbol{P}_i$ gehört also zu $\mathfrak{F}$, und damit ist bewiesen, daß die Polyeder $\boldsymbol{P}_i$ gegen $\mathfrak{F}$ konvergieren.

4. Der Limes einer beschränkten konvergierenden Folge geschlossener konvexer Polyeder ist entweder eine geschlossene konvexe Fläche (einschließlich doppelt bedeckter ebener Bereiche) oder eine Strecke oder ein Punkt (Anhang § 6, Satz 3). Daher ist $\mathfrak{F}$ entweder eine geschlossene konvexe Fläche oder eine Strecke oder ein Punkt. Der Kürze halber wollen wir $\mathfrak{F}$ eine Fläche $\boldsymbol{F}$ nennen.

Jedem Punkt X auf $\boldsymbol{S}$ entspricht auf $\boldsymbol{F}$ ein Punkt $\overline{X}$: der Grenzpunkt der X entsprechenden Punkte $\overline{X}_i$ von $\boldsymbol{P}_i$. Andererseits ist auf Grund der Konstruktion von $\boldsymbol{F}$ jeder Punkt von $\boldsymbol{F}$ ein solcher Grenzpunkt und entspricht somit einem gewissen Punkt der Sphäre $\boldsymbol{S}$. Wir haben folglich eine Abbildung h der Sphäre $\boldsymbol{S}$ auf die Fläche $\boldsymbol{F}$; bei dieser Abbildung geht X in $\overline{X}$ über.

Falls $\boldsymbol{F}$ ein doppelt bedeckter ebener Bereich ist, wird jeder innere Punkt doppelt gezählt: auf der einen und auf der anderen Seite des Bereiches. Dies führt zu einer gewissen Mehrdeutigkeit in der Definition der betreffenden Abbildung von $\boldsymbol{S}$ auf $\boldsymbol{F}$. Geht nämlich X in $\overline{X}$ über, so wissen wir noch nicht, auf welcher Seite $\overline{X}$ liegt. Wir zeigen jetzt, daß diese Mehrdeutigkeit beseitigt werden kann.

$\boldsymbol{F}$ möge in der Ebene $\boldsymbol{Q}$ liegen. Wir wählen eine positive Richtung der Normalen von $\boldsymbol{Q}$ und orientieren jede zu $\boldsymbol{Q}$ senkrechte Gerade in dieser Richtung. Als o b e r e bezeichnen wir diejenige Seite von $\boldsymbol{Q}$, aus der diese Geraden heraustreten, die andere Seite von $\boldsymbol{Q}$ nennen wir die u n t e r e. Schneidet eine zu $\boldsymbol{Q}$ senkrechte Gerade $\mathfrak{L}$ das Polyeder $\boldsymbol{P}_i$, indem sie durch den Punkt $\overline{A}$ in $\boldsymbol{P}_i$ eintritt und $\boldsymbol{P}_i$ durch den Punkt $\overline{B}$ verläßt, so wollen wir $\overline{B}$ als o b e n und $\overline{A}$ als u n t e n liegend ansehen. Berührt $\mathfrak{L}$ das Polyeder nur, so kann der Berührungspunkt sowohl als oberer als auch als unterer Punkt betrachtet werden. Liegt $\overline{X}$ im Innern von $\boldsymbol{F}$ und z. B. oben (unten), so sehen wir eine Folge von Punkten $\overline{X}_i$ von $\boldsymbol{P}_i$ nur dann als gegen $\overline{X}$ konvergierend an, wenn für hinreichend große i die Punkte $\overline{X}_i$ obere (untere) Punkte auf $\boldsymbol{P}_i$ sind. Ist $\overline{X}$ ein Punkt des Randes von $\boldsymbol{F}$, so wird keine zusätzliche Forderung für die Konvergenz der Punkte $\overline{X}_i$ erhoben. Dies alles wurde schon in Kap. III, § 1 besprochen.

Seien wie oben $A^1, A^2, \ldots$ Eckpunkte der Zerlegungen Ξ_i. Liegt $\overline{A^1}$ auf dem Rand von $\boldsymbol{F}$, so konvergieren die $\overline{A_i^1}$ gegen ihn, und zusätzliche Bedingungen sind überflüssig. Liegt dagegen $\overline{A^1}$ im Innern von $\boldsymbol{F}$ und liegen die Punkte $\overline{A_i^1}$ auf den $\boldsymbol{P}_i$ für beliebig große i auf verschiedenen Seiten, so wählen wir aus den Polyedern $\boldsymbol{P}_i$ die Folge

$$\boldsymbol{P}_{11}, \boldsymbol{P}_{12}, \boldsymbol{P}_{13}, \ldots$$

so aus, daß in ihr die Punkte $\overline{A_{1k}^1}$ auf denselben Seiten von $\boldsymbol{P}_{1k}$ liegen. Aus dieser Folge wählen wir eine Teilfolge

$$\boldsymbol{P}_{21}, \boldsymbol{P}_{22}, \boldsymbol{P}_{23}, \ldots,$$

in der die Punkte $\overline{A_{2k}^1}$ auf denselben Seiten von $\boldsymbol{P}_{2k}$ liegen. Fährt man in derselben Weise fort und nimmt dann die Diagonalfolge $\boldsymbol{P}_{11}, \boldsymbol{P}_{22}, \ldots$, so konvergieren in ihr alle Punkte $\overline{A_{kk}^n}$ (für jedes gegebene n und $k \to \infty$) auch im Sinne der oben aufgestellten Zusatzforderung. Um nicht neue Bezeichnungen einzuführen, wollen wir annehmen, daß die Folge $\boldsymbol{P}_{kk}$ mit der früheren $\boldsymbol{P}_i$ zusammenfällt.

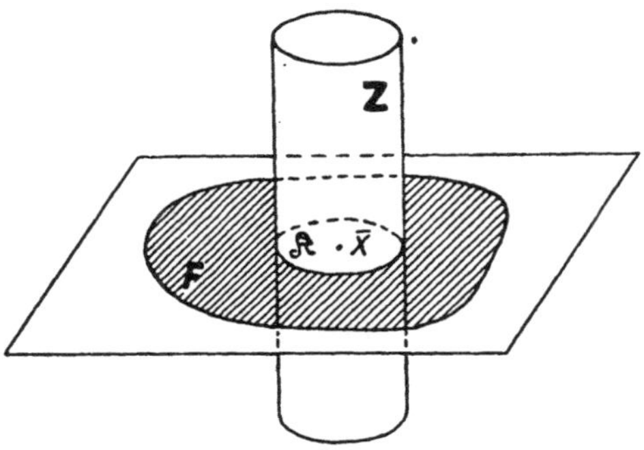

Abb. 71

Nun zeigen wir, daß jetzt für einen beliebigen Punkt X von $\boldsymbol{S}$ die Punkte $\overline{X}_i$ auf $\boldsymbol{P}_i$ gegen den Punkt $\overline{X}$ auf $\boldsymbol{F}$ auch im Sinne unserer Zusatzbedingung konvergieren. Dies braucht nur für den Fall bewiesen zu werden, daß $\overline{X}$ im Innern von $\boldsymbol{F}$ liegt.

Liegt $\overline{X}$ im Innern von $\boldsymbol{F}$, so kann man um $\overline{X}$ einen Kreis $\mathfrak{K}$ mit einem gewissen Radius $r > 0$ beschreiben, und zwar so, daß $\boldsymbol{K}$ im Innern von $\boldsymbol{F}$ liegt. Über diesem Kreis konstruieren wir einen geraden Zylinder $\boldsymbol{Z}$ (Abb. 71). Auf $\boldsymbol{S}$ nehmen wir einen Punkt A^n — wir bezeichnen ihn einfach mit A —, derart daß

$$\varrho(XA) < \frac{r}{2} \text{ ist.}$$

Hierbei ist X ein Punkt auf $\boldsymbol{S}$, der dem gegebenen Punkte $\overline{X}$ entspricht.

Da nach Formel (1)

$$\varrho_i(\overline{A_i}\overline{X_i}) < \varrho(AX) + (4\pi + 2)\, d_i$$

und außerdem $d_i \to 0$ gilt, so ist für hinreichend großes i auch:

$$\varrho_i(\overline{A}_i \overline{X}_i) < \frac{r}{2}. \tag{12}$$

Die Punkte $\overline{X}_i$ konvergieren gegen $\overline{X}$; daher sind für hinreichend große i die Punkte $\overline{X}_i$ von $\overline{X}$ um nicht mehr als $\frac{r}{2}$ entfernt. Dann sind aber auf Grund von (12) die Punkte $\overline{A}_i$ um nicht mehr als r von $\overline{X}$ entfernt und fallen somit in das (räumliche, d. Ü.) Innere des Zylinders $\boldsymbol{Z}$. Daher liegt ihr Limespunkt $\overline{A}$ im Kreise $\boldsymbol{K}$, d. h. im Innern von $\boldsymbol{F}$.

Wir wollen z. B. annehmen, $\overline{A}$ liege auf $\boldsymbol{F}$ oben. Dann liegen die Punkte $\overline{A}_i$ auf den Polyedern $\boldsymbol{P}_i$ oben (auf Grund unserer Auswahl der Polyederfolge). Da der Zylinder $\boldsymbol{Z}$ die Fläche $\boldsymbol{F}$ längs des im Innern von $\boldsymbol{F}$ liegenden Kreises $\mathfrak{K}$ schneidet, so wird $\boldsymbol{Z}$ für hinreichend große i die Polyeder $\boldsymbol{P}_i$ so schneiden, daß auf ihm keine „Extrempunkte" der $\boldsymbol{P}_i$ liegen. Darunter verstehen wir solche Punkte, die bei Projektion auf $\boldsymbol{Q}$ Randpunkte der Projektion des Polyeders ergeben[1]).

Würde daher für beliebig große i der Punkt $\overline{X}_i$ auf den Polyedern $\boldsymbol{P}_i$ unten liegen, so müßten die Kürzesten, die diese Punkte mit $\overline{A}_i$ verbinden, von der unteren auf die obere Seite überwechseln. Sie müßten also den Zylinder $\boldsymbol{Z}$ verlassen. Wenn aber $\overline{X}_i$ hinreichend nahe bei $\overline{X}$ liegt, so wird jede von $\overline{X}_i$ ausgehende und den Zylinder $\boldsymbol{Z}$ verlassende Kurve eine Länge haben, die mindestens $\frac{r}{2}$ ist. Es wäre also für große i

$$\varrho_i(\overline{A}_i \overline{X}_i) > \frac{r}{2}. \tag{13}$$

Dies widerspricht aber der Ungleichung (12). Für hinreichend große i bleiben also die Punkte $\overline{X}_i$ auf einer Seite der Polyeder $\boldsymbol{P}_i$ und konvergieren daher gegen $\overline{X}$ im Sinne der oben gestellten Zusatzforderung.

5. Jetzt, wo die Zusatzbedingung erfüllt ist, ist unsere Abbildung h der Punkte X der Sphäre $\boldsymbol{S}$ auf die Punkte $\overline{X}$ von $\boldsymbol{F}$ eindeutig definiert. Es ist eine Abbildung von $\boldsymbol{S}$ auf ganz $\boldsymbol{F}$. Jetzt zeigen wir, daß sie isometrisch ist, d. h. daß für alle X und Y

$$\varrho(XY) = \varrho_F(\overline{X}\overline{Y})$$

gilt, wo ϱ die auf $\boldsymbol{S}$ vorgegebene Metrik ist und ϱ_F die Entfernung auf $\boldsymbol{F}$ bedeutet. Damit ist dann bewiesen, *daß die Fläche $\boldsymbol{F}$ die Metrik ϱ realisiert.*

[1]) Enthält $\boldsymbol{Z}$ einen extremen Punkt $\overline{E}_i$ von $\boldsymbol{P}_i$, so besitzt $\boldsymbol{P}_i$ eine durch $\overline{E}_i$ gehende Stützebene $\boldsymbol{Q}_i$ die zu $\boldsymbol{Q}$ senkrecht steht. Diese schneidet den Kreis $\mathfrak{K}$. Enthielte daher für beliebig große i der Zylinder $\boldsymbol{Z}$ extreme Punkte von $\boldsymbol{P}_i$, so könnte $\mathfrak{K}$ nicht im Innern des Limes der $\boldsymbol{P}_i$, d. h. im Innern von $\boldsymbol{F}$, liegen.

Zum Beweis bemerken wir zunächst, daß die Metriken der Polyeder $\boldsymbol{P}_i$ gegen die Metrik der Fläche $\boldsymbol{F}$ konvergieren, wie aus dem Satz 1 aus § 1 von Kap. III folgt. Konvergieren nämlich die Punkte $\overline{X}_i$ und $\overline{Y}_i$ von $\boldsymbol{P}_i$ gegen die Punkte $\overline{X}$ und $\overline{Y}$, so ist nach diesem Satz

$$\varrho_{\boldsymbol{F}}(\overline{X}\,\overline{Y}) = \lim_{i\to\infty} \varrho_i(\overline{X}_i\overline{Y}_i). \tag{14}$$

Nach Ungleichung (1) ist aber

$$\varrho_i(\overline{X}_i\overline{Y}_i) < \varrho(XY) + (4\pi + 2)\cdot d_i,$$

und wegen $d_i \to 0$ erhalten wir mit Hilfe dieser Ungleichung aus (14)

$$\varrho_{\boldsymbol{F}}(\overline{X}\,\overline{Y}) \leqq \varrho(XY). \tag{15}$$

Zum Beweis der umgekehrten Ungleichung nehmen wir auf der Fläche $\boldsymbol{F}$ eine Kürzeste $\overline{X}\,\overline{Y}$ und betrachten eine der vorliegenden Zerlegungen Ξ_i von $\boldsymbol{S}$. Da $\boldsymbol{S}$ auf $\boldsymbol{F}$ abgebildet ist, entspricht jedem Dreieck $\boldsymbol{T}$ einer Zerlegung Ξ_i eine gewisse Figur $\overline{\boldsymbol{T}}$ auf $\boldsymbol{F}$; wir nennen sie ebenfalls Dreieck.

Wir nehmen zunächst an, die Krümmung von $\boldsymbol{T}$ sei kleiner als π. Dann kann man auf $\boldsymbol{T}$ den Hilfssatz 3 des vorigen Paragraphen anwenden. Aus diesem Hilfssatz folgt, daß bei weiterer Unterteilung der Zerlegung Ξ_i die Metriken ϱ_i im Innern des Dreiecks $\boldsymbol{T}$ gegen die vorgegebene Metrik ϱ konvergieren. Andererseits werden die Metriken ϱ_i auf den Polyedern $\boldsymbol{P}_i$ realisiert und konvergieren gegen die Metrik von $\boldsymbol{F}$. Hieraus ergibt sich folgendes Resultat: Sei $\overline{N}\,\overline{M}$ ein Abschnitt der Kürzesten $\overline{X}\,\overline{Y}$, der im Dreieck $\overline{\boldsymbol{T}}$ liegt, das dem Dreieck $\boldsymbol{T}$ entspricht. Die Punkte N und M der Sphäre, denen $\overline{N}$ und $\overline{M}$ entsprechen, liegen in $\boldsymbol{T}$, und daher ist

$$\varrho(NM) = \lim_{i\to\infty} \varrho_i(\overline{N}_i\overline{M}_i).$$

Nach Formel (14) ist aber

$$\varrho_{\boldsymbol{F}}(\overline{N}\,\overline{M}) = \lim_{i\to\infty} \varrho_i(\overline{N}_i\overline{M}_i)$$

und folglich

$$\varrho(NM) = \varrho_{\boldsymbol{F}}(\overline{N}\,\overline{M}). \tag{16}$$

Lassen wir daher jedem Abschnitt $\overline{N}\,\overline{M}$ von $\overline{X}\,\overline{Y}$ eine Kürzeste NM auf der Sphäre $\boldsymbol{S}$ entsprechen, so erhalten wir eine Kurve, deren Länge gleich derjenigen des in $\boldsymbol{T}$ liegenden Teiles von $\overline{X}\,\overline{Y}$ ist. (Die Anzahl der Abschnitte $\overline{N}\,\overline{M}$ in einem Dreieck $\boldsymbol{T}$ könnte unendlich sein. Dies ist aber unwesentlich, da die Summe der Längen abzählbar vieler Abschnitte einer Kurve gleich der Länge der Summe dieser Abschnitte ist.)

$\overline{X}\,\overline{Y}$ kann aber auch Dreiecke $\overline{\boldsymbol{T}}$ durchlaufen, die Dreiecken $\boldsymbol{T}$ entsprechen, deren Krümmung $\geqq \pi$ ist. Möge $\overline{X}\,\overline{Y}$ in ein solches Dreieck in $\overline{N}$ eintreten und in $\overline{M}$ aus ihm herauskommen. (Durchquert $\overline{X}\overline{Y}$ ein solches $\overline{\boldsymbol{T}}$ mehrfach, so nimmt man die äußersten zu $\overline{\boldsymbol{T}}$ gehörigen Punkte.) Dem Abschnitt $\overline{N}\overline{M}$ unserer Kürzesten lassen wir die Kürzeste NM auf $\boldsymbol{S}$ entsprechen. Da der Durchmesser des Dreiecks $\boldsymbol{T}$ in Ξ_i nicht größer als d_i ist, so gilt:

$$\varrho(NM) \leqq d_i. \tag{17}$$

Nehmen wir jetzt alle Kürzesten NM, die wir den Abschnitten von $\overline{X}\overline{Y}$ entsprechen ließen. Sie bilden eine Kurve, die die Punkte X und Y verbindet. Ihre Länge (in der Metrik ϱ) ist größer als $\varrho(XY)$.

Bei der Addition der Abschnitte NM kommen Abschnitte, die in Dreiecken $\boldsymbol{T}$ mit einer Krümmung $\geqq \pi$ liegen, nicht mehr als viermal vor. Die Zahl solcher Dreiecke ist nämlich nicht größer als vier, da die Krümmung der gesamten Sphäre gleich 4π ist. Wenn wir daher alle Abschnitte NM addieren und die Formeln (16) und (17) benutzen, so erhalten wir

$$\varrho(XY) = \Sigma\, \varrho(NM) \leqq \Sigma\, \varrho_{\boldsymbol{F}}(\overline{N}\overline{M}) + 4d_i. \tag{18}$$

Aus (18) folgt[1])

$$\varrho(XY) \leqq \varrho_{\boldsymbol{F}}(\overline{X}\overline{Y}) + 4d_i.$$

Für $i \to \infty$ gilt aber $d_i \to 0$, daher ist

$$\varrho(XY) \leqq \varrho_{\boldsymbol{F}}(\overline{X}\overline{Y}). \tag{19}$$

Der Vergleich von (19) und (15) ergibt

$$\varrho_{\boldsymbol{F}}(\overline{X}\overline{Y}) = \varrho(XY);$$

folglich realisiert $\boldsymbol{F}$ die Metrik ϱ. Um den Beweis unseres Satzes zu vollenden, muß noch gezeigt werden, daß $\boldsymbol{F}$ weder ein Punkt noch eine Strecke ist. Aber jetzt, wo wir schon wissen, daß $\boldsymbol{F}$ die Metrik ϱ realisiert, ist dies selbstverständlich. Eine isometrische Zuordnung zwischen der Sphäre $\boldsymbol{S}$ mit der Metrik ϱ und der Fläche $\boldsymbol{F}$ ist ein Homöomorphismus, und weder eine Strecke noch ein Punkt ist einer Sphäre homöomorph.

---

[1]) In der Summe auf der rechten Seite der Ungleichung (18) tritt jeder Abschnitt nicht mehr als einmal auf. Abschnitte in Dreiecken $\overline{\boldsymbol{T}}$ aber, die solchen $\boldsymbol{T}$ entsprechen, für die die Krümmung mindestens π ist, treten nicht auf. Fügt man sie noch hinzu, so wird die Ungleichung höchstens noch stärker und außerdem gilt dann

$$\Sigma\, \varrho_{\boldsymbol{F}}(\overline{N}\overline{M}) = \varrho_{\boldsymbol{F}}(\overline{X}\overline{Y}).$$

KAPITEL VIII

ANDERE EXISTENZSÄTZE

§ 1. Der Verheftungssatz

Das Verfahren, eine polyedrische Metrik aus einem aus ebenen Polygonen bestehenden Netz aufzubauen, kann verallgemeinert werden: An Stelle von Netzen aus *ebenen* Polygonen kann man ein System von Polygonen aus Mannigfaltigkeiten mit einer Metrik positiver Krümmung wählen und durch Identifizierung ihrer Seiten wiederum eine Mannigfaltigkeit mit einer Metrik positiver Krümmung erhalten. Der Verheftungssatz, den wir hier beweisen werden, gibt die Bedingungen an, unter denen dies tatsächlich möglich ist.

Einen abgeschlossenen Bereich in einer Mannigfaltigkeit mit innerer Metrik wollen wir *Polygon* nennen, wenn 1. seine Berandung aus Kürzesten besteht und 2. kein Punkt der Berandung Häufungspunkt einer Menge von Punkten ist, die (sämtlich jeweils, d. Ü.) auf verschiedenen dieser Kürzesten liegen. In dieser Polygondefinition sehen wir von der Forderung der Kompaktheit ab. Daher sind z. B. ein unendlicher Bereich der Ebene, der durch einen unendlichen Streckenzug begrenzt ist, oder ein aus einer offenen Halbsphäre ausgeschnittener Sektor jetzt als Polygone anzusehen. Ein Sektor der Halbsphäre ist auf der Äquatorseite offen, er ist aber bezüglich der Halbsphäre selbst abgeschlossen, d. h. jeder seiner zur Halbsphäre gehörigen Limespunkte gehört ihm selber an.

Aus einer Mannigfaltigkeit mit einer Metrik positiver Krümmung seien die Polygone $\boldsymbol{P}_1, \ldots, \boldsymbol{P}_n$ ausgeschnitten. Wir sagen, eine gewisse neue Mannigfaltigkeit $\mathfrak{r}'$ mit einer Metrik positiver Krümmung sei aus den Polygonen $\boldsymbol{P}_1, \ldots, \boldsymbol{P}_n$ *verheftet*, wenn sie so in geodätische Polygone $\boldsymbol{P}_1', \ldots, \boldsymbol{P}_n'$ aufgeteilt werden kann, daß jedes $\boldsymbol{P}_i'$ einem $\boldsymbol{P}_i$ isometrisch ist[1]). Ist $\mathfrak{r}'$ dabei eine Fläche im Raum, so sagt man natürlich, die Fläche sei aus den Polygonen $\boldsymbol{P}_1, \ldots, \boldsymbol{P}_n$ verheftet.

In den Polygonen $\boldsymbol{P}_1', \ldots, \boldsymbol{P}_n'$ sind die Seiten paarweise und die Eckpunkte irgendwie identifiziert. Diese Identifizierungen lassen sich auf Grund der Isometrie der $\boldsymbol{P}_i$ und $\boldsymbol{P}_i'$ in natürlicher Weise auf die Polygone $\boldsymbol{P}_i$ übertragen. (Es

[1]) Im Innern jedes Polygons $\boldsymbol{P}_i$ wird eine eigene innere Metrik induziert. Diese kann von derjenigen verschieden sein, die $\boldsymbol{P}_i$ als Teil der umfassenden Mannigfaltigkeit besitzt (s. Satz 5 aus § 2 von Kap. II). Hier ist die Isometrie der Polygone $\boldsymbol{P}_i$ und $\boldsymbol{P}_i'$ im Sinne ihrer eigenen inneren Metriken gemeint.

kann vorkommen, daß eine in einem Polygon $\boldsymbol{P}_i$ ganze Seite durch Eckpunkte von $\boldsymbol{P}'_i$ zerlegt wird. In diesem Falle wollen wir die entsprechenden Punkte von $\boldsymbol{P}_i$ auch als Eckpunkte von $\boldsymbol{P}_i$ ansehen.)

Führt man für die $\boldsymbol{P}_i$ diese Identifizierungen durch, so bilden sie eine Mannigfaltigkeit $\mathfrak{r}$, die $\mathfrak{r}'$ homöomorph ist. In $\mathfrak{r}$ läßt sich in natürlicher Weise eine innere Metrik definieren: Man kann nämlich die Länge einer Kurve in $\mathfrak{r}$ als Summe der Längen ihrer in jedem Polygon $\boldsymbol{P}_i$ liegenden Abschnitte definieren. Alsdann definieren wir die Entfernung zwischen Punkten als die untere Grenze der Längen der Verbindungskurven dieser Punkte. Bei dieser Definition der Metrik in $\mathfrak{r}$ wird diese Mannigfaltigkeit zu $\mathfrak{r}'$ isometrisch. Ist daher $\mathfrak{r}'$ eine abstrakte Mannigfaltigkeit und nicht eine Fläche im Raum, so brauchen wir $\mathfrak{r}$ und $\mathfrak{r}'$ nicht zu unterscheiden, und wir sagen dann auch, $\mathfrak{r}$ sei aus den Polygonen $\boldsymbol{P}_i$ verheftet.

Eine aus gegebenen Polygonen verheftete Mannigfaltigkeit ist vollständig definiert durch die „Identifizierungsvorschrift“ für Seiten und Ecken, d. h. durch die Angabe, welche Seiten und Ecken und in welcher Richtung die Seiten zu identifizieren sind. Wir erinnern daran, daß die Identifizierungen folgenden Bedingungen genügen müssen:

1. In einem Eckpunkt zusammenstoßende Winkel sollen dort so zusammenstoßen wie die Sektoren eines entsprechend geteilten Kreises im Mittelpunkt. (Hieraus folgt schon, daß Seiten paarweise zu identifizieren sind.)

2. Von jedem Polygon soll man zu jedem anderen über Polygone mit identifizierten Seiten gelangen können.

3. Zu identifizierende Seiten sollen gleiche Länge haben, und bei ihrer Identifikation müssen auch einander entsprechende Abschnitte gleiche Längen haben.

Aus den ersten beiden Bedingungen folgt, daß die Polygone eine Mannigfaltigkeit bilden. In dieser Weise erhalten wir durch Vorgabe von Polygonen $\boldsymbol{P}_1, \ldots, \boldsymbol{P}_n$ und einer Verheftungsvorschrift, die den drei gestellten Bedingungen genügt, eine Mannigfaltigkeit $\mathfrak{r}$ mit einer inneren Metrik.

In § 4 des vorigen Kapitels wurde gezeigt, daß der volle Winkel um einen Punkt einer Mannigfaltigkeit mit einer Metrik positiver Krümmung 2π nicht übertreffen kann. Für die Positivität der Krümmung der Metrik von $\mathfrak{r}$ ist also notwendig, daß die Summe der in einem Eckpunkt zusammenstoßenden Polygonwinkel nicht größer als 2π ist. Sind die Polygone $\boldsymbol{P}_i$ aus einer Mannigfaltigkeit mit einer Metrik positiver Krümmung ausgeschnitten oder haben, wie wir sagen werden, die Polygone $\boldsymbol{P}_i$ Metriken positiver Krümmung, so ist diese Bedingung auch hinreichend. Darin besteht der „Verheftungssatz“. Bevor wir ihn jedoch beweisen, müssen wir folgenden wesentlichen Vorbehalt machen. Erstens haben wir noch nicht bewiesen, daß *jedes* Polygon in einer beliebigen Mannigfaltigkeit mit einer Metrik positiver Krümmung bestimmte Winkel besitzt. Dies wurde nur für *konvexe* Polygone bewiesen (Kap. VII, § 5). Zweitens haben wir nicht bewiesen, daß der volle Winkel um *jeden* Punkt in einer solchen Mannigfaltigkeit höchstens 2π ist. Dies wurde nur für solche Punkte gezeigt, von denen von vornherein bekannt war, daß ihre Umgebungen in konvexe Sektoren aufgespalten werden können (Kap. VII, § 4). Unsere Aussage über die Winkel der Polygone $\boldsymbol{P}_i$ hat daher vorerst nur für konvexe Polygone einen wohlbestimmten Sinn. Später werden wir jedoch beweisen, daß jeder Punkt in einer Mannigfaltigkeit mit einer Metrik positiver Krümmung eine Umgebung besitzt, die einer konvexen Fläche isometrisch ist. Damit wird gezeigt sein, daß sich alle in Kap. IV für den Fall konvexer Flächen abgeleiteten Eigenschaften von Winkeln auf beliebige Mannigfaltigkeiten mit einer Metrik positiver Krümmung übertragen lassen. Dann wird auch klar, daß es nicht notwendig ist, sich im Verheftungssatz auf konvexe Polygone zu beschränken. Wir führen den Beweis dieses Satzes so, daß die Konvexität der Polygone $\boldsymbol{P}_i$ keine Rolle spielt, abgesehen davon, daß *vorerst* die Existenz und der Satz über die Addition von Winkeln nur für konvexe Polygone angewandt werden dürfen.

Der Verheftungssatz: *Wenn eine Mannigfaltigkeit $\mathfrak{r}$ so aus Polygonen $\boldsymbol{P}_1, \ldots, \boldsymbol{P}_n$ mit Metriken positiver Krümmung verheftet ist, daß die Summe der in jedem Eckpunkt zusammenstoßenden Polygonwinkel nicht größer ist als 2π, so ist die Metrik in der gesamten Mannigfaltigkeit $\mathfrak{r}$ ebenfalls eine Metrik positiver Krümmung.*

Beweis: Eine Metrik positiver Krümmung ist dadurch charakterisiert, daß sie eine innere Metrik ist und daß die Summe der unteren Winkel jedes hinreichend kleinen konvexen Dreiecks mindestens π ist. Die Tatsache, daß die Metrik in $\mathfrak{r}$ eine innere ist, folgt unmittelbar aus ihrer Definition.

Zum Beweis der zweiten charakteristischen Eigenschaft zeigen wir:

1. In der Mannigfaltigkeit $\mathfrak{r}$ existiert zwischen zwei Seiten eines konvexen Dreiecks immer ein bestimmter Winkel.

2. Die Winkelsumme in einem kleinen konvexen Dreieck von $\mathfrak{r}$ ist mindestens π.

3. Zwischen den Seiten jedes kleinen konvexen Dreiecks existiert ein Winkel im starken Sinne.

Aus diesen drei Aussagen folgt selbstverständlich unser gewünschtes Resultat.

Liegt der Punkt, von dem zwei Kürzeste ausgehen, im Innern eines der zu verheftenden Polygone, so gibt es zwischen diesen Kürzesten einen bestimmten Winkel, da in diesen Polygonen selbst die Metrik positive Krümmung besitzt.

Möge jetzt der Punkt Q auf der Berandung der Polygone — im Innern einer Seite oder in einem Eckpunkt — liegen; in ihm mögen Winkel der Polygone $\boldsymbol{P}_1, \boldsymbol{P}_2, \ldots, \boldsymbol{P}_m$ zusammenstoßen, die durch die Kürzesten $\mathfrak{L}_1, \mathfrak{L}_2, \ldots, \mathfrak{L}_m$ getrennt seien. Diese Kürzesten sind Abschnitte der betreffenden Polygonseiten. (Liegt Q im Innern einer Seite, so stoßen in ihm zwei „Winkel" zusammen, die gleich π sind.) Wir zeigen jetzt, daß keine von Q ausgehende Kürzeste $\mathfrak{M}$ eine der Kürzesten $\mathfrak{L}_1, \ldots, \mathfrak{L}_m$ schneiden kann.

Sonst möge etwa $\mathfrak{M}$ die Kürzeste $\mathfrak{L}_1$ im Punkt A schneiden und aus dem Polygon $\boldsymbol{P}_m$ ins Innere von $\boldsymbol{P}_1$ übertreten. Dann würden wir den Abschnitt QA von $\mathfrak{M}$ durch den Abschnitt QA von $\mathfrak{L}_1$ ersetzen und so eine neue Kürzeste $\overline{\mathfrak{M}}$ erhalten, die im Polygon $\boldsymbol{P}_1$ verliefe. Diese Kürzeste fiele mit $\mathfrak{L}_1$ auf dem Abschnitte QA zusammen und zweigte dann ab. Die Metrik in $\boldsymbol{P}_1$ ist aber eine Metrik positiver Krümmung, und daher ist (wie in Kap. VII, § 3 gezeigt wurde) in $\boldsymbol{P}_1$ die Deckungsbedingung für Kürzeste erfüllt. Diese besagt, daß ein solches Zusammenfallen von $\mathfrak{L}_1$ und $\overline{\mathfrak{M}}$ unmöglich ist. $\mathfrak{M}$ kann also $\mathfrak{L}_1$ nicht schneiden. Hieraus schließt man leicht, daß in ganz $\mathfrak{r}$ die Deckungsbedingung für Kürzeste erfüllt ist.

Von Q mögen zwei Kürzeste $\mathfrak{M}$ und $\mathfrak{N}$ ausgehen, welche Seiten eines konvexen Dreiecks $\boldsymbol{T}$ sind. Seien $\mathfrak{L}_1, \ldots, \mathfrak{L}_k$ diejenigen von den die Polygone $\boldsymbol{P}_1, \ldots, \boldsymbol{P}_m$ trennenden Kürzesten, die von Q ausgehend in $\boldsymbol{T}$ verlaufen. Nehmen wir der Einfachheit halber an, sie seien in der Reihenfolge ihrer Lage von $\mathfrak{M}$ nach $\mathfrak{N}$ hin numeriert. Zwischen je zwei benachbarten Kürzesten $\mathfrak{M}$ und $\mathfrak{L}_1$, $\mathfrak{L}_1$ und $\mathfrak{L}_2, \ldots,$ $\mathfrak{L}_k$ und $\mathfrak{N}$ existieren bestimmte Winkel $\alpha_0, \alpha_1, \ldots, \alpha_k$, da diese benachbarten Kürzesten immer in einem Polygon $\boldsymbol{P}_i$[1]) liegen. Da $\mathfrak{M}$ und $\mathfrak{N}$ Seiten eines konvexen Dreiecks $\boldsymbol{T}$ sind, schneidet eine Kürzeste XY die Kürzesten $\mathfrak{L}_1, \ldots, \mathfrak{L}_k$, sobald die Punkte X und Y auf $\mathfrak{M}$ und $\mathfrak{N}$ in hinreichender Nähe von Q liegen. Geht sie durch Q, so sind $\mathfrak{M}$ und $\mathfrak{N}$ Verlängerungen voneinander. Dann existiert der Winkel zwischen ihnen und ist gleich π. Geht dagegen keine der Kürzesten XY durch Q, so kann man den Satz 3 aus § 1 von Kap. IV benutzen. Auf Grund dieses Satzes existiert der Winkel zwischen $\mathfrak{M}$ und $\mathfrak{N}$ und ist gleich der Summe der Winkel $\alpha_0, \alpha_1, \ldots, \alpha_k$.

Wir haben also bewiesen, daß in der Mannigfaltigkeit $\mathfrak{r}$ zwischen den Seiten jedes konvexen Dreiecks bestimmte Winkel existieren.

Nun zeigen wir, daß in jedem hinreichend kleinen konvexen Dreieck die Winkelsumme mindestens π ist. Sei $\boldsymbol{T}$ ein kleines konvexes Dreieck. Ist es im Innern eines einzigen der zu verheftenden Polygone $\boldsymbol{P}_i$ enthalten, so ist seine Winkelsumme mindestens π, da die Metrik in $\boldsymbol{P}_i$ von positiver Krümmung ist. Nehmen wir an, das Dreieck $\boldsymbol{T}$ habe mit verschiedenen $\boldsymbol{P}_i$ einen nichtleeren Durchschnitt. Dann zerfällt es in Polygone $\boldsymbol{Q}_1, \ldots, \boldsymbol{Q}_r$, von denen jedes in einem einzigen $\boldsymbol{P}_i$ enthalten ist. Das Innere jedes dieser Polygone hat also eine nichtnegative Krümmung[2]):

$$\omega(\boldsymbol{Q}_k) \geqq 0 \qquad (k = 1, \ldots, r). \tag{1}$$

---

[1]) Wenn das Polygon $\boldsymbol{P}_1$ ($\boldsymbol{P}_m$) konvex ist, so können wir uns durch Abschneiden eines kleinen Dreiecks mit der Ecke Q überzeugen, daß die Kürzesten $\mathfrak{M}$ ($\mathfrak{N}$) und $\mathfrak{L}_1$ ($\mathfrak{L}_k$) einen konvexen Sektor beranden. Folglich existiert ein Winkel zwischen ihnen.

[2]) Es gibt nur endlich viele Polygone $\boldsymbol{Q}_k$, da in $\mathfrak{r}$ die Deckungsbedingung für Kürzeste erfüllt ist und aus dieser folgt, daß endlich viele Kürzeste nicht unendlich viele Polygone beranden können. Sind die Polygone $\boldsymbol{P}_i$ konvex, so sind außerdem auch die Polygone $\boldsymbol{Q}_k$ konvex, da sie ja Durchschnitte des konvexen Dreiecks $\boldsymbol{T}$ mit Polygonen $\boldsymbol{P}_i$ sind (s. Satz 3 aus § 5 von Kap. II).

Seien $A_1, \ldots, A_l$ die Eckpunkte der $\boldsymbol{Q}_k$ im Innern des Dreiecks $\boldsymbol{T}$. Da die vollen Winkel um sie höchstens 2π sind, so sind ihre Krümmungen nichtnegativ:

$$\omega(A_j) \geqq 0 \qquad (j = 1, \ldots, l). \tag{2}$$

Dies trifft auch auf diejenigen Eckpunkte zu, die Eckpunkte von Polygonen $\boldsymbol{P}_i$ sind, da nach Voraussetzung des Satzes die Summe der Winkel dieser Polygone um einen Eckpunkt höchstens 2π ist.

Wenden wir den Satz über die Addition von Krümmungen aus § 1 von Kap. V an, so folgt, daß die Krümmung des Innern von $\boldsymbol{T}$ — d. h. seine um π verminderte Winkelsumme — durch die Formel

$$\omega(\boldsymbol{T}) = \sum_{k=1}^{r} \omega(\boldsymbol{Q}_k) + \sum_{j=1}^{l} \omega(A_j)$$

gegeben wird. Auf Grund der Ungleichungen (1) und (2) ist $\omega(\boldsymbol{T}) \geqq 0$, was zu beweisen war.

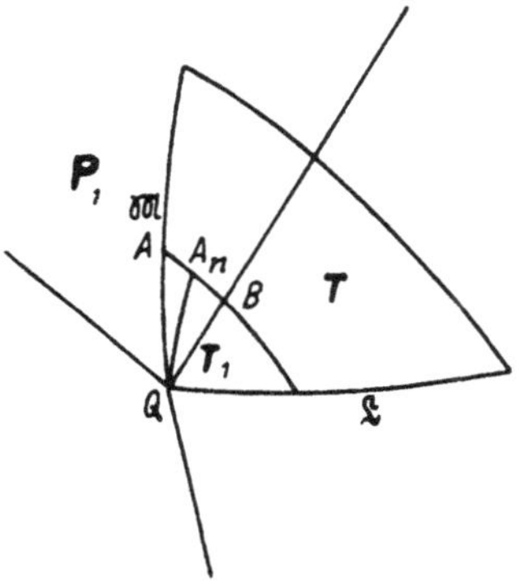

Abb. 72

Es bleibt zu zeigen, daß zwischen den Seiten eines konvexen Dreiecks in unserer Mannigfaltigkeit $\mathfrak{r}$ ein Winkel im starken Sinne existiert. Dazu erinnern wir uns an den in Kap. III, § 4 durchgeführten Beweis über die Existenz des Winkels im starken Sinne zwischen zwei Kürzesten $\mathfrak{L}$ und $\mathfrak{M}$ auf einer konvexen Fläche. Dieser Beweis beruht — wie am Schluß von Kap. III, § 4 bemerkt wurde — auf drei Tatsachen: 1. der Existenz des gewöhnlichen Winkels, 2. der Deckungsbedingung für Kürzeste, 3. der Möglichkeit, zwischen den Kürzesten $\mathfrak{L}$ und $\mathfrak{M}$ eine Kürzeste $\mathfrak{L}'$ (oder $\mathfrak{M}'$) zu ziehen, die mit $\mathfrak{L}$ (oder mit $\mathfrak{M}$) einen Winkel bildet, der sich von dem Winkel zwischen $\mathfrak{L}$ und $\mathfrak{M}$ beliebig wenig unterscheidet. Alle diese Bedingungen sind aber in unserem Falle erfüllt:

1. Die Existenz des gewöhnlichen Winkels zwischen den Seiten eines konvexen Dreiecks ist bewiesen.

2. Die Deckungsbedingung für Kürzeste ist auch erfüllt.

3. Die Möglichkeit, eine Kürzeste $\mathfrak{M}'$ zu ziehen, die mit $\mathfrak{L}$ einen Winkel bildet, der dem zwischen $\mathfrak{L}$ und $\mathfrak{M}$ beliebig nahe kommt, wird folgendermaßen gezeigt. Mögen $\mathfrak{L}$ und $\mathfrak{M}$ vom Punkt Q ausgehen und Seiten des konvexen Dreiecks $\boldsymbol{T}$ sein (Abb. 72). Sei $\boldsymbol{P}_1$ dasjenige der Polygone $\boldsymbol{P}_i$, von dem ein durch $\mathfrak{M}$ abgetrennter Teil zu $\boldsymbol{T}$ gehört. Von $\boldsymbol{T}$ schneiden wir ein hinreichend kleines Dreieck $\boldsymbol{T}_1$ mit einem Eckpunkt in Q und einem Eckpunkt A im Innern von $\mathfrak{M}$ ab. Eine Seite von $\boldsymbol{P}_1$ schneidet von diesem Dreieck ein in $\boldsymbol{P}_1$ enthaltenes Dreieck QAB ab. Auf der Seite AB dieses Dreiecks wählen wir eine gegen A konvergierende Folge von Punkten A_n. Die Kürzesten QA_n konvergieren dann gegen QA (s. Folgerung 4 des Satzes aus § 3 von Kap. II); und nach Satz 4 aus § 3 von Kap. VII strebt der Winkel zwischen QA_n und QA gegen Null. Infolge der Additivität der Winkel strebt aber der Winkel zwischen QA_n und $\mathfrak{L}$ gegen den Winkel zwischen QA

und $\mathfrak{L}$, d. h. gegen den Winkel zwischen $\mathfrak{M}$ und $\mathfrak{L}$. Dies bedeutet aber, daß es möglich ist, zwischen $\mathfrak{L}$ und $\mathfrak{M}$ eine Kürzeste QA_n so zu ziehen, daß der Winkel zwischen QA_n und $\mathfrak{L}$ dem Winkel zwischen $\mathfrak{M}$ und $\mathfrak{L}$ beliebig nahekommt.

Wir können also die Existenz des Winkels im starken Sinne als gesichert betrachten, und der Verheftungssatz ist bewiesen.

Dieser Satz findet vielfach Anwendung und führt, insbesondere in Verbindung mit dem im vorigen Kapitel bewiesenen grundlegenden Realisierbarkeitssatz, zu einer Reihe weiterer Sätze über die Realisierbarkeit von Metriken positiver Krümmung und über die Verbiegung konvexer Flächen.

§ 2. Anwendung des Verheftungssatzes auf Realisierungssätze

Satz 1: *Jedes kreishomöomorphe konvexe Polygon in einer Mannigfaltigkeit mit einer Metrik positiver Krümmung ist einer konvexen Fläche isometrisch.*

Beweis: Sei $\boldsymbol{P}$ ein kreishomöomorphes konvexes Polygon in einer Mannigfaltigkeit mit einer Metrik positiver Krümmung. Wir nehmen ein zweites Exemplar $\boldsymbol{P}'$ desselben Polygons und identifizieren seine Seiten mit den entsprechenden Seiten von $\boldsymbol{P}$. Es ergibt sich eine Mannigfaltigkeit $\boldsymbol{P} + \boldsymbol{P}'$, die einer Sphäre homöomorph ist. Da $\boldsymbol{P}$ konvex ist, besitzt es bestimmte Winkel, die alle π nicht übertreffen. Die Summe der Winkel in jedem $\boldsymbol{P}$ und $\boldsymbol{P}'$ gemeinsamen Eckpunkt ist also nicht größer als 2π. Auf Grund des Verheftungssatzes ist also die Metrik in der Mannigfaltigkeit $\boldsymbol{P} + \boldsymbol{P}'$ von positiver Krümmung. Da sie einer Sphäre homöomorph ist, existiert nach dem im vorigen Kapitel bewiesenen Realisierungssatz eine konvexe Fläche, die $\boldsymbol{P} + \boldsymbol{P}'$ isometrisch ist. Der Teil dieser Fläche, der dem Polygon $\boldsymbol{P}$ entspricht, ist gerade die ihm isometrische konvexe Fläche.

Satz 2: *Jeder Punkt einer Mannigfaltigkeit mit einer Metrik positiver Krümmung besitzt eine einer konvexen Fläche isometrische Umgebung.*

Beweis: In § 3 des vorigen Kapitels wurde bewiesen, daß in einer Mannigfaltigkeit mit einer Metrik positiver Krümmung die Deckungsbedingung für Kürzeste erfüllt ist. In Kap. II, § 4 wurde gezeigt, daß unter dieser Bedingung jeder Punkt eine Umgebung besitzt, die ein kreishomöomorphes konvexes Polygon ist. Wenden wir auf eine solche Umgebung Satz 1 an, so erhalten wir die Aussage von Satz 2.

Satz 2 zeigt uns, *daß eine Mannigfaltigkeit mit einer Metrik positiver Krümmung einfach eine solche ist, in der 1. die Metrik eine innere ist und in der 2. jeder Punkt eine einer konvexen Fläche isometrische Umgebung besitzt. In einer solchen Mannigfaltigkeit sind daher jedenfalls „im Kleinen" alle Ergebnisse der inneren Geometrie konvexer Flächen gültig, die wir bisher abgeleitet haben oder die wir noch erzielen werden.* Insbesondere trifft dies auf die Sätze über die Winkel zwischen Kürzesten und über Sektorwinkel zu. Es ist daher nicht notwendig, sich in dem Verheftungssatz auf konvexe Polygone zu beschränken: *der Verheftungssatz gilt für beliebige verheftbare Polygone.*

Der Beweis von Satz 1 ist ein Spezialfall eines Satzes, den man den Satz von der Realisierbarkeit einer verhefteten Metrik nennen kann:

Satz 3: *Ist eine aus Polygonen mit Metriken positiver Krümmung verheftete Mannigfaltigkeit $\mathfrak{r}$ einer Sphäre homöomorph und ist in jedem Eckpunkt dieser Polygone die Summe der in ihm zusammenstoßenden Winkel nicht größer als 2π, so ist $\mathfrak{r}$ einer geschlossenen konvexen Fläche isometrisch. Mit anderen Worten, es existiert eine geschlossene konvexe Fläche, die in entsprechender Weise aus Stücken zusammengesetzt ist, welche den gegebenen Polygonen isometrisch sind.*

Nach dem Verheftungssatz ist die Metrik von $\mathfrak{r}$ von positiver Krümmung. Ist nun $\mathfrak{r}$ einer Sphäre homöomorph, so ist nach dem im vorigen Kapitel bewiesenen Realisierungssatz $\mathfrak{r}$ einer geschlossenen konvexen Fläche isometrisch. Der in Kap. VI bewiesene Satz von der Existenz eines Polyeders mit gegebenem Netz ist offensichtlich ein Spezialfall von Satz 3.

Von den möglichen Folgerungen aus Satz 3 geben wir ein Beispiel.

Satz 4: *Sei $\boldsymbol{P}$ ein einem abgeschlossenen Bereich auf einer Sphäre homöomorphes Polygon mit einer Metrik positiver Krümmung. Es sei von geschlossenen Kürzestenzügen $\mathfrak{L}_1, \ldots, \mathfrak{L}_n$ berandet. Auf jedem dieser Kürzestenzüge $\mathfrak{L}_i$ soll kein Polygonwinkel von $\boldsymbol{P}$ größer sein als π, außer vielleicht einem oder sogar zwei von ihnen, die aber jeweils so gelegen seien, daß ihre Scheitelpunkte den Kürzestenzug $\mathfrak{L}_i$ halbieren. Dann existiert eine zu $\boldsymbol{P}$ isometrische konvexe Fläche; genauer gesagt eine Fläche, die dem Innern von $\boldsymbol{P}$ isometrisch ist.*

Beweis: Seien $A_1, B_1, \ldots, A_n, B_n$ diejenigen Eckpunkte der Kürzestenzüge $\mathfrak{L}_1, \ldots, \mathfrak{L}_n$, bei denen die Winkel liegen, die größer sind als π. Nach Voraussetzung halbieren diese Eckpunkte die entsprechenden Kürzestenzüge. Identifizieren wir beide Hälften jedes dieser $\mathfrak{L}_i$, so verwandeln wir $\boldsymbol{P}$ in eine Mannigfaltigkeit $\mathfrak{r}$, die einer Sphäre homöomorph ist. Die Summe der Winkel an jedem einzelnen Eckpunkt übertrifft 2π nicht, da die Winkel an allen Eckpunkten außer A_i, B_i nicht größer sind als π.

Es existiert also eine zu $\mathfrak{r}$ isometrische geschlossene konvexe Fläche. Führt man jetzt Schnitte längs der den doppeltgefalteten Kürzestenzügen $\mathfrak{L}_i$ entsprechenden Kurven durch, so entsteht eine Fläche, die dem Innern von $\boldsymbol{P}$ isometrisch ist. Sie ergibt sich sogar in einer bestimmten Form: es ist nämlich eine geschlossene Fläche mit Schnitten längs gewisser Kürzestenzüge.

Es ist auch möglich, zu $\boldsymbol{P}$ isometrische Flächen von anderer Gestalt zu erhalten. Sind nämlich die Winkel bei den Eckpunkten A_i und B_i gleich α_i und β_i, so nehme man einen auf einer passenden Rotationsfläche durch Erzeugende ausgeschnittenen Sektor $\boldsymbol{S}_i$ mit den Winkeln $2\pi - \alpha_i$, $2\pi - \beta_i$ und einem Umfang, der gleich der Länge des Kürzestenzuges $\mathfrak{L}_i$ ist[1]). Identifizieren wir die Seiten dieser Sektoren mit den Hälften der Kürzesten $\mathfrak{L}_i$, so erhalten wir wieder eine einer Sphäre homöomorphe Mannigfaltigkeit mit einer Metrik positiver Krümmung. Schneidet man nun aus einer geschlossenen Fläche, die dieser Mannigfaltigkeit isometrisch ist, diejenigen Bereiche aus, die den Sektoren $\boldsymbol{S}_i$ entsprechen, so ergibt sich eine dem Polygon $\boldsymbol{P}$ isometrische Fläche.

Der Satz 1 von der Existenz einer konvexen Fläche, die einem konvexen Polygon isometrisch ist, ist offensichtlich ein Spezialfall von Satz 4.

Eine analoge Anwendung von Satz 3 gestattet es, den schon in Kap. I, § 9 formulierten allgemeinen Realisierungssatz zu beweisen.

Satz 5: *Ist eine Mannigfaltigkeit $\mathfrak{r}$ mit einer Metrik positiver Krümmung einem Bereich auf der Sphäre homöomorph und lassen sich je zwei ihrer Punkte durch eine Kürzeste verbinden, so ist diese Mannigfaltigkeit einer konvexen Fläche isometrisch.*

Aus Platzmangel können wir den Beweis dieses Satzes hier nicht wiedergeben. Wir beschränken uns darauf, den Beweisgang zu skizzieren.

Wir konstruieren in der Mannigfaltigkeit $\mathfrak{r}$ eine Folge stets größer werdender Polygone $\boldsymbol{Q}_n$, deren Vereinigungsmenge ganz $\mathfrak{r}$ überdeckt. Für jedes Polygon $\boldsymbol{Q}_n$ gibt es zwei Möglichkeiten: 1. Satz 4 ist darauf anwendbar, und man kann es in Form einer konvexen Fläche $\boldsymbol{F}_n$ realisieren, 2. Satz 4 ist auf $\boldsymbol{Q}_n$ nicht anwendbar. Im zweiten Falle zeigen wir dann, daß an jeden zur Berandung von $\boldsymbol{Q}_n$ gehörigen Kürzestenzug ein ebenes Polygon so „angeklebt" werden kann, daß die Voraussetzungen von Satz 3 erfüllt sind[2]). Dann läßt sich $\boldsymbol{Q}_n$ in Form eines Bereiches auf einer geschlossenen Fläche realisieren. Für jedes n ist also $\boldsymbol{Q}_n$

---

[1]) Als Sektor $\boldsymbol{S}_i$ kann man eine Fläche nehmen, die aus zwei geraden Kreiskegeln mit den vollen Winkeln $2\pi - \alpha_i$ und $2\pi - \beta_i$ besteht und längs einer Erzeugenden aufgeschnitten ist; oder, was dasselbe ist, $\boldsymbol{S}_i$ läßt sich zusammensetzen aus zwei ebenen Kreissektoren mit den Winkeln $2\pi - \alpha_i$, $2\pi - \beta_i$, wobei die Summe der Radien gleich der halben Länge von $\mathfrak{L}_i$ ist.

[2]) Hier spielen zwei Sätze über Mannigfaltigkeiten $\mathfrak{r}$, die den Bedingungen des Satzes 5 genügen, eine Rolle:
A. In jedem zusammenhängenden abgeschlossenen Bereich von $\mathfrak{r}$ lassen sich je zwei Punkte durch eine Kurve verbinden, die eine [relative, d. Ü.] Kürzeste in dem betreffenden Bereich ist. (Wenn $\mathfrak{r}$ nicht kompakt ist, so braucht auch ein abgeschlossener Bereich darin nicht kompakt zu sein. Dieser Satz folgt also nicht etwa aus den allgemeinen Sätzen von § 2 aus Kap. II.)
B. Wenn $\boldsymbol{T}$ ein in $\mathfrak{r}$ „dreieckiger Bereich" ist (d. h. ein abgeschlossener Bereich, der durch drei Geodätische berandet wird, die [relative] Kürzeste in $\mathfrak{r}$ sind), so sind seine Winkel nicht kleiner als die entsprechenden Winkel des ebenen Dreiecks mit denselben Seitenlängen. ($\mathfrak{r}$ braucht weder kompakt noch einfach zusammenhängend zu sein. Die Aussage ist also eine starke Verallgemeinerung des uns bekannten Satzes über die Winkel eines Dreiecks.) Die Komplementärmenge des Innern von $\boldsymbol{Q}_n$ kann aus mehreren Bereichen bestehen. Mit Hilfe des Satzes A läßt sich unschwer beweisen, daß jeder dieser Bereiche in dreieckige Bereiche $\boldsymbol{T}$ aufgespalten werden kann. Ersetzt man jedes $\boldsymbol{T}$ durch ein ebenes Dreieck, so erhält man eine Mannigfaltigkeit, die den Bedingungen des Satzes 3 genügt.

durch eine konvexe Fläche $\boldsymbol{F}_n$ realisierbar. Die für diese Flächen existierende Grenzfläche $\boldsymbol{F}$ realisiert gerade die Mannigfaltigkeit $\mathfrak{r}$.

Schließlich deuten wir noch eine Anwendung von Satz 3 an, die sich schon auf eine Frage der Flächenverbiegung bezieht. *Geht eine konvexe Fläche* $\boldsymbol{F}$ *aus einer geschlossenen Fläche durch Herausnahme eines Dreiecks mit positiver Krümmung hervor, so gibt es unendlich viele Flächen, die zu* $\boldsymbol{F}$ *isometrisch, aber nicht kongruent sind.*

Hat das aus der geschlossenen konvexen Fläche entfernte Dreieck ABC eine positive Krümmung, so sind, wie man beweisen kann, seine Winkel α, β, γ streng größer als die Winkel des ebenen Dreiecks mit denselben Seitenlängen. Es gibt daher unendlich viele verschiedene konvexe Sechsecke $AXBYCZ$, bei denen die Summen der Seiten $AX + XB$, $BY + YC$, $CZ + ZA$ gleich den Seiten von ABC sind und die Winkel bei A, B, C kleiner als α, β, γ. Identifizieren wir die Seiten eines solchen Sechsecks mit den entsprechenden Abschnitten der Berandung von $\boldsymbol{F}$, so erhalten wir eine den Voraussetzungen von Satz 3 genügende Mannigfaltigkeit. Diese läßt sich in Form einer konvexen geschlossenen Fläche realisieren. Entfernt man aus dieser Fläche den Teil, der dem Sechseck entspricht, das der Fläche $\boldsymbol{F}$ angeklebt wurde, so ergibt sich eine zu $\boldsymbol{F}$ isometrische Fläche $\boldsymbol{F}'$. Nimmt man verschiedene Sechsecke, so erhält man immer wieder zu $\boldsymbol{F}$ isometrische Flächen $\boldsymbol{F}'$, die aber, wie nicht schwer zu zeigen ist, einander nicht kongruent sind.

Das allgemeine Prinzip der Anwendung des Verheftungssatzes auf Realisierungs- und Verbiegungssätze wird aus den angeführten Beispielen vollkommen klar. Im folgenden werden wir weitere Anwendungen dieses Satzes auf Aufgaben anderer Art geben und eine weitgehende Verallgemeinerung auf den Fall des Verheftens nicht notwendig polygonaler Bereiche ableiten (Kap. IX, § 3).

§ 3. Die Realisierbarkeit einer in einer Ebene vorgegebenen vollständigen Metrik positiver Krümmung

Die Realisierbarkeit einer in der Ebene vorgegebenen vollständigen Metrik positiver Krümmung läßt sich ebenfalls auf Grund des Verheftungssatzes beweisen. Die Anwendung dieses Satzes wird durch folgenden Hilfssatz ermöglicht:

Hilfssatz: *In einer Ebene* $\boldsymbol{E}$ *mit einer vollständigen Metrik positiver Krümmung läßt sich jedes Polygon in ein kreishomöomorphes Polygon einschließen, dessen Winkel außer höchstens einem* π *nicht übertreffen.*

Beweis: Sei $\boldsymbol{Q}$ das gegebene Polygon in der Ebene $\boldsymbol{E}$. Man darf annehmen, daß es kreishomöomorph ist — es genügt, alle von ihm umfaßten Bereiche hinzuzunehmen. Wir schließen $\boldsymbol{Q}$ so in ein anderes Polygon $\boldsymbol{P}$ ein, daß die Entfernung der Berandung von $\boldsymbol{P}$ zu $\boldsymbol{Q}$ größer ist als der Umfang von $\boldsymbol{Q}$. Um zu zeigen, daß dies tatsächlich möglich ist, betrachten wir die Menge $\boldsymbol{M}$ aller Punkte, deren

Entfernung von $\boldsymbol{Q}$ nicht größer ist als sein Umfang q. Diese Menge ist beschränkt, und da die Metrik auf $\boldsymbol{E}$ vollständig ist, so ist sie kompakt. Um jeden Punkt von $\boldsymbol{M}$ kann man eine polygonale Umgebung legen, und auf Grund des BORELschen Überdeckungssatzes kann man aus diesen Umgebungen endlich viele auswählen, die ebenfalls $\boldsymbol{M}$ überdecken. Diese polygonalen Umgebungen bilden offensichtlich ein Polygon $\boldsymbol{P}$, dessen Berandung von $\boldsymbol{Q}$ um mehr als der Umfang q entfernt ist. Dieses Polygon können wir als kreishomöomorph betrachten — es genügt, die von ihm umfaßten Bereiche hinzuzunehmen.

Auf der Berandung von $\boldsymbol{Q}$ nehmen wir einen Punkt X, auf der Berandung von $\boldsymbol{P}$ einen Punkt Y und verbinden diese Punkte durch eine Kürzeste XY. Es kann vorkommen, daß diese Kürzeste mit den Berandungen von $\boldsymbol{Q}$ und $\boldsymbol{P}$ noch weitere Punkte gemein hat. Jedenfalls läßt sich von ihr ein Abschnitt AB herausgreifen, derart daß A und B auf den Berandungen von $\boldsymbol{Q}$ bzw. $\boldsymbol{P}$ liegen und AB keine weiteren Punkte dieser Berandungen enthält. AB wird dann im Innern des Polygons $\boldsymbol{P} - \boldsymbol{Q}$ verlaufen, das aus $\boldsymbol{P}$ durch Herausnehmen der Punkte von $\boldsymbol{Q}$ entsteht (s. Abb. 73).

Schneidet man $\boldsymbol{P} - \boldsymbol{Q}$ längs AB auf, so verwandelt es sich in ein kreishomöomorphes Polygon. Die Berandung dieses Polygons $\boldsymbol{R}$ besteht aus den in den Punkten A und B aufgeschnittenen Berandungen von $\boldsymbol{Q}$ und $\boldsymbol{P}$ und aus zwei Exemplaren von AB; die beiden Exemplare der Punkte A und B bezeichnen wir durch A_1, A_2, B_1, B_2.

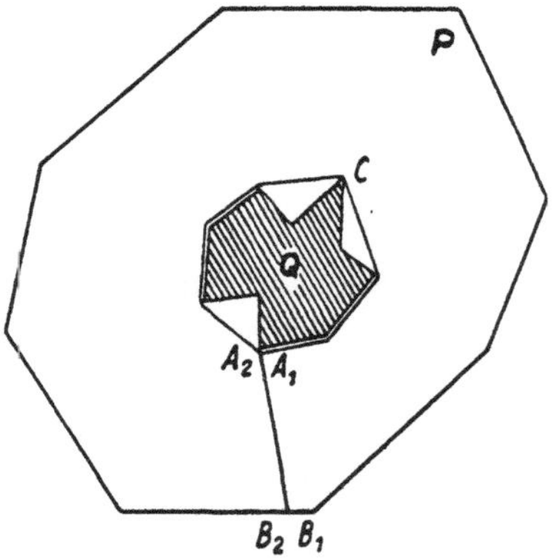

Abb. 73

Wir haben schon in Kap. II gezeigt, daß in jedem Polygon zwei Punkte durch eine in diesem Polygon kürzeste Kurve (relative Kürzeste, d. Ü.) verbunden werden können und daß diese Kurve ein geodätischer Kürzestenzug mit Eckpunkten in den Eckpunkten des Polygons ist (Satz 6 aus § 2 von Kap. II). Daher gibt es in $\boldsymbol{R}$ einen solchen relativ kürzesten geodätischen Kürzestenzug A_1A_2. Die Länge dieses Kürzestenzuges ist nicht größer als der Umfang q von $\boldsymbol{Q}$; denn die Berandung dieses Polygons ist ja auch eine Kurve, die in $\boldsymbol{R}$ die Punkte A_1 und A_2 verbindet. Nach Konstruktion von $\boldsymbol{P}$ ist seine Berandung von $\boldsymbol{Q}$ um mehr als q entfernt, und daher kann der Kürzestenzug A_1A_2 keine gemeinsamen Punkte mit der Berandung von $\boldsymbol{P}$ besitzen. Die Eckpunkte des Kürzestenzuges liegen also in den Eckpunkten von $\boldsymbol{Q}$.

Sei C irgendein von A_1 und A_2 verschiedener Eckpunkt des kürzesten Kürzestenzuges A_1A_2; die von ihm ausgehenden Glieder des Kürzestenzuges zerlegen seine Umgebung in zwei Sektoren, von denen der eine in $\boldsymbol{P} - \boldsymbol{Q}$ enthalten ist (s. Abb. 73). Wäre der Winkel dieses Sektors kleiner als π, so könnte man auf seinen Seiten die Punkte X und Y so nahe bei C nehmen, daß $XY < CX + CY$

gelten würde. Würde man den Teil $XC + CY$ von A_1A_2 durch die Kürzeste XY ersetzen, so würde man diesen Kürzestenzug durch einen kürzeren ersetzen, was nach seiner Definition unmöglich ist. Die Winkel zwischen den Gliedern von A_1A_2 sind also auf der Seite des Polygons $\boldsymbol{P}-\boldsymbol{Q}$ nicht kleiner als π. Die anderen dem Polygon $\boldsymbol{Q}$ zugewandten Winkel sind daher umgekehrt nicht größer als π.

Nun stellt aber auf unserer Ebene der Kürzestenzug A_1A_2 einen geschlossenen Kürzestenzug dar: seine Endpunkte liegen in demselben Punkt A. Dieser geschlossene Kürzestenzug berandet ein kreishomöomorphes Polygon $\boldsymbol{Q}'$, welches $\boldsymbol{Q}$ enthält. Alle Winkel dieses Polygons außer dem beim Eckpunkt A sind Winkel zwischen Gliedern von A_1A_2, die $\boldsymbol{Q}$ zugewandt sind. Die Winkel von $\boldsymbol{Q}'$ sind — außer möglicherweise dem Winkel bei A — nicht größer als π. Der Hilfssatz ist damit bewiesen.

Satz: *Eine in einer Ebene vorgegebene vollständige Metrik positiver Krümmung wird durch eine unendliche volle konvexe Fläche realisiert.*

Beweis: Sei auf einer Ebene $\boldsymbol{E}$ eine vollständige Metrik positiver Krümmung vorgegeben. Auf $\boldsymbol{E}$ konstruieren wir eine Folge von Polygonen $\boldsymbol{Q}_1, \boldsymbol{Q}_2, \ldots$ so, daß $\boldsymbol{Q}_1 \subset \boldsymbol{Q}_2 \subset \cdots \subset \boldsymbol{Q}_n \subset \boldsymbol{Q}_{n+1} \subset \cdots$ gilt und die Gesamtheit der $\boldsymbol{Q}_i$ ganz $\boldsymbol{E}$ bedeckt. Eine solche Folge kann man z. B. folgendermaßen erhalten: Die Ebene $\boldsymbol{E}$ kann man auf die euklidische Ebene abbilden; dann werden einer Folge konzentrischer Kreise mit den Radien $1, 2, \ldots, n, \ldots$ auf $\boldsymbol{E}$ gewisse Kurven entsprechen. Geodätische Kürzestenzüge mit hinreichend kleinen Seiten, die diesen Kurven einbeschrieben sind, werden dann gerade Polygone mit den notwendigen Eigenschaften beranden.

Auf Grund unseres Hilfssatzes läßt sich jedes $\boldsymbol{Q}_n$ in ein kreishomöomorphes Polygon $\boldsymbol{P}_n$ einschließen, bei dem alle Winkel bis auf höchstens einen π nicht übertreffen. Sei A_n gerade der Eckpunkt von $\boldsymbol{P}_n$, bei dem der Winkel größer als π ist. Gibt es einen solchen Eckpunkt nicht, so nehmen wir für A_n einen beliebigen Eckpunkt von $\boldsymbol{P}_n$. Sei B_n ein Punkt auf der Berandung von $\boldsymbol{P}_n$ derart, daß die beiden Abschnitte A_nB_n der Berandung von $\boldsymbol{P}_n$ gleiche Längen haben. Wir identifizieren diese Abschnitte so, daß die identifizierten Punkte auf ihnen von A_n aus Abschnitte gleicher Länge abschneiden. Es ergibt sich eine einer Sphäre homöomorphe Mannigfaltigkeit $\mathfrak{r}_n$. Die Summe der Winkel, die in identifizierten Punkten zusammenstoßen, ist dabei höchstens 2π, da bei allen Eckpunkten außer A_n die Winkel höchstens π sind. Man kann sich daher des im vorigen Paragraphen bewiesenen Satzes über die Realisierbarkeit einer „verhefteten Metrik“ bedienen. Nach diesem Satz existiert eine geschlossene konvexe Fläche, die $\mathfrak{r}_n$ isometrisch ist. Führt man auf dieser konvexen Fläche einen Schnitt längs der Kurve durch, welche der Berandung eines $\boldsymbol{P}_n$ entspricht, so ergibt sich eine Fläche, die dem Innern von $\boldsymbol{P}_n$ isometrisch ist[1]). Zu jedem Polygon $\boldsymbol{P}_n$ existiert also eine ihm isometrische geschlossene konvexe Fläche $\boldsymbol{F}_n$ mit einem Schnitt.

[1]) Jedenfalls unter der Bedingung, daß in $\boldsymbol{P}_n$ diejenige Metrik betrachtet wird, die durch die Metrik der ganzen Ebene $\boldsymbol{E}$ induziert wird.

Auf Grund der Isometrie der Abbildung von $\boldsymbol{P}_n$ auf $\boldsymbol{F}_n$ gibt es für jeden Punkt X (oder A usw.) von $\boldsymbol{P}_n$ auf $\boldsymbol{F}_n$ einen entsprechenden Punkt, den wir mit $\bar{X}_n$ (oder $\bar{A}_n$ usw.) bezeichnen. Da die Polygone $\boldsymbol{P}_n$ größer werden und schließlich die ganze Ebene $\boldsymbol{E}$ bedecken, so gibt es zu jedem Punkt X von $\boldsymbol{E}$ ein n_0 derart, daß für alle $n > n_0$ X in $\boldsymbol{P}_n$ enthalten ist. Dann gibt es auf jeder Fläche $\boldsymbol{F}_n$ mit einem Index $n > n_0$ einen entsprechenden Punkt $\bar{X}_n$.

Wenn im folgenden von Punkten von $\boldsymbol{E}$ und entsprechenden Punkten der Flächen $\boldsymbol{F}_n$ die Rede ist, werden wir nicht besonders darauf hinweisen, daß $\bar{X}_n$ jedesmal nur für hinreichend große n existiert.

Wir betrachten einen Punkt A, der allen Polygonen $\boldsymbol{P}_n$ angehört (ein solcher Punkt existiert, denn $\boldsymbol{P}_n \supset \boldsymbol{Q}_n$ und alle $\boldsymbol{Q}_n$ enthalten $\boldsymbol{Q}_1$). Dann gibt es auf allen Flächen $\boldsymbol{F}_n$ dem Punkt A entsprechende Punkte $\bar{A}_n$. Wir legen die Flächen $\boldsymbol{F}_n$ so, daß alle ihre Punkte $\bar{A}_n$ zusammenfallen. Diesen allen Flächen $\boldsymbol{F}_n$ gemeinsamen Punkt wollen wir mit $\bar{A}$ bezeichnen: er entspricht auf allen Flächen dem Punkt A.

Sei jetzt X ein beliebiger Punkt von $\boldsymbol{E}$ und $\bar{X}_n$ der entsprechende Punkt auf $\boldsymbol{F}_n$. Da $\boldsymbol{F}_n$ die Metrik $\varrho_{\boldsymbol{P}_n}$ des Polygons $\boldsymbol{P}_n$ realisiert, so ist $\varrho_{\boldsymbol{P}_n}(AX) = \varrho_{\boldsymbol{F}_n}(\bar{A}\bar{X}_n)$. Die Entfernung im Raum ist aber stets nicht größer als die auf der Fläche. Ist daher ϱ_0 die Entfernung im Raum, so wird für jeden Punkt X und jedes n

$$\varrho_0(\bar{A}\bar{X}_n) \leqq \varrho_{\boldsymbol{P}_n}(AX). \tag{1}$$

Wir nehmen jetzt auf $\boldsymbol{E}$ eine abzählbare, überall dichte Menge von Punkten $A^1, A^2, \ldots$ Aus Formel (1) folgt, daß für jedes gegebene k die Punkte $\bar{A}_n^k$ in einem beschränkten Raumteil liegen. Wir können daher aus den Flächen $\boldsymbol{F}_n$ eine Folge auswählen, in der die A^1 entsprechenden Punkte konvergieren. Aus dieser Folge nehmen wir eine Teilfolge, in der die A^2 entsprechenden Punkte konvergieren usw. In der Diagonalfolge konvergieren dann alle den Punkten A^k entsprechenden Punkte. Die Flächen dieser Folge und die entsprechenden Polygone in $\boldsymbol{E}$ bezeichnen wir wieder durch $\boldsymbol{F}_n$ und $\boldsymbol{P}_n$.

Ebenso wie im Punkt 2 des Beweises des Satzes von der Realisierbarkeit einer Metrik auf der Sphäre (§ 7 von Kap. VII) kann man zeigen, daß die Punkte $\bar{X}_n$ auf $\boldsymbol{F}_n$, die demselben Punkt X von $\boldsymbol{E}$ entsprechen, gegen einen gewissen Punkt $\bar{X}$ konvergieren. Es genügt, überall an Stelle der Polyeder in Kap. VII, § 7 die Flächen $\boldsymbol{F}_n$ zu nehmen und an Stelle der dort aufgestellten Ungleichung (1) die Ungleichung (1) des vorliegenden Paragraphen anzuwenden. Wir zeigen, daß die Menge $\mathfrak{F}$ aller dieser Punkte $\bar{X}$ gerade die konvexe Fläche ist, die die gegebene Metrik realisiert.

Da die Grenzmenge geschlossener konvexer Flächen die Berandung einer konvexen Menge ist (s. Anhang § 6, Satz 3), so ist die Menge $\mathfrak{F}$ entweder eine volle konvexe Fläche oder eine Ausartung von ihr (Punkt, Gerade usw.). Wenn wir jedoch beweisen, daß die Entfernung zwischen jedem Punktepaar X, Y auf $\boldsymbol{E}$ gleich der Entfernung zwischen entsprechenden Punkten $\bar{X}$, $\bar{Y}$ auf $\mathfrak{F}$ ist, so folgt hieraus selbstverständlich, daß $\mathfrak{F}$ tatsächlich eine konvexe Fläche ist und die auf $\boldsymbol{E}$ vorgegebene Metrik realisiert.

Seien also X und Y zwei beliebig gegebene Punkte der Ebene $\boldsymbol{E}$. Da die Polygone $\boldsymbol{P}_n$ größer werden und die ganze Ebene $\boldsymbol{E}$ bedecken, läßt sich ein n_0 finden, derart daß für alle $n > n_0$ die doppelte Summe der Entfernungen der Punkte X und Y von dem gewählten Punkte A — der allen $\boldsymbol{P}_n$ gemeinsam ist — kleiner ist als die Entfernung von X, Y zur Berandung von $\boldsymbol{P}_n$. Dann ist auch die Entfernung zwischen X und Y selbst kleiner als die Entfernung dieser Punkte von der Berandung von $\boldsymbol{P}_n$, und die sie verbindende Kürzeste XY ist in $\boldsymbol{P}_n$ enthalten. Die auf $\boldsymbol{P}_n$ auf der ganzen Ebene $\boldsymbol{E}$ gemessenen Entfernungen zwischen X und Y sind daher einander gleich:

$$\varrho_{\boldsymbol{P}_n}(XY) = \varrho_{\boldsymbol{E}}(XY). \tag{2}$$

Im folgenden beschränken wir uns auf solche n, die größer sind als das erwähnte n_0.

Der dem Polygon $\boldsymbol{P}_n$ isometrischen geschlossenen Fläche $\boldsymbol{F}_n$ mit Schnitt entspricht die geschlossene Fläche $\overline{\boldsymbol{F}}_n$ ohne Schnitt. Die Entfernung $\varrho_{\boldsymbol{P}_n}(XY)$ ist kleiner als die Entfernungen von X und Y zur Berandung von $\boldsymbol{P}_n$, und die Fläche $\boldsymbol{F}_n$ ist zu $\boldsymbol{P}_n$ isometrisch. Daher sind die Entfernungen $\varrho_{\boldsymbol{F}_n}(\overline{X}_n\overline{A}_n)$ und $\varrho_{\boldsymbol{F}_n}(\overline{Y}_n\overline{A}_n)$ auf $\boldsymbol{F}_n$ kleiner als die Entfernungen der Punkte $\overline{X}_n$, $\overline{Y}_n$, $\overline{A}_n$ bis zum Schnitt. Hieraus folgt, daß die auf $\overline{\boldsymbol{F}}_n$ gemessene Entfernung zwischen den Punkten $\overline{X}_n$, $\overline{Y}_n$ dieselbe ist wie die auf $\boldsymbol{F}_n$ gemessene. Auf Grund der Gleichung (2) folgt daher

$$\varrho_{\overline{\boldsymbol{F}}_n}(X_nY_n) = \varrho_{\boldsymbol{E}}(XY) \tag{3}$$

und ebenso

$$\varrho_{\overline{\boldsymbol{F}}_n}(\overline{X}_n\overline{A}_n) = \varrho_{\boldsymbol{E}}(AX).$$

Wir beschreiben um $\overline{A}$ eine Sphäre $\boldsymbol{S}$ mit dem Radius

$$r > 2\,[\varrho_{\boldsymbol{E}}(AX) + \varrho_{\boldsymbol{E}}(AY)].$$

Alle Punkte $\overline{X}_n$, $\overline{Y}_n$ sind dann in der entsprechenden Kugel enthalten und selbst in einer Kugel mit einem halb so großen Radius.

Der Durchschnitt von $\mathfrak{S}$ mit dem von $\overline{\boldsymbol{F}}_n$ begrenzten konvexen Körper stellt dann einen konvexen Körper dar, dessen Berandung wir mit $\boldsymbol{F}_n^*$ bezeichnen. Die Punkte $\overline{X}_n$ und $\overline{Y}_n$ sind in einer Kugel mit einem halb so großen Radius enthalten, und die auf $\boldsymbol{F}_n^*$ gemessene Entfernung zwischen ihnen ist daher dieselbe wie die auf $\overline{\boldsymbol{F}}_n$. Aus Gleichung (3) folgt daher

$$\varrho_{\boldsymbol{F}_n^*}(\overline{X}_n\overline{Y}_n) = \varrho_{\boldsymbol{E}}(\overline{X}\,\overline{Y}). \tag{4}$$

Die konvexen Flächen $\boldsymbol{F}_n^*$ konvergieren gegen denjenigen Teil von $\boldsymbol{F}$ — die Grenzfläche der $\overline{\boldsymbol{F}}_n$ —, der in $\mathfrak{S}$ enthalten ist. Die Punkte $\overline{X}_n$, $\overline{Y}_n$ streben gegen die Punkte $\overline{X}$, $\overline{Y}$ auf $\boldsymbol{F}$. Auf Grund des Satzes über die Konvergenz von Metriken gilt daher

$$\varrho_{\boldsymbol{F}}(\overline{X}\,\overline{Y}) = \lim_{n\to\infty} \varrho_{\boldsymbol{F}_n^*}(X_n Y_n)$$

und nach (4)

$$\varrho_{\boldsymbol{F}}(\overline{X}\,\overline{Y}) = \varrho_{\boldsymbol{E}}(XY). \tag{5}$$

Die Entfernung auf $\boldsymbol{F}$ ist also gleich der Entfernung auf der Ebene $\boldsymbol{E}$, was zu beweisen war.

Artet $\boldsymbol{F}$ in einen Punkt oder in eine Gerade aus, so erhält man dasselbe Resultat; denn auch in diesem Falle ist der Satz über die Konvergenz von Metriken richtig. Aber da $\boldsymbol{F}$ die Metrik von $\boldsymbol{E}$ realisiert, kann $\boldsymbol{F}$ weder ein Punkt noch eine Gerade sein. A priori könnte $\boldsymbol{F}$ als Grenzmenge konvexer Flächen auch aus zwei parallelen Ebenen bestehen. Dies ist jedoch unmöglich. Man kommt nämlich zu einem Widerspruch mit der Gleichung (5), wenn man Punkte $\overline{X}$, $\overline{Y}$ auf verschiedenen Ebenen wählt und die entsprechenden Punkte X und Y auf $\boldsymbol{E}$ nimmt.

§ 4. Mannigfaltigkeiten, auf denen sich eine Metrik positiver Krümmung definieren läßt

Im Zusammenhang mit den Sätzen über die Realisierbarkeit von Metriken positiver Krümmung erhebt sich ganz naturgemäß die Frage nach denjenigen Mannigfaltigkeiten, auf denen Metriken positiver Krümmung definierbar sind. Mit anderen Worten: von welchem topologischen Typus sind Mannigfaltigkeiten mit einer solchen Krümmung[1]? Eine Metrik positiver Krümmung wollen wir „*eigentlich*" nennen, wenn sie zum mindesten in der Umgebung eines Punktes nichteuklidisch ist. In Kap. V, § 6 wurde bewiesen, daß eine Metrik in einem Gebiet $\boldsymbol{G}$ auf einer konvexen Fläche dann und nur dann im kleinen euklidisch ist, wenn die Krümmung von $\boldsymbol{G}$ Null ist. Da nach Satz 2 aus § 1 in einer Mannigfaltigkeit $\mathfrak{r}$ mit einer Metrik positiver Krümmung jeder Punkt eine einer konvexen Fläche isometrische Umgebung besitzt, gilt das gleiche in jeder solchen

[1]) Die Frage nach der topologischen Struktur von Mannigfaltigkeiten, auf denen sich durch ein Linienelement eine Metrik dieses oder jenes Typs definieren läßt, hat schon lange die Aufmerksamkeit der Geometer angezogen. Für den Fall geschlossener Mannigfaltigkeiten läßt sie sich leicht auf Grund des Satzes von GAUSZ-BONNET beantworten; hier wiederholen wir einfach die klassische Überlegung in unserer allgemeineren Ausdrucksweise. Der Fall einer vollständigen Metrik konstanter Krümmung (insbesondere einer im kleinen euklidischen Metrik) wurde von KLEIN und KILLING im Jahre 1890 untersucht. Den Fall einer vollständigen Metrik positiver Krümmung betrachtete COHN-VOSSEN; in unserer Darlegung folgen wir seiner Methode; s. S. COHN-VOSSEN, Kürzeste Wege und Totalkrümmung auf Flächen. Compositio mathematica, Bd. 2 (1935) S. 69 bis 133. Die auf KLEIN und KILLING zurückgehenden Resultate sind z. B. in den Büchern: H. B. Ефимов, Высшая геометрия, § 87—104, (N. W. JEFIMOW, „Höhere Geometrie"), und E. CARTAN, „Leçons sur la Géométrie des espaces de Riemann", Kap. III, dargelegt.

Mannigfaltigkeit $\mathfrak{r}$. Insbesondere: *Jeder Punkt einer Mannigfaltigkeit* $\mathfrak{r}$ *besitzt genau dann eine einem Teil der euklidischen Ebene isometrische Umgebung, wenn die Krümmung der ganzen Mannigfaltigkeit* $\mathfrak{r}$ *gleich Null ist.*

Die Frage nach den topologischen Typen geschlossener, d. h. kompakter Mannigfaltigkeiten mit einer Metrik positiver Krümmung wird durch den folgenden Satz gelöst.

Satz 1: *Eine eigentliche Metrik positiver Krümmung kann auf genau zwei geschlossenen Mannigfaltigkeiten definiert werden: auf einer Sphäre und auf der projektiven Ebene. Eine im kleinen euklidische Metrik kann dagegen nur auf einem Torus und auf einem „Kleinschen Schlauch" (oder nichtorientierbaren Torus) erklärt werden.*

Beweis: Sei $\mathfrak{r}$ eine geschlossene, d. h. kompakte Mannigfaltigkeit mit einer Metrik positiver Krümmung und sei $\chi(\mathfrak{r})$ ihre Eulersche Charakteristik. Nach dem im § 5 von Kap. VII erzielten Ergebnis ist die Krümmung einer solchen Mannigfaltigkeit nichtnegativ und gleich

$$\omega(\mathfrak{r}) = 2\pi\chi(\mathfrak{r}).$$

Wegen $\omega(\mathfrak{r}) \geqq 0$ ist notwendig $\chi(\mathfrak{r}) \geqq 0$. Folglich kann eine Metrik positiver Krümmung nur auf Mannigfaltigkeiten mit einer nichtnegativen Charakteristik vorgegeben werden. Ist $\chi(\mathfrak{r}) = 0$, so ist $\omega(\mathfrak{r}) = 0$, und, wie soeben gezeigt, ist dann die Metrik von $\mathfrak{r}$ im kleinen euklidisch. Folglich kann eine eigentliche Metrik positiver Krümmung nur auf Mannigfaltigkeiten mit positiver Eulerscher Charakteristik definiert werden. Bekanntlich gibt es aber nur zwei solche Mannigfaltigkeiten: die Sphäre und die projektive Ebene.

Auf jeder dieser beiden Mannigfaltigkeiten kann man nun eine Metrik positiver Krümmung vorgeben. Auf einer Sphäre wird sie durch jede geschlossene konvexe Fläche definiert. Eine Metrik positiver Krümmung auf der projektiven Ebene erhalten wir, wenn wir auf irgendeiner geschlossenen konvexen Fläche mit einem Symmetriezentrum gegenüberliegende Punkte identifizieren.

Die Eulersche Charakteristik Null haben nur zwei geschlossene Mannigfaltigkeiten: der Torus und der Kleinsche Schlauch. Nur auf ihnen kann man daher eine im kleinen euklidische Metrik vorgeben. Der Torus und der Kleinsche Schlauch ergeben sich bekanntlich aus einem Rechteck durch paarweises Identifizieren gegenüberliegender Seiten. Der Kleinsche Schlauch entsteht hierbei, wenn man ein Seitenpaar in entgegengesetzten Richtungen orientiert, so daß sich bei ihrer Verheftung das Rechteck verdrillen muß. Ein Rechteck mit paarweise identifizierten Seiten ist aber nichts anderes als ein Netz; dieses Netz definiert gerade eine euklidische Metrik auf einem Torus bzw. auf einem Kleinschen Schlauch.

Für nichtgeschlossene Mannigfaltigkeiten ist die Sachlage völlig anders als im Fall geschlossener Mannigfaltigkeiten. Es gilt nämlich der folgende Satz:

Satz 2: *Auf jeder nichtgeschlossenen Mannigfaltigkeit, die sich aus einer geschlossenen durch Entfernung einer Punktmenge ergibt, kann man sowohl eine eigentliche als auch eine nichteigentliche Metrik positiver Krümmung vorgeben.*

So ergeben sich z. B. Ebene und Zylinder durch Entfernung eines oder zweier Punkte aus der Sphäre. Selbstverständlich läßt sich nicht jede Mannigfaltigkeit in dieser Weise aus einer geschlossenen erhalten. Es ist jedoch nicht unwahrscheinlich, daß sich in jeder nichtgeschlossenen Mannigfaltigkeit eine Metrik positiver Krümmung vorgeben läßt. Uns ist jedoch weder ein Beweis noch eine Widerlegung dieser allgemeinen Vermutung bekannt.

Beweis von Satz 2: Die Mannigfaltigkeit $\mathfrak{r}$ möge sich aus einer geschlossenen Mannigfaltigkeit $\bar{\mathfrak{r}}$ durch Entfernung irgendwelcher Punkte ergeben. Ist $\bar{\mathfrak{r}}$ eine Sphäre oder eine projektive Ebene, so kann man auf dieser Mannigfaltigkeit eine Metrik positiver Krümmung vorgeben. Diese induziert auf $\mathfrak{r}$ eine Metrik, die mit ihr in einer kleinen Umgebung jedes Punktes zusammenfällt (nach Satz 5 aus § 2 von Kap. II). Diese Metrik ist eine Metrik eigentlich positiver Krümmung. Entfernt man aus der Sphäre nur einen einzigen Punkt, so erhält man vom Standpunkt der Topologie eine Ebene. Auf einer Ebene kann man aber selbstverständlich eine euklidische Metrik vorgeben. Entfernt man einen Punkt aus der projektiven Ebene, so ergibt sich ein MÖBIUSsches Band mit Ausschluß der Berandung. Auf einem MÖBIUSschen Band kann man ebenfalls eine euklidische Metrik vorgeben. Es ist nämlich wohlbekannt, daß ein MÖBIUSsches Band aus einem ebenen Rechteck ohne Dehnen oder Stauchen zusammengeklebt werden kann. Entfernt man jetzt aus der Sphäre oder aus der projektiven Ebene weitere Punkte, so induziert die euklidische Metrik, die nach Entfernung eines einzigen Punktes definiert wurde, in der neuen Mannigfaltigkeit eine im kleinen euklidische Metrik.

Möge sich jetzt die Mannigfaltigkeit $\mathfrak{r}$ durch Entfernung von Punkten aus einer geschlossenen, von der Sphäre und der projektiven Ebene verschiedenen Mannigfaltigkeit $\bar{\mathfrak{r}}$ ergeben. Bekanntlich kann eine solche Mannigfaltigkeit $\bar{\mathfrak{r}}$ längs von einem Punkt ausgehender Kurven so aufgeschnitten werden, daß sich ein Gebilde ergibt, das einem ebenen Polygon homöomorph ist[1]). Dieses ebene Polygon $\boldsymbol{P}$ kann man auf $\bar{\mathfrak{r}}$ so zurückabbilden, daß alle seine Eckpunkte in einen beliebigen Punkt A fallen. Auf $\bar{\mathfrak{r}}$ ist dann eine Metrik erklärt, die überall außer vielleicht in A euklidisch ist. Ist aber A gerade ein aus $\bar{\mathfrak{r}}$ entfernter Punkt, so erhalten wir damit auf $\mathfrak{r}$ eine im kleinen überall euklidische Metrik. Man muß hier hervorheben, daß bei Abbildung von $\boldsymbol{P}$ auf $\bar{\mathfrak{r}}$ die Seiten dieses Polygons paarweise verheftet werden. Die Metrik in der Umgebung eines beliebigen Punktes auf den paarweise verhefteten Seiten ist euklidisch, ebenso wie es die Metrik in der Umgebung jedes Punktes auf einer Polyederkante ist.

Ein ebenes Polygon $\boldsymbol{P}$ kann durch einen Kreis mit ausgezeichneten Punkten auf der Peripherie, die die Rolle von Eckpunkten übernehmen, ersetzt werden.

---

[1]) Siehe z. B. SEIFERT-THRELFALL, „Topologie", Kap. VI.

Wir konstruieren eine sich auf diese Peripherie stützende Halbsphäre und bilden sie so auf die Mannigfaltigkeit $\bar{\mathfrak{r}}$ ab, daß die „Eckpunkte" in einen der zu entfernenden Punkte fallen. So erhalten wir auf $\bar{\mathfrak{r}}$ eine eigentliche Metrik positiver Krümmung: $\mathfrak{r}$ wird im kleinen der Sphäre isometrisch. In der Umgebung eines beliebigen Punktes auf den zu verheftenden Bögen der Peripherie ist die Metrik selbstverständlich von derselben Art. Eine Umgebung eines solchen Punktes setzt sich nämlich aus zwei Hälften in derselben Weise zusammen wie die Umgebung eines Äquatorpunktes aus Stücken von Halbsphären. Damit ist der Beweis des Satzes vollendet.

Durch dieselben Überlegungen kann man auf einer nichtgeschlossenen Mannigfaltigkeit $\mathfrak{r}$ eine ganz beliebige Metrik vorgeben. Wie man sich leicht überzeugt, führt aber unsere Konstruktion stets zu nichtvollständigen Metriken. Auf einer geschlossenen Mannigfaltigkeit ist jede Metrik vollständig; aber auf nichtgeschlossenen Mannigfaltigkeiten ist die Frage nach denjenigen, auf denen sich eine *vollständige* Metrik positiver Krümmung definieren läßt, durchaus sinnvoll. Die Antwort auf diese Frage wird durch den folgenden Satz gegeben:

Satz 3: *Die einzige nichtgeschlossene Mannigfaltigkeit, auf der sich eine vollständige eigentliche Metrik positiver Krümmung vorgeben läßt, ist die Ebene. Eine vollständige im kleinen euklidische Metrik kann man dagegen schon auf einem orientierbaren oder nichtorientierbaren Zylinder (d. h. auf einem* MÖBIUS*schen Band mit Ausschluß der Berandung) definieren.*

Deuten wir den Beweis dieses Satzes an!

Sei $\mathfrak{r}$ eine nichtgeschlossene Mannigfaltigkeit mit einer positiven Krümmung. Wir konstruieren in ihr eine wachsende Folge von Polygonen $\boldsymbol{Q}_n$, die ganz $\mathfrak{r}$ überdecken; d. h.

$$\boldsymbol{Q}_1 \subset \boldsymbol{Q}_2 \subset \boldsymbol{Q}_3 \subset \cdots \quad \text{und} \quad \bigcup_{n=1}^{\infty} \boldsymbol{Q}_n = \mathfrak{r}.$$

Wir nehmen eins dieser Polygone $\boldsymbol{Q}_n$, wählen irgendeine positive Zahl r und betrachten alle $\boldsymbol{Q}_n$ enthaltenden Polygone von der Art, daß jeder Kürzestenzug auf ihrer Berandung von $\boldsymbol{Q}_n$ um nicht mehr als r entfernt ist. Aus der Vollständigkeit der Metrik folgt, daß unter diesen Polygonen ein Polygon $\boldsymbol{P}_n$ mit kleinstem Umfang existiert. Da es von vornherein nicht bekannt ist, daß $\mathfrak{r}$ eine Ebene ist, braucht $\boldsymbol{P}_n$ nicht einfach zusammenhängend zu sein; seine Berandung kann aus mehreren geschlossenen Kürzestenzügen bestehen.

Seien $\mathfrak{L}_1, \mathfrak{L}_2, \ldots, \mathfrak{L}_{k_n}$ die geschlossenen Kürzestenzüge, die $\boldsymbol{P}_n$ beranden. Jeder von ihnen ist von $\boldsymbol{Q}_n$ um nicht mehr als r entfernt. Man kann dann elementare Überlegungen anwenden, ähnlich denen, die wir in § 4 von Kap. II oder in § 3 des vorliegenden Kapitels durchgeführt haben. Man betrachtet kürzeste Kurven, die einen gegebenen Bereich umfassen, und beweist leicht folgendes: Hat der Kürzestenzug $\mathfrak{L}_i$ gemeinsame Punkte mit der Berandung von $\boldsymbol{Q}_n$, so liegen alle seine Eckpunkte in den Eckpunkten von $\boldsymbol{Q}_n$, und die Winkel von $\boldsymbol{P}_n$ an diesen Eckpunkten sind nicht größer als π. Hat dagegen der Kürzestenzug $\mathfrak{L}_i$ keine gemeinsamen Punkte mit der Berandung von $\boldsymbol{Q}_n$, so stellt er eine geodätische Schleife mit einem einzigen Winkel in einem solchen Punkte A_i dar, dessen Entfernung von $\boldsymbol{Q}_n$ genau r ist. Der Winkel von $\boldsymbol{P}_n$ bei diesem Punkt A_i ist dann $\geqq \pi$. Eine Ausnahme bietet nur der Fall, wo $\mathfrak{L}_i$ einfach eine geschlossene Geodätische darstellt. Also sind auf jedem Kürzestenzug $\mathfrak{L}_i$ alle Winkel außer vielleicht einem einzigen im Punkt A_i nicht größer als π[1]).

Lassen wir jetzt r größer werden. Dann wird die Polygonenmenge, aus der wir $\boldsymbol{P}_n$ mit dem kleinsten Umfang auswählten, größer werden. Das Minimum ihrer Umfänge (d. h. der Umfang von $\boldsymbol{P}_n$) ist also eine nichtwachsende Funktion $p(r)$ von r. Wir geben ein beliebiges $\varepsilon > 0$ vor; das Polygon $\boldsymbol{P}_n$ möge bei gegebenem r in einem gewissen Punkt A_i einen Winkel $\alpha_i > \pi + 2\pi\varepsilon$ haben (Abb. 74). Auf den von A_i ausgehenden Seiten von $\mathfrak{L}_i$ nehmen wir zwei von A_i gleich weit entfernte Punkte X und Y. Ersetzt man den Abschnitt $XA_i + A_iY$ von $\mathfrak{L}_i$ durch eine Kürzeste XY, so tritt an Stelle von $\mathfrak{L}_i$ ein anderer Kürzestenzug $\mathfrak{L}_i^*$ auf und an Stelle von $\boldsymbol{P}_n$ ein anderes Polygon $\boldsymbol{P}_n^*$. Da die Entfernung des Punktes A_i von $\boldsymbol{Q}_n$ nicht größer als r ist, so ist die Entfernung des Kürzestenzuges $\mathfrak{L}_i^*$ von $\boldsymbol{Q}_n$ nicht größer als $r + \Delta r = r + A_iX$. Da $p(r + \Delta r)$ das Minimum der Umfänge solcher Polygone ist, die durch Kürzestenzüge berandet werden, welche um nicht mehr als $r + \Delta r$ von $\boldsymbol{Q}_n$ entfernt sind, ist $p(r + \Delta r)$ nicht größer als der Umfang $p(\boldsymbol{P}_n^*)$ von $\boldsymbol{P}_n^*$:

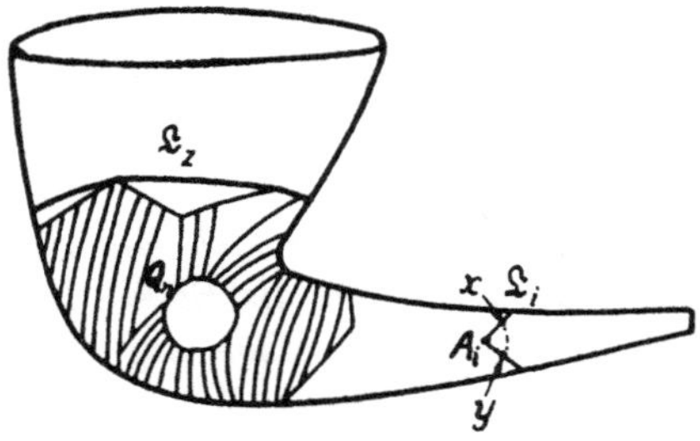

Abb. 74

$$(1) \qquad p(r + \Delta r) \leqq p(\boldsymbol{P}_n^*) \qquad (\Delta r = A_iX).$$

Schätzen wir jetzt ab, um wieviel der Umfang $p(\boldsymbol{P}_n^*)$ kleiner ist als der Umfang $p(\boldsymbol{P}_n) = p(r)$ von $\boldsymbol{P}_n$. Da der volle Winkel um A_i nicht größer als 2π ist, ist der Winkel β bei A_i im Dreieck A_iXY nicht größer als $2\pi - \alpha_i$[2]), und da $\alpha_i > \pi + 2\pi\varepsilon$, so ist

$$(2) \qquad \beta < \pi - 2\pi\varepsilon.$$

Ist β_0 der entsprechende Winkel im ebenen Dreieck mit denselben Seitenlängen, so ist $\beta_0 \leqq \beta$ und folglich a fortiori

$$(3) \qquad \beta_0 < \pi - 2\pi\varepsilon.$$

---

[1]) In Abb. 74 sieht man anschaulich, daß sich die Kurve $\mathfrak{L}_1$, wenn sie sich verkürzen soll, notwendig von Q_n entfernen muß. Da aber ihre Entfernung von Q_n nicht größer als r sein kann, muß sie sich spannen und im Punkte A_1 einen Winkel $> \pi$ bilden. Die Kurve $\mathfrak{L}_2$ dagegen spannt sich auf die Berandung von Q_n, wenn sie sich verkürzen soll.

[2]) Liegen X und Y hinreichend nahe bei A_i, so ist der Winkel β gerade der Komplementärwinkel von α_i zu dem vollen Winkel um A_i, da nämlich $\alpha_i > \pi$ ist.

Die Basis XY eines gleichschenkligen Dreiecks drückt sich durch die Länge seines Schenkels $A_i X = A_i Y$ durch die Gleichung

$$XY = 2 A_i X \cdot \sin \frac{\beta_0}{2} \tag{4}$$

aus. Und folglich ist

$$XY < 2 A_i X \sin \frac{\pi - 2\pi\varepsilon}{2} = 2 A_i X \cos \pi\varepsilon.$$

Die Differenz der Längen der Kürzestenzüge $\mathfrak{L}_i$ und $\mathfrak{L}_i^*$ ist daher

$$A_i X + A_i Y - XY = 2 A_i X - XY > 2 A_i X (1 - \cos \pi\varepsilon). \tag{5}$$

Die Differenz der Längen von $\mathfrak{L}_i$ und $\mathfrak{L}_i^*$ ist aber gerade die Differenz der Umfänge von $\boldsymbol{P}_n$ und $\boldsymbol{P}_n^*$, so daß

$$p(\boldsymbol{P}_n) - p(\boldsymbol{P}_n^*) > 2 A_i X (1 - \cos \pi\varepsilon) \tag{6}$$

gilt. Und da

$$p(\boldsymbol{P}_n) = p(r); \quad p(\boldsymbol{P}_n^*) \leqq p(r + \Delta r) \quad \text{und} \quad A_i X = \Delta r$$

ist, so gilt

$$p(r + \Delta r) - p(r) < -2 \Delta r (1 - \cos \pi\varepsilon). \tag{7}$$

Durch Integration kann man hieraus schließen, daß, wenn für alle r auf den Streckenzügen $\mathfrak{L}_i$ Winkel $\alpha_i > \pi + 2\pi\varepsilon$ vorkämen, für $r = r_1$

$$p(r_1) < p(r) - 2(r_1 - r)(1 - \cos \pi\varepsilon)$$

gelten würde. Für genügend große r_1 ergäbe sich hieraus $p(r_1) < 0$, was nicht möglich ist. Es gibt also stets ein r, derart daß auf jedem das Polygon $\boldsymbol{P}_n$ begrenzenden Kürzestenzug $\mathfrak{L}_i$ der einzige Winkel, der größer als π ist, immer noch kleiner als $\pi + 2\pi\varepsilon$ bleibt.

Sei $\boldsymbol{P}_n$ ein solches Polygon. Sei k die Anzahl der es begrenzenden Kürzestenzüge $\mathfrak{L}_i$ und χ seine EULERsche Charakteristik. Mögen schließlich α_i diejenigen Winkel bezeichnen, die größer als π sind und γ_i diejenigen, die nicht größer als π sind. Für die Krümmung des Polygons $\boldsymbol{P}_n$ haben wir die Formel

$$\omega(\boldsymbol{P}_n) = 2\pi\chi - \sum_i (\pi - \alpha_i) - \sum_j (\pi - \gamma_j). \tag{8}$$

Da $\gamma_i \leqq \pi$ und $\alpha_i \leqq \pi - 2\pi\varepsilon$ und die Anzahl der Winkel α_i nicht größer als k ist, so gilt

$$\omega(\boldsymbol{P}_n) \leqq 2\pi\chi + 2\pi\varepsilon k. \tag{9}$$

Identifiziert man jeden Kürzestenzug $\mathfrak{L}_i$ (topologisch) mit der Peripherie eines ebenen Kreises, so wird $\boldsymbol{P}_n$ dadurch zu einer geschlossenen Mannigfaltigkeit ergänzt und seine EULERsche Charakteristik um k größer. Ist daher χ_0 die EULERsche Charakteristik der so erhaltenen geschlossenen Mannigfaltigkeit, so gilt

$$\chi = \chi_0 - k. \tag{10}$$

Setzt man diesen Ausdruck für χ in die Formel (9) ein, so erhält man

$$\omega(\boldsymbol{P}_n) \leqq 2\pi\chi_0 - 2\pi k \cdot (1 - \varepsilon). \tag{11}$$

Da nun in der Ausgangsmannigfaltigkeit $\mathfrak{r}$ eine Metrik positiver Krümmung vorgegeben war, so ist $\omega(\boldsymbol{P}_n) \geqq 0$ und folglich

$$\chi_0 \geqq k(1-\varepsilon). \tag{12}$$

Nun ist $k \geqq 1$ und ε beliebig klein. Daher gilt $\chi_0 \geqq 1$. Es gibt nur zwei geschlossene Mannigfaltigkeiten mit einer EULERschen Charakteristik $\chi_0 \geqq 1$: die Sphäre $\chi_0 = 2$ und die projektive Ebene $\chi_0 = 1$. Formel (12) läßt daher nur folgende Möglichkeiten zu: 1. $\chi_0 = 2$, $k = 1$ und das Polygon $\boldsymbol{P}_n$ ist kreishomöomorph; 2. $\chi_0 = 2$, $k = 2$, und $\boldsymbol{P}_n$ ist einem Ring homöomorph; 3. $\chi_0 = 1$, $k = 1$, und $\boldsymbol{P}_n$ ist einem MÖBIUSschen Band homöomorph.

Ist auf $\mathfrak{r}$ eine eigentliche Metrik positiver Krümmung vorgegeben, so gilt für genügend großes n

$$\omega(\boldsymbol{P}_n) \geqq \omega(\boldsymbol{Q}_n) > 0. \tag{13}$$

In den beiden letzten Fällen ist $\chi_0 = k$, und daher folgt aus (11)

$$\omega(\boldsymbol{P}_n) \leqq 2\pi k \varepsilon.$$

Es ist aber $k \leqq 2$, und es genügt, ε so klein zu wählen, daß $4\pi\varepsilon < \omega(\boldsymbol{Q}_n)$ gilt, damit sich $\omega(\boldsymbol{P}_n) < \omega(\boldsymbol{Q}_n)$ ergibt, entgegen (13).

Für hinreichend große n ist also das Polygon $\boldsymbol{P}_n$ einem Kreis homöomorph und die Mannigfaltigkeit $\mathfrak{r}$ selbst einer Ebene.

Ist dagegen die Metrik von $\mathfrak{r}$ im kleinen euklidisch, so sind für die Polygone $\boldsymbol{P}_n$ alle drei Möglichkeiten zulässig. Dementsprechend kann $\mathfrak{r}$ entweder einer Ebene oder einem Zylinder oder einem nichtorientierbaren Zylinder homöomorph sein.

Damit ist die Frage nach denjenigen Mannigfaltigkeiten, auf denen sich eine vollständige Metrik positiver Krümmung definieren läßt, beantwortet[1]).

---

[1]) Hier ein anderer Beweis: Sei $\mathfrak{r}$ eine nichtgeschlossene Mannigfaltigkeit mit einer vollständigen eigentlichen Metrik ϱ positiver Krümmung: $\omega(\mathfrak{r}) > 0$. Wie aus der Topologie bekannt ist, besitzt jede nichtgeschlossene Mannigfaltigkeit als Überlagerungsmannigfaltigkeit eine Ebene. Dabei wird die Mannigfaltigkeit, wenn sie nicht schon eine Ebene ist, unendlich oft überlagert (S. SEIFERT und THRELFALL, „Topologie", Kap. VIII). Überlagert die Ebene $\boldsymbol{E}$ die Mannigfaltigkeit $\mathfrak{r}$, so wird in $\boldsymbol{E}$ in folgender Weise eine Metrik ϱ_1 induziert. Als $\varrho_1(XY)$, $(X, Y \varepsilon \boldsymbol{E})$ nimmt man die untere Grenze der Längen derjenigen Kurven von $\mathfrak{r}$, die bei der Überlagerungsabbildung Bilder von Kurven sind, welche X mit Y verbinden. Bei einer solchen Definition der Metrik ϱ_1 besitzen entsprechende Punkte X und X_0 in $\boldsymbol{E}$ und $\mathfrak{r}$ isometrische Umgebungen. COHN-VOSSEN hat bewiesen, daß, wenn die Metrik ϱ in $\mathfrak{r}$ vollständig ist, dieselbe Eigenschaft der Metrik ϱ_1 auf $\boldsymbol{E}$ zukommt (s. Доклады Академии Наук СССР, т. III. № 8 (1935), стр. 339—342 (DOKLADY, Akad. nauk SSSR t. III, Nr. 8 (1935) S. 339 bis 342); aus den dort bewiesenen Sätzen folgt die obige Behauptung leicht für jede vollständige innere Metrik). Wir haben aber bewiesen, daß eine vollständige Metrik positiver Krümmung auf der Ebene eine realisierbare Metrik ist. Hieraus folgt, daß die Krümmung der Ebene $\boldsymbol{E}$ mit der Metrik ϱ_1 nicht größer ist als 2π. Andererseits gibt es auf $\boldsymbol{E}$ unendlich viele Bereiche, welche Teilen von $\mathfrak{r}$ mit positiver Krümmung isometrisch sind; denn es gilt $\omega(\mathfrak{r}) > 0$, und die Überlagerung besteht aus unendlich vielen Blättern. Der erhaltene Widerspruch zeigt, daß $\mathfrak{r}$ notwendig eine Ebene ist. Die Idee, die Überlagerung von $\mathfrak{r}$ durch eine Ebene zu benutzen, ebenso wie die elegante Überlegung mit der Abschätzung von $p(r + \Delta r) - p(r)$ stammen aus der zu Anfang dieses Paragraphen zitierten Arbeit von COHN-VOSSEN.

Eine allgemeinere Frage besteht darin, zu klären, auf welchen Mannigfaltigkeiten sich eine solche Metrik positiver Krümmung vorgeben läßt, daß je zwei Punkte der Mannigfaltigkeit durch eine Kürzeste verbindbar sind. Vorerst sind wir nur in der Lage, diese Frage nicht für beliebige, sondern nur für solche Mannigfaltigkeiten zu beantworten, die Gebieten auf geschlossenen Mannigfaltigkeiten homöomorph sind. Es ist jedoch denkbar, daß diese Beschränkung nicht unbedingt notwendig ist und daß das Ergebnis des folgenden Satzes auch richtig bleibt, wenn die betreffende Beschränkung aufgehoben ist.

Satz 4: *Sei* $\mathfrak{r}$ *eine Mannigfaltigkeit, die einem Gebiet auf einer geschlossenen Mannigfaltigkeit homöomorph ist. Auf* $\mathfrak{r}$ *möge eine Metrik* ϱ *von positiver Krümmung vorgegeben sein derart, daß zwei beliebige Punkte von* $\mathfrak{r}$ *durch eine Kürzeste verbindbar sind. Ist dann die Metrik* ϱ *eine eigentliche Metrik positiver Krümmung, so ist* $\mathfrak{r}$ *entweder einer Sphäre oder einer projektiven Ebene oder einem Kreisinneren (d. h. einer gewöhnlichen Ebene) homöomorph, oder aber sie kann zu einer dieser Mannigfaltigkeiten durch Hinzufügen einer Punktmenge* $\mathfrak{m}$ *ergänzt werden. In diesem Falle besitzt die ergänzte Mannigfaltigkeit wiederum eine Metrik positiver Krümmung, und jeder Punkt von* $\mathfrak{m}$ *ist von der Art, daß durch ihn keine Kürzeste hindurchgeht.*

Ist dagegen die Metrik ϱ *im kleinen euklidisch, so ist* $\mathfrak{r}$ *einer der folgenden Mannigfaltigkeiten homöomorph: 1. einer Ebene, 2. einem Zylinder, 3. einem nichtorientierbaren Zylinder, 4. einem Torus, 5. einem* KLEIN*schen Schlauch, oder aber sie kann durch Hinzufügen einer Punktmenge* $\mathfrak{m}$ *zu einer Mannigfaltigkeit ergänzt werden, die einer Sphäre, einer Ebene oder einer projektiven Ebene homöomorph ist. Die ergänzte Mannigfaltigkeit besitzt wiederum eine Metrik positiver Krümmung, und die Punkte von* $\mathfrak{m}$ *sind von der Art, daß durch sie keine Kürzeste hindurchgeht.* (Ein Beispiel dafür ist ein konvexes Polyeder mit Ausschluß der Eckpunkte: seine Metrik ist überall euklidisch.) Kurz gesagt: Bis auf eine Punktmenge $\mathfrak{m}$, durch deren Punkte keine Kürzeste hindurchgeht, kann die Mannigfaltigkeit nur eine solche sein, auf der sich eine vollständige Metrik positiver Krümmung vorgeben läßt.

Aus Platzmangel kann der Beweis dieses Satzes hier nicht dargelegt werden; er wird auf Grund des Verheftungssatzes geführt, wobei man selbstverständlich von vornherein annehmen darf, daß $\mathfrak{r}$ eine nichtgeschlossene Mannigfaltigkeit ist. Wir konstruieren dann in ihr eine wachsende Folge von Polygonen $\mathbf{Q}_n$, deren Vereinigungsmenge ganz $\mathfrak{r}$ überdeckt. Es erweist sich, daß die „Löcher“ in jedem $\mathbf{Q}_n$ durch ebene Polygone so zugeklebt werden können, daß eine geschlossene Mannigfaltigkeit mit einer Metrik positiver Krümmung entsteht[1]). Hieraus folgt unmittelbar, daß $\mathfrak{r}$ einem Gebiet auf einer solchen geschlossenen Mannigfaltigkeit homöomorph ist, und die Hauptaussage von Satz 4 ist somit bewiesen.

---

[1]) Dies wird auf Grund derselben Überlegungen bewiesen, die wir in der Fußnote in § 2 zum Beweis des allgemeinen Realisierungssatzes angeführt haben.

§ 5. Das Problem der Eindeutigkeit einer konvexen Fläche mit vorgegebener Metrik

Nachdem die Existenz einer Fläche, die eine gegebene Metrik realisiert, bewiesen ist, entsteht die Frage nach der Eindeutigkeit einer solchen Fläche. Der Begriff der Eindeutigkeit ist dabei selbstverständlich bis auf Bewegungen und Spiegelungen zu verstehen. Im allgemeinen Falle muß diese Frage verneint werden; denn es ist bekannt, daß jedes hinreichend kleine Stück einer analytischen konvexen Fläche verbogen, d. h. unter Erhaltung von Kurvenlängen stetig deformiert werden kann. Anders ist jedoch die Sachlage für „große" Flächenstücke und a fortiori für eine volle Fläche. Natürlich kann man eine beliebige konvexe Fläche verbiegen, indem man sie ins Innere durchdrückt. Zum Beispiel kann man die Fläche mit einer Ebene schneiden und einen ihrer Teile an dieser Ebene spiegeln. Verschiebt man die Ebene, angefangen von einer Stützebene, in stetiger Weise und führt diese Spiegelungen durch, so erhält man eine stetige Verbiegung der Fläche. Aber bei dieser Operation bleibt die Fläche nicht konvex. Es ist daher natürlich, sich auf Verbiegungen zu beschränken, bei denen die Konvexität der Fläche erhalten bleibt. Ohne Beweise führen wir die wichtigsten der hierher gehörenden Ergebnisse an.

Schon CAUCHY hat bewiesen, daß zwei geschlossene konvexe Polyeder kongruent sind, wenn sie in gleicher Weise aus gleichen Seitenflächen zusammengesetzt sind. Damit ist aber die Frage nach der Eindeutigkeit eines geschlossenen konvexen Polyeders mit gegebenem Netz, d. h. mit gegebener Metrik, noch nicht beantwortet. Es könnte vorkommen, daß man verschiedene geschlossene konvexe Polyeder erhält, die ein gleiches Netz haben, sobald man zuläßt, daß Seitenflächen geknickt werden. Eine leichte Verallgemeinerung der CAUCHYschen Methode gestattet übrigens, die Unmöglichkeit dieses Sachverhaltes zu beweisen und somit die Eindeutigkeit eines geschlossenen konvexen Polyeders mit gegebenem Netz nachzuweisen[1]). Auf Grund der Invarianz des Flächeninhalts des sphärischen Bildes bei isometrischen Abbildungen läßt sich sogar leicht beweisen, daß eine konvexe Fläche, die einem geschlossenen konvexen Polyeder isometrisch ist, selbst ein Polyeder darstellt. Dieses Ergebnis führt in Verbindung mit der erwähnten Verallgemeinerung des CAUCHYschen Satzes zu folgendem Satz: *Eine konvexe Fläche, die einem geschlossenen konvexen Polyeder isometrisch ist, ist ein diesem Polyeder kongruentes Polyeder*[2]). Mit anderen Worten, für jede polyedrische Metrik positiver Krümmung auf einer Sphäre gibt es eine und (bis auf Bewegungen

---

[1]) Den Beweis des Satzes von CAUCHY findet man z. B. im Buch von J. HADAMARD, „Leçons de Géométrie élémentaire", Teil II, (1921) S. 596. Über die Weiterführung der CAUCHYschen Methode s. die Arbeit А. Д. Александрова, «Существование выпуклого многогранника и выпуклой поверхности с данной метрикой». Мат. сборник, т. 11, вып. 1 (1941), стр. 20 (A. D. ALEXANDROW, „Existenz eines konvexen Polyeders und einer konvexen Fläche mit vorgegebener Metrik").

[2]) Dieser Satz wurde erstmalig von S. P. OLOWJANISCHNIKOW im Jahre 1941 ohne Benutzung der Invarianz des sphärischen Bildes bewiesen.

und Spiegelungen) nur eine sie realisierende konvexe Fläche — nämlich ein Polyeder.

Für eine beliebige auf einer Sphäre vorgegebene Metrik positiver Krümmung ist die Frage nach der Eindeutigkeit einer sie realisierenden konvexen Fläche äußerst schwierig[1]).

Hier gibt es bisher nur zwei Ergebnisse. Das erste stammt von COHN-VOSSEN, der folgendes bewiesen hat: *Sind zwei dreimal differenzierbare geschlossene konvexe Flächen mit überall positiver Krümmung isometrisch, so sind sie auch kongruent.*

Der Beweis des Satzes von COHN-VOSSEN ist in seiner Arbeit „Verbiegung von Flächen im Großen" (Uspechi mat. Nauk Heft 1) veröffentlicht.

Der Satz von COHN-VOSSEN beantwortet die Frage nach der Eindeutigkeit in dem Falle, daß die Krümmung positiv ist und unter der Annahme, daß die Fläche dreimal differenzierbar ist. Es könnte aber sein, daß dieselbe Metrik auch durch eine weniger reguläre konvexe Fläche realisiert wird (z. B. durch eine nur zweimal differenzierbare), wenn dies auch unwahrscheinlich erscheint.

Außerdem ist unbekannt, welche der Metrik auferlegten Bedingungen die Existenz einer dreimal differenzierbaren Fläche sicherstellen, die die Metrik realisiert. Hier ist bisher nur das Resultat von HANS LEWY bekannt. Er hat bewiesen, daß eine auf einer Sphäre durch ein analytisches Linienelement mit überall positiver Krümmung vorgegebene Metrik durch eine analytische konvexe Fläche realisiert werden kann.

Das zweite Ergebnis ist zwar speziell, dafür aber definitiv: man kann beweisen, *daß die einzige geschlossene konvexe Fläche mit konstanter GAUSZscher Krümmung die Sphäre ist.*

Hier braucht man keine weiteren Voraussetzungen über Regularität. Die Aussage ist eine naheliegende Folgerung aus dem verallgemeinerten GAUSZschen Satz und aus der folgenden Aussage:

Sind zwei geschlossene konvexe Flächen so beschaffen, daß je zwei Gebiete auf ihnen mit demselben sphärischen Bild gleiche Flächeninhalte haben, so sind sie kongruent und parallel gelagert[2]).

Bezüglich nichtgeschlossener Flächen läßt sich folgendes beweisen: *Entfernt man aus einer geschlossenen konvexen Fläche ein beliebig kleines Gebiet von positiver Krümmung, so ergibt sich eine Fläche, die nicht die einzige konvexe Fläche mit*

[1]) Es genügt wohl zu sagen, daß schon im Jahre 1838 MINDING die Behauptung ausgesprochen hat, daß es außer der Sphäre keine anderen geschlossenen analytischen Flächen mit konstanter Krümmung gibt. Sie wurde erst 1899 von LIEBMANN bewiesen. Mit der Frage der Eindeutigkeit analytischer geschlossener konvexer Flächen beschäftigten sich dann LIEBMANN, HILBERT, WEYL, BLASCHKE, und erst 1927 wurde das Problem von COHN-VOSSEN gelöst.

[2]) Siehe А. Александров, К теории смешанных объёмов выпуклых тел, III. Матем. сборник, т. 3, вып. 1 (1938), стр. 36 (A. D. ALEXANDROW, „Zur Theorie gemischter Volumina konvexer Körper III").

derselben Metrik ist. Es gibt kontinuierlich viele ihr isometrische, aber nicht kongruente Flächen. Man hat Grund anzunehmen, daß eine solche Fläche sich sogar stetig verbiegen läßt.

Für unendliche konvexe Flächen gilt folgender Satz: *Hat eine unendliche volle konvexe Fläche eine Gesamtkrümmung kleiner als 2π, so gibt es unendlich viele ihr isometrische, aber nicht kongruente konvexe Flächen.* Um so mehr ist die Aussage für jedes Stück einer solchen Fläche richtig.

Der Beweis der beiden angeführten Sätze über die Existenz von isometrischen, aber nichtkongruenten Flächen beruht auf den von uns bewiesenen Realisierbarkeitssätzen und dem Verheftungssatz. Es sind ebenfalls Existenzsätze; sie lassen sich daher mit unseren Methoden angreifen. Die Eindeutigkeitssätze sind dagegen Sätze der „Nichtexistenz" — der Nichtexistenz von isometrischen, aber nicht kongruenten Flächen. Solche Sätze erfordern andere Methoden.

Der Satz über die unendlichen Flächen stammt von OLOWJANISCHNIKOW. Er hat dabei sogar ein genaueres Resultat erhalten. Sei $\boldsymbol{F}$ eine unendliche volle konvexe Fläche mit einer Gesamtkrümmung — oder, was dasselbe ist, mit einem Flächeninhalt des sphärischen Bildes — kleiner 2π. Verkleinert man die Fläche $\boldsymbol{F}$ unbeschränkt ähnlich zu einem beliebigen Punkt Q, so konvergiert sie gegen einen konvexen Kegel mit der Spitze in Q (oder gegen einen doppelt bedeckten Winkel auf einer Ebene). Diesen nennen wir den *Grenzkegel* der Fläche. Man überzeugt sich leicht, daß das sphärische Bild dieses Kegels mit der abgeschlossenen Hülle des sphärischen Bildes von $\boldsymbol{F}$ zusammenfällt. (Das sphärische Bild des Kegels ist offenbar abgeschlossen, das sphärische Bild von $\boldsymbol{F}$ braucht es nicht zu sein.) Der Satz von OLOWJANISCHNIKOW lautet: *Sei $\boldsymbol{F}$ eine unendliche volle konvexe Fläche mit der Gesamtkrümmung $\omega < 2\pi$ und sei $\mathfrak{L}$ eine in einer Richtung unendliche Kurve auf $\boldsymbol{F}$, von der jeder Abschnitt eine Kürzeste ist (solche Kurven lassen sich von beliebigen Punkten von $\boldsymbol{F}$ aus ziehen). Sei $\boldsymbol{K}$ ein konvexer Kegel mit der Eigenschaft, daß der Flächeninhalt seines sphärischen Bildes gleich der Gesamtkrümmung ω von $\boldsymbol{F}$ ist. Sei schließlich $\mathfrak{L}'$ eine beliebige Erzeugende dieses Kegels. Dann gibt es zwei konvexe Flächen $\boldsymbol{F}_1$, $\boldsymbol{F}_2$, die $\boldsymbol{F}$ isometrisch sind, für die $\boldsymbol{K}$ Grenzkegel ist und die so beschaffen sind, daß bei ihrer ähnlichen Verkleinerung gegen $\boldsymbol{K}$ die $\mathfrak{L}$ entsprechenden Kurven $\mathfrak{L}_1$ und $\mathfrak{L}_2$ in $\mathfrak{L}'$ übergehen. Die Flächen $\boldsymbol{F}_1$ und $\boldsymbol{F}_2$ haben verschiedene Orientierung: Ist auf $\boldsymbol{F}_1$ ein Umlaufungssinn vorgegeben, der mit der äußeren Normalen eine Rechtsschraube bildet, so bildet der entsprechende Umlaufungssinn auf $\boldsymbol{F}_2$ mit der äußeren Normalen eine Linksschraube*[1]. (In speziellen Fällen können auch $\boldsymbol{F}_1$ und $\boldsymbol{F}_2$ kongruent sein.)

Der Kegel läßt sich deformieren, ohne daß sich der volle Winkel an seiner Spitze ändert, wobei also auch der Flächeninhalt seines sphärischen Bildes gleichbleibt. Wir können daher den Kegel $\boldsymbol{K}$ stetig verbiegen, und mit ihm zusammen

[1]) С. П. Оловянишников, Об изгибании бесконечных выпуклых поверхностей, Матем. сборник, т. 18, № 3 (1946), стр. 434 (S. P. OLOWJANISCHNIKOW, „Über Verbiegungen unendlicher konvexer Flächen").

wird sich auch F_1 verbiegen. Die Frage, ob sich die Fläche stetig verbiegt, bleibt übrigens offen. Man kann auch den Kegel K unverändert lassen, aber auf ihm die Erzeugende $\mathfrak{L}'$ verschieben; F_1 wird sich dann sozusagen um diesen Kegel drehen. (Für Flächen mit einer Gesamtkrümmung gleich 2π artet der Grenzkegel in eine Halbgerade aus. Der Satz bleibt formal richtig, wird aber inhaltslos.)

Zum Schluß dieses Paragraphen formulieren wir einige Vermutungen, die uns recht wahrscheinlich vorkommen:

1. Eine konvexe Fläche mit einer Gesamtkrümmung 4π wird durch ihre Metrik eindeutig bestimmt[1]). (Eine solche Fläche braucht nicht geschlossen zu sein.)

2. Eine unendliche konvexe Fläche mit einer Krümmung gleich 2π wird durch ihre Metrik eindeutig bestimmt. (Eine solche Fläche braucht nicht voll zu sein.)

Die eindeutige Bestimmtheit soll in dem Sinne verstanden werden, daß zwei isometrische konvexe Flächen kongruent sind.

3. Konvexe Flächen, die sich aus den in den Vermutungen 1, 2 erwähnten durch Herausnehmen von Gebieten positiver Krümmung ergeben und unendliche, vollständige, konvexe Flächen mit einer Krümmung kleiner als 2π gestatten stetige Verbiegungen. Außerdem ist es möglich, wenn zwei solche Flächen isometrisch sind, die eine stetig in die andere bzw. in eine zu der anderen symmetrische Fläche zu verbiegen. Für kleine Stücke analytischer Flächen mit überall positiver Krümmung ist dies von E. E. LEVI (1908) bewiesen worden.

4. Die im Satz von OLOWJANISCHNIKOW erwähnten isometrischen Abbildungen unendlicher voller konvexer Flächen lassen sich durch stetige Verbiegungen und eventuell zusätzliche Spiegelung ausführen. Bei gegebenen F, K, $\mathfrak{L}$, $\mathfrak{L}'$ und gegebener Orientierung ist die Fläche F_1 eindeutig bestimmt. Diese Aussage ist von OLOWJANISCHNIKOW für Polyeder bewiesen worden.

Die vollständige Lösung der gestellten Fragen ist wahrscheinlich äußerst schwierig. Daher können selbst einzelne Teilergebnisse, die die eine oder andere Frage für mehr oder weniger spezielle Flächenklassen lösen, von großem Interesse sein.

§ 6. Verschiedene Definitionen einer Metrik mit positiver Krümmung

Eine Metrik positiver Krümmung läßt sich als innere Metrik definieren, in der die Winkelsumme jedes hinreichend kleinen Dreiecks nicht kleiner als π ist. Je nach Wahl der einen oder anderen Winkeldefinition erhalten wir verschiedene Definitionen einer solchen Metrik. Dabei muß man selbstverständlich eine solche Definition nehmen, die zu beweisen gestattet, daß in jeder Mannigfaltigkeit mit einer Metrik positiver Krümmung jeder Punkt eine Umgebung besitzt, die einer konvexen Fläche isometrisch ist. Um ohne besondere Bedingungen bezüglich

[1]) Ist unabhängig voneinander bewiesen von STOKER, GROTEMEYER und REMBS; siehe z. B. E. REMBS, „Zur Verbiegung von Flächen im Großen", Math. Zeitschrift 56 (1952), S. 271—279.

der Winkelexistenz auszukommen, haben wir den Begriff des unteren Winkels eingeführt und uns dieses Begriffs bedient, um eine Metrik positiver Krümmung zu definieren. Wir haben jedoch schon bei der Einführung der Definition dieses Winkels erklärt, daß sie einen Nachteil hat. In dieser Definition spielt nämlich nicht nur eine beliebig kleine Umgebung desjenigen Punktes eine Rolle, von dem die (betrachteten) Kürzesten ausgehen. Es ist daher wünschenswert, sie durch eine andere zu ersetzen. Andere Winkeldefinitionen führen zu anderen Definitionen einer Metrik positiver Krümmung. Somit kommt man zu neuen Bedingungen, die notwendig und hinreichend dafür sind, daß jeder Punkt in einer Mannigfaltigkeit mit einer solchen Metrik eine einer konvexen Fläche isometrische Umgebung besitzt. Ohne Beweise führen wir verschiedene Ergebnisse an, die man hier erhalten kann; man kann sie als verschiedene Axiomensysteme ansehen, die die innere Metrik konvexer Flächen definieren.

Wir nehmen also als Grundlage die folgenden Bedingungen, die dem metrischen Raum $\mathfrak{r}$ auferlegt werden:

1. $\mathfrak{r}$ ist eine zweidimensionale Mannigfaltigkeit.

2. Die Metrik von $\mathfrak{r}$ ist eine innere Metrik.

3. Die Summe der Winkel zwischen den Seiten jedes hinreichend kleinen Dreiecks von $\mathfrak{r}$ ist mindestens π.

Unter einem Winkel kann man erstens einen Winkel im Sinne unserer gewöhnlichen Definition als $\lim\limits_{x,y\to 0} \gamma(x, y)$ verstehen. In diesem Falle muß man zu den Bedingungen 1 bis 3 noch die folgenden hinzufügen:

4. Zwischen zwei Kürzesten auf $\mathfrak{r}$, die von einem Punkt ausgehen, existiert ein bestimmter Winkel und z. B. — als Bedingung 5 — die Deckungsbedingung für Kürzeste.

Das System der Bedingungen 1 bis 5 ist notwendig und hinreichend dafür, daß jeder Punkt von $\mathfrak{r}$ eine einer konvexen Fläche isometrische Umgebung besitzt. Der Beweis der Hinlänglichkeit ist dann aber wesentlich schwieriger als bei der Einführung des unteren Winkels. Bedingung 5 ist wahrscheinlich sogar überflüssig, wir können es aber bisher noch nicht beweisen.

In Bedingung 3 kann man zweitens unter „Winkel" eine Größe verstehen, die folgendermaßen definiert ist: Seien $\mathfrak{L}_1$ und $\mathfrak{L}_2$ zwei von einem Punkt Q in einer Mannigfaltigkeit $\mathfrak{r}$ mit der Metrik ϱ ausgehende Kürzeste. Seien X_1, X_2 veränderliche Punkte von $\mathfrak{r}$, die von Q verschieden sind. Wir setzen

$$z = \varrho(X_1 X_2), \quad x_i = \varrho(Q X_i), \quad \xi_i = \frac{\varrho(X_i \mathfrak{L}_i)}{\varrho(Q X_i)} \, (i = 1, 2),$$

wo $\varrho(X_i \mathfrak{L}_i)$ die Entfernung zwischen X_i und $\mathfrak{L}_i$ ist. Sei φ der in dem ebenen Dreieck mit den Seiten x_1, x_2, z der Seite z gegenüberliegende Winkel. Als Winkel $\alpha(\mathfrak{L}_1, \mathfrak{L}_2)$ zwischen den Kürzesten $\mathfrak{L}_1$ und $\mathfrak{L}_2$ wird der untere Limes von φ für gegen Null strebende x_1, x_2, ξ_1, ξ_2 genommen. (Der anschauliche Sinn der Bedingung $x_1, x_2, \xi_1, \xi_2 \to 0$ liegt auf der Hand.) Der untere Limes existiert immer, und besondere Bedingungen für die Existenz des Winkels sind also überflüssig.

Verhältnismäßig einfach läßt sich folgende allgemeine Aussage beweisen. Der soeben definierte Winkel $\alpha(\mathfrak{L}_1, \mathfrak{L}_2)$ ist stets nicht größer als der untere Winkel zwischen $\mathfrak{L}_1$ und $\mathfrak{L}_2$ im Sinne unserer früheren Definition. Versteht man daher in der Bedingung 3 unter dem Winkel den Winkel $\alpha(\mathfrak{L}_1, \mathfrak{L}_2)$, so folgt sofort aus dieser Bedingung, daß die Summe der unteren Winkel zwischen den drei Seiten stets nicht kleiner als π ist. Wir haben aber die Hinlänglichkeit dieser Bedingung bewiesen, und somit ist Bedingung 3 auch hinreichend, auch wenn in ihr der Winkel $\alpha(\mathfrak{L}_1, \mathfrak{L}_2)$ auftritt. Außerdem hängt $\alpha(\mathfrak{L}_1, \mathfrak{L}_2)$ definitionsgemäß nur von beliebig kleinen Abschnitten der Kürzesten $\mathfrak{L}_1$, $\mathfrak{L}_2$ in der Nähe des Punktes Q ab. Dieser Winkelbegriff ist also frei von den erwähnten Nachteilen des Begriffs des unteren Winkels.

Der Nachteil des Winkelbegriffs $\alpha(\mathfrak{L}_1, \mathfrak{L}_2)$ besteht jedoch darin, daß sich bei seiner Einführung die Notwendigkeit der Bedingung 3 schwieriger beweisen läßt. Nun kann man zwar mit Hilfe der Stetigkeit der Krümmung zeigen, daß auf einer konvexen Fläche der Winkel $\alpha(\mathfrak{L}_1, \mathfrak{L}_2)$ gleich dem Winkel zwischen $\mathfrak{L}_1$ und $\mathfrak{L}_2$ im Sinne unserer gewöhnlichen Definition ist (wobei der Winkel φ für $x_1, x_2, \xi_1, \xi_2 \to 0$ stets einen bestimmten Grenzwert hat), und da die Summe der gewöhnlichen Winkel zwischen den Seiten eines Dreiecks auf einer konvexen Fläche nicht kleiner als π ist, ist damit auch die Notwendigkeit der Bedingung 3 mit dem Winkel $\alpha(\mathfrak{L}_1, \mathfrak{L}_2)$ bewiesen. Die Stetigkeit der Krümmung ist jedoch eine verhältnismäßig tiefliegende Eigenschaft, die wir erst in § 4 von Kap. V beweisen konnten. Die Einführung einer so schwierig zu beweisenden notwendigen Bedingung scheint unratsam zu sein.

Man kann schließlich eine der beiden Winkeldefinitionen

$$(A)\ \overline{\lim_{x,y\to 0}}\ \gamma(x,y) \quad \text{und} \quad (B)\ \underline{\lim_{x,y\to 0}}\ \gamma(x,y)$$

einführen.

Da sowohl der obere als auch der untere Limes existiert, sind besondere Bedingungen für die Existenz des Winkels überflüssig. Dafür erweisen sich aber andere Bedingungen als notwendig.

Bei der Winkeldefinition (A) kann man die Bedingung 4 (A) einführen: Auf jeder Kürzesten $\mathfrak{L}$ sind fast alle Punkte X (im Sinne des linearen Maßes) so beschaffen, daß die Summe der Winkel (A) zwischen den von X ausgehenden Zweigen von $\mathfrak{L}$ und einer beliebigen von X ausgehenden Kürzesten nicht größer als π ist. Die Notwendigkeit dieser Bedingung ist uns bekannt, und man kann auch zeigen, daß die Bedingungen 1 bis 3, 4 (A) hinreichend sind. Ohne Bedingung 4 (A) oder irgendeine andere kommt man nicht aus. Man kann nämlich einfache Beispiele von Metriken angeben, die den Bedingungen 1 bis 3 genügen [mit der Winkeldefinition (A)], sich aber im Kleinen durchaus nicht durch irgendwelche Flächen realisieren lassen. Definieren wir z. B. auf der Ebene die Länge $|\mathfrak{x}|$ des Vektors $\mathfrak{x}$ so, daß folgende Bedingungen erfüllt sind: 1. $|\mathfrak{x}+\mathfrak{y}| \leqq |\mathfrak{x}| + |\mathfrak{y}|$, 2. $|\mathfrak{x}| = 0$ dann und nur dann, wenn $\mathfrak{x} = 0$ ist, 3. $|\lambda\mathfrak{x}| = |\lambda|\,|\mathfrak{x}|$, 4. ist $\mathfrak{x} = \mathfrak{y}$ im Sinne einer Möglichkeit, $\mathfrak{x}$ und $\mathfrak{y}$ durch Translation zusammenfallen zu lassen, so ist $|\mathfrak{x}| = |\mathfrak{y}|$. Es ergibt sich auf der Ebene eine Metrik, die, wie leicht zu sehen, eine innere ist und der Bedingung 3 mit der Winkeldefinition (A) genügt. Die Kürzesten in einer solchen Metrik sind die Geraden. Der gewöhnliche Winkel zwischen ihnen $(\lim_{x,y\to 0} \gamma(x,y))$ existiert aber dann und nur dann, wenn die eingeführte Metrik der euklidischen äquivalent ist. Setzt man aber zum Beispiel $|\mathfrak{x}| = |x_1 - x_2| + |y_1 - y_2|$, wo x_i, y_i die rechtwinkligen Koordinaten der Endpunkte von $\mathfrak{x}$ sind, so sind zwar alle obigen Bedingungen für $|\mathfrak{x}|$ erfüllt, aber ein Winkel zwischen Geraden existiert nicht[1]).

Nimmt man (B) als Winkeldefinition, so kann man als ergänzende Bedingung die Deckungsbedingung für Kürzeste hinzunehmen. Wahrscheinlich kommt man aber in diesem Fall ohne ergänzende Bedingungen aus. Würde sich dies beweisen lassen, so würden die Bedingungen 1 bis 3 mit der Winkeldefinition (B) das einfachste System notwendiger und hinreichender Bedingungen dafür abgeben, daß im Raum $\mathfrak{r}$ jeder Punkt eine einer konvexen Fläche isometrische Umgebung besitzt.

---

[1]) An Stelle der Bedingung 4 (A) kann man die folgende einführen: Der Raum besitzt in jedem Punkt einen Tangentialkegel (im Sinne der Definition am Schluß des § 5 von Kap. IV). Eine durch ein Linienelement ds mit stetigem Koeffizienten E, F, G vorgegebene Metrik genügt sicherlich dieser Bedingung (der Kegel ist in diesem Falle stets eine Ebene). Wenn man sich daher von vornherein auf solche Metriken beschränkt, so ist die Winkeldefinition (A) die bequemste.

KAPITEL IX

KURVEN AUF KONVEXEN FLÄCHEN

§ 1. Die Richtung einer Kurve

Von den grundlegenden Begriffen der Kurventheorie haben wir in der inneren Geometrie bisher nur die Länge und den Winkel zwischen Kurven besprochen. Jetzt wenden wir uns zwei weiteren grundlegenden Begriffen zu: der Richtung einer Kurve in einem gegebenen Punkt und ihrer Schwenkung längs der Kurve — einem Begriff, der die Krümmung einer Kurve verallgemeinert. Da von einem gegebenen Punkt einer konvexen Fläche nicht in allen Richtungen Kürzeste auszugehen brauchen, erweist sich die Definition der Richtung einer Kurve mit Hilfe von berührenden Kürzesten als ungeeignet. Zum Beispiel gibt es auf einem geraden Kreiskegel keine Kürzesten, die die Peripherie der Grundfläche berühren. Ebenso gibt es auf einer bikonvexen Linse keine Kürzesten, die ihre Kante berühren. Nun sind aber sowohl die Peripherie der Grundfläche eines geraden Kreiskegels als auch die Kante einer bikonvexen Linse Kreislinien, und zwar sowohl im Raum als auch im Sinn der inneren Geometrie; es wäre daher wohl ziemlich sinnwidrig, sie nicht als glatte Kurven anzusehen. Man kann auch Beispiele von Kurven angeben, die nicht Kanten von konvexen Flächen und im Sinn der Raumgeometrie glatt sind, aber in gewissen Punkten keine berührenden Kürzesten haben[1]).

Diese Überlegungen veranlassen uns, eine andere Definition der Richtung einer Kurve einzuführen, wie wir das schon in Kap. I, § 7 getan haben. Und zwar gehen wir vom Begriff des Winkels zwischen Kurven aus. Seien $X_t = X(t)$, $Y_s = Y(s)$ zwei von einem Punkt $Q = X_0 = Y_0$ auf einer konvexen Fläche oder allgemeiner in einem metrischen Raum mit einer Metrik ϱ ausgehende Kurven, wobei wir annehmen, daß für hinreichend kleine, aber von Null verschiedene t und s die Punkte X_t und Y_s nicht mit Q zusammenfallen. [Diese Bedingung wird im folgenden stets als erfüllt angenommen[2]).] Sei $\gamma(t,s)$ der in

---

[1]) In Kap. I, § 10 gaben wir ein Beispiel einer glatten konvexen Fläche, auf der von einem gewissen Punkt Q aus in einer gewissen Richtung $\mathfrak{L}$ keine Kürzeste ausgeht. Ein ebener Schnitt durch eine solche Fläche, der von $\mathfrak{L}$ berührt wird, ist eine glatte Kurve, die in Q keine berührende Kürzeste besitzt.

[2]) Würde für beliebig kleine t der Punkt X_t mit Q zusammenfallen, so wäre der Winkel $\gamma(t,s)$ für solche t nicht definiert, und die gegebene Winkeldefinition wäre sinnlos.

dem ebenen Dreieck mit den Seiten $\varrho(QX_t)$, $\varrho(QY_s)$, $\varrho(X_tY_s)$ der Seite $\varrho(X_tY_s)$ gegenüberliegende Winkel. Wir sagen, daß die Kurven $X(t)$, $Y(s)$ im Punkt Q miteinander einen Winkel α bilden, wenn $\lim\limits_{t,s\to 0} \gamma(t,s)$ existiert und gleich α ist.

Ferner sagen wir, *eine gewisse vom Punkt* $Q = X(0)$ *ausgehende Kurve* $X(t)$ *besitze in diesem Punkt eine gewisse Richtung, wenn sie mit sich selbst in* Q *einen gewissen Winkel bildet.* Unter Verwendung der soeben gegebenen Winkeldefinition ist dies folgendermaßen zu verstehen: Die Kurve $X(t)$ sehen wir als zwei zusammenfallende Kurven mit gemeinsamem Parameter an; der Winkel zwischen diesen zusammenfallenden Kurven wird als $\lim\limits_{t,t'\to 0} \gamma(t,t')$ definiert. Man nimmt also die Punkte $X_t = X(t)$, $X_{t'} = X(t')$ und definiert den Winkel $\gamma(t,t')$ als den Winkel im Dreieck mit den Seiten $\varrho(QX_t)$, $\varrho(QX_{t'})$, $\varrho(X_tX_{t'})$. Nimmt man $t = t'$, so fallen X_t und $X_{t'}$ zusammen, und daher ist $\gamma(t,t') = 0$. Existiert also $\lim\limits_{t,t'\to 0} \gamma(t,t')$, so ist er gleich Null; mit anderen Worten, *bildet eine Kurve mit sich selber einen bestimmten Winkel, so ist dieser Winkel gleich Null.*

Offenbar besitzt eine Kürzeste im Anfangspunkt eine bestimmte Richtung. In der Ebene ist die Existenz einer Kurvenrichtung im Sinne unserer Definition mit der Existenz einer Tangente äquivalent. Diese Tatsache ergibt sich durch Spezialisierung aus folgendem allgemeinen Satz, der es auch gestattet, in den Sinn der von uns eingeführten Begriffe Winkel und Richtung einen besseren Einblick zu gewinnen.

Satz 1: *Seien* $X_t = X(t)$, $Y_s = Y(s)$ *zwei von einem Punkt* $Q = X_0 = Y_0$ *auf einer konvexen Fläche ausgehende Kurven. Damit sie in* Q *miteinander einen bestimmten Winkel* α *bilden, ist notwendig und hinreichend, daß für* $t \to 0$ und $s \to 0$ *der Winkel zwischen den Kürzesten* QX_t, QY_s *gegen* α *strebt.*

Beweis: $\alpha(t,s)$ bezeichne den Winkel zwischen den Kürzesten QX_t, QY_s[1]), und $\gamma(t,s)$ habe die frühere Bedeutung. Da $\alpha(t,s)$ der Winkel zwischen Seiten des Dreiecks QX_tY_s und $\gamma(t,s)$ der entsprechende Winkel in dem ebenen Dreieck mit denselben Seitenlängen ist, so ist

$$|\alpha(t,s) - \gamma(t,s)| \leqq \omega(t,s), \tag{1}$$

wo $\omega(t,s)$ die Krümmung des Innern von QX_tY_s ist (Satz 1 aus § 6 von Kap. V). Konvergieren die Punkte X_t und Y_s gegen Q, so ist das Innere des Dreiecks QX_tY_s in immer kleiner werdenden Umgebungen von Q enthalten, bei denen der Punkt Q herausgenommen ist. Diese „punktierten" Umgebungen bilden eine verschwindende Mengenfolge, und wegen der Stetigkeit der Krümmung streben ihre Krümmungen gegen Null. Folglich gilt auch

$$\lim_{t,s\to 0} \omega(t,s) = 0.$$

[1]) Für gegebene X_t und Y_s brauchen die Kürzesten QX_t, QY_s nicht eindeutig definiert zu sein, und daher ist die Funktion $\alpha(t,s)$ im allgemeinen nicht eindeutig.

In Verbindung mit (1)* zeigt dies, daß $\lim_{t,s\to 0} \gamma(t,s)$, d. h. der Winkel zwischen unseren Kurven, dann und nur dann existiert, wenn $\lim_{t,s\to 0} \alpha(t,s)$ existiert, was zu beweisen war.

Auf Grund unserer Definition der Richtung folgt aus Satz 1: *Dafür, daß eine Kurve $X_t = X(t)$ auf einer konvexen Fläche im Anfangspunkt $Q = X_0$ eine bestimmte Richtung hat, ist notwendig und hinreichend, daß für $t,t' \to 0$ der Winkel zwischen den Kürzesten QX_t und $QX_{t'}$ gegen Null strebt.* Hiernach ist klar, daß in der Ebene die Existenz einer Richtung mit der Existenz einer Tangente äquivalent ist.

Satz 2: *Zwei von einem gemeinsamen Punkt Q einer konvexen Fläche ausgehende Kurven bilden genau dann miteinander einen bestimmten Winkel, wenn jede von ihnen in Q eine bestimmte Richtung hat.*

Beweis: Seien $X_t = X(t)$, $Y_s = Y(s)$ zwei vom Punkt $Q = X_0 = Y_0$ auf einer konvexen Fläche ausgehende Kurven. Seien $\alpha(t,s)$ der Winkel zwischen den Kürzesten QX_t, QY_s und $\xi(t,t')$ und $\eta(s,s')$ die Winkel zwischen den Kürzesten QX_t, $QX_{t'}$ und $QY_s, QY_{s'}$.

Nach Satz 1 ist die Existenz von $\lim_{t,s\to 0} \alpha(t,s)$ notwendig und hinreichend für die Existenz eines Winkels zwischen unseren Kurven; die Gleichungen $\lim_{t,t'\to 0} \xi(t,t') = 0$ und $\lim_{s,s'\to 0} \eta(s,s') = 0$ sind notwendig und hinreichend für die Existenz der Richtungen dieser Kurven.

Aus einer allgemeinen Eigenschaft der Winkel (Satz 1 aus § 1 von Kap. IV) folgt

$$\alpha(t,s) \leqq \alpha(t',s') + \xi(t,t') + \eta(s,s'),$$

und analog

$$\alpha(t',s') \leqq \alpha(t,s) + \xi(t,t') + \eta(s,s').$$

Hiernach ist klar, daß im Falle $\lim_{t,t'\to 0} \xi(t,t') = \lim_{s,s'\to 0} \eta(s,s') = 0$ der $\lim_{s,t\to 0} \alpha(t,s)$ existiert. Dies bedeutet, daß aus der Existenz der Richtungen der Kurven die Existenz eines Winkels zwischen ihnen folgt.

Jetzt zeigen wir, daß umgekehrt aus der Existenz von $\lim_{t,s\to 0} \alpha(t,s)$ die Gleichungen $\lim_{t,t'\to 0} \xi(t,t') = 0$ und $\lim_{s,s'\to 0} \eta(s,s') = 0$ folgen. Wir nehmen also an, $\lim_{s,t\to 0} \alpha(t,s)$ existiere. Dann gibt es zu jedem positiven ε solche t_ε, s_ε, die den folgenden Bedingungen genügen: 1. Für alle $t,t' < t_\varepsilon$ und $s,s' < s_\varepsilon$ ist

$$|\alpha(t,s) - \alpha(t',s')| < \varepsilon.$$

2. Für alle $t < t_\varepsilon$ und $s < s_\varepsilon$ liegen die Punkte X_t, Y_s in einer konvexen Umgebung $\boldsymbol{U}$ von Q, deren Krümmung nach Herausnahme von Q kleiner als ε ist:

$$\omega(\boldsymbol{U} - Q) < \varepsilon \tag{2}$$

Die Erfüllbarkeit dieser Bedingung folgt aus der Stetigkeit der Krümmung.

Wir zeigen, daß für $t, t' < t_\varepsilon$ und $s, s' < s_\varepsilon$ die Beziehungen

$$\xi(t,t') \leqq 3\varepsilon \quad \text{und} \quad \eta(s,s') \leqq 3\varepsilon$$

gelten. Da ε beliebig klein gewählt werden kann, so ist damit bewiesen, daß $\xi(t,t')$ und $\eta(s,s')$ gegen Null streben.

Es genügt, einen dieser Winkel, etwa ξ, zu betrachten.

Nehmen wir entgegen der Behauptung an, es gäbe solche $t_1 < t_2 < t_\varepsilon$, daß

(3) $$\xi(t_1,t_2) > 3\varepsilon^{1)}$$

wäre.

Wir nehmen ein beliebiges $s < s_\varepsilon$ und ziehen eine Kürzeste QY_s. Seien U_1 und U_2 die Sektoren zwischen den Kürzestenpaaren QX_{t_1} und QY_s bzw. QX_{t_2} und QY_s, deren Winkel gleich den Winkeln zwischen den Kürzesten sind. Verliefe z. B. QX_{t_2} im Sektor U_1 zwischen QX_{t_1} und QY_s, so wäre der Winkel dieses Sektors gleich der Summe der Winkel zwischen QX_{t_1} und QX_{t_2}, QX_{t_2} und QY_s, d. h. $\alpha(t_1,s) = \alpha(t_2,s) + \xi(t_1,t_2)$. Nach Voraussetzung ist $|\alpha(t_1,s) - \alpha(t_2,s)| < \varepsilon$, also würde $\xi(t_1,t_2) < \varepsilon$ gelten. Dies widerspräche aber der Annahme, und daher könnte QX_{t_2} nicht in U_1 verlaufen; aus demselben Grunde könnte QX_{t_1} auch nicht in U_2 verlaufen. Diese Sektoren wären also auf verschiedenen Seiten der Kürzesten QY_s gelegen (Abb. 75).

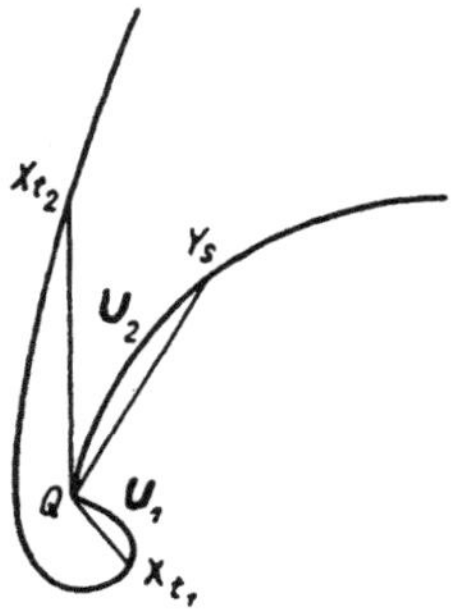

Abb. 75

Wir nehmen einen Wert t zwischen t_1 und t_2 und ziehen eine Kürzeste QX_t. Der Winkel $\alpha(t,s)$, den sie mit der Kürzesten QY_s bildet, genügt nach Voraussetzung den Ungleichungen

(4) $$\begin{cases} |\alpha(t,s) - \alpha(t_1,s)| < \varepsilon \\ |\alpha(t,s) - \alpha(t_2,s)| < \varepsilon \end{cases}$$

Sei U derjenige Sektor zwischen QX_t und QY_s, dessen Winkel gleich dem Winkel zwischen diesen Kürzesten ist, d. h. gleich $\alpha(t,s)$. Da die Sektoren U_1 und U_2 zu verschiedenen Seiten von QY_s gelegen wären, so enthielte entweder U einen von ihnen, oder U wäre umgekehrt in einem von ihnen enthalten.

Wäre z. B. U in U_1 enthalten, so wäre der Winkel zwischen QX_{t_1} und QY_s gleich der Summe der Winkel zwischen QX_{t_1} und QX_t und zwischen QX_t und QY_s:

$$\alpha(t_1,s) = \alpha(t,s) + \xi(t_1,t).$$

Auf Grund der ersten Ungleichung (4) würde $\xi(t_1,t) < \varepsilon$ gelten.

Enthielte dagegen U den Sektor U_1, so wäre

$$\alpha(t,s) = \alpha(t_1,s) + \xi(t_1,t),$$

und es wäre wiederum $\xi(t_1,t) < \varepsilon$.

1) D. h., daß Kürzeste QX_{t_1} und QX_{t_2} existieren, derart daß der Winkel zwischen ihnen größer als 3ε ist.

Ebenso wäre, wenn $\boldsymbol{U}$ in $\boldsymbol{U}_2$ enthalten wäre oder umgekehrt diesen Sektor enthielte, $\xi(t_2,t) < \varepsilon$. Da aber eine der betrachteten Möglichkeiten sicherlich vorliegt, so würde für alle $t(t_1 \leqq t \leqq t_2)$ entweder $\xi(t_1,t) < \varepsilon$ oder $\xi(t_2,t) < \varepsilon$ gelten. Dies bedeutet, daß die Kürzeste QX_t nicht gleichzeitig von QX_{t_1} und QX_{t_2} um mehr als den Winkel ε abweichen könnte.

Sei t_0 die obere Grenze derjenigen t, für die der Winkel $\xi(t_1,t)$ zwischen QX_t und QX_{t_1} kleiner als ε ist. Sei QX_{t_0} diejenige die Punkte Q und X_{t_0} verbindende Kürzeste, die Grenzkurve der Folge solcher Kürzesten QX_t ist, für die $\xi(t_1,t) < \varepsilon$ gilt (Abb. 76); die Kurve X_t ist dick ausgezogen.

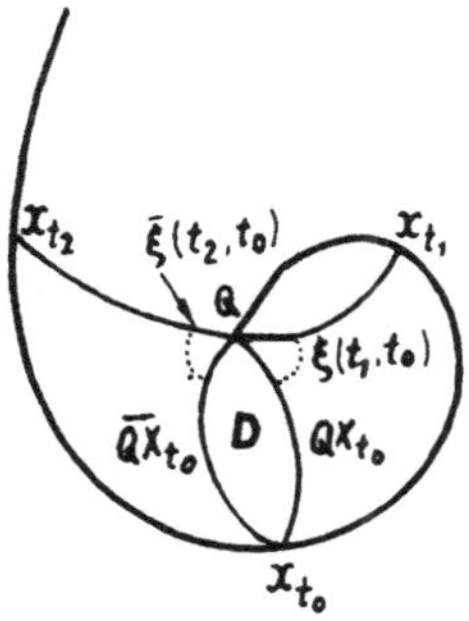

Abb. 76

Da bei stetiger Änderung der Kürzesten sich auch der Winkel stetig ändert (Satz 6 aus § 4 von Kap. IV), ist der Winkel zwischen QX_{t_0} und QX_{t_1} nicht größer als ε:

$$\xi(t_1,t_0) \leqq \varepsilon.$$

Sei andererseits $\overline{QX_{t_0}}$ diejenige die Punkte Q und X_{t_0} verbindende Kürzeste, die Grenzkurve der Kürzesten QX_t für $t \to t_0 + 0$ ist. Da für $t > t_0$ die Kürzeste QX_t mit QX_{t_1} einen Winkel größer als ε bildet, würde sie nach dem oben Bewiesenen mit QX_{t_2} einen Winkel kleiner als ε bilden. Für die Grenzkürzeste $\overline{QX_{t_0}}$ wäre daher dieser Winkel nicht größer als ε[1]:

$$\bar{\xi}(t_2,t_0) \leqq \varepsilon.$$

Die Kürzesten QX_{t_0} und $\overline{QX_{t_0}}$ würden also mit QX_{t_1} bzw. QX_{t_2} Winkel bilden, die nicht größer wären als ε, und da der Winkel $\xi(t_1,t_2)$ zwischen QX_{t_1} und QX_{t_2} größer als 3ε angenommen wurde, müßte der Winkel zwischen QX_{t_0} und $\overline{QX_{t_0}}$ im Punkt Q größer als ε sein.

Diese Kürzesten QX_{t_0} und $\overline{QX_{t_0}}$ verbinden dieselben Punkte Q und X_{t_0} und begrenzen ein Zweieck $\boldsymbol{D}$, das auf Grund der zweiten Bedingung für t in der konvexen Umgebung $\boldsymbol{U}$ enthalten ist. Die Krümmung $\omega(\boldsymbol{D})$ seines Innern ist also nicht größer als $\omega(\boldsymbol{U} - Q)$, und auf Grund von (2) gilt

$$\omega(\boldsymbol{D}) \leqq \omega(\boldsymbol{U} - Q) < \varepsilon.$$

Die Krümmung des Innern eines Zweiecks ist gleich der Summe seiner Winkel. Der Winkel zwischen QX_{t_0} und $\overline{QX_{t_0}}$ in Q müßte also kleiner als ε sein. Dagegen ergab sich oben gerade das Gegenteil. Dieser Widerspruch zeigt die Unmöglichkeit unserer Annahme, daß solche t_1 und t_2 kleiner als t_ε existieren, für die $\xi(t_1,t_2) > 3\varepsilon$ gilt. Folglich ist $\xi(t,t') \leqq 3\varepsilon$ für alle t und t'. Da ε beliebig ist, so gilt $\lim\limits_{t,t' \to 0} \xi(t,t') = 0$, d. h. die Kurve $X(t)$ hat in Q eine bestimmte Richtung.

[1]) Es kann der Fall eintreten, daß $t_0 = t_2$ ist, und dann gibt es keine $t > t_0$; in diesem Falle nehmen wir als Kürzeste $\overline{QX_{t_0}}$ die Kürzeste QX_{t_2} selbst.

Da die Kurven $X(t)$, $Y(s)$ die gleiche Rolle spielen, so hat auch $Y(s)$ in Q eine bestimmte Richtung, und der Satz ist bewiesen.

Ganz naturgemäß wird man zu folgender Definition geführt: *Zwei von einem Punkt Q ausgehende Kurven haben in diesem Punkt dieselbe Richtung, wenn der Winkel zwischen ihnen Null ist.* Aus dem soeben bewiesenen Satz folgt, daß in diesem Fall jede der Kurven eine bestimmte Richtung hat, und es hat daher Sinn, von dem Zusammenfallen ihrer Richtungen zu sprechen.

Bilden die Kurven $\mathfrak{L}_1$, $\mathfrak{L}_2$, $\mathfrak{L}_3$ miteinander die Winkel α_{12}, α_{13}, α_{23}, so gilt nach Satz 1 aus § 1 von Kap. IV $\alpha_{13} \leqq \alpha_{12} + \alpha_{23}$. Ist daher $\alpha_{12} = \alpha_{23} = 0$, so gilt auch $\alpha_{13} = 0$. Die soeben gegebene Definition der Gleichheit zweier Richtungen ist daher reflexiv, symmetrisch und transitiv. Sie definiert die Klasse der Kurven, die im Punkt Q dieselbe Richtung haben. Die Richtung selbst kann man abstrakt als eine solche Kurvenklasse ansehen. Die Aussage, daß eine Kurve in Q die Richtung d hat, ist dann so zu verstehen, daß die betreffende Kurve der entsprechenden Klasse angehört. Bilden die Kurven $\mathfrak{L}_1, \mathfrak{L}_2, \mathfrak{L}_3$ die Winkel $\alpha_{12}, \alpha_{23}, \alpha_{13}$ und gilt $\alpha_{23} = 0$ — d. h. haben $\mathfrak{L}_2$ und $\mathfrak{L}_3$ gleiche Richtung —, so gilt auch $\alpha_{12} = \alpha_{13}$. Dies bedeutet, daß Kurven einer gegebenen Richtung mit einer anderen Kurve gleiche Winkel bilden. Man kann also direkt von Winkeln zwischen Richtungen sprechen. Winkel zwischen beliebigen *Kurven* — d. h. zwischen Richtungen — unterscheiden sich von Winkeln zwischen *Kürzesten* wesentlich dadurch, daß für jede Richtung im Punkt Q eine andere existiert, die mit der ersteren einen beliebig vorgegebenen Winkel (der nicht größer ist als die Hälfte des vollen Winkels um Q) bildet. Diese Aussage ergibt sich neben anderen aus folgendem Satz, der den Inhalt des Richtungsbegriffs im Sinne der äußeren Geometrie deutlich macht:

Satz 3: *Eine von einem Punkt Q auf einer konvexen Fläche ausgehende Kurve hat genau dann in diesem Punkt eine bestimmte Richtung, wenn sie in ihm eine Tangente besitzt. Der Winkel zwischen zwei von einem Punkt Q ausgehenden Kurven ist gleich dem auf dem Tangentialkegel in Q gemessenen Winkel zwischen ihren Tangenten.*

Beweis: Die Kurve $\mathfrak{L}$ auf der konvexen Fläche $\boldsymbol{F}$ habe im Anfangspunkt Q eine bestimmte Richtung. Wir zeigen, daß sie in Q eine Tangente besitzt. In Kap. V, § 5 wurde bewiesen, daß man auf einer konvexen Fläche von jedem Punkt aus Kürzeste ziehen kann, die seine Umgebung in beliebig kleine Sektoren einteilen. Man kann daher von diesem Punkt aus Kürzeste $\mathfrak{M}$ und $\mathfrak{N}$ auf verschiedenen Seiten der Kurve $\mathfrak{L}$ ziehen, die mit der letzteren Winkel bilden, die sich um weniger als ein gegebenes $\varepsilon > 0$ von Null unterscheiden.

Die Kurve $\mathfrak{L}$ wird diese Kürzesten nicht beliebig nahe bei Q schneiden, da sie in dem betreffenden Punkt eine bestimmte Richtung hat.

Vergrößert man $\boldsymbol{F}$ ähnlich vom Punkt Q aus, so konvergieren $\mathfrak{M}$ und $\mathfrak{N}$ gegen ihre Halbtangenten. Da in hinreichender Nähe von Q die Kurve $\mathfrak{L}$ die Kürzesten $\mathfrak{M}$ und $\mathfrak{N}$ nicht schneidet, so wird bei unbeschränkter ähnlicher Vergrößerung ihre Grenzkurve auf dem Tangentialkegel zwischen den Halbtangenten von $\mathfrak{M}$ und $\mathfrak{N}$ liegen. Der Winkel zwischen den Halbtangenten ist aber gleich dem Winkel zwischen den Kürzesten selbst (Satz 2 aus § 6 von Kap. IV) und daher kleiner als ε. Da man aber ε beliebig klein wählen kann, ist die Grenzkurve von $\mathfrak{L}$ einfach eine Erzeugende des Tangentialkegels, eben die Halbtangente an $\mathfrak{L}$ in Q.

Jetzt möge die Kurve $\mathfrak{L}$ in Q die Halbtangente $\mathfrak{T}$ haben. Wir zeigen, daß sie in Q eine bestimmte Richtung besitzt. Wir ziehen von Q aus zwei Kürzeste $\mathfrak{M}$ und $\mathfrak{N}$ so, daß ihre Halbtangenten $\mathfrak{T}_{\mathfrak{M}}$ und $\mathfrak{T}_{\mathfrak{N}}$ auf dem Tangentialkegel einen die Halbtangente $\mathfrak{T}$ im Innern enthaltenden Sektor bilden, dessen Winkel kleiner als ein gegebenes ε ist. Dies ist auf Grund des in § 5 von Kap. V bewiesenen Satzes möglich. $\mathfrak{L}$ wird weder $\mathfrak{M}$ noch $\mathfrak{N}$ beliebig nahe bei Q schneiden, da die Tangenten $\mathfrak{T}_{\mathfrak{M}}$, $\mathfrak{T}_{\mathfrak{N}}$ verschieden sind. Sobald die Punkte X und Y auf $\mathfrak{L}$ hinreichend nahe bei Q liegen, sind die Kürzesten QX und QY im Sektor zwischen $\mathfrak{M}$ und $\mathfrak{N}$ eingeschlossen und bilden miteinander einen Winkel, der kleiner ist als ε. Da nun ε beliebig klein ist, so bedeutet das auf Grund von Satz 1 (genauer auf Grund der aus ihm gezogenen Folgerung) gerade, daß die Kurve $\mathfrak{L}$ in Q eine bestimmte Richtung hat.

Sind jetzt $\mathfrak{L}_1$ und $\mathfrak{L}_2$ zwei von einem Punkt Q ausgehende Kurven, die in Q bestimmte Richtungen haben, so besitzen sie, wie bewiesen, Halbtangenten $\mathfrak{T}_1$ und $\mathfrak{T}_2$. Wir wenden auf sie die soeben durchgeführten Überlegungen an und schließen sie in Sektoren zwischen Kürzesten $\mathfrak{M}_1$, $\mathfrak{N}_1$ und $\mathfrak{M}_2$, $\mathfrak{N}_2$ ein, deren Winkel kleiner als ε sind. Entsprechend liegen die Halbtangenten $\mathfrak{T}_1$ und $\mathfrak{T}_2$ in den Sektoren mit den gleichen Winkeln zwischen den Halbtangenten $\mathfrak{T}_{\mathfrak{M}_1}$, $\mathfrak{T}_{\mathfrak{N}_1}$ und $\mathfrak{T}_{\mathfrak{M}_2}$, $\mathfrak{T}_{\mathfrak{N}_2}$.

Unter diesen Bedingungen unterscheidet sich der Winkel α' zwischen $\mathfrak{T}_1$ und $\mathfrak{T}_2$ auf dem Tangentialkegel von dem Winkel α_1' zwischen $\mathfrak{T}_{\mathfrak{M}_1}$ und $\mathfrak{T}_{\mathfrak{M}_2}$ um weniger als ε, d. h. $|\alpha' - \alpha_1'| < \varepsilon$; entsprechend unterscheidet sich der Winkel α zwischen $\mathfrak{L}_1$ und $\mathfrak{L}_2$ von dem Winkel α_1 zwischen $\mathfrak{M}_1$ und $\mathfrak{M}_2$ gleichfalls um weniger als ε, d. h. $|\alpha - \alpha_1| < \varepsilon$. Der Winkel zwischen Kürzesten ist aber gleich dem Winkel zwischen ihren auf dem Tangentialkegel gemessenen Halbtangenten (Satz 2 aus § 6 von Kap. IV). Es gilt also $\alpha_1 = \alpha_1'$ und folglich $|\alpha - \alpha'| < 2\varepsilon$. Da ε beliebig klein ist, so gilt $\alpha = \alpha'$. Dies bedeutet, daß der Winkel zwischen den Kurven $\mathfrak{L}_1$ und $\mathfrak{L}_2$ selbst gleich dem auf dem Tangentialkegel gemessenen Winkel zwischen ihren Halbtangenten $\mathfrak{T}_1$ und $\mathfrak{T}_2$ ist.

Damit ist der Satz vollständig bewiesen. Er zeigt, daß jeder Richtung von einem Punkt Q aus eine Erzeugende des Tangentialkegels entspricht. Umgekehrt entspricht jeder Erzeugenden eine Richtung. Eine Kurve $\mathfrak{L}$, die eine der Erzeugenden $\mathfrak{T}$ entsprechende Richtung besitzt, erhält man, wenn man die Fläche mit einer durch $\mathfrak{T}$ gehenden Ebene schneidet. Satz 3 läßt sich daher auch folgendermaßen formulieren:

Zwischen den Erzeugenden des Tangentialkegels im Punkt Q und den von diesem Punkt auf der Fläche ausgehenden Richtungen besteht eine winkeltreue Zuordnung, Alle Kurven der gegebenen Richtung besitzen die entsprechende Erzeugende als Halbtangente.

Dies zeigt, daß für Kurven auf einer konvexen Fläche der Begriff der Richtung im Sinne der innergeometrischen Definition mit dem Richtungsbegriff im räumlichen Sinne zusammenfällt. Zum Beispiel lautet der Satz aus § 5 von Kap. V folgendermaßen: Auf einer konvexen Fläche besitzt die Menge derjenigen Richtungen, in denen von einem gegebenen Punkt aus keine Kürzeste gezogen werden können, das Winkelmaß Null. Beim Beweis dieses Satzes benutzten wir die Richtungen auf dem Tangentialkegel. Jetzt sind wir in der Lage, diesem Satz einen rein innergeometrischen Sinn zu geben und den gesamten Beweis in die Sprache der inneren Geometrie zu übersetzen, ohne den Begriff des Tangentialkegels zu benutzen.

Bisher war die Rede nur von der Richtung einer Kurve im Anfangspunkt. Liegt der Punkt Q im Innern der Kurve $\mathfrak{L}$, so wollen wir sagen, $\mathfrak{L}$ besitze in Q *eine bestimmte Richtung, wenn die von Q ausgehenden Zweige Richtungen haben, die miteinander einen Winkel bilden, der gleich π ist.*

Überschreitet eine Kurve $\mathfrak{L}$ auf einer konvexen Fläche im Punkt Q eine Kante der Fläche, so braucht $\mathfrak{L}$ in Q keine Tangente zu besitzen, selbst dann nicht, wenn sie in dem betreffenden Punkt im Sinne der innergeometrischen Definition eine Richtung hat. In diesem Fall wird $\mathfrak{L}$ jedoch in Q eine rechte und eine linke Tangente haben, zwischen denen der auf dem Tangentialkegel gemessene Winkel gleich π ist.

Als Beispiel einer Anwendung des Richtungsbegriffes führen wir zwei Sätze an, die der Leser leicht selber beweisen kann. (Es handelt sich dabei um Kurven auf konvexen Flächen.)

1. Eine Kurve, die einen konvexen Bereich berandet, besitzt in jedem ihrer Punkte Q auf beiden Seiten von Q eine bestimmte Richtung.

2. Als Ellipse (Hyperbel) wollen wir den geometrischen Ort derjenigen Punkte bezeichnen, für den die Summe (die Differenz) der Entfernungen von zwei gegebenen Punkten F_1 und F_2 — den Brennpunkten — konstant ist. Wir betrachten einen Zweig $\mathfrak{L}$ einer Ellipse (einer Hyperbel), der von einem Punkt Q ausgeht; seien F_1Q, F_2Q die Brennstrahlen (d. s. Kürzeste F_1Q, F_2Q, die Grenzkurven der Kürzesten F_1X, F_2X für $X \to Q$ längs $\mathfrak{L}$ sind). Bei einer Ellipse bildet der Zweig $\mathfrak{L}$ mit F_1Q und F_2Q gleiche Winkel, während bei einer Hyperbel die Summe der Winkel zwischen $\mathfrak{L}$ und F_1Q und F_2Q gleich π ist. (Wir wollen hier nicht die verschiedenen möglichen Sonderfälle besprechen. Auf einer Sphäre kann z. B. keine Ellipse existieren, deren große Achse größer ist als die Länge eines Großkreises; liegen dagegen die Brennpunkte in den Polen und ist die große Achse gleich einem Großkreis, so bedeckt die Ellipse die gesamte Sphäre. Die Untersuchung solcher und anderer möglicher Ausartungen einer Ellipse oder Hyperbel auf einer konvexen Fläche ist ein interessantes Problem. Fallen die Brennpunkte F_1, F_2 zusammen, so reduziert sich die Ellipse auf eine Kreisperipherie, und dann besagt der eben formulierte Satz, daß „die Kreisperipherie zum Radius orthogonal ist". Die genaue Formulierung und der Beweis dieses Satzes werden in § 6 gegeben, der besonders der Kreisperipherie gewidmet ist.)

§ 2. Die Schwenkung einer Kurve

Wir wenden uns jetzt der Verallgemeinerung des Begriffs der Kurvenkrümmung zu. Zuerst betrachten wir einen geodätischen Kürzestenzug, d. h. eine Kurve, die aus endlich vielen Kürzesten besteht. An ihr kann man zwei Seiten unterscheiden, die man nach Vereinbarung als rechte und linke Seite bezeichnet. Hat der Kürzestenzug keine Vielfachpunkte, so ist die Möglichkeit einer solchen Unterscheidung der Seiten offensichtlich. Hat dagegen der Kürzestenzug Vielfachpunkte, so definiert man seine rechte und seine linke Seite für irgendeinen Abschnitt und setzt diese Definition stetig längs des ganzen Kürzestenzuges fort.

In jedem seiner Eckpunkte bildet ein Kürzestenzug zwei Winkel α_i und β_i, den einen auf der rechten, den anderen auf der linken Seite. Als rechte Schwenkung des Kürzestenzuges wollen wir die Größe

(1) $$\varphi = \sum_i (\pi - \alpha_i)$$

bezeichnen, als linke Schwenkung die Größe

(1′) $$\psi = \sum_i (\pi - \beta_i).$$

Die Summe der Winkel $\alpha_i + \beta_i$ ist gleich dem vollen Winkel um den betreffenden Eckpunkt des Kürzestenzuges, d. h. gleich $2\pi - \omega_i$, wo ω_i die Krümmung dieses Eckpunktes ist. Daher gilt

(2) $$\varphi + \psi = \sum_i \omega_i \geqq 0.$$

Die Krümmung (der Flächeninhalt des sphärischen Bildes) einer Geodätischen unter Ausschluß der Endpunkte ist gleich Null. Hat daher der Kürzestenzug keine mehrfachen Eckpunkte, so bedeutet Formel (2), daß die Summe der rechten und der linken Schwenkung gleich der Krümmung des Kürzestenzuges ist, seine Endpunkte nicht mitgerechnet. Auf der Ebene und auf jeder regulären Fläche ist die Summe der Schwenkungen eines geodätischen Kürzestenzuges (der rechten und der linken Schwenkung) stets gleich Null. In diesem Fall ist also eine Unterscheidung der beiden Schwenkungen nicht wesentlich. Hat man es dagegen mit einer beliebigen konvexen Fläche zu tun, so muß man die beiden Schwenkungen unterscheiden.

Berandet der Kürzestenzug ein kreishomöomorphes Polygon mit den Winkeln $\alpha_1, \ldots, \alpha_n$, so ist die Krümmung des Polygons

$$\omega = 2\pi - \sum_{i=1}^{n} (\pi - \alpha_i).$$

Die hier rechts stehende Summe ist nichts anderes als die Schwenkung des Kürzestenzuges auf der dem Polygon zugewandten Seite, und man kann daher

$$\omega = 2\pi - \varphi$$

schreiben.

Sei jetzt $\mathfrak{L}$ eine beliebige Kurve ohne Vielfachpunkte auf einer Fläche. Bei $\mathfrak{L}$ kann man ebenfalls zwei Seiten unterscheiden, die wir vereinbarungsgemäß als rechte und linke bezeichnen wollen. Seien A und B die Endpunkte dieser Kurve, und nehmen wir an, $\mathfrak{L}$ besitze in A und B bestimmte Richtungen. Wir konstruieren eine Folge geodätischer Kürzestenzüge $\mathfrak{L}_i$ ohne Vielfachpunkte, die A und B verbinden, rechts von $\mathfrak{L}$ verlaufen und gegen diese Kurve konvergieren. Sobald die Kürzestenzüge $\mathfrak{L}_i$ hinreichend nahe an $\mathfrak{L}$ sind, hat es Sinn, zu sagen, daß sie rechts von $\mathfrak{L}$ verlaufen. Auf allen diesen Kürzestenzügen kann man entsprechend der rechten Seite von $\mathfrak{L}$ auch eine rechte Seite definieren. Die Definition dieser Begriffe läßt sich folgendermaßen bewerkstelligen.

Der Kürzestenzug $\mathfrak{L}_i$ berandet zusammen mit der Kurve $\mathfrak{L}$ einen gewissen Bereich $\boldsymbol{G}_i$, der auch in mehrere Stücke zerfallen kann, wenn $\mathfrak{L}$ mit $\mathfrak{L}_i$ außer den Endpunkten weitere Punkte gemeinsam hat; z. B. kann der Kürzestenzug $\mathfrak{L}_i$ in $\mathfrak{L}$ einbeschrieben sein. Wir sagen, $\mathfrak{L}_i$ verlaufe rechts von $\mathfrak{L}$, wenn das Innere von $\boldsymbol{G}_i$ rechts von $\mathfrak{L}$ liegt. Als rechte Seite von $\mathfrak{L}_i$ bezeichnen wir dagegen diejenige, die der gegenüberliegt[1]), auf der sich $\boldsymbol{G}_i$ befindet (Abb. 77).

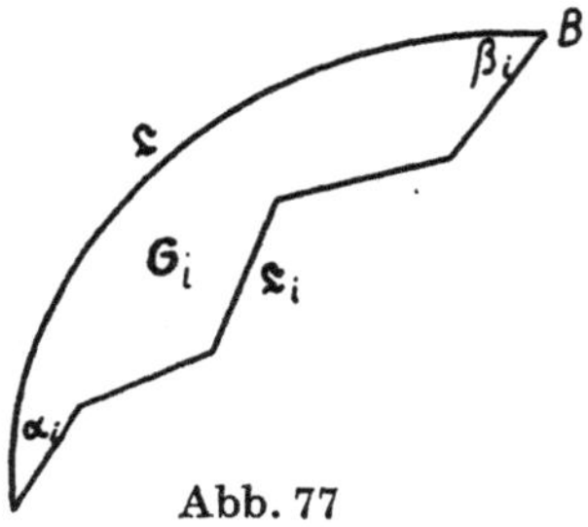

Abb. 77

Da in den Endpunkten A und B die Kurve $\mathfrak{L}$ bestimmte Richtungen hat, so bildet sie dort mit dem Kürzestenzug $\mathfrak{L}_i$ bestimmte Winkel. Wir nehmen diejenigen Winkel, die den in $\boldsymbol{G}_i$ liegenden Sektoren entsprechen. Seien α_i und β_i diese Winkel und sei φ_i die rechte Schwenkung von $\mathfrak{L}_i$. Die Größe $\varphi_i + \alpha_i + \beta_i$ stellt sozusagen die Schwenkung der Richtung von $\mathfrak{L}$ von derjenigen in A bis zu der in B dar. Diese Schwenkung wird aber nicht längs der Kurve selbst, sondern längs des Kürzestenzuges $\mathfrak{L}_i$ genommen.

Als Schwenkung der Kurve $\mathfrak{L}$ von rechts oder auch als rechte Schwenkung von $\mathfrak{L}$ bezeichnen wir die Größe

$$\varphi = \lim_{\mathfrak{L}_i \to \mathfrak{L}} (\varphi_i + \alpha_i + \beta_i). \tag{3}$$

In analoger Weise wird die linke Schwenkung von $\mathfrak{L}$ definiert.

Satz 1: *Für eine Kurve auf einer konvexen Fläche existiert der Limes in der Formel (3) und hängt nicht von der Wahl der Folge der Kürzestenzüge $\mathfrak{L}_i$ rechts*

[1]) Besitzt die Kurve $\mathfrak{L}$ endlich viele Vielfachpunkte, so nehmen wir auf ihr einen Abschnitt ohne Vielfachpunkt und definieren auf diesem eine rechte und eine linke Seite und dehnen diese Definition stetig längs der ganzen Kurve $\mathfrak{L}$ aus. Die gegen $\mathfrak{L}$ konvergierenden Kürzesten $\mathfrak{L}_i$ muß man so wählen, daß ihre topologische Struktur dieselbe ist wie die von $\mathfrak{L}$: Sie müssen dieselbe Anzahl von Vielfachpunkten besitzen. Der Sinn der Ausdrücke „Der Kürzestenzug verläuft rechts (links) von der Kurve" sowie der „rechten (linken) Seite des Kürzestenzuges", kann leicht erklärt werden. Dazu nehme man eine geradlinige Strecke mit einer Umgebung auf der Ebene und bilde sie auf $\mathfrak{L}$ und die Umgebung auf eine Umgebung von $\mathfrak{L}$ ab. Die Begriffe „Rechts" und „Links" in der Umgebung der Kurve sollen den entsprechenden Begriffen in der Umgebung der Strecke entsprechen.

von $\mathfrak{L}$ ab. Folglich ist die Existenz der Schwenkung einer Kurve ohne Vielfachpunkte allein durch die Existenz der Richtungen in ihren Endpunkten gewährleistet[1]).

Beweis: Seien $\mathfrak{L}_i$ und $\mathfrak{L}_j$ zwei rechts von $\mathfrak{L}$ verlaufende Kürzestenzüge, die die Endpunkte A und B dieser Kurve verbinden. Wir nehmen der Einfachheit halber an, daß diese Kürzestenzüge sich nicht schneiden; dann beranden sie ein gewisses Polygon $\boldsymbol{H}_{ij}$ (Abb. 78). Dieses Polygon liegt rechts von dem einen und links von dem anderen Kürzestenzug. Nehmen wir an, es liege rechts von $\mathfrak{L}_i$ und links von $\mathfrak{L}_j$. Die Winkel von $\boldsymbol{H}_{ij}$ sind die folgenden: an den Endpunkten A und B sind sie gleich $\alpha_j - \alpha_i$ bzw. $\beta_j - \beta_i$; an den Eckpunkten des Kürzestenzuges $\mathfrak{L}_i$ sind es seine Winkel von rechts, an den Eckpunkten von $\mathfrak{L}_j$ entsprechend die Winkel von links. Bezeichnet daher φ_i die rechte Schwenkung von $\mathfrak{L}_i$ und ψ_j die linke Schwenkung von $\mathfrak{L}_j$, so ist die volle Schwenkung des gesamten geschlossenen Kürzestenzuges $\mathfrak{L}_i + \mathfrak{L}_j$ auf der Seite des Polygons $\boldsymbol{H}_{ij}$

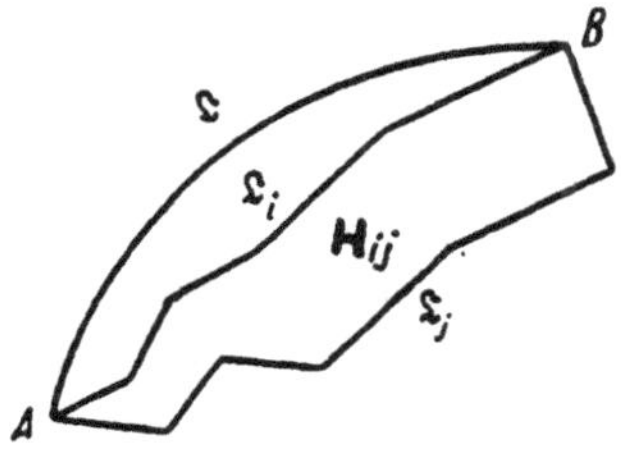

Abb. 78

$$\varphi_i + \psi_j + (\pi - \alpha_j + \alpha_i) + (\pi - \beta_j + \beta_i).$$

Die Krümmung des Innern von $\boldsymbol{H}_{ij}$ ist daher

$$\omega(\boldsymbol{H}_{ij}) = 2\pi - (\varphi_i + \psi_j) - (\pi - \alpha_j + \alpha_i) - (\pi - \beta_j + \beta_i)$$

oder

$$\omega(\boldsymbol{H}_{ij}) = (-\psi_j + \alpha_j + \beta_j) - (\varphi_i + \alpha_i + \beta_i).$$

Sei φ_j die Schwenkung von $\mathfrak{L}_j$ von rechts und $\omega(\mathfrak{L}_j)$ die Krümmung dieses Kürzestenzuges, seine Endpunkte nicht mitgerechnet; gemäß Formel (2) ist dann

$$\omega(\mathfrak{L}_j) = \varphi_j + \psi_j.$$

[1]) Handelt es sich um eine Kurve auf der Ebene, so ist diese Behauptung fast selbstverständlich. In diesem Falle ist nämlich die Größe $\varphi_i + \alpha_i + \beta_i$ ein und dieselbe für alle zur Kurve hinreichend nahen Streckenzüge. Sie ist gleich dem Winkel zwischen den Richtungen der Kurve in den Endpunkten, evtl. bis auf ein ganzzahliges Vielfaches von 2π. Besitzt eine Kurve auf der Ebene in jedem Punkt eine rechte und eine linke Tangente, so läßt sich ihre Schwenkung folgendermaßen definieren: Man wähle einen Umlaufsinn für das Winkelmaß, einen Durchlaufungssinn für die Kurve und betrachte z. B. den rechten Tangentenvektor. Durchläuft der Berührungspunkt die Kurve, so dreht sich dieser Vektor, und der volle Drehungswinkel ergibt die Schwenkung der Kurve. Man kann sagen, die Schwenkung der Kurve sei gleich $\lim \Sigma \Delta\varphi$, wo $\Delta\varphi$ der Drehungswinkel des Tangentialvektors beim Übergang von einem Kurvenpunkt zum nächsten ist.

Diese Definition der Schwenkung beruht darauf, daß sich ein Winkel zwischen zwei von verschiedenen Punkten ausgehenden Vektoren der Ebene definieren läßt. Aber auf einer krummen Fläche ist der Begriff des Winkels zwischen zwei von verschiedenen Punkten ausgehenden Richtungen nicht definiert. Undefiniert ist auch insbesondere der Begriff der Parallelverschiebung. Der Begriff der Parallelverschiebung längs eines gegebenen Weges auf einer krummen Fläche wurde von Levi-Civita eingeführt (s. z. B. П. К. Рашевский, Курс дифференциальной геометрии, §§ 59—61) (P. K. Raschewskij, „Lehrbuch der Differentialgeometrie").

Setzen wir den sich hieraus ergebenden Ausdruck für ψ_j in den Ausdruck für $\omega(\boldsymbol{H}_{ij})$ ein, so erhalten wir

$$\omega(\boldsymbol{H}_{ij}) + \omega(\mathfrak{L}_j) = (\varphi_j + \alpha_j + \beta_j) - (\varphi_i + \alpha_i + \beta_i).$$

Fügt man zu $\boldsymbol{H}_{ij}$ den Kürzestenzug $\mathfrak{L}_j$ hinzu und bezeichnet die so erhaltene Figur durch $\overline{\boldsymbol{H}}_{ij}$, so kann man

$$\omega(\overline{\boldsymbol{H}}_{ij}) = (\varphi_j + \alpha_j + \beta_j) - (\varphi_i + \alpha_i + \beta_i) \tag{4}$$

schreiben. Die Figur $\overline{\boldsymbol{H}}_{ij}$ liegt in einer Umgebung von $\mathfrak{L}$ und hat mit dieser Kurve keine Punkte gemeinsam, da ja die Endpunkte des Kürzestenzuges $\mathfrak{L}_j$ ausgeschlossen sind. Ist $\boldsymbol{U}$ eine Umgebung von $\mathfrak{L}$, die sich auf $\mathfrak{L}$ zusammenzieht, so folgt auf Grund der Stetigkeit der Krümmung

$$\omega(\boldsymbol{U} - \mathfrak{L}) \to 0.$$

Konvergieren daher die Kürzestenzüge $\mathfrak{L}_i$, $\mathfrak{L}_j$ gegen $\mathfrak{L}$, so gilt

$$\omega(\overline{\boldsymbol{H}}_{ij}) \to 0,$$

und aus Formel (4) folgt

$$|(\varphi_j + \alpha_j + \beta_j) - (\varphi_i + \alpha_i + \beta_i)| \to 0,$$

d. h. $\lim\limits_{\mathfrak{L}_i \to \mathfrak{L}} (\varphi_i + \alpha_i + \beta_i)$ existiert.

Wir haben bisher angenommen, daß sich $\mathfrak{L}_i$ und $\mathfrak{L}_j$ nicht schneiden. Schneiden sie sich, so beranden sie an Stelle eines Polygons mehrere. Rechnet man die Krümmung aller dieser Polygone aus[1]) und benutzt in derselben Weise die Stetigkeit der Krümmung, so beweist man die Existenz von $\lim\limits_{\mathfrak{L}_i \to \mathfrak{L}} (\varphi_i + \alpha_i + \beta_i)$ auch im allgemeinen Fall.

Besitzt die Kurve endlich viele Vielfachpunkte und hat sie in den Endpunkten bestimmte Richtungen, so wird die Existenz ihrer Schwenkung in analoger Weise bewiesen.

Wir wollen jetzt feststellen, wie sich die Schwenkungen der einzelnen Bögen einer Kurve addieren. Der Punkt C liege im Innern der Kurve $\widehat{AB}$, und in C mögen beide Bögen $\widehat{AC}$ und $\widehat{CB}$ bestimmte Richtungen haben. Der Winkel zwischen diesen Richtungen rechts von der Kurve sei γ. Die Größe $\varphi(C) = \pi - \gamma$ nennt man naturgemäß die rechte Schwenkung der Kurve im Punkt C. Nimmt man die rechts von $\widehat{AB}$ liegenden Kürzestenzüge so, daß sie außer A und B mit

[1]) Seien $\overline{\boldsymbol{H}}_{ij}^1, \overline{\boldsymbol{H}}_{ij}^2, \ldots, \overline{\boldsymbol{H}}_{ij}^n$ diese Polygone unter Einschluß der Abschnitte der Kurvenzüge $\mathfrak{L}_i$ und $\mathfrak{L}_j$; zu $\boldsymbol{H}_{ij}^k$ wird der Kurvenzug hinzugenommen, auf dessen linker Seite $\boldsymbol{H}_{ij}^k$ liegt. Ausrechnung der Krümmungen liefert die Formel

$$\left|(\varphi_j + \alpha_j + \beta_j) - (\varphi_i + \alpha_i + \beta_i)\right| = \left|\sum_{k=1}^{n} (-1)^k\, \omega\left(\overline{\boldsymbol{H}}_{ij}^k\right)\right|.$$

dieser Kurve auch den Punkt C gemeinsam haben, so ergibt sich durch Addition der Schwenkungen der Abschnitte AC und CB dieser Kürzestenzüge und Grenzübergang leicht

$$\varphi(\widehat{AB}) = \varphi(\widehat{AC}) + \varphi(\widehat{CB}) + \varphi(C), \tag{5}$$

wobei φ die rechten Schwenkungen der entsprechenden Bögen bezeichnet.

Es erscheint naturgemäß, die Schwenkung auf den Bogen unter Ausschluß der Endpunkte zu beziehen und bei Hinzunahme der Endpunkte zum Bogen die Schwenkungen in diesen Punkten zu addieren. Zum Beispiel kann man die Kurve $\widehat{AB}$ in zwei Teile zerlegen: in den Bogen $\widehat{AC}$ unter Ausschluß des Punktes C und den Bogen $\widehat{BC}$ einschließlich des Punktes C. Die Schwenkung des ersten ist dann $\varphi(\widehat{AC})$, die des zweiten $\varphi(\widehat{CB}) + \varphi(C)$.

Unter diesen Vereinbarungen besagt Formel (5), *daß die Schwenkung eine additive Funktion des Bogens ist.* Mit anderen Worten: Zerlegt man die Kurve in endlich viele punktfremde Bögen, von denen jeder eine Schwenkung besitzt, so ist die Schwenkung der ganzen Kurve gleich der Summe der Schwenkungen der einzelnen Bögen.

Wie gezeigt wurde, besitzt eine Kurve eine Schwenkung, wenn sie in jedem Endpunkt eine bestimmte Richtung hat. Aus der Existenz einer Schwenkung einer ganzen Kurve folgt daher durchaus nicht die Existenz der Schwenkungen ihrer Bögen. Besitzt aber in jedem Punkt der Kurve jeder Kurvenzweig eine bestimmte Richtung, so ist die Schwenkung auch für alle Bögen definiert und, wie soeben bewiesen, eine additive Funktion des Bogens.

Hat eine Kurve $\mathfrak{L}$ eine Länge und besitzt jeder ihrer Bögen eine bestimmte Schwenkung, so läßt sich der Begriff der *geodätischen Krümmung* der Kurve einführen. Als rechte (linke) geodätische Krümmung einer Kurve $\mathfrak{L}$ im Punkt X bezeichnen wir den Grenzwert des Verhältnisses der rechten (linken) Schwenkung des Bogens von $\mathfrak{L}$ zur Länge dieses Bogens, wenn sich der Bogen auf den Punkt X zusammenzieht. Selbstverständlich braucht dieser Grenzwert nicht zu existieren.

Für hinreichend glatte Kurven auf regulären Flächen fällt die eben gegebene Definition der geodätischen Krümmung mit der gewöhnlichen zusammen[1]). Auf solchen Flächen unterscheiden sich die rechte und die linke Krümmung nur durch das Vorzeichen (das Vorzeichen der Krümmung zeigt an, nach welcher Seite die Kurve gebogen ist). Die Schwenkung erweist sich in diesem Fall als das Integral der geodätischen Krümmung über die Bogenlänge. In dieser Weise ist der Begriff der Schwenkung eine Verallgemeinerung des bekannten Begriffs der geo-

---

[1]) Unter einer regulären Fläche verstehen wir hier und im folgenden stets eine solche, für die die üblichen Schlüsse der Differentialgeometrie gelten. (Im vorliegenden Falle genügt die zweimalige stetige Differenzierbarkeit der Fläche und der Kurve auf ihr. Über die geodätische Krümmung von Kurven auf regulären Flächen s. z. B. W. Blaschke, „Differentialgeometrie", § 68, oder П. К. Рашевский, Курс дифференциальной геометрии, § 61. [P. K. Raschewskij, „Lehrbuch der Differentialgeometrie"].)

dätischen Krümmung oder, besser gesagt, ihres Integrals. Bei allgemeinen Untersuchungen von Kurven auf beliebigen konvexen Flächen ist gerade der Begriff der Schwenkung zweckmäßig und nicht etwa der viel speziellere Begriff der geodätischen Krümmung. Man sieht dies schon daraus, daß letzterer sich nicht auf geodätische Kürzestenzüge anwenden läßt.

Auf nichtregulären Flächen kann es vorkommen, daß sich die rechte und die linke Schwenkung nicht nur durch das Vorzeichen unterscheiden. Zum Beispiel hat die Peripherie der Grundfläche eines geraden Kreiszylinders in jedem Punkt eine geodätische Krümmung. Auf der Seite der Mantelfläche ist diese geodätische Krümmung gleich Null und auf der Seite der Grundfläche gleich $\frac{1}{r}$, wo r der Radius der Grundfläche ist. Im folgenden werden wir beweisen, daß die Summe der rechten und der linken Schwenkung einer Kurve auf einer konvexen Fläche gleich dem Flächeninhalt des sphärischen Bildes dieser Kurve unter Ausschluß der Endpunkte ist.

Sei $\mathfrak{L}$ eine geschlossene Kurve ohne Vielfachpunkte auf einer konvexen Fläche. Man kann an ihr zwei Seiten unterscheiden, vereinbarungsgemäß eine rechte und eine linke. Die volle Schwenkung der Kurve von rechts (von links) kann man direkt als den Grenzwert der rechten Schwenkungen von Kürzestenzügen definieren, die gegen $\mathfrak{L}$ von rechts (von links) konvergieren. Gibt es auf $\mathfrak{L}$ einen Punkt A, in dem die beiden von ihm ausgehenden Kurvenzweige eine bestimmte Richtung haben, so läßt sich die Schwenkung von $\mathfrak{L}$ auch anders definieren. Man kann nämlich $\mathfrak{L}$ als nichtgeschlossen ansehen, aber so, daß ihre Endpunkte im selben Punkt A liegen. Dann wird die volle Schwenkung von $\mathfrak{L}$ von rechts (von links) gleich der Summe der rechten (linken) Schwenkung der betreffenden nichtgeschlossenen Kurve im Punkt A. Aus der Additivität der Schwenkung schließt man aber leicht, daß diese Summe bei beliebiger Wahl des Punktes A dieselbe bleibt, wenn nur beide Zweige von $\mathfrak{L}$ eine bestimmte Richtung haben. Diese zweite Definition der Schwenkung einer geschlossenen Kurve fällt mit der ersten zusammen. Davon überzeugen wir uns sofort, wenn wir gegen $\mathfrak{L}$ (von rechts bzw. von links) konvergierende Kürzestenzüge betrachten, die in A einen Eckpunkt haben. Solche Kürzestenzüge existieren, wie man leicht aus der Existenz der Richtungen der von A ausgehenden Zweige von $\mathfrak{L}$ schließt.

Auf der Ebene ist die Schwenkung einer geschlossenen Kurve ohne Vielfachpunkte offenbar gleich 2π. Auf einer konvexen Fläche gilt folgende Aussage:

S a t z 2: *Begrenzt die Kurve $\mathfrak{L}$ ein kreishomöomorphes Gebiet* $\boldsymbol{G}$ *mit einer Krümmung ω und ist die Schwenkung von $\mathfrak{L}$ auf der Seite von* $\boldsymbol{G}$ *gleich φ, so gilt*

$$\omega = 2\pi - \varphi .$$

Für den Fall, daß $\mathfrak{L}$ ein Kürzestenzug ist, ist diese Aussage schon bewiesen. Ist $\mathfrak{L}$ eine beliebige Kurve, so konstruieren wir eine Folge von Kürzestenzügen $\mathfrak{L}_n$, die gegen sie aus dem Innern von $\boldsymbol{G}$ konvergiert. Bezeichnen φ_n, ω_n die

Schwenkung von $\mathfrak{L}_n$ beziehungsweise die Krümmung des von ihm begrenzten Polygons, so gilt

$$\omega_n = 2\pi - \varphi_n .$$

Aus der Definition der Schwenkung einer geschlossenen Kurve folgt $\varphi_n \to \varphi$, und aus der vollständigen Additivität der Krümmung folgt $\omega_n \to \omega$. Daher ist

$$\omega = 2\pi - \varphi .$$

Ebenso läßt sich folgende allgemeinere Aussage beweisen:

Satz 2*: *Besitzt das Innere eines kompakten Bereiches, der von Kurven mit den Schwenkungen (auf der Seite des Bereiches)* $\varphi_1, \varphi_2, \ldots, \varphi_n$ *berandet wird, die Krümmung* ω *und die* EULER*sche Charakteristik* χ, *so gilt*

$$\omega = 2\pi\chi - \sum_{i=1}^{n} \varphi_i .$$

Satz 3: *Die Summe der rechten und der linken Schwenkung einer Kurve ohne Vielfachpunkte ist gleich der Krümmung (dem Flächeninhalt des sphärischen Bildes) dieser Kurve unter Ausschluß der Endpunkte.*

Beweis: Die Kurve $\mathfrak{L}$ mit den Endpunkten A und B möge die rechte und die linke Schwenkung φ_1 und φ_2 haben. Wir schließen $\mathfrak{L}$ in ein geodätisches Polygon $\boldsymbol{P}$ so ein, daß seine Endpunkte auf die Berandung dieses Polygons zu liegen kommen. $\mathfrak{L}$ zerlegt $\boldsymbol{P}$ in zwei Bereiche $\boldsymbol{P}_1$ und $\boldsymbol{P}_2$. Sei $\boldsymbol{P}_1$ rechts von $\mathfrak{L}$ und $\boldsymbol{P}_2$ links von $\mathfrak{L}$ gelegen. Die Krümmung des Innern des ganzen Polygons $\boldsymbol{P}$ ist dann

$$\omega(\boldsymbol{P}) = \omega(\boldsymbol{P}_1) + \omega(\boldsymbol{P}_2) + \omega(\mathfrak{L}), \tag{6}$$

wobei $\omega(\mathfrak{L})$ die Krümmung von $\mathfrak{L}$ unter Ausschluß der Endpunkte ist.

Die Punkte A und B zerlegen die Berandung von $\boldsymbol{P}$ in zwei Kürzestenzüge $\mathfrak{L}_1$ und $\mathfrak{L}_2$. Seien ψ_1 und ψ_2 die Schwenkungen dieser Kürzestenzüge auf der Seite des Innern der Bereiche $\boldsymbol{P}_1$ und $\boldsymbol{P}_2$. Schließlich mögen α_1 und α_2 die Winkel bezeichnen, die $\mathfrak{L}$ mit $\mathfrak{L}_1$ bzw. $\mathfrak{L}_2$ im Punkt A bildet, und β_1 bzw. β_2 die entsprechenden Winkel in B. (Es werden hierbei die Winkel genommen, die im Innern von $\boldsymbol{P}_1$ und $\boldsymbol{P}_2$ liegen.) Die Schwenkungen der Kurven $\mathfrak{L}_1 + \mathfrak{L}_2$, $\mathfrak{L}_1 + \mathfrak{L}$, $\mathfrak{L}_2 + \mathfrak{L}$ (d. h. die Schwenkungen der Berandungen des Polygons $\boldsymbol{P}$ und der Bereiche $\boldsymbol{P}_1$ und $\boldsymbol{P}_2$ auf der Seite des Innern dieser Bereiche) sind gleich

$$\begin{cases} \varphi(\mathfrak{L}_1 + \mathfrak{L}_2) = \psi_1 + \psi_2 + 2\pi - (\alpha_1 + \alpha_2 + \beta_1 + \beta_2), \\ \varphi(\mathfrak{L}_1 + \mathfrak{L}) \;\; = \psi_1 + \varphi_1 + 2\pi - (\alpha_1 + \beta_1), \\ \varphi(\mathfrak{L}_2 + \mathfrak{L}) \;\; = \psi_2 + \varphi_2 + 2\pi - (\alpha_2 + \beta_2). \end{cases} \tag{7}$$

Auf Grund von Satz 2 gilt

$$\omega(\boldsymbol{P}) = 2\pi - \varphi(\mathfrak{L}_1 + \mathfrak{L}_2)$$

und analog

$$\omega(\boldsymbol{P}_1) = 2\pi - \varphi(\mathfrak{L}_1 + \mathfrak{L}), \qquad \omega(\boldsymbol{P}_2) = 2\pi - \varphi(\mathfrak{L}_2 + \mathfrak{L}).$$

Aus Formel (6) folgt daher

$$\omega(\mathfrak{L}) = \varphi(\mathfrak{L}_1 + \mathfrak{L}) + \varphi(\mathfrak{L}_2 + \mathfrak{L}) - \varphi(\mathfrak{L}_1 + \mathfrak{L}_2) - 2\pi,$$

und mit Hilfe der Formeln (7) erhalten wir

$$\omega(\mathfrak{L}) = \varphi_1 + \varphi_2,$$

was zu beweisen war.

Wir haben nur die Elemente der Theorie der Schwenkungen von Kurven dargelegt; viele grundlegende Fragen dieser Theorie sind noch ungelöst. Bevor wir hier einige dieser Fragen formulieren, wollen wir noch eine Definition einführen, die wir auch im nächsten Paragraphen benötigen, in dem einige Anwendungen des Begriffs der Schwenkung einer Kurve beschrieben werden.

Eine Kurve $\mathfrak{L}$ besitze in jedem ihrer Punkte eine bestimmte Richtung auf beiden Seiten dieses Punktes. Dann hat jeder Bogen eine bestimmte Schwenkung, die, wie gezeigt, eine additive Funktion des Bogens ist. Im Einklang mit der in der Theorie der additiven Funktionen üblichen Terminologie sagen wir, die Schwenkung sei *von beschränkter Variation*, wenn jede Summe der Absolutbeträge der Schwenkungen endlich vieler punktfremder Bögen eine gewisse Zahl nicht übertrifft. Ist t ein von 0 bis 1 laufender Kurvenparameter, so ist die Schwenkung φ des dem Intervall $(0, t)$ entsprechenden Bogens eine Funktion von t. Die Forderung, daß die Schwenkung von beschränkter Variation sei, ist offenbar äquivalent mit der Forderung, daß $\varphi(t)$ von beschränkter Variation ist. Besitzen insbesondere die Schwenkungen aller Bögen der Kurve dasselbe Vorzeichen, so ist $\varphi(t)$ monoton und daher selbstverständlich von beschränkter Variation.

Man kann beweisen, *daß eine Kurve $\mathfrak{L}$ auf einer konvexen Fläche mit einer Schwenkung von beschränkter Variation rektifizierbar ist (d. h. eine bestimmte Länge besitzt) und ihre Schwenkung eine vollständig additive Funktion des Bogens ist.* Dies trifft insbesondere auf solche Kurven zu, deren Bögen auf einer Seite Schwenkungen desselben Vorzeichens haben. Solche Kurven werden wir im folgenden Paragraphen betrachten.

Bei der Formulierung der nun folgenden Probleme aus der Theorie der Schwenkung setzen wir immer stillschweigend voraus, daß es sich um Kurven handelt, bei denen alle Bögen bestimmte Schwenkungen besitzen und bei denen die Schwenkung eine Funktion von beschränkter Variation ist. Ohne diese Voraussetzungen dürften unsere Probleme wohl kaum lösbar sein.

Das erste Problem besteht darin, den Inhalt des Begriffes der Schwenkung einer Kurve auf einer beliebigen konvexen Fläche im Sinne der äußeren Geometrie zu klären. Besitzt eine Kurve $\mathfrak{L}$ auf einer *regulären* Fläche $\boldsymbol{F}$ eine stetige geodätische Krümmung, so kann ihre Schwenkung folgendermaßen definiert werden: Wir nehmen auf $\mathfrak{L}$ aufeinanderfolgende Punkte $X_0, X_1, \ldots, X_n$, wobei X_0 und X_n die Endpunkte der Kurve sind. Durch diese Punkte legen wir Tangentialebenen $\boldsymbol{P}_0, \boldsymbol{P}_1, \ldots, \boldsymbol{P}_n$ an $\boldsymbol{F}$. Seien $\mathfrak{T}_0, \mathfrak{T}_1, \ldots, \mathfrak{T}_n$ die Tangenten an $\mathfrak{L}$ in $X_0, X_1, \ldots, X_n$; sie liegen in den Tangentialebenen. Durch eine Drehung der Ebene $\boldsymbol{P}_0$ um ihre Schnittgerade mit $\boldsymbol{P}_1$ kann man $\boldsymbol{P}_0$ mit $\boldsymbol{P}_1$ zusammenfallen lassen. Die erhaltene Ebene kann wiederum um ihre Schnittgerade mit $\boldsymbol{P}_2$ gedreht werden, bis sie mit $\boldsymbol{P}_2$ zusammenfällt. Fährt man in derselben Weise fort, so rollt man alle Ebenen $\boldsymbol{P}_0, \boldsymbol{P}_1, \ldots, \boldsymbol{P}_n$ auf die eine Ebene $\boldsymbol{P}_n$ ab. Mit den Ebenen rollen sich auch die Tangenten $\mathfrak{T}_0, \mathfrak{T}_1, \ldots, \mathfrak{T}_n$ auf $\boldsymbol{P}_n$ ab und bestimmen einen Streckenzug mit Ecken in den Schnittpunkten von $\mathfrak{T}_0$ mit $\mathfrak{T}_1$, $\mathfrak{T}_1$ mit $\mathfrak{T}_2$ usw. Sei φ die Schwenkung dieses Streckenzuges. Nun wählen wir die Punkte X_i auf der Kurve immer dichter und dichter und bestimmen die Schwenkungen φ der Streckenzüge, die durch das beschriebene Verfahren entstehen. Der Grenzwert dieser Schwenkungen φ ergibt die Schwenkung der Kurve $\mathfrak{L}$.

Liegt die Kurve $\mathfrak{L}$ auf einer nichtregulären konvexen Fläche $\boldsymbol{F}$, so kann die durchgeführte Konstruktion schon deshalb unmöglich werden, weil die Fläche in den Punkten von $\mathfrak{L}$ keine Tangentialebenen zu haben braucht. Man kann jedoch folgendermaßen verfahren. In jedem Punkt von $\mathfrak{L}$ besitzt $\boldsymbol{F}$ einen Tangentialkegel $\boldsymbol{K}$ und $\mathfrak{L}$ selbst Halbtangenten, d. h. Halbgeraden, die ihre von dem betreffenden Punkt ausgehenden Zweige berühren. Diese Halbtangenten zerlegen $\boldsymbol{K}$ in zwei Sektoren. Definiert man eine rechte und eine linke Seite der Kurve, so wird ein Sektor links, der andere rechts von den beiden Halbtangenten liegen. Nimmt man auf $\mathfrak{L}$ Punkte $X_0, X_1, \ldots, X_n$ an, so kann man die rechten (linken) Sektoren auf den Tangentialkegeln in diesen Punkten aufeinander folgend in eine Ebene abwickeln in ähnlicher Weise, wie dies oben für die Tangentialebenen gemacht worden ist. Dieses „Abwickeln von Sektoren" muß selbstverständlich präzisiert werden, da jeder Sektor an und für sich kein ebener Sektor zu sein braucht. Nach Abwicklung der Sektoren kann man die Schwenkung desjenigen Streckenzuges bestimmen, der durch die abgewickelten Halbtangenten an $\mathfrak{L}$ gebildet wird. Wir bilden den Limes dieser Schwenkungen bei unbeschränkter Verdichtung der Punkte $X_0, X_1, \ldots, X_n$ auf $\mathfrak{L}$. Es ergeben sich zwei Fragen: 1. Existiert dieser Grenzwert, wenn die Schwenkung von $\mathfrak{L}$ von beschränkter Variation ist? 2. Wenn dieser Grenzwert existiert, ist er dann gleich der rechten (linken) Schwenkung der Kurve $\mathfrak{L}$?

Ist $\boldsymbol{F}$ ein Polyeder, so lassen sich diese Fragen mühelos positiv beantworten. Im allgemeinen Fall ist die Antwort unbekannt.

Im Anschluß an das gestellte Problem über den außengeometrischen Sinn der Schwenkung ergibt sich ein anderes, mit ihm eng verbundenes. Besitzt eine Kurve $\mathfrak{L}$ auf einer regulären Fläche $\boldsymbol{F}$ eine stetige geodätische Krümmung, so ist, wie leicht zu sehen, das oben beschriebene Verfahren zur Berechnung ihrer Schwenkung dem folgenden gleichwertig. Man nehme die Enveloppe der Tangentialebenen an $\boldsymbol{F}$ in den Punkten von $\mathfrak{L}$. In der Umgebung von $\mathfrak{L}$ ist diese eine singularitätenfreie abwickelbare Fläche. Man kann sie auf die Ebene abwickeln. Dabei geht $\mathfrak{L}$ in eine gewisse ebene Kurve über, deren Schwenkung gleich der Schwenkung von $\mathfrak{L}$ ist.

Liegt $\mathfrak{L}$ auf einer nichtregulären konvexen Fläche $\boldsymbol{F}$, so legen wir durch die Punkte von $\mathfrak{L}$ Tangentialkegel an $\boldsymbol{F}$. Diese Kegel begrenzen in ihrer Gesamtheit einen gewissen konvexen Körper mit der Oberfläche $\boldsymbol{F}^*$. Man kann zeigen, daß die auf $\boldsymbol{F}$ gemessene rechte und linke Schwenkung von $\mathfrak{L}$ gleich ist der auf $\boldsymbol{F}^*$ gemessenen entsprechenden Schwenkung dieser Kurve. $\boldsymbol{F}^*$ ist jedoch im allgemeinen nicht abwickelbar. Besitzt $\mathfrak{L}$ keine stetige geodätische Krümmung, sondern nur eine Schwenkung beschränkter Variation, so brauchen selbst beliebig schmale Bänder von $\boldsymbol{F}^*$ links und rechts von $\mathfrak{L}$ nicht abwickelbar zu sein. Die Messung der Schwenkung der Kurve durch Abwickeln dieser Bänder auf die Ebene erweist sich daher im allgemeinen als unmöglich.

Man kann jedoch das Problem noch von einer anderen Seite betrachten. Die abwickelbare Fläche, die die *reguläre* Fläche längs der Kurve $\mathfrak{L}$ berührt, ist einer schmalen Umgebung von $\mathfrak{L}$ auf der Ebene bis auf unendlich kleine Größen höherer Ordnung isometrisch. Man kann daher eine Umgebung von $\mathfrak{L}$ bis auf unendlich kleine Größen höherer Ordnung isometrisch auf die Ebene abbilden. $\mathfrak{L}$ wird dabei in eine Kurve übergehen, deren Krümmung gleich der geodätischen Krümmung von $\mathfrak{L}$ ist.

Ist $\boldsymbol{F}$ *nichtregulär*, so muß man an Stelle einer Umgebung von $\mathfrak{L}$ eine rechte und eine linke Halbumgebung gesondert betrachten. Es entsteht die Frage: Kann man die rechte (linke) Halbumgebung von $\mathfrak{L}$ so auf die Ebene abbilden, daß die folgenden Bedingungen erfüllt sind: 1. $\mathfrak{L}$ geht über in eine Kurve $\mathfrak{L}'$, bei der jeder Bogen dieselbe Länge und dieselbe Schwenkung wie der entsprechende Bogen von $\mathfrak{L}$ hat; 2. in der Nähe von $\mathfrak{L}$ ist die Abbildung isometrisch bis auf unendlich kleine Größen höherer Ordnung?

Grob gesprochen besteht die Frage darin: Fällt die Geometrie in einer unendlich schmalen Halbumgebung von $\mathfrak{L}$ mit der Geometrie in der Halbumgebung von $\mathfrak{L}'$ zusammen oder nicht? Es ist z. B. bekannt, daß die Änderung der Länge einer ebenen Kurve bei unendlich kleinen Verschiebungen ihrer Punkte von der Krümmung dieser Kurve abhängt. Naturgemäß möchte man klären, in welchem Maße man auf einer konvexen Fläche eine Abhängigkeit einer Längenvariation von der Schwenkung der Kurve feststellen kann. Im allgemeinen wird dieser Zusammenhang sich wohl kaum durch Gleichungen ausdrücken lassen. Jedoch ist dieses Problem im allgemeinen Fall sicherlich von Interesse, da es anscheinend mit Variationsproblemen zusammenhängt. Wir geben hier ein Beispiel eines solchen Problems.

Sei $\boldsymbol{F}$ eine geschlossene konvexe Fläche. Wir betrachten geschlossene Kurven auf $\boldsymbol{F}$, die den Flächeninhalt von $\boldsymbol{F}$ in einem gegebenen Verhältnis teilen. Unter diesen Kurven gibt es eine von kleinster Länge, wie leicht aus den allgemeinen Sätzen über die Konvergenz rektifizierbarer Kurven folgt. Ist $\boldsymbol{F}$ eine *reguläre* Fläche, so ergeben die gewöhnlichen Methoden der Variationsrechnung das bekannte Resultat, daß diese Kurve eine konstante geodätische Krümmung hat. Das Problem besteht darin, diese Kurve auf einer beliebigen geschlossenen konvexen Fläche zu untersuchen. (Das Ergebnis ist uns unbekannt.) Eine analoge, aber nicht völlig gleichwertige Problemstellung besteht darin, eine Kurve gegebener Länge zu finden, die ein Gebiet größtmöglichen Flächeninhalts umfaßt oder besser die den Flächeninhalt der Gesamtfläche in einem Verhältnis teilt, das möglichst nahe zu $^1/_2$ ist.

§ 3. Der allgemeine Verheftungssatz

Der Begriff der Schwenkung einer Kurve gestattet es, den in Kap. VIII, § 1 bewiesenen Verheftungssatz auf den Fall zu verallgemeinern, daß nicht nur Polygone, sondern beliebige, von Kurven mit einer Schwenkung von beschränkter Variation begrenzte Bereiche verheftet werden. Aus einer Mannigfaltigkeit mit einer Metrik positiver Krümmung seien geschlossene Bereiche $\mathfrak{g}_1, \mathfrak{g}_2, \ldots, \mathfrak{g}_n$ ausgeschnitten, von denen jeder durch endlich viele Kurven berandet wird. Diese Bereiche werden nicht notwendig als kompakt oder beschränkt in dem Sinne angenommen, daß die Entfernungen zwischen Punkten eines Bereiches eine gegebene Zahl nicht übertreffen. Zum Beispiel könnten diese Bereiche Teile unendlicher konvexer Flächen sein. Die diese Bereiche berandenden Kurven können daher Kurven von zwei Typen sein: geschlossene, die einem Kreis homöomorph sind, und offene, die einer Geraden homöomorph sind. Wir wollen jedoch annehmen, jeder Bogen einer solchen Kurve besitze eine bestimmte Schwenkung, und die Schwenkung der ganzen Kurve sei von beschränkter Variation in dem im vorigen Paragraphen definierten Sinne. (Unter einem Bogen verstehen wir dabei einen beliebigen Abschnitt der Kurve, der einer geradlinigen Strecke homöomorph ist.) Wie man beweisen kann, besitzt dann jeder Bogen dieser Kurve eine endliche Länge; die Kurve selbst kann „ins Unendliche gehen“ und somit unendliche Länge haben. (Um nicht auf unbewiesene Sätze verweisen zu müssen, kann man übrigens einfach fordern, daß jeder beschränkte Bogen, der zur Berandung eines Bereiches $\mathfrak{g}_i$ gehört, endliche Länge hat.)

Jeder Bereich $\mathfrak{g}_i$ besitzt seine eigene innere Metrik, die in ihm durch die Mannigfaltigkeit, aus der er herausgeschnitten ist, induziert wird und die mit der letzteren in kleinen Umgebungen zusammenfällt. (Siehe Satz 5 aus § 2 von Kap. II.) Wir wollen sagen, die Mannigfaltigkeit $\mathfrak{r}'$ mit einer inneren Metrik sei aus den Bereichen $\mathfrak{g}_1, \ldots, \mathfrak{g}_n$ verheftet, wenn es möglich ist, $\mathfrak{r}'$ in Bereiche $\mathfrak{g}'_1, \ldots, \mathfrak{g}'_n$ zu zerlegen, die entsprechend den Bereichen $\mathfrak{g}_1, \ldots, \mathfrak{g}_n$ isometrisch sind. Ist $\boldsymbol{R}'$ eine Fläche im Raum, so kann man naturgemäß sagen, diese Fläche sei aus den Bereichen $\mathfrak{g}_1, \ldots, \mathfrak{g}_n$ verheftet.

Bei den Bereichen $\mathfrak{g}'_1, \ldots, \mathfrak{g}'_n$ sind gewisse Abschnitte der Berandung paarweise identifiziert: diese Abschnitte kann man die Seiten von $\mathfrak{g}'_1, \ldots, \mathfrak{g}'_n$ nennen. Diejenigen Punkte, in denen mehr als zwei Bereiche zusammenstoßen, kann man Eckpunkte nennen. Wir wollen annehmen, jeder Bereich habe nur endlich viele Seiten und Eckpunkte. Die Identifizierung der Seiten und Eckpunkte der $\mathfrak{g}'_i$ kann man auf Grund der Isometrie auf die Ausgangsbereiche $\mathfrak{g}_i$ übertragen, und dann bilden letztere selbst eine Mannigfaltigkeit $\mathfrak{r}$, die $\mathfrak{r}'$ homöomorph ist. In $\mathfrak{r}$

läßt sich in natürlicher Weise eine innere Metrik definieren. Die Länge einer Kurve in $\mathfrak{r}$ kann definiert werden als die Summe der Längen ihrer Abschnitte, von denen jeder in seinem Bereich $\mathfrak{g}_i$ liegt. Die Entfernung zwischen Punkten von $\mathfrak{r}$ definiert man dann als die untere Grenze der Längen der Verbindungskurven dieser Punkte. Bei dieser Definition der Metrik in $\mathfrak{r}$ wird die Mannigfaltigkeit zu $\mathfrak{r}'$ isometrisch. Ist daher $\mathfrak{r}$ eine abstrakte Mannigfaltigkeit und keine Fläche, so brauchen wir $\mathfrak{r}$ und $\mathfrak{r}'$ nicht zu unterscheiden, und wir sagen dann auch, $\mathfrak{r}$ sei aus $\mathfrak{g}_1, \ldots, \mathfrak{g}_n$ verheftet.

Eine aus Bereichen verheftete Mannigfaltigkeit ist völlig bestimmt durch die Angabe, welche Teile der Berandungen der Bereiche zu identifizieren sind. Diese „Verheftungsvorschrift" muß den gewöhnlichen Forderungen genügen:

1. Die in einem Eckpunkt zusammenstoßenden Bereiche müssen so zusammenstoßen wie die Sektoren eines Kreises im Mittelpunkt dieses Kreises. Hieraus folgt schon, daß Seiten paarweise zu identifizieren sind.

2. Von jedem Bereich kann man zu jedem anderen gelangen über Bereiche, die identifizierte Seiten haben.

3. Zu identifizierende Seiten und auch alle zu identifizierenden Abschnitte müssen gleiche Länge haben.

Sind die ersten beiden Verheftungsbedingungen erfüllt, so bilden die Bereiche eine Mannigfaltigkeit. Geben wir also Bereiche $\mathfrak{g}_1, \ldots, \mathfrak{g}_n$ und eine „Verheftungsvorschrift" vor, die den drei gestellten Forderungen genügt, so erhalten wir eine Mannigfaltigkeit $\mathfrak{r}$ mit innerer Metrik. Die Frage besteht darin, unter welchen Bedingungen diese Metrik eine Metrik von positiver Krümmung ist. Die Antwort wird durch den folgenden „allgemeinen Verheftungssatz" gegeben.

Satz: *Die Mannigfaltigkeit $\mathfrak{r}$ sei aus Bereichen $\mathfrak{g}_1, \ldots, \mathfrak{g}_n$ mit Metriken positiver Krümmung verheftet. Die Metrik von $\mathfrak{r}$ selbst ist genau dann von positiver Krümmung, wenn folgende zwei Bedingungen erfüllt sind: 1. Die Summe der Schwenkungen von je zwei zu identifizierenden Abschnitten der Berandungen der Bereiche ist nichtnegativ; 2. die Summe der in einem Eckpunkt zusammenstoßenden Winkel von Bereichen $\mathfrak{g}_i$ übertrifft jeweils 2π nicht.* (Es handelt sich hierbei selbstverständlich um Bereiche, die den oben formulierten Forderungen bezüglich der Schwenkungen ihrer Berandungen genügen, außerdem um die Schwenkungen der Abschnitte der Berandung auf der den entsprechenden Bereichen zugewandten Seite.)

Die Notwendigkeit der gestellten Bedingungen ist uns im Grunde schon bekannt. Auf Grund von Satz 3 des vorigen Paragraphen ist nämlich die Summe der Schwenkungen auf beiden Seiten jeder Kurve in einer Mannigfaltigkeit mit einer Metrik positiver Krümmung gleich der Krümmung dieser Kurve unter Ausschluß der Endpunkte. Folglich ist diese Summe stets nichtnegativ, womit die Notwendigkeit der ersten Bedingung bewiesen ist. Die Notwendigkeit der zweiten Bedingung folgt daraus, daß der volle Winkel um einen Punkt in einer Mannigfaltigkeit von positiver Krümmung 2π nicht übertreffen kann.

Der vollständige Beweis dafür, daß die Bedingungen hinreichend sind, bietet in seinen Einzelheiten einige Schwierigkeiten, deren Überwindung einige recht mühselige, wenn auch im Grunde offensichtliche Überlegungen erfordert. Wir wollen daher diese Einzelheiten außer acht lassen und nur den Grundgedanken des Beweises andeuten, der dem des Verheftungssatzes für Polygone aus § 1 von Kap. VIII völlig analog ist. Der Beweis besteht darin, daß man hintereinander die folgenden Eigenschaften einer Mannigfaltigkeit $\mathfrak{r}$ feststellt, die aus Bereichen $\mathfrak{g}_i$ verheftet ist: 1. Die Metrik von $\mathfrak{r}$ ist eine innere Metrik. 2. Zwischen den Seiten jedes konvexen Dreiecks in $\mathfrak{r}$ existieren bestimmte Winkel. 3. Die Winkelsumme jedes kleinen konvexen Dreiecks ist mindestens π. 4. Zwischen den Seiten eines konvexen Dreiecks in $\mathfrak{r}$ existiert der Winkel im starken Sinne. Aus diesen Eigenschaften folgt selbstverständlich, daß die Metrik von $\mathfrak{r}$ eine Metrik positiver Krümmung ist.

Daß die Metrik von $\mathfrak{r}$ eine innere Metrik ist, ist aus der Definition ersichtlich. Liegt der Punkt Q im Innern eines der Bereiche $\mathfrak{g}_i$, so bildet jedes Paar von Kürzesten, die von ihm ausgehen, einen bestimmten Winkel, da die Metrik in $\mathfrak{g}_i$ von positiver Krümmung ist. Liege Q auf der Berandung von Bereichen $\mathfrak{g}_i$ und seien $\mathfrak{L}$ und $\mathfrak{M}$ von ihm ausgehende Seiten eines konvexen Dreiecks $\mathfrak{t}$. Von Q aus können im Dreieck $\mathfrak{t}$ Abschnitte $\mathfrak{N}_1, \ldots, \mathfrak{N}_m$ der Berandungen von $\mathfrak{g}_i$ ausgehen. Jedes Paar benachbarter Abschnitte gehört einem einzigen Bereich an und bildet daher einen bestimmten Winkel. Ist jede der Kürzesten $\mathfrak{L}$ und $\mathfrak{M}$ in der Nähe von Q ebenfalls in einem einzigen Bereich $\mathfrak{g}_i$ enthalten, so bilden sie mit den benachbarten Abschnitten der Berandungen $\mathfrak{N}_1$ und $\mathfrak{N}_m$ bestimmte Winkel. Der konvexe Sektor zwischen $\mathfrak{L}$ und $\mathfrak{M}$ zerfällt daher in Sektoren mit bestimmten Winkeln (zwischen $\mathfrak{L}$ und $\mathfrak{N}_1$, $\mathfrak{N}_1$ und $\mathfrak{N}_2, \ldots, \mathfrak{N}_m$ und $\mathfrak{M}$). Nach Satz 3 aus § 1 von Kap. IV existiert dann zwischen $\mathfrak{L}$ und $\mathfrak{M}$ ein bestimmter Winkel. Ein besonderer Fall liegt vor, wenn z. B. die Kürzeste $\mathfrak{L}$ einen Abschnitt der Berandung beliebig nahe bei Q schneidet und unendlich oft von einem Bereich in einen anderen übergeht. In diesem Fall ist der Winkel zwischen $\mathfrak{L}$ und $\mathfrak{N}_1$ gleich Null; das erfordert aber einen besonderen Beweis, da in diesem Falle $\mathfrak{L}$ nicht in ein und demselben Bereich verläuft und man sich daher nicht einfach darauf berufen kann, daß in jedem Bereich die Kürzeste mit den Abschnitten der Berandung einen bestimmten Winkel bildet. Auf diese Einzelheit wollen wir jedoch nicht näher eingehen.

Sei jetzt $\mathfrak{t}$ ein konvexes Dreieck in $\mathfrak{r}$, und sei $\omega(\mathfrak{t})$ die Krümmung seines Innern, d. h. seine um π verminderte Winkelsumme. Ist $\mathfrak{t}$ im Innern eines einzigen der Bereiche $\mathfrak{g}_i$ enthalten, so gilt selbstverständlich $\omega(\mathfrak{t}) \geqq 0$. Nehmen wir an, das Dreieck habe mit mehreren Bereichen $\mathfrak{g}_i$ nichtleere Durchschnitte. Dann zerfällt es in Bereiche $\mathfrak{q}_1, \mathfrak{q}_2, \ldots,$ von denen jeder in einem einzigen der $\mathfrak{g}_i$ enthalten ist. Da die Seiten von $\mathfrak{t}$ die Berandungen der $\mathfrak{g}_i$ unendlich oft schneiden können, kann auch die Anzahl der Bereiche $\mathfrak{q}_j$ unendlich sein. Da jedes $\mathfrak{q}_j$ in einem einzigen der $\mathfrak{g}_i$ gelegen ist, so ist seine Krümmung $\omega(\mathfrak{q}_j) \geqq 0$. Die Addition der Krümmungen analog dem Verfahren bei der Ableitung der Formel (1) für die Krümmung von Polygonen in § 1 von Kap. V führt zu folgendem Ergebnis: Die Krümmung des Innern von $\mathfrak{t}$ ist gleich der Summe der Krümmungen der $\mathfrak{q}_j$ zuzüglich der Summe der Krümmungen der im Innern von $\mathfrak{t}$ liegenden Abschnitte ihrer Berandung zuzüglich der Krümmung der Eckpunkte der $\mathfrak{q}_j$, die im Innern von $\mathfrak{t}$ enthalten sind. Die Krümmung $\omega(\mathfrak{R}_p)$ des Abschnittes $\mathfrak{R}_p$ der gemeinsamen Berandung von $\mathfrak{q}_j$ und $\mathfrak{q}_k$ ist gleich der Summe seiner Schwenkungen, und da nach der Voraussetzung des Satzes diese Summe nichtnegativ ist, so ist $\omega(\mathfrak{R}_p) \geqq 0$. Die Krümmung $\omega(X_q)$ eines gemeinsamen Eckpunktes mehrerer Bereiche $\mathfrak{q}_i$ ist gleich 2π abzüglich der Summe der in ihm zusammenstoßenden Winkel; nach Voraussetzung des Satzes ist diese Summe höchstens 2π, und daher ist $\omega(X_q) \geqq 0$. Also gilt

$$\omega(\mathfrak{t}) = \sum_j{}' \omega(\mathfrak{q}_j) + \sum_p \omega(\mathfrak{R}_p) + \sum_q{}' \omega(X_q),$$

wobei alle Summanden nichtnegativ sind. Die Winkelsumme von $\mathfrak{t}$ ist also nicht kleiner als π, da $\omega(\mathfrak{t}) \geqq 0$ gilt. Diese Überlegung wie auch der vorhergehende Beweis der Existenz des Winkels muß präzisiert werden, wenn die Anzahl der Bereiche $\mathfrak{q}_j$ unendlich ist. Hier erfordert die Addition der Krümmungen selbstverständlich eine gewisse Vorsicht, insbesondere spielt dabei die Voraussetzung, daß die Schwenkung der Berandungen der $\mathfrak{g}_i$ von beschränkter Variation ist, eine wesentliche Rolle.

Es bleibt noch zu beweisen, daß zwischen den Seiten eines konvexen Dreiecks in $\mathfrak{r}$ ein Winkel im starken Sinne existiert. Verlaufen die von einem gemeinsamen Punkt Q ausgehenden Dreiecksseiten $\mathfrak{L}$ und $\mathfrak{M}$ jede nur in einem einzigen Bereich $\mathfrak{g}_i$ (wenn auch nur in der Nähe von Q), so verläuft der Beweis dieser Aussage wörtlich wie im Verheftungssatz für Polygone im § 1 von Kap. VIII. Wenn aber auch nur eine der Kürzesten $\mathfrak{L}$ und $\mathfrak{M}$ in beliebiger Nähe von Q aus einem Bereich in einen anderen übergeht, so sind wiederum zusätzliche Überlegungen erforderlich, auf die wir jedoch nicht eingehen wollen.

Ist die Mannigfaltigkeit $\mathfrak{r}$ so beschaffen, daß sie durch eine konvexe Fläche realisierbar ist, ist sie also z. B. einer Sphäre homöomorph, so geht der Verheftungssatz über in einen Satz von der Existenz einer konvexen Fläche, die aus Stücken gegebener Mannigfaltigkeiten „verheftet" ist. Insbesondere können dies Stücke gegebener konvexer Flächen sein. Ein solches Verheften von Flächen aus Stücken ist sehr gebräuchlich. Der einfachste Fall, der nicht auf das Verheften von Polygonen hinausläuft, besteht im Zusammenkleben einer konvexen Fläche aus Stücken der Ebene. Als Beispiele können die bekannten Verfahren dienen, Zylinder und Kegel zusammenzukleben oder auch die Herstellung eines eine Sphäre approximierenden Gebildes aus Zweiecken, die durch gleichlange Kreisbögen berandet werden.

Ist die Summe der Schwenkungen zweier zusammenzuklebender Abschnitte der Berandungen von Bereichen positiv, so ergibt sich auf der zusammengeklebten Fläche eine Kante; denn die Summe der Schwenkungen einer Kurve auf beiden

Seiten ist gleich dem Flächeninhalt ihres sphärischen Bildes (Satz 3, § 2). Ist dagegen die Summe der Schwenkungen zweier zusammenzuklebender Abschnitte der Berandung gleich Null, so ergibt sich entweder überhaupt keine Kante oder die entstehende Kante ist geradlinig wie beim Zusammenkleben eines Polyeders.

Wenn die Kurven, die die zu verheftenden Bereiche beranden, stückweis stetige geodätische Krümmungen haben, reduziert sich die Voraussetzung über die Summe der Schwenkungen darauf, daß die Summe der geodätischen Krümmungen der zusammenzuklebenden Kurven überall nichtnegativ sein soll. Man kann z. B. aus einer Kugelkalotte eine geschlossene Fläche bilden, indem man sie so verbiegt, daß die Hälften der berandenden Kreisperipherie zusammenfallen.

Man muß jedoch stets beachten, daß wir im allgemeinen Fall nicht beweisen, daß das Zusammenkleben einer konvexen Fläche aus Stücken in dem Sinn tatsächlich vollzogen werden kann, daß diese Stücke stetig in die entsprechenden Stücke der zusammengeklebten Fläche verbogen werden können. Der Beweis der Möglichkeit einer solchen Verbiegung, die eventuell durch eine Spiegelung zu ergänzen wäre, ist eine äußerst interessante, aber wahrscheinlich auch eine sehr schwierige Aufgabe.

Im Zusammenhang mit dem Verheftungssatz läßt sich eine Aufgabe über die Charakterisierung der Metrik einer beliebigen konvexen Fläche stellen. Sei $\boldsymbol{F}$ eine beschränkte konvexe Fläche. Die Berandung ihrer konvexen Hülle stellt eine geschlossene konvexe Fläche $\overline{\boldsymbol{F}}$ dar, auf der die in der Ausgangsfläche $\boldsymbol{F}$ vorhandenen „Löcher" durch abwickelbare Flächen zugeklebt sind. (Dies folgt daraus, daß der Flächeninhalt des sphärischen Bildes dieser Flächen ausschließlich ihrer Berandung gleich Null ist.) Diese Bemerkung führt zusammen mit dem Satz über die Realisierung einer Metrik auf einer Sphäre zu folgendem Resultat: Ein kompakter, einem Bereich auf der Sphäre homöomorpher Bereich $\mathfrak{g}$ in einer Mannigfaltigkeit mit einer Metrik positiver Krümmung ist genau dann einer konvexen Fläche isometrisch, wenn an diesen Bereich ebene Bereiche[1]) so angeklebt werden können, daß die Forderungen des Verheftungssatzes erfüllt sind. Mit anderen Worten: die Schwenkungen der Abschnitte der Berandung der anzuklebenden Bereiche dürfen nicht kleiner sein als die Schwenkungen der entsprechenden Abschnitte der Berandung von $\mathfrak{g}$ mit umgekehrten Vorzeichen. In dieser Weise reduziert sich die Frage nach der Existenz einer Fläche, die zu $\mathfrak{g}$ isometrisch ist, auf die Frage nach der Existenz ebener Bereiche, die die oben formulierte Forderung erfüllen. Das ist aber schon ein Problem der Planimetrie, das anscheinend keine zu großen Schwierigkeiten bietet. Es wäre interessant, es wenigstens für den Fall zu untersuchen, daß die an $\mathfrak{g}$ anzuklebenden Bereiche Polygone sind.

---

[1]) Genauer gesagt brauchen diese Bereiche nicht eben im eigentlichen Sinne des Wortes zu sein. Wenn man sie auf die Ebene abwickelt, können sie sich selbst überdecken.

§ 4. *Konvexe Bereiche*

Als Anwendung des Begriffs der Schwenkung einer Kurve wollen wir Kurven betrachten, die auf einer konvexen Fläche konvexe Bereiche beranden.

Satz 1: *Jeder Bogen der Berandung eines konvexen Bereiches besitzt auf der dem Bereich zugewandten Seite eine nichtnegative Schwenkung.*

Beweis: Sei Q ein Punkt auf der Berandung eines geschlossenen konvexen Bereiches $\boldsymbol{G}$, und sei $\mathfrak{L}$ ein von Q ausgehender Bogen der Berandung von $\boldsymbol{G}$ (Abb. 79). Wir wählen auf $\mathfrak{L}$ einen Punkt X und ziehen in $\boldsymbol{G}$ eine Kürzeste QX. Auf Grund der Definition eines konvexen Bereiches ist dies möglich. Verläuft QX längs des Bogens $\mathfrak{L}$, so besitzt $\mathfrak{L}$ in Q eine bestimmte Richtung. Verläuft dagegen QX nicht längs $\mathfrak{L}$ und liegt X hinreichend nahe bei Q, so liegt QX im Innern von $\boldsymbol{G}$ und schneidet von diesem Bereiche einen konvexen Bereich $\boldsymbol{G}_1$ ab, der durch die Kürzeste QX und den Abschnitt $\widehat{QX}$ von $\mathfrak{L}$ berandet wird. Nimmt man auf $\widehat{QX}$ einen Punkt X_1 an, so verläuft in $\boldsymbol{G}_1$ eine Kürzeste QX_1, die von $\boldsymbol{G}_1$ einen neuen konvexen Bereich $\boldsymbol{G}_2$ abtrennt. Ferner kann man wieder einen Punkt X_2 auf dem Abschnitt $\widehat{QX_1}$ von $\widehat{QX}$ nehmen usw. Der Winkel, der von den Kürzesten QX_n mit der Kürzesten QX_1 gebildet wird, wird wachsen (oder jedenfalls nicht abnehmen) und strebt daher gegen einen Grenzwert. Wie aber in § 1 festgestellt wurde, bedeutet dies, daß der Bogen $\mathfrak{L}$ in Q eine bestimmte Richtung hat. Damit ist bewiesen daß jeder Bogen der Berandung eines konvexen Bereiches in seinen Endpunkten eine bestimmte Richtung hat und somit eine bestimmte Schwenkung besitzt.

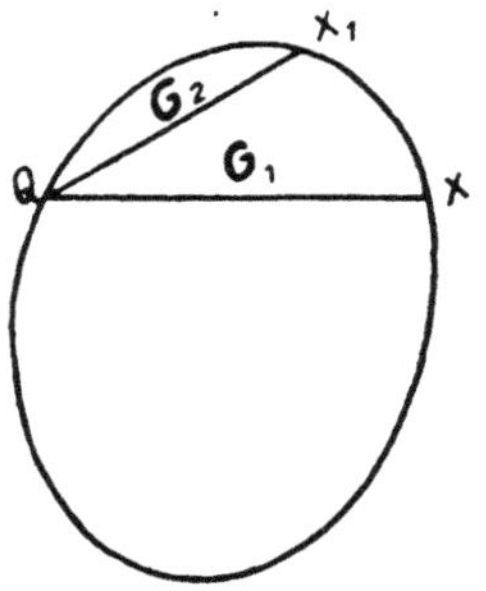

Abb. 79

In den Bogen $\mathfrak{L}$ läßt sich ein in $\boldsymbol{G}$ liegender Kürzestenzug $\mathfrak{L}'$ einbeschreiben. Die Winkel dieses Kürzestenzuges auf der Seite von $\boldsymbol{G}$ sind nicht größer als π, da $\boldsymbol{G}$ konvex ist. Die Schwenkung von $\mathfrak{L}'$ auf der Seite von $\boldsymbol{G}$ ist also nichtnegativ. Läßt man die Anzahl der Eckpunkte von $\mathfrak{L}'$ wachsen, so konvergiert $\mathfrak{L}'$ gegen den Bogen $\mathfrak{L}$ und die Winkel zwischen $\mathfrak{L}$ und $\mathfrak{L}'$ an den Endpunkten von $\mathfrak{L}$ streben gegen Null, wie aus dem soeben geführten Beweis der Existenz einer Richtung in den Endpunkten von $\mathfrak{L}$ folgt. Die Schwenkung des Bogens $\mathfrak{L}$ auf der Seite des Bereiches $\boldsymbol{G}$ ist daher gleich dem Grenzwert der Schwenkungen des Kürzestenzuges $\mathfrak{L}'$ und somit nichtnegativ.

Satz 1 läßt sich durch die folgenden Aussagen wesentlich ergänzen: 1. Jeder Bogen der Berandung eines konvexen Bereiches besitzt eine bestimmte Länge. 2. Das Verhältnis der Länge eines solchen Bogens $\widehat{QX}$ zur Entfernung QX strebt bei vorgegebenem Q gegen Eins, wenn X gegen Q strebt. 3. Die Schwenkung eines solchen Bogens $\widehat{QX}$ strebt für einen vorgegebenen Punkt Q gegen Null, wenn X gegen Q strebt. Die Beweise überlassen wir dem Leser.

Satz 2: *Ein kompakter (d. h. abgeschlossener und beschränkter) konvexer Bereich auf einer konvexen Fläche kann nur einem der drei Typen angehören: 1. dem Typus einer vollen geschlossenen Fläche, 2. dem Typus eines kreishomöomorphen Bereiches, 3. dem Typus eines Bereiches, der der Mantelfläche eines geraden Kreiszylinders isometrisch ist.*

Beweis: Jeder beschränkte Bereich $\boldsymbol{G}$ auf einer konvexen Fläche kann als Teil einer geschlossenen konvexen Fläche $\boldsymbol{F}$ betrachtet werden. Erstreckt sich $\boldsymbol{G}$ auf ganz $\boldsymbol{F}$, so liegt der erste Fall vor. Wir können also voraussetzen, der konvexe Bereich $\boldsymbol{G}$ nehme nur einen Teil von $\boldsymbol{F}$ ein. A priori könnte $\boldsymbol{G}$ von unendlich vielen Kurven berandet werden. Wir wollen aber zuerst einen Bereich $\boldsymbol{G}$ betrachten, der nur von endlich vielen Kurven berandet wird. Seien ω die Krümmung des Innern von $\boldsymbol{G}$ und τ_i die Schwenkungen der ihn berandenden Kurven, gerechnet auf der Seite des Bereiches. Nach Satz 2 aus § 2 gilt dann

$$\omega = 2\pi\chi - \sum_i \tau_i, \tag{1}$$

wo χ die EULERsche Charakteristik von $\boldsymbol{G}$ ist. Wir wissen, daß $\omega \geqq 0$ ist, und außerdem haben wir soeben bewiesen, daß alle Schwenkungen $\tau_i \geqq 0$ sind. Daher gilt notwendig $\chi \geqq 0$. Es ist bekannt, daß auf einer Sphäre die Bereiche mit einer EULERschen Charakteristik $\chi \geqq 0$ nur drei Typen angehören können: 1. $\chi = 2$ — der Bereich ist der Sphäre höomomorph; 2. $\chi = 1$ — der Bereich ist kreishomöomorph; 2. $\chi = 0$ — der Bereich ist einem Torus oder, was dasselbe ist, der Mantelfläche eines Zylinders homöomorph[1]). Die ersten beiden Typen führen auf die ersten beiden im Satze vorgesehenen Fälle. Nehmen wir an, es sei $\chi = 0$. Dann gibt es nur zwei Kurven $\mathfrak{L}_1$ und $\mathfrak{L}_2$, die $\boldsymbol{G}$ beranden. Da ihre Schwenkungen τ_1 und τ_2 nichtnegativ sein können, so folgt aus (1) $\tau_1 = \tau_2 = 0$ und $\omega = 0$. In Kap. V, § 6 haben wir bewiesen, daß ein Bereich mit einer verschwindenden Krümmung einer Ebene lokal-isometrisch ist, d. h. daß die Metrik in kleinen Teilen dieses Bereiches euklidisch ist. Da aber die Schwenkungen der Kurven $\mathfrak{L}_1$ und $\mathfrak{L}_2$ auf der Seite von $\boldsymbol{G}$ gleich Null sind, so gehen bei isometrischer Abbildung auf die Ebene die Bögen dieser Kurven in geradlinige Strecken über. Durch diese Eigenschaften wird die Mantelfläche eines geraden Zylinders charakterisiert, und folglich ist $\boldsymbol{G}$ im Großen einer solchen Fläche isometrisch.

Wir haben angenommen, daß $\boldsymbol{G}$ nur von endlich vielen Kurven berandet wird. Nehmen wir jetzt an, seine Berandung bestehe aus unendlich vielen Kurven. Jede solche Kurve umgibt auf der geschlossenen Fläche $\boldsymbol{F}$, auf der $\boldsymbol{G}$ liegt, einen gewissen Bereich. Fügt man eine beliebige Anzahl solcher Bereiche $\boldsymbol{G}$ hinzu, so erhält man, wie leicht zu sehen, wiederum einen konvexen Bereich. Man kann auf diese Weise $\boldsymbol{G}$ durch einen konvexen Bereich $\boldsymbol{G}'$ ersetzen, der von endlich, aber beliebig vielen Kurven berandet wird. Ist aber ein konvexer Bereich von

[1]) Die EULERsche Charakteristik der Sphäre ist gleich 2. Schließt man aus der Sphäre ein kreishomöomorphes Gebiet aus, so vermindert sich die Charakteristik um Eins. Dies sieht man sofort ein, wenn man eine Zerlegung der Sphäre betrachtet, bei der eines der Gebiete gerade dasjenige ist, das entfernt werden soll.

endlich vielen Kurven berandet, so ist, wie wir soeben bewiesen haben, die Anzahl dieser Kurven nicht größer als zwei. Es kann also nicht vorkommen, daß ein konvexer Bereich von unendlich vielen Kurven berandet wird. Der Satz ist somit vollständig bewiesen[1]).

Als *Kalotte* wollen wir eine konvexe Fläche $\boldsymbol{F}$ bezeichnen, die von einer geschlossenen *ebenen* Kurve $\mathfrak{L}$ berandet wird und deren Projektion auf die Ebene von $\mathfrak{L}$ mit dem von dieser Kurve berandeten Bereich zusammenfällt. Als Beispiel einer Kalotte kann eine Kugelkalotte dienen.

Satz 3: *Jeder kreishomöomorphe konvexe Bereich auf einer konvexen Fläche ist einer Kalotte isometrisch.* Mit anderen Worten, man kann jeden kreishomöomorphen konvexen Bereich auf einer konvexen Fläche einer isometrischen Abbildung unterwerfen derart, daß seine Berandung in eine ebene Kurve übergeht und daß seine Projektion auf die Ebene dieser Kurve mit dem von dieser Kurve berandeten konvexen Bereich zusammenfällt.

Der Beweis beruht auf dem Verheftungssatz aus § 1 von Kap. VIII.

Zunächst betrachten wir ein kreishomöomorphes konvexes Polygon $\boldsymbol{P}$ auf einer konvexen Fläche. Wir nehmen einen unendlichen Kreiszylinder, bei dem die Länge eines Kreisquerschnittes gleich dem Umfang von $\boldsymbol{P}$ ist. Wir schneiden unseren Zylinder längs eines Kreisquerschnitts durch; sei $\boldsymbol{C}$ einer der sich so ergebenden geraden „Halbzylinder".

Die Berandung von $\boldsymbol{P}$ identifizieren wir mit der Berandung des Halbzylinders $\boldsymbol{C}$ und betrachten dann die sich so ergebende Mannigfaltigkeit $\boldsymbol{P} + \boldsymbol{C}$. Da kein Winkel von $\boldsymbol{P}$ größer als π und die Berandung von $\boldsymbol{C}$ eine geschlossene Geodätische ist, so ist auf Grund des Verheftungssatzes die Metrik in $\boldsymbol{P} + \boldsymbol{C}$ von positiver Krümmung. Außerdem ist diese Mannigfaltigkeit einer Ebene homöomorph, und ihre Metrik ist eine vollständige, da der Halbzylinder $\boldsymbol{C}$ unendlich ist. Auf Grund

---

[1]) Analog zu der eben durchgeführten Untersuchung der Struktur kompakter konvexer Bereiche lassen sich auch alle Typen unendlicher konvexer Bereiche auf unendlichen vollen konvexen Flächen bestimmen. Zu diesem Zweck muß man den Zusammenhang zwischen der Schwenkung der Berandung und der Krümmung des Bereiches für den Fall unendlicher Bereiche benutzen. Die Schwenkung einer unendlichen Kurve wird als der Grenzwert der Schwenkungen ihrer unbegrenzt wachsenden Bögen definiert. (Dabei wird selbstverständlich vorausgesetzt, daß die Schwenkungen dieser Bögen und auch der Grenzwert dieser Schwenkungen unabhängig von der Auswahl der Folge der ins Unendliche wachsenden Bögen existieren.) Unter Zugrundelegung dieser Definition läßt sich folgendes beweisen: Sei $\boldsymbol{G}$ ein einer Halbebene homöomorpher Bereich auf einer unendlichen vollen konvexen Fläche, ω die Krümmung von $\boldsymbol{G}$, τ die Schwenkung der Kurve, die $\boldsymbol{G}$ berandet (auf der Seite von $\boldsymbol{G}$); dann gilt $\omega \leqq \pi - \tau$. Als interessante Aufgaben überlassen wir dem Leser, diese Aussage zu beweisen, ein allgemeineres Resultat für unendliche Bereiche beliebiger topologischer Struktur zu gewinnen und dieses allgemeine Resultat anzuwenden, um alle Typen unendlicher konvexer Bereiche auf vollen konvexen Flächen aufzusuchen. Über den Zusammenhang der Krümmung und der Schwenkung im Falle unendlicher Bereiche siehe die schon früher zitierte (Kap. I, § 10) Arbeit von Cohn-Vossen in Mat. Sbornik 1936. Cohn-Vossen betrachtet eine durch ein Linienelement vorgegebene Metrik, aber seine Methode läßt sich im wesentlichen auf eine beliebige Metrik positiver Krümmung verallgemeinern.

des in Kap. VIII, § 3 bewiesenen Satzes ist $P + C$ einer gewissen unendlichen konvexen Fläche isometrisch. Die betreffende Fläche besteht aus zwei Flächen P' und C', die P bzw. dem Halbzylinder C isometrisch sind (Abb. 80). Es läßt sich aber leicht beweisen, daß jede Fläche, die einem unendlichen geraden Halbzylinder isometrisch ist, selbst ein gerader Halbzylinder ist[1]). Also ist C' ein gerader Halbzylinder, und somit ist ihr Rand und somit der Rand von P' eine gewisse ebene Kurve $\mathfrak{L}$. Da die Erzeugenden von C' auf der Ebene von $\mathfrak{L}$ senkrecht stehen, fällt die Projektion von P' auf diese Ebene mit dem Bereich zusammen, der von $\mathfrak{L}$ berandet wird. Andernfalls wäre $P' + C'$ nicht konvex. P' ist also eine Kalotte, und unser Satz ist somit für Polygone bewiesen.

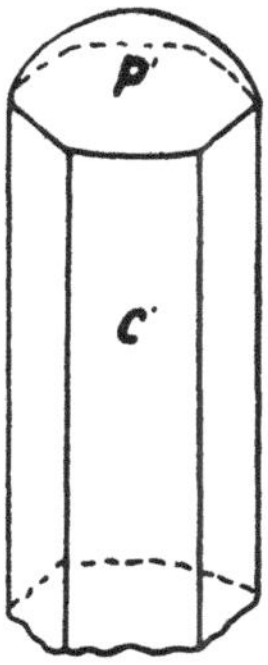

Abb. 80

Sei jetzt G ein beliebiger kreishomöomorpher konvexer Bereich auf einer konvexen Fläche. Wir beschreiben G eine Folge von Polygonen P_n ein, die gegen G konvergieren. Jedes Polygon P_n ist konvex und daher einer gewissen Kalotte P_n' isometrisch. Aus den Kalotten P_n' kann man eine konvergierende Folge auswählen. Die Grenzfläche einer konvergierenden Folge von Kalotten ist offenbar selbst eine Kalotte, die auf Grund des Satzes über die Konvergenz von Metriken zu G isometrisch ist. (Diese Schlüsse lassen sich leicht begründen, z. B. mit denselben Methoden, die beim Beweis der Realisierungssätze aus Kap. VII, § 7 und Kap. VIII, § 3 benutzt wurden.)

Wenn man den allgemeinen Verheftungssatz benutzen will, so kann man G gleich mit einem geeigneten Halbzylinder verheften und erhält so das gesuchte Ergebnis direkt.

Jetzt kann man naturgemäß die Frage nach der Möglichkeit der Umkehrung der Sätze 1 und 3 stellen, d. h. fragen, 1. ob nicht jeder Bereich auf einer konvexen Fläche, der von Kurven mit Bögen von nichtnegativer Schwenkung berandet wird, konvex ist und 2. ob nicht jede von einer konvexen Fläche abgeschnittene Kalotte ein konvexer Bereich auf dieser Fläche ist. Man sieht leicht, daß beide Fragen zu verneinen sind. Nehmen wir z. B. die konvexe Fläche F, die aus einer Kugelkalotte S und dem mit ihr verhefteten ebenen Kreis C besteht. Die Kugelkalotte S ist eine Kalotte, und jeder Bogen ihrer Berandung hat positive Schwenkung. Sie ist jedoch auf F kein konvexer Bereich, da die Kürzesten, die Punkte ihres Randes verbinden, selbstverständlich in C verlaufen. Wenn auch, wie wir sehen, die Frage nach der Umkehrung der Sätze 1 und 3 negativ zu beantworten ist, so kann man doch den Begriff des konvexen Bereiches so verallgemeinern, daß für Bereiche, die in dem verallgemeinerten Sinne konvex

[1]) Eine einem Halbzylinder isometrische Fläche C' muß eine abwickelbare Fläche sein. Sei $\mathfrak{L}$ eine ihrer geradlinigen Erzeugenden; sie hat die Eigenschaft, auf jedem beliebig langen Abschnitt eine Kürzeste zu sein. Auf dem Halbzylinder muß der Linie $\mathfrak{L}$ eine Kurve mit denselben Eigenschaften entsprechen. Aber auf einem Halbzylinder haben nur die Erzeugenden diese Eigenschaft. Folglich entsprechen die Erzeugenden des Zylinders C und der Fläche C' einander, woraus folgt, daß C' ebenfalls ein Halbzylinder ist.

sind, sowohl die Sätze 1 und 3 als auch die Umkehrungen gelten. Diese Verallgemeinerung des Begriffs eines konvexen Bereiches besteht in folgendem:

Einen abgeschlossenen Bereich auf einer konvexen Fläche wollen wir *konvex in sich* nennen, wenn je zwei innere Punkte dieses Bereiches durch eine Kurve verbunden werden können, die im Innern des Bereiches verläuft und eine Kürzeste unter allen solchen Kurven [eine relative Kürzeste, d. Ü.] ist. Anders ausgedrückt, je zwei innere Punkte lassen sich im Innern des Bereiches durch eine im Bereich kürzeste Linie verbinden, die aber möglicherweise keine Kürzeste auf der gesamten Fläche ist[1]).

Alle in Kap. II, § 4 abgeleiteten allgemeinen Eigenschaften konvexer Bereiche erweisen sich auch für in sich konvexe Bereiche als gültig wenn man unter „Kürzesten" (relative) Kürzeste im Bereich selbst versteht. Für in sich konvexe Bereiche gelten die folgenden Sätze, die die Sätze 1, 2, 3 und die Umkehrungen der Sätze 1 und 3 enthalten.

Satz 1*: *Ein abgeschlossener Bereich **G**, der auf einer konvexen Fläche von einer Kurve $\mathfrak{L}$ berandet wird, ist genau dann in sich konvex, wenn jeder Bogen von $\mathfrak{L}$ auf der Seite von **G** eine nichtnegative Schwenkung besitzt.*

Satz 2*: *Ein abgeschlossener und beschränkter, in sich konvexer Bereich auf einer konvexen Fläche kann nur einem der drei Typen angehören: 1. dem Typus einer vollen geschlossenen Fläche, 2. dem Typus eines kreishomöomorphen Bereichs, 3. dem Typus eines Bereichs, der der Mantelfläche eines geraden Kreiszylinders isometrisch ist.*

Satz 3*: *Jeder kreishomöomorphe und in sich konvexe Bereich auf einer konvexen Fläche ist einer Kalotte isometrisch, und jede Kalotte ist in sich konvex.*

Die Beweise dieser Sätze geben wir hier nicht[2]). Wir zeigen nur, daß *jede Kalotte in sich konvex ist und daß jeder Bogen einer eine Kalotte berandenden Kurve auf der Seite der Kalotte eine nichtnegative Schwenkung besitzt.*

Zum Beweis nehmen wir irgendeine Kalotte **G**. Sei $\mathfrak{L}$ die sie berandende Kurve und **P** die Ebene dieser Kurve. Von jedem Punkt von $\mathfrak{L}$ ziehen wir eine Halbgerade senkrecht zu **P** in den Halbraum, in dem keine Punkte der Kalotte **G** vorhanden sind. Diese Halbgeraden bilden einen Halbzylinder mit der Basis-

---

[1]) Weiter oben, z. B. in Kap. VIII, § 2, sprachen wir von einer Fläche, auf der jedes Punktepaar durch eine Kürzeste verbindbar ist. Hier handelt es sich aber um einen abgeschlossenen Bereich auf einer Fläche. Jeder Bereich auf einer Fläche ist definitionsgemäß selbst eine Fläche, so daß dieser Unterschied unwesentlich ist. Ein in sich konvexes (offenes) Gebiet unterscheidet sich von dem abgeschlossenen Bereich dadurch, daß die Berandung und evtl. eine Menge von Punkten mit einem vollen Winkel kleiner als 2π ausgeschlossen sind.

[2]) In den Teilen, wo sie einfach die Sätze 1, 2, 3 verallgemeinern, lassen sie sich ganz analog beweisen. Selbstverständlich muß man, bevor man den Satz 1* beweist, für in sich konvexe Bereiche diejenigen Eigenschaften konvexer Bereiche ableiten, die im Beweis von Satz 1 verwendet wurden. Dies ist nicht ganz einfach. Ist dies aber einmal getan, so ist das weitere nur eine Wiederholung des Beweisganges der Sätze 1, 2, 3.

linie $\mathfrak{L}$, und wir erhalten so eine unendliche volle konvexe Fläche $\boldsymbol{F}$, die aus der Kalotte $\boldsymbol{G}$ und dem Halbzylinder $\boldsymbol{C}$ besteht. Auf $\boldsymbol{F}$ ist $\boldsymbol{G}$ ein konvexer Bereich. Würde nämlich eine zwei Punkte A und B von $\boldsymbol{G}$ verbindende Kürzeste AB nicht in der Kalotte selbst verlaufen, so wäre ein auf $\boldsymbol{C}$ liegender Abschnitt von ihr eine Kürzeste, die zwei Punkte der Leitkurve $\mathfrak{L}$ des Halbzylinders verbindet. Eine Kürzeste auf dem Halbzylinder, die zwei Punkte seiner ebenen, senkrecht zu den Erzeugenden verlaufenden Leitkurve verbindet, fällt aber offenbar mit dieser Leitkurve zusammen. AB verläuft also in der Kalotte, und somit ist eine Kalotte ein konvexer Bereich auf $\boldsymbol{F}$. Sie ist auch konvex in sich, denn auf Grund von Satz 1 aus § 5 von Kap. II verläuft eine Kürzeste, die innere Punkte eines konvexen Bereichs verbindet, im Innern dieses Bereichs. Außerdem besitzt auf Grund von Satz 1 jeder Abschnitt der Berandung eines konvexen Bereichs auf der Seite dieses Bereichs eine nichtnegative Schwenkung. Die gleiche Eigenschaft besitzt also eine Kurve, die eine Kalotte $\boldsymbol{G}$ berandet.

Die Umkehrung dieser Aussage läßt sich leicht auf Grund des allgemeinen Verheftungssatzes beweisen. Sie besagt, daß jeder kreishomöomorphe Bereich auf einer konvexen Fläche, der von einer Kurve berandet wird, deren Bögen sämtlich auf der Seite des Bereichs positive Schwenkung haben, einer Kalotte isometrisch ist. Klebt man nämlich an einen solchen Bereich $\boldsymbol{G}$ einen unendlichen Halbzylinder $\boldsymbol{C}$ an, so ergibt sich auf Grund des Verheftungssatzes eine Mannigfaltigkeit mit einer vollständigen Metrik positiver Krümmung, die der Ebene homöomorph ist. Eine Fläche, die einer solchen Mannigfaltigkeit isometrisch ist, besteht aus einem $\boldsymbol{C}$ entsprechenden Halbzylinder und einer $\boldsymbol{G}$ isometrischen Kalotte. Dies beweist man in derselben Weise wie die Aussagen in Satz 3 für konvexe Bereiche.

Diese Überlegungen lassen sich auch auf den Fall anwenden, daß $\boldsymbol{G}$ ein Bereich nicht auf einer Fläche, sondern in einer abstrakten Mannigfaltigkeit mit einer Metrik positiver Krümmung ist. Diese Bemerkung führt in Verbindung mit dem auf Bereiche in abstrakten Mannigfaltigkeiten verallgemeinerten Satz 1* zu folgendem Satz:

Satz 4: *Sei $\mathfrak{g}$ ein kreishomöomorpher Bereich in einer Mannigfaltigkeit mit einer Metrik positiver Krümmung, der von einer Kurve $\mathfrak{L}$ berandet wird. Folgende drei Bedingungen erweisen sich als gleichwertig: 1. $\mathfrak{g}$ ist konvex in sich, 2. jeder Bogen von $\mathfrak{L}$ hat auf der Seite von $\mathfrak{g}$ eine nichtnegative Schwenkung, 3. $\mathfrak{g}$ ist einer Kalotte isometrisch.*

Dieser Satz enthält eine vollständige Charakterisierung der inneren Metrik von Kalotten und stellt eine Präzisierung des allgemeinen Realisierungssatzes dar, von dem in § 2 von Kap. VIII (Satz 5 aus § 2 von Kap. VIII) die Rede war, und zwar für Bereiche, die konvex in sich und kreishomöomorph sind. In dem betreffenden Satz wurde die Realisierbarkeit einer Metrik positiver Krümmung in jedem in sich konvexen und einem Bereich auf der Sphäre homöomorphen Bereich behandelt. Ein nichtabgeschlossener Bereich dieser Art ergibt sich aus einem abgeschlossenen durch Ausschluß der berandenden Kurven und eventuell einer gewissen Menge von Punkten, durch die keine Kürzesten hindurchgehen. Satz 3* klärt die Struktur aller abgeschlossenen und in sich konvexen Bereiche und damit auch die Struktur aller nichtabgeschlossenen Bereiche dieser Art, sofern bekannt ist, durch welche Punkte keine Kürzesten hindurchgehen können.

Satz 4 öffnet den Weg zur Untersuchung von nicht mehr notwendig geschlossenen Kurven, deren Bögen sämtlich auf einer Seite nichtnegative Schwenkung haben. Wir skizzieren als Beispiel den Beweis des folgenden Satzes:

Satz 5: *Die konvexen Flächen* $\boldsymbol{F}_n$ *mögen gegen* $\boldsymbol{F}$ *konvergieren und die auf* $\boldsymbol{F}_n$ *liegenden Kurven* $\mathfrak{L}_n$ *gegen die Kurve* $\mathfrak{L}$. *Die Kurven* $\mathfrak{L}_n$ *mögen keine Vielfachpunkte besitzen und die Schwenkungen aller ihrer Bögen auf der einen Seite nichtnegativ sein. Dann besitzt für alle möglichen Punkte A und B, die innere Punkte von* $\mathfrak{L}$ *sind, der Bogen AB dieser Kurve auf einer Seite eine nichtnegative Schwenkung, und seine Länge ist gleich dem Grenzwert der Längen der gegen ihn konvergierenden Bögen der Kurven auf den* $\boldsymbol{F}_n$[1]).

Zum Beweis nehmen wir auf $\mathfrak{L}$ irgendeinen inneren Punkt Q und auf den $\mathfrak{L}_n$ entsprechende gegen Q konvergierende Punkte Q_n an. Wir legen um sie kleine konvexe Umgebungen $\boldsymbol{U}_n$, so daß diese gegen eine gewisse Umgebung $\boldsymbol{U}$ von Q konvergieren. Die Kurven $\mathfrak{L}_n$ zerlegen diese Umgebungen, und da die Schwenkungen der Bögen der $\mathfrak{L}_n$ auf einer Seite nichtnegativ und die $\boldsymbol{U}_n$ konvex sind, so wird ein Teil $\boldsymbol{U}_n'$ jeder Umgebung $\boldsymbol{U}_n$ von einer Kurve berandet, bei der alle Bögen auf der Seite von $\boldsymbol{U}_n'$ nichtnegative Schwenkung haben (Abb. 81). Auf Grund von Satz 3 kann man daher $\boldsymbol{U}_n'$ isometrisch auf eine gewisse Kalotte $\boldsymbol{U}_n''$ abbilden. Die Grenzfläche dieser Kalotten ist selbstverständlich selbst eine Kalotte und andererseits ist sie einem der Stücke $\boldsymbol{U}'$ von $\boldsymbol{U}$ isometrisch. Wie oben bewiesen, besitzt jeder Bogen der Berandung einer Kalotte eine nichtnegative Schwenkung; insbesondere besitzt der Bogen von $\mathfrak{L}$, der $\boldsymbol{U}'$ von $\boldsymbol{U}$ abschneidet, eine nichtnegative Schwenkung. Nun war aber Q ein beliebiger innerer Punkt von $\mathfrak{L}$, und daher ist dieses Ergebnis für jeden hinreichend kleinen und im Innern von $\mathfrak{L}$ liegenden Bogen richtig. Addiert man die Schwenkungen der einzelnen Bögen, so sieht man, daß jeder Bogen, der im Innern von $\mathfrak{L}$ liegt, eine nichtnegative Schwenkung hat.

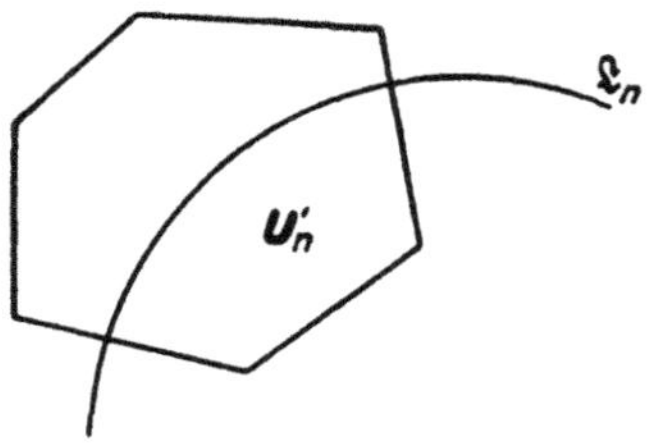

Abb. 81

Die Berandungen der Kalotten stellen ebene konvexe Kurven dar. Konvergieren daher die Kalotten $\boldsymbol{U}_n''$, so ist die Länge eines beliebigen Bogens $\mathfrak{L}^0$ der Berandung der Grenzkalotte gleich dem Grenzwert der Längen der gegen $\mathfrak{L}^0$

[1]) Die Kurve $\mathfrak{L}$ selbst braucht keine Schwenkung zu besitzen. Sie kann sich z. B. spiralförmig um ihre Endpunkte winden, indem sie jeden von ihnen unendlich oft umläuft. Besitzen die Kurven $\mathfrak{L}_n$ Vielfachpunkte, so ist der Satz falsch. So kann man z. B. auf der Ebene Kurven positiver Krümmung nehmen, die Schleifen besitzen, die sich auf einen Punkt zusammenziehen. In einem solchen Punkt kann die Schwenkung der Grenzkurve negativ sein.

konvergierenden Bögen der Berandungen der U_n''. Hieraus folgt, daß die Länge jedes im Innern von $\mathfrak{L}$ liegenden kleinen Bogens gleich dem Grenzwert der Längen der gegen ihn konvergierenden Bögen der $\mathfrak{L}_n$ ist. Addiert man die Längen der kleinen Bögen, so erhält man dasselbe Resultat für einen beliebigen im Innern von $\mathfrak{L}$ gelegenen Bogen.

§ 5. *Quasi-Geodätische*

Unter den Kurven auf konvexen Flächen, bei denen die Schwenkungen aller Bögen auf einer Seite nichtnegativ sind, verdienen diejenigen ein besonderes Interesse, bei denen die Schwenkungen aller Bögen auf beiden Seiten nichtnegativ sind. Solche Kurven wollen wir *Quasi-Geodätische* nennen; denn es wird sich im folgenden herausstellen, daß sie eine natürliche Verallgemeinerung der geodätischen Linien bilden. Bei Geodätischen sind die Schwenkungen aller Bögen auf beiden Seiten gleich Null, und daher sind Geodätische Spezialfälle von Quasi-Geodätischen. Auf regulären Flächen ist umgekehrt jede Quasi-Geodätische eine Geodätische. Nach Satz 3 aus § 2 ist nämlich die Summe der rechten und der linken Schwenkungen einer Kurve gleich dem Flächeninhalt ihres sphärischen Bildes. Auf regulären Flächen muß daher diese Summe Null sein. Daher sind die Schwenkungen aller Bögen einer Quasi-Geodätischen auf einer regulären Fläche gleich Null, d. h. die geodätische Krümmung einer Quasi-Geodätischen ist gleich Null. Bekanntlich ist aber auf einer regulären Fläche eine Kurve mit verschwindender geodätischer Krümmung auf jedem hinreichend kleinen Abschnitt eine Kürzeste, d. h. eine Geodätische.

Auf nichtregulären Flächen können Quasi-Geodätische existieren, die keine Geodätischen sind. Auf einem konvexen Polyeder ist, wie man sich leicht überzeugt, eine Kurve dann und nur dann eine Quasi-Geodätische, wenn sie ein geodätischer Streckenzug ist, dessen Eckpunkte in Eckpunkten des Polyeders liegen, wobei beide Winkel, die von Abschnitten dieses Streckenzuges gebildet werden, die in einem Eckpunkt zusammenstoßen, nicht größer als π sein dürfen. Zum Beispiel bilden die Seiten einer Seitenfläche eines Würfels eine geschlossene Quasi-Geodätische auf ihm.

Daraus, daß jeder Bogen der Berandung einer Kalotte auf der der Kalotte zugewandten Seite eine nichtnegative Schwenkung hat, folgt, daß eine Kurve, die eine geschlossene konvexe Fläche in zwei Kalotten zerlegt, eine Quasi-Geodätische ist. Beispiele solcher Quasi-Geodätischen sind die Kante einer bikonvexen Linse oder die Peripherie der Grundfläche eines geraden Kreiskegels. (Im letzten Falle ist eine der Kalotten eben.)

Es ist bemerkenswert, daß, wie man sich an Beispielen überzeugen kann, auf nichtregulären konvexen Flächen sogar Kurven mit verschwindender geodätischer Krümmung nicht notwendig Geodätische sind, d. h. nicht notwendig auf jedem beliebig kleinen Abschnitt Kürzeste.

Aus Satz 5 des vorigen Paragraphen folgt unmittelbar, daß der Limes einer konvergierenden Folge von Quasi-Geodätischen ohne Vielfachpunkte wieder eine Quasi-Geodätische ist. Dieses Resultat läßt sich leicht auf Quasi-Geodätische mit Vielfachpunkten verallgemeinern. Wir erhalten dann:

Satz 1: *Der Limes von Quasi-Geodätischen ist eine Quasi-Geodätische.* Oder ausführlicher: *Konvergieren die konvexen Flächen* F_n *gegen eine Fläche* F *und die Quasi-Geodätischen* $\mathfrak{L}_n$ *auf den* F_n *gegen eine Kurve* $\mathfrak{L}$, *so ist* $\mathfrak{L}$ *eine Quasi-Geodätische auf* F, *und ihre Länge ist gleich dem Grenzwert der Längen der* $\mathfrak{L}_n$. *(Dieser Grenzwert existiert auf Grund der vorausgesetzten Konvergenz der Quasi-Geodätischen* $\mathfrak{L}_n$.)

Der letzte Teil des Satzes ergibt sich aus der entsprechenden Aussage des Satzes 5 des vorigen Paragraphen.

Da insbesondere Geodätische gleichzeitig Quasi-Geodätische sind, *so ist der Limes von Geodätischen eine Quasi-Geodätische.*

Dieses Ergebnis läßt sich in gewissem Sinne umkehren. Dazu betrachten wir irgendeine Quasi-Geodätische auf einer konvexen Fläche F. Wir wählen einen Bogen $\mathfrak{L}$ ohne Vielfachpunkte auf dieser Quasi-Geodätischen und schneiden aus F einen Bereich G so aus, daß er von $\mathfrak{L}$ in zwei Teile zerlegt wird. Wir schneiden G längs $\mathfrak{L}$ auf und „kleben" an die beiden Seiten der Schnittkante zwei gegenüberliegende Seiten eines ebenen Rechtecks P an. Die Länge der Grundlinie des Rechtecks muß gleich der Länge von $\mathfrak{L}$ sein. Da die Schwenkungen aller Abschnitte von $\mathfrak{L}$ nichtnegativ sind, hat auf Grund des allgemeinen Verheftungssatzes die sich so ergebende Mannigfaltigkeit $\mathfrak{r}$ eine Metrik positiver Krümmung. Die Mittellinie von P ist offenbar in dieser konvexen Metrik eine Geodätische. Läßt man die Höhe von P gegen Null streben, so konvergiert die Metrik von $\mathfrak{r}$ gegen diejenige von G, und die Mittellinie von P strebt gegen $\mathfrak{L}$. Dieses Resultat läßt sich unter gewissem Vorbehalt in der Form des folgenden Satzes formulieren:

Satz 2: *Im Sinne der inneren Metrik ist jede Quasi-Geodätische ohne Vielfachpunkte Limes von Geodätischen.*

Es ist wahrscheinlich, daß nicht nur im Sinn der inneren Metrik jeder hinreichend kleine Bogen einer Quasi-Geodätischen auf einer konvexen Fläche Limes von Geodätischen auf Flächen ist, die gegen die gegebene konvergieren. In diesem Zusammenhang ist bemerkenswert, daß nicht jeder, nicht einmal jeder beliebig kleine Bogen einer Quasi-Geodätischen Limes von Geodätischen derselben Fläche ist. Zum Beispiel ist eine beliebig kurze Quasi-Geodätische auf einem konvexen Polyeder, die durch einen Eckpunkt geht und in ihm Winkel bildet, die kleiner als π sind, nicht Grenzkurve von Geodätischen desselben Polyeders.

Die Grenzkurve von Geodätischen braucht keine Geodätische zu sein. So ist z. B. auf einem konvexen Polyeder der Limes von Geodätischen, deren Mittelpunkte gegen die Eckpunkte des Polyeders rücken, keine Geodätische. Die Klasse der Geodätischen ist also nichtabgeschlossen, und man kann im allgemeinen innerhalb dieser Klasse nicht zum Limes übergehen. Nach Satz 1 ist aber die Klasse der Quasi-Geodätischen abgeschlossen, und nach Satz 2 besteht sie in gewissem Sinne aus den Grenzkurven von Geodätischen. Man kann sagen, daß die Klasse der Quasi-Geodätischen die abgeschlossene Hülle der Klasse der Geodätischen auf allen konvexen Flächen bildet; sie ist die kleinste Klasse von Kurven, die alle Geodätischen enthält und außerdem den Grenzübergang innerhalb der Klasse gestattet[1]).

Über Geodätische haben wir früher bewiesen: 1. daß auf konvexen Flächen Punkte existieren können, von denen nicht nach allen Richtungen Geodätische ausgehen (Kap. V, § 5) und 2. wenn von einem gegebenen Punkt in einer gegebenen Richtung eine Geodätische ausgeht, so auch nur eine, denn der Winkel zwischen zwei einander nicht deckenden Kürzesten und folglich auch zwischen einander nicht deckenden Geodätischen kann nicht Null sein. Es erweist sich, daß sich die Quasi-Geodätischen umgekehrt verhalten. Man kann nämlich folgenden Satz beweisen:

Satz 3: *Auf jeder konvexen Fläche kann man von jedem Punkt aus in jeder Richtung eine Quasi-Geodätische ziehen. Es können aber Richtungen existieren, in denen man nicht nur eine, sondern mehrere Quasi-Geodätische ziehen kann.*

Wir skizzieren das Konstruktionsverfahren, das zu einer Quasi-Geodätischen führt, die von einem gegebenen Punkt Q in einer gegebenen Richtung d ausgeht. Seien r und ε zwei kleine positive Zahlen. Geht in der Richtung d von Q eine Kürzeste aus, so ist sie die gesuchte Quasi-Geodätische. Geht dagegen in der Richtung d von Q keine Kürzeste aus, so existiert ein Zweieck $\boldsymbol{D}_1$, das die Richtung d enthält, mit einem Winkel bei Q, der kleiner als ε ist (dies wurde in Kap. V, § 5 bewiesen). Sei X_1 der andere Eckpunkt dieses Zweieckes, und seien $\mathfrak{L}_1$ und $\mathfrak{L}_1'$ seine Seiten (Abb. 82). Der Winkel zwischen $\mathfrak{L}_1$ und $\mathfrak{L}_1'$ in X_1 ist größer als Null, und daher kann man von X_1 aus eine Kürzeste $\mathfrak{L}_2$ außerhalb von $\boldsymbol{D}_1$ ziehen, die mit $\mathfrak{L}_1$ und $\mathfrak{L}_1'$ Winkel bildet, die kleiner als π sind. (Dies folgt daraus, daß von X_1 aus Kürzeste nach fast allen Richtungen ausgehen, wie in Kap. V, § 5 bewiesen wurde.) Sei X_2 der Endpunkt von $\mathfrak{L}_2$. Läßt sich diese Kürzeste nicht über X_2 hinaus verlängern, so existiert ein Zweieck $\boldsymbol{D}_2$ mit den Seiten $\mathfrak{L}_3$, $\mathfrak{L}_3'$, die mit $\mathfrak{L}_2$ Winkel bilden, die kleiner als π sind, zwischen denen aber ein Winkel kleiner als ε liegt. Von dem Eckpunkt X_3 von $\boldsymbol{D}_2$ ziehen wir wieder eine Kürzeste

[1]) Völlig streng läßt sich diese Behauptung folgendermaßen formulieren: Eine Klasse von Kurven heiße abgeschlossen, wenn sie die Grenzkurve jeder konvergierenden Folge von Kurven dieser Klasse enthält. Wir betrachten eine Klasse $\mathfrak{K}$ von Kurven auf allen konvexen Flächen, die folgenden Bedingungen unterworfen ist:
1. $\mathfrak{K}$ enthält alle Kürzesten;
2. $\mathfrak{K}$ ist abgeschlossen;
3. wenn eine Kurve $\mathfrak{L}$ auf einer Fläche $\boldsymbol{F}$ zu $\mathfrak{K}$ gehört, so gehört die entsprechende Kurve auf jeder zu $\boldsymbol{F}$ isometrischen Fläche $\boldsymbol{F}'$ ebenfalls zu $\mathfrak{K}$;
4. wenn jeder Punkt von $\mathfrak{L}$ auf einem Abschnitt von $\mathfrak{L}$ liegt, der zu $\mathfrak{K}$ gehört, so gehört $\mathfrak{L}$ selbst zu $\mathfrak{K}$. Unter allen Klassen $\mathfrak{K}$ mit diesen Eigenschaften gibt es eine, die in allen übrigen enthalten ist; das ist gerade die Klasse der Quasi-Geodätischen. Dabei wird auch ein einzelner Punkt als Quasi-Geodätische angesehen.

$\mathfrak{L}_4$ usw. Auf diese Weise erhalten wir zwei Kürzestenzüge $\mathfrak{L}_1 + \mathfrak{L}_2 + \mathfrak{L}_3 + \mathfrak{L}_4 + \cdots$ und $\mathfrak{L}_1' + \mathfrak{L}_2 + \mathfrak{L}_3' + \mathfrak{L}_4 + \cdots$; der linke hat überall eine nichtnegative linke Schwenkung, der rechte überall eine nichtnegative rechte. Erreichen diese noch nicht die Länge r, so setzen wir die Konstruktion unbeschränkt fort und erhalten Kürzestenzüge mit unendlich vielen Gliedern, die in ihrem Endpunkt Y die gemeinsame Richtung d' haben. Wir setzen die Konstruktion über den Punkt Y hinaus fort, indem wir Zweiecke konstruieren, deren Seiten mit der Richtung d' Winkel kleiner als π und miteinander Winkel kleiner als ε bilden usw. Auf diese Weise kommt man zu zwei Kürzestenzügen $\mathfrak{L}$ und $\mathfrak{L}'$ der Länge r mit unendlich vielen Gliedern, die überall nichtnegative Schwenkungen haben, d. h. jeder auf seiner Seite. Dies läßt sich selbstverständlich auch ohne transfinite Überlegungen beweisen, indem man wie gewöhnlich die obere Grenze der Längen solcher Kürzestenzüge betrachtet.

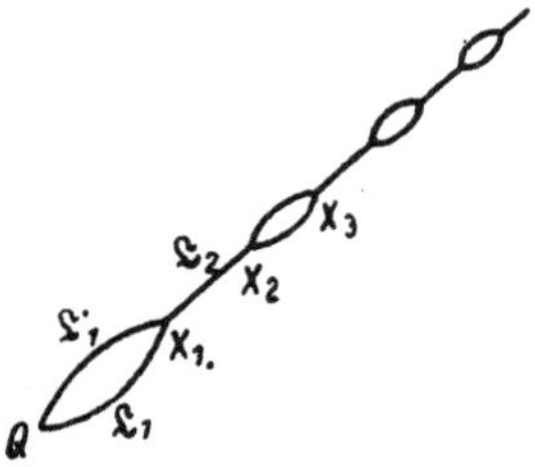

Abb. 82

Wenn jetzt ε gegen Null strebt, so konvergieren $\mathfrak{L}$, $\mathfrak{L}'$ gegen ein und dieselbe Kurve. Diese hat auf Grund von Satz 5 des vorigen Paragraphen überall zu beiden Seiten nichtnegative Schwenkungen, d. h. sie ist eine Quasi-Geodätische. Es ist einleuchtend und auch unschwer zu beweisen, daß die so gefundene Quasi-Geodätische von Q aus gerade in der gegebenen Richtung d verläuft.

Zum Beweis der zweiten Aussage des Satzes 3 konstruieren wir ein Beispiel einer Fläche, auf der von einem gewissen Punkt aus in einer gewissen Richtung drei Quasi-Geodätische ausgehen. Wir betrachten ein doppeltbedecktes konvexes Polygon $\boldsymbol{P}$ mit unendlich vielen gegen den Punkt Q strebenden Seiten (Abb. 83). Die Berandung von $\boldsymbol{P}$ ist eine von Q ausgehende Quasi-Geodätische. Außerdem gibt es, wie leicht zu sehen ist, unter den Kurven, die Q mit einem beliebigen Eckpunkt A von $\boldsymbol{P}$ verbinden und sich um seine Seiten schlängeln, so daß sie jeden Eckpunkt zwischen A und Q umgehen, eine Kürzeste.

Man überzeugt sich leicht, daß diese Kurve auf jedem Q nicht enthaltenden Abschnitt eine Geodätische und folglich als Ganzes eine Quasi-Geodätische ist. Außerdem geht sie vom Punkt Q in derselben Richtung wie die Berandung von $\boldsymbol{P}$ aus. Es gibt zwei solche Kurven, die bezüglich der Berandung von $\boldsymbol{P}$ symmetrisch liegen. Vom Punkt Q gehen also in ein und derselben Richtung drei Quasi-Geodätische aus.

Wir geben noch eine wichtige Eigenschaft der Quasi-Geodätischen an, die von POGORELOW bemerkt wurde:

S a t z 4: *Sei $\mathfrak{L}$ eine Quasi-Geodätische auf einer geschlossenen konvexen Fläche* $\boldsymbol{F}$. Sei $\boldsymbol{C}$ *ein Zylinder über $\mathfrak{L}$ mit Erzeugenden, die durch das Innere des von* $\boldsymbol{F}$ *berandeten Körpers hindurchgehen. Beim Abwickeln jedes Zylinders dieser Art* *in eine Ebene geht $\mathfrak{L}$ in eine konvexe Kurve über, die ihre konvexe Seite dem Teil der Ebene zuwendet, der dem Äußeren von* **C** *entspricht*[1]).

In Kap. IV, § 5 wurde der Satz von LIEBERMAN bewiesen, nach dem jede Kürzeste diese Eigenschaft besitzt. Alle Folgerungen, die wir dort aus dieser Eigenschaft der Kürzesten zogen, gelten also auch für Quasi-Geodätische. Es erübrigt sich, ihre Ableitung zu wiederholen.

Wir betrachten noch besonders die Frage der Existenz von geschlossenen Quasi-Geodätischen auf einer geschlossenen konvexen Fläche. Bekanntlich gibt es auf jeder regulären geschlossenen konvexen Fläche wenigstens drei geschlossene Geodätische ohne Vielfachpunkte. Dieser berühmte Satz wurde schon 1905 von POINCARÉ ausgesprochen, aber erst nahezu 25 Jahre später von LJUSTERNIK und SCHNIRELMAN vollständig bewiesen[2]). Man überzeugt sich jedoch leicht davon, daß es auf einer nichtregulären geschlossenen konvexen Fläche überhaupt keine geschlossene Geodätische ohne Vielfachpunkte zu geben braucht.

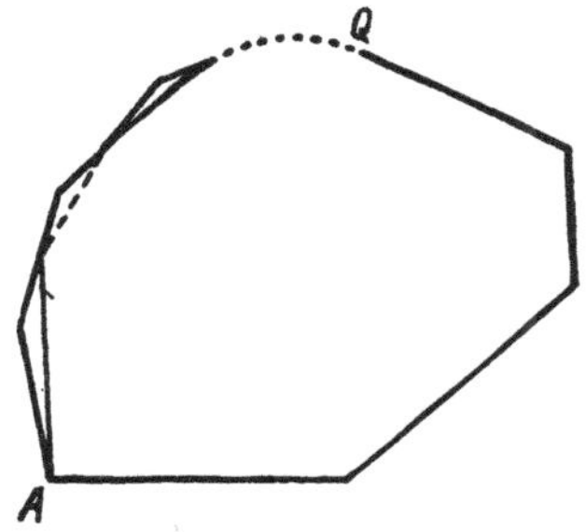

Abb. 83

Eine solche Geodätische muß nämlich die Fläche in zwei kreishomöomorphe Bereiche zerlegen, wobei die Berandungen dieser Bereiche, da sie Geodätische sind, verschwindende Schwenkungen haben. Gemäß Satz 2 aus § 2 muß daher die Krümmung jedes dieser Bereiche gleich 2π sein. Damit auf einer geschlossenen konvexen Fläche wenigstens eine geschlossene Geodätische ohne Vielfachpunkt existieren kann, ist also jedenfalls notwendig, daß man die Fläche in zwei Bereiche mit der Krümmung 2π zerlegen kann. Aber selbst dies ist nicht immer möglich. Man kann z. B. ein konvexes Polyeder mit einer beliebigen Anzahl von Ecken konstruieren, deren Krümmungen so gewählt sind, daß für keine Teilmenge von Eckpunkten ihre Summe gleich 2π ist. Für ein Tetraeder und erst recht für ein doppelt bedecktes Dreieck kann man dies leicht unmittelbar bewerkstelligen. Da aber die Krümmung eines Polyeders nur in seinen Eckpunkten konzentriert ist, kann es sogar vorkommen, daß es auf einem konvexen Polyeder keine geschlossenen Geodätischen ohne Vielfachpunkte gibt[3]).

---

[1]) POGORELOW hat Beispiele von Kurven angegeben, die die im Satz 4 formulierte Eigenschaft besitzen, aber keine Quasi-Geodätische sind.

[2]) Л. А. Люстерник, Л. Г. Шнирельман, Топологические методы в вариационных задачах. Успехи матем. наук, т. II, вып. 1 (17), 1947 (L. A. LJUSTERNIK und L. G. SCHNIRELMAN, „Topologische Methoden bei Variationsproblemen". Uspechy mat. nauk). Einige Hinweise über geschlossene Geodätische kann man in W. BLASCHKE, „Differentialgeometrie", § 97, finden.

[3]) Die Polyeder, auf denen es geschlossene Geodätische ohne Vielfachpunkte gibt, sind sogar eine seltene Ausnahme. In der Tat: seien $\omega_1, \ldots, \omega_n$ die Krümmungen der Eckpunkte eines Polyeders mit n Eckpunkten. Die Zahlen ω_i sind der Bedingung

$$(*) \qquad \omega_1 + \cdots + \omega_n = 4\pi$$

unterworfen. Man kann zeigen, daß jedenfalls in gewissen Grenzen die Zahlen ω_i variieren können, wenn nur die Bedingung (*) erfüllt bleibt. Folglich ist die Mannig-

Es ist jedoch möglich, den Satz über die drei geschlossenen Geodätischen auf beliebige konvexe geschlossene Flächen zu verallgemeinern, wenn man an Stelle von Geodätischen Quasi-Geodätische betrachtet.

Um uns das zu erwartende Resultat klarzulegen, nehmen wir eine beliebige geschlossene konvexe Fläche F und konstruieren eine Folge geschlossener regulärer konvexer Flächen F_n, die gegen F konvergiert. Auf den Flächen F_n gibt es geschlossene Geodätische ohne Vielfachpunkte. Aus bekannten Eigenschaften dieser Geodätischen schließt man leicht, daß es unter ihnen solche gibt, deren Längen in ihrer Gesamtheit beschränkt sind. Man kann daher aus ihnen eine gewisse konvergierende Folge $\mathfrak{L}_{n_1}, \mathfrak{L}_{n_2}, \ldots$ auswählen. Jede dieser Geodätischen $\mathfrak{L}_{n_i}$ zerlegt die entsprechende Fläche F_{n_i} in zwei Bereiche $F^1_{n_i}$ und $F^2_{n_i}$, die nach Satz 3 aus § 4 gewissen Kalotten isometrisch sind. Der Limes von Kalotten ist entweder eine Kalotte oder eine geradlinige Strecke oder ein Punkt. Es läßt sich jedoch leicht zeigen, daß die Bereiche $F^1_{n_i}$ und $F^2_{n_i}$ im Limes keinen Punkt ergeben können, und es bleiben daher nur zwei Möglichkeiten: entweder sind die Grenzflächen der $F^1_{n_i}$ und $F^2_{n_i}$ Kalotten isometrisch, oder aber eine dieser Grenzflächen artet in eine Kurve aus und der andere ist einer Kalotte isometrisch, deren Berandung mit sich selber verheftet ist.

Im ersten Falle ist der Limes der $\mathfrak{L}_{n_i}$ eine geschlossene Quasi-Geodätische ohne Vielfachpunkte auf F. Im zweiten Falle ist er eine geschlossene Quasi-Geodätische, die mit sich selbst zusammenfällt, ähnlich wie eine Strecke, die erst in der einen und dann in der anderen Richtung durchlaufen wird.

Ein Beispiel einer solchen „mit sich selbst zusammenfallenden" geschlossenen Quasi-Geodätischen wird durch die Kante eines Polyeders gegeben, die zwei Eckpunkte mit vollen Winkeln $\leqq \pi$ verbindet. Bei einem regulären Tetraeder ist der volle Winkel um jeden Eckpunkt gleich π, und daher ist jede Kante eine geschlossene Quasi-Geodätische, wenn man sie als doppeltbedeckt annimmt.

Wir haben bewiesen, *daß es auf jeder geschlossenen konvexen Fläche mindestens eine geschlossene Quasi-Geodätische gibt, die entweder ohne Vielfachpunkte ist oder mit sich selber zusammenfällt.*

---

faltigkeit der Systeme aller möglichen Werte von Krümmungen der Eckpunkte $(n-1)$-dimensional. Andererseits ergibt die Bedingung, daß die Summe von gewissen der ω_i gleich 2π ist, eine Gleichung, die aus allen Systemen $(\omega_1, \ldots, \omega_n)$ schon eine $(n-2)$-dimensionale Mannigfaltigkeit aussondert. Hiervon ausgehend läßt sich zeigen, daß die Mannigfaltigkeit von Polyedern mit n Eckpunkten, bei denen die Summe der Krümmungen irgendwelcher Eckpunkte gleich 2π ist, eine um Eins kleinere Dimension besitzt als die Mannigfaltigkeit aller Polyeder mit n Eckpunkten. (Diese letztere ist, wie wir wissen, gleich $3n-6$). Über die Bestimmtheit eines Polyeders durch die Krümmungen seiner Eckpunkte s. А. Д. Александров, Применение теоремы об инвариантности области к доказательствам существования. Изв. Академии наук СССР, серия матем (A. D. ALEXANDROW: Über die Anwendung des Satzes von der Invarianz des Gebietes für Existenzbeweise. Isw. Akad. Nauk SSSR Ser. Math). Außer der Bedingung (*) sind die ω_i den trivialen Bedingungen $0 < \omega_i < 2\pi$ unterworfen. Es wäre interessant zu untersuchen, ob sie noch weiteren Bedingungen genügen oder nicht.

Zum Beweis der Existenz von drei solchen Quasi-Geodätischen ist unsere einfache Überlegung unzureichend. Drei geschlossene Geodätische auf regulären Flächen, die gegen eine gegebene Fläche konvergieren, könnten a priori gegen ein und dieselbe Kurve streben. Durch geeignete Wahl der gegen die gegebene Fläche konvergierenden Flächen kann dies vermieden werden, wie POGORELOW gezeigt hat[1]). In dieser Weise hat er bewiesen, *daß auf jeder geschlossenen konvexen Fläche drei geschlossene Quasi-Geodätische existieren, die entweder ohne Vielfachpunkte sind oder mit sich selber zusammenfallen.*

Aus allem, was wir über Quasi-Geodätische gesagt haben, wird verständlich, daß eine möglichst eingehende Untersuchung der Quasi-Geodätischen wesentlich ist und interessante und wichtige Resultate zu geben verspricht. Hier formulieren wir das wichtigste Problem, das sich auf Quasi-Geodätische bezieht.

Bekanntlich können auf regulären Flächen die Geodätischen als Kurven definiert werden, die ein Extremum der Länge geben, z. B. unter allen Verbindungskurven zweier gegebener Punkte. Mit anderen Worten: für diese Kurven ist die Variation der Länge gleich Null. Auf nichtregulären Flächen kann der Begriff der Variation der Länge selbst für einfachste Kurven seinen Sinn verlieren, und daher sind die gewöhnlichen Methoden der Variationsrechnung nicht anwendbar. Z. B. ist sogar die Länge eines Streckenzuges auf einem Polyeder keine differenzierbare Funktion der Koordinaten seiner Eckpunkte, wenn wenigstens einer dieser Eckpunkte mit einem Eckpunkt des Polyeders zusammenfällt. (Es handelt sich dabei um Koordinaten auf dem Polyeder und nicht im Raum.) Hieraus ist ersichtlich, daß schon die Definition der Extremalen als einer Kurve, für die die Variation der Länge gleich Null ist, unbrauchbar ist. Man muß sich anderer Definitionen des Extremums und der Extremalen bedienen. Eine solche Definition ist in Verbindung mit topologischen Methoden in der Variationsrechnung schon eingeführt worden. Grob gesagt läuft sie darauf hinaus, daß ein Punkt in einem Raum $\mathfrak{r}$, in dem eine Funktion $f(X)$ definiert ist, als extremal oder kritisch bezeichnet wird, wenn in der Umgebung dieses Punktes die Familie der Flächen $f(X) = \text{const.}$ Singularitäten besitzt. In unserem Falle spielen rektifizierbare Kurven die Rolle von Punkten, und der Raum ist die Menge aller in Betracht kommenden rektifizierbaren Kurven, wobei in dieser Menge in geeigneter Weise ein Entfernungsbegriff definiert ist. Wir verweisen den Leser für die genauen Definitionen auf die Spezialliteratur[2]) und formulieren jetzt unser Problem.

Läßt sich beweisen, daß eine Kurve dann und nur dann ein Extremum der Länge unter allen Verbindungskurven zweier gegebener Punkte auf einer gegebenen konvexen Fläche liefert, wenn diese Kurve eine Quasi-Geodätische ist?

---

[1]) А. В. Погорелов, Квазигеодезигеские линии на выпуклых поверхностях (A. W. POGORELOW, Quasigeodätische auf konvexen Flächen, Math. Sbornik T. 25, S. 275—307 (1949)).

[2]) H. SEIFERT und W. THRELFALL, Variationsrechnung im Großen. M. MORSE, The calculus of variations in the large; Л. А. Люстерник, Топология и вариационное исчисление, Успехи матем. наук, т. I, вып. 1 (11), 1946 (L. A. LJUSTERNIK, Topologie und Variationsrechnung, Usp. Mat. Nauk).

Eine analoge Frage erhebt sich im Fall anderer Grenzbedingungen z. B. bei der Betrachtung geschlossener Kurven usw.

Bekanntlich ist die Bahn eines materiellen Punktes, der sich auf einer Fläche ohne Einwirkung von äußeren Kräften bewegt, eine geodätische Linie, wenn die Fläche regulär ist. Dies ergibt sich unter anderem aus dem HAMILTONschen Prinzip, das in diesem Falle auf die Bedingung hinausläuft, daß jeder Bogen der Bahn das Extremum der Länge ergeben soll. Es ist wahrscheinlich, daß auf beliebigen konvexen Flächen die möglichen Bahnen von Punkten, die sich ohne Einwirkung äußerer Kräfte bewegen, beliebige Quasi-Geodätische sind. Da nichtreguläre konvexe Flächen mit beliebiger Genauigkeit aus ausreichend haltbarem Material hergestellt werden können, so besitzt die Frage nach der Bewegung eines materiellen Punktes auf einer solchen konvexen Fläche einen realen Sinn. Glättet man die Fläche ein wenig, so daß sie regulär wird, so wird die Punktbahn eine Geodätische. Nimmt man die Glättung als beliebig klein an, so daß sie unterhalb der Genauigkeitsgrenze der Herstellung der Fläche liegt, so kommt man zu dem Schluß, daß sich eine solche Bewegung längs Grenzkurven von Geodätischen, d. h. längs Quasi-Geodätischer, vollziehen muß.

Ist der volle Winkel φ um einen Punkt Q auf einer konvexen Fläche kleiner als 2π, so kann eine in Q in Richtung d einlaufende Quasi-Geodätische jenseits dieses Punktes verlängert werden, so daß sie Quasi-Geodätische bleibt, und zwar in jeder Richtung, die mit d einen Winkel kleiner als π bildet, d. h. in jeder Richtung, die innerhalb eines Winkels der Größe $\psi - \pi$ liegt und in jeder Richtung, falls $\varphi \leqq \pi$ gilt. Damit hängt eine merkwürdige Unbestimmtheit in der Bewegung eines materiellen Punktes längs Quasi-Geodätischer zusammen. Darin liegt natürlich nichts Unmögliches, da die Geschwindigkeit und auch die Reaktionskräfte der Fläche in einem solchen Punkt Q völlig unbestimmt werden.

Diese Bemerkungen über die mechanische Bedeutung der Quasi-Geodätischen erheben keinen Anspruch auf Strenge. Sie wollen nur zeigen, daß auch für die Mechanik die Untersuchung von Quasi-Geodätischen anscheinend eine gewisse Bedeutung hat.

§ 6. Der Kreis

Ein Kreis auf einer konvexen Fläche, d. h. der geometrische Ort von Punkten in gleicher Entfernung von einem gegebenen Punkt, braucht keine Kurve im Sinn der Möglichkeit einer stetigen Parameterdarstellung zu sein. Wir erinnern an das Beispiel eines Kreises auf einem Kegel, bei dem der volle Winkel an der Spitze kleiner als π ist, den wir schon in Kap. I, § 10 (Abb. 11) betrachtet haben. Nimmt man auf einem solchen Kegel einen von der Spitze verschiedenen Punkt A, so ist ein hinreichend kleiner Kreis mit dem Mittelpunkt in A selbstverständlich identisch mit einem Kreis auf der Ebene. Bei Vergrößerung des Radius jedoch wird dieser Kreis in einem bestimmten Augenblick sich selber berühren, dann wird er in zwei Kurven auseinanderfallen, und beim weiteren Anwachsen des Radius wird eine dieser Kurven sich auf die Spitze des Kegels zusammenziehen und schließlich verschwinden. Nimmt man A hinreichend nahe bei der Spitze des Kegels, so erhält man beliebig kleine Kreise, die in zwei Kurven auseinanderfallen oder auch einen isolierten Punkt besitzen.

Man kann Beispiele von Kreisen angeben, die noch weniger einer Kurve im gewöhnlichen Sinne ähneln. Nehmen wir z. B. einen ebenen Kreissektor vom Radius Eins mit dem Mittelpunkt in Q und einem Öffnungswinkel kleiner als $\frac{\pi}{2}$ und auf dem berandenden Bogen AB eine beliebige abgeschlossene Menge $\mathfrak{M}$, die die Punkte A und B enthält (Abb. 84). Die konvexe Hülle dieser Menge und des Mittelpunktes Q stellt einen gewissen konvexen Bereich dar, der an den Seiten von den Radien QA und QB begrenzt wird. An diesen Bereich kleben wir längs des Radius QB das Stück der Ebene an, das durch die Verlängerung von QA und die Kreistangente in B berandet wird. Wir erhalten so einen konvexen Bereich $\boldsymbol{G}$, der in der Abbildung schraffiert ist. Nehmen wir diesen Bereich als doppeltbedeckt an, so verwandelt er sich in eine volle konvexe Fläche $\boldsymbol{F}$. Wie man leicht sieht, besteht auf dieser Fläche ein Kreis mit dem Radius Eins und dem Mittelpunkt Q aus den zwei Bögen BC und der von uns gewählten Menge $\mathfrak{M}$. Wenn man will, kann man $\boldsymbol{F}$ so verbiegen, daß diese Fläche nicht mehr ausgeartet ist (dies ist auf Grund des in § 4 von Kap. VIII angeführten Satzes von OLOWJANISCHNIKOW möglich). Dieses Beispiel zeigt, *daß eine Kreislinie auf einer konvexen Fläche jeder abgeschlossenen Menge auf einer ebenen Kreislinie homöomorph sein kann, wenn diese Menge wenigstens einen Bogen* (der dem Bogen CB entspricht) *enthält.*

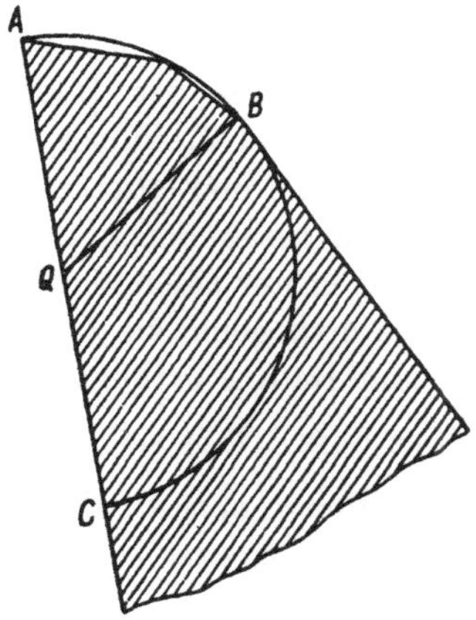

Abb. 84

Wir beweisen jetzt, daß die wichtige Eigenschaft der Kreisperipherie in der Ebene, auf ihrem Radius senkrecht zu stehen, auch auf beliebigen konvexen Flächen gilt.

Satz 1: *Sei A ein Punkt auf einem Kreis $\mathfrak{C}$ mit dem Mittelpunkt Q auf einer konvexen Fläche. Eine Folge von Punkten X_n auf $\mathfrak{C}$ konvergiere so gegen A, daß die Kürzesten QX_n (die Radien des Kreises) gegen eine gewisse Kürzeste QA konvergieren. Dann strebt der Winkel zwischen den Kürzesten AX_n und QA gegen einen Rechten.*

Beweis: Wir betrachten die Dreiecke QAX_n und ebene Dreiecke $\boldsymbol{T}_n$ mit denselben Seitenlängen. Sei α_n der Winkel zwischen QA und AX_n, α_n^0 der entsprechende Winkel von T_n und ω_n die Krümmung des Inneren des Dreiecks QAX_n. Dann gilt

$$|\alpha_n - \alpha_n^0| \leqq \omega_n.$$

Wegen $QA = QX_n$ ist T_n ein gleichschenkliges Dreieck, und folglich strebt für $X_n \to A$ der Winkel α_n^0 gegen $\frac{\pi}{2}$. Die Kürzesten QX_n konvergieren aber gegen QA, und daher kann man das Innere der Dreiecke QAX_n in eine verschwindende Folge von Bereichen einschließen[1]). Hieraus folgt auf Grund der Stetigkeit der Krümmung, daß ω_n gegen Null konvergiert. Folglich fällt der Grenzwert von α_n mit dem von α_n^0 zusammen und ist daher gleich $\frac{\pi}{2}$.

Gehen von dem Punkt A zwei stetige Zweige $\mathfrak{C}_1$ und $\mathfrak{C}_2$ des Kreises $\mathfrak{C}$ aus und nimmt man Punkte X_n auf einem dieser Zweige, so sehen wir, daß der Radius QA, der Limes der Radien QX_n, zu diesem Zweig orthogonal ist. Beide Zweige $\mathfrak{C}_1$ und $\mathfrak{C}_2$ haben daher in A Richtungen, die zu den entsprechenden Radien $(QA)_1$ und $(QA)_2$ orthogonal sind. Diese Radien brauchen selbstverständlich nicht zusammenzufallen, und dann ist A ein Eckpunkt des Kreises[2]). Gibt es dagegen nur einen einzigen Radius, d. h. nur eine Kürzeste QA, so sind beide Zweige orthogonal zu ihm. In diesem Falle kann man einfach sagen, der Kreis sei zum Radius orthogonal.

Aus Satz 1 läßt sich folgender Schluß ziehen:

Ein Punkt, dessen voller Winkel kleiner als π ist, kann nur ein isolierter Punkt irgendeines Kreises sein.

Möge etwa der volle Winkel φ um A kleiner als π sein. Nehmen wir an, dieser Punkt wäre kein isolierter Punkt eines Kreises $\mathfrak{C}$ mit dem Mittelpunkt Q; es möge also auf $\mathfrak{C}$ zu A beliebig benachbarte Punkte X geben. Aus diesen Punkten könnten wir eine Folge X_n wählen derart, daß die Kürzesten QX_n gegen eine gewisse Kürzeste QA konvergieren würden. Dann würden nach Satz 1 die Winkel α_n zwischen QA und AX gegen $\frac{\pi}{2}$ streben. Der Winkel zwischen zwei von A ausgehenden Kürzesten kann aber nicht größer sein als die Hälfte des vollen Winkels φ um A. Folglich würde $\alpha_n \leqq \frac{\varphi}{2}$ und $\lim\limits_{n\to\infty} \alpha_n \leqq \frac{\varphi}{2} < \frac{\pi}{2}$ gelten. Es ergäbe sich ein Widerspruch, der zeigt, daß es auf $\mathfrak{C}$ keine zu A beliebig benachbarten Punkte gibt.

Nach den zu Anfang gemachten Bemerkungen über die möglichen Ausartungen von Kreisen wird der folgende Satz nicht als trivial erscheinen:

---

1) Nämlich in eine Folge von Umgebungen des Radius QA unter Ausschluß dieses Radius.

2) In Abb. 84 gehen zum Punkt B zwei Radien. In Abb. 11 gehen zu den Punkten C und D ebenfalls je zwei Radien.

Satz 2: *Zu jedem Punkt Q auf einer konvexen Fläche gibt es ein positives r_0 derart, daß jeder Kreis mit dem Mittelpunkt in Q und einem Radius kleiner als r_0 eine einfach geschlossene Kurve ist, d. h. eine Kurve, die einem ebenen Kreis homöomorph ist.*

Beweis: Wir legen um Q eine kleine Kreisfläche $\boldsymbol{U}_r$ mit dem Radius r; ihre Berandung ist ein Kreis. Wir zeigen, daß für hinreichend kleines r das Innere von $\boldsymbol{U}_r$ ein einfach zusammenhängendes Gebiet ist. Daß das Innere der Kreisfläche zusammenhängend ist, ist offensichtlich. Ist aber die Kreisfläche hinreichend klein, so ist sie in einer der ebenen Kreisfläche homöomorphen Umgebung $\boldsymbol{W}$ von Q enthalten. Wäre also das Innere der Kreisfläche nicht einfach zusammenhängend, so besäße es „Löcher". Da für $r' < r$ die Kreisfläche $\boldsymbol{U}'_r$ in $\boldsymbol{U}_r$ enthalten ist, so zieht sich bei Verkleinerung des Radius von $\boldsymbol{U}_r$ seine äußere Berandung zusammen und die „Löcher" würden größer. Es könnten auch neue „Löcher" auftreten[1]). Schließlich würde eines der Löcher $\boldsymbol{V}$ beim Größerwerden die äußere Berandung von $\boldsymbol{U}_r$ in mindestens einem Punkt A berühren. Von A gingen zwei Zweige $\mathfrak{C}_1$, $\mathfrak{C}_2$ der Berandung des betreffenden Loches $\boldsymbol{V}$ aus. Auf diesen Zweigen könnte man gegen A konvergierende Punkte annehmen. Die Radien, die zu diesen Punkten gezogen würden, gäben im Grenzfall zwei Radien $(QA)_1$ und $(QA)_2$, die an A von verschiedenen Seiten des Loches $\boldsymbol{V}$ herantreten würden (Abb. 85). Diese Radien würden folglich ein gewisses, das Loch $\boldsymbol{V}$ enthaltendes Zweieck $\boldsymbol{D}$ beranden. Da jeder Radius zu seinem Zweige $\mathfrak{C}_1$ und $\mathfrak{C}_2$ orthogonal ist, so wäre der Winkel von $\boldsymbol{D}$ beim Eckpunkt A nicht kleiner als π. Die Summe beider Winkel von $\boldsymbol{D}$, d. h. die Krümmung seines Inneren, wäre also größer als π.

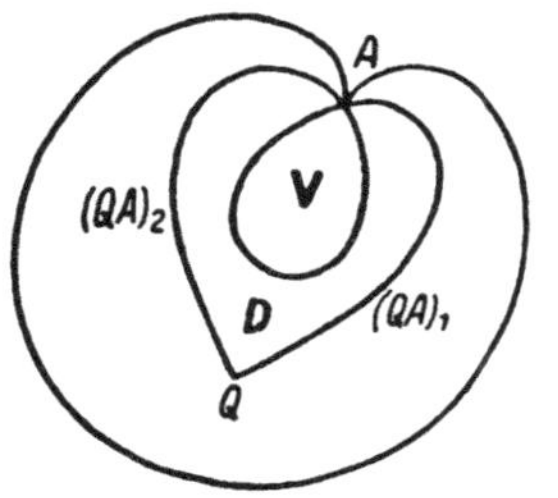

Abb. 85

Andererseits ist das Innere von $\boldsymbol{D}$ in dem Bereich $\boldsymbol{W} - Q$ enthalten, der sich aus der Umgebung $\boldsymbol{W}$ von Q durch Herausnahme von Q ergibt. Auf Grund der Stetigkeit der Krümmung wird die Krümmung dieses Bereiches $\boldsymbol{W}-Q$ beim Kleinerwerden von $\boldsymbol{W}$ beliebig klein. In hinreichend kleinen Bereichen $\boldsymbol{W}$ gibt es also keine Zweiecke mit Krümmungen größer als π, und folglich kann eine genügend kleine Kreisfläche $\boldsymbol{U}_r$ keine Löcher haben. Das Innere einer hinreichend kleinen Kreisfläche mit dem Mittelpunkt in einem gegebenen Punkt ist also einfach zusammenhängend. Hieraus schließt man leicht, daß ihre Berandung, d. h. der Kreis, eine einfach geschlossene Kurve bildet.

Daneben lohnt es sich aber wohl zu bemerken, daß selbst ein Kreis mit beliebig kleinem Radius Eckpunkte haben kann. Wir haben nämlich gesehen, daß er nur dann frei von Eckpunkten ist, wenn zu jedem seiner Punkte nur ein einziger Radius hinführt. Wie leicht zu sehen, würde dies aber bedeuten, daß

[1]) In Abb. 11 stellt der Bogen CC die äußere Berandung des Kreises und der Bogen DD ein „Loch" in diesem Kreis dar. Wenn der Radius kleiner wird, so berühren die „Löcher" die äußere Berandung im Punkt B.

vom Mittelpunkt aus in allen Richtungen Kürzeste gehen — die Radien des gegebenen Kreises. Wir wissen aber, daß auf einer konvexen Fläche im allgemeinen nicht von jedem Punkt nach allen Richtungen Kürzeste ausgehen. Selbst ein beliebig kleiner Kreis mit gegebenem Mittelpunkt braucht also nicht frei von Singularitäten zu sein, die ihn wesentlich von ebenen Kreisen unterscheiden.

Gehen wir jetzt zur Betrachtung der Abhängigkeit von Kreisumfang und Radius über. Dazu bedienen wir uns der folgenden einfachen Bemerkung:

Hilfssatz: *Seien X und Y Punkte auf zwei von einem Punkt Q ausgehenden Kürzesten. Sie sollen von Q gleich weit entfernt liegen: $QX = QY = r$, und $z(r)$ sei die Entfernung zwischen ihnen. Dann ist das Verhältnis $\frac{z(r)}{r}$ eine nichtwachsende Funktion von r. Ist ψ der Winkel zwischen den gegebenen Kürzesten und $\omega(r)$ die Krümmung des Dreiecks QXY, so gilt*

$$2\sin\frac{\psi}{2} \geqq \frac{z(r)}{r} \geqq 2\sin\frac{\psi-\omega(r)}{2}. \tag{1}$$

In der Tat: Ist $\psi_0(r)$ der Winkel in dem ebenen Dreieck mit denselben Seitenlängen wie die von QXY, so gilt

$$\frac{z(r)}{r} = 2\sin\frac{\psi_0(r)}{2}.$$

Auf Grund der Konvexitätsbedingung wächst aber $\psi_0(r)$ bei wachsendem r nicht. Dasselbe gilt folglich auch für $\frac{z(r)}{r}$. Außerdem ist uns bekannt, daß die Winkel $\psi_0(r)$ und ψ der Relation $|\psi_0(r) - \psi| \leqq \omega(r)$ genügen. Hieraus folgt (1).

Der folgende Satz über die Länge des Kreisumfanges erweist sich als eine fast selbstverständliche Folgerung dieses Hilfssatzes:

Satz 3: *Das Verhältnis der Länge $l(r)$ des Kreisumfanges zum Radius r ist eine nicht wachsende Funktion des Radius und liegt zwischen den Grenzen:*

$$\varphi \geqq \frac{l(r)}{r} \geqq \varphi - \omega(r).$$

Hierbei ist φ der volle Winkel um den Mittelpunkt und $\omega(r)$ die Krümmung der von dem Kreis berandeten Kreisfläche unter Ausschluß des Mittelpunktes. An Stelle der ganzen Kreislinie kann man einen beliebigen ihrer Bögen nehmen, der einen Sektor mit einem gegebenen Winkel ψ umspannt. Ist dabei $l(r)$ die Länge dieses Bogens und $\omega(r)$ die Krümmung des betreffenden Sektors unter Ausschluß des Mittelpunktes, so gilt $\psi \geqq \frac{l(r)}{r} \geqq \psi - \omega(r)$. Hier ist wiederum $\frac{l(r)}{r}$ eine nichtwachsende Funktion von r[1]).

Wir nehmen an, der Bogen eines Kreises sei eine Kurve im gewöhnlichen Sinn[2]). Wir sagen, ein Bogen umspanne einen Sektor U, wenn man zu jedem Punkt des Bogens einen vollständig in U verlaufenden Radius ziehen kann.

Beweis: Der Bogen AB eines Kreises mit dem Radius r umspannt einen Sektor mit dem Winkel ψ. Wir wählen auf diesem Bogen Punkte $X_0, X_1, \ldots, X_n$, die in der Reihenfolge der Indizes zwischen den Endpunkten A, B gelegen sind. Hierbei soll $X_0 = A$ und $X_n = B$ sein. Zieht man vom Mittelpunkt Q aus Radien zu allen Punkten $X_0, X_1, \ldots, X_n$, so erhält man gleichschenklige Dreiecke $QX_{i-1}X_i$. Sei ψ_i der Winkel zwischen den Radien QX_{i-1} und QX_i und z_i die Entfernung $X_{i-1}X_i$ (Abb. 86). Auf Grund unseres Hilfssatzes ist für gegebenes ψ_i das Verhältnis $\frac{z_i}{r}$ eine nichtwachsende Funktion von r. Nach Definition ist die Länge des Bogens AB die obere Grenze der Summen $\sum_{i=1}^{n} z_i$. Hieraus folgt, daß auch das Verhältnis der Bogenlänge zum Radius eine nichtwachsende Funktion des Radius ist[3]). Damit ist die erste Behauptung des Satzes bewiesen.

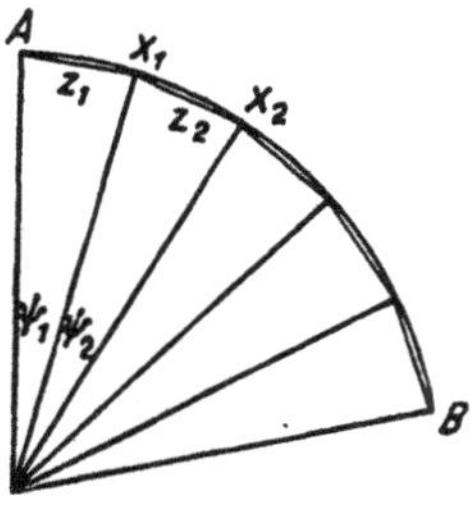

Abb. 86

---

[1]) Schneidet man den gegebenen Sektor aus und verheftet die ihn berandenden Radien, so erhält man einen Kreis, bei dem der volle Winkel um den Mittelpunkt gleich ψ ist. In dieser Weise gestattet das Verheften, den Fall eines Bogens auf den einer ganzen Kreisperipherie zurückzuführen.

[2]) Im allgemeinen Falle braucht ein Bogen der Kreisperipherie keine Kurve im gewöhnlichen Sinne zu sein. Seine Länge läßt sich aber stets wie folgt definieren: Wir ziehen die Radien QA und QB, die den Sektor U beranden. Einen Punkt X des Bogens AB wollen wir als *vor* dem Punkt Y *liegend* bezeichnen, wenn der Sektor QAX im Sektor QAY enthalten ist. Dadurch wird eine Anordnung der Punkte auf dem Bogen AB definiert. Die Länge des Bogens AB kann dann definiert werden als Grenzwert der Summen der Entfernungen zwischen aufeinanderfolgenden Punkten des Bogens unter der Annahme, daß man nur solche Punkte nimmt, die voneinander um nicht mehr als ein $\varepsilon \to 0$ entfernt sind.

[3]) Wir nehmen zwei Bögen AB und $A'B'$ mit den Radien r und $r' < r$. Die Radien QX_i, die zu den Punkten X_i von AB laufen, mögen den Bogen $A'B'$ in den Punkten X'_i schneiden. Ist $X'_{i-1}X'_i = z'_i$ und $l(r')$ die Länge des Bogens $A'B'$, so gilt

(a) $$\frac{1}{r'}\, l(r') \geqq \lim \frac{1}{r'} \sum_i z_i .$$

Hier ist auch das Größerzeichen möglich, da die zu den Punkten des Bogens AB laufenden Radien ein Zweieck bilden können, das einen Teil des Bogens $A'B'$ enthält. Weiterhin gilt

(b) $$\frac{z'_i}{r'} \geqq \frac{z_i}{r} .$$

Außerdem kann man die Punkte X_i von vornherein so wählen, daß

(c) $$\sum_i z_i > l(r) - \varepsilon$$

ist. Aus (a), (b), (c) folgt, da ε beliebig ist,

$$\frac{l(r')}{r'} \geqq \frac{l(r)}{r} .$$

Nach Formel (1) gilt

$$z_i \leqq 2r \sin \frac{\psi_i}{2},$$

woraus

$$\sum_{i=1}^{n}{}' z_i \leqq 2r \sum_{i=1}^{n}{}' \sin \frac{\psi_i}{2} \leqq r \sum_{i=1}^{n}{}' \psi_i = r\,\psi$$

folgt. Die Länge $l(r)$ von AB ist daher auch nicht größer als $r\varphi$. Dies beweist den ersten Teil der Ungleichung des Satzes.

Zum Beweis des anderen Teiles der Ungleichung betrachten wir alle diejenigen Punkte von AB, zu denen mehr als ein Radius hinführt. Zwei zu einem Punkt führende Radien beranden ein Zweieck. Unter allen zu einem gegebenen Punkt führenden Radien gibt es zwei, die ein größtes Zweieck beranden. Jedem Punkt Y, zu dem mehr als ein Radius führt, entspricht daher ein bestimmter Winkel η zwischen den Radien QY und $\overline{QY}$, die das größte Zweieck beranden. Die Summe aller solcher Winkel η kann den Winkel des Sektors nicht übertreffen, der von AB umspannt wird. Daher ist die Anzahl solcher Zweiecke mit Winkeln η, die größer sind als ein gegebener, endlich und die Anzahl aller Zweiecke überhaupt höchstens abzählbar.

Seien $Y_1, \ldots, Y_m$ alle diejenigen Punkte, zu denen Radien QY_j, $\overline{QY_j}$ führen, die Winkel größer als $\varepsilon > 0$ einschließen. Die Punkte $Y_1, \ldots, Y_m$ numerieren wir in der Reihenfolge ihrer Lage vom Endpunkt A zum Endpunkt B von AB. Wir nehmen an, daß der Radius QY_j (Abb. 87) näher zum Radius QA verläuft als der Radius $\overline{QY_j}$ (Abb. 87). Die Sektoren zwischen benachbarten Radien $\overline{QY_j}$ und QY_{j+1} kann man in Sektoren mit Winkeln kleiner als 2ε zerlegen. Wäre dies nämlich nicht möglich, so müßten Radien QX und QY existieren, die zu einander beliebig benachbarten Punkten X und Y des Bogens $Y_j Y_{j+1}$ führen und miteinander Winkel bilden würden, die nicht kleiner als 2ε sind. Wenn im Limes die Punkte X und Y zusammenfallen, würden diese Radien ein Zweieck mit einem Winkel, der nicht kleiner als 2ε ist, beranden. Dies ist jedoch unmöglich, weil die Punkte Y_j schon alle Eckpunkte von Zweiecken dieser Art ausmachen.

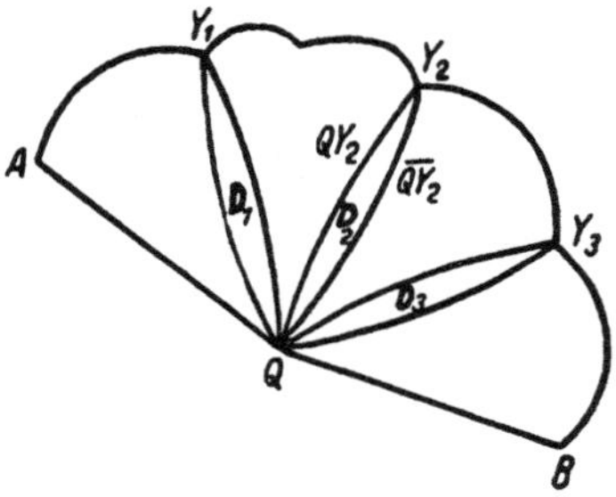

Abb. 87

Also nehmen wir auf jedem Bogen AY_1, $Y_1Y_2, \ldots, Y_mB$ Punkte X_i, derart daß die Winkel ψ_i zwischen den Radien QX_{i-1}, QX_i kleiner als 2ε sind. Zu den Punkten X_i rechnen wir auch die Punkte $A, Y_1, \ldots, Y_m, B$ hinzu. Bezeichnet hierbei z. B. X_i den Punkt Y_j, so nehmen wir als ψ_i den Winkel zwischen den Radien QX_{i-1} und QY_j und als ψ_{i+1} den Winkel zwischen QX_{i+1} und $\overline{QY_j}$.

In dieser Weise erhalten wir gleichschenklige Dreiecke $QX_{i-1}X_i = \boldsymbol{T}_i$ mit Winkeln ψ_i kleiner als 2ε. Die Summe aller Winkel ψ_i ist kleiner als der Winkel ψ

des ganzen von AB umspannten Sektors, da die Winkel der Zweiecke $\boldsymbol{D}_j$ mit den Eckpunkten Y_j ausgeschlossen werden. Um den ganzen Winkel ψ zu erhalten, muß man zu dieser Summe die Winkel η_j dieser Zweiecke hinzurechnen. Daher gilt

(2) $$\psi = \sum_i \psi_i + \sum_j \eta_j .$$

Die Zweiecke $\boldsymbol{D}_j$ bilden zusammen mit den Dreiecken $\boldsymbol{T}_i$ ein gewisses Polygon $\boldsymbol{P}$. Die Krümmung $\omega(\boldsymbol{P})$ des Innern dieses Polygons ist gleich der Summe der Krümmungen des Inneren der $\boldsymbol{D}_j$ und $\boldsymbol{T}_i$. Also

$$\omega(\boldsymbol{P}) = \sum_i \omega(\boldsymbol{T}_i) + \sum_j \omega(\boldsymbol{D}_j).$$

Die Krümmung eines Zweiecks ist gleich der Summe seiner Winkel. Daher gilt $\omega(\boldsymbol{D}_j) > \eta_j$ und folglich

(3) $$\omega(\boldsymbol{P}) \geqq \sum_i \omega(\boldsymbol{T}_i) + \sum_j \eta_j .$$

Subtrahiert man von (2) die Ungleichung (3), so ergibt sich

(4) $$\sum_i [\psi_i - \omega(\boldsymbol{T}_i)] \geqq \psi - \omega(\boldsymbol{P}).$$

Wenn wie früher $X_{i-1}X_i = z_i$ gesetzt wird, so erhalten wir auf Grund der Definition der Länge für die Länge l des Bogens AB die Ungleichung

$$l \geqq \sum_i z_i .$$

Nach Formel (1) gilt

$$z_i \geqq 2r \sin \frac{\psi_i - \omega(\boldsymbol{T}_i)}{2} \geqq 2r \sin \frac{\psi_i}{2} - r\omega(\boldsymbol{T}_i)$$

und folglich

(5) $$l \geqq 2r \sum_i \sin \frac{\psi_i}{2} - r \sum_i \omega(\boldsymbol{T}_i).$$

Da $2 \sin \frac{\psi_i}{2} > \psi_i - \frac{\psi_i^3}{24}$ und $\psi_i \leqq 2\varepsilon$ und $\sum_i \psi_i \leqq \psi$ ist, so gilt

$$2 \sum_i \sin \frac{\psi_i}{2} > \sum_i \psi_i - \delta .$$

Hierbei ist $\delta = \frac{1}{3}\varepsilon^2 \psi$. Mit Hilfe dieser Ungleichung folgt aus (5)

(6) $$l > r \sum_i \psi_i - r \sum_i \omega(\boldsymbol{T}_i) - r\delta .$$

Wenden wir die Ungleichung (4) an, so erhalten wir hieraus

(7) $$l > \big(\psi - \omega(\boldsymbol{P})\big)\, r - r\delta .$$

Nimmt man auf AB immer weiter neue Punkte X_i hinzu, so werden die sich ergebenden Polygone $\boldsymbol{P}$ gegen den von diesem Bogen umspannten Sektor $\boldsymbol{U}$ streben. Hieraus folgt auf Grund der Stetigkeit der Krümmung, daß der Grenzwert der Krümmung des Inneren von $\boldsymbol{P}$ die Krümmung ω des Sektors $\boldsymbol{U}$ unter Ausschluß des Mittelpunktes nicht übertreffen kann. Aus (7) folgt daher

$$l > (\psi - \omega)\, r - r\,\delta,$$

und da mit ε auch δ beliebig klein wird, so gilt

$$l \geqq (\psi - \omega)\, r. \tag{8}$$

Das ist aber der zweite Teil der Ungleichung, deren Gültigkeit im Satz behauptet wird.

Eine genauere Analyse zeigt, daß man in der Ungleichung (8) für ω die Krümmung des Inneren des Sektors $\boldsymbol{U}$ wählen kann, d. h. desjenigen Bereiches, der nicht nur durch Ausschluß des Mittelpunktes, sondern auch durch Ausschluß des Bogens AB entsteht. Das ist nicht dasselbe; denn der Bogen AB kann eine von Null verschiedene Krümmung besitzen. (Der Flächeninhalt seines sphärischen Bildes kann von Null verschieden sein.) Ein Beispiel dafür bietet ein Parallelkreis einer Rotationsfläche, der gleichzeitig eine Kante dieser Fläche ist.

Die Analyse des Beweises zeigt, daß $l = \psi\, r$ nur dann gilt, wenn die Krümmung des Inneren von $\boldsymbol{U}$ gleich Null ist, d. h. nur dann, wenn man $\boldsymbol{U}$ auf die Ebene abwickeln kann. Genauso kann man zeigen, daß $l = (\psi - \omega)\, r$ auch nur dann gilt, wenn die Krümmung ω des Innern von $\boldsymbol{U}$ verschwindet. Ist daher $\omega \neq 0$, so gilt $\psi r > l > (\psi - \omega)\, r$.

Geht zu jedem Punkt des Bogens eines Kreises nur ein einziger Radius, so läßt sich die Länge dieses Bogens in der Form eines Integrals darstellen. Sei AB der Bogen eines Kreises, der die formulierte Eigenschaft besitzt; sei ψ der Winkel des von ihm umspannten Sektors und r der Radius des Bogens. Bezeichne $\omega(x)$ die Krümmung des Inneren des Kreissektors mit dem Radius $x \leqq r$, der zwischen den Radien QA und QB liegt. Die Länge l des Bogens AB drückt sich dann durch die Formel

$$l = \psi\, r - \int_0^r \omega(x)\, dx \tag{9}$$

aus.

Geht zu allen Punkten eines Kreises mit dem Radius r und dem Mittelpunkt Q nur ein Radius, so drückt sich die Länge des Kreisumfanges durch dieselbe Formel

$$l = \varphi\, r - \int_0^r \omega(x)\, dx \tag{10}$$

aus. Hierbei ist φ der volle Winkel um Q und $\omega(x)$ die Krümmung der konzentrischen Kreisfläche mit dem Radius x unter Ausschluß des Punktes Q.

Für die Ableitung der Bogenlänge b eines Kreises nach dem Radius r haben wir die Formel

$$\frac{dl}{dr} = \psi - \omega(r). \tag{11}$$

Hierbei ist $\frac{dl}{dr}$ die linke Ableitung, wenn unter $\omega(r)$ die Krümmung des Sektors unter Ausschluß des Berandungsbogens verstanden wird und $\frac{dl}{dr}$ die rechte Ableitung, wenn $\omega(r)$ die Krümmung des Sektors einschließlich des Berandungsbogens bedeutet. Daß das nicht in allen Fällen dasselbe ist, zeigt das Beispiel der Parallelkreise einer Rotationsfläche, die gleichzeitig Kanten der Fläche sind. Da $\omega(r)$ bei wachsendem r nicht abnimmt, ist $\frac{dl}{dr}$ eine nichtwachsende Funktion, und folglich ist die Bogenlänge eine konvexe Funktion des Radius. Wir sprechen jedoch über den Spezialfall, daß zu jedem Punkt des Bogens nur ein Radius hinführt. Ohne diese Annahme sind Formel (9) und entsprechend (10) und (11) unrichtig und müssen durch kompliziertere ersetzt werden.

Wenn nicht zu allen Punkten des Bogens AB nur ein einziger Radius hinführt, so schneiden wir aus der Fläche alle Zweiecke aus, die durch Radien berandet werden, die zu denselben Punkten des Bogens AB führen, und verheften die Seiten der sich so ergebenden Löcher paarweise. Auf Grund des Verheftungssatzes ergibt sich eine Mannigfaltigkeit mit einer Metrik positiver Krümmung (die man selbstverständlich in Form einer konvexen Fläche realisieren kann). In dieser Mannigfaltigkeit wird zu jedem Punkt des Bogens AB nur jeweils ein Radius hinführen, und daher kann man für diesen Bogen wieder die Formel (9) anwenden. Formel (9) gilt folglich auch im allgemeinen Fall, wenn man unter ψ den Winkel des vom Bogen umspannten Sektors abzüglich der Winkel aller Zweiecke versteht und wenn $\omega(x)$ die Krümmung des Inneren des Sektors vom Radius x abzüglich der Krümmungen derjenigen Teile des Gebietes bedeutet, die in unseren Zweiecken liegen. Da bei Änderung des Radius r die auszuschneidenden Zweiecke sich ändern, so gilt Formel (11) für $\frac{dl}{dr}$ nicht. Die Länge des Bogens braucht auch keine konvexe Funktion des Radius zu sein, wie man an dem Beispiel eines Kreises auf einem Kegel sieht, dessen Mittelpunkt nicht in der Spitze des Kegels liegt[1]).

Zum Schluß erwähnen wir noch einen Satz: *Wenn eine Folge konvexer Flächen* $\boldsymbol{F}_n$ *gegen eine Fläche* $\boldsymbol{F}$ *konvergiert und wenn eine Folge von Kreisen* $\mathfrak{C}_n$ *auf den* $\boldsymbol{F}_n$ *gegen den Kreis* $\mathfrak{C}$ *auf* $\boldsymbol{F}$ *strebt, so konvergieren die Längen der Kreisumfänge der* $\mathfrak{C}_n$ *gegen die Länge von* $\mathfrak{C}$.

Wenn die $\mathfrak{C}_n$ und $\mathfrak{C}$ geschlossene konvexe Kurven sind, so folgt dieser Satz aus zwei Sätzen: 1. Die Schwenkung eines Kreises hat eine Variation, die nicht größer ist als 6π (die Variation der Schwenkung eines Kreises läßt sich leicht

---

[1]) Sei $\boldsymbol{F}$ ein doppelt bedecktes konvexes Polygon mit unendlich vielen Eckpunkten, die sich symmetrisch zum Punkt Q häufen. Auf einer solchen Fläche $\boldsymbol{F}$ ist die Länge der Peripherie eines Kreises mit dem Mittelpunkt in Q keine konvexe Funktion des Radius r, selbst bei beliebig kleinen r.

durch die Krümmung der Kreisfläche und den vollen Winkel um den Mittelpunkt abschätzen). 2. Sind die Variationen der Schwenkungen der Kurven $\mathfrak{L}_n$ in ihrer Gesamtheit beschränkt und konvergieren die Kurven $\mathfrak{L}_n$ gegen eine Kurve $\mathfrak{L}$, so ist die Länge von $\mathfrak{L}$ gleich dem Grenzwert der Längen der $\mathfrak{L}_n$ unter der notwendigen Voraussetzung, daß die Kurven $\mathfrak{L}_n$ auf konvexen Flächen liegen, die gegen diejenige Fläche streben, auf der $\mathfrak{L}$ liegt. Für den Fall, daß die Kreise $\mathfrak{C}$, $\mathfrak{C}_n$ keine Kurven im gewöhnlichen Sinne sind, ist uns weder ein Beweis noch eine Widerlegung des Satzes bekannt.

KAPITEL X

DER FLÄCHENINHALT

§ 1. Die innergeometrische Definition des Flächeninhalts

Sei $\boldsymbol{P}$ ein Polygon auf einer konvexen Fläche. Man kann es in beliebig kleine Dreiecke zerlegen. Daher existiert eine Folge von Zerlegungen Ξ_n in Dreiecke derart, daß für $n \to \infty$ der Durchmesser des größten Dreiecks der n-ten Zerlegung gegen Null strebt. Ordnen wir jedem Dreieck der n-ten Zerlegung das ebene Dreieck mit denselben Seitenlängen zu und bilden wir die Summe j_{Ξ_n} der Flächeninhalte der so erhaltenen ebenen Dreiecke, so zeigt sich, daß für $n \to \infty$ die Summen j_{Ξ_n} gegen einen bestimmten, von der Wahl der Zerlegungen Ξ_n unabhängigen Grenzwert j konvergieren, wenn nur die Zerlegungen unbeschränkt feiner werden. Diesen Grenzwert bezeichnen wir als den *Flächeninhalt* des Polygons $\boldsymbol{P}$.

Zur Rechtfertigung dieser Definition des Flächeninhalts müssen folgende drei Tatsachen bewiesen werden: 1. der Grenzwert der Summen j_{Ξ_n} existiert immer, d. h. jedes Polygon auf einer konvexen Fläche besitzt einen Flächeninhalt; 2. für jedes Polygon auf einer konvexen Fläche stimmt der Flächeninhalt im Sinne dieser Definition mit dem Flächeninhalt im Sinne der üblichen Definition durch Approximation mittels Polyeder überein; 3. der Flächeninhalt ist vollständig additiv, d. h. ist ein Polygon $\boldsymbol{P}$ in endlich oder sogar abzählbar unendlich viele Polygone zerlegt, so ist sein Flächeninhalt gleich der Summe der Flächeninhalte dieser Polygone. Nachdem das geschehen ist, kann man mit Hilfe der bekannten Methoden der Maßtheorie den Flächeninhalt jeder abgeschlossenen oder jeder offenen Menge und dann auch den Flächeninhalt jeder BORELschen Menge auf einer konvexen Fläche definieren. Die erste der drei oben formulierten Tatsachen wird in diesem Paragraphen nachgewiesen, die beiden anderen im nächsten. Wir werden hier sogar mehr als die bloße Existenz des Flächeninhaltes jedes Polygons zeigen. Wir werden nämlich folgendes beweisen: Ist ein Polygon $\boldsymbol{P}$ auf einer konvexen Fläche in Dreiecke mit Durchmessern höchstens gleich d zerlegt, so genügt die Differenz zwischen der Summe j_{Ξ} der Flächeninhalte der entsprechenden ebenen Dreiecke und dem Flächeninhalt j von $\boldsymbol{P}$ der Ungleichung

(1) $$0 \leqq j - j_{\Xi} \leqq \tfrac{1}{2}\,\omega(\boldsymbol{P}) \cdot d^2.$$

Dabei bedeutet $\omega(\boldsymbol{P})$ die Krümmung des Inneren von $\boldsymbol{P}$. Diese Ungleichung gibt eine sehr genaue Abschätzung für die Güte der Approximation des Grenzwerts j durch die j_{Ξ} in Abhängigkeit von dem größten Durchmesser d der Dreiecke der Zerlegung[1]).

Ohne Beschränkung der Allgemeinheit darf man annehmen, das gegebene Polygon $\boldsymbol{P}$ gehöre einer gewissen geschlossenen konvexen Fläche $\boldsymbol{F}$ an. Eine Zerlegung Ξ_n^0 von $\boldsymbol{P}$ kann zu einer Zerlegung Ξ_n der Gesamtfläche $\boldsymbol{F}$ in Dreiecke ergänzt werden. Ersetzen wir jedes Dreieck dieser Zerlegung Ξ_n durch das ebene Dreieck, so erhalten wir ein Netz $\mathfrak{t}_n$. Die durch dieses Netz definierte Metrik ist der Metrik von $\boldsymbol{F}$ um so stärker benachbart, je feiner die Zerlegung Ξ_n ist. Die Fläche $\boldsymbol{F}$ besitzt eine gewisse Metrik ϱ. Nach dem in Kap. VII bewiesenen Realisierungssatz kann man aus der Menge der aus den Netzen $\mathfrak{t}_n$ verhefteten Polyeder eine Folge auswählen, die gegen eine Fläche mit der gegebenen Metrik ϱ konvergiert, d. h. gegen eine Fläche, die $\boldsymbol{F}$ isometrisch ist. Unsere innere Definition des Flächeninhalts ist daher der gewöhnlichen Definition des Flächeninhaltes als Grenzwert der Flächeninhalte von Polyedern, die gegen die gegebene Fläche konvergieren, analog. Nur vollziehen wir die Approximation durch Polyeder nicht durch ein äußeres, sondern durch ein inneres Verfahren: die durch die $\mathfrak{t}_n$ vorgegebenen polyedrischen Metriken konvergieren gegen die Metrik der Fläche $\boldsymbol{F}$.

Um die Abschätzung (1) zu erhalten und um gleichzeitig damit den Nachweis der Existenz des Flächeninhaltes zu führen, beweisen wir zunächst zwei Hilfssätze.

Hilfssatz 1. *Sei* $\boldsymbol{T}$ *ein Dreieck auf einem konvexen Polyeder oder allgemeiner in einer Mannigfaltigkeit mit einer polyedrischen Metrik positiver Krümmung, seien* $\boldsymbol{T}_0$ *das ebene Dreieck mit denselben Seitenlängen,* d *der Durchmesser von* $\boldsymbol{T}$, ω *die Krümmung seines Inneren und* j *und* j_0 *die Flächeninhalte von* $\boldsymbol{T}$ *und* $\boldsymbol{T}_0$. *Dann gilt folgende Ungleichung*

$$0 \leqq j - j_0 \leqq \tfrac{1}{2}\,\omega d^2. \tag{2}$$

Beweis: Ist die Krümmung von $\boldsymbol{T}$ gleich Null, so ist $\boldsymbol{T}$ dem Dreieck $\boldsymbol{T}_0$ isometrisch, und die Ungleichung (2) ist trivial. Wir können daher annehmen, es sei $\omega > 0$.

Seien A, B, C die Eckpunkte von $\boldsymbol{T}$. Nehmen wir z. B. an, man könne A und B in $\boldsymbol{T}$ durch eine von der Seite AB verschiedene Kürzeste $\overline{AB}$ verbinden. Diese Kürzeste zerlegt $\boldsymbol{T}$ in ein Zweieck $\boldsymbol{D}$ und ein Dreieck $\boldsymbol{T}_1$, dessen Seitenlängen mit denen von $\boldsymbol{T}$ übereinstimmen. Die Krümmung des Inneren von $\boldsymbol{T}$ setzt sich zusammen aus den Krümmungen des Inneren von $\boldsymbol{T}$ und von $\boldsymbol{D}$:

$$\omega(\boldsymbol{T}) = \omega(\boldsymbol{T}_1) + \omega(\boldsymbol{D}). \tag{3}$$

[1]) Die Ungleichung (1) läßt sich nur in dem Sinn verschärfen, daß der Faktor $1/2$ durch einen etwas kleineren ersetzt werden kann.

Die Durchmesser von $\boldsymbol{D}$ und $\boldsymbol{T}_1$ sind offenbar nicht größer als der Durchmesser von $\boldsymbol{T}$.

Ist der Winkel bei der Ecke B des Zweiecks $\boldsymbol{D}$ größer als π, so können in $\boldsymbol{D}$ Punkte X vorhanden sein derart, daß eine Kürzeste AX durch B hindurchgeht. Dann geht aber eine Kürzeste BX sicherlich nicht durch A. Es ist also möglich, jeden Punkt X des Zweiecks mit einer seiner Ecken durch eine Kürzeste zu verbinden, die nicht durch die andere Ecke geht.

Vom Eckpunkt A von $\boldsymbol{D}$ aus ziehen wir Kürzeste AX zu allen Punkten X dieses Zweiecks, die so beschaffen sind, daß AX nicht durch den Eckpunkt B hindurchgeht. Wir wählen in der Ebene einen Punkt A_0 und ziehen von ihm Strecken A_0X_0, die entsprechend den Kürzesten AX gleich sind und miteinander dieselben Winkel wie diese Kürzesten bilden. Es entsteht in der Ebene eine Figur $\boldsymbol{D}_A$ mit einem Flächeninhalt j_A, der gleich dem Flächeninhalt desjenigen Teiles von $\boldsymbol{D}$ ist, der von allen betrachteten Punkten X gebildet wird. (Diese Konstruktion kann man sich auch folgendermaßen vorstellen: Vom Eckpunkt A aus ziehen wir in $\boldsymbol{D}$ alle Geodätischen bis zu der Länge, daß sie noch Kürzeste sind. In der Ebene ziehen wir gleich lange Strecken, die miteinander dieselben Winkel bilden. Zu gewissen Punkten X führen zwei Kürzeste; dies sind gerade die Endpunkte der betrachteten Geodätischen.

Ist α der Winkel des Zweiecks $\boldsymbol{D}$ bei dem Eckpunkt A, so ist die Figur $\boldsymbol{D}_A$ in einem Kreissektor mit einem Winkel α und einem Radius, der gleich dem Durchmesser von $\boldsymbol{D}$ ist, enthalten. Nun ist der Durchmesser von $\boldsymbol{D}$ nicht größer als der Durchmesser d des Dreiecks $\boldsymbol{T}$, und daher gilt

$$j(\boldsymbol{D}_A) < \tfrac{1}{2}\alpha d^2.$$

Wenn man vom Eckpunkt B ausgehend die entsprechende Figur $\boldsymbol{D}_B$ konstruiert, so erhält man für ihren Flächeninhalt $j(\boldsymbol{D}_B)$ die Ungleichung

$$j(\boldsymbol{D}_B) < \tfrac{1}{2}\beta d^2.$$

Jeder Punkt von $\boldsymbol{D}$ besitzt einen Bildpunkt in mindestens einer der Figuren $\boldsymbol{D}_A$ und $\boldsymbol{D}_B$ und daher erhält man für den Flächeninhalt dieses Zweiecks

$$j(\boldsymbol{D}) \leqq j(\boldsymbol{D}_A) + j(\boldsymbol{D}_B) < \tfrac{1}{2}(\alpha + \beta)\, d^2.$$

Die Winkelsumme eines Zweiecks ist aber gleich der Krümmung seines Inneren, und daher gilt

$$j(\boldsymbol{D}) < \tfrac{1}{2}\,\omega(\boldsymbol{D})\, d^2. \tag{4}$$

Nach Herausnahme von $\boldsymbol{D}$ aus unserem Dreieck $\boldsymbol{T}$ bleibt das Dreieck $\boldsymbol{T}_1$ übrig, für welches folgende Relationen gelten:

$$\begin{gathered} j(\boldsymbol{T}_1) = j(\boldsymbol{T}) - j(\boldsymbol{D}) > j(\boldsymbol{T}) - \tfrac{1}{2}\,\omega(\boldsymbol{D})\, d^2, \\ \omega(\boldsymbol{T}_1) = \omega(\boldsymbol{T}) - \omega(\boldsymbol{D}). \end{gathered} \tag{5}$$

Lassen sich auch im Innern von $\boldsymbol{T}_1$ Kürzeste ziehen, die seine Eckpunkte verbinden und von ihm somit neue Zweiecke abschneiden, so nehmen wir auch diese Zweiecke heraus. Wir gelangen schließlich zu einem Dreieck $\boldsymbol{T}_2$, in dem solche Kürzesten nicht mehr vorhanden sind. Ist ω' die Krümmung aller herausgenommenen Zweiecke, einschließlich des ersten Zweiecks $\boldsymbol{D}$, so erhalten wir nach Formel (5)

$$(6) \qquad j(\boldsymbol{T}) > j(\boldsymbol{T}_2) > j(\boldsymbol{T}) - \tfrac{1}{2}\,\omega'\,d^2, \quad \omega(\boldsymbol{T}_2) = \omega(\boldsymbol{T}) - \omega'.$$

Ist die Krümmung von $\boldsymbol{T}_2$ gleich Null, so ist dieses Dreieck einem ebenen Dreieck $\boldsymbol{T}_0$ isometrisch, dessen Seitenlängen denen des gegebenen Dreiecks $\boldsymbol{T}$ gleich sind. In diesem Falle ergeben die Formeln (6)

$$j(\boldsymbol{T}) > j(\boldsymbol{T}_0) > j(\boldsymbol{T}) - \tfrac{1}{2}\,\omega(\boldsymbol{T})\,d^2,$$

und dies ist die zu beweisende Ungleichung (2).

Es bleibt der Fall zu untersuchen, daß die Krümmung von $\boldsymbol{T}_2$ von Null verschieden ist. Selbstverständlich kann es vorkommen, daß es schon in dem Ausgangsdreieck $\boldsymbol{T}$ außer seinen Seiten keine Kürzesten gibt, die seine Eckpunkte verbinden. Dann spielt das Dreieck $\boldsymbol{T}$ selber die Rolle von $\boldsymbol{T}_2$.

Ist die Krümmung von $\boldsymbol{T}_2$ von Null verschieden, so gibt es in ihm „innere Eckpunkte", d. h. Punkte, bei denen der volle Winkel kleiner als 2π ist. Wir nehmen einen solchen Punkt Q und verbinden ihn durch eine Kürzeste AQ mit dem Eckpunkt A von $\boldsymbol{T}$. Wenn diese Kürzeste durch einen anderen Eckpunkt hindurchgeht, so kann man diesen Eckpunkt statt A nehmen. Man kann also immer annehmen, AQ verlaufe innerhalb des Dreiecks. Gibt es zwei Kürzeste AQ, so beranden sie ein Zweieck, in dessen Inneren andere innere Eckpunkte liegen müssen. An Stelle von Q können wir einen von ihnen nehmen. Man kann daher annehmen, AQ sei die einzige Kürzeste, die den inneren Eckpunkt Q mit dem „äußeren" Eckpunkt A verbindet.

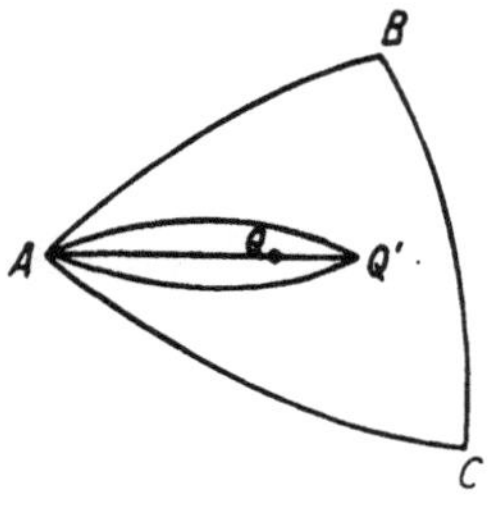

Abb. 88

Wir ziehen von Q aus eine Kürzeste QQ', die mit AQ auf beiden Seiten gleiche Winkel bildet. (Diese Winkel sind gleich der Hälfte des vollen Winkels um Q; s. Abb. 88, die „topologischen" Charakter hat.) Wenn der Punkt Q' hinreichend nahe bei Q liegt, so gibt es genau zwei Kürzeste AQ', die symmetrisch zu beiden Seiten von AQ verlaufen. Diese Kürzesten beranden ein gewisses Zweieck $\boldsymbol{D}$. Sei $\Delta\alpha$ der Winkel dieses Zweiecks beim Eckpunkt A. Das Zweieck $\boldsymbol{D}$ ist aus den zwei kongruenten Dreiecken AQQ' zusammengesetzt, und daher ist sein Flächeninhalt

$$j(\boldsymbol{D}) = AQ \cdot AQ' \cdot \sin\frac{\Delta\alpha}{2} < \tfrac{1}{2}\,\Delta\alpha \cdot d^2.$$

Schneidet man das Zweieck $\boldsymbol{D}$ aus und identifiziert die Kürzesten AQ', so geht $\boldsymbol{T}_2$ in ein neues Dreieck über, in dem an Stelle des Eckpunktes Q ein neuer

Eckpunkt Q' auftritt. Der Winkel beim Eckpunkt A wird um $\Delta\alpha$ kleiner, und folglich vermindert sich die Krümmung um

$$\Delta\omega = \Delta\alpha.$$

Der Flächeninhalt vermindert sich entsprechend um $\Delta j = j(\boldsymbol{D}) < \frac{1}{2}\,\Delta\alpha d^2$, und folglich ist der Verlust an Flächeninhalt

$$\Delta j < \tfrac{1}{2}\,\Delta\omega \cdot d^2. \tag{7}$$

Beim Ausschneiden des Zweiecks $\boldsymbol{D}$ und dem darauffolgenden Verheften der Kürzesten AQ' werden die Kurven, die diese Kürzesten schneiden, durch andere, im allgemeinen kürzere, ersetzt. Daher könnte es vorkommen, daß in $\boldsymbol{T}_2$ eine neue Kurve, z. B. $\overline{BC}$, auftaucht, die die Eckpunkte B und C verbindet und kürzer ist als die entsprechende Seite. Dies kann jedoch nicht vorkommen, wenn Q' hinreichend nahe bei Q liegt; andernfalls würde für $Q' \to Q$ der Limes dieser Kurven $\overline{BC}$ eine Kurve ergeben, die nicht größer ist als die Seite BC, was nach Definition von $\boldsymbol{T}_2$ unmöglich ist. Jedenfalls müssen wir darauf achten, daß keine Kurven $\overline{BC}$ auftauchen, die kürzer sind als die Seite BC. Wenn dagegen eine Kurve auftaucht, die gleich der Seite BC ist, so entsteht ein Zweieck, das wir ausschneiden, wie wir es beim Beginn des Beweises getan haben. Dabei wird der abzuziehende Flächeninhalt durch die Formel (6) abgeschätzt. Mit anderen Worten, der Verlust an Flächeninhalt und der Verlust an Krümmung sind durch die Ungleichungen (7) verknüpft.

Das Verfahren des Ausschneidens von Zweiecken kann man mit den verschiedenen inneren Eckpunkten Q wiederholen. Dabei wird die Anzahl der inneren Eckpunkte nicht größer, der Durchmesser des Dreiecks vergrößert sich ebenfalls nicht und der Verlust an Flächeninhalt Δj ist mit dem Verlust an Krümmung $\Delta\omega$ stets durch die Ungleichung (7) verknüpft. Wenn neue, von den Seiten verschiedene Kürzeste auftauchen, die die Eckpunkte verbinden, so schneiden wir die entsprechenden Zweiecke aus. Dabei wird die Anzahl der inneren Eckpunkte kleiner, während Δj und $\Delta\omega$ durch (7) verknüpft sind. In dieser Weise gelangen wir schließlich dahin, daß keine inneren Eckpunkte mehr vorhanden sind, d. h. wir kommen zu einem Dreieck mit der Krümmung Null, und dies ist gerade das Dreieck $\boldsymbol{T}_0$.

Der Gesamtverlust an Flächeninhalt ist $j(\boldsymbol{T}) - j(\boldsymbol{T}_0)$ und der Verlust an Krümmung $\omega(\boldsymbol{T})$. Da die Ungleichung (7) gilt, erhalten wir durch Summation

$$j(\boldsymbol{T}) - j(\boldsymbol{T}_0) < \tfrac{1}{2}\,\omega(\boldsymbol{T})\,d^2.$$

Eine Ausnahme bildet der Fall, daß $\boldsymbol{T}_0$ dem Dreieck $\boldsymbol{T}$ isometrisch ist: dann gilt $j(\boldsymbol{T}) = j(\boldsymbol{T}_0)$. Folglich gilt im allgemeinen Fall

$$0 \leqq j(\boldsymbol{T}) - j(\boldsymbol{T}_0) \leqq \tfrac{1}{2}\,\omega(\boldsymbol{T})\,d^2.$$

Dies ist die gesuchte Ungleichung.

Diese Schlußweise ist selbstverständlich nicht völlig streng. Man kann sie jedoch durch das gewöhnliche Verfahren völlig exakt machen. Wir haben nämlich bewiesen, daß man durch Ausschneiden von Zweiecken vom Ausgangsdreieck $\boldsymbol{T}$ zu einem Dreieck $\boldsymbol{T}'$ gelangen kann, derart daß

$$0 \leqq j(\boldsymbol{T}) - j(\boldsymbol{T}') \leqq \tfrac{1}{2}[\omega(\boldsymbol{T}) - \omega(\boldsymbol{T}')]\, d^2 \tag{8}$$

gilt. Dies ist gerade die Ungleichung (7). Wir betrachten alle Dreiecke $\boldsymbol{T}'$ mit Seiten derselben Länge, mit Durchmessern, die nicht größer sind als d, bei denen die Anzahl der inneren Eckpunkte nicht größer ist als in $\boldsymbol{T}$ und für die die Ungleichung (8) erfüllt ist. Sei $\boldsymbol{T}^0$ dasjenige unter diesen Dreiecken, dessen Krümmung den kleinsten Wert hat. Ein solches Dreieck existiert, da man infolge der Beschränktheit der Eckpunktanzahlen und der Durchmesser von $\boldsymbol{T}'$ aus jeder Folge eine konvergierende herausgreifen kann[1]). Dann gilt

$$0 \leqq j(\boldsymbol{T}) - j(\boldsymbol{T}^0) \leqq \tfrac{1}{2}[\omega(\boldsymbol{T}) - \omega(\boldsymbol{T}^0)]\, d^2. \tag{9}$$

Wäre nun $\omega(\boldsymbol{T}^0) \neq 0$, so folgte aus dem Vorhergehenden, daß man aus $\boldsymbol{T}^0$ ein Zweieck ausschneiden könnte, bei dem Δj und $\Delta\omega$ durch (7) verknüpft wären, derart daß das sich ergebende Dreieck $\boldsymbol{T}'$ denselben Forderungen genügte und auch der Ungleichung (8), da

$$\Delta j = j(\boldsymbol{T}^0) - j(\boldsymbol{T}') < \tfrac{1}{2}\Delta\omega d^2 = \tfrac{1}{2}[\omega(\boldsymbol{T}^0) - \omega(\boldsymbol{T}')]\, d^2$$

gilt. Für $\omega(\boldsymbol{T}^0) \neq 0$ könnte also die Krümmung von $\boldsymbol{T}^0$ verkleinert werden, entgegen der Definition von $\boldsymbol{T}^0$. Daher gilt $\omega(\boldsymbol{T}^0) = 0$, d. h. $\boldsymbol{T}^0 = \boldsymbol{T}'$, und (9) ist gerade die gesuchte Ungleichung

$$0 \leqq j(\boldsymbol{T}) - j(\boldsymbol{T}^0) \leqq \tfrac{1}{2}\omega(\boldsymbol{T})\, d^2.$$

Der Hilfssatz ist damit bewiesen.

Hilfssatz 2: *Seien $\boldsymbol{T}$ ein Dreieck auf einer konvexen Fläche, d sein Durchmesser, $\omega(\boldsymbol{T})$ die Krümmung seines Inneren und j_0 der Flächeninhalt des ebenen Dreiecks $\boldsymbol{T}^0$ mit denselben Seitenlängen. Dann gibt es zu jedem $\varepsilon > 0$ eine Zerlegung Ξ von $\boldsymbol{T}$ in „kleine" Dreiecke $\boldsymbol{T}_i$, so daß die Summe j_Ξ der Flächeninhalte der ebenen Dreiecke $\boldsymbol{T}_i^0$ mit denselben Seitenlängen der Ungleichung*

$$-\varepsilon < j_\Xi - j_0 < \tfrac{1}{2}\omega(\boldsymbol{T})\, d^2 + \varepsilon \tag{10}$$

genügt.

Beweis: Betrachten wir irgendeine Zerlegung Ξ von $\boldsymbol{T}$ in kleine Dreiecke $\boldsymbol{T}_i$. Ersetzt man jedes $\boldsymbol{T}_i$ durch das ebene Dreieck $\boldsymbol{T}_i^\circ$, so erhält man ein gewisses Netz. Es ist zweckmäßig sich vorzustellen, daß dieses Netz verheftet ist, so daß sich ein gewisses „polyedrisches" Polygon $\boldsymbol{Q}$ ergibt, das das Dreieck $\boldsymbol{T}$ ersetzt. Nimmt man an, das Dreieck $\boldsymbol{T}$ liege auf einer gewissen geschlossenen konvexen Fläche $\mathbf{C}$, und ergänzt man seine Zerlegung zu einer Zerlegung Ξ der ganzen Fläche, so

[1]) Da die Anzahl der inneren Eckpunkte eine gegebene Zahl nicht übertrifft, läßt sich das Dreieck $\boldsymbol{T}'$ in Dreiecke zerlegen, die zu ebenen Dreiecken isometrisch sind, und zwar so, daß ihre Anzahl auch nicht größer ist als die gegebene. Andererseits sind die Seitenlängen dieser Dreiecke nicht größer als d. Folglich wird $\boldsymbol{T}'$ durch eine endliche Anzahl von Parametern vorgegeben, die in einem abgeschlossenen Intervall variieren. Die Menge dieser Dreiecke ist also tatsächlich kompakt.

entspricht nach obiger Bemerkung der Zerlegung Ξ ein gewisses Netz und ein aus ihm verheftetes Polyeder. Das Polygon $\boldsymbol{Q}$ ist daher ein Polygon auf diesem Polyeder. Es genügt jedoch, das Polygon $\boldsymbol{Q}$ an sich zu betrachten, und zwar vom Standpunkt seiner inneren Metrik. Ob es im Raume realisiert ist oder nicht, hat keine weitere Bedeutung. Wichtig ist nur, daß sich bei genügend feiner Zerlegung Ξ die Metrik von $\boldsymbol{Q}$ der Metrik von $\boldsymbol{T}$ beliebig nähern wird.

Das polyedrische Polygon $\boldsymbol{Q}$ hat drei Arten von Eckpunkten: 1. die Eckpunkte A, B, C, die den Eckpunkten des Dreiecks $\boldsymbol{T}$ entsprechen; 2. Eckpunkte „zweiter Art", die den Eckpunkten des Netzes entsprechen, welche auf den Seiten von $\boldsymbol{T}$ liegen, 3. „innere" Eckpunkte, die den Eckpunkten des Netzes entsprechen, welche im Inneren von $\boldsymbol{T}$ liegen.

Seien α, β, γ die Winkel bei den Eckpunkten A, B, C und $\delta_1, \ldots, \delta_m$ die Winkel bei den Eckpunkten zweiter Art. Die Krümmung $\omega(\boldsymbol{Q})$ des Inneren von $\boldsymbol{Q}$ wird durch die Formel

$$\omega(\boldsymbol{Q}) = 2\pi - \sum_{k=1}^{m} (\pi - \delta_k) - [(\pi - \alpha) + (\pi - \beta) + (\pi - \gamma)]$$

ausgedrückt oder, was dasselbe ist, durch

$$\omega(\boldsymbol{Q}) = (\alpha + \beta + \gamma - \pi) - \sum_{k=1}^{m} (\pi - \delta_k). \tag{11}$$

Da beim Ersetzen der Dreiecke $\boldsymbol{T}_i$ unserer Zerlegung durch ebene Dreiecke die Winkel nicht größer werden, so sind die Winkel α, β, γ nicht größer als die entsprechenden Winkel des Ausgangsdreiecks, und somit ist

$$\alpha + \beta + \gamma - \pi \leqq \omega(\boldsymbol{T}). \tag{12}$$

Hierbei ist $\omega(\boldsymbol{T})$ die Krümmung des Inneren von $\boldsymbol{T}$.

Die Summe der Winkel der Dreiecke $\boldsymbol{T}_i$ bei einem Eckpunkt, der auf einer Seite von $\boldsymbol{T}$ liegt, ist gleich π. Da beim Übergang zum ebenen Dreieck die Winkel nicht größer werden, können die Winkel bei den Eckpunkten zweiter Art π nicht übertreffen:

$$\delta_k \leqq \pi \qquad (k = 1, \ldots, m). \tag{13}$$

Wegen der Ungleichungen (12) und (13) ergibt Gleichung (11)

$$\omega(\boldsymbol{Q}) \leqq \omega(\boldsymbol{T}), \tag{14}$$

d. h. die Krümmung des Polygons $\boldsymbol{Q}$ ist nicht größer als die von $\boldsymbol{T}$.

Ziehen wir in $\boldsymbol{Q}$ relativ kürzeste Kurven $\overline{AB}$, $\overline{AC}$, $\overline{BC}$, die die Eckpunkte A, B, C verbinden, so zerlegen wir das Polygon in das Dreieck $\overline{\boldsymbol{T}} = ABC$ und drei Polygone $\boldsymbol{Q}_{AB}$, $\boldsymbol{Q}_{AC}$, $\boldsymbol{Q}_{BC}$ (Abb. 89). Diese Kurven $\overline{AB}$, $\overline{AC}$, $\overline{BC}$ gehen nicht durch Eckpunkte zweiter Art, da die Winkel an diesen Eckpunkten kleiner als π sind. Es könnte vorkommen, daß z. B. $\overline{AB}$ durch den Eckpunkt C geht, wenn der Winkel $\gamma \geqq \pi$ ist. In diesem Falle gilt $\overline{AB} = \overline{AC} + \overline{CB}$. Wäre das für beliebig feine Zerlegungen in Dreiecke $\boldsymbol{T}_i$ der Fall, so ergäbe sich im Grenzwert $AB = AC + CB$, d. h. die Summe der zwei Seiten AC und CB von $\boldsymbol{T}$ wäre gleich der dritten Seite AB, und der Winkel bei C wäre gleich π. Der Winkel γ im Polygon $\boldsymbol{Q}$ ist aber stets nicht größer als dieser Winkel und müßte daher gleich π sein. Unter diesen Umständen kann die Kurve $\overline{AB}$ nur unter der Bedingung durch den Eckpunkt C verlaufen, daß sie in ihrer ganzen Ausdehnung längs der Berandung von $\boldsymbol{Q}$ läuft, d. h. wenn die Abschnitte $\widehat{AC}$ und $\widehat{CB}$ seiner Berandung eine Kürzeste bilden. Dann artet das Dreieck ABC in eine Strecke aus, und es bleibt nur eines der Polygone $\boldsymbol{Q}_{AB}$, $\boldsymbol{Q}_{AC}$, $\boldsymbol{Q}_{BC}$, das mit $\boldsymbol{Q}$ selbst zusammenfällt. Man kann daher ohne Beschränkung der Allgemeinheit annehmen, daß das Dreieck ABC und die Polygone $\boldsymbol{Q}_{AB}$, $\boldsymbol{Q}_{AC}$, $\boldsymbol{Q}_{BC}$ existieren, wenn auch einige der letzteren in eine Linie ausarten können.

Jedes der Polygone $\boldsymbol{Q}_{AB}$, $\boldsymbol{Q}_{AC}$, $\boldsymbol{Q}_{BC}$ zerlegen wir durch Diagonalen in Dreiecke $\overline{\boldsymbol{T}}^k$, wobei diese Diagonalen von den Eckpunkten A, B, C ausgehen. (Dies ist möglich, da die Winkel bei den Eckpunkten zweiter Art höchstens π sind.) $\boldsymbol{Q}$ wird somit als Summe von Dreiecken dargestellt

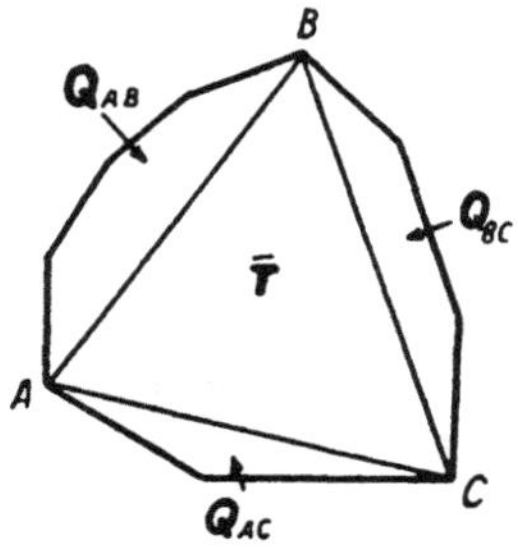

Abb. 89

$$\boldsymbol{Q} = \overline{\boldsymbol{T}} + \sum_{k=1}^{n} \overline{\boldsymbol{T}}^k. \qquad (\overline{\boldsymbol{T}} = ABC)$$

Sind $\overline{\boldsymbol{T}}_0$, $\overline{\boldsymbol{T}}_0^k$ die ebenen Dreiecke mit denselben Seitenlängen, so gilt nach Hilfssatz 1

$$0 \leqq j(\overline{\boldsymbol{T}}^k) - j(\overline{\boldsymbol{T}}_0^k) \leqq \tfrac{1}{2}\,\omega(\overline{\boldsymbol{T}}^k)\, d^2,$$

wo d der Durchmesser von $\boldsymbol{Q}$ ist. Dieser ist selbstverständlich nicht kleiner als die Durchmesser der Dreiecke $\overline{\boldsymbol{T}}^k$. Da die Krümmung von $\boldsymbol{Q}$ gleich der Summe der Krümmungen der $\overline{\boldsymbol{T}}^k$ ist, so erhalten wir durch Addition aller dieser Ungleichungen

$$(15) \qquad 0 \leqq j(\boldsymbol{Q}) - j(\overline{\boldsymbol{T}}_0) - \sum_{k=1}^{n} j(\overline{\boldsymbol{T}}_0^k) \leqq \tfrac{1}{2}\,\omega(\boldsymbol{Q}) \cdot d^2.$$

Betrachten wir die ebenen Dreiecke $\overline{\boldsymbol{T}}_0^k$, die den Dreiecken $\overline{\boldsymbol{T}}^k$ entsprechen, welche z. B. dem Polygon $\boldsymbol{Q}_{AB}$ angehören. Legen wir sie so aneinander, wie die Dreiecke $\overline{\boldsymbol{T}}^k$ aneinanderliegen, so erhalten wir ein Polygon $\boldsymbol{Q}_{AB}^0$, das berandet wird durch den Abschnitt $\overline{A_0B_0}$, der gleich $\overline{AB}$ ist, und durch den Streckenzug A_0B_0, dessen Länge gleich dem Abschnitt AB der Berandung von $\boldsymbol{Q}$ ist, d. h. gleich der Seite AB des Ausgangsdreieckes $\boldsymbol{T}$. Bei feiner werdender Zerlegung Ξ konvergiert die Metrik von $\boldsymbol{Q}$ gegen die von $\boldsymbol{T}$, und daher wird bei genügend feiner Zerlegung die Differenz $A_0B_0 - \overline{A_0B_0}$ beliebig klein. Mit ihr zusammen wird auch der Flächeninhalt von $\boldsymbol{Q}_{AB}^0$ beliebig klein. Wir sehen also, daß bei genügend feiner Zerlegung die Summe der Flächeninhalte aller Dreiecke $\overline{\boldsymbol{T}}_0^k$

($k > 0$) kleiner wird als $\frac{\varepsilon}{2}$, wo ε eine gegebene positive Zahl ist. Dann folgt aber aus (15)

$$0 \leqq j(\boldsymbol{Q}) - j(\overline{\boldsymbol{T}}_0) \leqq \tfrac{1}{2}\,\omega(\boldsymbol{Q})\,d^2 + \frac{\varepsilon}{2}. \tag{16}$$

Die Seiten des Dreiecks $\overline{\boldsymbol{T}}_0$ sind $\overline{AB}$, $\overline{BC}$, $\overline{CA}$. Bei genügend feiner Zerlegung Ξ unterscheiden sie sich beliebig wenig von den Seiten AB, BC, CA des Dreiecks $\boldsymbol{T}$. Es läßt sich also eine so feine Zerlegung finden, daß die Differenz der Flächeninhalte der ebenen Dreiecke $\overline{\boldsymbol{T}}_0$ und $\boldsymbol{T}_0$ dem Betrage nach kleiner als $\frac{\varepsilon}{2}$ ist. Setzt man nun in (16) $j(\boldsymbol{T}_0)$ an Stelle von $j(\overline{\boldsymbol{T}}_0)$, so erhält man

$$-\varepsilon \leqq j(\boldsymbol{Q}) - j(\boldsymbol{T}_0) \leqq \tfrac{1}{2}\,\omega(\boldsymbol{Q})\,d^2 + \varepsilon,$$

und da nach (14) $\omega(\boldsymbol{Q}) \leqq \omega(\boldsymbol{T})$ ist, so gilt schließlich

$$-\varepsilon \leqq j(\boldsymbol{Q}) - j(\boldsymbol{T}_0) \leqq \tfrac{1}{2}\,\omega(\boldsymbol{T})\,d^2 + \varepsilon,$$

was zu beweisen war.

Jetzt können wir leicht unsere Hauptaussage beweisen:

Satz: *Jedes Polygon auf einer konvexen Fläche besitzt einen Flächeninhalt. Sei j der Flächeninhalt des Polygons $\boldsymbol{P}$ und ω die Krümmung seines Inneren. Zerlegt man $\boldsymbol{P}$ in Dreiecke mit Durchmessern $\leqq d$, so genügt die Summe j_Ξ der Flächeninhalte der ebenen Dreiecke mit denselben Seitenlängen der Ungleichung*

$$0 \leqq j - j_\Xi \leqq \tfrac{1}{2}\,\omega\,d^2.$$

Beweis: Seien Ξ_1 und Ξ_2 zwei gegebene Zerlegungen des Polygons $\boldsymbol{P}$ in Dreiecke, deren Durchmesser nicht größer sind als d_1 bzw. d_2. Seien j_{Ξ_1} und j_{Ξ_2} die Summen der Flächeninhalte der ebenen Dreiecke, die den Dreiecken der Zerlegungen entsprechen. Wir zeigen, daß

$$-\tfrac{1}{2}\,\omega\,d_1^2 \leqq j_{\Xi_1} - j_{\Xi_2} \leqq \tfrac{1}{2}\,\omega\,d_2^2$$

gilt.

Zum Beweis betrachten wir beide Zerlegungen Ξ_1 und Ξ_2 gleichzeitig. Jedes Dreieck der einen Zerlegung hat als Durchschnitt mit Dreiecken der anderen eine endliche Anzahl von Polygonen. Jedes dieser Polygone kann man in Dreiecke zerlegen, und folglich gibt es beliebig feine Zerlegungen Ξ von $\boldsymbol{P}$, die gleichzeitig Verfeinerungen von Ξ_1 und Ξ_2 sind.

Seien n_1 die Anzahl der Dreiecke der Zerlegung Ξ_1 und ε eine gegebene positive Zahl. Wir betrachten irgendein Dreieck $\boldsymbol{T}$ von Ξ_1; bei der Zerlegung Ξ ist es in kleine Dreiecke $\boldsymbol{T}_i'$ unterteilt. Ersetzen wir jedes dieser Dreiecke durch ein ebenes, so erhalten wir ein „polyedrisches" Polygon $\boldsymbol{Q}$. Nach Hilfssatz 2 läßt sich Ξ so fein wählen, daß

$$-\frac{\varepsilon}{n_1} \leqq j(\boldsymbol{Q}) - j(\boldsymbol{T}_0) \leqq \tfrac{1}{2}\,\omega(\boldsymbol{T})\,d_1^2 + \frac{\varepsilon}{n_1}$$

gilt. Hierbei ist $j(\boldsymbol{T}_0)$ der Flächeninhalt des ebenen Dreiecks mit denselben Seitenlängen wie $\boldsymbol{T}$. Wir addieren nun alle diese Ungleichungen für alle Dreiecke $\boldsymbol{T}$ von Ξ_1. Die Summen der Flächeninhalte $j(\boldsymbol{Q})$ und $j(\boldsymbol{T}_0)$ ergeben dann die Summen j_Ξ und j_{Ξ_1} der Flächeninhalte der ebenen Dreiecke, die den Zerlegungen Ξ und Ξ_1 entsprechen, und die Summe der Krümmungen $\omega(\boldsymbol{T})$ ergibt einen Wert, der nicht größer ist als die Krümmung von $\boldsymbol{P}$. Folglich erhalten wir:

$$(17) \qquad -\varepsilon \leqq j_\Xi - j_{\Xi_1} \leqq \tfrac{1}{2}\,\omega\, d_1^2 + \varepsilon.$$

Wenn aber die Zerlegung Ξ hinreichend fein ist, so erhalten wir in derselben Weise

$$(18) \qquad -\varepsilon \leqq j_\Xi - j_{\Xi_2} \leqq \tfrac{1}{2}\,\omega\, d_2^2 + \varepsilon.$$

Subtrahieren wir (17) von (18) und beachten, daß ε beliebig klein sein kann, so erhalten wir

$$(19) \qquad -\tfrac{1}{2}\,\omega\, d_1^2 \leqq j_{\Xi_1} - j_{\Xi_2} \leqq \tfrac{1}{2}\,\omega\, d_2^2.$$

Ist jetzt Ξ_n eine Folge von Zerlegungen von $\boldsymbol{P}$ in Dreiecke mit Durchmessern $\leqq d_n$, so gilt

$$-\tfrac{1}{2}\,\omega\, d_m^2 \leqq j_{\Xi_m} - j_{\Xi_n} \leqq \omega\, d_n.$$

Streben also für $n \to \infty$ die d_n gegen Null, so bilden die Zahlen j_{Ξ_n} eine konvergente Folge. Dies bedeutet aber, daß der Flächeninhalt existiert. Nimmt man andererseits in der Ungleichung (19) die Zerlegung Ξ_1 immer feiner und feiner, d. h. $d_1 \to 0$, so konvergieren die Flächeninhalte j_{Ξ_1}, wie soeben bewiesen, gegen den Flächeninhalt j von $\boldsymbol{P}$. Daher ergibt die Ungleichung (19) im Grenzwert $d_1 \to 0$

$$(20) \qquad 0 \leqq j - j_\Xi \leqq \tfrac{1}{2}\,\omega\, d^2,$$

wobei wir den Index 2 bei Ξ und d weggelassen haben. Damit ist der Satz bewiesen. Es ist wohl kaum nötig hinzuzufügen, daß alle unsere Überlegungen rein innergeometrischen Charakter haben. Dasselbe Resultat gilt daher in jeder Mannigfaltigkeit mit einer Metrik positiver Krümmung.

Ist insbesondere das Polygon $\boldsymbol{P}$ ein Dreieck $\boldsymbol{T}$ und besteht die Zerlegung Ξ aus diesem einzigen Dreieck, so zeigt Formel (20), daß der Flächeninhalt von $\boldsymbol{T}$ nicht kleiner ist als der Flächeninhalt des ebenen Dreiecks mit denselben Seitenlängen.

Jetzt ist leicht zu zeigen, daß *bei einer Zerlegung eines Polygons* $\boldsymbol{P}$ *in Polygone* $\boldsymbol{P}_1, \ldots, \boldsymbol{P}_k$ *der Flächeninhalt von* $\boldsymbol{P}$ *gleich der Summe der Flächeninhalte der* $\boldsymbol{P}_i$ *ist.* Zum Beweis genügt es, solche Zerlegungen von $\boldsymbol{P}$ in Dreiecke zu betrachten, die gleichzeitig Zerlegungen von $\boldsymbol{P}_1, \ldots, \boldsymbol{P}_k$ sind.

Jetzt kann man den Flächeninhalt einer Figur, die aus endlich vielen Polygonen ohne gemeinsame innere Punkte besteht, als die Summe der Flächeninhalte dieser Polygone definieren. Für Punktmengen eines allgemeineren Typus läßt sich der Flächeninhalt wie folgt definieren: Als Flächeninhalt einer offenen

Menge G wird die obere Grenze der Flächeninhalte aller derjenigen Mengen genommen, die sich aus endlich vielen Polygonen zusammensetzen und in G enthalten sind. Als Flächeninhalt einer abgeschlossenen Menge M nimmt man die untere Grenze der Flächeninhalte der Mengen, die M enthalten und gleichfalls aus endlich vielen Polygonen zusammengesetzt sind. Schließlich kann man für jede Menge M ein äußeres und ein inneres Maß definieren: das erste als die untere Grenze der Flächeninhalte der offenen, M enthaltenden Mengen, und das zweite als die obere Grenze der Flächeninhalte der abgeschlossenen in M enthaltenen Mengen. Mengen, für die beide Maße zusammenfallen, sind als meßbar zu bezeichnen, und der gemeinsame Wert des inneren und des äußeren Maßes wird als Flächeninhalt oder als Maß einer solchen Menge bezeichnet. Alle BORELschen Mengen erweisen sich als meßbar, und man kann beweisen, daß der so definierte Flächeninhalt (oder das Maß) vollständig additiv ist. Der Beweis dieser Aussagen wäre eine Wiederholung der bekannten Schlüsse aus der Theorie des LEBESGUEschen Maßes.

Auf diesem Wege würden wir eine innergeometrische Maßtheorie auf konvexen Flächen erhalten. Tatsächlich erweist er sich jedoch als ziemlich lang, und wir werden daher in anderer Weise verfahren. Wir werden nämlich im nächsten Paragraphen einen Ausdruck für den Flächeninhalt in Form eines gewöhnlichen Doppelintegrals ableiten. Die benötigten Eigenschaften des Flächeninhaltes (Maßes) werden sich dann als einfache Folgerungen bekannter Eigenschaften von Integralen herausstellen. Dieser Weg ist zwar nicht innergeometrisch, führt aber schneller zum Ziel, ganz abgesehen davon, daß der Ausdruck für den Flächeninhalt in Form eines Integrals auch an sich von Interesse ist.

§ 2. Die Bedeutung des Flächeninhaltes in der äußeren Geometrie

Satz 1: *Die konvexen Flächen F_n mögen gegen eine konvexe Fläche F und die Polygone P_n auf F_n gegen ein Polygon P auf F konvergieren, wobei die Anzahl der Seiten der P_n eine gewisse vorgegebene Zahl nicht übertrifft. Dann konvergieren die Flächeninhalte der P_n gegen den Flächeninhalt von P.*

Beweis: Wir betrachten Zerlegungen Ξ_n der Polygone P_n in Dreiecke mit Durchmessern, die kleiner als ein gegebenes d sind. Da die Krümmungen von P_n die Zahl 4π nicht übertreffen können, gilt nach dem Satz des vorigen Paragraphen

$$|\jmath(P_n) - \jmath_{\Xi_n}| \leqq 2\pi d^2. \tag{1}$$

Die Anzahl der Seiten der P_n ist beschränkt. Man kann daher die Zerlegungen Ξ_n so wählen, daß die Anzahl der in ihnen enthaltenen Dreiecke kleiner als eine gewisse, wenn auch vielleicht sehr große Zahl ist. Daher läßt sich aus der Folge von Polygonen P_n eine Teilfolge P_{n_i} auswählen derart, daß alle Dreiecke der Zerlegungen Ξ_{n_i} konvergieren und somit in der Grenze eine gewisse Zerlegung Ξ von P in Dreiecke ergeben, deren Durchmesser ebenfalls nicht größer als d sind. Für diese Zerlegung Ξ ergibt der Satz des vorigen Paragraphen

$$(2) \qquad |j(P) - j_{\Xi}| \leqq 2\pi d^2.$$

Wenn aber die Dreiecke der Zerlegung Ξ_{n_i} gegen die Dreiecke von Ξ konvergieren, so konvergieren auch ihre Seiten, und folglich konvergieren auch die Flächeninhalte der ihnen entsprechenden ebenen Dreiecke. Für die Summe der Flächeninhalte dieser Dreiecke erhalten wir:

$$j_{\Xi} = \lim_{i\to\infty} j_{\Xi_{n_i}}.$$

Aus den Ungleichungen (1) und (2) folgt daher

$$\overline{\lim_{i\to\infty}}\, j(P_{n_i}) - 2\pi d^2 \leqq j(P) \leqq \underline{\lim_{i\to\infty}}\, j(P_{n_i}) + 2\pi d^2.$$

Da man aber d beliebig klein wählen kann, so existiert $\lim\limits_{i\to\infty} j(P_{n_i})$ und ist gleich $j(P)$. Jede Folge P_{n_i}, die man aus Polygonen P_n bildet, enthält eine Teilfolge, in der die Flächeninhalte gegen den Flächeninhalt von P konvergieren. Hieraus folgt, daß die Flächeninhalte der P_n gegen den Flächeninhalt von P streben, was zu beweisen war.

Versteht man in Satz 1 unter den Flächen F_n Polyeder, so reduziert sich dieser Satz auf den folgenden:

Satz 2: *Der Flächeninhalt eines Polygons P auf einer konvexen Fläche F ist gleich dem Grenzwert der Flächeninhalte von gegen P konvergierenden Polygonen P_n, die auf konvexen Polyedern gelegen sind, welche gegen F streben, unter der Bedingung, daß die Seitenzahl der P_n beschränkt ist.* (Wir werden übrigens gleich zeigen, daß diese letzte Bedingung überflüssig ist.)

Dieser Satz zeigt, daß unsere innere Definition des Flächeninhalts gleichwertig ist mit seiner äußeren Definition als Grenzwert der Flächeninhalte von Polyedern, die gegen die gegebene Fläche konvergieren: das Polygon P selbst kann man als die Fläche ansehen und die Polygone P_n als die gegen P konvergierenden Polyeder.

Um hieraus einen Ausdruck für den Flächeninhalt in der Form eines Doppelintegrals zu erhalten, benötigen wir folgenden Satz:

Satz 3: *Die Projektion der Menge derjenigen Punkte einer konvexen Fläche, in denen diese keine Tangentialebenen besitzt, auf eine Ebene ist eine Menge vom ebenen Maß Null*[1]).

Beweis: Es genügt, den Satz für solche Flächen zu beweisen, die keine Stützebenen haben, die senkrecht zur Projektionsebene E sind. Jede volle konvexe Fläche läßt sich nämlich in drei Teile F_1, F_2, F_3 aufspalten, wobei F_3 aus solchen

---

[1]) Dieser Satz wurde erstmalig im Jahre 1921 von REIDEMEISTER bewiesen. K. REIDEMEISTER, „Über die singulären Randpunkte eines konvexen Körpers", Math. Ann. Bd. 83 (1921), S. 116 bis 118.

Punkten besteht, in denen es zu $\boldsymbol{E}$ senkrechte Stützebenen gibt. $\boldsymbol{F}_1$ und $\boldsymbol{F}_2$ haben keine solchen Stützebenen und werden eineindeutig auf $\boldsymbol{E}$ projiziert. Die Projektion von $\boldsymbol{F}_3$ auf $\boldsymbol{E}$ ist eine konvexe Kurve, die die Projektion der vollen Fläche $\boldsymbol{F}$ berandet und folglich das Maß Null hat.

Die konvexe Fläche $\boldsymbol{F}$ habe keine Stützebenen, die zu der gegebenen Ebene $\boldsymbol{E}$ senkrecht stehen. Diese Ebene wählen wir als x, y-Ebene in einem rechtwinkligen Koordinatensystem x, y, z; die Fläche wird dann durch die Gleichung

$$z = z(x, y).$$

dargestellt.

Wenn in einem gegebenen Punkt (x, y) die Funktion $z(x, y)$ beide partielle Ableitungen z_x, z_y besitzt, so besitzt $\boldsymbol{F}$ in dem entsprechenden Punkt X zwei Tangenten. Der Tangentialkegel im Punkt X enthält diese Tangenten, und da er konvex ist, so ist er eine Ebene. Folglich besitzt die Fläche $\boldsymbol{F}$ in X dann und nur dann eine Tangentialebene, wenn beide partielle Ableitungen z_x, z_y der Funktion $z(x, y)$ existieren.

Da die partiellen Ableitungen z_x, z_y Grenzwerte der stetigen Funktionen $\dfrac{z(x+h, y) - z(x, y)}{h}$ und $\dfrac{z(x, y+h) - z(x, y)}{h}$ sind, so sind die Mengen $\boldsymbol{M}_x$ und $\boldsymbol{M}_y$ der Punkte (x, y), in denen sie nicht existieren, meßbare Mengen[1]).

Schneiden wir $\boldsymbol{F}$ mit der Ebene $y = c$, so entsteht in der Schnittebene eine konvexe Kurve $z = z(x, c)$. Die Menge derjenigen Punkte, in denen diese keine Tangenten besitzt (d. h. in denen die Ableitung $z_x(x, c)$ nicht existiert), ist höchstens abzählbar[2]). Jede Gerade $y = c$ schneidet daher die Menge $\boldsymbol{M}_x$ in einer höchstens abzählbaren Menge von Punkten. Da nun die Menge $\boldsymbol{M}_x$ meßbar ist, so folgt hieraus bekanntlich, daß sie das Maß Null hat. In derselben Weise sieht man, daß $\boldsymbol{M}_y$ das Maß Null hat. Die Menge derjenigen Punkte, in denen mindestens eine der Ableitungen z_x, z_y nicht existiert, ist die Menge $\boldsymbol{M}_x \cup \boldsymbol{M}_y$,

---

1) Siehe z. B. П. С. Александров и А. Н. Колмогоров, Введение в теорию функций действительного переменного, гл. 8, § 1. (P. S. ALEXANDROW und A. N. KOLMOGOROW, „Einführung in die Theorie der Funktionen einer reellen Veränderlichen".)
Setzen wir der Kürze halber

$$\frac{1}{h}\left(z(x+h, y) - z(x, y)\right) = z_h(x, y).$$

Sei $\boldsymbol{M}_{nm}$ die Menge derjenigen Punkte (x, y), die folgende Bedingung erfüllen:

$$\text{Ist } |h| \leqq \frac{1}{m} \text{ und } |k| \leqq \frac{1}{m}, \text{ so ist}$$

$$|z_h(x, y) - z_k(x, y)| < \frac{1}{n}.$$

Man überzeugt sich leicht davon, daß die Menge $\boldsymbol{M}_{nm}$ abgeschlossen ist. Die Menge $\boldsymbol{M} = \bigcap_n \bigcup_m \boldsymbol{M}_{nm}$ ist die Menge derjenigen Punkte, in denen die Ableitung z_x existiert. Diese Menge ist meßbar, denn sie ist eine Menge vom Typus $\boldsymbol{F}_{\sigma\delta}$.

2) Eine Tangente an eine konvexe Kurve dreht sich monoton, und ihre volle Schwenkung ist nicht größer als 2π. Folglich ist die Anzahl der Sprungstellen der Tangente höchstens abzählbar.

und auch diese hat das Maß Null. Wir haben aber gezeigt, daß diese Menge gerade die Projektion der Menge derjenigen Punkte von $\boldsymbol{F}$ ist, in denen keine Tangentialebenen existieren. Der Satz ist somit bewiesen.

Satz 4: *Eine konvexe Fläche* $\boldsymbol{F}$ *möge in rechtwinkligen Koordinaten durch die Gleichung* $z = z(x, y)$ *darstellbar sein und keine Stützebenen besitzen, die der z-Achse parallel sind. Der Flächeninhalt jedes Polygons* $\boldsymbol{P}$ *auf* $\boldsymbol{F}$ *drückt sich dann durch das Integral*

$$j(\boldsymbol{P}) = \iint_{\boldsymbol{P}'} \sqrt{1 + z_x^2 + z_y^2}\, dx\, dy \tag{3}$$

aus, erstreckt über die Projektion $\boldsymbol{P}'$ *dieses Polygons auf die Ebene* $z = 0$.

Beweis: Wir konstruieren eine Folge konvexer Polyeder $\boldsymbol{F}_n$, die gegen $\boldsymbol{F}$ konvergieren, und nehmen auf diesen Polyedern Polygone $\boldsymbol{P}_n$, die gegen $\boldsymbol{P}$ streben.

Sei $\varphi(x, y)$ der Winkel, der von einer Stützebene an $\boldsymbol{F}$ im Punkt $\big(x, y, z(x, y)\big)$ mit der Ebene $z = 0$ gebildet wird, und $\varphi_n(x, y)$ der entsprechende Winkel für das Polyeder $\boldsymbol{F}_n$. Die Funktionen $\varphi(x, y)$ und $\varphi_n(x, y)$ sind im allgemeinen nicht eindeutig, da auf $\boldsymbol{F}$ und $\boldsymbol{F}_n$ Punkte vorhanden sein können, durch die mehr als eine Stützebene geht. Nach Satz 3 besitzt aber die Menge der Punkte, in denen diese Funktionen nicht eindeutig sind, das Maß Null, und man kann sie daher vernachlässigen, wenn die Funktionen $\varphi(x, y)$, $\varphi_n(x, y)$ unter dem Integralzeichen stehen.

Der Limes von Stützebenen an $\boldsymbol{F}_n$ ist eine Stützebene an $\boldsymbol{F}$ (Hilfssatz 2 aus § 2 von Kap. V). Es gilt daher $\lim\limits_{n\to\infty} \varphi_n(x, y) = \varphi(x, y)$ in allen Punkten (x, y), in denen $\varphi(x, y)$ eindeutig ist, d. h. fast überall. Da $\boldsymbol{F}$ keine vertikalen Stützebenen hat, so kann sich $\varphi_n(x, y)$ auf keiner abgeschlossenen Menge, die in der Projektion von $\boldsymbol{F}$ enthalten ist, dem Wert $\frac{\pi}{2}$ nähern.

Für den Flächeninhalt des Polygons $\boldsymbol{P}_n$ auf einem Polyeder haben wir die naheliegende Formel:

$$j(\boldsymbol{P}_n) = \iint_{\boldsymbol{P}_n'} \frac{dx\, dy}{\cos \varphi_n(x, y)}, \tag{4}$$

wo $\boldsymbol{P}_n'$ die Projektion von $\boldsymbol{P}_n$ auf die Ebene $z = 0$ ist. Wenn die $\boldsymbol{P}_n$ gegen $\boldsymbol{P}$ konvergieren, so streben ihre Projektionen $\boldsymbol{P}_n'$ gegen seine Projektion $\boldsymbol{P}'$. Erstreckt man daher das Integral (4) über den Bereich $\boldsymbol{P}'$, so strebt der Fehler bei wachsendem n gegen Null[1]).

[1]) Selbstverständlich kann der Fall eintreten, daß die Projektion eines $\boldsymbol{P}_n$ den Bereich $\boldsymbol{P}'$ nicht überdeckt und die Funktion $\varphi_n(x, y)$ dann nicht auf ganz $\boldsymbol{P}'$ definiert ist. Für große n ist dies aber ausgeschlossen.

Andererseits gilt fast überall $\lim_{n\to\infty} \varphi_n(x, y) = \varphi(x, y)$, und da sich $\varphi_n(x, y)$ in P' nirgends dem Wert $\frac{\pi}{2}$ nähert, ist die Funktion $\frac{1}{\cos\varphi}$ beschränkt. Auf Grund des bekannten Satzes über den Grenzübergang unter dem Integralzeichen gilt daher

$$\lim_{n\to\infty} j(P_n) = \lim_{n\to\infty} \iint_{P'_n} \frac{dx\,dy}{\cos\varphi_n} = \iint_{P'} \frac{dx\,dy}{\cos\varphi}. \tag{5}$$

Nach Satz 1 ist der Grenzwert der Flächeninhalte der P_n der Flächeninhalt von P. Folglich ist

$$j(P) = \iint_{P'} \frac{dx\,dy}{\cos\varphi(x, y)}.$$

Dies ist aber gerade die Formel (3); denn es gilt

$$\cos\varphi(x, y) = \frac{1}{\sqrt{1 + z_x^2 + z_y^2}}\,[1].$$

Sei jetzt M eine solche Menge auf F, deren Projektion M' auf die Ebene $z = 0$ meßbar ist, und M enthalte keine Punkte, in denen die Stützebenen mit der z-Achse beliebig kleine Winkel bilden, so daß $\sqrt{1 + z_x^2 + z_y^2}$ auf M' beschränkt ist. Dann läßt sich der Flächeninhalt von M durch die Formel

$$j(M) = \iint_{M'} \sqrt{1 + z_x^2 + z_y^2}\,dx\,dy \tag{6}$$

definieren. Diese Definition fällt, wie man zeigen kann, mit der am Schluß des vorigen Paragraphen gegebenen zusammen. Es liegt hier jedoch eine Unbequemlichkeit vor, die darin besteht, daß Formel (6) nur dann Sinn hat, wenn die Menge M keine Punkte enthält, in denen die Stützebenen mit der z-Achse beliebig kleine Winkel bilden; die Formel ist noch weniger anwendbar, wenn man Flächen betrachtet, die sich nicht umkehrbar eindeutig auf die Ebene $z = 0$ projizieren. Es ist daher manchmal zweckmäßiger, den Flächeninhalt nicht in rechtwinkligen, sondern in sphärischen Koordinaten darzustellen. Sei F eine geschlossene konvexe Fläche, die nicht in einen ebenen Bereich ausartet. Im Innern des von ihr berandeten Körpers wählen wir einen Punkt Q und fassen diesen als Ursprung eines sphärischen Koordinatensystems r, ϑ, ψ auf. Jedem Punkt auf F entspricht ein Punkt (ϑ, ψ) auf der Einheitssphäre E um Q, und F läßt sich durch die Gleichung $r = r(\vartheta, \psi)$ darstellen. Es läßt sich folgender zu Satz 3 analoger Satz beweisen:

---

[1]) Die Darstellung des Flächeninhaltes durch die Formel (3) ist schon seit langem bekannt, und zwar nicht nur für konvexe, sondern für eine viel größere Klasse von Flächen. Siehe z. B. H. Lebesgue, „Integrale, longeur, aire". Annali di Mat. (3), t. VII (1902), S. 315.

Satz 3*: *Die Menge der Punkte auf der Sphäre* **E**, *die denjenigen Punkten von* **F** *entsprechen, in denen keine Tangentialebene vorhanden ist, ist eine Menge vom Maß Null.*

Sei ferner $\varphi(\vartheta, \psi)$ der Winkel zwischen der Normalen zu einer Stützebene der Fläche **F** im Punkte $(\vartheta, \psi, r(\vartheta, \psi))$ und dem Strahl vom Koordinatenursprung Q zu diesem Punkt. Ist **F** ein Polyeder, so gilt für den Flächeninhalt von **P** die naheliegende Formel

$$j(\boldsymbol{P}) = \iint\limits_{\boldsymbol{P}'} \frac{r^2}{\cos\varphi}\, d\sigma,$$

wo $d\sigma = \sin\vartheta\, d\vartheta\, d\psi$ das Flächenelement auf **E** ist und **P′** die Projektion von **P** auf **E** bedeutet. Diese Formel läßt sich auf beliebige konvexe Flächen in derselben Weise übertragen, wie dies für die Formel (4) weiter oben gezeigt wurde. So erhalten wir den zu Satz 4 analogen Satz:

Satz 4*: *Wird eine konvexe Fläche in sphärischen Koordinaten durch die Gleichung* $r = r(\vartheta, \psi)$ *dargestellt, so läßt sich der Flächeninhalt eines Polygons* **P** *auf dieser Fläche durch die Formel*

$$j(\boldsymbol{P}) = \iint\limits_{\boldsymbol{P}'} \frac{r(\vartheta, \psi)^2}{\cos\varphi(\vartheta, \psi)}\, d\sigma \tag{7}$$

ausdrücken. Dabei ist $d\sigma = \sin\vartheta d\vartheta d\psi$, *und dort, wo* $\varphi(\vartheta, \psi)$ *eindeutig bestimmt ist (d. h. fast überall), ist* $\varphi(\vartheta, \psi)$ *der Winkel zwischen der Normalen und dem Radius.*

Jeder Menge **M** auf **F** entspricht auf **E** ihre Zentralprojektion **M′**. Ist **M′** meßbar, so existiert das Integral

$$\iint\limits_{\boldsymbol{M}'} \frac{r^2}{\cos\varphi}\, d\sigma \tag{8}$$

und wir können den Flächeninhalt $j(\boldsymbol{M})$ von **M** dadurch definieren. Diese Definition fällt mit der am Ende des vorigen Paragraphen gegebenen zusammen. In der Tat: ist **M** eine offene Menge, so läßt sie sich als Vereinigungsmenge einer Folge von „Elementarmengen" $\boldsymbol{M}_1 \subset \boldsymbol{M}_2 \subset \ldots$ darstellen (Elementarmengen sind solche Mengen, die aus endlich vielen Polygonen zusammengesetzt sind.) In diesem Falle strebt das Maß von $\boldsymbol{M}' - \boldsymbol{M}'_n$ gegen Null, und daher gilt

$$\iint\limits_{\boldsymbol{M}'} \frac{r^2}{\cos\varphi}\, d\sigma = \lim_{n\to\infty} \iint\limits_{\boldsymbol{M}'_n} \frac{r^2}{\cos\varphi}\, d\sigma.$$

Folglich ist

$$j(\boldsymbol{M}) = \lim_{n\to\infty} j(\boldsymbol{M}_n);$$

d. h. der Flächeninhalt einer offenen Menge ist die obere Grenze der Flächeninhalte der in ihr enthaltenen „Elementarmengen".

Ist **M** abgeschlossen, so läßt sie sich als Durchschnitt einer abnehmenden Folge von Elementarmengen $\boldsymbol{M}_1 \supset \boldsymbol{M}_2 \supset \ldots$ darstellen. Ganz analog erhalten wir daher $j(\boldsymbol{M}) = \lim_{n\to\infty} j(\boldsymbol{M}_n)$. Der Flächeninhalt einer abgeschlossenen Menge ist daher die untere Grenze der Flächeninhalte der diese Menge enthaltenden Elementarmengen.

Sei jetzt $\boldsymbol{M}$ eine beliebige Menge auf der Fläche $\boldsymbol{F}$ mit meßbarer Projektion $\boldsymbol{M}'$. Bekanntlich existiert für jede meßbare Menge $\boldsymbol{M}'$ eine Folge von offenen Mengen $\boldsymbol{M}_n'$, die sie enthalten, derart daß das Maß von $\boldsymbol{M}'$ gleich dem Grenzwert der Maße der $\boldsymbol{M}_n'$ ist. In diesem Falle gilt

$$\iint_{\boldsymbol{M}'} \frac{r^2}{\cos\varphi}\, d\sigma = \lim_{n\to\infty} \iint_{\boldsymbol{M}_n'} \frac{r^2}{\cos\varphi}\, d\sigma. \tag{9}$$

Nun ist aber die offene Menge $\boldsymbol{M}_n'$ auf $\boldsymbol{E}$ die Projektion einer gewissen offenen Menge auf $\boldsymbol{F}$. Aus Formel (9) folgt daher, daß der Flächeninhalt von $\boldsymbol{M}$ die untere Grenze der Flächeninhalte von offenen Mengen ist, die $\boldsymbol{M}$ enthalten. In analoger Weise beweist man, daß der Flächeninhalt von $\boldsymbol{M}$ die obere Grenze der Flächeninhalte von abgeschlossenen Mengen ist, die in ihr enthalten sind.

Ist $\boldsymbol{M} = \sum_{i=1}^{\infty} \boldsymbol{M}_i$, wobei die Mengen $\boldsymbol{M}_i$ paarweise punktfremd sind, und besitzen diese Mengen einen bestimmten Flächeninhalt (d. h. existieren die entsprechenden Integrale (8)), so gilt

$$\iint_{\boldsymbol{M}'} \frac{r^2}{\cos\varphi}\, d\sigma = \sum_{i=1}^{\infty} \iint_{\boldsymbol{M}'_i} \frac{r^2}{\cos\varphi}\, d\sigma,$$

d. h.

$$j(\boldsymbol{M}) = \sum_{i=1}^{\infty} j(\boldsymbol{M}_i).$$

Dies bedeutet, daß der Flächeninhalt vollständig additiv ist.

Die Projektion einer abgeschlossenen (offenen) Menge von $\boldsymbol{F}$ auf $\boldsymbol{E}$ ist eine abgeschlossene (offene) Menge auf $\boldsymbol{F}$; die Projektion der Vereinigungsmenge (des Durchschnitts) von Mengen ist die Vereinigungsmenge (der Durchschnitt) ihrer Projektionen auf $\boldsymbol{E}$. Daraus folgt, daß die Projektion einer Borelschen Menge auf $\boldsymbol{F}$ eine Borelsche Menge auf $\boldsymbol{E}$ ist. Ist daher $\boldsymbol{M}$ eine Borelsche Menge so existiert das Integral (8), und die Menge selbst besitzt einen Flächeninhalt

Somit sind alle am Schluß des vorigen Paragraphen formulierten Aussagen bewiesen. Die erhaltenen Resultate lassen sich in Form des folgenden Satzes zusammenfassen:

Satz 5: *Die Maßtheorie auf der Sphäre kann auf jede beliebige (nicht ausgeartete) geschlossene konvexe Fläche übertragen werden. Diese Übertragung geschieht durch Zentralprojektion der Fläche auf die Sphäre.*

Auf Flächen, die in einen doppelt bedeckten ebenen Bereich ausgeartet sind, läßt sich die Maßtheorie in naheliegender Weise aufbauen.

§ 3. *Extremaleigenschaften von Pyramiden und Kegeln*

In diesem Paragraphen beschäftigen wir uns mit Problemen folgenden Typs: unter allen kreishomöomorphen Flächen, deren Randkurven bestimmte Eigenschaften besitzen, diejenige Fläche aufzufinden, die den größten Flächeninhalt hat. Wir werden z. B. beweisen, daß unter allen solchen Flächen mit gegebenem Umfang, d. h. mit vorgeschriebener Länge der berandenden Kurve, und mit vorgegebener Krümmung $\omega < 2\pi$, die Mantelfläche eines geraden Kreiskegels den größten Flächeninhalt hat. Ist die Krümmung $\omega = 0$, so geht dieses Resultat in den bekannten Satz über, daß unter allen ebenen Bereichen mit gegebenem Umfang der Kreis den größten Flächeninhalt hat. Die Krümmung einer konvexen Fläche, die von einer geschlossenen Kurve berandet wird, ist mit der Schwenkung τ dieser Kurve durch die in § 2 von Kap. IX abgeleitete Formel $\omega = 2\pi - \tau$ verknüpft. Die Vorgabe der Krümmung der Fläche ist also gleichwertig mit der Vorgabe der Schwenkung der Randkurve, und die Bedingung $\omega < 2\pi$ ist der Forderung äquivalent, daß τ positiv ist. Die Forderung, daß die Krümmung kleiner als 2π sein soll, ist notwendig; andernfalls würde das mögliche Maximum des Flächeninhalts unendlich. Strebt z. B. die Krümmung eines Kegels mit gegebenem Grundflächenumfang gegen 2π, so wachsen die Höhe und somit der Flächeninhalt dieses Kegels unbeschränkt.

Unsere Überlegungen werden innergeometrischen Charakter haben. Um nicht unnötig auf den Realisierungssatz zurückgreifen zu müssen, *verstehen wir unter einer kreishomöomorphen konvexen Fläche einen Bereich, der aus einer Mannigfaltigkeit mit einer Metrik positiver Krümmung ausgeschnitten ist.* Entsprechend *verstehen wir unter einem konvexen Polyeder ein kreishomöomorphes Polygon, das aus einer Mannigfaltigkeit mit polyedrischer Metrik positiver Krümmung ausgeschnitten ist. Unter Seiten und Winkeln des Polyeders verstehen wir Seiten und Winkel dieses Polygons.*

Die zu untersuchenden „Polyeder" haben zweierlei Eckpunkte: „äußere", die auf der Berandung liegen, und „innere". Vom Standpunkt der inneren Metrik sind die äußeren Eckpunkte die Eckpunkte des entsprechenden Polygons, und die inneren Eckpunkte sind die Punkte, um welche der volle Winkel kleiner als 2π ist.

Satz 1: *Unter allen konvexen Polyedern mit gegebenen Seiten und gegebenen Winkeln, die kleiner als π sind, besitzt dasjenige den größten Flächeninhalt, das nur einen einzigen inneren Eckpunkt enthält. Es ist der Mantelfläche einer Pyramide isometrisch.*

Beweis: Sei $\boldsymbol{P}$ ein Polyeder mit gegebenen Seiten und Winkeln, die kleiner als π sind. Nehmen wir an, es enthalte im Innern mindestens zwei Eckpunkte A und B mit den Krümmungen ω_A und ω_B. Wir ziehen auf $\boldsymbol{P}$ eine kürzeste Kurve AB. Da alle Winkel von $\boldsymbol{P}$ kleiner als π sind, ist diese Kurve eine im Innern von $\boldsymbol{P}$ verlaufende Geodätische.

Wir wählen zwei kongruente ebene Dreiecke $A_1B_1C_1$ und $A_2B_2C_2$ mit den Grundlinien $A_1B_1 = A_2B_2 = AB$ und den Winkeln $\sphericalangle A_1 = \sphericalangle A_2 = \frac{\omega_A}{2}$, $\sphericalangle B_1 = \sphericalangle B_2 = \frac{\omega_B}{2}$. Solche Dreiecke existieren, da die Krümmung von $\boldsymbol{P}$ kleiner als 2π ist und daher $\frac{1}{2}\omega_A + \frac{1}{2}\omega_B < \pi$ gilt. Nun schneiden wir $\boldsymbol{P}$ längs der Linie AB auf und verheften an die beiden Seiten des Schnittes unsere Dreiecke, und zwar so, daß ihre Ecken A_1 und A_2 mit dem Eckpunkt A und die Ecken B_1 und B_2 mit dem Eckpunkt B zusammenfallen. Dann identifizieren wir die Seite A_1C_1 mit A_2C_2 und die Seite B_1C_1 mit B_2C_2. Damit ist der Schnitt „zugeklebt". In den Punkten A und B kommen je zwei Winkel hinzu, die gleich $\frac{\omega_A}{2}$ und $\frac{\omega_B}{2}$ sind. Das bedeutet, daß gerade solche Winkel hinzukommen, um die sich die vollen Winkel um A und B von 2π unterscheiden. Also sind die Punkte A und B keine Eckpunkte mehr, und statt ihrer tritt nur ein Eckpunkt C auf. Dabei haben sich weder die Seiten noch die Winkel von $\boldsymbol{P}$ geändert, der Flächeninhalt aber ist gewachsen.

Besitzt $\boldsymbol{P}$ noch weitere innere Eckpunkte, so kann man darauf dasselbe Verfahren anwenden, bis man schließlich zu einem Polyeder $\boldsymbol{P}_0$ kommt, das nur einen einzigen inneren Eckpunkt hat. Dieses Polyeder hat dieselben Seiten und Winkel wie das Ausgangspolyeder $\boldsymbol{P}$, sein Flächeninhalt ist aber größer. Zeigen wir nun, daß bis auf Isometrie nur ein einziges konvexes Polyeder mit gegebenen Seiten und Winkeln und einem einzigen inneren Eckpunkt existiert, so ist damit bewiesen, daß das so erhaltene Polyeder gerade dasjenige mit dem größten Flächeninhalt ist.

Sei $\boldsymbol{P}_1$ ein anderes Polyeder mit einem einzigen inneren Eckpunkt und mit denselben Seiten und Winkeln wie $\boldsymbol{P}_0$. Da die Winkel dieser Polyeder einander gleich sind, so sind es auch ihre Krümmungen. Dies bedeutet aber, daß die vollen Winkel um den inneren Eckpunkt einander gleich sind.

Wir wählen auf den Berandungen von $\boldsymbol{P}_0$ und $\boldsymbol{P}_1$ entsprechende Eckpunkte A_0 und A_1, verbinden sie durch Kürzeste Q_0A_0 und Q_1A_1 mit den inneren Eckpunkten Q_0 und Q_1 dieser Polyeder, schneiden die Polyeder längs dieser Kürzesten auf und wickeln sie auf die Ebene ab. Es entstehen zwei Polygone $\boldsymbol{P}_0'$ und $\boldsymbol{P}_1'$ (Abb. 90). $\boldsymbol{P}_0'$ besitzt die folgenden Eckpunkte: Q_0', der Q_0 entspricht, A_0' und A_0'', die A_0 entsprechen und weitere Eckpunkte, die den anderen äußeren Eckpunkten von $\boldsymbol{P}_0$ entsprechen. Der Kürzestenzug $\mathfrak{L}_0$, der $\boldsymbol{P}_0$ berandet, geht in einen Streckenzug $\mathfrak{L}_0'$ über, der zusammen mit den Strecken $Q_0'A_0' = Q_0'A_0'' = Q_0A_0$ das Polygon $\boldsymbol{P}_0'$ berandet. Analoge Struktur hat auch das Polygon $\boldsymbol{P}_1'$. Die Streckenzüge $\mathfrak{L}_0'$ und $\mathfrak{L}_1'$ haben gleiche Seiten und Winkel, und daher gilt $A_0'A_0'' = A_1'A_1''$. Außerdem sind die Winkel an den Ecken Q_0' und Q_1' unserer Polygone einander gleich, da sie gleich den vollen Winkeln um die inneren Eckpunkte von $\boldsymbol{P}_0$ und $\boldsymbol{P}_1$ sind. Die gleichschenkligen Dreiecke $Q_0'A_0'A_0''$ und $Q_1'A_1'A_0''$ haben somit gleiche Basen und gleiche Winkel an der Spitze. Daraus folgt, daß auch ihre Schenkel und ihre Basiswinkel einander gleich sind. Hieraus ergibt sich, daß in den Polygonen $\boldsymbol{P}_0'$ und $\boldsymbol{P}_1'$ alle entsprechenden Seiten und Winkel einander gleich sind, so daß die Polygone selbst kongruent sind; dies bedeutet aber, daß die Polyeder $\boldsymbol{P}_0$ und $\boldsymbol{P}_1$ isometrisch sind.

Das Polyeder $\boldsymbol{P}_0$ ist also eindeutig bestimmt und stellt das Polyeder mit dem größten Flächeninhalt dar. Da alle seine Winkel kleiner als π sind, so folgt aus dem im § 4 von Kap. IX Bewiesenen, daß es einer „Kalotte" isometrisch ist, d. h. im vorliegenden Falle einem Polyeder mit ebenem Rand. Dieses Polyeder ist offensichtlich die Mantelfläche einer Pyramide.

Dieses Resultat kann verallgemeinert werden:

Satz 2: *Wir betrachten konvexe Flächen, die von Kurven mit folgenden Eigenschaften berandet werden: 1. die Längen dieser Kurven sind einander gleich, 2. die Schwenkungen der Bögen dieser Kurven sind stets nichtnegativ und die vollen Schwenkungen der Kurven selbst sind positiv, 3. je zwei der Kurven lassen eine längentreue Abbildung aufeinander zu, bei der entsprechende Bögen gleiche Schwenkungen haben. Unter all diesen Flächen besitzt den größten Flächeninhalt ein Kegel, der der Mantelfläche eines konvexen Kegelkörpers isometrisch ist.*

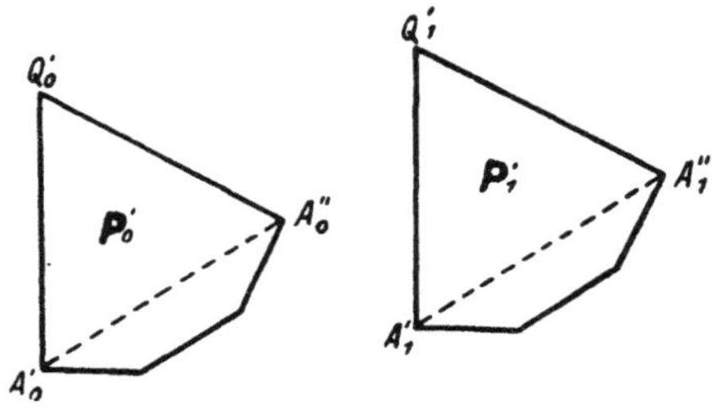

Abb. 90

Die Schwenkung eines Streckenzuges ist die Summe der Komplementärwinkel seiner Winkel zu π. Daher entspricht die Voraussetzung von Satz 1, daß die Winkel des Polyeders kleiner als π sein sollen, der Voraussetzung 2) des vorliegenden Satzes, und die Voraussetzung, daß die Winkel gleich sein sollen, der Voraussetzung 3).

In § 4 von Kap. IX war darauf hingewiesen worden, daß eine Fläche, die von einer Kurve berandet wird, bei der jeder Bogen eine nichtnegative Schwenkung hat, „in sich konvex" ist. Dies bedeutet, daß je zwei ihrer Punkte durch eine Kürzeste verbunden werden können, die nicht über die Berandung der Fläche verläuft, wenn keiner der beiden Punkte auf der Berandung gelegen ist. Diese Aussage blieb jedoch ohne Beweis. In Satz 2 könnte man daher direkt verlangen, daß die betrachteten Flächen in sich konvex sind. Wir deuten den Beweis von Satz 2 an, gerade unter dieser Voraussetzung.

Sei $\boldsymbol{F}$ eine Fläche vom betrachteten Typus und $\mathfrak{L}$ ihre Randkurve. Wir schreiben in $\mathfrak{L}$ einen geschlossenen Kürzestenzug $\mathfrak{L}'$ ein und zerlegen das von diesem Kürzestenzug berandete Polygon in kleine Dreiecke. Jedes dieser Dreiecke ersetzen wir durch das ebene Dreieck mit denselben Seitenlängen. Es ergibt sich ein durch sein Netz vorgegebenes Polyeder $\boldsymbol{P}$. Dieses genügt den Voraussetzungen von Satz 1, und daher ist sein Flächeninhalt $j(\boldsymbol{P})$ nicht größer als der Flächeninhalt $j(\boldsymbol{P}_0)$ des entsprechenden Polyeders $\boldsymbol{P}_0$ mit einem einzigen inneren Eckpunkt. Nimmt man den Kürzestenzug $\mathfrak{L}'$ immer näher und näher der Kurve $\mathfrak{L}$

und läßt die Zerlegungen in Dreiecke immer feiner und feiner werden, so strebt der Flächeninhalt von $\boldsymbol{P}$ gegen den Flächeninhalt unserer Fläche $\boldsymbol{F}$:

$$j(\boldsymbol{F}) = \lim j(\boldsymbol{P}). \tag{1}$$

Gleichzeitig damit konvergieren die Polyeder $\boldsymbol{P}_0$ gegen einen gewissen Kegel $\boldsymbol{F}_0$, dessen Randkurve dieselbe Länge hat und deren Bögen dieselben Schwenkungen besitzen wie die Randkurve $\mathfrak{L}$ von $\boldsymbol{F}$ und die entsprechenden Bögen. (Die Tatsache, daß es bis auf Isometrie nur einen einzigen solchen Kegel gibt, wird wörtlich so bewiesen wie die entsprechende Aussage in Satz 1.)

Es gilt daher $j(\boldsymbol{P}_0) = \lim j(\boldsymbol{F}_0)$, und wegen $j(\boldsymbol{P}_0) \geqq j(\boldsymbol{P})$ folgt aus (1) $j(\boldsymbol{F}_0) \geqq j(\boldsymbol{F})$. Dies bedeutet, daß der Kegel $\boldsymbol{F}_0$ tatsächlich den größten Flächeninhalt hat.

Nun zeigen wir, daß keine andere Fläche des betrachteten Typus denselben Flächeninhalt haben kann. Sei $\boldsymbol{F}_1$ irgendeine solche Fläche. Wäre sie kein Kegel, so ließen sich auf ihr zwei konvexe punktfremde Polygone $\boldsymbol{Q}_1$ und $\boldsymbol{Q}_2$ finden, die positive Krümmung haben. Wie soeben bewiesen, entspricht jedem der Polygone $\boldsymbol{Q}_1$, $\boldsymbol{Q}_2$ ein Kegel, d. h. in unserem Falle die Mantelfläche einer Pyramide mit denselben Seiten und Winkeln, aber einem größeren Flächeninhalt. Auf Grund des Verheftungssatzes könnte man $\boldsymbol{Q}_1$ und $\boldsymbol{Q}_2$ ausschneiden und an ihre Stelle die entsprechenden Kegel ankleben. Dann würden wir einen Schnitt längs einer Kürzesten führen, die die Spitzen der Kegel verbindet, und diesen Schnitt durch zwei kongruente Dreiecke zukleben, wie dies im Beweis des Satzes 1 geschah. Der Flächeninhalt würde sich dann vergrößern. Damit ist bewiesen, daß nur der Kegel den größten Flächeninhalt haben kann, und dieser ist, wie gezeigt, eindeutig bestimmt.

Für unsere Überlegungen war die Tatsache wesentlich, daß die Schwenkung jedes Bogens der Berandungskurve nichtnegativ ist; ohne diese Voraussetzung ist die Existenz von Kürzesten, die innere Eckpunkte verbinden und keine gemeinsamen Punkte mit dem Flächenrand haben, nicht garantiert. Es entsteht die Frage, welches Ergebnis man erhält, wenn man diese Voraussetzung fallen läßt, d. h. das Maximum des Flächeninhalts einer Fläche sucht, bei der die Schwenkungen der Bögen der Berandungskurve vorgeschrieben, aber nicht notwendig nichtnegativ sind. Selbstverständlich muß die Schwenkung der ganzen Kurve positiv sein; sonst wäre die Krümmung der Fläche mindestens 2π, und dann wäre, wie gezeigt wurde, die Existenz eines Maximums nicht gewährleistet. Ist die Krümmung kleiner als 2π, so existiert das Maximum sicherlich. Die Existenz einer Fläche aber, die dieses Maximum realisiert, ist durchaus nicht offensichtlich. Es wäre interessant, diese Frage wenigstens für Polyeder zu untersuchen.

Jetzt wenden wir uns der folgenden Aufgabe zu: Unter allen konvexen Flächen mit gegebenem Rand-Umfang und gegebener Krümmung $\omega < 2\pi$ diejenige zu finden, die den größten Flächeninhalt hat. Die Schwenkungen der Bögen der Berandungskurve sind jetzt keiner Bedingung unterworfen. Wie zuvor lösen wir die Aufgabe zuerst für Polyeder. Wir wollen konvexe Polyeder betrachten, die den folgenden Bedingungen genügen: 1. Die Anzahl aller Eckpunkte jedes von ihnen ist nicht größer als ein gegebenes n, 2. ihre Umfänge übertreffen ein gegebenes l nicht, 3. ihre Krümmungen sind nicht größer als ein gegebenes $\omega < 2\pi$. Die Winkel der Polyeder sind stets kleiner als 2π. Wir wollen aber zu den zu untersuchenden Polyedern noch solche hinzunehmen, die auch Winkel gleich 2π besitzen; d. h. wir lassen zu, daß gewisse benachbarte Seiten zusammenfallen können. Das Hinzunehmen dieser Grenzfälle schließt die Menge der zu betrachtenden Polyeder ab und vereinfacht daher den Beweis der Existenz eines Polyeders mit größtem Flächeninhalt. Im vorliegenden Fall kann die Existenz eines solchen Polyeders nicht so unmittelbar wie im Satz 1 bewiesen werden; sie läßt sich jedoch aus folgendem Hilfssatz erschließen:

Hilfssatz 1: *Der Durchmesser eines konvexen Polyeders mit einem Umfang l und einer Krümmung ω ist nicht größer als* $\frac{2l}{2\pi-\omega}+\frac{l}{2}$.

Beweis: Sei $\boldsymbol{P}$ ein konvexes Polyeder mit der Krümmung ω und dem Umfang l und Q ein innerer Punkt von $\boldsymbol{P}$, der kein innerer Eckpunkt ist. Von Q aus ziehen wir Kürzeste zu allen Punkten der Berandung von $\boldsymbol{P}$. Da man die Berandung von $\boldsymbol{P}$ zum Polyeder rechnet, existieren solche Kürzesten, können aber mit der Berandung von $\boldsymbol{P}$ Punkte gemeinsam haben. Jede solche Kürzeste ist ein geodätischer Streckenzug mit Eckpunkten in äußeren Eckpunkten von $\boldsymbol{P}$, bei denen Winkel größer als π liegen. (Satz 6 aus § 2 von Kap. II.) Da Geodätische nicht durch Eckpunkte einer polyedrischen Metrik hindurchgehen können, sind alle inneren Eckpunkte in Bereichen $\boldsymbol{D}_i$ enthalten, von denen jeder durch zwei zu einem Punkt des Randes führende Kürzeste berandet wird. Schneidet man diese Bereiche $\boldsymbol{D}_i$ aus und identifiziert jeweils die Paare der berandenden Kürzesten, so erhält man ein neues Polyeder $\boldsymbol{P}_1$ mit dem einzigen inneren Eckpunkt Q. Bei dieser Operation wird der volle Winkel um Q um die Summe der ausgeschnittenen Winkel α_i vermindert. Jeder ausgeschnittene Winkel α_i gehört einem der Bereiche $\boldsymbol{D}_i$ an. Die Krümmung von $\boldsymbol{D}_i$ wird durch die folgende Formel gegeben:

$$\omega(\boldsymbol{D}_i) = \alpha_i + \beta_i + \sum_{p=1}^{k-2} \gamma_i^{(p)} - k\pi. \tag{1}$$

Hierbei ist α_i der Winkel bei Q, β_i der Winkel beim Eckpunkt auf der Berandung und $\gamma_i^{(p)}$ sind die Winkel bei den anderen Eckpunkten von $\boldsymbol{D}_i$, die vorhanden sein können, wenn die $\boldsymbol{D}_i$ berandenden Kürzesten durch äußere Eckpunkte von $\boldsymbol{P}$ hindurchgehen. Schließlich bedeutet k die Anzahl aller Winkel von $\boldsymbol{D}_i$. Da alle Winkel $\gamma_i^{(p)} \geqq \pi$ sind, folgt aus (1) die Ungleichung $\omega(\boldsymbol{D}_i) > \alpha_i$.

Die Bereiche $\boldsymbol{D}_i$ enthalten alle inneren Eckpunkte von $\boldsymbol{P}$, und daher ist die Summe ihrer Krümmungen gleich der Krümmung ω. Folglich ist

$$\omega(\boldsymbol{P}) = \sum_i \omega(\boldsymbol{D}_i) > \sum_i \alpha_i. \tag{2}$$

Nun ist aber der volle Winkel φ um Q in $\boldsymbol{P}$

$$\varphi = 2\pi - \sum_i \alpha_i. \tag{3}$$

Folglich genügt er der Ungleichung

$$\varphi > 2\pi - \omega(\boldsymbol{P}). \tag{4}$$

$\boldsymbol{P}_1$ enthält nur einen Eckpunkt Q. Schneidet man es längs einer kürzesten Linie, die von Q zur Berandung führt, auf, so läßt es sich auf die Ebene abwickeln; das sich so ergebende ebene Polygon hat bei Q den Winkel φ und enthält einen Kreissektor mit dem Mittelpunkt Q und einem Radius r, der gleich der kleinsten Entfernung von Q zur Berandung von $\boldsymbol{P}_1$ ist. Die Länge φr des Bogens dieses Sektors ist nicht größer als die Länge desjenigen Streckenzuges, in den beim Abwickeln die Berandung von $\boldsymbol{P}_1$ übergeht. Es gilt also

$$\varphi r < l,$$

und zusammen mit (4) ergibt dies

$$r < \frac{l}{2\pi - \omega}.$$

Da der Punkt Q in $\boldsymbol{P}$ beliebig gewählt war, so ist die Entfernung jedes Punktes zur Berandung kleiner als $\frac{l}{2\pi - \omega}$. Sind jetzt X und Y zwei beliebige Punkte von $\boldsymbol{P}$ und X' und Y' die zu ihnen nächstgelegenen Punkte der Berandung, so ist sowohl XX' als auch YY' kleiner als $\frac{l}{2\pi-\omega}$, und offensichtlich gilt $X'Y' \leqq \frac{l}{2}$. Folglich ist

$$XY \leqq XX' + YY' + X'Y' < \frac{2l}{2\pi - \omega} + \frac{l}{2},$$

was zu beweisen war[1]).

Hilfssatz 2: *Unter den Polyedern mit beschränkter Eckpunktanzahl n, dem Umfang l und einer Krümmung, die nicht größer als ein gegebenes $\omega < 2\pi$ ist, gibt es ein Polyeder mit einem größten Flächeninhalt.*

Beweis: Sei $\boldsymbol{P}$ ein gegebenes Polyeder. Wir verbinden einen seiner inneren Eckpunkte A_1 mit den übrigen inneren Eckpunkten A_i durch relativ kürzeste Kurven. Schneiden wir $\boldsymbol{P}$ längs der Linien A_1A_i auf, so verwandeln wir es in ein Polygon, das keine inneren Eckpunkte enthält und nicht mehr als $3n$ äußere Eckpunkte besitzt. (Der Eckpunkt A_1 wird so oft gezählt, wie von ihm Kurven A_1A_i ausgehen.) Dieses Polygon läßt sich durch Diagonalen in Dreiecke zerlegen, deren Anzahl nicht größer als $3n$ ist (der Beweis ist derselbe wie für den Hilfssatz 1 aus § 1 von Kap. VI.). So ergibt sich ein Netz, das ein Polygon $\boldsymbol{P}$ definiert. Jedes solche Netz wird bei gegebenem Identifikationsschema durch die Längen

---

[1]) Diese Abschätzung ist äußerst unscharf. Die genaue Abschätzung ist die folgende: Für $\omega \leqq \pi$ gilt für den Durchmesser d von $\boldsymbol{P}: d < \frac{1}{2}\, l$, für $\omega > \pi$ gilt

$$d \leqq \frac{l}{2 \sin \frac{2\pi - \omega}{2}} = \frac{l}{2 \sin \frac{\omega}{2}}.$$

seiner Kanten bestimmt. Die Anzahl der Identifikationsschemata bei einer gegebenen Anzahl Dreiecke ist aber endlich, und die Längen der Kanten sind nach Hilfssatz 1 beschränkt. Jedes Netz und damit auch jedes Polyeder $\boldsymbol{P}$ wird also durch endlich viele Variabeln festgelegt, deren Werte beschränkt sind. Da die Menge der betrachteten Polygone abgeschlossen ist[1]), existiert nach dem WEIERSTRASSschen Prinzip unter ihnen ein Polygon mit größtem Flächeninhalt.

Hilfssatz 3: *Besitzt ein Polyeder $\boldsymbol{P}$ mit gegebenem Umfang und gegebener Krümmung größtmöglichen Flächeninhalt, so ist jeder seiner Winkel nicht größer als π.*

Beweis: Nehmen wir an, ein Polygon $\boldsymbol{P}$ mit größtmöglichem Flächeninhalt hätte Winkel, die gleich 2π sind. Verheften wir dann die Abschnitte der Seiten, die von einem Eckpunkt mit einem solchen Winkel ausgehen, so würden wir den Umfang von $\boldsymbol{P}$ verkleinern, ohne die Anzahl seiner Eckpunkte oder die Krümmung oder den Flächeninhalt zu ändern. Dann ließe sich aber der Flächeninhalt bei gleichbleibendem Umfang vergrößern. Dazu genügt es, an eine Seite $\mathfrak{A}$ von $\boldsymbol{P}$ ein entsprechendes Dreieck anzukleben, bei dem eine Seite die Verlängerung einer zu $\mathfrak{A}$ benachbarten Seite von $\boldsymbol{P}$ ist. Daher ist es nicht möglich, daß $\boldsymbol{P}$ Winkel besitzt, die gleich 2π sind.

Nehmen wir nun an, der Winkel α beim Eckpunkt A von $\boldsymbol{P}$ wäre größer als π, aber kleiner als 2π. Wir betrachten ein ebenes Viereck $A'B'C'D'$ mit den Seiten $A'B' = AB$, $A'C' = AC$, dem Winkel $\alpha' = 2\pi - \alpha$ beim Eckpunkt A' und mit Winkeln bei B' und C', die so klein sind, daß die Summen dieser Winkel und der Winkel β, γ des Polygons bei den Ecken B und C kleiner sind als 2π. Ein solches ebenes Viereck läßt sich selbstverständlich so wählen, daß

$$D'C' + D'B' < A'C' + A'B' = AC + AB$$

gilt (Abb. 91).

Wir identifizieren die Seiten AB und AC von $\boldsymbol{P}$ mit den Seiten $A'B'$, $A'C'$ unseres Vierecks. Es ergibt sich ein neues Polygon $\boldsymbol{P}_1$ mit einem kleineren Umfang, da ja $D'C' + D'B' < AC + AB$ gilt. Seine Krümmung bleibt dieselbe, da der volle Winkel um A gleich 2π ist, so daß keine neuen Eckpunkte auftauchen.

---

[1]) Wenn eine Folge von Polyedern $\boldsymbol{P}_m$ mit gegebenem Umfang und mit einer Eckpunktzahl, die höchstens gleich einer gegebenen ist, gegen ein Polyeder konvergiert, so besitzt das Grenzpolyeder denselben Umfang und höchstens ebensoviele Eckpunkte. Seine Krümmung jedoch kann kleiner sein als der Grenzwert der Krümmungen der $\boldsymbol{P}_m$, da im Limes ein innerer Eckpunkt auf die Berandung übergehen kann. Die Krümmung von $\boldsymbol{P}_m$ ist

$$\omega(\boldsymbol{P}_m) = 2\pi - \Sigma\left(\pi - \alpha_m^{(i)}\right),$$

wo die $\alpha_m^{(i)}$ seine Winkel sind. Sind $\alpha^{(i)}$ die Winkel des Grenzpolyeders, so folgt aus dem Satz über die Konvergenz von Winkeln (Satz 4 aus § 4 von Kap. III) $\alpha^{(i)} \leqq \lim\limits_{m\to\infty} \alpha_m^{(i)}$ und folglich $\omega(\boldsymbol{P}) \leqq \lim\limits_{m\to\infty} \omega(\boldsymbol{P}_m)$. Deshalb betrachten wir auch nicht Polyeder mit einer fest gegebenen Krümmung, sondern mit einer Krümmung, die nicht größer ist als ein gegebenes ω.

Der Flächeninhalt von $\boldsymbol{P}_1$ ist aber größer als der von $\boldsymbol{P}$, entgegen der Annahme, daß $\boldsymbol{P}$ größtmöglichen Flächeninhalt hat.

Satz 3: *Unter allen konvexen Polyedern mit einer gegebenen Anzahl von Eckpunkten, einem gegebenen Umfang und einer gegebenen Krümmung $\omega < 2\pi$ hat die Mantelfläche einer regelmäßigen Pyramide den größten Flächeninhalt.*

Beweis: Betrachten wir konvexe Polyeder, bei denen die Anzahl der Eckpunkte nicht größer als ein gegebenes n ist, mit einem Umfang l und einer Krümmung, die nicht größer ist als ein gegebenes $\omega < 2\pi$. Nach Hilfssatz 2 gibt es unter ihnen ein Polyeder $\boldsymbol{P}$ mit einem größtmöglichen Flächeninhalt, und nach Hilfssatz 3 besitzt dieses Polyeder keine Winkel, die größer als π sind. Folglich kann es auf Grund von Satz 1 nur einen einzigen inneren Eckpunkt haben. Es muß gezeigt werden, daß alle Seiten von $\boldsymbol{P}$ einander gleich sind und daß alle seine äußeren Eckpunkte sich in gleicher Entfernung von dem inneren Eckpunkt befinden. Zu diesem Zweck schneiden wir $\boldsymbol{P}$ längs einer Kürzesten, die seinen inneren Eckpunkt Q mit einem äußeren Eckpunkt A verbindet, auf und wickeln es in die Ebene ab. Es ergibt sich ein Polygon $\boldsymbol{P}'$, bei dem der Winkel beim Eckpunkt Q', der Q entspricht, gleich dem vollen Winkel um Q ist. Die Seiten von $\boldsymbol{P}'$, die von Q' ausgehen, sind einander gleich, und die übrigen Seiten und Eckpunkte entsprechen den Seiten und den äußeren Eckpunkten von $\boldsymbol{P}$. Es muß gezeigt werden, daß ein Polygon mit diesen Eigenschaften dann und nur dann größten Flächeninhalt hat, wenn alle seine Q' gegenüberliegenden Seiten einander gleich sind und wenn die Endpunkte dieser Seiten in gleicher Entfernung von Q' liegen. Das ist eine Aufgabe der Planimetrie, die mit Hilfe der bekannten Maximaleigenschaften von gleichschenkligen Dreiecken leicht zu lösen ist. Wir überlassen dies dem Leser.

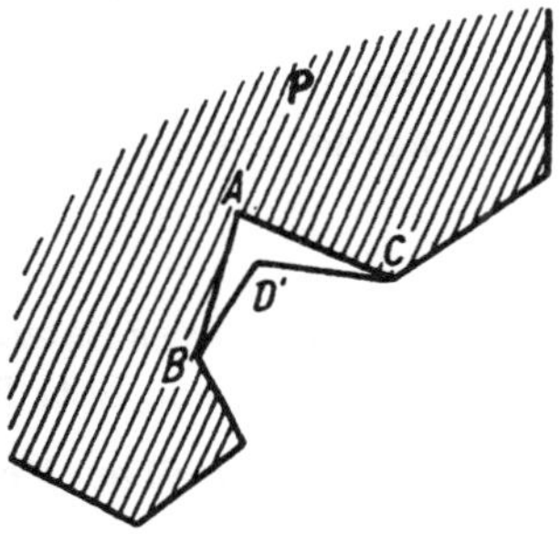

Abb. 91

Das Polyeder $\boldsymbol{P}$ ist also der Mantelfläche einer regelmäßigen Pyramide isometrisch. Da wir das Maximum unter allen Polyedern mit einer Anzahl von Eckpunkten suchten, die nicht größer als eine gegebene ist, und mit einer Krümmung, die nicht größer als ein gegebenes ω ist, so ist noch unbekannt, ob die Krümmung und die Seitenzahl von $\boldsymbol{P}$ nicht kleiner sind als ihre vorgegebenen Werte. Man sieht jedoch leicht, daß bei gegebenem Umfang sowohl bei Vergrößerung der Krümmung als auch bei Vergrößerung der Seitenzahl auch der Flächeninhalt der Mantelfläche einer regelmäßigen Pyramide wächst. Das Polyeder muß daher die gegebene Krümmung und die gegebene Anzahl Eckpunkte besitzen.

Diesem Satz über Polyeder entspricht der folgende Satz über beliebige konvexe Flächen:

Satz 4: *Unter allen konvexen Flächen mit gegebenem Umfang und gegebener Krümmung $\omega < 2\pi$ besitzt die Mantelfläche des geraden Kreiskegels den größten Flächeninhalt.*

Der Flächeninhalt der Mantelfläche eines Kreiskegels mit der Krümmung ω und dem Umfange l ist gleich $\frac{l^2}{2(2\pi - \omega)}$. Dasselbe Ergebnis läßt sich also auch wie folgt formulieren:

Der Flächeninhalt j jeder konvexen Fläche mit dem Umfang l und der Krümmung $\omega < 2\pi$ genügt der Ungleichung

$$j \leqq \frac{l^2}{2(2\pi - \omega)}.$$

Hierbei steht dann und nur dann das Gleichheitszeichen, wenn die Fläche der Mantelfläche eines geraden Kreiskegels isometrisch ist.

Da $2\pi - \omega = \tau$ die Schwenkung der Berandung der Fläche ist, so läßt sich die Ungleichung in der Form

$$2\tau j \leqq l^2$$

schreiben.

Der Beweis dieses Satzes wird auf der Grundlage von Satz 3 genauso geführt wie der Beweis von Satz 2 auf der Grundlage von Satz 1.

Mit Hilfe derselben Methoden läßt sich z. B. auch folgende Aufgabe lösen: Unter allen konvexen Flächen mit gegebenen Krümmungen $\omega < 2\pi$, die von Kürzesten gegebener Länge berandet werden, diejenige mit dem größtmöglichen Flächeninhalt zu finden. Die Antwort ist folgende: Wir nehmen in der Ebene ein einem Kreis einbeschriebenes Polygon $\boldsymbol{P}$, dessen Seiten gleich den Kürzesten sind, die die betrachteten Flächen beranden. Liegt der Mittelpunkt des Kreises in $\boldsymbol{P}$, so ist die gesuchte Fläche die Mantelfläche der Pyramide mit der Basis $\boldsymbol{P}$ und mit einer Spitze, deren Projektion der Mittelpunkt des Kreises ist. Liegt der Mittelpunkt des Kreises außerhalb von $\boldsymbol{P}$, so sind zwei Fälle möglich: 1. der Zentriwinkel über der Seite $\mathfrak{A}$, die dem Mittelpunkt zugewandt ist, ist größer als $\frac{1}{2}(2\pi - \omega)$; 2. dieser Winkel ist nicht größer als $\frac{1}{2}(2\pi - \omega)$. Im ersten Fall ist die gesuchte Fläche wiederum die Mantelfläche der Pyramide mit der Basis $\boldsymbol{P}$ und einer Spitze, deren Projektion der Mittelpunkt des Kreises ist. Im zweiten Fall ergibt sich die gesuchte Fläche durch „Ankleben" einer aus zwei gleichschenkligen Dreiecken mit der Basis $\mathfrak{A}$ und dem ihr gegenüberliegenden Winkel $\frac{1}{2}(2\pi - \omega)$ verhefteten Figur an die Seite $\mathfrak{A}$.

Hierbei ist wichtig, daß die Fläche von Kürzesten berandet wird. Betrachtet man dagegen eine Fläche, die von Geodätischen gegebener Länge berandet wird, so ist die Antwort eine andere, und dies vor allem deshalb, weil der Limes von Geodätischen keine Geodätische zu sein braucht, sondern eine Quasi-Geodätische sein kann. Bei der Fläche mit größtmöglichem Flächeninhalt kann eine der berandenden Geodätischen in eine Quasi-Geodätische übergehen.

Unser „Anklebe"-Verfahren gestattet es, nicht nur Aufgaben über das Extremum des Flächeninhalts, sondern auch Aufgaben über Extrema anderer Größen für konvexe Flächen mit irgendwelchen vorgegebenen Eigenschaften zu lösen. Z. B. läßt sich als Verschärfung des Hilfssatzes 1 der folgende Satz leicht beweisen:

Der Durchmesser d einer konvexen Fläche mit gegebenem Umfang l und einer Krümmung $\omega \leqq \pi$ ist nicht größer als $\frac{1}{2} l$. Der Wert $\frac{1}{2} l$ wird nur für den Grenzfall angenommen, daß die Fläche in eine Strecke der Länge $\frac{1}{2} l$ ausartet. Gilt dagegen $\pi < \omega < 2\pi$, so ist das Maximum des Durchmessers $\dfrac{l}{2 \sin \dfrac{\omega}{2}}$, und dieses Maximum wird nur für die Fläche erreicht, die aus zwei rechtwinkligen Dreiecken mit einer Kathete $\frac{1}{2} l$ und dem gegenüberliegenden Winkel $\pi - \dfrac{\omega}{2}$ besteht; die Dreiecke sind längs der Hypotenuse und der dem Winkel anliegenden Kathete zu verheften.

Zum Schluß formulieren wir noch eine Aufgabe: Unter allen geschlossenen konvexen Flächen mit gegebenem Durchmesser die Fläche mit größtem Flächeninhalt zu finden. Es handelt sich dabei um den inneren Durchmesser, d. h. die größte Entfernung zwischen zwei Punkten im Sinne der inneren Metrik. Die Lösung dieser Aufgabe ist anscheinend unbekannt. Man hat Grund zu der Annahme, daß die Lösung durch die Fläche gegeben wird, die einen doppelt bedeckten Kreis mit dem gegebenen Durchmesser darstellt.

KAPITEL XI

DIE SPEZIFISCHE KRÜMMUNG

§ 1. Die innere Geometrie einer Fläche mit überall definierter GAUSZ*scher Krümmung*

Jedes Gebiet $\boldsymbol{G}$ auf einer konvexen Fläche besitzt eine bestimmte Krümmung $\omega(\boldsymbol{G})$ und einen Flächeninhalt $j(\boldsymbol{G})$. Das Verhältnis $\frac{\omega(\boldsymbol{G})}{j(\boldsymbol{G})}$ nennt man naturgemäß die *spezifische Krümmung* von $\boldsymbol{G}$; wir bezeichnen sie durch $\varkappa(\boldsymbol{G})$. Die *Krümmungsdichte* im Punkt X oder die GAUSZ*sche Krümmung* in diesem Punkt ist der Grenzwert der spezifischen Krümmung von Gebieten, die sich auf den Punkt X zusammenziehen. Im allgemeinen braucht selbstverständlich dieser Grenzwert nicht für jeden Punkt der Fläche zu existieren. Außerdem kann man die in Betracht kommenden Gebiete irgendwelchen zusätzlichen Bedingungen unterwerfen; bei gewissen Bedingungen kann der betreffende Grenzwert für den gegebenen Punkt X existieren, während er bei anderen Bedingungen nicht existiert. Man kann z. B. fordern, daß das Verhältnis des Flächeninhalts des Gebietes zum Flächeninhalt des umfassenden geodätischen Kreises mit dem Mittelpunkt in X stets größer bleibt als eine gewisse gegebene, wenn auch beliebig kleine positive Zahl. Unter dieser Bedingung existiert auf jeder konvexen Fläche der Grenzwert der spezifischen Krümmung von Gebieten, die sich auf einen Punkt zusammenziehen, fast überall, d. h. die Menge derjenigen Punkte der Fläche, in denen dieser Grenzwert nicht existiert, hat das Maß (den Flächeninhalt) Null[1]). Unterwirft man dagegen die zulässigen, sich auf einen Punkt zusammenziehenden Gebietfolgen keinerlei Beschränkungen, so braucht dieser Grenzwert in keinem Punkt der Fläche zu existieren. Als Beispiel kann eine Fläche dienen, auf der die Menge der konischen Punkte überall dicht ist. In der Tat: sei X

---

[1]) Dies ist eine direkte Folge eines allgemeinen Satzes über Mengenfunktionen. Für jede vollständig additive Mengenfunktion $f(\boldsymbol{M})$, die z. B. in einem ebenen Bereich $\boldsymbol{D}$ für alle BORELschen Mengen $\boldsymbol{M}$ definiert ist, existiert fast überall $\lim\limits_{\boldsymbol{M}\to X} \frac{f(\boldsymbol{M})}{\text{mes } \boldsymbol{M}}$, wenn die Mengen $\boldsymbol{M}$ sich so auf den Punkt X zusammenziehen, daß das Verhältnis von mes $\boldsymbol{M}$ zum Flächeninhalt des kleinsten $\boldsymbol{M}$ enthaltenden Kreises mit dem Mittelpunkt in X größer bleibt als eine gewisse positive Zahl. Siehe z. B. DE LA VALLÉE-POUSSIN, Cours d'analyse, Bd. II, Kap. III, § 4.

ein gegebener Punkt einer solchen Fläche und $X_1, X_2, \ldots$ eine Folge gegen ihn konvergierender konischer Punkte. Die Krümmungen $\omega_1, \omega_2, \ldots$ dieser Punkte sind positiv. Um jeden Punkt X_n legen wir ein Gebiet $\boldsymbol{G}_n$ mit einem Flächeninhalt $j_n < \frac{\omega_n}{n}$; dann ist das Verhältnis $\frac{\omega_n}{j_n}$ größer als n und wächst für $n \to \infty$ unbeschränkt. Man kann erreichen, daß alle Gebiete $\boldsymbol{G}_n$ den Punkt X enthalten; dazu genügt es, zu jedem der Gebiete einen schmalen Streifen hinzuzunehmen, der X enthält und dessen Flächeninhalt gleichfalls kleiner als $\frac{\omega_n}{n}$ ist. Daher ist die Beschränkung auf Gebiete, die den gegebenen Punkt enthalten, durchaus nicht wesentlich. Man kann sogar Beispiele von glatten konvexen Flächen angeben, bei denen der Grenzwert der spezifischen Krümmung eines sich auf einen Punkt zusammenziehenden Gebietes ebenfalls für keinen Punkt existiert, wenn die zulässigen Gebietfolgen keinen zusätzlichen Beschränkungen unterworfen werden.

Wir sagen, *die Fläche* $\boldsymbol{F}$ *besitze im Punkt* X *die* GAUSZ*sche Krümmung* $\mathcal{K}$, *wenn der Grenzwert der spezifischen Krümmung eines Gebietes gegen* $\mathcal{K}$ *strebt, wie auch das Gebiet sich auf den Punkt* X *zusammenzieht*[1]). Wir werden untersuchen, was sich aus der Existenz der GAUSZschen Krümmung in jedem Punkt einer konvexen Fläche folgern läßt. Die Bedeutung der GAUSZschen Krümmung in der inneren Geometrie *regulärer* Flächen ist wohl bekannt. Wir werden uns deshalb für die Frage interessieren, was aus der Existenz der GAUSZschen Krümmung ohne weitere Regularitätsvoraussetzungen folgt.

Zunächst folgende Aussage:

Hilfssatz 1: *Existiert in jedem Punkt eines Gebietes* $\boldsymbol{U}$ *auf einer konvexen Fläche die* GAUSZ*sche Krümmung, so ist sie eine stetige Funktion des Punktes in* $\boldsymbol{U}$.

Beweis: Sei $\mathcal{K}$ die GAUSZsche Krümmung im Punkt X, und seien $\mathcal{K}_n$ die GAUSZschen Krümmungen in Punkten X_n, die gegen X konvergieren. Zu jedem Punkt X_n läßt sich ein ihm beliebig benachbartes Gebiet $\boldsymbol{G}_n$ mit einer spezifischen Krümmung $\varkappa(\boldsymbol{G}_n)$ bestimmen, die sich beliebig wenig von $\mathcal{K}_n$ unterscheidet. Man kann also die $\boldsymbol{G}_n$ so wählen, daß 1. $|\varkappa(\boldsymbol{G}_n) - \mathcal{K}_n| < \frac{1}{n}$ und 2. $\boldsymbol{G}_n$ in einem Kreis mit dem Radius $\frac{1}{n}$ um X_n enthalten ist. Die Gebiete $\boldsymbol{G}_n$ ziehen sich dann auf X zusammen, und folglich muß

$$\lim_{n \to \infty} \varkappa(\boldsymbol{G}_n) = \mathcal{K}$$

gelten.

[1]) Es ist leicht zu zeigen, daß für die Existenz eines solchen Grenzwertes für Folgen beliebiger Gebiete schon seine Existenz für Folgen von Dreiecken genügt.

Wegen $|\varkappa(\boldsymbol{G}_n) - K_n| < \frac{1}{n}$ gilt auch $\lim_{n \to \infty} K_n = K$, was zu beweisen war¹).

Satz 1: *Wenn in der Umgebung eines Punktes Q auf einer konvexen Fläche die spezifische Krümmung jedes Gebietes eine feste positive Zahl nicht übertrifft, so gibt es ein $r_0 > 0$ derart, daß man von Q aus in jeder Richtung eine Kürzeste ziehen kann, deren Länge mindestens r_0 ist.*

Beweis: Wir geben ein $r > 0$ vor und konstruieren einen Kreis mit dem Radius r und dem Mittelpunkt in Q. Wir nehmen r so klein, daß dieser Kreis eine geschlossene Kurve ist. (Vgl. Satz 2 aus § 6 von Kap. IX.) Läßt man einen Punkt X unseren Kreis durchlaufen, so wird eine Kürzeste QX diejenigen Richtungen überspringen, in denen von Q keine Kürzeste der Länge r ausgeht. An der Sprungstelle entsteht ein Zweieck $\boldsymbol{D}$, das als Dreieck betrachtet werden kann, bei dem die Summe zweier Seiten gleich der dritten ist. Daher ist der Flächeninhalt des ebenen Dreiecks mit denselben Seitenlängen gleich Null. Folglich gilt auf Grund des in § 1 von Kap. X bewiesenen Satzes für den Flächeninhalt von $\boldsymbol{D}$ die Ungleichung:

$$j(\boldsymbol{D}) < \tfrac{1}{2}\,\omega(\boldsymbol{D})\, d^2,$$

wo d der Durchmesser von $\boldsymbol{D}$ ist. Daher ist

$$\varkappa(\boldsymbol{D}) = \frac{\omega(\boldsymbol{D})}{j(\boldsymbol{D})} > \frac{2}{d^2};$$

und wenn für alle Gebiete die spezifische Krümmung $\varkappa \leqq K$ ist, so gilt auch $\varkappa(\boldsymbol{D}) \leqq K$. Ein Zweieck kann also nur entstehen für $d > \sqrt{\frac{2}{K}}$. Nun streben aber für $r \to 0$ auch die Durchmesser von $\boldsymbol{D}$ gegen Null. Daher gibt es ein r_0 derart, daß zu jedem Punkt der Peripherie des Kreises mit diesem Radius vom Mittelpunkt aus nur eine einzige Kürzeste hinführt. Von Q gehen also in allen Richtungen Kürzeste der Länge r_0 aus.

Aus dem soeben bewiesenen Satz folgt, daß sich in der Umgebung eines Punktes Q, in der die spezifische Krümmung beschränkt ist, geodätische Polarkoordinaten einführen lassen. Jedem Punkt X der Kreisfläche $\boldsymbol{U}$ mit dem Radius r_0 und dem Mittelpunkt in Q entsprechen nämlich zwei Zahlen r und φ — die Entfernung

¹) In gewissem Sinn gilt auch die umgekehrte Aussage: Wenn eine als Grenzwert von spezifischen Krümmungen von Gebieten mit irgendwelchen Nebenbedingungen (z. B. von Krümmungen von Kreisen mit den Mittelpunkten im gegebenen Punkt) definierte Gaußsche Krümmung überall in einem Bereich $\boldsymbol{U}$ existiert und stetig ist, so existiert in jedem Punkt von $\boldsymbol{U}$ die Gaußsche Krümmung im Sinn unserer Definition.

In der Tat: sei $K(X)$ die unter zusätzlichen Forderungen definierte Gaußsche Krümmung im Punkt X. Die Krümmung des Bereiches $\boldsymbol{G}$ ist dann $\omega(\boldsymbol{G}) = \iint_{\boldsymbol{G}} K(X)\, dj$. Wenn $\boldsymbol{G}$ sich auf einen Punkt A zusammenzieht, so konvergiert das Verhältnis $\frac{\omega(\boldsymbol{G})}{j(\boldsymbol{G})}$ wegen der Stetigkeit von $K(X)$ gegen $K(A)$. Folglich ist die Existenz der Gaußschen Krümmung ohne zusätzliche Forderungen für die sich zusammenziehenden Gebiete mit der Existenz einer stetigen Gaußschen Krümmung mit zusätzlichen Forderungen für diese Gebiete äquivalent.

von Q und der in einer gegebenen Richtung gerechnete Winkel zwischen der Kürzesten QX und irgendeiner von Q ausgehenden festgelegten Kürzesten. Umgekehrt entspricht jedem Zahlenpaar r und φ $(r < r_0,\ 0 \leqq \varphi < 2\pi)$ ein Punkt X mit diesen Koordinaten.

In einem Gebiet $\boldsymbol{V}$ auf der Fläche seien Koordinaten u, v eingeführt; wir sagen, in $\boldsymbol{V}$ könne *die Metrik der Fläche durch ein Linienelement*

$$ds^2 = E\,du^2 + 2F\,du\,dv + G\,dv^2$$

vorgegeben werden, wenn die Länge jeder in $\boldsymbol{V}$ verlaufenden Kurve $u = u(t)$, $v = v(t)$ $(0 \leqq t \leqq 1)$ durch das Integral

$$\int_0^1 \sqrt{E\dot{u}^2 + 2F\dot{u}\dot{v} + G\dot{v}^2}\,dt$$

gegeben wird (sobald nur die Ableitungen $\dot{u}$, $\dot{v}$ stetig sind); die Entfernung zweier Punkte X und Y in $\boldsymbol{V}$ ist gleich der unteren Grenze dieser Integrale für alle Verbindungskurven von X und Y. Man kann zeigen, daß im Kreise $\boldsymbol{U}$ die Metrik einer Fläche mit beschränkter spezifischer Krümmung in den Koordinaten r, φ durch das Linienelement $ds^2 = dr^2 + G\,d\varphi^2$ vorgegeben werden kann. Der Koeffizient G ist aber im allgemeinen nicht einmal eine stetige Funktion von r und φ. Dieser allgemeine Fall bietet daher wenig Interesse, und wir wenden uns der Untersuchung des Falles zu, daß nicht nur die spezifische Krümmung jedes Gebietes beschränkt ist, sondern in jedem Punkt des Kreises $\boldsymbol{U}$ eine bestimmte GAUSZsche Krümmung existiert. Dazu beweisen wir zuerst einen Hilfssatz über gleichschenklige Dreiecke.

Sei QAB ein gleichschenkliges Dreieck auf einer konvexen Fläche $(QA = QB)$, und seien X, Y Punkte auf seinen Schenkeln in gleicher Entfernung von Q. Wir nehmen an, man könne diese Punkte stets durch eine in QAB verlaufende Kürzeste verbinden. Lassen sich die gegebenen Punkte X und Y durch mehrere Kürzeste verbinden, so gibt es unter diesen eine am „weitesten links gelegene", d. h. eine solche, daß in dem von ihr begrenzten Dreieck QXY außer ihr keine X und Y verbindende Kürzeste verläuft. Daß eine solche Kürzeste existiert, läßt sich auf Grund der Deckungsbedingung für Kürzeste und auf Grund der Tatsache, daß der Limes von Kürzesten selbst eine Kürzeste ist, leicht beweisen. Übrigens ist die Existenz einer am weitesten links gelegenen Kürzesten schon in § 3 von Kap. VII bewiesen worden. Dort wurde auch folgendes gezeigt: Wenn X' und Y' von links gegen X und Y konvergieren (d. h. von der Seite von Q her), so streben die am weitesten links gelegenen Kürzesten $X'Y'$ gegen die am weitesten links gelegene Kürzeste XY. Im folgenden betrachten wir nur am weitesten links gelegene Kürzeste.

Hilfssatz 2: *Seien X und Y innere Punkte der Schenkel des Dreiecks QAB in gleicher Entfernung von Q. Wir setzen $QX = QY = r$, $XY = z = z(r)$; seien φ der Winkel von QAB bei Q und $\omega(r)$ die Krümmung des Inneren des Dreiecks QXY, das von QAB durch die am weitesten links gelegene Kürzeste XY abgeschnitten* *wird. Dann existiert die linke Ableitung* $\frac{dz}{dr}$ *von* $z(r)$ *nach* r *und läßt sich durch die Formel*

$$\frac{dz}{dr} = 2\,(1-\varepsilon)\sin\frac{\varphi-\omega(r)}{2} \quad \text{mit } 0 \leqq \varepsilon \leqq 2\sin^2\frac{\omega(r)}{4}$$

darstellen.

Beweis: Die Punkte X', Y' auf den Seiten QA, QB mögen von links gegen die gegebenen Punkte X und Y konvergieren. Die Kürzesten $X'Y'$ streben dann gegen XY. Bezeichnet man mit ξ und η, ξ' und η' die Winkel bei X und Y, X' und Y' in den Dreiecken QXY und $QX'Y'$, so gilt nach Satz 5 aus § 4 von Kap IV über die Konvergenz von Winkeln

$$\text{(1)} \qquad \lim \xi' = \xi, \quad \lim \eta' = \eta.$$

Ist andererseits ξ_0 der ξ entsprechende Winkel in dem ebenen Dreieck mit denselben Seitenlängen wie im Dreieck XYX', so ist:

$$\lim_{x'\to x} \xi_0 = \xi.$$

(Dies folgt z. B. aus Satz 5 von § 4 aus Kap. III über die Existenz des Winkels im starken Sinne.) Setzt man

$$XX' = \Delta x, \quad XY = z = z(x, y)$$

$$X'Y = z' = z(x - \Delta x, y),$$

so ist

$$z'^2 = z^2 + \Delta x^2 - 2z \cdot \Delta x \cdot \cos \xi_0$$

oder

$$\cos \xi_0 = \frac{z - z'}{\Delta x} \cdot \frac{z + z'}{2z} + \frac{\Delta x}{2z}.$$

Geht man für $\Delta x \to 0$ zum Grenzwert über und berücksichtigt dabei $\lim \xi_0 = \xi$, so erhält man hieraus

$$\text{(2} \qquad \cos \xi = \lim_{\Delta x \to +0} \frac{z(x, y) - z(x - \Delta x, y)}{\Delta x} = \frac{\partial z}{\partial x}.$$

Hierbei bezeichnet $\frac{\partial z}{\partial x}$ die linke partielle Ableitung. Genau so erhalten wir für die linke partielle Ableitung $\frac{\partial z}{\partial y}$ nach y

$$\cos \eta = \frac{\partial z}{\partial y}.$$

Aus Formel (1) folgt, daß die partiellen Ableitungen $\frac{\partial z}{\partial x}, \frac{\partial z}{\partial y}$ von links stetig sind und daß daher die linke Ableitung von $z(r, r)$ nach r existiert[1]):

$$\frac{dz(r, r)}{dr} = \left(\frac{\partial z}{\partial x}\right)_{x=y=r} + \left(\frac{\partial z}{\partial y}\right)_{x=y=r} = \cos \xi + \cos \eta .$$

Nun ist aber $z(r, r)$ nichts anderes als die Länge $z(r)$ der Kürzesten, welche die in gleicher Entfernung von Q gelegenen Punkte X und Y verbindet. Daher gilt

$$\frac{dz(r)}{dr} = \cos \xi + \cos \eta = 2 \cos \frac{\xi + \eta}{2} \cos \frac{\xi - \eta}{2} . \tag{3}$$

Die Krümmung des Inneren von QXY ist

$$\omega(r) = \xi + \eta + \varphi - \pi .$$

Hieraus folgt

$$\frac{\xi + \eta}{2} = \frac{\pi}{2} - \frac{\varphi - \omega(r)}{2} ,$$

so daß

$$\cos \frac{\xi + \eta}{2} = \sin \frac{\varphi - \omega(r)}{2} \text{ ist.}$$

Daher folgt aus (3)

$$\frac{dz(r)}{dr} = 2 \cos \frac{\xi - \eta}{2} \sin \frac{\varphi - \omega(r)}{2} = 2 \left(1 - 2 \sin^2 \frac{\xi - \eta}{4}\right) \sin \frac{\varphi - \omega(r)}{2} . \tag{4}$$

Die Winkel ξ, η des Dreiecks QXY unterscheiden sich von den Winkeln ξ_0, η_0 des ebenen Dreiecks mit denselben Seitenlängen um nicht mehr als $\omega(r)$:

$$0 \leqq \xi - \xi_0 \leqq \omega(r); \quad 0 \leqq \eta - \eta_0 \leqq \omega(r). \tag{5}$$

Da QXY ein gleichschenkliges Dreieck ist, so ist $\xi_0 = \eta_0$, und aus den Ungleichungen (5) folgt

$$|\xi - \eta| \leqq \omega(r),$$

so daß

$$\left| \sin \frac{\xi - \eta}{4} \right| \leqq \sin \frac{\omega(r)}{4} \tag{6}$$

gilt. Gleichung (4) gibt also den Ausdruck für $\frac{dz(r)}{dr}$, der im Hilfssatz behauptet wurde.

---

[1]) $z(r, r) - z(r - \Delta r, r - \Delta r) = z(r, r) - z(r - \Delta r, r) + z(r - \Delta r, r) - z(r - \Delta r, r - \Delta r)$

$$= \int_{r - \Delta r}^{r} \frac{\partial z(x, r)}{\partial x} dx + \int_{r - \Delta r}^{r} \frac{\partial z(r - \Delta r, y)}{\partial y} dy ,$$

und da die Ableitung von links stetig ist, folgt hieraus unsere Behauptung.

Jetzt möge auf einer konvexen Fläche in jedem Punkt einer gewissen abgeschlossenen Umgebung **V** eines Punktes Q die GAUSZsche Krümmung existieren. Nach Hilfssatz 1 ist sie eine stetige Funktion des Punktes und daher in der abgeschlossenen Umgebung **V** beschränkt. Auf Grund von Satz 1 läßt sich daher um Q ein Kreis **U** beschreiben, in dem man Polarkoordinaten r, φ mit dem Koordinatenursprung Q einführen kann.

Satz 2: *In einem Kreis* **U** *auf einer konvexen Fläche seien Polarkoordinaten* r, φ *mit dem Ursprung in* Q *eingeführt, und überall in* **U** *existiere die* GAUSZ*sche Krümmung* $K(r, \varphi)$. *Dann läßt sich die Metrik in* **U** *durch ein Linienelement*

$$ds^2 = dr^2 + G(r, \varphi)\, d\varphi^2 \tag{7}$$

angeben. Der Koeffizient G *ist dabei eine stetige Funktion von* r *und* φ, *er ist zweimal stetig nach* r *differenzierbar. Die* GAUSZ*sche Krümmung* $K(r, \varphi)$ *läßt sich durch* G *mittels der* GAUSZ*schen Formel*

$$K(r, \varphi) = -\frac{1}{\sqrt{G(r, \varphi)}} \cdot \frac{\partial^2 \sqrt{G(r, \varphi)}}{\partial r^2} \tag{8}$$

ausdrücken.

Beweis: Bezeichne $z = z(r, \varphi, \Delta\varphi)$ die Entfernung der Punkte X und Y mit den Koordinaten r, φ bzw. r, $\varphi + \Delta\varphi$. Sei $\omega = \omega(r, \varphi, \Delta\varphi)$ die Krümmung des Dreiecks QXY. Ist $\frac{dz}{dr}$ die linke Ableitung von z nach r, so gilt nach Hilfssatz 2

$$\frac{dz}{dr} = 2(1 - \varepsilon) \cdot \sin\frac{\Delta\varphi - \omega}{2}$$

mit $|\varepsilon| \leqq 2\sin^2\frac{\omega}{4}$. Durch Integration dieser Gleichung erhalten wir

$$z(r, \varphi, \Delta\varphi) = 2\int_0^r (1 - \varepsilon)\sin\frac{\Delta\varphi - \omega}{2}\, dx. \tag{9}$$

Da $\omega(x, \varphi, \Delta\varphi)$ bei wachsendem x nicht abnimmt, so ist unter dem Integralzeichen $|\varepsilon| \leqq 2\sin^2\frac{\omega(r)}{2}$; und da bei $\Delta\varphi \to 0$ auch $\omega(r, \varphi, \Delta\varphi)$ gegen Null strebt, so strebt ε gleichmäßig gegen Null. Wir dividieren Gleichung (9) durch $\Delta\varphi$ und gehen für $\Delta\varphi \to 0$ zur Grenze über. Wegen $\varepsilon \to 0$ und $\lim\limits_{\xi \to 0}\frac{\sin\xi}{\xi} = 1$ erhalten wir für den oberen und den unteren Limes des Verhältnisses $\frac{z}{\Delta\varphi}$ die Ausdrücke:

$$\overline{B}(r, \varphi) = \overline{\lim_{\Delta\varphi \to 0}}\frac{z(r, \varphi, \Delta\varphi)}{\Delta\varphi} = r - \underline{\lim_{\Delta\varphi \to 0}}\int_0^r \frac{\omega(x, \varphi, \Delta\varphi)}{\Delta\varphi}\, dx \tag{10a}$$

(10b) $$\underline{B}(r, \varphi) = \varliminf_{\Delta\varphi \to 0} \frac{z(r, \varphi, \Delta\varphi)}{\Delta\varphi} = r - \varlimsup_{\Delta\varphi \to 0} \int_0^r \frac{\omega(x, \varphi\, \Delta\varphi)}{\Delta\varphi}\, dx.$$

Diese Limites $\overline{B}(r, \varphi)$ und $\underline{B}(r, \varphi)$ sind gleichmäßig beschränkt; denn erstens gilt $\overline{B} \geqq \underline{B} \geqq 0$ und zweitens folgt aus (9)

$$z(r, \varphi, \Delta\varphi) \leqq 2r \cdot \sin\frac{\Delta\varphi}{2} < r\,\Delta\varphi\,;$$

daher ist $\underline{B} \leqq \overline{B} \leqq r$.

Jetzt berechnen wir $\omega(x, \varphi, \Delta\varphi)$. Dies ist die Krümmung des gleichschenkligen Dreiecks QXY mit den Schenkeln der Länge x und dem Winkel $\Delta\varphi$ bei der Ecke Q. Auf den Schenkeln von QXY wählen wir eine Reihe von Punkten in gleicher Entfernung von Q und verbinden sie paarweise. Wir zerlegen so QXY in kleine Vierecke (Abb. 92). Die Seiten dieser Vierecke sind Δx und $z(x, \varphi, \Delta\varphi)$. Betrachten wir eines dieser Vierecke $\boldsymbol{T}$. Ist $\Delta\varphi$ hinreichend klein, so sind die Winkel von $\boldsymbol{T}$ nahezu rechte. Man kann daher $\boldsymbol{T}$ in zwei „fast rechtwinklige" Dreiecke $\boldsymbol{T}_1$ und $\boldsymbol{T}_2$ zerlegen. Da die Krümmungen dieser Dreiecke klein sind, so sind die entsprechenden ebenen Dreiecke $\boldsymbol{T}_1^0$ und $\boldsymbol{T}_2^0$ mit denselben Seitenlängen ebenfalls „fast rechtwinklig". Für ihre Flächeninhalte gilt:

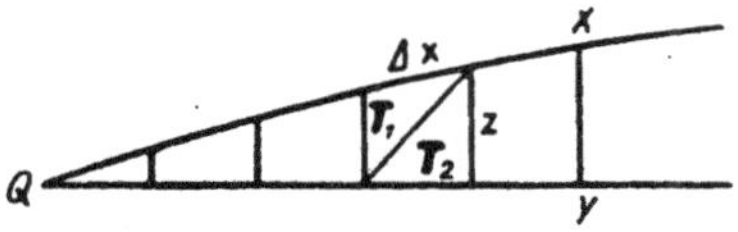

Abb. 92

(11) $$j(\boldsymbol{T}_1^0) = \tfrac{1}{2}\, z(x, \varphi, \Delta\varphi) \cdot \Delta x \sin\alpha_1$$
$$j(\boldsymbol{T}_2^0) = \tfrac{1}{2}\, z(x + \Delta x, \varphi, \Delta\varphi) \cdot \Delta x \sin\alpha_2,$$

wo die Winkel α_1 und α_2 für $\Delta\varphi \to 0$ gegen rechte streben.

Nach dem im § 1 von Kap. X bewiesenen Satz ist der Flächeninhalt von $\boldsymbol{T}$ mit der Summe der Flächeninhalte von $\boldsymbol{T}_1^0$ und $\boldsymbol{T}_2^0$ durch die Ungleichung

$$0 \leqq j(\boldsymbol{T}) - [j(\boldsymbol{T}_1^0) + j(\boldsymbol{T}_2^0)] \leqq \tfrac{1}{2} \cdot \omega(\boldsymbol{T}) \cdot d^2$$

verknüpft, wo d den Durchmesser der Dreiecke $\boldsymbol{T}_1$ und $\boldsymbol{T}_2$ bezeichnet. Führt man an Stelle von $\omega(\boldsymbol{T})$ die spezifische Krümmung $\varkappa(\boldsymbol{T}) = \dfrac{\omega(\boldsymbol{T})}{j(\boldsymbol{T})}$ ein, so läßt sich diese Ungleichung folgendermaßen schreiben:

(12) $$|\, j(\boldsymbol{T}) - [j(\boldsymbol{T}_1^0) + j(\boldsymbol{T}_2^0)] \,| \leqq \tfrac{1}{2} \cdot \varkappa(\boldsymbol{T}) \cdot j(\boldsymbol{T}) \cdot d^2.$$

In dem betrachteten Bereich existiert die GAUSZsche Krümmung überall, $\varkappa(\boldsymbol{T})$ ist daher beschränkt; außerdem gilt für $\Delta\varphi \to 0$ und $\Delta x \to 0$ auch $d \to 0$. Vergleicht man daher die Formeln (11) und (12), so sieht man leicht, daß

(13) $$j(\boldsymbol{T}) = \frac{1}{2}\,[z(x, \varphi, \Delta\varphi) + z(x + \Delta x, \varphi, \Delta\varphi)]\, \Delta x\, (1 + \varepsilon)$$

gilt. Hierbei wird ε mit dem Durchmesser des Vierecks $\boldsymbol{T}$, d. h. mit $\Delta\varphi$ und Δx unendlich klein.

Die Krümmung von QXY ist gleich der Summe der Krümmungen aller Vierecke $\boldsymbol{T}$; folglich gilt

$$(14)\qquad \omega(QXY) = \omega(x, \varphi, \Delta\varphi) = \sum \varkappa(\boldsymbol{T})\, j(\boldsymbol{T}).$$

Die spezifische Krümmung $\varkappa(\boldsymbol{T})$ ist nichts anderes als der Mittelwert der GAUSZschen Krümmung in $\boldsymbol{T}$; und da die GAUSZsche Krümmung stetig ist, so ist ihr Mittelwert in $\boldsymbol{T}$ gleich einem Werte $K_{\boldsymbol{T}}$ in irgendeinem Punkt. Läßt man $\Delta\varphi$ unverändert und nimmt die Vierecke $\boldsymbol{T}$ immer schmaler und schmaler, so konvergieren die Werte $K_{\boldsymbol{T}}$ gegen die Werte der Krümmung in gewissen Punkten der Kürzesten $X'Y'$, die Punkte auf gegebenen Radien QX und QY in gleicher Entfernung von Q verbinden. Bezeichnen wir mit $\overline{K}(y, \varphi, \Delta\varphi)$ diesen Wert der Krümmung für die Kürzeste $X'Y'$, für die $QX' = QY' = y$ ist, so erhalten wir im Grenzwert an Stelle von (14)

$$(15)\qquad \omega(x, \varphi, \Delta\varphi) = \int_0^x \overline{K}(y, \varphi, \Delta\varphi)\, z(y, \varphi, \Delta\varphi)\,(1+\varepsilon)\, dy,$$

wo ε mit $\Delta\varphi$ unendlich klein wird.

Für $\Delta\varphi \to 0$ zieht sich die Kürzeste $X'Y'$ auf den Punkt X' zusammen, und der Wert der GAUSZschen Krümmung $\overline{K}(y, \varphi, \Delta\varphi)$ in irgendeinem Punkt auf $X'Y'$ strebt gegen die GAUSZsche Krümmung in X, da die GAUSZsche Krümmung stetig ist. Aus (15) folgt daher

$$(16)\qquad \overline{\lim_{\Delta\varphi\to 0}} \frac{\omega(x, \varphi, \Delta\varphi)}{\Delta\varphi} = \overline{\lim_{\Delta\varphi\to 0}} \frac{1}{\Delta\varphi} \int_0^x \overline{K}\cdot z\cdot(1+\varepsilon)\, dy \leqq$$

$$\leqq \int_0^x K(y, \varphi)\; \overline{\lim_{\Delta\varphi\to 0}} \frac{z(y, \varphi, \Delta\varphi)}{\Delta\varphi}\, dy.$$

Hierbei ist $K(y, \varphi)$ der Wert der GAUSZschen Krümmung in einem Punkt auf dem gegebenen Radius QX, der von Q die Entfernung y hat. Eine analoge Formel ergibt sich für den unteren Limes.

Mit Hilfe der Formel (16) und der analogen Formel für den unteren Limes erhalten wir an Stelle von (10a) und (10b)

$$(17\text{a})\qquad \overline{B}(r, \varphi) \leqq r - \int_0^r \Big(\int_0^x K(y, \varphi)\, \underline{B}(y, \varphi)\, dy \Big)\, dx,$$

$$(17\text{b})\qquad \underline{B}(r, \varphi) \geqq r - \int_0^r \Big(\int_0^x K(y, \varphi)\, \overline{B}(y, \varphi)\, dy \Big)\, dx.$$

Daher gilt

$$(18)\qquad \overline{B} - \underline{B} \leqq \int_0^r \Big(\int_0^x K(\overline{B} - \underline{B})\, dy \Big)\, dx.$$

Dies ist für jedes r richtig, und da außerdem stets $\overline{B} - \underline{B} \geqq 0$ ist, so folgt hieraus $\overline{B} = \underline{B}$[1]). Auf Grund der Definition von $\overline{B}$ und $\underline{B}$ bedeutet dies, daß für jedes r

$$B(r, \varphi) = \lim_{\Delta\varphi \to 0} \frac{z(r, \varphi, \Delta\varphi)}{\Delta\varphi} \tag{19}$$

existiert. Die Ungleichungen (17a) und (17b) gehen daher in die folgende Integralgleichung für $B(r, \varphi)$ über:

$$B(r, \varphi) = r - \int_0^r \left(\int_0^x K(y, \varphi)\, B(y, \varphi)\, dy \right) dx. \tag{20}$$

Da die rechte Seite dieser Gleichung eine zweite Ableitung nach r besitzt, so besitzt auch $B(r, \varphi)$ eine solche Ableitung. Die Gleichung (20) führt also zu der Differentialgleichung

$$\frac{\partial^2 B(r, \varphi)}{\partial r^2} + K(r, \varphi)\, B(r, \varphi) = 0. \tag{21}$$

$K(r, \varphi)$ hängt nicht nur von r, sondern auch von φ stetig ab; daher ist auch $B(r, \varphi)$ eine stetige Funktion von r und φ.

Es bleibt noch zu zeigen, daß die Metrik in dem betrachteten Kreis U durch das Linienelement

$$ds^2 = dr^2 + B^2(r, \varphi)\, d\varphi^2 \tag{22}$$

gegeben werden kann. Dann ist klar, daß die Gleichung (21) der GAUSZsche Ausdruck (8) für die Krümmung $K(r, \varphi)$ ist.

Zum Beweis betrachten wir irgendeine glatte Kurve $\mathfrak{L}$: $r = r(t)$, $\varphi = \varphi(t)$ $(0 \leqq t \leqq 1)$. Wir nehmen auf dieser Kurve einen Punkt $A(r, \varphi)$, einen ihm beliebig benachbarten Punkt $X(r + \Delta r, \varphi + \Delta\varphi)$ und berechnen die Länge der Kürzesten AX. Zu diesem Zweck wählen wir noch den Punkt Y mit den Koordinaten $(r, \varphi + \Delta\varphi)$ und betrachten das Dreieck AXY (Abb. 93).

Für $\Delta\varphi \to 0$ streben in diesem Dreieck der Winkel bei Y gegen einen rechten und die Krümmung gegen Null. Daher unterscheidet sich das ebene Dreieck

---

[1]) Seien m und n die Maxima von $|\overline{B} - \underline{B}|$ und K im Intervall $(0, r)$. Dann gilt für jedes $r' \leqq r$:

$$\overline{B}(r') - \underline{B}(r') \leqq m \cdot n \cdot \frac{r^2}{2}.$$

Ist insbesondere $\overline{B}(r') - \underline{B}(r') = m$, so ist $m \leqq m \cdot n \cdot \frac{r^2}{2}$, und wenn $r^2 < \frac{2}{n}$ ist, so ist $m = 0$. Folglich gilt $\underline{B} = \overline{B}$ im Intervall von $r = 0$ bis $r = \frac{2}{\sqrt{\max K}}$. Mit Hilfe derselben Überlegung läßt sich aber die Gleichung $\underline{B} = \overline{B}$ auch außerhalb dieses Intervalls nachweisen.

mit denselben Seitenlängen wenig von einem rechtwinkligen, und bis auf unendlich kleine Größen höherer Ordnung gilt dann[1])

$$(AX)^2 = (AY)^2 + (XY)^2. \tag{23}$$

Nun ist aber $XY = \Delta r$, und AY ist nichts anderes als $z\,(r, \varphi, \Delta\varphi)$. Aus Formel (19) folgt bis auf unendlich kleine Größen höherer Ordnung:

$$AY = z\,(r, \varphi, \Delta\varphi) \cong B\,(r, \varphi) \cdot \Delta\varphi.$$

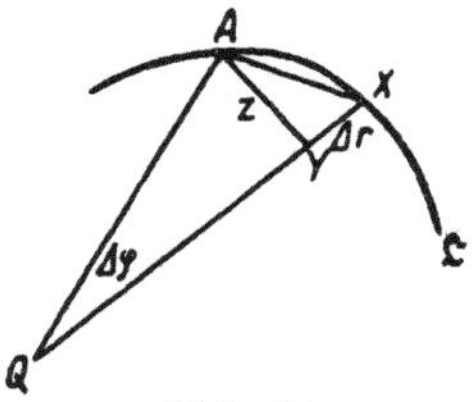

Abb. 93

Bezeichnen wir daher die Länge der Sehne AX mit Δs, so kann man an Stelle von (23)

$$\Delta s^2 \cong \Delta r^2 + B^2\,(r, \varphi)\,\Delta\varphi^2 \tag{24}$$

schreiben. Da aber die Länge der Kurve $\mathfrak{L}$ der Grenzwert der Summen der Längen der Sehnen ist, die einen eingeschriebenen Kürzestenzug bilden, folgt hieraus offenbar, daß sich die Länge von $\mathfrak{L}$ durch den Ausdruck

$$s\,(\mathfrak{L}) = \int_{\mathfrak{L}} \sqrt{dr^2 + B^2\,d\varphi^2} = \int_0^1 \sqrt{\dot r^2 + B^2 \dot\varphi^2}\,dt$$

darstellen läßt. Wir sehen also, daß sich in dem betrachteten Kreis die Metrik der Fläche tatsächlich durch das Linienelement $ds^2 = dr^2 + B^2\,d\varphi^2$ vorgeben läßt. Somit ist unser Satz vollständig bewiesen.

Dieser Satz zeigt, daß schon die Tatsache der *Existenz* der GAUSZschen Krümmung bis zu einem gewissen Grade die Möglichkeit der Anwendung der klassischen Methoden der Differentialgeometrie sichert, dies jedoch wirklich nur bis zu einem gewissen Grade. Wir haben z. B. gar nicht bewiesen, daß der Koeffizient $B\,(r, \varphi)$ auch nur eine erste Ableitung nach φ besitzt, und tatsächlich braucht er sie auch nirgends zu besitzen[2]). Der gewöhnliche Ausdruck für die geodätische Krümmung einer Kurve enthält aber diese Ableitung. Es könnte scheinen, als

---

[1]) Hier wie auch im folgenden muß man mit den unendlich kleinen Größen äußerst vorsichtig umgehen; andernfalls riskiert man, nur Scheinbeweise zu erhalten. Es ist jedoch nicht schwer, eine völlig strenge Abschätzung der vernachlässigten Größen durchzuführen. Bezeichnen wir z. B. mit ξ den Winkel des Dreiecks AXY beim Eckpunkt A. Da die Kurve in A eine wohlbestimmte Richtung besitzt, so existiert $\lim \xi = \alpha$. Der Grenzwert des entsprechenden Winkels ξ_0 im ebenen Dreieck mit denselben Seitenlängen ist daher auch gleich α, und folglich gilt

$$\lim \frac{AY}{AX} = \cos\alpha, \qquad \lim \frac{XY}{AX} = \sin\alpha.$$

Erhebt man diese Gleichungen ins Quadrat und addiert sie, so erhält man

$$\lim \frac{(AY)^2 + (XY)^2}{(AX)^2} = 1.$$

Das ist aber gerade (23).

[2]) Es sei z. B. im Ring $r_1 < r < r_2$ die Krümmung $K(r, \varphi) = f(\varphi)$, wo $f(\varphi)$ eine stetige nirgends differenzierbare positive Funktion ist. Lösen wir dann die Gleichung (21), so erhalten wir in diesem Ring

$$B(r,\varphi) = c_1 \cdot \cos\left(\sqrt{f(\varphi)} \cdot r\right) + c_2 \sin\left(\sqrt{f(\varphi)} \cdot r\right),$$

so daß $B(r,\varphi)$ nirgends eine Ableitung nach φ besitzt. Man sieht leicht, daß das Linienelement $ds^2 = dr^2 + B^2(r,\varphi)\,d\varphi^2$ mit einem solchen B tatsächlich im Ring $r_1 < r < r_2$ eine Metrik positiver Krümmung definiert [es genügt, analytische Funktionen $f_n(\varphi)$, die gegen $f(\varphi)$ streben, zu betrachten].

ob dieser Ausdruck nicht anwendbar sei und als ob z. B. die Differentialgleichung der Geodätischen, die sich durch Nullsetzen der Formel für die geodätische Krümmung ergibt, nicht aufgestellt werden könnte. Es ist jedoch möglich, den Ausdruck für die geodätische Krümmung so umzuformen, daß er $\frac{\partial B}{\partial \varphi}$ explizit nicht mehr enthält. Man kann nämlich folgendes beweisen:

Satz 3: *Die Voraussetzungen von Satz 2 seien erfüllt. Sei $\varphi = \varphi(r)$ die Gleichung einer Kurve in geodätischen Polarkoordinaten. Wenn im Punkt A die Kurve eine geodätische Krümmung k (die Ableitung der Schwenkung nach der Bogenlänge) besitzt, so gilt*

$$k = \frac{(B\varphi')' + [1 + (B\varphi')^2]\left(1 + \frac{\partial B}{\partial r}\right) \cdot \varphi'}{[1 + (B\varphi')^2]^{\frac{3}{2}}}, \tag{25}$$

wobei die Ableitung $(B\varphi')' = \frac{d}{dr}[B(r, \varphi(r))\, \varphi'(r)]$ *existiert.*

Beweis: Seien A ein gegebener und X ein veränderlicher Punkt der Kurve. Da bei den vorliegenden Voraussetzungen von jedem Punkt in allen Richtungen Kürzeste ausgehen, lassen sich durch A und X Tangentialkürzeste an unsere Kurve ziehen. Liegt der Punkt X nahe bei A, so schneiden sich diese Tangentialkürzesten (Abb. 94). Bezeichnen ψ den Winkel zwischen ihnen und τ die Schwenkung des Bogens AX, so ist die Krümmung ω des Gebietes zwischen dem Bogen und den Tangenten gleich $\psi - \tau$. Da ω mit dem Flächeninhalt dieses Gebietes gegen Null strebt (d. h. schneller als das Quadrat der Bogenlänge s), so gilt $\lim\limits_{X \to A} \frac{\tau}{s} = \lim\limits_{X \to A} \frac{\psi}{s}$. Die geodätische Krümmung kann also in dem vorliegenden Falle genauso definiert werden wie für ebene Kurven.

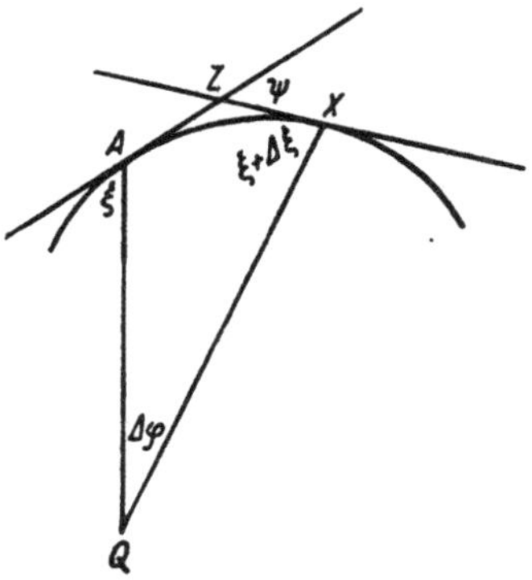

Abb. 94

Seien ξ, $\xi + \Delta\xi$ die Winkel zwischen den Radien QA und QX und den Tangenten in den Punkten A bzw. X und $\Delta\varphi$ der Winkel zwischen QA und QX. Für die Krümmung des Viereckes $QXZA$ erhalten wir dann

$$\Delta\omega = \xi + \Delta\xi + \Delta\varphi + (\pi - \psi) + (\pi - \xi) - 2\pi = \Delta\varphi + \Delta\xi - \psi.$$

Hieraus ergibt sich

$$k = \lim_{X \to A} \frac{\psi}{s} = \frac{d\varphi}{ds} + \frac{d\xi}{ds} - \frac{d\omega}{ds}, \tag{26}$$

wobei aus der Existenz von k, $\frac{d\varphi}{ds}$ und $\frac{d\omega}{ds}$ die Existenz von $\frac{d\xi}{ds}$ folgt.

Ist K die GAUSZsche Krümmung, so ist

$$\Delta\omega = \iint\limits_{(QXZA)} K\, dj \cong \Delta\varphi \cdot \int\limits_0^r K\, B\, dr,$$

wobei die letzte Gleichung selbstverständlich nur bis auf unendlich kleine Größen höherer Ordnung gültig ist. Auf Grund der GAUSZschen Gleichung $B''_{rr} + KB = 0$ erhalten wir

$$\Delta\omega \cong -\frac{\partial B}{\partial r}\cdot \Delta\varphi.$$

Folglich existiert die Ableitung $\dfrac{d\omega}{ds}$ und es ist

$$\frac{d\omega}{ds} = \frac{d\omega}{d\varphi}\cdot\frac{d\varphi}{dr}\cdot\frac{dr}{ds} = -\frac{\partial B}{\partial r}\varphi'\cdot\frac{1}{[1+(B\varphi')^2]^{\frac{1}{2}}}. \tag{27}$$

Für den Winkel ξ leitet man leicht den gewöhnlichen Ausdruck

$$\operatorname{tg}\xi = \frac{B d\varphi}{dr} = B\varphi'$$

ab, woraus

$$\frac{d\xi}{ds} = \frac{d\xi}{dr}\cdot\frac{dr}{ds} = \frac{(B\varphi')'}{[1+(B\varphi')^2]^{\frac{3}{2}}} \tag{28}$$

folgt, wobei sich aus der Existenz von $\dfrac{d\xi}{ds}$ die Existenz von $(B\varphi')'$ ergibt.

Durch Einsetzen von (27) und (28) in (26) erhalten wir (25).

Man kann zeigen, *daß auf einer konvexen Fläche mit überall definierter GAUSZscher Krümmung jede Kurve mit verschwindender geodätischer Krümmung eine Geodätische ist, d. h. eine Kürzeste auf jedem hinreichend kleinen Abschnitt.* Das Umgekehrte gilt, wie wir wissen, immer. Setzen wir daher den Ausdruck (25) für die geodätische Krümmung gleich Null, so erhalten wir die Differentialgleichung für die Geodätischen. Setzt man $B\varphi' = \vartheta$, so führt dies auf das Gleichungssystem:

$$\varphi' = \frac{\vartheta}{B(r,\varphi)},$$

$$\vartheta' = -(1+\vartheta^2)\left(1 + \frac{\partial B(r,\varphi)}{\partial r}\right)\cdot\frac{\vartheta}{B(r,\varphi)}.$$

Wir haben uns in unseren Überlegungen der Polarkoordinaten bedient. Nichts hindert uns aber daran, beliebige andere sogenannte halbgeodätische Koordinaten u, v einzuführen, bei denen die Koordinate u die Bogenlänge einer Geodätischen ist. Man kann nämlich im Kreis U eine Kürzeste $\mathfrak{L}$ wählen und durch alle ihre Punkte zu ihr senkrechte Kürzeste ziehen. Man zeigt leicht, daß dies möglich ist, wenn man die Beschränktheit der mittleren Krümmung voraussetzt, und daß die so gezogenen Kürzesten sich in einer gewissen Umgebung von $\mathfrak{L}$ nicht schneiden. In einer solchen Umgebung kann man als u-Koordinate eines Punktes X seine Entfernung von $\mathfrak{L}$ einführen, als v-Koordinate die von einem gewissen Anfangspunkt bis zum Fußpunkt des von X auf $\mathfrak{L}$ gefällten geodätischen Lotes gerechnete Länge des Bogens von $\mathfrak{L}$. In diesen Koordinaten läßt sich die Metrik in der betrachteten Umgebung durch das Linienelement $d s^2 = du^2 + B^2 d v^2$ vorgeben. Hierbei ist $B(u, v)$ stetig und es gilt $B_{uu} + K B = 0$, wobei K die GAUSZsche Krümmung ist. Der Beweis dieser Tatsache würde eine Wiederholung des Beweises von Satz 2 sein. An Stelle einer Kürzesten kann man für $\mathfrak{L}$ $(u = 0)$ eine beliebige Kurve mit stetiger geodätischer Krümmung wählen; das Resultat bleibt dasselbe.

§ 2. Die innere Geometrie einer Fläche mit beschränkter spezifischer Krümmung

Wir wollen sagen, die spezifische Krümmung auf einer Fläche $\boldsymbol{F}$ sei größer als K (kleiner als K, gleich K), wenn die spezifische Krümmung für jedes Gebiet von $\boldsymbol{F}$ größer als K (kleiner als K, gleich K) ist.

Satz 1: *Ist auf einer Fläche $\boldsymbol{F}$ die spezifische Krümmung gleich K, so besitzt jeder Punkt von $\boldsymbol{F}$ eine Umgebung, die einem Teil der Sphäre $\boldsymbol{S}_K$ mit dem Radius $\frac{1}{\sqrt{K}}$ isometrisch ist. Ist $\boldsymbol{F}$ dabei eine geschlossene Fläche, so ist sie im großen dieser Sphäre isometrisch (und ihr sogar kongruent).*

Beweis: Ist die spezifische Krümmung auf $\boldsymbol{F}$ gleich K, so existiert die GAUSZsche Krümmung offenbar überall und ist gleich K. Nach dem im vorigen Paragraphen Bewiesenen kann man daher in der Umgebung eines jeden Punktes von $\boldsymbol{F}$ Polarkoordinaten r, φ einführen und die Metrik der Fläche durch ein Linienelement $ds^2 = dr^2 + B^2 \cdot d\varphi^2$ angeben, wobei

$$\frac{\partial^2 B}{\partial r^2} + K B = 0$$

ist. Da K konstant ist und $B(0, \varphi) = 0$, $B'_r(0, \varphi) = 1$ gilt [dies ist geometrisch einleuchtend und folgt auch aus Formel (20) des vorigen Paragraphen], so ist

$$B(r, \varphi) = \frac{1}{\sqrt{K}} \sin\left(\sqrt{K} \cdot r\right).$$

Das Element ds ist das Linienelement einer Sphäre mit dem Radius $\frac{1}{\sqrt{K}}$. Damit ist der erste Teil des Satzes bewiesen.

Sei $\boldsymbol{F}$ eine geschlossene Fläche. Wir wählen auf ihr einen Punkt Q, einen kleinen Kreis um Q und bilden diesen Kreis isometrisch auf die Sphäre $\boldsymbol{S}_K$ vom Radius $\frac{1}{\sqrt{K}}$ ab. Man kann leicht zeigen, daß man diesen Kreis immer noch so vergrößern kann, daß auch der größere Kreis isometrisch auf S_K abgebildet wird. Man kann dieses Verfahren so lange fortsetzen, bis der Kreis ganz $\boldsymbol{F}$ und sein Bild die ganze Sphäre S_K bedecken. Damit ist bewiesen, daß $\boldsymbol{F}$ einer Sphäre $\boldsymbol{S}_K$ isometrisch ist. (Der Beweis, daß $\boldsymbol{F}$ selbst eine Sphäre ist, wurde in § 5, Kap. VIII angedeutet. Die letzte Bemerkung ist übrigens uninteressant, wenn es sich nur um die innere Geometrie handelt.)

Wenn auf irgendeiner konvexen Fläche die spezifische Krümmung zwischen den Grenzen K_1 und K_2 liegt, so nimmt die innere Geometrie dieser Fläche in gewissem Sinn eine Mittelstellung zwischen den inneren Geometrien der Sphären mit den Radien $\frac{1}{\sqrt{K_1}}$ und $\frac{1}{\sqrt{K_2}}$ ein. Wir führen eine Reihe von Sätzen an, die den genaueren Sinn dieser Aussage erläutern.

Satz 2. *Ist auf einer konvexen Fläche* $\boldsymbol{F}$ *die spezifische Krümmung nach oben beschränkt, so lassen sich, wie im vorigen Paragraphen bewiesen wurde, in der Umgebung jedes Punktes von* $\boldsymbol{F}$ *geodätische Polarkoordinaten* r, φ *einführen. In einer solchen Umgebung* $\boldsymbol{U}$ *sei die spezifische Krümmung mindestens* K_1 *und höchstens* K_2. *Wir führen auf der Sphäre* $\boldsymbol{S}_{K_i}$ $(i = 1,2)$ *geodätische Polarkoordinaten ein und ordnen jedem Punkt von* $\boldsymbol{U}$ *mit den Koordinaten* r, φ *den Punkt von* $\boldsymbol{S}_{K_i}$ *mit diesen Koordinaten zu. Bilden diese Zuordnungen eine Kurve* $\mathfrak{L}$ *auf* $\boldsymbol{F}$ *auf die Kurven* $\mathfrak{L}_1$ *und* $\mathfrak{L}_2$ *auf* $\boldsymbol{S}_{K_1}$ *bzw.* $\boldsymbol{S}_{K_2}$ *ab, so bestehen zwischen den Längen dieser Kurven die Ungleichungen*

$$s(\mathfrak{L}_1) \geqq s(\mathfrak{L}) \geqq s(\mathfrak{L}_2).$$

Auf einer Sphäre mit dem Radius $\frac{1}{\sqrt{K}}$ ist jede Geodätische auf jedem Abschnitt, dessen Länge höchstens $\frac{\pi}{\sqrt{K}}$ ist, eine Kürzeste, keine Kürzeste dagegen auf einem Abschnitt, dessen Länge größer als $\frac{\pi}{\sqrt{K}}$ ist. Für Geodätische auf konvexen Flächen existiert eine analoge Abschätzung in Abhängigkeit von den Grenzen der spezifischen Krümmung. Diese Abschätzungen wurden für Geodätische auf regulären Flächen von BONNET gefunden[1]). Der folgende Satz verallgemeinert die BONNETschen Abschätzungen auf konvexe Flächen, die keinen überflüssigen Regularitätsvoraussetzungen unterworfen sind:

Satz 3: *Ist in der Umgebung der Geodätischen* $\mathfrak{L}$ *auf einer konvexen Fläche die spezifische Krümmung höchstens* K, *so ist jeder Bogen von* $\mathfrak{L}$, *dessen Länge kleiner*

[1]) Siehe z. B. W. BLASCHKE, „Differentialgeometrie", § 100.

als $\frac{\pi}{\sqrt{K}}$ *ist, im Vergleich zu allen hinreichend benachbarten Kurven*[1]) *eine Kürzeste.* *Ist in der Umgebung von* $\mathfrak{L}$ *die spezifische Krümmung mindestens* K, *so ist kein Bogen dieser Geodätischen, dessen Länge größer als* $\frac{\pi}{\sqrt{K}}$ *ist, im Vergleich zu beliebig benachbarten Kurven eine Kürzeste.*

Wir führen noch zwei Sätze an, die sich auf Dreiecke beziehen. In diesen Sätzen bezeichne $\boldsymbol{T}$ ein Dreieck auf einer konvexen Fläche und $\boldsymbol{T}_K$ ein ganz in einer Halbsphäre enthaltenes Dreieck auf der Sphäre $\boldsymbol{T}_K$ vom Radius $\frac{1}{\sqrt{K}}$ mit denselben Seitenlängen wie $\boldsymbol{T}$. Dabei sollen die Seitenlängen von $\boldsymbol{T}$ kleiner sein als $\frac{\pi}{\sqrt{K}}$, so daß das Dreieck $\boldsymbol{T}_K$ sicherlich existiert.

Satz 4: *Ist die spezifische Krümmung in* $\boldsymbol{T}$ *mindestens* K (*höchstens* K), *so sind die Winkel dieses Dreiecks nicht kleiner* (*nicht größer*) *als die entsprechenden Winkel von* $\boldsymbol{T}_K$.

Ist außerdem der Winkel auch nur an einem Eckpunkt A von $\boldsymbol{T} = ABC$ gleich dem entsprechenden Winkel von $\boldsymbol{T}_K$, so ist entweder $\boldsymbol{T}$ zu $\boldsymbol{T}_K$ isometrisch, oder man kann in $\boldsymbol{T}$ eine die beiden anderen Eckpunkte C und B verbindende Kürzeste ziehen, die von $\boldsymbol{T}$ ein zu $\boldsymbol{T}_K$ isometrisches Dreieck abschneidet. Letzteres ist nur in dem Fall möglich, in dem die spezifische Krümmung im Dreieck mindestens K ist.

Satz 5: *Ist die spezifische Krümmung in* $\boldsymbol{T}$ *mindestens* K (*höchstens* K), *so ist der Flächeninhalt von* $\boldsymbol{T}$ *nicht kleiner* (*nicht größer*) *als der Flächeninhalt von* $\boldsymbol{T}_K$.

Für die Differenz der Flächeninhalte $j(\boldsymbol{T}) - j(\boldsymbol{T}_K)$ von $\boldsymbol{T}$ und $\boldsymbol{T}_K$ lassen sich Abschätzungen angeben, die denjenigen, die wir in § 1, Kap. X für die Differenz $j(\boldsymbol{T}) - j(\boldsymbol{T}_0)$ erhalten hatten, analog sind.

Ist die spezifische Krümmung von $\boldsymbol{T}$ mindestens K, so gilt:

$$0 \leqq j(\boldsymbol{T}) - j(\boldsymbol{T}_K) \leqq \tfrac{1}{2}[\omega(\boldsymbol{T}) - \omega(\boldsymbol{T}_K)] \cdot d^2. \tag{1}$$

Ist die spezifische Krümmung von $\boldsymbol{T}$ höchstens K, so gilt:

$$0 \geqq j(\boldsymbol{T}) - j(\boldsymbol{T}_K) \geqq \tfrac{1}{2}[\omega(\boldsymbol{T}) - \omega(\boldsymbol{T}_K)] \cdot d^2. \tag{2}$$

Hier bezeichnen d den Durchmesser von $\boldsymbol{T}$, ω seine Krümmung, wobei selbstverständlich $\omega(\boldsymbol{T}_K) = K \cdot j(\boldsymbol{T}_K)$ gilt. Es zeigt sich, daß die Dreiecke $\boldsymbol{T}$ und

[1]) Folgendes ist bemerkenswert: Ist auf einer vollen konvexen Fläche die spezifische Krümmung höchstens K, so ist jeder Abschnitt einer Geodätischen, dessen Länge kleiner als $\frac{\pi}{\sqrt{K}}$ ist, eine Kürzeste im engeren Sinne und nicht nur eine Kürzeste im Vergleich zu benachbarten Kurven.

T_K isometrisch sind, wenn auch nur auf einer Seite der Formeln (1) und (2) das Gleichheitszeichen steht.

Wir erwähnen noch einen Satz, der sich aus Satz 4 leicht ableiten läßt und diesen offenbar als Spezialfall enthält.

Seien $\mathfrak{L}$ und $\mathfrak{M}$ zwei von einem Punkt Q einer beliebigen Mannigfaltigkeit $\mathfrak{r}$ mit einer Metrik ϱ ausgehende Kürzeste. Seien X, Y veränderliche Punkte auf $\mathfrak{L}$ und $\mathfrak{M}$, $QX = x$, $QY = y$, $XY = z$ und $\gamma_K(x, y)$ der Winkel im Dreieck mit den Seiten x, y, z auf der Sphäre S_K mit dem Radius $\frac{1}{\sqrt{K}}$, der der Seite z gegenüberliegt. Wir wollen sagen, die Metrik ϱ genüge der Bedingung der K-Konvexität oder sie sei K-konvex (Konvexität bezüglich der Metrik der konstanten Krümmung K), wenn für alle $\mathfrak{L}$ und $\mathfrak{M}$ der Winkel $\gamma_K(x, y)$ eine nichtwachsende Funktion auf jedem Intervall $0 < x < x_0$, $0 < y < y_0$ ist, auf dem eine Kürzeste XY existiert. Wir wollen auch sagen, die Metrik genüge der Bedingung der K-Konkavität oder sie sei K-konkav, wenn $\gamma_K(x, y)$ eine nichtabnehmende Funktion von x und y auf einem solchen Intervall ist. Für $K = 0$ geht die Bedingung der K-Konvexität in die Konvexitätsbedingung über. Der letzteren genügt, wie in Kap. III bewiesen wurde, die Metrik jeder konvexen Fläche. Bezüglich der K-Konvexität und K-Konkavität gilt der folgende Satz:

Satz 6: *Ist die spezifische Krümmung auf einer konvexen Fläche* $\boldsymbol{F}$ *mindestens* K *(höchstens* K*), so ist auf* $\boldsymbol{F}$ *die Bedingung der* K*-Konvexität (*K*-Konkavität) erfüllt.*

Wir bemerken noch, daß die Sätze 2, 4, 6 nicht nur notwendige, sondern auch hinreichende Bedingungen dafür enthalten, daß die spezifische Krümmung von $\boldsymbol{F}$ den betreffenden Beschränkungen unterworfen ist. Dabei muß selbstverständlich das Ergebnis von Satz 2 für Umgebungen jedes Punktes von $\boldsymbol{F}$ gelten und das Resultat von Satz 4 für alle Dreiecke auf $\boldsymbol{F}$. Wahrscheinlich gibt auch Satz 5 nicht nur eine notwendige, sondern auch eine hinreichende Bedingung für die entsprechende Beschränkung der spezifischen Krümmung. Wir können es jedoch nicht beweisen.

Aus Platzmangel müssen wir auf eingehende Beweise der oben formulierten Sätze 2—6 verzichten. Wir geben hier nur die Grundzüge dieser Beweise an. Nur die Sätze 2 und 3 werden vollständig bewiesen. Die Grenzen der spezifischen Krümmung setzen wir als positiv voraus, da sonst die Sphäre S_K in eine Ebene übergeht; dann reduzieren sich aber unsere Sätze auf Sätze über den Vergleich der Metrik einer konvexen Fläche mit der Metrik der Ebene. Damit haben wir uns aber im größten Teil der vorangehenden Untersuchungen beschäftigt.

Hilfssatz 1: *Die spezifische Krümmung einer konvexen Fläche* $\boldsymbol{F}$ *sei mindestens* K. *Dann gibt es zu jedem* $K' < K$ $(K' > 0)$ *ein* d *derart, daß in jedem Dreieck* $\boldsymbol{T}$ *auf* $\boldsymbol{F}$*, dessen Durchmesser kleiner als* d *ist, die Winkelsumme größer ist als die*

Winkelsumme des Dreiecks $\boldsymbol{T}_{K'}$ *auf der Sphäre* $\boldsymbol{S}_{K'}$ *mit dem Radius* $\frac{1}{\sqrt{K'}}$, *dessen Seiten dieselbe Länge haben wie die von* $\boldsymbol{T}$.

Da auf $\boldsymbol{F}$ die spezifische Krümmung mindestens K ist, so gilt für jedes Dreieck $\boldsymbol{T}$ mit den Winkeln α, β, γ und dem Flächeninhalt $j(\boldsymbol{T})$

(3) $$\omega(\boldsymbol{T}) = \alpha + \beta + \gamma - \pi \geqq K j(\boldsymbol{T}).$$

Seien $\boldsymbol{T}_0$ und $\boldsymbol{T}_K$ Dreiecke mit übereinstimmenden Seitenlängen auf der Ebene und auf der Sphäre $\boldsymbol{S}_K$. Nach Hilfssatz 1 aus § 1 von Kap. X gilt

$$j(\boldsymbol{T}_0) \leqq j(\boldsymbol{T})$$

und außerdem

$$j(\boldsymbol{T}_0) \geqq j(\boldsymbol{T}_K) - \tfrac{1}{2}\omega(\boldsymbol{T}_K)\cdot d^2 = j(\boldsymbol{T}_K)(1 - \tfrac{1}{2}K d^2).$$

Auf Grund der beiden Ungleichungen folgt aus (3):

(4) $$\omega(\boldsymbol{T}) \geqq K\cdot(1 - \tfrac{1}{2}K d^2)\cdot j(\boldsymbol{T}_K).$$

Bei vorgegebenem $K' < K$ wählen wir d_0 so, daß

$$K' = K\cdot(1 - \tfrac{1}{2}K\cdot d_0^2)$$

ist. Dann gilt nach (4) für jedes Dreieck mit einem Durchmesser $d \leqq d_0$:

(5) $$\omega(\boldsymbol{T}) \geqq K'\cdot j(\boldsymbol{T}_K).$$

Es ist leicht zu zeigen, daß bei kleiner werdender Krümmung der Sphäre der Flächeninhalt eines sphärischen Dreiecks mit gegebenen Seitenlängen abnimmt[1]). Daher ist $j(\boldsymbol{T}_K) > j(\boldsymbol{T}_{K'})$ und daher folgt aus (5)

$$\omega(\boldsymbol{T}) > K' j(\boldsymbol{T}_{K'}) = \omega(\boldsymbol{T}_{K'}),$$

d. h.

(6) $$\alpha + \beta + \gamma > \alpha_{K'} + \beta_{K'} + \gamma_{K'};$$

hierbei bezeichnen α, β, γ und $\alpha_{K'}, \beta_{K'}, \gamma_{K'}$ die Winkel von $\boldsymbol{T}$ und $\boldsymbol{T}_{K'}$. Der Hilfssatz ist somit bewiesen.

Ein analoger Hilfssatz für eine Fläche, auf der die spezifische Krümmung höchstens K ist, ergibt sich, indem man einfach das Zeichen „größer" durch das Zeichen „kleiner" ersetzt.

Hilfssatz 2: *Gilt auf einer konvexen Fläche für jedes Dreieck, dessen Durchmesser kleiner ist als* d_0, *die Ungleichung* (6), *so ist jeder Winkel eines konvexen Dreiecks* $\boldsymbol{T}$ *mit einem Durchmesser* $< d_0$ *größer als der entsprechende Winkel des Dreieckes* $\boldsymbol{T}_{K'}$, *d. h. aus* (6) *folgt*: $\alpha > \alpha_{K'}$, $\beta > \beta_{K'}$, $\gamma > \gamma_{K'}$.

---

[1]) Man kommt übrigens auch ohne Benutzung der Relation $j(\boldsymbol{T}_K) > j(\boldsymbol{T}_{K'})$ für $K > K'$ aus. Da $|j(\boldsymbol{T}_0) - j(\boldsymbol{T}_K)| \leqq \frac{1}{2}\omega(\boldsymbol{T}_K)d^2$ gilt, so unterscheiden sich nämlich $j(\boldsymbol{T}_{K_1})$ und $j(\boldsymbol{T}_{K_2})$ wenig voneinander, wenn nur die Werte K_1 und K_2 nahe beieinander liegen. Man kann daher K'' so wählen, daß die Ungleichungen $K > K'' > K'$ und $K' j(\boldsymbol{T}_K) \geqq K'' j(\boldsymbol{T}_{K''})$ gelten, und dann folgt aus (5):
$$\omega(\boldsymbol{T}) \geqq K'' j(\boldsymbol{T}_{K''}) = \omega(\boldsymbol{T}_{K''}).$$

Sei ABC ein konvexes Dreieck mit einem Durchmesser kleiner als d_0, und $A_0B_0C_0$ ein Dreieck mit denselben Seitenlängen auf der Sphäre $\boldsymbol{S}_{\mathfrak{K}'}$. Entgegen der Behauptung nehmen wir an, es wäre $\alpha \leqq \alpha_{\mathfrak{K}'}$, und zeigen, daß dies unmöglich ist.

Wenn man in ABC die Eckpunkte B und C außer durch die Seite BC noch durch andere Kürzeste verbinden kann, so wählen wir unter diesen die am weitesten links gelegene, d. h. diejenige, die ein Dreieck abschneidet, das keine weiteren B und C verbindenden Kürzesten enthält. Statt des Ausgangsdreiecks ABC betrachten wir dann gerade dieses Dreieck ABC.

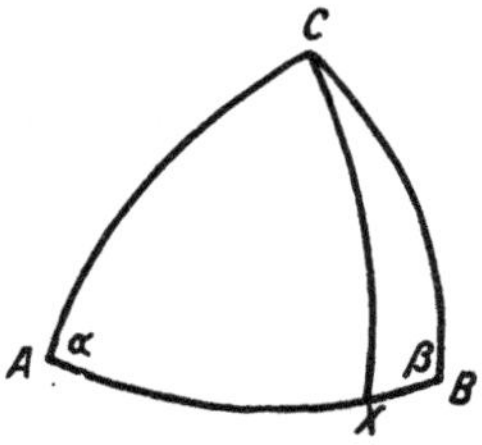

Abb. 95

Da für ABC die Ungleichung (6) erfüllt ist, und da nach Annahme $\alpha \leqq \alpha_{\mathfrak{K}'}$ wäre, so würde entweder $\beta > \beta_{\mathfrak{K}'}$ oder $\gamma > \gamma_{\mathfrak{K}'}$ gelten. Nehmen wir an, es wäre $\beta > \beta_{\mathfrak{K}'}$.

Auf der Seite AB wählen wir einen veränderlichen Punkt X (Abb. 95). Auf Grund des Satzes über die Existenz des Winkels im starken Sinne gilt[1])

$$(7) \qquad \cos\beta = \lim_{X \to B} \frac{CB - CX}{BX}.$$

Ist X_0 ein veränderlicher Punkt auf der Seite A_0B_0 des Dreiecks $A_0B_0C_0$, so ist

$$(8) \qquad \cos\beta_{\mathfrak{K}'} = \lim_{X_0 \to B_0} \frac{C_0B_0 - C_0X_0}{B_0X_0}.$$

Wegen $\beta > \beta_{\mathfrak{K}'}$ würde $\cos\beta < \cos\beta_{\mathfrak{K}'}$ gelten. Aus (7) und (8) würde daher für hinreichend kleine BX und B_0X_0

$$\frac{CB - CX}{BX} < \frac{C_0B_0 - C_0X_0}{B_0X_0}$$

folgen. Nach Konstruktion des Dreiecks $A_0B_0C_0$ gilt aber $C_0B_0 = CB$, so daß für

$$(9) \qquad BX = B_0X_0$$

die Beziehung

$$(10) \qquad CX > C_0X_0$$

gelten würde. Wir könnten also einen Punkt X so wählen, daß die Beziehungen (9) und (10) erfüllt wären.

---

[1]) Ist β_0 ein Winkel im ebenen Dreieck mit den Seiten CB, CX, BX, so gilt $CX^2 = CB^2 + BX^2 - 2CB \cdot BX \cos\beta_0$. Hieraus folgt

$$\cos\beta_0 = \frac{CB - CX}{BX} \cdot \frac{CB + CX}{2CB} + \frac{BX}{2CB};$$

auf Grund des Satzes von der Existenz des Winkels im starken Sinne gilt aber $\lim\limits_{X \to B} \cos\beta_0 = \cos\beta$. Da offenbar $\frac{CB + CX}{2CB} \to 1$ und $\frac{BX}{2CB} \to 0$ streben, so erhalten wir (7).

Betrachten wir die Dreiecke ACX und $A_0C_0X_0$. Das Dreieck ACX ist konvex, da es durch eine Kürzeste CX von dem konvexen Dreieck ABC abgeschnitten wird; sein Durchmesser ist kleiner als d_0, und der Winkel bei der Ecke A ist gleich α. Die Seiten des Dreiecks $A_0C_0X_0$ sind mit denjenigen von ACX durch die Beziehungen

$$A_0C_0 = AC, \; A_0X_0 = AX, \; C_0X_0 < CX \tag{11}$$

verknüpft.

Der Winkel bei der Ecke A_0 im Dreieck $A_0C_0X_0$ ist gleich $\alpha_{K'}$. Konstruiert man auf $\boldsymbol{S}_{K'}$ das Dreieck $A_0C_0X_0^1$ mit Seiten, die gleich AC, AX, CX sind, so ist nach (11) der Winkel $\alpha_{K'}^{(1)}$ bei A_0 größer als $\alpha_{K'}$:

$$\alpha_{K'}^{(1)} > \alpha_{K'}. \tag{12}$$

Da nach Annahme $\alpha_{K'} \geqq \alpha$ sein soll, so wäre $\alpha_{K'}^{(1)} > \alpha$. Wir setzen

$$\alpha_{K'}^{(1)} - \alpha = \varepsilon. \tag{13}$$

Da das Dreieck ACX klein ist, sind dafür die Beziehungen (6) erfüllt, außerdem wäre $\alpha_{K'}^{(1)} > \alpha$. *Für das Dreieck ACX würden also dieselben Voraussetzungen wie für das Dreieck ABC gelten, und man könnte also darauf dieselben Überlegungen anwenden*, d. h. in ACX wäre wenigstens einer der Winkel $\sphericalangle C$ und $\sphericalangle X$ größer als der entsprechende Winkel $\sphericalangle C_0$ oder $\sphericalangle X_0^1$ von $A_0C_0X_0^1$. Wäre z. B. $\sphericalangle C > \sphericalangle C_0$, so könnten wir durch Wiederholung der obigen Überlegungen auf AC einen Punkt Y finden, derart daß analog (12) im Dreieck $A_0Y_0^1X_0^1$ (auf der Sphäre $\boldsymbol{S}_{K'}$) mit Seiten, deren Längen mit denen von AYX übereinstimmen, der Winkel $\alpha_{K'}^{(2)} > \alpha_{K'}^{(1)}$ wäre. Aus (13) würde daher folgen

$$\alpha_{K'}^{(2)} - \alpha > \varepsilon. \tag{14}$$

Diese Überlegungen könnte man fortsetzen, indem man auf den Seiten AB und AC stets neue Punkte X und Y wählt, die immer näher und näher bei A liegen.

Nun betrachten wir die Menge $\mathfrak{M}$ aller Dreiecke AXY mit folgenden Eigenschaften:

1. Die Eckpunkte X, Y liegen auf den Seiten AB und AC von ABC; das Dreieck AXY ist ein in ABC enthaltenes konvexes Dreieck.

2. Ist $AX = x$, $AY = y$ und $\alpha_{K'}(x, y)$ der Winkel bei A_0 im Dreieck $A_0X_0Y_0$ auf der Sphäre $\boldsymbol{S}_{K'}$, dessen Seitenlängen mit denen von AXY übereinstimmen, so gilt: $\alpha_{K'}(x, y) \geqq \alpha + \varepsilon$.

Unsere Überlegung zeigt, daß $\mathfrak{M}$ nicht leer wäre und folgende Eigenschaften besäße:

(I) Zu jedem Dreieck AXY aus $\mathfrak{M}$ existiert in $\mathfrak{M}$ ein Dreieck $AX'Y'$, derart daß $AX' \leqq AX$ und $AY' \leqq AY$ ist und wenigstens in einer dieser Ungleichungen das Kleinerzeichen gilt.

Nun beweisen wir, daß die Menge $\mathfrak{M}$ auch folgende Eigenschaft besäße:

(II) Konvergiert eine Folge von Dreiecken AX_nY_n aus $\mathfrak{M}$, wobei die Punkte X_n, Y_n nicht gegen A streben, so gehört das „Grenz"-Dreieck AXY ebenfalls zu $\mathfrak{M}$.

In der Tat: als Limes konvexer Dreiecke ist auch AXY konvex[1]); die Eckpunkte X, Y liegen auf AB und AC. Außerdem streben die Längen der Seiten von AX_nY_n gegen die Längen der Seiten von AXY. Daher konvergieren die Winkel $\alpha_{K'}(x_n, y_n)$ der entsprechenden sphärischen Dreiecke gegen $\alpha_{K'}(x, y)$, und wegen $\alpha_{K'}(x_n, y_n) \geqq \alpha + \varepsilon$, gilt auch $\alpha_{K'}(x, y) \geqq \alpha + \varepsilon$. Folglich gehört AXY zu $\mathfrak{M}$.

Aus den Eigenschaften (I) und (II) von $\mathfrak{M}$ würde folgen:

(III) In $\mathfrak{M}$ gibt es Dreiecke, bei denen mindestens einer der Eckpunkte X oder Y beliebig nahe bei A liegt. Mit anderen Worten, unter den Zahlen $x = AX$, $y = AY$ gäbe es solche, die sich beliebig wenig von Null unterscheiden.

Aus (I) würde nämlich folgen, daß zu jedem Paar x, y ein Paar x', y' existiert, derart daß $x'y' < xy$ wäre. Aus (II) würde folgen, daß für $x_n \to x$ und $y_n \to y$, für welche die Paare x_n, y_n der betrachteten Menge angehören, auch das Paar x, y dazu gehört, falls noch $xy \neq 0$ gilt. Hieraus ist ersichtlich, daß die untere Grenze der Produkte xy gleich Null wäre, d. h. unter den Zahlen x und y kämen beliebig kleine vor.

Jetzt erinnern wir uns der Definition des Winkels im starken Sinne und wenden sie auf den Winkel α an. Danach ist α der Grenzwert der Winkel $\gamma(x, y)$ in den ebenen Dreiecken $A_0X_0Y_0$ für gegen Null strebendes xy, wobei $x = AX = A_0X_0$; $y = AY = A_0Y_0$ ist. Bei diesem ebenen Dreieck unterscheiden sich aber die Winkel wenig von denjenigen eines sphärischen Dreiecks mit denselben Seitenlängen. Daher gilt

$$\alpha = \lim_{xy \to 0} \alpha_{K'}(x, y). \tag{15}$$

Für die Dreiecke AXY aus $\mathfrak{M}$ hatten wir aber $\alpha_{K'}(x, y) \geqq \alpha + \varepsilon$ abgeleitet, und daher wäre

$$\lim_{xy \to 0} \alpha_{K'}(x, y) \geqq \alpha + \varepsilon,$$

entgegen (15). Dieser Widerspruch zeigt die Unmöglichkeit der Annahme $\alpha_{K'} \geqq \alpha$; folglich gilt $\alpha_{K'} < \alpha$, was zu beweisen war.

Auf einer Fläche, auf der die spezifische Krümmung höchstens $K < K'$ ist, gilt ein analoger Hilfssatz, der sich ergibt, wenn man das Größer- durch das Kleinerzeichen ersetzt.

Hilfssatz 3: *Auf einer konvexen Fläche* $\boldsymbol{F}$ *sei die spezifische Krümmung mindestens* $K > K'$ (*höchstens* $K < K'$). *Sei* QAB *ein gleichschenkliges konvexes*

[1]) Daß der Limes konvexer Figuren wieder eine konvexe Figur ist, folgt unmittelbar daraus, daß der Limes von Kürzesten wieder eine Kürzeste ist.

geodätisches Dreieck auf $\boldsymbol{F}$, *dessen Schenkel* QA *und* QB *hinreichend nahe beieinander liegen. Dann ist die Basis* AB *dieses Dreiecks kleiner (größer) als die Basis des gleichschenkligen Dreiecks auf der Sphäre* $\boldsymbol{S}_{K'}$ *mit Schenkeln derselben Länge und demselben Winkel an der Spitze.*

Beweis: Für die spezifische Krümmung $K_{\boldsymbol{F}}$ auf $\boldsymbol{F}$ gelte die Ungleichung $K_{\boldsymbol{F}} \geqq K > K'$. Nach Hilfssatz 2 sind dann die Winkel jedes hinreichend kleinen konvexen Dreiecks größer als die entsprechenden Winkel des entsprechenden Dreiecks auf $\boldsymbol{S}_{K'}$. Die Seiten QA und QB von QAB mögen so nahe beieinander liegen, daß dieses Dreieck in Dreiecke $\boldsymbol{T}^i$ mit den Eckpunkten auf QA und QB zerlegt werden kann, die so klein sind, daß Hilfssatz 2 darauf anwendbar ist (Abb. 96). Auf der Sphäre $\boldsymbol{S}_{K'}$ konstruieren wir Dreiecke $\boldsymbol{T}^i_{K'}$ mit denselben Seitenlängen wie die der $\boldsymbol{T}^i$. Diese Dreiecke fügen wir genauso aneinander, wie die entsprechenden Dreiecke $\boldsymbol{T}^i$ liegen. Es ergibt sich ein Polygon $\boldsymbol{Q}$. Aus Hilfssatz 2 folgt, daß alle Winkel dieses Polygons π nicht übertreffen; also ist $\boldsymbol{Q}$ konvex. Durch Ausrichten der den Seiten QA und QB entsprechenden Kürzestenzüge Q_0A_0, Q_0B_0 können wir $\boldsymbol{Q}$ in ein Dreieck $\boldsymbol{T}_{K'}$ überführen mit Seiten derselben Länge wie die des Dreiecks QAB. Es erscheint plausibel und ist auch leicht zu beweisen, daß bei dieser Aufbiegung der Winkel bei der Ecke Q_0 abnimmt. Nun war er aber schon kleiner als der Winkel $\sphericalangle Q$ von QAB, und daher ist um so mehr der entsprechende Winkel in $\boldsymbol{T}_{K'}$ kleiner als $\sphericalangle Q$.

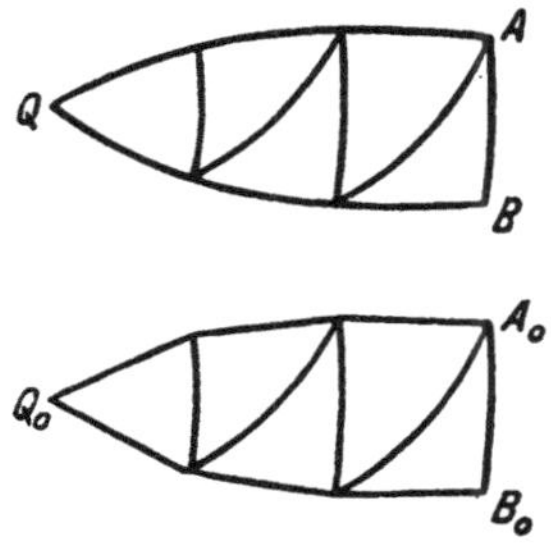

Abb. 96

Konstruiert man daher auf $\boldsymbol{S}_{K'}$ ein gleichschenkliges Dreieck mit Schenkeln, die gleich QA und QB sind und einem Winkel an der Spitze, der gleich $\sphericalangle Q$ ist, so ist die Basis eines solchen Dreiecks größer als AB, was zu beweisen war.

Ist die spezifische Krümmung von $\boldsymbol{F}$ kleiner als K', so führen wir eine analoge Überlegung durch; der Unterschied ist der, daß hier das Polygon $\boldsymbol{Q}$ nicht konvex ist, und daß bei seiner Umwandlung in das Dreieck $\boldsymbol{T}_{K'}$ der Winkel bei Q größer wird.

Jetzt beweisen wir den oben formulierten Satz 3:

Ist in der Umgebung der Geodätischen $\mathfrak{L}$ *auf einer konvexen Fläche die spezifische Krümmung höchstens* K, *so ist jeder Bogen von* $\mathfrak{L}$, *dessen Länge kleiner ist als* $\frac{\pi}{\sqrt{K}}$, *im Vergleich zu allen hinreichend benachbarten Kurven eine Kürzeste. Ist in der Umgebung von* $\mathfrak{L}$ *die spezifische Krümmung mindestens* K, *so ist kein Bogen dieser Geodätischen, dessen Länge größer ist als* $\frac{\pi}{\sqrt{K}}$, *eine Kürzeste.*

In der Umgebung der Geodätischen $\mathfrak{L}$ sei die spezifische Krümmung höchstens K. Wie in § 1 bewiesen wurde, kann man dann von jedem Punkt dieser Umgebung aus nach allen Richtungen Kürzeste ziehen. Von jedem Punkt von $\mathfrak{L}$, z. B. von ihrem Endpunkt Q aus, kann man eine Geodätische beliebiger Länge ziehen (mindestens bis zum Rand der betrachteten Umgebung). Innerhalb eines gewissen Sektors schneiden sich diese Geodätischen nicht; jede von ihnen ist innerhalb dieses Sektors eine Kürzeste.

Wir wählen ein beliebiges $K' > K$. Von Q aus ziehen wir zwei Geodätische $\mathfrak{M}_1$ und $\mathfrak{M}_2$, die so nahe beieinander liegen, daß für jedes gleichschenklige Dreieck QXY mit den Schenkeln auf diesen Geodätischen der Hilfssatz 3 erfüllt ist. (Man sieht leicht, daß das Dreieck QXY konvex ist, wenn $\mathfrak{M}_1$ und $\mathfrak{M}_2$ einander hinreichend benachbart und X und Y innere Punkte dieser Kurven sind.) Wir setzen $QX = QY = r$, ferner bezeichne φ den Winkel zwischen $\mathfrak{M}_1$ und $\mathfrak{M}_2$ und es sei $z = z(r, \varphi) = XY$. Sei $z_{K'}(r, \varphi)$ die Länge der Basis des gleichschenkligen Dreiecks auf der Sphäre $\boldsymbol{S}_{K'}$ mit den Schenkeln r und demselben (eingeschlossenen) Winkel φ. Dann gilt nach Hilfssatz 3

$$z(r, \varphi) > z_{K'}(r, \varphi).$$

Auf $\boldsymbol{S}_{K'}$ bleibt $z_{K'}(r, \varphi)$ größer als Null, solange $r < \frac{\pi}{\sqrt{K'}}$ gilt, und daher ist auch $z(r, \varphi)$ größer als Null für $r < \frac{\pi}{\sqrt{K'}}$. Folglich schneiden sich benachbarte Geodätische $\mathfrak{M}_1$, $\mathfrak{M}_2$ auf Abschnitten, deren Länge kleiner als $\frac{\pi}{\sqrt{K'}}$ ist, nicht. Legt man einen solchen Abschnitt AB von $\mathfrak{L}$ ins Innere eines schmalen geodätischen Dreiecks, so ist AB darin eine relative Kürzeste, da eine Kürzeste in einem solchen Dreieck eine Geodätische sein muß und es nach dem Bewiesenen nur eine einzige A und B verbindende Geodätische gibt.

Jeder Abschnitt der Geodätischen $\mathfrak{L}$, dessen Länge kleiner ist als $\frac{\pi}{\sqrt{K'}}$, ist also im Vergleich zu benachbarten Kurven eine Kürzeste. Da man K' beliebig nahe bei K wählen kann, so gilt das gleiche für Abschnitte, deren Länge kleiner als $\frac{\pi}{\sqrt{K}}$ ist.

Jetzt sei in der Umgebung $\boldsymbol{U}$ der Geodätischen $\mathfrak{L}$ die spezifische Krümmung mindestens K. Der Abschnitt QA dieser Geodätischen sei im Vergleich zu allen hinreichend benachbarten Kurven eine Kürzeste. In seinem Inneren wählen wir einen Punkt B und konstruieren eine nicht auf $\mathfrak{L}$ liegende Punktfolge B_n, die gegen B konvergiert. Für hinreichend große n existieren Kurven QB_n, die relative Kürzeste in $\boldsymbol{U}$ sind. Andernfalls könnte man nämlich eine Folge von Kurven $\widehat{QB_n}$ konstruieren, deren Längen gegen die Länge von QB konvergieren, derart daß die Grenzkurve in der abgeschlossenen Umgebung $\boldsymbol{U}$ nicht mit dem Abschnitt QA von $\mathfrak{L}$ zusammenfiele. Dies würde, wie leicht zu sehen ist, der Deckungsbedingung für Kürzeste widersprechen.

Wir sehen also, daß wir in U zwei benachbarte relativ kürzeste Kurven QB und QB_n ziehen können. Sei φ der Winkel zwischen ihnen und $z(r, \varphi)$ die Entfernung der Punkte X, Y, die auf diesen Kurven gleichlange Abschnitte $QX = QY = r$ abschneiden. Dann gilt nach Hilfssatz 3

$$z(r, \varphi) \leqq z_{K'}(r, \varphi),$$

wo $K' < K$ ist und $z_{K'}$ die gleiche Bedeutung wie oben hat. Für $r = \frac{\pi}{\sqrt{K'}}$ verschwindet aber $z_{K'}(r, \varphi)$; folglich muß auch $z(r, \varphi)$ verschwinden. Dies bedeutet, daß die Längen der Kürzesten QB und QB_n höchstens $\frac{\pi}{\sqrt{K'}}$ sein können; andernfalls würden sie sich schneiden und wären keine Kürzesten. Folglich kann auf einem Abschnitt, dessen Länge größer als $\frac{\pi}{\sqrt{K'}}$ ist, die Geodätische $\mathfrak{L}$ keine Kürzeste sein. Da man aber K' beliebig nahe bei K wählen kann, so gilt dasselbe für Abschnitte, deren Länge größer als $\frac{\pi}{\sqrt{K}}$ ist, und der Satz ist bewiesen.

Jetzt beweisen wir Satz 2.

In einem Gebiet U auf einer konvexen Fläche, in dem die spezifische Krümmung mindestens K_1 und höchstens K_2 ist, seien Polarkoordinaten r, φ eingeführt. Auf der Sphäre S_{K_i} $(i = 1,2)$ führen wir Polarkoordinaten ein und jedem Punkt von U ordnen wir den Punkt der Sphäre S_{K_i} mit denselben Koordinaten zu. Führen diese Abbildungen eine Kurve $\mathfrak{L}$ aus dem Gebiet U in die Kurven $\mathfrak{L}_1$ und $\mathfrak{L}_2$ auf S_{K_1} bzw. S_{K_2} über, so sind die Längen dieser Kurven durch die Ungleichungen

$$s(\mathfrak{L}_1) \geqq s(\mathfrak{L}) \geqq s(\mathfrak{L}_2)$$

verknüpft.

Sei Q der Ursprung eines Polarkoordinatensystems im Gebiet U. Seien X und Y zwei Punkte aus U mit den Koordinaten r, φ und $r + \Delta r$, $\varphi + \Delta\varphi$, wobei $\Delta r \geqq 0$ sei. Auf dem Radius QY wählen wir einen Punkt Z so, daß $QZ = QX = r$ ist. Wir setzen

$$(XY)^2 = \left((ZY)^2 + (XZ)^2\right) \cdot (1 + \xi). \tag{16}$$

Dann wird ξ mit XY unendlich klein; denn ist das Dreieck XYZ klein, so ist seine Krümmung klein, und es unterscheidet sich wenig von einem rechtwinkligen Dreieck auf der Ebene. Da aber die spezifische Krümmung beschränkt ist, wird ξ gleichmäßig unendlich klein, unabhängig von den Koordinaten r, φ von X und nur abhängig von Δr und $\Delta\varphi$[1]).

---

[1]) Eine genaue Abschätzung von ξ durch die Krümmungen der Dreiecke XYZ und QXZ und schließlich durch XY und die Schranken der spezifischen Krümmung K erhält man ohne große Mühe.

Wir wählen ein $K_1' < K_1$, und seien X_0, Y_0, Z_0 Punkte auf $\boldsymbol{S}_{K'}$ mit denselben Koordinaten wie X, Y, Z. Wie oben sei

$$(17)\qquad (X_0 Y_0)^2 = \big((Z_0 Y_0)^2 + (X_0 Z_0)^2\big) \cdot (1 + \eta).$$

Nun ist aber

$$ZY = \Delta r = Z_0 Y_0$$

und nach Hilfssatz 3

$$XZ < X_0 Z_0.$$

Daher folgt aus (16) und (17)

$$(18)\qquad XY < X_0 Z_0 \cdot (1 + \varepsilon),$$

wo ε mit Δr und $\Delta \varphi$ unendlich klein wird.

Nimmt man jetzt in $\boldsymbol{U}$ einen Kürzestenzug $\mathfrak{L}$, zerlegt ihn in kleine Abschnitte und wendet Formel (18) an, so ergibt sich bei unbeschränkter Verfeinerung der Zerlegung

$$s(\mathfrak{L}) \leqq s(\mathfrak{L}_{K_1'}).$$

Da man K_1' in beliebiger Nähe von K_1 wählen kann, so gilt auch

$$s(\mathfrak{L}) \leqq s(\mathfrak{L}_{K_1}).$$

Mittels Approximation durch Kürzestenzüge erhalten wir dasselbe Resultat für beliebige Kurven $\mathfrak{L}$.

Die Ungleichung $s(\mathfrak{L}) \geqq s(\mathfrak{L}_{K_2})$ beweist man entsprechend.

Mit Hilfe dieses Resultats läßt sich Satz 4 in der folgenden abgeschwächten Form beweisen:

Ist auf einer Fläche $\boldsymbol{F}$ *die spezifische Krümmung mindestens* K_1 *und höchstens* K_2, *so liegen die Winkel jedes hinreichend kleinen Dreiecks* $\boldsymbol{T}$ *auf* $\boldsymbol{F}$ *zwischen den entsprechenden Winkeln von* $\boldsymbol{T}_{K_1}$ *und* $\boldsymbol{T}_{K_2}$ *auf den Sphären* $\boldsymbol{S}_{K_1}$ *und* $\boldsymbol{S}_{K_2}$.

Das Dreieck $\boldsymbol{T} = ABC$ sei so klein, daß man jeden seiner Eckpunkte als Ursprung von geodätischen Polarkoordinaten nehmen kann, die in einem $\boldsymbol{T}$ enthaltenden Kreis mit dem Radius $r < \frac{\pi}{\sqrt{K_2}}$ definiert sind. Nimmt man dann z. B. A als Ursprung solcher Koordinaten an, so können wir $\boldsymbol{T}$ auf die Sphäre $\boldsymbol{S}_{K_2}$ dadurch abbilden, daß wir Punkte mit gleichen Polarkoordinaten einander zuordnen. Bei dieser Abbildung (Abb. 97) gehen die Seiten AB und AC von $\boldsymbol{T}$ in die Bögen $A_0 B_0$, $A_0 C_0$ von Großkreisen über, die miteinander einen Winkel bilden, der dem bei A gleich ist:

$$\sphericalangle A_0 = \sphericalangle A.$$

Die Seite BC geht dabei in eine gewisse Kurve $B_0 C_0$ über, deren Länge nach dem soeben bewiesenen Satz 2 nicht größer als die von BC ist. Daher ist um so mehr die Kürzeste $B_0 C_0$ nicht länger als BC:

$$B_0 C_0 \leqq BC.$$

Somit sind die Bestimmungsstücke des sphärischen Dreiecks $A_0B_0C_0$ mit den Bestimmungsstücken von ABC durch die Relationen

$$(19)\qquad A_0B_0 = AB,\quad A_0C_0 = AC,\quad B_0C_0 \leqq BC,\quad \sphericalangle A_0 = \sphericalangle A$$

verbunden. Wenn man jetzt ein sphärisches Dreieck $T_{K_2} = A_1B_1C_1$ mit denselben Seitenlängen wie ABC konstruiert, so folgt aus den ersten drei Beziehungen (19):

$$A_1B_1 = A_0C_0,\quad A_1C_1 = A_0C_0,\quad B_1C_1 \geqq B_0C_0.$$

Hieraus folgt

$$\sphericalangle A_1 \geqq \sphericalangle A_0 = \sphericalangle A;$$

d. h. die Winkel des Dreiecks T sind nicht größer als die entsprechenden Winkel von T_{K_2}, was zu beweisen war.

Die umgekehrte Ungleichung zwischen den Winkeln der Dreiecke T und T_{K_1} wird analog bewiesen. Wir wählen auf S_{K_1} ein Dreieck $A_0B_0C_0$ so, daß $A_0B_0 = AB$, $A_0C_0 = AC$, $\sphericalangle A_0 = \sphericalangle A$ gilt und bilden es auf die gegebene Fläche so ab, daß A_0B_0 in AB und A_0C_0 in AC übergeht. Die Seite B_0C_0 geht dann in eine Kurve $\widehat{BC}$ über, die nach dem soeben bewiesenen Satz nicht länger als B_0C_0 ist. Und da offenbar $BC \leqq \widehat{BC}$ ist, gilt um so mehr $BC \leqq B_0C_0$. Vergleichen wir jetzt das Dreieck $A_0B_0C_0$ mit dem Dreieck $T_{K_1} = A_1B_1C_1$, dessen Seiten dieselbe Länge haben wie die des Dreiecks $T = ABC$, so erhalten wir $\sphericalangle A_1 \leqq \sphericalangle A_0 = \sphericalangle A$, d. h. die Winkel von T sind nicht größer als die entsprechenden Winkel von T_{K_1}.

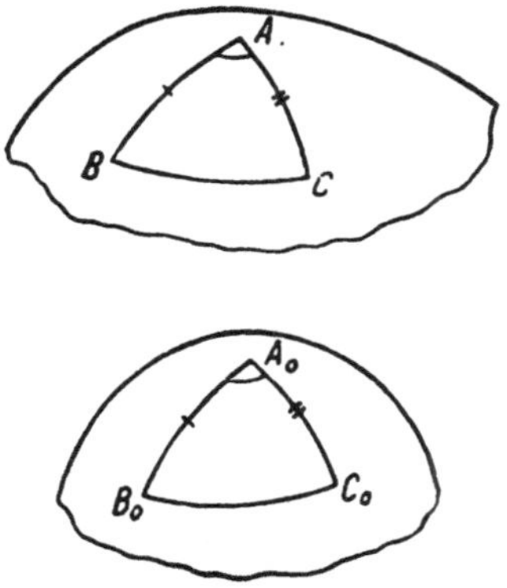

Abb. 97

Dieses Resultat ist schwächer als der zu Anfang des Paragraphen formulierte Satz 2, da dort nicht vorausgesetzt wurde, daß T von einem Gebiet überdeckt werden kann, in dem Polarkoordinaten definiert sind. Ein solches Gebiet braucht überhaupt nicht zu existieren, wenn die spezifische Krümmung nur nach unten, nicht aber nach oben beschränkt ist. Daher erfordert der Beweis von Satz 2 in seinem vollen Umfang wesentlich andere Überlegungen.

In einem Dreieck T sei die spezifische Krümmung mindestens K. Wir wählen ein $K' < K$ und zerlegen T in so kleine Dreiecke T^i, daß auf sie Hilfssatz 2 anwendbar ist, d. h. daß die Winkel dieser Dreiecke größer sind als die entsprechenden Winkel der $T^i_{K'}$ auf $S_{K'}$. Ersetzen wir jedes T^i durch das entsprechende $T^i_{K'}$, so erhalten wir ein Netz, das aus sphärischen Dreiecken besteht. Läßt man die Zerlegung von T unbeschränkt feiner werden, so konvergiert die Metrik des Netzes gegen die Metrik von T. Auf solche Netze aus sphärischen Dreiecken oder, wenn man will, auf „sphärische“ polyedrische Metriken lassen sich im Grunde dieselben Überlegungen anwenden wie auf „ebene" polyedrische Metriken. Mit Hilfe der Approximation einer gegebenen Metrik durch sphärische polyedrische Metriken kann man die Sätze 4, 5, 6 mit denselben Methoden beweisen, wie sie beim Beweis der Konvexitätsbedingung in §§ 2—4 von Kap. III und des Satzes vom Flächeninhalt in § 1 von Kap. X angewandt wurden. Wir überlassen es dem Leser, diese Beweise durchzuführen.

§ 3. Die Form einer konvexen Fläche in Abhängigkeit von ihrer Krümmung

Die Punkte einer konvexen Fläche können drei Klassen angehören: 1. der Klasse der konischen Punkte, in denen der volle Winkel des Tangentialkegels kleiner als 2π ist, 2. der Klasse der „kantigen" Punkte, in denen der Tangentialkegel ein Zweiflach (aber keine Ebene) ist, 3. der Klasse der „glatten" Punkte, in denen der Tangentialkegel eine Ebene ist. In § 2 von Kap. X wurde bewiesen, daß fast alle Punkte einer konvexen Fläche glatt sind, d. h. daß die Menge derjenigen Punkte, in denen keine Tangentialebene vorhanden ist, das Maß Null hat. Da die Krümmung eines konischen Punktes positiv und die Krümmung der ganzen Fläche endlich ist, folgt, daß es höchstens abzählbar viele konische Punkte gibt.

BUSEMANN und FELLER haben folgenden bemerkenswerten Satz bewiesen: *Jede konvexe Fläche ist fast überall zweimal differenzierbar*[1]), so das in allen Punkten mit eventueller Ausnahme einer Menge vom Maß Null auf einer konvexen Fläche die Krümmungen der Normalschnitte existieren, die dem bekannten EULERschen Satz genügen. In allen diesen Punkten existiert eine DUPINsche Indikatrix der gewöhnlichen Form: eine Ellipse, ein Parallelenpaar oder eine „im Unendlichen Liegende", wenn die Krümmung aller Normalschnitte gleich Null ist. In diesen Punkten gelten außer dem EULERschen Satz auch die Sätze von MEUSNIER, RODRIGUES u. a.

Unsere Aufgabe besteht in der Untersuchung folgender Fragen: In welchem Maße hängen die Singularitäten einer konvexen Fläche von ihrer inneren Metrik ab? Welchen Bedingungen muß man die innere Metrik einer konvexen Fläche unter-

---

[1]) D. h. werden rechtwinklige Koordinaten x, y, z so gewählt, daß die Fläche (oder ein Teil der Fläche) durch die Gleichung $z = f(x,y)$ dargestellt wird, so besitzt die Funktion $f(x,y)$ fast überall (d. h. bis auf eine Punktmenge $\{(x,y)\}$ vom Maß Null) ein zweites Differential. Siehe H. BUSEMANN und W. FELLER, Krümmungseigenschaften konvexer Flächen, Acta math., t. 66 (1935), Seite 1 bis 47.

Eine gewisse Verschärfung der Resultate von BUSEMANN und FELLER gibt die Arbeit von А. Д. Александров „Существование почти везде второго дифференциала выпуклой функции и некоторые связанные с ним свойства выпуклых поверхностей", Учёные записки Ленинградского гос. университета, Серия матем. наук, вып. 6 (1939), стр. 1—35. (A. D. ALEXANDROW, „Über die Existenz eines zweiten Differentials bei konvexen Funktionen in fast allen Punkten und einige damit zusammenhängende Eigenschaften konvexer Flächen").

werfen, damit sie glatt oder zweimal differenzierbar wird? In dieser Richtung besitzen wir bisher die folgenden Ergebnisse:

Satz 1: *Wenn auf einer konvexen Fläche die spezifische Krümmung jedes beliebig kleinen, den Punkt A enthaltenden Gebietes eine konstante Zahl nicht übertrifft, so ist entweder A ein „glatter" Punkt oder er ist innerer Punkt einer geradlinigen Kante der Fläche*[1]).

Auf einer geschlossenen Fläche besitzt eine geradlinige Kante stets einen Endpunkt. Auf einer unendlichen vollen konvexen Fläche braucht sie nur in dem Falle keinen Endpunkt zu besitzen, wenn die Fläche ein geschlossener oder offener Zylinder ist; dann ist die Fläche der Ebene isometrisch. Aus Satz 1 folgt daher:

Satz 2: *Wenn auf einer geschlossenen oder einer unendlichen vollen konvexen Fläche, deren Metrik nicht überall euklidisch ist, die spezifische Krümmung beschränkt ist, so ist diese Fläche glatt.*

Hat eine geradlinige Kante einer konvexen Fläche Endpunkte auf der Berandung oder im Unendlichen, so läßt sich die Fläche längs der Kante so aufbiegen, daß diese Kante verschwindet. Aus Satz 1 folgt daher:

Satz 3: *Ist auf einer konvexen Fläche **F** die spezifische Krümmung beschränkt, so existiert eine zu **F** isometrische glatte konvexe Fläche. Mit anderen Worten: Eine Metrik positiver Krümmung, bei der die spezifische Krümmung für alle Gebiete beschränkt ist, ist durch eine glatte konvexe Fläche realisierbar (wenn sie überhaupt durch eine konvexe Fläche realisierbar ist).*

Nach Satz 1 kann durch A eine geradlinige Kante der Fläche hindurchgehen. Ein Beispiel liefert eine Ebene, die längs einer Geraden geknickt ist. Bezüglich einer geradlinigen Kante gilt

Satz 4: *Geht durch einen Punkt A einer konvexen Fläche **F** eine geradlinige Strecke (gleichgültig, ob Kante oder nicht) hindurch, so gibt es auf **F** beliebig kleine A enthaltende Gebiete mit beliebig kleinen spezifischen Krümmungen.*

Aus den Sätzen 1 und 4 folgt

Satz 5: *Liegt auf einer konvexen Fläche **F** die spezifische Krümmung zwischen positiven Grenzen, die für alle Gebiete dieselben sind, so ist **F** glatt und enthält keine geradlinigen Strecken.*

Die angeführten Resultate gestatten es, unsere allgemeinen Realisierungssätze in die übliche Sprache der Differentialgeometrie zu übertragen. In der Differentialgeometrie wird das Realisierungsproblem folgendermaßen formuliert:

---

[1]) Siehe А. Д. Александров, Гладкость выпуклой поверхности с ограниченной гауссовой кривизной. Доклады Академии наук СССР, т. 36, № 7 (1942), стр. 211—216 (A. D. Alexandrow, „Über die Glattheit einer konvexen Fläche mit beschränkter Gaussscher Krümmung").

In einer Mannigfaltigkeit $\mathfrak{r}$ seien in der Umgebung jedes Punktes Koordinaten u, v eingeführt und eine quadratische Form[1])

$$ds^2 = E\,du^2 + 2F\,du\,dv + G\,dv^2 \tag{1}$$

vorgegeben.

Es soll eine Fläche F und eine homöomorphe Abbildung von $\mathfrak{r}$ auf diese Fläche gefunden werden, so daß das Linienelement der Fläche mit dem in $\mathfrak{r}$ definierten Linienelement ds^2 zusammenfällt. Mit anderen Worten: Wenn in der Umgebung irgendeines Punktes die Fläche durch die Gleichungen[2]) $\mathfrak{x} = \mathfrak{x}(u, v)$ dargestellt ist, so soll

$$\mathfrak{x}_u^2 = E, \quad \mathfrak{x}_u \mathfrak{x}_v = F, \quad \mathfrak{x}_v^2 = G$$

gelten.

Aus der Problemstellung selbst geht schon hervor, daß sie genau dann sinnvoll ist, wenn $\mathfrak{x}(u, v)$ differenzierbar, d. h. wenn F glatt ist; man kann sagen, daß es sich in der Differentialgeometrie nicht um die Realisierbarkeit einer Metrik schlechthin, sondern um die Realisierbarkeit eines gegebenen Linienelements handelt.

Eine durch ein Linienelement mit stetiger nichtnegativer GAUSZscher Krümmung vorgegebene Metrik ist ein Spezialfall einer allgemeinen Metrik positiver Krümmung; daher folgt aus dem oben angeführten Satz 3, daß eine solche Metrik durch eine glatte konvexe Fläche realisierbar ist (wenn sie überhaupt durch eine konvexe Fläche realisiert werden kann; z. B. ist sie sicherlich im Kleinen realisierbar).

Folglich ist sie realisierbar im Sinne des differentialgeometrischen Realisierungsproblems. Unsere allgemeinen Realisierungssätze führen also bei Übersetzung in die Sprache der Differentialgeometrie zu folgenden Resultaten:

1. Ein Linienelement mit nichtnegativer Krümmung ist im Kleinen durch eine konvexe Fläche realisierbar;

2. ein auf der Sphäre vorgegebenes Linienelement mit nichtnegativer Krümmung ist durch eine geschlossene konvexe Fläche realisierbar; und schließlich

3. ist ein Linienelement mit nichtnegativer Krümmung auf einer Ebene vorgegeben und bestimmt es auf ihr eine vollständige Metrik, so ist es durch eine unendliche volle konvexe Fläche realisierbar.

---

[1]) Überdecken sich zwei Umgebungen U und U', so sollen sich in ihrem Durchschnitt die Koordinaten u', v' durch die u, v so ausdrücken, daß die Funktionaldeterminante $\frac{D(u', v')}{D(u, v)} \neq 0$ ist und daß die u', v' dreimal nach u, v differenzierbar sind. Beim Übergang von den Koordinaten u, v zu u', v' müssen sich die Koeffizienten so transformieren, daß der Wert der quadratischen Form ds^2 ungeändert bleibt. (Die dreimalige Differenzierbarkeit wird deshalb gebraucht, weil in den Ausdruck für die GAUSZsche Krümmung die zweiten Ableitungen von E, F, G eingehen und sich E, F, G durch E', F', G' und die ersten Ableitungen der einen Koordinaten nach den anderen ausdrücken.) Die Koeffizienten E, F, G werden als zweimal stetig differenzierbare Funktionen der Koordinaten u, v vorausgesetzt.

[2]) Durch die Abbildung der Mannigfaltigkeit $\mathfrak{r}$ auf die Fläche übertragen sich auch die Koordinaten u, v auf die Fläche.

Auf einer Fläche, die ein vorgegebenes Linienelement realisiert, fällt auf Grund des verallgemeinerten GAUSZschen Satzes die durch dieses Linienelement bestimmte GAUSZsche Krümmung mit der GAUSZschen Krümmung zusammen, die als Grenzwert des Verhältnisses des Flächeninhalts des sphärischen Bildes und des Flächeninhalts des Gebietes definiert ist. Die GAUSZsche Krümmung braucht jedoch nicht gleich dem Produkt der Hauptkrümmungen zu sein, da aus ihrer Existenz keineswegs die Existenz der Hauptkrümmungen folgt. In allen Punkten, in denen die Fläche zweimal differenzierbar ist — nach dem Satz von BUSEMANN und FELLER also fast überall — ist die GAUSZsche Krümmung gleich dem Produkt der Hauptkrümmungen. Doch kann es Punkte geben, in denen zwar die GAUSZsche Krümmung existiert, aber kein Normalschnitt eine bestimmte Krümmung hat. Als Beispiel kann die Fläche dienen, die durch die Gleichung

$$2z = ax^2 + \frac{1}{a} y^2$$

vorgegeben ist, wo

$$a = 1 + \tfrac{1}{2} \sin \ln \ln z .$$

Auf dieser Fläche existiert in der Umgebung des Punktes $x = y = 0$ die GAUSZsche Krümmung und ist dort stetig; im Punkt $x = y = 0$ selbst ist sie gleich Eins. In diesem Punkte besitzt aber kein Normalschnitt eine Krümmung. Ein anderes Beispiel wird durch die Fläche $z^2 = |x|^7 + |y|^3$ gegeben. Im Punkt $x = y = 0$ verschwindet eine der Hauptkrümmungen der Fläche, die andere wird unendlich groß, die GAUSZsche Krümmung dagegen ist stetig und gleich Null[1]).

Folglich sichern Existenz und Stetigkeit der GAUSZschen Krümmung keineswegs die zweimalige Differenzierbarkeit der Fläche[2]).

---

[1]) Man kann Beispiele angeben, wo die DUPINsche Indikatrix eine Gerade ist (d. h. die eine Hauptkrümmung ist gleich Null, die andere unendlich), während die GAUSSsche Krümmung positiv und stetig ist.

[2]) Diese Frage taucht nicht nur im Zusammenhang mit den Realisierungssätzen, sondern auch mit einer Reihe anderer Existenzsätze für konvexe Flächen auf: z. B. im Zusammenhang mit dem bekannten Satz von MINKOWSKI über die Existenz einer geschlossenen konvexen Fläche mit einer als Funktion der Normalen vorgegebenen GAUSZschen Krümmung oder im Zusammenhang mit einem anderen Existenzsatz für konvexe Flächen mit vorgegebener Krümmung, den wir am Schluß des § 4 von Kap. V angeführt haben. Über diese Sätze siehe die folgenden Arbeiten von (А. Д. Александрова: 1) Существование почти всзде второго дифференциала выпуклой функции и некоторые связанные с ним свойства выпуклых поверхностей, Учёные записки ЛГУ, серия матем. наук, вып. 6 (1939), стр. 1–35; 2) К теории смешанных объёмон выпуклых тел. III. Матем. сборник, т. 3, вып. 1 (1938), стр. 27–41; 3) Существование и единственность выпуклой поверхности с данной интегральной кривизной, Доклады Академии наук СССР, т. 35, № 5 (1942), стр. 143–147. (A. D. ALEXANDROW: 1. „Über die Existenz eines zweiten Differentials bei konvexen Funktionen in fast allen Punkten und einige damit zusammenhängende Eigenschaften konvexer Flächen". 2. „Zur Theorie der gemischten Volumina konvexer Körper". 3. „Existenz und Eindeutigkeit einer konvexen Fläche mit vorgegebener Integralkrümmung".

[3]) Siehe ein beliebiges Lehrbuch der Differentialgeometrie, z. B. W. BLASCHKE, § 58.

Zum Schluß stellen wir einige Aufgaben.

Die konischen Punkte sind genau diejenigen Punkte der Fläche, in denen die Krümmung positiv ist. Kann man nicht auch eine innere Charakterisierung anderer Typen von Punkten einer konvexen Fläche geben, z. B. von isolierten „kantigen" Punkten oder solchen, in denen die DUPINsche Indikatrix eine Ellipse ist?

In der Differentialgeometrie wird der Zusammenhang zwischen der inneren Metrik und der äußeren Form der Fläche durch die bekannten Formeln von GAUSZ-CODAZZI ausgedrückt[3]). Diese Formeln geben notwendige und hinreichende Bedingungen, die eine quadratische Differentialform erfüllen muß, damit bei gegebenem Linienelement eine Fläche existiert, für die diese Form die zweite quadratische (Grund-)Form ist. Diese Bedingungen sind notwendig und hinreichend und haben nur für Formen Sinn, deren Koeffizienten differenzierbar sind; denn in die GAUSZ-CODAZZIschen Formeln gehen die ersten Ableitungen der Koeffizienten der zweiten Grundform ein.

Es ist bekannt, daß durch Vorgabe der ersten und der zweiten Grundform die Fläche bis auf Spiegelungen und Bewegungen eindeutig bestimmt ist. Dies gilt für Flächen, die mindestens dreimal differenzierbar sind, d. h. für Flächen, die in der Umgebung jedes Punktes durch eine Gleichung $z = f(x, y)$ dargestellt werden können (bei geeigneter Wahl der kartesischen Koordinaten x, y, z), wobei die Funktion $f(x, y)$ stetige Ableitungen bis zur dritten Ordnung einschließlich besitzt. Für Flächen, die dieser Bedingung nicht genügen, werden die CODAZZIschen Formeln sinnlos. Für Flächen, die nicht zweimal differenzierbar sind, besitzt selbst die zweite quadratische Grundform nicht in allen Punkten einen Sinn. Man kann jedoch nach einer Begriffsbildung fragen, die die zweite quadratische Grundform und die GAUSZ-CODAZZIschen Formeln für beliebige konvexe Flächen ersetzt. Können wir nicht in ähnlicher Weise, wie wir die erste Grundform durch den allgemeinen Begriff der Entfernung auf der Fläche ersetzt haben, auch die zweite Grundform durch einen globalen Begriff ersetzen, der für alle konvexen Flächen Sinn hätte?

Ein entsprechender Ersatz für die GAUSZsche Formel wird schon durch den allgemeinen GAUSZschen Satz gegeben, der ein Integralausdruck für diese Formel ist. In diesem Zusammenhang läßt sich der folgende von L. PIKUS vorgeschlagene Ansatz zur Lösung der gestellten Frage skizzieren.

Als dritte quadratische Grundform der Fläche bezeichnet man den Ausdruck für das Quadrat des Linienelementes des sphärischen Bildes der Fläche. Ist nämlich $\mathfrak{n}$ der Einheitsvektor der Normalen zur Fläche, auf der die Koordinaten u, v eingeführt sind, so ist die dritte quadratische Form:

$$d\mathfrak{n}^2 = \mathfrak{n}_u^2\, du^2 + 2\mathfrak{n}_u \mathfrak{n}_v\, du\, dv + \mathfrak{n}_v^2\, dv^2.$$

Es ist bekannt, daß sich die zweite quadratische Grundform der Fläche durch die erste und die dritte ausdrücken läßt[1]). Man kann daher statt der zweiten die

[1]) Siehe W. BLASCHKE, „Differentialgeometrie", § 50.

dritte Grundform betrachten und aus ihr Formeln ableiten, welche die GAUSZ-CODAZZIschen ersetzen. Es zeigt sich, daß die erste und dritte Grundform die Fläche bis auf Bewegungen und Spiegelungen eindeutig bestimmen; ausgenommen ist dabei der Fall, daß die mittlere Krümmung verschwindet (d. h. der Fall der Minimalflächen).

Das sphärische Bild ist für beliebige konvexe Flächen definiert, und an Stelle des Linienelementes des sphärischen Bildes kann man einfach die Entfernung zwischen seinen Punkten betrachten, d. h. also die Winkel zwischen den Normalen der Stützebenen der Fläche. Da durch gewisse Punkte der Fläche unendlich viele Stützebenen hindurchgehen können, so besteht zwischen den Punkten der Fläche und den Normalen im allgemeinen keine eindeutige Zuordnung. Es wäre daher vielleicht günstig, die Fläche als Gesamtheit von „Elementen" zu betrachten, wobei ein Element aus einem Punkt und einer durch ihn gehenden Stützebene besteht. Zwischen diesen „Elementen" gibt es zwei eindeutig definierte Entfernungen: die auf der Fläche gemessene Entfernung zwischen den Punkten und der Winkel zwischen den Normalen zu den Stützebenen; die erste ersetzt die erste Grundform, die zweite die dritte Grundform der Fläche. Für Polyeder ist es fast selbstverständlich, daß die Vorgabe dieser Entfernungen zwischen „Elementen" das Polyeder eindeutig bestimmt. POGORELOW hat dasselbe für beliebige konvexe Flächen bewiesen: Lassen zwei konvexe Flächen eine isometrische Abbildung aufeinander zu, die außerdem noch die Winkel zwischen den Normalen in entsprechenden Punkten invariant läßt, so sind die Flächen kongruent[1]).

Die Frage nach den Zusammenhängen zwischen der inneren Metrik der Fläche und ihrem sphärischen Bild, welche die CODAZZI-Formeln ersetzen, bleibt völlig offen.

---

[1]) А. В. Погорелов, Одна теорема единственности для выпуклых поверхностей, (A. W. POGORELOW, Ein Eindeutigkeitssatz für konvexe Flächen), Math. Sbornik T. 26, S. 147—152 (1950).

KAPITEL XII

VERALLGEMEINERUNGEN

§ 1. Konvexe Flächen in Räumen konstanter Krümmung

1. Außer dem Euklidischen Raum gibt es noch andere Räume, in denen starre Körper frei bewegt werden können, die Räume konstanter Krümmung. Die einfachsten unter diesen sind vom topologischen Standpunkt aus der sphärische und der LOBATSCHEWSKIsche Raum. Jeder solche Raum ist durch den Wert seiner Krümmung K charakterisiert: durch das Verhältnis des Exzesses $\alpha + \beta + \gamma - \pi$ eines Dreiecks zu seinem Flächeninhalt. Für einen sphärischen Raum ist $K > 0$, für einen LOBATSCHEWSKIschen $K < 0$. Den Euklidischen Raum kann man als Grenzfall des LOBATSCHEWSKIschen mit $K = 0$ betrachten. Ein sphärischer Raum der Krümmung K kann durch eine dreidimensionale Sphäre mit dem Radius $\frac{1}{\sqrt{K}}$ im vierdimensionalen Euklidischen Raum dargestellt werden.

Im folgenden bezeichnet $\mathfrak{r}_K$ im Fall $K > 0$ den sphärischen Raum der Krümmung K, im Fall $K < 0$ den LOBATSCHEWSKIschen Raum der Krümmung K und im Fall $K = 0$ den Euklidischen Raum.

In solchen Räumen existieren Geraden und Ebenen; so ist z. B. auf der dreidimensionalen Sphäre eine Gerade ein Großkreis und eine Ebene eine zweidimensionale Sphäre, die sich aus der dreidimensionalen Sphäre durch einen diametralen Schnitt ergibt.

Versteht man unter einer Strecke AB eine im Raum kürzeste Kurve, die die Punkte A und B verbindet, d. h. einen Abschnitt einer Geraden, so läßt sich der Begriff eines konvexen Körpers einführen. Man definiert ihn als abgeschlossene Menge, die innere Punkte besitzt und die Eigenschaft hat, daß sie mit je zwei beliebigen Punkten auch die Verbindungsstrecke dieser Punkte enthält. Dann kann man den Begriff „konvexe Fläche" als Gebiet auf der Berandung eines konvexen Körpers einführen. Man kann sich die Aufgabe stellen, die innere Geometrie der konvexen Flächen in sphärischen und LOBATSCHEWSKIschen Räumen zu untersuchen. Es stellt sich heraus, daß diese Untersuchung mit genau denselben Methoden durchgeführt werden kann, wie wir sie für die konvexen Flächen im Euklidischen Raum anwandten. Die Resultate sind natürliche

Verallgemeinerungen derjenigen, die wir im Fall des Euklidischen Raumes erhielten. Es verhält sich so, daß wir bei unseren Schlüssen ohne das Parallelenaxiom auskommen könnten, und dies sichert schon die Möglichkeit, sie auf den LOBATSCHEWSKIschen Raum zu übertragen. Der Übergang zum sphärischen Raum erfordert selbstverständlich die Abänderung weiterer Axiome, da dort die Geraden geschlossen sind und je zwei Geraden sich schneiden. Dies erweist sich jedoch als durchaus nicht wesentlich. Es läßt sich nämlich leicht zeigen, daß jedes konvexe Gebiet auf der Sphäre, also ein konvexer Körper im sphärischen Raum, stets in einer Halbsphäre enthalten ist (außer wenn es sich um die ganze Sphäre handelt). Bei der Untersuchung der konvexen Flächen kann man daher innerhalb einer Halbsphäre bleiben.

2. Die Untersuchung der inneren Geometrie der konvexen Flächen im Raum $\mathfrak{r}_K$ mit der konstanten Krümmung K müssen wir mit dem Beweis des Satzes über die Konvergenz von Metriken konvergierender geschlossener konvexer Flächen beginnen, um damit die Anwendung der Methode der Approximation durch Polyeder zu ermöglichen.

Der Beweis dieses Satzes für den Fall des Euklidischen Raumes $\mathfrak{r}_0$, den wir in § 1 von Kap. III gegeben haben, benutzte wesentlich die Ähnlichkeitstransformation. Er läßt sich daher nicht auf $\mathfrak{r}_K$ mit $K \neq 0$ übertragen. Man kann jedoch einen Beweis angeben, der die Ähnlichkeitstransformation gar nicht benutzt. Einen solchen Beweis für den Fall des LOBATSCHEWSKIschen Raumes habe ich in meiner Arbeit „Volle konvexe Flächen im LOBATSCHEWSKIschen Raum“ [1]) veröffentlicht.

Wenn der Satz über die Konvergenz von Metriken bewiesen ist, wenden wir uns dem Beweis der Tatsache zu, *daß die Metrik einer konvexen Fläche der Konvexitätsbedingung genügt.* Mit anderen Worten: sind X und Y veränderliche Punkte auf Kürzesten $\mathfrak{L}$, $\mathfrak{M}$, die von Q ausgehen, $QX = x$, $QY = y$, $XY = z$, so ist der Winkel $\gamma(x, y)$ im ebenen Dreieck mit den Seiten x, y, z, der der Seite z gegenüberliegt, eine nichtwachsende Funktion von x und y. Es handelt sich hierbei um eine Ebene im gegebenen Raum $\mathfrak{r}_K$, dessen konvexe Flächen wir untersuchen. Diese Ebene ist vom Standpunkt der inneren Metrik eine Fläche mit der konstanten Krümmung K. Unter Verwendung der in § 2 von Kap. XI eingeführten Terminologie können wir von der K-Konvexität sprechen.

Der Beweis der Tatsache, daß auf einer konvexen Fläche im $\mathfrak{r}_K$ die K-Konvexitätsbedingung erfüllt ist, wird wörtlich so geführt wie für den Fall $K = 0$ in den §§ 2, 3 von Kap. III. Dabei müssen wir selbstverständlich Polyeder (oder polyedrische Metriken) betrachten, die aus in $\mathfrak{r}_K$ ebenen Dreiecken zusammengesetzt sind, d. h. aus Dreiecken, die aus Flächen der konstanten Krümmung K ausgeschnitten sind. Im übrigen wird der Beweis wörtlich wiederholt.

---

[1]) „Полные выпуклые поверхности в пространстве Лобачевского“, Известия Академии наук СССР, серия матем., т. 9, № 2 (1945), стр. 113–120.

3. Die in § 4 von Kap. III aus der Konvexitätsbedingung abgeleiteten Folgerungen behalten ebenfalls ihre Gültigkeit, und ihr Beweis ist derselbe. Insbesondere ergibt sich, *daß die Winkel zwischen den Seiten eines Dreiecks auf einer konvexen Fläche im* $\mathfrak{r}_K$ *nicht kleiner sind als die entsprechenden Winkel eines Dreiecks mit denselben Seitenlängen auf einer Ebene im* $\mathfrak{r}_K$, *d. h. auf einer Fläche der konstanten Krümmung* K. Hieraus folgt, daß im sphärischen Raum die Summe der Winkel zwischen den Seiten eines Dreiecks auf einer konvexen Fläche stets größer als π ist. Weiter folgt aus der K-Konvexitätsbedingung genauso wie in § 4 von Kap. III, daß zwischen zwei von einem Punkt ausgehenden Kürzesten auf einer konvexen Fläche im $\mathfrak{r}_K$ der Winkel im starken Sinne existiert. Daher besitzt jede konvexe Fläche in einem sphärischen Raum eine Metrik positiver Krümmung. Andererseits hat in einem sphärischen Raum offenbar jeder konvexe Körper endliche Ausmaße, jede konvexe Fläche ist daher Teil einer geschlossenen konvexen Fläche. Wir haben aber in Kap. VII bewiesen, daß jeder einer Sphäre homöomorphe metrische Raum mit einer Metrik positiver Krümmung einer geschlossenen konvexen Fläche im Euklidischen Raum isometrisch ist. Folglich *ist jede konvexe Fläche in einem sphärischen Raum* $\mathfrak{r}_K$ *einer konvexen Fläche im Euklidischen Raum isometrisch; und zwar, wie man zeigen kann, einer Fläche, deren spezifische Krümmung mindestens* K *ist.* Vom Standpunkt der inneren Metrik bieten also die konvexen Flächen in einem sphärischen Raum im Vergleich zu den konvexen Flächen im Euklidischen Raum nichts Neues. Es ist also nicht notwendig, sie gesondert zu untersuchen. Man kann auch zeigen, daß jede konvexe Fläche im Euklidischen Raum, auf der die spezifische Krümmung mindestens K ist und auf der sich je zwei beliebige Punkte durch eine Kürzeste verbinden lassen, einer konvexen Fläche in einem sphärischen Raum der Krümmung K isometrisch ist. Wenn jedoch auf einer konvexen Fläche im Euklidischen Raum nicht jedes Punktepaar durch eine Kürzeste verbunden werden kann, so braucht diese Fläche keiner konvexen Fläche im sphärischen Raum $\mathfrak{r}_K$ isometrisch zu sein, auch wenn ihre Krümmung nicht kleiner als K ist. (Ein Beispiel gibt eine nichtgeschlossene konvexe Rotationsfläche der konstanten Krümmung K, deren Äquator länger als $\frac{2\pi}{\sqrt{K}}$ ist.)

4. Ganz anders verhält es sich mit den konvexen Flächen im LOBATSCHEWSKIschen Raum. Beispielsweise ist eine Ebene im LOBATSCHEWSKIschen Raum selbstverständlich eine konvexe Fläche; sie besitzt aber eine konstante negative Krümmung und ist daher sicherlich nicht irgendeiner konvexen Fläche im Euklidischen Raum isometrisch. Daher sind auch die Polyeder des LOBATSCHEWSKIschen Raumes konvexen Flächen im Euklidischen Raum nicht isometrisch. Das zeigt, daß die konvexen Flächen des LOBATSCHEWSKIschen Raumes vom Standpunkt der inneren Metrik etwas wesentlich Neues bieten. Außerdem erweist sich die Anzahl der topologisch verschiedenen Typen voller konvexer Flächen im LOBATSCHEWSKIschen Raum nicht wie im Euklidischen Raum als endlich, sondern als unendlich. Es gilt nämlich der folgende Satz: *Eine konvexe Fläche*

im LOBATSCHEWSKI*schen Raum ist einem Gebiet auf der Sphäre homöomorph, zu jedem Gebiet auf der Sphäre gibt es eine homöomorphe volle konvexe Fläche im* LOBATSCHEWSKI*schen Raum.*

Zum Beweis bedienen wir uns der Interpretation des LOBATSCHEWSKIschen Raumes, bei der dieser durch das Innere einer Kugel $\mathfrak{E}$ im Euklidischen Raum dargestellt wird und bei der die Geraden dieses Raumes als Strecken der Euklidischen Geraden gedeutet werden[1]). Dann wird jede Strecke im Sinne von LOBATSCHEWSKI durch eine Strecke in der Kugel $\mathfrak{E}$ dargestellt, und umgekehrt ist jede Strecke in $\mathfrak{E}$ eine Darstellung einer Strecke einer LOBATSCHEWSKIschen Geraden. Einem konvexen Körper im LOBATSCHEWSKIschen Raum entspricht daher ein Euklidischer konvexer Körper, der nur im Innern von E liegende Punkte enthält. Umgekehrt stellt jeder derartige Euklidische konvexe Körper einen konvexen Körper im LOBATSCHEWSKIschen Raum dar. So erhalten wir eine klare anschauliche Vorstellung von den konvexen Körpern und folglich auch von den konvexen Flächen im LOBATSCHEWSKIschen Raum.

Sei $\mathfrak{H}$ ein in $\mathfrak{E}$ liegender Euklidischer konvexer Körper, dessen auf der Oberfläche $\boldsymbol{S}$ von $\mathfrak{E}$ liegende Punkte wir ausschließen. Eine Projektion der Berandung von $\mathfrak{H}$ auf die Sphäre $\boldsymbol{S}$ von einem beliebigen im Innern von $\mathfrak{H}$ liegenden Punkt aus ist ein Homöomorphismus. Die Berandung von $\mathfrak{H}$ ist daher einer offenen Menge auf der Sphäre homöomorph. Hieraus folgt, daß jede konvexe Fläche im LOBATSCHEWSKIschen Raum einem Gebiet auf der Sphäre homöomorph ist.

Wir wählen jetzt auf der Sphäre $\boldsymbol{S}$ eine offene Menge $\boldsymbol{G}$, derart daß ihre Komplementärmenge $\boldsymbol{S}-\boldsymbol{G}$ nicht in einer Ebene liegt. (Dies kann durch eine topologische Transformation von $\boldsymbol{G}$ immer erreicht werden, wenn nur $\boldsymbol{G} \neq \boldsymbol{S}$ ist.) Die konvexe Hülle der Menge $\boldsymbol{S}-\boldsymbol{G}$ stellt nach Ausschluß dieser Menge selbst einen konvexen Körper im LOBATSCHEWSKIschen Raum dar. Wir überzeugen uns durch Projektion der Berandung dieses Körpers auf die Sphäre $\boldsymbol{S}$, daß diese Berandung der Menge $\boldsymbol{G}$ homöomorph ist. Für jede offene Menge $\boldsymbol{G}$ auf der Sphäre gibt es daher einen konvexen Körper im LOBATSCHEWSKIschen Raum, dessen Berandung dieser Menge homöomorph ist. (Für den Fall $\boldsymbol{G} = \boldsymbol{S}$ ist das von selbst klar; jeder endliche konvexe Körper besitzt ja eine der Sphäre homöomorphe Berandung.) Die Menge $\boldsymbol{G}$ braucht nicht zusammenhängend zu sein, aber im Begriff der Fläche steckt der Zusammenhang; ist $\boldsymbol{G}$ zusammenhängend, d. h. ein Gebiet, so ergibt unsere Konstruktion eine ihm homöomorphe volle konvexe Fläche.

5. Nachdem man bewiesen hat, daß die Metrik konvexer Flächen im Raum konstanter Krümmung K der K-Konvexitätsbedingung genügt, und nachdem man aus dieser Bedingung die den Sätzen 1—5 aus § 4 von Kap. III analogen Folgerungen gezogen hat, läßt sich der weitere Aufbau der inneren Geometrie der konvexen Flächen im $\mathfrak{r}_K$ in derselben Weise durchführen wie für die konvexen Flächen im Euklidischen Raum $\mathfrak{r}_0$. Vor allem lassen sich alle Resultate

[1]) Das ist die bekannte projektive Interpretation des LOBATSCHEWSKIschen Raumes

aus Kap. IV, welche Winkel zwischen Kürzesten und Sektorwinkel betreffen, unverändert auf die konvexen Flächen im $\mathfrak{r}_K$ verallgemeinern. Ein gewisser Unterschied taucht an der Stelle auf (§§ 5, 6 von Kap. IV), an der wir den Winkel zwischen Kürzesten dadurch räumlich interpretiert haben, daß wir ihn auf den auf dem Tangentialkegel gemessenen Winkel zwischen den Tangenten der Kürzesten zurückführten. Wir haben ja den Tangentialkegel als Resultat einer unbeschränkten Ähnlichkeitsvergrößerung der Fläche erhalten; für $K \neq 0$ sind aber im Raum $\mathfrak{r}_K$ Ähnlichkeitstransformationen unmöglich. Man muß sich daher der anderen Definition des Tangentialkegels bedienen, nach der dieser von den Limites der Strahlen gebildet wird, die von dem gegebenen Punkt Q aus zu dem veränderlichen Punkt X der Fläche verlaufen, wenn X gegen Q strebt. Der Beweis der Tatsache, daß die Metrik des Tangentialkegels die Metrik der Fläche in einer unendlich kleinen Umgebung von Q approximiert, muß dann auf andere Weise geführt werden. Einen solchen Beweis kann man angeben, wir wollen ihn hier jedoch nicht darlegen. Was den Beweis der Existenz von Halbtangenten an Kürzeste auf konvexen Flächen betrifft, so läßt sich die LIEBERMANsche Methode, mit deren Hilfe dieser Beweis in § 6 von Kap. IV geführt wurde, fast wörtlich auf einen beliebigen $\mathfrak{r}_K$ übertragen[1]). Alle Resultate über Winkel zwischen Kürzesten lassen sich daher wörtlich und in gleicher Formulierung auf den Fall eines beliebigen $\mathfrak{r}_K$ übertragen.

6. Weiter folgt die Krümmungslehre, die wir in Kap. V entwickelt haben.

Die Definition der Krümmung eines offenen Dreiecks, einer offenen Kürzesten und eines Punktes aus § 1 von Kap. V sowie alle Ergebnisse dieses Paragraphen lassen sich wörtlich mit einem einzigen, allerdings wesentlichen Unterschied wiederholen. Im Falle $K < 0$, d. h. im Fall eines LOBATSCHEWSKIschen Raumes, kann nämlich die Summe der Winkel eines Dreiecks auf einer konvexen Fläche kleiner als π, die Krümmung eines Dreiecks (Winkelsumme minus π) also negativ sein. Hätten wir in Kap. V den Weg des rein innergeometrischen Aufbaues der Krümmungslehre verfolgt, so brauchten wir im $\mathfrak{r}_K$ nichts zu ändern. Wir kämen zu dem Ergebnis, daß die Krümmung nicht nur eine additive, sondern eine vollständig additive Mengenfunktion auf einer konvexen Fläche in jedem $\mathfrak{r}_K$ ist. Ebenso wäre es möglich, den Begriff der Krümmung auf alle BORELschen Mengen auf konvexen Flächen im $\mathfrak{r}_K$ zu übertragen. Schließlich bleibt auch die Rolle der Krümmung als Maß des „nichteuklidischen Charakters" der Metrik im Falle konvexer Flächen in beliebigen $\mathfrak{r}_K$ selbstverständlich erhalten.

Jedoch kann der verallgemeinerte GAUSZsche Satz, nach dem die Krümmung gleich dem Flächeninhalt des sphärischen Bildes ist, nicht wörtlich in einen beliebigen $\mathfrak{r}_K$ übertragen werden, und zwar aus dem einfachen Grund, da man sich für $K \neq 0$ in $\mathfrak{r}_K$ nicht der gewöhnlichen Parallelverschiebung von Vektoren bedienen kann und daher schon der Begriff des sphärischen Bildes keinen Sinn

[1]) Mit Hilfe dieser Methode konstruierten wir einen Zylinder über einer Kürzesten (als „Leitkurve") mit parallelen Geraden als Erzeugenden. Man kann jedoch an Stelle eines Zylinders einen Kegel betrachten, was zum selben Resultat führt.

hat. Um den GAUSZschen Satz auf einen beliebigen $\mathfrak{r}_K$ verallgemeinern zu können, muß man zuerst den Begriff des Flächeninhalts eines Gebietes auf einer konvexen Fläche einführen.

Nun läßt sich aber die Lehre vom Flächeninhalt eines Gebiets auf einer konvexen Fläche, wie wir sie in den §§ 1, 2 von Kap. X entwickelt haben, unverändert auf einen beliebigen $\mathfrak{r}_K$ übertragen. Der Unterschied besteht nur darin, daß es bequemer ist, nicht euklidisch ebene Dreiecke, sondern in gegebenen $\mathfrak{r}_K$ ebene Dreiecke (d. h. solche Dreiecke, die aus Flächen der konstanten Krümmung K ausgeschnitten werden können) zu benutzen. Das Endergebnis bleibt davon unberührt, da das Verhältnis der Flächeninhalte der Dreiecke in $\mathfrak{r}_K$ und $\mathfrak{r}_0$ mit gleichen Seitenlängen gegen Eins konvergiert, wenn die größte Seite der Dreiecke gegen Null strebt. Die Lehre vom Flächeninhalt von Bereichen auf konvexen Flächen in einem beliebigen $\mathfrak{r}_K$ kann also ebenso entwickelt werden wie im $\mathfrak{r}_0$[1]). Insbesondere sind die Flächeninhalte $j(\boldsymbol{T})$ und $j(\boldsymbol{T}_K)$ von Dreiecken mit gleichen Seitenlängen auf einer konvexen Fläche und auf einer Ebene durch die Beziehung

$$0 \leqq j(\boldsymbol{T}) - j(\boldsymbol{T}_K) \leqq \tfrac{1}{2}\left[\omega(\boldsymbol{T}) - K \cdot j(\boldsymbol{T}_K)\right] \cdot d^2$$

verknüpft. Wir wollen jetzt die „äußere" Krümmung einer Punktmenge auf einer konvexen Fläche im $\mathfrak{r}_K$ definieren. Sei $\boldsymbol{M}$ eine gewisse Menge auf einer konvexen Fläche $\boldsymbol{F}$ in $\mathfrak{r}_K$ und Q irgendein Punkt im $\mathfrak{r}_K$. Durch jeden Punkt X von $\boldsymbol{M}$ legen wir alle Stützebenen an $\boldsymbol{F}$. Seien $\mathfrak{n}$ die äußeren Normalen dieser Ebenen. Jeder Normalen $\mathfrak{n}$ ordnen wir den von Q ausgehenden Strahl $\mathfrak{N}'$ zu, der in der Ebene liegt, die durch $\mathfrak{n}$ und Q hindurchgeht und mit dem Abschnitt QX einen Winkel bildet, der den Winkel zwischen $\mathfrak{n}$ und QX zu π ergänzt. (Man kann sagen, daß wir die Normale $\mathfrak{n}$ längs QX im Sinne von LEVI-CIVITA parallel übertragen.) Alle diese Strahlen $\mathfrak{N}'$ bilden einen gewissen (körperlichen) Kegel. Die Größe des räumlichen Winkels an der Spitze dieses Kegels wollen wir durch $\psi_{\boldsymbol{F}}(\boldsymbol{M}, Q)$ bezeichnen[2]). Im Fall des Euklidischen Raumes hängt diese Größe nicht von der Wahl des Punktes Q ab und ist gerade der Flächeninhalt des sphärischen Bildes von $\boldsymbol{M}$. Im Falle eines beliebigen $\mathfrak{r}_K$ dagegen hängt $\psi_{\boldsymbol{F}}(\boldsymbol{M}, Q)$ nicht nur von $\boldsymbol{M}$ ab, sondern auch von der Wahl von Q; man kann diese Größe daher nicht als Maß der „äußeren" Krümmung von $\boldsymbol{M}$ nehmen. Die „äußere" Krümmung wollen wir folgendermaßen definieren: Wir zerlegen $\boldsymbol{M}$ in Untermengen $\boldsymbol{M}_i$ und wählen in jeder von ihnen einen Punkt Q_i. Dann bestimmen wir die Summe $\sum_i \psi_{\boldsymbol{F}}(\boldsymbol{M}_i, Q_i)$. Es zeigt sich, daß diese Summen gegen einen bestimmten Grenzwert streben, wenn man die Mengen $\boldsymbol{M}_i$ immer kleiner

---

[1]) Die isoperimetrischen Aufgaben aus § 3 von Kap. X können für einen beliebigen Raum $\mathfrak{r}_K$ gestellt werden. Hier ändert sich jedoch Wesentliches. So ist z. B. im LOBATSCHEWSKIschen Raum die Forderung, daß die Krümmung der Fläche kleiner als 2π ist, für die Existenz einer Fläche, die bei gegebenem Umfang größten Flächeninhalt besitzt, unzureichend.

[2]) $\psi_{\boldsymbol{F}}(\boldsymbol{M}, Q)$ ist definiert, wenn $\boldsymbol{M}$ eine BORELsche Menge ist. Wir beschränken uns auf die Betrachtung BORELscher Mengen.

und kleiner wählt, so daß ihre größten Durchmesser gegen Null gehen. Diesen Grenzwert definieren wir als äußere Krümmung $\psi_F(\boldsymbol{M})$ von $\boldsymbol{M}$ auf $\boldsymbol{F}$. Ist $\boldsymbol{F}$ eine reguläre Fläche, so ist $\psi_F(\boldsymbol{M})$ das über den Flächeninhalt von $\boldsymbol{M}$ erstreckte Integral des Produktes der Hauptkrümmungen:

$$\psi_F = \iint \frac{1}{R_1 R_2} dj.$$

Der verallgemeinerte GAUSZsche Satz im $\mathfrak{r}_K$ wird folgendermaßen formuliert: *Sei $\boldsymbol{M}$ eine Punktmenge auf einer konvexen Fläche $\boldsymbol{F}$ im $\mathfrak{r}_K$, die eine (innere) Krümmung $\omega(\boldsymbol{M})$, eine äußere Krümmung $\psi(\boldsymbol{M})$ und einen Flächeninhalt $j(\boldsymbol{M})$ besitzt. Es gilt dann die Gleichung:*

$$\psi(\boldsymbol{M}) = \omega(\boldsymbol{M}) - K \cdot j(\boldsymbol{M}).$$

Die Größe $\psi(\boldsymbol{M})$ besitzt daher einen innergeometrischen Sinn; sie gibt ein Maß für die Abweichung der Metrik der gegebenen Fläche von der Metrik der Ebene in $\mathfrak{r}_K$, d. h. von der Metrik einer Fläche der konstanten Krümmung K.

7. Nach der Lehre vom Winkel, von der Krümmung und vom Flächeninhalt bleibt von den allgemeinen Fragen der inneren Geometrie nur die Lehre von der Richtung und der Schwenkung einer Kurve. Alle diesbezüglichen Definitionen und Resultate, die in den §§ 1, 2 von Kap. IX entwickelt wurden, bleiben für Flächen in einem beliebigen $\mathfrak{r}_K$ in Kraft. Ebenso bleibt der in § 5 von Kap. V bewiesene Satz erhalten, nach dem von einem Punkt auf einer konvexen Fläche in fast allen Richtungen Kürzeste ausgehen.

Alle grundlegenden Begriffe und Sätze der inneren Geometrie der konvexen Flächen im Euklidischen Raum lassen sich also — zum größten Teil wörtlich — auf die konvexen Flächen in einem beliebigen $\mathfrak{r}_K$ übertragen. Speziellere Resultate, die z. B. Kreise betreffen oder Kurven, die konvexe Bereiche berandeu, usw., können ebenfalls mutatis mutandis auf einen beliebigen Raum $\mathfrak{r}_K$ übertragen werden. Über die die Metrik einer konvexen Fläche im $\mathfrak{r}_K$ charakterisierenden Bedingungen und damit zusammenhängende Realisierungssätze werden wir im nächsten Paragraphen sprechen.

§ 2. Realisierungssätze in Räumen konstanter Krümmung

Der in Kap. VI bewiesene Satz von der Existenz eines Polyeders mit gegebenem Netz läßt sich in einen beliebigen $\mathfrak{r}_K$ wörtlich verallgemeinern, wobei man nur unter ebenen Polygonen solche zu verstehen hat, die in $\mathfrak{r}_K$ eben sind, d. h. Polygone, die aus einer Fläche mit konstanter Krümmung K ausgeschnitten sind.

Aus jedem Netz, das aus in $\mathfrak{r}_K$ ebenen Polygonen besteht, läßt sich in $\mathfrak{r}_K$ ein geschlossenes konvexes Polyeder verheften, wenn dieses Netz einer Sphäre homöomorph ist und die Summe der in einem Eckpunkt zusammenstoßenden Winkel 2π nicht übertrifft. Dabei rechnen wir wieder die doppelt bedeckten ebenen (in $\mathfrak{r}_K$ ebenen) konvexen Polygone zu den konvexen Polyedern hinzu.

Der Beweis dieses Satzes kann fast wörtlich ebenso geführt werden wie im Kap. VI für den Euklidischen Fall. In unserem Beweis haben wir das Parallelenaxiom implizit nur an der Stelle benutzt, an der die Möglichkeit eines stetigen Überganges von einer gegebenen Metrik (des Netzes) zu einer realisierten Metrik bewiesen wurde[1]). Man kann jedoch den Beweis dieser Tatsache mühelos so gestalten, daß er für einen beliebigen $\mathfrak{r}_K$ gültig bleibt.

Die Bedingungen, die die innere Metrik einer beliebigen konvexen Fläche in einem $\mathfrak{r}_K$ charakterisieren, können ganz analog formuliert werden wie die für die innere Metrik der konvexen Flächen im $\mathfrak{r}_0$.

Wir wollen sagen, *eine Mannigfaltigkeit habe eine Metrik der Krümmung* $\geqq K$, *wenn die Metrik eine innere ist und für jedes hinreichend kleine Dreieck die Summe der unteren Winkel zwischen seinen Seiten nicht kleiner ist als die Winkelsumme eines Dreiecks mit denselben Seitenlängen auf einer Fläche mit konstanter Krümmung* K:

$$\alpha + \beta + \gamma \geqq \alpha_K + \beta_K + \gamma_K.$$

Der Begriff des unteren Winkels ist hier im Sinne seiner Definition in § 9 von Kap. I und im gleichen Sinne wie in Kap. VII zu verstehen. Ist $K = 0$, so gilt $\alpha_K + \beta_K + \gamma_K = \pi$ und „eine Metrik der Krümmung $\geqq K$“ ist eine Metrik „positiver“ Krümmung in dem in § 9 von Kap. I definierten Sinne. Im vorigen Paragraphen haben wir erwähnt, daß auf konvexen Flächen im $\mathfrak{r}_K$ Winkel zwischen Kürzesten im starken Sinne existieren und daß die Winkel zwischen den Seiten jedes Dreiecks nicht kleiner sind als die Winkel des (im $\mathfrak{r}_K$) ebenen Dreiecks mit denselben Seitenlängen, d. h. $\alpha \geqq \alpha_K$, $\beta \geqq \beta_K$, $\gamma \geqq \gamma_K$. Daher gilt sicherlich $\alpha + \beta + \gamma \geqq \alpha_K + \beta_K + \gamma_K$, *so daß die Metrik jeder konvexen Fläche im* $\mathfrak{r}_K$ *eine Metrik mit einer Krümmung* $\geqq K$ *ist.*

Entsprechend dem in Kap. VII bewiesenen Satz gilt ein allgemeiner Satz für beliebige $\mathfrak{r}_K$.

Eine auf der Sphäre vorgegebene Metrik der Krümmung $\geqq K$ *ist in* $\mathfrak{r}_K$ *durch eine geschlossene konvexe Fläche realisierbar.* (Hier und im folgenden sehen wir wieder die doppelt bedeckten konvexen Bereiche auf Ebenen in $\mathfrak{r}_K$ als konvexe Flächen an.)

Der Beweis dieses Satzes ergibt sich durch wörtliche Wiederholung des in Kap. VII gegebenen Beweises für den Fall $K = 0$. Man muß hierbei nur die Dreiecke der gegebenen Mannigfaltigkeit mit den in $\mathfrak{r}_K$ ebenen Dreiecken vergleichen und am Schluß selbstverständlich den Satz über die Existenz eines Polyeders mit gegebenem Netz im betrachteten $\mathfrak{r}_K$ benutzen.

Ferner gilt folgender Satz von der Realisierbarkeit im Kleinen:

---

[1]) Wir benutzten nämlich die Konstruktion eines ebenen Dreiecks mit gegebener Basis und gegebenen Basiswinkeln. Im Fall $K \geqq 0$ ist die Bedingung, daß die Summe dieser Winkel kleiner als π ist, für die Existenz eines solchen Dreiecks ausreichend, nicht so aber für $K < 0$.

In einer Mannigfaltigkeit mit einer Metrik einer Krümmung $\geqq K$ besitzt jeder Punkt eine Umgebung, die einer konvexen Fläche im $\mathfrak{r}_K$ isometrisch ist.

Der Beweis dieses Satzes ist eine wörtliche Wiederholung des Beweises für den Fall $K = 0$ aus § 1 von Kap. VIII.

Der in § 1 von Kap. VIII bewiesene Verheftungssatz (wie auch der allgemeine Verheftungssatz, dessen Beweis in § 3 von Kap. IX angedeutet wurde) läßt sich wörtlich auf eine Metrik einer Krümmung $\geqq K$ verallgemeinern.

Die Anwendung dieses Satzes führte uns in § 3 von Kap. VIII zu dem Satz von der Realisierbarkeit einer auf einer Ebene vorgegebenen vollständigen Metrik positiver Krümmung. Im Fall $K > 0$ gibt es keinen dazu analogen Satz, nicht nur deshalb, weil in einem sphärischen Raum jede volle konvexe Fläche geschlossen ist, sondern vor allem deshalb, weil eine vollständige Metrik einer Krümmung $\geqq K > 0$ nur auf der Sphäre und auf der projektiven Ebene definiert werden kann[1]).

Völlig anders liegen die Dinge im Fall $K < 0$, d. h. im Fall eines LOBATSCHEWSKIschen Raumes. Wie wir in § 1 gezeigt haben, existieren in diesem Raum volle konvexe Flächen, die einem beliebigen Gebiet auf der Sphäre homöomorph sind. Sie alle haben eine vollständige Metrik einer Krümmung $\geqq K$. Der Realisierungssatz, der die Metriken aller solchen Flächen charakterisiert, lautet folgendermaßen:

Im Fall $K < 0$ ist eine vollständige Metrik einer Krümmung $\geqq K$, die auf irgendeinem Gebiet der Sphäre vorgegeben ist, durch eine volle konvexe Fläche im LOBATSCHEWSKIschen Raum der Krümmung K realisierbar.

Der Beweis dieses Satzes wird auf der Grundlage des Verheftungssatzes ganz ähnlich geführt, wie in Kap. VIII, § 3 die Realisierbarkeit einer auf der Ebene vorgegebenen vollständigen Metrik einer Krümmung $\geqq 0$ bewiesen wurde. Der einzige Unterschied besteht in folgendem: Ist das Gebiet $\boldsymbol{G}$, in dem die vollständige Metrik vorgegeben ist, nicht einfach-zusammenhängend, so können wachsende Polygone $\boldsymbol{P}_n$, die schließlich ganz $\boldsymbol{G}$ bedecken, nicht einfach-zusammenhängend sein. Jedes Polygon $\boldsymbol{P}_n$ berandet in $\boldsymbol{G}$ mehrere Gebiete, die im Sinne der in $\boldsymbol{G}$ definierten Metrik unendlich sind. Wir geben eine Zahl $l > 0$ vor und betrachten alle Polygone, die Polygone $\boldsymbol{P}_n$ enthalten, deren zusammenhängende Komponenten der Berandung sämtlich von den Polygonen $\boldsymbol{P}_n$ um nicht mehr als l entfernt sind. Aus der Vollständigkeit der Metrik folgt, daß unter allen solchen Polygonen ein Polygon $\boldsymbol{Q}_n$ mit kleinstem Umfang existiert. Man kann leicht beweisen, daß auf jeder zusammenhängenden Komponente der Berandung von $\boldsymbol{Q}_n$ alle Winkel bis auf vielleicht höchstens einen π nicht

[1]) Eine Metrik mit einer Krümmung $\geqq K > 0$ ist offenbar eine Metrik positiver Krümmung mit einer spezifischen Krümmung, die überall $\geqq K > 0$ ist. Auf der Ebene müßte aber eine solche Metrik eine unendlich große Gesamtkrümmung ergeben, entgegen der Tatsache, daß die Gesamtkrümmung einer Metrik positiver Krümmung auf der Ebene stets höchstens 2π ist.

übertreffen. (Ein solcher Ausnahmewinkel kann an einem Punkt liegen, dessen Entfernung von P_n genau l ist.) Aus Q_n kann man daher eine der Sphäre homöomorphe Mannigfaltigkeit mit einer Metrik einer Krümmung $\geqq K$ verheften. Im übrigen bleiben die Überlegungen aus Kap. VIII, § 3 unverändert. Wir sehen u. a., daß im LOBATSCHEWSKIschen Raum der Satz von der Realisierbarkeit einer vollständigen Metrik sehr viel inhaltsreicher ist, und daß dementsprechend der Verheftungssatz ein viel reicheres Anwendungsgebiet besitzt.

Schließlich läßt sich der folgende allgemeine Realisierungssatz beweisen:

Ist auf einem Gebiet der Sphäre eine Metrik einer Krümmung $\geqq K$ vorgegeben derart, daß je zwei Punkte durch Kürzeste verbindbar sind, so ist diese Metrik durch eine konvexe Fläche im $\mathfrak{r}_K$ realisierbar.

Für den Fall $K = 0$ wurde dieser Satz in § 2 von Kap. VIII betrachtet, wenn auch nicht bewiesen. Ferner ergaben sich in § 4 von Kap. IX ergänzende Resultate bezüglich konvexer Flächen, die „konvex in sich" sind. („Konvex in sich" sind Flächen, auf denen je zwei Punkte durch eine Kürzeste verbindbar sind.) Sieht man von geschlossenen Flächen und Mantelflächen von Zylindern ab, so sind in $\mathfrak{r}_0$ die „in sich konvexen" konvexen Flächen „Kalotten" isometrisch. In einem sphärischen Raum gilt ein analoger Satz. In einem LOBATSCHEWSKIschen Raum aber ist die Sachlage viel komplizierter, da dort konvexe „in sich konvexe" Flächen beliebigen Gebieten der Sphäre homöomorph sein können. Wir wissen nicht, ob man jeder solchen Fläche irgendeine kanonische Form geben kann, etwa so, daß ähnlich wie bei einer „Kalotte" alle Randkurven eben sind. Wahrscheinlich kann man durch Anwendung des Verheftungssatzes diese interessante Frage ohne besondere Schwierigkeiten lösen.

Jetzt wollen wir den Zusammenhang einer allgemeinen Metrik einer Krümmung $\geqq K$ mit einer durch ein Linienelement mit bestimmter GAUSZscher Krümmung vorgegebenen Metrik untersuchen. Bekanntlich sind, wenn auf einer regulären Fläche die GAUSZsche Krümmung überall $\geqq K$ ist, die Winkel aller Dreiecke auf dieser Fläche nicht kleiner als die Winkel der Dreiecke mit denselben Seitenlängen auf einer Fläche der konstanten Krümmung K. Für kleine Dreiecke wurde dieses Ergebnis im Grunde schon von GAUSZ abgeleitet. Daraus folgt, daß eine reguläre Fläche mit einer GAUSZschen Krümmung $\geqq K$ überall eine Metrik einer Krümmung $\geqq K$ hat. Da auf jeder regulären endlichen Fläche die GAUSZsche Krümmung sicherlich nach unten beschränkt ist, d. h. nicht kleiner als ein gewisses K ist, enthält damit die innere Geometrie der Flächen mit einer Metrik einer Krümmung $\geqq K$ die innere Geometrie aller endlichen regulären Flächen als Spezialfall. Jede solche Metrik ist, mindestens im kleinen, durch eine konvexe Fläche in einem entsprechenden LOBATSCHEWSKIschen Raum realisierbar. Daher kann man sagen, *daß die innere Geometrie der konvexen Flächen im LOBATSCHEWSKIschen Raum die innere Geometrie kleiner Bereiche aller regulären Flächen überhaupt umfaßt. Folglich gestattet der Übergang zu den konvexen Flächen im LOBATSCHEWSKIschen Raum, die gesamte innere Differentialgeometrie „im Kleinen" mit zu erfassen.*

Auf einer der Sphäre homöomorphen regulären Fläche ist die GAUSZsche Krümmung nach unten beschränkt. Jede solche Fläche ist daher einer geschlossenen konvexen Fläche im LOBATSCHEWSKIschen Raume isometrisch (die Krümmung dieses Raumes darf nicht größer sein als das Minimum der GAUSZschen Krümmung der Fläche). Vom Standpunkt der inneren Geometrie aus ist also eine der Sphäre homöomorphe reguläre Fläche unter den konvexen Flächen eines LOBATSCHEWSKIschen Raumes enthalten.

In Kap. XI, § 1 haben wir gezeigt, daß die Metrik einer konvexen Fläche in einem euklidischen Raum durch ein Linienelement in geodätischen Polarkoordinaten vorgegeben werden kann, falls in jedem Punkt der Fläche die GAUSZsche Krümmung existiert. Dabei gelten alle Grundformeln der inneren Differentialgeometrie.

Genau das gleiche Resultat gilt für konvexe Flächen in einem beliebigen $\mathfrak{r}_K$ und wird ebenso bewiesen. Das gestattet die abstrakte Definition einer durch ein Linienelement mit beliebiger GAUSZscher Krümmung vorgegebenen Metrik. Man kann nämlich den folgenden Satz beweisen:

In einer zweidimensionalen Mannigfaltigkeit $\mathfrak{r}$ sei eine innere Metrik vorgegeben, die der folgenden Bedingung genügt:

Seien α, β, γ die unteren Winkel in einem Dreieck $\boldsymbol{T}$ in $\mathfrak{r}$ und j_0 der Flächeninhalt eines euklidischen Dreiecks mit denselben Seitenlängen. Wir setzen

$$\frac{\alpha+\beta+\gamma-\pi}{j_0}=\bar{\varkappa}(\boldsymbol{T}).$$

Die Bedingung besteht nun darin, daß jedesmal, wenn ein Dreieck $\boldsymbol{T}_n$ sich auf einen gegebenen Punkt X zusammenzieht, die Größe $\bar{\varkappa}(\boldsymbol{T}_n)$ gegen einen bestimmten Grenzwert $K(X)$ konvergiert.

Unter dieser Bedingung lassen sich in der Umgebung eines jeden Punktes von $\mathfrak{r}$ geodätische Polarkoordinaten r, φ einführen und die Metrik der Mannigfaltigkeit durch das Linienelement

$$ds^2 = dr^2 + B^2\, d\varphi^2$$

in diesen Koordinaten vorgeben. Der Koeffizient B besitzt dabei stetige Ableitungen $\frac{\partial B}{\partial r}, \frac{\partial^2 B}{\partial r^2}$. Es gelten auch alle klassischen Formeln der inneren Differentialgeometrie; die GAUSZsche Formel für die Krümmung $K(X) \equiv K(r, \varphi)$:

$$\frac{\partial^2 B(r,\varphi)}{\partial r^2} + K(r,\varphi)\, B(r,\varphi) = 0,$$

die Formel für die geodätische Krümmung einer Kurve $\varphi = \varphi(r)$:

$$k = \frac{(B\varphi')' + [1+(B\varphi')^2]\cdot\varphi'}{[1+(B\varphi')^2]^{3/2}}$$

sowie die Formeln für Längen, Flächeninhalte und Winkel zwischen Kurven.

Der vorliegende Satz gibt also eine rein metrische Definition einer „GAUSZschen" Metrik, auf die man im wesentlichen den gesamten Apparat der klassischen inneren Geometrie der Flächen anwenden kann.

Dieser Satz ist eine einfache Folgerung früher formulierter Resultate. In der Tat: Da die Größe

$$\bar{\varkappa}(\boldsymbol{T}) = \frac{\alpha + \beta + \gamma - \pi}{\dot{j}_0}$$

für sich auf einen Punkt zusammenziehende $\boldsymbol{T}$ einen Grenzwert hat, ist sie in einer kleinen Umgebung jedes Punktes beschränkt. Dies bedeutet, daß für jedes kleine Gebiet $\boldsymbol{U}$ Zahlen K_1 und K_2 existieren, derart daß

$$K_1 \dot{j}_0 \geqq \alpha + \beta + \gamma - \pi \geqq K_2 \dot{j}_0$$

gilt. Ist j_K der Flächeninhalt eines Dreiecks auf einer Fläche der konstanten Krümmung K mit Seiten derselben Länge, wie sie das gegebene Dreieck $\boldsymbol{T}$ hat, so strebt das Verhältnis $\frac{j_K}{\dot{j}_0}$ gegen Eins, wenn die Länge der größten Seite von $\boldsymbol{T}$ gegen Null konvergiert. Man kann daher ein K angeben, derart daß für alle hinreichend kleinen Dreiecke in $\boldsymbol{U}$ die Ungleichung

$$\alpha + \beta + \gamma - \pi \geqq K j_K$$

gilt, woraus wegen

$$K j_K = \alpha_K + \beta_K + \gamma_K - \pi$$

die Ungleichung

$$\alpha + \beta + \gamma \geqq \alpha_K + \beta_K + \gamma_K$$

folgt. Das bedeutet, daß die Metrik in $\boldsymbol{U}$ eine Metrik einer Krümmung $\geqq K$ ist. Wir können also alle Eigenschaften einer solchen Metrik benutzen.

Sind j der Flächeninhalt von $\boldsymbol{T}$ selbst, ω seine Krümmung und d sein Durchmesser, so gilt, wie in § 1 gezeigt wurde,

$$0 \leqq j - j_K \leqq \tfrac{1}{2}[\omega - K j_K] \cdot d^2.$$

Da nun

$$\omega = \alpha + \beta + \gamma - \pi \leqq K_1 \dot{j}_0$$

ist und für $d \to 0$ das Verhältnis $\frac{j_K}{\dot{j}_0}$ gegen Eins strebt, so gilt auch $\frac{j}{\dot{j}_0} \to 1$.

Daher folgt aus der Existenz eines Grenzwertes der Größe

$$\bar{\varkappa}(\boldsymbol{T}) = \frac{\alpha + \beta + \gamma - \pi}{\dot{j}_0}$$

die Existenz des Grenzwertes der spezifischen Krümmungen

$$\varkappa(\boldsymbol{T}) = \frac{\alpha + \beta + \gamma - \pi}{j}.$$

Man sieht also, daß eine Metrik, die den Voraussetzungen des Satzes genügt, eine Metrik einer Krümmung $\geqq K$ ist und überall eine bestimmte GAUSZsche Krümmung besitzt. Auf eine solche Metrik können wir aber die Überlegungen aus § 1 von Kap. XI anwenden.

§ 3. *Flächen mit indefiniter Krümmung*

Wenn auch die innere Geometrie der konvexen Flächen im LOBATSCHEWSKIschen Raume die innere Geometrie kleiner Gebiete aller regulären Flächen enthält, so umfaßt sie z. B. sicherlich nicht die innere Geometrie aller Polyeder. Ein Polyeder, bei dem der volle Winkel um gewisse Eckpunkte 2π übertrifft, kann keiner konvexen Fläche isometrisch sein, da auf einer konvexen Fläche der volle Winkel um jeden Punkt höchstens 2π ist. Es entsteht die Aufgabe, die Klasse der zu untersuchenden Flächen noch weiter zu vergrößern, damit sie alle möglichen Polyeder und auch alle diejenigen Flächen umfaßt, die sich durch Polyeder hinreichend approximieren lassen. Selbstverständlich ist der Begriff einer guten Approximation durch Polyeder einigermaßen unbestimmt, jedenfalls soll es sich um Flächen handeln, deren innere Metrik durch polyedrische Metriken approximiert werden kann.

Außer der Möglichkeit einer Approximation durch polyedrische Metriken muß die innere Metrik der zu untersuchenden Flächen noch andere Eigenschaften besitzen, damit ihre innere Geometrie ebenso inhaltsreich entwickelt werden kann wie die innere Geometrie der konvexen Flächen. Zunächst muß selbstverständlich zwischen zwei von einem Punkt ausgehenden Kürzesten ein bestimmter Winkel existieren. Weiterhin spielt sowohl in unserer inneren Geometrie der konvexen Flächen als auch in der GAUSZschen inneren Geometrie der regulären Flächen der Begriff der Krümmung und insbesondere ihre vollständige Additivität eine äußerst wichtige Rolle. Es ist daher natürlich, eine Klasse von solchen Flächen zu suchen, auf denen eine Krümmung als vollständig additive Mengenfunktion definiert werden kann.

Diese allgemeinen Betrachtungen führen auf zwei Reihen von Bedingungen, denen man natürlicherweise diejenigen Flächen unterwerfen muß, die man mit unseren Methoden untersuchen will und kann. (Der Einfachheit halber werden wir Flächen im euklidischen Raum betrachten):

I. Für jede Fläche $\boldsymbol{F}$ muß eine gegen sie konvergierende Folge von Polyedern $\boldsymbol{P}_n$ existieren, die den folgenden Bedingungen genügen: 1. Wenn die Punkte X_n, Y_n auf den $\boldsymbol{P}_n$ gegen die Punkte X bzw. Y auf $\boldsymbol{F}$ konvergieren, so streben die Entfernungen $\varrho_{P_n}(X_n, Y_n)$ gegen die Entfernung $\varrho_F(X, Y)$. 2. Die Summe der absoluten Beträge der Krümmungen der Eckpunkte der $\boldsymbol{P}_n$ muß in ihrer Gesamtheit beschränkt sein (die Krümmung ω eines Eckpunktes ist gleich 2π abzüglich des vollen Winkels φ um diesen Punkt; ist $\varphi > 2\pi$, so ist also $\omega < 0$).

II. Die innere Metrik von $\boldsymbol{F}$ muß den folgenden beiden Bedingungen genügen: 1. Zwischen je zwei Kürzesten, die von einem Punkt ausgehen, existiert ein bestimmter Winkel. 2. Die Summe der absoluten Beträge der Exzesse der Dreiecke auf $\boldsymbol{F}$ soll in jeder Gesamtheit von Dreiecken mit einander nicht schneidenden Seiten beschränkt sein. (Der Exzeß eines Dreiecks ist seine um π verminderte Winkelsumme, d. h. $\alpha + \beta + \gamma - \pi$, und wenn $\alpha + \beta + \gamma < \pi$ ist, so ist also $\alpha + \beta + \gamma - \pi < 0$.)

Die Bedingungen I 2) und II 2) sichern gerade die Existenz einer Krümmung auf $\boldsymbol{F}$. Die Krümmung muß durch Dreiecksexzesse definiert werden; ohne die Bedingung II 2) kann sie keine vollständige additive Funktion ohne unendliche Werte sein. II 2) ist daher eine notwendige Bedingung.

Es zeigt sich, daß vom Standpunkt der inneren Geometrie die beiden Bedingungsreihen I und II äquivalent sind. Es gilt nämlich der folgende Satz: *Sei $\mathfrak{r}$ eine Mannigfaltigkeit mit einer inneren Metrik ϱ. Die folgenden beiden Bedingungsreihen I* und II* sind äquivalent.*

I, In jedem Polygon $\boldsymbol{P}$ gestattet die Metrik ϱ eine gleichmäßige Approximation durch polyedrische Metriken ϱ_n, bei denen die Summen der Absolutbeträge der Krümmungen von Eckpunkten in ihrer Gesamtheit beschränkt sind.*

II 1) Zwischen je zwei Kürzesten auf $\boldsymbol{F}$, die von einem Punkt ausgehen, existiert ein bestimmter Winkel, und 2) für jedes Polygon $\boldsymbol{F}$ soll die Summe der Absolutbeträge der Exzesse von in $\boldsymbol{P}$ enthaltenen Dreiecke mit einander nicht schneidenden Seiten eine gewisse, nur von $\boldsymbol{P}$ abhängige Zahl nicht übertreffen.*

Es läßt sich zeigen, *daß den Bedingungen I und folglich auch II jede Fläche genügt, die in rechtwinkligen Koordinaten durch eine Gleichung $z = f(x, y)$ dargestellt werden kann, wo $f(x, y)$ Differenz zweier konvexer Funktionen ist. Daraus folgt auch, daß jede Fläche, die durch endlich viele Flächen der obigen Art überdeckt werden kann, diesen beiden Bedingungen genügt.*

Damit sind aber nicht alle Flächen, die der Bedingung I genügen, erfaßt; wenn auch vielleicht in gewissem Sinne die Mehrzahl unter ihnen in der erwähnten Form dargestellt werden kann. Jedenfalls zeichnet sich hier eine breite Flächenklasse ab, deren innere Geometrie eine ebenso inhaltsreiche Entwicklung wie die innere Geometrie der konvexen Flächen gestatten muß. Die Theorie solcher Flächen ist aber noch nicht ausgearbeitet. Daher sind unsere folgenden Ausführungen mindestens ebenso sehr Hinweise auf sich ergebende Probleme als Darlegungen fertiger Resultate.

Über Flächen $\boldsymbol{F}$ oder über die Mannigfaltigkeiten $\mathfrak{r}$, die den Bedingungen I (oder I*) und folglich auch II (oder II*) genügen, kann man folgendes beweisen:

1. Auf jeder Fläche $\boldsymbol{F}$ existiert zwischen zwei von einem Punkt ausgehenden Kürzesten ein Winkel im starken Sinne.

2. Auf den Flächen $\boldsymbol{F}$ gelten die in den §§ 1 und 3 von Kap. IV abgeleiteten Sätze über die Addition von Winkeln und über Sektorwinkel.

3. Von jedem Punkt auf $\boldsymbol{F}$ gehen in fast allen Richtungen (im Sinne des Winkelmaßes) Kürzeste aus.

4. Zu jedem Punkt Q von $\boldsymbol{F}$ gibt es einen Kegel, auf dem eine Umgebung der Spitze bis auf unendlich kleine Größen höherer Ordnung einer Umgebung von Q isometrisch ist. Der volle Winkel um die Spitze dieses Kegels ist gleich dem vollen Winkel um Q im Sinne der in § 3 Kap. IV gegebenen Definition.

5. Jedes Polygon auf $\boldsymbol{F}$ besitzt einen Flächeninhalt im Sinne unserer inneren Definition mit Hilfe von Zerlegungen in Dreiecke.

6. Sei $\boldsymbol{T}$ ein Dreieck auf $\boldsymbol{F}$ und $\boldsymbol{T}_0$ das ebene Dreieck mit denselben Seitenlängen. Seien ω^+ und ω^- die obere und die untere Grenze der Exzesse der in $\boldsymbol{T}$ enthaltenen Dreiecke. Für jedes Paar entsprechender Winkel α und α_0 von $\boldsymbol{T}$ und $\boldsymbol{T}_0$ gilt die Ungleichung

$$\omega^- \leqq \alpha - \alpha_0 \leqq \omega^+ .$$

7. Für zwei von einem Punkt Q ausgehende Kürzeste $\mathfrak{L}$, $\mathfrak{M}$ auf $\boldsymbol{F}$ definieren wir den Winkel $\gamma(x, y)$ eines ebenen Dreiecks so wie in der Konvexitätsbedingung. Sind x und y als wachsende Funktionen eines Parameters t vorgegeben, so ist $\gamma(x(t), y(t))$ als Funktion von t eine Funktion von beschränkter Variation, d. h. Differenz monotoner Funktionen. Dies ist eine Verallgemeinerung der Konvexitätsbedingung.

Man kann noch eine Reihe anderer Resultate erwähnen, die den Ergebnissen für konvexe Flächen entsprechen. Viele Fragen bleiben jedoch noch ungelöst. Als erste muß man die Frage nach denjenigen Bedingungen stellen, unter denen eine in einer abstrakten Mannigfaltigkeit definierte Metrik wenigstens im Kleinen durch eine Fläche der betrachteten Klasse realisierbar ist. Die räumliche Form solcher Flächen ist noch nicht untersucht. Es ist unbekannt, welche geometrischen Eigenschaften der Fläche ihre Darstellung in der Form $z = f(x, y)$, wo $f(x, y)$ Differenz konvexer Funktionen ist, gewährleisten. Schließlich muß auf diese Flächen der Gaussche Satz verallgemeinert werden. Dabei ist nicht einmal bekannt, wie man das sphärische Bild der Fläche definieren soll. Für Flächen, auf denen in jedem Punkt eine Tangentialebene vorhanden ist, geschieht das in gewöhnlicher Weise: für konvexe Flächen haben wir uns der Stützebenen bedient; aber für nichtkonvexe und nichtglatte Flächen muß man einen anderen Weg suchen.

Die innere Krümmung kann hier nicht so einfach wie im Fall konvexer Flächen definiert werden. Ist der volle Winkel um einen Punkt X gleich φ, so wird die Krümmung des Punktes durch die Formel $\omega(X) = 2\pi - \varphi$ definiert. Hier kann φ auch größer als 2π sein, durch einen solchen Punkt kann auch eine Kürzeste hindurchgehen. Z. B. gehen durch die Spitze eines Kegels mit einem vollen Winkel $> 2\pi$ Kürzeste hindurch; während Punkte mit einem vollen Winkel $< 2\pi$ die Kürzesten gewissermaßen abstoßen, werden diese von Punkten mit einem vollen Winkel $> 2\pi$ angezogen. Zieht man auf einem Kegel mit einem vollen Winkel $\varphi > 2\pi$ drei Erzeugende, die den Kegel in drei Sektoren $\boldsymbol{U}_1$, $\boldsymbol{U}_2$, $\boldsymbol{V}$ mit den Winkeln π, π, $\varphi - 2\pi$ zerlegen, so lassen sich alle Punkte von $\boldsymbol{V}$ mit den Punkten der Erzeugenden, die die Sektoren $\boldsymbol{U}_1$, $\boldsymbol{U}_2$ trennt, durch

Kürzeste verbinden, die sämtlich durch die Spitze des Kegels hindurchgehen. Da nun auf einer Kürzesten Punkte mit negativer Krümmung liegen können, darf man die Krümmung der Kürzesten selbst nicht gleich Null setzen. Außerdem kann eine Kürzeste, die Seite eines Dreiecks ist, beim Hindurchgehen durch einen Punkt mit negativer Krümmung geknickt werden und einen Sektor mit einem Winkel $> \pi$ bilden. Daher braucht selbst auf einem Polyeder die Krümmung eines Dreiecksinnern nicht gleich der um π verminderten Summe der Winkel an seinen Eckpunkten zu sein.

Wir wählen z. B. einen Kegel mit einem vollen Winkel $\varphi > 2\pi$ und konstruieren auf ihm ein Dreieck ABC, so daß die Seite BC durch die Spitze Q des Kegels hindurchgeht und einen im Dreieck enthaltenen Sektor mit einem Winkel $\varphi - \pi$ bildet; dieser Winkel ist größer als π. Das Dreieck ABC kann als Viereck $ABQC$ mit den Winkeln α, β, $\varphi - \pi$, γ angesehen werden. Dieses Viereck kann man auf die Ebene abwickeln. Daher ist erstens $\alpha + \beta + (\varphi - \pi) + \gamma = 2\pi$, d. h. $\alpha + \beta + \gamma = 3\pi - \varphi < \pi$, und zweitens muß man die Krümmung dieses Vierecksinneren, d. h. des Dreiecks ABC, als Null annehmen, aber die um π verminderte Winkelsumme von ABC ist gleich $\alpha + \beta + \gamma - \pi < 0$.

Im Falle einer nicht polyedrischen Fläche wird die Sachlage noch komplizierter. Eine Kürzeste kann dann nämlich nicht nur Knicke aufweisen, die man noch verhältnismäßig leicht überblicken kann, sondern die Krümmung kann auf ihr gewissermaßen stetig verteilt sein. Nehmen wir z. B. zwei Exemplare eines ebenen Gebietes, das das Äußere irgendeines Kreises bildet, und verheften diese beiden Exemplare längs des berandenden Kreises, so ergibt sich eine Fläche, die das Äußere des Kreises doppelt bedeckt und seine Peripherie $\mathfrak{L}$ als Kante hat. Diese Fläche gestattet selbstverständlich eine gute Approximation durch Polyeder. Offenbar ist ein Kreisbogen (der Kante), der kleiner als ein Halbkreis ist, auf dieser Fläche eine Kürzeste. In allen Punkten des Kreises besitzt der Tangentialkegel einen vollen Winkel 2π, und trotzdem kann man die Krümmung dieses Kreises nicht als Null annehmen, sondern muß sie gleich -4π setzen.

Wir betrachten auf einem der Blätter unserer Fläche ein Quadrat, das $\mathfrak{L}$ umfaßt. Zusammen mit $\mathfrak{L}$ berandet es ein geodätisches Polygon $\boldsymbol{P}$ mit der EULERschen Charakteristik $\chi = 0$ und vier Winkeln, die gleich $\frac{\pi}{2}$ sind. Definiert man die Krümmung des Inneren eines Polygons in derselben Weise wie im Fall einer konvexen Fläche, d. h. nach der Formel

$$\omega = 2\pi\,\chi - \sum_i (\pi - \alpha_i),$$

so erhält man $\omega(\boldsymbol{P}) = -2\pi$. Dabei muß aber die Krümmung des Innern von $\boldsymbol{P}$ gleich Null sein, da dieses Gebiet ein Stück der Ebene ist. Dies alles zeigt, daß im Falle nichtkonvexer Flächen eine neue Krümmungsdefinition notwendig ist. Wir wollen jedoch hier diese Definition nicht geben und lassen die Frage nach der zweckmäßigsten Definition offen.

An ungelösten Problemen kann man noch die Frage nach der Existenz von Halbtangenten an Kürzeste auf solchen Flächen erwähnen, die durch die Differenz zweier konvexer Funktionen vorgegeben sind und eine gute Approximation durch Polyeder gestatten. Damit hängt auch die Frage nach dem außengeometrischen Sinn der Richtung einer Kurve und des Winkels zwischen Kurven zusammen und ferner auch die Frage nach der Schwenkung einer Kurve und nach dem außengeometrischen Sinn dieses Begriffes. Diese letzte Frage ist selbst für konvexe Flächen vorläufig noch nicht untersucht, wie schon in § 2 von Kap. IX hervorgehoben wurde. Schließlich eröffnet sich vor uns ein breites Feld von Problemen der inneren Geometrie der zu untersuchenden Flächen: Es sind dies Aufgaben über die Eigenschaften von Kürzesten, von Geodätischen, von Dreiecken, von Kreisen und konvexen Gebieten, sowie Extremalaufgaben, die den in § 3 von Kap. X gelösten analog sind usw. Man kann hoffen, daß die Entwicklung der sich hier abzeichnenden Theorie nicht nur zu einer weiteren Verallgemeinerung der klassischen inneren Geometrie führen, sondern auch neue interessante und geometrisch anschauliche Resultate ergeben wird.

In dieser Theorie herrschen zwei Standpunkte, die sie von der klassischen Differentialgeometrie unterscheiden. Erstens: Während in der Differentialgeometrie Kurven und Flächen durch der Analysis entnommene Funktionen dargestellt werden, gehen wir in der neuen Theorie von einem konstruktiven Prinzip aus: die Fläche wird als Limes von Polyedern betrachtet und ihre Eigenschaften sind dadurch bestimmt, wie und mit welchen Polyedern wir sie approximieren. Von diesem Standpunkt werden konvexe Flächen als Grenzflächen konvexer Polyeder definiert, und z. B. glatte Flächen lassen sich als Flächen definieren, die sich durch Polyeder so approximieren lassen, daß bei Konvergenz von Punkten X_n dieser Polyeder auch die durch die X_n gehenden Seitenflächen konvergieren. Zweitens: Statt der differentialgeometrischen Begriffe Linienelement, GAUSZsche Krümmung usw. legen wir die Integral-Begriffe Entfernung, Krümmung als Mengenfunktion usw. zugrunde. Derselbe Standpunkt kann in besonders einfacher Form in der Theorie der Kurven eingenommen werden. Diese müssen als Grenzfälle von Streckenzügen aufgefaßt werden; dann definiert man durch Approximation mittels Streckenzügen die Begriffe Länge, Integralkrümmung und Integraltorsion einer Kurve.

Zum Schluß wollen wir noch einiges über eine Klasse von Flächen sagen, deren Eigenschaften in gewissem Sinne denen der konvexen Flächen entgegengesetzt sind. Das sind Flächen negativer Krümmung. Ein Polyeder negativer Krümmung ist dadurch charakterisiert, daß der volle Winkel um jeden Eckpunkt größer als 2π ist. Entsprechend wird eine polyedrische Metrik negativer Krümmung definiert.

Wir betrachten eine Fläche, deren innere Metrik als Grenzwert polyedrischer Metriken negativer Krümmung erhalten werden kann. Auf einer solchen Fläche ist die Summe der Dreieckswinkel stets höchstens π, der volle Winkel um einen Punkt mindestens 2π. Die Metrik einer solchen Fläche genügt der „Konkavitätsbedingung", d. h., der in derselben Weise wie in der Konvexitätsbedingung definierte Winkel $\gamma(x, y)$ ist eine nichtabnehmende Funktion von x und y. Jede reguläre Fläche negativer Krümmung besitzt diese Eigenschaft. Wenn man aus Stücken regulärer Flächen negativer Krümmung eine neue Fläche so verheftet, daß die Summe der Schwenkungen der verhefteten Abschnitte der Berandung stets nichtpositiv ist, so ergibt sich eine Fläche mit derselben Eigenschaft. Hier stoßen wir wieder auf das Verheften, das auch im Fall der allgemeinen nichtkonvexen Flächen eine einfache und anschauliche Beweismethode liefert. Wir erwähnen noch einen Satz, bei dessen Beweis diese Methode bequem verwendet werden kann: Auf einer Fläche negativer Krümmung ist der Flächeninhalt eines kreishomöomorphen geodätischen Polygons nicht größer als der Flächeninhalt des einem Kreis einbeschriebenen ebenen Polygons mit denselben Seitenlängen. (Insbesondere ist der Flächeninhalt eines Dreiecks in einer konkaven Metrik nicht größer als der Flächeninhalt des ebenen Dreiecks mit denselben Seitenlängen.) Der Flächeninhalt eines beliebigen kreishomöomorphen Bereiches ist nicht größer als der Flächeninhalt eines ebenen Kreises, dessen Peripherie dieselbe Länge hat wie die Kurve, die den betrachteten Bereich berandet. Sind j der Flächeninhalt des Bereiches, l die Länge der berandenden Kurve, so gilt also $j \leqq \frac{l^2}{4\pi}$. Das Gleichheitszeichen steht dann und nur dann, wenn der Bereich einem ebenen Kreis isometrisch ist.

ANHANG

GRUNDLEGENDE AUSSAGEN ÜBER KONVEXE KÖRPER

In diesem Anhang sind alle grundlegenden Aussagen über konvexe Körper zusammengestellt, die wir in unserem Buch verwendet haben. Wir beschränken uns nur auf das Notwendigste und erheben bei dieser Darlegung der Elemente der Theorie konvexer Körper[1]) keinerlei Anspruch auf Vollständigkeit. Alle hier bewiesenen Resultate sind jedem bekannt, der Gelegenheit hatte, die Elemente dieser Theorie kennenzulernen. Der bewanderte Leser kann daher ohne Nachteil für das Verständnis des wesentlichen Inhalts des Buches auf die Lektüre dieses Anhangs verzichten.

§ 1. Konvexe Bereiche und Kurven

Eine Punktmenge heißt *konvex*, wenn sie mit je zwei ihrer Punkte die ganze geradlinige Verbindungsstrecke enthält. Als *konvexen Bereich* bezeichnen wir eine konvexe abgeschlossene Punktmenge in einer Ebene, die innere Punkte besitzt. Beispiele konvexer Bereiche sind: eine Kreisfläche, ein von einer Parabel berandeter Bereich, eine Halbebene, ein Streifen zwischen zwei parallelen Geraden usw. Eine Strecke, eine Kreisfläche unter Ausschluß der Berandung, ein Punkt sind Beispiele konvexer Mengen, die im Sinne unserer Definition keine konvexen Bereiche sind. Einen konvexen Bereich nennen wir *endlich*, wenn er in einem gewissen Kreis enthalten ist.

Die Berandung eines endlichen konvexen Bereiches heißt *geschlossene konvexe Kurve*. Unter der Berandung einer Menge versteht man bekanntlich die Menge aller derjenigen Punkte, für die in jeder Umgebung sowohl Punkte der Menge als auch Punkte der Komplementärmenge liegen. Es ist nützlich, die leicht zu beweisende Tatsache, daß eine Berandung immer eine abgeschlossene Menge ist, im Auge zu behalten.

Satz 1: *Eine geschlossene konvexe Kurve ist einer Kreislinie homöomorph.*

[1]) Diese Theorie wurde am Ende des 19. Jahrhunderts von BRUNN und MINKOWSKI geschaffen und dann von verschiedenen Geometern weiterentwickelt. Siehe z. B. H. MINKOWSKI, Gesammelte Abhandlungen, Bd. II; W. BLASCHKE, Kreis und Kugel; T. BONNESEN und W. FENCHEL, Theorie der konvexen Körper.

Sei $\mathfrak{L}$ eine geschlossene konvexe Kurve und $\boldsymbol{G}$ der konvexe Bereich, dessen Berandung $\mathfrak{L}$ ist. Im Innern von $\boldsymbol{G}$ wählen wir einen Punkt Q (Abb. 98). Jede von Q ausgehende Halbgerade schneidet $\mathfrak{L}$, da andernfalls $\boldsymbol{G}$ nicht endlich wäre. Andererseits schneidet jede solche Halbgerade die Kurve $\mathfrak{L}$ nur in einem einzigen Punkt. Nehmen wir nämlich an, eine von Q ausgehende Halbgerade würde $\mathfrak{L}$ in zwei Punkten A und B schneiden, wobei etwa A weiter als B von Q entfernt sein möge. Da Q im Innern von $\boldsymbol{G}$ liegt, läßt sich um diesen Punkt ein Kreis $\mathfrak{K}$ beschreiben, dessen Fläche $\boldsymbol{K}$ vollständig zu $\boldsymbol{G}$ gehört. Verbindet man A mit allen Punkten dieses Kreises $\boldsymbol{K}$, so erhält man eine Figur, die durch die von A aus gezogenen Tangenten an $\mathfrak{K}$ und einen Bogen von $\mathfrak{K}$ berandet wird. Diese Figur liegt in $\boldsymbol{G}$, da infolge der Konvexität von $\boldsymbol{G}$ jede Verbindungsstrecke von A mit einem Punkt von $\boldsymbol{K}$ zu $\boldsymbol{G}$ gehört. Nun enthält aber unsere Figur die ganze Strecke AQ mit Ausnahme des Punktes A im Innern; folglich enthielte sie B im Innern. Daher läge B a fortiori im Innern von $\boldsymbol{G}$ und nicht auf seiner Berandung.

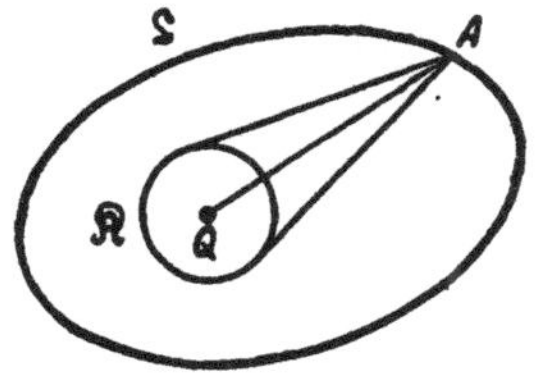

Abb. 98

Aus dem Bewiesenen folgt, daß sich durch Projektion der Kurve $\mathfrak{L}$ von Q aus auf die Peripherie $\mathfrak{K}$ von $\boldsymbol{K}$ eine umkehrbar eindeutige Zuordnung zwischen den Punkten der Kreislinie und denen der Kurve $\mathfrak{L}$ ergibt. Nun zeigen wir, daß diese Zuordnung auch beiderseits stetig ist. Bei stetiger Bewegung eines Punktes X längs $\mathfrak{L}$ dreht sich die Strecke QX stetig. Daher bewegt sich auch der entsprechende Punkt Y auf $\mathfrak{K}$ stetig. Für den Beweis der Stetigkeit der inversen Zuordnung von X zu Y genügt es zu beweisen, daß bei Konvergenz einer Folge von Punkten Y_i auf der Kreisperipherie gegen Y die entsprechenden Punkte X_i auf $\mathfrak{L}$ gegen den dem Punkt Y entsprechenden Punkt X streben. Da $\mathfrak{L}$ beschränkt ist, kann man aus den Punkten X_i eine konvergierende Teilfolge auswählen; der Limes $\overline{X}$ dieser Teilfolge gehört auch zu $\mathfrak{L}$ ($\mathfrak{L}$ ist Berandung von $\boldsymbol{G}$ und daher wie jede Berandung eine abgeschlossene Menge). Andererseits liegt $\overline{X}$ auf der Halbgeraden von Q nach Y, da die Y_i gegen Y konvergieren. Aus dem oben Bewiesenen folgt daher, daß $\overline{X}$ mit X zusammenfällt. Jede konvergierende Teilfolge der X_i strebt also gegen X, und daher konvergiert die Folge X_i selbst gegen X, was zu beweisen war.

Wir haben also bewiesen, daß jede geschlossene konvexe Kurve sich umkehrbar eindeutig und beiderseits stetig auf eine Kreislinie projizieren läßt, d. h. jede geschlossene konvexe Kurve $\mathfrak{L}$ ist einer Kreislinie homöomorph. Insbesondere zerlegt jedes Punktepaar auf einer geschlossenen Kurve diese in zwei Bögen.

Jeden solchen Bogen einer geschlossenen konvexen Kurve nennen wir eine *konvexe Kurve.*

Als *Stützgerade* einer Punktmenge $\mathfrak{M}$ bezeichnet man eine Gerade, die mit $\mathfrak{M}$ mindestens einen Punkt gemeinsam hat und die Eigenschaft besitzt, daß die ganze Menge $\mathfrak{M}$ in einer der von dieser Geraden berandeten Halbebenen liegt. Die Gerade selbst wird dabei natürlich auch zur Halbebene gerechnet.

Satz 2: *Durch jeden Punkt einer konvexen Kurve geht mindestens eine Stützgerade der Kurve.*

Beweis: Es genügt offenbar zu beweisen, daß durch jeden Punkt der Berandung eines beliebigen konvexen Bereiches eine Stützgerade des Bereiches hindurchgeht. Seien $\boldsymbol{G}$ ein konvexer Bereich und A ein Punkt seiner Berandung. Von A aus ziehen wir Halbgeraden durch alle Punkte von $\boldsymbol{G}$ und erhalten so einen Winkel $\boldsymbol{V}$. Liegen die Punkte X und Y auf den Halbgeraden, so gibt es darauf auch Punkte X_0 und Y_0 von $\boldsymbol{G}$. Die Strecke X_0Y_0 gehört zu $\boldsymbol{G}$, und daher gehört die Strecke XY zum Winkel $\boldsymbol{V}$. Daher ist $\boldsymbol{V}$ ein konvexer Winkel. Seine Schenkel brauchen nicht dazu zu gehören (dies ist z. B. der Fall, wenn $\boldsymbol{G}$ ein Kreis ist); wir fügen sie dann zu $\boldsymbol{V}$ hinzu. Da $\boldsymbol{V}$ konvex ist, bildet jeder seiner Schenkel zusammen mit seiner Verlängerung eine Stützgerade von $\boldsymbol{V}$ im Scheitelpunkt. Da aber $\boldsymbol{G}$ in $\boldsymbol{V}$ enthalten ist und A auf der Berandung von $\boldsymbol{G}$ liegt, ist diese Gerade auch eine Stützgerade des Bereichs $\boldsymbol{G}$ im Punkt A.

Satz 3: *Jede konvexe Kurve ist rektifizierbar, besitzt also eine bestimmte Länge. Umfaßt eine geschlossene Kurve $\mathfrak{L}_1$ eine konvexe Kurve $\mathfrak{L}$, so ist die Länge von $\mathfrak{L}$ nicht größer als die von $\mathfrak{L}_1$.*

Beweis: Wenn ein geschlossener Streckenzug $\mathfrak{L}_1$ einen geschlossenen konvexen Streckenzug $\mathfrak{L}$ umfaßt, so ist die Länge von $\mathfrak{L}$ kleiner als die von $\mathfrak{L}_1$. In der Tat, verlängern wir ein Glied von $\mathfrak{L}$ auf beiden Seiten bis zum Schnitt mit $\mathfrak{L}_1$, so schneiden wir von $\mathfrak{L}_1$ einen Streckenzug $\mathfrak{L}_1'$ ab, der ebenfalls $\mathfrak{L}$ umfaßt, aber eine kleinere Länge als $\mathfrak{L}_1$ besitzt. Setzen wir dieses Verfahren fort, so schneiden wir $\mathfrak{L}$ aus dem von $\mathfrak{L}_1$ berandeten Bereich heraus. Da bei jedem Schritt die Länge des umfassenden Streckenzuges abnimmt, so ist die Länge von $\mathfrak{L}$ kleiner als die von $\mathfrak{L}_1$.

Sei jetzt $\mathfrak{L}$ eine geschlossene konvexe Kurve und $\mathfrak{L}_1$ ein beliebiger umfassender Streckenzug. Man überzeugt sich leicht davon, daß jeder einer konvexen Kurve $\mathfrak{L}$ einbeschriebene Streckenzug selbst konvex ist. [Den Beweis überlassen wir dem Leser[1].] Aus dem soeben Bewiesenen folgt, daß die Länge jedes in $\mathfrak{L}$ einbeschriebenen Streckenzuges kleiner ist als die von $\mathfrak{L}_1$. Folglich existiert die obere Grenze der Längen der einbeschriebenen Streckenzüge, d. h. $\mathfrak{L}$ besitzt eine Länge.

---

[1]) Man kann z. B. den weiter unten in § 5 definierten Begriff der konvexen Hülle benutzen. Nehmen wir die konvexe Hülle von endlich vielen auf einer konvexen Kurve $\mathfrak{L}$ liegenden Punkten, so erhalten wir ein konvexes Polygon, dessen Berandung ein der Kurve $\mathfrak{L}$ einbeschriebener konvexer Streckenzug ist. Unter einem einbeschriebenen Streckenzug verstehen wir immer einen Streckenzug, der dadurch entsteht, daß man durch geradlinige Strecken gewisse auf der Kurve liegende Punkte in der Reihenfolge ihrer Lage verbindet. Die Reihenfolge der Punkte auf einer konvexen Kurve läßt sich in natürlicher Weise definieren, da wir bewiesen haben, daß eine geschlossene konvexe Kurve einem Kreis homöomorph ist.

Jeder Bogen einer rektifizierbaren Kurve ist selbst rektifizierbar, und da jede geschlossene konvexe Kurve rektifizierbar ist, so ist es auch jede beliebige konvexe Kurve.

Der zweite Teil unseres Satzes folgt jetzt aus der entsprechenden Aussage über Streckenzüge; es genügt, einen einfachen Grenzübergang auszuführen.

§ 2. Konvexe Körper. Stützebenen

Als *konvexen Körper* bezeichnet man eine abgeschlossene konvexe Punktmenge im dreidimensionalen Raum, die innere Punkte enthält; in einer Ebene spielen die konvexen Bereiche die Rolle der konvexen Körper. Als *geschlossene konvexe Fläche* bezeichnen wir die Berandung eines endlichen konvexen Körpers.

Satz 1: *Liegt eine konvexe Punktmenge nicht in einer Ebene, so enthält sie innere Punkte.*

Beweis: Die konvexe Punktmenge $\mathfrak{M}$ liege nicht in einer Ebene. Dann gibt es in ihr vier Punkte A, B, C, D, die nicht in einer Ebene liegen. Die Strecke AB ist in $\mathfrak{M}$ enthalten, da $\mathfrak{M}$ konvex ist. Aus demselben Grunde gehören auch die Verbindungsstrecken von C mit allen Punkten von AB zu $\mathfrak{M}$. Folglich ist das ganze Dreieck ABC in $\mathfrak{M}$ enthalten. Auf Grund der Konvexität von $\mathfrak{M}$ ist auch jede Strecke, die D mit einem beliebigen Punkt von ABC verbindet, in $\mathfrak{M}$ enthalten. Dies bedeutet, daß das ganze Tetraeder $ABCD$ in $\mathfrak{M}$ enthalten ist. Also besitzt $\mathfrak{M}$ innere Punkte.

Aus diesem Satz erhellt, daß es vier Typen von abgeschlossenen konvexen Punktmengen geben kann: 1. konvexe Körper; 2. ebene konvexe Bereiche; 3. Teile einer Geraden: Strecken, Halbgerade, Gerade; 4. Punkte.

Konvexe Körper ihrerseits können fünf topologischen Typen angehören:

1. Endliche konvexe Körper; diese sind einer Kugel homöomorph; z. B. Ellipsoide, Würfel usw.;

2. unendliche konvexe Körper, die einem Halbraum homöomorph sind; z. B. der Körper, der von einem Rotationsparaboloid berandet ist;

3. unendliche konvexe Zylinder; diese sind einem Kreiszylinder homöomorph;

4. Schichten zwischen Paaren paralleler Ebenen;

5. der ganze Raum.

Es ist ziemlich einleuchtend, daß alle diese Typen topologisch verschieden sind; ein Körper des einen Typus kann nicht umkehrbar eindeutig und beiderseits stetig auf einen Körper des anderen Typus abgebildet werden. Daß mit diesen Typen alle möglichen topologischen Typen konvexer Körper erschöpft sind, wird in § 4 bewiesen.

Satz 2. *Der Durchschnitt beliebig vieler konvexer Punktmengen ist selbst eine konvexe Punktmenge.*

In der Tat: gehören die Punkte X und Y den konvexen Mengen $\mathfrak{M}_i$ an, d. h. liegen sie in ihrem Durchschnitt, so gehört die Strecke XY jeder dieser Mengen, d. h. auch ihrem Durchschnitt an, was zu beweisen war.

Da eine Ebene eine konvexe Punktmenge ist, so folgt aus diesem Satz, daß eine Ebene, die durch innere Punkte eines konvexen Körpers geht, ihn in einem konvexen Bereich und seine Berandung in einer konvexen Kurve schneidet.

Eine Ebene $\boldsymbol{P}$ *heißt Stützebene einer Menge* $\mathfrak{M}$ *in einem ihrer Punkte* A, wenn sie durch den Punkt A geht und die ganze Menge $\mathfrak{M}$ auf einer Seite dieser Ebene liegt. Mit anderen Worten: $\mathfrak{M}$ muß vollständig in einem der durch $\boldsymbol{P}$ bestimmten Halbräume liegen, wobei $\boldsymbol{P}$ selbst dem Halbraum hinzugerechnet wird.

Liegt insbesondere die Punktmenge in einer Ebene, so ist diese Ebene Stützebene der Menge in jedem Punkt der Menge. Die Ebene einer Seitenfläche eines Würfels ist Stützebene des Würfels in jedem Punkt der Seitenfläche. Durch einen Eckpunkt eines Würfels kann man unendlich viele Stützebenen legen. Eine Tangentialebene einer konvexen Fläche ist immer eine Stützebene.

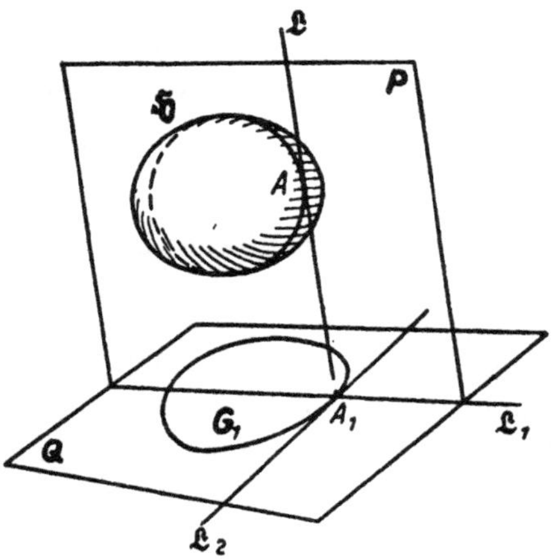

Abb. 99

Satz 3: *Ein konvexer Körper besitzt in jedem Punkt seiner Berandung mindestens eine Stützebene.*

Beweis: Sei A ein Punkt auf der Berandung eines konvexen Körpers $\mathfrak{H}$ (Abb. 99). Legen wir durch A und einen beliebigen inneren Punkt von $\mathfrak{H}$ eine Ebene $\boldsymbol{P}$, so schneidet diese $\mathfrak{H}$ in einem konvexen Bereich $\boldsymbol{G}$. Wie in § 1 bewiesen wurde, besitzt $\boldsymbol{G}$ in A eine Stützgerade $\mathfrak{L}$. Wir wählen eine Ebene $\boldsymbol{Q}$, die zu $\mathfrak{L}$ senkrecht steht, und projizieren $\mathfrak{H}$ auf $\boldsymbol{Q}$. Die Projektion ist ein konvexer Bereich $\boldsymbol{G}_1$. (Der Beweis der Tatsache, daß die Projektion eines konvexen Körpers ein konvexer Bereich ist, ist trivial.)

Sei A_1 die Projektion von A auf $\boldsymbol{Q}$. Die Gerade $\mathfrak{L}$ ist eine Stützgerade von $\boldsymbol{G}$ in A und teilt daher die Ebene $\boldsymbol{P}$ in zwei Teile, von denen der eine keine Punkte von $\boldsymbol{G}$ und somit auch keine Punkte von $\mathfrak{H}$ enthält. Sei $\mathfrak{L}_1$ die Schnittgerade der Ebenen $\boldsymbol{P}$ und $\boldsymbol{Q}$. Die Gerade $\mathfrak{L}_1$ wird durch den Punkt A_1 in zwei Teile geteilt, von denen der eine keine Punkte der Projektion von $\mathfrak{H}$ enthält. Der Punkt A_1 liegt folglich auf der Berandung der Projektion von $\mathfrak{H}$, d. h. auf der Berandung von $\boldsymbol{G}_1$; dann geht also durch A_1 eine Stützgerade $\mathfrak{L}_2$ zu $\boldsymbol{G}_1$.

Die durch $\mathfrak{L}$ und $\mathfrak{L}_2$ gehende Ebene $\boldsymbol{R}$ ist eine Stützebene von $\mathfrak{H}$ in A; denn die Projektion von $\mathfrak{H}$ liegt auf einer Seite von $\mathfrak{L}_2$, daher liegt der Körper $\mathfrak{H}$ selbst auf einer Seite der Ebene $\boldsymbol{R}$. Außerdem geht $\boldsymbol{R}$ durch den Punkt A.

Wir bemerken, daß für konvexe Mengen, die keine inneren Punkte besitzen, der Satz trivial ist: nach Satz 1 liegt eine solche Menge in einer Ebene, und diese Ebene ist daher eine Stützebene in jedem Punkt der Menge.

Als *äußere Normale* zu einer Stützebene einer Menge $\mathfrak{M}$ bezeichnet man einen zu dieser Ebene senkrechten Einheitsvektor, der in den Halbraum gerichtet ist, der keine Punkte von $\mathfrak{M}$ enthält. Liegt $\mathfrak{M}$ in seiner Stützebene, so sind beide Normalen äußere Normalen. Ist $\mathfrak{n}$ ein Einheitsvektor, der senkrecht auf einer Ebene steht und h die Entfernung der Ebene vom Koordinatenursprung, wobei h vom Ursprung aus in der Richtung von $\mathfrak{n}$ als positiv und in der entgegengesetzten Richtung als negativ gerechnet wird, so kann die Gleichung der Ebene in der bekannten Normalform

$$\mathfrak{n}\mathfrak{x} = h$$

geschrieben werden, wobei $\mathfrak{x}$ den im Ursprung beginnenden veränderlichen Vektor bezeichnet.

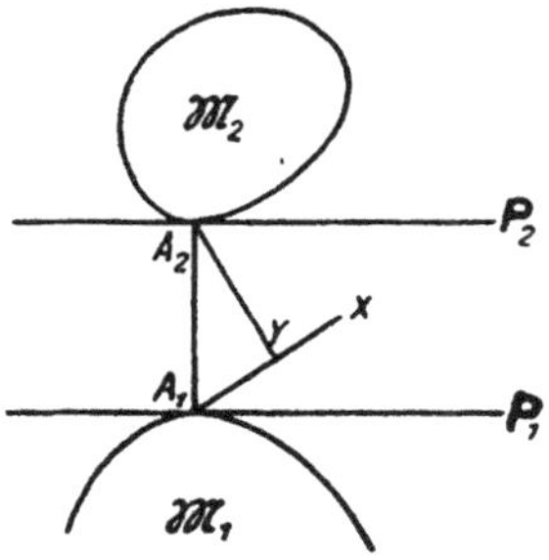

Abb. 100

Ist $\mathfrak{n}$ die äußere Normale zu einer Stützebene einer Menge $\mathfrak{M}$, so liegt $\mathfrak{M}$ in dem Halbraum, der durch die Ungleichung

$$\mathfrak{n}\mathfrak{x} \leqq h$$

definiert ist.

Satz 4: *Haben zwei abgeschlossene konvexe Punktmengen $\mathfrak{M}_1$ und $\mathfrak{M}_2$ keine gemeinsamen Punkte und ist eine von ihnen beschränkt, so gibt es in ihnen ein Punktepaar A_1 und A_2 mit kleinster Entfernung. In diesen Punkten gibt es Stützebenen $\boldsymbol{P}_1$ und $\boldsymbol{P}_2$, die auf der Strecke A_1A_2 senkrecht stehen. Jede dieser Ebenen trennt die eine Menge von der anderen.*

Beweis: Ist die Menge $\mathfrak{M}_2$ beschränkt, so gibt es in ihr einen zu $\mathfrak{M}_1$ nächstgelegenen Punkt A_2[1]). In $\mathfrak{M}_1$ gibt es dann einen zu $\mathfrak{M}_2$ nächstgelegenen Punkt A_1. Durch A_1 legen wir senkrecht zur Strecke A_1A_2 eine Ebene $\boldsymbol{P}_1$ (Abb. 100). Nehmen wir an, es gäbe in $\mathfrak{M}_1$ einen Punkt X, der auf derselben Seite von $\boldsymbol{P}_1$ wie der Punkt A_2 liegt. Aus der Konvexität von $\mathfrak{M}_1$ würde dann folgen, daß die ganze Strecke A_1X in $\mathfrak{M}_1$ läge. Wir fällen jetzt vom Punkt A_2 das Lot A_2Y auf die Gerade A_1X. Man überzeugt sich leicht davon, daß sein Fußpunkt Y auf dem Strahl A_1X liegt, d. h. auf der Strecke A_1X (wie in Fig. 100) oder auf ihrer Verlängerung über den Punkt X hinaus. Im ersten Fall liegt Y in der Menge $\mathfrak{M}_1$, und da das Lot A_2Y kürzer ist als die schräg liegende Strecke A_2A_1, so liegt Y näher an A_2 und A_1. Im zweiten Falle ist die Strecke A_2X

[1]) Die Punkte X_1 und X_2 mögen zu $\mathfrak{M}_1$ bzw. $\mathfrak{M}_2$ gehören. Sei $\varrho(X_1X_2)$ die Entfernung zwischen ihnen. Unter der Entfernung des Punktes X_2 von der Punktmenge $\mathfrak{M}_1$ versteht man die untere Grenze von $\varrho(X_1X_2)$, wenn X_1 ganz $\mathfrak{M}_1$ durchläuft. Sei $r(X_2)$ diese untere Grenze. Der zu $\mathfrak{M}_1$ nächstgelegene Punkt von $\mathfrak{M}_2$ ist derjenige, für den $r(X_2)$ ein Minimum erreicht. Man zeigt leicht, daß $r(X_2)$ eine stetige Funktion von X_2 ist, und dann folgt aus der Beschränktheit und der Abgeschlossenheit von $\mathfrak{M}_2$ die Existenz eines Punktes von $\mathfrak{M}_2$, für den $r(X_2)$ sein Minimum annimmt.

kürzer als der Abschnitt A_2A_1, so daß der Punkt X näher an A_2 liegt als A_1. In beiden Fällen erhalten wir einen Widerspruch dazu, daß von allen Punkten der Menge $\mathfrak{M}_1$ der Punkt A_1 dem Punkt A_2 am nächsten liegen soll. Daher hat $\mathfrak{M}_1$ keine Punkte in dem Halbraum, in welchem A_2 liegt. Das bedeutet, daß $\boldsymbol{P}_1$ Stützebene der Menge $\mathfrak{M}_1$ ist.

Genauso beweist man, daß die durch A_2 senkrecht zu A_1A_2 gelegte Ebene $\boldsymbol{P}_2$ eine Stützebene von $\mathfrak{M}_2$ ist. Die Ebenen $\boldsymbol{P}_1$ und $\boldsymbol{P}_2$ sind parallel. $\boldsymbol{P}_1$ teilt den Raum in zwei Halbräume, und wir haben gezeigt, daß in dem Halbraum, in dem A_2 liegt, keine Punkte von $\mathfrak{M}_1$ vorhanden sind. Entsprechendes gilt für die Ebene $\boldsymbol{P}_2$. Hieraus ersieht man, daß die Schicht zwischen den Ebenen $\boldsymbol{P}_1$ und $\boldsymbol{P}_2$ weder Punkte von $\mathfrak{M}_1$ noch von $\mathfrak{M}_2$ enthält und diese Mengen trennt.

Der bewiesene Satz läßt sich besonders leicht formulieren, wenn $\mathfrak{M}_2$ nur aus einem einzigen Punkt A_2 besteht. Dann gibt es in $\mathfrak{M}_1$ einen zu A_2 nächstgelegenen Punkt A_1; die Ebene, die in A_1 senkrecht auf A_1A_2 steht, ist eine Stützebene von $\mathfrak{M}_1$ und trennt den Punkt A_2 von $\mathfrak{M}_1$.

§ 3. Konvexe Kegel

Ein *konvexer Kegel* ist ein konvexer Körper, der von Halbgeraden gebildet wird, die von einem Punkt, der Spitze des Kegels, ausgehen; dabei soll der Fall, daß der Kegel den ganzen Raum ausmacht, ausgeschlossen sein. Ein von zwei Halbebenen begrenzter, konvexer Körper (Ebenenwinkel) und ein Halbraum sind Spezialfälle eines Kegels. Im übrigen Text bezeichnen wir jedoch als konvexen Kegel die Oberfläche (genauer: die Mantelfläche, d. Ü.) eines solchen als Körper aufgefaßten Kegels. Sei $\mathfrak{K}$ ein konvexer Kegel mit der Spitze Q. Legt man um Q eine Einheitssphäre $\boldsymbol{S}$, d. h. eine Sphäre, deren Radius gleich Eins ist, so schneidet $\mathfrak{K}$ auf $\boldsymbol{S}$ einen gewissen Bereich $\boldsymbol{G}$ heraus. Dieser Bereich liegt auf einer Halbsphäre, nämlich auf einer der Halbsphären, die von einer beliebigen Stützebene von $\mathfrak{K}$ in seiner Spitze von der Sphäre abgeschnitten wird. Der Bereich $\boldsymbol{G}$ ist sphärisch konvex, d. h., der kleinere der Bögen eines Großkreises, die zwei beliebige Punkte von $\boldsymbol{G}$ verbinden, gehört zu $\boldsymbol{G}$. Der Beweis dieser Tatsache ergibt sich leicht aus der Konvexität von $\mathfrak{K}$.

Wählt man im Innern von $\boldsymbol{G}$ einen Punkt A und beschreibt um ihn einen kleinen Kreis, so kann man von A aus Bögen von Großkreisen bis zur Berandung von $\boldsymbol{G}$ ziehen. Durch Wiederholung der Überlegungen aus dem Beweis von Satz 1 aus § 1 können wir zeigen, daß die Berandung von $\boldsymbol{G}$ eine einer Kreislinie homöomorphe Kurve ist. Wir nennen sie eine *sphärisch-konvexe Kurve*. Für sphärische Kürzestenzüge (d. h. für Kurven, die aus Bögen von Großkreisen bestehen), die auf einer Halbsphäre liegen, läßt sich folgendes beweisen: Wenn ein Kürzestenzug $\mathfrak{L}_1$ einen sphärisch-konvexen Kürzestenzug $\mathfrak{L}$ umfaßt, so ist die Länge von $\mathfrak{L}$ nicht größer als die von $\mathfrak{L}_1$. Der Beweis ist eine wörtliche Wiederholung des in § 1 gegebenen Beweises für die entsprechende Aussage über Streckenzüge in der Ebene. Durch Wiederholung der Überlegungen, mit denen wir Satz 3 aus § 1 bewiesen haben, können wir zeigen, daß die Länge einer sphärisch-konvexen Kurve nicht größer ist als die Länge einer sie umfassenden Kurve auf derselben Halbsphäre. Insbesondere ist sie nicht größer als die Länge des Äquators der Halbsphäre, d. h. nicht größer als 2π, da der Radius der Sphäre gleich Eins ist. Schneidet man die Mantelfläche des Kegels längs irgendeiner Erzeugenden auf und wickelt sie auf die Ebene ab, so geht die Schnittkurve $\mathfrak{L}$ der Kegelfläche $\boldsymbol{K}$ mit der Sphäre $\boldsymbol{S}$ in einen Bogen des Einheitskreises über. Mittelpunkt dieses Kreises ist der Punkt, in den die Kegelspitze übergeht. Da die Länge der Kurve $\mathfrak{L}$ nicht größer als 2π ist, so ist auch der Winkel, der von der abgewickelten Mantelfläche $\boldsymbol{K}$ des Kegels überdeckt wird, nicht größer als 2π. Diesen Winkel nennen wir den *vollen Winkel an der Spitze des Kegels* $\boldsymbol{K}$. Ist insbesondere $\boldsymbol{K}$ eine Polyederecke, so ist der volle Winkel an der Spitze gleich der Summe ihrer Spannwinkel. Die Summe der Spannwinkel einer konvexen Polyederecke kann also 2π nicht übertreffen. Man sieht leicht, daß sie immer kleiner als 2π ist, außer wenn die Polyederecke einen Ebenenwinkel oder einen Halbraum bildet.

§ 4. Die topologischen Typen konvexer Körper

Satz: *Es gibt nur fünf topologisch verschiedene Typen konvexer Körper: 1. endliche konvexe Körper, die einer Kugel homöomorph sind; 2. unendliche konvexe Körper, die einem Halbraum homöomorph sind; 3. Zylinder, die einem unendlichen Kreiszylinder homöomorph sind; 4. Schichten zwischen parallelen Ebenen; 5. der ganze Raum.*

Wenn man als volle konvexe Fläche eine zusammenhängende Komponente der Berandung eines konvexen Körpers bezeichnet, so folgt aus diesem Satz, daß es nur drei verschiedene Typen voller konvexer Flächen geben kann: 1. geschlossene Flächen, die einer Sphäre homöomorph sind; 2. unendliche Flächen, die einer Ebene homöomorph sind; 3. Zylinderflächen, die der Mantelfläche eines unendlichen Kreiszylinders homöomorph sind.

Der Beweis dieses Satzes beruht auf zwei Hilfssätzen.

Hilfssatz 1: *Liegt der Punkt Q im Innern eines konvexen Körpers $\mathfrak{H}$, so hat ein von Q ausgehender Strahl entweder keinen oder genau einen Punkt mit der Berandung von $\mathfrak{H}$ gemeinsam*

Nehmen wir an, ein von Q ausgehender Strahl $\mathfrak{L}$ habe mit der Berandung von $\mathfrak{H}$ einen Punkt A gemeinsam. Um Q legen wir eine im Innern von $\mathfrak{H}$ enthaltene Kugel $\mathfrak{S}$. Wegen der Konvexität von $\mathfrak{H}$ müssen alle Verbindungsstrecken von A mit Punkten von $\mathfrak{S}$ in $\mathfrak{H}$ enthalten sein. $\mathfrak{H}$ enthält also den ganzen von diesen Strecken gebildeten Kegel[1]). Die Strecke QA liegt im Innern dieses Kegels und folglich auch im Innern von $\mathfrak{H}$. Hieraus folgt, daß auf dem Strahl QA nicht

[1]) Eine analoge Konstruktion wurde beim Beweis von Satz 1 von § 1 (Abb. 98) verwandt.

mehr als ein Punkt der Berandung von $\mathfrak{H}$ liegen kann. Gäbe es nämlich zwei solche Punkte A und B und läge etwa B näher an Q als A, so wäre das ein Widerspruch zu der Tatsache, daß die ganze Strecke QA im Innern von $\mathfrak{H}$ enthalten ist.

Hilfssatz 2: *Enthält ein konvexer Körper $\mathfrak{H}$ von einem seiner inneren Punkte Q ausgehende Strahlen in ihrer ganzen Ausdehnung, so formen diese Strahlen eins der vier folgenden Gebilde: 1. den ganzen Raum, 2. eine Gerade, 3. eine Ebene, 4. einen konvexen Kegel, worunter ein ebener Winkel und ein einziger Strahl einbegriffen sind.*

Seien $\mathfrak{L}_1$ und $\mathfrak{L}_2$ zwei in $\mathfrak{H}$ enthaltene Strahlen, die von einem Punkt Q dieses Körpers ausgehen. Auf ihnen wählen wir Punkte A_1 und A_2. Da die Punkte A_1 und A_2 in $\mathfrak{H}$ enthalten sind, so liegen auch die Strecke A_1A_2 und mit ihr das ganze Dreieck QA_1A_2 in $\mathfrak{H}$. Die Punkte A_1 und A_2 können aber beliebig weit von Q gewählt werden. Daraus ist ersichtlich, daß der ganze Winkel zwischen $\mathfrak{L}_1$ und $\mathfrak{L}_2$ in $\mathfrak{H}$ enthalten ist, wenn nur die Strahlen $\mathfrak{L}_1$ und $\mathfrak{L}_2$ nicht Verlängerungen voneinander sind.

Hieraus folgt, daß die Gesamtheit der von Q ausgehenden und in $\mathfrak{H}$ enthaltenen Strahlen eine konvexe Figur bildet. Daher gibt es für sie nur die folgenden Möglichkeiten: 1. Diese Gesamtheit enthält nur einen einzigen Strahl. 2. Es sind zwei Strahlen vorhanden, und sie bilden eine einzige Gerade. 3. Alle solche Strahlen liegen in einer Ebene, aber nicht in einer einzigen Geraden; sie erfüllen dann entweder einen ebenen Winkel oder die ganze Ebene. 4. Diese Strahlen liegen nicht in einer Ebene und erfüllen dann einen konvexen Kegel oder den ganzen Raum.

Sind die Strahlen $\mathfrak{L}_n$ in $\mathfrak{H}$ enthalten und konvergieren sie gegen einen Strahl $\mathfrak{L}$, so ist auch $\mathfrak{L}$ in $\mathfrak{H}$ enthalten, da $\mathfrak{H}$ eine abgeschlossene Menge ist. Daher ist die von den betrachteten Strahlen gebildete Figur eine abgeschlossene konvexe Menge.

Jetzt beweisen wir den oben formulierten Satz selbst.

Sei $\mathfrak{H}$ ein konvexer Körper. In seinem Innern wählen wir einen Punkt Q und beschreiben um diesen die Einheitssphäre $\boldsymbol{S}$. Dann sind drei Fälle möglich:

1. Kein von Q ausgehender Strahl schneidet die Berandung von $\mathfrak{H}$.

2. Jeder von Q ausgehende Strahl schneidet die Berandung von $\mathfrak{H}$.

3. Nicht alle von Q ausgehenden Strahlen schneiden die Berandung von $\mathfrak{H}$.

Im ersten Falle ist $\mathfrak{H}$ offenbar der ganze Raum, und diesen Fall brauchen wir nicht näher zu betrachten. Man darf daher annehmen, $\mathfrak{H}$ habe eine Berandung, die wir mit $\boldsymbol{F}$ bezeichnen wollen.

Nach Hilfssatz 1 schneidet ein von Q ausgehender Strahl $\mathfrak{L}$ die Berandung $\boldsymbol{F}$ von $\mathfrak{H}$ nur in einem einzigen Punkt. Ordnen wir daher jedem Punkt X von $\boldsymbol{F}$ den Punkt Y von $\boldsymbol{S}$ zu, der auf demselben Strahl $\mathfrak{L}$ liegt, so erhalten wir eine umkehrbar eindeutige Abbildung h von $\boldsymbol{F}$ auf die Sphäre $\boldsymbol{S}$ (oder auf einen Teil von $\boldsymbol{S}$). Diese Abbildung h ist auch stetig, da sie eine Projektion auf die Sphäre durch Strahlen ist, die von ihrem Mittelpunkt ausgehen.

Nun zeigen wir, daß h auch beiderseits stetig ist. Die den Punkten $X_1, X_2, \ldots$ von $\boldsymbol{F}$ entsprechenden Punkte $Y_1, Y_2, \ldots$ mögen gegen einen Punkt Y konvergieren. Y möge dem Punkt X von $\boldsymbol{F}$ entsprechen. Wir müssen zeigen, daß die Punkte X_n gegen X konvergieren. Nehmen wir im Gegensatz dazu an, die Punkte X_n würden nicht gegen X konvergieren. Es gäbe dann zwei Möglichkeiten: 1. Aus den X_n ließe sich eine Folge X_{n_i} auswählen, die gegen einen von X verschiedenen Punkt $\overline{X}$ konvergiert; 2. aus den X_n ließe sich eine Teilfolge X_{n_i} auswählen, die sich unbegrenzt von Q entfernt.

Betrachten wir die erste Möglichkeit. Als Grenzpunkt von Punkten der Berandung von $\mathfrak{H}$ würde $\overline{X}$ selbst dieser Berandung angehören[1]). Andererseits konvergieren die Strahlen QX_{n_i} gegen den Strahl QX; denn sie gehen durch die Punkte Y_{n_i} von $\boldsymbol{S}$, welche gegen den Punkt Y streben, der dem Punkt X entspricht. $\overline{X}$ muß also auf dem Strahl QX liegen. Nach Hilfssatz 1 kann aber ein von Q ausgehender Strahl die Berandung von $\mathfrak{H}$ nur in einem Punkt treffen. $\overline{X}$ muß daher mit X zusammenfallen.

Betrachten wir jetzt die zweite Möglichkeit, bei der die Punkte X_{n_i} sich unbeschränkt von Q entfernen würden. Aus der Konvexität folgt, daß jede Strecke QX_{n_i} vollständig in $\mathfrak{H}$ enthalten ist. Außerdem konvergieren diese Strecken gegen den Strahl QX, da die Punkte Y_{n_i} auf $\boldsymbol{S}$ gegen den dem Punkt X entsprechenden Punkt Y streben. Und da $\mathfrak{H}$ eine abgeschlossene Punktmenge ist, so ist der ganze Strahl QX in $\mathfrak{H}$ enthalten. In diesem Fall folgte aber aus Hilfssatz 1, daß dieser Strahl überhaupt keine Punkte der Berandung von $\mathfrak{H}$ enthalten könnte; dies widerspräche der Tatsache, daß auf ihm ein solcher Punkt X liegt. Die zweite Möglichkeit ist also ausgeschlossen, und die Stetigkeit der inversen Abbildung von h ist bewiesen.

Jetzt können wir leicht folgendes beweisen: *Wenn jeder von Q ausgehende Strahl die Berandung von $\mathfrak{H}$ trifft, so ist der Körper $\mathfrak{H}$ der Kugel und seine Berandung der Sphäre homöomorph.*

Wenn nämlich jeder von Q ausgehende Strahl die Berandung $\boldsymbol{F}$ von $\mathfrak{H}$ trifft, so ist die oben definierte Abbildung h eine umkehrbar eindeutige und beiderseits stetige Zuordnung der Fläche $\boldsymbol{F}$ auf die Sphäre $\boldsymbol{S}$. Die Fläche $\boldsymbol{F}$ ist also einer Sphäre homöomorph. Ist X ein Punkt von $\mathfrak{H}$ und Y derjenige Punkt der Berandung von $\mathfrak{H}$, der auf dem Strahl von Q durch X liegt, so ordnen wir X denjenigen Punkt X' in der Kugel $\mathfrak{S}$ zu, für den $QX' = \frac{QX}{QY}$ gilt. (Dies ist möglich, da der Radius von $\mathfrak{S}$ gleich Eins ist.) Damit wird eine homöomorphe Abbildung des ganzen Körpers $\mathfrak{H}$ auf die Kugel $\mathfrak{S}$ definiert.

Nehmen wir jetzt an, nicht jeder von Q ausgehende Strahl schneide die Berandung $\boldsymbol{F}$ von $\mathfrak{H}$. Nach Hilfssatz 2 bilden dann diese die Fläche $\boldsymbol{F}$ nicht

[1]) Wir erinnern daran, daß die Berandung jeder Menge eine abgeschlossene Menge ist.

schneidenden Strahlen eine der drei folgenden Figuren: 1. eine Gerade, 2. eine Ebene, 3. einen konvexen Kegel, worunter wir auch einen konvexen ebenen Winkel oder einen Strahl einbegreifen wollen.

Betrachten wir den ersten Fall. Die Gerade $\mathfrak{L}$, die $\boldsymbol{F}$ nicht schneidet, trifft $\boldsymbol{S}$ in zwei Punkten A und B. Alle von Q zu den übrigen Punkten der Sphäre $\boldsymbol{S}$ gehenden Strahlen schneiden $\boldsymbol{F}$; daher stellt h eine homöomorphe Abbildung von $\boldsymbol{F}$ auf eine Sphäre mit Ausschluß von zwei Punkten dar. Folglich ist in diesem Falle $\boldsymbol{F}$ einer unendlichen Zylinderfläche homöomorph.

Sei X ein beliebiger Punkt von $\mathfrak{H}$ und Y ein Punkt auf der Geraden $\mathfrak{L}$. Die Strecke XY ist in $\mathfrak{H}$ enthalten, und da die gesamte Gerade $\mathfrak{L}$ in $\mathfrak{H}$ enthalten ist, kann man Y beliebig weit von X entfernt wählen. $\mathfrak{H}$ ist eine abgeschlossene Punktmenge; daraus folgt, daß $\mathfrak{H}$ die gesamte zu $\mathfrak{L}$ parallele und durch X gehende Gerade enthält. X war aber ein beliebiger Punkt von $\mathfrak{H}$; folglich besteht ganz $\mathfrak{H}$ aus solchen Geraden, d. h. der Körper $\mathfrak{H}$ ist ein Zylinder. Die Schnittfigur dieses Körpers mit einer zu $\mathfrak{L}$ senkrechten Ebene stellt einen konvexen Bereich dar. Dieser Bereich ist endlich, da sich seine Berandung umkehrbar eindeutig und beiderseits stetig auf einen Großkreis von $\boldsymbol{S}$ projiziert.

Betrachten wir jetzt den zweiten Fall, bei dem alle von Q ausgehenden und die Berandung von $\mathfrak{H}$ nicht treffenden Strahlen eine gewisse Ebene $\boldsymbol{E}$ ausfüllen. Durch wörtliche Wiederholung der Überlegungen des vorigen Falles zeigen wir, daß $\mathfrak{H}$ jede zu $\boldsymbol{E}$ parallele Gerade enthält, die durch einen beliebigen Punkt X von $\mathfrak{H}$ hindurchgeht. Daher enthält $\mathfrak{H}$ auch die ganze durch X gehende und zu $\boldsymbol{E}$ parallele Ebene. Folglich besteht der Körper $\mathfrak{H}$ aus solchen Ebenen, und hieraus ist ersichtlich, daß er eine Schicht zwischen zwei zu $\boldsymbol{E}$ parallelen Ebenen bildet.

Schließlich betrachten wir den dritten Fall, bei dem alle von Q ausgehenden und die Berandung $\boldsymbol{F}$ von $\mathfrak{H}$ nicht treffenden Strahlen einen konvexen Kegel $\mathfrak{K}$ (oder einen ebenen Winkel oder einen Strahl) ausfüllen. Der Kegel $\mathfrak{K}$ schneidet die Sphäre $\boldsymbol{S}$ in einem sphärisch-konvexen Bereich, der in einer Halbsphäre enthalten ist. Dieser Bereich ist einem Kreis homöomorph. Das wird wörtlich so bewiesen wie für konvexe Bereiche auf der Ebene. Die Komplementärmenge dieses Bereiches ist ein Gebiet $\boldsymbol{G}$, das einem Kreis ohne Berandung oder, was dasselbe ist, einer Ebene homöomorph ist. Ist $\mathfrak{K}$ ein ebener Winkel oder ein Strahl, so ist $\boldsymbol{G}$ natürlich ebenfalls einer Ebene homöomorph. Die oben definierte Abbildung h (die Projektion vom Punkt Q aus auf die Sphäre $\boldsymbol{S}$) ergibt also eine homöomorphe Abbildung der Fläche $\boldsymbol{F}$ auf den Bereich $\boldsymbol{G}$, und daher ist $\boldsymbol{F}$ einer Ebene homöomorph.

Sei $\mathfrak{Q}$ der Körper, der sich aus der von der Sphäre $\boldsymbol{S}$ berandeten Kugel dadurch ergibt, daß man alle nicht zu $\boldsymbol{G}$ gehörigen Punkte von $\boldsymbol{S}$ wegläßt. Offensichtlich ist $\mathfrak{Q}$ einem Halbraum homöomorph. Wir definieren eine Abbildung f von $\mathfrak{H}$ auf den Körper $\mathfrak{Q}$ in folgender Weise: Sei Y ein Punkt von $\mathfrak{H}$. Wenn der Strahl von Q durch Y die Berandung von $\mathfrak{H}$ im Punkt X schneidet, so ordnen wir Y

denjenigen Punkt Y' zu, für den $QY' = \dfrac{QY}{1 - \dfrac{QY}{QX} + QY}$ ist. Wenn dagegen der Strahl von Q durch Y die Berandung $\boldsymbol{F}$ von $\mathfrak{H}$ nicht schneidet, so ordnen wir Y denjenigen Punkt Y' zu, für den $QY' = \dfrac{QY}{1 + QY}$ ist. Man sieht leicht, daß die so definierte Abbildung f ein Homöomorphismus ist; folglich ist $\mathfrak{H}$ einem Halbraum homöomorph. Damit ist unser Satz vollständig bewiesen.

§ 5. Konvexe Polyeder und konvexe Hülle

Als *konvexe Polyeder* bezeichnet man konvexe Körper, deren Oberfläche aus endlich vielen ebenen Polygonen besteht. In unserem Text verstehen wir aber unter Polyeder die Oberflächen solcher konvexen Körper. Die Seitenflächen eines konvexen Polyeders sind konvexe Polygone. In der Tat: der Punkt A liege im Innern einer Seitenfläche $\boldsymbol{Q}$ des konvexen Polyeders $\mathfrak{P}$. Eine Stützebene $\boldsymbol{R}$ in A schneidet $\mathfrak{P}$ nicht und fällt daher mit der Ebene der Seitenfläche $\boldsymbol{Q}$ zusammen. Der Durchschnitt der Ebene $\boldsymbol{R}$ und des Polyeders $\mathfrak{P}$ ist gerade die Seitenfläche $\boldsymbol{Q}$; sie ist konvex, da sie Durchschnitt zweier konvexer Punktmengen ist, nämlich des Polyeders $\mathfrak{P}$ und der Ebene $\boldsymbol{R}$.

Als *Eckpunkte* eines konvexen Polyeders bezeichnet man diejenigen Punkte seiner Berandung, durch die Stützebenen hindurchgehen, die keine anderen Punkte des Polyeders enthalten.

Ist $\mathfrak{M}$ eine Punktmenge, so heißt der Durchschnitt aller $\mathfrak{M}$ enthaltenden konvexen Punktmengen die *konvexe Hülle* von $\mathfrak{M}$. Aus der Tatsache, daß der Durchschnitt konvexer Punktmengen selbst eine konvexe Punktmenge ist, folgt, daß die konvexe Hülle stets eine konvexe Menge ist. Die konvexe Hülle eines konvexen Körpers ist selbstverständlich der Körper selbst.

Hilfssatz: *Die konvexe Hülle endlich vieler Punkte ist der geometrische Ort der Schwerpunkte bei der Belegung dieser Punkte mit allen möglichen Massen.*

Sind die Punkte $X_1, X_2, \ldots, X_n$ mit Massen $m_1, m_2, \ldots, m_n$ belegt, so bezeichnet man als Schwerpunkt den Punkt, den man in folgender Weise erhält:

Von einem gewissen Anfangspunkt aus ziehen wir zu allen Punkten X_i die Vektoren $\mathfrak{x}_i$. Der Endpunkt des Vektors

$$\mathfrak{x} = \frac{\sum_{i=1}^{n} m_i \mathfrak{x}_i}{\sum_{i=1}^{n} m_i} \tag{1}$$

von demselben Anfangspunkt aus ist definitionsgemäß der Schwerpunkt der gegebenen Massen. Es wird dabei selbstverständlich vorausgesetzt, daß die

Massen nicht negativ sind und daß $\sum_{i=1}^{n} m_i > 0$ gilt. Die elementaren Eigenschaften des Schwerpunktes setzen wir als bekannt voraus. Setzt man $m_i = t_i \sum_{i=1}^{n} m_i$, so erhält man an Stelle von (1)

$$\mathfrak{x} = \sum_{i=1}^{n} t_i \mathfrak{x}_i \tag{2}$$

wo alle $t_i \geqq 0$ sind und $\sum_{i=1}^{n} t_i = 1$ gilt.

Um unseren Hilfssatz zu beweisen, müssen wir zwei Aussagen beweisen: 1. der Schwerpunkt beliebiger, in den Punkten X_i gelegener Massen m_i gehört zur konvexen Hülle der X_i; 2. die konvexe Hülle der Punkte X_i ist enthalten in der Menge der Schwerpunkte der Massen, mit denen die gegebenen Punkte belegt sind.

Zunächst beweisen wir die erste Aussage: Sei X der Schwerpunkt der Massen $m_1, m_2, \ldots, m_n$, die in den Punkten $X_1, X_2, \ldots, X_n$ angebracht seien. Den Schwerpunkt kann man in folgender Weise erhalten: Zuerst bestimmen wir den Schwerpunkt Y_1 der Massen, die in den Punkten X_1 und X_2 liegen. (Sind die Massen in X_1 und X_2 gleich Null, so lassen wir diese Punkte überhaupt außer Betracht.) Dann legen wir die Masse $m_1 + m_2$ in den Punkt Y_1 und bestimmen den Schwerpunkt Y_2 dieser Masse und der in X_3 liegenden Masse m_3. Der Punkt Y_2 ist gleichzeitig Schwerpunkt der in den Punkten X_1, X_2, X_3 gelegenen Massen m_1, m_2, m_3. Führen wir diese Konstruktion fort, so kommen wir schließlich zum Schwerpunkt der gegebenen Massen $m_1, m_2, \ldots, m_n$. Dabei liegt aber der Punkt Y_1 auf der Strecke X_1X_2 und gehört folglich zur konvexen Hülle der Punkte X_1, $X_2, \ldots, X_n$. Der Punkt Y_2 liegt auf der Strecke Y_1X_3, und da Y_1 und X_3 zur konvexen Hülle der Punkte $X_1, X_2, \ldots, X_n$ gehören, so gehört auch Y_2 dazu. Wiederholen wir diese Überlegung, so kommen wir schließlich zum Schwerpunkt aller gegebenen Massen und überzeugen uns, daß er in der konvexen Hülle der Punkte $X_1, X_2, \ldots, X_n$ liegt.

Jetzt beweisen wir die zweite Aussage: Wir legen in den Punkt X_i eine Masse $m > 0$ und in alle übrigen Punkte die Masse Null. Der Schwerpunkt ist dann der Punkt X_i. Die Menge der Schwerpunkte aller möglichen Massen in den Punkten X_i enthält folglich alle Punkte X_i. Diese Menge ist konvex; denn: seien A und B die Schwerpunkte bei gewissen Massenverteilungen in den Punkten X_i; im ersten Falle seien die Massen gleich a_i, im zweiten gleich b_i. Ohne Beschränkung der Allgemeinheit darf man annehmen, daß $\sum_{i=1}^{n} a_i = \sum_{i=1}^{n} b_i = 1$ ist. Nach (2) führen dann folgende Vektoren vom Ursprung zu den Punkten A und B:

$$\mathfrak{a} = \sum_{i=1}^{n} a_i \mathfrak{x}_i; \quad \mathfrak{b} = \sum_{i=1}^{n} b_i \mathfrak{x}_i. \tag{3}$$

Legen wir jetzt in die Punkte X_i die Massen

$$m_i = (1 - t)\, a_i + t b_i, \tag{4}$$

wobei $0 \leqq t \leqq 1$ ist, so gilt:

$$\sum_{i=1}^{n} m_i = (1 - t) \cdot \sum_{i=1}^{n} a_i + t \cdot \sum_{i=1}^{n} b_i = 1.$$

Die Lage des Schwerpunktes dieser Massen ist bestimmt durch die Gleichung

$$\mathfrak{x} = \sum_{i=1}^{n} m_i \mathfrak{x}_i.$$

Mit Hilfe von (3) und (4) erhalten wir:

$$\mathfrak{x} = (1 - t) \sum_{i=1}^{n} a_i \mathfrak{x}_i + t \cdot \sum_{i=1}^{n} b_i \mathfrak{x}_i = (1 - t)\, \mathfrak{a} + t \mathfrak{b}.$$

Aus dieser Formel ist ersichtlich, daß der Endpunkt des Vektors $\mathfrak{x}$ die Strecke zwischen den Endpunkten der Vektoren $\mathfrak{a}$ und $\mathfrak{b}$ durchläuft, wenn t von Null bis Eins variiert. Dies bedeutet aber, daß diese ganze Strecke aus Schwerpunkten besteht. Mit anderen Worten: gehören A und B zur Menge der Schwerpunkte, so ist auch die Strecke AB darin enthalten. Somit ist diese Menge konvex, und da alle Punkte X_i dazu gehören, enthält sie auch ihre konvexe Hülle. Der Hilfssatz ist also bewiesen.

Satz 1: *Die konvexe Hülle endlich vieler Punkte ist ein konvexes Polyeder, falls die Punkte nicht in einer Ebene liegen; anderenfalls ist sie entweder ein konvexes Polygon oder eine Strecke oder ein Punkt.*

Beweis: Seien $X_1, \ldots, X_n$ die gegebenen Punkte und $\mathfrak{D}$ ihre konvexe Hülle. Wir zeigen, daß sie eine abgeschlossene Punktmenge ist. Eine Folge von Punkten A_i aus $\mathfrak{D}$ konvergiere gegen den Punkt A. Jeder Punkt A_i ist Schwerpunkt gewisser Massen $m_1^i, \ldots, m_n^i$ in den Punkten $X_1, \ldots, X_n$. Man darf annehmen, daß für jedes i die Summe dieser Massen gleich Eins ist. Es läßt sich eine Folge von Indizes i auswählen, derart daß für jeden der Punkte $X_1, \ldots, X_n$ die Massen $m_1^i, \ldots, m_n$ konvergieren. Der Schwerpunkt der Limites dieser Massen ist dann der Punkt A. Damit ist die Abgeschlossenheit der konvexen Hülle bewiesen.

Die konvexe Hülle eines Punktes ist dieser Punkt selbst. Die konvexe Hülle von Punkten, die auf einer Geraden liegen, ist der Abschnitt der Geraden zwischen den äußersten Punkten. Mögen nun die Punkte $X_1, \ldots, X_n$ in einer Ebene, aber nicht auf einer Geraden liegen. Sei $\mathfrak{D}$ ihre konvexe Hülle und A ein Punkt auf der Berandung dieser Hülle. Durch A geht eine Stützgerade $\mathfrak{L}$ zu $\mathfrak{D}$, und da $\mathfrak{D}$ in einer der durch $\mathfrak{L}$ bestimmten Halbebenen liegt, so gehören auch alle Punkte $X_1, X_2, \ldots, X_n$ zu derselben Halbebene. Hieraus erhellt, daß der Punkt A nur dann Schwerpunkt von Massen sein kann, die in $X_1, X_2, \ldots, X_n$ liegen, wenn auf der Geraden $\mathfrak{L}$ selbst wenigstens einer der Punkte X_i liegt. Liegt nur ein einziger Punkt auf dieser Geraden, so fällt er mit A zusammen: dann ist A ein Eckpunkt von $\mathfrak{D}$. Alle anderen Punkte der Berandung von $\mathfrak{D}$ liegen auf Geraden, die durch zwei der Punkte X_i gehen. Es gibt nur eine endliche Anzahl solcher Geraden; folglich besteht die Berandung von $\mathfrak{D}$ aus endlich vielen geradlinigen Strecken. Damit ist bewiesen, daß $\mathfrak{D}$ ein konvexes Polygon ist.

Liegen die Punkte $X_1, \ldots, X_n$ nicht in einer Ebene, so ist ihre konvexe Hülle $\mathfrak{D}$ ein konvexer Körper, da sie, wie bewiesen, abgeschlossen ist und nach Satz 1 aus § 2 innere Punkte besitzt.

Um zu zeigen, daß $\mathfrak{D}$ ein konvexes Polyeder ist, muß man beweisen, daß die Berandung von $\mathfrak{D}$ aus endlich vielen Polygonen besteht. Sei A ein Punkt auf der Berandung von $\mathfrak{D}$ und $\boldsymbol{P}$ eine Stützebene an $\mathfrak{D}$ in diesem Punkt. $\mathfrak{D}$ liegt dann in einem der durch $\boldsymbol{P}$ bestimmten Halbräume. Hieraus ersieht man, daß in der Ebene $\boldsymbol{P}$ selbst gewisse der gegebenen Punkte X_i liegen müssen. Anderenfalls könnte A nicht Schwerpunkt von in diesen Punkten gelegenen Massen sein. Andererseits kann, wenn ein Punkt X_i nicht in $\boldsymbol{P}$ liegt und seine Masse $m_i > 0$ ist, der Schwerpunkt nicht in $\boldsymbol{P}$ liegen, er wird sich vielmehr auf der Seite dieser Ebene befinden, auf der alle nicht in der Ebene selbst liegenden Punkte X_i verteilt sind. Der Punkt A ist also Schwerpunkt derjenigen Punkte, die in der Ebene $\boldsymbol{P}$ liegen, d. h. er gehört zur konvexen Hülle dieser Punkte. Hieraus folgt, daß die Berandung von $\mathfrak{D}$ aus den konvexen Hüllen derjenigen Systeme der Punkte X_i besteht, die jeweils in einer Ebene liegen. Die Anzahl dieser Systeme von Punkten X_i ist aber endlich. Ihre konvexe Hülle ist stets entweder 1. ein Punkt oder 2. eine Strecke oder 3. ein konvexes Polygon. Der Satz ist damit bewiesen.

Satz 2: *Ein konvexes Polyeder ist die konvexe Hülle seiner Eckpunkte. Es ist also völlig bestimmt, sobald die Eckpunkte vorgegeben sind.*

Beweis: Aus der Definition der konvexen Hülle ist ersichtlich, daß die konvexe Hülle der Eckpunkte eines konvexen Polyeders in diesem Polyeder enthalten ist. Es genügt daher zu zeigen, daß umgekehrt das Polyeder in der konvexen Hülle seiner Eckpunkte enthalten ist.

Sei A irgendein Punkt des konvexen Polyeders $\mathfrak{P}$. Liegt er auf einer Kante, so gehört er offensichtlich zur konvexen Hülle dieser Kante. Ist A im Innern einer Seitenfläche $\boldsymbol{Q}$ gelegen, so ziehen wir durch A eine Gerade bis zu den Schnittpunkten mit der Berandung von $\boldsymbol{Q}$. Die Endpunkte der so entstehenden Strecke liegen auf den Kanten und gehören folglich zur konvexen Hülle der Eckpunkte. Dann gehört aber auch die Strecke selbst und somit der Punkt A zu dieser konvexen Hülle. Liegt schließlich A im Innern des Polyeders, so ziehen wir durch diesen Punkt eine Gerade bis zu den Schnittpunkten mit der Berandung des Polyeders. Wie gezeigt, gehören die Endpunkte der so entstehenden Strecke der konvexen Hülle der Eckpunkte an. Folglich gilt dies auch für die Strecke selbst und mit ihr für den Punkt A.

§ 6. *Über die Konvergenz konvexer Flächen*

Man sagt, eine Folge von Mengen $\mathfrak{M}_n$ konvergiere gegen eine Menge $\mathfrak{M}$ oder $\mathfrak{M}$ sei Limes der Mengen $\mathfrak{M}_n$, wenn folgendes gilt: 1. zu jedem Punkt X von $\mathfrak{M}$ existiert eine gegen X konvergierende Folge von Punkten X_n, die jeweils zu der entsprechenden Menge $\mathfrak{M}_n$ gehören, und 2. kein nicht zu $\mathfrak{M}$ gehörender Punkt ist Häufungspunkt einer Folge von Punkten, die zu verschiedenen $\mathfrak{M}_n$ gehören. (Dabei brauchen also nicht notwendig Punkte aus jeder Menge vorzukommen, aber wenigstens Punkte aus gewissen $\mathfrak{M}_n$ mit verschiedenen Indizes.) Mit anderen Worten: Alle Häufungspunkte von Punktfolgen aus verschiedenen $\mathfrak{M}_n$ gehören zur Menge $\mathfrak{M}$. Man bedient sich dieser Definition der Konvergenz von Punktmengen ständig, ohne sie jedoch ausdrücklich zu formulieren. So ist z. B. eine Tangente Limes von Sekanten genau in diesem Sinne.

Wir müssen den Vorbehalt machen, daß eine Mengenfolge $\mathfrak{M}_n$ nicht als konvergent angesehen wird, falls die Menge $\mathfrak{M}$ leer ist; obwohl in einem solchen Fall beide Forderungen der Definition des Limes erfüllt sein können. Die erste dieser Forderungen ist bei leerem $\mathfrak{M}$ sicherlich erfüllt, wenn sie auch inhaltslos ist. Eine ins Unendliche strebende Punktefolge z. B. besitzt keine Häufungspunkte; daher wäre die leere Menge als ihr Limes anzusehen, wenn man die angegebene Limes-Definition formal anwenden würde. Wir wiederholen jedoch, daß in diesem Fall die Folge nicht als konvergent gilt.

Hilfssatz: *Die Punktmengen $\mathfrak{M}_i$ mögen in Halbräumen liegen, die durch Ebenen $\boldsymbol{P}_i$ bestimmt werden, die durch die Punkte X_i gehen. Als äußere Normale zu $\boldsymbol{P}_i$ wollen wir diejenige bezeichnen, die in den Halbraum gerichtet ist, der die Menge $\mathfrak{M}_i$ nicht enthält. Dann gilt: Konvergieren die Punkte X_i gegen den Punkt X und die äußeren Normalen $\mathfrak{n}_i$ zu den $\boldsymbol{P}_i$ gegen den Vektor $\mathfrak{n}$, so konvergieren erstens die Ebenen $\boldsymbol{P}_i$ gegen eine durch X gehende Ebene $\boldsymbol{P}$, die $\mathfrak{n}$ als Normale besitzt, und zweitens liegt jeder Limes einer Folge von Punkten aus verschiedenen $\mathfrak{M}_i$ in demjenigen der durch $\boldsymbol{P}$ bestimmten Halbräume, von dem $\mathfrak{n}$ weggerichtet ist.*

Die erste Aussage des Hilfssatzes ist trivial; wir beweisen nun die zweite. Die in verschiedenen Mengen $\mathfrak{M}_i$ liegenden Punkte Y_i mögen gegen einen Punkt Y konvergieren. Seien $\mathfrak{y}$ und $\mathfrak{y}_i$ die Vektoren von einem gewissen Anfangspunkt zu den Punkten Y und Y_i.

Mit h_i und h bezeichnen wir die in Richtung der äußeren Normalen positiv zu rechnenden Entfernungen dieses Ursprungs von den Ebenen $\boldsymbol{P}_i$ und $\boldsymbol{P}$. Da die Y_i in denjenigen Halbräumen liegen, aus denen die Normalen $\mathfrak{n}_i$ heraustreten, gilt

$$\mathfrak{n} \cdot \mathfrak{y}_i \leqq h_i. \tag{1}$$

Da die Normalen $\mathfrak{n}_i$ gegen $\mathfrak{n}$ und die Ebenen $\boldsymbol{P}_i$ gegen $\boldsymbol{P}$ konvergieren, so streben die h_i gegen h. Da die Y_i gegen Y streben, so streben auch die $\mathfrak{y}_i$ gegen $\mathfrak{y}$. Gehen wir daher in (1) zur Grenze über, so erhalten wir:

$$\mathfrak{n} \cdot \mathfrak{y} \leqq h.$$

Dies bedeutet aber, daß Y in demjenigen Halbraum liegt, der durch $\boldsymbol{P}$ bestimmt ist und aus dem die Normale $\mathfrak{n}$ herausragt.

Satz 1: *Die Mengen $\mathfrak{M}_i$ mögen gegen eine Menge $\mathfrak{M}$ und die Punkte X_i aus den M_i gegen einen Punkt X konvergieren. Besitzen dann die $\mathfrak{M}_i$ in den X_i Stützebenen $\boldsymbol{P}_i$, so ist der Limes jeder konvergierenden Folge solcher Ebenen eine Stützebene an $\mathfrak{M}$ in X.*

Beweis: Konvergiert eine Folge von Ebenen $\boldsymbol{P}_i$, so ist ihr Limes eine gewisse Ebene $\boldsymbol{P}$, die durch X geht. Aus einer solchen Folge $\boldsymbol{P}_i$ kann man selbstverständlich eine Teilfolge auswählen, bei der die äußeren Normalen konvergieren. Dann folgt aus dem vorhergehenden Hilfssatz, daß der Limes der Mengen $\mathfrak{M}_i$ vollständig auf einer Seite der Ebene $\boldsymbol{P}$ liegt. Außerdem geht $\boldsymbol{P}$ durch den Punkt X, der ja zur Grenzmenge $\mathfrak{M}$ gehört. Folglich ist $\boldsymbol{P}$ Stützebene an $\mathfrak{M}$ in X.

Den bewiesenen Satz kann man etwas ungenau folgendermaßen formulieren: *Der Limes von Stützebenen an konvergierende Punktmengen ist eine Stützebene an den Limes dieser Mengen.* Diese Formulierung ist jedoch nur dann richtig, wenn die betreffenden Mengen in ihrer Gesamtheit beschränkt sind; anderenfalls könnten die Punkte X_i, in denen sich die Ebenen $\boldsymbol{P}_i$ an die Mengen $\mathfrak{M}_i$ stützen, ins Unendliche streben und der Limes der $\boldsymbol{P}_i$ brauchte überhaupt keine gemeinsamen Punkte mit dem Limes der Mengen $\mathfrak{M}_i$ zu haben. Man kann leicht Beispiele angeben, bei denen das so ist. Sind aber die Mengen $\mathfrak{M}_i$ in ihrer Gesamtheit beschränkt, so besitzen die Punkte X_i einen Häufungspunkt; ein solcher ist dann ein Punkt, in dem sich der Limes der $\boldsymbol{P}_i$ an den Limes der Mengen $\mathfrak{M}_i$ stützt. In diesem Fall ist also die betreffende Formulierung des Satzes zulässig.

Als *geschlossenes konvexes Polyeder* wollen wir die Berandung eines konvexen Polyeders bezeichnen (d. h. eines konvexen Körpers, der von endlich vielen Polygonen berandet wird). Wir wollen sagen, ein konvexes Polyeder sei einer konvexen Fläche $\boldsymbol{F}$ einbeschrieben, wenn alle seine Eckpunkte auf $\boldsymbol{F}$ liegen.

Satz 2: *Zu jeder geschlossenen konvexen Fläche gibt es eine gegen sie konvergierende Folge einbeschriebener geschlossener konvexer Polyeder.*

Beweis: Sei $\boldsymbol{F}$ eine geschlossene konvexe Fläche und ε eine gegebene positive Zahl. Wir zerlegen den ganzen Raum in Würfel mit den Seitenlängen $\frac{\varepsilon}{\sqrt{3}}$ und nehmen diejenigen unter diesen Würfeln, die gemeinsame Punkte mit $\boldsymbol{F}$ haben. In jedem dieser Würfel wählen wir jeweils einen Punkt von $\boldsymbol{F}$ und bezeichnen diese Punkte mit $A_1, A_2, \ldots, A_n$. Liegen alle ausgewählten Punkte in einer Ebene, so kann man noch andere Punkte von $\boldsymbol{F}$ hinzufügen, die mit den früher gewählten nicht in einer Ebene liegen; anderenfalls läge nämlich $\boldsymbol{F}$ selbst in einer Ebene, was ausgeschlossen ist. Wir können also voraussetzen, daß die Punkte $A_1, A_2, \ldots, A_n$ nicht in einer Ebene liegen.

Man sieht leicht, daß ein Würfel mit der Seitenlänge $\frac{\varepsilon}{\sqrt{3}}$, der einen Punkt A_i enthält, vollständig in einer Kugel mit dem Radius ε um den Mittelpunkt A_i liegt.

Da die ausgewählten Würfel die Fläche $\boldsymbol{F}$ überdecken, wird sie auch von den Kugeln mit dem Radius ε um die A_i überdeckt. Mit anderen Worten: jeder Punkt von $\boldsymbol{F}$ ist von einem der A_i um nicht mehr als ε entfernt.

Sei $\boldsymbol{P}$ die Berandung der konvexen Hülle der Punkte

$$A_1, A_2, \ldots, A_n.$$

Auf Grund von Satz 1 aus § 5 ist $\boldsymbol{P}$ ein geschlossenes konvexes Polyeder. Es ist der Fläche $\boldsymbol{F}$ einbeschrieben[1]).

Jetzt nehmen wir eine gegen Null konvergierende Folge von Zahlen ε_i. Zu jedem ε_i wählen wir in der oben beschriebenen Weise Punkte $A_1^i, \ldots, A_{n_i}^i$. Sei $\boldsymbol{P}_i$ das der Fläche $\boldsymbol{F}$ einbeschriebene konvexe Polyeder, das sich durch die obige Konstruktion ergibt. Wir zeigen, daß die Polyeder $\boldsymbol{P}_i$ gegen $\boldsymbol{F}$ konvergieren.

Sei X ein Punkt von $\boldsymbol{F}$. Auf Grund ihrer Auswahl gibt es unter den Punkten $A_1^i, \ldots, A_{n_i}^i$ einen Punkt $A_{k_i}^i$, der von X um nicht mehr als ε_i entfernt ist. Da die ε_i gegen Null streben, so konvergieren diese Punkte $A_{k_i}^i$ gegen X. Die Punkte $A_{k_i}^i$ liegen auf den Polyedern $\boldsymbol{P}_i$, und daher ist jeder Punkt von $\boldsymbol{F}$ Limes von Punkten auf den $\boldsymbol{P}_i$.

Wenn wir jetzt noch beweisen, daß jede konvergierende Folge von Punkten, die auf verschiedenen $\boldsymbol{P}_i$ liegen, gegen einen Punkt von $\boldsymbol{F}$ konvergiert, wird damit gezeigt sein, daß $\boldsymbol{F}$ Grenzfläche der $\boldsymbol{P}_i$ ist.

Eine Folge von Punkten X_j, die auf verschiedenen Polyedern $\boldsymbol{P}_j$ liegen, möge gegen einen gewissen Punkt X konvergieren. Der Punkt X kann nicht außerhalb des von $\boldsymbol{F}$ berandeten Körpers $\mathfrak{H}$ liegen. In der Tat: die Polyeder $\boldsymbol{P}_j$ sind Berandungen der konvexen Hüllen von Punkten, die in diesem Körper $\mathfrak{H}$ liegen, und da $\mathfrak{H}$ eine abgeschlossene Menge ist, so gehört der Limes der X_j ebenfalls zu $\mathfrak{H}$.

Somit liegt X in $\mathfrak{H}$. Durch die Punkte X_j gehen Stützebenen $\boldsymbol{R}_j$ der Polyeder $\boldsymbol{P}_j$. Aus diesen Ebenen kann man eine Teilfolge $\boldsymbol{R}_{j_k}$ auswählen, derart daß die äußeren Normalen zu den $\boldsymbol{R}_{j_k}$ konvergieren. Dann konvergieren die Ebenen $\boldsymbol{R}_{j_k}$ selbst gegen eine gewisse Ebene $\boldsymbol{R}$, die durch X hindurchgeht. Auf Grund des oben bewiesenen Hilfssatzes ist $\boldsymbol{R}$ Stützebene der Menge aller Punkte, die Limites von Punkten auf Polyedern $\boldsymbol{P}_{j_k}$ sind. Wir haben schon gezeigt, daß jeder Punkt von $\boldsymbol{F}$ ein solcher Grenzpunkt ist. Daher liegt $\boldsymbol{F}$ vollständig auf einer Seite von $\boldsymbol{R}$. Nun gehört X zum Körper $\mathfrak{H}$, der ja von $\boldsymbol{F}$ berandet wird. Andererseits liegt dieser Punkt in der Ebene $\boldsymbol{R}$. Folglich liegt er auf der Oberfläche von $\mathfrak{H}$, d. h. auf $\boldsymbol{F}$, was zu beweisen war.

Durch analoge Überlegungen kann man beweisen, daß jede geschlossene konvexe Kurve Limes einbeschriebener konvexer Streckenzüge ist.

Satz 3: *Der Limes der Berandungen konvexer Mengen ist die Berandung einer konvexen Menge.*

---

[1]) Eckpunkte von $\boldsymbol{P}$ können nur die Punkte A_i sein, wie man leicht aus den Eigenschaften der konvexen Hülle ersieht. Alle Eckpunkte von $\boldsymbol{P}$ liegen daher auf $\boldsymbol{F}$.

Beweis: Die Berandungen $\mathfrak{F}_n$ irgendwelcher konvexer Mengen mögen gegen einen gewissen Limes $\mathfrak{F}$ konvergieren. Der Kürze halber wollen wir $\mathfrak{F}_n$ und $\mathfrak{F}$ als Flächen $\boldsymbol{F}_n$ bzw. $\boldsymbol{F}$ bezeichnen. Seien X ein Punkt der Fläche $\boldsymbol{F}$ und X_n Punkte von $\boldsymbol{F}_n$, die gegen X konvergieren. In X_n besitzt $\boldsymbol{F}_n$ eine Stützebene $\boldsymbol{P}_n$. Aus den Ebenen $\boldsymbol{P}_n$ läßt sich eine Folge $\boldsymbol{P}_{n_i}$ auswählen, bei der die äußeren Normalen konvergieren. Dann konvergieren die $\boldsymbol{P}_{n_i}$ gegen eine gewisse Ebene $\boldsymbol{P}$, welche auf Grund von Satz 1 Stützebene von $\boldsymbol{F}$ in X ist.

Nehmen wir alle möglichen Punkte X auf $\boldsymbol{F}$ und alle möglichen konvergierenden Folgen von Stützebenen $\boldsymbol{P}_{n_i}$, so erhalten wir alle möglichen Ebenen $\boldsymbol{P}$, die Limites der $\boldsymbol{P}_n$ sind. Sei $\mathfrak{H}$ der Durchschnitt aller derjenigen Halbräume, die durch diese Ebenen bestimmt werden und in denen die Fläche $\boldsymbol{F}$ liegt. Nach dem von uns Bewiesenen sind alle Ebenen $\boldsymbol{P}$ Stützebenen von $\boldsymbol{F}$. Daher enthält $\mathfrak{H}$ die Fläche $\boldsymbol{F}$, ist also nicht leer. Als Durchschnitt von Halbräumen ist $\mathfrak{H}$ konvex. Wir haben gesehen, daß durch jeden Punkt von $\boldsymbol{F}$ mindestens eine der Ebenen $\boldsymbol{P}$ hindurchgeht. $\boldsymbol{F}$ liegt also auf der Berandung von $\mathfrak{H}$. Wenn wir jetzt noch zeigen, daß kein nicht zu $\boldsymbol{F}$ gehöriger Punkt auf der Berandung von $\mathfrak{H}$ liegen kann, so ist der Satz bewiesen.

Es möge also X nicht zu $\boldsymbol{F}$ gehören. Da $\boldsymbol{F}$ Limes der $\boldsymbol{F}_n$ ist, kann X nicht Häufungspunkt einer Folge von Punkten sein, die auf verschiedenen $\boldsymbol{F}_n$ liegen. Man kann daher um X eine Kugel $\mathfrak{S}$ legen, derart daß für hinreichend große n keine der Flächen $\boldsymbol{F}_n$ diese Kugel schneidet. Nehmen wir an, für beliebig große n liege $\mathfrak{S}$ in denjenigen konvexen Mengen, die von den $\boldsymbol{F}_n$ berandet werden. Dann liegt sie in allen Halbräumen, die $\boldsymbol{F}_n$ enthalten, und gehört also zum Durchschnitt dieser Halbräume. Denken wir zurück an die Definition von $\mathfrak{H}$, so sehen wir, daß $\mathfrak{S}$ zu dieser Menge gehört. Also ist X ein innerer Punkt dieser Menge und gehört nicht zu ihrer Berandung.

Nehmen wir jetzt an, die Kugel $\mathfrak{S}$ läge für beliebig große Indizes n außerhalb der von den $\boldsymbol{F}_n$ berandeten Körper. Auf Grund von Satz 4 aus § 2 gibt es an jede dieser Flächen eine Stützebene, die sie von $\mathfrak{S}$ trennt. Der Limes einer konvergierenden Folge solcher Ebenen ist eine der von uns betrachteten Ebenen $\boldsymbol{P}$. Diese trennt $\mathfrak{H}$ von $\mathfrak{S}$. Deshalb gehört der Mittelpunkt von $\mathfrak{S}$, d. h. der Punkt X, nicht zur Berandung von $\mathfrak{H}$.

Wir sehen also: wenn X nicht zu $\boldsymbol{F}$ gehört, so liegt dieser Punkt auch nicht auf der Berandung von $\mathfrak{H}$. Da wir nun schon bewiesen haben, daß $\boldsymbol{F}$ auf der Berandung von $\mathfrak{H}$ liegt, ist also $\boldsymbol{F}$ die Berandung von $\mathfrak{H}$. Diese Menge $\mathfrak{H}$ ist eine konvexe Menge; $\boldsymbol{F}$ ist also die Berandung einer konvexen Menge. Sind insbesondere die $\boldsymbol{F}_n$ geschlossene konvexe Flächen, die in ihrer Gesamtheit beschränkt sind, so ist ihr Limes entweder eine geschlossene konvexe Fläche oder ein ebener konvexer Bereich oder eine Strecke oder ein Punkt.

NACHTRAG

In diesem Nachtrag geben wir einen Überblick über die Resultate, die nach 1947 erzielt wurden und sich auf solche Probleme beziehen, die im vorliegenden Buche formuliert worden sind oder deren Lösung nur angedeutet werden konnte. Der Nachtrag besteht aus zwei Teilen: der erste bezieht sich auf konvexe Flächen, der zweite auf Mannigfaltigkeiten mit einer Metrik indefiniter Krümmung, deren Theorie wenigstens in den Anfangsgründen in § 3 von Kap. XII skizziert wurde.

I. Konvexe Flächen

§ 1. Das Problem der Eindeutigkeit einer konvexen Fläche mit vorgegebener Metrik

In § 5 von Kap. VIII wurde eine Reihe von Problemen formuliert, die sich auf die Eindeutigkeit einer konvexen Fläche mit vorgegebener Metrik beziehen. Heute sind diese Probleme im wesentlichen durch die Arbeiten von A. W. POGORELOW für allgemeine konvexe Flächen ohne alle Regularitätsvoraussetzungen gelöst[1]). Die von POGORELOW aufgestellten Sätze können folgendermaßen formuliert werden:

1. Zwei isometrische geschlossene konvexe Flächen sind kongruent.

2. Es seien $\boldsymbol{F}$ und $\boldsymbol{F}'$ zwei isometrische konvexe Kalotten oder, allgemeiner, konvexe Flächen mit einem Rand, der sich auf eine gewisse Ebene $\boldsymbol{P}$ eindeutig projiziert, und welche so beschaffen sind, daß die Abstände von Punkten ihrer Berandung, die durch die Isometrie einander zugeordnet sind, von der Ebene $\boldsymbol{P}$ gleich sind. Dann sind die Flächen $\boldsymbol{F}$ und $\boldsymbol{F}'$ kongruent.

3. Es sei $\boldsymbol{F}$ eine unendliche volle konvexe Fläche mit beschränkter spezifischer Krümmung und der Totalkrümmung 2π. Ist diese Fläche im Innern irgendeines Paraboloids enthalten, so ist jede zu $\boldsymbol{F}$ isometrische konvexe Fläche der Fläche $\boldsymbol{F}$ kongruent.

---

[1]) А. В. Погорелов, Однозначная определенность общих выпуклых поверхностей (A. W. POGORELOW — Die eindeutige Bestimmtheit allgemeiner konvexer Flächen), Nachr. der Akademie der Wissenschaften der Ukr. SSR, Kiew 1952. In dieser Arbeit wird ein vollständiger Beweis nur für den im folgenden formulierten Satz 1 gegeben; aber die darin entwickelten Methoden erlauben, wie POGORELOW bemerkt, auch andere Sätze zu beweisen, welche die Resultate einer früheren Arbeit verallgemeinern: А. В. Погорелов, Однозначная определенность выпуклых поверхностей (A. W. POGORELOW — Die eindeutige Bestimmtheit konvexer Flächen), Arbeiten des STEKLOW-Instituts für Mathematik, Band 29 (1949), in der diese Sätze für Flächen beschränkter spezifischer Krümmung bewiesen sind.

4. Es seien F und F' zwei isometrische unendliche volle konvexe Flächen mit einer Totalkrümmung kleiner als 2π. Wenn dann diese Flächen

a) gleich orientiert sind,

b) einen gemeinsamen Grenzkegel haben und

c) eine gewisse Erzeugende dieses Kegels Grenzerzeugende für Strahlen $\mathfrak{L}$ und $\mathfrak{L}'$ dieser Flächen ist, welche durch die Isometrie einander zugeordnet sind,

so sind die Flächen F und F' kongruent und parallel angeordnet, d. h., sie können durch Parallelverschiebung zur Deckung gebracht werden. Kurz: eine unendliche konvexe Fläche mit beschränkter spezifischer Krümmung und einer Totalkrümmung kleiner als 2π ist durch ihre Metrik, ihre Orientierung, ihren Grenzkegel und die Grenzerzeugenden irgendeines Strahles auf ihr eindeutig bestimmt.

Die Sätze 1. bis 4. sind auch in dem Falle richtig, daß die Flächen Löcher haben, die von Kurven begrenzt werden, welche auf jedem Abschnitt eine bestimmte Schwenkung und eine Gesamtschwenkung von -2π haben. Mit anderen Worten, die Sätze sind auch für solche Flächen richtig, die man aus den erwähnten Flächen erhält, wenn man abgeschlossene Bereiche mit verschwindender Krümmung herausschneidet.

Von der unangenehmen Beschränkung auf das Paraboloid in Satz 3 konnte sich A. W. Pogorelow im Jahre 1953 unter gewissen Regularitätsvoraussetzungen befreien[1]); jedoch sind diese nicht wesentlich, so daß die Eindeutigkeit der unendlichen Flächen mit einer Totalkrümmung von 2π ohne irgendwelche äußeren Einschränkungen bewiesen werden kann. Die Bedeutung des Satzes 1 besteht nicht nur darin, daß die Eindeutigkeit der geschlossenen konvexen Flächen durch ihn in voller Allgemeinheit bewiesen wird, sondern vielmehr darin, daß dieser Satz in Verbindung mit der Methode des Verheftens, über deren Anwendung auf Verbiegbarkeitsprobleme in § 2 von Kap. VIII gewisse Vorstellungen vermittelt werden, es ermöglicht, Sätze über die stetige Verbiegbarkeit offener konvexer Flächen zu erhalten[2]).

So gelangen wir, wenn wir diese beiden Hilfsmittel kombinieren, zu folgendem Resultat für die endlichen konvexen Flächen: *Ist die Totalkrümmung einer konvexen Fläche gleich 4π, so ist diese Fläche durch die Metrik eindeutig bestimmt, auch wenn sie nicht geschlossen ist. Erhält man aber die konvexe Fläche aus einer geschlossenen durch Herausnahme eines Bereichs mit positiver Krümmung, so gestattet diese Fläche stetige Verbiegungen unter Beibehaltung der Konvexität; und wenn schließlich eine Fläche eine Totalkrümmung kleiner als 4π hat, aber nicht aus einer geschlossenen Fläche durch Herausnahme eines Bereichs positiver Krümmung erhalten werden kann* (wie z. B. ein Würfel, bei dem ein Stück einer Seitenfläche herausgeschnitten

---

[1]) А. В. Погорелов, О единственности бесконечных выпуклых поверхностей. (A. W. Pogorelow — Über die eindeutige Bestimmtheit unendlicher konvexer Flächen), Dokladi Akad. nauk 1954, Band 94, Seite 21—23.

[2]) Siehe die Bücher А. Д. Александров, Выпуклые многогранники, (A. D. Alexandrow — Konvexe Polyeder), 1950 und А. В. Погорелов, Изгибание выпуклых поверхностей, (A. W. Pogorelow — Die Verbiegung konvexer Flächen), 1951.

wurde, das an eine Ecke anstößt), *so kann eine solche Fläche stetig verbogen werden oder auch eindeutig bestimmt sein.*

Im Zusammenhang mit stetigen Verbiegungen machen wir noch folgende Bemerkung. In § 5 von Kap. VIII wurde die Vermutung ausgesprochen, daß zwei isometrische gleich orientierte konvexe Flächen stetig ineinander verbogen werden können. W. A. SALGALLER zeigte an einem Beispiel, daß dies unter Wahrung der Konvexität nicht in jedem Falle möglich ist.

§ 2. Die Regularität einer konvexen Fläche mit regulärer Metrik

In § 3 von Kap. XI wurden einige Resultate erwähnt, die sich auf den Grad der Regularität einer konvexen Fläche in Abhängigkeit von Eigenschaften ihrer inneren Metrik beziehen. Diese Resultate wurden ebenfalls in Arbeiten von A. W. POGORELOW in bedeutendem Maße vervollständigt. In diesen Arbeiten wurde der Zusammenhang zwischen der Regularität der inneren Metrik einer konvexen Fläche und der Regularität der Fläche selbst geklärt[1]).

Die Metrik einer Fläche heißt regulär (n-mal differenzierbar[2])), wenn in der Umgebung jedes ihrer Punkte Koordinaten u, v eingeführt werden können derart, daß sich die Metrik der Fläche in dieser Umgebung durch eine quadratische Form $E \cdot du^2 + 2F \cdot du\, dv + G \cdot dv^2$ mit regulären (n-mal differenzierbaren) Koeffizienten vorgeben läßt. Die Regularität einer Fläche ist in dem Sinne zu verstehen, daß auf ihr in der Umgebung eines beliebigen Punktes Koordinaten u und v eingeführt werden können derart, daß die räumlichen Koordinaten x, y, z eines Flächenpunktes reguläre (n-mal differenzierbare) Funktionen von u und v sind.

Das von A. W. POGORELOW erzielte fundamentale Resultat über den Zusammenhang zwischen der inneren Regularität einer Fläche und der Regularität ihrer äußeren Gestalt besteht in folgendem Satz:

1. *Hat eine konvexe Fläche eine reguläre (n-mal differenzierbare, $n \geqq 5$) Metrik und positive GAUSZsche Krümmung, so ist die Fläche selbst regulär (mindestens (n-1)mal differenzierbar). Ist die Metrik der Fläche sogar analytisch, so ist die Fläche analytisch.*

Wir bemerken, daß unter den in § 3 von Kap. XI erwähnten Resultaten folgender Satz enthalten ist, der dem Fall $n = 2$ entspricht.

Hat eine konvexe Fläche eine zweimal differenzierbare Metrik und positive GAUSZsche Krümmung, so ist sie wenigstens einmal differenzierbar. Entsprechend können die folgenden Sätze 2. bis 5. ergänzt werden.

Eine einfache Folgerung aus Satz 1 ist folgender Satz:

2. Ist F eine n-mal ($n > 5$) differenzierbare Fläche mit positiver GAUSZscher Krümmung, so sind alle aus F durch Verbiegung zu erhaltenden Flächen mindestens (n-2)mal differenzierbar. Ist die Fläche F sogar analytisch, so sind alle durch Verbiegung aus F entstehenden konvexen Flächen analytisch.

---

[1]) А. В. Погорелов, Изгибание выпуклых поверхностей (A. W. POGORELOW — Die Verbiegung konvexer Flächen).

[2]) Es soll sich immer um die Existenz stetiger Ableitungen handeln.

Mit Hilfe des Satzes 1 und des Verheftungssatzes erhält man folgenden Satz:

3. Sind $\boldsymbol{F}_1$ und $\boldsymbol{F}_2$ zwei isometrische gleich orientierte konvexe Flächen mit positiver GAUSZscher Krümmung, von denen mindestens eine n-mal ($n > 5$) differenzierbar ist, so gibt es zu jedem Punkt A der Fläche $\boldsymbol{F}_1$ eine Umgebung $\boldsymbol{U}$, welche man durch stetige Verbiegung unter Wahrung der (n-2)-fachen Differenzierbarkeit in den ihr durch die Isometrie zugeordneten Bereich der Fläche $\boldsymbol{F}_2$ transformieren kann.

Aus dem Satz 1 und dem Satz von der Realisierbarkeit einer konvexen Metrik einer konvexen Fläche im Kleinen folgt der Satz 4:

4. Ist in einem Bereich $\boldsymbol{G}$ der uv-Ebene ein Linienelement mit n-mal ($n \geqq 5$) differenzierbaren Koeffizienten und positiver Krümmung gegeben, so besitzt jeder Punkt des Bereiches $\boldsymbol{G}$ eine Umgebung, in welchem die so gegebene Metrik durch eine (n-1)mal differenzierbare Fläche realisiert werden kann.

Aus Satz 1 und dem Satz von der Existenz einer konvexen Fläche, die eine auf der Sphäre vorgegebene konvexe Metrik realisiert, erhält man die vollständige Lösung des WEYLschen Problems:

5. Eine auf der Sphäre vorgegebene analytische Metrik mit positiver GAUSZscher Krümmung ist durch eine geschlossene analytische Fläche realisierbar.

Es sei bemerkt, daß in der zitierten Arbeit von POGORELOW ein Satz enthalten ist, der den bekannten BERNSTEINschen Satz über die Analytizität der Lösung einer partiellen Differentialgleichung elliptischen Typus ergänzt.

6. Es sei $F(x, y, z, p, q, r, s, t) = 0$ eine partielle Differentialgleichung zweiter Ordnung von elliptischem Typus und $z(x, y)$ eine in einem Gebiete G dreimal stetig differenzierbare Lösung. Ist dann die Funktion F nach allen Argumenten n-mal differenzierbar, so ist die Funktion $z(x, y)$ im Gebiete G mindestens $(n+1)$mal differenzierbar.

Die Resultate A. W. POGORELOWs gestatten die Anwendung der synthetischen Methoden der allgemeinen Theorie der konvexen Flächen auf die Lösung von Problemen der klassischen Flächentheorie, da sie die Regularität einer Fläche mit regulären Daten gewährleisten; das bezieht sich nicht nur auf die innere Metrik, sondern z. B. auch auf die Krümmung als Funktion der Normalen und ähnliches[1]).

Wir machen noch folgende spezielle Bemerkung. In § 3 von Kap. XI wurde die Frage gestellt: Kann man durch innergeometrische Eigenschaften die „kantigen" Punkte einer konvexen Fläche charakterisieren? Diese Frage wurde negativ beantwortet: POGORELOW zeigte, daß in einigen Fällen die Umgebung eines „kantigen" Punktes so verbogen werden kann, daß die Fläche glatt wird.

Neben Fragen der Eindeutigkeit einer konvexen Fläche mit gegebener Metrik und der Regularität einer Fläche mit regulärer Metrik wurden auch andere Probleme behandelt, die sich auf den Zusammenhang zwischen inneren und äuße-

[1]) Siehe z. B. A. B. Погорелов, Регулярность выпуклой поверхности с данной гауссовой кривизной (A. W. POGORELOW — Die Regularität einer konvexen Fläche mit vorgegebener GAUSZscher Krümmung), Mat. Sbornik, 1952, Band 31, S. 88—103.

ren Eigenschaften einer Fläche und inneren und äußeren Eigenschaften von Figuren auf ihr beziehen.

Die Ausarbeitung einer allgemeinen Theorie der Raumkurven, die in § 3 von Kap. XII skizziert worden war, ermöglichte es, den Zusammenhang zwischen inneren und „äußeren" Eigenschaften von Kurven auf konvexen Flächen näher zu untersuchen (W. A. SALGALLER, J. F. BORISOW). Es konnten neue Sätze über die Realisierbarkeit einer in einem Bereich mit diesen oder jenen Randbedingungen vorgegebenen Metrik positiver Krümmung erzielt werden. Beispielsweise bewies J. F. BORISOW folgendes: Hat kein Bogen des Randes eines kreishomöomorphen Bereichs G auf der Seite von G eine Schwenkung kleiner oder gleich $-\pi$, so ist der Bereich G als konvexe Fläche realisierbar. Hierin ist offenbar die Realisierbarkeit konvexer Bereiche enthalten[1]). Einige neue Resultate aus der inneren Geometrie werden in einem Überblick in § 6 des 2. Teils des Nachtrags dargestellt, in welchem Mannigfaltigkeiten indefiniter Krümmung behandelt werden. Die eigentliche innere Geometrie der konvexen Flächen erweist sich nämlich einfach als Spezialfall der Geometrie dieser Mannigfaltigkeiten.

II. Mannigfaltigkeiten beschränkter Krümmung

In diesem Teil des Nachtrags skizziere ich die Grundlagen einer Theorie der Mannigfaltigkeiten, in denen überhaupt eine Krümmung als additive Funktion von Bereichen definiert werden kann, welche sowohl positiver als auch negativer Werte fähig ist und in natürlicher Weise mit dem Exzeß von Dreiecken zusammenhängt. Ich nenne diese Mannigfaltigkeiten *Mannigfaltigkeiten beschränkter Krümmung*. Die Anfangsgründe dieser Theorie wurden in § 3 von Kap. XII skizziert. Jetzt hat diese Theorie endgültige Gestalt gewonnen, soweit es sich um Mannigfaltigkeiten handelt, bei denen von der Realisierbarkeit durch irgendwelche Flächen abgesehen wird. Die Resultate, die sich auf Flächen beziehen, welche vom Standpunkt ihrer inneren Metrik Mannigfaltigkeiten beschränkter Krümmung sind, werden in § 9 dieses Teils des Nachtrags gebracht.

Wie aus den im folgenden formulierten Resultaten hervorgeht, bilden die Mannigfaltigkeiten beschränkter Krümmung die umfassendste Klasse zweidimensionaler Mannigfaltigkeiten mit innerer Metrik, in welchen solche grund-

[1]) Zu allen diesen Fragen siehe А. Д. Александров, Выпуклые многогранники (A. D. ALEXANDROW — Konvexe Polyeder), Gostechisdat 1950; А. Д. Александров, Теория кривых на основе приближения ломаными (A. D. ALEXANDROW — Kurventheorie auf der Grundlage der Approximation durch Polygonzüge), Uspechi mat. nauk, 1947, Band II, Heft 3, S. 182—184; В. А. Залгаллер (W. A. SALGALLER) 1. О кривых с ограниченной вариацией поворота... (Über Kurven mit beschränkter Variation der Schwenkung ...), Mat. Sbornik, 1950, Bd. 26, S. 207—214 2. Окружность на выпуклой поверхности (Der Kreis auf einer konvexen Fläche), ebenda S. 401—424; Ю. Ф. Борисов, Многообразия ограниченной кривизны с краем (J. F. BORISOW — Mannigfaltigkeiten beschränkter Krümmung mit Rand), Dissertation 1950, Universität Leningrad; А. В. Погорелов, Квазигеодезические линии на выпуклой поверхности (A. W. POGORELOW — Quasigeodätische Linien auf einer konvexen Fläche), Mat. Sbornik 1949, Bd. 25, S. 275—307.

legenden geometrischen Größen existieren wie der Winkel zwischen je zwei von einem Punkt ausgehenden Kürzesten, Krümmung, Flächeninhalt von Bereichen usw. Diese Mannigfaltigkeiten lassen sich dadurch charakterisieren, daß ihre Metrik durch Polyeder oder, was damit äquivalent ist, durch GAUSZsche (RIEMANNsche) Metriken „gut" approximierbar ist.

Eine Reihe von Begriffen und Folgerungen der Theorie läßt sich auf entsprechend definierte Räume ohne Dimensionsbeschränkung übertragen. Die Anfangsgründe der Theorie dieser Räume werden in § 8 behandelt.

Die meisten der hier aufgeführten Resultate wurden in einer Reihe von Mitteilungen ohne Beweise veröffentlicht. Daher muß ich den Leser bezüglich der Beweise auf eine ausführlichere Darlegung der Grundlagen der Theorie verweisen, welche in absehbarer Zeit erscheinen wird.

§ 1. Definition der Mannigfaltigkeiten beschränkter Krümmung

Wir betrachten eine zweidimensionale Mannigfaltigkeit $\mathfrak{r}$ mit der inneren Metrik ϱ.

Unter dem *oberen Winkel* zwischen zwei von einem Punkt Q ausgehenden Kürzesten $\mathfrak{L}$ und $\mathfrak{M}$ verstehen wir die Größe

$$\bar{\alpha} = \overline{\lim_{x,\, y \to 0}}\ \gamma(x, y),$$

wobei der Winkel $\gamma(x, y)$ wie gewöhnlich definiert wird, d. h. als der Winkel in dem ebenen Dreieck mit den Seiten $x = \varrho(QX)$, $y = \varrho(QY)$, $z = \varrho(XY)$, welcher der Seite z gegenüberliegt. Dabei sollen die Punkte X bzw. Y auf den Kürzesten $\mathfrak{L}$ bzw. $\mathfrak{M}$ liegen. Wir bemerken, daß diese Definition für beliebige Kurven in beliebigen metrischen Räumen wiederholt werden kann. Der obere Winkel existiert stets.

Unter einem Dreieck ABC in $\mathfrak{r}$ verstehen wir die abgeschlossene Menge, die in einem kreishomöomorphen Bereich durch drei Kürzeste begrenzt wird, welche je zwei der drei Punkte A, B, C verbinden. Wir bemerken, daß ein Dreieck auch dann keine inneren Punkte zu haben braucht, wenn seine Ecken nicht auf einer Kürzesten liegen. Nehmen wir beispielsweise einen Kegel mit einem vollen Winkel an der Spitze Q, der gleich 3π ist, und teilen diesen Winkel durch Erzeugende in drei gleiche Teile. Dann bilden die drei Abschnitte AQ, BQ, CQ dieser Erzeugenden zu je zweien Kürzeste AB, BC, AC, welche ihrerseits ein Dreieck ABC ohne innere Punkte bilden. Dreiecke können auch noch andere Absonderlichkeiten aufweisen, z. B. können sich die Seiten überschneiden oder zum Teil aufeinanderliegen, die Ecken können im Innern eines Dreiecks liegen usw.

Wir sagen, daß sich zwei Dreiecke nicht überdecken, wenn man sie in abgeschlossene kreishomöomorphe Bereiche einschließen kann, die keine inneren Punkte gemeinsam haben.

Als oberen Winkel α eines Dreiecks $T = ABC$ an der Ecke A sieht man naturgemäß den oberen Winkel zwischen den Seiten AB und AC im Punkte A an.

Unter dem Exzeß eines Dreiecks $\boldsymbol{T}$ verstehen wir die Größe $\nu = \bar{\alpha} + \bar{\beta} + \bar{\gamma} - \pi$, wobei $\bar{\alpha}$, $\bar{\beta}$, $\bar{\gamma}$ seine oberen Winkel sind.

Jetzt können wir die Mannigfaltigkeiten beschränkter Krümmung definieren:

Unter einer Mannigfaltigkeit beschränkter Krümmung verstehen wir eine zweidimensionale Mannigfaltigkeit mit innerer Metrik, in welcher zu jedem kompakten Bereich[1]) $\boldsymbol{G}$ *eine Zahl* $\mathfrak{N}$ *existiert derart, daß für jede endliche Menge sich paarweise nicht überdeckender, in* $\boldsymbol{G}$ *liegender Dreiecke die Summe der absoluten Beträge ihrer Exzesse die Zahl* $\mathfrak{N}$ *nicht übertrifft, d. h.*

$$\sum_i |\nu(\boldsymbol{T}_i)| \leqq \mathfrak{N} \tag{1}$$

gilt. Wir sagen auch, daß die Metrik der Mannigfaltigkeit eine beschränkte Krümmung besitzt. Es mag sein, daß man genauer von einer lokal beschränkten Totalkrümmung zu sprechen hätte; der Kürze halber sagen wir aber einfach „beschränkte Krümmung".

Offenbar ist die Bedingung (1) oder irgendeine ihr äquivalente notwendig dafür, daß man auf die Existenz einer durch Dreiecks-Exzesse definierten Krümmung als Funktion des Bereichs rechnen kann. Obgleich in unserer Definition sogar die Voraussetzung der Existenz eines Winkels zwischen Kürzesten fehlt, erweist sie sich als hinreichend, um die Existenz des Winkels, einer Krümmung usw. zu gewährleisten.

Nun definieren wir: Die absolute Krümmung $\Omega(\boldsymbol{G})$ eines Bereichs $\boldsymbol{G}$ ist die obere Grenze der Summen der absoluten Beträge der Exzesse von sich paarweise nicht überdeckenden in $\boldsymbol{G}$ liegenden Dreiecken. Nach Bedingung (1) ist $\Omega(\boldsymbol{G})$ für kompakte Bereiche endlich; $\Omega(\boldsymbol{G})$ erweist sich als vollständig additive Mengenfunktion. Der Begriff der Krümmung wird in § 3 näher untersucht.

Fügt man zu der Bedingung, daß die Summen der Exzesse beschränkt sein sollen, die Forderung hinzu, daß der Exzeß jedes Dreiecks nicht negativ ist, so erhält man eine Metrik positiver Krümmung. Sie stimmt mit der Metrik positiver Krümmung im Sinne der im Text gegebenen Definition überein und ist daher in der Umgebung jedes Punktes als konvexe Fläche realisierbar. Ist aber der Exzeß jedes Dreiecks gleich Null, so ist die Metrik lokal euklidisch.

Es versteht sich von selbst, daß die in den Paragraphen 1 und 2 von Kap. II bewiesenen allgemeinen Sätze über die Länge von Kürzesten auf Mannigfaltigkeiten beschränkter Krümmung anwendbar sind. Jedoch ist im allgemeinen die Deckungsbedingung für Kürzeste nicht erfüllt, wie schon aus dem oben betrachteten Beispiel eines ausgearteten Dreiecks hervorgeht. Trotzdem kann man auch für Mannigfaltigkeiten beschränkter Krümmung, wenn auch mit anderen Methoden, die beiden folgenden Sätze beweisen, die den Sätzen der Paragraphen 4 und 6 von Kap. II entsprechen und die für eine Reihe von Folgerungen wesentlich sind:

---

[1]) Hier und überall im folgenden heißt eine Menge $\mathfrak{M}$ kompakt, wenn jede ihrer unendlichen Teilmengen einen Häufungspunkt besitzt, der selbst nicht zu $\mathfrak{M}$ zu gehören braucht.

1. Jeder Punkt hat eine beliebig kleine Umgebung, die ein konvexes Polygon beliebig kleinen Durchmessers ist (eine Dreiecksumgebung existiert nur für Punkte mit nicht zu großem vollen Winkel).

2. Jedes Polygon kann beliebig klein trianguliert, d. h. durch endlich viele sich paarweise nicht überdeckende Dreiecke überdeckt werden, deren Durchmesser nicht größer als ein beliebig vorgegebenes d sind.

Im folgenden sollen sich, sofern nichts anderes gesagt wird, in den Paragraphen 2 bis 6 alle Sätze auf Mannigfaltigkeiten beschränkter Krümmung beziehen.

§ 2. Der Winkel

Als wichtiges Hilfsmittel zum Aufbau der Theorie dienen allgemeine Sätze über den oberen Winkel, die in jedem metrischen Raum richtig sind, in welchem je zwei Punkte eines hinreichend kleinen Bereichs durch Kürzeste verbindbar sind. Übrigens wurde ein solcher Satz schon in Kap. IV, § 1, als Lemma 1 bewiesen. Er besagt folgendes: Sind $\bar{\alpha}_{12}, \bar{\alpha}_{23}, \bar{\alpha}_{13}$ obere Winkel zwischen drei von einem Punkt ausgehenden Kurven, so gilt $\bar{\alpha}_{12} + \bar{\alpha}_{23} \geqq \bar{\alpha}_{13}$. Ich erwähne noch zwei Sätze:

1. Für je zwei von einem Punkt ausgehende Kürzeste gilt

$$\overline{\lim_{x, y \to 0}} \gamma(x, y) = \overline{\lim_{x \to 0}} \gamma(x, y).$$

Die linke Seite dieser Gleichung ist definitionsgemäß der obere Winkel zwischen den gegebenen Kürzesten. Auf der rechten Seite wird nur $x \to 0$ gefordert, während sich y beliebig ändern kann (natürlich können die Rollen von x und y vertauscht werden).

Erinnert man sich der in § 9 von Kap. I (Seite 49) gegebenen Definition des „Winkels im starken Sinne", so bemerkt man, daß die rechte Seite der Formel den oberen Winkel im starken Sinne liefert. Daher kann man obigen Satz folgendermaßen formulieren:

Der obere Winkel zwischen Kürzesten ist gleichzeitig oberer Winkel im starken Sinne.

Dadurch unterscheidet sich der obere Winkel wesentlich von dem unteren Winkel, da der untere Winkel im starken Sinne im allgemeinen kleiner sein kann als der untere Winkel (wenn nicht irgendwelche zusätzlichen Bedingungen vorliegen). Dieser Unterschied der beiden Winkel ist gerade die Ursache dafür, daß sich der obere Winkel als der geeignetere Begriff erweist, und eben darum benutzen wir ihn in der Definition der Mannigfaltigkeit beschränkter Krümmung.

Der zweite Satz bezieht sich auf Dreieckswinkel, wobei in einem beliebigen Raum unter einem Dreieck ABC einfach die Figur verstanden wird, die von drei Kürzesten gebildet wird, welche je zwei der drei Punkte A, B, C verbinden.

2. *Es sei ABC ein Dreieck, $\bar{\alpha}$ der obere Winkel zwischen seinen Seiten AB und AC, ferner α_0 der entsprechende Winkel in dem ebenen Dreieck mit Seiten der gleichen Länge, ν_A^+ die obere Grenze der Exzesse von Dreiecken AXY mit den Ecken X, Y auf*

den Seiten AB, AC des gegebenen Dreiecks. Dann gilt die Ungleichung

$$\bar{\alpha} - \alpha_0 \leqq \nu_A^+$$

Dieser Satz ist in hohem Maße dem „Fundamentalhilfssatz" aus § 2 von Kap. VII analog und läßt sich mit einer ähnlichen Methode beweisen. Der Beweis gelingt dank der eben erwähnten Übereinstimmung zwischen dem oberen Winkel und dem oberen Winkel im starken Sinne[1]).

Auf der Grundlage dieses Satzes über Dreieckswinkel und unter Benutzung der Beschränktheit der Krümmung gelangt man zu Sätzen über Winkel in Mannigfaltigkeiten beschränkter Krümmung, welche den Sätzen analog sind, die auf konvexen Flächen gelten. Dabei sind solche Begriffe wie Winkel zwischen Kurven, Winkel im starken Sinne zwischen Kürzesten, Sektorwinkel, voller Winkel um einen Punkt und Richtung einer Kurve genauso zu verstehen wie im übrigen Teil des Buches (vgl. die Definitionen in den Paragraphen 7 und 9 von Kap. I, Seite 35, 38, 39, 49).

Zunächst zeigt sich, daß zwischen zwei von einem Punkt ausgehenden Kürzesten stets ein Winkel und sogar ein Winkel im starken Sinne existiert. Selbstverständlich ist er gleichzeitig oberer Winkel, und daher kann man in den oben angegebenen Sätzen den oberen Winkel durch den Winkel schlechthin ersetzen.

Ferner lassen sich die Sätze über Sektorwinkel und über Winkel zwischen Kurven beweisen, die die Sätze aus § 3 von Kap. IV und aus § 1 von Kap. IX wiederholen. Ähnlich dem Satz aus § 5 von Kap. V läßt sich beweisen, daß sich von einem gegebenen Punkte aus nach fast allen Richtungen (im Sinne eines Winkelmaßes) Kürzeste ziehen lassen.

Jedoch tauchen jetzt, wenn die Exzesse nicht mehr nicht-negativ zu sein brauchen, neue Singularitäten auf. Erstens kann der volle Winkel um einen Punkt jeden endlichen nichtnegativen Wert annehmen. Jedoch kann er auch jetzt, wie im Falle der konvexen Flächen, höchstens für abzählbar viele Punkte von 2π verschieden sein. Die größten Singularitäten weisen Punkte mit einem vollen Winkel $\varphi = 0$ auf. Eine anschauliche Vorstellung von solchen Punkten liefern Spitzen von Flächen.

Zweitens können jetzt von einem gegebenen Punkt in einer gegebenen Richtung nicht nur eine, sondern mehrere und sogar unendlich viele Kürzeste ausgehen, wie man durch ganz elementare Beispiele zeigen kann.

Schließlich läßt sich beweisen, daß die Menge der Richtungen von einem gegebenen Punkt Q aus mit der Winkelmetrik zwischen ihnen der Menge der Erzeugenden eines geschlossenen Kegels isometrisch ist. Der volle Winkel φ um Q ist gleich dem vollen Winkel an der Spitze dieses Kegels. (Ist $\varphi = 0$, so artet der

[1]) Den Beweis der beiden erwähnten Sätze über obere Winkel sowie über eine Reihe ihrer Anwendungen findet der Leser in der Arbeit А. Д. Александров, „Одна теорема о треугольниках в метрическом пространстве и некоторые ее приложения", A. D. ALEXANDROW, Ein Satz über Dreiecke in einem metrischen Raum und einige seiner Anwendungen, Arbeiten des STEKLOW-Instituts für Mathematik 1951, 38, S. 5—23.

Kegel in eine Halbgerade aus, und im entsprechenden Punkt Q berühren alle von ihm ausgehenden Kurven einander.) Dieser Kegel ist Tangentialkegel der Mannigfaltigkeit im Punkte Q im Sinne der am Schluß des § 5 von Kap. IV gegebenen inneren Definition; d. h., die Mannigfaltigkeit gestattet in der Umgebung des Punktes Q eine Abbildung auf die Umgebung der Spitze des Kegels, die im unendlich Kleinen isometrisch ist.

Wir erwähnen noch einen Satz, der eine Abschätzung für die Differenz von Dreieckswinkeln in der Mannigfaltigkeit und den Winkeln der ebenen Dreiecke mit Seiten derselben Länge liefert.

Es sei ABC ein Dreieck, α der Winkel zwischen seinen Seiten AB und AC, ferner α_0 der entsprechende Winkel des ebenen Dreiecks mit Seiten derselben Länge. Es seien schließlich ν_A^+ und ν_A^- die oberen und unteren Grenzen der Exzesse der Dreiecke AXY mit den Ecken X und Y auf den Seiten AB und AC des gegebenen Dreiecks. Unter diesen Bedingungen gilt die Ungleichung

$$\nu_A^- \leqq \alpha - \alpha_0 \leqq \nu_A^+.$$

Sind insbesondere die Exzesse nicht negativ (Mannigfaltigkeit positiver Krümmung), so ist $\alpha \geqq \alpha_0$. Sind aber die Exzesse nicht positiv (Mannigfaltigkeit negativer Krümmung), so ist $\alpha \leqq \alpha_0$. (Eine analoge Ungleichung gilt, wenn man unter α den Winkel des im Dreieck enthaltenen Sektors bei der Ecke A versteht; nur muß man in diesem Fall bei der Definition der Exzesse ebenfalls die Sektorwinkel nehmen.)

§ 3. Krümmung und Schwenkung

A. Es sei $\boldsymbol{G}$ eine offene Menge in einer Manngfaltigkeit beschränkter Krümmung. *Unter dem positiven (negativen) Teil der Krümmung der Menge* $\boldsymbol{G}$ (in Zeichen $\omega^+(\boldsymbol{G})$ bzw. $\omega^-(\boldsymbol{G})$) *verstehen wir die obere Grenze (die untere Grenze mit entgegengesetztem Vorzeichen) der Summen der Exzesse von sich paarweise nicht überdeckenden, in* $\boldsymbol{G}$ *enthaltenen Dreiecken.* Für eine beliebige Menge $\boldsymbol{M}$ definieren wir

$$\omega^+(\boldsymbol{M}) = \inf_{\boldsymbol{G} \supset \boldsymbol{M}} \omega^+(\boldsymbol{G}), \qquad \omega^-(\boldsymbol{M}) = \inf_{\boldsymbol{G} \supset \boldsymbol{M}} \omega^-(\boldsymbol{G}).$$

Ferner definieren wir die Krümmung ω der Menge $\boldsymbol{M}$ durch die Formel

$$\omega(\boldsymbol{M}) = \omega^+(\boldsymbol{M}) - \omega^-(\boldsymbol{M}),$$

und die absolute Krümmung durch die Formel

$$\Omega(\boldsymbol{M}) = \omega^+(\boldsymbol{M}) + \omega^-(\boldsymbol{M}).$$

Über die Krümmung gilt folgender Fundamentalsatz:

Die Funktionen ω^+, ω^- und daher auch ω und Ω haben erstens endliche Werte für Mengen mit kompakter abgeschlossener Hülle und sind zweitens vollständig additiv im Ring der BORELschen Mengen. Außerdem sind, wie man leicht sieht, ω^+, ω^- und Ω nichtnegativ.

Die Aussage über die Endlichkeit der Funktionen ω^+ und ω^- ist eine direkte Folge der Beschränktheit der Krümmung, während die Aussage, daß sie vollständig additiv sind, sich als bedeutend tiefer liegend erweist und sich nicht ohne einige Mühe beweisen läßt; dabei wird insbesondere die allgemeine Maßtheorie von CARATHÉODORY benutzt.

Im Fall einer GAUSZschen Metrik ist $\omega^+(\boldsymbol{M})$ (entsprechend $\omega^-(\boldsymbol{M})$) das Integral der GAUSZschen Krümmung über diejenige Teilmenge der Menge $\boldsymbol{M}$, in der die GAUSZsche Krümmung positiv (negativ) ist, während Ω das Integral über den absoluten Betrag der GAUSZschen Krümmung ist.

Die Krümmung einer Menge, die aus einem einzigen Punkt besteht, dessen voller Winkel gleich φ ist, ist gleich $2\pi - \varphi$. In einer Mannigfaltigkeit mit polyedrischer Metrik ist die Krümmung nur in den Ecken konzentriert und daher durch die vollen Winkel um die Ecken bestimmt.

B. *Die Schwenkung einer Kurve* wird wörtlich so definiert, wie in § 2 von Kap. IX, jedoch unter der Bedingung, daß in keinem der Endpunkte der Kurve der volle Winkel gleich Null ist.

Dementsprechend gilt folgender Satz: Hat eine Kurve ohne Vielfachpunkte in den Endpunkten eine bestimmte Richtung und sind die vollen Winkel um ihre Endpunkte von Null verschieden, so hat sie eine bestimmte rechte und linke Schwenkung.

Ist aber der volle Winkel um einen Punkt Q gleich Null, so hat jede von Q ausgehende Kurve eine bestimmte Richtung, die für alle von Q ausgehenden Kurven dieselbe ist. Außerdem kann eine solche Kurve in Q auslaufen, indem sie unendlich viele Windungen bildet, wie eine Spirale, die an den Gipfel einer Spitze der Fläche herankommt. In diesem Fall kann man keinen Streckenzug konstruieren, der die Enden der Kurve verbindet und auf einer Seite der Kurve verläuft. Daher muß man hier die Definition der Schwenkung ändern. Das ist nicht schwer zu machen, da es in jedem kompakten Bereich nur endlich viele Punkte mit vollem Winkel Null gibt. Man kann z. B. die rechte, entsprechend die linke Schwenkung einer Kurve AB, bei welcher der volle Winkel um den Endpunkt B gleich Null ist, als Limes der Schwenkungen der Bögen AX dieser Kurve für gegen B strebendes X definieren. Hier muß man die Existenz der Schwenkungen der Bögen AX voraussetzen. Das braucht aber keine ernsthafte Beschränkung zu sein, da der Begriff der Schwenkung überhaupt nur bei solchen Kurven sinnvoll zu verwenden ist, deren Bögen sämtlich eine bestimmte Schwenkung besitzen. Im folgenden wollen wir voraussetzen, daß es sich gerade um solche Kurven handelt.

Ebenso wie für Kurven auf konvexen Flächen sind hier für die Schwenkung alle in § 2 von Kap. IX formulierten Sätze über die Addition von Schwenkungen, über den Zusammenhang zwischen Schwenkung und Krümmung, über Kurven mit einer Schwenkung von beschränkter Variation richtig. Insbesondere ist die Summe der rechten und der linken Schwenkungen einer Kurve (ohne Vielfachpunkte) gleich der Krümmung der Kurve unter Ausschluß der Endpunkte. Hat man die Schwenkung einer geschlossenen Kurve so wie in § 2 von Kap. IX definiert, so kann man folgendes behaupten:

Wenn eine Kurve $\mathfrak{L}$ einen kreishomöomorphen kompakten Bereich $\boldsymbol{G}$ berandet und nach der Seite dieses Bereichs die Schwenkung τ hat, so ist $\omega(\boldsymbol{G}) = 2\pi - \tau$.

Bei aller Ähnlichkeit zwischen den Eigenschaften der Schwenkungen von Kurven in allgemeinen Mannigfaltigkeiten beschränkter Krümmung und von Kurven auf konvexen Flächen, d. h. in Mannigfaltigkeiten positiver Krümmung, gibt es doch einen sehr wesentlichen Unterschied. Er besteht in folgendem: es ist im allgemeinen Fall nicht richtig, daß die Schwenkung einer Kürzesten immer gleich Null ist; vielmehr kann man nur sagen, daß die *Schwenkung von Kürzesten stets nicht positiv ist*[1]).

Da die Summe der rechten und der linken Schwenkungen die Krümmung liefert, kann auch die Krümmung einer Kürzesten unter Ausschluß der Endpunkte negativ (aber niemals positiv) sein. Als Beispiel betrachte man eine Kürzeste auf einem Kegel mit dem vollen Winkel $\varphi = 4\pi$ an der Spitze; geht die Kürzeste durch die Spitze des Kegels, so daß sie den Winkel φ halbiert, so sind ihre rechte und linke Schwenkung hier gleich $-\pi$, und ihre Krümmung ist gleich -2π.

Daß die Schwenkung einer Kürzesten negativ ist, ist ein Spezialfall des folgenden allgemeinen Satzes, dessen anschaulicher Inhalt offenbar ist. Gehört eine Kürzeste zur Berandung eines Bereichs und ist sie Kürzeste in diesem Bereich, so ist die Schwenkung jedes ihrer Bögen auf der Seite des Bereichs nichtpositiv.

Wir wenden uns dem Beispiel zu, von dem in § 3 von Kap. XII die Rede war. Wir betrachten einen ebenen abgeschlossenen Bereich, der das Komplement bezüglich des Inneren irgendeines Kreises ist. Jeder Bogen der Peripherie dieses Kreises, der kleiner ist als der Halbkreis, ist relative Kürzeste in diesem Bereich und hat eine negative Schwenkung. Nimmt man zwei Exemplare dieses Bereichs und verheftet sie längs des Randkreises, so erhält man eine Mannigfaltigkeit beschränkter Krümmung. Darin ist jeder Bogen dieses Kreises, der kleiner ist als der Halbkreis, Kürzeste, und seine Schwenkung ist nach beiden Seiten negativ. Die Schwenkung des ganzen Kreises nach beiden Seiten ist gleich -2π und seine Krümmung gleich der Summe dieser Schwenkungen, also gleich -4π.

Die erwähnte Eigenschaft von Kürzesten führt dazu, daß die Krümmung eines Polygons nicht nur durch seine Winkel, sondern auch durch die Schwenkungen seiner Seiten definiert werden muß. Ist nämlich $\boldsymbol{P}$ ein kreishomöomorphes Polygon, ω die Krümmung seines Inneren, α_i $(i = 1, \ldots, n)$ seine inneren Winkel (Winkel der Sektoren, die von den Seiten berandet werden), ferner τ_i die Schwen-

[1]) Hieraus folgt u. a., daß die Schwenkung eines Kürzestenzugs sich im allgemeinen nicht auf seine Schwenkungen in den Ecken zurückführen läßt, sondern daß auch die Schwenkungen seiner Glieder berücksichtigt werden müssen. Da die Summe der rechten und der linken Schwenkungen gleich der Krümmung der Kurve unter Ausschluß der Endpunkte ist, und die Schwenkung einer Kürzesten nichtpositiv ist, kann sie nur dann von Null verschieden sein, wenn die Krümmung der Kürzesten (unter Ausschluß der Endpunkte) negativ ist. Aus der Beschränktheit der Krümmung folgt aber hieraus, daß in einem gewissen Sinne fast alle Kürzesten überall die Krümmung Null und entsprechend die Schwenkungen Null haben. Insbesondere gilt: Streben die Kürzestenzüge $\mathfrak{L}_i$ gegen eine Kurve $\mathfrak{L}$, ohne sie zu schneiden, wie das gerade bei der Definition der Schwenkung verlangt wird, so streben die Schwenkungen dieser Kürzestenzüge, die den Gliedern entsprechen, gegen Null.

kungen seiner Seiten nach dem Inneren zu, so ist

$$\omega = 2\pi - \sum_i (\pi - \alpha_i) - \sum_i \tau_i.$$

Insbesondere gilt für ein Dreieck ABC

$$\omega = (\alpha + \beta + \gamma - \pi) - (\tau_{AB} + \tau_{BC} + \tau_{CA}),$$

und da die Schwenkungen von Kürzesten nicht positiv sind, ist

$$\omega \geqq \alpha + \beta + \gamma - \pi,$$

d. h., die Krümmung des Inneren eines Dreiecks ist nicht kleiner als sein Exzeß, und gleich diesem Exzeß nur in dem Fall, daß die Schwenkungen der Seiten des Dreiecks nach innen gleich Null sind[1]).

Wir betrachten ein Beispiel. Wir schneiden aus der Ebene drei einander paarweise von außen berührende Kreise aus und verheften die Löcher mit Halbkugeln. Als Resultat erhalten wir eine Mannigfaltigkeit beschränkter Krümmung. Die Bögen der Peripherie der ausgeschnittenen Kreise zwischen den Berührungspunkten sind Kürzeste in dieser Mannigfaltigkeit und beranden ein Dreieck, dessen Winkel gleich Null sind. Die Krümmung des Inneren dieses Dreiecks ist gleich Null, sein Exzeß gleich $-\pi$.

C. Der Zusammenhang zwischen der Krümmung eines Bereiches und den Schwenkungen von Kurven spielt auch in folgendem Satz eine große Rolle.

Verheftungssatz. Es seien $G_1, G_2, \ldots, G_n$ abgeschlossene Bereiche in Mannigfaltigkeiten beschränkter Krümmung, die von Kurven mit Schwenkungen von beschränkter Variation berandet werden. Zwischen den Abschnitten der Ränder dieser Bereiche bestehe eine isometrische, d. h. längentreue, Zuordnung, derzufolge diese Bereiche eine topologische Fläche bilden, die auch einen Rand haben kann. Dann erweist sich diese Fläche (unter Ausschluß des Randes) in natürlicher Weise als Mannigfaltigkeit mit innerer Metrik, genau wie im Fall des „allgemeinen Verheftungssatzes" aus § 3 von Kap. IX. Diese Mannigfaltigkeit ist eine Mannigfaltigkeit beschränkter Krümmung. Ihre Krümmung ist die Summe dreier Summanden: 1. der Krümmung des Inneren der Bereiche G_i; 2. der Krümmung der Linien, welche von den verhefteten (offenen) Abschnitten der Ränder der Bereiche G_i gebildet werden; dabei ist die Krümmung jeder dieser Linien die Summe der Schwenkungen (nach der Seite der entsprechenden Bereiche) derjenigen beiden Abschnitte der Ränder der Bereiche G_i, durch deren Identifizierung sich diese Linie ergab; 3. der Krümmungen der „Ecken", d. h. der Punkte, in denen mehr als zwei Bereiche G_i zusammenstoßen, wobei die Krümmung einer „Ecke" gleich der Differenz von 2π und der Summe der in ihr aneinanderstoßenden Winkel der Sektoren der Bereiche G_i ist.

---

[1]) Für nichtkreishomöomorphe, sondern Singularitäten besitzende Dreiecke kann die Formel sogar sinnlos werden, so daß für beliebige Dreiecke ein solch allgemeiner Zusammenhang zwischen der Krümmung des Inneren, den Winkeln und den Schwenkungen der Seiten nicht existiert. Jedoch ist für jedes Dreieck die Krümmung des Inneren nicht kleiner als sein Exzeß. So ist z. B., wenn das Dreieck überhaupt keine inneren Punkte hat, $\omega = 0$, und der Exzeß $\nu = -\pi$.

Dieser Satz umfaßt offenbar den „allgemeinen Verheftungssatz" aus Kap. IX, § 3. Seine Bedeutung besteht erstens darin, daß er eine einfache anschauliche Methode zur Konstruktion neuer Mannigfaltigkeiten beschränkter Krümmung aus Stücken gegebener Mannigfaltigkeiten liefert. Wir haben übrigens diese Methode bei der Konstruktion der in diesem Paragraphen betrachteten Beispiele schon zweimal benutzt. Zweitens, und das ist die Hauptsache, eröffnet dieser Satz einen Weg zur Anwendung der Methode „des Zerschneidens und Verheftens" auf Probleme der inneren Geometrie ähnlich dem, mit dem diese Methode schon auf eine Reihe von Problemen, die konvexe Flächen betreffen, angewendet worden war (Kap. X, §§ 1, 3; Kap. IX, § 5; Kap. VIII, § 4 usw.). Im folgenden bringen wir einige der mit dieser Methode erzielten Resultate.

§ 4. *Approximation durch polyedrische Metriken*

Es gilt folgender für die zu untersuchende Theorie fundamentaler Satz:

Eine zweidimensionale Mannigfaltigkeit mit innerer Metrik ist eine Mannigfaltigkeit beschränkter Krümmung genau dann, wenn in jedem kompakten Bereich die in ihm induzierte Metrik[1]) *eine gleichmäßige Approximation durch polyedrische (oder GAUSZsche) Metriken gestattet, deren absolute Krümmung gleichmäßig beschränkt ist.*

Die Approximation einer Metrik beschränkter Krümmung durch polyedrische Metriken läßt sich in ähnlicher Weise durchführen wie wir dies für eine Metrik positiver Krümmung durchgeführt haben. Wie schon in § 1 erwähnt wurde, läßt sich jedes Polygon beliebig fein triangulieren. Es sei nun ein trianguliertes Polygon $\boldsymbol{P}$ vorgegeben. Wenn man jedes Dreieck $\boldsymbol{T}$ dieser Triangulation durch das ebene Dreieck $\boldsymbol{T}_0$ mit Seiten derselben Länge ersetzt, erhält man ein abstraktes Polyeder mit einer Metrik $\bar{\varrho}$. Bildet man jedes Dreieck $\boldsymbol{T}_0$ auf das entsprechende Dreieck $\boldsymbol{T}$ so ab, daß die Abbildung auf den Seiten längentreu ist, so überträgt man damit die Metrik $\bar{\varrho}$ in das Polygon $\boldsymbol{P}$. In dieser Weise erhält man in $\boldsymbol{P}$ zwei Metriken: die durch die Metrik der Mannigfaltigkeit induzierte Metrik ϱ und die in das Polygon übertragene polyedrische Metrik $\bar{\varrho}$. Es zeigt sich, daß die Differenz dieser Metriken um so kleiner ist, je feiner die Triangulation war, und daß diese Differenz mit dem größten Durchmesser der Dreiecke der Triangulation gleichmäßig gegen Null strebt.

Überdies zeigt sich, daß dabei sowohl die Krümmung ω als auch die absolute Krümmung $\boldsymbol{\Omega}$ der polyedrischen Metrik $\bar{\varrho}$ schwach gegen die Krümmung bzw. die absolute Krümmung der Metrik ϱ im Inneren des Polygons $\boldsymbol{P}$ konvergieren. Dabei ist diese schwache Konvergenz in folgendem Sinne zu verstehen. Eine auf einer Mannigfaltigkeit $\boldsymbol{G}$ definierte Mengenfunktion $\mu_n(\mathfrak{E})$ konvergiert schwach gegen $\mu(\mathfrak{E})$, wenn für jede auf $\boldsymbol{G}$ definierte stetige und nur auf einer kompakten

[1]) Der Begriff der induzierten Metrik wurde in Kap. II, § 2 definiert.

Menge von Null verschiedene Funktion $f(\mathfrak{X})$ die Beziehung

$$\lim_{n\to\infty} \int_G f(\mathfrak{X})\,\mu_n(d\mathfrak{E}) = \int_G f(\mathfrak{X})\,\mu(d\mathfrak{E}) \tag{1}$$

gilt. In unserem Falle ist $\boldsymbol{G}$ das Innere des Polygons $\boldsymbol{P}$[1]). Wenn für eine gleichmäßig gegen eine gegebene Metrik konvergierende Metrik diese Voraussetzung der schwachen Konvergenz der absoluten Krümmung erfüllt ist, so sagen wir, *die Konvergenz der Metrik sei regulär.* Unter Verwendung dieser Redeweise können wir sagen, *daß eine Metrik beschränkter Krümmung eine reguläre Approximation durch polyedrische Metriken zuläßt.* Was die Approximation durch GAUSZsche Metriken anbetrifft, so läßt sie sich leicht aus der Approximation durch polyedrische Metriken erhalten.

Die Tatsache, daß der Limes polyedrischer Metriken mit gleichmäßig beschränkter absoluter Krümmung eine Metrik beschränkter Krümmung ist, ist ein Spezialfall des folgenden Satzes:

Ist die innere Metrik ϱ in einer zweidimensionalen Mannigfaltigkeit der Limes von Metriken ϱ_n beschränkter Krümmung, welche in jedem kompakten Bereich gleichmäßig konvergieren und gleichmäßig beschränkte absolute Krümmungen haben, so ist diese Metrik ϱ eine Metrik beschränkter Krümmung. Dabei konvergieren die Krümmungen ω_n der Metriken ϱ_n schwach gegen die Krümmung ω der Metrik ϱ.

Jedoch brauchen die absoluten Krümmungen der Metriken ϱ_n nicht schwach gegen die absolute Krümmung der Metrik ϱ zu konvergieren, d. h., die Konvergenz braucht selbst nicht regulär zu sein (selbst wenn die Metriken ϱ_n polyedrisch sind). Man kann nur sagen, daß für jeden kompakten Bereich $\boldsymbol{G}$ die absolute Krümmung in der Grenzmetrik ϱ nicht größer ist als der untere Limes der absoluten Krümmungen des Bereiches $\boldsymbol{G}$ in den Metriken ϱ_n. Kurz gesagt, bei einem Grenzübergang vergrößert sich die absolute Krümmung nicht[2]). Daher ist die oben erwähnte Aussage über die Möglichkeit einer regulären Approximation einer gegebenen Metrik durch polyedrische Metriken wesentlich. Die Möglichkeit einer derartigen Approximation spielt eine wichtige Rolle in einer Reihe konkreter Folgerungen.

---

[1]) Dieser Begriff der schwachen Konvergenz unterscheidet sich etwas von dem in meiner Arbeit: А. Д. Александров (A. D. ALEXANDROW), Additive set-functions in abstract spaces, Math. Sbornik, 8, 2; 9, 3; 13, 2 angegebenen. Nach der dort gegebenen Definition muß Formel (1) für jede beschränkte stetige Funktion $f(\mathfrak{X})$ gelten. Die Kriterien dieser schwachen Konvergenz lassen sich jedoch leicht auf die schwache Konvergenz im jetzigen Sinne übertragen. So ist z. B. für die schwache Konvergenz nichtnegativer Funktionen μ_n gegen μ notwendig und hinreichend, daß die Beziehung $\mu_n(\mathfrak{E}) \to \mu(\mathfrak{E})$ für jedes Kompaktum $\mathfrak{E}$ gilt, auf dessen Berandung der Wert der Funktion μ gleich Null ist. Ferner gilt: Wenn die nichtnegativen Funktionen μ_n schwach gegen μ konvergieren, so ist für jede abgeschlossene Menge $\mathfrak{F}$

$$\mu(\mathfrak{F}) \geqq \overline{\lim_{n\to\infty}}\, \mu_n(\mathfrak{F}).$$

[2]) Da $\omega = \omega^+ - \omega^-$ und $\Omega = \omega^+ + \omega^-$, so gilt dies auch für ω^+ und ω^-, und außerdem bedeutet die reguläre Konvergenz die schwache Konvergenz von ω^+ und ω^-.

Wir bringen jetzt ein Beispiel für einen Satz, aus dem die Rolle der regulären Konvergenz klar wird.

In den gegen die Metrik ϱ regulär konvergierenden Metriken ϱ_n mögen die von den Punkten Q_n ausgehenden Kürzesten $\mathfrak{L}_n$, $\mathfrak{M}_n$ gegen die vom Punkt Q ausgehenden Kürzesten $\mathfrak{L}$, $\mathfrak{M}$ konvergieren. Sind dann α_n, α die Winkel zwischen $\mathfrak{L}_n$ und $\mathfrak{M}_n$ bzw. $\mathfrak{L}$ und $\mathfrak{M}$, ferner ω die Krümmung des Punktes Q in der Metrik ϱ, so gilt folgendes:

a) für $\omega = 0$ existiert $\lim\limits_{n\to\infty} \alpha_n$ und es ist $\alpha = \lim\limits_{n\to\infty} \alpha_n$;

b) für $\omega > 0$ ist $\alpha \leqq \varliminf\limits_{n\to\infty} \alpha_n \leqq \varlimsup\limits_{n\to\infty} \alpha_n \leqq \alpha + \omega$;

c) für $\omega < 0$ ist $\alpha \geqq \varlimsup\limits_{n\to\infty} \alpha_n \geqq \varliminf\limits_{n\to\infty} \alpha_n \geqq \alpha + \omega$.

Die analogen Beziehungen gelten für Sektorwinkel.

Ist die Konvergenz nicht regulär, so bleibt im allgemeinen keine der Aussagen a) bis c) richtig. In diesem Fall spielt nicht nur die Krümmung des Punktes Q eine Rolle, sondern auch die in den Metriken ϱ_n definierten Krümmungen der Mengen, die sich auf den Punkt Q zusammenziehen.

Ersetzt man bei der Approximation einer gegebenen Metrik durch polyedrische Metriken die Dreiecke $\boldsymbol{T}$ der feiner werdenden Triangulationen eines gegebenen Polygons $\boldsymbol{P}$ durch ebene Dreiecke $\boldsymbol{T}_0$, so kommt man genau wie im Fall konvexer Flächen (Kap. V, § 1) zur Definition des Flächeninhalts.

Wir definieren nämlich den *Flächeninhalt eines Polygons* $\boldsymbol{P}$ als Limes der Summen der Flächeninhalte der Dreiecke $\boldsymbol{T}_0$, unter der Voraussetzung, daß der größte Durchmesser der Dreiecke $\boldsymbol{T}$ gegen Null strebt. Hiernach läßt sich mit den üblichen Methoden der Maßtheorie der Flächeninhalt für jede Borelsche Menge definieren und erweist sich auf dem Ring der Borelschen Mengen als vollständig additive Funktion. —

Schließlich kann man neben den oben formulierten Sätzen über die Konvergenz von Krümmungen und Winkeln Sätze über die Konvergenz von Flächeninhalten, Längen und Schwenkungen von Kurven in konvergierenden (insbesondere in regulär konvergierenden) Metriken aufstellen.

Die Sätze über die Approximation durch polyedrische Metriken und die Konvergenzsätze bilden in Verbindung mit dem Verheftungssatz die Grundlage für die geometrischen Methoden der Theorie der Mannigfaltigkeiten beschränkter Krümmung und damit der inneren Geometrie der entsprechenden Flächen. Wichtigstes Element dieser Methoden ist, wie auch im Fall konvexer Flächen, die Lösung der Aufgabe zunächst für polyedrische Metriken, und dann die Übertragung des erhaltenen Resultats auf allgemeine Mannigfaltigkeiten. Auf Grund des Verheftungssatzes läßt sich „die Methode des Zerschneidens und Verheftens" bei diesem Übergang zunächst auf polyedrische Metriken anwenden, wobei sie sich im Grunde als elementar erweist. Alle diese Hilfsmittel führen nicht selten zu solchen Lösungen von Aufgaben der Theorie, welche ihrem Charakter nach den Methoden der Elementargeometrie nahestehen. Man kann sagen, daß in der Planimetrie die Methode des Zerschneidens und Verheftens bis ins Altertum zurückgeht und daß man sie schon im Beweis des Satzes von PYTHAGORAS finden kann.

Schließlich zeigen die oben formulierten Sätze über die Approximation durch polyedrische Metriken und über die Konvergenz von Metriken zusammen mit dem Verheftungssatz zwei Dinge: erstens, daß die Klasse der Mannigfaltigkeiten beschränkter Krümmung abgeschlossen ist in bezug auf die Operationen des Verheftens und des Grenzübergangs, sofern diese passenden Bedingungen unterworfen sind; zweitens, daß diese Mannigfaltigkeiten alle diejenigen Mannigfaltigkeiten erschöpfen, welche aus der Ebene durch Zerschneiden und Verheften in Verbindung mit gleichmäßigem Grenzübergang unter der Nebenbedingung erhalten werden können, daß die absolute Krümmung (in kompakten Bereichen) beschränkt ist. Deskriptiv oder, wenn es zweckmäßig ist, axiomatisch definierte Mannigfaltigkeiten beschränkter Krümmung erhalten so die ihnen entsprechende konstruktive Definition. Gerade diese Verbindung zwischen deskriptiver und konstruktiver Definition des Gegenstandes der Theorie dient als Grundlage für viele ihrer Resultate, wie man das in der Mathematik vielfach antrifft.

§ 5. Das Linienelement einer Metrik beschränkter Krümmung

Im Jahre 1953 bewies J. G. RESCHETNJAK[1]) folgendes: *Jede Metrik beschränkter Krümmung kann durch ein Linienelement der Gestalt*

(1) $$ds^2 = \lambda(x, y)\,(dx^2 + dy^2)$$

vorgegeben werden, wobei ln λ *die Differenz zweier subharmonischer Funktionen ist; und umgekehrt, eine durch ein Linienelement der Gestalt* (1) *definierte Metrik, wobei* ln λ *die Differenz subharmonischer Funktionen ist, erweist sich stets als Metrik beschränkter Krümmung.*

Genauer lautet der Satz von RESCHETNJAK folgendermaßen:

Es sei $\mathfrak{r}$ eine Mannigfaltigkeit beschränkter Krümmung und G ein kreishomöomorpher Bereich in $\mathfrak{r}$, dessen Berandung eine Schwenkung von beschränkter Variation hat. Dann kann man in G Koordinaten x, y (die in einem gewissen Bereich D der x, y-Ebene variieren) einführen, derart, daß die in G induzierte Metrik durch das Linienelement

(1) $$ds^2 = \lambda(x, y)\,(dx^2 + dy^2)$$

gegeben wird.

---

[1]) Ю. Г. Решетняк, Изотермические координаты в многообразиях ограниченной кривизны (J. G. RESCHETNJAK, Isotherme Koordinaten in Mannigfaltigkeiten beschränkter Krümmung), Dokladi Akad. nauk SSSR 1954, 64, S. 631—634.

Das bedeutet, daß die Länge jeder in $\boldsymbol{G}$ verlaufenden Kurve, die einer gebrochenen Linie $\mathfrak{L}$ im Bereich $\boldsymbol{D}$ entspricht, durch das übliche Integral

$$s = \int_{\mathfrak{L}} \sqrt{\lambda (dx^2 + dy^2)} \tag{2}$$

ausgedrückt werden kann.

Setzt man $z = x + iy$, so läßt sich $\lambda(x, y) = \lambda(z)$ durch die Formel

$$\ln \lambda(z) = -\frac{1}{\pi} \int_{D} \ln |z - \zeta| \, \omega(d\boldsymbol{E}_\zeta) + h(z) \tag{3}$$

ausdrücken, wobei $\omega(\boldsymbol{E})$ die Krümmung derjenigen Menge in $\boldsymbol{G}$ ist, die der Menge $\boldsymbol{E} \subset \boldsymbol{D}$ entspricht; $d\boldsymbol{E}_\zeta$ ist das Flächenelement von $\boldsymbol{D}$; die Integration ist über ζ zu erstrecken und das Integral im Sinne von LEBESGUE-RADON zu verstehen; $h(z)$ bezeichnet eine gewisse in $\boldsymbol{D}$ harmonische Funktion. Wegen $\omega = \omega^+ - \omega^-$ zeigt nach der bekannten Darstellung subharmonischer Funktionen die Formel (3), daß $\ln \lambda$ die Differenz subharmonischer Funktionen ist.

Dieser Satz verallgemeinert die bekannte Tatsache, daß die Metrik einer regulären Fläche stets durch ein Linienelement der Gestalt $\lambda(dx^2 + dy^2)$ vorgegeben werden kann, wobei λ mit der GAUSZschen Krümmung durch die Gleichung

$$\frac{\partial^2 \ln \lambda}{\partial x^2} + \frac{\partial^2 \ln \lambda}{\partial y^2} = -2K\lambda \tag{4}$$

verknüpft ist. Die Lösung dieser POISSONschen Gleichung für $\ln \lambda$ liefert für $\ln \lambda$ den Ausdruck (3), in dem nur statt $\omega(d\boldsymbol{E}_\zeta)$ die Größe $K ds = K\lambda \, d\xi \, d\eta$ steht.

Der Beweis des Satzes wird zunächst für polyedrische Metriken geführt. Es läßt sich nämlich folgendes beweisen:

In jedem der Ebene homöomorphen Polyeder $\mathfrak{r}$, mit anderen Worten, in einer Mannigfaltigkeit mit vollständiger polyedrischer Metrik mit endlich vielen Ecken und einer Krümmung kleiner als 2π kann man Koordinaten x und y einführen, deren Variationsbereich die ganze Ebene ist, derart, daß die Metrik der Mannigfaltigkeit sich durch ein Linienelement $\lambda(dx^2 + dy^2)$ definieren läßt, und zwar ist

$$\ln \lambda(z) = -\frac{1}{\pi} \sum_{j=1}^{m} \omega_j \ln |z - z_j|, \tag{5}$$

wobei $z_1, \ldots, z_n$ die Punkte der Ebene sind, die den Ecken entsprechen und ω_j $(j = 1, \ldots, n)$ die Krümmung der Ecke z_j ist. Dieses Koordinatensystem läßt sich als Resultat einer Abbildung der Mannigfaltigkeit $\mathfrak{r}$ auf die Ebene erhalten, die überall, außer in den Ecken, konform ist.

Hiernach beweist man den Satz im allgemeinen Falle auf der Grundlage der Approximation der gegebenen Metrik durch polyedrische Metriken. Dabei heftet man an den Bereich $\boldsymbol{G}$, in welchem man die Metrik betrachtet, einen Bereich der Ebene außerhalb eines Kreises, wodurch gewährleistet ist, daß man den oben formulierten Satz anwenden kann.

Auch die Umkehrung ist richtig. Ist in einem Kreis D der x, y-Ebene eine Funktion $\lambda(x, y)$ vorgegeben, die so beschaffen ist, daß $\ln \lambda$ die Differenz subharmonischer Funktionen ist, so definiert das Linienelement $\lambda(dx^2 + dy^2)$ in D eine Metrik beschränkter Krümmung, und $\ln \lambda$ ist mit der Krümmung dieser Metrik durch Formel (3) verknüpft.

Approximiert man $\lambda(x, y)$ durch reguläre Funktionen $\lambda_n(x, y)$, so erhält man im Kreis D die regulären Metriken $\lambda_n(dx^2 + dy^2)$, wobei die Bedingung, der $\ln \lambda$ genügen muß, die gleichmäßige Beschränktheit ihrer absoluten Krümmungen abzuleiten gestattet. Der Limes dieser Metriken ist dann gerade die durch das Linienelement $\lambda(dx^2 + dy^2)$ vorgegebene Metrik beschränkter Krümmung.

Wir erinnern daran, daß wir in § 1 von Kap. XI halbgeodätische Koordinaten auf konvexen Flächen mit beschränkter spezifischer Krümmung eingeführt hatten. Die dort erhaltenen Resultate lassen sich mit ihren Beweisen auf den Fall indefiniter Krümmung ausdehnen. Dementsprechend können wir folgendes aussagen: 1. Ist in einer Mannigfaltigkeit $\mathfrak{r}$ beschränkter Krümmung die spezifische Krümmung beschränkt, so kann man in der Umgebung jedes Punktes halbgeodätische (insbesondere Polar-) Koordinaten u, v einführen, in denen sich die Metrik durch das Linienelement $du^2 + G dv^2$ vorgeben läßt; 2. Existiert in $\mathfrak{r}$ in jedem Punkt eine GAUSZsche Krümmung K, so gelten für dieses Linienelement die grundlegenden Formeln der Differentialgeometrie für Längen, Winkel, Flächeninhalt, GAUSZsche Krümmung und geodätische Krümmung einer Kurve.

Nun führen die von RESCHETNJAK bewiesenen Sätze das Linienelement in allgemeine Mannigfaltigkeiten beschränkter Krümmung ohne alle Einschränkungen ein und eröffnen damit die Möglichkeit, den analytischen Apparat, der die klassische innere Differentialgeometrie verallgemeinert, anzuwenden. Es ist anzunehmen, daß Ergebnisse nicht lange auf sich warten lassen.

§ 6. Einige weitere Resultate aus der Theorie der Mannigfaltigkeiten beschränkter Krümmung

Die Anfangsgründe der Theorie, die in den Paragraphen 1 bis 4 auseinandergesetzt wurden, schaffen die Grundlage für die verschiedenartigsten Resultate in der Geometrie der Mannigfaltigkeiten beschränkter Krümmung. Wir führen einige Beispiele an und verweisen bezüglich ausführlicherer Mitteilungen auf die entsprechenden Veröffentlichungen[1]).

---

[1]) А. Д. Александров (A. D. ALEXANDROW) 1. Кривые в многообразиях ограниченной кривизны, (1. Kurven in Mannigfaltigkeiten beschränkter Krümmung), Dokladi Akad. nauk SSSR 1948, 63, S. 349—352. 2. Квазигеодезические (Quasi-Geodätische), ebenda 1949, 69, S. 717—720. 3. Квазигеодезические на многообразиях, гомеоморфных сфере, (Quasi-Geodätische auf Mannigfaltigkeiten, die der Sphäre homöomorph sind), ebenda 1950, 70, S. 557—560. А. Д. Александров и В. В. Стрельцов, Оценка длины кривой на поверхности (A. D. ALEXANDROW und W. W. STRELZOW, Eine Abschätzung für die Länge einer Kurve auf einer Fläche), ebenda 1953, 63, S. 221—224. В. А. Залгаллер (W. A. SALGALLER) 1. О кривых с ограниченной вариацией поворота. (Über Kurven mit einer Schwenkung von beschränkter Variation), Mat. Sbornik 1950, 26, S. 205—214. 2. Окружность на выпуклой поверхности. (Der

A. Breiten Raum nimmt die Theorie der Kurven in Mannigfaltigkeiten beschränkter Krümmung ein. Sie umfaßt zunächst allgemeine Sätze über Kurven mit einer Schwenkung von beschränkter Variation und insbesondere sich darauf beziehende Sätze über die Konvergenz und die Approximation durch geodätische Kürzestenzüge, für welche nicht nur die Approximation der Länge, sondern auch der Schwenkung und ihrer Variation von einer Seite gewährleistet ist (W. A. SALGALLER).

J. F. BORISOW löste die am Schluß des § 2 von Kap. IX formulierten Probleme bezüglich der Eigenschaften „unendlich schmaler" Halbumgebungen einer Kurve, und zwar nicht nur auf konvexen Flächen, sondern in beliebigen Mannigfaltigkeiten beschränkter Krümmung. Er bewies, daß eine hinreichend schmale Halbumgebung einer Kurve mit einer Schwenkung von beschränkter Variation (ohne Eckpunkte mit einer Schwenkung π) auf eine Halbumgebung einer ebenen Kurve abgebildet werden kann, deren Schwenkung eine ebensolche Funktion des Bogens ist, und zwar so, daß diese Abbildung im unendlich Kleinen isometrisch ist, oder anders ausgedrückt, einer isometrischen Abbildung um so näher ist, je schmaler der Teil der Halbumgebung der betrachteten Kurve ist. Dies ermöglicht insbesondere, eine allgemeine Formel für die einseitige Variation der Länge einer Kurve anzugeben; so ist bei festgehaltenen Endpunkten

$$\delta s = -\int_0^s \delta n(t)\, dg(t).$$

Hier bezeichnet $\delta n(t)$ die Verschiebung der Punkte der Kurve, und es ist

$$g(s) = \tau(s) + \sum_{\varphi>0} \left(2 \operatorname{tg} \frac{\varphi}{2} - \varphi\right),$$

wobei $\tau(s)$ die Schwenkung des Kurvenbogens und φ die Schwenkungen in den Eckpunkten dieses Bogens bezeichnen und die Summe nur über positive φ zu erstrecken ist. Die anschauliche Bedeutung dieser Formel läßt sich leicht am Beispiel einer ebenen Kurve mit Eckpunkten ersehen.

Unter Verwendung der Formel für die Variation der Länge läßt sich z. B. zeigen, daß eine geschlossene Kurve auf einer konvexen Fläche, die bei fester Länge größten Flächeninhalt umschließt, auf der Seite des Bereichs eine konstante geodätische Krümmung hat, d. h., daß die Schwenkung ihres Bogens der Länge proportional ist. Dieser Satz ist dadurch interessant, daß er auf „beliebig nicht regulären" konvexen Flächen die Existenz von Kurven beweist, die überall eine geodätische und dabei konstante Krümmung besitzen.

Kreis auf konvexen Flächen), ebenda S. 401—424. Ю. Ф. Борисов, Кривые на полных двумерных многообразиях с краем (J. F. BORISOW, Kurven auf vollständigen zweidimensionalen Mannigfaltigkeiten mit Rand), Dokladi Akad. nauk SSSR 1949, 64, S. 9—12. В. В. Стрельцов (W. W. STRELZOW) 1. Оценки длины ломаной на многограннике (Abschätzungen für die Länge eines Streckenzuges auf einem Polyeder), Iswestia Akad. nauk SSSR, Ser. Astr. Math. Mech. 1952, I (6) S. 3—36. 2. Некоторые экстремальные задачи внутренней геометрии (Einige Extremalaufgaben der inneren Geometrie), ebenda S. 37—63.

B. In der Kurventheorie spielt der Begriff der „*eigentlichen Schwenkung*" einer Kurve eine wichtige Rolle. Diese kann man folgendermaßen definieren: Hat eine Kurve $\mathfrak{L}$ keine Vielfachpunkte und sind τ_r, τ_l ihre rechte und ihre linke Schwenkung, ferner Ω die absolute Krümmung der Kurve unter Ausschluß der Endpunkte, so wird die eigentliche Schwenkung $\sigma(\mathfrak{L})$ der Kurve durch die Formel

$$\sigma(\mathfrak{L}) = \frac{1}{2}\{\operatorname{var} \tau_r + \operatorname{var} \tau_l - \Omega\}$$

definiert, wobei var τ_r und var τ_l die in üblicher Weise definierten Variationen der Schwenkungen bezeichnen.

Ist $\Omega = 0$, so kann man aus dem Zusammenhang zwischen Schwenkungen und Krümmung ($\tau_r + \tau_l = \omega$) leicht folgern, daß var τ_r = var τ_l ist, so daß in diesem Falle σ = var τ_r = var τ_l gilt, d. h. die eigentliche Schwenkung mit der Variation der Schwenkung übereinstimmt. Im allgemeinen Falle jedoch ist die eigentliche Schwenkung sozusagen derjenige Teil der Variation der Schwenkung, welcher nicht durch das Vorhandensein der Krümmung Ω auf der Kurve verursacht wird.

Für eine Kurve mit Vielfachpunkten kann man die eigentliche Schwenkung als Summe der eigentlichen Schwenkungen ihrer Bögen definieren, natürlich unter Berücksichtigung der eigentlichen Schwenkung in den Teilpunkten.

Unter einer *Quasi-Geodätischen* verstehen wir eine Kurve, deren eigentliche Schwenkung gleich Null ist. Ihre Schwenkung wird nur durch das Vorhandensein einer Krümmung auf ihr hervorgerufen; fehlt diese Krümmung, so erweist sich eine Quasi-Geodätische als Kurve, deren Bögen von beiden Seiten verschwindende Schwenkung hat.

Es ist leicht zu sehen, daß eine Kurve, für welche die Schwenkungen aller Bögen nach beiden Seiten stets gleiches Vorzeichen haben, eine Quasi-Geodätische ist. In diesem Fall stimmen nämlich die Variationen der Schwenkungen var τ_r, var τ_l mit den absoluten Beträgen der Schwenkungen τ_r, τ_l selbst überein, d. h., es ist var $\tau_r = |\tau_r|$, var $\tau_l = |\tau_l|$; da ferner $\omega = \tau_r + \tau_l$ ist und τ_r, τ_l für alle Bögen gleiches Vorzeichen haben, hat außerdem auch ω dasselbe Vorzeichen. Daher gilt in diesem Falle für die absolute Krümmung $\Omega = |\tau_r| + |\tau_l|$. Im Ergebnis folgt aus der Formel (3), welche die eigentliche Schwenkung definiert, daß $\sigma(\mathfrak{L}) = 0$ ist.

Daher schließt die hier gegebene Definition einer Quasi-Geodätischen die in § 5 von Kap. IX für den Fall konvexer Flächen, oder was damit gleichbedeutend ist, für Mannigfaltigkeiten positiver Krümmung, gegebene Definiton ein.

Der Zusammenhang zwischen Quasi-Geodätischen und Geodätischen kommt in folgenden Sätzen zum Ausdruck:

1. Da eine Kürzeste stets eine nichtpositive Schwenkung hat, gilt: jede Kürzeste und daher jede Geodätische ist eine Quasi-Geodätische.

2. Der Limes von Quasi-Geodätischen und daher insbesondere von Geodätischen in regulär konvergierenden Metriken ist eine Quasi-Geodätische in der Grenzmetrik.

3. Für jede in einer gegebenen Metrik ϱ quasigeodätischen Kurve $\mathfrak{L}$ ohne Vielfachpunkte existiert eine Folge von Geodätischen $\mathfrak{L}_n$ in Metriken, die regulär gegen ϱ konvergieren[1]).

4. In einer Mannigfaltigkeit mit überall nach oben beschränkter spezifischer Krümmung ist jede Quasi-Geodätische eine Geodätische.

Wir bemerken noch, daß die bekannten Sätze über Geodätische „im Großen“ sich auf Quasi-Geodätische übertragen lassen. So existieren in einer der Sphäre homöomorphen Mannigfaltigkeit mindestens drei geschlossene doppelpunktfreie Quasi-Geodätische, und je zwei Punkte sind durch unendlich viele Quasi-Geodätische verbindbar.

C. Bekanntlich spielt in der Geometrie „im Großen“ der Zusammenhang zwischen der Krümmung eines Bereichs und der Schwenkung seiner Berandung eine sehr wichtige Rolle. In diesen Zusammenhang geht in bekannter Weise die EULERsche Charakteristik des Bereichs ein. Daher führt er zur Klärung der möglichen topologischen Struktur abgeschlossener Mannigfaltigkeiten mit einer Metrik, deren Krümmung dieses oder jenes Vorzeichen hat. Analoge Probleme für offene Mannigfaltigkeiten mit vollständiger Metrik waren von COHN-VOSSEN betrachtet worden. COHN-VOSSEN untersuchte auch den Zusammenhang zwischen der Krümmung solcher Mannigfaltigkeiten und der Lage von Geodätischen auf ihnen. Hierher gehört auch die Frage nach der topologischen Struktur konvexer Bereiche in Mannigfaltigkeiten mit vollständiger Metrik (siehe § 4 von Kap. VIII). Alle hier vorliegenden Resultate lassen sich mit einer Reihe von Verschärfungen und Ergänzungen auf Mannigfaltigkeiten beschränkter Krümmung übertragen[2]).

Der Zusammenhang zwischen der Krümmung eines Bereichs und der Schwenkung seiner Berandung ermöglicht auch die Untersuchung der Struktur von Kurven, insbesondere von Quasi-Geodätischen in offenen Mannigfaltigkeiten. Wir führen einen umfassenden Satz an, der aus dem Zusammenhang zwischen

---

[1]) In den Sätzen 2. und 3. ist die Forderung der Regularität der Konvergenz wesentlich, da ohne diese Forderung jede Kurve als Limes von Geodätischen erhalten werden kann. Es sei $\mathfrak{L}$ eine Kurve ohne Vielfachpunkte. Wir schneiden die Mannigfaltigkeit längs der Kurve auf und verlängern den Schnitt über die Endpunkte der Kurve hinaus. Wir verheften in den Schnitt einen geraden ebenen Streifen Q mit konvergierenden Winkeln an den Enden.

Wir erhalten eine Mannigfaltigkeit $\bar{\mathfrak{t}}$ mit einer Metrik $\bar{\varrho}$, die der Metrik ϱ der gegebenen Mannigfaltigkeit $\mathfrak{t}$ um so benachbarter ist, je schmaler der Streifen Q ist. Außerdem ist die Mittellinie des Streifens offenbar eine Geodätische in $\mathfrak{t}$, die gegen $\mathfrak{L}$ strebt, wenn der Streifen schmäler und schmäler wird. Jedoch vergrößert sich bei der Konstruktion, wie man leicht sieht, die absolute Krümmung mindestens um die eigentliche Schwenkung der Kurve $\mathfrak{L}$. Daher ist die Konvergenz der Metrik $\bar{\varrho}$ gegen die Metrik ϱ regulär genau dann, wenn $\sigma(\mathfrak{L}) = 0$, d. h., wenn $\mathfrak{L}$ eine Quasi-Geodätische ist. In diesem Fall werden die Mittellinien der sich verengenden Streifen Q Geodätische, die in den regulär konvergierenden Metriken gegen die Quasi-Geodätische $\mathfrak{L}$ konvergieren. In dieser Weise führt die angegebene Konstruktion zum Beweis von Satz 3.

[2]) S. COHN-VOSSEN, 1. Kürzeste Wege und Totalkrümmung auf Flächen, Compositio Math. 1935, Bd. 2, S. 69—133. 2. Totalkrümmung und geodätische Linien auf einfach zusammenhängenden offenen vollständigen Flächenstücken, Math. Sbornik 1936, Bd. 1, S. 139—163. Ю. Ф. Борисов, (J. F. BORISOW), die oben zitierten Bemerkungen in Dokladi Akad. nauk SSSR 1949,64, S. 9—12.

der Krümmung eines Bereichs und der Schwenkung seiner Berandung leicht ableitbar ist. .

In einem kreishomöomorphen Bereich mit einem positiven Teil der Krümmung $\omega^+ < 2\pi$ möge eine Kurve $\mathfrak{L}$ liegen. Hat die Kurve $\mathfrak{L}$ eine solche eigentliche Schwenkung σ, daß $\omega^+ + \sigma < \pi$ gilt, so hat $\mathfrak{L}$ keine Vielfachpunkte; ist aber $\pi < \omega^+ + \sigma < 2\pi$, so hat entweder $\mathfrak{L}$ keine Vielfachpunkte oder $\mathfrak{L}$ besteht aus einer Schlinge (Kurve ohne Vielfachpunkte und mit zusammenfallenden Endpunkten) und einem Zweig oder zwei Zweigen, die sämtlich weder Vielfachpunkte noch gemeinsame Punkte mit der Schlinge haben und durch deren Bereich beschränkt sind (insbesondere kann eine Schlinge zu einem „Umkehrpunkt" ausarten, gegen den sich die Schnittpunkte der beiden Zweige häufen).

Im Fall $\sigma = 0$ erhalten wir einen Satz über die Struktur von Quasi-Geodätischen. Dieser Satz zeigt, daß Quasi-Geodätische in einem Bereich mit $\omega^+ < 2\pi$ eine Struktur haben, die der Struktur von Geodätischen auf einem Kegel ähnlich ist, dessen Spitze die Krümmung ω^+ hat. Dieses Ergebnis wurde von Cohn-Vossen für vollständige Mannigfaltigkeiten mit Riemannscher Metrik positiver Krümmung, die der Ebene homöomorph sind, erzielt. Die Analogie mit Geodätischen auf einem Kegel wird noch dadurch verstärkt, daß die Anzahl der Schnittpunkte der Zweige der Quasi-Geodätischen durch die Differenz $2\pi - \omega^+$ abgeschätzt werden kann, ebenso wie sie sich auf dem Kegel abschätzen läßt.

D. Die Methode „des Zerschneidens und Verheftens" in Verbindung mit der Approximation einer gegebenen Metrik durch polyedrische Metriken und mit den Sätzen über die Konvergenz von Längen, Flächeninhalten usw. erweist sich als einfaches und dabei wirksames Mittel, um für verschiedene Probleme Ergebnisse zu erzielen, insbesondere bei der Lösung von Extremalaufgaben und bei verschiedenen Abschätzungen. Beispiele dafür haben wir in Kap. X kennengelernt. Wir erwähnen nur einige hierher gehörende Sätze.

1. Unter allen kreishomöomorphen Bereichen mit gegebenem positivem Anteil der Krümmung $\omega^+ < 2\pi$ und gegebenem Umfang hat den größten Flächeninhalt der Bereich, der einem geraden Kreiskegel isometrisch ist, und kein anderer. (Dieser Satz verallgemeinert den Satz 4 von § 3 aus Kap. X.)

2. Unter allen kreishomöomorphen konvexen Bereichen ohne positiven Anteil der Krümmung ($\omega^+ = 0$) mit gegebenem Durchmesser d und gegebenem negativem Anteil der Krümmung ω^- hat größten Flächeninhalt und größten Umfang der „Kreiskegel", d. h. der Bereich, bei welchem die ganze Krümmung in einem einzigen Punkt — dem Zentrum Q mit vollem Winkel $2\pi + \omega^-$ — konzentriert ist, und bei welchem alle Punkte der Berandung von Q einen und denselben Abstand $\frac{1}{2}d$ haben[1]).

[1]) Wenn wir sagen, ein Bereich sei konvex, so verstehen wir darunter, daß die Schwenkung seiner Berandung für jeden Bogen nichtnegativ ist. Diese Forderung kann entfallen, und dann muß man statt ω^- die Größe $\omega^+ + \tau^-$ nehmen, wobei τ^- der negative Anteil der Schwenkung der Berandung ist. In dieser und sogar etwas allgemeinerer Form wurde der Satz von W. W. Strelzow für Polyeder aufgestellt.

3. Die Länge l einer in einem kreishomöomorphen Bereich mit dem positiven Teil der Krümmung $\omega^+ < 2\pi$ gelegenen Kurve läßt sich nach oben abschätzen durch ω^+, den Durchmesser d oder den Umfang p des Bereichs und die eigentliche Schwenkung σ der Kurve. Insbesondere läßt sich die Länge einer Quasi-Geodätischen ($\sigma = 0$) durch ω^+, d oder p abschätzen. Für $\omega^+ \geqq 2\pi$ ist keinerlei Abschätzung möglich, wie das Beispiel der Halbkugel zeigt, auf der der hinreichend oft durchlaufende Äquator eine Kurve beliebig großer Länge liefert.

Als Beispiele erwähnen wir die Abschätzungen:

a) für $\omega^+ + \sigma = \omega_0 \leqq \pi$ ist $l \leqq \dfrac{p}{1 + \cos \dfrac{\omega_0}{2}}$;

b) für $\pi \leqq \omega^+ + \sigma = \omega_0 < 2\pi$ ist $l \leqq \dfrac{p}{\sin \dfrac{\omega_0}{2}}$,

wobei die angegebenen Schranken erreicht werden können.

Die Existenz einer solchen Grenze für die Länge einer Kurve, die nur von σ, ω^+, p oder d abhängt, ergibt sich mit Hilfe der Methode des Zerschneidens und Verheftens verhältnismäßig einfach. Jedoch ist auch dies ein nichttriviales Resultat, das auch für reguläre Kurven auf „regulären" Mannigfaltigkeiten neu ist. Übrigens setzt die Methode des Zerschneidens und Verheftens die Möglichkeit des Operierens mit „nichtregulären Mannigfaltigkeiten" voraus. In dieser Weise ermöglicht hier, wie das übrigens in der Mathematik oft der Fall ist, der Übergang zu Objekten allgemeinerer Natur eine einfachere Lösung eines Problems. Dasselbe kann man von den hier angeführten Sätzen über das Maximum des Flächeninhalts sagen.

§ 7. *Metriken beschränkter Krümmung im Vergleich zu einer Metrik konstanter Krümmung*

Der Theorie, deren Umrisse oben skizziert wurden, liegt der Vergleich eines Dreiecks T in der gegebenen metrischen Mannigfaltigkeit mit dem ebenen Dreieck T_0 mit Seiten der gleichen Länge zugrunde. Mittels solcher ebener Dreiecke wird sowohl der Begriff des oberen Winkels als auch der Begriff des Winkels und der des Winkels im starken Sinne definiert; der Vergleich eines gegebenen Dreiecks mit dem ebenen bestimmt den Exzeß, da der Exzeß eines Dreiecks nichts anderes ist als die Differenz zwischen der Summe seiner Winkel und der Winkelsumme eines ebenen Dreiecks. Bei der Approximation einer Metrik durch polyedrische Metriken oder bei der Definition des Flächeninhalts ersetzen wir die Dreiecke, in die ein Polygon zerlegt wird, durch ebene Dreiecke usw.

In einem Wort, unsere Theorie ist in ihrem Aufbau sozusagen eine Theorie der Mannigfaltigkeiten, die auf dem Vergleich dieser Mannigfaltigkeiten mit der Ebene beruht. Insbesondere dient die Krümmung als Maß für die Abweichung der Geometrie der Mannigfaltigkeit von der Geometrie der Ebene.

Man kann jedoch nicht nur die euklidische Ebene, sondern auch die LOBATSCHEWSKIsche Ebene oder die Sphäre zugrunde legen, d. h. allgemein eine Fläche konstanter Krümmung, und die Theorie der Mannigfaltigkeiten sozusagen im Verhältnis zu einer Fläche gegebener konstanter Krümmung K aufbauen. Diese Theorie muß auf dem Vergleich eines Dreiecks $\boldsymbol{T}$ mit einem Dreieck $\boldsymbol{T}_K$, welches Seiten gleicher Länge hat, aber auf einer Fläche der gegebenen konstanten Krümmung K liegt, beruhen[1]).

Eine solche Methode führt zur selben Theorie der Mannigfaltigkeiten beschränkter Krümmung, aber in einem anderen Aspekt. Dieser Aspekt hängt erstens mit einem weiten Kreis von Problemen zusammen, die sich auf den Vergleich der Geometrie einer Mannigfaltigkeit mit der Geometrie einer Fläche beschränkter Krümmung beziehen, und zweitens ermöglicht er gewisse Verallgemeinerungen, die sich auf Räume beliebiger Dimensionszahl übertragen lassen.

Mit dieser Auffassung der Theorie haben wir uns schon in den Paragraphen 1 und 2 von Kap. XII beschäftigt, in denen es sich um konvexe Flächen in Räumen der konstanten Krümmung K handelte. Vom Standpunkt der inneren Geometrie aus stellen diese Flächen Mannigfaltigkeiten dar, die man als Mannigfaltigkeiten „mit einer Krümmung nicht kleiner als K" oder als Mannigfaltigkeiten „positiver (nichtnegativer) Krümmung bezüglich K" bezeichnen könnte. Denselben Zugang zur Theorie kann man in § 2 von Kap. XI sehen, in dem es sich um konvexe Flächen mit beschränkter spezifischer Krümmung handelte. Vom Standpunkt der inneren Geometrie kann man hier von Mannigfaltigkeiten mit einer Krümmung „nicht größer als K" oder von Mannigfaltigkeiten „negativer (nichtpositiver) Krümmung bezüglich K" sprechen.

Wir wenden uns jetzt den genauen Definitionen zu.

Im folgenden bezeichnet $\mathfrak{r}$ einen gegebenen metrischen Raum, in welchem jeder Punkt eine Umgebung hat, in der je zwei Punkte durch eine Kürzeste verbindbar sind[2]). Insbesondere kann $\mathfrak{r}$ eine zweidimensionale Mannigfaltigkeit mit innerer Metrik sein. In allen Fällen, in denen von einem Dreieck die Rede sein wird, ist gemeint, daß es in einem Bereich liegt, in welchem je zwei Punkte durch eine Kürzeste verbindbar sind. Ist $\mathfrak{r}$ keine zweidimensionale Mannigfaltigkeit, so hat man unter einem Dreieck ABC einfach die Figur zu verstehen, die aus den drei Kürzesten AB, BC, CA besteht.

Mit $\boldsymbol{S}_K$ bezeichnen wir eine volle einfach zusammenhängende Fläche der konstanten Krümmung K, d. h. eine Sphäre für $K > 0$, die euklidische Ebene für $K = 0$ und die LOBATSCHEWSKIsche Ebene für $K < 0$. Unter $\boldsymbol{T}_K$ verstehen wir

---

[1]) Ist $K > 0$, so existiert ein Dreieck mit den Seiten a, b, c auf einer Fläche der konstanten Krümmung K, d. h. auf einer Sphäre mit dem Radius $r = \frac{1}{\sqrt{K}}$ nur unter der Bedingung, daß $a + b + c \leqq 2\pi r$ ist. Diese Bedingung setzen wir im folgenden stets als erfüllt voraus, ohne jeweils besonders darauf hinzuweisen.

[2]) Eine Kürzeste kann als eine solche Kurve $X(t)$, die der Strecke [0,1] homöomorph ist, definiert werden, für die für alle $t_1 < t_2 < t_3$ die Beziehung $\varrho(X[t_1]\,X[t_2]) + \varrho(X[t_2]\,X[t_3]) = \varrho(X[t_1]\,X[t_3])$ gilt.

ein Dreieck auf $\boldsymbol{S}_{K}$, dessen Seiten die gleiche Länge haben wie das in $\mathfrak{r}$ gegebene Dreieck $\boldsymbol{T}$. Mit α, β usw. bezeichnen wir die Winkel des Dreiecks $\boldsymbol{T}$.

Sind $\mathfrak{L}$, $\mathfrak{M}$ zwei von einem Punkt Q ausgehende Kürzeste, so kann man für sie den Winkel $\gamma_{K}(x, y)$ genau so definieren, wie wir den Winkel $\gamma(x, y)$ definiert haben, d. h. $\gamma_{K}(x, y)$ ist der Winkel im Dreieck $\boldsymbol{T}_{K}$, das dem Dreieck $T = QYX$ entspricht, wobei X bzw. Y auf $\mathfrak{L}$ bzw. $\mathfrak{M}$ liegen.

Der obere Winkel, der Winkel und der Winkel im starken Sinne können mit Hilfe des Winkels $\gamma_{K}(x, y)$ definiert werden. Beispielsweise ist der obere Winkel

$$\bar{\alpha} = \overline{\lim_{x, y \to 0}}\, \gamma_{K}(x, y).$$

Da sich jedoch die Winkel eines Dreiecks $\boldsymbol{T}_{K}$ kleinen Flächeninhalts wenig von den Winkeln des Dreiecks $\boldsymbol{T}_0$ unterscheiden, d. h. von den Winkeln des Dreiecks mit Seiten derselben Länge in der euklidischen Ebene, so ist diese Definition des oberen Winkels mit seiner Definition durch den Winkel $\gamma(x, y) = \gamma_0(x, y)$ äquivalent. Dasselbe gilt für den Winkel und für den Winkel im starken Sinne.

Jedoch erhält man den Dreiecksexzeß anders. Der Exzeß $\nu_{K}(\boldsymbol{T})$ „bezüglich der Krümmung K" wird durch die Formel

$$\nu_{K}(\boldsymbol{T}) = (\bar{\alpha} + \bar{\beta} + \bar{\gamma}) - (\alpha_{K} + \beta_{K} + \gamma_{K}) \tag{1}$$

definiert. Bezüglich der Winkel eines Dreiecks gilt der folgende, für beliebige $\mathfrak{r}$ richtige Satz:

Es sei $\bar{\alpha}$ der obere Winkel des Dreiecks $\boldsymbol{T} = ABC$ bei der Ecke A, ferner $\nu^{+}_{K, A}$ die untere Grenze der Exzesse der Dreiecke AXY (bezüglich der Krümmung K) mit den Ecken X bzw. Y auf AB bzw. AC.

Dann gilt die Ungleichung

$$\bar{\alpha} - \alpha_{K} \leqq \nu^{+}_{K, A}. \tag{2}$$

Aus diesem Satz kann man eine Reihe von Folgerungen erhalten.

Mannigfaltigkeiten beschränkter Krümmung könnten wörtlich wie früher definiert werden, aber jetzt mit der Forderung, daß die Summen der Exzesse „bezüglich der gegebenen Krümmung K" beschränkt sind. Dies führt jedoch zu nichts Neuem, sondern wieder auf Mannigfaltigkeiten beschränkter Krümmung im früheren Sinne. Daher erhalten wir hier in allen Fällen, in denen es sich nicht um Exzesse oder um Größen handelt, die durch Exzesse definiert sind (wie die Krümmung), nichts Neues.

Man kann jedoch den positiven und den negativen Anteil ω^{+}_{K} und ω^{-}_{K} der Krümmung „bezüglich K" definieren, indem man von Dreiecksexzessen „bezüglich K" Gebrauch macht. Die Krümmung „bezüglich K" läßt sich dann durch die Formel

$$\omega_{K} = \omega^{+}_{K} - \omega^{-}_{K} \tag{3}$$

definieren. Dabei gilt dann, wie man leicht sieht, folgende Beziehung: Für jeden

Bereich (und allgemein für jede BORELsche Menge) ist

$$\omega_K = \omega_0 - Kj,$$

wobei j der Flächeninhalt des Bereichs und ω_0 seine Krümmung im früheren Sinne, d. h. die Krümmung „bezüglich der Krümmung Null", ist.

Eine Mannigfaltigkeit „mit einer Krümmung größer als K" läßt sich auch durch folgende gleichwertigen Bedingungen charakterisieren:

Für jeden Bereich gilt a) $\omega_K \geqq 0$; b) $\omega_K^- = 0$; c) $\omega_0 \geqq Kj$ oder $\frac{\omega_0}{j} \geqq K$; d. h. die spezifische Krümmung ist nicht kleiner als K und d) für jedes Dreieck gilt $\nu_K(\boldsymbol{T}) \geqq 0$.

Durch analoge Bedingungen lassen sich die Mannigfaltigkeiten „mit einer Krümmung kleiner als K" charakterisieren.

Der einfachste Fall einer Mannigfaltigkeit beschränkter Krümmung ist eine Mannigfaltigkeit mit polyedrischer Metrik. Wurde nun früher eine solche Mannigfaltigkeit aus ebenen Dreiecken zusammengesetzt, so besteht sie jetzt natürlich aus Dreiecken, die einer Fläche der konstanten Krümmung K ausgeschnitten werden können. So erhält man eine polyedrische Metrik „bezüglich der Krümmung K". In einer solchen Metrik ist die relative Krümmung ω_K wieder nur in den Ecken konzentriert und für Ecken mit einem vollen Winkel φ wie früher gleich $2\pi - \varphi$.

Man kann auch eine gegebene Metrik durch polyedrische Metriken „bezüglich der Krümmung K" approximieren. Diese Approximation ist der Approximation durch gewöhnliche polyedrische Metriken, d. h. durch polyedrische Metriken „bezüglich der Krümmung Null" völlig analog und erweist sich gerade in solchen Fragen als sehr produktiv, in denen die „relative" Krümmung eine Rolle spielt. Diese Approximation haben wir schon in § 2 von Kap. XII erwähnt, als wir von der Realisierung einer Metrik „mit einer Krümmung größer als K" durch konvexe Flächen in Räumen der konstanten Krümmung K sprachen.

Was konkrete Resultate betrifft, in denen der Vergleich einer gegebenen Metrik mit einer Metrik der konstanten Krümmung K vorkommt, so gehören hierher die in Kap. XI erwähnten Ergebnisse für konvexe Flächen mit beschränkter spezifischer Krümmung. Sie lassen sich fast wörtlich auf Mannigfaltigkeiten „mit einer Krümmung größer als K", auf solche „mit einer Krümmung kleiner als K" oder auf Mannigfaltigkeiten „mit einer Krümmung größer als K_1 und kleiner als K_2" unabhängig von den Vorzeichen von K, K_1, K_2 übertragen. Diese Resultate kann der Leser leicht selbst formulieren, und ihre Beweise sind im wesentlichen dieselben. Beispielsweise: Ist „die Krümmung größer als K" (kleiner als K), so sind die Winkel eines Dreiecks $\boldsymbol{T}$ nicht kleiner (nicht größer) als die entsprechenden Winkel des Dreiecks $\boldsymbol{T}_K$ usw.

Jedoch kann man auch andere Resultate erhalten, die keine Wiederholungen der Resultate aus Kap. XI sind. Wir erwähnen als Beispiele zwei isoperimetrische Probleme, von denen das erste den Satz von der Maximaleigenschaft des Kegels verallgemeinert.

1. Von allen kreishomöomorphen Bereichen mit gegebenem Umfang und gegebenem $\omega_K^+ < 2\pi$ hat den größten Flächeninhalt der Bereich, der einem geraden Kreiskegel in einem Raum der konstanten Krümmung K isometrisch ist.

Setzt man $\omega_K^- = 0$ voraus, d. h., beschränkt man sich auf Bereiche „mit einer bezüglich K positiven Krümmung", so erweist sich der erwähnte Satz als wörtliches Analogon des Satzes für $K = 0$ aus § 3 von Kap. X. Man braucht nur Polyeder (Netze) zu betrachten, die aus Dreiecken bestehen, welche aus einer Fläche der konstanten Krümmung K ausgeschnitten sind.

Der zweite Satz verallgemeinert die bekannte Maximaleigenschaft des Kreises.

2. Berandet eine Kurve $\mathfrak{L}$ der Länge l in einer Mannigfaltigkeit mit einer Krümmung kleiner als K einen kreishomöomorphen Bereich $\boldsymbol{G}$, so ist der Flächeninhalt dieses Bereichs nicht größer als der Flächeninhalt eines Kreises $\mathbf{C}$ mit einem Umfang der Länge l auf einer Fläche der konstanten Krümmung K, und der Flächeninhalt des Bereichs $\boldsymbol{G}$ ist gleich dem Flächeninhalt des Kreises $\mathbf{C}$ genau dann, wenn der Bereich $\boldsymbol{G}$ diesem Kreis isometrisch ist[1]. (Ist $K > 0$, so muß man $l \cdot \sqrt{K} \leqq 2\pi$ voraussetzen, da sonst der Kreis $\mathbf{C}$ gar nicht existiert.)

§ 8. Verallgemeinerung auf Räume beliebiger Dimension

Wie schon in § 7 erwähnt, läßt sich die skizzierte Theorie zu einem gewissen Teil auf beliebige metrische Räume verallgemeinern, in denen in der Umgebung jedes Punktes je zwei Punkte durch Kürzeste verbindbar sind.

Wir sagen nämlich, ein Raum $\mathfrak{r}$ habe eine Krümmung nicht größer als K, wenn für jedes Dreieck $\boldsymbol{T}$ in $\mathfrak{r}$ für den relativen Exzeß die Beziehung $\nu_K(\boldsymbol{T}) \leqq 0$ gilt.

Dann kann man unter Benutzung des in § 7 angegebenen Satzes, der eine Abschätzung für die Differenz zwischen dem oberen Winkel $\bar{\alpha}$ eines Dreiecks $\boldsymbol{T}$ und dem entsprechenden Winkel α_K des Dreiecks $\boldsymbol{T}_K$ gibt, folgende Resultate erhalten. (In allen folgenden Formulierungen soll es sich um einen solchen Bereich eines Raumes mit einer Krümmung kleiner als K handeln, in dem je zwei Punkte durch Kürzeste verbindbar sind.)

1. Für je zwei Kürzeste $\mathfrak{L}$, $\mathfrak{M}$ ist der Winkel $\gamma_K(x, y)$ eine nichtabnehmende Funktion von x und y.

2. Zwischen je zwei Kürzesten existiert der Winkel und sogar der Winkel im starken Sinne. (Die Existenz des Winkels ist eine offenbare Folge aus der Monotonie von $\gamma_K(x, y)$.)

3. Zwei Punkte können nur durch eine einzige Kürzeste verbunden werden. (Das folgt ebenfalls sofort daraus, daß $\gamma_K(x, y)$ eine nichtabnehmende Funktion von x und y ist.)

---

[1]) Vgl. А. Д. Александров, Изопериметрические неравенства на кривых поверхностях (A. D. Alexandrow, Isoperimetrische Ungleichungen auf krummen Flächen), Dokladi Akad. nauk SSSR 1945, 47, Nr. 4, S. 239—242. In diesem Artikel wird der Satz für eine Gaußsche Metrik ausgesprochen; der Beweis läßt sich aber wörtlich auf allgemeine Mannigfaltigkeiten beschränkter Krümmung übertragen.

4. Die Winkel eines Dreiecks $\boldsymbol{T}$ sind nicht größer als die entsprechenden Winkel des Dreiecks $\boldsymbol{T}_K$. (Das folgt daraus, daß die Exzesse ν_K nicht positiv sind, so daß nach dem Fundamentalsatz $\alpha - \alpha_K \leqq 0$ ist.)

5. Es sei $\boldsymbol{T} = ABC$ ein gegebenes Dreieck und $\nu^-_{K,A}$ die untere Grenze der Exzesse der Dreiecke AXY mit den Ecken X, Y auf den Seiten AB und AC. Dann ist

$$\alpha - \alpha_K \geqq \nu^-_{K,A}.$$

Dieser Satz wird genau so bewiesen wie der Fundamentalhilfssatz aus § 2 von Kap. VII, da der Winkel im starken Sinne existiert.

Schließlich kann man in diesem Satz die Exzesse bezüglich eines beliebigen K' nehmen, und dann ist $\alpha - \alpha_{K'} \geqq \nu^-_{K',A}$.

Aus Räumen mit einer Krümmung $\leqq K$ kann man Räume herausgreifen, deren Krümmung $\geqq K'$ ($K' < K$) ist, sowie solche Räume, in denen die Dreiecksexzesse bezüglich K' nichtnegativ sind. Die Geometrie dieser Räume liegt sozusagen zwischen den Geometrien der Räume mit den konstanten Krümmungen K und K'.

Für solche Räume kann man Sätze aufstellen, die den Sätzen aus §2 von Kap. XI analog sind. Zum Beispiel ist nach dem Fundamentalsatz $\alpha - \alpha_K \leqq \nu^+_K$ und nach Satz (5) $\alpha - \alpha_{K'} \geqq \nu^-_{K'}$; da aber $\nu^+_K \leqq 0$ und $\nu^-_K \geqq 0$ ist, folgt $\alpha_K \geqq \alpha \geqq \alpha_{K'}$.

Wir erwähnen schließlich noch ein interessantes Resultat. Darin kommt der Begriff des Flächeninhalts einer zweidimensionalen Fläche in einem Raum des betrachteten Typs vor. Der Flächeninhalt einer Fläche wird naturgemäß folgendermaßen definiert. „Wir beschreiben in die Fläche Polyeder ein", d. h., wir wählen ein in entsprechender Weise definiertes Netz von Dreiecken $\boldsymbol{T}$ mit den Ecken in Punkten der Fläche. Dann ordnen wir jedem Dreieck $\boldsymbol{T}$ das Dreieck $\boldsymbol{T}_K$ (oder gegebenenfalls $\boldsymbol{T}_0$) zu und bilden die Summe der Flächeninhalte dieser Dreiecke $\boldsymbol{T}_K$. Die obere Grenze dieser Summen bei unbegrenzter Verkleinerung der Dreiecke $\boldsymbol{T}$ ist gerade der Inhalt der gegebenen Fläche. Die Frage nach der Existenz des Inhaltes in allgemeiner Form interessiert uns hier nicht, da sich im nachstehenden Satz die Existenz des Inhalts für die vorkommenden Flächen ziemlich einfach beweisen läßt. Jetzt formulieren wir unseren Satz:

In jede Kurve endlicher Länge l in einem Raum mit einer Krümmung, die nicht größer als K ist, kann man eine Fläche einspannen, deren Inhalt nicht größer ist als der Inhalt des Kreises, der auf einer Fläche der konstanten Krümmung K den Umfang l hat[1]). Eine solche Fläche erhält man, wenn man von jedem Punkt der Kurve Kürzeste nach allen ihren einfachen Punkten zieht.

Dieser Satz verallgemeinert offensichtlich sowohl den in § 7 erwähnten Satz über den Flächeninhalt eines Bereichs in einer zweidimensionalen Mannigfaltigkeit mit einer Krümmung nicht größer als K, als auch den bekannten Satz von

[1]) Ist $K > 0$, so nehmen wir $l\sqrt{K} \leqq 2\pi$ an, da sonst auf einer Sphäre der Krümmung K ein Kreis der Länge l nicht existiert.

T. CARLEMAN über den Inhalt von Minimalflächen, die von gegebenen Berandungen aufgespannt werden[1]).

Zum Schluß erwähnen wir noch den Zusammenhang unserer Räume mit einer Krümmung nicht größer als K mit den Räumen nichtpositiver Krümmung in dem Sinne, wie sie von BUSEMANN untersucht wurden[2]).

Daraus, daß $\gamma_K(x, y)$ eine nichtabnehmende Funktion von x und y ist, folgt insbesondere die Beziehung

$$\gamma_K\left(\frac{x}{2}, \frac{y}{2}\right) \leqq \gamma_K(x, y).$$

Man bemerkt unschwer, daß dies folgendem Sachverhalt gleichbedeutend ist: Die Mittellinien (der Abstand zwischen den Mittelpunkten der Seiten) eines Dreiecks $\boldsymbol{T}$ sind nicht größer als die entsprechenden Mittellinien des Dreiecks $\boldsymbol{T}_K$. Insbesondere erhalten wir für $K = 0$ folgendes: In einem Raum nichtpositiver Krümmung ist die Mittellinie eines Dreiecks nicht größer als die Hälfte der entsprechenden Seite.

BUSEMANN verwendete diese Bedingung als Definition eines Raumes nichtpositiver Krümmung und zeigte, daß sie allein schon (unter der Voraussetzung, daß beschränkte Mengen kompakt sind) zu zahlreichen Folgerungen führt, die den Sätzen analog sind, welche früher für RIEMANNsche Räume negativer Krümmung aufgestellt worden waren.

Die Voraussetzung über die Mittellinie ist jedoch schwächer als unsere Bedingung, daß die Exzesse nichtpositiv sein sollen. Dementsprechend bilden die Räume nichtpositiver Krümmung im Sinne von BUSEMANN eine viel breitere Klasse als die Räume nichtpositiver Krümmung in unserem Sinne. Zum Beispiel ist in einer Ebene mit einer MINKOWSKIschen Metrik, in der man als Kreis irgendeinen zentralsymmetrischen konvexen Bereich ansieht, die Mittellinie immer gleich der halben Seite, aber die Summe der oberen Winkel eines Dreiecks in der Regel immer größer als π. Die BUSEMANNschen Räume umfassen die FINSLERschen Räume „nichtpositiver Krümmung", während unsere Räume eine Verallgemeinerung nur der RIEMANNschen Räume sind.

Andererseits erweist sich unsere Theorie etwas allgemeiner in dem Sinne, daß wir auch Räume einer Krümmung nicht größer als ein beliebig gegebenes K betrachten. Von selbst drängt sich der Gedanke auf, die BUSEMANNsche Definition zu verallgemeinern und Räume mit einer „Krümmung nicht größer als K" zu betrachten, die durch folgende Bedingung definiert sind: Die Mittellinie eines Dreiecks $\boldsymbol{T}$ ist stets nicht größer als die Mittellinie des Dreiecks $\boldsymbol{T}_K$.

Schon früher, zu Anfang meiner Untersuchungen über die innere Geometrie der konvexen Flächen in Räumen der konstanten Krümmung K führte ich als cha-

---

[1]) Siehe z. B. W. BLASCHKE, Differentialgeometrie, § 112.

[2]) H. BUSEMANN, Spaces with nonpositive curvature, Acta math., 1948, 80, S. 259—310.

rakteristische Eigenschaft einer Mannigfaltigkeit mit einer „konvexen" Metrik die umgekehrte Ungleichung für die Mittellinien ein: Die Mittellinie eines Dreiecks $\boldsymbol{T}$ ist nicht kleiner als die Mittellinie des Dreiecks $\boldsymbol{T}_K$. Hierzu ließe sich noch die Bedingung hinzufügen, daß in jedem Punkt die Mannigfaltigkeit einen Tangentialkegel im Sinne der innergeometrischen Definition hat. Dann ließ sich beweisen, daß eine Metrik, die diese Eigenschaften hat, im kleinen durch eine konvexe Fläche in einem Raum konstanter Krümmung realisierbar ist[1]).

Analog habe ich auch zweidimensionale Mannigfaltigkeiten mit „konkaver" Metrik betrachtet, die durch folgende Bedingungen definiert sind: 1. In jedem Punkt existiert der Tangentialkegel. 2. Die Mittellinie eines Dreiecks $\boldsymbol{T}$ ist nicht größer als die Mittellinie des Dreiecks $\boldsymbol{T}_K$. Diese Mannigfaltigkeiten stimmen mit den Mannigfaltigkeiten überein, in denen die relativen Exzesse der Dreiecke nichtpositiv sind.

§ 9. Flächen beschränkter Krümmung

Zwangsläufig entsteht die Frage, wie diejenigen Flächen im Raum beschaffen sind, die vom Standpunkt ihrer inneren Geometrie Mannigfaltigkeiten beschränkter Krümmung sind. Offenbar sind die regulären Flächen und allgemein die konvexen Flächen Mannigfaltigkeiten beschränkter Krümmung: ebenso sind Flächen, die als Differenzen konvexer Funktionen darstellbar sind (*Dkd*-Flächen, d. h. durch *D*ifferenzen *k*onvexer Funktionen *d*arstellbare Flächen), d. h. Flächen, die in kartesischen Koordinaten durch eine Gleichung $z = f(x, y)$ vorgebbar sind, wobei $f(x, y)$ eine Differenz konvexer Funktionen ist, Mannigfaltigkeiten beschränkter Krümmung. Diese Flächen wurden schon in § 3 von Kap. XII untersucht. Die Dkd-Flächen umfassen die regulären Flächen, die allgemeinen konvexen Flächen und Flächen der Gestalt $z = f(x, y)$, wobei $f(x, y)$ eine stetige Funktion mit Ableitungen ist, die einer LIPSCHITZ-Bedingung genügen. Die für diese Flächen erhaltenen Resultate umfassen alles wesentliche, das für die konvexen Flächen bekannt ist. Als Beispiel seien folgende Sätze angeführt[2]).

1. Eine Kurve auf einer Dkd-Fläche besitzt im Anfangspunkt eine bestimmte Richtung im Sinn der inneren Definition genau dann, wenn sie dort eine Tangente hat.

---

[1]) А. Д. Александров, Внутренняя метрика выпуклой поверхности в пространстве постоянной кривизны (A. D. ALEXANDROW, Die innere Metrik einer konvexen Fläche in einem Raum konstanter Krümmung), Dokladi Akad. nauk SSSR 1944, 45, I, S. 3—6.

[2]) Über Dkd-Flächen siehe А. Д. Александров (A. D. ALEXANDROW) 1. Поверхности, представимые разностями выпуклых функций (Flächen, die durch Differenzen konvexer Funktionen darstellbar sind), Dokladi Akad. nauk SSSR 1950, 72, 4, S. 613—616 und 2. О поверхностях, представимых разностью выпуклых функций (Über Flächen, die durch Differenzen konvexer Funktionen darstellbar sind), Известия Академии наук Казахской ССР, серия математики и механики (Mitteilungen der kasach. Ak. d. W., Ser. Math. und Mech.) 1949, 3, S. 3—20.

Da eine Kürzeste (eine Geodätische) offenbar eine bestimmte Richtung im Anfangspunkt und Richtungen nach beiden Seiten in jedem inneren Punkt hat, gilt:

2. Auf jeder Dkd-Fläche besitzt jede Geodätische in jedem Punkt eine rechte und eine linke Halbtangente.

3. Jede Dkd-Fläche besitzt in jedem Punkt einen Tangentialkegel (der genau so definiert werden kann wie für konvexe Flächen); dieser Kegel ist Tangentialkegel an die Fläche auch im Sinne der inneren Metrik.

4. Der Winkel (im Sinne der inneren Definition) zwischen von einem Punkte A ausgehenden Kurven auf einer Dkd-Fläche ist gleich dem auf dem Tangentialkegel im Punkte A gemessenen Winkel zwischen den Tangenten.

5. Für Dkd-Flächen gilt der GAUSZsche Satz von der Gleichheit der inneren Krümmung und dem Flächeninhalt des sphärischen Bildes[1]).

Von anderen Klassen von Flächen, die ebenfalls Mannigfaltigkeiten beschränkter Krümmung sind, seien zwei Klassen glatter Flächen erwähnt: Flächen mit verallgemeinerten zweiten Ableitungen und Flächen mit beschränkter äußerer Krümmung.

Die erste dieser Klassen, die von I. J. BAKELMAN[2]) untersucht wurde, ist die natürliche Verallgemeinerung der Klasse der zweimal differenzierbaren Flächen. Es handelt sich nämlich um glatte Flächen, die eine solche Parameterdarstellung $\mathfrak{r} = r(u, v)$ zulassen, daß der Vektor der Funktion $\mathfrak{r}(u, v)$ stetige erste Ableitungen mit $\mathfrak{r}_u \times \mathfrak{r}_v \neq 0$ sowie verallgemeinerte zweite Ableitungen im Sinne von S. L. SOBOLEW mit integrierbarem Quadrat besitzt[3]).

Durch Beispiele kann man zeigen, daß diese Flächen nicht alle glatten Dkd-Flächen umfassen, ebenso wie auch umgekehrt.

---

[1]) Der Begriff des Flächeninhalts des sphärischen Bildes einer nichtregulären nichtkonvexen Fläche muß natürlich definiert werden. Diese Definition kann zum Beispiel auf folgende Weise gegeben werden: Wir nehmen auf einer gegebenen Fläche einen kreishomöomorphen Bereich G, der von einer Kurve $\mathfrak{L}$ berandet wird, die nicht durch konische Punkte geht. Der Kurve $\mathfrak{L}$ wird ihr sphärisches Bild $\mathfrak{L}'$ zugeordnet. Gibt es im Punkte X auf $\mathfrak{L}$ eine Tangente, so wird sein sphärisches Bild wie gewöhnlich definiert; ist aber der Tangentialkegel in X ein Zweiflach, so wird dem Punkt X auf der Sphäre der Bogen des Großkreises, der das sphärische Bild dieses Zweiflachs ist, zugeordnet. Für einige Gebiete G erweist sich $\mathfrak{L}'$ als geschlossene Kurve (stetiges Bild eines Kreises) mit einem Flächeninhalt (Maß) Null. Dann wird in bekannter Weise der von $\mathfrak{L}'$ berandete Flächeninhalt mit Vorzeichen (als Kurvenintegral) bestimmt. Dies ist gerade der Flächeninhalt des sphärischen Bildes des Bereiches G. Diese Definition wird dadurch gerechtfertigt, daß die Bereiche, deren sphärisches Bild einen in diesem Sinne definierten Flächeninhalt hat, sozusagen eine überall dichte Menge bilden, d. h. für jeden Bereich G_0 und jede darin enthaltene abgeschlossene Menge F_0 existiert ein Bereich G, dessen sphärisches Bild einen bestimmten Flächeninhalt hat, derart, daß $G_0 \supset G \supset F_0$ ist.

[2]) И. Я. Бакельман, Гладкие поверхности с обобщенными вторыми производными (I. J. BAKELMAN, Glatte Flächen mit verallgemeinerten zweiten Ableitungen), Dokladi Akad. nauk SSSR 1954, 64, 4.

[3]) С. Л. Соболев, Некоторые применения функционального анализа к математической физике (S. L. SOBOLEW, Einige Anwendungen der Funktionalanalysis auf die mathematische Physik), 1950, Verlag der Leningrader Universität.

Die Flächen mit verallgemeinerten zweiten Ableitungen lassen eine gleichmäßige Approximation durch reguläre Flächen $\mathfrak{r} = \mathfrak{r}_h(u, v)$ zu, für welche die Integrale

$$\iint (\mathfrak{r}_{huu}^2 + \mathfrak{r}_{huv}^2 + \mathfrak{r}_{hvv}^2)\, du\, dv$$

bezüglich h gleichmäßig beschränkt sind[1]).

Auf Grund dieses Sachverhaltes ließ sich beweisen, daß auf diese Flächen die bekannten Resultate der klassischen Flächentheorie übertragen werden können, wenn man die zweiten Ableitungen des Vektors eines Flächenpunktes durch die verallgemeinerten Ableitungen im Sinne von SOBOLEW ersetzt. Beispielsweise gilt:

1. Auf Flächen mit verallgemeinerten zweiten Ableitungen läßt sich für jede BORELsche Menge $\boldsymbol{E}$ die Krümmung nach der Formel

$$\omega(\boldsymbol{E}) = \iint \frac{LN - M^2}{EG - F^2}\, dj$$

berechnen, wobei L, M, N die mit Hilfe der verallgemeinerten zweiten Ableitung berechneten Koeffizienten der zweiten Fundamentalform sind.

2. Eine Fläche beschränkter Krümmung läßt sich eindeutig durch ihre erste und zweite (verallgemeinerte) Fundamentalformen bestimmen.

Der bekannte Zusammenhang zwischen der inneren Krümmung und dem Flächeninhalt des sphärischen Bildes legt den Gedanken nahe, daß Flächen, die Mannigfaltigkeiten beschränkter Krümmung darstellen, sich durch die Endlichkeit des Flächeninhaltes des sphärischen Bildes charakterisieren lassen müssen. Flächen beschränkter äußerer Krümmung wurden von A. W. POGORELOW[2]) untersucht. Dies sind gerade glatte Flächen, deren sphärisches Bild beschränkten Flächeninhalt hat. Unter diesen sind alle glatten Dkd-Flächen enthalten, insbesondere die konvexen Flächen und die Flächen beschränkter Krümmung. Ihre genaue Definition besteht in folgendem: Es sei $\boldsymbol{F}_1, \ldots, \boldsymbol{F}_n$ irgendein endliches System abgeschlossener paarweise elementfremder Mengen auf einer glatten Fläche $\boldsymbol{F}$. Das sphärische Bild jeder dieser Mengen ist abgeschlossen und hat daher einen bestimmten Flächeninhalt (LEBESGUEsches Maß). Ist für jedes System von Mengen $\boldsymbol{F}_i$ die Summe der Flächeninhalte ihrer sphärischen Bilder durch eine und dieselbe Zahl beschränkt, so heißt $\boldsymbol{F}$ eine Fläche beschränkter äußerer Krümmung. (Eine allgemeinere Definition verlangt nur, daß die erwähnte Eigenschaft in der Umgebung jedes Punktes gelten soll.)

---

[1]) $\mathfrak{r}_h(u, v)$ kann man z. B. erhalten, indem man $\mathfrak{r}(u, v)$ nach STEKLOW glättet, d. h.

$$\mathfrak{r}_h(u, v) = \frac{1}{4h^2} \int_{-h}^{h}\int_{-h}^{h} \mathfrak{r}(u + \xi, v + \eta)\, d\xi\, d\eta.$$

[2]) А. В. Погорелов, О внешней кривизне гладких поверхностей (A. W. POGORELOW, Über die äußere Krümmung glatter Flächen), Dokladi Akad. nauk SSSR 1953, 89, S. 407—409.

Es läßt sich beweisen, daß *jede Fläche beschränkter äußerer Krümmung im Sinne der inneren Metrik eine Mannigfaltigkeit beschränkter Krümmung ist.* Es besteht Grund zu der Vermutung, daß außerdem diese Flächen die Limites einer breiten Klasse von glatten Flächen sind, die Mannigfaltigkeiten beschränkter Krümmung sind.

Wir erwähnen noch folgendes einleuchtendes Resultat: Eine glatte Fläche, deren sämtliche Punkte Umgebungen mit eineindeutigen sphärischen Bildern haben, ist eine Fläche beschränkter äußerer Krümmung. Erhält die sphärische Abbildung den Umlaufsinn, so ist die Fläche lokal konvex und eine Mannigfaltigkeit positiver Krümmung; anderenfalls ist sie eine Mannigfaltigkeit negativer Krümmung.

SACHVERZEICHNIS

FEHLERBERICHTIGUNG

Auf Seite 515, 3. Absatz von unten, 8. Zeile ist den Übersetzern ein sinnentstellender Fehler unterlaufen:

Statt „Die obere Grenze“
lies „Der untere Limes“